TRAITÉ COMPLET

DE

PHYSIOLOGIE

T. II.

OUVRAGES DU MÊME AUTEUR

TRAITÉ COMPLET DE PHYSIOLOGIE MÉDICALE & PHILOSOPHIQUE. . 4 vol. grand in-8°.

NOUVELLE DOCTRINE MÉDICALE OU DOCTRINE BIOLOGIQUE. Ouvrage couronné par l'Académie de médecine de Caen . . . . 1 vol. grand in-8°.

HISTOIRE DE LA RÉVOLUTION MÉDICALE DU XIXe SIÈCLE. Ouvrage couronné par l'Académie de médecine de Caen . 1 vol. grand in-8°.

DE LA NÉCESSITÉ DES LIVRETS appliquée aux domestiques. Ouvrage couronné par la Société d'Agriculture de Caen . . . . 1 vol. grand in-8°.

TRAITÉ COMPLET DE PHYSIOGNOMONIE : ou l'homme moral positivement révélé par l'étude raisonnée de l'homme physique . . . . 1 vol. grand in-8°.

TRAITÉ COMPLET DE LA MALADIE SCROFULEUSE . . . . . 1 vol. in-8°.

TRAITÉ COMPLET DE L'ÉRYSIPÈLE . . . . 1 vol. in-8°.

TRAITÉ DE L'OPHTHALMIE GRANULEUSE. . . . . 1 vol. in-8°.

TRAITÉ DU TÉTANOS TRAUMATIQUE. . . . . 1 vol. in-8°.

TRAITÉ DES HÉMORRHOIDES . . . . 1 vol. in-8°.

DE L'ÉMÉTIQUE à haute dose . . . . 1 vol. in-8°.

DU MAGNÉTISME ANIMAL. . . . . 1 vol. in-8°.

SYSTÈME SOCIAL COMPLET : Ses applications pratiques à l'Individu, à la Famille, à la Société . . . . . 2 vol. grand in-8°.

SYSTÈME PÉNITENTIAIRE COMPLET : Ses applications pratiques à l'Homme déchu, à la Société. . . . . 1 vol. grand in-8°.

HISTOIRE COMPLÈTE DE LA PROVINCE DU MAINE, depuis les temps les plus reculés jusqu'à nos jours . . . 2 vol. in-8°.

ILLUSIONS ET RÉALITÉS, OU RÉGÉNÉRATION DES PEUPLES . . 1 vol. in-8°.

COLONIE PÉNITENTIAIRE DE METTRAY . . . . 1 vol. in-8°.

VOYAGE EN BRETAGNE, Histoire des Bagnes . . . . . 1 vol. in-8°.

ENFANTS TROUVÉS, Solution pratique du problème . . 1 vol. in-8°.

LA VIE DE JÉSUS-CHRIST, rendue à la vérité de ses vrais caractères . . . . 1 vol. in-12.

BROCHURES, MÉMOIRES, etc.

TRAITÉ COMPLET

DE

PHYSIOLOGIE

A L'USAGE DES GENS DU MONDE

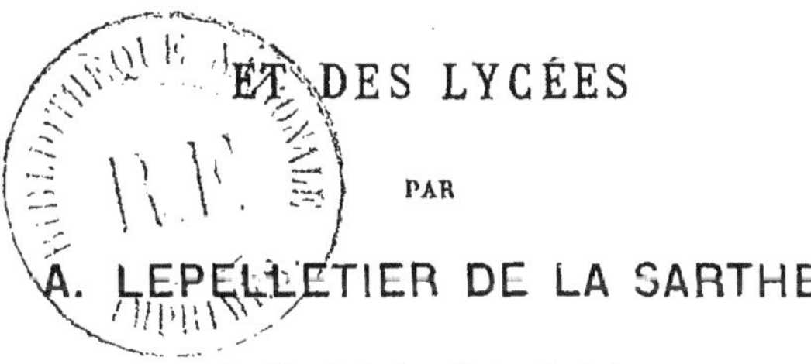

ET DES LYCÉES

PAR

A. LEPELLETIER DE LA SARTHE

De l'Académie de médecine de Paris

Γνῶθι σεαυτόν
« Connais-toi toi-même. »

TOME SECOND

PARIS

G. MASSON, ÉDITEUR

LIBRAIRE DE L'ACADÉMIE DE MÉDECINE

Place de l'École de Médecine

MDCCCLXXVI

TRAITÉ COMPLET

DE

PHYSIOLOGIE

A L'USAGE

DES GENS DU MONDE

ET DES LYCÉES

La première partie de cet ouvrage présente l'histoire des fonctions de l'économie vivante au moyen desquelles se développe et s'entretient particulièrement l'organisme ; la seconde offrira l'examen de celles qui, surtout, distinguent l'homme en étendant ses rapports à toute la nature, jusqu'à Dieu lui-même ; en faisant mieux apprécier encore son incomparable supériorité dans la création.

Pour bien comprendre les belles relations qui vont s'établir entre l'homme et l'univers, nous devons étudier les fonctions qui s'en trouvent chargées, dans l'ordre naturel de leur développement, afin de montrer, avec précision, ces rapports aussi nombreux que diversifiés.

C'est en effet en procédant ainsi que nous verrons l'âme servie par ses admirables instruments, arriver aux plus sublimes intuitions, et qu'il restera prouvé jusqu'à l'évidence, que la physiologie bien interprétée devient le fondement essentiel de la véritable philosophie.

Franchissant alors avec une sorte d'indépendance le cercle

des nécessités matérielles, l'homme s'élève au-dessus du monde physique, s'élance dans les sphères morales susceptibles d'offrir des aliments réels à ses plus nobles sentiments, à son merveilleux génie.

En disposant, dès son entrée dans la vie, le jeune enfant à ces idées d'avenir, les seules consolantes et vraies, n'est-ce pas travailler à la fois à son perfectionnement, à son bonheur? Le jour où ces enseignements si naturels, si positifs, seront compris et mis en pratique, l'humanité ne fera-t-elle pas sa plus belle, sa plus utile conquête?

Pour arriver sûrement à ces précieux résultats, nous devons exposer les grandes fonctions qui peuvent y conduire dans l'ordre logique des relations qu'elles vont accomplir avec l'univers, sans autres limites que celles de l'immensité !...

Il faut, avant tout, *recevoir*, *apprécier*, *juger* les impressions des objets environnants : ce premier ordre de phénomènes constitue les SENSATIONS.

Il faut ensuite soumettre ces impressions à l'action de l'*âme* servie par son instrument physiologique : le *cerveau*, pour en former des *idées*, des *jugements*, des *raisonnements* et prendre en conséquence des *déterminations* appropriées : ce deuxième ordre de phénomènes reçoit le nom d'INTELLECTUALISATIONS.

Il faut, enfin, toujours par l'action de l'*âme* et l'intermédiaire du *cerveau*, en conséquence des *déterminations raisonnées*, effectuer des *réactions* utiles et complémentaires : ce troisième ordre de phénomènes prend le nom d'EXPRESSIONS.

C'est précisément en suivant cet ordre simple et naturel que nous allons procéder.

I° SENSATIONS.

La sensation, αἴσθημα, de αἰσθάνομαι, recevoir une impression ; *sensatio*, de *sentire*, avoir le sentiment ; au point de vue physiologique, et dans sa plus générale acception, est la faculté que présente un corps organisé vivant de recevoir l'impression d'un agent approprié.

Dans cette acception, la faculté de sentir appartient à tous les êtres doués de la vie, depuis le simple végétal jusqu'à l'homme ; toutefois avec des modifications bien importantes à préciser.

Chez tous les sujets dépourvus d'un centre nerveux capable d'en réunir les effets, d'en apprécier l'influence, l'*excitation* se trouve seulement à l'état rudimentaire et mérite simplement le titre d'*impression*. Mais elle existe puisque nous la voyons suivie d'une réaction, tantôt seulement appréciable par ses résultats nutritifs ou sécrétoires comme dans tous les corps organisés vivants, les moindres végétaux par exemple ; tantôt apparente visible, comme dans la sensitive, un certain nombre d'animaux occupant les degrés inférieurs de l'échelle zoologique, mais sans qu'il soit possible de supposer aucune autre appréciation de la part du sujet excité ; il en sera de même, seulement avec des résultats plus développés, en s'élevant dans la série des animaux jusqu'à ceux qui présenteront un cerveau plus ou moins rapproché des conditions physiologiques de celui de l'homme.

C'est alors seulement que nous pourrons désigner par le nom de *sensations* les actes vitaux ayant pour objet de recueillir les excitations portées sur les organes sensibles, soit par l'influence directe des objets extérieurs, soit par des impressions vitales internes, pour en constituer ultérieurement, par la mise en jeu de la perceptibilité, ces résultats diversifiés que nous appellerons alors *sensations ;* et que nous distinguerons en *générales* et *spéciales*, d'après la nature de l'agent qui les détermine, et celle de l'organe particulièrement affecté.

Les physiologistes ne s'accordent pas encore sur le siége des sensations. Les uns le placent dans les organes d'impression, les autres dans le cerveau.

Parmi les premiers, nous citerons Gall, anatomiste aussi remarquable par ses travaux importants sur le système nerveux que philosophe paradoxal, d'après les applications abusives qu'il en a voulu faire à la psychologie. Toute sensation, d'après cet auteur, est effectuée dans l'organe même auquel notre âme la rapporte. Il établit cette opinion sur les faits suivants qui lui paraissent incontestables : « Il existe des ani-« maux acéphales qui sont également sensibles. Le degré de « sensibilité chez les différents sujets n'est pas en proportion « de la masse du cerveau, mais du nombre des nerfs. Les « animaux décapités peuvent encore exécuter des mouvements « volontaires... Le cerveau naturellement insensible est coupé « sans douleur... Chaque sens a son ganglion spécial... En « perdant un sens déterminé, l'on voit en même temps s'éva-« nouir toute la série des idées qui s'y rattachent. » Dans l'état actuel de nos connaissances, la plupart de ces principes essentiellement faux, n'ont plus besoin de réfutation.

Au nombre des seconds, viennent se ranger à peu près tous les philosophes et tous les physiologistes modernes. L'exposition de leur doctrine suffira pour détruire entièrement celle que nous venons de signaler.

Les sensations, quelle que soit leur nature, siégent en dernier résultat dans le cerveau ; les organes sensitifs ne sont, à proprement parler, que des voies d'importation impressionnelle, ou si l'on veut encore, des moyens employés à la collection des excitations intellectualisées par cet agent central sous l'influence du principe immatériel dont il n'offre lui-même que l'intermédiaire et l'instrument. Ainsi, lorsqu'un agent extérieur s'applique à l'un des organes en communication directe avec le centre nerveux encéphalique, cet organe, modifié diversement, suivant la nature de l'agent, suivant ses dispositions normales ou pathologiques, reçoit une impression qu'il transmet au cerveau. Celui-ci la perçoit en vertu des facultés spéciales dont il est doué, mais surtout en raison du concours indispensable que vient offrir le principe immatériel. Cette *impression* revêt alors tous les caractères d'une véritable *sensation*. C'est peut-être pour n'avoir pas distingué convenablement la *première*, simple modification vitale de l'organe sensitif par une cause d'excitation, de la *seconde*, perception encéphalique de cette modification transmise, que les auteurs ont si longuement et si vaguement discuté sur cet objet important et facile à régler dans ses bases fondamentales. Ainsi l'*impression* a son siége dans les organes sensitifs ; la *sensation*, dans le cerveau ; celui-ci ne présente que l'*instrument* du principe immatériel. Prouvons ces trois propositions qui doivent nous conduire par degrés à la théorie naturelle des intellectualisations régulières, et consécutivement à l'exposition raisonnée de ces actions dans tous leurs développements essentiels.

Les organes sensitifs sont le siége des impressions. — En précisant la valeur des termes, nous voyons les impressions sensitives se réduire à la disposition vitale déterminée temporairement, dans l'organe affecté, par l'influence d'un modificateur susceptible d'entraîner ce résultat. Si l'excitant se trouve représenté par un agent extérieur physique ou chimique, la vérité de l'assertion en problème n'a plus besoin d'une démonstration, elle est évidente. En effet, les organes sensibles deviennent alors des intermédiaires indispensables à la modification impressionnelle qui n'existerait pas sans leur concours. Détruisez l'irritabilité dans les parties qui la présentaient au plus haut degré, agissez désormais sur ces dernières au moyen de stimulants énergiques, il n'en résulte aucune impression vitale, et dès lors, aucune sensation encéphalique. Portez directement cette action sur le cerveau, même nullité de sensation perçue. Excitez les organes de rapport, soit pendant le sommeil, soit après avoir neutralisé les facultés cérébrales au moyen des narcotiques, vous n'observez aucun signe de perception, mais seulement des caractères d'impression locale. Ainsi, lorsque nous irritons la peau d'un membre paralysé, le sujet n'éprouve aucune sensation, ne fait aucun mouvement pour s'éloigner d'une influence pénible dans les dispositions normales, alors que la rougeur et la turgescence de la partie lésée témoignent de la réalité d'une impression plus ou moins forte dans cette même partie. D'un autre côté, les dispositions actuelles des organes qui reçoivent directement ces impressions modifient positivement, sans aucun changement dans l'encéphale et dans les agents extérieurs, les sensations ultérieurement déterminées par l'intervention du centre nerveux. Nous savons, en effet, combien sont différentes les perceptions produites à l'occasion de la chaleur portée sur l'enveloppe cutanée saine ou frappée d'inflammation, dans ses conditions normales ou dépouillée de son épiderme; nous observons également chaque jour, sous ce rapport, les résultats opposés des aliments âcres, des liqueurs alcooliques sur la muqueuse digestive actuellement dans l'état naturel, ou, depuis longtemps, le siége d'une phlegmasie chronique, modifications du plus haut intérêt, et sur lesquelles nous reviendrons ailleurs avec détail.

Lors, au contraire, que les impressions s'éveillent dans nos organes à l'occasion d'une réminiscence, d'une influence vitale, et sans la présence actuelle d'aucun agent extérieur, la question semble, au premier aspect, moins positive et moins facile à résoudre. Avec un peu de réflexion, on s'aperçoit bientôt que ces difficultés apparentes ne sont que des illusions de l'esprit, les deux conditions que nous venons de signaler se trouvant implicitement renfermées dans la première. Ainsi l'homme complètement privé des yeux n'éprouvera plus aucune sensation visuelle, même par les impulsions de la vitalité, les impressions de cet ordre, n'ayant plus, chez l'individu, leur siége indispensable et leur point naturel de départ. Celui qui n'a jamais été doué des organes de l'ouïe ne peut offrir aucune perception auditive, même par le bienfait de la mémoire, les impressions particulières, seules capables d'en fournir le principe, n'ayant trouvé, dans aucun temps, chez ce dernier, l'appareil nécessaire à leur manifestation.

Les sensations ont leur siége dans le cerveau. — Dans toute excitation perçue, l'organe influencé devient, comme nous l'avons démontré, le foyer de l'impression, tandis que celui de la sensation est exclusivement offert par le cerveau. Que l'on suspende seulement l'action de ce viscère au moyen des narcotiques, de la compression, etc., l'effet local est produit dans l'appareil sensitif, mais il ne se manifeste plus aucune perception. C'est dès lors par une erreur, dont le raisonnement seul peut dissiper les caractères insidieux, que nous rapportons le plaisir et la douleur à l'organe soumis aux modificateurs qui les déterminent. Un fait curieux, et qui se reproduit fréquemment après les grandes opérations chirurgicales, prouve mieux que toutes les argumentations la vérité des principes que nous venons d'établir.

Nous voyons chaque jour des sujets, plusieurs années après la perte d'un membre, par l'amputation, éprouver précisément les douleurs qu'ils ressentaient dans cette partie, lorsqu'elle tenait encore à l'organisme ; avoir besoin de réfléchir et même d'examiner, pour se convaincre qu'elle en est entièrement séparée. Ce n'est point en effet dans le moignon que s'éveille la souffrance, elle est exactement rapportée au point primitivement affecté par la carie, l'ostéosarcome, le cancer, etc., avec toutes les nuances particulières à ces différentes altérations. Il est dès lors évident que la sensation ne pouvant pas occuper un membre depuis longtemps étranger à l'économie vivante, son siége doit se rencontrer ici dans le cerveau. Ces modifications physiologiques, remarquables, désignées par le terme impropre de *douleurs sympathiques*, ne sont, en dernière analyse, que des réminiscences plus ou moins circonstanciées du centre nerveux encéphalique. Directement et péniblement affecté par ces maladies lorsqu'elles étaient inhérentes à la constitution, il peut les éprouver encore, après un temps plus ou moins limité, sous l'influence exclusive de la mémoire, alors que les parties désorganisées n'offrent plus aucune connexion avec lui. Cette reproduction de la douleur, aussi facile à concevoir que celle des passions gaies ou tristes, ne laisse aucun doute sur la réalité de notre seconde proposition.

Le cerveau n'est que l'instrument du principe immatériel. Mais sans nous arrêter à combattre toutes les absurdités du matérialisme, sans nous égarer avec les métaphysiciens trop exclusifs au milieu des dissertations les plus vagues et dans un dédale de raisonnements le plus souvent obscurs, nous arriverons à l'immatérialité de l'âme par la route naturelle, en indiquant seulement ici l'une des preuves que nous développerons dans l'histoire des intellectualisations.

Les agents extérieurs susceptibles d'exciter nos organes sensitifs, appartiennent inévitablement aux corps. La perception, l'idée qui naît à l'occasion de cette influence devient un produit absolument étranger, par son essence, aux conditions de la matière. Dans cette nécessité d'obtenir un semblable résultat consécutivement à des impressions corporelles, un appareil organique seul eût été pour toujours insuffisant; un principe immatériel isolé n'aurait pas davantage assuré l'accomplissement de cette fonction. Le premier bornant ses effets à des modifications physiques ou chimiques, n'eût jamais fait surgir une pensée. Le second ne trouvant plus aucun moyen de s'appliquer à la matière, eût été constamment étranger à l'impression qu'elle est susceptible d'occasionner. Il fallait un corps, un organe capable de se mettre en communication directe avec les agents d'excitation; un principe immatériel intellectualisant les impressions déterminées. Il fallait une liaison intime entre le second et le premier, dans les rapports d'un moteur à l'instrument qu'il emploie. Ce moteur impalpable, nécessaire, indivisible, c'est l'*âme ;* cet instrument corporel, central, indispensable, c'est le *cerveau.*

D'après ces notions simples, toutes puisées dans la nature même des choses, nous voyons les conditions de l'homme et des animaux qui sentent, pensent, raisonnent et jugent, exiger impérieusement, pour les fonctions d'impression, le concours de la matière vivante et du principe immatériel. Nous approfondirons ultérieurement les différences fondamentales que ce principe doit nécessairement présenter sous le rapport du premier et des seconds.

Si nous examinons actuellement les sensations relativement à la nature des modificateurs qui les déterminent, des organes qui les éprouvent, des caractères fondamentaux qu'elles présentent, nous les voyons se partager naturellement en deux ordres : *générales*, *spéciales*. Un excitant physique ou chimique, indistinctement, une partie de l'organisme en communication directe avec l'encéphale au moyen des nerfs, une modification vitale appréciable seulement par le plaisir ou la douleur qu'elle occasionne : tels sont l'*agent*, l'*appareil*, le *résultat* des premières. Un excitant spécial, l'odeur, le son, la lumière, par exemple, une partie sensible, appropriée à cette influence, comme la pituitaire, l'oreille, l'œil, etc., une sensation particulière ne rencontrant pas même d'analogue : tels sont l'*agent*, l'*organe*, le *produit* des secondes. Les unes et les autres vont actuellement fixer isolément notre attention.

1° Sensations générales. — Nous accordons ce titre aux impressions déterminées par la mise en jeu de la sensibilité percevante commune, à l'occasion des influences variées d'un corps extérieur, d'une réminiscence ou d'une modification vitale. Ce premier ordre des actions d'impression est le plus universellement répandu. Nous le rencontrons seul dans les végétaux et chez les animaux qui forment les derniers degrés de la série ; toutefois les sensations générales éprouvées par ces êtres rudimentaires, en quelques sorte bornées à l'excitation organique, ne doivent pas être comparées à celles de l'homme et des animaux supérieurs qui les reçoivent avec centralisation et conscience. Les mouvements de la sensitive, du polype, en conséquence de l'application d'un agent étranger, prouvent sans doute que ces individus ont été modifiés à leur manière; mais serait-il bien convenable d'assimiler ces résultats aux déterminations raisonnées d'un animal qui perçoit les impressions avec discernement? Nous ne le pensons pas.

Tous les tissus doués de la sensibilité encéphalique, dans l'état normal, ceux qui l'offrent actuellement, dans l'état pathologique, peuvent recevoir des impressions qui se modifient de manière à constituer des sensations générales. Tous les agents susceptibles d'éveiller l'excitabilité nerveuse sont dès lors capables d'occasionner ces dernières. Les êtres vivants, pourvus d'un centre cérébral bien distinct, se trouvent en mesure non-seulement de percevoir, d'intellectualiser ces impressions, mais encore de réagir en conséquence d'un raisonnement, d'une détermination volontaire.

Deux systèmes nerveux se distribuent aux organes des sensations communes. Aux uns, plus particulièrement des nerfs que nous avons décrits sous le titre d'*encéphaliques;* aux autres, des cordons médullaires que nous avons présentés sous la dénomination de *nerfs ganglionnaires.*

Deux membranes de rapport enveloppant l'animal tout entier, servent directement à ses relations avec les corps étrangers dont l'action se borne au contact des surfaces libres. L'une extérieure est nommée *peau;* l'autre intérieure, offrant en quelque sorte plusieurs prolongements de celle-ci, reçoit le titre de *muqueuse.* La première, comme organe de sensation, est plus spécialement liée au système de l'encéphale, tandis que la seconde appartient plus positivement à celui des ganglions.

De ces deux importantes modifications organiques résultent nécessairement deux modes sensitifs essentiellement différents. Les impressions qui portent plus directement sur le système nerveux encéphalique, désignées par un assez grand nombre de physiologistes sous le nom de *sensations externes*, sont ordinairement en raison de la susceptibilité du sujet, et de l'intensité de la cause qui les produit. Elles agissent immédiatement sur l'encéphale, jettent le trouble dans ses phénomènes de relation, soit par la douleur, soit même par le plaisir qu'elles entraînent. Elles n'offrent qu'une influence disproportionnée à leur développement apparent, sur les fonctions vitales et nutritives. Ainsi, nous voyons se concilier avec l'existence active, avec une certaine régularité dans l'enchaînement des lois physiologiques représentant ses bases fondamentales, des sensations extérieures très-vives, des douleurs suraiguës, comme on l'observe, dans l'accouchement, pendant les grandes opérations, etc. La syncope se manifeste rarement au milieu de ces violentes perturbations de l'organisme. Nous rencontrons, chaque jour, des sujets nerveux qui peuvent supporter les convulsions et les spasmes les plus prolongés sans dérangement notable dans les fonctions nutritives.

Les impressions plus particulièrement éveillées dans le système nerveux ganglionnaire, et que les physiologistes modernes ont nommées *sensations internes*, offrent des caractères qui ne permettent pas de les confondre avec celles que nous venons d'examiner. Elles semblent toucher directement le principe de la vie, qu'elles menacent d'une extinction irrévocable dans toutes les circonstances qui les développent d'une manière très-pénible. Il suffit pour s'en convaincre d'observer les conséquences des névralgies gastriques, des étranglements intestinaux, etc. ; leurs symptômes n'ont aucune ressemblance avec ceux des névroses, des constrictions de la peau. C'est aux impressions de cet ordre que viennent se rattacher les impulsions instinctives exerçant leur empire sur le centre nerveux encéphalique, par l'intermédiaire des ganglions ; manifestant même quelquefois leurs effets pendant le sommeil. Ainsi la réplétion des vésicules séminales détermine souvent des songes érotiques, et consécutivement l'émission du fluide générateur. La plénitude extrême de la vessie provoque des rêves qui prennent une direction relative à l'évacuation de l'urine, laquelle se trouve abondamment excrétée lorsque le sujet croit être dans un lieu convenable à cette évacuation ; dans l'hypothèse contraire, cette modification vitale devient quelquefois assez pénible pour occasionner le réveil. Les sensations internes présentent fréquemment l'origine et le premier élément des passions. Ainsi, les stimulations légères de la muqueuse digestive par le vin, le café, développent sensiblement la gaieté ; les phlegmasies chroniques des viscères abdominaux entraînent, au contraire, chez la plupart des sujets, le découragement, la tristesse, quelquefois même le dégoût de la vie.

Les sensations générales, quelle que soit leur nature, sont ordinairement produites par des causes physiques, chimiques ou vitales ; souvent encore par des réminiscences plus ou moins éloignées. Dans la première catégorie viennent se ranger le frottement, la pression, le déchirement, la division, l'extension des tissus organiques ; dans la seconde, la chaleur, le froid, l'électricité, les acides, les alcalis, les sels ; dans la troisième, l'impulsion, l'accumulation du sang, la tension, la surabondance nerveuse dans un appareil de l'économie ; enfin, dans la quatrième, le souvenir d'une impression avec les circonstances physiologiques de sa première manifestation normale.

Déterminées sous l'influence de ces différents modificateurs, les sensations que nous venons d'étudier offrent, pour dernier résultat, le plaisir ou la douleur. Les idées qu'elles font naître sont peu nombreuses, peu diversifiées, et viennent en grande partie se renfermer dans le cercle étroit de ces deux sentiments. Aussi, les animaux, bornés à ces impressions, offrent-ils un moral obtus et des perceptions tellement rudimentaires qu'il est permis, sous ce rapport, de les rapprocher des conditions du végétal. Nous allons voir au contraire actuellement les sensations spéciales agrandir le domaine de l'intelligence en raison de leur nombre, de leur développement et de leur perfection.

2° Sensations spéciales. — Nous rangeons dans cet ordre les impressions reçues au moyen d'organes particuliers, déterminées par des agents appropriés à ces organes et sans influence analogue sur le reste de l'économie. Un appareil de structure étrangère à celle des autres, doué d'une sensibilité spéciale outre la perceptibilité commune ; un excitant exclusif, unique, invariable dans sa nature ; une sensation isolée devenant l'occasion d'une classe d'idées qui ne s'établirait pas autrement dans notre intelligence : tels sont l'*instrument*, le *modificateur* et le *résultat* des sensations spéciales qui nous offrent cinq variétés essentielles dans les organismes les plus compliqués : 1° *palpation ;* 2° *gustation ;* 3° *olfaction ;* 4° *audition ;* 5° *vision*, et qu'en langage vulgaire on comprend sous le titre collectif de *sens*. Nous voyons des caractères communs distinguer les impressions particulières des sensations générales et des conditions propres les différencier entre elles.

Directement liées aux phénomènes de relation, elles n'offrent que des rapports éloignés avec les fonctions nutritives et vitales ; aussi, leur suspension prolongée, quelquefois même étendue à toute la durée de la vie, paraît-elle sans inconvénient notable pour l'existence individuelle ; mais alors cette suspension réduit l'homme à végéter exclusivement en soi-même. Le priver par la pensée des appareils sensitifs que nous venons d'énumérer, c'est rompre les liens qui l'unissaient à la nature entière ; c'est concentrer le foyer de la vitalité dans l'étroite circonscription de son économie, en lui fermant toute voie d'expansion au dehors.

Outre les rapports généraux, les sensations spéciales en offrent de plus particuliers avec telle ou telle fonction de l'organisme. Ainsi l'audition et la vision sont plus étroitement liées aux actions de combinaison intellectuelle et d'expression ; le goût et l'odorat, à l'élaboration digestive ; le toucher, à toutes, en même temps qu'il sert de régulateur aux autres sens. La vision appartient plus directement encore à la locomotion ; l'audition, à la voix, à la parole. On conçoit dès lors pourquoi la cécité complète entraîne l'immobilité ; la surdité, le mutisme. La vue paraît moins essentielle à l'intelligence que l'ouïe ; le toucher pouvant suppléer la première, tandis qu'aucun sens n'est en mesure de remplacer la seconde. Si l'on considère que c'est plus spécialement au moyen de la parole que nous exprimons toutes les nuances des sentiments, toutes les modifications des pensées, l'aveugle-né semblera moins impropre aux travaux de l'esprit que le sourd-muet, et l'on comprendra que le sujet qui naîtrait privé de ces deux sens n'offrirait qu'une intelligence rudimentaire.

Les impressions recueillies par les appareils des sensations spéciales peuvent se reproduire au moyen de la force des réminiscences, comme si la cause qui les a déterminées continuait son action. Après la vision d'un objet très-éclairé, l'œil est fatigué, pendant quelque temps, sous l'influence d'une modification semblable à celle que produirait une vive lumière. Consécutivement aux effets acoustiques d'un concert prolongé, le son des instruments les plus éclatants retentit encore à l'oreille, alors que toute excitation réelle a cessé depuis longtemps. Il ne faut pas croire cependant que ces différentes sensations se gravent également dans le souvenir ; les unes y tracent des impressions profondes, les autres seulement des caractères fugitifs. Si nous les rangeons d'après la première de ces dispositions, nous trouvons : la *vue*, l'*ouïe*, le *toucher*, l'*odorat*, le *goût*. Pour mieux faire comprendre ces modifications de la faculté de sentir, nous devons sommairement considérer leurs *appareils*, leur *nombre*, leurs *divisions*, avant de passer à leur histoire particulière.

Caractères généraux des appareils sensitifs. — On peut définir chacun des organes de sensation spéciale : *Instrument physiologique plus ou moins compliqué, plaçant le cerveau dans une disposition convenable à la perception des qualités physiques ou chimiques inhérentes aux corps.* Pour mériter le titre de *sensitif*, un appareil doit offrir certain nombre de conditions essentielles que nous réduisons à cinq principales, et dont la réunion suffit pour le faire placer *à priori* dans cette catégorie : 1° *situation apparente sur l'un des points extérieurs de la périphérie du sujet ;* toujours dans celui qui se trouve le plus avantageux à l'établissement des rapports de cet appareil avec les objets qu'il doit spécialement faire connaître, et le plus favorable à l'intervention de l'agent qui se trouve particulièrement destiné à la sensation dont il s'agit ; 2° *communication directe avec l'encéphale au moyen des nerfs appropriés ;* 3° *structure spéciale, conformation dans une harmonie parfaite avec la nature de l'agent dont il doit recevoir les impressions ;* 4° *nerfs assez nombreux relativement au volume de l'organe ;* toujours de deux espèces bien distinctes : l'un essentiellement affecté au sens, jouissant d'une excitabilité spéciale et répondant à la nature de son agent particulier ; les autres, communes aux sensations générales ; 5° *réunion de trois appareils plus ou moins simples, mais toujours appropriés à leurs fonctions bien que moins essentielles ;* et que nous distinguons alors, d'après ce caractère, en appareils : *protecteur*, garantissant l'organe principal contre les atteintes nuisibles des objets extérieurs ; de *perfectionnement*, favorisant et développant les impressions de l'agent particulier ; *sensitif*, positivement destiné à remplir avantageusement la fonction dont il s'agit.

Nombre des sens. — Chez l'homme, chez les animaux les plus compliqués et les plus élevés dans l'échelle zoologique, le nombre des sens particuliers se borne à cinq. On avait prétendu que plusieurs d'entre eux en offraient un sixième, en appuyant cette opinion sur un fait plus spécieux que probant. Ainsi Jurine et Spallanzani, ayant détruit les yeux d'une chauve-souris, l'abandonnèrent dans un appartement ouvert : elle se dirigea par le lieu que traversait la lumière, comme si la vision eût guidé ses mouvements ; d'où l'on inféra que cet animal était doué d'un sixième sens. L'expérience est remarquable, mais la conséquence nous paraît essentiellement erronée. D'abord les auteurs n'indiquent pas même les caractères propres, l'organe spécial de ce prétendu sens, et l'animal dont il s'agit n'offre aucun appareil capable d'en faire soupçonner l'existence ; ensuite, il est aisé de concevoir qu'une chauve-souris, dont le tact est d'une extrême finesse, doit éprouver, par le plus léger courant d'air, et peut-être même de lumière, des impressions susceptibles de la diriger dans son vol. On a déjà, depuis longtemps, observé que plusieurs autres animaux naturellement privés des organes visuels, étaient cependant sensibles aux vibrations lumineuses ; dispositions qui faisaient dire à de Humboldt que les polypes jouissent de la faculté de palper la lumière.

Le nombre, la diversité, la nature des sens accordés aux différentes espèces animales, sont toujours en raison de la nature, de la diversité, du nombre des milieux dans lesquels ces dernières sont destinées à vivre. Cette admirable répartition devient une preuve nouvelle que l'univers n'a point été formé par une aveugle fatalité. Nous trouvons encore dans ces différents êtres le développement relatif de tel ou tel sens en harmonie parfaite avec les besoins et le genre de vie. Ainsi, les animaux qui doivent exister dans les lieux souterrains où la lumière ne pénètre jamais, sont constamment privés des organes de la vision. L'aigle et tous les oiseaux qui s'élèvent dans les hautes régions de l'atmosphère, devant apercevoir les objets à des distances infinies dans l'immensité, sont doués d'un appareil visuel très-énergique et susceptible des plus grandes modifications. Le chien et les autres animaux chasseurs destinés à poursuivre le gibier, d'après les émanations qu'il développe sur son passage, offrent un odorat bien remarquable par sa finesse. Les animaux timides que la faiblesse de leurs moyens défensifs oblige à reconnaître, au plus léger bruit, l'ennemi qui les menace, afin de l'éviter par la fuite, présentent la plus grande perfection dans l'appareil auditif.

Une question importante vient naturellement se présenter ici. Existe-t-il des animaux qui se trouvent mieux partagés que l'homme, sous le rapport des sens ? Plusieurs philosophes, comparant isolément la vue de ce dernier à celle de l'aigle, son odorat à celui du chien, son tact à celui de la chauve-souris, du polype, etc., ont décidé la question par l'affirmative, en exhalant des plaintes sans fondement sur l'imperfection humaine, en refusant de placer notre espèce au premier rang dans la création. C'est aux physiologistes guidés par les faits et le raisonnement qu'il appartient de résoudre ce problème.

Il ne s'agit point ici d'établir un parallèle entre chacun des sens de l'homme et celui que la nature y fait correspondre dans plusieurs animaux différents, mais de rapprocher l'ensemble des facultés sensitives du premier de celles du sujet le mieux partagé, sous ce rapport, au nombre des seconds. D'après cette idée qui constitue le fond de la question en litige, nous avançons qu'il n'est pas un seul animal que, sous ce dernier point de vue, l'on puisse même comparer à l'homme. Aucun organe de sensation ne présente, il est vrai, chez ce dernier, la finesse et le développement que nous avons signalés pour quelques-uns dans plusieurs espèces animales ; mais chez lui, tous ces appareils se trouvent dans un équilibre parfait et dans une harmonie d'action que l'on ne rencontre sur aucun point de l'échelle zoologique. En effet, si nous observons, pour certains animaux, l'un des organes sensitifs avec les perfectionnements exigés par la nature du milieu, par les relations que nécessite le genre de vie du sujet, etc., nous voyons toujours ces dispositions favorables achetées aux dépens des autres sens qui s'affaiblissent dans la même proportion et disparaissent même quelquefois absolument. Ainsi, chez l'aigle, dont la vue paraît forte et perçante, à quoi se réduisent le goût, l'odorat et particulièrement le toucher? Dans le chien, l'odorat est remarquable, l'ouïe n'offre pas la même finesse, la vue paraît débile et très-bornée, le toucher se trouve à peu près complétement sacrifié, etc. Si nous parcourons entièrement la série, nous verrons partout les mêmes preuves démontrer jusqu'à l'évidence que, sous le rapport des sensations, l'homme tient encore le premier rang parmi les animaux. Si, d'un autre côté, nous comparons les résultats intellectuels de ces impressions diverses, nous voyons se prononcer, entre notre espèce et toutes les autres, un intervalle immense que leur plus grande perfectibilité ne viendra jamais combler.

Division des sens. — Plusieurs physiologistes veulent établir entre les sens des distinctions qui, d'une part, nous semblent offrir peu de justesse, et qui, d'un autre côté, nous paraissent à peu près inutiles. Les uns ont partagé les organes sensitifs en deux classes, d'après leur action : au *contact*, l'odorat, le goût, le toucher ; à *distance*, la vue, l'ouïe. Sans doute, nous entendons le bruit, nous voyons la forme, la couleur d'un corps séparé du nôtre par un long intervalle ; mais en y réfléchissant un peu, nous sentons que ce même corps n'est point le modificateur des sensations éprouvées, puisqu'elles se rattachent, pour la première, à l'influence du *son*, et, pour la seconde, à celle de la lumière. Or, si l'on empêchait ces deux agents d'exciter *immédiatement*, l'un, le nerf auditif, l'autre, la rétine, en les isolant par le vide et la présence d'un corps opaque, dès lors toute sensation acoustique et visuelle deviendrait impossible ; d'où nous devons naturellement inférer que les sens agissent tous au contact.

Bichat admet également deux ordres de sensations : de *l'intelligence*, la vue, l'ouïe ; *intermédiaires aux fonctions nutritives et de relation*, l'odorat, le goût et le toucher. Mais s'il est permis d'avancer que les premières ont, avec les facultés intellectuelles, une liaison plus directe que les secondes, il est impossible de refuser à ces dernières l'avantage de fournir aussi des idées, et dès lors fautif d'établir entre elles une distinction qui deviendrait le principe d'un isolement peu physiologique.

D'autres ont voulu diviser les sens, d'après la nature de l'impression. Ainsi, sens : *chimiques*, l'odorat, le goût ; *physiques*, l'ouïe, la vue, le toucher. Cuvier considère au contraire toutes les sensations comme le résultat d'une impression chimique ; Jacobson, comme celui d'une modification physique. Il est évident que l'on confond ici la nature du modificateur et celle de la sensation. Ce modificateur peut être en effet chimique ou physique, mais la sensation est toujours nécessairement vitale. Ajoutons que toute classification nous paraît ici défectueuse et d'ailleurs absolument inutile.

Une question bien plus importante vient naturellement se présenter en forme de complément à ces considérations générales : *Quelle est la cause de la spécialité des sens ?* en d'autres termes, pourquoi l'œil est-il exclusivement affecté par la lumière ; l'oreille par les sons ; la pituitaire par les odeurs, etc. ? Quelques physiologistes ont cherché la raison de ces dispositions, dans la forme particulière des appareils sensitifs. Il suffit, pour éloigner d'une direction aussi complétement erronée, de faire observer que cette condition des organes est seulement relative aux appareils protecteurs et de perfectionnement ; que l'on disposerait en vain autour du nerf acoustique un œil parfaitement constitué ; au devant du nerf optique l'oreille la mieux établie ; que dans ces deux cas on n'obtiendrait aucune sensation soit visuelle, soit auditive. C'est donc évidemment dans l'organisation spéciale des nerfs du sentiment, dans la nature propre des facultés vitales qui leur sont departies, que nous devons, en dernier résultat, placer la cause essentielle de ces modifications particulières ; toutefois avec peu d'espoir d'en pénétrer le mystère, puisque les forces de la vie ne sont appréciables que par les résultats qu'elles déterminent, et que l'anatomie, la chimie, déjà si perfectionnées dans leurs étonnants progrès, nous laissent encore au milieu d'une ignorance entière, lorsqu'il s'agit de préciser exactement ces spécialités de structure et de composition.

Après avoir présenté ces considérations physiologiques sur les sensations spéciales, nous devons en étudier les principales variétés, en suivant l'ordre naturel des analogies qu'elles conservent avec les sensations communes et de leur plus grande généralisation dans la série des animaux.

1° **Palpation.** — La palpation, ἄφεσις des Grecs ; *palpatio*, *tactus* des Latins ; encore nommée *tact*, *toucher*, peut être définie : *application immédiate et volontaire de la main, ou de la partie qui la remplace, aux corps à connaître, impression transmise à l'encéphale et convertie en perception.* Il ne faut plus dès lors confondre le tact et la palpation. L'un et l'autre sont produits par l'action des corps sur les organes doués de la sensibilité percevante générale ; mais la palpation est précédée par une sorte d'érection intellectuelle, par le désir d'établir un rapport ; elle est dirigée par la volonté individuelle ; c'est l'organe qui va s'appliquer au corps et non pas le corps à l'organe ; elle offre d'ailleurs quelque chose de spécial par la conformation de l'appareil qui l'exécute, par le nombre, la disposition, la sensibilité des nerfs qui reçoivent l'impression. Aussi, la main seule, chez l'homme, peut-elle exécuter le toucher dans sa perfection et les autres parties, au moyen desquelles on cherche à la suppléer dans cette fonction, ne l'exercent-elles que d'une manière incomplète. Le tact, au contraire, s'effectue le plus souvent sans attention et sans volonté. C'est une impression occasionnelle, imprévue, toujours vague et peu susceptible de nous donner d'autres notions que celles de la chaleur, du froid, du sec, de l'humide, etc. ; n'offrant aucun organe propre, aucune disposition exclusive, rentrant, en grande partie, dans les sensations communes et pouvant être considéré tout au plus comme un toucher rudimentaire.

La palpation, envisagée sous ce double point de vue, sert à marquer le passage des sensations générales aux sensations spéciales. Moins universelle que les premières, elle n'offre point, dans l'organisme, la circonscription rigoureuse des secondes. Elle présente, sans aucune comparaison, le sens le plus universellement répandu, puisqu'il est permis de l'admettre dans presque toute l'échelle zoologique, avec des modifications et des nuances graduées depuis les animaux inférieurs jusqu'à l'homme, qui seul nous la présente avec ses caractères essentiels et toute sa perfection ; qui doit à ces conditions remarquables, beaucoup plus qu'on ne le pense vulgairement, la justesse de ses idées, la rectitude, la supériorité de ses jugements dans tout ce qui appartient à la sphère des sensations extérieures.

Le but essentiel du toucher est de placer les animaux, l'homme plus particulièrement encore, dans la condition d'apprécier les qualités des corps étrangères à l'action des autres sens, bien souvent même de rectifier les illusions nombreuses de ces derniers ; caractères qui, rapprochés de la précision de ses résultats, lui méritèrent le nom de *sens régulateur*, *géométrique*, etc.

Appareil.— On s'est habitué depuis longtemps à considérer les surfaces libres, douées de la sensibilité percevante générale, telles que l'origine des muqueuses et plus spécialement encore la peau, comme les organes essentiels du toucher. Cette erreur est une suite nécessaire de celle que nous avons signalée, dans laquelle on identifiait le tact et la palpation. Ne voulant pas toutefois les isoler complétement et trouvant dans l'un le premier rudiment de l'autre, nous examinerons, physiologiquement d'abord l'enveloppe dermoïde, comme organe du tact, ensuite la main, comme instrument particulier de la palpation.

De la peau et de ses annexes. — L'homme et la plupart des animaux sont enveloppés extérieurement par une membrane désignée sous le nom de *peau*, s'enfonçant à l'intérieur, en prenant celui de *membrane muqueuse*. De telle sorte qu'il existe, par le fait, deux téguments continus, l'un externe, plus épais et mieux protégé; l'autre interne, moins solide et plus fin ; c'est dans l'intervalle qui les sépare que se trouvent placés tous les organes de l'économie. Des expériences nombreuses démontrent sinon l'identité, du moins l'analogie d'organisation entre ces deux tissus. C'est ainsi qu'en retournant un polype, on voit la muqueuse prendre insensiblement tous les caractères de la peau, *et vice versâ*. Dans les renversements habituels du rectum, de l'utérus, le tégument interne revêt graduellement les dispositions et les propriétés de l'enveloppe dermoïde, etc.

La peau, — δέρμα des Grecs, *cutis* des Latins, considérée chez l'homme et chez les animaux supérieurs, nous offre toujours deux usages essentiellement différents, mais également utiles : par sa consistance, elle protége physiquement les organes sous-jacents ; par le développement de sa faculté de sentir, elle avertit l'économie de la présence des corps extérieurs, de manière à solliciter immédiatement les réactions appropriées. Ces deux moyens de résistance, l'un passif, l'autre actif, sont nécessairement opposés dans leur perfectionnement et se rencontrent chez les animaux, sous des proportions variables, suivant l'organisation des espèces, leurs instruments de fuite ou d'agression, leur caractère, leur genre de vie, etc. Ainsi, pour les animaux faibles, timides, incapables de s'éloigner avec assez de rapidité des atteintes fâcheuses qui les menacent, la sensibilité de la peau se trouve entièrement sacrifiée à sa résistance passive, qui dès lors en forme une véritable égide, comme on observe dans le hérisson, le porc-épic, la tortue, etc. Au contraire, si l'animal est doué d'une grande agilité, s'il peut éluder les attaques par la ruse ou les repousser avec énergie, la peau semble perdre, en raison de ces avantages, les caractères protecteurs que nous venons de signaler; alors qu'elle gagne dans la même proportion, comme organe du tact. Le cerf, le renard, le taureau nous en offrent des exemples. Tous les intermédiaires se trouvent naturellement placés entre ces deux extrêmes. Chez l'homme qui, par la supériorité de son génie, peut se créer des abris artificiels, se forger des armes redoutables, l'enveloppe dermoïde conserve à peine ses caractères protecteurs et devient un appareil à peu près exclusivement sensitif.

Organisation. — La peau dont la structure est assez compliquée, nous offre différents tissus que nous rattachons à deux ordres principaux, afin d'en mieux comprendre la disposition ; *parties propres :* la peau réduite à ses éléments essentiels ; *parties accessoires :* toutes les annexes qui peuvent s'y trouver ajoutées.

Parties propres. — Les anatomistes ont émis des opinions différentes relativement à l'organisation de la peau. Nous indiquerons particulièrement celles de Malpighi et de Gaultier qui nous paraissent avoir le mieux approfondi cet objet.

Malpighi admet quatre éléments principaux dans cet organe : le *derme*, le *réseau muqueux*, le *corps papillaire*, l'*épiderme*. — Le *derme* ou *chorion* est la partie fondamentale de la peau, celle qui lui donne sa principale résistance. Fibro-celluleux, peu susceptible d'extension, il présente un réseau dont chacun des nombreux orifices laisse passer une artère, une veine, des vaisseaux lymphatiques, des nerfs et du tissu cellulaire. C'est à l'étranglement de ces paquets vasculeux, par la circonférence de l'ouverture dermoïde, qu'il faut attribuer le *bourbillon* dans le furoncle et dans l'anthrax, disposition qui démontre anatomiquement l'avantage incontestable des larges incisions pratiquées dès le début dans ces maladies pour effectuer le débridement et prévenir la gangrène. — *Le réseau muqueux*, d'un gris blanchâtre, d'une texture molle, criblé d'une multitude incalculable de pertuis que Leuwenhoeck prétend avoir comptés au nombre de cinquante mille dans un pouce carré, devient le siége du dépôt de la matière colorante ; laiteuse chez l'habitant du Nord, cuivreuse chez les peuples méridionaux, et noire dans la race nègre. Cette couche pulpeuse, en même temps qu'elle protége les nerfs, paraît maintenir ces derniers dans un état de souplesse favorable à l'exercice de leurs fonctions. Gall considère le corps muqueux comme l'origine et la matrice de ces cordons médullaires qui vont ensuite former l'encéphale par leur union ; théorie fautive et combattue par tousles anatomistes modernes. — Le *corps papillaire*, bien remarquable aux pieds, aux mains, et plus spécialement aux extrémités digitales où nous voyons ses épanouissements rangés en paraboles concentriques, est formé par la terminaison des nerfs sensitifs généraux, dépouillés de leur névrilemme et disposés en mèches de forme variable, donnant à la peau la sensibilité percevante commune qu'elle présente avec un grand développement, surtout, comme nous le verrons dans l'appareil essentiel de la palpation. — L'*épiderme*, du grec ἐπὶ, sur, et δέρμα, peau, *cuticula* des Latins, petite peau, épichorion de quelques anatomistes modernes, est une couche mince, inorganique, formant la partie la plus extérieure de l'enveloppe cutanée, offrant beaucoup d'analogie de composition avec les cheveux, les ongles et la substance cornée ; présentant un grand nombre d'orifices, les uns, traversés obliquement par les poils, et les autres livrant habituellement passage au produit de la perspiration dermoïde. Il est en effet impossible d'admettre avec Leuwenhoeck, la disposition imbriquée à la manière des écailles du poisson. Haller attribuait la formation de l'épiderme au dessèchement des couches les plus superficielles du réseau muqueux ; Morgagni la rapportait aux pressions de l'atmosphère ; il est aujourd'hui suffisamment démontré qu'elle n'est autre chose que le produit d'une véritable sécrétion, et qu'elle rentre, de même que celle des poils, des écailles, etc., dans le système général des excrétions épuratoires. Du reste, cette membrane, une fois constituée, paraît étrangère aux lois de la vie. Se reproduisant incessamment, elle ne reçoit aucun nerf, aucun vaisseau, ne présente aucun phénomène de nutrition ; insensible dans toutes ses modifications, elle se trouve jetée, sur les épanouissements nerveux, comme une gaze légère, pour diminuer l'irritabilité qu'ils offriraient avec excès, toutefois sans neutraliser entièrement les impressions des corps extérieurs. Plus épais, l'épiderme détruirait le toucher; plus mince, il abandonnerait la peau sans défense à des agressions étrangères qui détermineraient les plus vives douleurs, au lieu d'occasionner des sensations normales. Il suffit, pour s'en convaincre, d'essayer le tact, d'une part, au moyen des mains calleuses d'un manouvrier; de l'autre, sur la peau dénudée par l'action d'un vésicatoire. Détaché du corps muqueux, l'épiderme ne s'y recolle jamais ; il tombe alors sous forme d'écailles furfuracées, en se brisant après sa dessiccation ; circonstance qui, sans doute, en avait imposé relativement à la disposition squammeuse. Il s'épaissit par la compression prolongée, acquiert insensiblement la dureté de la corne, agit péniblement sur les nerfs sous-jacents, comme on le voit pour les cors insensibles par eux-mêmes, et cependant auxquels on attribue gratuitement la douleur qu'ils occasionnent.

Gaultier porte jusqu'à six les éléments essentiels de la peau, le *derme*, — offrant, dans toute la surface extérieure, des sillons assez profonds. Les *bourgeons vasculaires*, — unis deux à deux sur les sillons du derme, fournissent, par leur sommet, un canal qui va se ramifier dans la *couche albuginée superficielle;* par leur base, un autre conduit qui vient se distribuer au bulbe des poils, en donnant, comme nous le verrons, l'explication de l'analogie que présentent ces derniers et la peau, sous le rapport de la couleur. *La couche albuginée profonde*, — également épaisse dans toutes ses parties, et laissant dès lors subsister les sillons qu'elle recouvre. *La substance brune*, — siége naturel de la matière colorante. *La couche albuginée superficielle*, — rendant à la peau l'uniformité qu'elle présente extérieurement. L'*épiderme*, — tel que nous l'avons indiqué. La théorie de Gaultier n'est point encore généralement admise; toutefois elle éclaire plusieurs points dans l'histoire physiologique de la peau, comme nous l'observerons en étudiant ses parties accessoires.

Quelles que soient, au reste, les idées que l'on adopte sur

l'organisation de cette membrane, elle offre deux surfaces, l'une *interne*, adhérente, l'autre *externe*, libre. La *première* est unie lâchement aux muscles par du tissu cellulaire graisseux. Des fibres contractiles servent à la doubler dans quelques points sous le nom de *peauciers*. Il n'en existe qu'un seul chez l'homme, le *thoraco-facial;* pour certains animaux et notamment dans les pachydermes, cette modification est presque générale. C'est l'action de ces organes accessoires qui hérisse les poils chez les bêtes féroces, pendant les convulsions de la colère. La *seconde*, protégée par l'épiderme, offre des plis ou sillons de quatre espèces différentes : Les intervalles papillaires; les rides occasionnées par la flexion des parties; celles que produit la contraction des peauciers; celles qui sont le résultat d'un amaigrissement prononcé. Des follicules sébacés occupent les divers points de l'enveloppe dermoïde où s'effectuent des frottements habituels, et produisent une humeur grasse destinée à faciliter ces derniers en les rendant moins offensifs. Les anciens peuples, et surtout les Africains, suppléaient à son peu d'abondance par les onctions au moyen d'une huile étrangère. Le développement de la peau varie beaucoup dans les différentes classes d'animaux. Epaisse chez les ruminants, mince chez les rongeurs, elle est intermédiaire à ces deux extrêmes pour les carnivores et pour l'homme.

Parties accessoires. — Elles offrent des modifications de l'épiderme dont elles partagent les fonctions protectrices dans l'homme et dans la série des animaux. En comprenant toutes les variétés qu'elles présentent pour l'échelle zoologique, nous les réduisons à six : *poils, ongles, cornes, plumes, écailles, coquilles.*

Les poils, — dans leur ensemble, constituent l'appareil protecteur naturel aux mammifères. Implantés dans l'épaisseur du chorion, ils traversent obliquement les autres parties, et se trouvent ainsi naturellement couchés à la surface de cette membrane. Envisagés d'une manière générale, ces prolongements nous offrent des organes bulbeux à l'origine, disposés en tubes dans le reste de leur trajet, et contenant intérieurement une huile animale colorante. Ils nous présentent par conséquent deux objets essentiels à noter : l'organe sécréteur, le fluide sécrété.

Organe sécréteur. — Il se partage naturellement en deux parties, le bulbe, la tige pileuse. Le *bulbe* est un renflement capsulaire à deux ouvertures, qui reçoit des vaisseaux et des nerfs, et qui sécrète l'huile particulière dont la tige est remplie. D'après Gaultier, une matière colorante variable, formée par l'action physiologique des bourgeons vasculaires, est versée, par les conduits indiqués, d'une part, dans la cavité bulbeuse pour s'y mêler à l'huile animale, de l'autre, dans la substance brune de la peau. Quelle que soit au reste la théorie que l'on adopte relativement à cette élaboration sécrétoire, il n'en reste pas moins démontré que la matière colorante des poils et celle de l'enveloppe dermoïde, se trouvent sécrétées par un organe commun, et peuvent être envisagées comme identiques. En exceptant quelques aberrations de la nature, nous rencontrons en effet bien rarement un système pileux noir et crépu sur la peau laiteuse et blanche d'un sujet lymphatique ; plus rarement encore une chevelure ondulante et blonde sur le derme olivâtre ou basané d'un individu bilieux. Le nègre et l'albinos offrent également ces rapports d'une manière constante. Chez les animaux dont les poils sont blancs et noirs par intervalles, on voit la peau dans les mêmes limites présenter des caractères identiques sous le rapport de la coloration. Nous avons rencontré plusieurs faits analogues chez l'homme ; nous citerons le suivant comme l'un des plus remarquables : Culerier, Louis, âgé de seize ans, d'un tempérament lymphatique, enfant de l'hôpital du Mans, offre sur l'enveloppe dermoïde un assez grand nombre de taches d'un blanc lacté, avec épaississement dans les parties affectées. Sur tous les points où cette modification se rencontre, les poils sont d'une blancheur éblouissante, surtout aux organes génitaux. Il existe sur le front une mèche de cheveux assez volumineuse, contrastant par ces caractères avec la teinte blonde que présentent les autres parties du système pileux. La théorie de Gaultier se trouve en harmonie constante avec ces faits, et nous pensons qu'elle est bien préférable à celle de Blumenbach, expliquant ces modifications diverses par l'influence chimique de l'air, de la chaleur et de la lumière ; aux rêveries de quelques auteurs qui les attribuent les uns, à des élaborations sécrétoires du cerveau, les autres, au dépôt de la matière colorante biliaire, etc. Sans doute l'insolation brunit la peau, comme il est aisé de le prouver en comparant, sous ce dernier rapport, le citadin efféminé au robuste habitant de la campagne, mais il ne s'agit ici que d'une simple coloration de de l'épiderme ; aussi disparaît-elle par le renouvellement de ce dernier, et cette influence ne sera-t-elle jamais susceptible de modifier un sujet de la race blanche de manière à lui donner les caractères essentiels du nègre.

Gaultier ayant trouvé l'occasion d'appliquer des vésicatoires chez un homme de couleur, après avoir exactement rasé les poils, observa, pendant toute la suppuration, un grand nombre de points blanchâtres correspondants aux sections des tiges pileuses ; dès que la surface dénudée cessa d'élaborer du pus, les points indiqués s'entourèrent d'aréoles brunâtres qui, se confondant par leur extension, rendirent à la peau sa teinte noire primitive. Cette observation curieuse, dont nous avons récemment constaté l'exactitude sur un autre sujet de la même race, devient en quelque sorte le complément des preuves qui démontrent, d'une manière incontestable, toute la vérité de cette explication relativement à la coloration des poils et de la peau.

La tige pileuse est un cylindre incolore, épidermoïde à l'extérieur, spongieux, et même, d'après quelques auteurs, érectile intérieurement. Ainsi Lodère cite le fait d'un jeune homme, à système pileux noir, qui présentait une forte mèche de cheveux écarlate foncé, prenant la rougeur d'une crête de coq pendant les accès de colère. Il n'est peut-être pas invraisemblable d'ajouter cette cause d'érection à l'influence des peauciers, le mouvement du sang vers la tête se trouvant accéléré par la violence des passions analogues. Les observateurs dignes de foi rapportent que dans la plique, la section des cheveux a plusieurs fois occasionné des hémorrhagies assez graves. Ces modifications pathologiques, en exagérant les caractères naturels des productions pileuses, deviennent très-propres à nous faire mieux apprécier une organisation que sa ténuité, dans l'état normal, soustrait à nos investigations ordinaires. Les poils, abandonnés à toute la liberté de leur accroissement, se bifurquent souvent à l'extrémité la plus éloignée. Lorsqu'on les coupe, ils fournissent une certaine quantité de fluide onctueux par une ouverture béante qui ne tarde pas à s'oblitérer.

Fluide sécrété. — Cette humeur nous présente un mélange d'huile animale, de mucus et de matière colorante variable. Ainsi dans les cheveux noirs, d'après Vauquelin, on trouve à l'analyse une grande proportion de substance animale semblable au mucus desséché ; un peu d'huile blanche concrète ; une très-petite quantité d'huile gris verdâtre, épaisse comme le bitume ; des traces de manganèse et de fer oxydés ou sulfurés, de la silice, du soufre, des phosphate, carbonate de chaux. Dans les cheveux rouges, des oxydes et des sulfures en moins grande proportion, du soufre en quantité plus considérable, une huile animale de cette couleur : aussi peut-on les noircir par un mélange de craie, de chaux vive et de protoxyde de plomb. M. Bienvenu, dans sa dissertation sur le système pileux, rapporte qu'à Ville-Dieu, département de la Manche, plusieurs chaudronniers offrent des cheveux parfaitement verts, sans éprouver aucune maladie particulière. Cette modification serait-elle déterminée par l'action du cuivre que travaillent journellement ces ouvriers ? Cette opinion ne sera pas invraisemblable si l'on considère qu'il suffit d'employer un peigne de plomb pour foncer notablement la couleur des cheveux rouges. Les blancs ne présentent point les sulfures et les oxydes indiqués ; ils offrent seulement un peu de phosphate de magnésie joint à l'huile mucilagineuse entièrement incolore. Les nuances intermédiaires se rattachent naturellement aux diverses combinaisons de ces principes constituants.

Tous les faits se réunissent pour démontrer que la matière colorante des poils et de la peau n'est autre chose qu'un produit sécrété ; que la canitie, la maladie des albinos, envisagée sous ce dernier point de vue, se rattachent immédiatement à la suspension de cette élaboration vitale. Ainsi le docteur Hamilton dit, qu'en 1820, un nègre, âgé de cinquante-quatre ans, devint blanc successivement de la tête aux pieds, conservant seulement quelques taches grisâtres et la couleur naturelle des cheveux. Compagne, médecin à Sigean, parle d'une femme de trente-six ans, affectée d'encéphalite aiguë, chez laquelle, au troisième septénaire, les cheveux blanchirent complétement dans l'espace de cinq jours, et reprirent, vers la fin de la quatrième semaine, leur couleur noire primitive. Pendant nos horribles convulsions révolutionnaires, on a vu d'illustres victimes présenter ce phénomène dans la seule nuit qui précédait leur exécution. Les chagrins, les contradictions, les souffrances, les travaux intellectuels opiniâtres, la vieillesse, etc., produisent, avec plus de lenteur, des résultats analogues. Cette altération vient se rattacher à deux modifications essentiellement différentes : Au défaut de sécrétion du fluide colorant, sans abolition nutritive ; les poils peuvent encore vivre et conserver leur solidité d'implantation, comme on l'observe chez les jeunes sujets. A l'oblitération des conduits qui portent cette matière dans les tiges capillaires, comme on le voit par les progrès de la caducité. La même cause, agissant alors sur les vaisseaux nourriciers du bulbe, détermine successivement la décoloration, la mort et la chute irrévocable de ces productions épidermoïdes. Il en résulte bientôt une *calvitie*, dont le mécanisme présente beaucoup d'analogie avec celui qui détermine l'avulsion sénile des dents. Il existe un grand nombre de variétés individuelles relativement à l'âge où se manifestent les perversions indiquées. Nous connaissons un jeune homme de vingt ans, dont les cheveux sont tombés entièrement et sans aucune maladie notable. Une dame de quatre-vingt-quinze ans, à laquelle nous donnons des soins, conserve une très-belle chevelure blonde sans aucune apparence de canitie. Une autre, de quatre-vingt-neuf ans, blanchit à quatre-vingt-sept et reprit l'année suivante la couleur brune qu'elle offrait d'abord. Haller cite plusieurs faits semblables.

Chez les animaux qui n'ont pas, comme nous, la faculté d'accommoder exactement des abris artificiels aux principales variétés des saisons, les poils tombent et se reproduisent chaque année, vers le printemps, formant de cette manière une fourrure d'été plus mince et plus légère, une autre d'hiver plus épaisse et plus chaude. Aplatis dans les rongeurs, coniques pour quelques espèces, noueux chez un petit nombre de variétés, cylindriques dans la majorité des sujets, ils deviennent très-durs pour le sanglier et forment des pointes acérées chez le hérisson, le porc-épic ; se réunissent pour constituer des espèces d'écailles, chez le pangolin, marquant ainsi le passage aux autres parties accessoires de la peau. Les moustaches du chat reçoivent des nerfs de la cinquième paire. On les avait considérées comme un sixième sens, imaginant qu'après leur section, cet animal devenait moins clairvoyant pendant la nuit.

Dans notre espèce, les poils ont reçu quelques dénominations particulières, en raison des localités qu'ils occupent ; on les désigne par les termes de *barbe*, au menton ; de *cils*, aux paupières ; de *cheveux*, au péricrâne, etc. On les rencontre spécialement autour des ouvertures qu'ils protégent, à la tête, aux aisselles, à la poitrine, aux organes génitaux, etc. La barbe caractérise la virilité, comme des cheveux plus souples et plus longs deviennent l'apanage du sexe féminin. Ils concourent à l'établissement des types fondamentaux chez les différents peuples. Ils sont allongés, plats et d'une couleur pâle chez les habitants du Nord ; bouclés et noirs pour ceux du Midi ; courts et lanugineux dans la race nègre. Des observateurs aussi patients que minutieux en ont compté, par chaque pouce carré, 572 noirs, 608 blonds, 790 jaunes, sur diverses têtes européennes. Ils jouissent d'une vertu galvanique très-prononcée. Bridanc dit avoir obtenu, par leur frottement, assez de feu pour enflammer de l'esprit-de-vin et d'électricité pour effectuer des commotions. On a vu la barbe et les cheveux étincelants pendant un violent accès de colère.

Outre leurs fonctions protectrices, les poils semblent encore présenter un émonctoire par lequel est éliminé le phosphate calcaire en excès, et cette espèce d'huile animale qui maintient leur souplesse, nécessite habituellement des soins de propreté. C'est probablement en raison de cette influence dérivative, alors peut-être exagérée, que Casimir Médicus rasait le pénil dans la blennorrhagie, et d'autres praticiens, le péricrâne dans les céphalalgies rebelles.

Les ongles — sont des productions épidermoïdes placées, chez l'homme, à la face postérieure des extrémités digitales qu'elles enveloppent incomplétement et de manière à soutenir la pulpe sensitive de ces extrémités. Dans les animaux carnassiers elles perdent cet usage ; épaissies et recourbées en crochets acérés sous le nom de *griffes*, elles deviennent des instruments d'agression. Chez le plus grand nombre des herbivores elles renferment plus ou moins entièrement les pieds en leur fournissant des gaînes terminales sous les dénominations d'ergots, de sabots, etc.

Dans l'espèce humaine, on peut regarder les ongles comme formés par la juxtaposition d'un certain nombre de poils émanant d'une série de bulbes dont l'ensemble constitue la matrice de ces productions, et se trouve logé sous la peau dans une étendue de plusieurs lignes. Ils se développent d'après un mécanisme absolument semblable ; leur accroissement s'effectue constamment de la racine à l'extrémité libre, jamais dans le sens de l'épaisseur, comme on l'avait pensé d'abord. L'expérience nous a démontré plusieurs fois qu'un ongle ordinaire se renouvelle en totalité dans l'espace de cinq à six mois, lorsqu'il est entretenu dans ses dimensions normales par des sections assez rapprochées. En les abandonnant sans cette précaution, ils se recourbent antérieurement, se déforment et prennent l'aspect des griffes de certains animaux. Leur souplesse est conservée par la sécrétion de l'huile animale qui les pénètre; aussitôt que cette élaboration n'existe plus, ils deviennent secs et cassants.

Les cornes — présentent beaucoup d'analogie de composition avec les ongles; seulement elles sont plus épaisses, plus consistantes; on les rencontre surtout chez les ruminants. Elles naissent du coronal, fournissent par leur cavité des prolongements aux sinus frontaux. Il faut toutefois y distinguer deux parties bien différentes : l'une centrale, véritable apophyse osseuse; l'autre formant l'étui corné qui sert d'enveloppe à la première et qui seule appartient aux productions épidermoïdes.

Les plumes, — accessoires de la peau chez les oiseaux, offrent la même composition que les poils dont elles ne diffèrent que par la forme; encore les voyons-nous, dans les premiers instants de leur apparition, à l'état de simple duvet, s'en rapprocher beaucoup sous ce dernier rapport. C'est par le moyen d'un renflement bulbeux que ce duvet s'accroît; ensuite il est remplacé par le germe de la plume s'entourant d'une gaîne cylindrique dont les divisions ultérieures constituent les barbes. La substance pulpeuse intérieure forme cette production centrale qui présente une série de nodosités. Après avoir acquis son entier accroissement, le tube nourricier s'oblitère insensiblement par son extrémité d'implantation, il se dessèche, tombe, est remplacé par un autre, absolument comme la tige pileuse des mammifères.

La coloration des plumes, dans ses admirables variétés, sert à distinguer non-seulement les familles, mais encore les mâles et les femelles dans la même espèce. Constituant des abris et des appareils de protection pour les oiseaux, augmentant leur légèreté spécifique, elles offrent, en même temps, à ces derniers des rames aériennes, avec lesquelles ils parcourent impunément les plus hautes régions de l'atmosphère.

Les écailles — se présentent sous la forme d'expansions épidermoïdes aplaties, imbriquées, naissant par des bulbes accolées, à la manière des ongles, recouvrant la peau des reptiles et des poissons; se détachant avec la cuticule, à certaines époques de l'année, pour faire place à des écailles nouvelles. Devenant les organes protecteurs de ces animaux, elles détruisent à peu près entièrement le tact pour leur enveloppe naturellement peu sensible, n'offrant que les rudiments presque imperceptibles du corps capillaire. En se redressant, chez les reptiles, elles servent également *au ramper*. Leur coloration est modifiée dans les espèces, chez les différents individus, sans offrir, avec celle de la peau, l'analogie que nous venons de signaler entre les nuances de cette membrane et celles des poils.

Les coquilles — sont des enveloppes calcaires, formant à l'animal un réceptacle plus ou moins complet et dont la solidité varie d'après les proportions relatives de la partie épidermoïde et du phosphate de chaux. Dans cette catégorie viennent se placer les étuis des insectes, les abris des animaux univalves, bivalves, les plaques souvent très-dures des testacés, la carapace des tortues, etc. Cette modification de l'appareil accessoire détruit entièrement les conditions tactiles de la peau, réduisant cette membrane au rôle exclusif d'organe protecteur.

Ainsi, toutes les parties secondaires que nous venons d'examiner : *poils*, *ongles*, *cornes*, *plumes*, *écailles*, *coquilles*, ne sont que des modifications de l'épiderme, des formes diversifiées du système pileux; ordinairement appropriées aux besoins de l'animal, tantôt voilant à peine les épanouissements nerveux de l'enveloppe dermoïde, en laissant à la sensibilité toute sa finesse d'exploration ; tantôt formant à ces derniers un bouclier impénétrable et bornant les phénomènes cutanés à ceux d'une défense passive, d'après la nature des relations auxquelles se trouve particulièrement destiné l'animal dans la série des êtres dont il fait partie. Outre ces usages particuliers, la peau sert également, comme nous l'avons démontré dans l'examen des fonctions vitales et nutritives, d'organe supplémentaire aux poumons, d'émonctoire à toute l'économie, de régulateur à la température individuelle, avec des modifications relatives aux circonstances d'organisation que nous venons de signaler.

ORGANE ESSENTIEL DU TOUCHER. — Nous avons considéré l'origine des muqueuses, l'enveloppe dermoïde, comme des organes du tact, mais elles ne méritent pas celui d'appareil essentiel du toucher. Pour acquérir ces caractères, la peau doit réunir les conditions suivantes : 1° un support conformé en instrument solide, à pièces mobiles, susceptible de s'appliquer et de se mouler sur la forme des corps ; 2° un tissu cellulaire sous-cutané, de souplesse et d'épaisseur appropriées ; 3° un corps papillaire développé, des épanouissements nerveux en assez grand nombre ; 4° un épiderme très-fin, sans dureté ni sécheresse prononcées.

La main offre toutes ces conditions essentielles dans le plus admirable degré de perfection. Formée, pour son extrémité libre, par des doigts flexibles et résistants, dont l'un, nommé *pouce*, est aisément opposé à tous les autres, elle peut, sous l'influence de la volonté, embrasser un grand nombre de corps, saisir les plus ténus, parcourir les surfaces des plus volumineux. Ces doigts, à leur phalange terminale, sont garnis d'un coussinet celluleux élastique, soutenu par l'ongle, recouvert d'une peau fine très-sensible, offrant un grand nombre de papilles nerveuses, disposées en paraboles concentriques et protégées par un épiderme assez fort pour les garantir contre la douleur, assez léger pour conserver au toucher la délicatesse dont il a besoin. Des appareils musculaires, aussi simples que diversifiés, meuvent toutes ces parties, en modifiant convenablement les formes des divisions carpienne et métacarpienne. Ces dispositions de la main en font un instrument de préhension très-avantageux, un appareil de palpation plus parfait encore ; devenant en quelque sorte l'apanage exclusif de l'homme et suffisant pour en caractériser la supériorité, relativement à l'intelligence, en raison de la précision qu'il donne aux idées, comme sens positif et régulateur des autres. Les animaux supérieurs sont en effet, sous ce dernier rapport, bien éloignés de notre espèce. Dans le singe lui-même, qui paraît se rapprocher davantage de l'homme, quelles différences essentielles ne se manifestent pas en comparant chez eux l'organe du toucher ? Les doigts du premier n'offrent point la même agilité, leur mobilité partielle n'est plus garantie par l'isolement complet des tendons. Le pouce est trop court et son opposition dès lors imparfaite. L'épiderme sensiblement épaissi par la nécessité de la marche quadrupède, rend la palpation beaucoup plus obtuse. Pour quelques espèces, on voit la *queue prenante* former un accessoire assez avantageux ; chez le castor, le prolongement coccygien large, aplati, sert aux mêmes usages. Dans les autres animaux, la main est remplacée d'une manière toujours plus ou moins défectueuse relativement au phénomène que nous étudions. Ainsi, chez la taupe, le porc, le sanglier, etc., par le nez ; chez l'éléphant, par la trompe ; chez l'âne, le cheval, etc., par les lèvres ; chez les ruminants, le chien et la plupart des carnivores, par la langue ; chez le perroquet, les oiseaux de proie, etc., par les pattes, qui deviennent alors moins favorables à la progression. Chez le plus grand nombre des oiseaux aquatiques et plongeurs, par l'extrémité du bec, alors plus molle et plus élargie ; chez les poissons, par des *barbillons*, ou prolongements très-sensibles, disposés autour de la bouche ; dans les mollusques, par des expansions nommées *tentacules* ; chez les polypes et les reptiles, par toute la surface extérieure. Il résulte évidemment de ces dispositions que l'homme seul jouit d'une palpation entière et parfaite ; que le tact, à peu près exclusivement, se trouve départi à tout le reste de la série zoologique.

Plusieurs auteurs ont pensé qu'en multipliant davantage les os qui composent la main, cet instrument aurait pu s'améliorer d'une manière bien satisfaisante. Buffon prétendait qu'en donnant aux doigts plus de souplesse et de mobilité, l'on obtiendrait, sous le rapport du toucher, des résultats beaucoup plus avantageux encore. Sans noter les défectuosités que présenterait la main, dans ces deux hypothèses, comme organe de préhension, sans parler des complications au moins inutiles qu'on lui ferait éprouver, elle deviendrait, en perdant son admirable simplicité, beaucoup moins propre à la palpation elle-même, n'offrant plus un appareil assez ferme, assez exact dans ses mouvements, pour effectuer ce phénomène avec la précision qu'il exige.

En résumant toutes ces considérations relatives à l'organe du toucher, plus spécialement étudié chez l'homme, nous le voyons présenter les trois appareils : 1° *protecteur*, l'épiderme et ses modifications ; 2° de *perfectionnement*, la main telle qu'elle est constituée ; 3° *sensitif*, le corps papillaire des extrémités digitales.

Agent. — Il est représenté par l'ensemble des corps envisagés sous le rapport de leurs propriétés physiques ou chimiques susceptible d'affecter l'organe de palpation ; ainsi, la chaleur, le froid, la consistance, la mollesse, les rugosités, le poli, toutes les formes de la matière, etc., sont autant de modificateurs du toucher, pouvant faire naître, dans le centre encéphalique, les différentes idées qui doivent les représenter à l'esprit. Ces agents sensitifs appartiennent en effet, à peu près exclusivement, à l'investigation tactile, puisque le plus grand nombre est imperceptible pour la vue, l'ouïe, le goût et l'odorat.

Besoin. — La curiosité, le désir d'apprécier positivement les qualités des corps extérieurs dont nous soupçonnons le rapprochement; ou dont la présence nous est manifestée par les autres sens, le besoin de rectifier les erreurs auxquelles ces derniers nous exposent, telles sont les impulsions naturelles qui nous engagent à palper les objets dont nous voulons connaître et surtout préciser les caractères essentiels. Aussi ne sommes-nous jamais bien pénétrés de la réalité de ces propriétés matérielles, et ne les conservons-nous point assez profondément dans le souvenir, lorsqu'elles n'ont pas été constatées par l'action du toucher. C'est pour cette raison que le jeune enfant promène incessamment ses mains agiles et délicates sur tous les corps dont il est environné. Cet appétit assez vif, assez impérieux, concourt au bonheur, dès qu'il est satisfait; laisse au contraire, dans l'âme, une sorte d'impatience et de regret, en le supposant contrarié dans l'exécution du phénomène qu'il sollicite.

Étude. — C'est au moyen de la main, plus spécialement, que l'homme exerce la palpation, qu'il étudie les propriétés tactiles des corps, et qu'il rectifie les illusions des autres sens. Lorsque nous désirons connaître, dans un objet, les qualités les plus susceptibles d'agir sur le toucher, après un appel de l'attention, sous l'influence d'une détermination volontaire, nous saisissons cet objet, nous en parcourons les différents contours, en appliquant particulièrement la pulpe digitale sur les points les plus importants et les plus difficiles à bien apprécier. C'est ainsi que nous explorons, lorsqu'il s'agit, par exemple, de préciser la force, la faiblesse, la lenteur, la fréquence, et toutes les autres modifications du pouls. Il se manifeste, consécutivement à l'exercice explorateur de l'organe sensitif, une impression relative à la nature de l'agent qui l'occasionne ; cette impression est transmise, par les cordons nerveux, au cerveau qui l'élabore, et la convertit en perception, sous l'influence du principe immatériel.

Vitale comme toutes les autres sensations, celle du toucher nous fait particulièrement juger les conditions de la matière dans lesquelles ne rentrent pas les odeurs, les saveurs, la lumière et les sons. Ainsi, nous explorons, dans les corps, par son intermédiaire : le volume, la forme, la consistance, le poids, la température, l'éloignement et le contact, le mouvement et le repos, l'élasticité, le poli, etc.; on a même prétendu que certains aveugles portaient la finesse de palpation jusqu'à distinguer les couleurs, et que des sourds appréciaient ainsi les vibrations sonores. Il est évident que l'on confond ici les impressions tactiles d'un corps diversement coloré ou mis en vibration, avec les sensations acoustique et lumineuse que l'oreille et l'œil doivent seuls communiquer à l'encéphale. On conçoit, en effet, que les premières ne peuvent donner aucune idée de la couleur ou des sons, exclusivement relatifs aux secondes. Le sourd et l'aveugle distinguent aussi deux modifications du toucher, mais non point deux sensations différentes par leur nature ; c'est toujours pour eux la palpation; jamais ni la vision, ni l'audition supplémentaires. Toutefois, nous avons observé un sourd qui précisait les vibrations du grave et celles de l'aigu, souvent avec des intermédiaires assez nombreux; un aveugle qui différenciait les métaux insipides, et qui pouvait jouer aux cartes. Il existe à Paris, dans l'Institution nationale, une jeune personne qui reconnaît les étoffes de soie diversement teintes, sans jamais les confondre.

Le plus grand nombre des résultats de l'application du sens que nous étudions offrent une justesse, une vérité peu susceptibles d'illusions essentielles; circonstance qui lui fait donner, sous ce rapport, une préférence marquée. Ainsi, dans la première enfance, où les impressions sont insolites et neuves, alors que les autres sensations manquent de l'expérience nécessaire pour les soustraire à l'erreur, on voit le jeune sujet employer incessamment l'organe du toucher, même pour l'exploration des objets qui ne rentrent pas dans sa compétence ; passer le temps du noviciat de la gustation, de l'olfaction, de l'audition et de la vision, dans une palpation continuelle. A mesure qu'il avance dans la carrière de la vie, désabusé par les rectifications de ses propres fautes, instruit par l'habitude et l'éducation, il a moins besoin du toucher, et ne l'exerce bientôt plus d'une manière si fréquente et si variée. Cette observation frappera nécessairement tous ceux qui, voulant étudier l'homme avec profondeur, examineront l'enfance, l'âge viril et la vieillesse, établissant des rapports avec tous les objets environnants.

Si nous examinons actuellement le *tact* ou toucher passif, nous le trouvons beaucoup plus généralement répandu, souvent même, dans la série des animaux, en raison inverse du toucher volontaire ; le polype, la chauve-souris nous en fournissent des exemples. Il ne s'agit plus, dans le premier, d'un sens particulier; les impressions qu'il reçoit ne sont presque jamais précédées par le désir d'un rapport ; elles offrent une sorte de vague et d'indécision qui les fait rentrer dans la communauté des sensations générales. Toutes les notions dont il devient l'occasion se bornent aux idées de la présence des corps, du froid, du chaud, etc. ; encore nous expose-t-il fréquemment, sous ce dernier point de vue, de même que la palpation, à des erreurs que le thermomètre peut seul rectifier. Ainsi nous trouvons les lieux souterrains plus chauds pendant l'hiver que pendant l'été, bien que leur température, assez peu variable, augmente un peu dans cette dernière saison. L'illusion tactile vient ici du jugement *absolu* que nous portons sur une modification *relative*, déterminée par la comparaison du milieu souterrain et de l'air extérieur. Nous disons chaque jour, en conséquence d'une illusion du même ordre : Le marbre est plus froid que le bois et la plupart des autres corps. Cependant plusieurs thermomètres appliqués à ces divers objets, sous l'influence d'un milieu commun, indiquent précisément la même chaleur. Ici nous identifions deux circonstances bien différentes, l'abaissement réel de la température du marbre, la soustraction du calorique dont il nous prive instantanément en raison de sa faculté conductrice et du poli de ses surfaces, touchant la nôtre par un grand nombre de points en même temps. Aussi, dans l'hypothèse où le degré thermométrique de ces corps dépasserait de beaucoup celui qui nous est propre, le marbre, d'après les mêmes lois physiques, nous semblerait beaucoup plus brûlant que tous les autres, et nous tomberions, sous le rapport de la chaleur, dans une erreur identique à celle que nous avions déjà commise relativement au froid.

Ces illusions de l'*impression mathématique*, dont la nature semble avoir fait le *régulateur* des autres, nous indiquent assez la circonspection et la réserve qui doivent accompagner les jugements basés d'une manière exclusive sur le témoignage des sens.

Altérations. — *Augmentation.* — Elle est assez commune dans les phlegmasies cutanées et plus spécialement dans celles qui siégent aux mains, aux pieds, etc., pendant le cours de plusieurs névroses. Chez les sujets affectés d'hydrophobie, le tact se trouve exagéré, de manière que les plus faibles agitations de l'air occasionnent des angoisses que ces malheureux expriment par leurs cris déchirants. Trois hommes, atteints de cette affreuse maladie, ont succombé devant nous, à l'Hôtel-Dieu de Paris, après quelques jours des plus violents accès ; ils nous suppliaient de ne pas agiter l'atmosphère, n'éprouvant aucune douleur plus vive que celle dont les déplacements de ce milieu devenaient le principe, et sentaient une personne approcher à la distance de vingt pas.— *Diminution.* Elle peut être produite, soit par l'épaississement de l'épiderme, soit par l'abaissement de la sensibilité nerveuse. On l'observe surtout dans les affections chroniques de la peau ; dans la période qui précède la desquamation pendant les éruptions cutanées. — *Perversion.* Elle se manifeste souvent dans les névralgies. Ainsi, l'on voit des sujets rechercher avec sensualité le contact, les uns, des corps froids ; les autres, des objets très-chauds ; ceux-ci, des surfaces rugueuses ; ceux-là, des formes arrondies ; d'autres, enfin, être frappés de syncope, sous l'influence tactile d'un métal poli, etc. — *Suspension.* On la rencontre dans les parties où la douleur s'est fortement développée, après les brûlures, les divisions, les étranglements, les contusions affectant surtout l'appareil nerveux de ces parties. Le toucher se rétablit, dans cette circonstance, par la cicatrisation normale de ces tissus et par la réorganisation naturelle de l'épiderme et de la peau.

2° Gustation. — La gustation, γευσις des Grecs ; *gustatio* des Latins, peut être définie : *impression des saveurs sur la muqueuse linguale, transport de cette impression au centre sensitif, qui la convertit en perception.* Cette action physiologique particulièrement unie à la digestion, dont elle constitue l'un des phénomènes accessoires, se rencontre dès lors chez un grand nombre d'animaux. Destinée, par sa nature, à nous faire connaître les modifications de la *sapidité*, dans les corps en général et dans les aliments, d'une manière plus spéciale encore, elle fait naître, pour ces derniers, l'*appétit*, lorsqu'ils offrent une saveur agréable ; la *répugnance*, dans l'hypothèse contraire. Les idées qui se développent en nous par cet intermédiaire, à peu près entièrement renfermées dans le cercle des besoins physiques, ne concourent jamais d'une manière bien remarquable à l'agrandissement de l'intelligence et dès lors ne sont pas du nombre de celles qui se gravent profondément dans le souvenir. Ces considérations nous offrent la raison positive du peu d'extension des facultés intellectuelles chez les hommes livrés à tous les raffinements de la gastronomie, puisant ainsi le plus grand nombre de leurs sensations dans les différentes variétés des impressions gustatives. Il faut donc voir, dans le sens que nous étudions, moins un instrument de l'existence morale qu'un moyen de conservation physiologique, relatif à l'élaboration alimentaire, dont il garantit l'exercice habituel, en combattant l'indifférence absolue, qui bientôt eût compromis directement la réparation nécessaire à tout l'organisme. Rapprochant l'homme des animaux, beaucoup plus que toutes les autres sensations, celle du goût les dirige, dans la satisfaction de leurs premiers besoins, d'une manière d'autant plus instinctive et plus certaine, qu'ils sont moins éloignés de la nature, et que leurs appétits sont moins faussés par les abus inséparables de la civilisation. En liberté dans la prairie, le jeune coursier, sans autre guide, se repaît de l'herbe nutritive, en négligeant la plante vénéneuse ; tandis que l'homme, dont les dispositions originelles sont trop souvent détruites par les dispositions acquises, est entraîné, sous l'influence du même régulateur, à l'usage d'aliments nuisibles, soit par leurs caractères propres, soit par les modifications que vient encore leur imprimer l'art culinaire.

Appareil. — On avait d'abord considéré toute la muqueuse palatine comme organe du goût. Il suffit de promener un corps sapide, un fragment de sucre, par exemple, sur les différents points de cette membrane, pour s'apercevoir que l'impression spéciale ne se manifeste qu'à l'instant où ce modificateur particulier est mis en contact avec la face supérieure de la langue ; dans tous les autres lieux, il ne se développe que des impressions tactiles. Ici nous trouvons déjà plus distinctement les trois appareils affectés aux sensations spéciales.

Appareil protecteur. — Il est représenté par la cavité buccale, dont les parois garantissent la langue de toute agression extérieure ; par les follicules muqueux, lubrifiant, au moyen de leur produit, la membrane gustative, et la soustrayant ainsi à tous les inconvénients des excitations trop directes.

Appareil de perfectionnement. — Il se trouve naturellement dans les glandes salivaires, dont le fluide sécrété favorise très-avantageusement la solution des molécules sapides, et plus particulièrement encore dans la langue, facilitant, par la souplesse et la mobilité dont elle est douée, les applications de l'organe essentiel.

Appareil sensitif. — Il est circonscrit dans la muqueuse linguale, où se ramifient les dernières divisions du nerf gustatif, en donnant naissance à des épanouissements désignés sous le terme de *papilles.* Afin d'arriver à des idées précises, dans un point longuement controversé, nous examinerons d'abord les spécialités de cette partie de la muqueuse buccale, et nous déterminerons ensuite positivement le nerf qui doit être envisagé comme propre à la sensation occasionnée par les corps sapides.

La muqueuse linguale, dans sa partie supérieure exclusivement, présente une couleur vermeille, une sensibilité percevante générale très-déliée, une sensibilité spéciale évidente et relative à l'action particulière des saveurs. En l'examinant avec attention, dans toute cette partie, nous y voyons des éminences multipliées et que nous distinguons en trois ordres ; papilles : *coniques*, *fungiformes*, *caliciformes.* Ces dernières, au nombre de sept ou neuf, disposées en V, dont le sommet est dirigé vers le pharynx, occupent la base de la langue et ne sont, à proprement parler, que des follicules muqueux destinés à lubrifier la membrane buccale, et plus spécialement à favoriser le glissement du bol alimentaire. Les autres, disséminées sur les deux tiers antérieurs de cet organe, paraissent formées d'un épanouissement nerveux et vasculaire susceptible d'érection, comme on l'observe dans les excitations normales et surtout dans les irritations sympathiques de la gastrite aiguë. Il nous reste maintenant à préciser le cordon médullaire qui concourt à la formation de ces papilles en constituant ainsi l'appareil sensitif de la gustation.

Quatre nerfs se distribuent à la langue : 1° plusieurs filets des ganglions naso et sphéno-palatins ; 2° le glosso-pharyngien, neuvième paire (Bichat); 3° l'hypoglosse, douzième ; 4° le lingual, branche de la cinquième. En examinant les fonctions de cet appareil musculo-membraneux, on les voit également se réduire à quatre principales : 1° nutrition ; 2° sensation commune ; 3° mouvements divers ; 4° sensation spéciale du goût. Un nerf correspond à chacun de ces phénomènes essentiels ; il ne reste dès lors qu'à distribuer à tous ceux que nous venons d'énumérer le rôle qui leur convient naturellement. Nous devons procéder méthodiquement vers ce terme, et pour l'atteindre, consulter en même temps l'anatomie, la physiologie, les altérations pathologiques et l'expérimentation comparée.

Boerhaave dit avoir vu le goût détruit après la section du nerf hypoglosse dans l'excision d'une tumeur carcinomateuse de la langue, et pense dès lors que celui-ci doit être considéré comme siége essentiel de l'impression gustative. Haller ayant excité, l'un après l'autre, tous les nerfs de cet organe, au moyen du galvanisme, s'aperçut bientôt que l'irritation de l'hypoglosse et du glosso-pharyngien seuls déterminaient les contractions de ses muscles, alors que la même influence portée sur le nerf lingual n'entraînait aucun mouvement. Richerand ayant répété ces expériences, en reconnut l'exactitude, et découvrit qu'en établissant le courant, du trajet de ce dernier nerf à la muqueuse, on faisait naître une saveur métallique prononcée; d'où ces physiologistes infèrent que les deux premiers cordons nerveux sont moteurs de la langue et du pharynx, tandis que le troisième est exclusivement relatif à l'organe du goût. Galien, Vesale, Willis partagèrent cette opinion sans l'appuyer sur des faits aussi probants. Charles Bell démontre que ces conclusions se trouvent en rapport exact avec sa manière d'envisager l'origine des nerfs. Ainsi le lingual, *sensitif*, est à racine postérieure avec renflement ganglionnaire; l'hypoglosse, *moteur exclusif*, ne présente qu'une racine antérieure; le glosso-pharyngien, *associant ces deux organes*, part de la colonne propre aux nerfs *respiratoires* de l'auteur. Magendie s'est assuré, par des expériences comparatives, que la section du nerf lingual détruit entièrement la sensibilité gustative. Si nous passons actuellement aux terminaisons particulières de ces nerfs dans la langue, nous y trouvons la confirmation définitive de ces opinions. Ainsi, 1° les *filets* des ganglions naso et sphéno-palatins se distribuent dans le parenchyme; 2° le *glosso-pharyngien*, dans les muscles de la langue, du pharynx et dans la membrane muqueuse de ces deux organes; 3° l'*hypoglosse*, dans les muscles du premier exclusivement; 4° le *lingual* traverse, au milieu de ces derniers, toute l'épaisseur du corps charnu sans lui fournir des rameaux, gagne la muqueuse de la face supérieure, et semble bien positivement constituer, par ses épanouissements terminaux, les papilles *coniques* et *fungiformes*.

En résumant toutes ces considérations, nous voyons disparaître la confusion qui d'abord se présentait relativement aux fonctions particulières de ces différents nerfs. Il nous semble actuellement bien démontré que l'on doit ainsi diviser leurs attributions spéciales : 1° sensibilité présidant aux phénomènes de nutrition et de sécrétion vitale, *filets* des ganglions naso et sphéno-palatins; 2° sensibilité présidant aux sensations générales de la langue et du pharynx; motilité de ces deux organes, relativement à leurs phénomènes d'association, *glosso-pharyngien*; 3° motilité de la langue relativement à ses phénomènes propres, *hypoglosse;* 4° sensibilité présidant à la sensation spéciale du goût, *lingual*. Ajoutons que la cinquième paire fournit également les nerfs des organes producteurs de la salive, très-probablement pour lier cette élaboration sécrétoire à la gustation dont elle assure et favorise le développement.

Chez les animaux, — l'appareil du goût nous offre d'assez nombreuses modifications. Rudimentaire chez les polypes, auxquels plusieurs physiologistes l'ont même refusé, nous le voyons s'agrandir, se perfectionner dans la série zoologique, et prendre insensiblement, pour les animaux supérieurs, des caractères analogues à ceux qu'il manifeste dans l'homme. Du reste, il se trouve toujours placé à l'orifice de la première cavité digestive.

Chez les mollusques, il est quelquefois difficile de bien spécifier le siége de la gustation ; cependant nous croyons impossible de l'établir ailleurs qu'à l'entrée du conduit alimentaire. La même observation s'applique aux *animaux articulés*. Chez les abeilles, les mouches, etc., il paraît exister à l'extrémité de la trombe. *Dans les rayonnés*, on le rapporte à l'intérieur du sac nutritif, aussi les voyons-nous ingérer dans leur estomac tous les corps environnants, et rejeter par le vomissement ceux qui n'offrent pas les conditions appropriées, seulement après les avoir explorés et jugés à leur manière par la muqueuse gastrique. *Chez les reptiles et le plus grand nombre des poissons*, nous voyons l'appareil antérieur de la langue se réduire aux dimensions les plus bornées, et quelquefois à des conditions de sécheresse et d'insensibilité qui doivent rendre le goût très-obtus. *Dans les oiseaux*, cet organe présente assez ordinairement des papilles cornées. Chez le perroquet, dont la gustation semble acquérir un plus grand développement, et qui paraît même savourer les substances employées à sa nutrition, la langue est aussi plus molle et plus charnue. *Dans les cétacés*, la membrane gustative est tellement lisse et dépourvue du corps papillaire, que la faculté d'apprécier les saveurs devient au moins douteuse. *Chez les mammifères*, on rencontre des modifications très variées relativement à la forme, aux dispositions, à la mollesse de l'organe sensitif. Dans un grand nombre de ruminants, les papilles sont déjà rudes au toucher; la plupart des carnivores en offrent qui prennent la dureté de la corne et, dirigées en arrière, peuvent déchirer les tissus délicats léchés par l'animal.

Agent. — On lui donne communément le nom de *saveur*, χυμὸς des Grecs, *sapor* des Latins. Il ne faut pas entendre par cette expression, soit une vibration, soit une substance analogues à la lumière, au calorique, à l'électricité, etc., mais seulement une propriété particulière aux corps sapides, et modifiée diversement dans chacun d'eux. L'agent spécial que nous recherchons n'est donc autre chose que les molécules de ces corps présentées à l'état de solution. Aussi toute substance insoluble dans les fluides salivaire et perspiratoire de la bouche, devient-elle, par cela même, absolument insipide.

Les physiologistes ont fait des recherches multipliées pour découvrir la cause essentielle de cette propriété. Des observateurs microscopiques ont admis, à cette occasion, dans tous les corps sapides, une certaine quantité d'animalcules susceptibles d'exciter diversement la langue. Le vinaigre, ont-ils ajouté, devient piquant parce que les animalcules de cette liqueur offrent un aiguillon acéré ; l'eau paraît au contraire fade et presque insipide, en raison de la forme obtuse que présente celui du plus grand nombre des infusoires en mouvement dans ce fluide. On peut citer une opinion semblable, mais la réfuter sérieusement deviendrait au moins fastidieux.

Quelques mécaniciens, sans autant d'invraisemblance, ont rapporté la cause des saveurs aux conditions moléculaires, prétendant que les particules obrondes communiquent la sensation du sucre, et celles qui sont anguleuses, l'impression d'un acide. En supposant même que cette explication physique parût satisfaisante relativement aux deux modifications que nous venons d'indiquer, comment pourra-t-on l'appliquer aux saveurs amère, nauséabonde, aromatique, salée, etc.? Nous ne pensons pas qu'il soit possible de nous l'apprendre. Haller a d'ailleurs fait observer que les molécules de l'huile et de l'acide citrique ont absolument la même forme et sont globuleuses, dispositions qui ruinent complétement cette hypothèse.

Il nous semble beaucoup plus physiologique d'envisager la saveur comme une propriété inhérente à la nature, à la composition même du corps sapide. Vouloir en approfondir l'essence, est évidemment poursuivre une chimère, puisque c'est avoir la vaine prétention de remonter à cet ordre primitif des causes dont l'investigation devient à jamais impossible. Toutefois, il nous est démontré par l'expérience que cette propriété se trouve en général d'autant plus développée, que les corps sont plus solubles dans les humeurs de la cavité buccale, et qu'elle disparaît entièrement lorsque ces derniers ne sont pas susceptibles d'être dissous par les fluides indiqués. C'est ainsi qu'un fragment de silex appliqué sur l'organe du goût, n'éveille d'autre sensation que celle du tact, alors qu'une parcelle de poivre, de sel marin, etc., produit outre cette impression, celle d'une saveur particulière à ces mêmes corps.

On a diversement classé les modifications sapides. Galien en compte huit : *austère*, *acerbe*, *amère*, *salée*, *âcre*, *acide*, *douce*, *grasse*. Boerhaave dix : *acide*, *douce*, *amère*, *salée*, *âcre*, *alcaline*, *vineuse*, *spiritueuse*, *aromatique*, *acerbe*. Linné également dix : *douce*, *âcre*, *grasse*, *styptique*, *amère*, *acide*, *muqueuse*, *salée*, *aqueuse*, *sèche*. Haller douze : *fade*, *douce*, *amère*, *acide*, *acerbe*, *âcre*, *urineuse*, *salée*, *spiritueuse*, *aromatique*, *nauséeuse*, *putride*. Le défaut d'uniformité de ces divisions nous en démontre assez tout l'arbitraire. Aussi, nous bornant à les indiquer, nous ne croyons pas devoir leur accorder plus d'importance.

Besoin. — Le sentiment instinctif qui nous invite à l'exploration des corps sapides, offre des rapports intimes avec celui que fait naître le besoin des aliments. C'est donc ordinairement, dans les circonstances naturelles, sous l'influence de la faim que nous sommes conduits, moitié par instinct, moitié par réminiscence, à rechercher certaines substances pour en apprécier la saveur. Lorsque ce besoin de la réparation est satisfait, le sentiment que nous étudions disparaît, se trouve même quelquefois remplacé par une véritable répugnance. L'homme raisonnable, attentif à repousser les mensongères insinuations des appétits abusifs, n'éprouve jamais d'attrait à savourer des aliments nouveaux ou même des assaisonnements, lorsque l'estomac est abondamment rempli. Ces vicieuses dispositions, très-rares dans les hordes sauvages, beaucoup plus communes chez les peuples civilisés, constituent la *gourmandise*, pour le premier cas, et la *friandise*, pour le second; leur ensemble reçoit le nom de *gastronomie*. C'est pour entretenir la faculté gustative au delà de ses limites naturelles, que l'art culinaire et ceux qui s'y trouvent annexés modifient, d'une manière variée, tous ces mets qui surchargent nos tables dans les repas somptueux, et dont les saveurs excitantes, nuancées avec une si fâcheuse habileté, nous font presque toujours dépasser les bornes du besoin naturel par l'impulsion des nécessités factices. Le sens du goût n'est pas responsable des excès dans lesquels il peut alors entraîner; soumis aux lois primordiales, il servirait plutôt à les prévenir; accusons exclusivement nos habitudes funestes entretenues et développées sous l'influence destructive des abus du luxe et de la civilisation.

Étude. — Plusieurs conditions sont indispensables à l'accomplissement des phénomènes gustatifs : la présence d'un corps sapide plus ou moins soluble dans les fluides buccaux ; l'intégrité de la muqueuse linguale et du nerf qui lui communique la sensibilité spéciale du goût ; l'absence d'un enduit épais, susceptible de masquer les papilles nerveuses ; le ramollissement de l'appareil sensitif par les humeurs salivaires et perspiratoires incessamment versées dans la bouche. C'est en produisant des modifications opposées que certaines maladies, et notamment la duodénite, la gastrite, l'angine, etc., diminuent, pervertissent, quelquefois même suspendent complétement, pour un temps plus ou moins prolongé, la faculté de percevoir les saveurs.

Plusieurs physiologistes ont voulu retrouver dans le goût une simple modification du toucher ; d'autres l'ont envisagé comme le résultat d'une impression physique ; Jacobson a particulièrement soutenu cette opinion. Cuvier pense au contraire que cette impression est chimique. Il nous semble que les auteurs ont encore pris, dans cette occasion, l'influence matérielle de l'agent sur l'organe, pour la sensation elle-même. Avec cette première distinction fondamentale, nous adoptons la théorie de Cuvier. En effet, puisqu'il est indispensable que les corps jouissent de la solubilité pour devenir sapides, en d'autres termes, qu'ils soient présentés molécule à molécule aux organes d'exploration pour effectuer la sensation gustative, il est par cela même démontré que leur action immédiate sur la muqueuse linguale se trouve chimiquement opérée. Que l'on expérimente au moyen d'un fragment de verre, d'argent, d'or, etc., jamais on ne produira qu'une excitation physique. Si nous examinons actuellement l'impression sensitive reçue par l'organe approprié, de même que toutes les autres, elle n'appartient plus au domaine de la physique et de la chimie, elle est essentiellement vitale. Sa nature particulière est ensuite comprise dans la sensibilité spéciale des nerfs gustatifs, dont cette faculté n'est plus actuellement un problème. Son développement est d'autant plus parfait que ces nerfs sont plus volumineux, mieux constitués, la langue plus spongieuse, la membrane papillaire plus humide, recouverte par un épiderme plus délié. Aussi, voyons-nous les femmes et les enfants, chez lesquels prédominent ces dispositions, rechercher des saveurs faibles, telles que celles des fruits aqueux, du sucre, etc., tandis que l'homme arrivé dans l'âge viril, avec des conditions opposées, préfère les saveurs fortes, celle des boissons alcooliques, par exemple. Déterminée convenablement dans l'appareil du goût, l'impression sapide est propagée vers le cerveau par le moyen du nerf lingual, et bientôt convertie en perception sous l'influence du principe immatériel.

La sensation gustative, résultat final de ces différentes

actions physiologiques, plus spécialement liée, comme nous l'avons déjà dit, aux fonctions nutritives, dirige l'homme et les animaux dans le choix de leurs aliments, dispose l'estomac aux perfectionnements de son élaboration, et devient un attrait puissant qui garantit l'exercice habituel des phénomènes digestifs indispensables à la conservation individuelle. Cette impulsion instinctive, modérée dans les constitutions normales, revêt quelquefois, chez le gastronome, tous les caractères d'une passion, d'une véritable monomanie.

Altérations. — *Augmentation.* — On l'observe quelquefois pendant les inflammations suraiguës de l'appareil digestif, surtout lorsqu'elles entraînent la desquamation de l'épiderme sur la muqueuse linguale. Il existe alors plutôt irritation maladive que sensation physiologique ; les saveurs les plus faibles agissent elles-mêmes avec trop de vivacité. Le sujet, dans ces dispositions, se trouve instinctivement conduit à la recherche des substances les plus douces, les moins sapides. — *Diminution.* Elle se manifeste le plus ordinairement dans les phlegmasies chroniques du conduit alimentaire, surtout lorsque ces inflammations ont leur siége à peu près exclusif dans le tissu muqueux, la langue se couvrant alors sympathiquement d'un enduit épais, adhérent, et qui soustrait, en grande partie, les épanouissements du nerf gustatif à l'influence des molécules sapides. C'est par la destruction de la cause et non par l'usage des excitants, qui toujours en augmentent l'intensité, que l'on doit combattre ce genre d'altération. La vieillesse, par l'affaiblissement de la sensibilité, par un développement gradué dans la sécheresse et dans l'épaisseur de l'épiderme lingual, amène la diminution progressive du goût, mais d'une manière beaucoup moins prononcée que pour les autres sens; modification exigée par l'union de ce dernier aux phénomènes digestifs; plaçant en conséquence, dans les impressions gustatives, les dernières jouissances de la caducité. — *Perversion.* Elle est toujours la conséquence d'une altération directe ou sympathique affectant la nature même de la sensibilité spéciale des nerfs linguaux. Ainsi les névralgies de la cinquième paire, celles qui portent sur l'utérus, l'estomac, les intestins, etc., nous en offrent d'assez fréquents exemples, notamment chez les hypocondriaques, les mélancoliques, les femmes enceintes, etc., qui savourent avec délice, les uns du savon, de la suie, du plâtre, de la brique pilée, du papier; les autres, des fruits acerbes, des viandes crues, du pain noir mal fermenté, des fromages putréfiés, etc. Une circonstance bien remarquable doit surtout fixer ici l'attention. Des substances aussi directement nuisibles par leur action sur les organes avec lesquels on les voit alors en contact, ne produisent ordinairement, dans cette occasion, aucun des accidents que l'on pourrait craindre; comme si la nature modifiait convenablement les facultés digestives pour les accommoder à toutes les anomalies bizarres des organes gustatifs. — *Extinction*. La paralysie, la compression, la section des nerfs trijumeaux, l'état calleux de la muqueuse linguale, quelquefois même l'influence prolongée d'une angine, d'une gastrite chronique, peuvent suspendre et même anéantir complétement le sens du goût. On voit alors se manifester une indifférence entière pour l'accomplissement des phénomènes digestifs; consécutivement la langueur et l'inaction des organes qui les exécutent; la détérioration profonde et graduée du physique et du moral; quelquefois même, l'ennui, le découragement et l'indifférence pour la vie. Des effets aussi généraux, aussi graves, produits par une cause pour ainsi dire légère et bornée, démontrent encore l'importance du goût dans la série des actions physiologiques.

3° Olfaction. — L'olfaction, ὄσφρησις des Grecs, *odoratio* des Latins, peut être définie : *action des odeurs sur la pituitaire, transport de cette impression au cerveau par les nerfs olfactifs, réaction de l'encéphale qui la convertit en perception sous l'influence du principe immatériel.* Ce phénomène sensitif uni à la respiration, comme le goût à l'élaboration digestive, paraît spécialement destiné à reconnaître les qualités de l'air qui doit pénétrer dans les poumons, comme la gustation explore celles des aliments qui peuvent être confiés à l'estomac. Ainsi, lorsque l'atmosphère ambiante contient des miasmes dangereux et surtout des gaz corrosifs, délétères, etc., l'odorat fait naître une répugnance proportionnée aux caractères nuisibles de ces agents destructeurs, la respiration est suspendue par l'influence d'une impulsion instinctive, et sans la participation raisonnée de la volonté. Pour bien connaître l'espèce de gène, d'anxiété, de strangulation laryngée qui se font alors éprouver, il suffit de séjourner, pendant quelques instants, au milieu d'un air chargé d'acides hydrosulfurique, sulfureux, nitreux, etc. L'effet que nous indiquons est si positif et si général, que l'on désigne ordinairement ces odeurs sous le nom de *suffocantes*.

Ce but essentiel de l'olfaction ne constitue pas son genre exclusif d'utilité. Nous la voyons encore devenir l'accessoire du goût dans le choix des aliments et dans l'avantage de préparer une bonne digestion. Nous savons que les mets qui plaisent à l'odorat sont recherchés avec plus d'empressement; aussi l'art culinaire, dont la satisfaction du goût présente l'objet fondamental, est-il bien loin de négliger les modifications relatives à l'appareil olfactif. Toutefois, s'il était nécessaire d'établir la supériorité de l'un ou l'autre de ces deux sens, comme explorateur alimentaire, nous ferions seulement observer que certaines substances, les vieux fromages, par exemple, d'une odeur infecte, repoussant l'odorat, mais flattant le goût, sont pris avec appétit et presque toujours assez facilement digérés.

L'olfaction, rudimentaire dans les premières années, ultérieurement développée sous l'influence de l'habitude, et surtout par les perfectionnements assez tardifs que reçoit alors son appareil, fournit encore, à l'esprit, des matériaux pour l'intelligence; à l'âme, des éléments pour les passions affectives. Quel homme n'a senti cette expansion de la vie, cette influence bienfaisante, au milieu d'un parterre émaillé des fleurs délicieuses qu'arrosent les pleurs de l'aurore précédant un beau jour! C'est évidemment dans une de ces rêveries pleines d'illusions, que Zimmermann et le trop sensible Jean-Jacques placèrent l'odorat au premier degré, comme sens des facultés intellectuelles. Il appartient davantage aux impulsions instinctives, et s'il peut augmenter les prestiges de l'imagination, il n'offre jamais une source féconde aux principes constituants de la pensée.

C'est en conséquence des mêmes inductions que Buffon, exagérant la puissance de ce moyen explorateur, en fait « *le* « *sens* universel du *sentiment*, chez les animaux ; l'œil qui « voit les objets, non-seulement où ils sont, mais encore dans « les lieux qu'ils ont occupés. » Ce naturaliste ajoute que l'ours, le cheval, le sanglier, le renard, le corbeau, l'échassier, le cygne, un grand nombre de poissons et d'insectes flairent beaucoup plus loin qu'ils ne voient.

D'autres ont prétendu que ce même sens pouvait entretenir la vie, par une sorte d'alimentation. Bacon rapporte qu'un gentilhomme de sa connaissance passait fréquemment quatre ou cinq jours sans prendre aucun aliment solide, aucune boisson, respirant seulement, par intervalles assez rapprochés, les émanations odorantes qui s'élevaient d'un faisceau de plantes aromatiques auxquelles il ajoutait des légumes forts, tels que l'oignon, l'ail, etc. Diogène assure que Démocrite prolongea son existence par l'odoration du pain chaud. Oribase connaissait un philosophe qui pouvait se nourrir par celle du miel. En accordant à ces faits l'authenticité qu'on leur suppose, nous pensons que ce n'est point en fournissant des éléments nutritifs que l'odorat a pu soutenir la vie, mais seulement par l'excitation physiologique attachée au développement de son activité.

Appareil. — Toujours placé dans un lieu plus ou moins rapproché des voies respiratoires, l'instrument de l'olfaction nous offre, d'une manière assez précise, les trois parties que nous désignons par les termes d'*appareils : 1° protecteur ; 2° de perfectionnement ; 3° sensitif*. Nous devons les examiner isolément, et sous les rapports fonctionnels.

1° Appareil protecteur. — Il est représenté par le nez,

éminence pyramidale, placée, comme un chapiteau, sur les ouvertures antérieures des fosses nasales, de manière à les garantir avantageusement. Cette éminence, dont le volume et la disposition constituent l'un des traits essentiels de la physionomie, occupe le milieu de la face ; dominant la bouche, elle est surmontée latéralement par les yeux. On a caractérisé les formes principales qu'elle peut offrir, sous les dénominations de nez : *Aquilin;* assez allongé, pointu, recourbé inférieurement; ordinaire à la race européenne, surtout aux Français, aux Italiens, aux Espagnols, etc. *Épaté*, *camard*, court, large, épais, arrondi, charnu ; plus particulier à la race nègre, aux habitants des régions hyperboréennes. *Retroussé;* comme tronqué à son extrémité libre, qui laisse antérieurement les deux ouvertures à découvert; il est assez commun parmi les Chinois. Le nez, quelle que soit sa configuration, est formé par des os, des fibro-cartilages, des muscles, du tissu cellulaire, et couvert par une enveloppe dermoïde mince, pourvue d'une grande quantité de follicules sébacés. Une cloison élastique le divise en deux parties. Chacune de ces cavités est l'origine antérieure des fosses nasales; elle présente latéralement une ouverture mobile désignée par le terme de narine; garnie de poils volumineux, durs, bornés dans leur accroissement, et nommés *vibrisses*, prévenant l'introduction des corpuscules extérieurs, sans nuire à la circulation de l'air. Les altérations très-nombreuses que peut éprouver cette première partie de l'appareil olfactif, donnent à la physionomie un aspect plus ou moins repoussant. Chez les Hébreux, on excluait du sacerdoce tous ceux qui présentaient ces altérations dégoûtantes. Chez les Égyptiens, on amputait le nez des femmes adultères; plusieurs législateurs ont décidé que cette mutilation devait être envisagée comme une cause légitime de divorce.

2° Appareil de perfectionnement.– Il est composé d'une série de cavités anfractueuses, destinées, par la multiplicité de leurs contours, à ralentir le passage de l'air qui doit effectuer l'impression olfactive, à le mettre en réserve, dans l'intention de prolonger l'action de ce modificateur sur l'organe qu'il doit particulièrement exciter. Ces cavités doubles, et désignées par le terme collectif de *fosses nasales*, commencent antérieurement aux narines, se terminent en arrière dans le pharynx, par deux ouvertures habituellement libres, et qui peuvent être momentanément fermées par le soulèvement du voile palatin. Chacune des fosses nasales, comprise entre ces deux limites, représente un canal triangulaire, à base inférieure, variable par ses dimensions, surtout en longueur, et dont le développement, dans ce dernier sens, est presque toujours opposé à celui du crâne. Par une conséquence nécessaire, les manifestations de l'odorat, au moins chez la plupart des animaux, sont en raison inverse de celles que présente l'intelligence; en proportion assez rigoureuse avec celles de la sensualité. Ce canal disposé en plan incliné, des narines aux ouvertures pharyngiennes, reçoit, dans son trajet, les orifices de plusieurs cavités secondaires, sans autre issue terminale, et décrites sous le nom générique de *sinus*. Le conduit principal et ses anfractuosités accessoires sont établis sur chacun des côtés, et séparés au moyen d'une cloison commune formée, en arrière, par le vomer; en devant, par le fibro-cartilage triangulaire; au milieu, par la lame ethmoïdale, de telle sorte qu'il existe, à proprement parler, deux appareils olfactifs, l'un droit, l'autre gauche.

La partie supérieure du canal triangulaire, sensiblement retrécie, nous offre, d'avant en arrière, les os du nez, la voûte criblée de l'ethmoïde, le corps du sphénoïde, où se trouve l'ouverture du sinus, creusé dans cet os. La partie inférieure assez large, concave transversalement, présente, en suivant la même direction, le maxillaire supérieur et le palatin. La région interne est représentée par la cloison; l'externe est la plus compliquée dans sa structure; elle porte l'orifice de tous les sinus, à l'exception du *sphénoïdal* que nous venons d'indiquer. On y remarque, de haut en bas, les trois cornets et leurs méats; du nez au pharynx, l'ouverture du sinus *frontal*, pratiqué dans l'os du même nom; celle des sinus *ethmoïdaux antérieurs*, *maxillaire*, *ethmoïdaux postérieurs*, également renfermés dans les os, dont ils empruntent leur dénomination; sous le méat inférieur, la terminaison du canal que l'on désigne par le titre de *nasal*, et qui dépose, dans cette cavité, le surplus des larmes employées au besoin de l'œil, servant dès lors à ceux de l'odorat, en humectant l'organe de sensation, en même temps qu'elles favorisent la dissolution du modificateur. Derrière et près l'orifice guttural des fosses nasales, se rencontre le pavillon de la trompe d'Eustache.

3° Appareil sensisif.— Il est représenté par une membrane muqueuse rouge, molle, très-vasculaire, très-nerveuse, connue sous les dénominations de *pituitaire*, *membrane de Schneider*, qui, le premier, l'a décrite avec assez de précision. Elle revêt, à l'intérieur, les cavités que nous venons d'énumérer, sans toutefois présenter l'excitabilité olfactive dans ces différentes anfractuosités, au moins d'une manière notable; circonstance qui nous conduira nécessairement à rechercher, pour les fosses nasales, quel est le siége précis de l'odoration. Cette membrane reçoit, comme toutes les autres, des vaisseaux sanguins et lymphatiques, des nerfs qui lui donnent la sensibilité percevante générale; elle est habituellement le siége d'une perspiration et d'une sécrétion folliculaire muqueuse, dont les produits s'unissent aux larmes, pour la maintenir dans un état de souplesse nécessaire à ses fonctions, et la garantir contre l'irritation des agents extérieurs. Outre ces dispositions communes, la pituitaire en présente qui lui sont particulières. Elle reçoit des filets du nasal; des branches ophthalmique, frontale; des nerfs vidien, palatin, dentaire inférieur, maxillaire supérieur; du ganglion sphéno-palatin; enfin, le nerf de la première paire tout entier. Au milieu de cette confusion d'organes sensibles, et de cavités revêtues par la membrane de Schneider, il faut avant tout apprécier le nerf essentiel de l'olfaction et le point de l'instrument où s'effectue l'impression particulière.

Sous le premier rapport. — Méry prétend avoir vu l'odorat jouissant d'une grande finesse chez un homme dont les deux nerfs de la première paire étaient entièrement calleux, et dès lors attribue la faculté olfactive au nerf de la cinquième. Haller ne le croit pas entièrement étranger à cette même sensation. Magendie fait la section du nerf olfactif, l'odoration et la sensibilité générale persistent. Il coupe le nerf nasal; ces deux facultés sont détruites. D'un autre côté, Oppert, Ceratti, Loder ont toujours vu la perte de l'odorat coïncider avec la compression ou la destruction du premier. Dans les animaux inférieurs, la cinquième paire seule paraît se distribuer aux organes des sens, mais à mesure que l'on s'élève dans l'échelle zoologique, on voit un nerf particulier s'ajouter à l'appareil sensitif, en constituer la base fondamentale en lui donnant les moyens d'apprécier l'influence d'un modificateur spécial. Ces dispositions, en même temps qu'elles nous indiquent assez positivement le concours du nerf nasal dans l'odoration, nous prouvent évidemment qu'il ne faut pas l'envisager, dans les organismes parfaits, comme l'instrument principal de cette sensation. C'est exclusivement à l'olfactif qu'il faut attribuer l'avantage de recevoir les impressions odorantes. Quelques auteurs le font naître du lobe cérébral antérieur; d'autres, des corps striés; Gall de la moelle allongée. Béclard a vu très-distinctement cette origine dans un cas d'hydrocéphale. Elle est évidente chez les poissons osseux. Charles Bell assure qu'elle s'effectue seulement dans les cordons médullaires postérieurs, et dès lors par une seule racine; preuve nouvelle, en adoptant la théorie de cet anatomiste célèbre, que la première paire se range naturellement dans la catégorie des nerfs sensitifs. Si nous ajoutons qu'elle se distribue, pour la pituitaire, précisément dans les points où bientôt nous verrons siéger l'odorat, il faudra nécessairement, avec la grande majorité des anatomistes et des physiologistes modernes, ou lui reconnaître ces qualités spéciales, ou la regarder comme un nerf surabondant et sans usages dans l'économie. En résumant les preuves des meilleurs observateurs, il nous paraît actuellement facile de préciser pour l'appareil olfactif, comme nous l'avons fait pour celui de la gustation, les fonctions départies à chacun des nerfs qui viennent s'y ramifier. Ainsi les filets du ganglion sphéno-palatin communiquent la sensibilité nutritive; ceux du nerf nasal donnent la sensibilité percevante générale; ceux des branches ophthalmique, frontale, des nerfs vidien, palatin, dentaire inférieur, maxillaire supérieur concourent aux phénomènes d'association; enfin le nerf de la première paire offre le siége exclusif de la sensibilité spéciale relative à l'odoration. Il suffit de considérer la mollesse de ce nerf, la ténuité de son névrilemme, comparativement à ces dispositions dans le nasal, pour comprendre tous les avantages du premier dans l'exercice des actions délicates qui lui sont confiées.

Sous le second rapport. — Les auteurs ne sont pas encore unanimes dans la localisation positive de l'odorat. Haller semble penser que toutes les cavités nasales, revêtues par la pituitaire, sont disposées à recevoir les impressions olfactives. D'autres physiologistes ont plus particulièrement concentré ces impressions dans les sinus, quelques-uns sur les cornets, etc. Nous chercherons à décider la question par des raisons incontestables puisées dans l'observation de l'homme et dans les considérations analogiques des animaux.

Desault et Deschamps ont fait des injections odorifères dans les sinus frontaux. Le premier de ces chirurgiens pansant une fistule des mêmes anfractuosités, par laquelle s'effectuait la respiration, les mit en contact avec des émanations analogues. Richerand répéta la même expérience pour les sinus maxillaires, et, dans tous ces essais, aucun phénomène d'olfaction ne se manifesta. En considérant, d'un autre côté, la sécheresse, le peu d'épaisseur et de vitalité de la pituitaire dans les sinus, on sentira bientôt qu'en ne la supposant pas même entièrement dépourvue de la faculté olfactive, ce n'est pas du moins dans ces cavités qu'il faut placer le siége essentiel de ce phénomène, et qu'il est beaucoup plus naturel de les envisager comme des réceptacles destinés à l'accumulation des molécules odorantes.

Sur les cornets, au contraire, la muqueuse est plus épaisse, plus molle, plus sensible; elle offre moins d'adhérence aux parties osseuses et reçoit une quantité plus considérable des divisions de la première paire. En général, dans les animaux, les cornets sont d'autant plus développés que l'odorat acquiert plus de perfection et d'étendue. Ainsi, chez les cétacés, où l'odorat est rudimentaire, peut-être nul, on trouve la pituitaire sèche, les cornets à peine formés ; dans quelques espèces, on n'en rencontre même aucun vestige. Les carnassiers qui se nourrissent avec des substances en putréfaction, et dont l'odeur est ordinairement très-forte, présentent le cornet inférieur volumineux, souvent même avec un grand nombre de subdivisions. Chez les oiseaux, dont l'odorat paraît assez fin, le ganglion olfactif auquel on avait attribué la sensibilité spéciale de l'appareil, se trouve proportionnellement beaucoup moins volumineux que chez un grand nombre de mammifères qui ne jouissent pas, au même degré, de la faculté d'apprécier les odeurs ; les cornets sont cartilagineux, très-développés, le supérieur plus particulièrement. Enfin quelques expériences remarquables de Scarpa nous semblent décider la question.

Ayant disposé, au milieu d'une basse-cour, peuplée de différentes espèces volatiles, des graines mêlées à des matières très-odorantes, il s'aperçut bientôt que les oiseaux carnassiers s'approchant d'abord de cet aliment le refusaient ensuite, alors qu'il était pris sans aucune répugnance par tous les autres. Examinant les dispositions de l'appareil olfactif chez ces divers animaux, il vit précisément les deux modifications essentielles déjà signalées par les auteurs : chez les oiseaux carnassiers, un développement remarquable des cornets, du supérieur plus particulièrement ; caractères que ne présentaient point les granivores exclusifs ; l'épuisement presque entier du nerf de la première paire dans le cornet supérieur, les deux autres seuls recevant des filets de la cinquième d'une manière évidente. Il résulte positivement de tous ces faits : que la pituitaire, qui recouvre les cornets, le supérieur plus spécialement, est le siége principal de l'odorat ; que le nerf de la première paire constitue l'appareil essentiel des impressions olfactives.

Chez les animaux. — Le sens de l'odoration manque dans quelques espèces; il est toujours établi sur le trajet de l'air pour ceux qui respirent, et présente, chez le plus grand nombre, des modifications très-variées. — *Dans les insectes et les mollusques.* La facilité avec laquelle on fait approcher, par des substances odorifères, les animaux de cette catégorie, tels que les mouches, les limaces, etc., nous semble prouver que ces derniers sont doués de l'olfaction. Mais quel est l'appareil chargé de l'effectuer; quel est le siége de l'impression déterminée par les odeurs ? Les naturalistes ne s'accordent pas sur cet objet. Les uns pensent que les tentacules ou même la peau, chez les mollusques, pourraient bien être l'instrument olfactif. D'autres considèrent comme tel un organe que Jacobson a découvert sur la cloison qui sépare l'origine des voies aériennes, et dont plusieurs physiologistes ont fait un appareil intermédiaire aux sens de la gustation et de l'olfaction. Ces conjectures nécessiteront des recherches ultérieures pour la solution du problème en litige. — *Dans les poissons*, la membrane pituitaire molle, pulpeuse, diversement repliée, soutenue par des lames cartilagineuses, forme à peu près seule toutes les anfractuosités. Ces animaux attirés la nuit par des appâts odorants, jouissent de l'olfaction que leur avaient contestée plusieurs physiologistes. — *Chez les reptiles*, cet appareil est rudimentaire; les sauriens offrent à peine quelques indices des cornets ; la pituitaire est sèche et peu sensible. — *Pour les oiseaux*, dont certaines espèces jouissent d'un odorat très-fin, les narines se trouvent creusées dans la partie supérieure du bec ; les cornets sont cartilagineux ; le supérieur offre un grand volume, surtout chez les carnassiers ; l'inférieur est le moins développé. Les nerfs olfactifs ne se divisent plus pour traverser une lame criblée, mais arrivent jusqu'à la pituitaire avant de présenter aucune ramification. Une ouverture de la cloison moyenne établit ordinairement communication entre les deux fosses nasales. Les sinus paraissent ne pas exister. — *Dans les mammifères*, l'appareil olfactif acquiert plus d'accroissement et de perfection, notamment chez les carnivores. Il est bien remarquable pour le chien, le porc, etc. En général, ces conditions semblent se rattacher plus spécialement dans ces derniers à l'agrandissement des cornets. Chez la taupe, le nez est armé d'un os en forme de boutoir qui lui sert à fouiller la terre. Pour l'éléphant, il est représenté par la trompe. Dans le plus grand nombre des animaux, les narines, alors qu'elles existent, ne sont jamais dirigées de manière à tourner les ouvertures antérieures de l'appareil vers le sol pendant la station bipède ; disposition particulière à l'homme et qui sert encore à prouver que la situation verticale est propre à sa nature. Dans la race nègre, on trouve les organes de l'olfaction plus largement établis et l'odorat communément plus fin.

Agent. — On le nomme ordinairement *odeur* ; ὀσμή des Grecs, *odor* des Latins. Les physiciens, les chimistes et les physiologistes sont loin de s'accorder sur la nature de cet agent spécial. On peut réduire à deux principales toutes les théories appropriées à cet objet important : 1° *Émanations odorifères* ; 2° *Vibrations olfactives*. Chacune de ces hypothèses doit fixer notre attention.

1° Théories des émanations odorifères. — Les auteurs qui partagent cette opinion, pensent que les odeurs sont des molécules matérielles à l'état de vaporisation et présentées à la muqueuse olfactive, dans cette condition indispensable ; mais ils diffèrent sur la nature de ces molécules vaporisées. Les uns prétendent qu'elles sont formées par une substance particulière et les nomment *effluves ;* les autres soutiennent que le corps odorant lui-même se gazéifie pour les constituer.

Effluves odorants. — Les anciens regardant le principe des odeurs comme un élément particulier jouissant dans les corps d'une existence indépendante, voulurent en caractériser la nature par le terme d'*arome*, et les émanations par celui d'*effluves odorants.* Aristote prétendait que la substance olfactive était la même que la matière des saveurs, seulement avec cette différence que la première se trouvait à l'état vaporeux, la seconde à l'état liquide ; que l'une influençait actuellement l'organe de l'odorat, et l'autre celui du goût. La plus simple réflexion suffit pour détruire ces opinions erronées. En effet, il existe un grand nombre de corps faisant éprouver en même temps l'odeur et la saveur qui leur sont départies souvent avec des qualités opposées. Ainsi, les substances balsamiques, dont l'odeur est généralement agréable, offrent une saveur âcre, amère et quelquefois très-pénible. Certains fromages, séduisants pour le goût, sont repoussés par l'odorat. La rose, le jasmin, dont l'odeur est assez forte, paraissent à peu près insipides. La plupart des sels, d'une saveur très-marquée, sont inodores. Haller, cherchant à rétablir ces idées fautives, prétend que la saveur est un élément fixe et l'odeur un principe volatil. N'est-ce pas répéter la même supposition, en diversifiant seulement les termes qui l'expriment? Si nous accordions à ces auteurs l'existence d'un principe volatil odorant, nous serions forcés de l'envisager comme beaucoup moins subtil que la chaleur et la lumière ; en effet, il est arrêté par le verre que traversent librement ces modificateurs. On veut expliquer cette différence en l'attribuant à l'eau vaporisée qui sert de véhicule aux effluves odorifères. Cette réponse est bien plus évasive que satisfaisante.

Sublimation des corps odorants. —Déjà plusieurs philosophes de l'antiquité regardaient les odeurs comme un résultat de la gazéification des corps doués de la propriété d'exciter l'appareil olfactif. Ainsi Théophraste ne craint pas d'avancer que « tous les corps sont odorifiques, parce qu'il ne s'en trouve pas « un seul que l'action du calorique ne puisse vaporiser. » Les chimistes modernes, et particulièrement Fourcroy, pensent que cet *arome*, ces prétendus *effluves* odorants ne sont autre chose que les molécules du corps lui-même sublimées par la chaleur et dissoutes par l'air ambiant. Cette opinion, sans répondre à toutes les objections, nous offre des notions plus satisfaisantes et plus positives. En effet, ou les particules vaporisées présentent la même nature que la substance dont elles émanent, et, dans cette hypothèse, nous les envisageons comme l'élément odorifère ; ou ces particules sont de nature différente, et la substance indiquée n'est plus le corps odorant ; l'arome, les effluves réclament exclusivement ce titre ; il est évident que l'on recule ici la difficulté sans la résoudre.

Plusieurs expériences viennent se réunir pour donner du poids à la théorie que nous examinons ; d'autres, également assez probantes, semblent en ébranler toute la réalité. Bertholet ayant renfermé du camphre dans un tube rempli de mercure, vit ce métal baisser et la partie supérieure du réservoir présenter un gaz odorant. Bénédict Prévost, disposant des corps odorifères à la surface de l'eau, s'aperçut qu'ils étaient bientôt agités d'un mouvemeut de rotation déterminé par la force expulsive des molécules propres à l'olfaction. Nous ne dirons pas, avec les partisans de la sublimation, que les corps sont d'autant plus susceptibles d'agir sur la pituitaire qu'ils deviennent plus volatils, en faisant de cette propriété la condition essentielle, pour ne pas dire exclusive, de cette modification. Nous pensons au contraire qu'il existe, dans la matière odorifique, des dispositions plus particulières à cet objet. En effet, l'eau, l'hydrogène, l'azote et beaucoup d'autres corps gazeux ou très-faciles à vaporiser, n'offrent point une odeur appréciable, tandis que l'étain, le cuivre, naturellement solides et peu susceptibles de passer à l'état gazéiforme, influencent très-positivement l'appareil olfactif, lors surtout qu'on les soumet à des frottements répétés. Nous reconnaissons, d'un autre côté, qu'il existe des circonstances propres à développer ces résultats dans un corps déterminé. Au nombre des plus importantes nous signalerons la chaleur et l'humidité. Ainsi, les émanations de nos amphithéâtres ne sont jamais plus infectes et plus nuisibles, celles des jardins couverts de fleurs plus suaves et plus délicieuses, que dans les automnes et les printemps remarquables par ces caractères ; dispositions qui semblent donner plus de valeur à la théorie que nous venons de présenter. Mais d'autres faits paraissent infirmer ces inductions. Si l'on prend une quantité bien déterminée d'ambre gris, qu'on le place dans un vaste appartement, qu'après une ou même plusieurs années on le pèse de nouveau, l'on ne rencontre aucune diminution notable, et cependant il a rempli, pendant ce long intervalle, par des émanations odorantes assez fortes, la capacité du réceptacle indiqué. En supposant à cette expérience une exactitude rigoureuse, il serait difficile d'y répondre autrement que par des considérations relatives à l'extrême divisibilité de la matière, au défaut de perfection de nos moyens pondérateurs, et l'on sent assurément toute la faiblesse d'une semblable réfutation.

Si nous accordons à la théorie de la sublimation cette réalité que l'on pourrait aisément, ou détruire, ou du moins contester, il ne faut pas envisager toutes les molécules des corps odorants comme susceptibles d'exciter la sensibilité spéciale de la membrane pituitaire. Une prétention de ce genre offrirait le grave inconvénient de fausser les idées fondamentales relatives à l'objet que nous examinons. Nous pensons, au contraire, que l'on doit accorder cette propriété seulement à quelques-uns des éléments de ces mêmes corps, et spécialement à ceux qui sont plus faciles à dilater par le calorique, à séparer des combinaisons dans lesquelles ils se trouvent engagés. C'est pour cette raison qu'une fleur, par exemple, n'est pas odorante avant la formation de ces particules volatiles ; et que souvent elle perd cet avantage sans avoir été modifiée dans sa forme et dans son volume.

2° Théorie des vibrations olfactives. — Plus nos expériences deviennent positives et démontrent que les corps odorant perdent rien de leur poids en conséquence des impressions olfactives ; que l'air chargé de ces émanations n'offre aucun élément étranger appréciable par l'analyse ; enfin que les productions odorifiques se comportent le plus ordinairement comme l'atmosphère, plus nous éprouvons le besoin d'une théorie simple, naturelle, et qui rentre dans l'unité fondamentale que semblent actuellement promettre celles des sons, du calorique et de la lumière. Déjà Walther avait dit : « Un corps « est odorant par le mouvement vibratile qu'il détermine à « l'instar du son. » En 1816, avant de connaître l'opinion de cet auteur, nous avons professé les mêmes idées, à Paris, dans nos cours publics de physiologie. Sans doute nous sommes bornés à des présomptions plus ou moins fortes lorsqu'il s'agit d'établir positivement ces principes; nous manquons jusqu'ici des preuves incontestables qui seules peuvent satisfaire un esprit observateur; aussi présentons-nous la théorie des *vibrations odorifères* comme une simple conjecture, et dans l'intention de signaler cet objet aux recherches des habiles physiciens de notre époque. Toutefois, en considérant les objections sérieuses que l'on peut faire aux deux autres hypothèses, en voyant un corps exciter pendant longtemps des impressions olfactives, souvent dans une sphère très-étendue, sans éprouver aucune perte appréciable par nos moyens d'estimation les plus délicats, n'est-il pas assez naturel d'envisager les odeurs comme des vibrations, ou comme d'autres modifications analogues de l'air atmosphérique déterminées par l'action spéciale des corps odorants, qui, rentrant dans la loi générale des corps chauds, lumineux, sonores, agiraient sans faire aucune déperdition substantielle notable? N'attachons pas trop d'importance à ces considérations; ajoutons seulement qu'elles sont de nature à fixer l'attention des savants et plus particulièrement encore des expérimentateurs, soit pour les rejeter, soit pour les admettre d'après un ensemble de faits bien observés. Dans toutes ces recherches, les vibrations sonores, dont la réalité n'est plus douteuse, offriront le point fixe pour marcher du connu à l'inconnu. Si nos présomptions se changent alors en certitude, nous croyons qu'il sera désormais très-facile de ranger les théories de la chaleur et de la lumière sous la même loi, puisque les preuves qui serviront aux unes feront naître et viendront fortifier celles qui démontreront la réalité des autres, et *vice versâ*.

Quelles que soient, au reste, les idées que l'on adopte relativement à la nature des odeurs, on voit ce modificateur agissant dans l'atmosphère avec une intensité relative au carré de la distance, accompagnant l'air dans ses déplacements, et développant l'olfaction à des éloignements très-considérables.

Bayle nous assure que l'on reconnaît, par les émanations de la cannelle, à plus de vingt-cinq milles en mer, l'approche de l'île de Ceylan. Si l'on en croit les historiens, des vautours furent attirés, d'Asie, sur les champs de Pharsale, par l'odeur des cadavres qui s'y trouvaient entassés après la fameuse bataille du même nom.

Plusieurs auteurs ont voulu classer les nuances particulières du modificateur que nous étudions, en s'appuyant sur des bases plus ou moins fautives. Ainsi, les uns, considérant exclusivement la manière dont le sens de l'olfaction est ébranlé par son agent spécial, ont distingué les odeurs en deux classes : *fortes*, *faibles*. Mais ne voyons-nous pas une odeur quelconque s'affaiblir avec le temps, sans éprouver aucun changement dans sa nature propre ? Autant et mieux vaudrait admettre une division semblable pour les couleurs. Les autres ayant particulièrement égard au résultat moral de l'impression ont reconnu des odeurs : *agréables*, *pénibles*. Il faudrait alors supposer tous les goûts semblables, encore, dans cette hypothèse, on rapprocherait des odeurs essentiellemeut différentes. Nous savons, au contraire, que le même agent olfactif excite le plaisir chez les uns, la répugnance chez les autres. Telle femme vaporeuse, qui respire avec délices les émanations des plumes et de la corne brûlées, ne supporte pas sans anxiété celles de la rose et des parfums les plus généralement estimés. Le Groënlandais recherche avidement les exhalaisons infectes qui s'élèvent des poissons en putréfaction ; les Romains estimaient celles du foie d'esturgeon qu'ils employaient dans la confection de leur brouet noir. En général nous aimons l'odeur des mets qui servent à notre alimentation habituelle. Toutefois il existe, sous ce rapport, autant de nuances dans les caractères agréables ou pénibles de cet agent, que dans les goûts particuliers des nombreuses familles animales, des divers peuples et des différents individus. Enfin, parmi ces modificateurs nous en rencontrons qui sont d'abord insupportables, et qui, perdant insensiblement ce caractère, viennent se ranger dans la catégorie des plus universellement appréciés, comme on l'observe pour le musc, et la plupart des substances analogues. Les vins de la Moselle, de Rivesaltes, etc., présentent beaucoup d'analogie, sous le rapport de l'odeur, avec l'urine du chat, naturellement si repoussante; mitigée, adoucie pour ces boissons fermentées, elle développe, comme le disent les gourmets, un *bouquet délicieux*.

Haller admettait des odeurs *ambrosiaques*, agréables; *fétides* ou désagréables; *mixtes*. Lorry nous en présente cinq variétés : *camphrées*, *narcotiques*, *éthérées*, *acides*, *alcalines*; Linnée, sept : *ambrosiaques*, rose, musc, etc.; *fragrantes*, lis, jasmin, etc.; *aromatiques*, laurier, etc.; *alliactées*, phosphore, etc.; *fétides*, champignons, etc.; *vireuses*, opium, etc.; *nauséabondes*, cucurbitacées, etc. Fourcroy les réduit à quatre *aromes* : *huileux fixe*; *huileux volatil*; *acide*; *hydrosulfureux*.

Toutes ces divisions sont défectueuses, incomplètes, ou même entièrement erronées; toutes offrent un vice radical, celui de porter sur des fondements ruineux. Une seule base conviendrait à ce genre de classification, *la nature même de ces odeurs*; et les notions relatives à cet objet sont encore un problème. Arrêtons-nous aux faits et négligeons une classification dont l'utilité pourrait d'ailleurs être contestée.

Les trois règnes nous fournissent des modificateurs odorants. *Dans le minéral*, ils sont en petit nombre, peu recherchés, si l'on excepte quelques acides particuliers. *Dans l'animal*, on les rencontre en plus grande proportion, mais ils deviennent communément repoussants. *Dans le végétal*, ils se trouvent beaucoup plus agréables et plus multipliés. On peut s'en convaincre en visitant nos serres, nos parterres, où la nature se montre toujours supérieure à l'art; et nos riches magasins de parfumerie où l'art paraît quelquefois surpasser la nature.

Besoin. — Assez directement lié à la respiration, le sentiment qui nous indique l'exercice des facultés olfactives s'identifie, sous ce premier rapport, au besoin de la rénovation sanguine, devient ainsi plus naturel et plus impérieux. Comme simple régulateur du sens que nous étudions, il est moins pressant et paraît plutôt un résultat de l'éducation et de l'habitude, qu'une impulsion essentiellement instinctive. Ainsi les hommes et les animaux qui se trouvent éloignés de nos modifications sociales éprouvent sans doute le plaisir que leur occasionnent les odeurs agréables, mais ils ne les recherchent point avec cet empressement qui les porte vers l'accomplissement des fonctions génitale, digestive, circulatoire, etc. ; au contraire, les peuples amollis, efféminés par les abus de la civilisation, par les raffinements de la sensualité, se couvrent de parfums, ressentent continuellement la privation des agents susceptibles d'entretenir et de varier les impressions de de l'odorat. Alors, seulement, l'appétit de l'olfaction prend un caractère positif et spécial.

Étude. — Plusieurs conditions sont indispensables à l'exercice régulier de l'odoration. 1° L'introduction des molécules ou des modifications odorifères dans les fosses nasales par l'inspiration de l'air qui leur sert de véhicule. On conçoit dès lors pourquoi la nature a placé l'appareil olfactif précisément sur le trajet des canaux respiratoires. Lower et Perrault ont constaté, par l'expérience, que l'on détruit entièrement l'odorat en pratiquant la section de la trachée-artère sur un chien, de manière à soustraire les fosses nasales au courant atmosphérique. L'animal prend alors, sans répugnance, des aliments qu'il avait refusés d'abord, après les avoir flairés. C'est en conséquence de ces dispositions que nous pouvons traverser les lieux remplis des émanations les plus infectes, sans éprouver aucune sensation désagréable, par la seule volonté de suspendre les mouvements respiratoires, ou même de les effectuer exclusivement par la bouche, pendant toute la durée de ce passage. 2° L'air ambiant doit offrir un certain degré de chaleur et d'humidité, la sécheresse et le froid enchaînant plus ou moins complétement les manifestations olfactives. 3° Les fosses nasales seront libres et parcourues dans toutes leurs anfractuosités par l'agent essentiel de l'odoration. 4° La pituitaire, dans un état d'intégrité parfaite, a besoin d'être suffisamment humectée par les produits des sécrétions lacrymale, folliculaire et perspiratoire. Trop sèche ou trop humide, cette membrane muqueuse est moins favorablement disposée à l'impression des odeurs, comme on l'observe au début et vers la terminaison du coryza. 5° Les nerfs de cet appareil, et notamment l'olfactif et le nasal, doivent se trouver dans l'état physiologique.

Toutes ces conditions étant remplies d'une manière satisfaisante, l'air atmosphérique chargé des molécules odorantes, ou présentant alors des vibrations particulières, arrive dans les fosses nasales, au moyen de l'inspiration. Nous devons ici faire une distinction importante. Lorsque l'olfaction s'effectue sous l'influence de la volonté, lorsque nous avons l'intention d'apprécier et d'analyser exactement les impressions qu'elle fait naître, le sens est en quelque sorte monté, par une action préparatoire, au degré convenable pour la fonction qu'il doit exécuter. Nous approchons les narines largement ouvertes assez près du corps à connaître; nous effectuons, exclusivement par ces orifices, plusieurs inspirations successives, évitant de porter l'air au delà du pharynx, de manière qu'il se trouve mis en rapport surtout avec les cornets. Dans cette exploration préméditée, que nous désignons par le terme *flairer*, la modification sensitive est d'autant plus forte que les conditions odorifères sont plus développées, et que l'attention a davantage concentré son influence vers l'appareil olfactif. Dans les circonstances communes, lorsque l'odoration est opérée sans impulsion volontaire, l'air, chargé des émanations qui doivent la solliciter, parcourt les fosses nasales, dans chaque mouvement d'inspiration, détourné d'ailleurs, par la bouche, en proportion plus ou moins considérable. L'impression est ici beaucoup moins énergique et moins positive. Elle ne fait naître aucune idée précise, et laisse à peine une trace légère dans le souvenir. Dans l'action de flairer, au contraire, les principes odorants se trouvant en quelque sorte fixés par le mucus nasal, surtout la bouche étant fermée, l'on fait une série d'inspirations brèves et saccadées. C'est alors que d'après Ch. Bell et Diday, le petit appareil musculaire qui borne l'orifice antérieur des narines et qui est animé par le nerf facial, intervient avantageusement, resserre cet orifice, le dirige en bas, pour augmenter la force du courant et le porter vers la partie supérieure des fosses nasales; si l'odeur est désagréable, au contraire, l'appareil agit d'une manière inverse, le voile du palais s'élève, fermant en arrière les orifices des narines, empêche le courant d'air mal odorant par ces derniers, et prévient ainsi les désagréments d'une olfaction pénible.

Quel que soit le mode employé, les odeurs, en dépôt sur la pituitaire, y déterminent une excitation, dont la cause peut être physique ou chimique; dont le résultat est essentiellement vital, et présente un caractère de spécialité relative à la sensibilité particulière de l'organe qui la reçoit; elle est transmise au cerveau par les nerfs de la première paire et convertie en perception sous l'influence du principe immatériel.

Directement liée aux phénomènes respiratoires, intermédiaire aux fonctions nutritives et des relations extérieures, l'olfaction nous fait acquérir des notions importantes et déjà très-multipliées. Elle effectue l'exploration préparatoire de l'air qui doit pénétrer dans les poumons, et servir à l'hématose; elle peut même signaler dans l'atmosphère la présence de certains miasmes dangereux qui seraient difficilement appréciés par les moyens chimiques les plus parfaits. Disposée de manière à présenter en quelque sorte la sentinelle avancée du goût, nous la voyons concourir avec ce dernier à l'investigation alimentaire. Elle indique l'éloignement et la direction des corps odoriférants. C'est ainsi que le chien suit les traces de son maître, et celles des animaux qu'on lui fait chasser; que les guides, en activité, de Smyrne à Babylone, jugent la distance approximative de cette dernière cité, en flairant comparativement le sable des lieux qu'ils ont déjà parcourus. Elle nous fait connaître une propriété spéciale des corps, *l'odeur;* occasionne un sentiment de bien-être et d'expansion, lorsque cette impression est agréable; produit l'anxiété, la suffocation, le vomissement, la syncope, et même instantanément l'extinction de la vitalité, dans l'hypothèse contraire. Sennert et Bayle rapportent l'histoire d'un malade qui fut soumis à tous les inconvénients de la superpurgation, pour avoir séjourné dans un laboratoire de pharmacien où l'on pilait de l'ellébore et de la coloquinte. On connaît généralement tous les avantages des excitations olfactives que produisent l'éther, le vinaigre, l'ammoniaque, etc., lorsqu'il est urgent de rappeler l'activité des grandes fonctions, dangereusement suspendues par l'asphyxie, le coma, la lipothymie, etc.

Altérations. — *Augmentation.* — On la voit se manifester assez fréquemment dans l'encéphalite et dans quelques névroses de l'appareil olfactif. La sensibilité spéciale de la pituitaire devient alors tellement délicate, qu'il est impossible au sujet de recevoir, sans douleur et sans anxiété, les impressions odorantes, même les plus faibles. Nous avons constaté par l'expérience toute la nécessité d'isoler exactement les malades ainsi affectés et la gravité des accidents qui peuvent compliquer les maladies cérébrales en négligeant les indications relatives à ce phénomène important. — *Diminution.* Elle est ordinairement produite par le coryza sous l'influence de la sécheresse qui survient dans la première période ou du flux muqueux surabondant qui caractérise la seconde ; par l'abus de l'olfaction. Le cardinal de Richelieu s'entourait d'une atmosphère si dangereusement parfumée, que les personnes qui le visitaient ne pouvaient y séjourner sans imminence de suffocation. Hallé rapporte qu'un couple de sybarites, après avoir épuisé tous les moyens relatifs à ce genre de sensualité, placèrent des substances odorantes jusque dans le soufflet qui servait à l'alimentation de leur foyer et devinrent graduellement insensibles aux plus fortes impressions de cette nature. L'usage excessif du tabac produit des résultats analogues. — *Perversion.* On la rencontre assez fréquemment dans les névroses des olfactifs ; dans les phlegmasies chroniques de la pituitaire, des appareils digestif, respiratoire, etc.

Elle rend insupportables des odeurs qui plaisent au plus grand nombre des individus et fait rechercher des émanations généralement repoussantes. Ainsi, telle femme hystérique, maniaque, mélancolique, exprimant une aversion insurmontable pour l'odeur de la rose, de l'œillet, de la violette, etc., éprouve des jouissances indicibles en respirant les exhalaisons infectes des fosses d'aisances, d'une lampe qui vient de s'éteindre, etc. De même que les facultés digestives se modifient en raison des perversions du goût dans les rapports soit de la cause à l'effet, soit de l'effet à la cause, les dispositions respiratoires semblent s'accommoder aux anomalies olfactives et soutenir, avec moins d'inconvénient que dans l'état normal, toutes les influences nuisibles de ces importations miasmatiques. — *Extinction.* Elle peut être consécutive à l'épuisement déterminé par l'âge, par les abus de la sensualité ; à l'état fongueux de la pituitaire ; à la présence d'un polype ; à la paralysie des nerfs olfactifs, etc.

4° Audition. — L'audition, ἀκρόασις des Grecs ; *auditio*, *auscultatio* des Latins, peut être définie : *Action des vibrations sonores sur l'appareil acoustique, transport de cette impression au cerveau qui la convertit en perception sous l'influence du principe immatériel.* A peu près étrangère aux fonctions nutritives et vitales, cette modification sensitive devient l'apanage exclusif des phénomènes de relation. En la rapprochant de la vision, on trouve les deux grands moyens du commerce habituel et réciproque entretenu par les êtres intelligents et passionnés. Sous le premier point de vue, la faculté d'apprécier les sons nous paraît supérieure à celle de recevoir les impressions de la lumière. Celle-ci dans plusieurs cas est aisément suppléée par le toucher ; aucun sens ne peut remplacer l'autre dans les communications de la pensée. C'est au moyen de la parole que toutes les idées abstraites sont immédiatement exprimées ; c'est dès lors par l'audition exclusivement qu'elles arrivent à l'esprit ; si l'on excepte l'écriture plus propre à les conserver qu'à les rendre avec ces nuances imperceptibles et surtout avec cette rapidité qu'exige la conversation. A ces avantages nous devons ajouter ceux de concourir plus essentiellement au bonheur de l'homme moral, et d'offrir des applications plus directes aux besoins de la sociabilité. Ainsi, pour tout ce qui rentre particulièrement dans le domaine intellectuel, l'aveugle participe davantage que le sourd aux rapports naturels des peuples civilisés. Il reçoit les communications qui lui sont faites et transmet les siennes avec autant de facilité que de précision. Par une conséquence du même principe, il cherche beaucoup moins l'isolement, conserve une gaieté plus habituelle, plus faiblement altérée sous l'influence des privations auxquelles il est nécessairement condamné. Le sourd, au contraire, paraît étranger à tous les êtres sensibles qui l'environnent ; il promène des regards inquiets sur tous les objets de ses relations, évite les réunions nombreuses par le dégoût qu'elles inspirent à celui qui n'y trouve que l'anxiété, l'abandon, la contrainte, l'impossibilité d'en partager le charme et d'en apprécier les avantages. Il n'est en effet rien de plus pénible que la solitude au milieu d'un concours de personnes rassemblées dans un but commun d'intérêt ou de plaisir ; elle reproduit, pour l'homme intelligent, les tortures que le supplice de Tantale faisait éprouver à l'homme sensuel. Entraîné par ces dispositions fâcheuses, le sujet privé de l'audition tend insensiblement à la misanthropie. S'il ne remplit pas le vide affreux d'une semblable existence par les distractions et les travaux appropriés à son état physiologique, la tristesse, l'ennui, la mélancolie viendront incessamment l'assiéger. Appuyée sur l'expérience de chaque jour, la réalité des graves inconvénients dont nous venons d'esquisser le tableau démontre jusqu'à l'évidence que l'ouïe doit être envisagée comme l'âme de nos rapports extérieurs. Moins importante aux phénomènes individuels, on la voit manquer chez un grand nombre d'animaux qui semblent destinés à ne vivre que pour eux-mêmes et se développer, se perfectionner chez les autres en raison de la diversité, de l'étendue plus considérable des relations qu'ils entretiennent dans la sphère de leurs habitudes naturelles. L'homme qui naîtrait dépourvu des appareils acoustique et visuel, existerait à peu près sans intelligence. En perdant le premier, il devient beaucoup plus impropre aux travaux de l'esprit qu'en se trouvant privé du second. Il suffit de comparer les difficultés et les résultats de l'éducation chez les aveugles et chez les sourds-muets pour se convaincre entièrement de la réalité des principes que nous venons d'établir.

Appareil. — Il nous offre, chez l'homme et dans un assez grand nombre d'animaux, la réunion des trois divisions principales que nous désignons d'après leurs usages par les termes d'appareils : 1° *protecteur* et de collection; 2° de *perfectionnement* ou conducteur; 3° *sensitif.*

1° *Appareil protecteur et de collection.* — Il comprend toute cette première partie que les anatomistes désignent par le nom d'*oreille externe ;* renfermant le *pavillon* et le *conduit auditif.*

Le pavillon est constitué par l'ensemble de plusieurs fibro-cartilages élastiques, mis en mouvement par des muscles propres, recouverts d'une peau mince et que lubrifie la sécrétion folliculaire sébacée. Plusieurs saillies et divers enfoncements y reçoivent les dénominations d'*élix*, d'*antélix* et leur rainure; de *tragus*, d'*antitragus*, de *fosse naviculaire* et de *conque ;* il est inférieurement terminé par une éminence molle, arrondie, nommée *lobule ;* traversée chez les sauvages et même chez certains peuples civilisés s'en rapprochant souvent plus qu'on ne l'imagine, par des ornements prétendus qui toujours gâtent les dispositions de la nature sans y rien ajouter d'avantageux. *Des puissances motrices partielles*, offrant les muscles de l'élix, grand et petit, du tragus, de l'antitragus, transverse, modifient les dispositions propres du pavillon ; *d'autres*, *communes*, présentant les muscles auriculaires supérieur, antérieur, postérieur, impriment à l'oreille des déplacements généraux plus ou moins étendus. La réunion de ces divers éléments forme une sorte d'*infundibulum* qui, chez certains animaux, remplit des usages analogues à ceux du cornet acoustique, en se dirigeant de manière à recevoir les vibrations sonores.

Dans l'état de nature, on trouve encore, même pour l'homme, quelques rudiments de ces dispositions avantageuses. Dans l'état de civilisation, aplatie, déformée par les habitudes et les coiffures, l'oreille, d'ailleurs frappée d'immobilité par l'atrophie de ses muscles, perd en grande partie les caractères d'appareil collectif. Savart prétend que le pavillon offre également, pour usage essentiel, de vibrer et de conduire directement les sons au tympan. D'après cet auteur, l'action des muscles intrinsèques a pour objet principal d'effectuer la tension graduée des fibro-cartilages qui servent à constituer l'oreille externe.

Le conduit auditif, en partie creusé dans l'os temporal, décrit une courbe à convexité supérieure, plus étroit à son milieu qu'à ses extrémités dont l'une, externe, fait suite à la conque et se trouve garnie de poils destinés à prévenir l'introduction des corpuscules en mouvement dans l'atmosphère, et dont l'autre, interne, est formée par la membrane du tympan. La longueur de ce canal varie de dix à douze lignes. Il est revêtu par un prolongement de la peau devenant assez analogue au tissu muqueux, offrant des cryptes dont le produit sécrété prend le nom de cérumen. Les sinuosités du conduit auditif paraissent destinées à garantir le tympan des impulsions atmosphériques trop directes, aussi le voyons-nous tortueux dans la plupart des animaux.

2° *Appareil de perfectionnement ou conducteur.* — On le désigne encore sous les noms d'oreille moyenne, de caisse du tympan. Il présente une cavité creusée dans la base du rocher offrant six ouvertures, la chaîne des osselets avec des nerfs et des muscles particuliers. Ces divers objets sont ainsi disposés : *en dehors*, l'ouverture intérieure du conduit auditif, oblitérée par la membrane du tympan que forment trois feuillets : l'un externe, cutané ; l'autre, interne, muqueux ; un moyen, de nature fibreuse. Dumas prétend que l'on y trouve des lignes elliptiques auxquelles il attribue la faculté de correspondre à chacun des tons principaux. Cette condition de structure et ses résultats ne sont pas admissibles. Un autre orifice, plus petit et libre, est celui des anfractuosités mastoïdiennes pratiquées dans l'apophyse du même nom; *en dedans*, une troisième ouverture nommée *fenêtre ovale*, établissant une communication entre l'oreille moyenne et l'oreille interne, mais se trouvant complétement fermée, dans l'état naturel, moitié par une membrane fibreuse, moitié par la base de l'étrier. Un quatrième orifice arrondi, connu sous le nom de *fenêtre ronde*, appartenant à la rampe externe du limaçon également oblitérée par une expansion semblable; *en avant* une cinquième ouverture à peu près capillaire, suivie du conduit fibro-cartilagineux, très-évasé, en forme d'entonnoir, libre et béant à la partie postérieure des fosses nasales derrière le voile palatin et désigné par le terme de *trompe d'Eustache;* seule communication extérieure qui puisse effectuer le renouvellement de l'air dans la caisse du tympan ; *inférieurement*, une petite fente nommée scissure glénoïdale constituant le sixième orifice et livrant passage au tendon du muscle antérieur du marteau, à l'un des filets du rameau crânien de la ciuquième paire sous le titre de *corde du tympan*.

Une chaîne d'osselets occupe l'intérieur de cette cavité, mesurant tout l'espace compris entre la membrane tympanique et celle de la fenêtre ovale. Ces osselets sont de la première à la seconde, le *marteau*, fixé par son manche à la circonférence supérieure de l'une; l'*enclume*, l'*os lenticulaire* et l'*étrier* fermant, comme nous l'avons dit, avec sa base, une partie de la fenêtre oblitérée par l'autre. Ces petits os, articulés dans l'ordre indiqué, doivent leurs mouvements aux muscles : antérieur, interne du marteau, à celui de l'étrier. Une membrane muqueuse, prolongement de la pituitaire, pénétrant par la trompe d'Eustache, revêt cette cavité naturellement remplie d'air atmosphérique, dont une portion se trouve mise en réserve dans les cellules mastoïdiennes. Une branche nerveuse du facial pénètre dans l'oreille moyenne, donne la motilité aux petits muscles indiqués. On y trouve de plus des filets du ganglion cervical supérieur, communiquant la sensibilité nutritive ; des divisions appartenant au rameau crânien du trijumeau, s'anostomosant, d'une part, avec le glosso-pharyngien, de l'autre, par la *corde du tympan*, avec le nerf lingual ; transmettant la sensibilité percevante générale, établissant les rapports fonctionnels des organes de l'audition et de la parole.

3° *Appareil sensitif.* — Il est généralement décrit sous le nom d'oreille interne. Sa cavité se trouve établie dans l'épaisseur du rocher. On peut le diviser en trois parties essentielles faciles à distinguer par leur forme et leur situation : le *vestibule*, les *canaux semi-circulaires*, le *limaçon;* constituant, dans leur ensemble, ce que les anatomistes nomment *labyrinthe.*

Le vestibule, — occupant la partie moyenne de l'oreille interne, sert, comme son nom l'indique, d'introduction aux deux autres divisions, et paraît constituer la portion principale de l'appareil sensitif. Sa forme est irrégulière et sa capacité variable.

Les canaux semi-circulaires, — au nombre de trois, décrivent à peu près chacun un demi-cercle. Deux sont verticaux et latéralement unis par l'une de leurs extrémités. L'autre, présentant ses ouvertures propres, est horizontal.

Le limaçon, — dont le nom fait assez connaître la disposition et la forme, nous offre deux canaux parallèles, conoïdes, isolés par une cloison commune, roulés en spirale, de manière à parcourir deux tours et demi. Ces conduits, nommés *rampes*, s'ouvrent par leur base, l'un dans l'oreille moyenne, sous le titre de fenêtre ronde, l'autre dans l'oreille interne ; ils communiquent par leur sommet. Le Cat reconnaissait dans la cloison indiquée, de nature membraneuse, des fibres décroissantes qu'il envisageait comme les cordes graduées d'un clavecin. Nous examinerons bientôt la théorie basée sur cette hypothèse.

Le labyrinthe, — ensemble de ces cavités en communication, est revêtu par une membrane assez analogue aux muqueuses pour l'aspect, sécrétant un fluide légèrement visqueux nommé *lymphe de Cotunni;* plus récemment *vitrine auditive*, en le comparant, sous le rapport des propriétés physiques et chimiques, au *corps vitré* ou *vitrine oculaire.* Il paraît avoir pour usage essentiel d'entretenir le nerf acoustique dans un état de mollesse et d'humidité favorables à ses fonctions, de lui transmettre les vibrations sonores par des ondulations inoffensives. Ribes, adoptant l'opinion ancienne, pense qu'une certaine proportion d'air se trouve habituellement dans l'oreille interne. Itard, d'accord avec les modernes, fait observer qu'il ne s'y rencontre jamais que d'une manière accidentelle. Plusieurs canaux sous le titre d'*aqueducs* rampent dans les parois du labyrinthe; Ribes n'y voit que des moyens de transmission vasculaire, comme dans toutes les autres divisions du système osseux; Magendie prétend qu'ils sont destinés au reflux de la lymphe pendant les ébranlements des sons très-forts.

Des filets ganglionnaires, faciaux, trijumeaux, pénètrent-ils dans l'oreille interne? La question n'est pas anatomiquement résolue. Plusieurs considérations physiologiques tendraient à la décider par l'affirmative. Ainsi, la cinquième paire envoie quelques-unes de ses divisions à l'organe essentiel de tous les appareils sensitifs; la membrane de Cotunni jouit de la sensibilité nutritive et percevante générale; plusieurs expérimentateurs, et surtout Magendie, nous assurent avoir observé l'affaiblissement notable de l'audition immédiatement après la section entière du nerf trijumeau. L'auditif, huitième paire, Bichat, s'épuise tout entier dans les cavités labyrinthiques. Né par diverses racines du corps restiforme et de la paroi intérieure du quatrième ventricule, très-mou, très-pulpeux, il s'introduit par le canal auditif interne et se divise en trois branches principales destinées au vestibule, au limaçon, aux canaux semi-circulaires. Il ne peut dès lors exister aucun doute sur la détermination du nerf essentiellement acoustique.

Afin de représenter l'instrument de l'ouïe dans son ensemble et dans sa plus grande simplicité, nous avons, pour cette

APPAREIL AUDITIF

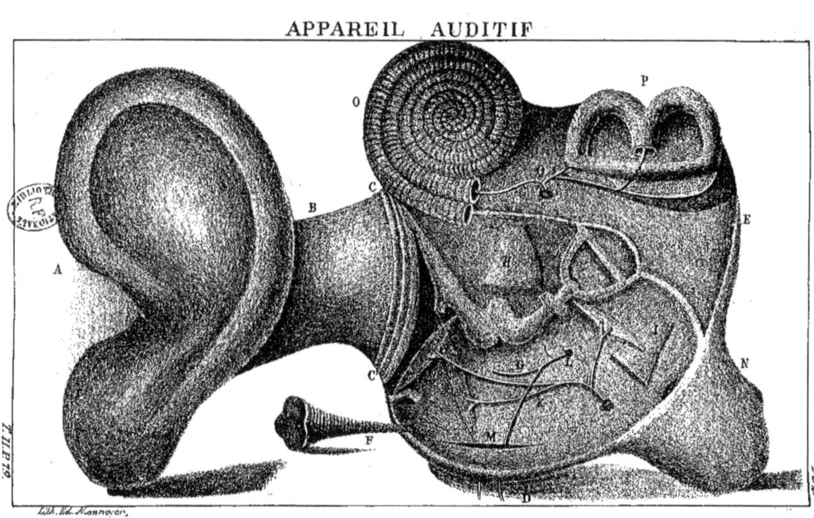

planche, observé beaucoup plus la succession des objets que leurs dimensions et les règles de la perspective, dont les dispositions ne pouvaient se concilier avec la nécessité d'embrasser toutes ces parties sous un même aspect.

A. Pavillon de l'oreille.
B. Conduit auditif ; *oreille externe.*
C. C.' Membrane du tympan.
D. Caisse du tympan ; *oreille moyenne.*
E. Labyrinthe ; *oreille interne.*
F. Trompe d'Eustache.
G. Chaîne des osselets avec leurs muscles.
H. Promontoire, saillie du vestibule et du limaçon.
I. Pyramide, saillie analogue.
K. Nerf facial distribué aux muscles.
L. Filet crânien de la cinquième paire ou *corde du tympan.*
M. Scissure glénoïade, tendon musculaire du tympan.
N. Apophyse mastoïde, son ouverture, ses anfractuosités.
O. Limaçon avec ses deux rampes.
P. Canaux semi-circulaires.
Q. Nerf auditif et ses divisions.

Chez les animaux, — l'appareil acoustique nous offre des modifications variées et d'autant plus intéressantes à bien apprécier qu'elles précisent, dans cet instrument compliqué, pour les organismes supérieurs, les parties accessoires, et celles qui deviennent essentielles à l'accomplissement de la fonction. Les *polypes* n'ont aucun vestige de l'appareil auditif. Quelques auteurs ont prétendu qu'ils jouissaient du sens de l'ouïe dans toute la surface cutanée. L'abbé Nollet soutient avoir observé sur lui-même, que la chose n'est pas impossible dans l'eau. Il est évident que l'on confond ici l'impression purement tactile effectuée par les vibrations sonores, chez tous les êtres irritables, avec la sensation acoustique particulière, exclusivement relative aux animaux doués d'un organe et d'un nerf propres à ce genre d'excitation physiologique. *Dans les mollusques* d'un ordre plus élevé, nous trouvons un filet nerveux spécial renfermé dans une petite cavité cartilagineuse commune au cerveau, à tous les organes sensitifs. Une membrane, une pulpe de nature particulière, un corps dur offrant quelques dépressions qui paraissent être les rudiments des canaux semi-circulaires, mais sans communication extérieure. Tous les animaux inférieurs, dans cette catégorie, ne présentent pas l'instrument auditif, et, par une conséquence naturelle, ne produisent aucun son, la voix et l'audition se trouvant ordinairement réunies dans tout organisme bien constitué. *Chez les insectes*, l'appareil acoustique est à peu près indéterminé ; cependant un grand nombre d'entre eux semblent jouir de la sensibilité spéciale départie à ce dernier. *Chez les crustacés*, et notamment dans l'écrevisse, l'organe de l'ouïe se réduit encore à la présence d'un sac fibreux recevant le nerf acoustique au milieu d'un fluide gélatiniforme et communiquant avec l'extérieur. *Pour les reptiles* il n'existe pas de conduit auditif externe. Plusieurs semblent entendre par la trompe. Dans l'oreille moyenne, on voit un petit cartilage fixé à la membrane du tympan, suivi d'un os assez long. Comparetti démontre l'existence d'un petit muscle entre ces deux corps formant toute la chaîne des osselets. L'oreille interne, comme toutes les autres parties de l'appareil, est peu développée ; les canaux semi-circulaires sont très-petits, et l'on ne trouve à la place du limaçon qu'un léger sinus qu'il est permis de regarder comme son premier rudiment. Le vestibule est proportionnellement plus spacieux. Trois petits corps gélatineux se trouvant comme suspendus aux filets terminaux du nerf acoustique, semblent destinés à fortifier les impressions sonores. *Chez le crocodile*, on voit la conque remplacée par deux lèvres auxquelles, dans leur culte superstitieux, les anciens attachaient des ornements. Les canaux labyrinthiques forment un cercle à peu près complet. *Dans les reptiles ichthyoïdes*, le limaçon manque entièrement. *Pour les salamandres*, l'oreille interne existe seule. *Chez les poissons*, on a pendant longtemps nié l'existence de l'appareil auditif; aujourd'hui tous les anatomistes en reconnaissent la réalité. Les oreilles externe et moyenne sont remplacées par un petit canal partant de la fenêtre ovale, s'ouvrant à la peau sans membrane du tympan, se trouvant même recouverte par l'enveloppe dermoïde pour les poissons cartilagineux. Le vestibule renferme trois petits corps éburnés, suspendus aux divisions du nerf acoustique, et servant, d'après Camper, en augmentant la force des vibrations sonores, à contrebalancer les inconvénients du milieu dans lequel vivent ces animaux ; opinion qui n'est pas généralement admise. *Chez les oiseaux*, l'oreille externe, ordinairement très-petite, n'est jamais surmontée par une conque. Le tympan n'offre que deux osselets pourvus d'un muscle commun. L'oreille interne présente un limaçon rudimentaire et conoïde. Pour cette classe, on voit l'appareil acoustique se proportionner, dans ses perfectionnements, à la hauteur du vol, à l'étendue de la voix modulée. *Chez les mammifères*, cet appareil ne présente que des modifications peu remarquables sous le rapport du labyrinthe et du tympan, mais il en offre d'assez importantes relativement à l'oreille externe. L'homme seul porte un lobule caractérisé, une conque aplatie, peu favorable à la collection des ondes sonores ; comme si la nature avait cru pouvoir négliger une disposition perfectionnée chez les animaux timides, livrés aux seules ressources de l'organisation. *Pour les quadrumanes*, l'orang-outang, par exemple, la conque est plus étendue, plus mince que dans notre espèce ; elle ne présente aucun bourrelet circulaire. A mesure que l'on descend vers les mammifères inférieurs, le conduit auditif devient proportionnellement plus long et plus verticalement dirigé. *Dans les animaux timides*, le lapin, le lièvre, le cheval, etc., la conque représente un véritable cornet acoustique, mis en mouvement par des muscles très-nombreux ; on en compte jusqu'à vingt chez ce dernier. *Pour les animaux terreins*, cette conque eût été complétement inutile, aussi n'en rencontrons-nous aucune trace ; le tympan offre un grand développement : il en est de même pour le labyrinthe ; le sens de l'ouïe paraît destiné, chez ces derniers, à remplacer tous les autres. En général, dans les mammifères, l'ouïe semble d'autant plus fine que la direction de la membrane tympanique devient plus parallèle à celle du sol. Home prétend que cette membrane présente des fibres musculaires chez l'éléphant.

Ce que la nature vient d'effectuer dans l'analyse de l'appareil acoustique le plus compliqué, Flourens a conçu l'ingénieuse pensée de l'opérer artificiellement. Il a détruit, sur différents pigeons, d'une manière progressive, 1° la membrane du tympan, des deux côtés et d'un seul comparativement ; 2° la première partie de la chaîne des osselets ; 3° la seconde ; 4° la membrane de la fenêtre ovale ; 5° celle de la fenêtre ronde ; 6° les canaux semi-circulaires ; 7° le limaçon ; 8° la membrane et le nerf vestibulaires. Voici les conclusions de l'auteur, basées sur un assez grand nombre de faits, pour en établir positivement la réalité.

Oreille externe. — La destruction du tympan n'altère pas très-sensiblement l'ouïe. Des observateurs nous assurent que l'excision de la conque, chez l'homme, affaiblit à peine l'audition.

Oreille moyenne. — L'ablation du marteau, de l'enclume, produit également peu d'effet sur la sensation. Celle de l'étrier la diminue beaucoup. Celle des membranes qui se trouvent sur les fenêtres ovale et ronde, encore davantage.

Oreille interne. — La rupture du limaçon offre moins d'importance que celle des canaux semi-circulaires. Lorsque ces derniers sont ouverts et qu'on les irrite, l'animal exécute avec une extrême rapidité plusieurs mouvements horizontaux de la tête; il entend, mais avec agitation et souffrance. Le déchirement incomplet du nerf vestibulaire affaiblit notablement l'ouïe, sa destruction entière amène irrévocablement la surdité.

Il résulte évidemment de ces données expérimentales et de celles que l'anatomie comparée vient de nous présenter, qu'au milieu des complications de l'appareil acoustique, dans les organismes supérieurs, le vestibule, et plus spécialement son nerf particulier, offrent l'organe essentiel de l'impression, les autres modifications surajoutées devenant accessoires et seulement relatives aux perfectionnements de l'appareil, dans la faculté de recevoir les excitations auditives.

Agent. — On lui donne communément le nom de *son*, de vibrations, d'ondes sonores.

Le son, ἦχος, des Grecs, *sonus* des Latins, n'est point un corps particulier comme l'hydrogène, l'oxygène, etc. Les physiciens ne l'ont pas même rapproché, sous ce rapport, du calorique, de la lumière, du magnétisme et de l'électricité. Nous devons l'envisager comme une modification spéciale, imprimée à certains corps nommés sonores, transmise au nerf acoustique par un milieu conducteur. Cette modification particulière est désignée par le terme de *vibration*.

Lamarck suppose, dans l'atmosphère, un fluide *vibratile* d'une grande subtilité, qui pénètre invisiblement le globe et les corps disposés à sa périphérie. Geoffroy Saint-Hilaire dit que le son « est une matière résultant de la combinaison de « l'air extérieur avec l'air polarisé du corps sonore. » Il est aisé de voir que ces explications et ces hypothèses, pour le moins contestables, ne peuvent convenir à la marche rigoureuse et sévère que nous avons adoptée. Négligeant tous les systèmes seulement ingénieux ou brillants, nous devons établir sur des faits positifs la théorie du modificateur acoustique, en nous élevant par degrés de son élément fondamental aux complications des effets qu'il produit par ses merveilleux développements.

La vibration, — principe de toute manifestation sonore, est l'ensemble des déplacements alternatifs qu'éprouvent, les unes relativement aux autres, les molécules de la matière convenablement disposée à recevoir ces ébranlements, sous l'influence de la percussion, du frottement, de l'extension, etc. Encore nommées *trémoussements particulaires*, ces vibrations transmises par le corps sonore à des intermédiaires élastiques, peuvent être communiquées à l'appareil auditif, et déterminer l'excitation spéciale que nous étudions. Dès lors, pour bien concevoir la nature du son, les modifications dont il est susceptible, et les résultats qu'il occasionne dans les organes acoustiques, nous devons considérer cet agent relativement au corps qui le produit ; au milieu qui le transmet ; à l'appareil qui reçoit l'impression.

1° *Du son, relativement au corps qui le produit.* — La matière devient sonore, dans certaines conditions, sans lesquelles cette faculté n'existe plus. Au nombre de ces conditions, nous devons particulièrement indiquer : 1° l'élasticité ; 2° une certaine densité ; 3° une disposition telle que, sous l'influence de la percussion, de l'extension, du frottement, etc., ses molécules éprouvent des trémoussements notables et prolongés. Ainsi, la cloche de cuivre, d'argent, etc., soumise au choc ; la corde de boyau, suffisamment tendue, frottée par l'archet, donnent un *son* bien appréciable ; au contraire, la pierre, qui ne soutient pas la vibration, ne rend qu'un *bruit ;* la graisse concrète, incapable de réaction moléculaire, ne produit aucun de ces deux résultats.

Les corps vibrent à l'état : 1° *Solide.* — Nous trouvons alors des modifications importantes et relatives à la nature, à la forme du corps, à la direction du mouvement communiqué. Ainsi, *dans les tiges métalliques*, suivant l'axe, pour la balance de torsion ; suivant le diamètre, pour les ressorts fixés par l'une de leurs extrémités, courbés, ensuite abandonnés par l'autre. *Dans les cordes élastiques*, pour les instruments de cet ordre. *Dans les surfaces incurvées*, pour les cloches et toutes les variétés des corps analogues. *Dans les surfaces planes*, pour les plaques de métal, de bois, etc., pour les membranes tendues. 2° *Liquide.* — La vibratilité s'y trouve démontrée par les rides occasionnées à leur surface, en conséquence des trémoussements excités dans les parois du verre qui les contient ; par leur propriété conductrice du son. Toutefois ils ne peuvent jamais seuls produire un effet acoustique ; ils vibrent exclusivement par communication, leurs molécules offrant une instabilité qui ne permet pas de leur imprimer directement ces conditions temporaires. 3° *Gazeux.* — Par les mêmes raisons, encore beaucoup plus fortement exprimées, les gaz ne sont pas susceptibles de recevoir, sans intermédiaire, ces impulsions sonorifiques ; mais touchant un solide actuellement en vibration, ils partagent ses dispositions momentanées, comme on le voit pour les colonnes et les masses d'air qui remplissent nos divers instruments de musique.

Quelles que soient la nature et la forme des corps soumis aux modifications vibratiles, on peut y considérer deux mouvements, dont le caractère et les effets ne doivent pas être confondus. 1° *Mouvement partiel ou moléculaire.* — Il est représenté par les déplacements alternatifs de leurs éléments physiques, d'où résulte ce trémoussement intérieur qui détermine positivement le son. 2° *Mouvement général ou d'ensemble.* — Il change la direction ou l'apparence extérieure des corps ; c'est lui qui constitue la vibration proprement dite, et qui mesure la durée, le degré, la force des résultats sonores.

Pour se former une idée précise de ces deux mouvements, il faut examiner une tige métallique, une corde, une cloche pendant qu'elles se trouvent sous l'influence que nous venons de signaler. En touchant alors ces instruments, ils nous communiquent un frémissement bien distinct, résultat de l'agitation spéciale déterminée dans les particules du corps sensible par les molécules du corps vibrant. Ce frémissement et cette agitation sont les effets du *mouvement partiel ou moléculaire.*

Si l'on examine avec attention ces mêmes instruments, on les voit incessamment changer de forme. Ainsi, la tige métallique simule un V dont les branches se rapprochent insensiblement et s'identifient lors du repos complet. La corde figure un losange dont la circonscription se resserre à mesure que l'étendue des vibrations diminue. La cloche, par la circonférence de sa base, décrit des ovales alternatifs et qui reviennent progressivement à la disposition circulaire. Ces changements, dans la forme et dans la direction, sont les conséquences *du mouvement général ou d'ensemble.*

Au milieu de ces déplacements communs, nous voyons constamment s'établir des mouvements fractionnés et particuliers, produisant, pour une oreille bien exercée, des sons accessoires dans le son principal. Ces divisions spontanées prennent le titre de *nœuds de vibration*. Nous les examinerons dans les divers instruments, et nous apprécierons les avantages de ces notions relativement aux phénomènes de l'appareil auditif.

Les vibrations ne deviennent *sonores*, ou du moins perceptibles pour nous, qu'entre deux limites assez rigoureusement établies. Ainsi, lorsqu'un corps en exécute, par seconde, moins de trente-deux ou plus de huit mille, il ne produit aucun son relativement à notre oreille. Nous verrons l'influence des nombres intermédiaires sur les modifications acoustiques.

Cinq caractères principaux doivent être bien distingués dans le son proprement dit. *Le timbre*, *l'intensité*, *le volume*, *la durée*, *le ton*.

1° *Le timbre* — est la qualité, la nature essentielle et fondamentale du son. C'est à l'arrangement des molécules et surtout à la composition élémentaire qu'il faut en attribuer la détermination et les variétés. Ainsi, dans les métaux, il est généralement aigre, fatigant pour l'oreille. Dans les bois minces, desséchés, servant à la confection de nos instruments, il est ordinairement agréable. Pour la voix humaine, il est aussi diversifié que les individus; rauque chez les uns, glapissant chez les autres, offrant quelquefois, surtout chez les femmes, tous les attraits du charme et de la séduction. Pour le verre, il est brillant, limpide, il agit profondément sur l'appareil nerveux; quelle âme sensible pourrait écouter les accents plaintifs de l'harmonica, loin de cette rêverie mélancolique dont les tendres émotions s'expriment par les larmes du plaisir? Dans nos plus belles exécutions musicales, ce timbre est la seule voix qui parle au cœur, le reste est pour l'esprit, et rentre plus ou moins directement dans le domaine de l'art.

2° *L'intensité*. — La force du son tient à l'étendue, à l'énergie des vibrations, dans leurs mouvements, particulaires et généraux. Elles peuvent être absolues ou relatives. En passant mollement l'archet sur le monocorde, cet instrument rend un son faible; en l'attaquant avec chaleur il produit un son fort. En soumettant deux cloches identiques à des percussions, l'une très-violente, et l'autre à peine caractérisée, on obtient comparativement des modifications sonores très-développées dans la première circonstance, à peu près imperceptibles dans la seconde, *et vice versâ*.

3° *Le volume* — du son paraît ordinairement relatif au volume du corps ou de la masse d'air mis en vibration, comme il est aisé de s'en convaincre en ébranlant avec l'archet les cordes *monotones* comparativement sur le violon et sur la basse.

4° *La durée* — des modifications sonorifiques, après la suspension de la cause qui vient de les occasionner, dépend essentiellement de l'élasticité des corps vibrants. C'est ainsi, toutes choses égales d'ailleurs, qu'une corde, un instrument humides soutiennent beaucoup moins les sons qu'un instrument, une corde actuellement dans un état de sécheresse favorable aux trémoussements particulaires.

5° *Le ton* — n'est autre chose que le caractère du son relativement aux nombreuses modifications qu'il peut éprouver dans les intermédiaires du *grave* à *l'aigu*. Si l'on admet conventionnellement un son fondamental désigné par le terme de *diapason*, répondant au *la* musical, tous les degrés qui se trouveront au-dessus offriront des tons plus ou moins aigus, et tous ceux qui seront au-dessous, des tons plus ou moins graves.

La différence de ces tons dépend spécialement du nombre des vibrations effectuées par le corps sonore, dans un temps donné ; celui qui présente les oscillations les moins rapides est le *plus grave ;* nous trouvons le *plus aigu* dans les conditions opposées. Ces deux limites paraissent établies dans les résultats appréciables à notre oreille, pour la gravité, à trente-deux, pour l'acuité à huit mille vibrations par seconde, intervalle qui donne à peu près huit octaves. Au delà de ces bornes, les sons deviennent étrangers à nos facultés acoustiques.

Dans leur succession du grave à l'aigu, de l'aigu au grave, les tons peuvent être soumis à des règles positives et que la nature semble indiquer dans une oreille bien organisée ; on donne à cette coordination méthodique le nom d'*harmonie;* lors au contraire qu'ils sont rapprochés sans intention et sans art, ils déterminent cette modification auditive si pénible, que l'on appelle *bruit*, *discordance*, *cacophonie*, etc.

On distingue sept tons principaux désignés par les noms : *ut*, *ré*, *mi*, *fa*, *sol*, *la*, *si;* leur succession prend le titre de *gamme;* en répétant le premier, on obtient une *octave*. Le même corps vibrant, en changeant ses dispositions, peut donner des octaves différentes, offrant un point d'identité acoustique, nommé *unisson*, à l'octave simple, double, triple, etc., suivant les nouvelles conditions imprimées à ce dernier.

On appelle *intervalle* un espace tonique séparant deux sons consécutifs. Dans la gamme naturelle, il en existe trois variétés. 1° *Intervalle majeur;* dans la proportion de 8 à 9, sous le rapport du nombre des vibrations, isolant *ut* et *ré*, *fa* et *sol*, *la* et *si*. 2° *Intervalle mineur;* dans la proportion de 9 à 10, isolant *ré* et *mi*, *sol* et *la*. 3° *Intervalle nommé demi-ton ;* dans la proportion de 15 à 16, isolant *mi* et *fa*, *si* et *ut*. On agrandit, on diminue ces intervalles, on les rétablit dans leur état primitif en plaçant avant la note à modifier le signe *dièse*, qui l'élève d'un demi-ton ; le *bémol*, qui la baisse en proportion semblable; le *bécarre*, qui la rend à l'intonation normale. Si l'on donne à ces mêmes intervalles une valeur de trois, quatre ou cinq espaces *majeurs*, *mineurs* ou *semi-toniques* en les combinant diversement, ils prennent les noms de *tierce*, *quarte*, *quinte*, etc. On les appelle *octave*, en leur faisant comprendre toute la distance que forment, dans notre gamme, les trois tons majeurs, les deux tons mineurs et les deux demi-tons réunis. On désigne par le terme d'*échelle musicale* une série de tons modifiés que l'on peut convenablement introduire dans l'intervalle d'une octave. Les compositeurs européens en ont admis trois : 1° *diatonique* formée de huit sons ; 2° *chromatique*, de treize; 3° *enharmonique*, de vingt-quatre. La première procède par les tons naturels de la gamme ; la seconde, par demi-tons; la troisième, par quarts de ton.

L'ensemble des règles qui déterminent l'enchaînement de

tous les sons, d'après un système raisonné, constitue la science musicale, dont les productions, exécutées par la voix ou les instruments, révèlent cet art délicieux que nos temps modernes ont porté vers une si rare perfection.

Si nous appliquons actuellement ces principes à la vibration des corps sonores, il nous sera facile d'en comprendre toute la justesse et de prévoir leur nécessité pour établir avantageusement la théorie de l'audition.

Un ressort vibratile étant mis en mouvement de manière à produire un effet acoustique déterminé, l'on peut aisément augmenter, d'une manière progressive, l'acuité du son en diminuant le volume et surtout la longueur de ce même corps.

Lorsque nous frappons simultanément deux cloches de hauteur, de largeur, d'épaisseur différentes, nous obtenons deux sons particuliers et qu'il serait facile d'accorder à la tierce, à la quarte, à la quinte, à l'octave, etc., en modifiant convenablement les rapports de ces deux agents.

La colonne d'air, ébranlée dans nos instruments à vent, donne un ton relatif à sa longueur. On double par conséquent la gravité de ce dernier en fermant l'ouverture inférieure ; on augmente son acuité par degrés en ouvrant les orifices latéraux, et dès lors en raccourcissant la colonne aérienne par l'établissement d'un ou plusieurs nœuds de vibration. Si l'on ralentit le courant d'air, le ton baisse ; il monte dans l'hypothèse contraire par la détermination de ces nœuds. Un résultat analogue se trouve produit au moyen de l'évasement inférieur du tube instrumental, comme on l'observe dans la clarinette, par exemple. Si la colonne d'air s'échauffe ou se trouve comprimée, les vibrations en deviennent plus fréquentes. C'est ainsi que nous voyons, dans un concert, les instruments à vent gagner vers les tons aigus et les instruments à corde vers les tons graves. C'est plus particulièrement dans les cordes élastiques et tendues que les résultats de ces applications deviennent positifs et calculables. On peut établir en axiome que le nombre des vibrations, et par conséquent l'ascension du grave à l'aigu, se trouve en raison inverse de la longueur, du volume, de la racine carrée de la densité ; en raison directe de la racine carrée de la tension. Ainsi, deux cordes égales sous tous les rapports donnent un son parfaitement homogène que l'on appelle *unisson*. En rendant l'une de ces cordes moitié plus fine, ou moitié plus courte, ou quatre fois plus tendue, le ton qu'elle donne est précisément à l'octave supérieure de celui que fournit l'autre, dont les conditions n'ont pas été changées. En plaçant légèrement les doigts sur divers points de ces mêmes cordes, sans les appliquer au manche de l'instrument, pour le violon, la quinte, la basse, etc., on caractérise davantage les nœuds de vibration naturellement disposés à s'effectuer, et l'on obtient les sons nommés *harmoniques*, dont l'expression offre quelque chose d'aérien et de céleste. On peut encore imprimer aux cordes un trémoussement assez marqué dans le sens longitudinal en les frottant suivant leur axe, avec l'archet ou même avec les doigts. On détermine alors plutôt un sifflement désagréable que des accords mélodieux.

Dans ces modifications diverses, lorsque le nombre des vibrations acoustiques arrive à trente-deux en descendant, à huit mille en montant, les sons ne se trouvent déjà plus appréciés par un certain nombre de sujets, et cessent d'être perceptibles pour tous, aussitôt qu'ils ont franchi l'une ou l'autre de ces limites ; circonstance qui nous prouve, d'une part, que l'universalité des individus ne jouit pas de la même capacité auditive ; de l'autre, que les trémoussements inaperçus par notre oreille, au delà des termes indiqués, deviendraient peut-être sensibles pour des appareils constitués plus avantageusement.

2° *Du son relativement au corps qui le transmet.* — Lorsqu'il n'existe aucune portion de matière entre le corps vibrant et l'appareil acoustique, ces modifications actuelles du premier restent sans influence pour le second, les sons développés n'arrivent plus à l'oreille, et relativement à cet organe, se trouvent dans un état de nullité complète. Il suffit, pour s'en convaincre, de placer une montre, une machine musicale, etc., sous la cloche pneumatique. A mesure que l'air se rarifie, les sons éprouvent un affaiblissement notable; ils disparaissent entièrement aussitôt que le vide est parfait, pour se manifester de nouveau lorsque l'on fait rentrer cet air dans la capacité du récipient.

Afin de bien comprendre la marche des vibrations sonores, il faut les prendre à leur source et les examiner dans le trajet qu'elles ont à parcourir pour atteindre l'appareil auditif.

Les physiciens du moyen âge ont beaucoup trop rapproché, dans ces considérations, la marche des sons et les progrès de la lumière, en supposant l'existence des *rayons sonores* après avoir démontré la réalité des *rayons lumineux*, marchant toujours en ligne droite, ou brisée par le fait même de la réflexion. Nous pensons avec les physiciens modernes, d'après les faits et l'observation, que les vibrations sonores doivent se transmettre, comme celles qui n'offrent pas ce caractère, en conséquence des lois qui régissent les mouvements moléculaires dans les corps élastiques soumis au frottement, à la percussion, etc. Il semble dès lors plus convenable de désigner, dans un corps, les régions en *trémoussement*, séparées au moyen des régions *en repos*, sous le titre d'*ondes sonores*, que sous celui de *rayons*.

Ces ondes partent du corps en vibration dans tous les sens pour se communiquer à ceux qui l'environnent, avec des résultats différents, suivant la nature et les conditions actuelles de ces derniers, en marquant plusieurs points analogiques relatifs aux modifications de la lumière par les milieux qui se rencontrent sur son passage. Trois circonstances principales viennent caractériser ces modifications et ces résultats. Ainsi, les ondes sonorifiques peuvent agir : 1° *Sur un corps conducteur non directement sonore*. Elles suivent leur marche primitive sans aucun changement. Cet intermédiaire est alors aux vibrations acoustiques ce qu'est un milieu transparent aux rayons lumineux. 2° *Sur un corps conducteur et directement sonore*. Celui-ci mis en mouvement transmet les sons, mais après leur avoir fait éprouver, sous le rapport du timbre, de la force, de la durée, les changemente appropriés à sa nature, à son volume, à sa forme, etc.; en offrant, par les ondes sonores, ce que les milieux diaphanes et colorés présentent pour la lumière. 3° *Sur un corps sonore et non conducteur.* Les vibrations auditives ou sont immédiatement réfléchies d'après des règles qu'il est facile de préciser, ou se trouvent complétement absorbées. Cet obstacle devient alors, pour les trémoussements acoustiques, à peu près analogue, dans le premier cas, aux corps opaques incolores; dans le second, aux corps noirs pour les vibrations lumineuses.

Transmission par les corps non directement sonores. — Les vibrations que nous étudions frappant un corps de cette espèce déterminent, dans ses molécules, des ébranlements transmis à distance variable et toujours en ondulations divergentes. Le son traverse alors ces conducteurs sans éprouver aucune modification dans sa nature, mais avec des circonstances relatives aux dispositions essentielles ou temporaires de ces mêmes conducteurs.

Pour mériter ce titre, un corps doit offrir l'élasticité, la consistance et la densité d'une manière assez prononcée. La vitesse et la force des communications se trouvent même, comme nous le verrons, en raison du développement de ces propriétés.

Les intermédiaires de cette première catégorie, dans l'impossibilité de recevoir immédiatement l'impression vibratile, ont besoin qu'un agent, directement sonore, vienne leur communiquer ces ébranlements particulaires. Ainsi, les déplacements de l'air atmosphérique en masse, constituant ce que l'on nomme les *vents*, ne produisent aucun son distinct lorsqu'ils s'opèrent en rase campagne et dans une vaste plaine; mais en s'effectuant au milieu des arbres, des habitations, des corps susceptibles de vibrer et de faire partager les mêmes dispositions à ce milieu, nous les voyons occasionner des sifflements et des modifications acoustiques variées. De même que la plupart des autres gaz, l'air diffère, sous ce rapport, des fluides qui peuvent transmettre les vibrations auditives, mais qui ne les partagent pas de manière à devenir sonores par communication.

L'eau, toutes les substances liquides ont été pendant longtemps regardées comme impropres à la translation des ondes sonorifiques. Les expériences de l'abbé Nollet, celles de plusieurs autres physiciens ont complétement détruit cette erreur. Il suffit d'agiter une clochette au fond d'un fleuve, où l'on se trouve actuellement submergé, pour juger de la force considérable avec laquelle s'opère la transmission. On peut même, dans cette circonstance, entendre la voix d'une personne extérieurement placée, lorsque les vibrations viennent frapper assez perpendiculairement la surface aqueuse. Si l'impulsion est très-oblique, les ondes sonores glissent avec assez de facilité par une sorte de réflexion. C'est peut-être à cette cause qu'il faut attribuer l'opinion fautive que nous venons de signaler. Nous y trouvons l'explication des faits remarquables, cités par Haller, qui nous apprend que des matelots pouvaient converser, à deux lieues en mer, au moyen du porte-voix ; et que, dans les mêmes circonstances, plusieurs décharges d'artillerie furent entendues à plus de quatre-vingts milles.

Vitesse du son. — Tous les milieux ne transmettent pas les sons avec la même vitesse et la même intensité. En général, on voit la force des vibrations diminuer suivant le carré de la distance parcourue. Cet affaiblissement gradué n'apporte aucun changement à la vitesse ; elle est identique dans toutes les parties du trajet, pour les sons les plus forts et pour les plus légers.

Si nous choisissons l'air comme type fondamental, nous trouvons que cette vitesse des ondes sonores est, d'après les uns, sous une température à 16 degrés, de 342 mètres par seconde ; d'après les autres, sous une élévation marquant 10°, 9, de 337, 89. Elle est augmentée par la chaleur, par les vents opposés ; ceux qui tombent sur le trajet en formant un angle droit, l'humidité de l'atmosphère, etc., ne la modifient pas d'une manière notable. Elle présente à peu près une identité parfaite dans l'air libre et dans celui que renferment les différents tubes, seulement les sons conservent plus d'intensité par ce dernier.

En comparant actuellement, sous ce premier rapport, la marche des vibrations dans le milieu que nous venons d'examiner, et dans les corps beaucoup plus denses, nous trouvons des différences bien remarquables.

Hassenfratz a reconnu, dans plusieurs cavernes profondes, que les sons arrivaient plus promptement à celle de ses oreilles qu'il appliquait à la muraille. Il pouvait ainsi percevoir distinctement les deux impressions auditives, et juger leur intervalle. Biot expérimentant sur des tuyaux en fonte, présentant une longueur de 951 mètres, estime la différence à deux secondes et demie. La vitesse, par la colonne d'air, étant de 337 mètres par seconde, celle du même son transmis par la matière des tubes s'élevait à 3,538 mètres dans un temps semblable. Après ces expériences répétées et variées, Biot arrive à cette conclusion définitive, le temps de la propagation du son par le métal étant : 0''26, tandis que celui de la propagation par l'air est de 2'' 79, il s'ensuit que le son se propage dix fois et demie aussi vite par le métal de fonte que par l'air. On doit surtout remarquer avec admiration que les ondes sonores peuvent se couper dans toutes les directions, sans jamais se confondre ou s'altérer mutuellement ; que les plus faibles comme les plus développées arrivent simultanément à l'oreille, au milieu des mêmes circonstances, comme il est facile de s'en assurer, en écoutant l'ensemble d'une partition. Sur ces deux propriétés essentielles repose évidemment la possibilité de l'art musical tout entier.

Relativement à l'intensité des vibrations sonores, plusieurs différences très-importantes viennent également se manifester. Ainsi, toutes choses égales d'ailleurs, les corps transmettent ces vibrations avec une force proportionnée à leur densité, à leur élasticité. Le même intermédiaire, en acquérant ou perdant ces propriétés, devient bon ou mauvais conducteur des sons. En conséquence de cette loi positive, raréfié sous la cloche pneumatique, déposant des vapeurs aqueuses par le refroidissement, l'air ne transmet plus ces derniers avec la force qu'ils conservaient en parcourant une atmosphère sèche et comprimée. Si nous étendons la comparaison des gaz aux fluides, et de ces derniers aux solides, nous obtenons des résultats beaucoup plus évidents encore. On connaît généralement l'expérience de la poutre. Quelle que soit la longueur de ce corps, le choc le plus léger sur l'une de ses extrémités est entendu par l'oreille appliquée sur l'autre, tandis qu'un troisième observateur, pour lequel ces vibrations arrivent par l'intermédiaire de l'air, est incapable de les percevoir à la distance de deux ou trois pieds.

Indépendamment des conditions particulières à la densité, à l'élasticité des milieux conducteurs, il existe encore deux moyens de recevoir ou de propager les sons avec plus de force, à des distances plus considérables. L'un appartient au *cornet acoustique*, l'autre au *porte-voix*, instruments identiques dans leur influence relative à la transmission des ondes sonores, mais dont les applications ne doivent pas être confondues.

Le cornet acoustique est représenté par un cylindre fistuleux droit ou recourbé, dont l'une des extrémités, réduite au diamètre de quelques lignes, s'applique à l'oreille, et dont l'autre, plus ou moins largement évasée, présente un *infundibulum* susceptible d'embrasser un plus grand nombre de molécules aériennes en vibration ; de rendre, par conséquent, à l'appareil auditif, des sons plus énergiques, en raison de cette forme, et du maintien de la colonne gazeuse dans son conduit solide. La matière employée à la confection de ce dernier ne paraît pas exercer d'influence pour ces transmissions acoustiques ; fait qui démontre assez positivement que la communication ne s'établit point ici par l'ébranlement des parois instrumentales, mais seulement par les vibrations de la colonne d'air qui s'y trouve incarcérée. En donnant aux *stéthoscopes* nouveaux une forme d'entonnoir, par la base, on a dès lors augmenté les avantages de leur emploi, dans toute la partie de l'auscultation médicale plus spécialement relative aux modifications sonores, difficiles à bien apprécier.

Le porte-voix est également un cylindre plus ou moins long, dont l'extrémité la plus élargie s'applique à la bouche de l'interlocuteur. En coerçant l'air mis en vibration, en prévenant la divergence des ondes sonores, qui sont obligées de suivre les directions du conduit, il conserve aux trémoussements acoustiques leur force première, à des distances que la parfaite élasticité de l'air atmosphérique rend incalculables. Biot, expérimentant avec des tuyaux de fonte, d'une longueur de 951 mètres, entendait les mots les plus faiblement articulés. En Angleterre, pour les maisons riches, des porte-voix sont établis dans les principaux appartements, et vont, en suivant les détours obligés, porter des ordres précis aux lieux où se tiennent ordinairement les gens de service. En appréciant davantage ces moyens de communication, nous les verrons peut-être un jour se généraliser dans nos habitations. Il suffit quelquefois d'un sillon conducteur, pour déterminer une partie des effets que nous venons d'énumérer. C'est ainsi que deux personnes, placées vers la terminaison des angles opposés d'une voûte, peuvent s'entendre à voix basse, alors qu'une troisième, écoutant près de l'une ou l'autre des deux premières, hors la ligne de conduite, se trouve dans l'impossibilité de participer à la conversation. Cette première modification devient en quelque sorte l'intermédiaire de celles qu'éprouve la transmission des vibrations sonores, dans l'air libre, et dans celui que renferment les canaux cylindriques.

Transmission par les corps directement sonores. — En traversant un milieu de cette nature, les ondes sonorifiques sont ordinairement changées d'une manière plus ou moins notable dans leur intensité, dans leurs caractères essentiels, avec des influences relatives au timbre, à la force des sons. Nous trouvons une application facile de cette nouvelle condition, dans les vibrations de la basse, du violon, de la guitare et de tous les instruments du même ordre. Supposons, en effet, leurs cordes soutenues par des corps non sonores, à des tensions, à des longueurs identiques; en y passant l'archet, elles donneraient le son qui leur est propre. Convenablement établies sur ces instruments, elles transmettent à ces derniers les vibrations qu'ils rendent seulement après leur avoir communiqué des caractères particuliers, et tellement bien différenciés que seuls ils pourraient servir à faire distinguer, non-seulement la basse du violon, celui-ci de la guitare, etc., mais encore les divers instruments de la même catégorie ; chacun d'eux offrant son timbre spécial, comme chacun de nous a sa voix propre. Au milieu de ces changements, le ton se conserve tel qu'il est communiqué par le premier corps mis en trémoussement. Ainsi, plusieurs cordes semblables et dans les mêmes conditions vibreront à l'unisson pour tous ces instruments. Cette loi devient si positive, qu'en plaçant deux lyres, par exemple, à quelque distance l'une de l'autre, et qu'en faisant résonner une seule corde, la modification identique se manifeste exclusivement dans la corde semblable de l'autre instrument. On donne à ce résultat le nom de *vibration sympathique*. Savart pense que l'unisson n'est pas indispensable à la production de cet effet. Il cherche à le prouver au moyen de plusieurs appareils membraneux très-heureusement imaginés et sur lesquels nous reviendrons en étudiant les usages du tympan.

Lorsque les ondes sonores éprouvent, dans les intermédiaires que nous examinons, les réflexions qu'elles peuvent offrir, leur force, graduellement accrue, paraît se développer en proportion de ces résultats, comme on l'observe surtout pour le cor, où chaque percussion nouvelle des parois de l'instrument devient une cause d'augmentation dans l'intensité des sons, dont l'accroissement n'a d'autre terme que celui du nombre de ces modifications particulières.

Absorption ou réflexion par les corps non sonores et non conducteurs. — Les sons, en rencontrant des milieux de ce genre, se trouvent absorbés ou réfléchis. Les corps mous, lanugineux, cotonneux, etc., etc., produisent le premier de ces résultats, et peuvent dès lors être utilement employés dans les circonstances qui réclament un préservatif contre les inconvénients du bruit. Un assez grand nombre de substances déterminent le second, qui doit plus spécialement nous occuper.

Les ondes sonores, de même que les rayons du calorique et de la lumière, tombant à la surface de certains corps non résonnants et non conducteurs, sont renvoyées en formant un angle de réflexion égal à l'angle d'incidence. Après ce changement, qui n'intéresse que la direction primitive, les sons reviennent avec le même timbre et le même ton, leur force n'éprouve que les diminutions effectuées par la distance; l'affaiblissement des sons réfléchis étant soumis aux mêmes lois que celui des sons directs.

La répétition des modifications acoustiques, ordinairement opérée dans cette circonstance, a reçu le nom d'*écho;* phénomène remarquable, dont la cause, personnifiée par l'antiquité fabuleuse, devint une invisible nymphe incessamment occupée à répéter les joyeux accents du bonheur, les soupirs et les gémissements de l'infortune.

Cette réflexion est presque toujours effectuée, lorsque les vibrations frappent un rocher, un mur, un édifice, quelquefois même un nuage, comme on l'observe dans les retentissements de la foudre et dans plusieurs circonstances dont le merveilleux et la crédulité n'ont point manqué d'exagérer les résultats. Plusieurs conditions étant indispensables à l'audition des ondes renvoyées, l'écho n'est pas constamment perceptible.

L'oreille ne peut apprécier deux sons différents, qu'autant qu'ils se trouvent éloignés d'un dixième de seconde. Pendant ce temps, les ondes sonores parcourent, dans l'air atmosphérique, un trajet de trente-quatre mètres, en se plaçant dès lors à dix-sept d'un mur, par exemple, on peut distinguer le son primitif et le son répété.

L'écho devient sensible, pour celui qui parle, toutes les fois que le plan du corps réfléchissant est perpendiculaire à l'incidence des ondes sonores; pour une personne étrangère, lorsqu'elle peut recevoir successivement, à l'intervalle au moins d'un dixième, les vibrations directes et les trémoussements réfléchis. Il est aisé d'expliquer, d'après ces principes généraux, toutes les modifications du résultat que nous étudions.

Plusieurs échos peuvent être produits, soit dans la même direction, lorsque le son fondamental va frapper des plans verticaux et parallèles, mais situés à des éloignements de dix-sept mètres au moins les uns des autres; soit en parcourant une ligne plus ou moins exactement arquée, les inclinaisons favorables de ces plans occasionnant une série de réflexions dans la direction parabolique, circulaire, ellipsoïde, etc. Quelle que soit la ligne suivie, l'écho s'affaiblit toujours en raison du carré de la distance. Il produit par conséquent l'illusion d'une personne qui fuit, répétant plus ou moins exactement les derniers mots dont son oreille est frappée. Fallait-il d'autres prestiges pour exciter l'imagination des poëtes à créer ces nymphes et ces naïades craintives, évitant furtivement les regards des profanes mortels, en redisant leurs plaintes ou leurs amoureux accents; pour échauffer l'âme du sujet mélancolique et malheureux qui dès lors ne se croyant plus seul dans l'isolement de la nature, y cherche un confident à ses chagrins, et semble prêter à tout la pensée, pour que tout réponde à sa douleur !

Au nombre des effets les plus remarquables de l'écho, nous citerons les suivants. L'abbé Guynet dit avoir entendu, près du château de la *Rochepot*, bâti sur ce monticule caverneux, un écho qui répétait jusqu'à seize syllabes. Nous lisons dans les *Nouveaux Mémoires de la Société royale*, qu'à dix-sept milles de Glascow, dans le voisinage d'une habitation de Rosneath, construite sur un lac bordé de collines arides et de bois impénétrables, on trouve un écho qui répète exactement trois fois un air de cor de *huit demi-brèves*, avec la circonstance extraordinaire que chaque répétition s'effectue sur deux tons plus bas que les sons qui la précèdent. En supposant à ce dernier fait la réalité qu'on lui prête, nous devons le regarder comme une exception à la règle générale et comme un de ces phénomènes extraordinaires qui se montrent supérieurs à nos explications.

Du son relativement à l'appareil qui reçoit l'impression. — Produit par les corps vibrants, transmis, quelquefois modifié par les milieux conducteurs, le son parvient à l'oreille, détermine, comme nous le verrons bientôt, des effets particuliers sur les appareils de collection, de perfectionnement, de sensation, et pour dernier résultat, l'impression acoustique immédiatement suivie de l'audition normale.

Besoin. — Étrangère aux phénomènes essentiellement vitaux et nutritifs, l'audition ne se trouve point commandée, chez l'homme isolé, par un sentiment impérieux, lorsqu'il n'a rien à craindre pour sa conservation et sa vie. Dans l'état de civilisation, par cela même qu'il jouit incessamment et sans obstacle de l'usage régulier du sens que nous étudions, l'impulsion instinctive qui le dirige prend un caractère positif et bien exprimé, seulement dans les circonstances capables d'exciter la curiosité par leur importance ou leur nouveauté. Dans l'état sauvage, ayant à se défendre contre un grand nombre d'agressions qui menacent fréquemment son existence, l'homme est plus naturellement porté vers l'exercice de cette fonction. Chez le premier, l'appétit est surtout provoqué par la raison, par l'intelligence; tandis que chez le second, il appartient plus spécialement aux passions, à l'instinct. En examinant les animaux timides, nous reconnaissons combien est puissante l'impulsion qui les porte à recueillir les sons les plus légers, et nous trouvons une preuve bien certaine de l'existence du régulateur primordialement chargé de veiller à l'accomplissement des phénomènes acoustiques.

Si nous considérons actuellement le sujet devenu sourd par un accident, nous le voyons, au milieu des relations qu'il ne peut plus entretenir, éprouvant un sentiment d'insuffisance et d'anxiété qui démontrent assez l'importance de cette fonction et la peine que fait naître le besoin qui la sollicite, alors qu'il n'est pas satisfait.

Étude. — Pour analyser avantageusement les actes nombreux et compliqués de l'audition ; pour les bien concevoir dans leur ensemble, nous devons étudier progressivement l'influence des ondes sonores sur les appareils : 1° *de collection*, 2° *de transmission*, 3° *de sensation;* apprécier les différentes modifications qu'elles éprouvent, l'impression particulière et finale' qu'en reçoivent les nerfs auditifs.

Lorsque l'audition est dirigée par la volonté dans l'intention de bien connaître les propriétés des corps dont elle peut apprécier la nature, elle prend le nom d'*auscultation* que Laënnec et ses élèves ont si fructueusement utilisée dans l'exploration des maladies du cœur, des poumons, etc. Apprécions dès lors soigneusement l'action particulière des sons dirigés sur les parties principales de l'appareil mis en usage pour cette importante fonction.

1° *Sur l'appareil de collection.* — Celui-ci représente un cornet acoustique destiné à recueillir les vibrations sonores. Assez imparfait chez l'homme civilisé, plus conforme à cet emploi chez le sauvage, nous le voyons perfectionné, sous ce rapport, dans un grand nombre d'animaux. Toutefois il n'est pas essentiel au transport des ébranlements sonorifiques, et l'excision de l'oreille externe est à peu près sans résultat pour affaiblir ces derniers. Héister cite l'observation d'un jeune enfant doué de la faculté de percevoir les sons les plus légers, bien qu'il n'offrît aucune trace de cet appareil et même du conduit auditif.

Les ondes sonores partent du corps vibrant en lignes divergentes ; les unes tombent sur le pavillon de la conque ; toutes les autres sont absolument étrangères à l'audition. Boerhaave pensait que les premières, en conséquence des réflexions qu'elles éprouvent, sont employées, sans exception, dans les phénomènes acoustiques ; opinion qu'il est inutile de réfuter aujourd'hui, puisqu'il suffit, pour arriver à des notions positives sur ce point, de faire observer que ces réflexions s'effectuant sous un angle égal à celui d'incidence, l'aplatissement de l'oreille, surtout chez les peuples civilisés, détourne le plus grand nombre des vibrations de la direction qu'elles devraient suivre pour concourir à la fonction. Savart, trop bon physicien pour expliquer les usages du pavillon d'après une hypothèse aussi fautive, prétend qu'il remplit l'office d'appareil conducteur, non point en renvoyant les sons vers la partie centrale, mais en vibrant à la manière des membranes tendues, avec des modifications effectuées par ses muscles propres, les extrinsèques ayant pour objet de mouvoir la conque tout entière pour la diriger vers les agents de cette impression. On sent aisément la supériorité d'une pareille explication sur celle de Boerhaave, mais il est difficile de lui reconnaître l'exactitude, la précision et toute l'importance que voudrait lui donner son auteur. Sans doute, il doit exister propagation des trémoussements sonores par les tissus élastiques dont l'oreille externe est à peu près entièrement constituée, mais les faits d'anatomie comparée, pathologique, les expériences de Flourens prouvent évidemment que ce moyen de propagation, en lui donnant même toute la réalité que d'autres physiologistes ont contestée, ne présente qu'un accessoire dont l'influence éprouve de nombreuses modifications chez les différents individus.

Les ondes sonores qui tombent directement sur l'ouverture du conduit auditif et sur l'excavation qui le précède immédiatement, sous le titre d'*infundibulum*, nous paraissent les seules qu'il faut envisager comme attaquant la membrane du tympan de manière à déterminer essentiellement et positivement l'excitation acoustique.

Cette collection des sons peut s'effectuer involontairement et sans préparation ; elle est alors moins avantageuse et la sensation ultérieure moins parfaite. La préméditation, la volonté peuvent lui servir de guide. Dans cette nouvelle circonstance, l'attention est concentrée vers l'appareil auditif qui se dispose à l'impression. L'oreille est dirigée vers le corps en vibration; elle se redresse, comme on le voit, surtout chez les animaux timides. Cette action préparatoire, sans être indispensable, devient au moins très-utile dès qu'il faut apprécier des nuances légères dans les modifications sonores. Elle constitue ce phénomène accessoire que l'on nomme *écouter;* expression qu'il ne faut pas confondre avec celle d'*entendre*. En effet, on peut écouter sans entendre, et souvent entendre sans écouter. Nous prêtons l'oreille dans le premier cas, nous allons volontairement chercher l'impression auditive que nous n'obtenons pas toujours ; dans le second, c'est la vibration elle-même qui vient trouver notre organe et qui détermine la sensation indépendamment de notre participation raisonnée.

Dans cette action d'écouter attentivement, la mâchoire inférieure se trouve ordinairement abaissée. Quelques physiologistes ont pensé que cette ouverture de la bouche avait pour but d'augmenter la perfection des résultats sensitifs en favorisant l'entrée d'un certain nombre de vibrations par la trompe d'Eustache. Cette explication, erronée dans son principe, le devient encore davantage dans ses conséquences. En effet, les ondes sonores importées par cette route nouvelle, dans une direction opposée à la marche naturelle des autres, loin de rendre l'impression plus complète, y jetteraient au contraire le trouble et la confusion. Aussi les animaux qui, d'après une organisation particulière, entendent par cette voie, sont-ils en même temps privés de l'oreille et du conduit auditif externe. Une expérience très-simple décide entièrement la question. Elle consiste à placer une montre dans la bouche sans toucher les dents ; les mouvements du balancier deviennent alors imperçeptibles ; ce qui n'arriverait pas si les vibrations pouvaient être communiquées par la trompe. L'abaissement du maxillaire, en lui supposant un objet relatif à l'audition, agirait bien plus avantageusement en augmentant les dimensions de ce conduit par le mouvement du condyle en avant et en bas. D'un autre côté, nous pensons que ce résultat est produit par le relâchement des muscles élévateurs de la mâchoire, l'attention étant alors exclusivement dirigée vers l'appareil acoustique ; aussi ne l'observons-nous bien positivement que chez les sujets distraits par une forte contention auditive.

2° *Sur l'appareil de transmission.*— Offrant pour objet essentiel de communiquer les sons à l'oreille interne, cet appareil doit accomplir deux phénomènes importants. 1° *L'établissement de l'unisson ; 2 la modification relative à l'intensité des vibrations sonores.* Les auteurs ne s'accordent nullement sur la nature et le mécanisme de ces actions physiologiques. Nous indiquerons d'abord leurs théories sur chacun de ces phénomènes dont nous exposerons ensuite la marche et le développement.

Établissement de l'unisson. — Nous entendons par ce terme les conditions dans lesquelles se place naturellement l'oreille moyenne pour vibrer au ton des corps dont nous voulons apprécier les effets acoustiques. Il ne faut pas, avec quelques physiciens, envisager cette oreille comme un instrument de musique chargé d'effectuer, par lui-même, tous les accords du rhythme et de l'harmonie ; mais seulement comme un appareil conducteur des ondes sonores, pouvant s'accommoder à toutes les transitions du grave à l'aigu et *vice versâ*. Procédant avec trop d'exclusiou, les physiologistes ont successivement chargé de cet emploi : *la membrane du tympan*, *des fenêtres ovale et ronde*, *la chaîne des osselets*, *l'air de la caisse*, *la cloison des rampes du limaçon.*

Membrane du tympan. — Dumas imagina dans cette membrane des fibres elliptiques, représentant chacune un ton particulier. D'autres attribuèrent ces résultats aux alternatives de la tension et du relâchement par les mouvements du marteau. Adelon fait judicieusement observer que les différents degrés, qui séparent le second et le premier de ces états, ne suffisent point à l'ascension du grave à l'aigu dans les huit octaves que notre oreille peut apprécier. Savart ayant démontré, sur des appareils membraneux, que ces derniers forment des nœuds de vibration, dont le rapprochement se trouve toujours en proportion des tons produits, applique ces idées au tympan, qui dès lors se mettrait à l'unisson, indépendamment de toute modification étrangère. Les tensions et les relâchements dont il est susceptible, seraient exclusivement relatifs à l'intensité des ondes sonores. Au premier état, il vibrerait sous l'influence de tous les sons, en fractionnant ses nœuds, de manière à s'accommoder à toutes les vitesses ; au second, il ne se trouverait mis en trémoussement que par les sons très-forts, mais alors avec une exagération des mouvements généraux, qui pourraient occasionner des lésions assez graves dans l'appareil sensitif. D'après ces lois acoustiques, la tension du tympan, étrangère aux tons aigus et graves, coïnciderait seulement avec les sons très-faibles, pour en obtenir des vibrations ; avec les sons très-forts, pour limiter leur amplitude, et garantir l'appareil des accidents qui pourraient survenir sans cette précaution. Itard, auquel nous devons des observations si judicieuses, relativement à l'ouïe, soit dans l'état normal, soit dans les dispositions pathologiques, n'a jamais vu les changements indiqués pour la membrane du tympan, dans la réception des sons aigus ou graves, forts ou faibles. En admettant même la réalité de ces explications, nous serons forcés d'accorder beaucoup moins d'importance aux phénomènes qu'elles nous révèlent, si nous considérons que la membrane tympanique peut être perforée, détruite sans altération notable pour l'audition, qui s'effectue cependant alors sans modification des trémoussements, par cette membrane. Riolan parle d'un sourd qui, s'étant crevé le tympan avec un cure-oreille, entendit bientôt à peu près comme dans l'état normal. Chéselden avait même conçu le projet de cette perforation dans les cas analogues. Itard l'a faite avec succès. D'un autre côté, Savart pourrait invoquer plusieurs faits en faveur de son opinion. Ainsi, Camper connaissait un conseiller au parlement, sourd depuis son enfence, qui pouvait chasser l'air par le conduit auditif externe, avec assez de force pour éteindre une bougie. Les artilleurs sont très-exposés à la déchirure du tympan ; nous en avons rencontré plusieurs qui, faisant passer la fumée du tabac par la trompe d'Eustache, l'expulsaient ensuite par la conque. Les sujets dont l'oreille est paresseuse entendent moins bien encore sous l'influence d'une atmosphère humide et brumeuse. Willis rapporte qu'une dame, incapable de percevoir les sons de force moyenne, pouvait soutenir une conversation, à demi-voix, en faisant battre un tambour dans son appartement. Ces faits contradictoires en apparence, nous conduisent à l'induction toute naturelle, que les usages de la membrane du tympan ne sont pas indispensables à l'audition, mais qu'ils en deviennent un perfectionnement très-avantageux, que le mécanisme des phénomènes qui lui sont relatifs paraît avoir été bien interprété par Savart, et se rapporte beaucoup plus à la force, à la faiblesse, qu'à la gravité, à l'acuité des vibrations sonores.

Membranes des fenêtres ovale et ronde. — Nous verrons, en étudiant le mécanisme de la chaîne des osselets, que ces membranes suivent toujours les mouvements du tympan, et que leurs différents degrés de tension et de relâchement peuvent encore s'appliquer aux mêmes résultats.

Chaine des osselets. — Les physiologistes du moyen âge ont émis des idées essentiellement fautives, relativement aux fonctions de cette partie. Béranger de Carpi soutient que les vibrations sonores ont pour cause la percussion des osselets acoustiques les uns sur les autres. Massa dit au contraire que le marteau seul frappe sur la membrane du tympan, comme la baguette sur le tambour. Des opinions semblables n'ont plus besoin de réfutation. Chaussier pense, avec le plus grand nombre des auteurs modernes, que les mouvements de ces osselets offrent pour objet d'effectuer la tension ou le relâchement des membranes du tympan, des fenêtres ovale et ronde. Il considère leur chaîne comme un levier à bascule, de telle sorte que, d'après ce physiologiste, les contractions du muscle de l'étrier tendraient la membrane du tympan, et celles des muscles du marteau, la membrane de la fenêtre ovale. On admet plus généralement, comme nous le verrons, une disposition absolument inverse. Savart compare la chaîne des osselets, maintenant les membranes indiquées, à l'âme du violon, chargée de soutenir les deux tables de l'instrument. Quelques écrivains ont prétendu que l'existence des muscles tympaniques se trouvait liée, chez l'homme, à la perfectibilité morale du sens, et qu'ils étaient remplacés par des ligaments, pour le plus grand nombre des animaux. La tension est expliquée, pour la membrane de la fenêtre ronde, par le refoulement du fluide vestibulaire, celle de la fenêtre ovale étant alors portée vers l'oreille interne ; de manière que, dans le relâchement ou l'extension, elles se trouvent toujours opposées, relativement au sens de leur excavation ou de leur convexité.

Air de la caisse. — Renouvelé par la trompe d'Eustache, cet air, qui remplit naturellement le tympan et ses anfractuosités, a pour objet, suivant les physiologistes actuels, d'effectuer en grande partie la transmission des ondes sonores. D'après Savart, il affranchit des modifications atmosphériques les membranes des fenêtres ovale et ronde ; il trouve un diverticulum dans les cellules mastoïdiennes, lorsqu'il est soumis aux compressions du tympan.

Cloison des rampes. — Elle offre, avons-nous dit, une succession de fibres, dont le volume et la longueur diminuent de la base vers le sommet du limaçon. Plusieurs physiciens ont comparé ces fibres aux cordes graduées de la harpe et du forté ; considérant les plus longues et les plus volumineuses comme établissant l'unisson des tons graves ; les plus courtes et les plus fines, conme réglant celui des tons aigus. Cette application offre quelque chose de mathématique et de séduisant au premier aspect, mais elle supporte difficilement un examen plus sévère. En effet, ces prétendues cordes vibrantes se touchent réciproquement dans toute leur étendue, loin de présenter l'isolement exigé pour cette indépendance d'action. On répond que les expériences de Savart démontrent, dans les membranes continues, la formation spontanée des nœuds vibratiles, et par conséquent la possibilité d'obtenir ainsi toutes les vibrations relatives dans la cloison indiquée. Mais n'est-ce pas appuyer une théorie qu'il faudrait prouver, sur des considérations elles-mêmes hypothétiques, et d'ailleurs pourrait-on ne pas reculer devant la difficulté de supposer, dans une membrane aussi limitée, des nœuds de vibration assez multipliés pour correspondre à toutes les nuances des tons que notre oreille est susceptible d'apprécier ?

Modifications relatives à l'intensité. — Si l'appareil conducteur doit s'établir en mesure de transmettre les vibrations sonores dans le ton qui leur est propre, il doit également se modifier de manière à les renforcer lorsqu'elles sont très-faibles, pour les rendre perceptibles ; à modérer la violence de leur communication lorsqu'elles deviennent très-intenses, afin de garantir l'appareil sensitif des désordres qui suivraient nécessairement une agression aussi peu ménagée. Nous le voyons arriver à ces résultats essentiels par le concours de plusieurs phénomènes que les auteurs ont souvent isolés en attribuant exclusivement à l'un d'entre eux ce qui ne peut appartenir qu'à leur ensemble. Au nombre de ces dispositions acoustiques, nous devons particulièrement indiquer : la tension des membranes du tympan, de la fenêtre ovale, de la fenêtre ronde, de la chaîne des osselets, des muscles qui la meuvent, de l'air contenu dans la caisse. Peut-être aussi les réflexions des vibrations opérées dans les rampes du limaçon, consécutivement aux ébranlements imprimés à la membrane de la fenêtre ronde, ne sont-elles pas sans influence. Toutefois, au milieu de ces modifications simultanées, pouvant s'établir dans une gradation relative aux circonstances du moment, les trémoussements les plus légers sont aisément communiqués, et les sons les plus forts, bornés dans leur amplitude vibratile, deviennent moins pénibles et moins offensifs.

Après avoir indiqué les deux résultats principaux des phénomènes effectués par l'oreille moyenne, et fait connaître l'opinion des physiologistes sur cet objet, nous devons en étudier le mécanisme en le réduisant à sa plus grande simplicité.

Transmission des ondes sonores. — Les vibrations acoustiques recueillies par la conque, dirigées par le conduit auditif externe, viennent frapper la membrane du tympan avec une *force*, un *timbre*, un *ton* déterminés. Ces conditions doivent être propagées au nerf principal sans aucune altération essentielle, mais avec les garanties et les ménagements relatifs à la délicatesse de l'organe, à la possibilité de l'impression. Dans la communication des sons très-faibles ou très-forts, d'après les raisons que nous avons indiquées, la membrane du tympan, celles des fenêtres ovale et ronde, la chaîne des osselets doivent offrir une tension proportionnée à l'éloignement du terme moyen dans les gradations établies vers l'un ou l'autre de ces deux extrêmes. Un relâchement d'autant plus considérable que les trémoussements se rapprochent davantage de ce même terme. L'air de la caisse éprouve simultanément soit une compression soit une raréfaction en mesure assez positive, des modifications indiquées.

Si nous cherchons le mécanisme de ces phénomènes divers, concourant au même but, en consultant la planche qui représente l'appareil, nous les voyons s'accomplir d'après des lois harmoniques d'une facile interprétation.

Les membranes du tympan et de la fenêtre ovale se trouvent, dans leurs mouvements, sous l'influence de la chaîne osseuse. L'une est plus spécialement encore dirigée par le marteau, l'autre par l'étrier. Le marteau, fixé par son manche à la partie supérieure de la première, nous représente un levier à bascule, intermobile. Sous l'influence du muscle interne, le mouvement s'effectue de dehors en dedans, pour ce manche, entraînant avec soi la membrane tympanique dont il opère ainsi l'extension. Le muscle de l'étrier appuyant cet os sur la membrane de la fenêtre ovale, produit un effet semblable en la portant vers l'oreille interne. En conséquence de cette action, l'humeur labyrinthique, refoulée dans les rampes du limaçon, dirige la membrane de la fenêtre ronde vers l'oreille moyenne, avec une force proportionnée au développement des premières modificatious que nous venons de signaler. Il est évident que l'air de la caisse, pressé dans plusieurs sens, éprouve une condensation également relative à ces influences réunies. La chaîne des osselets et les muscles indiqués offrent un état de roideur en mesure de tous ces résultats favorables, comme il est actuellement aisé de le comprendre, à la transmission des ondes les plus légères, aux bornes que devaient rencontrer les mouvements généraux dans les vibrations très-énergiques.

Le relâchement progressif de ces diverses parties est également simple dans sa cause et positif dans ses effets. Le muscle interne, celui de l'étrier cessant d'agir, le muscle antérieur se contractant, le marteau présente un mouvement de bascule en sens inverse ; la membrane du tympan, celles des fenêtres ovale et ronde se trouvent rendues à leur état normal. Dès lors, n'étant plus comprimé, l'air de l'oreille moyenne reprend ses conditions primitives, et la chaîne des osselets, sa laxité naturelle. Cette nouvelle condition est celle du repos. C'est en partant de ce point que l'appareil de transmission se monte graduellement en mesure, soit de la ténuité, soit de la force des vibrations acoustiques. Il suffit de s'observer soi-même pendant l'impression des sons très-développés ou très-fugitifs, pour sentir que l'une et l'autre circonstance exigent un travail, une contention plus ou moins pénibles de cet appareil.

Il est maintenant facile d'établir tous les rapports des altérations que présentent ces phénomènes avec les modifications variables des parties qui sont chargées de leur exécution. Nous comprenons, en effet, pourquoi l'humidité de l'atmosphère, la destruction du tympan vers sa partie supérieure, la carie des osselets, la paralysie de leurs muscles, l'oblitération de la trompe d'Eustache, etc., diminuent, pervertissent plus ou moins notablement les facultés auditives, quelquefois même les détruisent complétement en coïncidant avec d'autres lésions du labyrinthe.

Ainsi répétées, les vibrations sonores parviennent à l'oreille interne, au moyen de la chaîne des osselets et de l'air contenu dans la caisse du tympan. Le premier de ces intermédiaires est plus spécialement relatif à la membrane de la fenêtre ovale, tandis que le second appartient surtout à celle de la fenêtre ronde. Chez les animaux, soumis à des expériences très-variées, ces intermédiaires n'ont pas semblé d'une utilité rigoureuse, puisqu'on a pu les détruire, sans altérer notablement l'audition. Dans l'homme, ils paraissent plus essentiellement liés à l'intégrité de la fonction, comme le démontrent la perversion acoustique, et quelquefois la surdité produites par les maladies graves du tympan, des osselets, de la trompe, etc. Il ne faut cependant pas exagérer la nécessité de l'oreille moyenne, pour transmettre les vibrations sonores. En fermant exactement les deux conduits auditifs, on entend bien distinctement le bruit d'une montre, appliquée sur les pariétaux ; dès que l'instrument se trouve écarté, même de quelques lignes, toute perception disparaît : circonstance qui démontre que les ondes sonorifères peuvent arriver au nerf labyrinthique, immédiatement par les os crâniens, et sans l'intervention de la caisse du tympan. Mais alors il est indispensable que le corps vibrant touche la tête, soit directement, soit par le moyen d'un solide conducteur ; ce qui prouve toute l'utilité de l'appareil normal de transmission, dans les conditions ordinaires, où l'air devient toujours le milieu conducteur des trémoussements sonores.

3° *Sur l'appareil de sensation.* — L'homme, de même que les animaux, offre le nerf auditif, comme organe essentiel de l'impression, et les cavités de l'oreille interne, comme partie fondamentale du sens, les autres n'en présentant que des accessoires. Nous ne croyons pas, cependant, qu'il soit possible de réduire l'appareil acoustique, chez le premier, à cette grande simplicité, que nous avons reconnue, dans certaines familles des seconds. Nous pensons, au contraire, que si l'on doit recourir dans ces recherches à l'usage raisonné de l'anatomie comparée, l'on doit également en éviter les applications abusives. Dans notre espèce, les organes de transmission paraissent indispensables aux perfectionnements de la fonction, aussi les trouvons-nous développés même chez le jeune enfant, où leur importance relative à l'éducation ne comportait pas un état rudimentaire prolongé.

Des sons, communiqués à la lymphe de Cotunni, par les membranes de la fenêtre ovale et ronde, produisent dans cette humeur des ondulations mollement imprimées à la pulpe sensitive, qui, d'après la délicatesse et la ténuité de son organisation, n'aurait pas supporté des agressions plus violentes, sans désordre et même sans déchirement. Ainsi, le produit de la sécrétion labyrinthique offre le double avantage d'ébranler doucement le nerf auditif, et de le maintenir dans un état de souplesse indispensable au développement normal des fonctions spéciales dont il est chargé. Pinel a démontré, d'après un grand nombre de faits, recueillis chez les vieillards de la Salpêtrière, que l'absence de cette lymphe devient une cause assez ordinaire de surdité sénile. Toutefois, le nerf acoustique reçoit ces vibrations, en vertu de la sensibilité spéciale dont il est doué, transmet l'impression qu'il en éprouve au cerveau qui la convertit en perception, par le concours du principe immatériel. Aussitôt le timbre, la force, le ton des ondes sonores, appréciés dans toutes leurs modifications, nous conduisent à des résultats intellectuels d'un ordre particulier.

Les animaux jugent bien la nature des sons. Ainsi, le chien reconnaît la voix de son maître; incapable d'apprécier le sens des mots, il distingue la louange ou le blâme à l'accent qui les accompagne; il souffre et pousse des cris plaintifs, sous l'influence des vibrations de la flûte ou de l'harmonica. Les oiseaux ne confondent point les chants de leur espèce avec ceux des autres, et s'appellent mutuellement dans la saison des amours.

C'est particulièrement dans cette estimation du *timbre*, de la nature même des sons, que les véritables caractères de l'audition se rencontrent de manière à signaler une impression vitale intellectualisée, qu'il est dès lors impossible de confondre, d'après quelques physiologistes modernes, avec l'action physique ou chimique des trémoussements particulaires sur la pulpe sensitive.

Le sens de l'ouïe devient, avec celui de la vue, le moyen d'investigation le plus utile à l'homme, dans tous les rapports qu'il doit entretenir avec les êtres environnants. Il tient même le premier rang dans l'état de civilisation, où la faculté de recueillir les pensées des autres, et de leur transmettre les siennes, constitue la base fondamentale de ces relations. De même, en effet, que nous communiquons nos idées, par la parole, avec plus de précision, de promptitude et de facilité que par toute autre voie d'expression, de même aussi, nous recevons, par l'audition, celle des sujets qui nous entourent, avec une clarté, des nuances, une variété, qui toujours échapperaient au reste des sensations. C'est en conséquence de cette liaison naturelle et primordiale que nous voyons, dans tous les organismes, ces deux moyens de communication associés par des rapports fonctionnels tellement nécessaires, que la destruction de l'un entraîne bien fréquemment celle de l'autre, et qu'ils forment de concert la base de l'existence morale chez l'homme intelligent et sensible.

Deux facultés compatibles, mais indépendantes, peuvent distinguer l'ouïe dans l'espèce humaine : 1° celle de percevoir les sons les plus légers; disposition qui constitue *la finesse* de l'oreille ; 2° celle d'apprécier les plus faibles intervalles des tons; caractère qui produit *la justesse* du même sens. Nous trouvons quelquefois des sujets assez heureusement organisés pour unir ces deux facultés, mais il est plus ordinaire d'en rencontrer qui présentent l'une sans offrir l'autre. Ainsi, tel sauvage, qui n'estimerait pas convenablement l'intervalle d'un demi-ton, recueille les sons les plus fugitifs, à des distances bien souvent très-considérables. Tel compositeur, qui saisit les dissonances les moins prononcées, et comprend l'ensemble d'une partition au milieu d'un grand nombre de voix et d'instruments divers, n'entendrait pas un bruit assez fort dans un éloignement ordinaire.

Cette justesse de l'oreille détermine bien souvent celle de la voix. Elle constitue la qualité principale du sujet qui se consacre à l'étude, à la culture de l'art musical. De même, comme nous le verrons ailleurs, la fausseté dans les intonations se rattache fréquemment au défaut de précision dans les facultés acoustiques.

L'audition peut encore nous aider à juger un certain nombre de conditions corporelles. — *La nature*. En percutant une pierre, un fragment de bois, un métal, etc., on ne les confondra pas entre eux sous ce premier rapport. L'aveugle reconnaît aussitôt, par le timbre vocal, même les individus qu'il ne fréquente pas le plus habituellement. — *La direction*. Un corps vibrant désigne à peu près la place qu'il occupe. Cependant si les sons n'offrent pas une certaine force, l'indication n'est pas ordinairement très-positive. Que l'on cache une montre, par exemple, dans quelque partie d'un salon, celui qui la cherche, en se guidant par le bruit que fait le balancier, pourra s'égarer plus d'une fois avant d'arriver au lieu d'où partent les vibrations. — *Le volume.* On reconnaît encore approximativement les dimensions des corps par les sons qu'ils rendent. C'est ainsi que l'on ne confondra point, sous ce rapport, une cloche avec une sonnette, une basse avec un violon. On peut toutefois modifier ces instruments, indépendamment de leur ampliation, de manière à signaler des illusions remarquables. — *La distance.* Il est assez facile de juger l'éloignement d'un corps en raison de la force ou de la faiblesse des sons qu'il produit actuellement, si l'on ne cherche pas une estimation rigoureuse. Mais dans l'hypothèse contraire, les résultats deviendraient essentiellement fautifs. Chaque jour nous sommes trompés relativement à cet objet, l'affaiblissement gradué des trémoussements sonores prenant tous les caractères de l'éloignement progressif, et leur augmentation ceux du rapprochement. L'acteur habile sait très-bien nous faire oublier l'étroite circonscription du théâtre en modulant diversement sa voix, soit qu'il paraisse arriver d'un endroit écarté, soit qu'il semble s'éloigner dans la campagne. Le ventriloque, bien exercé, nous abuse encore avec un prestige plus étonnant, par des modifications sonores très-curieuses qui seront expliquées à l'article *engastrimisme.* Nous possédons un moyen d'utiliser beaucoup plus avantageusement l'ouïe dans l'évaluation précise des intervalles qui séparent les corps. Il repose tout entier sur l'énorme différence des vitesses comparatives de la lumière et du son. Les applications qu'il peut offrir se présenteront naturellement dans l'examen du premier de ces modificateurs. — *Le mouvement.* Les changements progressifs dans la direction, la force, la faiblesse des vibrations sonores indiquent le mouvement, les dispositions contraires annoncent le repos; mais avec les chances d'erreur que nous avons signalées pour la distance. — *L'harmonie*. C'est enfin par l'audition exclusivement que nous pouvons goûter les charmes de cet art délicieux qui touche le cœur, élève, transporte l'âme en chantant les succès et la gloire ; qui nous communique ses douloureux accents et fait couler nos larmes en retraçant, par les plus sombres couleurs, toutes les angoisses de l'infortune.

Altérations. — Nous en suivrons les causes dans les oreilles *externe*, *moyenne*, *interne*. — *Augmentation*. On lui donne communément le nom de *paracousie*. Plusieurs auteurs ont prétendu qu'elle pouvait dépendre de la tension trop considérable des membranes du tympan, de la fenêtre ovale, de la fenêtre ronde ; quelques-uns, de la contraction spasmodique des muscles du marteau, de l'étrier, etc. Dans le plus grand nombre des cas, elle est déterminée par le développement extranormal de la sensibilité spéciale du nerf auditif ou de la partie encéphalique présentant l'origine de ce dernier. Aussi la paracousie devient-elle non-seulement le symptôme le plus saillant de l'otite interne, mais encore un signe fréquent des phlegmasies intra-crâniennes. Les sons les plus légers se trouvent alors perçus avec une étonnante facilité, mais les vibrations fortes ne produisent pas une impression normale ; on les voit déterminer au contraire une véritable douleur qui ne permet pas d'en soutenir l'influence, et qui nous indique l'oblitération momentanée du conduit auditif, l'éloignement du bruit, comme les premiers de tous les moyens curatifs applicables à ce genre d'altération.

Diminution. — On la nomme *dysécie*. Elle peut reconnaître plusieurs lésions diverses des trois appareils. — *Oreille externe*. On doit admettre l'absence de la conque, le rétrécissement du conduit auditif, son occlusion par la présence d'un corps étranger, par l'accumulation du cérumen. — *Oreille moyenne*. Nous signalerons plus spécialement le relâchement ou l'induration de la membrane du tympan, de celles des fenêtres ovale et ronde, l'affaiblissement des muscles du marteau, de l'étrier ; la raréfaction aérienne de la caisse, etc. — *Oreille interne.* Il faut particulièrement noter l'abaissement de la sensibilité propre du nerf acoustique, la diminution de la lymphe de Cotunni, dispositions assez ordinaires chez les vieillards. Sous l'influence de ces modifications organiques, les sons faibles n'ébranlent plus suffisamment l'appareil auditif et ne fournissent, dès lors, aucun résultat pour l'intelligence.

Perversion. — Elle peut offrir deux variétés importantes à bien distinguer. *Dans l'une,* qui prend le nom de *tintouin, tinnitus aurium,* le sujet croit entendre des vibrations qui n'existent pas relativement à son oreille. Ces bruits imaginaires qui viennent le troubler, même dans le silence absolu, peuvent imiter successivement les sons de plusieurs instruments harmonieux ou cacophoniques ; le mugissement des vagues, le roulement de la foudre, les sifflements des vents, les détonations d'une arme à feu, etc. *Dans l'autre,* que l'on désigne par les termes de *discordance,* d'*oreille fausse,* les tons et leurs intervalles ne sont jamais appréciés à leur juste mesure. Lorsque cette altération est innée, la culture de la musique est absolument sans résultat pour l'améliorer. Celui que la nature a doué d'une aussi défectueuse organisation est pour toujours insensible aux charmes de la cadence et de la mélodie ; les arts délicieux de Calliope et d'Euterpe n'ont pas été faits pour lui. Ces anomalies peuvent bien se rattacher, comme l'ont prétendu quelques auteurs, à des affections morbifiques du tympan, du labyrinthe, mais nous pensons que, dans la grande majorité des sujets, elles tiennent plus essentiellement à la perversion de la sensibilité spéciale du nerf auditif altéré dans sa nature sous l'influence d'un vice de conformation ou d'une lésion accidentelle.

Suspension. — Lorsqu'elle est complète, on la désigne par la dénomination de *surdité.* Toutes les causes de la diminution portées à leur plus grand développement peuvent la déterminer. Au nombre des plus fréquemment signalées par l'observation, nous devons particulièrement indiquer les suivantes. L'oblitération ou l'imperforation native du conduit auditif externe ; son obstruction entière par le cérumen concrété ; la déchirure du tympan, la carie des osselets, la paralysie de leurs muscles moteurs ; l'occlusion de la trompe d'Eustache et consécutivement le vide formé dans la caisse par le défaut du renouvellement de l'air ; l'absence de perspiration labyrinthique ; l'atrophie, le desséchement, la paralysie du nerf auditif, cause ordinaire de la surdité sénile. Toutes ces altérations sont en général difficiles à détruire en raison de l'impossibilité souvent absolue d'agir assez directement sur les parties affectées. C'est alors qu'après avoir épuisé la série des moyens rationnels, on voit les sujets s'abandonner au plus aveugle empirisme sans autre résultat que les accidents et la douleur inséparables des modifications intempestives.

5° Vision. — La vision, ορασις des Grecs, *visio* des Latins, peut être définie *impression de la lumière sur la rétine, transport de cette impression au cerveau par le nerf optique, changement de cette dernière en perception sous l'influence du principe immatériel*. N'offrant que des usages accessoires dans les fonctions nutritives et vitales, ce phénomène sensitif devient essentiel aux actes physiologiques des relations extérieures chez les animaux comme chez l'homme, aussi bien parmi les hordes sauvages qu'au milieu des peuples civilisés. Nous les voyons présenter, avec l'audition, la base fondamentale des rapports que ces différents êtres doivent entretenir avec tous les objets dont ils sont environnés. Moins utile peut-être que ce dernier sens à l'homme social, présentant des communications plus particulièrement établies sur les facultés intellectuelles que sur les impulsions instinctives, il tient le premier rang chez les animaux et chez l'homme de la nature dont les actions ont pour objet principal de satisfaire aux besoins corporels, d'éviter ou de repousser toute agression nuisible. Ainsi, dans la première condition, le sourd nous paraît plus malheureux que l'aveugle, et surtout plus en dehors de la sociabilité ; dans la seconde, au contraire, l'aveugle se trouve beaucoup moins en mesure des exigences de son état, et moins capable d'en surmonter les nombreuses difficultés.

Sans admettre complétement l'opinion de Molineux, de Berkeley, de Condillac et de plusieurs autres philosophes qui prétendent que la vue ne donne point les notions de grandeur, de figure, de distance, avant d'avoir corrigé toutes ses illusions par l'éducation du toucher, nous pensons qu'elle ne s'exerce pas aussitôt après la naissance, du moins pour notre espèce, et qu'elle a besoin d'acquérir, par l'expérience, la sûreté d'investigation qui manque toujours à ses premiers essais. L'objet essentiel et final de son institution est de servir de guide aux appareils locomoteurs en faisant connaître un assez grand nombre de propriétés et de rapports matériels par l'intervention de la lumière. Aussi l'appareil visuel manque-t-il absolument dans les organismes destinés seulement à des mouvements partiels, et le voyons-nous se développer dans les autres en raison des intervalles qu'ils sont obligés de franchir pour l'accomplissement des relations naturelles à leur existence.

Appareil. — Nous y rapportons l'ensemble des organes dont le concours favorise diversement les impressions de la lumière sur le nerf optique. Il se compose de trois divisions principales, que nous désignons par les termes d'appareils : 1° *protecteur;* 2° *de perfectionnement;* 3° *sensitif.*

1° Appareil protecteur. — Décrite par Haller, sous le titre expressif de *tutamina oculi*, cette partie comprend les sourcils, les paupières et les voies lacrymales.

Les sourcils — nous offrent deux arcades pileuses, couronnant la partie supérieure de l'orbite, formées par du tissu cellulaire, un muscle nommé *sourcilier*, la peau, des poils obliquement couchés en dehors, présentant une couleur analogue à celle des cheveux. Ils constituent l'un des principaux traits de la physionomie, servent à l'expression de la colère, de la gaieté, de l'ennui, de l'admiration, etc. Leur usage plus spéciel encore est d'absorber les rayons lumineux surabondants ; fonction qu'ils exercent d'autant plus avantageusement que leur épaisseur est plus considérable, et leur couleur plus noire. Aussi réunissent-ils ordinairement ces deux caractères, chez les peuples méridionaux, et voyons-nous les sauvages des régions équatoriales en augmenter les effets par les teintes artificielles très-foncées, qu'ils ajoutent communément à ces dispositions natives.

Les paupières — sont deux voiles mobiles, semi-transparents, servant d'opercules au globe oculaire, en le garantissant d'une lumière trop vive, des injures de l'air et des corpuscules en suspension dans ce milieu commun. Leurs mouvements soumis à l'influence de la volonté, confiés aux muscles *élévateur*, *orbiculaire*, donnent au sujet le pouvoir d'exposer et de soustraire alternativement l'appareil essentiel de la vision aux agressions du modificateur chargé de l'effectuer. Les cruelles angoisses dont s'accompagna le supplice de Régulus font assez connaître la nécessité de cet appareil protecteur. Nous trouvons dans la composition des paupières, de l'extérieur à l'intérieur : la peau mince, d'une texture lâche et déliée ; du tissu cellulaire filamenteux, extensible ; les muscles *orbiculaire*, *palpébral* et *releveur* de la supérieure ; une membrane muqueuse, nommée *conjonctive*, se réfléchissant vers le globe oculaire, où sa transparence devient parfaite. Ces trois enveloppes sont encore assez diaphanes pour laisser distinguer le jour de l'obscurité, même après le rapprochement complet des bords palpébraux. Quelques physiologistes ont placé, dans la disposition indiquée, l'une des causes du réveil, par le retour de la lumière. Ces bords sont renforcés d'un *fibro-cartilage*, nommé *tarse*, leur donnant plus de fixité, prévenant leur froncement transversal. Des follicules cylindriques, improprement nommés *glandes de Meïbomius*, y déposent une humeur visqueuse, appelée *chassie*, servant à lubrifier ces mêmes bords, pour empêcher l'écoulement des larmes sur la joue. Des poils implantés sur ces derniers, avec la dénomination de *cils*, entre le fibro-cartilage et la peau, garantissent l'œil des corpuscules atmosphériques, sans empêcher la transmission lumineuse.

Les voies lacrymales, — que nous avons décrites à l'article des sécrétions, et qui présentent la glande, ses canaux excréteurs, le conduit triangulaire formé par le rapprochement des paupières, la caroncule et son lac, les points et les conduits lacrymaux, le sac du même nom, le canal nasal, fournissent un fluide, nommé *larmes*, qui s'unit aux humeurs folliculaire et perspiratoire de la conjonctive, pour humecter le globe de l'œil, favoriser les mouvements palpébraux, s'opposer au desséchement, aux irritations par l'air extérieur, formant ainsi le complément indispensable des moyens de protection.

2° Appareil de perfectionnement. — On le nomme communément œil, ὀφθαλμὸς des Grecs, *oculus* des Latins. Il représente un véritable instrument physique, dans lequel nous trouvons en même temps perfectionnées les dispositions de la chambre obscure, et celles de la lunette achromatique ; où se manifestent les phénomènes les plus admirables de *l'optique*, de *la dioptrique* et de *la catoptrique*. Sa forme est celle d'un sphéroïde, légèrement aplati d'avant en arrière, et dont l'axe, en suivant cette même direction, est obliquement dirigé de dehors en dedans. Il est presque entièrement renfermé dans la capacité de l'orbite que l'on pourrait encore placer au nombre des parties constituantes de l'appareil protecteur. Un coussinet graisseux, très-épais, garnit le fond de cette cavité, permettant aux divers mouvements oculaires de s'effectuer mollement sur ce dernier.

Le globe de l'œil est constitué par des membranes et par des humeurs dont les usages sont relatifs, soit comme enveloppes générales, surtout à la conservation de l'organe, soit comme absorbants, réfracteurs, aux modifications appropriées de la lumière.

Sous le premier rapport, — nous y trouvons, de l'extérieur à l'intérieur : *La sclérotique*, — membrane fibreuse, dense, résistante, constituant l'enveloppe essentielle de ce globe, dont elle embrasse au moins les quatre cinquièmes postérieurs ; envisagée, par quelques anatomistes, comme un prolongement de la tunique superficielledu névrilemme optique; d'un blanc jaune ou bleuâtre; interceptant les rayons lumineux; offrant en arrière une ouverture pour le passage du nerf essentiel de la vision;-en devant, un orifice plus large, garni d'une rainure circulaire. *La cornée*,— membrane lamelleuse, parfaitement diaphane sur le vivant, semi-transparente sur le cadavre, et rappelant assez bien l'aspect de la corne bouillie, occupant le cinquième antérieur de l'œil, et se trouvant enchâssée dans la sclérotique, absolument comme le verre d'une montre dans son opercule; représentant le segment d'une sphère plus petite que celle dont cette membrane fait partie. *La choroïde*, —*l'uvée*, de quelques anatomistes, subjacente à la sclérotique, présente un tissu mince, rougeâtre, analogue par l'aspect à l'épiderme de l'oignon desséché, cellulo-vasculeux, recouvrant les deux tiers postérieurs de l'œil, sécrétant un fluide noir, appelé *pigmentum*, employé pour l'absorption des rayons lumineux incapables de concourir à la vision; offrant en arrière un orifice traversé par le nerf optique. Plusieurs auteurs ont même pensé qu'elle était formée d'un prolongement de la pie-mère, servant à constituer le névrilemme de ce dernier; présentant à sa terminaison antérieure une ouverture beaucoup plus large. *Le cercle ciliaire*, — anneau grisâtre, nerveux, suivant Béclard; celluleux, d'après Blainville, bordant cette ouverture, encadrant la circonférence de *l'iris*, donnant origine aux prolongements frangés et flottants, nommés *procès ciliaires*. Comme troisième couche membraneuse d'enveloppe, nous trouvons, sur la partie postérieure, l'expansion nerveuse, appelée *rétine*, et qui rentre naturellement dans l'appareil sensitif.

Sous le second rapport, nous rencontrons, d'avant en arrière, après la conjonctive et la cornée : *L'humeur aqueuse*, offrant à peu près la consistance et l'aspect de l'eau distillée; remplissant les deux chambres de l'œil; s'élevant à la quantité de cinq à six grains; offrant une pesanteur spécifique à celle de ce dernier fluide : : 10,003 : 10,000; présentant à l'analyse, d'après Berzélius, sur 100 : eau, 98, 10; muriates, lactates de soude, 1, 15; soude et matière soluble dans l'eau, 0,75;

albumine, des traces. Elle est sécrétée par une membrane qui lui sert de réceptacle, dont la ténuité paraît même avoir, pendant longtemps, fait rejeter l'existence aujourd'hui bien démontrée, surtout par la hernie de cette humeur, consécutivement aux ulcérations de la cornée. *L'iris,* — membrane vasculaire, située perpendiculairement, offrant à son centre un orifice variable, nommée *pupille*, sépare en deux portions d'inégale étendue l'espace compris entre la cornée transparente et le cristallin. C'est précisément à ces deux capacités que l'on donne le nom de *chambres de l'œil*, dont l'une antérieure, plus grande, bornée en devant par la cornée, se trouve en communication, par l'ouverture pupillaire, avec la postérieure plus petite, et que termine *le cristallin.* On a cru pendant longtemps que l'iris était musculeux, que ses contractions s'effectuaient sous l'influence de la volonté, dans certaines espèces animales, chez le perroquet, par exemple. Haller admet cette faculté même pour l'homme, dans quelques circonstances. La direction rayonnée des fibres ne pouvant expliquer les mouvements de la pupille, on imagina qu'elles devaient être circulaires, dans la nécessité de faire coïncider leur contraction, comme celle de tous les muscles, avec l'excitation qui la produit. Maunoir et Berzélius ont fait revivre cette opinion à peu près généralement abandonnée. Le dernier, surtout, en démontrant, par l'analyse, que la composition de cette membrane est absolument semblable à celle du tissu musculaire, entraîna quelques esprits. Il est cependant bien facile de remonter à la cause de cette erreur. On conçoit en effet que la fibrine du sang, en proportion considérable dans les nombreux capillaires de l'iris, devait fournir, par l'analyse chimique, des éléments analogues à ceux des muscles volontaires, sans aucune raison d'en conclure à l'identité de la membrane avec ces derniers. Il est aujourd'hui presque généralement admis que l'iris offre un tissu de nature érectile, formé par l'entrelacement des vaisseaux et des nerfs ciliaires disposés en arcades ; qu'il se dilate ou se resserre, en admettant une quantité de sang plus ou moins considérable, suivant que l'excitation sympathique, éprouvée sous l'influence de la lumière, est plus ou moins intense ; dilatation ou resserrement qui déterminent la diminution ou l'agrandissement de l'ouverture pupillaire, en mesurant et précisant le nombre des rayons lumineux utiles à l'accomplissement de la vision. Ces phénomènes s'expliquent naturellement, comme nous l'observerons, d'après la disposition érectile ; ils deviennent plus difficiles à saisir, ou même contradictoires, en adoptant l'organisation musculeuse. La membrane que nous étudions est opaque, et réfléchit la lumière, après l'avoir décomposée de manière à fournir diverses couleurs, modification à laquelle se rattache son nom d'*iris*, et qui fixe la teinte particulière que nous désignons, en parlant des yeux *noirs*, *bleus*, *roux*, *gris*, etc. *Le cristallin*, — de forme lenticulaire, plus convexe à sa face antérieure qu'à la postérieure, offre la plus dense de toutes les humeurs de l'œil. Son noyau central est compacte, lamelleux ; ses autres parties moins solides présentent l'aspect du verre fondu. Soumis à la combustion, il répand l'odeur de la corne brûlée. Sa pesanteur spécifique est à celle de l'eau :: 10,790 : 10,000. D'après Berzélius, il fournit à l'analyse, sur 100 : eau, 58, 0; matière analogue à la partie colorante du sang, 35, 9; muriates, lactates, matière animale soluble dans l'alcool, 2, 4; phosphates, matière animale soluble dans l'eau, 1, 3; débris organiques, insolubles, 2, 4. Il est enveloppé d'une membrane propre, nommée *capsule cristalline*, et de plus, recouvert antérieurement par celle du corps vitré, sur lequel il s'applique, de telle sorte que l'on voit à sa circonférence un petit conduit de forme triangulaire, appelé *canal de Petit*, communiquant, suivant Jacobson, par une série de petits trous, avec l'humeur aqueuse. *Le corps vitré*, — remplissant les deux tiers postérieurs de l'œil, présente une humeur, nommée *vitrine oculaire*, pour la distinguer de la lymphe de Cotunni, que l'on a désignée par le terme de *vitrine auditive*, en conséquence de leur analogie ; tenant le milieu, pour la densité, la consistance, entre l'humeur aqueuse et le cristallin. Sa pesanteur spécifique est à celle de l'eau distillée :: 10,009 : 10,000. Elle offre à l'analyse, d'après Berzélius, sur 100 : eau, 98, 40 ; albumine, 0, 16; muriates et lactates, 1, 42 ; soude et matière animale soluble dans l'eau, 0, 02. Elle est enveloppée d'une membrane, que l'on désigne par le terme d'*hyaloïde*, formant un certain nombre de cellules, qui toutes communiquent les unes avec les autres ; se divisant, comme nous l'avons dit, en devant, pour embrasser le cristallin.

Ainsi constitué, le globe oculaire est mis en mouvement par six muscles, fixés d'une part à la sclérotique, de l'autre, au fond de l'orbite, et sur ses parois. Ils nous offrent *l'élévateur*, *l'abaisseur*, *l'adducteur*, *l'abducteur* et *les deux rotateurs*. Les quatre premiers sont relatifs aux directions que doit prendre l'œil, pour se mettre en communication avec les rayons lumineux, dans l'action de voir ; les deux autres, qui font tourner cet organe sur son axe, participent davantage à l'expression souvent involontaire des passions ; circonstance qui les fait désigner par le terme de *pathétiques*, également employé pour les nerfs qui s'y distribuent.

3° Appareil sensitif. — Il est représenté par le *nerf optique*, et son épanouissement désigné sous le titre de *membrane rétine*.

Le *nerf optique*, — d'un volume considérable, proportionnellement à celui de l'œil, naît évidemment des tubercules quadrijumeaux, comme il est aisé de s'en convaincre par la plus simple inspection, et comme l'ont démontré Gall et Serres, contradictoirement à l'opinion des anatomistes, qui le faisaient émaner des couches cérébrales, dont il emprunte le nom. Dirigé vers la fosse pituitaire, il est mis en contact avec son semblable avant de pénétrer dans l'orbite ; mais alors quels rapports s'établissent entre eux ? Les opinions des auteurs sont, relativement à cet objet, divisées en quatre variétés principales : 1° *Simple juxtaposition*. — Galien et Vésale partagent cet avis. Le premier a vu l'œil et le nerf optique atrophiés, du même côté. Le second a rencontré, chez un sujet, ces deux nerfs séparés dans tout leur trajet.

2° *Identification.* — Quelques physiologistes l'ont admise, plutôt pour expliquer l'unité visuelle, que d'après une dissection minutieuse. Toutefois, la diplopie, remarquée sous l'influence de plusieurs altérations morbifiques, ne permet pas d'admettre une semblable disposition. 3° *Entrecroisement complet.* — Sœmmering, sur sept borgnes, a trouvé le nerf opposé dans un état d'atrophie. Duméril a recueilli des faits semblables, dans les chevaux. Richerand, pour les apoplexies encéphaliques de l'hémisphère droit, a vu la cécité de l'œil gauche, et *vice versâ.* Portal a fait la même observation. Magendie trouve cet entrecroisement d'une manière évidente, chez les poissons. En coupant le nerf optique d'un côté, l'atrophie survient dans l'œil opposé. En vidant cet organe à droite, par exemple, le défaut de nutrition se manifeste pour le nerf gauche, etc. 4° *Entrecroisement partiel.* — Wollaston explique de cette manière l'altération que l'on désigne par le terme d'*hémiopie*, vision de la moitié des objets. Pravaz, auquel nous devons un mémoire intéressant, relatif à cette question, Gall, Spurzheim, Cuvier, Serres et la plupart des anatomistes modernes partagent le même avis. Ainsi, d'après cette hypothèse qui répond exactement aux phénomènes de l'état normal, à ceux des modifications pathologiques, les nerfs que nous étudions naissent des *tubercules quadrijumeaux antérieurs*, par des filets d'un premier ordre ; ils sont renforcés par ceux d'un second, au niveau du *corpus geniculatum externum*, et près le *tuber cinereum*, par ceux d'un troisième. Les deux premiers croisent les analogues du côté opposé, le dernier s'identifie avec son semblable, et ne sort point de l'encéphale; de telle sorte que la décussation s'opère pour les deux tiers externes de chaque nerf, et n'a pas lieu pour le tiers interne par lequel on voit s'établir leur continuité. Quelle que soit, au reste, l'opinion admise, le nerf optique se distingue des autres par sa mollesse, par l'abondance de sa pulpe médullaire, et se termine, après avoir traversé la sclérotique, la choroïde et la rétine, en formant un petit bouton semi-sphérique.

La rétine — est une expansion nerveuse, étendue sous

forme de membrane sur les deux tiers postérieurs du corps vitré ; grisâtre, pulpeuse, molle, sans aucune consistance ; elle n'a pas été considérée d'une manière identique par tous les auteurs. Quelques anatomistes du moyen âge la regardent comme une tunique particulière ; les physiologistes modernes la croient un épanouissement du nerf optique. On y distingue, à deux lignes en dehors de ce dernier, un espace jaune foncé, présentant, au centre, un enfoncement, plusieurs plis à la circonférence, et nommé *tache de Sœmmering*, qui l'envisage comme centre des impressions visuelles. En considérant les dispositions du nerf optique et de son expansion, à peu près insensibles à l'influence des excitants généraux, leur impressionnabilité par l'action de la lumière, la délicatesse de leur texture, il est impossible de n'y pas reconnaître l'appareil sensitif des phénomènes que nous étudions, et les rapports les mieux appropriés à la ténuité du modificateur chargé de leur établissement.

L'ensemble des organes particulièrement affectés à la vision, reçoit ses principales artères de l'ophthalmique. Les nerfs y sont tellement nombreux et variés, que nous devons, à l'exemple de Charles Bell, en débrouiller l'apparente confusion, et préciser les usages relatifs à chacun d'eux. Nous trouvons sept ordres de filets médullaires, distribués dans l'orbite, soit à l'œil, soit à ses parties accessoires. Parmi ces nerfs qui fournissent, les uns quelques branches, les autres toutes leurs divisions à cet appareil, nous voyons : Les rameaux du *ganglion ophthalmique* communiquant à l'organe la vitalité nécessaire à ses fonctions sécrétoire et nutritive. *Le nerf moteur oculaire commun*, troisième paire, Bichat, donnant la contractilité volontaire aux muscles releveur de la paupière supérieure, petit oblique, droits inférieur, interne, supérieur de l'œil ; dirigeant celui-ci vers les objets que nous désirons explorer. *Le pathétique*, nerf de la quatrième paire, exclusivement distribué dans le grand oblique ; associant même, indépendamment de la volonté, les rotations oculaires aux mouvements sourciliers, palpébraux, etc., dans les expressions passionnées. *L'ophthalmique*, branche de la cinquième paire, à laquelle vient exclusivement se rattacher la sensibilité percevante générale de l'œil. Des observations et des expériences de Charles Bell, Magendie, etc., prouvent que la compression ou la section de cette branche rend l'organe de la vision absolument insensible aux influences des agents extérieurs; fait perdre à la cornée toute sa transparence ; elle prend bientôt la teinte et l'opacité de l'albâtre ; se détache quelquefois dès le huitième jour, avec un écoulement consécutif des humeurs aqueuse, cristalline et vitrée dont le trouble est également très-prononcé. *Le nerf moteur oculaire externe*, sixième paire, entièrement distribué au droit externe de l'œil, donne à ce muscle la faculté d'exercer des contractions volontaires. *Le nerf facial*, septième paire, transmet au front, aux paupières des filets qui leur communiquent le pouvoir d'agir indépendamment de la volonté, surtout dans les réactions instinctives et dans la prosopose des passions. *Le nerf optique*, seconde paire, formant la rétine par son expansion, est, comme nous l'avons indiqué, le seul capable de recevoir les impressions de la lumière, et par conséquent la base fondamentale de l'organe sensitif que nous venons d'examiner.

Pour donner une idée plus positive encore de l'appareil visuel, nous en représentons les principales dispositions dans la planche suivante, où les modifications éprouvées par les rayons lumineux aux sourcils, à la sclérotique, à la cornée, à l'iris, dans les humeurs de l'œil, sont également exposées avec la plus grande simplicité.

A. Sourcils. Arcade, muscle sourciliers.
B. Paupière supérieure et cils.
C. Paupière inférieure et cils.
D. Membrane cornée.
E, E'. Membrane sclérotique.
F, F'. Chambre antérieure de l'œil. Humeur aqueuse.
G, G'. Chambre postérieure. Humeur aqueuse.
H. Membrane iris, pupille. Cercle, procès ciliaires.
I. Cristallin, membrane cristalline. Canal de Petit.

K. Corps vitré. Membrane hyaloïde.

L, L'. Membrane choroïde. Pigmentum.

M, M'. Membrane rétine.

N. Tache jaune de Sœmmering.

O. Nerf optique. Bouton terminal.

P. Corps lumineux en ignition.

Q. Rayon lumineux absorbé par le sourcil.

R. Rayon lumineux réfléchi par la sclérotique.

S. Rayon lumineux réfléchi par l'iris.

T. Rayon lumineux absorbé par la choroïde.

U, U'. Rayon lumineux employé à la vision de l'objet.

Chez les animaux, — l'appareil ophthalmique éprouve des modifications plus particulièrement relatives : à la nature des milieux ordinaires ; aux habitudes normales ; aux besoins de l'exercice, de l'attaque, de la défense pour se procurer des aliments, assurer son existence et propager son espèce, etc. Ainsi, pour les animaux qui vivent dans le fond des eaux vaseuses, les yeux sont placés directement sur la tête. Chez ceux qui ne jouissent d'aucune mobilité de cette partie, les mêmes organes se trouvent multipliés et disposés dans toutes les directions. Pour les animaux timides qui sont, en fuyant, dans la nécessité de voir sur les côtés et même derrière eux, les orbites paraissent latéralement situées. Chez les oiseaux qui s'élèvent dans les régions supérieures de l'atmosphère, l'œil, obligé d'apprécier les corps aux distances les plus variables, est pourvu d'un cristallin mobile qui se rapproche ou s'éloigne de la rétine pour établir convenablement le point visuel, à peu près comme nous allongeons ou raccourcissons le tube de nos lunettes afin de les disposer convenablement au foyer oculaire de celui qui doit en faire usage. Dans les animaux nocturnes qui présentent nécessairement un appareil sensitif très-impressionnable, ce dernier est protégé par une troisième paupière semi-transparente s'opposant, pendant le jour, aux agressions trop vives de la lumière, etc. En parcourant ainsi l'échelle zoologique, nous trouvons les applications admirables des lois que nous venons d'établir.

APPAREIL VISUEL.

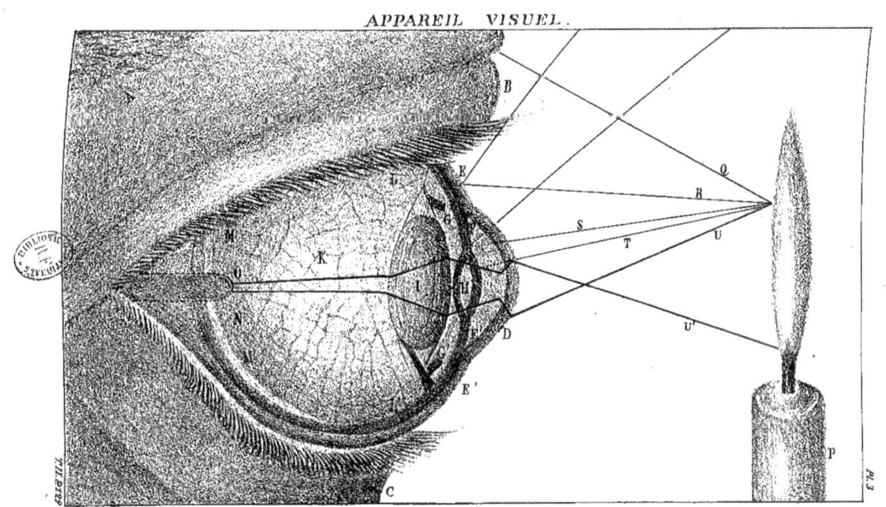

Le sens de la vue plus universellement répandu que celui de l'audition puisqu'il existe, d'une manière évidente, chez un grand nombre de familles animales pour lesquelles on conteste encore aujourd'hui l'existence de l'appareil acoustique, semble, par cela même, dans les organismes, d'une utilité mieux prouvée relativement aux fonctions nutritives et vitales qui leur sont généralement départies. Suivons les gradations qu'il présente et les perfectionnements que la nature lui fait éprouver depuis les sujets rudimentaires jusqu'à l'homme. *Chez les animaux rayonnés*, — la vision n'existe pas. Quelques auteurs ont pensé que les polypes s'agitant sous l'influence de la lumière, et se dirigeant vers ce modificateur, éprouvaient l'impression visuelle à son plus faible degré. Des phénomènes analogues s'observent dans plusieurs espèces végétales ; il faudrait donc aussi, par les mêmes raisons, leur accorder la faculté de voir. N'est-il pas au contraire beaucoup plus physiologique et plus conforme à l'expérience, d'attribuer ces résultats à l'impression générale des modifications tactiles, que de les confondre avec les effets particuliers de la vision ? *Pour les mollusques*, — nous trouvons des variétés nombreuses. L'appareil semble manquer en totalité chez les bivalves, les acéphales ; les yeux sont très-développés dans les céphalopodes, mais ordinairement sans appareil de protection. L'humeur aqueuse n'existe pas, et la rétine est formée par des stries divergentes. Pour les limaces, l'œil est porté sur l'extrémité libre d'un tube cutané que l'animal peut allonger ou rentrer à volonté par l'action d'un muscle intérieur. *Chez les insectes articulés*, — mince, d'une transparence complète, la peau recouvre le globe oculaire, et forme sur le trajet des rayons lumineux une lentille susceptible de les réfracter convenablement. Dans la plupart de ces animaux, les yeux sont nombreux et disposés par groupes. Chacun d'eux offre sa direction particulière à peu près comme les surfaces plus ou moins répétées du miroir multiplicateur. Des poils s'élèvent dans les intervalles de ces yeux simples concourant à la formation de l'œil composé, et deviennent ainsi le seul moyen de protection contre les agents extérieurs; comme on le voit dans les mouches, les chenilles, les papillons, etc. Les vers terreins sont dépourvus d'organes visuels ; ceux qui vivent dans l'air en ont deux ou trois. *Pour les reptiles*, — ces moyens de protection ont été négligés. Chez les ophidiens, l'enveloppe dermoïde passe immédiatement sur le globe oculaire, offrant dans ce point une diaphanéité parfaite. Les ichthyoïdes ont une paupière inférieure double, un iris brillant et doré, une pupille rhomboïdale. Pour les amphibiens, qui vivent sous terre ou dans les eaux, l'organe visuel manque le plus ordinairement. *Chez les poissons*, — l'appareil lacrymal n'existe jamais. Une disposition semblable est commune à toutes les familles animales habituellement plongées au milieu des eaux, et pour lesquelles cet appareil eût dès lors été complétement infructueux. La cornée se trouve aplatie ; l'œil est hémisphérique ; l'humeur aqueuse disparaît entièrement ; les procès ciliaires ne se rencontrent pas ; le cristallin, présentant la forme d'une sphère, s'engage dans la chambre antérieure. L'humeur vitrée se trouve en petite proportion ; l'œil est peu mobile et sans aucun moyen protecteur, excepté dans les raies où nous trouvons un voile membraneux qui peut servir à cet usage. Les axes visuels sont en général très-divergents. Pour les espèces qui restent constamment au fond des eaux dormantes en attendant leur proie, les yeux sont établis sur la tête. *Chez les oiseaux*, — la paupière inférieure est ordinairement plus développée que la supérieure. Presque tous en offrent une troisième semi-transparente, leur donnant la faculté de s'élever même en opposition avec les rayons solaires ; conservant dans la rétine, pour certaines espèces, l'excitabilité nécessaire à la vision nocturne ; le globe de l'œil n'a plus la disposition sphéroïdale. Il est formé de plusieurs pièces imbriquées, susceptibles, en se croisant à différents degrés, de lui faire éprouver des changements relatifs à sa longueur, à son volume, à sa forme, etc. La cornée présente assez de convexité ; le cercle ciliaire, très-développé, semble même quelquefois double ; l'iris est bien constitué, la pupille susceptible des plus nombreuses modifications ; l'humeur aqueuse paraît abondamment sécrétée ; le cristallin, naturellement aplati, devient d'autant plus mince que l'animal peut arriver à des élévations plus considérables dans l'immensité. La rétine offre beaucoup d'épaisseur ; le nerf optique pénètre dans l'œil par une ouverture elliptique du pourtour de laquelle naît une bourse allongée qui, sous le nom vulgaire de *peigne*, traverse le corps vitré, s'attache à la membrane hyaloïde ou même au cristallin, et par la disposition de ses plis imbriqués semble destinée à mouvoir cette lentille pour la rapprocher ou l'éloigner de la rétine afin d'accommoder l'œil, dans le premier cas, à l'éloignement ; dans le second, au rapprochement des objets. *Pour les mammifères*, — l'organe de la vision présente, chez un grand nombre, des analogies assez positives avec celui de l'homme. Toutefois la direction des axes paraît en général d'autant plus oblique, et les yeux, par conséquent, d'autant plus latéraux, que l'on s'éloigne davantage de notre espèce. L'appareil visuel est rudimentaire ou même n'existe pas dans ceux qui fréquentent les lieux souterrains. Pour quelques familles la peau s'étend avec son opacité naturelle au devant d'un œil incomplet ; chez d'autres, elle conserve une semi-transparence qui permet encore d'apprécier les grandes modifications de la lumière, comme on l'observe chez la taupe. Les sourcils appartiennent exclusivement à l'homme. Dans les carnassiers, on trouve déjà quelques vestiges de la troisième paupière et de la glande lacrymale interne, beaucoup plus développée chez les animaux timides. La choroïde présente, chez les quadrupèdes, en dehors du nerf optique, une tache de couleur variable que l'on nomme *tapis*, et que Desmoulins envisage comme un miroir de réflexion. Ce tapis est blanc dans les animaux nocturnes ; d'un beau vert doré chez le bœuf, passant au bleu céleste ; pour le cheval, d'un bleu argentin, prenant une teinte violette ; d'un jaune doré pour le lion, etc. Le pigmentum disparaît dans les albinos ; la choroïde présente alors exclusivement une teinte occasionnée par sa trame vasculeuse, et l'œil renvoie, par l'ouverture pupillaire, une couleur de sang très-prononcée. La rétine est plus épaisse et plus molle chez les nyctalopes ; le cristallin se trouve d'une forme à peu près sphéroïdale chez les aquatiques ; moins convexe pour les aériens. Dans les animaux amphibies, l'œil obligé de s'accommoder aux densités des milieux les plus opposés sous ce rapport, offre une membrane sclérotique si mince entre les plans musculaires antérieur et postérieur, qu'elle se fronce et permet ainsi le raccourcissement et l'allongement alternatifs de cet organe. La pupille très-mobile et pouvant se dilater considérablement, surtout chez les animaux nocturnes, présente une fente verticale dans le chat, transversale pour les ruminants, en forme de cœur chez le dauphin, etc.

Agent. — On lui donne généralement les noms de *lumière*, de *fluide lumineux* jouissant de la propriété spéciale et même exclusive d'exciter une impression visuelle sur la rétine et le nerf optique.

La lumière, — φώς des Grecs, *lumen* des Latins, est encore aujourd'hui, parmi les auteurs, un objet de controverses qui paraissent bien difficiles à terminer. Les opinions des physiciens, relativement à cet objet, peuvent être partagées en trois catégories : 1° *Propriété des corps.* — Cette hypothèse, la plus anciennement admise, consiste à regarder la lumière comme une simple modification de ceux qui peuvent la fournir, sans rien approfondir sur la nature et les dispositions de cet agent. Incapable de répondre aux faits les plus importants, cette opinion est aujourd'hui complétement abandonnée. 2° *Fluide lumineux.* — Dans cette supposition, la lumière est envisagée comme un élément particulier offrant son existence et ses propriés spéciales. Mais les auteurs ne s'accordent pas sur la nature et la propagation de ce fluide. *Sous le rapport de la uature*, les uns regardent la lumière comme un corps distinct, les autres comme une modification du calorique, d'autres enfin identifient ces deux substances impondérées. *Sous le rapport de la transmission*, Huyghens, Descartes, et, de nos jours, Young, Fresnel, etc., pensent qu'elle remplit exactement l'espace, et qu'elle se trouve mise en mouvement par les astres lumineux et par les substances en ignition. Cette hypothèse, que l'on nomme *système des ondulations*, conduit assez directement à celle que plusieurs physiciens modernes ont admise, en rejetant, comme nous le verrons, l'existence matérielle du fluide lumineux. Tel qu'il est présenté, le système des ondulations est loin d'expliquer avantageusement le plus grand nombre des phénomènes relatifs à cet objet. Newton prétend au contraire que la propagation de la lumière est effectuée directement par le soleil où les étoiles fixes, par les corps en combustion très-active. D'où résulte le *système de l'émission*. Théorie plus généralement admise, plus naturelle, plus simple dans ses applications, mais fautive dans plusieurs points importants ; lorsqu'il s'agit, par exemple, de préciser d'après quelle influence deux rayons colorifiques, l'un rouge et l'autre violet, dirigés vers un même point, se détruisent complétement. 3° *Vibrations lumineuses.* — Plusieurs physiciens et physiologistes modernes pensent qu'il n'est pas nécessaire d'admettre l'existence d'un fluide particulier, et que tous les phénomènes de la lumière sont aisément interprétés par des vibrations spéciales de l'air sous l'influence des agents appropriés. Blainville nous semble avoir à peu près exprimé cette idée ; mais il serait difficile d'admettre toutes les conséquences qu'il veut en inférer.

La théorie des vibrations présente l'avantage de simplifier l'histoire des influences lumineuses, de la rattacher au centre commun des modifications olfactives et sonores, de ne plus obliger à l'admission, comme substance matérielle d'un agent inappréciable par nos moyens pondérateurs ; mais il ne faut pas en dénaturer les caractères par des applications abusives. D'un autre côté, ces idées ne sont point assez généralement admises, leur vérité n'a pas encore suffisamment acquis la sanction de l'expérience, pour nous engager à les présenter autrement qu'en perspective, et comme des objets dignes de fixer toute l'attention des physiciens et des physiologistes. En attendant que des travaux ultérieurs aient détruit ou confirmé la réalité de cette même théorie, nous expliquerons les phénomènes visuels dans l'hypothèse d'un fluide lumineux, en adoptant le système de l'émission.

Ainsi considérée, la lumière présente un agent impondéré, transparent, incolore, élastique, invisible, se déplaçant en ligne droite, et sous forme de rayons divergents, venant, d'après Roëmer et Cassini, du soleil, en 8m 13s; offrant par conséquent une vitesse de 318,288 kil. ou 79,572 lieues par seconde. Arrivant de l'étoile fixe la plus voisine, en trois ans. Faits bien capables d'étonner l'imagination, par la mesure approximative de l'immensité. Offrant, d'après Euler, dans sa marche, une rapidité neuf cent mille fois plus considérable que celle du son. Pouvant dès lors servir à mesurer assez exactement l'éloignement de la foudre, et celui des corps qui détonent avec explosion lumineuse. En supposant aux molécules de cet agent une existence matérielle, on comprend à peine la ténuité qu'elles doivent offrir, pour ne pas léser incessamment la rétine avec une semblable vitesse de projection. Afin de mieux apprécier les nombreuses modifications dont la lumière est susceptible, nous devons l'envisager relativement : 1° au corps qui la produit ; 2° au milieu qui la transmet ou l'absorbe ; 3° à l'appareil qui reçoit l'impression.

1° *De la lumière étudiée relativement au corps qui la produit.* — Toute portion de matière, susceptible de fournir, par émission, des rayons visuels, reçoit le nom de *corps lumineux.* Parmi ces derniers, les uns, tels que le soleil et les étoiles fixes, présentent naturellement la faculté que nous examinons. Les autres ne la manifestent que d'une manière accidentelle, comme on le voit pour les combustibles en ignition, les composés phosphorescents, et pour un grand nombre de ceux dont la températare est élevée au delà de six cents degrés.

La lumière est tellement subtile, et ses causes de production si nombreuses, qu'il est à peu près impossible d'en priver entièrement l'atmosphère, pour établir cet état désigné par le terme d'*obscurité* parfaite. C'est ainsi que les lieux en apparence les plus sombres en reçoivent toujours une certaine proportion soit directement, soit par des réflexions plus ou moins multipliées. Dans les profondeurs inaccessibles de son cachot souterrain, le captif, d'abord au milieu des plus affreuses ténèbres, parvient à distinguer les objets qui l'environnent, lorsque sa rétine est devenue par l'habitude, et consécutivement aux larges dilatations pupillaires, susceptible d'apprécier les plus légères modifications des rayons lumineux. L'étude raisonnée de la lumière, envisagée dans son trajet du corps qui la produit à celui qui la reçoit, porte le nom d'*optique*, et doit ici plus spécialement nous occuper.

Optique. — Cette partie de la physique traite exclusivement de la lumière directe, sans aucune modification étrangère, affectant l'appareil sensitif de manière à produire ultérieurement la manifestation des corps essentiellement lumineux. Quelle que soit la nature de ces corps, l'agent spécial de la vision émane toujours d'une manière invariable, et que nous sommes dans l'obligation de bien apprécier pour éviter les erreurs graves qui se trouvent encore dans plusieurs traités modernes de physiologie.

La lumière part du corps qui la produit en rayons droits et divergents. Sur chacun des points s'élèvent un certain nombre de ces rayons, constituant, par leur ensemble, un *cône lumineux* dont le sommet existe au corps qui produit la lumière et la base à celui qui la reçoit. Ces cônes marchent en convergeant, et forment une *pyramide lumineuse* dont le sommet se trouve au corps qui reçoit la lumière, et la base à celui qui la produit. C'est en négligeant cette même distinction des *pyramide*, *cône* et *rayon* lumineux, que plusieurs auteurs ont rendu, par leurs contradictions, l'histoire de la vision absolument inintelligible, en faisant alternativement diverger ou converger les rayons lumineux suivant qu'ils prenaient le terme dans sa véritable acception, ou qu'ils en faussaient l'usage en l'appliquant aux cônes formés par ces rayons.

On conçoit, d'après la marche naturelle de la lumière,

qu'elle diminue de force à mesure que l'on s'éloigne du corps qui la produit ; que ce dernier semble par conséquent d'autant moins éclairé, toutes choses égales d'ailleurs, qu'il se trouve à des intervalles plus considérables. Reposant alors exclusivement sur la divergence des rayons lumineux, cette même diminution se trouve précisément en raison du carré de la distance. Consécutivement à ces dispositions, habitués à juger l'éloignement ou le voisinage des objets par l'intensité proportionnelle de la lumière, nous tombons fréquemment dans une illusion d'optique relativement à ces notions. Ainsi, plusieurs astres égaux en étendue, placés dans les points d'une courbe circulaire dont l'observateur occupe le centre, ne lui paraîtront pas sur le même plan, dès lors qu'ils seront inégalement lumineux ; le plus éclairé semblera s'approcher davantage, et celui qui fournira le moins de lumière, s'abîmer plus profondément dans l'immensité. C'est en disposant avec habileté, d'après ces principes, les clairs, les demi-teintes et les ombres que la peinture sait tromper nos yeux en figurant, sur une toile exactement plane, des saillies et des anfractuosités, en imitant les dispositions d'un corps cylindrique, pyramidal ou même entièrement sphérique.

Les cônes lumineux, dont la direction est convergente, forment, en arrivant à l'œil, un angle nommé *visuel*, et d'autant plus important qu'il mesure les dimensions des objets. Ainsi, à distance égale, plus le corps est volumineux, plus l'angle visuel est ouvert ; plus le premier est petit, plus le second est fermé. Si l'ouverture de cet angle paraît trop considérable, nous sommes incapables d'embrasser l'ensemble du corps ; dans l'hypothèse contraire, lors, par exemple, qu'elle ne présente pas deux minutes, le corps devient absolument invisible pour nous. D'un autre côté, le rapprochement ou l'éloignement du même objet agrandit ou diminue la mesure de son angle visuel dans les proportions rigoureuses de ces déplacements ; il en résulte dès lors plusieurs nouvelles illusions d'optique relatives au volume, à la distance que peuvent offrir ces objets. Ainsi, les corps, dans un grand éloignement s'offrant à la vision sous un angle très-aigu, paraissent assez petits, lors même qu'ils ont un grand développement. Le soleil, d'après ces dispositions, nous semble à peine offrir dix-huit pouces de diamètre, alors qu'il est quatorze cent mille fois plus gros que la terre. C'est en conséquence des mêmes lois qu'une allée droite, présentant une largeur égale dans toute son étendue, simule un rétrécissement gradué vers son extrémité la plus reculée; disposition également applicable aux bandes latérales terminées par des lignes parallèles; comme on le voit pour une muraille, un édifice, etc.; qu'un plan horizontal nous paraît monter; que deux corps, l'un à distance moitié plus considérable que l'autre, parcourant des cercles concentriques dont nous occupons l'intérieur, le premier avec une vitesse double, nous semblent entraînés par un mouvement égal; qu'un corps très-éloigné mû constamment avec rapidité, nous paraît immobile, comme on le voit pour une comète par exemple. On sait généralement quels avantages le dessin peut emprunter à la plupart de ces notions fondamentales qui doivent servir de base aux règles de la perspective.

L'entre-croisement des cônes lumineux produit un renversement nécessaire de l'image transmise par ces derniers. D'où l'on infère que nous devrions voir les objets dans une situation inverse à leur position naturelle. Il est bien facile, comme nous le prouverons, de lever toutes les difficultés relatives à ce problème dont la solution a provoqué les explications les plus bizarres.

Modifications de la lumière envisagée relativement au milieu qu'elle rencontre. En tombant sur les différents corps étrangers à la faculté d'émission, la lumière peut éprouver quatre modifications principales : 1° Les traverser en changeant le plus ordinairement sa direction primitive, quelquefois en se décomposant ; les milieux sont alors nommés *diaphanes*, et la science qui fait connaître ces particularités, *dioptrique*. 2° Présenter une réflexion entière; les corps sont alors *opaques* et *blancs*; l'histoire de leurs phénomènes prend le titre de *catoptrique*. 3° Se trouver complétement absorbée; les objets sont *opaques* et *noirs*. 4° Éprouver la décomposition en rayons *colorifiques* dont les uns sont combinés, les autres partiellement réfléchis; ces corps sont appelés *colorés;* la science qui les étudie, *chromatique*. Exposons avec précision les règles principales de ces différentes modifications.

DIOPTRIQUE. — Son objet est relatif à l'espèce de brisement qu'éprouve le rayon lumineux en traversant les corps diaphanes avec certaines conditions; ces corps prennent le nom de *milieux réfringents*, et ce brisement celui de *réfraction*. Plusieurs lois fondamentales sont relatives à l'accomplissement des nombreux phénomènes de la dioptrique, nous devons les établir exclusivement sur les faits et l'observation.

Lorsqu'un rayon lumineux parcourt des milieux homogènes, quelle que soit l'obliquité d'incidence, il n'éprouve aucun changement dans sa direction primitive.

Lorsque ce même rayon tombe perpendiculairement au plan de plusieurs milieux successifs, quelles que soient les autres conditions de ces derniers, il les traverse, et ne présente aucune déviation.

En supposant une série de milieux différents par leur densité, leur nature, sur lesquels on abaisse une ligne nommée *perpendiculaire*, coupant leurs surfaces de manière à former partout des angles droits, le rayon lumineux qui vient toucher obliquement ces corps diaphanes, éprouve constamment, au passage de l'un à l'autre, une réfraction qui modifie son trajet primitif en le rapprochant ou l'éloignant de cette perpendiculaire, suivant les circonstances principales que nous allons indiquer.

De ces faits, il résulte que trois conditions sont indispensables à la réfraction : l'obliquité d'incidence du rayon lumineux; la transparence du corps qui le reçoit; la diversité des milieux qu'il doit traverser. L'absence d'une seule de ces conditions suffit pour établir l'impossibilité du résultat que nous étudions.

Trois dispositions fondamentales règlent toutes les nuances de ces réfractions : *la sphéricité, la densité, la combustibilité* des milieux réfringents. Ainsi, toutes les fois qu'un rayon lumineux traverse des corps de sphéricité, de densité, de combustibilité différentes, il éprouve, à chaque transition, un changement plus ou moins considérable dans sa marche. Des lois physiques, également basées sur l'expérience, viennent établir les caractères essentiels de ces modifications.

Lorsqu'un rayon lumineux passe obliquement dans un milieu *plus convexe, plus dense, plus combustible*, il est réfracté de manière à prendre une direction nouvelle qui le *rapproche* de la perpendiculaire, avec une force relative au développement de ces conditions.

Lorsqu'un rayon lumineux passe obliquement dans un milieu *moins convexe, moins dense, moins combustible*, il est refracté de manière à prendre une direction nouvelle qui l'*éloigne* de la perpendiculaire avec une intensité proportionnée, dans ses effets, aux caractères des mêmes dispositions.

Ces faits établissent précisément que, dans la réfraction du rayon lumineux, le *rapprochement* de la perpendiculaire est en raison directe de la *sphéricité*, de la *densité*, de la *combustibilité* du milieu diaphane, et l'*éloignement*, en rapport des *modifications opposées.*

Les physiciens distinguent, pour ces milieux, *le pouvoir réfringent* et *la puissance réfractive.* Le premier est le quotient de la seconde par la densité du corps translucide ; celle-ci nous présente la faculté de réfraction absolument considérée sans estimation de la densité comparative. Ainsi, deux corps qui réfractent la lumière chacun dans une proportion égale à quatre, par exemple, jouissent d'une *puissance réfractive* semblable. Mais si l'un d'eux offre une densité moitié plus considérable que celle de l'autre, le *pouvoir réfringent* du premier devient à celui du second : : 2 : 4, de telle sorte que *la puissance réfractive* appartient à l'ensemble des trois conditions indiquées, *sphéricité, densité, combustibilité* ; le *pouvoir réfringent*, au contraire, seulement à la nature particulière des milieux, à la combustibilité plus spécialement encore. C'est d'après cette loi fondamentale que le génie de Newton apprit au monde savant qu'il existait un élément très-combustible dans le diamant et dans l'eau, bien longtemps avant que l'on eût découvert que l'un est du carbone presque pur, et l'autre un composé d'oxygène et d'hydrogène.

Si nous recherchons actuellement les raisons de *la transparence* et de la *réfraction*, nous sommes obligés de recourir à des hypothèses qui touchent, il est vrai, les faits d'assez près pour mériter une certaine confiance, mais qui n'entraînent pas la certitude que nous avons rencontrée dans les considérations précédentes.

Un corps est *transparent* lorsque ses intervalles moléculaires offrent assez d'étendue pour que les particules de ce milieu n'agissent pas sur le rayon lumineux de manière à le *combiner*, à le *réfléchir*, à le *décomposer*. L'homogénéité des corps paraît également exercer une grande influence relativement à la perméabilité lumineuse, les qualités hétérogènes de la matière occasionnant des réfractions si multipliées qu'il en résulte, dans la lumière, un défaut de passage, et, pour le corps, cette modification opposée que l'on désigne par le terme *d'opacité.*

La cause des réfractions diverses paraît exister dans l'attraction exercée par la substance même du milieu sur le rayon lumineux. Ainsi, lorsque ce dernier marche perpendiculairement au plan du premier, la puissance attractive étant égale des deux côtés, la déviation n'a pas lieu. Dans l'hypothèse où l'incidence est oblique, cette puissance agissant avec plus d'empire du côté dont s'incline davantage le rayon de lumière, en détermine la réfraction vers ce même point. La *densité*, la *combustibilité* du corps réfringent deviennent les influences favorables au rapprochement de la perpendiculaire, en constituant cette affinité pour le moyen lumineux ; *sa convexité* rentre dans le même pouvoir en augmentant l'obliquité d'incidence. Les conditions opposées amènent des résultats contraires en diminuant ces dispositions d'incidence et d'attraction.

Ces réfractions diverses produisent plusieurs illusions de dioptrique. Ainsi, le bâton obliquement engagé dans l'eau, paraît brisé précisément à la jonction de l'atmosphère et de ce milieu. Le corps placé derrière une lentille concave semble moins volumineux et plus éloigné; l'angle visuel éprouvant une diminution constante. L'objet dont nous sépare une lentille convexe, est représenté plus près et plus grand, l'ouverture de l'angle visuel se trouvant nécessairement augmentée. C'est d'après ces lois invariables qu'est dirigée la confection des microscopes, des télescopes, etc.

Si l'on veut obtenir une convergence très-marquée, cette lentille doit être fortement convexe. Mais alors il survient deux accidents qui rendraient la vision imparfaite, si leur cause n'était suffisamment contrebalancée. Tels sont : 1° *L'aberration de sphéricité*. Elle résulte inévitablement, dans cette circonstance, de la différence trop considérable des réfractions éprouvées par les rayons qui passent au centre et par ceux qui traversent la circonférence de cette même lentille. Il se manifeste alors un allongement, une déformation plus ou moins considérable de l'image perçue. Nous évitons cet inconvénient au moyen d'un diaphragme dont l'ouverture, proportionnée régulièrement aux dispositions du milieu convexe, ne laisse passer que les rayons centraux. L'orifice pupillaire de l'iris accomplit cette fonction, pour le cristallin, d'autant plus avantageusement qu'il est susceptible de s'accommoder aux différentes conditions visuelles, par ses dilatations et ses rétrécissements alternatifs. 2° L'*aberration de réfrangibilité*. Cet accident est la conséquence nécessaire de la décomposition du rayon lumineux sous l'influence d'une réfraction très-énergique ; phénomène que nous expliquerons en exposant la théorie des couleurs. Également désigné par le terme *d'irisation*, il ne permet pas d'apercevoir l'objet d'une manière distincte. On le prévient par une disposition artificielle nommée *achromatisme*, et qui consiste à corriger l'excès de réfraction par une réfraction opposée. Le véritable moyen d'arriver à cet important résultat se trouve dans la formation d'une lunette renfermant deux verres nommés par les Anglais l'un, *flint-glass*, sans plomb ; l'autre, *crown-glass*, offrant une proportion considérable de ce métal oxydé. Ce que la physique a cherché si longtemps, notre œil le présente avec une admirable perfection dans l'antagonisme naturel de ses milieux réfringents, comme nous le prouverons en faisant l'histoire de la vision.

De ces principes, on doit nécessairement inférer que les lentilles offrent un foyer plus ou moins rapproché, suivant leur sphéricité ; qu'au delà de ce point, les rayons lumineux éprouvent une décussation d'où résulte le renversement complet de l'objet représenté ; que les verres concaves n'ont jamais un foyer *actuel*, et qu'un foyer *virtuel* peut seulement leur être assigné.

Le rapport constant du sinus d'incidence avec le sinus de brisement des rayons lumineux constitue, pour les corps diaphanes, ce que l'on nomme *indices de réfraction*. Lorsque le sinus d'incidence est très-fort, il s'opère des réflexions multipliées dans ce même corps ; la lumière ne le traversant plus, il semble transparent, seulement dans une partie de son épaisseur, comme on le voit pour la nacre et pour un certain nombre de cristaux.

Dans plusieurs contrées où des sables arides échauffent très-fortement les premières couches atmosphériques, il peut survenir une double réfraction qui fait voir les objets répétés en contact par leur base, comme on l'observe constamment pour les arbres qui bordent les rivages d'un lac. On donne à cette illusion de dioptrique le nom de *mirage*.

Catoptrique. — Nous désignons par ce terme la science qui traite plus spécialement des réflexions qu'éprouvent les rayons lumineux en tombant sur la matière sans diaphanéité.

Nous comprenons sous le titre de *corps opaques* tous ceux qui sont imperméables à la lumière. Ainsi, *transparence*, *opacité* constituent deux modifications essentiellement opposées.

La cause de l'opacité semble se rattacher à des réfractions trop multipliées du rayon lumineux dans ces corps, soit en raison de leur masse, de leur nature, soit en conséquence de l'hétérogénéité des éléments qui servent à les former. En effet, on peut rendre le même corps alternativement opaque ou transparent, en variant l'une ou l'autre des dispositions indiquées. Ainsi, l'or en masse, d'une certaine épaisseur, présentant la première de ces propriétés, devient légèrement translucide, aussitôt qu'il est réduit en feuilles très-minces. L'eau pure, convenablement privée d'air et soumise à la congélation offre une masse parfaitement diaphane. Au contraire, si cet air libre est incarcéré par les molécules aqueuses dans ce changement d'état, la glace, même sans beaucoup de volume, est entièrement opaque. Un papier sec, dont les interstices particulaires sont remplis d'air, offre à peu près le même caractère ; en le mouillant dans l'huile ou dans l'eau qui se rapprochent davantage de ses conditions réfractives, et prennent la place de ce dernier gaz, il devient semi-transparent, etc.

En tombant obliquement sur un corps opaque, le rayon lumineux forme, avec le plan de ce dernier, un angle variable que l'on nomme *d'incidence*. Renvoyé par une véritable impulsion élastique, il produit un second angle que l'on nomme de *réflexion*.

Plusieurs physiciens considérant, d'une part, la subtilité de la lumière ; de l'autre, toutes les anfractuosités relatives présentées par la surface des corps, en apparence les mieux polis, ont pensé qu'il était impossible d'admettre un contact immédiat entre la première et les seconds. D'après cette observation la plupart ont attribué le phénomène à la couche atmosphérique adhérente aux objets ; quelques-uns, à des forces répulsives agissant à distance.

Les réflexions lumineuses varient suivant la nature et la forme des corps. Elles peuvent être entières ou partielles. Dans le premier cas, le rayon conserve son intégrité, donne la sensation du *blanc* ; dans le second, il est décomposé, produit l'impression d'une *couleur;* enfin, dans une dernière modification, il est complétement absorbé, d'où résulte le *noir*, ou, plus exactement encore, l'absence de toute excitation visuelle. Étudions, d'après ces dispositions fondamentales, tous les phénomènes de la catoptrique.

Réflexion entière. — Trois conditions sont indispensables à l'accomplissement normal de ce premier phénomène. Le corps réfléchissant doit être : *opaque*, *blanc*, *poli*. Avec un seul de ces caractères, la réflexion peut encore s'effectuer, mais alors on trouve dans ses imperfections une preuve à l'appui du principe que nous venons d'établir. Ainsi, le plus beau cristal, présentant seulement le *poli*, ne réfléchit les rayons lumineux que sous une incidence très-oblique. La silice non vitrifiée, offrant exclusivement *l'opacité*, renvoie la lumière sans autre effet pour la vision que de manifester la présence de ce corps. Le papier, dont la *blancheur* forme, sous le rapport que nous étudions, un attribut à peu près unique, rend le modificateur dans son intégrité, mais sans reproduire aucun des traits du corps dont il émane. C'est en réunissant dans leur perfectionnement les trois dispositions indiquées, que les miroirs offrent des réflecteurs du premier ordre, et par une conséquence naturelle, ceux qui doivent plus particulièrement nous servir aux applications des lois que nous venons de présenter.

Les rayons lumineux, formant un angle de réflexion égal à l'angle d'incidence, nous rapportent l'image de l'objet qui les fournit, avec des modifications de volume, de distance et de position relatives à la forme des surfaces réfléchissantes ; d'où résultent nécessairement plusieurs illusions de catoptrique, particulières aux miroirs: *plans*, *convexes*, *concaves*, dont nous devons examiner les principaux effets.

Un miroir, quelle que soit la forme de sa face polie, transpose nécessairement l'objet vu par son intermédiaire. De telle sorte que, relativement à l'observateur, la gauche de l'objet se trouve à droite, et la droite, à gauche.

Dans les miroirs en verre étamé, d'après l'observation que nous avons faite, on obtient, si l'incidence est très-oblique, deux réflexions différentes ; l'une superficielle, par ce verre ; l'autre profonde, par la couche métallique appliquée derrière celui-ci ; disposition qui fait naître deux images pour un seul corps. Dans une situation plus favorable, ou si l'on veut, sous une incidence plus rapprochée de l'angle droit, la seconde réflexion se manifeste exclusivement, et l'on obtient la représentation normale de l'objet, sans aucune répétition, seulement beaucoup moins éclairée; les miroirs les plus parfaits ne rendant pas la moitié de la lumière qu'ils ont reçue. Toutes les autres modifications rentrent dans les spécialités que nous allons actuellement examiner.

Les miroirs plans, — dont tous les points de la surface réfléchissante offrent absolument le même niveau, renvoyant les cônes lumineux dans leur direction primitive, sans en augmenter ou diminuer la convergence, ne changent par conséquent rien à l'ouverture de l'angle visuel, représentent les objets dans leurs véritables proportions, et les font paraître à leur distance positive, c'est-à-dire, aussi profondément derrière le miroir, qu'ils sont éloignés de sa face antérieure. En disposant deux miroirs de cette espèce, de manière à former un angle aigu, des images très-variées naissent de leur concours. L'instrument nommé kaléidoscope est très-curieux, sous ce dernier rapport, et doit sa fécondité merveilleuse à la simple condition que nous venons de signaler. Placés en regard, et bien parallèlement, deux miroirs plans multiplient les objets d'une manière indéfinie, comme on le voit dans la plupart de nos salons.

Les miroirs convexes, — dont tous les points de la surface polie s'abaissent, d'une manière plus ou moins sensible, du centre à la circonférence, diminuent la convergence des rayons lumineux, l'ouverture de l'angle visuel ; représentent l'objet plus petit et plus loin derrière le miroir qu'il ne l'est antérieurement de ce dernier.

Les miroirs concaves, — dont tous les points de la surface réverbérante s'élèvent progressivement du centre à la périphérie, augmentent la convergence des rayons lumineux, l'ouverture de l'angle visuel; représentent l'objet plus grand et plus près, derrière le miroir, qu'il ne l'est de sa face antérieure. Ces derniers offrant un foyer placé à la moitié du rayon de la sphère totale, ne présentent la vision régulière que dans certaines limites, au delà desquelles on observe l'image complétement renversée, les rayons lumineux, ayant effectué leur entrecroisement. L'objet paraît alors entre le miroir et l'œil comme on le voit pour le télescope *catadioptrique.*

Les miroirs concaves produisent des effets analogues sur le calorique; c'est en concentrant ses rayons qu'ils peuvent occasionner l'ignition des matières combustibles. En variant la disposition des courbes, on obtient des résultats différents. Ainsi, les miroirs *paraboliques* ont l'avantage de porter la lumière dans un point déterminé; les miroirs *hyperboliques* deviennent essentiellement utiles, alors qu'il faut la répandre uniformément sur un espace indéfini.

Réflexion partielle. — Les rayons lumineux tombant sur un assez grand nombre de corps, se trouvent décomposés en rayons colorifiques, dont les uns sont absorbés, et les autres immédiatement réfléchis, en excitant l'appareil ophthalmique de manière à produire l'impression d'une couleur simple ou composée. Nous devons accorder une attention particulière à cette nouvelle modification.

La couleur, — χρῶμα des Grecs, *color* des Latins, est *l'impression visuelle effectuée par le rayon lumineux décomposé.* Dès lors, tout objet qui ne fait pas naître la sensation du *blanc* par la lumière intacte, ou celle du *noir*, par l'absence d'excitation relative au point qu'il occupe, est un objet *coloré ;* toutes les teintes qui n'offrent pas *le noir pur* ou *le blanc sans mélange*, sont des *couleurs.*

Aristote et la plupart des physiciens de l'antiquité considéraient ces dernières comme des propriétés inhérentes à certains corps; Descartes, Newton et le plus grand nombre des modernes les regardent comme un résultat de la décomposition du rayon lumineux. Celui-ci n'est pas simple, comme on l'avait pensé d'abord ; il est au contraire possible d'y constater la présence de sept rayons élémentaires. Herschell porte même beaucoup plus loin cette analyse. D'après ce physicien célèbre, chaque rayon de lumière offre trois espèces de rayons *constituants*, qui sont, en procédant des moins aux plus réfrangibles, les rayons ; 1° *calorifiques,* dont les manifestations signalent précisément les effets de la chaleur : 2° *Colorifiques*, au nombre de sept, présentant les couleurs fondamentales par autant de rayons particuliers : *Rouge*, *orangé*, *jaune*, *vert*, *bleu*, *indigo*, *violet;* 3° *Chimiques*, jouissant d'une action très-marquée dans les combinaisons de cet ordre.

Si nous cherchons la cause de cette analyse, et la manière dont elle s'effectue, nous trouvons, pour l'une et pour l'autre, des explications satisfaisantes. La lumière peut être décomposée par deux influences diverses : par le prisme, par les corps opaques ou transparents colorés.

Par le prisme. — En tombant sur un fragment de cristal prismatique, le rayon lumineux éprouve une forte réfraction. Or les sept rayons colorifiques dont il est formé n'ayant pas la même réfrangibilité, doivent nécessairement s'abandonner en divergeant. Le faisceau produit par cette modification prend le nom de *spectre solaire.* De tous ces rayons colorifiques, *le rouge*, moins réfrangible, s'écarte peu de sa direction primitive, et tient la gauche du spectre ; *le violet*, avec une disposition contraire, en occupe la droite. *L'orangé*, *le jaune*, *le vert*, *le bleu*, *l'indigo*, sont intermédiaires à ces deux extrêmes. Wollaston, répétant les expériences faites par Herschell, s'est assuré que le thermomètre monte, en le portant, sur le spectre solaire, de droite à gauche ; tandis que les combinaisons moléculaires sont plus actives dans le premier point que dans le second ; faits qui semblent confirmer la distinction des rayons *constituants* de la lumière, en *calorifiques*, *colorifiques* et *chimiques*.

Cette analyse constitue ce que l'on nomme *irisation ;* elle est encore effectuée par les cheveux, les barbes d'une plume, la rosée, les vapeurs aqueuses, les gouttelettes d'un nuage épais, etc. Lorsque ces dernières, à forme sphérique, sont traversées par la lumière, sous un angle de 42 degrés 2 minutes, *les rayons incidents* se trouvent décomposés comme par le prisme, et *les rayons émergents* tous colorifiques, donnent cette image irisée, parabolique, désignée par le terme d'arc-en-ciel. Si les gouttelettes sont attaquées supérieurement, la réflexion est double ; elle devient triple, dès qu'elles sont frappées inférieurement. Circonstance qui nous explique, sans difficulté, la situation opposée des couleurs pour deux arcs-en-ciel concentriques, et leur vivacité moins prononcée dans le plus étendu. L'on peut obtenir plusieurs couleurs du spectre solaire par le mélange de deux autres ; ainsi, *l'orangé*, avec le rouge et le jaune; *le vert*, avec le jaune et le bleu ; *l'indigo*, avec le bleu et le violet, et celui-ci, avec le rouge et le bleu. Partant de ces faits, plusieurs physiciens ne trouvant que *le rouge*, *le jaune* et *le bleu* dont il soit impossible d'effectuer la formation, ont exclusivement admis ces trois couleurs primitives. L'expérience de Newton, dans laquelle on fait passer les rayons du spectre par des ouvertures différentes, et qui donnent les sept couleurs bien isolées derrière ce diaphragme, ne permet point d'admettre une théorie plus spécieuse que vraie. Il est évident que *le rouge*, *l'orangé*, *le jaune*, *le vert*, *le bleu*, *l'indigo*, *le violet* sont les couleurs essentielles et fondamentales ; qu'elles offrent les éléments du rayon lumineux, et qu'on peut le reconstituer, en les unissant au moyen d'une réfraction opposée à celle qui les avait dissociées. Il est important de savoir que la divergence relative des rayons colorifiques est rigoureusement calculable, puisqu'elle se trouve dans la proportion de celle qui sépare les nœuds vibratiles d'une corde, fournissant les tons de la gamme mineure.

Par les corps opaques ou transparents colorés. — Nous accordons ce titre aux corps de nature particulière, qui, d'après certaines modifications, décomposent la lumière en divers rayons colorifiques pour absorber les uns, réfléchir ou laisser passer les autres, qui manifestent la couleur de ces mêmes corps. On a cherché la cause matérielle de ces résultats. Newton l'attribue spécialement à la disposition physique des molécules; Bertholet, à la nature chimique de la substance qui combine tel ou tel rayon élémentaire. La première opinion se trouve en harmonie beaucoup plus exacte avec les faits. Ainsi, Thénard a constaté que le phosphore distillé plusieurs fois, dès lors très-pur, devient successivement transparent, blanc, jaunâtre, opaque, noir, suivant que l'on effectue son refroidissement avec lenteur ou brusquement par l'eau fraîche. Dans cette expérience, la couleur est diversifiée, l'arrangement des molécules est changé, la nature et la composition du corps ont conservé leur premier état. Il existe par conséquent, d'après la théorie de Newton, le rapport le plus positif entre telle coloration de la matière et tel ordre actuel de ses particules.

Dans l'hypothèse que nous indiquons, un objet *rouge* présente cette couleur, parce qu'en raison des modifications indiquées, il décompose la lumière, absorbe les rayons *orangé*, *jaune*, *vert*, *bleu*, *indigot*, *violet*, pour lesquels il offre une affinité suffisante à cette combinaison, tandis qu'il réfléchit le rayon rouge, avec lequel cette affinité ne se rencontre pas. La même application peut être faite aux six autres.

Il n'existe que sept rayons colorifiques, et dès lors sept couleurs primitives ou naturelles. Mais on peut en obtenir un nombre infini par la combinaison de ces dernières deux à deux, trois à trois, etc. Ces résultats prennent le titre de couleurs artificielles ou secondaires. Les premières sont toujours plus vives et plus franches; les secondes, moins nettes et souvent fausses.

La théorie que nous venons de présenter est d'autant plus satisfaisante qu'elle porte sur des principes incontestables, et qu'elle explique aisément tous les faits. Ainsi, le rayon rouge étant le plus fort, le moins réfrangible, nous concevons pourquoi le soleil et les autres corps lumineux, examinés à travers le brouillard du matin et du soir avec une incidence très-oblique, nous semblent de cette couleur, et deviennent presque blancs à mesure qu'ils s'élèvent au-dessus de l'horizon, dans une atmosphère plus diaphane. Ce rayon, par son intensité, fatigue la rétine, et se trouve difficilement supporté pendant quelques instants. C'est peut-être en conséquence d'un effet semblable que l'orgueil en a fait son emblème, et que la pourpre est devenue l'ornement particulier des rois.

Le rayon violet, au contraire, excite faiblement la vision, et se trouve souvent insuffisant à la perception nette et précise des objets; aussi n'est-il plus un symbole de domination, de puissance, et devient-il plutôt celui de l'abnégation et de l'humilité. Ne serait-ce pas également en conséquence de ces dispositions que le christianisme l'aurait choisi pour ses souverains dont l'empire n'est jamais plus solidement établi que sur la modestie, sur la persuasion de l'exemple?

Le rayon vert, intermédiaire à ces deux extrêmes, éclairant mieux que le second, n'offre pas la dureté du premier. Il doit obtenir la préférence dans la formation des *conserves*. Ses avantages, pour la vision, se trouvent universellement exprimés par l'emploi que la nature fait de cette couleur, particulièrement dans toutes ses productions végétales.

Si nous avions besoin d'une dernière preuve pour démontrer toute la réalité de cette même théorie, nous pourrions la trouver dans une expérience très-simple. En examinant les objets avec deux verres d'une certaine épaisseur, l'un *rouge*, l'autre *violet*, ils nous semblent *rouges* avec le premier qui ne laisse passer que ce rayon; *violets* avec le second qui les absorbe tous, excepté celui-ci. Jusqu'à ce point, on ne trouve qu'une hypothèse; mais l'expérience va devenir décisive. En effet, si l'on rapproche ces deux verres l'un de l'autre, il est impossible de voir un seul corps par leur intermédiaire. On en conçoit aisément la raison; en tombant d'abord sur le verre *violet*, toute la lumière est décomposée. Les rayons *rouge*, *orangé*, *jaune*, *vert*, *bleu*, *indigo*, sont absorbés; *le violet* seul traverse, mais rencontrant immédiatement le verre *rouge*, il disparaît à son tour dans ce dernier. Si le rayon lumineux attaque primitivement ce verre *rouge*, après la décomposition, les rayons *orangé*, *jaune*, *vert*, *bleu*, *indigo*, *violet* sont combinés ; le *rouge* passe, atteint le verre *violet* qui s'en empare, de manière que, dans les deux cas, il n'arrive aucune portion de lumière à la rétine.

Absorption entière. — Les rayons lumineux mis en contact avec certains corps opaques et dépolis se trouvent complétement absorbés et combinés à la matière ; d'où résulte le *noir* qu'il ne faut pas envisager comme une modification visuelle, puisqu'il est au contraire l'absence du blanc et de toutes les couleurs. Ainsi nous ne voyons pas directement les objets parfaitement noirs ; si leur présence nous est accusée, c'est par le défaut de sensation dans l'espace qu'ils occupent, et dont les corps blancs ou colorés marquent la circonscription. Une expérience très-simple démontre la vérité de ces principes. Sur une muraille blanchie, placez un corps noir mat ; creusez à quelque distance un trou profond, de même forme et de même surface : priez vingt personnes de décider, à trente pas, lequel de ces deux points noirs est le corps ou l'excavation. Les avis seront tellement partagés qu'il restera démontré jusqu'à l'évidence que l'un et l'autre sont manifestés à la vision, d'après une modification identique. Or le trou n'étant qu'une absence de matière, et ne pouvant exciter aucune impression vers la rétine, le corps noir paraît sous ce dernier rapport, absolument dans les mêmes conditions.

Résumant toutes les considérations que nous avons exposées relativement à la lumière, nous la trouvons : 1° *directe*, en venant des corps lumineux par eux-mêmes ; 2° *réfractée*, après avoir obliquement traversé des milieux transparents de sphéricité, de densité, de combustibilité différentes ; 3° *réfléchie*, lorsqu'elle a frappé des corps opaques, de manière à répéter l'image des objets, à produire la sensation du blanc, d'une couleur simple ou composée, suivant que ces corps sont polis, disposés de manière à renvoyer un ou plusieurs des rayons du spectre en combinant les autres ; 4° *absorbée*, lorsqu'elle tombe sur un corps opaque rugueux et de nature à la conserver sans aucune réflexion; d'où résulte le *noir*, ou l'absence de toute sensation visuelle. Lorsqu'ils sont convenablement polis, ces corps peuvent agir à la manière des miroirs blancs en retraçant l'image des objets ; seulement ils occasionnent une déperdition de lumière beaucoup plus considérable.

Opposés à l'influence d'un foyer de lumière, les corps opaques laissent derrière eux un espace entièrement obscur sous le nom d'*ombre*. Si le corps lumineux est un point, l'objet, une sphère d'un diamètre plus considérable, celle-ci ne se trouve éclairée que dans une étendue constamment inférieure à la moitié de sa surface, et l'ombre indéfinie présente un cône tronqué dont le sommet répond à cet objet. Si le corps lumineux est au contraire plus gros que le corps opaque, ce dernier est éclairé dans une étendue supérieure à sa moitié; l'ombre limitée forme un cône régulier dont la base est appliquée sur ce même corps. Cette obscurité, quelles que soient sa forme et son étendue, se trouve constamment environnée d'un anneau plus faiblement exprimé que l'on désigne par le terme de *pénombre*.

Pour mieux faire sentir encore les principales modifications de la lumière *directe*, *réfractée*, *réfléchie*, nous les représenterons dans leur plus grande simplicité par les planches suivantes :

Fig. I. — A. Corps lumineux, fournissant une lumière directe.

B, C, D. Points lumineux isolément considérés.

E, F, G. Rayons lumineux divergents.

H, I, K. Cônes lumineux convergents; base au corps N, N'.

L, M, L'. Pyramide lumineuse; sommet au corps N, N'.

Fig. II. — A. Corps lumineux. Lumière directe.

B, C. Cônes lumineux convergents.

D, D'. Perpendiculaire des milieux E, E'; F, F'.

G, H. Direction primitive des cônes lumineux B, C.

I, K. Seconde direction des cônes lumineux B, C, réfractés et rapprochés de la perpendiculaire D, D', par le milieu

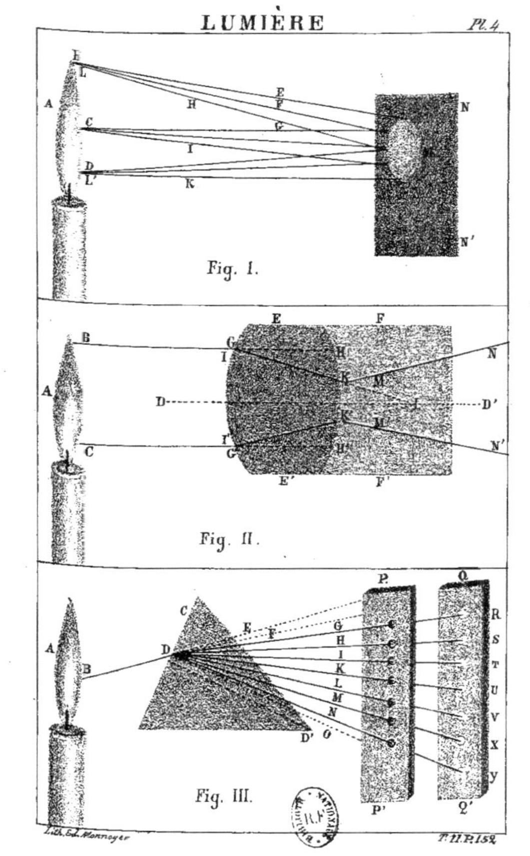
Fig. I.
Fig. II.
Fig. III.
Lith. Ed. Monnoyer
T. II. P. 152.

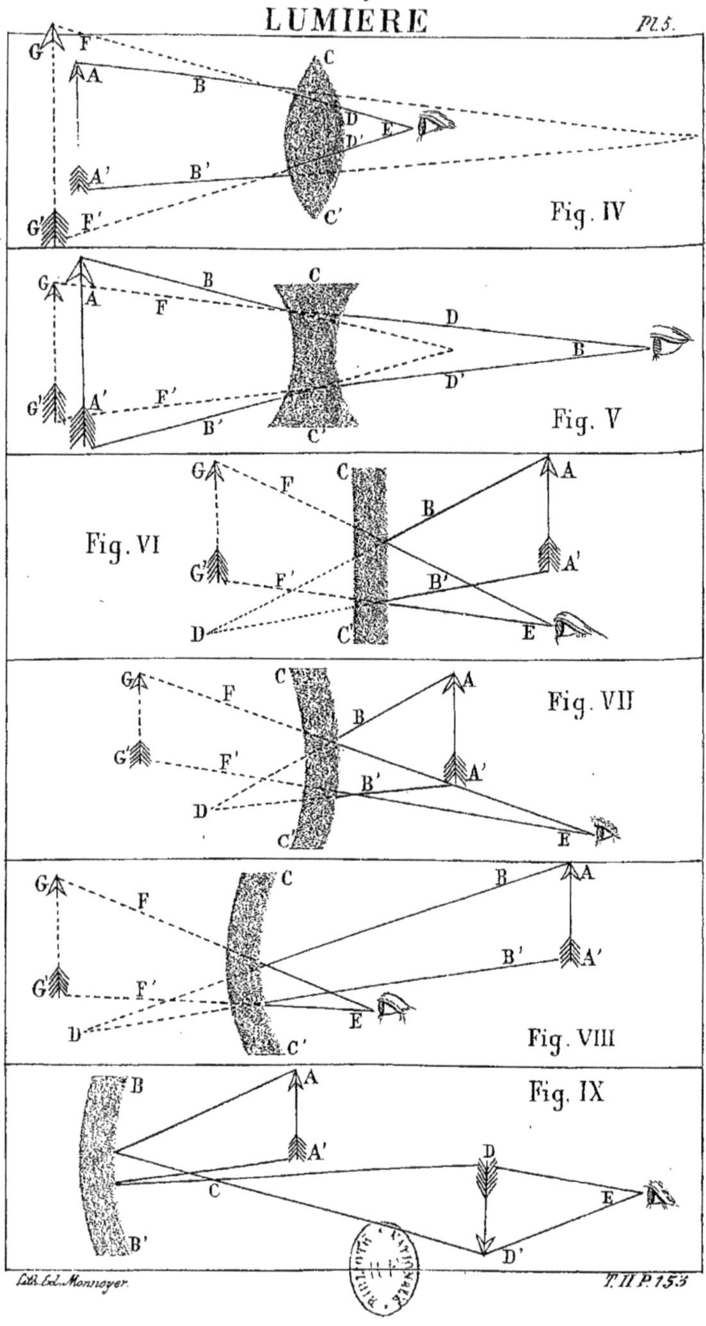
G
F
A
B
C
D
D'
E
A'
B'
G'
F'
C'
Fig. IV
G
A
B
F
C
D
B
D'
G'
A'
F'
B'
C'
Fig. V
G
F
C
A
B
Fig. VI
G'
F'
B'
A'
D
C'
E
G
C
A
F
B
Fig. VII
G'
F'
A'
B'
D
C'
E
G
C
B
A
F
B'
A'
G'
F'
D
E
C'
Fig. VIII
B
A
Fig. IX
A'
D
C
E
B'
D'

E, E', dont la sphéricité, la densité, la combustibilité sont plus considérables que celles de l'air d'abord traversé par ces cônes.

I. Point où se réuniraient les cônes lumineux d'après leur seconde direction.

M, N. Troisième direction des cônes lumineux B, C, réfractés, éloignés de la perpendiculaire D, D', par le milieu F, F' dont la sphéricité, la densité, la combustibilité sont moins considérables que celles du milieu E, E'.

Fig. III. — A. Corps lumineux, lumière directe.

B. Rayon lumineux dans son intégrité.

C. Prisme décomposant le rayon lumineux B.

D, D'. Perpendiculaire du milieu prismatique.

E. Direction primitive du rayon lumineux B.

F. Rayons *calorifiques*, d'après Herschell.

G, H, I, K, L, M, N. Rayons *colorifiques* rouge, orangé, jaune, vert, bleu, indigo, violet. *Spectre solaire.*

O. Rayons *chimiques*, d'après Herschell.

P, P'. Diaphragme portant sept ouvertures pour le passage des sept rayons colorifiques.

Q, Q'. Corps opaque, blanc, sur lequel viennent se peindre isolément les sept couleurs dans les points R, S, T, U, V, X, Y. Expérience de Newton, qui démontre évidemment la composition du rayon *lumineux*, par les sept rayons *colorifiques*.

Fig. IV. — A, A'. Objet à voir, représentant une flèche.

B, B'. Direction primitive des cônes lumineux.

C, C. Verre *convexe* réfringent.

D, D'. Seconde direction des cônes lumineux réfractés.

E. Angle visuel *ouvert* par la réfraction.

F, F'. Direction fictive des cônes lumineux B, B'.

G, G'. Objet A, A' vu *plus grand* et *plus près*.

Fig. V. — A, A'. Objet à voir, représentant une flèche.

B, B. Direction primitive des cônes lumineux.

C, C'. Verre *concave*, réfringent.

D, D'. Seconde direction des cônes lumineux réfractés.

E Angle visuel *fermé* par la réfraction.

F, F'. Direction fictive des cônes lumineux B, B'.

G, G'. Objet A, A' vu *plus petit* et *plus loin*.

Fig. VI. — A, A'. Objet à voir, représentant une flèche.

B, B'. Direction primitive des cônes lumineux.

C, C'. Miroir *plan* réfléchissant.

D. Point où se réuniraient les cônes B, B', en traversant le miroir.

E. Angle visuel des cônes B, B' réfléchis, *égal* à l'angle D.

F, F'. Direction fictive des cônes lumineux B, B'.

G, G'. Objet A, A' vu *aussi grand*, aussi loin derrière le miroir.

Fig. VII. — A, A'. Objet à voir, représentant une flèche.

B, B'. Direction primitive des cônes lumineux.

C, C'. Miroir *convexe* réfléchissant, n'offrant pas de foyer.

D. Point où se réuniraient les cônes B, B' en traversant le miroir.

E. Angle visuel des cônes B, B' réfléchis, *plus petit* que l'angle D.

F. F'. Direction fictive des cônes lumineux B, B'.

G, G'. Objet A, A' vu *plus petit*, plus loin derrière le miroir.

Fig. VIII. — Objet à voir représentant une flèche.

B, B'. Direction primitive des cônes lumineux.

C, C'. Miroir *concave* réfléchissant.

D. Point où se réuniraient les cônes B, B' en traversant le miroir.

E. Angle visuel des cônes B, B' réfléchis, *plus grand* que l'angle D.

F, F'. Direction fictive des cônes lumineux B, B'.

G, G'. Objet A, A' vu *plus grand* et plus près, derrière le miroir.

Fig. IX. — A, A'. Objet à voir représentant une flèche.

B, B'. Miroir concave, réfléchissant, offrant un foyer.

C. Foyer placé à la moitié du rayon de la sphère totale.

D, D'. Objet renversé après l'entrecroisement du point C.

E. Vision fictive de l'objet renversé.

Besoin. — Indirectement relatif à l'entretien de la vie, l'exercice de la vision n'est pas sollicité par un sentiment impérieux comme celui de la faim et de la soif. On peut même dire que cette impulsion appartient beaucoup plus à l'habitude qu'à l'instinct. En effet, l'aveugle-né paraît à peu près étranger à son influence, tandis que l'homme qui pendant longtemps a joui de cette faculté, ressent les inconvénients de sa privation, et le besoin de l'appliquer à l'investigation des objets extérieurs. Il suffit d'observer les sujets opérés de la cataracte avec succès, après avoir été plongés dans un état de cécité complète, pour juger de la privation qu'ils ont éprouvée, du sentiment impérieux qui les agite, et les porte quelquefois à l'exploration des phénomènes lumineux contre la défense qui leur est faite, souvent même avec une imprudence qui compromet les résultats ultérieurs de l'opération. C'est une curiosité instinctive, habituelle tout à la fois, qui peut dominer la raison et pousser à des actes essentiellement nuisibles. Nous en trouvons encore la preuve souvent manifestée dans le traitement des ophthalmies. La vision étant pour nous le moyen le plus prompt, le plus facile de reconnaître un grand nombre de corps extérieurs, il n'est pas étonnant que l'appétit qui la provoque soit développé, relativement aux fonctions de relation, dans la mesure des avantages de cet important phénomène.

Étude. — La vision est tellement essentielle aux animaux, à l'homme plus spécialement encore, dans les relations qu'ils doivent entretenir avec tous les objets environnants, que la nature a fait, de l'appareil chargé de son exécution, un de leurs plus beaux attributs, en plaçant les yeux dans les points éminents de l'organisme, comme des sentinelles vigilantes établies aux postes avancés pour assurer la conservation générale. *Oculi tanquam speculatores altissimum locum obtinent ex qua omnia conspicientes suo munere fungantur.* CICERO, *de Natura Deorum.*

Afin de préciser davantage les divers points de cette action complexe, nous y distinguerons trois phénomènes principaux :

1° L'érection préparatoire de l'appareil ; 2° les modifications des cônes lumineux dans l'œil ; 3° l'impression visuelle convertie en perception.

1° *Érection préparatoire de l'appareil.* — Comme toutes les fonctions de relation, la vision, dans l'état normal, est soumise à l'empire de la volonté. Pour s'exercer avec sa perfection et ses développements, elle exige une influence de l'attention plus spécialement dirigée vers l'organe chargé de l'exécuter, et dont l'activité doit s'élever au degré nécessaire à l'accomplissement régulier de cet acte physiologique.

De l'absence ou de l'établissement de cette première condition visuelle, résultent les deux modifications désignées par les termes *voir* et *regarder*. *Voir* n'est, à proprement parler, que recueillir les impressions de la lumière, sans préparation organique, sans intention du principe immatériel, et dès lors sans résultat bien fructueux pour l'intelligence. *Regarder*, exprime au contraire la direction de l'appareil ophthalmique vers l'objet lumineux, avec érection volontaire, attention déterminée, consécutivement perception nette et précise des qualités visibles du corps qui devient le but essentiel de cette investigation. Dans le premier cas, la vision est en quelque sorte passive ; elle devient active dans le second. On voit sans regarder par défaut d'attention et d'érection volontaire ; on regarde sans voir par absence du modificateur lumineux, ou par altération organique susceptible d'entraîner la cécité. Pour se former une idée plus positive encore de la distinction que nous venons d'établir, il suffit d'examiner un sujet dont la vision devient instantanément active, de passive qu'elle était d'abord. Tant que ce dernier état persiste, l'œil est immobile, sans expression, ou, se portant vaguement sur les objets circonvoisins, les aperçoit assez pour éviter leur choc et leur opposition, mais ne les distingue pas suffisamment pour obtenir la conscience raisonnée de leur présence et de leurs qualités particulières. Telle est précisément la condition de l'homme distrait ou préoccupé d'une idée dominante. Si vous excitez fortement son attention, si vous rendez sa vision active, son œil paraît s'animer en se portant vers l'objet de cet appel, jusqu'ici ne voyant qu'un autre homme, il vous regarde, apprécie vos traits, vous reconnaît, aussitôt ses yeux et sa physionomie changent complétement d'expression.

La direction intentionnelle, volontaire des appareils ophthalmiques vers les objets, leur est imprimée par les contractions régulières des muscles droits. Pour ces deux appareils, les abaisseurs et les élévateurs sont antagonistes ; l'adducteur de l'un et l'abducteur de l'autre sont congénères. Les mouvements instinctifs développés, soit dans l'intérêt de la conservation organique, soit pour l'expression naturelle des passions, se trouvent confiés aux deux muscles obliques. La précision et l'harmonie de ces actions diverses garantissent les prédispositions normales de la vision. Nous indiquerons ultérieurement les perversions que leurs désordres peuvent entraîner dans l'exercice de cette fonction importante.

2° *Modifications des cônes lumineux dans l'œil.* — Pour bien concevoir l'ensemble de ces phénomènes compliqués, il faut prendre les rayons lumineux à leur départ ; éliminer progressivement tous ceux qui sont absorbés, réfléchis ou décomposés ; suivre dans les milieux transparents du globe oculaire ceux qui les traversent, et parviennent à la rétine de manière à déterminer l'impression visuelle. On saisira facilement ces détails multipliés en se reportant à la planche IV.

Les rayons lumineux partant du corps qui les fournit soit par émission, soit par réflexion, s'avancent en lignes droites et divergentes. Chaque faisceau représente un cône dont la base est à l'œil. Ces cônes marchent en convergent les uns relativement aux autres ; leur ensemble constitue la pyramide lumineuse dont la base est au corps qui la produit. Les cônes, en se rapprochant, forment *l'angle visuel* qui sert à mesurer le volume et l'éloignement des objets.

Arrivés à l'appareil ophthalmique, les rayons lumineux offrent plusieurs destinations. Les uns frappant les sourcils, les paupières et la sclérotique, sont absorbés ou réfléchis, par conséquent, nuls pour la vision. C'est ainsi que les organes de protection garantissent l'œil contre l'influence nuisible d'une lumière surabondante. Les autres tombent sur la cornée qu'ils traversent en éprouvant une forte réfraction qui les rapproche de la perpendiculaire ; cette membrane offrant un milieu dont la sphéricité, la densité, la combustibilité l'emportent sur les mêmes conditions étudiées dans l'air atmosphérique. Plusieurs de ces derniers arrivés à l'iris éprouvent la décomposition en rayons colorifiques dont quelques-uns réfléchis donnent la teinte mélangée de ce diaphragme, en déterminant ainsi la couleur naturelle des yeux. Ces rayons sont encore sans effet relativement à l'impression visuelle. Ceux qui traversent l'ouverture pupillaire, fortement réfractés par la cornée, se rencontreraient avant d'atteindre la rétine, mais parcourant l'humeur aqueuse, milieu moins dense et moins combustible, ils sont éloignés de la perpendiculaire. Alors, trop divergents, ils ne se réuniraient pas convenablement au fond de l'œil. Arrivés au cristallin, milieu dont la sphéricité, la densité, la combustibilité sont beaucoup plus considérables, ils se trouvent énergiquement rapprochés de la perpendiculaire, et bientôt leur intersection deviendrait prématurée ; mais traversant le corps vitré, milieu concave, moins dense, moins combustible, cet excès de réfraction est corrigé de telle sorte qu'ils arrivent sur la rétine précisément dans le point où doit s'effectuer l'impression, et que l'on pourrait nommer *centre visuel.* Tous les rayons trop divergents, et qui viennent toucher les parois intérieures de l'œil sont absorbés par le *pigmentum* de la choroïde, et sans cette précaution remarquable de la nature, pervertiraient sensiblement les résultats de cette fonction.

Toutes les modifications éprouvées dans l'œil par les rayons lumineux employés à la vision, se bornent donc aux réfractions alternatives qui les rapprochent ou les éloignent de la perpendiculaire, pour les réunir, en dernière analyse, précisément au point de la rétine qu'ils doivent exciter. On pourrait croire d'abord que ces réfractions, dont les effets se détruisent mutuellement, deviennent au moins inutiles et qu'une seule remplirait le même objet avec beaucoup plus de simplicité. Mais si l'on réfléchit à la divergence des cônes lumineux, alors qu'ils touchent l'œil, à la force de la réfraction indispensable pour les rendre assez convergents, on sentira que la décomposition du rayon lumineux en rayons colorifiques serait inévitable, qu'il surviendrait dès lors aberration de réfrangibilité, irisation, et qu'il fallait, par conséquent, trouver un moyen de prévenir cet inconvénient majeur. La nature y parvient en établissant des réfractions opposées qui rassemblent incessamment les rayons colorifiques toujours prêts à se dissocier. C'est à ce phénomène essentiel que l'on donne le nom *d'achromatisme*. Les physiciens Wollaston, Brewster et Chaussat, plus particulièrement, ont recherché la cause principale de ces résultats. Sans nous arrêter à toutes les spécialités de forme, de densité, de combustibilité qu'ils ont indiquées, nous rapporterons les conditions fondamentales des milieux réfringents comme suffisantes à la solution du problème. Ces conditions sont exprimées dans les rapports suivants relativement à la réfrangibilité : cornée transparente 1,339; humeur aqueuse, 1,338; cristallin, valeur moyenne, 1,384; corps vitré, 1,339. Le cristallin offre également des modifications dans ses trois parties superposées. Ainsi, couche extérieure, 1,338; couche moyenne, 1,395; couche centrale, 1,420. Ces dispositions comparatives sont destinées, conjointement avec l'iris, à s'opposer aux aberrations de sphéricité. C'est évidemment sur ce modèle admirable que les opticiens ont construit les lunettes au moyen desquelles il est possible de prévenir complétement l'irisation; instruments connus sous le titre de *lunettes achromatiques*.

D'après ces importantes considérations, il est démontré que les rayons lumineux qui traversent la pupille, sont les seuls à déterminer l'impression visuelle; que le nombre de ces rayons, et par conséquent l'intensité de cette impression, se trouvent mesurés par les différents degrés d'ampliation ou de resserrement dont l'ouverture centrale de l'iris peut devenir le siége. Déjà nous avons signalé toutes les divergences d'opinion des physiologistes, relativement à la cause particulière de ces mouvements. Nous avons prouvé que les idées de Janin, de Monro, de Maunoir, etc., qui considèrent l'iris comme un sphincter musculeux, ne sont point admissibles ; que celles du plus grand nombre des modernes qui rapportent les modifications de cette membrane aux dispositions des tissus érectiles, sans toutefois admettre avec trop d'exclusion la dilatabilité active de Prus, rentrent dans la théorie la plus satisfaisante pour les explications et surtout la plus exactement en rapport avec les faits.

Consécutivement à l'excitation lumineuse, on voit la pupille se resserrer par un épanouissement de l'iris qui reçoit des proportions de sang plus considérables dans sa texture éminemment vasculaire. Il s'agit seulement ici de rechercher si l'influence de cette excitation est directe ou sympathique.

On peut faire, dans l'état normal, plusieurs expériences qui s'accordent pour démontrer la réalité de la seconde, à l'exclusion de la première ; mais aucune assurément ne présente une solution aussi positive que celle dont nous observons actuellement les effets, en présence de plusieurs médecins, de nos élèves, et que les oculistes auront souvent l'occasion de répéter sur les malades confiés à leurs soins. Lebossé, Marie, âgée de vingt-quatre ans, de la commune de Neuville, près Le Mans, porte à l'œil gauche, depuis trois années révolues, une cataracte dont l'opacité ne permet pas, de ce côté, même la distinction du jour et des ténèbres. En passant de l'obscurité la plus profonde à la plus vive lumière, l'iris conserve une immobilité parfaite ; cependant les rayons lumineux frappent immédiatement cette membrane ; donc l'impression n'est pas directe : fait déjà constaté par Fontana, Caldani, etc. En découvrant l'œil cataracté, en ouvrant et fermant d'une manière alternative l'œil droit resté sain, la pupille se resserre et se dilate successivement dans les deux yeux ; donc l'impression est sympathique de celle que les mêmes rayons déterminent positivement sur la rétine. Il était bien essentiel que les mouvements iridiens se trouvassent ainsi dans la dépendance absolue des excitations de l'appareil sensitif, puisque les dilatations et les resserrements pupillaires doivent mesurer la proportion du modificateur nécessaire à la vision parfaite, et les rapports de cet agent avec l'irritabilité du même appareil. On sent aisément tous les inconvénients graves attachés à des dispositions contraires. Les belles expériences de Flourens impriment à la réalité de cette opinion le dernier degré d'évidence, puisqu'elles nous démontrent que la section des nerfs optiques, ou seulement l'ablation des tubercules quadrijumeaux détruisent irrévocablement la mobilité de l'iris par l'influence de la lumière ; la pupille reste alors fortement dilatée. L'origine de cette impression sympathique est donc essentiellement présentée par le nerf optique et la rétine. Il reste maintenant à déterminer par quels conducteurs intermédiaires s'établissent incessamment les rapports de la membrane iridienne avec ces organes sensitifs. En négligeant une distinction aussi naturelle, plusieurs auteurs ont jeté la confusion et l'obscurité dans cet objet. D'après quelques-uns, la section de la cinquième paire entraîne également l'immobilité de l'iris, mais avec ce caractère important à noter, que la pupille est resserrée. Mayo prétend au contraire que cette opération n'influence pas l'iris, mais détruit la sensiblité du globe oculaire. Il ajoute que la division de la troisième paire nerveuse paralyse constamment cette membrane. De ce fait nous devons rapprocher l'assertion de Desmoulins, qui s'est assuré que, chez l'aigle, tous les nerfs iridiens sont fournis par ce même nerf. Luzardi, dans une brochure intéressante publiée sur le point que nous discutons, regarde les filets émanés du système ganglionnaire, comme établissant les rapports indiqués. Il nous paraît démontré que ces filets président à la nutrition ; la troisième paire, à la sensibilité relative ; la rétine et le nerf optique, à la sensibilité spéciale, excitée par les rayons lumi neux, et devenant l'influence occasionnelle qui dirige les modifications de la pupille. D'après ces considérations sur la nature et les dispositions de l'iris, il est facile de comprendre et d'expliquer les phénomènes de ce diaphragme oculaire.

Une lumière vive traverse les milieux diaphanes de l'appareil ophthalmique, excite fortement la rétine ; cette influence directe se trouve aussitôt communiquée sympathiquement à l'iris ; le sang afflue dans son tissu, d'après le principe : *Ubi stimulus, ibi fluxus* ; elle s'érige, acquiert une largeur plus considérable, tandis que l'ouverture pupillaire, diminuant dans la même proportion, n'admet les rayons lumineux qu'en nombre suffisant à l'impression visuelle, tous ceux dont la surabondance offusquerait l'œil se trouvant arrêtés par l'opacité de l'iris. Au contraire, lorsque la lumière très-rare n'excite que faiblement la rétine, le diaphragme oculaire dans un état analogue ne reçoit qu'une petite proportion de sang, et se débarrasse dans le système veineux de celui qu'avait appelé d'abord l'érection ; sa largeur diminue, la pupille s'agrandit, et recueille tous les rayons lumineux qu'elle peut embrasser jusqu'au nombre indispensable à la vision.

Il suffit d'observer sur soi-même la marche et l'enchaînement de ces modifications pour acquérir, dans toute son évidence, la preuve que les mouvements de l'iris ne s'effectuent qu'en vertu des excitations de la rétine. Cet accès et ce retrait du sang ne pouvant s'opérer instantanément, il faut à la pupille un temps encore assez long pour s'accommoder aux proportions de lumière qu'elle doit admettre. Aussi, lorsque nous passons rapidement d'un lieu très-éclairé dans un lieu très-sombre, ou d'un endroit obscur dans un milieu lumineux, la vision est momentanément suspendue ; pour le premier cas, par défaut de lumière, la pupille ne s'étant point encore dilatée convenablement; pour le second, par excès du modificateur introduit, l'ouverture pupillaire n'étant pas alors dans un resserrement suffisant à l'élimination de la surabondance des rayons visuels. C'est donc seulement après avoir éprouvé, sur la rétine, les inconvénients du défaut ou de l'excès de lumière, c'est après un intervalle toujours appréciable que nous sommes établis, par les mouvements de l'iris, en mesure des conditions actuelles de ce modificateur particulier. Des faits aussi positifs décident complétement la question en litige. Ces modifications de la pupille et celles dont l'appareil sensitif est également susceptible, sous l'influence de l'habitude, peuvent donner à certains sujets la faculté de considérer le soleil à l'œil nu ; à d'autres, celle de voir les objets environnants dans la plus profonde obscurité.

Outre l'avantage essentiel d'offrir un véritable *photomètre* pour l'appareil ophthalmique, l'iris présente encore celui d'établir un diaphragme, dont la circonférence opaque, appliquée sur la périphérie du cristallin, s'oppose, de concert avec les dispositions centrales de cette lentille, aux aberrations de sphéricité qui ne manqueraient pas de se manifester, si les densités étaient semblables pour ses trois couches, et si les rayons lumineux pouvaient la traverser dans tous les points.

Après avoir étudié la marche naturelle et simple de la lumière dans l'appareil de perfectionnement, nous devons rechercher par quel mécanisme ce dernier peut concourir à la vision des objets ou volumineux et rapprochés, ou petits et dans un grand éloignement.

Pour les corps très-gros et placés très-près de nous, les cônes lumineux sont très-convergents, et l'angle visuel très-ouvert ; pour les objets inférieurs en volume et plus éloignés, les cônes lumineux sont moins convergents, et l'angle visuel moins ouvert. Dès lors, si l'œil était irrévocablement établi, relativement à ses conditions réfringentes, approprié, sous ce rapport, à la première disposition des cônes lumineux, il effectuerait leur entrecroisement, dans la seconde, avant le point occupé par la rétine ; convenablement disposé pour la seconde, il ne les rapprocherait plus assez promptement, dans la première. Pour l'une et l'autre circonstances, la vision deviendrait absolument impossible, aussitôt que les conditions de volume ou d'éloignement s'écarteraient du type fondamental, sur lequel cet appareil ophthalmique invariable aurait été constitué. Dès lors, il est indispensable que l'œil, pour voir des objets différents, par leur dimension ou leur distance, éprouve des modifications relatives à la convergence des cônes lumineux, à l'ouverture de l'angle visuel.

Chaque sujet offre son point visuel particulier, en donnant à la valeur de cette expression toute la rigueur mathématique. Ainsi, les uns lisent à quatre pouces, les autres à deux pieds, d'autres enfin, dans tous les points intermédiaires. Mais ce foyer visuel n'est jamais, comme celui des lentilles, assez précisément déterminé, pour que la vue se trouble et se détruise même au plus faible écartement du lieu positif de sa détermination. Ainsi, dans l'examen d'un objet peu volumineux, la distance communément choisie par la majorité des individus est celle de huit à dix pouces. Or chacun de ces sujets, en lui supposant les dispositions ophthalmiques ordinaires, peut encore voir le même objet dans les éloignements intermédiaires de deux pouces à deux pieds, et pour les corps volumineux, à des intervalles beaucoup plus considérables. C'est la cause essentielle de cette importante faculté qu'il s'agit ici d'établir avec exactitude. Nous obtiendrons ce résultat positif en réduisant la question à sa plus grande simplicité.

L'impression visuelle s'effectue par la réunion des cônes lumineux dans un point déterminé de la rétine. Les objets très-grands ou très-près de nous se manifestent par des cônes très-convergents, sous un angle visuel très-ouvert ; les corps très-petits ou très-éloignés, par des cônes très-peu convergents, et sous un angle très-aigu. L'œil doit par conséquent s'accommoder aux modifications différentes exigées par ces deux conditions de la lumière, afin d'en réunir toujours les cônes plus ou moins convergents dans le siége précis de l'excitation visuelle. Un grand nombre de physiologistes ont admis, pour ces faits, des explications exclusives. Nous croyons pouvoir établir toute la solution du problème sur deux circonstances fondamentales : les *modifications du globe oculaire*, *celles de la pupille*. Étudions isolément chacune de ces dispositions.

Modifications du globe oculaire. — La plupart des physiologistes physiciens ont exclusivement placé dans les variations des longueurs proportionnelles de l'axe et des diamètres de l'œil toute la cause des phénomènes que nous étudions. Prenant pour type l'instrument de dioptrique nommé *lunette*, ils ont ajouté : « Si l'on veut considérer avec cet instrument des objets très-peu volumineux ou très-éloignés, on raccourcit davantage le tube qui porte les lentilles, afin que les cônes lumineux, alors peu divergents après leur entrecroisement, ne se réunissent pas avant d'atteindre le point visuel. Au contraire, si l'on examine des corps plus gros ou plus rapprochés, on allonge ce même tube, afin que les cônes de lumière, alors très-divergents après leur décussation, ne touchent pas la rétine avant de s'être convenablement rapprochés. C'est encore par des modifications semblables que l'on approprie le même instrument aux facultés visuelles des différents sujets. Or tout ce qui s'opère ici dans la lunette, s'effectue pareillement dans l'œil. On trouve même chez les oiseaux, l'action du *peigne* déterminant, relativement à la rétine, le rapprochement ou l'éloignement du cristallin, en raison des distances plus ou moins considérables auxquelles doit s'effectuer la vision. »

La même disposition n'existant pas chez l'homme, il s'agit d'expliquer par quels moyens la nature obtient, sous ce rapport, des résultats identiques; d'autant mieux que l'expérience démontre ici la réalité d'une modification physique dans l'organe de réfraction. Ainsi Poterfield, Young, sir Everard Home font observer qu'en regardant par les deux fentes parallèles de l'instrument nommé *optomètre*, une ligne inclinée à l'axe d'une lentille, cet objet paraît double. Pravaz obtient le même résultat en voyant une aiguille avec les deux yeux, l'un ou l'autre étant armé d'une loupe de force moyenne.

Les auteurs sont très-divisés dans leurs explications. Plusieurs ont également admis, pour l'homme et la plupart des animaux, les mouvements partiels du cristallin, toutefois en les attribuant à des causes différentes. Ainsi Kepler assure que les procès ciliaires portent cette lentille en avant ; d'autres, qu'ils en occasionnent la rétraction. Ces derniers paraissent bien plutôt destinés à la maintenir dans la situation verticale, en se prêtant à ses différents mouvements.

Jacobson prétend que l'humeur aqueuse, en passant par les trous du canal de Petit, éloigne le cristallin du corps vitré ; que le retour de cette humenr dans la chambre postérieure entraîne un mouvement opposé. Hunter, Young pensent qu'il s'effectue des changements convenables dans la sphéricité du cristallin, sous l'influence d'un mouvement propre à ce corps diaphane. Home, Ramsden, Olbers attribuent les phénomènes que nous étudions à des changements effectués dans les courbures de la cornée. Young rejette entièrement cette modification. D'autres ont adopté l'allongement et le raccourcissement alternatifs du globe oculaire, en appuyant leurs explications sur des principes opposés. Chéselden attribue cette influence aux muscles obliques ; Boerhaave aux muscles droits qui, d'après ce physiologiste, déterminent l'allongement de l'œil par leur contraction ; Molinetti pense au contraire qu'ils en opèrent le raccourcissement. Pravaz admet la réunion de ces trois causes, mais avec plusieurs modifications. 1° Les changements effectués dans les courbures de la cornée ; 2° l'augmentation et la diminution snccessives du cristallin par les différents degrés de pression qu'il éprouve ; 3° l'allongement de l'œil par les muscles droits, et son raccourcissement par les muscles obliques. Cette opinion nous paraît la mieux fondée. Ne voyons-nous pas, en effet, les yeux s'enfoncer dans leurs orbites lorsque les mouvements instinctifs de cet organe l'emportent sur ses mouvements raisonnés ; dans certaines passions, certaines maladies graves, dans les spasmes du choléra-morbus, par exemple. Quelle que soit au reste l'explication admise, le fait existe. *D'une part*, l'expérience démontre que les dispositions variées du cristallin sont incapables d'effectuer tous les résultats indiqués, mais qu'elles y concourent assez puissamment. En effet, sir Everard Home trouvant sur lui-même le champ de la vision d'un pied à deux pieds et demi, le rencontre en même temps, chez un homme opéré de la cataracte depuis trois ans, seulement de huit à treize pouces. Nous avons plusieurs fois répété des observations analogues. *D'un autre côté*, le sujet presbyte qui regarde avec des verres concaves, le myope, avec des objectifs lenticulaires, celui don la vision normale s'arrête quelque temps sur des corps très-petits ou très-éloignés, éprouvent bientôt, dans l'appareil moteur oculaire, une fatigue pénible qui démontre positivement l'action soutenue des muscles de cette partie. Si nous ajoutons actuellement que l'on parvient, au moyen de l'habitude volontaire, à créer une *myopie factice*, alors qu'il est impossible d'arriver *artificiellement* à la *presbytie*, l'opinion de Boerhaave et de Pravaz, qui rapportent l'allongement de l'œil à la contraction des muscles droits, prendra beaucoup de consistance.

Les modifications que nous venons d'exposer, même en leur accordant toute l'influence dont elles peuvent devenir susceptibles, ne sont pas les seules à consulter dans la solution du problème. Il en est une beaucoup plus importante, et que nous avons signalée dès l'année 1815 dans nos cours publics de physiologie ; nous voulons parler des variations pupillaires dont les conséquences, relatives à cet objet, doivent ici fixer l'attention.

Modifications de la pupille. — Il convenait au système de simplicité, d'harmonie que présente partout la nature, de confier au même organe le soin de mesurer la quantité de la lumière essentielle à la vision, et d'admettre seulement les rayons susceptibles de concourir à l'exercice normal de ce phénomène, consécutivement à des réfractions appropriées. Les variations pupillaires sont d'ailleurs en mesure d'effectuer ces deux résultats, et nous pensons que les dilatations et les resserrements alternatifs de cette ouverture suffiraient à la vision des objets différents par leur éloignement et par leur volume. En conséquence, nous reconnaissons dans l'iris, non-seulement un *photomètre*, mais encore le *régulateur principal* des changements exigés par les mutations infinies du point visuel.

Des expériences positives démontrent la réalité de cette influence iridienne. Ainsi, Williams Wels, ayant versé du suc de belladone entre les paupières des docteurs Cutting et Patrick, s'aperçut que, chez eux, le champ de la vision distincte se trouvait diminué de moitié, la pupille conservant alors un état d'immobilité parfaite. Nous avons plusieurs fois, sur nous-même, avec des effets plus remarquables, constaté la réalité de cette observation. La théorie ne laissant dès lors aucun doute, il suffira désormais d'en indiquer les principales applications.

Les rayons lumineux qui nous viennent d'un corps très-petit ou très-éloigné, sont peu divergents, surtout en n'embrassant que les plus voisins de l'axe général de la pyramide commune ; ces derniers se trouveraient dès lors trop promptement réunis pour la vision distincte ; c'est alors que la pupille se dilate pour admettre ceux dont la divergence est plus considérable, et qui se rapprochent au point visuel, par la réfraction naturelle des milieux transparents du globe oculaire. Dans cette circonstance, la lumière étant ordinairement assez rare, exige, d'après les raisons que nous avons indiquées, une ampliation pupillaire semblable.

Lors au contraire que les rayons émanent d'un objet très-voisin ou très-volumineux, ils sont fortement divergents, surtout en les comprenant à quelque distance de l'axe commun, et ne se trouveraient pas rassemblés sur la rétine. L'iris, dans ce cas, diminue son ouverture centrale, et ne laisse pénétrer que ceux qui peuvent être suffisamment réfractés et réunis au point sensitif. Dans cette occasion, la lumière est presque toujours surabondante, et par cette raison la pupille doit encore offrir la diminution relative plus ou moins prononcée. Rencontrant les variations pupillaires en harmonie, d'une part, dans la vision des objets éclairés, volumineux, rapprochés ; de l'autre, dans l'examen des corps faiblement lumineux, petits, éloignés, il nous est impossible de ne pas admirer cette fécondité de la nature, qui sait partout réduire le nombre des causes, pour multiplier celui des effets. Nous sommes dès lors fondés à considérer les mouvements de l'iris comme l'une des modifications essentielles à la vision, sous le triple rapport de *l'intensité lumineuse*, du *volume* et de *l'éloignement* des objets.

Impression visuelle convertie en perception. — Arrivés à la rétine, les rayons lumineux y déterminent une excitation particulière, et dont l'économie vivante n'offre pas même d'analogue. Cette excitation est *l'impression visuelle*.

Plusieurs conditions sont indispensables à l'accomplissement normal de ce phénomène. Ainsi, relativement : *A l'objet.* — L'image doit être assez étendue, assez nette, assez éclairée. *A l'appareil de perfectionnement.* — Les milieux réfringents, d'une diaphanéité parfaite, doivent agir de manière à déterminer le rapprochement des rayons lumineux, sans irisation, dans le point où s'opère l'action physiologique. Magendie, retranchant avec gradation ces différents milieux, a remarqué les anomalies suivantes : Ablation *de la cornée*, image de grandeur naturelle seulement un peu moins éclairée ; *de l'humeur aqueuse*, image plus grande ; *du cristallin* exclusivement, image quadruple, mal éclairée, mal déterminée ; en laissant *la capsule cristalline* et *le corps vitré*, pour tout moyen de réfraction, les rayons lumineux arrivent au fond de l'œil, sans dessiner une seule image. *A l'appareil sensitif.* — La rétine, le nerf optique, les tubercules quadrijumeaux doivent présenter une intégrité parfaite pour assurer l'impression, et les lobes cérébraux offrir leurs dispositions normales pour garantir la sensation visuelle.

Plusieurs physiologistes se servant d'un œil d'albinos, comme d'une lunette achromatique, et voyant, par derrière, l'objet très-petit et renversé, conclurent de cette expérience à la formation, sur la rétine, d'une image en miniature, dessinée dans cette position illusoire. Il est évident qu'il n'existe ici aucun rapport entre le principe et l'induction ; que l'on ne doit pas confondre l'œil voyant un corps, et l'œil servant d'intermédiaire à cette vision effectuée par le concours d'un autre œil. Il ne s'agit point en effet, pour la rétine, d'une figure imprimée sur cette membrane, encore moins de l'intuition de ce petit fantôme ; il existe seulement excitation visuelle déterminée par les rayons lumineux, à l'occasion de l'objet qui les envoie. Cette excitation est transmise à l'encéphale par le nerf optique, appréciée, perçue, jugée par le principe immatériel, sous l'influence du cerveau ; c'est alors seulement qu'elle prend les caractères d'une véritable sensation particulière, et qu'il est permis de le désigner par le titre de *vision*.

Dans l'hypothèse d'une image physiquement esquissée vers le fond du globe oculaire, il est impossible d'expliquer comment nous apercevons des objets qui n'existent pas réellement devant nous ; comment s'éveille une sensation visuelle sous l'influence du galvanisme dirigé sur le nerf optique, etc. En rattachant au contraire ce phénomène aux impressions physiologiques, dont on n'aurait jamais dû le séparer, la théorie s'accorde avec les faits, et rend un compte positif de tous les résultats de l'expérience.

Pour donner à l'histoire de la vision l'exactitude et l'importance qu'elle exige, trois questions essentielles doivent être résolues, nous les comprendrons sous les titres suivants : *Existence de plusieurs points visuels ; Apparition des objets dans leur situation réelle ; Vision simple même avec deux yeux*. Examinons séparément chacun de ces points fondamentaux.

Existence de plusieurs points visuels. — Quelques physiologistes ont prétendu que la rétine offre *un point visuel*, déterminé, de manière que les rayons lumineux viennent toujours s'y rassembler pour effectuer l'impression objective, qui, d'après ces auteurs, ne s'effectuerait pas dans les autres parties. Sœmmering établit ce lieu d'élection dans la tache qu'il a fait remarquer sur la rétine ; d'autres, dans l'espèce de tubercule que présente le nerf optique à sa terminaison oculaire, etc. Cette hypothèse nous paraît en contradiction avec tous les faits et tous les raisonnements. Ainsi la rétine essentiellement constituée par un épanouissement nerveux, douée d'une sensibilité spéciale, appropriée à l'influence de la lumière, doit être susceptible d'en recevoir l'impression dans toute son étendue. Circonscrire dès lors cette faculté dans un siége très-borné, serait aussi peu rationnel que d'admettre, avec la même rigueur mathématique, un point olfactif sur la pituitaire, gustatif sur la muqueuse linguale. On n'objectera pas sans doute que les rayons lumineux, éprouvant des réfractions identiques, sont obligés de se rendre constamment vers un lieu déterminé, puisque nous savons très-positivement que l'œil peut varier à l'infini ses directions, échapper ainsi, dans tous les instants, à cette uniformité pour le moins imaginaire. Sous l'influence du strabisme, par exemple, lors surtout qu'il est invétéré, la vision s'opère des deux côtés; cependant il est physiquement démontré que la lumière ne vient plus frapper les parties analogues sur chacune des rétines. Dans les mouvements latéraux et naturels des globes oculaires, où l'abduction de l'un correspond à l'abduction de l'autre, il est certain que les rayons lumineux doivent se réunir sur des points opposés de l'appareil sensitif. Ainsi l'admission d'un centre visuel absolu nous semble en opposition avec les données fournies par l'anatomie, la physique et la physiologie.

Vision des objets dans leur situation naturelle. — Avant leur pénétration dans l'œil, réunis pour former l'angle visuel, tous les cônes lumineux éprouvent une décussation, de telle sorte que ceux qui viennent de la partie supérieure de l'objet touchent la rétine vers le point inférieur du foyer sensitif, et ceux qu'envoie la partie inférieure, vers le point supérieur. Dès lors, si l'image du corps se trouvait dessinée d'après ces dispositions, elle paraîtrait dans un renversement complet. Si l'on pouvait douter encore de la réalité des principes que nous indiquons, il suffirait, pour s'en convaincre, de répéter les expériences propres à ce genre d'investigation. Descartes ayant adapté, au trou d'une porte, un œil de bœuf dont la sclérotique se trouvait enlevée postérieurement, en regardant par ce dernier point, vit tous les objets renversés. M. Magendie faisant usage, dans le même but, des yeux de lapins albinos, obtint des résultats identiques. La question se réduit, par conséquent, à déterminer sous quelle influence nous voyons ces objets droits, bien qu'ils éprouvent une inversion réelle au fond du globe oculaire ?

Les physiologistes et surtout les philosophes ont longuement discuté pour effectuer la solution de ce problème. Des théories imaginaires, sur ce point, comme sur beaucoup d'autres, ont constamment éloigné de la voie naturelle qui seule pouvait conduire à la vérité. Buffon, Lecat prétendent : « que l'œil voit d'abord les corps entièrement renversés, mais que l'âme avertie par l'exercice du toucher s'habitue consécutivement à dissiper cette erreur. » D'après Berkeley : « nous jugeons la position des autres objets relativement à la nôtre. Dans le principe, nous apercevons notre image à l'état de renversement. En raisonnant cette illusion, nous la rectifions pour notre corps, et, par une conséquence nécessaire, pour tous ceux qui nous environnent. »

Il est plus qu'inutile de s'arrêter sérieusement à la réfutation de ces hypothèses qu'une simple réflexion détruit complétement. D'après les opinions qu'elles cherchent à consacrer, notre jugement ne pourrait jamais nous permettre de voir un homme, par exemple, reposant verticalement sur la tête, ou marchant avec les mains, surtout alors que son image existerait parfaitement droite au fond de l'œil. Cependant, lorsqu'un bateleur prend ces attitudes pénibles et contraires aux dispositions communes, ce n'est point sur ses pieds, mais bien réellement dans cette position renversée que nous l'apercevons. Les inductions de ce fait positif sont assez concluantes.

Plusieurs physiologistes modernes ont combattu ces explications fautives, mais sans y substituer des idées beaucoup plus satisfaisantes ; nous avons, dans nos cours publics, depuis assez longtemps, réparé cette omission grave.

D'abord nous ne pensons pas, comme déjà nous l'avons dit en motivant notre assertion, que l'image des corps soit dessinée sur la rétine, et que cette esquisse en miniature devienne le point objectif dans la vision naturelle; nous croyons positivement que cette impression vitale est déterminée sur l'appareil sensitif par les rayons lumineux, comme celle de l'audition, de l'olfaction, de la gustation, par les sons, sur le nerf acoustique, par les odeurs, sur la pituitaire, par les saveurs, sur la muqueuse linguale. Cette vérité bien établie, l'explication du phénomène devient très-facile, et conviendrait même dans l'hypothèse d'une image physiquement effectuée vers l'expansion nerveuse.

Il existe un principe incontestable et sur lequel repose entièrement la solution du problème en litige. *Nous voyons toujours les objets dans la direction des rayons lumineux qu'ils nous fournissent, et l'œil suit, dans cette exploration, la marche régulière de ces derniers.* Or, comme chacun de ces rayons nous représente le point de son émanation, en le suivant, l'impression est rapportée vers la partie de l'objet qui l'occasionne. Ainsi le rayon qui part du point supérieur du corps, et qui frappe le point inférieur de la rétine, parcouru de bas en haut par l'œil, manifeste la présence de ce point dans sa véritable situation. Le rayon qui vient de la partie inférieure de l'objet, et qui porte sur la partie supérieure de la rétine, étant suivi de haut en bas, reproduit cette partie dans la position qu'elle occupe réellement. La même explication convient à tous les rayons intermédiaires, et nous semble résoudre complétement la difficulté.

Vision simple même avec les deux yeux. — Lorsque nous considérons un objet, dans notre état naturel, nous le voyons simple, et cependant il est certain que les rayons lumineux, émanés de cet objet, déterminent sur chacune des rétines leur impression isolée ; circonstance qui paraît, au premier aspect, signaler une contradiction positive entre la *duplicité* de l'impression et l'*unité* de la sensation visuelle. Voulant expliquer ces difficultés, les auteurs ont émis des suppositions erronées et le plus souvent contradictoires. Buffon et les métaphysiciens pensèrent que les objets étaient d'abord vus doubles, mais que l'habitude ou le toucher rectifiaient cette illusion. Chéselden fait remarquer contradictoirement que les aveugles de naissance convenablement opérés voient immédiatement les objets simples. D'autres considèrent les nerfs visuels comme deux cordes homotoniques. Gall soutient que, dans la vision active, un seul œil est mis en rapport avec la lumière. Jurine avait déjà fait observer qu'en l'exerçant par les deux organes elle est plus forte seulement d'un treizième. Comment, dans cette hypothèse, en regardant un corps avec deux verres de coloration différente, obtiendrait-on deux nuances diversifiées ? Comment un objet fixé à quelque distance entre les deux axes ophthalmiques, regardé alternativement avec l'œil droit et l'œil gauche, paraîtra-t-il se déplacer à chaque mutation organique, et se porter dans une ligne transversale du côté de celui qui l'examine actuellement ? Ces faits ne prouvent-ils pas au contraire que chacun des yeux voit isolément cet objet ? Quelques anatomistes admettant la confusion des nerfs optiques dans le point de leur entrecroisement, en ont inféré l'identification des impressions visuelles. Nous avons prouvé que cette confusion n'existe pas, du moins pour toute l'épaisseur des cordons médullaires. D'ailleurs, en la supposant même complète, on sortirait, par cette explication, d'une difficulté pour tomber dans une autre. Il deviendrait en effet, impossible de concevoir, avec cette hypothèse, par quel moyen nous voyons les objets doubles, comme on l'observe pour l'altération nommée *diplopie*. Haller, Plempius, Kepler et plusieurs physiologistes modernes disent que les impressions reçues par des points analogues dans un même organe, ou dans plusieurs appareils harmoniques, sont absolument semblables, et dès lors ne doivent occasionner qu'une sensation en raison de leur identité. Cette explication, lors même qu'elle n'offrirait pas la vérité soutenue par toute l'évidence que l'on pourrait désirer, est au moins la plus positive et la plus rationnelle. Certains faits pathologiques viennent encore lui prêter leur appui. Dans les déviations du cristallin, sous l'influence des contusions, la vue devient double. Cette perversion se manifeste d'abord pendant les premiers temps d'un strabisme accidentel et subitement effectué. Quelquefois on la voit alors disparaître avec lenteur et gradation. N'est-il pas naturel de penser que, dans ces deux circonstances, les rayons lumineux, frappant des points différents sur la rétine, doivent occasionner deux impressions disparates, incapables de s'identifier dans une seule et même sensation ; que l'habitude peut amener progressivement ce résultat en faisant disparaître l'opposition qui l'avait occasionné ?

On conçoit dès lors qu'une vision parfaite exige des yeux en harmonie sous le rapport de la direction des axes, du pouvoir réfringent des humeurs et de la sensibilité des rétines. Aussi toutes les fois que cet équilibre est détruit, il en résulte constamment une perversion plus ou moins notable dans le phénomène, quelquefois la *diplopie ;* nouvelle preuve de la réalité des principes que nous venons d'établir.

Les expériences du chevalier d'Arcy démontrent assez positivement que l'impression visuelle se conserve seulement pendant huit tierces dans l'organe sensitif, de telle sorte qu'un corps, fût-il même plus volumineux que la terre, s'il parcourait son diamètre dans un temps moins considérable, en passant transversalement devant les yeux, ne pourrait être vu d'une manière précise. Nous en trouvons des exemples dans les boulets et les projectiles analogues lancés avec assez de force pour acquérir la vitesse indiquée.

En résumant toutes les considérations principales relatives à la vision, nous trouvons les faits s'enchaînant dans un ordre facile à déterminer. Les rayons lumineux émanent de l'objet, en divergent, forment des cônes qui convergent, se croisent pour établir l'angle visuel, et, par leur ensemble, constituent la pyramide lumineuse. Soumis à des réfractions opposées dans les humeurs de l'œil, ces rayons garantis des *aberrations de sphéricité* par l'iris, par les dispositions du cristallin, sont conduits, *sans aberration de réfrangibilité*, sur la rétine, et rassemblés dans un foyer central pour y déterminer l'impression visuelle. Cette impression physiologique, dont il ne faut pas confondre les caractères avec ceux d'une esquisse passagèrement tracée dans l'organe sensitif, est transmise aux tubercules quadrijumeaux par les nerfs optiques, élaborée dans le cerveau sous l'influence du principe immatériel, et convertie en perception.

La vision ne s'effectue pas, comme on l'avait pensé d'abord, suivant la direction des nerfs optiques, mais, d'après la démonstration de Mariotte, en parcourant deux axes parallèles. Déterminée par la lumière, soit à l'état d'intégrité, soit après sa décomposition en rayons colorifiques, elle fatigue plus ou moins l'œil dont le repos s'établit sur des modifications opposées. Ainsi, lorsque nous avons considéré des points blancs, par exemple, nous voyons pendant quelque temps, une série de points noirs sous la même figure et les mêmes dispositions.

Par cette fonction, nous acquérons la connaissance des corps sous le rapport de la forme, du volume, de l'intensité lumineuse, de la couleur, de l'éloignement, du repos, du mouvement, de la vitesse, de la direction, etc. Mais à combien d'illusions ne peut-elle pas nous exposer ? A une certaine distance, une tour carrée présente la forme ronde ; les corps les plus volumineux, séparés de nous par un grand intervalle, se réduisent aux dimensions les moins considérables. Tel objet nous semble plus éclairé qu'un autre, par cela seul qu'il est plus rapproché de nous. La couleur jaune, vue sous l'influence d'une lumière artificielle, nous paraît blanche. Un corps s'éloigne d'une manière fictive en diminuant son étendue, son intensité d'expression. Un objet se montre immobile, même pendant le mouvement le plus rapide, alors qu'il se trouve si reculé dans l'immensité que les intervalles parcourus deviennent des points inappréciables au milieu de l'espace. Un autre se déplace en apparence, bien qu'il soit en repos, comme nous le voyons pour le soleil relativement à la terre ; pour les arbres qui bordent le rivage qu'un léger esquif parcourt avec agilité. Deux coursiers décrivant chacun un cercle dont nous occupons le centre, de manière à se maintenir sur le même rayon, nous semblent mus avec une égale vitesse, et cependant celle du plus éloigné peut être deux et quatre fois plus considérable que celle de l'autre. Il est souvent assez difficile d'apprécier exactement les directions réelles ; ainsi le plan parfaitement horizontal paraît, à son extrémité la plus reculée, s'élever lorsque notre œil est au-dessus, et s'abaisser lorsqu'il est au-dessous, etc. C'est par le concours des autres sens, du toucher plus spécialement, c'est avec le temps et l'habitude que nous parvenons à dissiper le plus grand nombre de ces illusions. L'aveugle, opéré, de Chéselden, s'imagina d'abord que tous les corps apparents étaient appliqués à son œil ; il eut besoin de cette éducation pour juger les distances.

Altérations. — La vision s'effectuant au moyen d'un appareil très-compliqué, formé par des organes essentiellement différents, doit offrir des altérations nombreuses, diversifiées. Pour les énumérer avec ordre, nous suivrons la division des trois appareils que nous avons déjà signalés.

Dans l'appareil protecteur,— l'absence des sourcils, des cils plus particulièrement, rend la vision pénible. La perte des paupières en ferait un véritable supplice dont les raffinements de la cruauté n'ont fourni qu'un seul exemple, celui de l'infortuné Régulus. La paralysie du releveur de ces voiles membraneux apporte un obstacle continuel à l'exercice de cette même fonction. L'oblitération des points lacrymaux, du canal nasal déterminent l'épiphora, la tumeur, la fistule lacrymales avec des altérations visuelles plus ou moins prononcées.

Dans l'appareil de perfectionnement. — Les influences capables de diminuer, de pervertir, de détruire la transparence des milieux oculaires, d'affaiblir ou d'augmenter avec excès leurs facultés réfringentes, produisent des modifications anormales dans ces phénomènes importants. Ainsi, les nuages de la cornée rendent la vision moins nette. Les corpuscules en suspension dans l'humeur aqueuse laissent apercevoir des images variées et représentant des points noirs, des araignées, des mouches, des stries, etc., perversion assez commune et que maître Jean désignait par le terme *d'imaginations*, en les attribuant à des illusions sensitives auxquelles on peut en effet les rattacher pour certains sujets. L'opacité des milieux réfringents détermine la cécité plus ou moins complète sous diverses dénominations, suivant le siége particulier de cette opacité : à la cornée, *staphylôme ;* au cristallin, *cataracte ;* au corps vitré, *glaucôme*, etc. La persistance de la membrane pupillaire occasionne encore le même résultat. L'aveugle-né de Chéselden en fournit un exemple.

La sphéricité trop considérable de la cornée, du cristallin, du corps vitré ; la surabondance marquée, la densité portée jusqu'à l'excès dans ces parties diaphanes, déterminent l'altération connue sous le titre de *myopie*. La réfraction des rayons lumineux étant alors exagérée, les sujets, ainsi disposés, ont besoin de recevoir ces rayons très-divergents ; ils ne peuvent dans ce cas bien distinguer que les objets volumineux ou rapprochés, circonstance qui fait encore désigner cette perversion par le terme de *vue courte*. On y remédie facilement en plaçant devant l'œil un verre concave dont l'effet réfractif est d'augmenter la divergence de ces mêmes rayons dans une proportion relative à celle de l'altération indiquée, ce qui constitue les différents degrés de ces lunettes. En général, cette perversion est moins grave que celle de l'état opposé, lors surtout qu'on la voit particulièrement occasionnée par la densité, l'excès des humeurs oculaires. En effet ces milieux perdant, avec les progrès de l'âge, leur surabondance et leur compacité primitives, reviennent aux conditions normales. C'est ainsi que l'on observe des sujets dont la vision est parfaite à soixante ans, après avoir offert, à vingt, les caractères positifs de la myopie. Lorsque cette perversion dépend, d'une manière plus spéciale, de l'extrême convexité de la cornée, les modifications favorables que nous venons d'indiquer ne se manifestent plus. On peut développer la myopie d'une manière artificielle sous l'influence de l'habitude : c'est un des moyens employés pour obtenir l'exemption du service militaire.

La forme aplatie de l'œil, la petite proportion de ses humeurs, leur ténuité, diminuent d'une manière plus ou moins prononcée l'action réfractive de cet organe. Dès lors tous les cônes lumineux trop divergents ne sont plus réunis au point visuel. Cette altération est désignée sous le titre de *presbytie*. On la nomme encore *vue longue*, d'après l'aptitude que présente le sujet à distinguer les corps séparés de lui par un grand intervalle. Aussi les individus qui se trouvent ainsi constitués, voulant examiner un objet à l'œil nu, prennent-ils constamment la précaution de l'éloigner dans la mesure de cette anomalie physique. Très-commune chez les vieillards, elle y devient la conséquence des changements ordinairement alors éprouvés dans la combustibilité, la proportion, la densité des milieux oculaires. D'après les observations de Pravaz, l'affaiblissement des muscles de cet appareil, dont l'allongement n'est plus suffisamment effectué, la diminution du corps vitré, le rapprochement consécutif du cristallin vers la rétine, concourent puissamment au développement de cette perversion visuelle, d'autant plus grave qu'elle affecte des sujets plus jeunes, puisqu'elle doit nécessairement augmenter par les progrès de l'âge. On en détruit les effets en secondant l'œil par une lentille chargée de lui présenter les cônes lumineux moins divergents. Il faut en graduer la sphéricité suivant les caractères de cette altération ; ce qui constitue les différents numéros des lunettes convexes. Après l'opération de la cataracte, le sujet se trouve presbyte artificiellement, et réclame des lentilles souvent très-fortes pour exercer le sens qu'il a recouvré.

L'iris présente aussi des altérations variées. Ainsi les adhérences de cette membrane au cristallin, à la cornée, rendent ses mouvements imparfaits ou même impossibles. Sa trop grande irritabilité produit le resserrement habituel, quelquefois l'occlusion de son ouverture sous les noms de *coarctation*, de *synézizis*, de *phthisis pupillæ*. La diminution de cette faculté, sa destruction entraînent les différents degrés d'ampliation et d'immobilité pupillaires, désignés par le terme de *mydriasis.* Dans toutes ces modifications anormales qui peuvent également se rattacher, comme nous le verrons, à des altérations de la rétine, l'œil devient incapable de s'accommoder avantageusement aux différentes conditions visuelles des objets petits ou volumineux, rapprochés ou très-éloignés; circonstance qui démontre encore la réalité des principes que nous avons émis relativement à cette partie des fonctions de l'iris. Les muscles chargés d'effectuer les mouvements du globe oculaire peuvent se trouver affectés de spasmes, de convulsions, de paralysies, d'où résultent plusieurs imperfections particulières à la vision active. La plus fréquente est celle que produit le défaut d'harmonie des muscles congénères, et que l'on nomme *strabisme.* Elle détermine souvent la *diplopie* dans les premiers temps de sa manifestation. Nous en avons récemment observé plusieurs exemples.

Relativement à l'appareil sensitif. — *Augmentation.* — La sensibilité spéciale de la rétine, du nerf optique ou des tubercules quadrijumeaux peut offrir différents degrés d'exaltation extranormale, dont l'ensemble constitue ce que les auteurs appellent *nyctalopie*, vision nocturne. Pendant le jour, la lumière trop abondante offusque l'œil, et le sujet ne peut distinguer les objets que dans l'obscurité. C'est à ce genre d'altération que plusieurs médecins ont donné le nom d'*ophthalmie sèche.* Haller prétend avoir observé des individus qui, dans cette circonstance, apercevaient les corps au milieu des ténèbres les plus profondes pour ceux qui n'offraient pas une semblable disposition. C'est dans cette maladie, plus fréquente chez les jeunes sujets, qu'il faut employer les verres plans, à teinte verte, qui seuls méritent le nom de conserves improprement accordé, par le vulgaire, aux verres incolores. — *Diminution.* Elle peut consister dans un affaiblissement plus ou moins considérable de la sensibilité visuelle ou dans l'impossibilité d'apercevoir toute l'étendue des objets. Sous le premier rapport, l'altération prend le titre d'*éméralopie*, vision diurne. Elle affecte particulièrement les vieillards, les convalescents des maladies longues. Pendant la nuit, les rayons lumineux se trouvent insuffisants pour exciter la rétine, et le sujet est frappé de cécité dans un milieu qui permet encore à l'œil normal d'apprécier les corps environnants. Sous le second rapport, on la désigne par le terme d'*hémiopie*, vision de la moitié d'un objet. Cette altération est constatée par l'expérience d'un assez grand nombre d'observateurs. Wollaston connaissait un sujet qui la présentait pendant quinze ou vingt minutes sous l'influence d'une indigestion gastrique. Richter, Vater citent plusieurs faits analogues. Demours nous apprend que la marquise de Pompadour éprouva cette maladie sous l'influence d'un refroidissement. Klauhold dit qu'un ecclésiastique en fut pris pendant qu'il considérait une éclipse de soleil. On en cite encore des exemples fréquents après les contusions ophthalmiques, pendant l'ivresse, le narcotisme, les congestions cérébrales qui précèdent la mort, etc. Wollaston explique ce phénomène pathologique au moyen de la décussation partielle des nerfs optiques, permettant à la moitié de ces derniers d'éprouver une compression isolée, par conséquent une paralysie durable ou temporaire, seulement pour les dépendances des points comprimés, dans un épanchement encéphalique par exemple. Cette hypothèse exige encore des observations et des expériences pour être définitivement admise. — *Perversion*. Elle consiste dans l'altération de la sensibilité spéciale des parties indiquées ; altération qui porte alors sur la nature même de cette propriété. Dans la circonstance que nous indiquons, on observe un grand nombre d'anomalies visuelles. Tantôt le sujet aperçoit les objets doubles avec un seul œil, d'où résulte la véritable *diplopie* ; tantôt il voit des corps qui n'existent pas actuellement devant lui, des fantômes prenant les formes les plus bizarres et les plus variées. On donne à cette maladie les noms de *berlue*, *d'imaginations*, etc. — *Extinction*. Elle est caractérisée par l'entière abolition de la sensibilité spéciale de la rétine, du nerf optique ou des tubercules quadrijumeaux, avec impossibilité d'apprécier désormais les qualités de la lumière, d'où résulte un nouveau genre de cécité que l'on désigne par les termes particuliers d'*amaurose*, de *goutte sereine.* Lorsqu'il n'existe que suspension de cette même propriété,la vision est révocable ; dans l'extinction, elle est détruite sans retour.

Après avoir fait l'histoire des fonctions sensitives, nous devons examiner une question de la plus haute importance, et qui devient en quelque sorte le complément de leur étude. *Jusqu'à quel point les sensations peuvent-elles se remplacer?* Dans la solution de ce problème nous consulterons particulièrement les faits et l'observation.

Action supplémentaire des appareils sensitifs. — Cet objet important nous semble à peine indiqué dans les auteurs, et cependant il se lie naturellement à l'histoire des actions d'impression.

Pour bien comprendre la solidarité respective des appareils sensitifs, il faut avant tout préciser la valeur des termes. Lorsque nous disons qu'un sens en remplace un autre, nous n'entendons pas qu'il devient susceptible de faire apprécier l'agent spécial du sens éliminé, dans ses conditions essentielles et normales ; nous voulons seulement faire comprendre qu'il se charge, par l'augmentation de son activité propre, de combler en quelque sorte le déficit qui tend alors à se manifester dans l'ensemble des sensations envisagées sous un même aspect.

En effet, lorsque l'œil est détruit ou paralysé, le sujet reste pour toujours étranger aux excitations visuelles des rayons lumineux. La faculté d'apprécier les sons, les odeurs et les saveurs disparaît avec la sensibilité particulière de l'oreille, de la pituitaire, de la muqueuse linguale. Cette faculté des organes de sensation est si rigoureusement limitée dans les appareils dont les dispositions de forme et de structure coïncident avec la spécialité du modificateur chargé d'en développer les effets, que rien ne peut, soit à l'état normal, soit en conséquence des altérations pathologiques, la faire naître dans une partie de l'organisme étrangère à son établissement originel, à ses manifestations primordiales et naturelles. Ainsi, toutes les théories, tous les systèmes relatifs à la substitution des sens avec les caractères essentiels et les conditions distinctives qui les particularisent, deviennent positivement fautives dans leurs principes en portant sur des fondements imaginaires et ruineux.

Le nombre des appareils sensitifs est invariablement fixé dans notre économie. Chacun d'eux revêt, à sa première formation, des caractères propres que nulle modification ultérieure ne peut faire partager à d'autres organes. Ainsi le toucher, bien qu'il soit intermédiaire aux sensations communes et spéciales, s'exerce par la main avec une perfection et des résultats variés que ne présenteront jamais les autres parties, même sous l'influence d'une habitude prolongée. Si des considérations analogues sont appropriées à l'odorat, au goût, à l'ouïe, à la vue, nous les trouvons beaucoup plus positives encore, et tous les faits qui s'y rattachent s'unissent pour nous démontrer que, relativement à cette première partie du problème à résoudre, on peut en préciser ainsi la solution définitive : *dans aucune circonstance les actions supplémentaires des sens conservés ne peuvent représenter, avec ses caractères particuliers, l'impression spéciale du sens détruit*. Il s'agit, par conséquent, d'établir exactement la nature de ces actions supplémentaires dont nous observons chaque jour les effets, soit dans plusieurs vices de conformation, soit consécutivement aux influences des altérations pathologiques.

Dans la série des organismes, depuis le plus obscur jusqu'au plus éminemment doué de la vitalité, nous trouvons, pour chaque sujet, une proportion de sensibilité mesurée d'après les relations qu'il doit entretenir avec les corps environnants. Chez les êtres rudimentaires, dont les rapports sont uniformes et limités, les sensations bornées à l'impression tactile n'offrent, pour ces rapports, qu'un appareil très-simple, un mode communicatif sans complication et sans variété. Chez les animaux supérieurs, chez l'homme plus spécialement encore, dont le commerce habituel avec l'univers présente à son investigation un grand nombre d'objets différents, la faculté de sentir éprouve des modifications importantes, et les organes doués des spécialités qu'elle peut offrir sont en mesure de répondre aux influences des agents excitateurs les plus opposés.

Il résulte naturellement de ces dispositions, dans chacun des individus, une masse de perceptions intellectuelles dont les origines se trouvent ainsi réparties aux divers appareils d'impression.

Si nous supposons actuellement qu'un de ces appareils manque dès le principe, où qu'il soit paralysé, détruit en conséquence d'une altération morbifique, la part de sensibilité qui devait entrer dans ses attributions n'est pas anéantie, mais seulement déversée, dans une proportion variable sur chacun des organes sensitifs en activité, de manière à s'identifier à celle de ces organes dont elle prend les caractères et les dispositions. Ainsi, dans ces éliminations graduées, le nombre des spécialités impressionnelles diminue, le développement général et commun de la faculté de sentir conserve à peu près sa mesure primitive. Si l'aveugle est incapable d'apprécier désormais les caractères visuels des rayons lumineux, la finesse du toucher, de l'ouïe, de l'odorat, du goût, alors notablement augmentée, semble destinée, dans chacun de ces moyens explorateurs, à combler incessamment le vide qui tend à s'effectuer. L'homme frappé de surdité devient pour toujours étranger aux modifications auditives des sons ; mais l'accroissement que, dans cette circonstance, présentent les facultés gustative, olfactive et visuelle, est ordinairement en mesure de prévenir une diminution très-appréciable dans la somme des perceptions. Les mêmes lois sont applicables à la destruction du goût, de l'odorat et du toucher.

Au milieu de ce consensus, de cette solidarité réciproque des appareils d'impression, nous trouvons des rapports plus particuliers, et qui placent tel sens dans la position de suppléer tel autre avec plus d'avantage et de facilité. Ainsi, chez le sujet privé de la vue, le toucher, la sensibilité tactile de la face, de la langue, etc., servent plus spécialement de moyens destinés, sous le rapport que nous étudions, à remplacer l'œil dans le but important d'apprécier la forme, le volume des corps, d'imprimer une direction convenable, harmonique, aux différents actes de la locomotion partielle et générale. Pour le sourd, la vision s'exerce, comme supplémentaire, à saisir le jeu de la physionomie, les mouvements des lèvres, à deviner en quelque sorte les articulations sonores par les modifications apparentes qu'elles exigent. L'homme dépourvu du goût le remplace avec assez d'avantage par l'odorat, dans l'exploration alimentaire, et *vice versâ*.

En conséquence de ces faits, et d'après ceux qu'il serait possible de présenter encore, nous pouvons réduire la seconde partie du problème à ce principe fondamental : *l'action supplémentaire des sens offre le double résultat de maintenir la somme des perceptions dans une mesure à peu près constante, et de faire encore apprécier certaines conditions de la matière, même après la destruction des appareils plus particulièrement chargés de cet emploi.*

Tels sont les phénomènes physiologiques au moyen desquels notre instinct et notre intelligence puisent au dehors les éléments de leurs modifications spéciales. Nous devons actuellement rechercher par quels moyens admirables et dans quel but avantageux le principe immatériel va s'approprier ces éléments, au moyen des organes qui lui servent d'intermédiaires, pour les transformer, par des actions progressives, en *perceptions*, *idées*, *raisonnements* et *jugements* ; actions dont nous désignons l'ensemble par le terme collectif *d'intellectualisations*. Étudions avec le soin qu'elle exige cette partie la plus essentiellement philosophique de l'œuvre, puisque nous y renfermerons toute l'histoire de l'homme moral.

II° INTELLECTUALISATIONS.

L'intellectualisation, διάνοια, de νοέω, penser ; *cognitio*, de *cogitare*, avoir des idées ; au point de vue physiologique, est la fonction de l'économie vivante par laquelle toutes les sensations, dirigées vers l'organe central approprié, sont élaborées de manière à donner au sujet la connaissance des objets de ses rapports : en dernière analyse, cette action est le passage des sensations, de l'économie physique dans l'économie morale.

Il est déjà facile de comprendre qu'une fonction de cette nature ne saurait être effectuée sans un appareil où se trouvent nécessairement associés, temporairement unis, les deux éléments les plus opposés : l'*esprit* et la *matière*.

Nulle chez les végétaux, rudimentaire chez le plus grand nombre des animaux, avec des développements progressifs dans les ordres supérieurs de ces derniers, l'intellectualisation n'est entière, avec son plus beau caractère, la *raison*, que chez l'homme, pour y présider au maintien régulier d'une existence morale qui, par sa nature et son élévation, rentre dans le domaine exclusif de notre espèce.

Appareil. — Il offre deux parties : l'une *matérielle* et l'autre *immatérielle* qu'il est physiologiquement impossible de confondre et de ne pas isoler.

1° Partie matérielle. — Nous l'avons exposée avec tous les détails nécessaires au chapitre de l'innervation : il suffit ici d'y renvoyer.

2° Partie immatérielle. — Insaisissable par sa nature, évidente par ses résultats, elle existe chez tous les êtres vivants, mais avec trois modifications essentielles, importantes à bien préciser. 1° *Principe vital :* πνεύμα, *spiritus*, animant tous les sujets organisés vivants; même les végétaux et les animaux de l'ordre inférieur, qui par cela même se trouvent sujets à la mort : ou séparation de ce principe et de la matière. 2° *Instinct* des animaux supérieurs : φυσὶς, *naturæ dux*, présidant à des fonctions intellectuelles, mais seulement dans l'ordre des besoins physiologiques. 3° *Ame* de l'homme : ψυχὴ, *mens*, donnant l'idée du *moi*, d'un créateur, de la vertu, du vice, du bien, du mal, du juste, de l'injuste, de la vérité, de l'erreur.

Dans tous les écrits des auteurs anciens, on trouve cette idée fondamentale de la nécessité d'un principe immatériel qu'ils ont cherché, par leurs dénominations, à placer dans un ordre supérieur, lors même qu'ils n'en comprenaient pas la véritable essence. Parmi ces dénominations vicieuses, nous devons particulièrement citer le *feu intelligent* d'Hippocrate, de Diogène, de Lucrèce ; les *harmonies* d'Aristoxène, de Lactance ; les *esprits animaux* de Willis, de Vieussens ; l'*âme mortelle* de Pythagore; *irraisonnable* de Platon ; *sensitive* d'Aristote ; la *force sensoriale* de Darwin ; l'*archée* de Van Helmont, etc. Au milieu des aberrations les plus extraordinaires, nous retrouvons chez tous les peuples cette pensée profonde, et qui semble s'attacher impérieusement à l'intelligence de leurs plus grandes capacités. Les Grecs admettaient trois âmes : ψυχὴ, *âme sensitive ;* πνευμα, *âme vitale ;* νους, *âme intelligente*. Ils plaçaient la première dans la poitrine ; la seconde, dans toute l'économie ; la troisième, dans la tête. Ils employèrent encore à ces désignations les termes σκιὰ, δαιμων, dont on a fait *démon*, âme des revenants.

Sans nous condamner à suivre, sur la *nature* et le *siége* de l'âme, toutes les savantes et longues divagations des auteurs, nous réduirons ces deux questions à leur plus grande simplicité : la solution qu'elles exigent pouvant être facilement effectuée.

Relativement à sa nature. — Il suffit d'examiner un instant les caractères et les produits des combinaisons intellectuelles, pour acquérir, par le sens intime et par les faits les mieux établis, une conviction entière de l'immatérialité du principe que nous étudions. Une impression corporelle arrive à l'encéphale, jusqu'ici nous pouvons envisager ce résultat comme une simple disposition de la matière vivante. Mais dès l'instant où le cerveau, par une élaboration qui lui devient propre, modifie cette impression, en fait surgir *une idée*, ce nouveau produit n'ayant plus aucun des caractères physiques, revêt tous ceux d'une représentation morale. Cette vérité ne souffrant aucune objection positive, n'est-il pas dès lors évident, en conséquence des rapports qui doivent nécessairement exister entre la cause et l'effet, que la matière est par elle-même incapable d'effectuer *une pensée*, que, dans cette opération, le cerveau ne présente qu'un instrument dirigé par l'âme, dont la nature, en raison de son influence, doit être dès lors essentiellement immatérielle.

Deux idées sont comparées entre elles, nous apprécions leur convenance ou leur opposition, nous formons un jugement affirmatif ou négatif ; il a fallu, pour obtenir ce résultat, embrasser les deux idées à comparer, au moyen d'un agent indivisible, capable d'observer simultanément leurs qualités absolues et relatives. Or la divisibilité présente l'une des conditions indispensables de la matière, d'où résulte la nécessité des caractères immatériels dans cette partie de l'appareil pensant et jugeant Que l'on s'élève actuellement de ces actions simples aux phénomènes les plus compliqués de l'intelligence, et l'on trouvera partout les preuves les plus irréfragables de la spiritualité du principe que nous étudions.

Relativement au siége. — Les anciens et même quelques philosophes du moyen âge, par une grave inconséquence, ont eu la prétention d'assigner à l'âme des limites rigoureusement déterminées dans un point de l'organisme. C'est ainsi que Descartes la renferme dans la glande pinéale, Willis dans le corps cannelé, Lapeyronie dans le corps calleux, d'autres dans l'estomac, la rate, le cœur, etc. N'est-il pas évident que c'est vouloir ici borner ce qui n'est pas coercible, donner des caractères matériels à l'esprit ? Il nous semble beaucoup plus rationnel de voir exclusivement dans ces rapports de l'âme et du corps une alliance temporaire inconnue dans son mode, entretenue par l'exercice et les manifestations de la puissance vitale.

Quelles que soient au reste les idées plus particulièrement admises relativement à cet objet, l'âme est évidemment, chez l'homme, cette force active, ce ressort invisible et merveilleux des facultés morales, ce premier mobile de toutes les actions raisonnées ; le reste n'offre que des instruments qui deviennent les intermédiaires exigés entre le principe *immatériel* et les objets *corporels* de nos rapports. Dans les conditions de notre existence particulière, cette alliance des deux êtres les plus opposés devient absolument indispensable. Sans le cerveau, l'âme ne pourrait pas recevoir les impressions des corps extérieurs; sans l'âme, le cerveau serait incapable d'apprécier ces impressions, d'en former des représentations mentales, des idées. C'est en conséquence de cette admirable combinaison entre l'esprit et la matière que l'homme participe en même temps des caractères opposés de la brute et de la divinité.

Ces considérations applicables à notre espèce le deviennent encore aux animaux supérieurs, seulement avec des modifications qu'il est essentiel de bien établir. Loin de considérer ces derniers comme des machines purement physiques et comme des automates sans facultés morales, nous leur accordons au contraire un principe immatériel incontestable, puisque sa réalité se trouve établie sur le plus grand nombre des preuves démonstratives de ce même principe chez l'homme. Qu'on lui donne, si l'on veut, le nom d'*instinct*, son existence n'en est pas moins positive, et ses caractères, perfectionnés dans la série, peuvent se rattacher à quatre degrés principaux : Faculté de fuir le danger sans en conserver le souvenir : *mollusques ;* avec mémoire sans jugement : *poissons;* avec jugement, passions : *reptiles;* avec raisonnement, voix, éducabilité : *mammifères.*

En conférant ce principe aux animaux, par cela même qu'ils pensent, raisonnent et jugent, nous ne le croyons pas identique à celui de l'homme.

En effet, chez les animaux les plus parfaits, les plus élevés dans la série zoologique, nous ne voyons jamais ce pouvoir merveilleux de s'étudier soi-même, ces idées purement intellectuelles et relatives aux sciences, aux arts, etc.; cette faculté de régler toutes les impulsions instinctives par la raison; cette conscience du moi qui fait prévoir et craindre la mort ; ces notions d'injustice et d'équité, de vice, de vertu, d'un créateur suprême, d'une existence à venir. Toutes ces modifications appartiennent exclusivement à l'homme. Pour l'animal, nous trouvons toujours le principe immatériel étroitement renfermé dans la sphère des besoins relatifs à la conservation de l'individu, à la propagation de l'espèce.

Lorsque nous trouvons ce principe servi, du reste, par les mêmes organes, dans les animaux et dans l'homme, offrir des manifestations si différentes et des résultats si contraires, pourrions-nous encore admettre l'identité de leur nature? Disons plutôt, d'après les faits et le raisonnement, qu'ils sont des modifications fondamentales d'un élément analogue, et que notre âme devient en quelque sorte la transition établie entre l'instinct des animaux et l'essence de la Divinité.

Quant à la destination ultérieure des âmes, si nous pouvions abandonner momentanément le domaine de la physiologie pour celui de la métaphysique, il nous serait facile de prouver que l'homme seul agissant avec conscience, pouvant distinguer le mal du bien, réprimer ses passions par la raison, possédant l'idée d'un être suprême, d'une vie future, doit seul trouver dans la justice divine le châtiment de ses forfaits ou la récompense de ses vertus; alors que les animaux entièrement privés de cet avantage ne peuvent encourir les mêmes peines, ou revendiquer la même rémunération. Chez le premier comme chez les seconds, l'être immatériel nous semble impérissable par sa nature. Dans l'un, offrant la raison en partage, il devra compte un jour de son emploi; dans les autres, dépourvu de ce guide responsable, échappant à cette conséquence nécessaire, il pourra subir des modifications qu'il n'appartient pas à la physiologie de préciser.

Ainsi l'admission incontestable de cet être immatériel chez les animaux, loin d'attaquer le dogme de l'immortalité de l'âme, et d'embarrasser la raison dans l'intelligence des principes fondamentaux qui servent à l'appuyer, devient une source de raisonnements que l'on peut opposer de la manière la plus victorieuse à toutes les absurdités du matérialisme.

Après avoir établi positivement la nature, les caractères de l'âme, ses rapports avec la matière, nous devons en étudier les facultés essentielles que nous divisons en trois ordres sous le rapport de leurs manifestations : facultés préparant aux intellectualisations : *volonté, attention;* effectuant ces actions : facultés de *percevoir*, de *raisonner*, de *juger*, de *coordonner;* perfectionnant, agrandissant, élévant ces mêmes actions : *réflexion, mémoire, imagination, génie, prévoyance, discrétion, prudence, conscience, raison.* L'ensemble de toutes ces facultés constitue l'*intelligence.*

VOLONTÉ. — Βούλησις, *arbitrium.* — Cette faculté que présente le principe immatériel de prendre une détermination, d'exercer les sens, l'intelligence et les organes locomoteurs sans l'influence d'aucune impulsion étrangère, est le *libre arbitre* des philosophes, la puissance individuelle qui rend en quelque sorte l'homme, dans ses actions, indépendant même du Créateur; qui le soustrait à l'aveugle fatalité, lui donne la liberté, le pouvoir de suivre à son gré la carrière du bien ou du mal. Nous y trouvons le grand ressort de l'économie morale ; cette force qui lutte incessamment contre l'apathie naturelle, et se trouve opposée, dans ses manifestations d'activité passagère, à la résistance invariable de l'inertie constitutionnelle.

La volonté se rencontre également chez les animaux supérieurs; elle préside à leurs déterminations, mais sans ordre et sans précision; entièrement dominée par l'instinct, renfermée dans le cercle étroit des besoins physiques, elle ne sert point à leur avancement intellectuel, à leur amélioration mentale. Ses impulsions meurent avec les individus, et ne sont jamais transmises par la voie des séries génératrices. Incapable d'imprimer aucune modification au caractère qui reste doux ou féroce par nature, elle n'établit pas suffisamment cette indépendance d'action, qui seule peut entraîner la responsabilité.

Chez l'homme, au contraire, la volonté commande en maître, toutes les fois que l'habitude et l'éducation ont affermi son empire. C'est elle aussi que l'on punit dans les forfaits, que l'on récompense dans les actions nobles et généreuses. Transmises d'âge en âge, les déterminations utiles, raisonnées et vraies de la génération qui finit, sont religieusement observées par la génération qui commence. Elles deviennent l'héritage précieux, le testament solennel qui constituent les premières garanties des progrès de l'esprit humain, les seules bases réelles de la véritable sociabilité.

Cette faculté peut être maîtrisée par la raison ou par l'instinct. Dans le premier cas, elle nous offre l'homme agissant avec la plénitude et la liberté de son intelligence ; dans le second, s'abandonnant à l'impulsion brutale de ses passions. Par une conséquence nécessaire, le développement de cette même faculté présente ou des avantages, ou des inconvénients, suivant qu'elle se trouve établie sous l'une ou l'autre de ces influences. Une volonté ferme, guidée par la raison, constitue le plus précieux mobile; subjuguée par l'instinct, elle devient une puissance ordinairement funeste dans ses applications. Toute bonne éducation morale doit dès lors se proposer, comme objet essentiel, de soustraire la faculté que nous étudions à la tyrannie du second modificateur, pour l'établir convenablement dans l'empire du premier. Ce perfectionnement est difficile, bien souvent il exige des efforts, des sacrifices multipliés ; mais que l'homme apprenne un secret bien capable d'exciter son émulation, de le soutenir dans les plus longues épreuves, *il devient tout-puissant, lorsque sa volonté ne reconnaît d'autres guides que la raison et la vérité !*

L'une des plus belles prérogatives de notre espèce, très-flexible, souvent indéterminée chez l'enfant, cette même faculté prend, dans l'âge viril, toute l'énergie dont elle est capable, et, souvent en rapport avec la puissance morale, tombe de nouveau, chez le vieillard, dans la faiblesse et l'irrésolution.

ATTENTION. — Πρόσεξις, *audientia ad rem.* — Nous désignons par ce terme la faculté que présente l'âme de s'appliquer aux impressions qu'elle doit intellectualiser par l'intermédiaire du cerveau, qui se trouve, pour ce travail, dans un état d'érection vitale plus ou moins énergique. Cette faculté devient indispensable aux fonctions de combinaison, puisque sans elle nous manquons d'éléments appropriés à cette élaboration mentale, et que dans la nécessité de penser, de raisonner et de juger, d'après les impressions les plus vagues et les moins circonstanciées, notre esprit se livre aux conjectures, sans pouvoir former une seule idée précise, capable de se graver dans le souvenir et d'agrandir son domaine.

Si l'on voit un objet sans attention, et qu'il disparaisse immédiatement, on a la conscience de son passage, mais sans pouvoir se retracer exactement aucune de ses qualités ; il ne reste dans la mémoire que vague, incertitude et confusion ; l'on a vu, mais on n'a pas regardé ; l'on a reçu l'impression lumineuse, mais l'attention n'a pas fixé les agents qui devaient la combiner, elle est perdue pour l'intelligence. Cette faculté nous paraît nécessaire lorsqu'il faut acquérir des connaissances nouvelles, surtout dans l'obligation de les approfondir, d'en saisir, d'en coordonner l'ensemble. Quelques philosophes la comparent à la trompe de l'éléphant, embrassant également l'atome et le corps le plus volumineux.

Lorsque nous voyons un grand nombre de jeunes sujets ne pas réussir dans leurs études, et consécutivement dans les professions qu'ils choisissent, nous ne craignons pas d'avancer qu'il faut en attribuer la cause bien plus souvent au défaut d'attention, qu'à l'incapacité morale ; vérité qui se trouve si bien rendue par cette expression heureuse du poëte latin : *Labor improbus omnia vincit.*

Celui qui saura faire une juste application de ces principes, en dirigeant toujours ses facultés intellectuelles par une attention soutenue, deviendra supérieur à lui-même ; il se distinguera dans les arts et dans les sciences par des progrès dont ses moyens ne lui paraissaient pas d'abord susceptibles. Le secret des grands hommes, dont nous admirons la science et les productions, s'est trouvé bien souvent renfermé dans cet art d'appliquer convenablement la faculté précieuse que nous étudions.

Très mobile, chez l'enfant, qui ne connaît point encore assez les avantages de son emploi, l'attention est difficile à captiver. Les impressions alors si vives, si diversifiées entraînant au changement des objets, produisent incessamment des aberrations inévitables. Offrant toute sa maturité, toute sa force, dans l'âge viril, se trouvant excitée par le besoin, par l'obligation d'apprendre, elle rend l'homme capable des progrès les plus merveilleux, surtout dans les travaux qui nécessitent particulièrement de l'observation et de la profondeur. Elle perd insensiblement son aptitude chez le vieillard, n'étant plus soutenue par un intérêt suffisant.

L'absence de cette faculté constitue ce que l'on nomme vulgairement *distraction*. Elle est quelquefois si prononcée, qu'elle neutralise momentanément la perception des objets. Vous parlez à l'homme distrait, les sons frappent son oreille, il n'entend pas ; vos gestes parviennent à sa rétine, mais il ne voit pas ; s'il conserve quelque chose de vos mouvements, de vos discours, tout se borne, pour son intelligence, à des idées vagues et sans liaison.

L'on ne doit pas confondre la *distraction* et *l'abstraction*. L'une est caractérisée par la mobilité de l'attention qui se porte irrégulièrement vers tous les objets, sans jamais s'arrêter positivement sur aucun ; signalant une application vicieuse de cette faculté. L'autre nous présente au contraire l'attention concentrée dans un même point, devenant étrangère à toute impression qui ne s'y rapporte pas. Telles sont les dispositions de l'homme profondément occupé d'une question difficile, au milieu du tumulte et du bruit, alors incapables de l'impressionner. Telle était la situation morale d'Archimède, absorbé dans la solution d'un problème important, pendant le siége de Syracuse, alors qu'il reçoit la mort, sans entendre les pas du soldat qui vient le frapper. L'abstraction portée jusqu'à l'excès, avec suspension des sens, prend le nom *d'extase*.

Préparée convenablement, par ces deux facultés, aux actions qui lui sont propres, l'âme trouvera les moyens d'en effectuer l'accomplissement dans celles que nous allons actuellement étudier.

Perceptibilité, καταληπτον, *cognoscere facultas*. — Elle consiste dans cette propriété qu'offre l'âme de saisir les impressions sensitives, par l'intermédiaire du cerveau, pour les élaborer et les convertir en idées. C'est elle qui forme les premiers éléments des intellectualisations.

Comme toutes les facultés morales, elle est susceptible de se manifester avec plus ou moins de perfection ou d'irrégularité; tantôt remarquable par sa vivacité, sa force, elle représente les objets au moyen des sensations qu'ils déterminent, avec autant de rapidité que de précision : être excité, produire une idée, sont deux résultats qui s'opèrent ici dans un temps indivisible. C'est alors qu'elle constitue *la pénétration, l'activité de l'esprit*. Tantôt s'exerçant avec lenteur, embarras, sans manquer d'une certaine justesse, elle caractérise *l'esprit lourd et paresseux*. Chez quelques sujets, sans énergie, sans développement, souvent même dans un état de nullité complète, elle mesure les différents degrés de *l'ineptie*, de *l'incapacité*. Dans certaines aliénations mentales, on la voit manquer de rectitude et même se fausser entièrement.

Chez l'enfant, cette faculté paraît la première en exercice, d'après l'ordre naturel, avant toutes les autres, par cela même qu'elle devait leur fournir les éléments indispensables aux manifestations de leur activité. Dans l'âge viril, sa rectitude et sa profondeur se trouvent substituées à la rapidité qu'elle offrait d'abord. Chez le vieillard, tous ces caractères s'anéantissent par degrés.

Jugement, Raisonnement, γολισμὸς, κριτὴριον; *ratio, judicium*. — Nous les étudions sous un même titre, parce qu'ils nous semblent tout au plus deux modifications d'une même faculté, dont l'union est tellement nécessaire, qu'il nous paraîtrait même assez convenable de les identifier, sans l'inconvénient de s'éloigner un peu trop des idées reçues.

C'est par eux que l'âme peut comparer plusieurs idées, établir exactement leur convenance ou leur opposition.

Subordonnés à la faculté de percevoir, ils deviennent à leur tour la base indispensable des opérations intellectuelles qui suivent leurs manifestations régulières; comme toutes les autres propriétés mentales, ils peuvent offrir différents degrés de vivacité, de rectitude et de perfection. Prompts et justes, ils conservent toujours à l'homme une supériorité que ne donnent jamais des facultés plus brillantes, plus séduisantes, au premier aspect. Susceptible de considérer les objets dans leur véritable point de vue, d'apprécier à leur valeur positive les choses, les actions et les hommes, celui dont le moral se trouve ainsi constitué peut tout embrasser, tout saisir, s'appliquer à tout avec des avantages incontestables ; il marche invariablement, au milieu des circonstances les plus difficiles, dans la ligne des convenances, de la raison et de la vérité : toutes ses actions physiques et morales sont judicieusement combinées. Il devient bientôt le modèle et l'arbitre de tous ceux qui savent l'apprécier. Ces facultés sont donc les plus essentiellement liées aux avantages individuels et sociaux. Le sujet, même d'un esprit ordinaire, se trouvera, par la solidité de son raisonnement et de son jugement, toujours supérieur à celui qu'une imagination brillante élève un instant, pour l'abandonner ensuite à sa futilité. Le premier est établi sur une base éprouvée, le second, sur un échafaudage ruineux.

L'homme dont ces facultés sont fausses par leur nature ou par une fâcheuse précipitation dans leur exercice, devient léger, bizarre, incapable d'entretenir aucune relation mesurée. Toujours en dehors du cercle de la raison et de la vérité, ses actions offrent un enchaînement d'inepties ou d'inconvenances voisines de l'aliénation mentale, qui le rendent souvent insupportable, quelquefois dangereux.

Avec un jugement faux, les principes qui servent de base à toutes les opérations intellectuelles n'ont aucune réalité. Par une conséquence nécessaire, les résultats de ces combinaisons doivent offrir, comme leur cause, tous les caractères de l'erreur. Au milieu de ces dispositions, le développement des autres facultés présente un véritable inconvénient. En effet, plus l'esprit et l'imagination offrent alors d'activité, plus le sujet se trouve entraîné vers des relations étendues et multipliées avec les objets de ses rapports, plus son raisonnement et son jugement fautifs trouvent d'occasions pour signaler et leur imperfection et leur insuffisance. Plus cet homme, dépourvu des qualités que nous étudions, est spirituel, plus sont évidentes, communes et diversifiées les fautes, les inconvenances de sa conduite privée, de son existence publique; tandis que celui qui se renferme dans une sphère très-bornée de rapports et de conceptions, parvient du moins quelquefois à sauver les apparences.

De même que toutes les autres, ces facultés ne s'acquièrent pas, seulement elles se perfectionnent. Le sujet qui ne les a pas reçues de la nature, ne peut rien faire de mieux que d'éloigner les occasions de l'erreur en se renfermant dans une sage et prudente obscurité. Malheureusement cette aberration mentale ne permet pas à celui qui l'éprouve de s'apprécier soi-même, de s'arrêter dans cette fâcheuse disposition que les hommes d'un esprit médiocre et d'un jugement faux offrent constamment pour se mettre en évidence, et provoquer ainsi la véritable qualification qui les attend au grand jour.

Quel fléau pour la société que ces parleurs éternels, sans cesse en mouvement, en agitation, s'imaginant racheter leur médiocrité par un verbiage suffisant et ridicule; fatiguant l'oreille par la continuité de leur bruit; l'esprit par le vide, l'obscurité de leurs pensées et de leurs jugements!

La nullité des facultés de raisonner et de juger constitue *l'idiotisme;* leur développement porté jusqu'à l'excès devient un *méthodisme* trop rigoureux; la disposition la plus heureuse qu'elles puissent offrir se trouve entre ces deux extrêmes.

A peine caractérisées dans l'enfance, elles se manifestent d'une manière lente et graduée dans les âges suivants, offrent toute leur perfection à la virilité, s'affaiblissent dans la vieillesse, quelquefois même exposent à des inductions erronées, surtout lorsqu'il faut établir des comparaisons entre le présent et le passé.

Telles sont les facultés rigoureusement nécessaires pour exercer les fonctions de combinaison intellectuelle ; examinons actuellement celles qui viennent en développer l'extension, en perfectionner les résultats.

RÉFLEXION, ἐπίσκεψις, *reputatio*. — Nous désignons sous ce titre la propriété qu'offre l'âme de revenir sur ses propres opérations, de les analyser, d'en apprécier la valeur et l'ensemble. C'est par elle seule que nous pouvons en quelque sorte retourner diversement nos idées, nos raisonnements, nos jugements, nos actions morales, pour les considérer sous toutes leurs faces, les envisager sous tous leurs aspects, de manière à bien préciser leurs qualités. Au moyen de cette faculté, l'homme de génie mûrit ses conceptions avant de les exprimer. Toujours il se fait remarquer par l'exactitude et la profondeur de ses connaissances, par la mesure et la régularité de ses actions. Chez le sujet même dont l'intelligence ne présente rien de brillant, elle donne aux opérations de l'esprit quelque chose de solide; lorsque ses productions ne sont pas séduisantes par l'éclat et la variété, du moins elles se font apprécier par la justesse et la précision qui les caractérisent ; il n'embrasse qu'un petit nombre d'objets en même temps, mais c'est à nu, c'est dans leur parfaite réalité qu'il les voit et les considère.

L'homme sans faculté de réfléchir est dans la position d'un observateur au milieu des plus épaisses ténèbres, ne recevant l'impression des objets dont il est environné qu'au moyen de la clarté rapide et passagère des éclairs. Il aperçoit ces objets, mais seulement en masse, d'une manière instantanée, sans pouvoir les analyser dans leurs diverses parties, sans en conserver aucune idée positive. On peut encore le rapprocher de l'individu qui voyant passer devant ses yeux, avec rapidité, des corps diversifiés et nombreux, serait incapable d'en fixer aucun et de conserver d'autre souvenir que celui de leur apparition, sans la moindre connaissance de leurs caractères et de leurs propriétés. Le sujet irréfléchi devient par cette raison toujours superficiel. Son répertoire moral est constamment formé d'éléments indigestes, sans liaison et sans maturité. C'est avec assez de justesse que l'on a comparé l'intelligence de certains hommes d'un esprit vif, d'une ardeur infatigable pour apprendre, mais dépourvus de méthode et de réflexion, à ces vastes bibliothèques où se trouvent entassés, avec aussi peu d'ordre que de choix, toutes les productions de l'esprit humain.

Rudimentaire chez l'enfant, cette faculté n'est point encore applicable ; son imperfection devient alors un obstacle invincible aux progrès solides et fructueux ; elle force le jeune sujet à graver sur le sable. Dans l'adolescence, on la voit se manifester par intervalles, mais encore avec assez de faiblesse pour laisser aux productions de cet âge un défaut de profondeur qui contraste avec le brillant et la facilité de l'invention. A la virilité, sa perfection et sa force paraissent dans tout leur développement ; elle donne aux fonctions de l'intelligence une valeur, une précision qu'elles n'avaient point encore offertes jusqu'à cette époque. Chez le vieillard, elle devient incomplète, les organes se trouvant d'ailleurs peu susceptibles de supporter la contention qu'elle exige pour ses manifestations.

Mémoire, μνήμη, *memoria*. — Nous désignons par ce terme la faculté que présente l'âme de reproduire, après un temps plus ou moins long, sans aucune influence actuelle des agents étrangers, un nombre variable de sensations, de pensées, de raisonnements, de jugements avec leurs circonstances, leurs caractères et souvent toute l'énergie de leur première formation. Il est dès lors facile de voir que l'opinion des anciens qui la regardaient comme un réceptacle offrant des compartiments innombrables dans lesquels toutes les idées venaient se coordonner pour servir ultérieurement aux besoins de l'intelligence, exprime plutôt une image complétement illusoire qu'une représentation vraie de cette faculté.

La mémoire peut reproduire à l'esprit non-seulement les idées, mais leur expression ; les événements avec leurs circonstances, mais les objets corporels et toutes leurs qualités ;

les opérations intellectuelles, mais la cause, l'activité des passions ; les impressions spiritualisées, mais les irritations physiques, chimiques, vitales, absolument comme si leur occasion matérielle agissait encore sur les organes du sentiment. C'est ainsi que le sujet pour lequel on a pratiqué l'amputation d'un membre, ressent encore, même après plusieurs années, les douleurs qu'il éprouvait avant cette opération, et les rapporte naturellement à la partie qui n'existe plus. Helvétius avançait dès lors une erreur grave lorsqu'il disait : « La mémoire est une sensation continue, mais affaiblie. »

Quelques auteurs, séduits par la diversité des applications dont cette faculté se montre susceptible, ont prétendu qu'il était indispensable de la diviser en plusieurs propriétés secondaires sous le titre de mémoires : *des choses*, *des mots*, *des faits;* certains sujets pouvant offrir l'une sans présenter les autres. Il nous est impossible d'admettre une pareille distinction ; nous ne voyons en effet ici que la même faculté produisant des résultats différents, suivant le mode et la nature de ses applications. Un exemple rendra cette vérité palpable.

Exercez la mémoire sans l'aider convenablement par l'attention, le raisonnement et la réflexion, vous tracerez des caractères sur le sable, un léger souffle pourra les faire disparaître. Vous retiendrez seulement des idées, des noms, des mots sans enchaînement et sans liaison ; c'est la mémoire des oiseaux parleurs, c'est également celle des hommes irréfléchis. Plus vous exercerez cette faculté d'après un mode aussi défectueux, plus vous affaiblirez toutes les autres : bientôt l'intelligence n'offrant plus aucune valeur propre, essentielle, réduite au clinquant des illusions, ne brillera désormais que d'un éclat emprunté. Lorsque nous voyons, dans l'enseignement public, des prix décernés au développement de ce funeste abus, nous sentons combien l'éducation est encore éloignée de son véritable objet. Ce genre d'instruction peut convenir aux perroquets, mais ce n'est pas ainsi que l'on forme des hommes.

Cultivez au contraire cette faculté précieuse en lui donnant pour base l'attention, le raisonnement, le jugement et la réflexion, vous obtiendrez la mémoire des faits, vous graverez sur le bronze en caractères désormais indélébiles.

Formé par la première méthode, le jeune élève, à quinze ans, offre le simulacre d'une érudition distinguée, lorsqu'il ne sera bien souvent qu'un idiot à trente. D'après la seconde, à vingt ans, il est encore dans le vestibule de la science, mais à quarante il en aura sondé fructueusement les profondeurs, il en dominera tout l'ensemble. On n'a pas oublié, sans doute, l'histoire du rhéteur Hermogène qui, dès sa dix-huitième année, vint étonner le monde savant par la prodigieuse variété de ses connaissances, et qui, depuis l'âge de vingt-cinq ans, déraisonna complétement jusqu'à la fin de sa longue et triste carrière.

Pendant la réminiscence des idées et des sentiments, l'âme et son intermédiaire encéphalique se trouvent momentanément placés dans les dispositions et les circonstances qu'ils présentaient à la première intellectualisation. C'est ainsi que le souvenir d'une injure passée réveille le désir de la vengeance; que celui d'un bienfait inspire des sentiments affectueux pour l'homme qui nous en rendit l'objet; que la mémoire importune de quelque passion concentrée, d'un grand désastre, de l'infamie, détruit progressivement les facultés organiques, en portant une atteinte sympathique ou directe aux principaux appareils de l'économie vivante; combien de maladies graves, incurables, mortelles, ne reconnaissent pas d'autre origine!

La mémoire bien dirigée devient indispensable à l'exercice régulier de l'intelligence, mais son développement abusif entrave constamment celui du génie. En possession des idées étrangères, par une mnémonique facile et trop cultivée, l'homme s'accoutume à les reproduire, négligeant, en conséquence de l'apathie commune, le soin plus pénible d'en créer qui lui soient propres. Il vit alors de réminiscences et devient une sorte d'écho retentissant, un être parasite qui sentant et pensant avec l'esprit des autres, peut séduire au premier instant par la richesse de son élocution, par le clinquant de cet appareil emprunté, mais bientôt n'excite plus que le dégoût et l'ennui par la pédanterie, l'extravagance de ses manières, la fréquence et la monotonie de ses inépuisables citations. Au contraire, l'homme riche de son propre fonds, toujours original et varié dans l'expression de ses idées, commande l'attention, attache l'esprit de ses auditeurs, par le charme puissant des créations les plus profondes et les plus diversifiées.

Chez l'enfant, la mémoire est de bonne heure très-active. Mais dépourvue de ses véritables appuis, elle s'exerce plutôt sur des mots que sur des choses. Il faut dès lors, dans sa culture, chercher beaucoup moins à la développer qu'à perfectionner ses applications. Dans l'âge viril, ses qualités brillantes sont remplacées par les manifestations d'une solidité bien préférable. Chez le vieillard, elle s'affaiblit, disparaît même quelquefois entièrement. On a vu des sujets, sous l'influence de la dégradation sénile, oublier jusqu'à leur nom, leur demeure, etc. Zacchias connaissait un horloger centenaire, qui, sorti de sa maison, ne pouvait plus en retrouver le chemin ; il errait alors dans la ville jusqu'à l'instant où quelque passant officieux le ramenait chez lui. Nous voyons des sujets conserver cette faculté dans un âge très-avancé, mais c'est alors seulement pour les impressions intellectualisées pendant toute la vigueur des fonctions de combinaison. Preuve nouvelle de l'influence qu'exercent la force et la profondeur de ces impressions sur la durée des souvenirs.

Imagination, ἐπίνοια, φαντασία, d'où l'on a dérivé les mots fantaisie, caprice; *imaginatio*. — Nous désignons par ce terme la faculté de l'âme susceptible de former des images qui n'ont point existé, qui, peut-être, ne se manifesteront jamais, en réunissant des objets plus ou moins compatibles, et dont les impressions avaient été perçues d'une manière isolée. Elle offre toujours pour accessoire, dans ses opérations, la mémoire, qui fait reparaître les idées, l'attention qui les fixe, le raisonnement qui préside à leurs nouvelles combinaisons. Au moyen de ces éléments primitifs, l'imagination sait créer des tableaux, les uns conformes à ceux de la nature, mais avec un prestige et des illusions qui rendent leurs effets plus merveilleux; les autres plus ou moins bizarres s'éloignant de toutes les conditions ordinaires. De là, nécessairement deux espèces de produits essentiellement opposés. Les uns propres au vrai talent, nous offrent des compositious dans lesquelles nous voyons l'art marchant à l'instar de la nature, maîtrisant l'admiration par le charme qui les environne, et par les véritables ornements que la fiction vient prêter à la réalité, caractère indestructible de nos immortels chefs-d'œuvre en peinture, en musique, en poésie, etc. Les autres, gigantesques, extravagants, signalent toutes les aberrations de l'esprit, occasionnent d'abord l'étonnement, bientôt ensuite le dégoût, et deviennent, chez les peuples qui les enfantent, mais surtout qui les applaudissent, le symptôme le plus certain de la décadence des lettres et des arts.

L'imagination est donc véritablement cette faculté mentale de créer des tableaux et des situations plus ou moins éloignés de la réalité, par l'emploi qu'elle sait faire des matériaux que lui confie la mémoire. Dès lors, sans réminiscences, l'homme se trouverait dans la difficulté d'imaginer; sans raisonnement, il exercerait ce pouvoir avec délire, ses productions offriraient tous les caractères de l'extravagance et de la frénésie.

La mémoire ne fait que rappeler des sensations déjà combinées par l'intelligence, l'imagination peut en enfanter qui n'existeraient jamais sans elle. Ainsi, dans l'obscurité la plus profonde, au milieu du silence absolu des organes d'impression, je puis figurer à mon esprit un paysage délicieux que viendront embellir des bois peuplés d'animaux divers, des bosquets enrichis d'oiseaux de toutes les formes, de toutes les couleurs, des prairies émaillées de fleurs odoriférantes, sillonnées par des ruisseaux qui s'échappent en ondulations argentines, sous le reflet d'un soleil bienfaisant et pur. Changeant à mon gré cette première scène, je puis me représenter un sol aride et sauvage, traversé par des torrents impétueux qui roulent avec fracas tous les obstacles opposés à leurs efforts ; bordé par des monts inaccessibles, dont les sommets audacieux vont s'abîmer dans les sinistres profondeurs d'un ciel sans clarté ; compléter cet affreux tableau par les éclats du tonnerre et les mugissements de la tempête. L'obscurité disparaît, mes yeux s'ouvrent à la lumière, à la réalité, j'ai fait un rêve : ce rêve est celui de l'imagination !

Cette faculté, dans ses illusions, ne reconnaît d'autres bornes que celles du possible, mais sans espoir de les dépasser. Elle ne formera jamais un effet, une ligne droite sans deux extrémités, un carré sans quatre angles égaux, un cercle sans périphérie, etc.

Développée dans une juste mesure, elle donne aux productions intellectuelles plus d'agrément et de vivacité ; au-dessus du moyen terme, elle égare l'esprit dans les aberrations intermédiaires à l'inconséquence, à la folie; au-dessous, elle abandonne toutes les autres facultés à cette froideur, à cette régularité mathématique, avec lesquelles disparaissent entièrement le charme et la diversité des relations.

L'homme, sous l'empire exclusif de l'imagination, est un jeune et bouillant coursier, livré, sans guide et sans frein, à toute la violence de ses impulsions instinctives ; l'homme complétement privé de ce modificateur puissant, représente un vieux palefroi, sans chaleur et sans action. C'est à le maintenir entre ces deux extrêmes également fâcheux que doit tendre tout bon système d'éducation morale.

Les dispositions mentales et physiques, les principaux états de la santé, de la maladie peuvent imprimer à l'imagination des caractères essentiellement différents. Ainsi, les irritations chroniques des systèmes digestif, nerveux ganglionnaire, etc., en font en quelque sorte un prisme lugubre, à travers lequel nous voyons tous les objets. Alors s'évanouissent les illusions de l'espérance, le charme de la véritable félicité ; les craintes sont exagérées, et l'infortune idéale prend tous les caractères de la réalité !

Dans les conditions normales, dans cette liberté de conscience, qui seule peut écarter les ennuis, l'imagination ne s'arrête plus aux tristes pressentiments, elle glisse même fréquemment sur les peines actuelles ; toutes ses impulsions se trouvent dirigées vers les prestiges de la satisfaction intérieure.

Nous devons dès lors envisager cette faculté comme l'instrument essentiel du bonheur ou de l'infortune, puisque la situation morale, qui constitue l'un ou l'autre, dépend spécialement des idées qu'elle suggère ; puisque l'homme peut être heureux ou malheureux dans toutes les conditions extérieures de la vie.

L'imagination atteint son entier développement dans l'époque voisine de l'âge viril; plus tard elle est moins brillante, alors entravée par la marche plus sévère du raisonnement et du jugement. Chez l'enfant, elle offre peu d'extension, ne rencontrant pas encore des matériaux suffisants pour s'exercer. Chez le vieillard, elle s'éteint, soit par la prédominance des facultés de raisonner et de juger, soit par l'affaiblissement gradué de l'intelligence.

Les animaux paraissent entièrement étrangers à cette propriété mentale. On ne doit pas en effet regarder comme telle cette industrie de quelques espèces, dans la manière de se former une retraite, de se procurer des aliments, etc.; tous ces actes sont évidemment liés à des impulsions instinctives renfermées dans l'ordre des besoins physiques, et n'ont aucun rapport avec l'imagination proprement dite.

Génie, φύσις, *ingenium*. — Nous désignons ainsi la faculté supérieure de l'âme qui, non-seulement lui fait embrasser l'univers entier dans sa sphère sans limites, mais encore l'entraîne au delà des choses créées, lui donne le pouvoir de compléter ce qui manque à la nature ; c'est elle plus particulièrement qui rapproche l'homme de la Divinité ; qui le rend, à son domaine, ce que le Créateur est à l'ensemble de tous les mondes.

Rapproché, sous quelques points, de l'imagination, le génie s'en distingue essentiellement par sa nature et ses résultats.

La première, employant des idées acquises, forme des images plus ou moins éloignées de la réalité ; le second, donnant l'existence aux éléments de ses inventions, peut aussi créer, approfondir, mais dans l'ordre de la vérité, de la nature. L'une se rencontre quelquefois chez des hommes ordinaires, l'autre devient le partage exclusif d'un petit nombre d'intelligences fortement trempées.

Cette faculté ne s'acquiert point, seulement elle se perfectionne par les circonstances favorables et par l'éducation. Ses impulsions sont tellement naturelles et puissantes, que l'on chercherait en vain à la renfermer dans la circonscription bornée de l'étroite médiocrité. Semblable au gaz impétueux comprimé dans un réceptacle fragile, toujours elle brise avec effort les obstacles insuffisants qui s'opposaient à son expansion. Voyez cet homme, qui jusqu'alors avait semblé profondément engourdi par l'ignorance et l'obscurité ; l'occasion paraît, il s'éveille, il s'élance dans la carrière ; il a déjà produit un ébranlement général, et captivé l'admiration de l'univers !

Le génie devient évidemment, à la force intellectuelle, ce que la puissance de contraction est à la force musculaire. Celle-ci constitue les hercules physiques, l'autre produit les hercules moraux. Combien les seconds l'emportent sur les premiers ! les hercules physiques n'ont d'action que dans la sphère de leur force individuelle ; au contraire, les hercules moraux soulèvent par un signal, et font mouvoir des masses énormes dont aucune résistance n'est susceptible de contrebalancer les efforts. Nous avons vu des hommes ainsi constitués, et desquels on aurait pu dire ce que le poëte latin attribuait au maître des dieux : *Annuit, et totum nutu tremefecit orbem.* Il suffisait de changer un mot.

Pour offrir de grands et d'utiles résultats, le génie doit être secondé par des inspirations nobles, des passions généreuses qui donnent de l'importance à son objet, de l'enthousiasme à ses opérations ; par une volonté ferme qui fasse plier les obstacles, et qui présente assez d'énergie pour briser tous ceux qui ne sont pas de nature à céder ; par une raison éclairée qui communique à sa marche la rectitude et l'invariabilité qu'elle doit offrir.

Comme toutes les puissances d'un ordre supérieur, le génie peut effectuer les plus belles améliorations ou déterminer les plus grands désastres, suivant la route qu'il s'est tracée dans ses irrésistibles impulsions : Tel conquérant fameux qui, s'abandonnant sans aucun frein à ses projets d'ambition insatiable, devint le fléau de son pays en y faisant arriver le carnage et la dévastation, eût présenté l'image d'une divinité protectrice en appliquant ses moyens surnaturels à la défense légitime, plutôt qu'à l'agression injuste; aux enrichissements sages et vrais de la propriété, plutôt qu'aux rêves dangereux d'une extension territoriale exagérée, sans limites équitables.

Si le véritable génie peut se livrer à tous les genres d'application, il est rare cependant qu'il ne se trouve pas naturellement porté vers un mode plus ou moins spécial. L'homme naît poëte, médecin, philosophe, peintre, musicien, chimiste, mathématicien, etc.; c'est à celui qui veut exercer l'une de ces professions avec succès de se bien étudier d'abord, de consulter, d'apprécier les inspirations du génie, l'avertissement secret que l'on nomme *vocation*. En suivant alors cette pente naturelle, il ne faudra désormais que du travail, de la persévérance, de la mesure dans l'exercice des facultés intellectuelles pour obtenir une véritable célébrité. Combien de sujets, avec un mérite supérieur, ont manqué leur but en se détournant de la direction qu'il fallait suivre pour l'atteindre !

Complétement étranger aux animaux, le génie présente un grand nombre de modifications chez l'homme, non-seulement en raison de sa nature, mais encore d'après l'époque de son développement. Rudimentaire chez l'enfant, il se manifeste rarement avant la puberté; cette révolution commune à tout l'organisme en devient presque toujours le signal; on observe quelquefois des résultats beaucoup plus tardifs. Ainsi J.-J. Rousseau fut un homme très-ordinaire jusqu'à vingt-cinq ans; Virgile fut enveloppé des apparences de l'idiotisme jusqu'à la fin de son adolescence. Dans l'âge viril, cette faculté présente la plus grande élévation de sa force et de sa maturité. Chez le vieillard, elle décline avec toutes les autres.

Prévoyance, πρόνοια, *prævisio.* — On nomme ainsi la faculté de l'âme qui nous fait envisager dans l'avenir les accidents imminents, ou les avantages susceptibles de contribuer à notre bonheur. Lorsqu'elle s'exerce instinctivement et sans notions raisonnées, on la nomme *pressentiment.* Cette modification de la prévoyance, rattachée, dans les craintes ou les espérances qu'elle fait naître, plutôt à la disposition actuelle du physique et du moral qu'aux circonstances extérieures qui peuvent solliciter son exercice, n'offre qu'une valeur illusoire, et n'est admise, comme devant régler nos déterminations, que par les âmes faibles, timides et superstitieuses. Au contraire, la prévoyance basée sur le jugement, sur la probabilité des événements considérés d'une manière soit absolue, soit relative, devient un régulateur précieux qui nous fait traverser avec sécurité les circonstances difficiles de la vie. C'est la boussole qui sert à diriger le nautonier vigilant au milieu des écueils d'une mer féconde en naufrages.

L'homme imprévoyant, dont l'intelligence ne s'élève point au-dessus des événements actuels, toujours surpris par les accidents les plus faciles à conjurer, n'est jamais en mesure de les supporter avec avantage. C'est un pilote sans gouvernail, luttant contre les flots de l'Océan soulevés par la tempête.

Presque nulle chez l'enfant, cette faculté se développe dans l'âge viril, et se perfectionne dans la vieillesse.

Manquant pour la plupart chez les animaux, elle est rudimentaire chez quelques-uns et toujours étroitement renfermée dans le cercle des nécessités matérielles.

Discrétion, σωφροσύνη, *circumspectio.* — C'est la faculté qui donne le pouvoir de conserver, sans manifestation extérieure, les confidences reçues, les idées, les raisonnements, les jugements formés dans l'intelligence, etc. Elle instruit l'homme à s'isoler de tous les objets qui l'environnent ; à n'avoir d'autre confident que lui-même ; à renfermer dans le silence de sa conscience des faits dont la révélation pourrait entraîner les plus grands malheurs.

Il ne faut pas confondre la discrétion avec la dissimulation; la première est une qualité précieuse; la seconde, un vice méprisable. L'homme dissimulé souvent dit ce qu'il ne pense pas; l'homme discret ne dit pas ordinairement tout ce qu'il pense. Le premier est indigne de posséder un véritable ami, tandis que le second nous offre un dépositaire incorruptible, dans l'âme duquel peuvent s'effectuer, avec confiance, les plus secrets épanchements du cœur. Combien de calamités publiques et particulières la discrétion n'a-t-elle pas su prévenir? Combien d'événements sinistres, de chagrins et de larmes n'ont eu d'autre source qu'une indiscrétion!

L'homme discret écoute et parle peu. Moins brillant que solide, il est mesuré dans ses actions et dans ses discours. Il ne met jamais d'empressement à gagner la confiance, et la considère toujours comme un dépôt sacré que l'honneur lui défend d'aliéner.

L'indiscret écoute beaucoup et parle encore davantage. Empressé de recueillir tous les événements, de scruter même jusque dans le sein des familles les faits les plus importants, il éprouve constamment un besoin impérieux de publier non-seulement ce qu'il vient d'apprendre, mais encore le résultat de ses présomptions. C'est un écho retentissant qui renvoie tous les sons, incapable d'en conserver aucun. Ses amis, ses proches deviennent souvent les premières victimes de sa loquacité. Le sujet de ce caractère est plus dangereux qu'un méchant, parce qu'il inspire une défiance moins générale. On devrait le bannir à jamais du commerce des autres hommes.

La discrétion n'ayant aucun rapport avec les besoins physiques, est dès lors complétement étrangère aux animaux; peu développée chez l'enfant, elle ne se perfectionne que dans l'âge viril; devient surtout l'apanage du vieillard, et ne s'altère qu'en raison de l'affaiblissement et de la perversion qu'amène la décrépitude.

PRUDENCE, — φρόνησις, *prudentia;* c'est la faculté qui sait embrasser l'ensemble des événements présents, les analyser dans toutes leurs parties, les apprécier dans leurs avantages et leurs inconvénients ; suspendre en quelque sorte les déterminations de la volonté jusqu'à l'entier accomplissement de cet examen rigoureux. C'est en conséquence de ces caractères essentiels qu'on la désigne encore sous le titre de *circonspection.*

En quelque sorte intermédiaire aux passions, à l'intelligence, elle est inspirée par l'instinct, réglée par le jugement, perfectionnée par la raison. Ses caractères justifient l'expression d'un ancien philosophe qui la nommait *le gouvernail de l'âme.*

L'homme prudent ne se livre qu'avec la plus grande réserve aux communications sociales, aux actions, aux entreprises chanceuses par leur nature ; constamment à la hauteur des circonstances qui l'environnent, sa marche offre toute l'assurance et la perfection dont la sagesse humaine est susceptible.

L'homme imprudent se précipite, au contraire, sans discrétion, au milieu des écueils les plus dangereux ; compromettant ses intérêts les plus chers, souvent même le soin de sa propre conservation.

Le premier calcule ordinairement ses forces d'après les résistances qu'il doit vaincre, et n'agit qu'avec la probabilité du succès. Le second entreprend d'abord, sauf à réfléchir ensuite ; il succombe le plus souvent par le défaut des moyens d'exécution.

La plupart des animaux n'offrent point cette faculté ; quelques-uns en paraissent doués d'une manière admirable, mais toujours dans la sphère de leurs besoins physiques.

Complétement étrangère à l'enfance, parce qu'elle exige l'application du raisonnement et du jugement, elle offre sa perfection dans l'âge viril ; et, dans la vieillesse, dégénère souvent en pusillanimité.

CONSCIENCE, — σύνεσις, *conscientia ;* faculté de l'intelligence plus étonnante que toutes les autres, puisqu'elle communique à notre âme le pouvoir de se connaître soi-même, de s'apprécier à sa juste valeur, de juger le mérite et la régularité de ses propres opérations. C'est elle qui nous fait acquérir les notions du moi, de l'existence individuelle, c'est elle qui constitue la base fondamentale de l'homme moral.

Tous les sujets de cette catégorie jouissent des bienfaits de la conscience, mais tous n'en écoutent pas également les inspirations. Cependant ils semblent en avoir été doués, pour les récompenser ou les punir immédiatement de leurs actions. C'est elle en effet qui nous pénètre de la satisfaction intérieure qu'aucun autre sentiment ne peut remplacer, et que nous éprouvons en accordant une consolation à la vertu courbée sous le poids de l'infortune. Sa voix intérieure poursuit le malfaiteur et lui crie, lorsqu'elle n'est pas encore étouffée : arrête, malheureux ! arrête !... l'abîme est ouvert sous tes pas ! Elle devient le premier juge du criminel ; souvent même son persécuteur le plus terrible, celui que rien ne peut fléchir. « Dieu, les hommes pardonnent, la conscience ne pardonne jamais ! » Toute mauvaise action est une tache indélébile que le temps même ne saurait en effacer. L'homme coupable dont l'extérieur annonce le calme, l'absence du remords, est bien souvent un malheureux que déchirent incessamment les cruelles angoisses du plus redoutable supplice.

La conscience est donc le premier régulateur des tourments ou de la félicité. Le sujet incapable de pénétrer sans regret et sans effroi dans cet antre silencieux, sanctuaire imposant de la justice naturelle, peut-il goûter un instant de bonheur ? Craignant l'isolement, il se fait horreur à lui-même, il s'évite et se fuit ; il cherche les distractions dans le tourbillon du monde, il espère s'étourdir par le bruit, le mouvement et leurs illusions ; mais bientôt il se retrouve au milieu des terreurs de son effrayante solitude ; une existence malheureuse, toujours inquiète, agitée par les pressentiments les plus sinistres, toujours empoisonnée dans sa véritable source, telles sont les dispositions intérieures que la conscience réserve au méchant : honneur, fortune, considérations mondaines, rien n'est susceptible de l'arracher à ses tortures. Ces avantages étrangers, loin de le satisfaire, ne font qu'augmenter ses ennuis par la comparaison qu'il établit nécessairement entre leur magnificence et sa propre indignité.

L'homme vertueux qui possède une conscience irréprochable, qui peut y lire sans remords et même avec satisfaction le résumé de sa conduite entière, nous paraît le seul véritablement heureux ! Son bonheur est en lui-même, indépendamment des circonstances qui l'environnent. Tous les éléments extérieurs de la félicité ne lui paraissent que des accessoires dont il supporterait volontiers la privation. Dans le silence et le recueillement, il envisage sa destinée future sans crainte et sans effroi ; n'ayant fait que le bien, il se repose avec sécurité sur le passé, le présent et l'avenir !

Si la réalité de ces principes était généralement appréciée, le vice n'aurait plus de refuge ; l'ordre social, dans sa régénération, serait établi d'une manière invariable sur l'équité ; la conscience présenterait seule, avec avantage, le code, les lois et le tribunal des nations !

Les développements de cette faculté sont ordinairement précoces dans l'enfance ; toutes ses impulsions, fortes chez l'adulte, souvent contrebalancées par les passions dans l'âge viril, reprennent de l'ascendant chez le vieillard qui renonce aux projets d'ambition et d'agrandissement pour goûter les charmes plus certains de la vie paisible. La conscience ne se manifeste jamais chez les animaux.

Raison, λογος, *ratio*. — Nous désignons ainsi la belle et précieuse qualité de l'âme qui sert de régulateur à toutes les facultés intellectuelles pendant leurs applications, en les renfermant toujours dans le cercle des objets convenables, utiles et vrais. C'est elle qui devient en même temps le frein que nous devons opposer aux impulsions instinctives, à la violence des passions désordonnées. La volonté commune à ces deux moteurs obéit à celui qui la commande avec plus d'empire. Nous verrons les grandes conséquences qui découlent de ce principe relativement à l'éducation.

Complétement étrangère à tous les animaux, la raison distingue l'homme de ces derniers par un intervalle immense, et dans lequel se rompt évidemment la chaîne des rapports moraux qui semblaient, au premier aspect, ménager une transition insensible.

Cette faculté précieuse établit son empire dans notre économie morale toutes les fois que les impulsions étrangères et subversives des lois naturelles et de l'ordre primitif ne viennent pas y jeter le trouble et la confusion. De même qu'un grand nombre de causes peuvent altérer le physique, de même aussi le moral est susceptible de perversion sous l'influence des modificateurs les plus variés ; le premier de ces états est relatif aux maladies du corps, le second à celles de l'âme. Ainsi, pendant tout le cours de la vie, les déterminations se trouvent disputées par la raison et par l'instinct. Si la raison l'emporte, l'homme supérieur aux passions conserve la dignité de sa nature, s'élève dans la série des êtres en se rapprochant de la Divinité. Si l'instinct arrive au pouvoir despotique, l'homme s'avilit, se dégrade à ses propres yeux, et s'abaisse fréquemment au-dessous du dernier des animaux.

La raison dans toute sa force, dans toute la liberté de son action, est donc le plus grand bienfait du Créateur, puisque l'homme, sans cette noble prérogative, devient incessamment le triste jouet des caprices les plus bizarres, des passions les plus effrénées. C'est par une éducation mâle, établie sur des principes invariables et naturels, c'est en travaillant sérieusement ses propres dispositions morales que l'on parvient à développer, à consolider cette heureuse qualité, base essentielle de l'élévation qui caractérise les âmes nobles et les intelligences bien constituées ; qui donne à l'homme supérieur le pouvoir de surmonter les obstacles, et d'accomplir son devoir au milieu des circonstances les plus difficiles.

A peine indiquée chez l'enfant, cette faculté, dans l'âge

adulte, commence à modifier les impulsions instinctives ; elle sait les maîtriser dans l'âge viril ; perd son influence par les progrès de la caducité, ramenant ainsi le moral de l'homme aux conditions de la première enfance après l'avoir fait passer dans tous les points intermédiaires d'un cercle complet.

D'après toutes les considérations que nous venons d'exposer, il est évident que l'appareil des fonctions de combinaison intellectuelle se compose des deux parties indiquées, l'une appartenant à la *matière*, l'autre à l'*esprit*. A la partie matérielle, qui n'effectue ses actions qu'à titre d'instrument, on peut rattacher les organes des sens internes, externes, qui deviennent autant de voies ouvertes pour les impressions. Essentiellement constituée par le centre encéphalique, cette partie nous offre le cerveau comme agent spécial des sensations et des phénomènes de l'intelligence. A l'esprit, auquel nous avons conservé le titre d'âme, viennent se rapporter plusieurs facultés étrangères aux corps ; c'est par leur concours, c'est par son association admirable et mystérieuse avec la matière, que cette puissance, principe fondamental des intellectualisations, va désormais en effectuer les merveilleux résultats.

Agent. — Sous ce titre, viennent se ranger toutes les impressions arrivant au cerveau soit directement par les nerfs encéphaliques, soit indirectement par ceux des ganglions. Les premières appartiennent aux *sens externes*, les secondes sont relatives au *sens interne*. L'ensemble des unes rentre dans le domaine à peu près exclusif des fonctions de l'intelligence ; la réunion des secondes appartient plus particulièrement à l'instinct.

Quelle que soit l'origine de ces impressions, elles deviennent les éléments essentiels et primitifs des actions de combinaison ; les matériaux sur lesquels s'exerce l'âme, par l'intermédiaire du cerveau, pour en constituer des *idées*, des *raisonnements* et des *jugements*.

En embrassant par la pensée toutes les influences capables

de solliciter l'action des facultés intellectuelles, on revient toujours, en dernière analyse, à l'impression physiologique susceptible d'offrir trois modifications principales : *excitation* directement effectuée sur le système nerveux encéphalique ; *impulsion* d'abord exercée sur les nerfs des ganglions ; enfin, *souvenir* d'une sensation déjà perçue. Nous verrons en effet bientôt qu'aucune intellectualisation ne peut avoir lieu sans l'une ou l'autre de ces impressions.

Besoin. — Le sentiment instinctif qui nous porte naturellement à l'exercice des actions de combinaison reçoit le nom de *curiosité*. Cette impulsion ordinaire du principe immatériel pour s'appliquer à l'objet de ses rapports, en général assez développée, devient quelquefois très-impérieuse. Elle est aux phénomènes intellectuels ce que la soif, la faim sont aux fonctions digestives ; offrant la première condition pour développer les facultés de l'esprit, pour acquérir des connaissances positives et variées. En effet, la modification opposée que l'on désigne par le terme d'*indifférence*, présente un obstacle aussi fâcheux relativement aux progrès des études que l'*anorexie* pour l'accomplissement des bonnes digestions.

C'est à la curiosité bien dirigée, bien secondée par les facultés de l'intelligence, qu'il faut attribuer le mérite et les succès de nos savants les plus illustres. Détruire un mobile aussi fécond dans ses résultats, serait briser le principal ressort des puissances morales, déterminer une apathie funeste qui deviendrait à l'âme ce qu'est la paralysie pour le corps.

De même que tous les autres, ce besoin peut s'exalter ou se pervertir. Dans le premier cas, augmenté par l'habitude, fortifié par le succès, il paraît supérieur aux autres sentiments instinctifs, fait oublier jusqu'aux soins de la conservation individuelle. Ainsi, tel sujet énervé par des travaux opiniâtres sent en vain la mort s'approcher ; lancé dans la carrière des sciences et des arts, il est sourd à la voix de l'instinct, et sacrifie son existence aux brillantes illusions de la célébrité. Dans le second cas, embrassant un trop grand nombre d'objets, ou se livrant à des applications futiles, il énerve les dispositions morales, et conduit directement à la médiocrité dans tous les genres, par cela même qu'il est alors incapable d'en approfondir aucun. Vicieusement dirigée, la curiosité devient un défaut. C'est ainsi qu'elle est ordinairement appréciée par le vulgaire ; le physiologiste doit au contraire l'envisager comme un sentiment annexé, par la nature, aux fonctions de combinaison intellectuelle ; comme le stimulus normal qui sollicite incessamment leur action.

Borné, chez les animaux, aux phénomènes de conservation individuelle, ce besoin, déjà très-vif dans l'enfance de l'homme en raison de la nouveauté des impressions, est mieux dirigé dans l'adolescence et plus particulièrement dans l'âge viril. Chez le vieillard, il s'affaiblit avec l'excitabilité des organes sensitifs et l'énergie de l'intelligence.

Étude. — Déjà nous connaissons les éléments de la pensée, les instruments qui la forment, le sentiment instinctif qui préside à l'exercice de cette importante fonction. Nous allons actuellement examiner les intellectualisations dans tous leurs développements ; elles nous révéleront la supériorité de l'homme moral, traçant définitivement entre les animaux et lui cette ligne de démarcation qui ne permettra jamais de les confondre.

Pourrions-nous, en effet, dans la nécessité de qualifier notre espèce, admettre ces définitions dégradantes qui nous ont été laissées par le matérialisme ? Dire avec quelques-uns : *L'homme est le premier des animaux;* avec Saint-Lambert: *L'homme est une masse organisée et sensible qui reçoit l'esprit de tout ce qui l'environne et de ses besoins.* Ne serait-ce pas lui ravir son plus beau titre, l'isoler complétement de son origine céleste, le plonger à jamais dans le dernier degré d'abjection ? Envisageons au contraire le principe immatériel qui régit toutes ses facultés, comme la partie essentielle et fondamentale de son être, et ne voyons dans les organes de notre économie que des instruments employés par ce régulateur dans ses applications aux objets de nos rapports.

C'est d'après cette idée plus noble et surtout plus conforme à notre élévation, que les véritables philosophes ont cherché, dans leurs inspirations sublimes, des termes plus dignes de notre nature. Ainsi, d'après saint Augustin : *L'homme est une âme raisonnable qui exerce ses facultés par des organes terrestres et mortels.* Suivant de Bonald : *L'homme est une intelligence servie par des organes.* C'est à cette dernière définition que nous devons nous arrêter ; elle est simple, puisée dans la nature, basée sur la vérité, à la hauteur de son objet par la pensée comme par l'expression.

Considéré sous ce dernier point de vue, le seul qui convienne à son caractère, l'homme va nous présenter des fonctions intellectuelles dans un ordre complétement étranger aux besoins physiques. L'éducation agrandira sans doute le développement de ces fonctions, mais elles n'en resteront pas moins essentiellement originelles. En effet, même à l'état sauvage, il conserve des traits natifs qui le distinguent des animaux. Seul, dans toutes les parties du globe, il possède l'idée d'un être suprême, il éprouve le besoin d'un culte, il est religieux par sentiment avant de le devenir par conviction. L'habitant des déserts, sans les bienfaits de la civilisation, vivra dans l'ignorance, jamais il ne professera l'athéisme. Les peuplades, même les plus incultes, croient aux esprits ; plusieurs admettent l'existence de deux génies : celui du bien, *oromaze ;* celui du mal, *ahrimane.* Ils enterrent leurs morts avec des armes et des instruments appropriés aux besoins d'une autre vie. Trouvons-nous jamais rien de semblable chez les animaux les plus élevés dans la série zoologique ?

C'est dans l'action combinée du principe immatériel et des instruments organiques soumis à son influence que nous allons étudier les phénomènes intellectuels. Deux appareils nerveux se rencontrent dans cette économie : l'un *encéphalique,* naturellement guidé par la *raison* dans les manifestations normales de son activité ; l'autre *ganglionnaire,* dirigé par les impulsions irréfléchies de l'*instinct.* Nous avons dès lors à considérer ces phénomènes dans les deux modifications indiquées. Nous conservons à la première le nom d'*intellectualisations*, et donnons celui de *passions* à la seconde.

1° Intellectualisations. — Les résultats qu'elles présentent sont au nombre de quatre : 1° *idée* ; 2° *raisonnement* ; 3° *jugement* ; 4° *coordination*, ayant pour objet commun la connaissance des choses, l'investigation de la vérité.

Connaître, *aimer*, *voilà tout l'homme*, ont dit de Bonald et Lamennais. Cette expression est grande, mais incomplète.

Charles Bonnet reconnaît en nous trois facultés : *aimer*, *apprendre*, *agir*. Cette idée nous paraîtrait mieux rendue par les termes : *sentir*, *connaître*, *exprimer*. Tel est en effet l'enchaînement des phénomènes intellectuels dans les fonctions qui servent à l'établissement de nos rapports avec tous les objets extérieurs.

Déjà nous avons examiné tout ce qui rentre dans la faculté de *sentir*, nous devons actuellement préciser les actions relatives à la faculté de *connaître*.

C'est en procédant méthodiquement du simple au composé, du connu à l'inconnu, dans cette investigation difficile, que nous pourrons arriver à des notions positives. Nous étudierons dès lors successivement les *idées*, les *raisonnements*, les *jugements*, la *coordination*.

1° Idées. — L'idée, ἰδέα des Grecs, *perceptio* des Latins, peut être définie : *représentation mentale d'un objet.*

Cette première opération de l'intelligence en est aussi la plus simple. Elle s'exécute par l'exercice de la faculté de percevoir sur l'impression transmise au cerveau. L'idée que l'on peut encore nommer : *impression convertie en perception*, est donc la représentation mentale de l'objet qui la produit ; ou, si l'on veut encore, l'expression morale de l'impression effectuée : sans excitations point d'idées. En multipliant les unes on augmente le nombre des autres ; de telle sorte que l'homme qui sent d'une manière plus vive et plus diversifiée, devient, toutes choses égales d'ailleurs, celui qui pense davantage.

Le sujet que l'on renfermerait dans une seule manière de

sentir n'aurait qu'un seul ordre d'idées. C'est ainsi qu'en réduisant le nombre des sens on rétrécit constamment la sphère de l'intelligence, on diminue surtout la variété de ses opérations. L'aveugle d'origine est incapable d'intellectualiser les impressions de la lumière ; le sourd, de percevoir celles des sons, etc. Cependant il serait erroné de penser, comme l'a fait Condillac, dans un système beaucoup plus spécieux que solide, qu'en donnant successivement à la statue qu'il imagine les sens de la vue, de l'ouïe, du goût, de l'odorat et du toucher, on obtiendrait tous les éléments intellectuels que nous possédons ; et qu'en la privant, par degrés, de ces mêmes sens on neutraliserait complétement ses facultés de combinaison par défaut d'éléments pour les exercer. Il existe en effet une autre source d'impressions à percevoir. Cet axiome célèbre d'Aristote, répété par Condillac : *Nihil est in intellectu quod non priùs fuerit in sensu*, offrirait l'expression de la réalité, si le *sensus* de ces philosophes ne comprenait pas exclusivement les sens externes, et ne laissait pas en dehors de la question le *sens interne*, le système nerveux ganglionnaire dont ils ignoraient complétement la nature et même l'existence.

Faut-il s'étonner en voyant ce point essentiel de doctrine encore indécis parmi les philosophes étrangers à la physiologie ? Pourraient-ils en effet s'entendre alors qu'ils ne tiennent pas le premier chaînon de la vérité ?

Les dogmatiques ont longuement disputé sur la question de savoir s'il existe des *idées innées*. Pour terminer ces discussions fastidieuses qui même encore aujourd'hui partagent les écoles, il faut d'abord s'entendre sur la valeur des termes.

Si l'on nomme *idées innées* celles qui se développent sans l'occasion d'aucune impression extérieure, sans le concours des sensations tactile, visuelle, auditive, olfactive, gustative, alors ces *idées existent positivement*, déterminées par des excitations que l'instinct éveille dans les profondeurs de l'organisme. A cette catégorie nous devons rattacher celles qui, sans aucune éducation, sans aucun raisonnement antérieur, portent le jeune enfant à saisir la mamelle pour en extraire du lait par succion ; l'animal qui vient de naître, à choisir la plante ou la graine particulièrement destinée à son espèce. Toutes ces idées et les actions qui les suivent sont évidemment la conséquence des impressions que la nature conservatrice fait naître dans les viscères intérieurs à l'occasion des besoins qu'ils éprouvent d'exécuter certaines fonctions. Sollicitées dans les divisions de l'appareil nerveux ganglionnaire, ces impressions arrivent à l'encéphale et deviennent ainsi l'origine des actes que nous pouvons, en raison de leurs caractères, placer au niveau de la première inspiration, de l'évacuation du méconium, de l'urine, etc.

.Si l'on envisage au contraire les *idées innées* comme se développant sans aucune impression *soit externe, soit interne* ; comme des modifications morales inhérentes à notre première animation, alors *elles n'existent pas*.

Les idées d'un être suprême, du juste, de l'injuste, etc., semblent d'abord innées parce qu'il n'est pas nécessaire de nous les enseigner. Mais avec un peu de réflexion, on s'aperçoit bientôt qu'elles sont une conséquence des premières notions que nous pouvons acquérir nous-mêmes sur la grandeur, la beauté de l'univers, l'horreur du vice, l'amour de la vertu. Ces idées, germant dans l'âme, produisant leurs effets dès qu'elle possède la conscience de son être, et qu'elle fait les premiers pas dans la carrière des relations que nous devons bientôt entretenir avec toute la nature, prennent ainsi l'apparence illusoire d'une origine essentiellement liée à celle de notre organisation. Tel est évidemment le fond de cette question si diversement et quelquefois si vaguement discutée.

Ainsi deux sources principales de sensations et d'idées se rencontrent nécessairement dans l'économie de l'homme ; toutes les sensations qu'il peut éprouver, toutes les idées qu'il est susceptible de former émanent primitivement, dans leurs conditions élémentaires, de l'une ou l'autre de ces deux sources.

La plus importante à l'homme intellectuel est représentée par le système nerveux encéphalique dont le centre principal se trouve dans le cerveau. Les impressions qui naissent de cette première source, plus spécialement relatives aux phénomènes du commerce extérieur, offrent les matériaux des idées qui rentrent dans le domaine de l'intelligence gouvernée par la raison.

La plus nécessaire à l'homme physiologique est offerte par le système nerveux ganglionnaire, dont le foyer central moins rigoureusement circonscrit, doit être placé dans le ganglion semi-lunaire et dans le vaste plexus qu'il concourt à former. Les impressions qui s'élèvent de cette autre source ont une liaison plus spéciale avec les besoins particuliers de l'organisme vivant, deviennent d'autant plus impérieuses dans leur influence que les fonctions dont elles sollicitent l'accomplissement sont plus indispensables à la conservation des individus, à la propagation des espèces. Elles fournissent les éléments des idées instinctives, confondues par quelques philosophes avec les modifications mentales qu'ils ont voulu caractériser sous le titre d'*idées innées*. Tels sont l'appétit vénérien, la faim, la soif, les sentiments que fait naître le besoin de la respiration, de la circulation, du mouvement, etc. Toutes ces impulsions organiques, soulevées dans les diverses régions du système nerveux ganglionnaire, vont exciter l'encéphale et quelquefois maîtriser ses déterminations.

Cette source des impressions intérieures, beaucoup trop ignorée par les philosophes, produit chez l'homme et chez les animaux supérieurs, des influences bien remarquables sur l'enchaînement des phénomènes intellectuels, sur la direction des actes soumis à l'empire de la volonté. C'est là que se forme, que grossit l'orage des passions violentes qui, sévissant à la manière des tempêtes, jettent le désordre et la confusion dans les opérations mentales et dans les actions chargées d'en exprimer les résultats. C'est dans le même foyer que naissent, comme des impulsions vivifiantes, ces inspirations nobles et généreuses qui semblent agrandir notre âme en l'élevant au niveau de son origine céleste !

Nous croyons avoir précisé convenablement les deux systèmes des sensations, les deux sources principales de nos perceptions et de nos idées, les éléments fonctionnels de l'homme moral. Il est aisé de pressentir la nécessité des uns et des autres dans notre économie.

Sans l'influence du système ganglionnaire sur le système encéphalique, en d'autres termes, sans l'action de l'*instinct* sur la *raison*, les productious intellectuelles restent froides, méthodiques, incolores ; avec cette influence magique, elles peuvent arriver au plus haut degré du merveilleux. Dans le premier cas, elles sont l'œuvre de l'esprit ; dans le second, elles deviennent les sublimes inspirations du génie !

Sans l'action du système encéphalique sur le système ganglionaire, ou mieux encore, sans l'empire de la *raison* sur *l'instinct*, les opérations mentales portent le cachet de l'irréflexion et de la démence ; avec cet empire, nous les voyons rentrer dans les dispositions normales.

Pour toutes les circonstances de ces actions diversifiées, la perfection de leur accomplissement se trouve dans un juste équilibre entre l'instinct qui doit imprimer l'impulsion et la raison qui se trouve chargée d'en régler, d'en mesurer les manifestations. C'est encore à l'établissement, au maintien de de cette harmonie, que doit s'appliquer tout système d'éducation bien dirigée.

Il est actuellement facile d'apprécier à leur juste valeur ces opinions de Platon, de Descartes, de Bossuet, etc., qui reconnaissent des idées innées, et celles de Bacon, de Locke, de Condillac, etc., représentant l'âme comme une table de marbre poli sur laquelle ne se trouve encore à la naissance, aucun des nombreux caractères qui désormais viendront s'y graver. L'une et l'autre de ces théories sont également fautives ; la première en supposant des idées sans impressions antérieures; la seconde en méconnaissant l'origine d'une partie des éléments de la pensée.

L'*idée*, intellectualisation la plus simple que l'on puisse imaginer, est toujours la conséquence d'une impression, soit actuelle, soit réfléchie ; soit instinctive, affectant le sens interne, soit intellectuelle portant sur les sens extérieurs. Dans tous ces cas le principe immatériel entre en action par l'intermédiaire du cerveau dont la turgescence vitale démontre assez la part qu'il prend à cette combinaison. De ce concours merveilleux, dont notre faible raison est à jamais incapable d'apprécier le mystère, nous voyons surgir une pensée, une représentation mentale de cette impression, sans aucun des caractères généraux et particuliers de la matière, entrant dès lors complétement dans le domaine de l'esprit, faisant naître pour l'âme un des états que nous caractérisons par les termes de *peine*, *d'indifférence* ou de *plaisir*.

Les auteurs ont voulu reconnaître des idées simples, composées, complexes, abstraites, concrètes, claires, obscures, distinctes, confuses, etc. Sans nous égarer au milieu de ces modifications pour le moins subtiles, nous dirons seulement que, dans l'hypothèse où l'image intellectuelle de l'objet se trouve en harmonie parfaite avec les caractères de ce dernier, l'idée mérite le nom de *vraie*, tandis qu'elle est *fausse* dans la supposition contraire, ou, pour mieux dire, elle n'existe plus comme représentation de ce même objet. Ainsi, lorsque je vois une surface arrondie, terminée par une ligne dont tous les points sont également éloignés du centre commun, j'ai l'idée vraie d'un *cercle* parfait. Au contraire, si cette ligne paraît mesurée, dans les éloignements de ses points, par des rayons inégaux, je puis alors voir un *ovale* en percevant une idée fausse, puisqu'il existe réellement un cercle. Le plus grand nombre des illusions analogues peut être le résultat d'une perversion cérébrale, sensitive ou mentale.

Cette première action de combinaison est si simple, si naturelle, que nous la rencontrons dès l'enfance, quelquefois même avec une assez grande perfection ; chez les sujets d'une intelligence très-bornée, chez les idiots, etc. Les animaux doués d'un cerveau perçoivent également des idées, comme il est aisé de s'en convaincre en les suivant avec attention dans leurs manifestations d'activité ; ces idées sont constamment renfermées dans la sphère des nécessités organiques.

En possession de ce premier élément intellectuel des combinaisons les plus compliquées, nous devons actuellement examiner les modifications progressives que l'âme va lui faire éprouver dans la série des phénomènes qui lui sont particuliers.

2° Raisonnement. — Le raisonnement, λογισμός des Grecs, *argumentatio* des Latins, est une opération plus ou moins compliquée faite par le principe immatériel pour trouver et surtout pour démontrer la vérité.

Celle-ci, constituée par l'essence même des choses, possède un empire universel. Notre esprit la cherche avec ardeur, se complaît dans son intuition. Si l'âme pouvait être complétement affranchie des *sophismes*, des *préjugés* et des *passions*, sources les plus communes de l'*erreur*, cette même vérité régnerait sans partage.

Suivant les degrés de son apparition à l'esprit, on la nomme *possibilité*, *doute*, *probabilité*, *évidence* ; on lui donne les titres de *certitude*, de *conviction* lorsqu'elle est démontrée par des preuves irréfragables.

Quelle que soit la forme adoptée par les logiciens sous les noms de *syllogisme*, *prosyllogisme*, *enthymème*, *épichérème*, *dilemme*, *gradation*, *induction*, etc., le raisonnement se réduit toujours à la comparaison des idées pour juger ensuite leur convenance ou leur opposition.

Si nous prenons pour exemple, dans cette application, le syllogisme que l'on peut envisager comme le prototype des autres modes, nous y trouvons deux idées comparées à une troisième, qui devient leur moyen terme, pour en déduire les rapports véritables qui doivent exister entre elles.

Ces trois idées forment la base de trois propositions, dont la première est appelée *majeure* ; la seconde, *mineure* ; la troisième, *conclusion*.

Les logiciens réduisent la légitimité de tout raisonnement à trois conditions principales : 1° *Universalité* de la majeure ; 2° *affirmation* de la mineure ; 3° dans la conclusion, *qualité* de la majeure, *quantité* de la mineure.

D'après ces principes, lorsque nous disons : *Pierre est vertueux et par conséquent respectable ;* cette phrase renferme un raisonnement qui naît de la comparaison des idées *Pierre*, *vertueux*, *respectable*, entre lesquelles nous trouvons une convenance parfaite.

En donnant à ce raisonnement la forme du syllogisme, nous l'établirons ainsi : *Majeure.* — Ce qui est vertueux est respectable. *Mineure.* — Or Pierre est vertueux. *Conclusion.* — Donc Pierre est respectable.

Le raisonnement peut être affirmatif ou négatif, vrai ou faux. L'erreur de celui-ci peut exister : dans ses éléments, dans sa disposition, dans ses résultats.

Sous le premier rapport, l'une ou l'autre des idées fondamentales n'offrant pas la rectitude convenable, il en résultera nécessairement une combinaison dont l'ensemble doit manquer de justesse, lors même que cette opération présenterait les autres conditions.

Sous le second rapport, le raisonnement, en opposition avec les règles établies, défectueux dans l'enchaînement de ses termes, conduit également à l'erreur. On le nomme alors *sophisme*, lorsque cette erreur est appréciée par celui qui l'emploie ; *paralogisme*, dans l'hypothèse contraire ; l'*équivoque*, l'*abus de principe*, l'*induction vicieuse* en deviennent les causes les plus ordinaires.

Sous le troisième rapport, les idées peuvent être justes, les principes vrais, le raisonnement bien conduit, mais la conséquence est fautive, et l'opération intellectuelle devient dès lors illusoire.

3° Jugement. — Le jugement, χρίσις des Grecs, *judicium* des Latins, est en quelque sorte le phénomène complémentaire du raisonnement. C'est par lui que le principe immatériel associe les idées après en avoir effectué la comparaison. Elles resteraient sans liaison et sans utilité dans l'intelligence qui présenterait les conditions de l'idiotisme, si l'exercice de cette fonction ne les combinait pas de manière à les approprier à toutes les applications dont elles sont alors susceptibles. « J.-J. Rousseau l'a dit avec assez de justesse : apercevoir les objets, c'est sentir ; apercevoir les rapports, c'est juger. »

Ce résultat intellectuel exprimant la convenance ou l'opposition des idées, est dès lors nécessairement affirmatif ou négatif. Ainsi, comparant, d'un côté, les termes *vertu*, *honorable* ; de l'autre, les expressions *vice*, *respecté*, trouvant entre les deux premiers un rapprochement, je les associe ; entre les deux seconds, une répugnance, je les sépare. En disant, *la vertu est honorable*, *le vice n'est pas respecté*, je forme deux jugements, l'un emportant l'*affirmation*, l'autre la *négation*.

Le jugement peut être vrai ou faux. Dans le premier cas, le rapport qu'il exprime existe réellement ; comme pour ces propositions : *le fer est dur ; l'argent n'est pas noir*, etc. Dans le second, ce rapport n'est qu'imaginaire ; ainsi, pour ces assertions : *tous les animaux sont raisonnables ; l'or n'est pas ductile*, etc.

Les erreurs du jugement prennent le plus ordinairement leur source dans *l'orgueil*, *la précipitation*, *l'ignorance*, *les passions*, *l'incapacité*, *la prévention*, etc. Elles sont d'autant plus fâcheuses, qu'elles entraînent la perversion des phénomènes consécutifs, soit dans les autres combinaisons intellectuelles, soit dans les fonctions d'expression.

Il est aisé maintenant de comprendre la réalité du principe que nous avons émis en considérant la faculté de juger comme élément essentiel de l'intelligence, alors qu'il s'agit d'obtenir des résultats positifs et vrais. Si les jugements sont exacts, l'édifice intellectuel s'élèvera sur des fondements solides ; si les jugements sont faux, cet édifice, érigé sur un vain échafaudage, croulera par le moindre effort.

4° Coordination. — La coordination, διάθεσις des Grecs, *dispositio* des Latins, est cette fonction compliquée de l'intelligence par laquelle notre principe immatériel arrange, dispose toutes ses notions, les enchaîne dans l'ordre le plus naturel, en forme un ensemble, un corps harmonique dont les différentes parties se trouvent placées dans le jour qui leur convient.

Cette action de combinaison exige des moyens supérieurs. Celui qui l'exerce doit s'élever dans une sphère ignorée des esprits vulgaires ; planer, dans son vol audacieux, au-dessus des connaissances humaines ; les embrasser avec ce coup d'œil de l'aigle qui peut en découvrir les sommités, en sonder les profondeurs ; saisir d'une main hardie tous les faits épars et sans liaison pour les rattacher à leur centre commun, à la vérité.

Dans cette investigation difficile et sujette à l'erreur, notre esprit peut suivre deux voies opposées : *l'analyse*, *la synthèse*.

Par la première, il examine isolément les diverses parties d'un même tout afin d'arriver progressivement aux considérations de leur ensemble. Cette méthode, en rapport avec la faiblesse de l'intelligence humaine, convient à la majorité des sujets, aux sciences qui renferment des éléments nombreux et diversifiés.

Par la seconde, au contraire, il saisit l'ensemble des rapports, il comprend les principes généraux, et voit les masses communes avant d'arriver aux détails particuliers. Cette marche, supérieure à la capacité de la plupart des hommes, n'est praticable que pour un petit nombre de conceptions fortes et d'esprits pénétrants ; elle est surtout avantageuse aux progrès des connaissances basées sur des fondements simples et naturels.

Penser, *raisonner*, *juger*, *coordonner*, telles sont donc les quatre fonctions principales de l'intelligence, par la combinaison desquelles s'opèrent nos immortels chefs-d'œuvre dans les sciences et dans les arts. C'est par leur exercice que l'esprit développe ses facultés natives, et qu'il enrichit son domaine en y classant, avec méthode et discernement, des notions utiles et marquées du sceau de la vérité.

Plus l'homme est instruit, plus il sent le besoin d'apprendre et d'augmenter des connaissances toujours faibles et bornées ;

par une conséquence naturelle, plus il est savant, plus il devient indulgent et modeste.

Nous comparons celui qui se livre à l'étude, au sujet placé, lorsque apparaissent les premiers rayons de l'aurore, au fond d'une vallée circonscrite par des collines d'une certaine élévation. L'horizon étroit que son regard peut embrasser ne présente qu'un petit nombre d'objets dont son esprit saisit aisément l'ensemble. Fier de cette illusoire supériorité de perception, il éprouve un moment d'orgueil. Mais à mesure qu'il monte, que la lumière agrandit la sphère de ses rapports, les objets se multiplient, se diversifient, de manière qu'il est bientôt incapable de les distinguer dans cet horizon sans limites. Son âme s'élève, mais en même temps il reconnaît sa faiblesse et comprend son insuffisance.

C'est en effet arrivé à ce point culminant de la science universelle que notre excellent Michel Montaigne disait dans son admirable et naïve modestie : *Que sais-je?* paroles sublimes de simplicité, d'à-propos; si bien faites pour servir d'*enseignement* au véritable mérite, de *leçon* à l'outrecuidante médiocrité.

Après avoir considéré les intellectualisations à leur état de simplicité, s'exerçant dans le domaine exclusif de la raison, nous devons étudier les impulsions instinctives qui viennent plus ou moins profondément les influencer.

2° Passions. — Les passions, πάθος des Grecs, *animi motus* des Latins, nous offrent : *les impulsions instinctives, émanées du système nerveux ganglionnaire, étrangères à la raison, à la volonté qu'elles peuvent subjuguer, modifiant diversement les phénomènes intellectuels.*

De même que les impressions encéphaliques, elles peuvent être directes ou réfléchies. Les premières se développent sous l'influence d'une cause actuellement en activité; c'est ainsi qu'un outrage présent excite l'indignation de l'homme d'honneur. Les secondes se manifestent par la réminiscence d'une action dont l'existence est déjà loin dans le passé : ne voyons-nous pas le souvenir d'une injure éveiller le même ressentiment qu'elleavait occasionné d'abord. La mémoire appartient donc au domaine des passions comme à celui de la raison : celle-ci peut être envisagée comme la réminiscence de l'esprit; la première, d'après l'expression heureuse de Massieu, comme la *mémoire du cœur*.

Plusieurs questions importantes viennent actuellement se présenter sous le point de vue du siége, des prédispositions, du caractère particulier des passions ; nous les examinerons successivement.

Relativement au siége. — Les physiologistes et les philosophes ont longuement discuté sur l'établissement de ce foyer principal, sans arriver à des résultats positifs : le *cerveau*, le *centre épigastrique*, les *différents viscères*, ont été successivement désignés.

Ces divergences d'opinion portant spécialement sur l'équivoque des termes, nous devons avant tout bien préciser le sens de ces derniers.

Si l'on considère les passions relativement à l'origine de l'impulsion instinctive qui les fait naître, il est évident que leur siége essentiel se trouve dans le centre nerveux ganglionnaire, et plus particulièrement dans tel ou tel organe de son domaine, si l'impression est spéciale et constitutive du besoin qui sollicite naturellement l'activité de ces mêmes organes. Ainsi les passions liées au besoin des aliments ont leur source dans l'estomac ; celles de l'amour physique, dans l'appareil générateur, etc.; les emportements de la colère, les pénibles concentrations du désespoir, les sombres agitations de l'envie, etc., manifestent leurs premiers et leurs plus violents effets dans le *plexus solaire*, foyer principal du système des ganglions.

Si l'impression est purement instinctive, elle affecte immédiatement ce foyer sans traverser le centre nerveux encéphalique ; mais, lorsqu'elle est occasionnée par une excitation des sens externes, elle arrive d'abord au cerveau, part de cet organe et se rend définitivement soit au plexus ganglionnaire, soit aux viscères intérieurs dans lesquels se distribuent ses rameaux. Pour l'une et l'autre modifications, c'est toujours à cet appareil nerveux que se rapporte l'origine essentielle de la passion. Aussi, chez le même sujet, les mêmes excitations extérieures ne développent-elles pas constamment des résultats identiques, et voyons-nous au contraire l'état actuel des viscères pectoraux, abdominaux, celui des ganglions, modifier profondément les passions, non-seulement sous le rapport de leur violence, mais encore sous celui de leur nature. Pendant la plénitude ou la vacuité de l'estomac, dans l'érétisme ou l'atrophie des organes génitaux, etc., la vue d'un mets délicat, d'un objet érotique ne produit pas des effets semblables pour ces dispositions contraires ; dans l'état d'intégrité des intestins, de l'estomac, du centre épigastrique, une injustice peut être méprisée par la raison, passer en quelque sorte inaperçue ; mais s'il existe entérite, gastrite, névrose ganglionnaire, cette injustice produit l'indignation, la colère et toutes leurs funestes conséquences.

D'après ces faits positifs, d'après ceux du même ordre que nous pourrions invoquer encore, il est évidemment démontré que les impressions occasionnelles des passions offrent deux voies principales ; d'une part, le sens interne ; de l'autre, les sens extérieurs ; que l'appareil des ganglions et ses annexes présentent l'origine et le foyer primitif de ces impulsions instinctives ; réagissent à leur tour sur l'encéphale pour en modifier, quelquefois même en pervertir complétement les fonctions. Il suffit d'observer la marche de ces perturbations variées, pour en bien saisir l'enchaînement et l'ensemble. Ainsi, dans le plus grand nombre des passions, nous voyons les premiers désordres se manifester au milieu des phénomènes régis par le système nerveux ganglionnaire, comme le prouvent l'augmentation, l'irrégularité, la diminution, quelquefois même la suspension des mouvements du cœur ; le trouble des sécrétions ; la perversion des émissions urinaires, des évacuations alvines ; la suppression des menstrues ; les anomalies de la respiration, etc. Si les actions de combinaison intellectuelle, d'expression volontaire participent au désordre général, c'est toujours secondairement ; l'orage a déjà grondé vers l'épigastre avant d'éclater au cerveau ; pour les âmes fortement trempées, chez les sujets d'une raison supérieure, d'une volonté ferme, souvent il exerce des ravages profonds dans les viscères intérieurs sans altérer notablement les fonctions eucéphaliques. C'est une vérité bien importante relativement à la morale, et sur l'examen de laquelle nous reviendrons.

Si l'on envisage au contraire les passions sous le rapport des déterminations qu'elles provoquent, des réactions qu'elles entraînent, leur siége doit être placé dans le cerveau, puisqu'il ne peut exister aucune idée, aucun raisonnement, aucun jugement, aucun mouvement volontaire sans l'action spéciale de cet organe.

C'est en négligeant une distinction aussi nécessaire que les auteurs, dans l'impossibilité de s'entendre, ont soutenu des théories quelquefois brillantes, mais toujours plus ou moins erronées. Il ne faut adopter ici, comme partout ailleurs, d'autre système que celui de la nature qui nous montre, en dernier résultat, le siége essentiel et primitif des passions dans le système nerveux ganglionnaire, et, dans le cerveau, celui des déterminations qu'elles peuvent occasionner.

Relativement aux prédispositions. — Assez récemment, un névrologiste célèbre voulut effectuer, pour les passions, mais avec moins de vraisemblance encore, ce qu'il avait entrepris pour les facultés intellectuelles, en imaginant, dans l'encéphale, un organe spécial pour chaque affection particulière de l'âme. Nous démontrerons bientôt, sous le premier rapport, l'erreur de cette hypothèse beaucoup trop fameuse ; il n'est pas nécessaire d'en discuter la seconde application, puisque les faits s'unissent pour établir que les passions n'ont pas leur siége essentiel dans le cerveau.

Sans doute, nous naissons tous avec des prédispositions, mais non point avec des organes dévolus à telle ou telle affection mentale ; et lors même que l'on voudrait admettre ces organes, ce n'est pas dans l'encéphale qu'il faudrait les placer. Ainsi, l'homme dont l'appareil biliaire présente un développement très-marqué paraît enclin aux passions fortes et violentes, notamment à la colère, à la haine, à l'ambition, etc. ; celui dont les organes digestifs sont actuellement le siége d'une irritation chronique, devient ordinairement triste, mélancolique, envieux, jaloux, etc. Lorsque ces états de l'économie sont remplacés par des modifications contraires, les dispositions morales prennent des caractères opposés, en donnant une preuve incontestable de la réalité des principes que nous avons émis sur la nature et le siége des passions. Nous verrons en effet bientôt que, par une volonté ferme et raisonnée, par les secours du régime, de l'éducation et du genre de vie, le cœur de l'homme peut éprouver des améliorations trop négligées dans le système actuel à peu près exclusivement occupé des perfectionnements de l'esprit.

Relativement au caractère particulier. — Au milieu de ces dispositions générales qui les rapprochent, les passions offrent des traits individuels qui les distinguent. Les unes semblent exister pour nous rattacher à tout ce qui nous environne; pour nourrir dans notre âme cette noble philanthropie qui toujours agrandit la sphère du bonheur propre en l'identifiant à celle de la félicité commune. Les autres paraissent faites pour enlever à l'homme ce repos de la conscience qui seule peut assurer la véritable sécurité ; pour le tourmenter sur le présent, l'inquiéter sur l'avenir, le rendre insupportable aux autres, à soi-même en lui faisant quelquefois éprouver une dégradation morale dont les plus vils animaux ne sont jamais susceptibles ; comme si les perfections de son espèce avaient besoin d'une opposition pour humilier son orgueil, et l'avertir de la nécessité de veiller incessamment aux continuelles aberrations de sa faible nature.

Ainsi, chez cet être extraordinaire, dans ce merveilleux composé d'élévation et d'abaissement, non-seulement les passions contrebalancent la raison, mais encore ces impulsions instinctives s'équilibrent mutuellement, de telle sorte qu'il n'existe pas une affection mentale qui ne puisse rencontrer dans l'âme une affection opposée.

Pour bien comprendre les caractères particuliers et l'ensemble d'un aussi grand nombre de sentiments divers, nous les rangerons en trois catégories, d'après l'influence qu'ils exercent dans nos relations naturelles. *Passions* 1° *qui provoquent les rapports nobles et bienveillants* : amour, amitié, bienveillance, estime, admiration, respect, pitié, philanthropie, bienfaisance, reconnaissance, émulation, activité, constance, espérance, courage, patience, gaieté, indulgence, modestie. 2° *Qui repoussent violemment ces rapports.* — Haine, mépris, envie, jalousie, colère, cruauté. 3° *Qui les pervertissent.* — Ambition, orgueil, égoïsme, prodigalité, avarice, ingratitude, versatilité, indifférence, paresse, ennui, tristesse, sévérité, crainte, lâcheté.

Ces nombreux sentiments offrant la base essentielle de la *constitution morale*, nous devons les étudier au moins dans leurs caractères fondamentaux, que nous réduirons à trois, suivant leurs effets : Passions 1° BIENVEILLANTES ; 2° MALVEILLANTES ; 3° PERVERTISSANTES.

1° Passions bienveillantes. — Cette première classe renferme tout ce que l'homme peut offrir d'inspirations nobles et généreuses. Les élans du cœur y sont grands, quelquefois sublimes. C'est le plus beau côté de notre espèce, le seul qui nous rapproche véritablement de la Divinité.

Nous y rencontrons, avons-nous dit : *amour*, *amitié*, *bienveillance*, *estime*, *admiration*, *respect*, *pitié*, *philanthropie*, *bienfaisance*, *reconnaissance*, *émulation*, *activité*, *constance*, *espérance*, *courage*, *patience*, *gaieté*, *indulgence*, *modestie*. Chacune de ces passions doit isolément nous occuper.

AMOUR, — ἔρως des Grecs, *amor* des Latins, en prenant le terme dans son acception essentielle et primitive, indique le *sentiment qui rapproche les deux sexes l'un vers l'autre, d'une manière souvent irrésistible*. Sous ce rapport, il rentre plus ou moins directement dans la propagation des espèces. Nous en trouvons la preuve assez positive en le voyant étranger à l'enfance, développé seulement à la puberté, s'affaiblir vers la fin de l'âge viril, et disparaître dans la vieillesse. Il est, à ce dernier terme de la vie, si contraire aux lois naturelles, qu'on le trouve alors dépravé, ridicule d'après l'expression heureuse du poëte latin : *turpe, senex miles; turpe, senilis amor.*

Cette passion peut alors naître dans l'âme sous deux influences bien différentes. L'une est relative au sentiment instinctif qui préside à l'exercice de la génération; l'autre à cet attrait indicible qui éveille, entre les deux sexes, des sympathies d'un ordre beaucoup plus élevé, reposant sur la convenance des goûts, des mœurs, des habitudes ; sur des perfections réelles, et même quelquefois imaginaires. Dans le premier cas, elle prend le nom d'*amour physique*, dont les excès ont été désignés par les termes de *luxure*, d'*érotisme*, de *satyriasis*, de *nymphomanie*, etc.; c'est la seule modification que l'on rencontre positivement chez les animaux. Dans le second, on l'appelle *amour moral*, *platonique*, appartenant exclusivement à notre espèce. L'un peut être excité par la coquetterie d'une courtisane, l'autre par les jeunes attraits de la vertu naïve.

On a voulu donner plus d'extension à ce mouvement instinctif en l'appliquant aux principaux objets de nos rapports. Il deviendrait ainsi le premier mobile des relations que nous entretenons avec tout ce qui nous environne, la base fondamentale de la véritable sociabilité. C'est ainsi que l'on a reconnu l'amour *filial*, *maternel*, *fraternel*, *divin*, etc. C'est évidemment détourner cette expression de son véritable sens. Dès lors, nous renfermerons d'abord la passion qui nous occupe dans ses caractères essentiels, et nous examinerons ensuite les principales modifications qu'elle peut offrir.

L'amour fascine les yeux du sujet qui l'éprouve, aussi l'antiquité fabuleuse couvrit-elle d'un bandeau ceux du jeune dieu de Gnide et de Paphos. Il égare la raison, fausse le jugement en exagérant les qualités de l'objet aimé, en masquant ses imperfections et même ses défauts.

Toutefois, cette passion est susceptible d'inspirer les plus fortes résolutions ; et si, d'un côté, le fer, le poison deviennent quelquefois ses affreux auxiliaires, de l'autre, des actions d'éclat, d'héroïsme, de vertu forment plus souvent encore son immortel et brillant cortége.

Cette passion est celle de l'adolescence. Dans cet âge heureux, l'âme alors neuve se remplit aisément des illusions les plus séduisantes ; le cœur n'ayant point encore fait la triste expérience des hommes, s'ouvre sans réserve aux sentiments affectueux qui semblent alors constituer son principal domaine.

Lorsqu'un désenchantement complet suit les prestiges de l'amour, lorsque la réalité vient remplacer l'espérance, l'homme ne trouve bientôt plus que regret et dégoût dans l'objet même qui lui promettait la perfection du bonheur. Ce temps des déceptions est beaucoup plus long chez les sujets du sexe féminin, sans doute en raison de la constitution plus délicate et plus nerveuse qui donne l'empire au sentiment de manière à vérifier la réalité de cette observation : « L'amour « ne forme qu'un épisode pour la carrière de l'homme, tan- « dis qu'il constitue l'histoire de toute la vie chez la femme. »

Dans ses acceptions indirectes, l'amour exprime encore des passions remarquables. Ainsi, l'*amour maternel* est susceptible d'inspirer les plus grandes actions ; il n'est pas de sacrifice qu'il n'entraîne ; il s'exerce indépendamment de tous les obstacles. Une mère aime encore son fils lors même qu'il a cessé de mériter son affection, même son estime ; cette passion établie par la nature est à jamais indestructible. *L'amour filial* est moins impérieux ; il augmente en raison des soins, des bienfaits ; plutôt basé sur la reconnaissance que sur les dispositions natives ; étranger à la conservation des espèces, on le voit s'éteindre par l'abandon ou les mauvais traitements. *L'amour fraternel*, moral dans son but de mutuelle protection, est plus instinctif et moins influencé par les considérations extérieures. *L'amour divin*, commun à tous les hommes dont le cœur n'a pas éprouvé les funestes conséquences de la dépravation, inspiré par un mélange de respect, d'admiration, de reconnaissance à la vue de ce bel univers, est toujours sublime dans ses inspirations comme dans son objet, et quelquefois assez impérieux pour déterminer un saint enthousiasme.

Amitié, — φιλία des Grecs, *amicitia* des Latins, nous indique *cette passion plus stable et moins violente qui rapproche les sujets sans distinction d'âge et de sexe par les liens de la plus douce affection.* Établie sur la convenance des sentiments, et plus spécialement sur les qualités du cœur, dans une indépendance absolue des charmes capricieux et passagers de la beauté, de la grâce, l'amitié loin de s'affaiblir augmente et se fortifie par le temps. C'est peut-être la seule passion sur laquelle ce puissant modificateur n'exerce pas une influence destructive ; capable des plus grands sacrifices, du plus noble dévouement, elle identifie les deux êtres qui l'éprouvent l'un pour l'autre, et met souvent en commun leur fortune, leurs plaisirs et leurs chagrins. Le cœur d'un véritable ami devient le sanctuaire impénétrable aux indiscrets, où nous pouvons déposer nos plus secrètes pensées, nos jouissances, nos douleurs, en doublant les unes, en allégeant les autres. L'amitié constitue le fondement essentiel du bonheur, la première garantie contre l'infortune. Le souvenir d'une amante affectionnée peut s'effacer ; on n'oublie jamais un ami !

Cette passion n'est pas étrangère aux animaux. Combien d'exemples n'en pourrions-nous pas citer qui deviendraient des modèles même pour l'homme.

Bienveillance, — εὔνοια des Grecs, *benevolentia* des Latins, désigne *un sentiment affectueux beaucoup moins puissant et moins durable par cela même qu'il est basé sur les avantages de l'esprit comme sur les qualités du cœur, par cela même qu'il diminue dans la proportion de leur affaiblissement et s'exerce presque toujours entre des hommes inégaux en pouvoir, en dignités, en fortune.* Établissant un premier degré de protection, jamais il ne comporte le charme et les avantages de la réciprocité. Il est entretenu par la reconnaissance et par le soin que l'on met à s'en rendre digne ; l'ingratitude, les dérèglements de la conduite l'affaiblissent par degrés et le détruisent complétement. Il fait éprouver plutôt le désir d'obliger, de faire des heureux, qu'une affection réelle pour les sujets auxquels on le voit s'appliquer. Il est plus voisin de l'amitié que de l'amour ; il diffère essentiellement de l'une et de l'autre.

Estime, — τιμὴ des Grecs, *existimatio* des Latins, exprime un *sentiment basé d'une manière exclusive sur les vertus, le mérite et les qualités de l'esprit.* Elle peut exister entre les différents sexes, tous les âges et toutes les conditions. Elle est aux hommes ce que le prix est aux choses. C'est en effet la valeur soit absolue, soit relative d'un objet qui peut en établir le *prix;* c'est également la valeur essentielle ou comparative d'un homme qui mesure le degré d'*estime* qu'on lui doit accorder.

Elle peut se manifester indépendamment des autres sentiments. Ainsi, tel homme qui déplaît par ses manières, excite la jalousie, l'envie par des avantages et des succès incontestables, commande l'estime réelle, même de ses ennemis, par ses qualités personnelles et son mérite supérieur ; tandis que tel autre, sans obtenir un témoignage aussi flatteur, inspire quelquefois un premier degré d'affection.

Admiration, — θαῦμα des Grecs, *admiratio* des Latins. C'est ainsi que nous qualifions *cette passion entraînante qui nous exalte à la vue d'une belle action et de tous les genres de mérite, en nous les faisant apprécier avec séduction, et préconiser avec excès.* Elle devient ordinairement le partage des âmes ardentes et des esprits capables d'estimer plutôt que de produire. Lorsqu'elle tombe dans une exagération délirante, on lui donne le nom d'*enthousiasme.*

Cette passion généreuse qui sait rendre justice au mérite, encourager les talents, a besoin d'être convenablement dirigée. Semblable, dans ses effets, à tous les sentiments qui peuvent ébranler fortement l'organisme, elle est susceptible de fausser le jugement et d'égarer la raison.

On l'observe particulièrement dans la jeunesse où toutes les impressions étonnent par cela même qu'elles sont insolites. Elle se perfectionne dans l'âge viril ; s'affaiblit dans la vieillesse, les organes étant moins impressionnables, et toutes les sensations ayant été reproduites un grand nombre de fois.

Elle paraît s'annoncer chez les animaux par quelques traits rudimentaires dans le cercle de leur intelligence et de leurs besoins.

Respect, — αἰδῶς des Grecs, *reverentia* des Latins, indique *le sentiment calme et religieux qui fait non-seulement estimer les qualités d'une personne ou d'une chose, mais qui porte encore à les honorer d'un culte intérieur en les environnant de ce charme sacré, de ce prestige indicible et puissant qui repoussent également l'attaque et surtout l'injure.*

Il est inhérent aux vertus philanthropiques, à la vieillesse honorable; règne indépendamment des sentiments affectueux : tel sujet commande et possède notre vénération, qui n'obtiendra jamais notre amitié.

L'enfant l'éprouve de bonne heure pour ses parents. Pourquoi faut-il qu'on le trouve alors souvent mêlé de crainte? Dans l'âge viril, son indépendance est plus marquée; son exercice, plus naturel et plus sincère. Chez le vieillard, il naît souvent du désir de la réciprocité.

S'attachant exclusivement aux qualités morales, cette passion n'existe pas chez les animaux. Pour ces derniers, toute soumission est entretenue par la crainte.

Pitié, — ελεος des Grecs, *compassio* des Latins, désigne le *sentiment de bienveillance qui porte l'homme à s'attendrir sur des infortunes étrangères, à partager des chagrins et des larmes, à sacrifier son repos et ses plaisirs pour alléger le pénible fardeau du malheur.*

On la rencontre surtout dans les âmes tendres, affectueuses, livrant un accès facile aux sentiments d'obligeance et de compassion, toujours disposées à soutenir la faiblesse par un appui généreux et salutaire. Dans une harmonie plus parfaite avec la sensibilité naturelle du beau sexe, la pitié se rencontre plus ordinairement chez la femme que chez l'homme. Cependant elle n'est pas incompatible avec la fermeté, le courage et toutes les passions qui caractérisent une âme fortement trempée. Dès lors on ne doit point l'envisager comme une faiblesse; elle présente au contraire une vertu digne des plus grands noms : Alexandre, vainqueur, ne rougissait pas de son attendrissement en voyant pleurer les filles du malheureux Darius.

Toutefois, il ne faut pas confondre cette pitié naturelle avec la *sensiblerie* de convention dont nous rencontrons chaque jour un si grand nombre d'exemples. Une femme vaporeuse inondera ses mains d'un torrent de larmes en entendant, sur la scène, le récit des malheurs d'Andromaque ou d'Hippolyte, alors qu'elle rencontrera sans émotion, sur son passage, la mère infortunée qui réclame un faible secours pour des enfants abandonnés aux cruels tourments de la faim ! Au lieu de la passion généreuse qui nous occupe, nous ne voyons ici qu'une dépravation du cœur, une perversion de tous les sentiments d'humanité.

La pitié rentre naturellement dans le domaine de l'enfance; malheur à celui qui n'en éprouve pas les tendres inspirations dès l'aurore de son existence morale! Dans l'âge viril, souvent elle paraît contrebalancée par les soins, les difficultés et les ennuis qui viennent embarrasser la vie. Dans la vieillesse, elle reprend un peu d'empire.

Nous en trouvons des exemples assez remarquables chez les animaux, et, sans recourir à la fable de Rémus et Romulus, nous pourrions, entre mille faits authentiques, rappeler celui du lion de Florence où la gratitude et la pitié se disputèrent les avantages d'une aussi touchante action.

Philanthropie, — φιλανθροπία des Grecs, *humanitas* des Latins. Cette expression indique *la passion sublime qui rapproche l'homme de la Divinité, produisant au dehors de lui-même tous les sentiments d'affection, toutes les intentions bienveillantes pour les appliquer sans distinction, sans intérêt particulier, sans espoir de récompense, mais par le seul désir du bonheur commun.*

Le philanthrope voit dans tous les hommes des amis et des

frères. Incessamment occupé, dans ses vastes projets, des améliorations physiques et morales de toute une contrée, de tout un pays, soins, fatigues, privations, sacrifices de santé, de repos, de fortune, etc., rien n'est capable de l'arrêter. S'il n'atteint pas son but avec des moyens aussi puissants, il faut l'attribuer aux obstacles qu'il rencontre dans les préjugés et l'obstination de ceux mêmes auxquels il consacre ses veilles et ses travaux.

Animé par cette grande passion, l'homme devient supérieur à sa propre nature, s'expose à la souffrance, aux privations, à la mort, lorsqu'il faut conjurer un fléau, détruire une épidémie meurtrière. La reconnaissance de ceux qu'il a soulagés peut seule offrir le digne prix d'un aussi généreux dévouement.

La philanthropie doit surtout guider le médecin ; il peut en faire une utile et continuelle application. Celui qui ne sent pas au fond de son âme le feu brûlant qu'elle perpétue, doit renoncer pour jamais au culte sacré du dieu d'Épidaure.

Cette passion, qui s'annonce dès les premières années, préparant la plus noble existence de l'homme, en fait une divinité tutélaire à laquelle doivent s'adresser la reconnaissance des générations et la couronne de l'immortalité.

Complétement étrangère aux besoins physiques, cette même passion ne se rencontre point chez les animaux.

Bienfaisance, — ἐνεργεσια des Grecs, *beneficentia* des Latins, indique *un sentiment louable qui se rapproche de la philanthropie sans en présenter le mérite et l'élévation*. En effet, elle n'offre pas cette irrésistible tendance à se produire extérieurement, à s'appliquer à tous les êtres sensibles indépendamment de leur situation relative au sujet qui la met en pratique. Réservée dans ses épanchements, elle naît à l'occasion du bonheur personnel que l'homme éprouve, et qu'il ne peut bien goûter qu'en le répandant sur les êtres malheureux dont il est environné. L'éloignement ou l'affection modifient presque toujours les impulsions bienfaisantes ; le cœur qui les éprouve n'est pas fermé sans doute au cri de l'infortune ; mais s'il vole avec zèle au secours des sujets qui méritent son estime, et qui savent reconnaître ses libéralités, il ne se prodigue plus avec le même empressement pour l'ingratitude et la dépravation. Relativement à la philanthropie, toute la force d'impulsion est dans l'amour de l'humanité, dans le désir d'être utile sans aucune acception des personnes; pour la bienfaisance, on la trouve au contraire dans le plaisir de rendre heureux celui qui n'a pas mérité son infortune, et qui saurait dans l'occasion compatir au malheur des autres. La première est la passion des grandes âmes, rêvant incessamment une chimère de félicité générale, tandis que la seconde est le sentiment d'un cœur affectueux, naturellement conduit à soulager la faiblesse ou la vertu souffrantes.

Paraissant dès l'aurore de la vie, la bienfaisance augmentant dans l'âge viril, fait encore l'ornement de la vieillesse. Nous en trouvons quelques rudiments chez les animaux qui se rapprochent de l'homme par leurs dispositions à la sociabilité.

Reconnaissance, — χαρις des Grecs, *gratitudo* des Latins, désigne *cette passion noble et généreuse qui grave profondément dans notre âme le souvenir des bienfaits dont nous avons été l'objet, et qui nous inspire le désir d'y répondre par tous les moyens en notre pouvoir*. Massieu l'a définie : *la mémoire du cœur*. Cette heureuse expression rend très-bien notre pensée.

Un aussi beau sentiment, partage des moralités supérieures, éloigne toute considération étrangère pour satisfaire au besoin pressant de rendre dévouement pour dévouement, bienfait pour bienfait. L'homme reconnaissant ne supporte point, comme un fardeau, le souvenir de ses obligations ; il éprouve au contraire une sorte de jouissance à le nourrir dans son cœur; s'il est empressé d'en manifester les effets, c'est moins pour payer une dette qu'il veut oublier, que pour épancher les tendres sentiments d'une âme remplie des plus affectueuses réminiscences.

Déjà remarquable chez l'enfant, cette passion n'est pas toujours aussi pure, aussi franche dans l'âge viril. Nous la voyons se ranimer chez le vieillard ; l'homme sentant le prix d'un bienfait d'autant plus vivement que sa faiblesse est moins capable de l'affranchir des secours étrangers.

On la rencontre chez les animaux quelquefois avec toute sa perfection. Les plus sauvages nous en fournissent la preuve dans l'attachement qu'ils témoignent aux hommes chargés de les nourrir et de les apprivoiser. On connaît généralement la touchante histoire de l'esclave Androclès et du lion terrible qui devait exécuter son supplice ! Anlu-Gelle en garantit la réalité.

Émulation, — ζῆλος des Grecs, *æmulatio* des Latins. On nomme ainsi *la passion noble qui s'éveille dans l'âme à la vue d'une grande action, d'un brillant succès, avec le désir impérieux de les égaler, de les surpasser même s'il est possible.* Toutefois, elle ne porte jamais atteinte aux avantages étrangers, elle n'altère ni l'amitié, ni la bienveillance réciproques entre les rivaux qui marchent au même but. C'est un ressort puissant constamment en action pour nous entraîner à la gloire, à la célébrité, sans aucune intention coupable d'ériger la réputation des uns sur les débris de celle des autres. Sympathisant avec la philanthropie, l'émulation, elle consent à partager le triomphe ; et lorsque le Corrége s'écriait, en admirant un tableau de Raphaël : *Anch'io son pittore ! et moi aussi je suis peintre !* il brûlait du besoin de s'élever au niveau de son modèle sans chercher à l'abaisser pour le dépasser ensuite.

Cette passion est le partage des grandes âmes ; étrangère à l'intrigue, aux petits moyens de la jalouse médiocrité, sans altérer la justice que l'on doit à ses compétiteurs, elle n'a d'autre auxiliaire que le travail et la persévérance. Avec quel soin ne doit-on pas l'exciter dans l'âme de la jeunesse, puisqu'elle devient le seul garant des succès et de la véritable célébrité. De là cette nécessité des grands exemples et de l'éducation publique alors qu'il s'agit de former des hommes.

Le sujet privé d'émulation est une machine sans ressort qui tend à l'inertie par sa propre nature ; le sujet soumis à cette impulsion représente un combustible dévoré par la flamme ardente, et qui ne cesse de fournir la plus vive lumière qu'après son entière consommation.

Naissante chez l'enfant, elle commence à manifester ses effets dans l'adolescence, atteint sa perfection dans l'âge viril pour s'affaiblir insensiblement dans la vieillesse.

Les animaux éprouvent cette passion. Nous voyons chaque jour les oiseaux pour le chant, les coursiers pour la vitesse, rivaliser avec une admirable ardeur ; comme si la nature avait placé dans ce beau sentiment le grand mobile de tous les êtres sensibles.

Activité, — ἐνέργεία des Grecs, *activitas* des Latins. Nous accordons ce titre *à la passion qui développe un mouvement continuel dans notre économie intellectuelle en rompant l'inertie commune à tous les êtres*. Elle devient ainsi le grand ressort de notre existence morale en provoquant l'application de toutes ses facultés essentielles, de manière à suppléer quelquefois la capacité de ses actes par leur continuité. Le sujet actif, avec des moyens ordinaires, est à l'individu capable, mais sans énergie, ce que le nain mobile est au géant paresseux, les pas du premier sont petits, mais répétés, ceux du second sont grands, mais rares ; de telle sorte que l'intervalle parcouru se trouve presque toujours plus considérable pour celui que la nature semblait au premier aspect avoir si défectueusement partagé ; la disposition morale de l'un a surpassé les avantages physiques de l'autre.

Cette passion est celle de l'enfance, mais elle n'est point assez réglée pour effectuer des résultats satisfaisants ; elle se perfectionne chez l'adulte, son extinction est lente et graduée chez le vieillard.

On la rencontre naturellement d'une manière très-remarquable dans certaines classes d'animaux, dont elle constitue l'un des principaux caractères. Pour l'espèce humaine, comme pour ces derniers, elle s'attache particulièrement aux sujets les moins volumineux. Il semble que la nature ait voulu, par une juste compensation, leur faire gagner sur le temps ce qu'ils perdent relativement à l'espace.

CONSTANCE, — εμμένεια des Grecs, *constantia* des Latins. On nomme ainsi *la disposition de l'âme qui lui fait conserver une aptitude persévérante à recevoir avec plaisir les mêmes impressions, à jouir d'un bonheur inaltérable dans les mêmes circonstances, au milieu des mêmes objets.* C'est la vertu du sage, l'antidote puissant des dégoûts et des ennuis ; c'est le fondement essentiel de la véritable félicité.

Plus ordinaire au sujet modéré dans ses impressions, elle est moins souvent présentée par celui dont l'irritabilité manifeste un grand développement. Chez le premier, les sensations développées sans effort, dans l'ordre naturel, sont incapables d'entraîner la satiété par la durée de leurs manifestations. Chez le second, les excitations ordinairement exagérées, factices, ne pouvant être soutenues qu'un instant, exigent le repos ou la variété. Lorsque Bichat établit en principe : que la constance est une rêverie des poëtes, il faut renfermer cette assertion dans la sphère d'un amour violent, et dès lors passager ; appliquée à des sentiments plus calmes, elle deviendrait un paradoxe.

Cette passion, en garantissant la solidité des affections réciproques et des relations diverses, présente l'une des bases fondamentales de la sociabilité ; l'un des moyens de succès les plus assurés dans les entreprises longues et difficiles, dans l'étude approfondie des sciences et des arts, dans l'exercice des professions qui nécessitent l'application et le travail les plus soutenus.

Étrangère à l'enfant dont la mobilité forme le principal caractère, elle se développe et s'affermit dans l'âge viril, pour devenir en quelque sorte nécessaire chez le vieillard peu susceptible de changer ses habitudes et ses relations amicales.

On l'observe chez certains animaux avec une perfectien qui pourrait servir de modèle.

Espérance, — ελπις des Grecs, *spes* des Latins, indique *cette passion heureuse qui supplée fréquemment à la réalité par le charme des illusions.* Don précieux de la nature, elle fait supporter la monotonie de l'existence et même les rigueurs de l'infortune en laissant entrevoir un plus heureux avenir. Si nous pouvions la personnifier un instant pour mieux exprimer notre pensée, nous l'offririons sous les traits d'un ange consolateur qui veille près de l'homme souffrant, couvre son pénible avenir d'un voile tissu par la confiance et les prestiges d'une guérison prochaine ; soutient le courage défaillant d'un être sensible, frappé mortellement dans ses plus chères affections; et n'a d'autre soin, d'autre bonheur que de sécher des larmes et d'alléger des ennuis.

Cette passion sublime rend l'homme supérieur à sa propre nature, aux calamités, à la persécution, en lui montrant la récompense des vertus. Supposons pour un instant que l'espérance abandonne la terre : la douleur devient un supplice désormais sans consolation ; l'infortune présente un abîme sans fond, sans issues ; l'humanité succombe aux horreurs du découragement et du désespoir !

Nous devons à ce merveilleux sentiment nos jouissances les plus vives et les plus pures. Que chacun de nous interroge ses souvenirs, il comprendra bientôt que le plaisir de la possession n'égale presque jamais celui de l'espérance ; que dès lors se nourrir d'illusions, éviter souvent la réalité, c'est ménager le charme des impressions, éloigner les inconvénients du dégoût, c'est avoir trouvé le secret d'une sorte de bonheur.

En activité chez l'enfant, moins séduisante pour l'âge viril, cette passion reprend tous ses droits chez le vieillard. Entièrement relative à l'existence morale, elle ne se manifeste pas chez les animaux avec ses caractères essentiels.

Courage, — θυμος des Grecs, *fortitudo* des Latins, exprime *cette passion noble qui développe chez l'homme toute l'énergie de ses moyens pour l'attaque et pour la défense, dans la nécessité de surmonter un obstacle et de vaincre les résistances qui lui sont opposées*. La force physique peut affermir le courage, mais elle n'en présente pas la base naturelle ; c'est dans la force morale qu'il faut la chercher. Nous voyons, en effet, très-souvent des sujets robustes et lâches ; des hommes d'une frêle organisation et dont le courage va jusqu'à l'héroïsme !

Plus puissante que l'énergie physique, cette passion rend supérieur à tous les événements, à toutes les conditions de la vie ; c'est elle qui fait les grands cœurs, et mérite surtout le nom de vertu !

Il ne faut pas la confondre avec l'audace et la témérité qui vont affronter sans prudence et sans besoin des dangers souvent assurés. Ces deux perversions d'un grand sentiment naissent ordinairement de l'inexpérience ; aussi les observons-nous à peu près exclusivement chez les jeunes sujets.

Le courage est quelquefois ébranlé par certaines maladies, et notamment par celles qui siégent plus spécialement dans le système nerveux ganglionnaire, ou dans les organes qui reçoivent ses divisions, comme on l'observe chez les sujets mélancoliques, hypocondriaques, etc. D'un autre côté, nous voyons des individus périr dans l'épuisement général, sous l'influence d'une maladie longue et douloureuse, conservant jusqu'au dernier soupir la force d'âme qui les avait toujours fait distinguer.

Annoncée, dès l'enfance, d'une manière assez positive, cette passion offre son entier développement dans l'âge viril, et diminue progressivement dans la vieillesse.

On la rencontre d'une manière très-prononcée chez certaines espèces animales, surtout pour celles qui, vivant de déprédation et de carnage, sont dans la nécessité de livrer des combats sanglants pour se procurer des aliments appropriés à leurs besoins. Tels sont la panthère, le tigre, le lion, etc. En général, chez ces animaux l'organe central de la circulation offre beaucoup de volume et d'énergie, circonstance qui les maintient dans un état d'excitation proportionnée. C'est probablement en conséqnence de cette application, relativement à notre espèce, que l'on dit *un homme de cœur*, pour indiquer un sujet courageux.

Patience, — καρτερία des Grecs, *patientia* des Latins, désigne *la passion qui nous fait supporter avec calme les contrariétés inséparables du commerce des hommes, et les altérations qui viennent incessamment assiéger notre frêle économie.* C'est une vertu paisible qui nous aide à soutenir le poids de l'infortune et celui de la douleur sans irritation et sans plainte, comme l'a si bien exprimé le poëte latin : *Levius fit patientia quidquid corrigere est nefas.* Il ne faut pas confondre la patience qui donne assez de force pour supporter la douleur sans murmure, avec l'indifférence, l'apathie morale et physique dont l'effet ordinaire est de rendre insensible à la peine comme au plaisir. La première est une modification heureuse, la seconde une perversion de l'organisme.

L'homme patient offre en général des relations agréables et constantes. Ne s'emportant jamais sans nécessité, conservant toujours au contraire cette mesure que donnent la sagesse et la raison, il possède un grand avantage sur celui qui s'abandonne aux impulsions de la colère. Toujours circonspect dans ses réactions lorsqu'elles deviennent indispensables, il sait faire tourner les discussions à son avantage, en même temps qu'il garantit ses organes des inconvénients graves de leurs violentes perturbations.

A peine indiquée chez l'enfant, encore peu développée chez l'adulte, la patience ne se manifeste positivement que dans l'âge viril, quelquefois même seulement dans la vieillesse.

On l'observe chez les animaux, et particulièrement dans les espèces dociles. Elle n'est pas toujours en raison de l'insensibilité, mais bien plutôt en conséquence des qualités sociales, comme il est aisé de s'en convaincre en comparant, sous ce rapport et parmi ces animaux, ceux qui vivent au milieu de nous à l'état domestique.

Gaieté, — ἱλαρὸτης, des Grecs, *hilaritas* des Latins. Nous désignons sous ce titre *une passion douce qui semble jeter un charme particulier sur tous les objets de nos rapports.* Elle rompt l'équilibre entre le plaisir et la peine, en faisant pencher la balance vers le premier. Lorsqu'il est impossible de changer la disposition des objets extérieurs, elle modifie notre manière de sentir en éludant ainsi les désagréments qui s'opposent au bonheur parfait; réduisant à leur plus simple expression les soucis, les tourments de la vie, cette passion nous les fait supporter sans atteinte profonde, et constitue l'un des éléments indispensables de la félicité.

C'est plus spécialement encore en étudiant ses précieux effets chez l'homme souffrant que l'on peut en apprécier tous les avantages. Cette heureuse disposition est celle de l'enfance, moins commune dans l'âge mûr, elle est encore plus rare dans la vieillesse. Sensiblement altérée par les affections morbifiques des organes digestifs et du système nerveux ganglionnaire, on la voit assez directement en rapport avec les phénomènes de conservation individuelle, et dès lors on comprend la cause de ses manifestations chez les animaux.

Lorsqu'elle se développe avec plus de violence, elle prend le nom de *joie*, produisant alors des effets particuliers qui nous obligent à les considérer isolément.

LA JOIE, — χαρα des Grecs, *lætitia* des Latins, *est une passion exaltée, un véritable délire qui porte la jouissance dans tout l'organisme, de manière à combler momentanément la capacité de l'âme pour le plaisir.* Elle naît à l'occasion d'un grand succès, d'une heureuse nouvelle ou de quelque circonstance analogue.

Les passions tristes, qui dépriment l'organisme de la circonférence au centre, peuvent occasionner des maladies chroniques; la joie, qui sollicite une forte réaction du centre à la circonférence, amène au contraire des altérations aiguës et même quelquefois immédiatement funestes. Sous ce rapport, les premières sont beaucoup moins dangereuses que la seconde. Diagoras, Sophocle, Léon X moururent dans les transports de cette passion. Le peintre Zeuxis et le philosophe Chrysippe succombèrent pendant un accès de rire. Nous pourrions trouver dans nos temps modernes beaucoup de faits analogues ; le suivant nous paraît surtout bien remarquable : M. Lavau, négociant à Bordeaux, probe, actif, d'un caractère noble, éprouve des malheurs de commerce, et se trouve obligé de déclarer une faillite. Il survit à ce coup affreux. Dix-huit ans de travaux, de veilles et de privations lui donnent enfin la possibilité de satisfaire à tous ses engagements ; sa réhabilitation est prononcée en 1825 dans un jugement solennel ; mais l'impression est si forte, que cet homme estimable succombe immédiatement sous l'influence d'une congestion encéphalique. Il avait supporté dix-huit années de chagrins profonds, il ne put soutenir un instant de joie très-vivement et cordialement sentie.

Indulgence, — συγγνωμοσύνη des Grecs, *indulgentia* des Latins, indique *un sentiment paisible qui nous fait atténuer ou même excuser des fautes commises par les autres.* Elle n'est que justice lorsqu'on la voit naître du besoin que l'on éprouve soi-même de la rencontrer dans ceux auxquels on l'accorde ; elle devient une vertu chez celui qui se montre en même temps sévère pour ses propres imperfections.

Constituant l'une des bases principales de la sociabilité, l'indulgence rend le commerce des hommes plus agréable et plus facile. Éloignant toutes les passions haineuses, diminuant l'impression des offenses reçues ; les soumettant au tribunal de la raison avant d'en provoquer le châtiment, elle jette un véritable charme sur cet échange réciproque de ménagements et d'égards voisins de la bienveillance.

Cette modération, cette réserve à juger les erreurs des autres, préside également à l'estimation de leurs travaux. Elle rend supportables, pour le maître, les productions de son élève, inspire des encouragements et des éloges.

L'enfant présente en général peu d'indulgence, ne sentant pas encore celle dont il a besoin, et ne soupçonnant pas toutes les difficultés du travail. Dans l'âge viril, cette passion devient le résultat de l'expérience ajoutée aux dispositions natives. Chez le vieillard, dont la mémoire affaiblie ne laisse qu'un souvenir confus du passé, nous la voyons souvent remplacée par une injuste sévérité. Les animaux n'en fournissent pas d'exemple notable ; chez ces derniers, on en retrouve quelquefois plusieurs traits dans la patience.

Modestie, — σωφροσύνη des Grecs, *modestia* des Latins, désigne *cette passion douce et paisible qui nous fait éviter l'appareil et la démonstration extérieure de nos avantages personnels ou de ceux qui nous entourent.* Ne laissant rien à désirer au delà du témoignage de la conscience et du sentiment intime d'une valeur incontestable, elle fait naître le besoin d'une indépendance qui sait rendre l'homme supérieur aux exagérations de la louange ou du blâme.

Cette passion est l'apanage ordinaire d'une célébrité justement acquise. Le vrai mérite est toujours modeste, par cela même qu'il connaît sa force et sa puissance, il n'éprouve jamais le besoin d'en faire une brillante et vaine démonstration. Certain de l'estime des appréciateurs justes et capables, il ne fait aucune avance pour capter l'admiration de la multitude ; ces moyens ne sont pas les siens ; ces suffrages ne sont pas ceux qu'il ambitionne.

Le sentiment que nous étudions prend le titre d'*humilité* lorsqu'il porte à négliger entièrement ses avantages par la considération du néant des choses humaines. Il devient alors une vertu.

Distinguons bien de la modestie réelle, cette modestie fausse et calculée, partage de l'inquiète médiocrité, qui laisse apparaître, sous ce voile transparent, les traits mal déguisés du plus ridicule orgueil. On la reconnaît aisément à cette affectation pour exagérer son incapacité, son insuffisance dans le but essentiel de provoquer une sorte de réparation et des éloges qu'elle reçoit avec une fatuité susceptible de former le contraste le plus curieux.

Au contraire, la modestie véritable, toujours identique, toujours naturelle, incapable de chercher, de provoquer les éloges, reçoit ceux qu'elle mérite sans confusion et sans vanité. Environnant le mérite positif d'un prestige qui semble en augmenter le prix, elle produit l'effet de ces gazes légères dont se parent les attraits de la beauté, s'environnant ainsi du mystère de la pudeur qui décide le culte respectueux auquel seulement alors elle a droit de prétendre.

Cette passion ne pouvant établir son existence que sur un moral développé, sur une valeur acquise, apparaît dans l'âge adulte, et se manifeste complétement dans l'âge viril. Entièrement relative aux dispositions de la moralité, de l'intuition mentale, cette même passion est étrangère aux animaux.

2° **Passions malveillantes.** — Dans cette deuxième classe, nous rencontrons les obstacles principaux de la sociabilité. Plusieurs des passions qu'elle renferme vont nous offrir les vices, les dégradations morales susceptibles de conduire aux plus grands crimes. Antipathiques de celles que nous venons d'étudier, elles tendent souvent à les contrebalancer, quelquefois avec un empire suffisant pour aliéner la dignité de l'homme, soit en l'abaissant au-dessous de la brute, soit en lui faisant dépasser l'impitoyable cruauté des animaux les plus farouches.

Au nombre de ces impulsions instinctives, nous devons particulièrement noter les suivantes : *haine*, *mépris*, *envie*, *jalousie*, *colère*, *cruauté*. Chacune d'elles va nous occuper isolément.

HAINE, — μῖσος des Grecs, *odium* des Latins, signifie *cette passion implacable déterminant la répugnance, l'éloignement, l'aversion pour celui qui la fait naître.* Lorsqu'elle est produite par le souvenir d'une injure passée, on lui donne le nom de *ressentiment*. L'homme haineux perd souvent la mémoire d'un bienfait; jamais il n'oublie les atteintes portées à son amour-propre, à ses intérêts; constamment aigri par le désir de la vengeance, il saisit toutes les occasions de l'exercer.

Ce malheureux sentiment, subversif de l'ordre social, rend injuste en exagérant les défauts pour diminuer ou même détruire le véritable mérite. Si l'on a représenté l'amour sous la forme d'un jeune enfant, les yeux couverts d'un bandeau, la haine serait encore plus justement personnifiée par l'image d'une vieille furie complétement aveugle, exhalant de sa bouche empestée la calomnie, la médisance; agitant dans ses mains livides la torche incendiaire et le fer meurtrier! S'attachant à tous les sexes, à tous les âges, à tous les rangs, elle n'a d'autre idée que le crime, d'autre objet que la destruction.

L'homme qui s'abandonne à cette passion funeste est perdu pour les relations amicales, pour le bonheur, pour lui-même ; il a déjà commencé le premier pas dans la carrière des forfaits !

Très-rare pendant l'enfance, elle s'accroît vers la puberté, se fortifie dans l'âge viril, et ne s'éteint pas même chez le vieillard.

On l'observe souvent chez les animaux, surtout entre certaines espèces que la nature semble avoir éloignées par la plus invincible antipathie.

Mépris, — καταφρονησις des Grecs, *despectus* des Latins, indique *le sentiment qui nous fait placer dans une situation plus ou moins abjecte les personnes ou les choses pour lesquelles nous l'éprouvons.* Il est en général excité par les vices, le déshonneur, le défaut de probité, de caractère, de régularité dans la conduite publique ou privée. Son existence n'est pas nécessairement liée à celle de l'aversion ; il est en effet des personnes que nous méprisons sans leur faire l'honneur de les haïr.

Le mépris peut être légitime ; il s'éveille alors dans une âme noble, et porte sur des vices réels. Il peut être injuste, et est presque toujours, dans cette hypothèse, enfanté par l'orgueil, il s'adresse moins à la dégradation des individus qu'à l'obscurité de leur naissance; présentant bien souvent le despect de l'homme dont l'opulence et les dignités ne couvrent point assez l'ignorance et la turpitude, pour celui qu'une extraction moins privilégiée ne saurait arrêter dans son élévation établie sur le mérite et la vertu. C'est alors un vice de cœur, un travers d'esprit qui germe seulement dans les âmes communes et dans les intelligences bornées.

Rudimentaire chez l'enfant, le mépris se développe dans l'âge viril, et semble quelquefois s'accroître encore chez le vieillard.

Poursuivant les vices moraux, cette passion ne se rencontre jamais dans les espèces animales. Si nous voyons les plus fortes souvent dédaigner les agressions des plus faibles, c'est plutôt alors par un sentiment de pitié que par un véritable mépris.

Envie, — φθονος des Grecs, *invidia* des Latins, désigne *cette passion méprisable et malheureuse qui fait désirer la fortune, les succès et la célébrité des autres, sans donner les moyens et le courage de les mériter par soi-même.* C'est un insecte venimeux qui se glisse dans l'ombre et n'attaque jamais au grand jour celui dont il voudrait s'approprier les dépouilles.

Partage des âmes basses, l'envie n'est point susceptible d'élever l'homme qui l'éprouve ; elle ne peut au contraire que l'avilir et le dégrader en étouffant dans son cœur les derniers sentiments de justice, de dignité, d'estime, d'amitié, de reconnaissance ! Ravir aux autres les richesses, les honneurs, la considération dont ils sont environnés, tel est son objet exclusif ; en effet, son insatiable convoitise n'ambitionnera point leur bonheur ; il n'est pas fait pour elle !

Dans sa funeste monomanie, constamment tendue sur le même désir, elle voit le but avec ce front livide, ce regard sombre, inquiet, précurseur du crime ; tous les moyens lui conviennent pour l'atteindre. Le plus secret, le moins dangereux, le plus certain est toujours celui qu'elle choisit. La calomnie, le fer, le poison, voilà ses auxiliaires ! Le désespoir, le mépris et l'infamie, voilà son affreux cortége !

L'homme envieux, semblable à ces reptiles malfaisants qui redoutent la lumière, évite les regards, accomplit dans l'isolement et l'obscurité les sinistres projets qu'il a médités dans le silence et le recueillement. Après le désir de nuire, son premier soin est de cacher à tous les yeux la honte qu'il ne peut se dissimuler à lui-même, et qui lui fait éprouver les terribles châtiments du remords au milieu de ses joies farouches.

A peine connue de l'enfance bien dirigée, l'envie qui s'attache à tous les genres de succès ne se développe manifestement que dans l'âge viril, et vient quelquefois encore déshonorer la vieillesse.

Les animaux n'en sont point affranchis, mais elle paraît s'identifier plus spécialement à ceux qui nous inspirent naturellement de l'aversion et de l'horreur; comme pour marquer plus positivement encore le caractère des sujets les mieux disposés à constituer son misérable personnel.

Jalousie, — ξηλοτυπία des Grecs, *zelotypia* des Latins, exprime *cette passion dégradante que l'on a considérée comme une fille de l'envie, qui rend insupportables les succès et le bonheur des autres.* Elle s'attache aux grands noms, aux grandes réputations, pour en ternir l'éclat et la splendeur, comme la rouille à l'acier dont elle détruit le brillant aspect.

Le jaloux, toujours incapable de s'élever au niveau des hommes supérieurs, cherche constamment à les abaisser jusqu'au sien. Étranger à toutes les idées de justice, à tout sentiment honorable, il n'épargne ni soins, ni démarches, ni coupables intrigues pour troubler un bonheur, entraver des succès auxquels il n'a pas le droit de prétendre ; pour détériorer une fortune qu'il ne saurait obtenir ; pour compromettre une vertu qui devient la critique amère de son indignité.

C'est également un reptile dont l'obscurité fait toute la force, qui pénètre dans les fissures que peut offrir la réputation d'autrui pour les agrandir, pour y déposer avec sécurité son mortel venin. Effrayé par le seul aspect d'un homme, il attaque et frappe dans l'ombre. La trahison, la perfidie, la médisance, la calomnie, l'injustice, la cruauté forment les principaux moyens que cette funeste passion emploie; le dégoût, la réprobation et le mépris deviennent son partage !

Il existe un autre sentiment que l'on désigne sous le même

titre, et qui nous paraît offrir des caractères bien différents. Telle est cette jalousie qui se rattache à l'amour, ne souffrant aucun partage des affections de l'objet préféré. Plus malheureuse que véritablement condamnable, cette modification instinctive peut se rencontrer dans une âme élevée, noble, généreuse pour tous les autres points de ses relations ; c'est une espèce de monomanie, de perversion mentale. Quelques philosophes ont pensé qu'il faut l'envisager comme l'excès, l'aberration de l'amour. Cette idée nous semble beaucoup plus spécieuse que vraie. En effet, si l'on observe des jalousies d'amour, on en voit aussi d'amour-propre, d'égoïsme, d'autres enfin dont il serait assez difficile d'expliquer le véritable motif. Cette passion éveillée d'une manière à peu près exclusive entre les sexes différents, peut offrir les plus violents résultats alors qu'elle est fondée sur l'amour trahi, sur l'honneur compromis. Le fer, le poison, les forfaits les plus inouïs présentent souvent, dans ces graves circonstances, les ministres des plus affreuses déterminations ; le sang d'une première victime ne suffit pas toujours pour l'éteindre, elle plonge quelquefois son terrible poignard dans le sein qui naguère avait obtenu ses plus affectueux sentiments.

La jalousie paraît en quelque sorte inhérente à la nature humaine ; l'élévation d'esprit, la grandeur d'âme peuvent seules en affranchir. On l'observe déjà pour le premier âge, et des parents inconsidérés la fomentent quelquefois dans le cœur de leurs enfants par des préférences bien souvent injustes et constamment funestes. Elle semble diminuer dans l'âge viril, surtout chez les hommes supérieurs, qui sentant une valeur propre se font pardonner leurs succès en applaudissant à ceux des autres. Dans la vieillesse on observe ses pénibles retours par des motifs contraires.

Cette passion existe aussi chez les animaux dans le cercle de leurs besoins et de leurs affections. Elle nous offre même les deux modifications qué nous venons de signaler pour notre espèce. La première se rencontre surtout dans les classes naturellement tourmentées par l'envie : la seconde appartient plus spécialement à celles que leurs inclinations rapprochent du commerce des hommes.

COLÈRE, — ὀργή des Grecs, *ira* des Latins, marque *cette passion violente, cette espèce de frénésie qui jette le désordre et la confusion dans tout l'organisme, en sollicitant des réactions arrachées à la volonté, réprouvées par la raison, et toujours plus ou moins disproportionnées à la cause qui les a fait naître.* L'homme en colère est un forcené dangereux pour les autres, pour lui-même, et qu'il faudrait enchaîner pendant la manifestation de ses accès. Rompant toute mesure dans ses relations avec les circonstances, les choses, les personnes, il n'écoute plus aucune voix, il ne connaît plus aucun frein ; entraîné par son aveuglement, il se précipite sans discrétion dans l'abîme des crimes et des remords !

Irréfléchie, destructive des sentiments affectueux et bienveillants, la colère devient l'étincelle funeste qui détermine l'embrasement des impulsions haineuses en les poussant au dernier degré d'exaltation, en rendant leurs effets d'autant plus terribles qu'elle porte le dernier coup à la raison, achevant l'aliénation de la volonté déjà si fortement ébranlée par ces impulsions.

Le fer, le feu, tous les moyens de violente agression offrent les instruments naturels de cette impitoyable furie ; l'épouvante, le meurtre et le carnage deviennent presque toujours ses affreux résultats.

Quelquefois déjà très-caractérisée chez l'enfant, elle se prononce davantage dans l'adolescence, est plus réprimée dans l'âge viril, et s'affaiblit notablement chez le vieillard.

Fréquemment développée chez les animaux, elle présente en quelque sorte l'état habituel des espèces les plus féroces.

La colère expose l'organisme aux plus violentes perturbations. Annoncée par un frémissement général et convulsif, la pâleur de la face, le tremblement des lèvres, une forte constriction vers l'épigastre, l'aspect étincelant des yeux, elle fait irruption avec la rapidité de la foudre, menace et frappe en même temps. Le cœur, le cerveau, les poumons, l'estomac, dans un état d'orgasme plus ou moins dangereux, peuvent alors éprouver des accidents graves dont nous examinerons les principales manifestations en étudiant l'influence de ces impulsions instinctives sur tout l'organisme.

Cruauté, — ὠμότης des Grecs, *crudelitas* des Latins, indique *cette passion barbare qui semble fermer l'âme à toutes les impressions affectueuses pour donner accès aux jouissances farouches que procure la vue du sang, du meurtre et des supplices.* Nous y trouvons en quelque sorte le sentiment naturel de la tyrannie, de l'usurpation. La première le fait naître par caractère, la seconde par nécessité. N'ayant d'autre but que l'établissement d'un pouvoir despotique, l'une et l'autre ferment les yeux sur les crimes à consommer pour y parvenir. Les pages de l'histoire frémiront toujours d'horreur en nous traçant les règnes sanglants des Néron, des Cromwel et des Caligula.

L'homme cruel ne doit pas être confondu avec l'homme violent. Celui-ci, maîtrisé dans sa raison, agit à peine avec conscience et liberté ; l'autre conserve au contraire, dans ses actes de barbarie, le calme le plus sinistre, le sang-froid le plus affreux. L'aspect de ses victimes expirantes au milieu de tortures inouïes, des tourments les plus cruels, devient un spectacle qu'il contemple avec le sourire infernal de la joie la plus sauvage, et qui fournit à son âme endurcie dans le crime des impressions avidement recherchées. Amis, parents, épouse, enfants, il n'est aucun lien sacré pour ce cœur impitoyable, aucun sentiment qu'il ne puisse immoler à sa terrible passion. Ce n'est pas toujours par nécessité qu'il s'abandonne au meurtre, c'est quelquefois par un insatiable besoin. Souvent même ce dernier prend les déplorables caractères de la mononamie homicide, comme le démontrent plusieurs attentats qui sont venus souiller notre époque, et dont les noms trop célèbres de Chouëller, Cormier, Papavoine, Léger, etc., nous rappelleront longtemps encore l'affreux souvenir !

La cruauté s'annonce quelquefois dès l'enfance chez ceux dont elle doit empoisonner toute la vie. Le jeune sujet aussi malheureusement disposé prélude aux actes les plus barbares envers son espèce, par les tourments qu'il fait éprouver, avec une jouissance coupable, aux animaux soumis à ses caprices. Dans l'âge viril, des victimes obscures ne suffisent plus à ses infâmes désirs ; il a besoin d'un sang plus noble, il réclame des victimes humaines. La vieillesse n'apporte aucune diminution à ce délire farouche, elle ne fait qu'en diminuer la puissance.

Les animaux les plus sauvages, tels que le tigre, l'ours, la panthère, l'hyène, le chacal, etc., nous offrent particulièrement cette modification instinctive, et des modèles plus ou moins affreux de l'homme cruel.

3° Passions pervertissantes. — A cette dernière classe nous rapportons un assez grand nombre d'impulsions instinctives modifiant d'une manière plus ou moins fâcheuse nos rapports avec les objets extérieurs, soit en faussant leurs produits, soit en les rendant plus ou moins incomplets. Dans le premier cas, l'homme est incommode, fâcheux, désagréable pour les autres ; dans le second, il devient fatigant, insupportable pour lui-même. Ses liaisons ne sont pas entièrement détruites, mais compromises dans leurs qualités fondamentales, elles n'offrent jamais l'agrément, la considération, la réciprocité qu'il en pourrait attendre avec d'autres conditions affectives. Intermédiaires aux passions qui provoquent un commerce bienveillant, à celles qui le repoussent, les dispositions morales que nous allons étudier apportent nécessairement dans ce dernier le dégoût, ou pour le moins l'éloignement et l'indifférence.

Nous rangerons particulièrement dans cette catégorie les modifications suivantes : *ambition*, *orgueil*, *égoïsme*, *prodigalité*, *avarice*, *ingratitude*, *versatilité*, *indifférence*, *paresse*, *ennui*, *sévérité*, *tristesse*, *crainte*, *lâcheté*. Nous allons successivement les examiner dans leurs caractères essentiels.

Ambition, — φιλοτιμία des Grecs, *ambitio* des Latins, que l'on a mal nommée *l'envie des grandes âmes*, exprime le désir *insatiable des succès dans tous les genres, et la prétention de surpasser tous ses rivaux pour s'élever aux postes les plus éminents.* L'homme ambitieux ne convoite pas directement les honneurs, la fortune, la célébrité des autres, mais il ne goûtera plus un seul instant de repos qu'il ne les ait entièrement surpassés dans tous ces avantages : cette passion ressemble donc beaucoup moins à l'envie qu'à l'émulation excessive et dégénérée.

Étrangère aux âmes faibles et communes, elle attaque franchement les obstacles qui lui sont opposés, s'irrite et s'accroît par la résistance. Violemment entraîné par cette impulsion. souvent au delà des bornes qu'il s'était proposées, l'homme qui suit un guide aussi despotique sort fréquemment de son caractère naturel. Si quelquefois il est forcé de sacrifier les intérêts de ses concurrents, de renoncer momentanément aux sentiments de bienveillance et d'humanité qu'il avait manifestés jusqu'alors, c'est presque toujours par la fatale obligation qui le presse ou d'étouffer les sentiments de son cœur, ou d'immoler son orgueil en avouant sa défaite.

Ouvrons l'histoire et nous y verrons bien souvent les pages qui retracent la vie des plus grands conquérants souillées par des empreintes sanglantes alors même que la cruauté ne formait pas la base de leur caractère, et lorsqu'après avoir longtemps vaincu les événements, ils avaient enfin été maîtrisés par eux.

Loin de notre esprit la pensée de faire une odieuse apologie de ces actes condamnables ; mais nous ne devons pas confondre l'homme devenu cruel par la déplorable nécessité qu'a fait naître son ambition, et celui qui nourrit sans besoin cette passion affreuse au fond de son cœur. Le premier est un lion furieux qui porte le carnage et la dévastation où ses attaques sont provoquées ; le second, un tigre farouche qui déchire sa victime pour le seul plaisir de voir couler du sang et tressaillir des chairs palpitantes.

L'ambition indique presque toujours une grande élévation de caractère, une âme supérieure ; elle peut même s'associer aux plus brillantes qualités du cœur, tant qu'elle ne vient pas les étouffer par ses funestes excès. Mobile des actions les plus nobles, occasion des plus grands talents, elle offre une source continuelle d'inquiétude et d'agitation ; on peut la regarder comme le principal obstacle du bonheur. Des triomphes de vingt années sont anéantis par un instant de revers. Avec ses désirs immodérés, jamais satisfaits, par les honneurs, les dignités, la fortune, l'ambition s'accroît en proportion de ses envahissements. L'amour de l'argent augmente avec la richesse : *Crescit amor nummi quo plus pecunia crescit ;* par les agrandissements du territoire s'éveille le désir des nouvelles possessions; c'est ainsi que l'auteur latin nous peint avec tant de vérité cet Alexandre que le monde ne pouvait plus contenir : *æstuat infelix angusto in limine mundi.* C'est donc avec bien de la raison que d'Alembert nous dit : « Pour « être heureux, sagesse vaut mieux que génie, et les plaisirs « du sentiment, que ceux de la renommée. »

Étrangère à l'enfant, encore peu sensible dans l'adolescence, l'ambition ne se développe avec force que dans l'âge viril. Elle s'entretient chez le vieillard, et devient alors une véritable monomanie pour un âge qui, sous tant de rapports, aurait besoin de goûter les douceurs du repos.

Cette passion est inconnue des animaux ; ce n'est pas le seul avantage qu'ils offrent sur l'homme dans les conditions relatives au bonheur.

Orgueil, — ὑπερηφανία des Grecs, *superbia* des Latins, indique *cette passion aveugle qui naît de l'estime exagérée de soi-même, et qui, grossissant à nos yeux les avantages que nous pouvons justifier, nous fait ridiculement prétendre au premier rang dans tous les genres.* Cette passion peut offrir des nuances bien différentes, représenter soit une vertu de l'âme, soit une faiblesse de l'esprit.

Lorsqu'elle prend naissance dans un moral fortement constitué, lorsqu'elle dirige une vaste intelligence et qu'elle s'applique à des objets d'un ordre supérieur, on la distingue par les termes de *noble orgueil*, de *fierté sublime*, d'*amour-propre bien entendu*, etc. C'est alors qu'elle est honorable et devient un puissant moyen de succès et d'élévation. Avec ces caractères, elle est digne des grands hommes dont elle fait presque toujours le partage, et dont elle offre le guide assuré dans la carrière de l'honneur. Plus désireux encore de leur propre estime que de celle des autres, ces derniers ont un motif constant pour ne jamais s'en écarter, pour s'élever et s'ennoblir toujours au contraire à leurs propres yeux.

Associée à la faiblesse du caractère, à la nullité des moyens, elle devient alors un ridicule insupportable que l'on désigne, en conséquence des modifications qu'il peut offrir, par ces expressions :

Vanité, suffisance, fatuité. — L'homme *vain* présente en quelque sorte un orgueil factice ; il sent et reconnaît intérieurement sa nullité, son insuffisance, mais il voudrait les dissimuler aux autres sous les apparences de la grandeur d'âme, et par un certain vernis d'élévation. Il prend tous les moyens de suppléer au défaut de valeur par une valeur empruntée ; il cherche à fasciner les yeux par l'étalage de sa naissance, de ses titres, de son nom, de sa fortune, par la somptuosité de sa table, de son habitation, le luxe de ses habits, de ses équipages, etc. ; méprisant, dédaigneux avec ceux qu'il regarde comme ses inférieurs ; bas et rampant auprès du pouvoir dont il espère quelque reflet ; esclave, jouet de ceux qu'avec ostentation il appelle ses amis ; s'exposant volontiers à toutes les humiliations secrètes pour obtenir un simulacre d'élévation. Cette variété de l'orgueil n'appartient qu'aux âmes dégradées, aux esprits médiocres, aux sujets qui depuis longtemps ont fait le sacrifice de leur propre estime.

L'homme *fat*, *suffisant*, quelquefois moins digne de mépris, est toujours aussi ridicule. Ignorant seul toute la faiblesse, toute la vacuité de son esprit, ne voyant dans cet univers que son intéressante personne, il s'inquiète fort peu du suffrage des autres, toujours assuré d'obtenir le sien. Original, affecté dans son maintien, dans sa mise, dans son langage, dans ses actions, rempli des prétentions les plus vaines, constamment en extase devant soi-même, certain de plaire et d'entraîner il n'imagine pas que l'on puisse éprouver à son aspect d'autre sentiment que celui de l'admiration ; ne s'aperçoit jamais des railleries et des mystifications dont il est souvent l'objet. Libre, familier, même avec les personnes étrangères ; fatiguant toutes les conversations de ses propos dépourvus de sens et de raison ; parlant ordinairement par exclamation, avec pédantisme, il exprime les idées les plus communes et les plus triviales en termes prétentieux et démesurés.

Commençant à poindre dès l'enfance, l'orgueil prend les caractères de la *fatuité* chez l'adolescent et ceux de la *vanité* dans l'âge viril ; on en trouve encore des exemples nombreux, même dans la vieillesse la plus avancée. Plusieurs classes d'animaux en offrent les traits extérieurs.

Égoïsme, — φιλάυτία des Grecs, *numius amor suî* des Latins, signifie *cette malheureuse passion qui, desséchant le cœur de l'homme, sépare ses intérêts de ceux des autres ; l'isole de tous les êtres environnants ; le fait exister en lui-même, et vivre pour lui seul.* Semblable à ces plantes parasites puisant leur nourriture dans la propre substance de l'arbre qui les porte sans lui rien céder en échange, l'égoïste puise incessamment dans le corps social en s'affranchissant de toute réciprocité ; ne voyat rien hors du *moi* rigoureux, il rapporte tout à ses avantages personnels. Si quelquefois il paraît s'occuper des autres et vouloir concourir au bien-être général, c'est une illusion dont il sait encore s'environner, c'est un raffinement de la passion qui le domine, un moyen d'obtenir, avec usure, le remboursement des avances toujours mesquines et calculées qu'il aura faites, en simulant un désir de coopération au bien commun, jamais il n'a cessé de travailler exclusivement dans son intérêt particulier.

L'égoïste renferme, dans l'étroite circonscription de l'individualité, les éléments de son bonheur, si toutefois l'on peut accorder ce titre à la déplorable situation de jouir seul et sans partage, et si la véritable félicité ne consiste pas à faire des heureux ; mais, d'un autre côté, pourra-t-il au besoin trouver une âme sensible qui partage, adoucisse les chagrins auxquels sa funeste passion ne saura jamais le soustraire? La philanthropie constitue l'âme de la sociabilité, l'égoïsme en détruit tous les liens. Ce méprisable sentiment peut faire des dupes, jamais des amis sincères. Vous trouverez le sujet qu'il domine dans les lieux où règnent l'abondance, la joie, les plaisirs ; ne le cherchez point dans la cabane du pauvre, dans l'asile de la douleur, au chevet du mourant ! Ces tableaux affligeants sont, nous dit-il, beaucoup trop pénibles pour son cœur ; son âme est incapable d'en soutenir l'aspect ! Vaine hypocrisie ! Qu'il soit banni du commerce des hommes ; celui qui ne sait pas compatir à leurs souffrances devient indigne de partager leurs plaisirs !

L'égoïsme est heureusement très-rare dans l'enfance ; encore peu sensible chez l'adolescent, il se développe seulement dans l'âge viril. Nous devons ajouter, pour l'honneur de notre espèce, qu'il est beaucoup moins souvent une conséquence des dispositions primordiales, que l'effet d'une éducation vicieuse ou des maladies capables de fatiguer les ressorts de l'âme et de l'esprit; telles que la monomanie, l'hypocondrie, la mélancolie, etc. Chez le vieillard il est ordinairement produit par l'affaiblissement de tout l'organisme.

Contraire à toutes les relations des êtres sensibles, cette passion ne se rencontre, pour les animaux, que dans les espèces les plus sauvages et les moins disposées à la sociabilité.

Prodigalité, — ἀφειδία des Grecs, *prodigentia* des Latins, désigne *cette passion qui, nous empêchant d'apprécier la valeur des choses, nous les fait envisager comme des objets auxquels il ne faut accorder aucun prix*. Ainsi l'homme prodigue par caractère, dépense avec la même irréflexion et la même insouciance, le temps, la santé, les richesses. Moins occupé d'en faire un bon usage que d'en aliéner la possession, il semble éprouver le besoin de s'en débarrasser comme d'un fardeau qui l'opprime.

La prodigalité ne se rencontre pas seulement chez les hommes qui possèdent beaucoup, on l'observe encore dans un état voisin de l'indigence. Ainsi le vieillard abuse de ses derniers instants, le valétudinaire, d'une convalescence imparfaite ; le pauvre, de quelques deniers péniblement obtenus à la sueur de son front ; absorbés dans le présent, aucun d'eux ne pense au moment qui va suivre.

Assez naturelle chez l'enfant qui ne connaît point encore l'importance des objets, et qui ne prévoit jamais les besoins de l'avenir, cette passion s'affaiblit dans l'âge viril, se détruit souvent dans la vieillesse, faisant place au sentiment opposé.

Les animaux en présentent fréquemment la manifestation ; l'ordre, l'économie que l'on accorde à certains d'entre eux nous paraissent mieux placés dans la fable que dans la réalité.

AVARICE, — φιλαργυρία des Grecs, *avaritia* des Latins, indique *la passion dégradante qui fait exagérer le prix des richesses, la nécessité de thésauriser pour l'avenir, oublier les besoins les plus indispensables du présent.* Elle peut offrir une origine estimable en elle-même, l'*économie*, qui consiste à régler convenablement ses dépenses dans tous les genres. Alors cette qualité dégénère insensiblement en *parcimonie* pour arriver ultérieurement à l'*avarice.*

Le désir naturel et sage de ménager des ressources pour un avenir plus ou moins éloigné rend *économe ;* la crainte abusive de la nécessité, *parcimonieux ;* l'amour de l'argent, *avare.*

L'homme dominé par ce fâcheux sentiment n'a désormais qu'un seul désir, celui de cumuler ; une seule crainte, celle de perdre ; un seul embarras, celui de cacher son trésor. Consumé par cette funeste passion, il se dessèche et s'endurcit aux privations les plus pénibles. Son cœur se ferme à la bienfaisance ; le cri de l'infortune et de la douleur n'arrive plus jusqu'à lui ; sourd à la voix de ses propres besoins, il périt de faim et de misère à côté de ses immenses richesses.

L'enfance qui ne voit point dans l'avenir est étrangère à l'avarice. L'âge viril en éprouve déjà les atteintes, elle prend tous les caractères d'une passion dans la vieillesse.

Quelques animaux semblent amasser pendant la belle saison pour les temps rigoureux ; mais aucun ne périt au milieu de ses réserves par la crainte exagérée de les épuiser : une pareille faiblesse n'appartient qu'à l'homme.

INGRATITUDE, — ἀχαριστια des Grecs, *ingratitudo* des Latins. Nous décrivons sous ce titre *la passion monstrueuse qui ferme l'âme au souvenir d'un bienfait, et qui laisse non-seulement à l'indifférence mais encore aux sentiments haineux le soin d'en effectuer la rémunération.* L'homme ingrat offre l'image du tigre déchirant la main dont il reçoit sa nourriture ; il fait tourner les avantages obtenus contre celui qui les a prodigués ; le plus souvent son bienfaiteur devient sa première victime.

Partage des âmes dégradées, cette passion emporte avec elle une sorte d'infamie. Révoltant les cœurs généreux par son aspect, elle paralyserait toutes les impulsions de la bienveillance et de la philanthropie, si l'homme, guidé par ces nobles sentiments, sachant d'avance qu'en faisant des heureux on élève presque toujours des ingrats, ne trouvait, dans le témoignage de sa conscience et dans le bonheur d'être utile, des encouragements plus vrais, un plus digne prix à ses belles actions.

Cette passion, assez rare dans l'enfance et chez le vieillard, offre des exemples beaucoup trop nombreux dans l'âge viril.

Chez les animaux on la rencontre seulement dans les espèces remarquables par leur insociabilité ; comme si la nature voulait prouver à l'homme qu'un aussi déplorable sentiment ne doit se rencontrer que chez les êtres les plus sauvages.

VERSATILITÉ, — ἄστατον des Grecs, *mobilitas* des Latins, signifie *cette impatience de l'âme qui la rend incapable de s'arrêter longtemps sur le même objet, et lui fait incessamment éprouver le besoin du changement.* L'homme versatile, inconstant, devient par cela même absolument impropre aux études sérieuses ; à tous les travaux qui supposent de l'application et de la profondeur. Aussi peu capable de conserver le sentiment de l'amitié que d'en apprécier les douceurs, il n'offre aucune sûreté, aucune garantie dans ses relations. Toujours il possède un grand nombre de *connaissances*, jamais un véritable ami. Enthousiaste pour les personnes et les choses nouvelles, ses affections sont passagères et superficielles ; ses intellectualisations sans mérite et sans résultat. Son existence est employée beaucoup moins à jouir du présent, qu'à poursuivre les chimères de l'avenir. Tant que la vivacité de son imagination, les dispositions de son organisme peuvent suffire aux frais de cette continuelle instabilité, la vie n'excite pas encore trop d'ennuis ; mais lorsqu'il arrive à cet âge où les appareils sont affaiblis, où les illusions s'évanouissent comme des songes trompeurs, sans amis, sans ressources morales, il ne trouve aucun contrepoids aux nombreux dégoûts qui viennent l'assiéger.

Funeste partage des esprits médiocres, des constitutions éminemment nerveuses, la versalité se rencontre surtout chez les femmes et les enfants. Elle diminue dans l'âge viril, et ne s'observe, pour la vieillesse, que chez certains sujets, dans un état moral voisin de la folie.

Elle établit le caractère particulier de plusieurs espèces animales, chez lesquelles on voit une grande mobilité nerveuse coïncider avec le défaut de raisonnement.

Indifférence, — ἀδιαφορῖα des Grecs, *indifferentia* des Latins, exprime *cette apathie, cette langueur de l'âme qui la rend étrangère à la peine comme au plaisir*. Elle est au moral ce que la paralysie est au physique ; c'est l'extinction de la susceptibilité mentale. Dès lors sans amour de la gloire, sans crainte du mépris, l'homme ne trouve plus un mobile suffisant pour le porter aux grandes actions ; un frein capable de l'arrêter au milieu de ses inclinations désordonnées. Ses qualités, lorsqu'il en présente, ne sont que des vertus passives, ou, si l'on veut, l'absence des mouvements vicieux. Il ne fera ni le mal, ni le bien, aucune impulsion ne rompant sa force d'inertie. Constamment inutile aux autres, à charge à lui-même, un tel sujet présentera, dans l'ordre social, toute la nullité d'un membre paralysé dans l'économie vivante ; ennuyé de cette existence passive, souvent il sera conduit, par une pente naturelle, au dégoût de la vie, à toutes les funestes conséquences de cette monomanie périlleuse.

L'indifférence n'est pas une disposition ordinaire chez l'enfant. On n'observe heureusement cette insensibilité native que dans un petit nombre de sujets ; elle devient alors un obstacle souvent insurmontable aux progrès de l'éducation et de la sociabilité. Dans l'âge viril, son développement se rattache presque toujours à l'une de ces trois causes : l'abus des jouissances ; l'excès des infortunes ; les différentes altérations chroniques du système nerveux ganglionnaire et des viscères abdominaux. Pour le vieillard elle est une conséquence naturelle de l'imperfection, de l'usure et de l'épuisement des organes.

On en trouve des exemples chez les animaux abrutis par leur nature ou par l'excès de la misère et du travail.

Paresse, — ῥαθυμα, des Grecs, *inertia* des Latins, désigne *cette passion narcotique et dépressive, engourdissant toutes les facultés, s'opposant à leurs manifestations*. L'homme paresseux, lors même qu'il est doué des plus grands moyens, n'arrive jamais au but qu'il devrait atteindre.

Cette passion malheureuse est le plus grand obstacle que puisse rencontrer l'accomplissement des devoirs. C'est le fardeau qu'il faut d'abord soulever, la force d'inertie qu'il est indispensable de vaincre, avant d'exercer aucune autre action. Elle est aux êtres sensibles ce que devient l'immobilité parfaite aux corps inanimés. De même que ces derniers tendent naturellement au repos lorsqu'aucun agent d'impulsion n'exerce leur mobilité, de même les premiers sont retenus par l'attrait de ce *dulce otium* qui leur paraît offrir tant de charmes, toutes les fois qu'un modificateur impérieux ne vient pas les forcer à l'exercice. L'inaction permettant de vivre en soi-même, d'apprécier le bonheur de ce calme de l'âme que rien ne peut avantageusement remplacer, est presque toujours en raison inverse de la civilisation. Ainsi, dans les villes très-populeuses, l'homme sans cesse entraîné par le tourbillon des affaires et des plaisirs, trouve à peine quelques instants pour descendre dans sa conscience, et jouir paisiblement des consolations qu'elle peut offrir.

Lorsque ce repos est un effet de l'oisiveté, lorsqu'il n'est pas acquis par des travaux antérieurs, lorsque l'homme engourdi par la mollesse, dès les premières années de sa vie, s'est affranchi des obligations d'activité qu'il devait payer à l'ordre naturel des choses, loin de goûter les avantages d'un pareil état, il n'y trouve que l'ennui, le regret et la source de tous les vices.

La paresse, notablement développée sous l'influence de l'habitude, par une alimentation surabondante, se rencontre chez l'enfant dont l'activité n'est point encore sollicitée par des motifs assez puissants; chez le vieillard par l'affaiblissement de l'organisme. Des dispositions contraires la maîtrisent plus ou moins énergiquement dans l'âge viril.

Assez naturelle aux animaux, elle sert à caractériser plusieurs espèces de la manière la plus remarquable.

ENNUI, — ἀνδία des Grecs, *tædium* des Latins, indique *ce malaise de l'âme qui devient, pour le moral, ce qu'est l'anxiété relativement à l'organisme.* Cette passion dépressive qui s'accompagne d'une sorte d'engourdissement et de langueur, trouve sa cause ordinaire dans le défaut ou l'uniformité des impressions. C'est pour en éloigner les pénibles atteintes que nous avons inventé des jeux, des bals, des spectacles, des plaisirs de tous les genres, dont l'objet essentiel est de prévenir l'ennui par la diversité des sensations qu'ils font naître.

L'usage continuel du même aliment produit la satiété, l'anorexie; l'influence habituelle des excitations identiques entraîne la disposition mentale que nous étudions : *L'ennui naquit un jour de l'uniformité,* dit un poëte célèbre. Le besoin de changer d'impression devient tellement impérieux, que l'homme se dégoûterait d'un printemps perpétuel, d'un bonheur exclusivement établi sur les mêmes avantages ; on le voit même quelquefois, au défaut d'excitations agréables, rechercher des sensations pénibles.

Si nous rencontrons chaque jour des sujets d'un caractère doux, aimable, dont le commerce nous devient insipide, ennuyeux, faut-il en chercher la raison ailleurs que dans la monotonie de leurs habitudes et de leurs conversations ? Dans les personnes et dans les choses, au moral comme au physique, nous éprouvons incessamment le désir et le besoin de la diversité. Le véritable secret du bonheur est par conséquent renfermé dans ces principes : Varier les jouissances ; en ménager pour l'avenir ; éviter les sensations uniformes, trop vives ou trop longtemps prolongées.

Les enfants, au milieu d'objets nouveaux et d'impressions insolites, éprouvent rarement les peines de l'ennui. L'âge viril, absorbé par des occupations sérieuses, des intérêts majeurs, en offre également peu d'exemples. La vieillesse dont les organes sont dans un état d'usure, dont les sensations ne présentent plus le charme de la nouveauté, s'y trouve au contraire plus fréquemment soumise.

Cette passion devient d'autant plus insupportable chez l'homme, qu'il peut en apprécier les causes, la nature, les effets par sa propre conscience Les animaux, dépourvus de cette faculté, sont par cela même affranchis des anxiétés morales de l'ennui, qui se réduit chez eux à l'impatience du repos. Aussi, le premier, vaincu dans ses résistances conservatrices par cette funeste passion, se trouve-t-il quelquefois entraîné vers le dernier acte du plus affreux désespoir, tandis que le suicide est encore inconnu chez les espèces animales.

Tristesse, — λυπη des Grecs, *mœror* des Latins. Nous qualifions de ce titre *une pénible disposition de l'âme qui lui fait accueillir toutes les occasions de peine, et rejeter les causes de plaisir*. Cette langueur morale ne se borne pas aux motifs réels dans son investigation, elle s'empare des circonstances imaginaires ; les malheurs du présent ne lui suffisent point, elle porte ses fâcheux pressentiments jusqu'à l'avenir. Dans les positions douteuses constamment elle choisit le côté le plus défavorable, et ne trouve dès lors aucune véritable compensation entre le calme et la souffrance.

L'homme triste, lors surtout que cette pénible disposition est effectuée par une cause morale indestructible, languit, s'altère profondément au physique, au moral ; traîne sa douloureuse existence comme un fardeau pesant; arrive à la mélancolie, à l'hypocondrie, souvent même aux funestes résultats du plus sombre désespoir.

Très-rare chez l'enfant, cette passion est plus commune dans l'âge viril ; on l'observe souvent dans la vieillesse. Les animaux en fournissent un assez grand nombre d'exemples, mais elle est presque toujours produite chez eux par les maladies des organes et notamment des viscères abdominaux ; altérations qui peuvent également l'occasionner chez l'homme, seulement d'une manière beaucoup moins exclusive.

A cette passion nous devons rattacher la modification mentale, connue sous le nom de *chagrin*, et qui présente plusieurs dispositions particulières essentielles à noter.

Chagrin, — *passion qui nous affecte péniblement à l'occasion d'un malheur, de la perte d'une personne chérie.* Elle devient pour l'âme ce qu'est la douleur physique pour le corps ; ou plus exactement elles diffèrent l'une de l'autre par la cause qui les produit. Ainsi la première est l'effet immédiat d'une sensation intérieure, morale, sans lésion matérielle des organes ; la seconde offre le résultat d'une altération plus ou moins grave dans les propriétés substantielles et vitales des appareils. Signalé par l'altération des traits, l'abattement, la stupeur, la concentration épigastrique, le chagrin s'exprime par des cris, des sanglots, des gémissements, des larmes abondantes ; et lorsqu'il est plus violent et plus profond, par la sécheresse de l'œil, par la fixité, l'aspect sinistre du regard, une indifférence illusoire, une véritable aliénation mentale dont il faut redouter les impulsions désordonnées.

Cette passion affecte souvent l'enfance mais toujours superficiellement, en raison de la futilité de son objet et de la mobilité naturelle du système nerveux. Aussi voyons-nous le jeune sujet passer, dans le même instant, des larmes du désespoir aux éclats bruyants de la gaieté. Par les mêmes raisons, le chagrin est plus vif, moins profond, moins durable chez la femme que chez l'homme ; toutefois en exceptant celui que produisent les blessures de l'amour maternel : peut-être n'en existe-t-il pas de plus cruel et de plus incurable. Dans l'âge viril ce pénible sentiment altère plus ou moins gravement la santé ; dans la vieillesse elle détruit ordinairement l'existence.

Les animaux en paraissent également susceptibles, mais dans le cercle assez étroit des besoins physiques et des impulsions instinctives. La perte de leurs petits, des êtres qu'ils aiment, d'un aliment dont on les prive, etc., constituent les motifs principaux de leurs chagrins. Cependant ces derniers sont quelquefois assez puissants pour altérer et même compromettre la vie. Le chien fidèle succombe à la douleur que vient lui causer la mort de son maître. La jeune colombe survit assez rarement à la perte de sa compagne ; n'avons-nous pas vu, dans l'histoire des sympathies, un superbe lion de la ménagerie devenir triste, refuser toute nourriture, après avoir vu périr le jeune compagnon de sa captivité. Combien de faits analogues ne pourrions-nous pas citer, et dans lesquels notre espèce trouverait des modèles de tendresse et d'affection.

Sévérité, — αὐστηρότης des Grecs, *severitas* des Latins, exprime *le sentiment d'exigence qui commande l'accomplissement rigoureux des devoirs, sans permettre la plus légère infraction aux obligations contractées.* Le sujet dominé par cette influence n'accorde rien à la faiblesse, à l'imperfection humaines ; intolérant par caractère, il s'établit son propre censeur ; mécontent des autres, ne pouvant s'habituer à les voir tels qu'ils sont, il les cherche toujours tels qu'ils devraient être.

Sous l'empire de cette passion, l'homme devient exigeant. Alors peu satisfait des attentions, des égards dont il est environné, s'occupant exclusivement de ceux qu'on ne lui prodigue pas, il s'épuise en plaintes, en reproches continuels pour les obtenir. Dégagé de toute gêne, de toute contrainte, il condamne les autres sur les actions qu'il se permet, et les tient dans un état habituel de servitude et de privation.

A peine indiqué dans les premières années, excepté chez *les enfants gâtés*, le sentiment que nous décrivons s'affaiblit dans l'âge viril, et prend un nouveau développement chez le vieillard. Les animaux n'en présentent pas d'exemples bien positifs.

Crainte, — δέος des Grecs, *timor* des Latins, désigne *cette pénible disposition de l'âme dont les mensongères illusions font naître des obstacles à toutes les entreprises, des pressentiments fâcheux pour tous les événements, et mettent bien souvent le bonheur actuel en question.*

Avec l'espérance, nous jouissons d'un objet à venir par la seule idée qu'il nous appartiendra peut-être; avec la crainte, nous devenons incapables de goûter les avantages d'un objet présent, d'après la seule pensée qu'on peut nous en ravir la propriété.

Cette passion, qui jette incessamment le trouble et l'agitation dans l'âme, s'oppose à tous les genres de succès. L'espérance fait bien souvent réussir les entreprises difficiles; appréhender l'infortune et les revers, est presque toujours le plus sûr moyen de ne jamais les éviter.

L'homme craintif s'exagère tous les obstacles; lorsqu'il n'en trouve pas de réels, il en cherche d'imaginaires. Dans ses projets, il grossit les chances défavorables, diminue celles qui pourraient soutenir son émulation ; par des hésitations continuelles, par la défiance de ses propres moyens, il se place constamment au-dessous de toutes les choses qu'il veut entreprendre. Incapable de rien commencer, de rien finir, il devient le triste jouet des réminiscences du passé, des inspirations du présent et des prévisions de l'avenir !

Plusieurs sentiments vont se rattacher à la crainte. Ainsi : *la surprise*, naissant à l'occasion d'une apparition instantanée, dont l'effet moral n'est point en rapport avec la série des idées actuelles. Une éclipse de soleil, par exemple, ne produit aucun étonnement chez celui qui l'avait calculée; tandis qu'elle surprend tous ceux dont l'intelligence ne la prévoyait pas.

La pudeur : — ce touchant embarras qu'éprouvent la beauté, la modestie par la rencontre d'un écueil ou par la confusion des éloges accordés sans ménagement. Partage ordinaire de l'innocence et de la candeur, elle s'exprime par des caractères que la coquetterie s'efforcerait en vain d'imiter.

La timidité : – sentiment difficile à combattre, et qui paralyse tous les moyens de celui qui l'éprouve. Excitée par l'obligation de s'exposer à l'attention publique, elle affaiblit toutes les réactions intellectuelles, fausse les gestes, les intonations vocales et les autres moyens d'expression. Compatible avec les plus brillantes facultés, elle en neutralise toujours le développement.

Cette passion remarquable chez l'enfant, diminue dans l'âge viril, pour se manifester de nouveau dans la vieillesse. Chez les animaux on la voit s'appliquer exclusivement à l'idée des châtiments et des douleurs physiques.

LACHETÉ, — ἀνανδρία des Grecs, *ignavia* des Latins, indique *une passion qui brise tous les ressorts de l'âme par l'aspect d'un danger*. Apanage de la faiblesse, elle rend celui dont elle maîtrise le cœur toujours incapable des grandes entreprises, des actions périlleuses. On nomme *peur*, l'une de ses manifestations les plus ordinaires.

L'homme ainsi constitué s'exagère tous les accidents, se renferme en soi-même, et rétrécit encore la sphère déjà si bornée de ses rapports habituels. Trouve-t-il un appareil étranger de force et de protection à l'abri duquel il puisse entièrement se placer, on le voit alors affecter le courage et la résolution avec la plus ridicule forfanterie. Au contraire, est-il abandonné seul dans l'obscurité, réduit à ses propres moyens, tourmenté par des visions fantastiques, il se croit environné de revenants et de farfadets. C'est particulièrement sur l'esprit borné de ces hommes faibles et crédules, que les magiciens, les charlatans et les sorciers peuvent exercer tout leur empire.

Dans une occasion dangereuse, la peur est susceptible de produire deux effets bien différents. Tantôt elle précipite la fuite, et soustrait celui qu'elle domine aux chances d'une rencontre dont il n'a pas le courage d'affronter l'agression ; tantôt le glaçant d'épouvante, elle paralyse tous ses mouvements, et l'abandonne sans résistance à la merci de l'ennemi qui vient l'attaquer.

Naturelle aux sujets faibles, cette passion affecte particulièrement les enfants, les femmes et les vieillards ; alors excusable, elle devient chez l'homme, dans l'âge viril, un sentiment digne de mépris.

Les animaux en offrent des exemples nombreux ; elle sert à caractériser des familles entières, sous le nom *d'espèces timides*, et produit, surtout chez ces dernières, les effets que nous venons de signaler ; comme on le voit pour la perdrix, sous l'influence du vautour ; pour la fauvette, à l'aspect du serpent, etc.

Tel est l'ensemble des impulsions instinctives plus ou moins puissantes auxquelles nous avons accordé le nom de *passions*. Dans une lutte incessante avec la raison, elles produisent des résultats physiologiques importants à considérer.

Influences réciproques de la raison et de l'instinct. — La réunion des nombreuses dispositions morales que nous venons d'étudier forme le domaine des *passions* ; toutes les facultés et les actions mentales dont nous avons antérieurement fait l'histoire, constituent celui de l'*intelligence*. Dans la nécessité d'opposer l'un à l'autre, nous désignons, pour simplifier davantage, l'ensemble des impulsions organiques plus spécialement effectuées par le système nerveux ganglionnaire sous le nom d'*instinct;* et, par celui de *raison*, l'ensemble des réactions volontaires confiées à ce merveilleux agent. Rapprochant ces deux puissances rivales, nous pourrons facilement apprécier toutes les conséquences de leur équilibre ou de leurs prédominances relatives.

Cette idée fondamentale d'un double mobile chez l'homme, perce de toutes parts dans les ouvrages philosophiques, mais elle nous semble encore mal comprise et mal exprimée : *Caro enim concupiscit adversus spiritum; spiritus autem adversus carnem; hæc enim sibi invicem adversantur.* (S. Aug.) Les deux *génies* des anciens n'étaient pas autre chose que l'instinct et la raison ; le mauvais génie répondait au premier, le bon génie à la seconde. Les expressions d'*âmes raisonnable, irraisonnable* ne sont pas plus heureuses. Il ne s'agit point en effet, dans les influences de la *raison* et de l'*instinct*, de deux principes simples, indépendants, se disputant l'empire du domaine moral dans notre économie vivante, mais seulement de deux sources d'impressions et d'idées agissant d'une manière différente sur l'âme, principe immatériel unique, par l'intermédiaire du cerveau, son instrument naturel. L'*homo duplex* de certains philosophes ne présente également qu'une indication vague et fautive de ce partage du domaine physiologique en deux empires : celui de l'intelligence et celui des passions, dont nous devons assigner positivement la circonscription et les limites.

La volonté, — voilà cette puissance qui sollicite les mouvements partiels et généraux de notre machine physique et morale, en conséquence des déterminations raisonnées ; cette faculté reçoit elle-même ses impulsions ordinaires des passions et de l'intelligence. L'*instinct*, la *raison*, tels sont les deux moteurs de la volonté qui se trouve naturellement, chez l'homme, dirigée par le second, quelquefois maîtrisée par le premier ; constamment sous l'empire exclusif de celui-ci chez les animaux.

La raison, — faculté complémentaire, véritable perfectionnement de l'intelligence, agit toujours dans le sens des convenances, de l'ordre et de la vérité. Suffisamment éclairée par les sens externes, par les idées qu'ils suggèrent, par les raisonnements et les jugements consécutifs à ces premières opérations, elle commande à la volonté d'agir avec sagesse, calme et lenteur. Sous l'influence absolue de cette faculté, les actions humaines seraient froides, méthodiques et calculées ; mais elles offriraient en même temps cette rectitude, cette maturité qui constitue leur véritable prix.

L'instinct, — impulsion intérieure qui nous entraîne vers des résultats variables suivant les dispositions organiques, s'exerce fréquemment dans l'ordre de la nature et de la conservation individuelle, quelquefois aussi d'une manière subversive des lois primordiales et de l'intégrité du sujet. Il commande, il entraîne la volonté sans réflexion, sans mesure, sans légitimer la nécessité de ses manifestations. L'homme exclusivement gouverné par ce mobile, désormais sans liaison dans ses idées et dans ses projets, sans règle dans leur exécution, agit par boutades capricieuses, avec tous les caractères de l'originalité ; ses productions, s'éloignant de la route commune, offrent des éclairs de génie, des traits d'élévation au milieu des conceptions et des puérilités les plus ridicules.

C'est dans les rapports de ces deux agents qu'il faut étudier l'homme moral ; c'est de leur équilibre, de la prédominance de l'un ou l'autre que naît le *caractère*.

Si la *raison* l'emporte sur l'*instinct*, l'homme, supérieur à ses besoins organiques, maîtrise toutes ses inclinations désordonnées, tous ses appétits illicites, conserve dans les actions les plus graves cette indépendance mentale qui lui permet d'agir avec liberté ; de calculer, de mesurer d'avance toute l'étendue, toute l'importance de ses déterminations ; toujours digne d'estime, il goûte cette pureté de conscience bien préférable aux applaudissements extérieurs. Vainqueur de ses passions, il sait détruire les unes, modifier les autres, et les dominer toutes avec empire. Son intelligence reçoit de l'extension, de la vivacité, de la noblesse par le concours des impulsions instinctives, sans en éprouver jamais aucune perturbation. C'est un flambeau qui la fait briller de sa lumière vive et pure, loin de présenter une torche funeste qui viendrait y porter le désordre et l'incendie. Au milieu de ces dispositions, l'homme de génie paraîtra nécessairement le maître des autres hommes par sa force morale ; s'établira naturellement leur guide et leur exemple par la solidité, l'éclat de son esprit et de ses vertus. Celui qui, dans toutes les circonstances peut se commander à lui-même, a déjà la plus essentielle des qualités pour commander aux autres. C'est à cette force dont rien ne peut remplacer avantageusement l'influence générale, c'est à la raison que notre espèce doit sa souveraineté parmi les animaux, et que chacun de nous peut attribuer sa véritable élévation au milieu de ses semblables.

Si l'*instinct* maîtrise la *raison*, l'homme désormais soumis à toutes ses impulsions organiques, s'abandonne sans gouvernail au torrent de ses passions les plus effrénées. Oubliant son origine céleste, il perd incessamment dans l'estime des autres, dans la sienne ; plus il se dégrade, moins il conserve de moyens pour s'arrêter dans la carrière des vices ; trop heureux encore lorsqu'il ne fait pas les plus funestes excursions dans celle du crime ! s'il est maintenu, par cet instinct, dans le cercle des passions louables, il peut offrir quelquefois une conduite régulière et même digne d'éloges. Toutefois en admettant une semblable exception à la règle générale, ces vertus exclusivement établies sur le tempérament n'offrent pas un grand mérite et surtout des garanties bien solides. Il ne faut souvent à celui qui les possède qu'une occasion dangereuse pour l'entraîner dans le sentier de la dépravation et des forfaits ! les sujets ainsi constitués ne deviennent jamais des arbitres pour leurs semblables ; si quelquefois on les voit usurper le commandement, c'est toujours dans les tourmentes révolutionnaires, pour conduire des factieux au carnage, à la dévastation.

Lorsque la *raison* et l'*instinct* s'influencent réciproquement, comme on l'observe chez la majorité des individus, les actions offrent alors un mélange de grandeur et d'abaissement, de sagesse et de folie, de vertus et de vices, en raison de la prédominance actuelle de l'un ou l'autre de ces deux agents. Ne cherchons point une autre cause à cette versatilité dans la conduite habituelle chez les hommes différents, et, chez le même sujet, aux principales époques de sa vie.

Ainsi, relativement aux influences réciproques de la raison et de l'instinct, nous partageons les hommes en trois grandes catégories. — *Dans la première, la raison dirige toutes les actions.* Là viennent se ranger le petit nombre des êtres éminents par leur sagesse et leurs vertus, qui semblent envoyés sur la terre pour faire mieux sentir, au moyen des contrastes, l'horreur du vice et de la dégradation morale; pour offrir des exemples et des modèles à notre émulation. — *Dans la seconde, la raison et l'instinct se contrebalancent mutuellement.* Nous y trouvons le plus grand nombre des hommes, alternativement dignes d'éloges par leurs belles actions, et condamnables dans leurs faiblesses. — *Dans la troisième, la raison est constamment sous le joug de l'instinct.* On y rencontre les sujets qu'il faut rougir d'appeler des hommes. Entraînés sans guide et sans frein dans le tourbillon des passions, ils s'abaissent fréquemment au-dessous des plus vils animaux, n'offrant, comme eux, d'autres mobiles que ces aveugles impulsions.

Pendant toute la durée de son existence, l'homme est donc incessamment dirigé par la raison ou l'instinct se disputant l'avantage de gouverner les déterminations de sa volonté. *Chez l'enfant,* l'instinct agit en maître ; *dans l'âge adulte,* il est avantageusement contrebalancé par la raison. *Chez le vieillard,* tous les phénomènes de relation se trouvent à peu près exclusivement soumis à ce dernier agent.

Tels sont, en dernière analyse, les deux principes de toutes nos actions, bonnes ou mauvaises, les sources principales de nos vertus ou de nos vices, et, par une conséquence nécessaire, les éléments essentiels de notre bonheur ou de nos infortunes; avec quel soin ne devons-nous donc pas éloigner du berceau de l'enfance les passions haineuses, dégradantes, pour l'environner exclusivement du fécond exemple des sentiments nobles, généreux ; faire germer dès le principe dans cette jeune âme en aussi bonne culture ces enseignements précieux de la seule éducation en mesure de former des hommes.

Pour faciliter l'application de ces principes essentiels, nous compléterons cette belle étude par celle des constitutions *physique* et *morale* de l'homme, envisagées surtout au point de vue de la physiologie. La première nous conduira naturellement à l'histoire des *tempéraments* ; la seconde, à celle des *caractères*.

1° Constitution physique. — Encore nommée *complexion* : κρᾶσίς, *corporis habitus*, la constitution physique de l'homme est l'état général de ses dispositions anatomiques, l'ensemble physiologique, l'harmonie des tissus, des organes, des appareils de son économie vivante. Suivant que ces appareils, ces organes, ces tissus offrent une structure saine ou défectueuse, des dispositions régulières ou désordonnées dans leur développement, leur activité, relative, la constitution est forte ou faible, bonne ou mauvaise. Il ne faut pas confondre avec les avantages d'une complexion harmonique assurant une santé parfaite et l'espérance de longévité qui s'y rattache naturellement, avec ces apparences robustes qui ne sont rien moins que d'aussi favorables garanties, et deviennent au contraire presque toujours les plus fâcheuses prédispositions aux maladies graves, à la mort prématurée ; tandis que nous voyons des sujets paraissant faibles et chétifs, mais au fond sains et bien constitués, supporter des fatigues étonnantes, conserver un état normal permanent, arriver, sans infirmité notable, à l'accomplissement des plus longues vies. Du reste ces constitutions privilégiées sont assez rares ; un ou plusieurs appareils organiques offrant d'abord ou prenant par le genre d'existence un développement proportionnel plus ou moins considérable pour donner naissance aux tempéraments dont l'étude va maintenant fixer notre attention avec l'intérêt qu'elle mérite.

Tempéraments. — Le tempérament, ἕξις des Grecs, *habitus* des Latins, peut être défini : *disposition physiologique particulière effectuée, dans l'économie vivante, par la prédominance d'un ou plusieurs appareils.*

L'histoire de ces modifications de l'organisme est devenue l'objet des plus nombreux écrits. Les uns, d'une impénétrable obscurité, sont incapables de servir à l'étude positive de l'homme. Parmi les autres, plusieurs se trouvent empreints des idées systématiques de l'humorisme pur ou du solidisme exclusif.

Le terme φισις admis par Hippocrate, signifiant seulement force, puissance, ne donne aucune idée précise. Le mot κρασις adopté par Galien, indiquant une composition, un mélange, n'est pas beaucoup plus significatif. Enfin l'expression *tempérament*, dérivée de *temperare*, tempérer, adoucir, est également peu susceptible de caractériser une disposition spéciale de l'organisme. Nous la conserverons cependant, en raison de l'usage et de sa généralisation dans les théories physiologiques.

La doctrine des tempéraments nous offre, chez les anciens, un caractère d'humorisme qui domine dans toutes les productions médicales de ces temps reculés. Admettant pour l'économie de l'homme, quatre humeurs principales : *sang*, *lymphe*, *bile*, *atrabile*, ils attribuèrent les particularités de la constitution physique à la prédominance de l'une ou l'autre de ces humeurs, et signalèrent quatre tempéraments fondamentaux : *sanguin*, *lymphatique*, *bilieux*, *atrabilaire ou mélancolique*.

Galien en comptait neuf. Quatre primitifs : *sanguin*, *bilieux*, *pituiteux*, *mélancolique;* quatre secondaires, résultant du mélange des premiers ; un neuvième produit par la combinaison de toutes les humeurs dans une harmonie parfaite, *temperamentum temperatum*.

On fit même alors des rapprochements, plus ingénieux que fondés, entre les tempéraments, les âges, les passions, les saisons et les climats. Ainsi, tempéraments : *sanguin*. — Adolescence, amour, été, climat chaud-humide. *Lymphatique*. — Enfance, crainte, printemps, climat tempéré. *Bilieux*. — Virilité, colère, automne, climat brûlant-sec. *Mélancolique*. — Vieillesse, tristesse, hiver, climat froid.

A l'époque voisine de la nôtre, Haller chercha la cause de ces états dans la proportion relative des éléments du sang. Ainsi, prédominance : 1° *Des globules rouges*, tempérament athlétique ; 2° *des principes qui tendent à prendre la nature urineuse*, tempérament bilieux ; 3° *des parties aqueuses*, tempérament lymphatique ; 4° *des matières glaireuses*, tempérament mélancolique. Nous pourrions énumérer ainsi toutes les hypothèses de l'humorisme, relativement au sujet qui nous occupe, sans avoir fait un seul pas dans le sentier qui conduit à des notions positives. C'est donc uniquement pour marquer les progrès de la physiologie que nous rappelons des opinions dont le temps a fait justice.

Hippocrate avait entrevu cette grande vérité sans pouvoir la présenter dans tout son jour. Entraîné par les erreurs de son époque, il voulut comparer la prédominance des quatre humeurs principales à celle des quatre saisons de l'année, sans légitimer d'ailleurs les motifs de ce rapprochement.

Haller, sans être complétement affranchi des erreurs de l'humorisme, avait senti qu'il était indispensable de placer dans les solides organiques la base fondamentale des tempéraments, et que les fluides n'offraient, sous ce rapport, qu'une importance absolument secondaire.

Base organique des tempéraments. — Les faits, l'expérience et le raisonnement se réunissent pour démontrer que l'occasion matérielle et fondamentale des tempéraments existe surtout dans les solides organiques. Une humeur quelconque, le sang, l'urine, la bile, etc., ne se rencontrent point dans l'économie sans le foie, le rein, les organes d'hématose, etc.; ne présentent point une augmentation, une diminution, une perversion notables, sans que des altérations analogues aient primitivement affecté les viscères dans leur développement substantiel ou dans leurs propriétés vitales. Dès lors, puisque la prédominance de l'organe marche toujours avant la surabondance de l'humeur qu'il doit élaborer, c'est donc évidemment sur les dispositions actuelles des appareils de l'économie qu'il faut baser les conditions relatives aux tempéraments.

Sous le rapport que nous examinons, cinq appareils fondamentaux constituent, pour notre espèce, le domaine de l'éco nomie vivante : 1° *Nerveux ;* 2° *circulatoire lymphatique ;* 3° *circulatoire sanguin;* 4° *musculaire ;* 5° *digestif*. C'est dans la prédominance relative de l'un ou l'autre de ces appareils, que nous plaçons la base essentielle des tempéraments simples. Ainsi, développement extranormal, suractivité des systèmes : 1° sensitif ; tempérament *nerveux*, dans lequel nous distinguerons deux variétés, l'*encéphalique*, le *ganglionnaire ;* 2° circulatoire blanc ; tempérament *lymphatique ;* 3° circulatoire rouge ; tempérament *sanguin ;* 4° musculaire ; tempérament *athlétique ;* 5° digestif ; tempérament *bilieux*. Lorsqu'il survient, chez les individus ainsi disposés, une irritation chronique dans les viscères abdominaux, dans le système nerveux ganglionnaire, on donne à cette modification, en quelque sorte morbide, le nom de tempérament *mélancolique*.

Telles sont les véritables bases des cinq tempéraments fondamentaux et de leurs variétés. En diminuant ce nombre, on confondrait des états essentiellement différents; en l'augmentant, on isolerait des modifications identiques.

Nous reconnaissons dès lors cinq tempéraments fondamentaux ou primitifs : 1° *nerveux ;* 2° *lymphatique ;* 3° *sanguin ;* 4° *athlétique ;* 5° *bilieux*, et comme dégénération de ce dernier, le *mélancolique*. Chacun d'eux offrant des considérations importantes, nous les étudierons séparément dans l'ordre indiqué.

1° Tempérament nerveux. — *Base organique.* — Elle est établie sur la prédominance marquée du système nerveux dont le développement, soit originaire, soit acquis, sous le rapport du volume proportionnel et de la vitalité, se trouve bien supérieur à celui des autres appareils.

Causes déterminantes. — Elles peuvent être natives ou rentrer dans les habitudes extérieures du sujet.

Au nombre des premières, nous devons particulièrement noter : la transmission héréditaire des conditions physiologiques par voie génératrice ; les influences qui s'exercent alors de la mère à l'enfant, pendant la gestation : c'est ainsi qu'agissent ordinairement, sur le fœtus, les maladies rebelles, douloureuses, les inquiétudes, les anxiétés, les chagrins profonds, éprouvés par la femme enceinte. Nous trouvons dans ses dispositions la raison principale du tempérament nerveux chez les peuples civilisés, après les bouleversements révolutionnaires.

Parmi les secondes, il faut spécialement indiquer : une éducation efféminée ; le développement prématuré du moral, celui du physique étant à peu près entièrement négligé ; des aliments factices variés suivant les goûts et non d'après les besoins ; l'air chaud, souvent parfumé des salons ; une existence inoccupée : les précautions abusives, minutieuses d'une affection mal entendue ; la fréquentation habituelle des bals, des spectacles, du grand monde, etc. Sous l'influence de ces nombreux modificateurs, l'augmentation progressive et la variété des impressions déterminent, dans l'appareil sensitif, un accroissement de vitalité qui fait naître à son tour le besoin pressant des excitations les plus vives et les plus diversifiées. Le sujet, dès lors placé dans un cercle vicieux où les causes, les effets s'enchaînent mutuellement, arrive au tempérament nerveux avec tous ses inconvénients et ses avantages.

Traits physiques. — On observe toujours un grand développement relatif des centres nerveux et de leurs prolongements. La tête présente, surtout par sa portion crânienne, un volume extranormal comparativement aux autres parties du sujet. La stature est moyenne ou même petite ; les formes grêles ou seulement efféminées ; la fibre dense, quelquefois susceptible d'une première contraction brusque, énergique, mais peu soutenue ; le teint décoloré ; l'œil vif, la physionomie expressive, mobile ; le pouls petit, fréquent, souvent irrégulier ; les fonctions digestives laborieuses, plus ou moins imparfaites ; les excrétions rares ; la constipation habituelle.

Traits moraux. — L'intelligence est ordinairement remarquable par la vivacité de la perception, la finesse de l'esprit, en même temps par une inconstance, une versatilité qui toujours s'opposent aux véritables succès. Les idées étant plutôt des éclairs d'imagination que des conceptions réfléchies, n'offrent pas aux facultés de raisonner et de juger, d'ailleurs peu développées, des éléments susceptibles de se graver profondément dans le souvenir. On trouve en général chez les sujets ainsi constitués, beaucoup plus d'esprit que de génie.

Les passions sont également remarquables par leur mobilité ; le système nerveux dans un état continuel de vibration, est ébranlé par la cause la plus légère. Les impressions plutôt vives que profondes, occasionneraient bientôt l'épuisement des propriétés vitales, mais elles ne font heureusement qu'effleurer la surface des organes. Aussi les individus nerveux, sous l'influence d'un chagrin violent, éprouvent momentanément des spasmes et des convulsions ; ces effets sont bientôt remplacés par ceux d'une condition opposée ; le sujet passe immédiatement des larmes les plus abondantes, aux manifestations de la gaieté; retraçant, dans cette nouvelle situation, le tableau de la première enfance.

Le changement devient un besoin pour ce tempérament. Incapable de supporter, sans peine et sans effort, la continuité des mêmes impressions, le sujet nerveux éprouve la nécessité de se reposer d'une idée par une autre. Ce besoin d'émotions nouvelles, devient quelquefois tellement impérieux, que l'on voit ce même sujet rechercher des sensations pénibles, au défaut de sensations agréables, en nous donnant la preuve d'une existence dont le maintien porte en entier sur un enchaînement de commotions morales. Impatient dans les contradictions, s'irritant avec violence contre les obstacles insurmontables, cet individu, ne pouvant soutenir un pareil état, éprouve bientôt les effets du collapsus ; oublie ses inutiles efforts et la circonstance qui les a sollicités, pour embrasser des objets d'un autre ordre. C'est ainsi qu'il forme incessamment des projets sans en effectuer aucun, et que son existence entière se consume dans la recherche d'un avenir dont il poursuit la réalité comme un vain fantôme. C'est en conséquence de ces dispositions que nous voyons les hommes fermes dans leurs volontés, et même ceux dont la nullité, l'apathie ne présente qu'une résistance inerte, l'emporter constamment, dans les affaires, dans les négociations exigeant de la patience et du travail, sur les individus nerveux auxquels on est toujours certain de résister avantageusement, en leur opposant le temps et l'immobilité.

Le courage le plus élevé peut s'allier à ce tempérament. Il faut alors des raisons majeures pour en développer la manifestation. Ainsi tel sujet qui, dans le commerce habituel de la vie, paraît doux, craintif, pusillanime, s'élève jusqu'à l'intrépidité de l'héroïsme lorsqu'il faut défendre ses amis, ses proches, soutenir de grands intérêts. Ouvrons l'histoire, nous y verrons, dans les bouleversements des républiques et des empires, ces femmes délicates, nerveuses, que l'approche d'un insecte fait pâlir d'effroi, donner l'exemple de la magnanimité, braver les périls et la mort avec une force mentale dont pourraient s'honorer les plus grands caractères. Particulier au sexe féminin, le tempérament nerveux se rencontre surtout chez les enfants, dans les régions tempérées, au milieu de la civilisation, et plus communément encore dans les grandes cités, où viennent se réunir toutes les causes de son développement. Au nombre des peuples modernes, les Italiens et les Français nous en fournissent beaucoup d'exemples.

Altérations particulières. — Elles portent plus spécialement sur le système nerveux; tels sont les spasmes, les convulsions, les névralgies, le tétanos, les phlegmasies encéphaliques, rachidiennes, etc. Ces altérations plus ou moins régulièrement périodiques, marchent par crises, bien rarement avec le danger que semblerait indiquer la violence des accès.

L'hygiène de ce tempérament peut se trouver ainsi déterminée : Bains tièdes, fréquents, régime doux assez nutritif, habitation de la campagne, exercices musculaires journaliers sans fatigue, calme des sens, éloignement des travaux intellectuels assidus et des passions exaltées.

Les moyens thérapeutiques doivent être simples et puisés, le plus souvent, dans les calmants et les narcotiques. Il faut surtout éviter l'abus des évacuations sanguines.

Après avoir établi ces considérations générales sur le tempérament nerveux, il nous reste à l'étudier dans les modifications fondamentales qu'il doit présenter. C'est en négligeant une distinction aussi positive que les physiologistes ont laissé l'histoire de ce dernier incomplète, et rejeté, comme étrangers à ses dispositions, des sujets qui rentrent naturellement dans son domaine.

En traitant des actions d'impression, nous avons fait observer que l'économie vivante, chez l'homme, offre deux systèmes nerveux, l'un *encéphalique*, l'autre *ganglionnaire* ; cette vérité nous conduit nécessairement à reconnaître deux variétés du tempérament constitué par la prédominance de ces deux appareils sensitifs. Des faits nombreux, incontestables, s'unissent pour appuyer la réalité d'une distinction aussi physiologique. Ces deux variétés sont d'ailleurs si différentes entre elles, que les sujets qui présentent l'une dans tout son développement, offrent à peine quelques-uns des caractères de l'autre, et *vice versâ*. Nous les décrirons sous le nom des appareils dont ils indiquent la supériorité relative. Ainsi, tempérament nerveux : *encéphalique*, *ganglionnaire*, chacun d'eux va nous occuper isolément.

Tempérament nerveux encéphalique. — *Base organique*. Cette première modification se rattache particulièrement à la prédominance de l'encéphale et de ses prolongements immédiats, tant sous le rapport de la masse que sous celui de la vitalité. Ici l'hypertrophie, l'excitabilité portent plus spécialement sur l'encéphale proprement dit et sur les nerfs sensitifs; la moelle rachidienne et les nerfs moteurs n'y participent jamais dans la même proportion.

Causes déterminantes. — Dans cette catégorie viennent se placer toutes les circonstances qui tendent surtout à développer l'intelligence. Ainsi la culture des arts, qui parlent à l'imagination ; des sciences, qui font agir le raisonnement ; les études opiniâtres ; la lecture des romans, des descriptions où brille toute la force de l'esprit, etc., sont autant d'influences qui joignent leurs effets à ceux des modificateurs indiqués dans les généralités pour déterminer le tempérament nerveux encéphalique.

Traits physiques. — Aux dispositions communes il faut ajouter : le volume ordinairement prononcé de la tête et des nerfs sensitifs, la gracilité des formes, la maigreur habituelle, une peau sèche et brune, un système pileux souvent noir, un œil pénétrant et spirituel, une physionomie vive et mobile, des mouvements brusques, rapides, convulsifs, une grande instabilité dans toutes les actions d'expression.

Traits moraux. — Légèreté ; inconstance ; versatilité dans les opinions, dans les projets ; saillies d'esprit ; éclairs d'imagination ; incapacité pour soutenir une discussion longue et sérieuse ; facilité pour oublier comme pour apprendre ; d'où résulte une éducation quelquefois brillante, presque toujours superficielle. Amour du grand monde ; besoin, recherche des plaisirs frivoles ; aversion pour la solitude, la retraite, la vie paisible de la campagne ; impossibilité de soutenir longtemps le même état et les mêmes impressions. Ce tempérament appartient aux femmes du monde, aux hommes d'une frêle constitution, absorbés par les travaux du cabinet. On le rencontre souvent dans les climats chauds, dans les pays où fleurissent les sciences et les arts.

Altérations particulières. — Elles affectent spécialement l'encéphale et les nerfs qu'il fournit ; dans ce nombre nous voyons l'encéphalite, l'arachnitis, les différents genres d'aliénations mentales, surtout celles qui portent directement et primitivement sur l'intelligence.

L'hygiène et les moyens thérapeutiques, propres à cette modification, rentrent dans les généralités que nous avons exposées.

TEMPÉRAMENT NERVEUX GANGLIONNAIRE. — *Base organique.*

Ce tempérament, que les physiologistes n'ont pas même signalé, repose en grande partie sur la prédominance marquée de l'appareil nerveux des ganglions, sous le double point de vue de son développement et de son irritabilité ; caractères dont les manifestations se rencontrent spécialement à la région épigastrique, centre principal de cet appareil. Cette variété du tempérament nerveux ne se trouve établie dans aucun ouvrage, bien qu'elle soit très-positive ; c'est une lacune importante que nous aurons du moins indiquée, si nous ne parvenons pas à la combler.

Causes déterminantes. — A toutes les influences déjà signalées, nous devons ajouter celles qui portent plus spécialement sur le système nerveux ganglionnaire en éveillant surtout *les passions.* Dans cette catégorie nous rencontrons les agents susceptibles d'exalter les impressions affectives ; le développement prématuré de l'amour ; l'ambition, l'émulation, la haine, l'envie, la jalousie, le fanatisme, les rivalités, les chagrins, les contradictions, les revers de fortune, l'abus des liqueurs alcooliques, des aliments irritants, etc.

Traits physiques. — On observe quelquefois en même temps les caractères du tempérament nerveux encéphalique, souvent aussi nous les voyons manquer complétement, et nous rencontrons des sujets, cachant sous une masse informe, comme frappée de torpeur et d'engourdissement habituels, sous les apparences du tempérament lymphatique porté jusqu'à l'excès, une irritabilité ganglionnaire très-prononcée, constituant la base fondamentale de cette variété du tempérament que nous étudions. Les organes auxquels se distribuent les nerfs des ganglions participent à l'excitabilité de cet appareil sensitif ; une anxiété précordiale habituelle, des digestions laborieuses, des flatuosités, des borborygmes, des palpitations, des dyspnées se manifestent souvent dans cette variété qui conduit un assez grand nombre de sujets à la mélancolie, surtout lorsqu'elle est associée au tempérament bilieux.

Traits moraux. — Sensibilité affective développée jusqu'à l'excès ; amour-propre facile à blesser ; irritabilité prompte à s'exalter ; impatiences très-vives pour les motifs les plus légers ; passions violentes à côté des sentiments les plus doux ; mélange bizarre de candeur, d'affabilité, de bienveillance, de pitié, de philanthropie, de cruauté passagère, de haine, d'amour de la vengeance. Il semble, dans ce tempérament, que le foyer des impressions n'éprouve aucune influence dans une juste mesure ; ses réactions dépassant toujours les conditions normales des sentiments, soit agréables, soit pénibles. Si d'un côté les emportements de la colère y sont éveillés par un objet de la plus mince importance, de l'autre une lecture, une anecdocte puérile suffisent pour exciter des larmes et des sanglots.

En voyant, chez certains sujets, tous ces caractères unis à l'indifférence habituelle dans le commerce de la vie, à l'insouciance, à l'insensibilité apparente, au défaut d'imagination, à la paresse, à l'éloignement des exercices physiques, des travaux intellectuels, quelquefois même à la nullité morale, pourrait-on ne pas reconnaître la prédominance particulière des ganglions, ne pas admettre cette variété du tempérament nerveux ?

C'est en négligeant une distinction aussi fondamentale que les auteurs n'ont jamais bien établi, dans leurs descriptions, les principales nuances de cette modification constitutionnelle qu'ils ont refusée à des sujets enveloppés sous les traits apparents d'une diathèse lymphatique, et dont les passions vives, souvent exaltées, dès lors sans aucune base dans l'organisme, ne devaient plus trouver une explication rationnelle.

Pourrions-nous, en négligeant toutes ces considérations, apprécier le moral extraordinaire de notre bon La Fontaine, offrant le concours assez rare des tempéraments lymphatique et nerveux dans ses principales variétés. N'est-il pas évident que des modifications physiologiques extranormales devinrent, chez cet homme célèbre, la base organique d'une bonhomie crédule, relevée par la plus grande finesse d'imagination ; de ces négligences, de ces faiblesses mentales si bien rachetées par l'énergie intellectuelle, par la justesse et la force de l'expression poétique; de ce naturel toujours conforme à la réalité des objets, marchant sans effort avec l'esprit, la raison et la sagesse qui s'identifient constamment aux productions du plus admirable auteur; intéressant tous les âges par cela même qu'il nous offre, dans une parfaite harmonie, la candeur de l'enfance, l'élévation de l'âge mûr, la profondeur de la vieillesse; la simplicité de la nature et la recherche régulière de l'art. On comprendra désormais pourquoi le génie de notre immortel fabuliste a paru jusqu'alors inimitable. La succession des siècles ne présente qu'à des intervalles, ordinairement très-éloignés, ces prodiges remarquables dans les constitutions humaines.

Le tempérament nerveux ganglionnaire se rencontre surtout chez les individus sensuels, exposés, par leurs habitudes, à l'influence des passions vives et diversifiées ; dans les climats humides et chauds ; dans les pays où l'usage du thé, du café, des liqueurs fortes, etc., joignent leurs effets à ceux de l'envie, de la jalousie, de l'ambition; c'est consécutivement à ces modifications réunies que nous le voyons en quelque sorte naturalisé dans la Grande-Bretagne.

Altérations particulières. — Elles portent spécialement sur le système nerveux ganglionnaire et, par extension, sur les appareils génital, digestif, respiratoire et circulatoire central; ainsi nous les voyons ordinairement représentées par les maladies suivantes : hystéric, nymphomanie, priapisme, dyspepsies, gastralgies, entéralgies, dyspnées, palpitations, hypocondrie, mélancolie, monomanies, etc.

Son hygiène réclame un régime très-doux, l'éloignement de tous les stimulants internes, un genre de vie paisible, soustrait à l'empire des passions violentes et pertubatrices.

Les médicaments doivent être peu nombreux, calmants, surtout choisis dans la classe des gommeux, des acidulés et des narcotiques légers.

2° Tempérament lymphatique. — *Base organique.* Ce tempérament, que les anciens désignaient encore par les termes de *pituiteux*, *phlegmatique*, etc., se trouve établi sur la prédominance du système vasculaire blanc, avec turgescence vitale, hypertrophie des tissus qu'il sert particulièrement à former.

Causes déterminantes. — Le plus ordinairement congéniale, cette variété paraît naturellement une conséquence des progrès de l'organisation. En effet, la masse gélatineuse, qui représente l'embryon, est en grande partie formée de vaisseaux lymphatiques, et, d'après cette condition native, la spécialité que nous indiquons devient la plus facile à produire au moyen des agents extérieurs, puisqu'il faut alors beaucoup moins changer que développer les dispositions originelles.

Ces considérations nous expliquent aisément pourquoi la grande majorité des sujets élevés dans les hôpitaux et dans toutes les réunions de ces enfants engendrés par la débauche, rapprochés par la misère, offre les principaux traits du tempérament lymphatique, souvent encore avec la dégénération strumeuse et tous ses fâcheux résultats. Sur huit cents individus que nous avons observés à l'hôpital du Mans, dans un intervalle de dix années, depuis l'adolescence jusqu'à la vieillesse, tous appartenant à la section des enfants trouvés, nous en avons rencontré quatre cents du tempérament lymphatique, et quatre cents affectés de la constitution scrofuleuse.

Des résultats aussi déplorables, aussi positifs, sont de nature à provoquer l'attention des administrateurs philanthropes sur les améliorations qu'il serait facile d'introduire dans l'hygiène de ces malheureux, en rendant leurs promenades plus fréquentes, en diminuant leur encombrement, en ajoutant des viandes saines à leur alimentation trop farineuse et trop débilitante ; l'éveil des facultés intellectuelles et des impressions affectives bien dirigées trouverait encore d'utiles applications, et l'on débarrasserait l'humanité d'une plaie d'autant plus grave et plus pénible qu'elle affecte en même temps un grand nombre de sujets.

Parmi les agents susceptibles de favoriser ou d'effectuer,

après la naissance, le développement du tempérament lymphatique, nous devons particulièrement noter : l'habitation continuelle des appartements, loin des influences favorables de l'air libre, de la lumière et de la chaleur naturelles ; un séjour prolongé dans les lieux bas, humides, froids, marécageux où l'atmosphère est encore viciée par la réunion des individus, par les matières animales et végétales en putréfaction ; un régime abondant, mais trop exclusivement lacté, féculent, frugal, herbacé ; une existence péniblement traînée sous le poids de l'indifférence et de l'ennui ; la tristesse ; la contrainte ; les passions dépressives ; le défaut d'activité morale, d'exercices gymnastiques, propres à relever l'énergie musculaire et l'activité du système circulatoire sanguin, à corroborer les tissus en faisant disparaître leur empâtement et leur mollesse ; l'engourdissement ; la paresse ; le sommeil prolongé, etc.

On voit des peuplades entières, sous l'influence de ces divers agents, présentant à peine quelques sujets échappés à des modifications d'autant plus fâcheuses que souvent elles entraînent le développement des scrofules, comme on l'observe dans le Valais, et dans plusieurs contrées de l'Angleterre. Jamais les conditions opposées ne sont aussi puissantes pour déterminer les tempéraments bilieux, sanguin, athlétique, etc. Il suffit en effet, d'après les principes que nous avons émis, de favoriser l'accroissement des dispositions natives pour obtenir l'un, alors qu'il faut le plus souvent modifier ou même changer ces prédispositions pour assurer l'établissement des autres.

Si l'on considère actuellement que cette modification de l'organisme est la plus défectueuse relativement à l'énergie physique, et surtout à la force morale, on sentira qu'il est d'un intérêt majeur pour les peuples, de faire adopter des règles d'hygiène commune, suffisantes à l'éloignement des causes principales du tempérament lymphatique, à la propagation des influences capables d'assurer l'envahissement des conditions organiques les plus favorables. A ces lois philanthropiques, se rattache souvent la prépondérance d'un empire dans la balance des nations.

Traits physiques. — Les causes déterminantes n'ayant pas entravé le développement individuel, on observe une taille élevée, l'empâtement, la succulence, l'hypertrophie des tissus blancs. En raison du volume extranormal de ces derniers, on voit disparaître les formes gracieuses par l'exagération des unes, et par la destruction des autres. La lymphe en proportion considérable, soit absolument, soit relativement à celle du sang, pénètre, abreuve tous les tissus ; la graisse est également abondante. L'une ou l'autre de ces humeurs peut acquérir une augmentation excessive et même pathologique suivant que cette hypertrophie porte plus spécialement sur le système cellulaire, ou sur le tissu adipeux. Dans le premier cas, on voit survenir une pléthore lymphatique ; alors toutes les parties, et notamment celles que les vaisseaux blancs composent en grande proportion, sont molles, pâteuses, diaphanes ; la peau décolorée, d'un blanc terne, fournit une perspiration huileuse, d'une odeur acescente et nauséabonde ; la graisse est jaunâtre, molle, presque diffluente : les membres lourds et sans élégance ; les articulations rondes, volumineuses ; les saillies musculaires à peine sensibles ; toute l'habitude extérieure sans agrément et sans distinction. Dans le second cas, l'individu prend quelquefois un volume prodigieux ; toutes ses formes paraissent arrondies et comme noyées dans cette exubérance adipeuse ; il survient alors une disposition en quelque sorte morbifique, désignée par le terme de *polysarcie.*

Lorsque ces deux modifications se trouvent unies d'une manière moins exagérée, l'enveloppe dermoïde offre beaucoup de finesse, elle est sensible, douce au toucher, d'une blancheur éclatante, sillonnée par des veines bleuâtres qui relèvent encore sa beauté. Les cheveux sont d'un blond-jaunâtre et fade ; bouclés ou droits, longs, souples, fins, soyeux ; les autres divisions du même système partagent ces caractères, se rapprochant ainsi de la mollesse des différents tissus. L'œil naturellement triste, languissant, reste même quelquefois sans aucune expression ; la physionomie souvent passive, laisse voir dans tous les traits, l'indifférence, la froideur et l'insensibilité. Lorsqu'elle s'anime, c'est toujours sans exaltation, le plus ordinairement avec douceur et modestie. Le pouls est lent, mou, régulier, les fonctions vitales et nutritives sans anomalies fréquentes, mais d'un autre côté sans ressort et sans développement. Les phénomènes reproducteurs ne sont pas sollicités avec énergie, le fluide spermatique est séreux et mal élaboré, circonstance qui nous explique en partie la transmission de ce tempérament et celle de la constitution scrofuleuse par voie d'hérédité.

Traits moraux. — Tendance au repos, à l'inaction ; éloignement pour les travaux intellectuels et mécaniques, pour tout ce qui nécessite un effort ; insouciance ; paresse ; défaut presque absolu de curiosité relativement aux objets de science et d'art ; indifférence habituelle dans les rapports ; intelligence bornée, parfois solide, jamais brillante ; perceptions peu nombreuses, conséquemment, idées nettes, assez positives ; imagination obtuse, languissante ; raisonnement en général précis ; jugement droit ; patience remarquable ; et dès lors aptitude aux occupations exigeant du temps et de l'assiduité. C'est ainsi que nous trouvons, pour ce tempérament, des hommes célèbres dans les sciences exactes, les mathématiques, la physique, la chimie, la mécanique, etc ; tandis que nous en rencontrons à peine quelques-uns dont les noms soient connus en musique, en poésie, dans les arts où l'imagination reproductrice et le génie créateur deviennent seuls capables d'assurer les véritables succès.

L'instinct répond exactement aux conditions physiologiques. Les passions sont calmes, sans énergie, sans vigueur ; le caractère languit aussi loin des sublimes élans du patriotisme et de la philanthropie que des effrayantes impulsions de la colère et de la vengeance. Couler des jours paisibles, sans agitation, sans contrainte et sans effort ; s'abandonner mollement aux douceurs du repos, loin des affaires et des sentiers ouverts à l'ambition ; ne présenter, en dernier résultat, ni vertus, ni vices, tels sont les traits moraux de ce tempérament.

Le sujet lymphatique, étranger à la domination, se laisse volontiers commander sans résistance. Nous en trouvons la preuve positive dans la discipline militaire allemande, russe, prussienne, etc., qui nous offre des punitions et des traitements corporels auxquels on n'assujettiraient jamais nos soldats français, plus faciles à guider par les inspirations du courage et par la voix de l'honneur, que sous la verge ensanglantée d'un aveugle et brutal despotisme.

Chaque jour, sur la scène du monde, nous apercevons des hommes débonnaires, sans aucun ascendant capable d'exciter les rivalités, les coteries, les envieux, les ennemis du vrai mérite ; sans aucune étincelle du feu divin de la philanthropie ; sans la plus faible des qualités éminentes qui peuvent assurer les amis sincères ; inoffensifs, étrangers à l'attaque, à la défense, partageant tous les avis, toutes les opinions dans l'impuissance ou la frayeur d'en manifester une qui leur soit propre, convenant à tout le monde également, dès qu'ils n'appartiennent à personne. Ces hommes seront toujours environnés par des indifférents. Lorsqu'ils offrent des qualités et des vertus, il est difficile d'y voir autre chose que des vertus et des qualités inhérentes au tempérament ; peu susceptibles d'exciter la reconnaissance générale, de mériter une considération distinguée, par cela même que leur établissement n'exige aucun sacrifice, aucun travail, et devient la conséquence nécessaire de l'organisation et des impulsions instinctives. C'est le ruisseau qui suit sa pente naturelle ; c'est l'arbuste inclinant sa tige flexible dans la direction que vient lui communiquer le souffle des zéphirs.

Ne confondons pas avec la bonhomie, la douceur instinctive du tempérament lymphatique, la douceur, la bonhomie calculées de certains hommes, qui veulent en imposer par le mielleux de leurs discours, de leurs manières, par un abandon factice, par une franchise théâtrale complétement en opposition avec la fausseté, l'égoïsme, l'envie, l'orgueil dont leur âme est incessamment agitée. Des sujets de ce caractère ne peuvent inspirer que la pitié, disons plutôt le mépris, puisqu'ils n'offrent aucune compensation à ce charlatanisme de sentiment.

Le tempérament lymphatique appartient spécialement à l'enfance, au sexe féminin. On le rencontre surtout dans les régions humides et froides, sous les gouvernements despotiques, chez les peuples ordinairement exposés à la misère, aux privations, à l'ennui.

Altérations. — Elles portent plus spécialement sur les tissus blancs, marchent assez fréquemment au type chronique, se terminent, dans un grand nombre de circonstances, par des infiltrations séreuses, des hydropisies, des abcès froids, de mauvaise nature, l'engorgement, la dégénération lardacée des ganglions, des parenchymes ; les tubercules mésentériques, pulmonaires, etc.; la diathèse scrofuleuse et toutes ses altérations locales.

L'hygiène de ce tempérament doit avoir pour objet essentiel d'éveiller les dispositions morales et d'affermir la constitution physique. Ainsi, des passions vives et gaies, des travaux intellectuels variés d'après les moyens du sujet, des exercices gymnastiques sous l'influence de la chaleur solaire ; une activité continuelle, obligée ; l'éloignement du froid, de l'humidité, des passions tristes, de l'inertie générale ; un régime nutritif, surtout animal ; des boissons alcooliques suffisamment tempérées, constituent l'ensemble des moyens les mieux appropriés à ces dispositions organiques.

La thérapeutique se trouvera naturellement établie sur les mêmes bases ; on évitera les évacuations sanguines abondantes, les narcotiques, les gommeux, les mucilagineux trop longtemps prolongés ; enfin tous les modificateurs susceptibles d'énerver la constitution, d'augmenter les proportions relatives du système lymphatique en diminuant celles des autres appareils.

3° Tempérament sanguin. — *Base organique.* Ce tempérament, que l'on pourrait encore nommer artériel, vasculaire rouge, consiste dans la prédominance du cœur, des artères et des capillaires généraux, avec développement proportionné de l'appareil respiratoire, abondance, richesse, caractère fibrineux du sang dont l'hématosine présente une belle coloration pourprée.

Causes déterminantes. — Cette modification physiologique peut s'annoncer dès la naissance, mais il est rare qu'elle soit déjà bien caractérisée dans cette époque de la vie. D'où l'on peut inférer que les circonstances natives sont ici, plutôt prédisposantes qu'efficientes. Cependant elles offrent, au premier titre, une assez grande part dans l'établissement régulier de ce tempérament, que les influences extérieures ont bien rarement le pouvoir de produire, lorsque les conditions originelles sont opposées à ses manifestations. C'est en effet de toutes les spécialités, la plus difficile à créer par l'habitude et l'éducation ; véritable bienfait de la nature et de l'organisation primitive, sa base peut toujours être développée, jamais essentiellement constituée par les agents artificiels. Au nombre de ces derniers nous devons spécialement indiquer : une éducation libre et normale, permettant au jeune sujet de s'abandonner sans contrainte physique et morale aux jeux, aux exercices de son âge, aux impulsions favorables de son instinct, avec l'attention de mettre un frein insensible à tout ce qu'elles pourraient offrir de nuisible aux perfectionnements du tempérament et du caractère. L'enfant devra s'habituer, par degrés, à braver l'intempérie des saisons et l'action des autres modificateurs dont il est environné, sans toutefois s'exposer imprudemment à leurs influences nuisibles. Apprendre à sentir avant d'étudier l'art de penser, de raisonner, de juger ; vivre par l'instinct avant d'exister par l'intelligence ; exercer les nerfs du mouvement plutôt que ceux des impressions mentales ; rendre les exercices moraux une conséquence des goûts, des penchants, de la vocation ; les présenter comme un délassement aux exercices physiques, au lieu d'en faire une tâche pénible, fastidieuse dont l'enfant ne s'acquitterait alors qu'avec ennui, dégoût et satiété ; prévenir par des conseils bienveillants tous les défauts, toutes les imperfections plutôt que d'en effectuer la correction sévère par de mauvais traitements ou des réprimandes acrimonieuses ; choisir pour lectures, dans l'histoire, les passages remarquables par la force de l'exemple, offrant les incalculables avantages d'exciter l'émulation, de produire la grandeur d'âme sans ostentation et sans orgueil, la vertu sans fanatisme et sans hypocrisie ; éloigner toutes les passions haineuses, violentes, dépressives ; imprimer à la constitution ces développements naturels dans les facultés sensitives et réactionnelles si souvent entravées d'une manière nuisible par nos habitudes sociales et les abus de la civilisation ; l'usage d'un régime simple, également animal et végétal, constamment étranger à ces mets délicats, à ces friandises dont on fait un abus si fréquent pour le premier âge, telles sont les circonstances fondamentales qui garantissent le perfectionnement du moral et du physique, avec tous les caractères brillants dont l'ensemble détermine la production du tempérament que nous étudions.

Traits physiques. — Taille au-dessus de la moyenne ; peau vermeille, chaude, halitueuse, fine, riche en capillaires sanguins ; organisation large et brillante ; saillies musculaires bien dessinées, mais sans dureté, formes élégantes et gracieuses, mais avec des caractères mâles qui les distinguent des formes efféminées ; pose naturelle, ordinairement noble et facile ; mouvements caractérisés par la liberté, l'aisance et l'harmonie ; embonpoint modéré ; système pileux blond, rarement noir ; pouls élastique, régulier, souple, développé sans plénitude morbifique. Le sang, poussé, par un cœur vigoureux, dans un système artériel avantageusement constitué, parvient avec force à tous les capillaires généraux ; entretient dans l'organisme l'ébranlement et l'excitation favorables aux mouvements ; engage à l'exercice, et rend l'immobilité, l'application aussi nuisibles qu'insupportables. Incessamment renouvelé par une ample respiration, par une hématose complète, ce fluide apporte, dans les tissus, des matériaux abondants pour l'accroissement et la réparation ; pénètre les capillaires dans toutes leurs divisions, en déterminant cet épanouissement général où viennent se manifester les premiers caractères de la santé. C'est dans ce tempérament privilégié, réunissant la vigueur, la noblesse et l'élégance qu'il faut chercher les plus beaux rudiments de la constitution physique : c'est en quelque sorte la perfection idéale que l'Apollon du Belvédère nous reproduit sous un type céleste et merveilleux.

Traits moraux. — Nous devons les considérer dans l'intelligence et dans les passions.

Relativement à l'intelligence : esprit vif, perception facile, imagination brillante ; attention peu susceptible de s'arrêter longtemps sur le même objet. Raisonnement et jugement fautifs par cela même que les impressions trop superficielles produisent des idées rapides et sans profondeur ; aussi les sujets sanguins obtiennent-ils plutôt des succès, dans les cercles mondains, par leur aménité, leurs manières étudiées auprès du beau sexe, qui recherche avant tout la grâce et la frivolité, que des couronnes académiques par l'élévation de leur savoir et de leur génie. Lorsqu'ils se font une réputation dans la carrière des lettres et des arts, c'est toujours avec des romans, des poésies légères, des compositions agréables en musique, en peinture, jamais par des traités scientifiques ou par la solution des problèmes abstraits ; leur expression est vive, animée, pittoresque ; leur style diffus, varié, frivole.

Relativement aux passions : gaieté soutenue ; inconstance, légèreté remarquables dans les projets et dans les affections ; inconséquences, distractions habituelles dans le commerce de la vie ; emportements quelquefois assez violents, toujours passagers, bientôt suivis d'un retour facile et sincère. La haine invétérée, les criminelles perfidies, les ressentiments durables et toutes ces passions qui dégradent l'âme, en avilissant l'homme à ses propres yeux, ne se rencontrent jamais dans le tempérament sanguin ; il présente au contraire pour base instinctive, l'humanité, la franchise, la bonté, l'obligeance, la philanthropie, la confiance abusive et souvent trompée ; l'héroïsme ; le courage bouillant et voisin de la témérité ; l'impatience de la contrainte et des obstacles, qui fait préférer les inconvénients d'une vie libre et même licencieuse, aux avantages d'une existence uniforme et réglée ; supportant plus volontiers l'espèce de vague, d'incertitude et les caractères aventureux de la première, que la position constante, fixe et calculée de la seconde. Des voyages lointains, des projets plus ou moins chimériques, tels sont ici les aliments de l'imagination souvent désordonnée dans ses conceptions.

Incapable d'un attachement profond en amitié, surtout en amour, le sujet de ce tempérament prodigue sans beaucoup de choix et d'examen, les témoignages d'une affection banale, et n'exige aucun retour. Voyant à peine un lendemain dans les services qu'il rend, dans ses frais continuels de sentiment, il présente sous ce rapport l'instabilité du guerrier dans les camps de Bellone, jouissant du présent, oubliant le passé, ne s'occupant jamais de l'avenir.

C'est au bienfait de ce tempérament, que les Français, vainqueurs de toutes les nations, doivent cette valeur et ce courage indomptable, qui les illustra tant de fois sur le champ de bataille ; c'est à la gaieté constante, base naturelle de leur caractère, que, dans les guerres les plus désastreuses, au milieu des glaces du Nord, sous les feux brûlants des tropiques, supérieurs à toutes les adversités, ils surent braver l'infortune, résister aux éléments contraires, après avoir laissé chez les peuples vaincus ou triomphants, des souvenirs d'urbanité, de courtoisie qui vivront à jamais dans ces contrées lointaines où nous avons porté les sciences, les arts et la civilisation.

Le tempérament sanguin est évidemment celui que l'on doit préférer pour être heureux ; mais en assurant le bonheur, il ne garantit pas la célébrité ; dès lors il faut choisir entre les plaisirs du cœur et ceux de la renommée. Ce tempérament est celui de l'adolescence et de l'âge adulte ; on l'observe surtout dans les régions tempérées ; sous les gouvernements constitutionnels ; il est en quelque sorte naturel au sol privilégié de la France.

Altérations particulières. — S'adressant spécialement aux capillaires généraux, les plus ordinaires sont des inflammations parenchymateuses, cutanées, cellulaires, muqueuses, etc.; presque toujours à l'état aigu, marchant franchement, quelquefois avec une sorte de violence; promptement jugées, en raison de l'énergie des réactions vitales; terminées en peu de jours, soit par des résolutions favorables, soit par des congestions funestes. Les organes sont peu disposés à l'engorgement, aux dégénérations lardacées, un physique bien constitué, soutenu par un instinct difficile à déprimer assurant en général une convalescence régulière et définitive.

L'hygiène consiste à modérer la vivacité des impressions, à régler convenablement les exercices, à donner plus de fixité au moral, moins d'empire au physique par une vie paisible, des travaux appropriés, des aliments doux, en quantité relative aux besoins positifs de l'organisme.

Dans les applications thérapeutiques, il ne faut jamais oublier que le succès dépend des premiers instants ; que l'existence est, dès le début, fortement compromise en raison de la violence des réactions, et que, si l'on n'a pas alors maîtrisé l'énergie désordonnée des efforts conservateurs, par des déplétions sanguines abondantes, le sujet meurt victime de l'ignorance et de l'impéritie.

4° Tempérament athlétique. — *Base organique.* Pour ce tempérament que l'on devrait appeler *musculaire*, elle se trouve dans le développement extranormal de l'appareil actif du mouvement, dans sa prédominance relative sur tous les autres, et notamment sur l'encéphale et sur les nerfs sensitifs ; non seulement par l'augmentation de sa masse générale, mais encore par la supériorité de son énergie, de sa vitalité, double circonstance qui constitue les hommes d'une force prodigieuse connus sous le nom d'*hercules.* L'une ou l'autre de ces conditions isolées n'établit jamais le tempérament athlétique d'une manière bien précise.

Causes déterminantes. — Sans dépendre absolument de

l'influence génératrice, puisque l'on voit des parents très-musclés donner le jour à des enfants grêles, et *vice versâ*, ce tempérament semble particulièrement se rattacher aux dispositions natives. On observe alors en effet le jeune enfant, dès ses premières années, poussé par le sentiment de ses forces naturelles, dirigeant toute son attention et son aptitude vers les efforts employés à vaincre des résistances graduées. Chaque jour, encouragé par le succès, il trouve dans la satisfaction de l'amour-propre un attrait qui lui fait ambitionner des résultats plus difficiles, et d'après cette loi physiologique invariable, que l'exercice d'une faculté produit son développement, offrir une puissance musculaire supérieure dans ses étonnantes manifestations à celle du commun des hommes; dès lors placé dans un cercle vicieux où les causes, les effets s'enchaînent mutuellement, il ne tarde pas à signaler toutes les conséquences des grandes modifications opérées sous l'influence de ses dispositions originelles, secondées par l'habitude et l'éducation. Ainsi le séjour de la campagne, un régime sain et réparateur, l'éloignement de tous les excès, l'éducation physique absorbant celle du moral, avant tous les exercices gymnastiques souvent répétés, sans lassitude excessive et sans efforts disproportionnés aux moyens du sujet, nous offrent les circonstances extérieures susceptibles de favoriser les conditions natives dans la production du tempérament athlétique.

Traits physiques. — Stature moyenne, squelette largement développé, surtout dans sa partie thoracique, saillies musculaires vigoureusement exprimées, avec isolement complet des faisceaux dépourvus, en apparence, du tissu cellulaire, et réduits à la fibre contractile; de telle sorte que l'on aperçoit les formes et les contours de ces faisceaux dont les mouvements présentent non-seulement une grande force, une liberté remarquable, mais encore une indépendance presque parfaite. Tendons résistants, sans trop de grosseur, bien détachés; articulations solidement liées, sans empâtement, offrant peu de volume comparativement à celui de la partie charnue des membres; dispositions analogues pour les mains et les pieds; faisant disparaître, chez l'athlète, cette pesanteur des formes, ce caractère d'ébauche imparfaite observés chez les sujets lymphatiques, pour y substituer une certaine élégance alors compatible avec le développement et l'énergie de l'appareil moteur. Larges dimensions des épaules qui se trouvent élevées, saillantes en arrière où le dos s'arrondit sensiblement par les grandes proportions des muscles de cette partie; ampleur de la poitrine dont les mouvements sont très-étendus, faciles et réguliers; état analogue du centre circulatoire; tête comparativement peu volumineuse, dans sa portion crânienne plus spécialement encore; système pileux ordinairement noir, très-fourni, très-abondant; air imposant, martial; station toujours en équilibre; démarche ferme, assurée; dans l'état de calme, les mouvements s'effectuent pesamment, avec lenteur; les gestes sont rares et bornés; l'expression faciale peu variée; la parole sans chaleur et sans action, circonstances qui donnent aux hercules physiques l'apparence de ces forces majeures d'autant plus redoutables qu'elles se ménagent dans l'inaction, et qu'elles paraissent n'attendre qu'un signal pour manifester leur puissance, renverser ou briser les obstacles qui leur sont opposés. L'Hercule Farnèse vient nous offrir l'idéal parfait de ce riche développement, et de la force organique sur laquelle repose le tempérament que nous étudions.

Traits moraux. — Nous devons les envisager sous le rapport de l'intelligence et des passions.

Relativement à l'intelligence : le perfectionnement des facultés morales paraît toujours en raison inverse du développement des facultés physiques ; la faiblesse des perceptions, de l'imagination et du génie, dans un rapport direct avec la force des contractions musculaires. Il semble, dans ce tempérament, que toute l'énergie céphalo-rachidienne s'épuise à mouvoir les masses contractiles, et qu'il en reste à peine quelque faible partie pour les phénomènes de la pensée; dès lors nous voyons les conceptions difficiles et bornées, l'esprit sans ressort et sans variété. Le raisonnement et le jugement, en conséquence de leur étroite circonscription, peuvent seuls présenter une certaine valeur, surtout beaucoup de justesse, n'étant jamais égarés par les écarts de l'imagination. Aussi n'observons-nous point les grands génies dans cette constitution particulière, et les états *d'hercule, moral et physique*, se trouvent-ils constamment opposés, le développement de l'un entraînant la destruction de l'autre. De telle sorte que les athlètes en apparence puissants, au milieu du commerce des hommes, obéissent bien plus souvent qu'ils ne commandent. On peut les considérer comme des machines musculeuses capables d'effectuer les plus grands efforts, mais dont la direction a besoin d'une influence étrangère. L'hercule moral fait agir son cerveau, l'hercule physique soumet ses puissances motrices ; de ce concours, de cette action combinée résultent le plus souvent des effets incalculables, en harmonie chez les peuples civilisés, constamment enchaînés comme l'effet à sa cause dans l'ordre politique des nations.

Cette admirable disposition est un bienfait de la nature. Si l'on pouvait réunir, dans un même sujet, le génie, l'enthousiasme, l'ambition, l'audace et la violence du tempérament bilieux à la force prodigieuse du tempérament athlétique, nous aurions tout à redouter de cet assemblage aussi dangereux qu'incompatible. La fable d'Hercule en fureur immolant ses propres enfants ne serait qu'une pâle introduction à la carrière de ces hommes qui joindraient une puissance de conception sans limites à toute l'énergie d'exécution dans les projets souvent les plus opposés aux véritables intérêts de la société. Le Créateur, prévoyant toutes ces funestes conséquences, a fait naître cette opposition salutaire qui ne permet jamais d'obtenir une grande élévation du pouvoir moral sans un abaissement proportionnel du pouvoir physique, et *vice versâ*.

Relativement aux passions : sensibilité naturellement obtuse contre laquelle viennent s'émousser les impressions ordinaires comme sur un bouclier difficile à pénétrer ; en conséquence réactions à peu près nulles ; confiance entière dans sa puissance physique, et dès lors négligence, éloignement pour ses applications, comme si la crainte habituelle d'en abuser enchaînait son activité dans la présence d'un adversaire trop faible pour en mériter le développement. Mœurs paisibles, sans ambition, sans désir de la gloire ; soumission à l'ordre ; obéissance aux lois.

D'un autre côté, par cela même qu'il est difficile d'exalter les passions, et qu'il faut des causes graves pour exciter, dans ce tempérament, la colère et le désir de la vengeance, malheur à celui qui s'est chargé d'une telle provocation! Cette économie, jusqu'alors si tranquille et comme frappée d'une apathie générale, s'anime par degrés, s'échauffe, se met en mouvement; la foudre éclate avec moins de violence, chacun de ses coups est un arrêt de mort! Chez le sujet nerveux, la colère est un éclair qui brille et disparaît en même temps; chez l'athlète, c'est la tempête qui gronde, se déchaîne avec fureur, et ne s'apaise qu'après avoir effectué les plus terribles ébranlements.

Ce tempérament propre au sexe masculin, à l'âge viril, se rencontre surtout chez les peuples du Nord, chez les nations actives et guerrières également affranchies des entraves du despotisme et des abus de la civilisation.

Altérations. — Elles portent spécialement sur les organes contractiles; ainsi nous observons des phlegmasies le plus souvent aiguës sous le nom de *rhumatisme musculaire ;* des congestions sanguines dans ces organes, dans les centres nerveux qui leur communiquent la faculté motrice; consécutivement des douleurs, des engourdissements et même des paralysies dans les membres; du reste un grand nombre de maladies également communes au tempérament sanguin.

L'hygiène consiste, pour ces individus, à régler tous les exercices de manière qu'ils dépensent la force musculaire sans favoriser encore son développement extranormal, à se livrer aux travaux intellectuels, à la culture des arts pour établir un peu d'équilibre entre les organes des sens, de la perception et ceux du mouvement. Un régime doux, végétal plus particulièrement, la proscription des viandes compactes ou trop succulentes forment la base du régime.

La thérapeutique de ce tempérament exige des évacuations sanguines assez fréquentes, et surtout l'emploi des moyens très-actifs au début des maladies graves, marchant avec rapidité.

5° TEMPÉRAMENT BILIEUX. — *Base organique.* On la trouve dans la prédominance de l'appareil digestif, et plus spécialement de l'estomac, du foie, de leurs annexes communes, sous le double rapport du développement anatomique et de l'énergie de la vitalité. Un centre épigastrique irritable, une bile ordinairement âcre, abondante, ce qui portait les humoristes exclusifs à regarder les caractères de ce fluide comme la raison matérielle du tempérament que nous étudions, deviennent aussi les fondements indirects de cette constitution physiologique. Tous ces organes puisent la plus grande partie de leurs nerfs dans le système ganglionnaire, d'où résulte l'agacement, la susceptibilité de cet appareil, et dès lors une disposition plus ou moins fâcheuse aux passions violentes pour les sujets ainsi modifiés.

Causes déterminantes. — Il est bien rare de trouver le tempérament bilieux précisément indiqué chez l'enfant qui vient de naître, les parents ne le transmettant jamais à leurs descendants avec tous ses caractères; on le voit au contraire se rattacher aux influences des agents extérieurs sur le physique et le moral des individus. Ici les conditions originelles sont le point accessoire, et les modifications acquises, l'objet essentiel. Aucune autre spécialité de cet ordre n'est susceptible d'une création aussi complétement artificielle sous l'influence des agents appropriés que nous réduisons aux suivants : habitation d'un climat sec et brûlant ; régime trop exclusivement animal et surtout composé de viandes noires, salées, fumées, épicées, faisandées, etc. ; liqueurs alcooliques ; boissons excitantes, café, thé, etc. ; vie sédentaire ; travaux de cabinet ; contradictions habituelles ; lecture des ouvrages sérieux ; passions ardentes, concentrées ; ambition, envie, haine, etc.

Traits physiques. — Stature moyenne, rarement très-élevée ou très-petite ; dans ce dernier cas, le défaut de longueur se trouve compensé par l'accroissement dans les autres dimensions; enveloppe dermoïde épaisse, d'un jaune terne ou basané; système pileux ordinairement noir, crépu; formes carrées; saillies musculaires durement exprimées; station solidement établie; locomotion mesurée; mouvements brusques, énergiques; fierté dans la contenance; physionomie sombre ou sévère exprimant l'audace, la profondeur et l'indépendance ; fibre sèche, compacte, laissant difficilement pénétrer les fluides circulatoires, exprimant avec force tous ceux qui pourraient l'engorger, plus spécialement le sang employé pour sa nutrition ordinairement active, enlevant à ce dernier ses qualités vivifiantes pour lui donner, dans toute leur perfection, les propriétés du sang noir, d'où résulte la quantité proportionnelle de celui-ci, le volume et la dilatation des canaux qui le reçoivent, des veines sous-cutanées plus particulièrement encore. On pourrait établir un antagonisme physiologique assez positif relativement aux tempéraments sanguin et bilieux, en opposant l'arbre artériel du premier à l'arbre veineux du second; l'hématose, chez l'un, à la conversion du sang rouge en sang noir, chez l'autre; peut-être ne serait-il pas erroné de rapprocher ici de la condition que nous indiquons l'activité, la perfection sécrétoires du foie recevant un modificateur si bien approprié à ce genre d'élaboration. Toutefois, dans cette économie, la bile est abondante et ses matériaux profondément combinés; d'un autre côté, le sujet offrant naturellement une constipation plus ou moins opiniâtre, cette humeur abandonnée par son véhicule séreux, excite les intestins, et n'est pas étrangère à l'origine organique des passions violentes et concentrées, si communes pour ce tempérament ; en partie soumise à l'absorption, portée dans le torrent circulatoire, elle concourt alors à la teinte jaunâtre que présente ordinairement la peau chez les individus ainsi constitués; pouls dur, plein, fort; urines safranées, rouges, ammoniacales; perspiration dermoïde ambrée; excrétions alvines rares et fétides.

Traits moraux. — Ils sont fortement caractérisés; nous offrent les plus grands développements de l'énergie mentale sous le rapport de l'intelligence et des passions que nous devons examiner isolément.

Relativement à l'intelligence : elle est remarquable par le génie plutôt que par l'imagination; par la profondeur, la précision du raisonnement et du jugement, plutôt que par le brillant de l'esprit et la finesse des perceptions. Les idées sont vastes, moins appliquées aux détails qu'à l'ensemble. Hardiesse, maturité dans la conception des projets; courage, persévérance dans leur exécution; attention forte et soutenue, pouvant s'appliquer à tout; éloignement pour la lecture des romans, les études frivoles, etc.; recherche des travaux importants et sérieux. Semblable sous ce rapport à l'estomac robuste appétant des aliments capables de résister à son action, le cerveau du sujet bilieux manifeste un besoin pressant d'élaborations intellectuelles difficiles et prolongées. Style rapide, concis, brûlant, expressif; élocution mesurée, calme dans les explications ordinaires, âpre, saccadée, foudroyante sous l'influence des violentes émotions.

Relativement aux passions : ce tempérament nous offre les plus grands contrastes. Ainsi, d'une part, ambition, grandeur d'âme, générosité, courage sans exaltation, audace, vertu sévère, dévouement héroïque ; de l'autre, envie, jalousie, désir de la vengeance, perfidie, cruauté, dissimulation, etc.; il fournit en même temps les exemples des plus sublimes vertus et des forfaits les plus monstrueux, en étonnant le monde par la subite apparition de ces hommes extraordinaires, à l'occasion desquels nous répéterons cette assertion pleine de justesse : « Ils ont fait trop de mal pour que l'on en puisse dire du « bien; et trop de bien pour que l'on en puisse dire du mal. »

L'homme d'un tempérament bilieux est obligé de surmonter les plus grands obstacles pour maintenir l'empire de la raison sur l'instinct. Dépouillé de l'épiderme moral, que l'on nous permette cette expression, il sent tout avec excès; la plus légère impression l'irrite, le blesse, entraîne la fermentation de son indomptable et bouillant caractère. Lorsqu'il s'abandonne aux impulsions organiques, il devient fâcheux pour les autres, pour lui-même; dépassant toujours la mesure naturelle dans les réactions provoquées par la fréquentation et le commerce des hommes; sans indulgence pour leurs défauts, il gronde, éclate, se fait des ennemis, arrive insensiblement à la misanthropie, à l'isolement, au malheur! Au contraire si, maîtrisant par une raison supérieure la force et la vivacité de ses passions, il sait les utiliser en leur imprimant une direction avantageuse, les plus grands obstacles paraissent alors s'abaisser devant lui; secondé par cette vertu magique, il peut établir des religions, des constitutions politiques nouvelles, changer les habitudes, les mœurs des peuples, modifier en quelque sorte le monde entier. Tels furent Pierre le Grand, Mahomet, Cromwel, Napoléon.

Ici nous ne rencontrons plus ces vertus faciles du tempérament lymphatique; elles deviennent, chez le bilieux, un résultat des efforts les plus assidus, une victoire de la raison sur l'instinct. Nous devons par conséquent accueillir avec reconnaissance les sujets ainsi constitués, lorsqu'ils nous donnent l'exemple de la bonté, de la philanthropie, de la modération et du plus sublime dévouement; nous devons encore, lors même qu'ils succombent dans cette lutte périlleuse, juger leurs écarts avec l'indulgence commandée par une semblable disposition physiologique.

Ce tempérament appartient surtout aux climats brûlants, aux contrées méridionales; il paraît en quelque sorte naturalisé chez les Turcs, les Arabes, les Espagnols, etc.

Altérations. — Elles affectent spécialement l'appareil digestif; les plus ordinaires sont : les phlegmasies gastro-intestinales aiguës ou chroniques, les hépatites, la constipation opiniâtre avec chaleur, anxiété, douleur vers l'épigastre; les engorgements, le squirrhe du pylore, du foie; et, par extension sympathique vers l'encéphale, tous les degrés de la monomanie, de l'hypocondrie avec ennui, tristesse, morosité, propension au suicide. De telle sorte que si l'on peut envisager le tempérament bilieux comme une disposition organique favorable pour acquérir la célébrité dans tous les genres, on doit en même temps y trouver l'un des plus grands obstacles à la paix de l'âme, au véritable bonheur.

L'hygiène la mieux appropriée à ces dispositions consiste dans le régime végétal surtout; la proscription des irritants intérieurs ; la diversion aux travaux intellectuels par des exercices physiques ; l'attention continuelle de soumettre l'instinct aux déterminations raisonnées ; d'éviter le développement des passions violentes et concentrées, en se créant une source d'affections expansives, douces, paisibles, garanties par le bonheur domestique, les lectures agréables, un éloignement complet de celles qui peuvent inspirer le dégoût des relations humaines et toutes les funestes conséquences de la plus sombre mélancolie.

Les moyens thérapeutiques seront ordinairement représentés par la diète, les tempérants, les boissons acidules, calmantes, les bains, les évacuations alvines modérées; presque jamais par le vomissement. Les émissions sanguines, indispensables à l'invasion des phlegmasies aiguës, dont la marche est souvent grave et rapide, ne devront pas être employées sans réserve et sans discrétion. Il est surtout bien important de faire disparaître jusqu'aux derniers vestiges des lésions organiques, pour s'opposer à des rechutes fâcheuses, à des engorgements, des dégénérations funestes; c'est en conséquence de cette indication fondamentale que les mouvements critiques, effectués par les sécrétions dermoïde, urinaire, par les vésicatoires, etc., peuvent offrir des résultats essentiellement avantageux, non-seulement pour opérer la guérison, mais encore pour assurer la convalescence.

En se compliquant avec le tempérament nerveux ganglionnaire surtout, en prenant des caractères intermédiaires entre les états normal et physiologique, le tempérament bilieux revêt des conditions particulières, dont l'ensemble est décrit, par quelques auteurs, comme une modification spéciale, sous le titre de *mélancolique*. Sans adopter une idée qui nous paraît fautive, nous étudierons cette variété, non comme un tempérament primitif, mais comme une perversion du *bilioso-nerveux*, et par conséquent devant se placer immédiatement après celui que nous venons d'examiner.

6° TEMPÉRAMENT MÉLANCOLIQUE. — *Base organique.* Nous la trouvons dans un développement assez prononcé des appareils digestif et nerveux ganglionnaire plus spécialement, et surtout dans une sorte d'irritabilité morbifique de ces derniers, ainsi placés dans une disposition intermédiaire aux états physiologique et morbide ; appartenant également à tous les deux, sans convenir exclusivement à chacun.

Causes déterminantes. — A celles des tempéraments nerveux et bilieux, nous ajouterons les suivantes comme plus particulières à cette modification : vie sédentaire ; éloignement du commerce des hommes ; lecture de ces livres dangereux, enfantés par des cerveaux malades ou vicieusement constitués, allumant dans l'âme un feu destructeur, minant sourdement avant d'éclater, dont la plus sombre misanthropie rembrunit toutes les pages, et qui, faussant tous les ressorts de l'esprit, pervertissent les plus sublimes inspirations du cœur. Inclinations contrariées ; froissements de l'amour-propre ; chagrins profonds et durables ; injustices fréquemment supportées ; défaut de réciprocité dans les affections ; fréquentation des personnes tristes, difficiles, égoïstes ; habitation des climats chauds, humides, brumeux ; des grandes cités où règnent le luxe, la mollesse et tous les abus de la civilisation ; des lieux solitaires où l'âme, sans intérêt et sans objet extérieurs, s'abandonne exclusivement à l'intuition propre, à toutes les anomalies du vague et de l'irrésolution ; usage habituel des salaisons, des épices, des liqueurs alcooliques, etc.

Traits physiques. — Taille variable ; peau jaune et sèche ; système pileux modifié du noir au brun clair ; physionomie tantôt sombre, inquiète, sinistre, immobile, tantôt remplie d'aménité, de candeur, exprimant le désir et l'affection ; œil fixe, indécis ou passionné, langoureux, entouré d'un cerne brunâtre ; air pensif, taciturne, rêveur ; démarche incertaine, embarrassée, comme soumise à des entraves par une sorte d'hésitation dans les mouvements qui la constituent; digestions pénibles, flatuosités, langueurs d'estomac, appétits dépravés, pica, boulimie, rumination chez plusieurs sujets; constipation et diarrhées alternatives; pouls fréquent, irrégulier; sommeil ordinairement troublé par des rêves et quelquefois par le somnambulisme.

Traits moraux. — Lors même qu'ils sont analogues à ceux du tempérament bilieux, on les voit perdre l'énergie, le grand développement qui les caractérise pour ce dernier.

Relativement à l'intelligence : esprit bizarre, vif, original; perceptions, raisonnements, jugements avec les manifestations du paradoxe, de l'anomalie, du désordre et de la confusion; imagination extravagante, plaçant constamment le sujet en dehors des relations naturelles qu'il doit entretenir avec tout ce qui l'environne; donnant à ses habitudes, à ses actions, l'apparence de l'irrésolution et de la folie; style obscur, passionné, rempli d'images; compositions remarquables par un fond commun de tristesse, d'ennui, de souffrance morale; voix douce, faible, persuasive; plaintes continuelles sur l'injustice des hommes, sur des malheurs fictifs et des chagrins imaginaires; propension à la vie mystique, à la contemplation, au délire des sectaires et des illuminés.

Relativement aux passions : trop souvent analogue à ces animaux timides qui vivent dans l'obscurité, le mélancolique ne se montre au grand jour qu'avec une gêne mêlée de contrainte. Soupçonneux, craintif, pusillanime, entouré des préventions les plus extravagantes et des pressentiments les plus fâcheux, il croit, dans ses visions fantastiques, rencontrer partout des ennemis puissants attachés à sa poursuite, intéressés à l'opprimer, à ternir sa réputation; dans sa funeste misanthropie, repoussant les affections les plus sincères, il ne se borne pas à regarder les autres hommes avec défiance, tous les objets de la nature lui semblent des êtres dangereux qui s'entendent pour conspirer à sa perte. N'éprouvant que des impressions pénibles, jamais en mesure de leur cause, exagérant toutes les sensations, excepté celles qui pourraient lui devenir agréables et charmer ses ennuis ; grossissant ainsi la somme des maux, diminuant celle des agréments, il anéantit cette compensation naturelle qui seule nous rattache à l'existence au milieu des conditions pénibles dont elle est environnée. Sentir et souffrir deviennent pour lui deux modifications identiques; aussi dans les écarts de son imagination quelquefois brillante, constamment en délire, on l'entend s'exhaler en plaintes amères sur la triste situation de l'humanité, sur les ennuis de la vie, sur l'injustice, la perfidie, la dépravation de ses semblables ; s'abusant toujours dans l'étiologie de ses anxiétés, il en accuse les saisons, les éléments, les qualités défectueuses des agents extérieurs, alors que ces causes résident complétement dans sa malheureuse organisation. Tel était l'infortuné Jean-Jacques dont nous admirons les sublimes pensées, dont nous plaignons les préjugés et les erreurs. Nous chercherions en vain dans ce tempérament toute la profondeur et la force du génie, nous y trouvons des auteurs pleins de verve et de sensibilité, Millevoie, Legouvé, Gilbert, Grétry, etc., nous en fournissent des exemples ; on y rencontre également des tyrans aussi lâches que barbares dans leurs atrocités, au nombre desquels nous pouvons citer Louis XI, Robespierre et Marat.

Cette variété presque morbifique est ordinairement le partage des climats humides et chauds, des peuples très-civilisés, affaiblis par le luxe et la mollesse ; on l'observe surtout dans les grandes cités, sous les riches lambris des palais, à la cour des souverains, où la dissimulation, la perfidie, la trahison, les disgrâces viennent souvent en provoquer les manifestations ; il semble naturalisé chez les Italiens et les Espagnols.

Altérations. — On les trouve positivement indiquées dans les caractères mêmes de cette constitution intermédiaire aux tempéraments bilieux et nerveux ; placée, dès son origine, entre les états normal et pathologique. Au nombre de ces altérations nous devons particulièrement indiquer les suivantes :

dyspepsie, vapeurs, hypocondrie, mélancolie, monomanie, palpitations, cardialgies, dyspnées, gastralgies, entéralgies, nymphomanie, satyriasis, etc. Les sujets ainsi disposés tombent fréquemment dans ces angoisses morales que l'on désigne par les termes de *nostalgie*, de *monomanie suicide*. Se nourrissant de réminiscences plus fortes, plus attachantes que les impressions et les idées actuelles, comparant les jouissances passées à l'isolement, à l'indifférence du présent, ils éprouvent au fond de l'âme un sentiment instinctif pénible, déterminant, lorsqu'il n'est pas surmonté par la raison, cette anxiété mentale qui flétrit, use l'organisme en frappant l'économie dans les sources principales de la vitalité.

L'hygiène doit éloigner toutes les influences capables d'effectuer le développement de l'intelligence en exaltant les passions ; faire agir toutes les causes propres à favoriser l'accroissement et l'activité des appareils musculaire et circulatoire sanguin, tels qu'un régime simple et doux, l'habitation à la campagne, les exercices gymnastiques proportionnés aux forces du sujet, etc.

Sous le rapport du traitement, il est essentiel d'éviter, chez les mélancoliques, tous les agents susceptibles d'exciter douloureusement l'irritabilité nerveuse et l'abus des évacuations sanguines offrant l'inconvénient notable de l'augmenter encore.

2° Constitution morale.— Nous désignons sous ce titre : *la disposition générale de l'âme considérée dans les rapports de l'intelligence et des passions ; dans l'ensemble et l'harmonie des éléments naturels de l'instinct et de la raison.*

De même que la constitution physique, la constitution morale peut être bonne ou mauvaise, forte ou faible.

La constitution morale est bonne lorsqu'elle présente un accord parfait entre la raison et l'instinct ; un équilibre normal entre les passions et les facultés intellectuelles. Une perception facile, un jugement sain, des affections modérées, une volonté sage constituent cette première disposition.

Elle devient au contraire défectueuse lorsque les éléments qui la forment sont réunis sans proportion et sans harmonie.

Cette constitution est forte lorsque ses principes offrent un large développement. Là viennent se placer les hercules moraux dont la constance et le génie trouvent bien rarement des obstacles insurmontables. C'est l'image du chêne luttant avec énergie contre l'ouragan dévastateur; se brisant quelquefois en éclats sans avoir jamais courbé sa tête audacieuse. Tel était l'homme d'Horace : *Si fractus illabitur orbis, impavidum ferient ruinæ.* Tels furent César, Brutus, Annibal, etc. En réunissant à ces caractères fondamentaux ceux de la bonté, de l'ensemble dans les proportions, ses actes sont énergiques, puissants, mais dirigés par la force de la raison. Heureux le pays qui produit des hommes semblables ! Animés par le feu sacré de la philanthropie, ces bienfaiteurs de l'humanité marquent leur passage au milieu des générations par des perfectionnements apportés à l'ordre social. Lycurgue, Platon, Hippocrate, etc., nous en fournissent les plus beaux exemples. En rapprochant au contraire de cette force morale toutes les anomalies d'une mauvaise constitution, elle devient capable d'entraîner aux plus fâcheux excès dans tous les genres. Malheur au siècle qui voit naître de pareils sujets ! Ils deviennent toujours le fléau de leur patrie, quelquefois en offrant le contraste frappant de l'héroïsme et de la dépravation, plus souvent encore par les crimes et les atrocités dont ils épouvantent l'univers! Est-il besoin de rappeler ici Néron, Caligula, Cromwel, etc.?

Cette même constitution est faible dans toutes les économies où ses éléments sont établis sur des proportions mesquines. Alors sans énergie, sans puissance, elle n'agit, par elle-même, que dans une sphère très-étroite. L'âme trop mollement trempée ne reçoit par les agents extérieurs que des impressions superficielles et légères, ne présente que des réactions sans chaleur et sans résultat ; évite le choc et les oppositions ; se décourage par le plus faible obstacle, présentant l'image du flexible roseau qui cède mollement à la brise la plus légère. Toutefois, en la supposant douée d'un équilibre parfait, elle peut encore offrir des caractères avantageux par les vertus paisibles dont elle produit la manifestation. Ces caractères nous rappellent Numa, Titus, l'infortuné Louis XVI. Au contraire, lorsqu'elle se trouve en même temps vicieuse et dépourvue d'harmonie, guidée par le despotisme d'un pouvoir emprunté, par les suggestions des flatteurs et des courtisans, on la voit sanctionner tous les crimes et tous les forfaits. C'est avec horreur et mépris que nous rappelons, à cette occasion, les noms des tyrans aussi lâches que sanguinaires tels que Denys, Clotaire, Louis XI, etc.

Au milieu de ces dispositions générales de force ou de faiblesse, d'équilibre ou d'irrégularité, la constitution instinctive présente sous le nom de *caractère*, chez la plupart des individus, et dans ses éléments essentiels, des prédominances que nous devons actuellement étudier avec l'intérêt commandé par un sujet aussi nécessaire à la médecine morale qu'à la philosophie.

Caractères. — Le caractère, φῦσις des Grecs, *indoles* des Latins, doit être défini : *disposition mentale particulière effectuée, chez les individus, par la prédominance de plusieurs passions ou facultés intellectuelles.* Détourné de son véritable sens par les acceptions les plus opposées, quelquefois même les plus contradictoires, ce terme exprime donc une modification qui devient pour le moral ce que le *tempérament* est pour le physique.

Pendant toute la durée de sa vie, l'homme est alternativement combattu par deux puissances rivales personnifiées chez les anciens sous les titres de *bon* et de *mauvais génie.* L'une de ces puissances, représentée par l'*ensemble des impulsions instinctives,* l'entraîne souvent au delà des conditions normales, des véritables intérêts de son bonheur et de sa conservation ; l'autre, constituée par la *raison*, lutte, avec plus ou moins d'empire, contre ces impulsions désordonnées pour le maintenir dans un équilibre indispensable à la sagesse, à la félicité. Au milieu de ces continuelles et nombreuses modifications, il contracte une disposition mentale, un *caractère* dont les passions diverses représentent le fond, et dont la volonté constitue le *vernis*. Si le fond l'emporte, le caractère se prononce avec énergie : si le vernis prédomine, les traits du caractère s'affaiblissent ou sont masqués avec tant de précaution qu'ils disparaissent entièrement.

Voyez ces peuples dont la civilisation est à peine ébauchée, livrés à des passions impérieuses, ne possédant pour les réprimer qu'un frein impuissant, ils unissent à l'amour de l'indépendance un caractère mâle, facile à déterminer, par cela même qu'il offre des formes largement et profondément établies. Examinez au contraire ces nations énervées par les raffinements du luxe et des plaisirs, vous y trouverez le désir naturel de la liberté sacrifié pour jamais à la soif des honneurs, de la richesse et du pouvoir! Ici la volonté soumet toutes les impulsions instinctives au joug d'une raison factice; le caractère est sans physionomie, sans expression; tous les hommes paraissent moulés et façonnés sur un type commun; à peine y rencontrez-vous quelques-uns de ces traits originaux, qui montrent toujours la volonté dominée par les passions. Au milieu d'une pareille société, Molière, Théophraste, La Bruyère, n'eussent jamais trouvé les modèles parfaits de leurs immortels et brillants tableaux.

Lorsque l'instinct agit en maître, le caractère devient alors facile à déterminer, comme on le voit surtout chez les animaux où les influences de la raison ne viennent jamais entraver ses manifestations. Ainsi, l'on connaît d'avance les dispositions morales d'une espèce donnée. On sait que le cerf est doux et timide ; le cheval, emporté, bouillant ; le renard, fin, rusé ; le singe, malin, imitateur ; le tigre, sanguinaire, féroce ; le lion, courageux, noble et fier. Lors au contraire qu'une raison trop exclusive et trop calculée domine l'instinct et le soumet complétement à l'empire de la volonté, le caractère naturel s'évanouit, la dénomination d'*hypocrite*, ὑποκριτής, comédien, s'applique très-bien à l'homme ainsi constitué, dissimulant ses passions sous le voile que nous venons d'indiquer ; cachant la haine la plus envenimée sous l'apparence de la bienveillance et de l'amitié; la plus infâme perfidie, sous l'aspect d'un intérêt sincère ; tous les raffinements de la cruauté, sous les dehors d'une généreuse philanthropie, etc. Qu'un sujet aussi méprisable soit immédiatement environné d'une circonstance majeure, imprévue, qui le fasse rentrer un instant sous l'influence des impulsions instinctives, aussitôt le tartufe paraît ! « Le masque tombe, et l'homme reste! »

Il est dès lors évident que ce n'est pas au milieu des peuples très-civilisés qu'il faut étudier les tempéraments et les caractères pour les bien apprécier. Autant vaudrait chercher la mesure des sentiments naturels, dans une réunion d'artistes dramatiques, dont chacun des acteurs vient simuler à nos yeux des passions qu'il n'éprouve pas réellement et qu'il exprime en conséquence avec plus ou moins d'imperfection. C'est chez les peuples moins éloignés de l'état primordial, c'est dans les républiques naissantes, qu'il faut choisir ses modèles originaux ; les sentiments y sont neufs, sincères; les âmes, bien trempées et les constitutions, dessinées d'après nature.

Base essentielle. — Pour la constitution physique, nous avons trouvé le fondement des spécialités dans la prédominance d'un système d'organes, et par une conséquence naturelle, des fonctions qui lui sont departies ; pour la constitution morale, nous rencontrons la base essentielle des particularités dans la prépondérance d'un ordre de facultés mentales, et consécutivement des actions qui s'y rattachent plus directement, avec des nuances différentes suivant l'empire exercé par la raison sur l'instinct, et *vice versâ*. Telles sont les conditions principales, sur lesquelles nous établirons chacun des caractères.

Causes déterminantes. — De même que celles des tempéraments, elles peuvent se trouver dans les dispositions intimes et dans les agents extérieurs.

Nous apportons en naissant un caractère primordial comme un tempérament naturel; si l'organisme offre son état originaire, l'âme présente également ses conditions natives ; l'un et l'autre peuvent être modifiés profondément par l'habitude et l'éducation. Ces dispositions primitives nous sont quelquefois transmises, comme un héritage, par ceux auxquels nous devons l'existence ; quelquefois aussi nous les recevons sans analogie remarquable avec celles de nos parents, souvent même dans un état complet d'opposition. Elles peuvent se conserver, se pervertir ou s'améliorer par le genre de culture. Chez certains sujets on les voit, par la résistance de leurs éléments primitifs, surmonter les agressions des modificateurs étrangers ; développer leurs avantages au milieu des circonstances les plus dangereuses ; avec tous leurs défauts et tous leurs vices naturels, vaincre l'empire de la plus sage éducation et des meilleurs exemples.

Si l'on pouvait douter de l'influence exercée par ces dispositions originelles, il suffirait d'examiner les enfants très-jeunes, au milieu des rapports et des amusements de leur âge, des contestations qui viennent s'élever entre eux, etc., pour démêler aussitôt, dans cette petite république, d'une part, des caractères influents et déterminés, toujours en action pour commander en despotes, faire adopter leurs intentions et leurs projets ; de l'autre, des caractères plus réservés, plus timides, constamment disposés à suivre, sans examen et sans résistance, les impulsions qui leur sont communiquées. La force morale prédomine déjà sur la force physique ; celui qui leur inspire le plus de confiance par la supériorité de ses moyens et l'énergie de ses déterminations, est précisément celui qu'ils choisissent volontiers pour chef. Les mêmes conséquences découleraient nécessairement des mêmes principes, dans les relations des hommes arrivés à la maturité, si les mœurs, la civilisation, les usages et les lois n'entravaient cette marche primordiale, en soumettant le génie sans naissance, à la médiocrité revêtue d'un grand nom !

Dans l'état de nature parfaite, cette modification serait un vice, une monstruosité ; dans les rapports artificiels que les individus et les sociétés doivent entretenir mutuellement, elle devient la seule digue salutaire que l'on puisse opposer au désordre, à l'anarchie. Ouvrez l'histoire des révolutions et des républiques chez les grands peuples civilisés, les pages sanglantes qui retracent leurs crimes et leurs forfaits, avanceront beaucoup plus la solution de ce problème tant de fois proposé que les dissertations les plus brillantes et les mieux raisonnées.

Toutefois, le caractère originel est, pour tous les sujets, ce rudiment que les influences ultérieures à la naissance viendront développer ou modifier, suivant leur nature et leurs dispositions. C'est particulièrement dans l'enfance que s'opèrent ces changements essentiels. Avec quelle attention ne doit-on pas, alors, diriger l'éducation morale du premier âge pour donner à l'esprit, mais surtout au cœur, ces impulsions nobles et généreuses qui seules peuvent assurer la fécilité véritable? A cette époque l'homme est un arbuste naissant dont la tige souple et mobile se redresse avec facilité; plus tard, c'est un arbre vigoureux dont le tronc sec et rigide, pouvant casser, ne fléchira jamais.

Au nombre des agents extérieurs les plus capables d'effectuer ces dispositions artificielles, on doit noter ceux dont l'influence attaque l'âme, soit directement, soit par les révolutions organiques. La fréquentation habituelle des personnes dont l'exemple fait beaucoup d'impressions sur nous; les professions, les situations diverses, les maladies, et notamment celles qui portent sur le système nerveux ganglionnaire ou sur les organes auxquels il fournit ses rameaux, deviennent les causes principales du développement ou de la destruction éprouvés par les qualités natives dans la production des caractères.

Traits distinctifs. — Ils sont moraux et physiques ; nous ne les renfermerons pas avec Gall dans certaines bosses, les unes, pour le plus grand nombre, au moins imaginaires, les autres, étant loin de présenter les fonctions que leur assigne l'auteur d'un système dont la réputation immense peut seule égaler toutes les erreurs. Si nous les cherchons en partie dans les traits du visage, d'après Lavater, ce n'est pas, comme l'a fait cet écrivain célèbre, au milieu de ses dissertations vagues et souvent erronées, en considérant les contours passifs de la physionomie primitive, mais en étudiant les traits acquis par le jeu des passions, et les changements de la prosopose actuellement sous l'influence de l'instinct. Chacun des caractères fondamentaux nous offre également ses particularités remarquables sous le rapport de la station, des mouvements généraux et partiels, de la voix, de la parole, des productions, de l'écriture, du costume et du genre d'habitation ; nous y puiserons des notions exactes qui nous serviront d'abord à bien distinguer les spécialités de la constitution morale, et consécutivement à poser les bases naturelles d'une physiognomonie raisonnée.

Altérations particulières. — De même que le tempérament est un premier degré des maladies physiques, de même le caractère est un premier pas vers l'altération mentale. C'est ainsi que l'excès des plus belles qualités, des plus grandes vertus rompt l'équilibre exigé pour la perfection du cœur et de l'esprit.

En effet, entre la prédominance d'une passion sur toutes les autres et cette aliénation mentale, souvent il n'existe qu'une transition facile ; entre l'homme poussé par un violent accès de colère aux actes les plus condamnables et le maniaque soumis à son délire frénétique, entre le sujet que domine l'amour et celui dont cette passion a perverti la constitution morale, où se trouve la différence essentielle ? N'est-il pas évident que l'un de ces états marque les symptômes précurseurs de l'autre, et que dès lors toute affection de l'âme qui présente une semblable exagération devient une introduction directe à la folie ?

Le caractère peut donc s'altérer comme le tempérament, et manifester autant de modifications extranormales qu'il existe de passions capables d'acquérir assez d'empire sur la raison pour l'affaiblir ou la réduire au silence.

Nous ne discuterons pas ici l'importante question de savoir

si les altérations mentales, soit intellectuelles, soit instinctives, sont toujours la conséquence des lésions organiques, ou si les affections de l'âme ne pourraient pas également devenir l'occasion des maladies corporelles ; ce grand problème viendra naturellement se placer dans les considérations relatives à l'influence réciproque du physique et du moral.

Après avoir établi ces principes généraux sur les caractères étudiés dans leur ensemble, nous devons en examiner les spécialités basées d'une manière invariable sur la prédominance d'un ordre de passions dans la constitution morale. Nous trouverons, pour chacune de ces particularités, des nuances infinies en conséquence du degré d'empire exercé par la raison et la volonté sur ces impulsions prépondérantes.

Les appareils secondaires n'ont présenté qu'une influence indirecte pour la formation des tempéraments; les dispositions mentales essentielles deviendront, par la même raison, les seuls éléments fondamentaux des caractères primitifs que nous réduirons à huit : 1° *curieux ;* 2° *indifférent ;* 3° *volontaire ;* 4° *indécis ;* 5° *philanthropique ;* 6° *égoïste ;* 7° *raisonnable ;* 8° *maniaque.* Se combinant en nombre, en proportions différentes, ils pourront constituer des caractères mixtes variés d'une manière infinie.

1° Caractère curieux. — *Base essentielle.* Plus intellectuel qu'instinctif, ce caractère est fondé sur la prédominance d'un groupe de facultés et de passions au nombre desquelles nous devons plus spécialement noter : *la curiosité, l'attention, l'activité, l'admiration, la perception, la mémoire, l'imagination, la versatilité,* etc. Ces éléments, variables dans leurs proportions relatives chez les divers sujets, constituent plusieurs nuances de cette modification dont la *curiosité* forme toujours le principe fondamental.

Causes déterminantes. — Elles se trouvent naturellement dans les dispositions natives et dans les agents extérieurs. Sous le premier rapport, nous rencontrons le plus souvent ce caractère déjà remarquable dans les premiers temps de la vie.

Le désir de connaître joint à l'ignorance absolue fait alors, de la curiosité primordiale, un sentiment précieux qui vient s'identifier avec le besoin d'établir des rapports multipliés en raison des progrès de l'existence active. Ainsi la spécialité que nous examinons est propre à l'homme; il s'agit moins, pour l'obtenir, de la faire naître que d'en effectuer le développement. Sous le second rapport, on doit particulièrement indiquer : le perfectionnement de la civilisation ; les commotions révolutionnaires qui, mettant en question le pouvoir, les fortunes, les honneurs, les priviléges, font plus vivement sentir la nécessité d'apprendre, de savoir; d'acquérir, par l'étude et le travail, cette valeur personnelle frayant, dans ces jours de liberté souvent abusive, la voie des dignités et de la domination; pouvant seuls offrir, dans tous les temps, des trésors inaliénables et des ressources constamment assurées dans l'infortune et l'adversité. Il suffit de comparer au milieu de nous la curiosité, l'éveil, l'activité de la génération présente, à l'indifférence, à l'assoupissement, à l'apathie de la génération passée, pour sentir la force de cette grande vérité physiologique. L'habitation d'un pays, d'une ville où fleurissent les arts, les sciences, le commerce et l'industrie; la lecture des traits saillants de l'histoire, des anecdotes piquantes, l'habitude et le besoin de se maintenir à la hauteur des nouvelles du jour, etc., sont autant de circonstances qui, fournissant un aliment à la curiosité, développent graduellement le caractère dont elle forme la base.

Traits moraux. — Pour satisfaire ses inclinations, ce caractère a besoin d'employer plusieurs facultés intellectuelles dont l'accroissement devient une conséquence naturelle de leur exercice. Ne cherchons point ailleurs la raison qui nous y fait rencontrer d'une manière prononcée: l'*attention*, fixant nos moyens d'investigation sur la chose à connaître ; la *perception*, en saisissant les qualités ; la *mémoire*, nous les conservant au besoin ; l'*imagination*, leur prêtant un nouveau charme, en altérant quelquefois la vérité ; l'*admiration*, les appréciant et les goûtant presque toujours avec excès; l'*activité*, sans cesse en mouvement pour chercher des objets nouveaux, des impressions inconnues à percevoir. L'homme curieux est nécessairement observateur; il explore avec empressement tout ce qui l'environne, fait des questions nombreuses, parfois indiscrètes; répond assez rarement à celles qu'on lui adresse, beaucoup moins occupé du soin de propager que du désir d'apprendre; état moral qui lui donne parfois l'apparence d'un sujet distrait, alors que son attention est concentrée sur le point qu'il veut approfondir.

Traits physiques. — Si l'on rapproche ce caractère d'un tempérament, il faut choisir le *nerveux*, pour les sujets très-superficiels, et le *bilieux*, pour les individus profonds. Étudiez l'homme ainsi constitué, dans une réunion nombreuse, il paraît constamment en activité ; son œil est fixe, inquiet, son oreille attentive ; son esprit, dans une préoccupation remarquable, voudrait examiner tous les objets, participer, au moins comme auditeur, à toutes les conversations. Jamais on ne parvient à l'arrêter sur des faits étrangers à ceux qui piquent sa curiosité. Au milieu d'une collection, d'une bibliothèque, on le voit incessamment regarder, toucher, goûter, flairer tous les corps auxquels chacun des sens peut s'appliquer, les retourner et les examiner dans toutes leurs parties; en exposer ensuite les détails avec une étonnante fécondité. Voix expressive, modulée, offrant surtout les inflexions naturelles à l'interrogation ; écriture incertaine et sans fermeté ; mise négligée, sans ordre ; habitation peu soignée. L'homme curieux, jouissant d'ailleurs des autres facultés essentielles, est en général bon observateur.

Ce caractère appartient surtout aux enfants, aux femmes, aux peuples civilisés. Il est naturel aux Français. Nous en trouvons des exemples dans certaines classes d'animaux, comme on le voit chez les singes, les renards, les chiens et pour la plupart des oiseaux très-intelligents.

Altérations. — Dirigé par la saine raison, le caractère curieux offre beaucoup d'avantages, il devient la première condition pour acquérir de la science, des talents et de la célébrité ; au contraire, dépourvu de ce guide précieux, livré à toutes les aberrations de l'instinct, il représente une véritable perversion mentale, en s'appliquant sans choix et sans distinction, en s'arrêtant à des objets communs, puérils, de manière à fatiguer l'esprit, à surcharger la mémoire des détails les plus inutiles et les plus fastidieux. Combien il est pénible de rencontrer ces nouvellistes affamés, obsédant par leurs questions inconvenantes et ridicules ; ces monomanes détruisant ainsi le charme des relations sociales précisément sous l'influence du mobile qui semble fait pour leur donner le piquant et la variété !

L'hygiène morale de ce caractère doit spécialement faire éviter les choses futiles ; renfermer l'activité dans la sphère des objets qu'il est essentiel d'observer et d'approfondir ; soumettre constamment ses impulsions désordonnées à l'empire de la sagesse et de la raison.

2° Caractère indifférent. — *Base essentielle.* Plus instinctif qu'intellectuel, ce caractère est déterminé par la prédominance d'un ordre de passions et de facultés mentales, parmi lesquelles nous remarquons surtout les suivantes : *indifférence*, *paresse*, *ennui*, *tristesse*, *esprit de servitude*, *bassesse*, *perfidie*, *ingratitude*, *lâcheté*, etc.; la diversité des combinaisons que peuvent offrir ces principes constituants produit des modifications nombreuses dans cette condition morale dont l'*indifférence* présente le rudiment fondamental.

Causes déterminantes. — Elles sont bien rarement originelles, et ce caractère devient beaucoup plus souvent un résultat des changements artificiels que des dispositions de la nature. Au nombre des agents extérieurs nous signalerons particulièrement : l'habitation à la campagne ; l'éloignement de tout ce qui peut exciter les sens, l'intelligence et les passions ; la vie monastique et solitaire ; une longue série d'infortunes et de chagrins, la castration, l'esclavage, la servitude, la domesticité, l'usure physique et morale par l'abus de toutes les jouissances ; la déception de l'espérance, des affections ; la dureté, la sévérité d'une première éducation ; le défaut de culture de l'esprit et du cœur. Les influences capables d'agir en même temps sur une grande masse de sujets nous offrent surtout un gouvernement despotique et militaire; l'état sauvage, particulièrement dans les contrées brûlantes où l'homme trouve sans inquiétude et sans travail les objets essentiels à la vie.

Traits moraux. — Le caractère indifférent présente l'insensibilité mentale pour la réprimande et le châtiment, comme pour la louange et la récompense. N'éprouvant point l'horreur du vice, il ne sent pas davantage l'amour de la vertu. Chez l'homme ainsi disposé, l'âme est frappée d'une paralysie instinctive qui détruit le premier mobile de la sociabilité, le charme attaché naturellement à l'existence de cet être dont le véritable bonheur se trouve dans le sentiment de sa propre intuition, dans l'échange et dans le partage de ses affections et de ses plaisirs. Pour lui, ces illusions de la félicité, ces prestiges des relations extérieures se sont évanouis. Complètement en dehors de l'ordre et du commerce habituels, il a rompu tous ses liens, ne conservant pas même ceux de l'égoïsme et de l'amour-propre ; sans excitant comme sans frein, toutes ses déterminations sont abandonnées au torrent des événements, à l'empire de la fatalité. Renfermé dans son écorce passive, il exerce la bienfaisance, la générosité sans intérêt ; il commet des crimes et des forfaits avec la plus affreuse insensibilité. Sans motif et sans désir d'apprendre, ennemi de la fatigue, de la contrainte, il est nécessairement conduit à la paresse, et bientôt, par la monotonie de ses actions, à la tristesse, à l'ennui. C'est alors qu'un voile sombre, un crêpe funèbre paraissent immédiatement couvrir les sentiments et les affections d'un sujet aussi malheureusement constitué. Quelques vertus semblent d'abord établir une certaine compensation à des vices nombreux ; observez ce caractère avec plus de soin, bientôt vous sentirez que ces vertus ne sont que des illusions. Ainsi, la nullité du savoir, de l'émulation, de l'orgueil y détermine souvent une apparence de modestie ; l'insouciance naturelle sur les imperfections, les qualités y fait naître un simulacre d'indulgence ; le défaut de susceptibilité pour le blâme et les vexations y prend l'extérieur de la patience. D'un autre côté, l'absence d'énergie pour s'élever dans l'ordre social, y développe cet esprit de servitude, cette bassesse qui deviennent le partage des âmes dégradées ; cette fausseté, cette perfidie que l'on peut envisager comme le trait envenimé des esprits faibles et pervers.

Dans cette catégorie, nous trouvons des êtres méprisables, véritables reptiles dont l'abjection forme l'essence, pouvant au besoin se plier, s'abaisser à toutes les humiliations, se mettre au niveau de tous les crimes, excepté de ceux qui supposent du courage, de la fermeté dans leur exécution. La ruse, la flatterie, les complaisances dépravées, l'obéissance à la volonté d'un maître cruel, en trahissant les droits les plus sacrés de l'amitié, de la reconnaissance ; la calomnie, le fer, le poison, tels sont les moyens de ces caméléons politiques ou privés, dont tous les gouvernements et toutes les générations ont à conspuer les personnes, à déplorer, à punir les infâmes actions.

Traits physiques. — Si nous cherchons à quelle variété constitutionnelle se rapporte souvent le caractère *indifférent*, nous trouvons le tempérament *lymphatique*, manifestant cette langueur et cette inertie particulières.

Voyez l'homme ainsi disposé dans ses relations habituelles, il paraît immobile : ses manières sont insignifiantes ; sa physionomie stupide et passive réunit pour attributs la froideur et l'insensibilité ; en considérant sa bouche béante, son œil fixe, on pourrait croire qu'il entend les conversations, qu'il examine les objets dont il est environné ; c'est une vaine supposition ; ses divers sens, que n'excite point la curiosité, sont dans une espèce de léthargie ; son imagination roule des idées vagues et sans liaison ; en parlant à cet homme, vous pensez qu'il vous écoute et vous comprend ; il suit des relations différentes et vous en donne la preuve en répondant à vos questions par des propos incohérents, en vous faisant répéter vingt fois les choses les plus simples et les plus ordinaires. Est-il un seul esprit juste qui n'ait éprouvé l'ennui, le dégoût inséparables des discussions obligées avec ces masses pensantes, que l'indifférence vient narcotiser encore?

Pendant cette somnolence de l'âme, tout l'organisme semble participer à l'inertie morale ; voix traînante, monotone et sans expression ; style diffus, sans couleur ; écriture lâche, arrondie ; mise négligée, malpropre ; habitation incommode, n'offrant pas même les choses les plus nécessaires à la vie.

Ce caractère est le partage ordinaire de la vieillesse ; on l'observe plus spécialement chez les peuples abrutis par l'esclavage, démoralisés par le despotisme ; dans les contrées froides, humides, où l'uniformité du ciel et du climat semblent entretenir et développer les dispositions mentales qui le constituent. C'est au concours du plus grand nombre des influences, dont nous venons de présenter l'énumération, qu'il faut attribuer la fréquence de ce même caractère chez les Turcs, les Allemands, les Anglais, etc.; il appartient surtout aux animaux paresseux.

Altérations particulières. — Elles sont peu diversifiées, peu fréquentes en raison de la monomanie des passions, mais on les voit quelquefois embrasser tous les degrés de la bassesse et de la perversité. Si la raison ne dirige plus avec assez d'empire une constitution mentale aussi vicieusement disposée, descendant au dernier terme de la dégradation, elle commettra les crimes les plus affreux avec sa brutalité imperturbable. Indifférent pour sa propre existence, pour son honneur, un tel sujet n'en craint pas l'aliénation ; dès lors sans frein dans ses impulsions forcenées, il commet l'empoisonnement, le meurtre et l'assassinat sans inquiétude et sans remords! Ouvrez les épouvantables annales des monomanies homicides et vous trouverez presque partout les funestes effets du caractère indifférent.

L'hygiène morale de ce caractère se rencontre particulièrement dans l'attention scrupuleuse d'habituer le jeune enfant à s'attacher avec mesure et discernement aux objets de ses rapports ; de lui procurer les distractions et les amusements de son âge, sans fatiguer la sensibilité de ses organes ; quelquefois même de changer ses habitudes, ses mœurs par des exercices nouveaux et variés, par des voyages lointains, en évitant surtout la solitude et l'uniformité.

3° Caractère volontaire. — *Base essentielle.* Ce caractère, commun à l'intelligence, à l'instinct, nous offre pour éléments les facultés et les passions que nous allons énumérer : *volonté*, *courage*, *audace*, *émulation*, *ambition*, *génie*, *colère*, *mépris*, *espérance*, *orgueil*, *sévérité*, *haine*, *cruauté*, etc. Les variétés proportionnelles de ces éléments constituent les nuances principales de ce même caractère dont l'inflexible énergie reconnaît la *volonté* pour fondement essentiel.

Causes déterminantes. — Elles peuvent être natives ; cette condition morale est celle qui se transmet le plus ordinairement par voie de génération.

Les dispositions acquises reconnaissent alors pour agents principaux : le sentiment prématuré du pouvoir héréditaire que l'on doit exercer ; une éducation environnée des prestiges de la puissance ; la faiblesse des pères qui se laissent dominer par leurs enfants, souscrivent aux caprices les plus bizarres de ces jeunes tyrans domestiques, obtenant bientôt pour prix d'un aussi fâcheux aveuglement ce que l'on nomme des *enfants gâtés ;* l'habitude originairement contractée de commander impérieusement à des esclaves soumis. En effet, si le gouvernement despotique produit l'indifférence chez les sujets, il détermine le développement abusif de la volonté chez les rois. Pour la masse des individus, l'habitation d'un climat sain, tempéré, l'aisance, le commerce, l'industrie, la prospérité, les institutions libérales, etc., nous offrent surtout des influences capables d'imprimer à l'âme cette énergie, cette force particulière à la constitution que nous examinons.

Traits moraux. — Le caractère volontaire se fait remarquer par des vices profonds ou par des vertus sublimes ; il inspire des actions héroïques ou d'épouvantables forfaits. Dans ses nombreux éléments nous avons en effet signalé des facultés supérieures et des passions condamnables. Là se trouvent naturellement le génie qui fait concevoir les plus grands projets ; le courage, soutenant l'activité des moyens indispensables pour les accomplir avec avantage; l'émulation, l'orgueil, l'ambition alimentant les travaux opiniâtres seuls capables de conduire aux grands succès ; l'espérance, montrant incessamment le but qu'il faut atteindre ; la colère, la haine, la cruauté envers ceux qui résisteraient aux impulsions les plus despotiques ; un mépris involontaire pour les hommes faibles et pusillanimes ; le désir de commander avec une domination absolue ; presque toujours l'impossibilité d'obéir.

Le sujet de ce caractère, surtout lorsque sa force morale est appuyée sur la raison et sur le génie, soumet les populations à son empire ; fait passer dans l'esprit des masses les divers sentiments qu'il éprouve ; semblable au torrent impétueux, entraînant les digues impuissantes qui lui sont opposées, il ne s'arrête qu'après avoir vaincu tous les obstacles et retrouvé les conditions primitives de son équilibre normal. Incessamment en action, toujours occupé des plus grands intérêts, cet homme est ordinairement chef de parti dans les révolutions et conspirateur sous les gouvernements despotiques.

Au contraire, cette modification mentale jointe à la nullité des moyens, à la confiance aveugle dans une prétendue supériorité qui n'existe pas, rend audacieux, entreprenant; expose à tous les écarts d'une ambition faussée dans ses applications par le jugement le plus défectueux. L'imprudent, guidé par une suffisance aussi ridicule, s'élance aveuglément dans toutes les carrières de la fortune et des honneurs, se précipite avec imprévoyance au milieu des périls sans jamais en calculer tous les résultats, et même sans concevoir la possibilité d'une chute proportionnée, dans ses funestes effets, à l'extravagance, à la témérité d'une pareille entreprise. N'offrant aucune mesure dans les rapports d'intérêt, dans les relations sociales, il ne sait pas conserver ces ménagements, ces égards que, chez les peuples civilisés, on doit aux mœurs, aux lois, aux usages, au pouvoir de convention, à la puissance morale. Incapable de supporter les sages lenteurs des affaires et des procédés les plus ordinaires, il croit se donner un vernis de supériorité, d'importance, obtenir l'estime générale en méconnaissant les distances les mieux établies, en brusquant toutes les convenances reçues.

Quelques hommes de ce caractère, favorisés par les circonstances, par les événements, ont obtenu des succès remarquables; mais combien d'autres, beaucoup plus nombreux, dirigés par une volonté forte, par une confiance disproportionnée à la valeur des moyens pour accomplir ces conceptions gigantesques, ces projets aventureux, entraînés dans une ruine incapable de réparation, ont compromis le bonheur, la fortune, la considération de leurs proches, souvent même la tranquillité de leur patrie! Pour se convaincre de la réalité de ces faits, il suffit d'ouvrir l'histoire des familles, et de compulser les archives des nations.

En supposant actuellement que l'envie, la haine, la jalousie viennent s'allier à ces dispositions fondamentales, ce même caractère prend une physionomie plus effrayante; il rapproche le sujet des animaux les plus sauvages, en lui donnant les inclinations sanguinaires des tigres et des léopards. L'esprit se refuse d'abord à concevoir cette méchanceté profonde, cette cruauté sans motif, cette gangrène de l'âme. Pourquoi faut-il que l'indignation des peuples ait enregistré dans ses annales, en caractères de sang, les atrocités de ces tyrans farouches dont l'ingénieuse barbarie, s'épuisant à chercher des raffinements dans les tortures, contemplait avec un infernal sourire les membres de ses victimes palpitants sous le fer des bourreaux? Il nous resterait au moins des illusions, et nous ne verrions pas l'homme, si sublime dans ses vertus, s'abaisser par ses vices bien au-dessous de la brute qui, du moins, dans sa férocité sans conscience, n'a d'autre mobile que les aveugles impulsions de l'instinct.

Traits physiques. — Le caractère *volontaire* se trouve ordinairement associé au tempérament *bilieux*, dont les impulsions violentes et soutenues se laissent rarement diriger par une influence étrangère, on le reconnaît aisément aux dispositions suivantes : regard assuré ; contenance fière ; démarche ferme ; gestes expressifs et violents ; ton presque toujours impérieux et tranchant dans les discussions et même dans le commerce habituel de la vie ; prosopose énergique ; voix sonore, quelquefois aigre, dure ; écriture saccadée, anguleuse, le plus souvent illisible ; style précis, laconique ; mise décente ; habitation bien ordonnée.

Le sujet ainsi constitué, surabondamment rempli de ses idées et de ses projets, n'accorde aucune attention aux observations les plus justes, aux conseils obligeants de ses meilleurs amis ; il ne connaît d'autre mobile que son opinion, d'autre loi que sa volonté. Si les passions fortes et concentrées dénaturent cette âme ardente, le regard est sombre, l'air taciturne et rêveur, le maintien imposant, la physionomie sinistre et menaçante ; pendant les moments de repos, c'est le calme effrayant, précurseur de la tempête ; dans les instants d'action, c'est la foudre qui gronde et se déchaîne avec fureur.

Ce caractère appartient souvent à l'homme, rarement à la femme ; on le rencontre surtout dans l'âge viril, dans les climats tempérés, au milieu de républiques naissantes, chez les peuples où toutes les institutions libérales sont en vigueur. La France nous en présenta des exemples nombreux dans les terribles commotions dont elle fut naguère le théâtre !

On trouve ce même caractère pour certaines espèces animales telles que l'hyène, le tigre, l'âne, le mulet, etc., avec des variétés relatives aux passions qui leur sont propres, mais toujours avec un fond d'opposition à la sociabilité, d'éloignement pour toutes les relations extérieures.

Altérations particulières. — Cette modification mentale est susceptible des plus violentes et des plus funestes aberrations. Si la raison perd son empire, si les passions constituantes sont livrées à leurs impulsions fougueuses, dès lors, sous l'influence aveugle d'un moteur aussi redoutable, cette inflexible volonté commande les plus horribles attentats ; nous offrant en quelque sorte l'image de ces machines destructives dont les coups, dirigés par une force invincible et sans discernement, sèment partout sur leur passage l'épouvante et la mort. Combien l'homme de ce caractère est dangereux pour lui-même, pour ses semblables, alors qu'il n'a d'autre mobile et d'autre guide que les impulsions désordonnées de l'instinct !

L'hygiène morale devient ici d'un intérêt majeur pour la félicité des individus et des nations. On sent en effet combien il importe à la sécurité des relations publiques et privées d'apprendre de bonne heure à chacun des sujets dont l'ensemble forme le corps social, qu'il doit soumettre sa volonté particulière aux temps, aux lieux, aux circonstances ; d'habituer l'homme, dès ses premières années, par une éducation sage et régulière, à développer incessamment l'empire de sa raison, à repousser toutes les insinuations de l'orgueil et du despotisme envers ses inférieurs, à conserver une défiance mesurée de lui-même, à réclamer les conseils de la prudence et du savoir dans les entreprises majeures et dans les circonstances difficiles.

4° Caractère indécis.— *Base essentielle.* Ce caractère, plus instinctif qu'intellectuel, nous offre la réunion des éléments les plus faibles et les plus défectueux, au nombre desquels nous devons spécialement indiquer les passions et les facultés suivantes : *indécision*, *versatilité*, *prévoyance*, *discrétion*, *modestie*, *prudence*, *inquiétude*, *jalousie*, *timidité*, *crainte*, *lâcheté*, etc. Les rapports divers que présentent ces principes dans leurs combinaisons, déterminent des variétés nombreuses pour cette constitution morale dont *l'indécision* forme toujours le point essentiel.

Causes déterminantes. — Les dispositions natives peuvent exercer une grande influence dans cette occasion ; nous voyons en effet quelquefois des familles entières offrir les principaux traits de cette modification mentale. Au nombre des agents extérieurs susceptibles d'en favoriser ou même d'en effectuer le développement, nous devons particulièrement noter : une éducation trop sévère et trop méthodique ; la contrainte ordinaire; la répression habituelle de tous les élans instinctifs; le maintien du sujet dans l'ignorance et par conséquent dans la défiance de lui-même, en l'accoutumant, dès ses premières années, à se laisser influencer et diriger pour les actions les moins importantes. Cette éducation vicieuse qui détruit l'énergie mentale, presque toujours aliène les sentiments les plus naturels ; énerve, anéantit la volonté, rend le sujet qui s'y trouve soumis, incapable de prendre aucune détermination par son propre mouvement, en l'abandonnant à la merci des hommes qui savent le maîtriser ou gagner sa confiance. Le défaut de succès dans les premières entreprises ; la modestie poussée jusqu'à l'excès, portant à méconnaître sa valeur personnelle, deviennent les principales causes de cette irrésolution si capable d'entraver nos relations sociales, de faire échouer tous les projets, et de conduire insensiblement au malheur, au dégoût de la vie.

Traits moraux. — Le caractère indécis est toujours facile à distinguer, la raison n'offrant jamais un empire assez marqué pour le dissimuler complétement. L'homme ainsi constitué voudrait agir ; toujours inquiet et craintif, il est retenu par cette pusillanimité naturelle qui lui fait redouter non-seulement les dangers d'une entreprise, mais encore les soins qu'elle exige et les obstacles qui peuvent s'y rencontrer. D'une part, les avantages se présentent; il ne fait que les entrevoir au milieu des appréhensions et des terreurs dont son âme est remplie ; de l'autre, les inconvénients se multiplient au gré de son imagination qui les grossit et les exagère. Fluctuant entre les uns et les autres, comme le roseau que balancent incessamment les vents contraires, sans prendre aucun parti définitif, et n'adoptant jamais que des mesures provisoires, il se ménage toujours une retraite au besoin, et la faculté de changer vingt fois d'avis pour les questions et pour les objets de la plus mince importance.

Avec des individus semblables, on ne sait point à quel titre s'effectuent les relations d'intérêt, de société, d'affection; leurs amis d'aujourd'hui ne sont plus ceux d'hier. Inconstants, légers dans leurs opinions comme dans leurs sentiments, pour eux l'existence morale porte constamment sur une base vacillante et précaire. Voyant, avec des yeux prévenus, le fantôme d'une supériorité plus ou moins marquée, dans ceux qui les environnent, ils craignent tous les genres de rivalité, deviennent ainsi naturellement soupçonneux et jaloux. Dans ce caractère, la timidité paraît ordinairement le résultat d'une faiblesse instinctivement révélée; quelquefois cependant on la voit s'associer à des avantages réels, à des dispositions mentales qui touchent celles des esprits supérieurs; c'est alors qu'il est facile de sentir que si la témérité conduit souvent l'homme à sa perte, la timidité sans motif devient un obstacle plus puissant encore, qui l'empêche d'arriver aux destinées brillantes pour lesquelles il semblait formé. Le sujet présomptueux juge mal ses moyens en les estimant au-dessus de la valeur positive; l'esprit modeste, pusillanime, déprécie les siens en les plaçant au-dessous. Combien d'illustres auteurs se fussent trouvés ensevelis dans le découragement et l'oubli, si des hommes d'un coup d'œil plus sûr, démêlant à travers ces craintes, ces frayeurs, cette extrême circonspection des étincelles du feu sacré qui n'a besoin que d'une circonstance favorable pour enfanter des merveilles, ne les avaient encouragés dans la carrière épineuse et difficile des succès et de la célébrité : sans la généreuse perspicacité de Boileau, Racine eût ignoré son génie !

Dans les siècles où l'audace, l'intrigue, les coteries se partagent la fortune, la puissance et les honneurs, où le mérite isolé, modeste, vieillit sans gloire et sans réputation, l'homme entreprenant, avec une valeur médiocre, fournit la carrière la plus brillante, et jouit pendant sa vie des avantages passagers de l'usurpation. Après sa mort, le voile est déchiré, les illusions sont détruites; il rentre dans le néant dont il n'aurait jamais dû sortir. Plus d'un nom sonore vient s'offrir à notre pensée, mais l'heure de la justice approche, et ce tableau ne doit pas renfermer de personnalités ! Le sujet timide, plus occupé d'utiliser ses riches facultés que d'en rechercher et d'en obtenir le prix, consume toute son existence dans le travail et la méditation, érigeant à l'ombre du mystère ces monuments immortels qui révéleront à la postérité l'injustice de ses contemporains. Alors que, sous le marbre des tombeaux les rivalités sont anéanties, nous voyons les cent bouches de la Renommée célébrer un génie qui survit aux persécutions, aux intrigues dont la mort seule pouvait arrêter les coupables machinations. Étudiez la vie de nos plus grands hommes dans tous les genres, vous sentirez que nous avons esquissé l'histoire commune à tous les caractères présentant la timidité, l'irrésolution et la modestie pour fondements essentiels.

Traits physiques. — Cette modification morale s'applique assez naturellement au tempérament *nerveux*, et plus spécialement encore au *lymphatico-nerveux-ganglionnaire :* on la reconnaît aux dispositions suivantes ; attitude gauche, embarrassée, ne reposant jamais d'aplomb sur le centre de gravité ; démarche vague, incertaine; gestes sans précision et sans grâce ; prosopose exprimant l'embarras, l'incertitude, l'étonnement; bouche béante ; œil vaguement promené sur les objets extérieurs ; pose générale d'un homme écoutant sans comprendre, et paraissant égarer son imagination dans l'idéal des mondes chimériques ; actions, mouvements effectués sans motif, sans objet déterminé ; voix faible, produite avec hésitation ; écriture inégale, tremblée, sans formes constantes et positives ; mise guindée, bizarre ; habitation mesquine, souvent dépourvue des objets indispensables, quelfois ordrée jusqu'à l'excès. Le sujet de ce caractère est ordinairement incapable d'adopter aucune idée fixe, on peut le faire changer vingt fois d'opinion sans même observer des transitions bien ménagées ; l'interlocuteur qui s'explique le dernier est toujours celui qui l'emporte dans son esprit.

Nous observons plus spécialement cette variété mentale chez les femmes et les enfants ; nous en trouvons des exemples dans tous les pays, chez toutes les nations ; cependant elle est en général plus commune au milieu des peuples civilisés que parmi les hordes sauvages ; plus ordinaire aux Français qu'aux Allemands, aux Italiens qu'aux Anglais, etc. Pour les animaux, on la remarque surtout dans les espèces timides.

Altérations particulières. — Lorsqu'il est abandonné à ses impulsions instinctives, et que la raison n'en vient pas contrebalancer les égarements, ce caractère ne tarde point à dégénérer en monomanie ; les sujets ainsi disposés passent aisément à l'imbécillité complète ; sans intensité d'action, incapables de suivre aucune affaire, de remplir aucune des obligations de la sociabilité, sortis du cercle des relations le plus ordinaires, on les voit dans la triste nécessité de se laisser gouverner par la volonté des autres.

L'hygiène de cette constitution morale doit surtout l'encourager dans toutes ses actions, lui communiquer l'impulsion sans lui faire sentir la puissance qui la dirige ; relever son mérite véritable en dissimulant une partie de sa faiblesse, de ses imperfections ; inspirer à cette âme irrésolue, dominée par un excès d'humilité, de modestie, le sentiment d'un amour-propre bien entendu qui développe insensiblement l'indépendance et la volonté.

5° CARACTÈRE PHILANTHROPIQUE. — *Base essentielle.* Ce caractère, le plus beau que l'homme puisse offrir sous le rapport de la sociabilité, présente les passions et les facultés suivantes, au nombre de ses éléments communs : *philanthropie*, *bienfaisance*, *générosité*, *prévoyance*, *pitié*, *noblesse*, *amour*, *gaieté*, *bienveillance*, *amitié*, *reconnaissance*, *prodigalité*, *indulgence*, etc. Les proportions de ces rudiments varient, dans chaque sujet, en donnant à la constitution morale une couleur particulière plus ou moins rigoureusement déterminée. Au milieu de ces nuances diverses, la *philanthropie* conserve sa prépondérance comme principe essentiel et fondamental.

Causes déterminantes. — Comme celles du génie, ces influences appartiennent beaucoup plus à la nature qu'à l'éducation ; le caractère philanthropique est souvent altéré, détruit par les circonstances et les agents extérieurs, il n'est jamais créé par leurs modifications. Presque tous les hommes naissent, en effet, avec des sentiments d'humanité, de bienfaisance, de générosité ; si la jalousie, l'égoïsme, l'envie prennent ultérieurement la place de ces belles qualités, il faut l'attribuer surtout aux vices de l'exemple, de l'éducation et quelquefois aux maladies qui viennent assiéger l'organisme.

Voyez le jeune enfant, il est sensible, aimant, plein de confiance et d'affection ; il partage volontiers les avantages de sa condition avec les amis de son âge ; entre eux, nulle distinction trop exclusive de la propriété ; les possessions sont en commun, les relations constamment établies sur un fidèle échange d'intérêt et de services ; le plus fort protége le plus faible, et, dans cette société rudimentaire, les traits naissants de la bienveillance et de la philanthropie se laissent apercevoir sous les plus aimables couleurs. Qu'une éducation philosophique largement établie sur les véritables bases de l'intérêt public, développe convenablement toutes ces qualités brillantes, nous verrons l'amour de l'humanité se manifester comme règle générale dont l'égoïsme ne présentera désormais qu'un petit nombre d'exceptions. Combien nous sommes éloignés d'un but aussi grand, aussi noble, aussi nécessaire au bonheur commun ! Mais aussi, combien nous sommes dépourvus de ces institutions grandes et libérales qui développeraient les germes, allumeraient le feu sacré de la philanthropie dans tous les cœurs !

L'exemple de la bienfaisance, de l'empressement à soulager l'infortune, à recevoir obligeamment toutes les réclamations du malheur ; l'habitude contractée dès l'enfance de voir des frères, des sœurs, des membres de la grande famille dans tous les hommes, quels que soient leur pays, leur naissance, leur fortune, leurs opinions ; de placer les éléments essentiels de ses jouissances, de son bonheur plutôt dans les services rendus et dans les améliorations introduites au milieu des classes disgraciées par la nature, que dans ces attentions recherchées, dans ces précautions minutieuses dont l'application exclusive au *moi* rétrécit l'âme, dessèche le cœur en les fermant complétement aux douceurs de la véritable félicité. Vaincre tous les obstacles nécessairement apportés au désir d'opérer des réformes, des innovations utiles; oublier l'ingratitude si naturelle aux hommes; les rendre heureux sans autre objet que le bien général, sans autre espoir de rémunération que le témoignage d'une bonne conscience : telles sont les causes principales du caractère philanthropique; tels doivent être les moyens employés pour développer toutes les impulsions généreuses dont il est susceptible.

Traits moraux. — Le premier, le plus saillant est cette abnégation de soi-même qui porte à négliger les considérations personnelles pour ne s'occuper que de l'intérêt public, du soulagement de l'infortune, des grandes améliorations dans les systèmes d'économie politique. L'homme philanthrope, constamment guidé par le besoin d'être utile, sans autre motif, sans autre vœu que celui de faire des heureux, n'est point arrêté par l'inconvénient grave et très-fréquent de se créer des ingrats, souvent même des ennemis perfides. Il plaint ces faiblesses du cœur et ne les condamne pas sans appel. Ce caractère, disons mieux, cette vertu sublime qui nous rapproche du Créateur devrait être l'apanage essentiel de tous ceux qui se dévouent par état et par vocation au soulagement des misères humaines; s'il embrasait l'âme tout entière des ministres qui sacrifient dans les temples d'Épidaure et sur des autels plus sacrés, la médecine obtiendrait l'estime et la confiance des nations; la religion, divine dans ses applications comme dans son essence, porterait l'espérance, le respect et la conviction dans tout l'univers!

Ne confondons pas avec ce noble caractère les habitudes empressées, officieuses de certaines âmes serviles guidées par l'intérêt particulier, le désir de capter la confiance, de s'immiscer aux affaires des autres par des motifs plus condamnables encore; des sujets aussi vicieux deviennent le fléau de la société par leurs intrigues, par les troubles et les divisions qu'ils cherchent à fomenter dans les intimités, dans les familles, tantôt sous le masque de la bienveillance qu'ils déconsidèrent, tantôt sous celui de la religion qu'ils déshonorent !

Supposez au contraire, au milieu des avantages de la civilisation, un grand peuple animé de la plus saine philanthropie ; ses intérêts étant communs, il ne formera qu'une grande famille, excitera l'admiration, deviendra l'exemple de tous les autres ; fort de ses institutions, il obtiendra nécessairement le sceptre du monde.

Par cela même qu'il est philanthrophique, le caractère se montre généreux ; il pardonne les injures ; sert dans l'infortune ceux mêmes dont il a supporté les plus injustes offenses ; considérant, dans ses actions, plutôt le bien dont elles montrent la perspective que les individus qu'elles intéressent, on le voit exciter la vénération, l'estime générales que ses ennemis, ses envieux et ses détracteurs ne sont même plus en mesure de lui refuser. La douceur et la bienveillance offrent encore ces précieux attributs ; jamais les passions violentes, sombres, concentrées n'altèrent son aménité. Lorsqu'il ne peut modifier convenablement les objets de ses rapports, il change ses propres dispositions, et se met en mesure des impressions diverses qu'il doit éprouver, les supportant patiemment et sans trouble pour la sérénité de cette âme dont la plus douce occupation est de reporter sur les autres chacun des sentiments agréables qui viennent l'affecter.

Il ne faut pas identifier cet esprit de tolérance avec la faiblesse morale. On parvient difficilement à faire sortir le caractère que nous étudions de son calme naturel, mais si la mesure de sa patience est dépassée, plus il a combattu par la résistance, plus il éclate avec impétuosité, s'abandonnant quelquefois à des actes qu'il sera le premier à condamner, lorsque, rentré dans ses habitudes paisibles, il pourra les envisager avec sa raison. C'est en conséquence de cette observation qu'un auteur célèbre a dit, en parlant de cette modification morale : *mitis vel ferox.*

Le bien-être intérieur que fait éprouver une conscience toujours satisfaite, garantit à ce caractère la gaieté qui l'accompagne dans les circonstances les plus ardues; c'est un feu pétillant qui brille sans jamais consumer. L'homme ainsi constitué, soutenu par le plus heureux naturel, se joue des rigueurs du sort, brave les tourments de l'adversité. Des affaires, des embarras, du bruit, des entreprises, du mouvement, voilà ses goûts; il semble échapper aux souffle destructeur des passions tristes, et, supérieur aux calamités actuelles, goûter, dans la perspective d'un avenir plus heureux, la félicité qu'il est toujours certain de rencontrer au fond de son cœur.

Traits physiques. — Cette constitution mentale appartient spécialement au tempérament *sanguin;* elle peut se rencontrer avec les autres, c'est alors par une exception à la règle générale; on la trouve surtout bien rarement associée au *bilieux*, au *mélancolique* chez lesquels ne s'effectue pas aisément le sacrifice de l'intérêt particulier à l'intérêt commun.

L'homme de ce caractère est facile à distinguer par les dispositions suivantes : noblesse du maintien; grâce, aisance dans les gestes et les manières; franchise, élévation de la physionomie; activité continuelle qui permet à peine de goûter quelques instants de repos lorsque l'intérêt public réclame des veilles et des travaux assidus; curiosité dirigée vers les objets important au bonheur des peuples; attention forte et soutenue dans toutes les discussions relatives à l'économie politique, à l'utilité générale; accueil gracieux et bienveillant pour tous les hommes en accordant à chacun des témoignages d'estime et de considération mesurés par les convenances; oubli de soi-même; abnégation admirable jusque dans les nécessités de la vie, se rattachant toujours au bonheur de l'humanité comme à son élément essentiel; voix douce, attrayante, persuasive; écriture distinguée, facile et sans prétention; mise très-simple, mais soignée; habitation sans faste, bien administrée, constamment ouverte à l'indigence, au malheur.

Ce caractère appartient surtout à l'homme; chez la femme il est moins grand dans ses applications, et se rapproche davantage de la bienfaisance. Naturel au Français, il est ignoré des nations courbées sous le joug du despotisme. Plusieurs animaux disposés à la sociabilité nous en offrent, dans l'étroite circonscription de leurs facultés morales, des rudiments qui pourraient servir de modèle à notre espèce.

Altérations particulières. — Elles sont rares dans le caractère que nous décrivons; cependant on peut rapporter à cette catégorie : l'exagération d'intérêt public; l'espèce de monomanie qui porte certains hommes, animés d'ailleurs des intentions les plus pures, à s'introduire dans toutes les affaires, dans tous les événements, dans toutes les administrations ; à s'agiter incessamment pour modifier les hommes et les choses, remplaçant quelquefois des vérités utiles par les conceptions bizarres d'un cerveau malade.

L'hygiène de cette disposition mentale consiste naturellement à mesurer les entreprises que l'on veut effectuer à ses forces, aux besoins réels de la société, aux temps, aux circonstances, évitant de confondre le désir qui fait chercher, dans les affaires publiques, un aliment à son orgueil, avec cette ardente et noble philanthropie dont le motif, étranger à toute considération personnelle, est exclusivement dans le besoin et la volonté du bonheur général.

6° Caractère égoïste. — *Base essentielle.* Ce caractère que nous envisageons comme une véritable monstruosité morale, brisant la chaîne des rapports qui lient tous les hommes, frappant l'ordre social dans ses premiers fondements, se trouve établi sur des facultés intellectuelles mal dirigées, et sur un ensemble de passions la plupart méprisables. Telles sont : l'*égoïsme*, la *curiosité*, la *prévoyance*, la *discrétion*, la *prudence*, l'*ingratitude*, l'*envie*, la *bassesse*, la *jalousie*, l'*oubli des autres hommes*, l'*avarice*, l'*orgueil*, la *crainte*, la *timidité*, etc. Ces éléments, variables dans leurs combinaisons, forment toutes les nuances de cette constitution morale dont l'égoïsme offre constamment le type commun.

Causes déterminantes. — Presque toujours acquis, ce caractère est bien rarement originel. En effet, si nous trouvons quelques sujets assez malheureusement nés pour le présenter dès leurs premières années, combien plus souvent encore les institutions politiques, le genre d'éducation, les habitudes, le pouvoir de l'exemple n'en deviennent-ils pas les principales occasions? Ainsi, l'influence d'une éducation mesquine et rétrécie, développant la crainte naturelle de manquer des objets indispensables à l'existence; plaçant le bonheur dans les jouissances personnelles, dans l'amour de l'argent; fermant l'âme à tous les sentiments de bienveillance et de compassion; offrant les malheureux comme des êtres indignes de partager un bienfait qu'ils sont prêts à payer de la plus affreuse ingratitude; la fréquentation des sujets habitués à renfermer toutes leurs affections dans la sphère individuelle; un sentiment intérieur de faiblesse, de nullité physique et morale, conditions ordinaires chez le vieillard; les gouvernements despotiques étouffant dans tous les cœurs ces beaux élans du patriotisme et de l'intérêt commun; les abus de la civilisation; les excès du luxe qui font craindre l'insuffisance de la fortune en multipliant les besoins : telles sont les causes principales de cette fâcheuse disposition.

Traits moraux. — Le caractère égoïste, basé sur l'amour de soi-même, porte incessamment un sujet qui le présente à sacrifier l'intérêt général à l'intérêt particulier. Tant qu'il ne se manifeste pas avec trop d'exagération, nous le voyons se confondre, dans l'ensemble, sous le titre d'*amour-propre;* offrant littéralement la signification d'*égoïsme*, et, d'après l'usage, ne se trouvant pas employé dans la même acception; ainsi le premier soumis à la raison est une qualité, le second devient toujours un vice. L'homme sans amour-propre est une machine sans ressort, un être sans but et sans motif convenables dans ses manifestations extérieures. Tel est en effet le mobile secret de nos entreprises les plus nobles et les plus dignes d'éloges; lors même qu'elles semblent dirigées par l'oubli du *moi*, par la philanthropie, c'est encore l'amour-propre qui les inspire; ou, pour mieux rendre notre pensée, la satisfaction intérieure que l'on éprouve toujours en faisant une bonne action : le témoignage de la conscience devenant, dans les âmes généreuses, constamment préférable aux illusions les plus brillantes et les plus diversifiées des plaisirs sensuels, offrent les moteurs principaux qui dirigent les hommes bien constitués, et forment la base des intérêts particuliers dont l'ensemble produit l'intérêt général. Dans un pays, plus l'amour-propre s'éloigne de l'égoïsme, plus l'intérêt commun acquiert de force et de puissance, plus l'esprit public offre de garanties. Plus au contraire la première de ces impulsions se rapproche de la seconde, plus l'esprit public se détériore, s'énerve et tend à l'anéantissement complet. Le meilleur moyen de connaître positivement le génie d'un peuple, consiste à juger essentiellement le caractère des individus qui le composent ; on s'élève ainsi des investigations particulières aux considérations d'ensemble. Si nous avions pour objet de montrer par quel enchaînement les excès de la civilisation entraînent presque toujours la décadence des empires, nous pourrions facilement prouver que c'est, dans presque tous les cas, en faisant naître l'égoïsme par l'accroissement des nécessités personnelles.

Voyez l'homme de ce caractère, il se trouve dans l'ordre social comme la plante parasite au milieu de la nature. Exclusivement occupé de ses propres besoins, il considère avec la plus froide indifférence, tout ce qui ne rentre pas dans le cercle borné de ses affections. D'un aussi fâcheux état aux manifestations de l'avarice, le pas est glissant et dangereux. Recevoir toujours, ne donner jamais ; vivre pour soi, non pour les autres ; rendre quelques petits services, dans l'assurance d'obtenir des services plus importants ; réduire tout l'univers à l'étroite circonscription du *moi*, tels sont les traits distinctifs de cette condition déplorable qui vient étouffer les plus beaux mouvements de l'âme, briser tous les liens du cœur, produire l'isolement le plus affreux après avoir desséché les germes de cette amitié naturelle, de cette espèce d'affinité morale qui lie tous les êtres sensibles dans le grand système de la création.

Si l'égoïsme n'est pas le vice le plus apparent, il est au moins le plus antisocial, celui qu'il faut incessamment flétrir par le mépris et la réprobation !

Traits physiques. — Ce caractère peut s'unir à tous les tempéraments ; on l'observe souvent avec le *lymphatique*, le *mélancolique;* rarement avec le *nerveux*, le *bilieux ;* plus rarement encore, avec l'*athlétique* et le *sanguin*. L'homme ainsi constitué, sans aucune idée positive des rapports sociaux, est facile à reconnaître par ses ridicules prétentions. Dans une réunion nombreuse, il témoigne de l'humeur, exprime son mécontentement si toutes les prévenances, toutes les attentions ne se trouvent pas continuellement dirigées vers lui. Toujours occupé de sa personne, on le voit se placer commodément, réclamer les meilleures choses avec un soin minutieux, se faire servir par tous ceux qui l'environnent; on croirait observer un petit sultan commandant au milieu de ses esclaves. Son air est suffisant et capable; satisfait de son être, il s'applaudit à chaque phrase, et n'imagine rien de plus spirituel, de plus parfait que ses discours sur lesquels il appelle constamment l'admiration. Sa contenance est libre, nonchalante ; sa marche, prétentieuse, calculée; sa voix, dure, monotone, sans aucune de ces inflexions qui marquent le sentiment et l'abandon ; son style, affecté, concis, énigmatique; son écriture, nette, fine, arrondie, sans régularité, mais non pas sans art ; sa mise, très-soignée, relativement à ce qui concerne les petites précautions hygiéniques ; son habitation, offrant toutes les commodités relatives à l'existence, pour les parties qui se trouvent à son usage ordinaire, est quelquefois assez négligée dans les autres, comme s'il éprouvait le besoin d'établir un contraste sensible par le malaise des personnes qui l'entourent, afin de goûter plus délicieusement encore tous les avantages de sa position.

Le caractère égoïste est moins commun chez la femme que chez l'homme ; on l'observe surtout dans la vieillesse. Très-ordinaire sous les gouvernements despotiques, il se fait à peine observer dans notre belle patrie. Pour les animaux, il semble avoir été réservé, par la nature, aux espèces les plus immondes et les plus sauvages.

Altérations particulières. — Ce caractère est susceptible des aberrations les plus fâcheuses, des vices les plus condamnables ; il peut dégénérer en avarice, en misanthropie. Sans affection et sans intérêt pour ses semblables, un tel sujet ne doit pas attendre des sentiments qu'il ne mérita jamais. La roideur, l'indifférence, l'éloignement des autres hommes, voilà ce qu'il peut espérer vers la fin de sa carrière : triste, isolé, sans appui, sans consolation, il arrive insensiblement au dégoût de la vie ; comme si la nature cherchait à le punir de cet amour excessif de lui-même par la privation d'un bien qu'il avait cultivé jusqu'à l'idolâtrie !

L'hygiène de cette fâcheuse disposition mentale consiste à développer, dès les premières années, cette vérité féconde sur laquelle porte l'ordre social comme sur une base éternelle : que la félicité la plus inaltérable, dont le cœur de l'homme puisse goûter les douceurs, existe naturellement dans le bien qu'il a su répandre autour de lui, dans ses bonnes actions, dans le témoignage de sa conscience. Comme la flamme qui s'accroît en se propageant, le bonheur s'épure et se fortifie par son extension ; le renfermer dans la sphère du *moi*, c'est l'étouffer dans une étroite capacité qui n'a jamais été faite pour lui. Exercer l'âme aux nobles élans d'une véritable philanthropie, tel nous paraît être le meilleur moyen d'élever l'homme à ses propres yeux, en jetant les premiers fondements de son avenir : faire des heureux, tel sera toujours le merveilleux secret qu'il faudra connaître pour le devenir soi-même !

7° Caractère raisonnable. — *Base essentielle.* Ce caractère, plus intellectuel qu'instinctif, plus solide que brillant, est composé d'éléments avantageux, puisés dans les facultés et dans les passions indispensables au bonheur ; nous y trouvons les suivants : *raison*, *attention*, *jugement*, *coordination*, *réflexion*, *prévoyance*, *discrétion*, *prudence*, *amitié*, *conscience*, *estime*, *patience*, *modestie*, *indulgence*, *respect*. Ces éléments peuvent offrir un grand nombre de variétés dans leurs combinaisons, d'où résultent les nuances particulières de cette constitution morale dont la raison forme toujours le point fondamental et commun à ces diverses modifications.

Cette même constitution peut se rattacher à deux états différents. Dans l'un, il existe plutôt défaut d'impulsions instinctives que forte répression de ces dernières ; c'est en quelque sorte une sagesse de tempérament dont plusieurs animaux doux et paisibles nous présentent, sinon la réalité, du moins la plus spécieuse apparence. Dans l'autre, nous observons des passions fortes mais gouvernées par une volonté plus forte encore. Pour la première circonstance, le caractère raisonnable est faible et sans beaucoup de valeur ; pour la seconde, il est énergique et doué des plus grands avantages que l'homme puisse revendiquer.

Causes déterminantes. — Les dispositions natives peuvent concourir à son établissement ; l'habitude et l'éducation semblent, chez la majorité des sujets, y prendre une part encore plus active. Au nombre des influences favorables qui développent ainsi les principales facultés intellectuelles, et, consacrent l'empire de la raison sur l'instinct, nous devons spécialement indiquer : l'habitation d'un climat tempéré, d'un pays régi par des lois sages et par des institutions philanthropiques ; où la civilisation sans abus a propagé le commerce, l'industrie, les sciences, les arts et toutes les circonstances relatives au bonheur des peuples, sans les énerver par le luxe, la mollesse, qui deviennent ordinairement l'origine de leur abaissement et de leur servitude ; où la généralisation d'une morale publique, toujours noble, fondée sur la sagesse et la vérité, soutenue par une religion divine que professe le zèle ennemi du fanatisme, par l'exemple des souverains et des chefs de l'État, agrandit l'âme, épure la conscience, adoucit les mœurs. Ajoutons à ces influences communes des actions plus particulières, telles que la vie paisible, agréablement occupée ; l'éloignement des choses futiles et du tracas des affaires, la culture des lettres, de la saine philosophie, qui nous apprenant à maîtriser nos passions, à les employer utilement sans jamais en redouter les excès, forme l'esprit à la vérité ; le cœur, à la vertu.

Traits moraux. — Ce caractère, plus emprunté, moins naturel que les autres, pourrait-il s'identifier, en apparence, avec l'hypocrisie, la réserve mensongère qui cachent bien souvent les passions les plus désordonnées sous l'extérieur d'une bonté, d'une bienveillance étrangères au fond du cœur ? Nous ne le pensons pas. Il existe en effet, entre la première de ces dispositions et la seconde, la différence que l'on observe entre l'or et les métaux grossiers dissimulés par une couche légère de ce corps précieux. L'un supporte, sans altération intime, le frottement et l'usure ; les autres ne tardent pas à laisser voir toute leur impureté lorsqu'ils sont dépouillés de cet épiderme factice. De même, si vous soumettez l'homme raisonnable par essence à l'épreuve du temps et des événements, si vous pénétrez jusqu'au fond de son âme, vous y trouvez ce naturel acquis ou perfectionné, cette fusion des mouvements instinctifs, cette prédominance habituelle de la raison qui s'exerce dans le calme, dans l'isolement individuel comme dans l'agitation et dans les réunions tumultueuses ; toujours vrai, toujours sincère, il ne perdra jamais de sa valeur essentielle. Scrutez au contraire ces replis du moral chez les sujets pervers, d'autant plus coupables qu'ils connaissent leurs vices, cherchent à les masquer sous le vernis transparent de l'honneur et de la vertu, c'est avec un sentiment de mépris que vous découvrirez sous les dehors les plus séduisants, des traits hideux et des vices dont le seul aspect fait horreur.

Le caractère que nous étudions, toujours à la hauteur des circonstances, en mesure dans ses rapports, d'accord avec lui-même, ne se livre jamais rans réserve et sans discrétion ; maître de ses penchants, il sait leur imprimer une tendance convenable, et les appliquer à des objets dignes de la préférence qu'il veut bien leur donner. Ami sans exaltation, mais avec persévérance, laissant à peine voir son affection dans la prospérité, mais dévoué, brûlant, sublime au jour de l'infortune, l'homme ainsi constitué nous offre l'image de ces vertus plus solides que brillantes, et de ces qualités fondamentales qu'il faut cultiver longtemps pour en apprécier toute la valeur.

Traits physiques. — Le tempérament *lymphatico-sanguin* est celui qui s'unit le plus naturellement au caractère raisonnable ; toutefois on rencontre souvent encore ce dernier avec les autres constitutions organiques, il est alors beaucoup plus artificiel que natif. Le sujet de ce caractère n'est jamais difficile à reconnaître : pose en même temps modeste et grave ; démarche lente et sans affectation ; gestes précis et peu nombreux ; mouvements harmoniques ; physionomie calme, toujours en rapport avec les passions qu'elle doit exprimer ; aspect réfléchi, sérieux sans dureté ; réserve, décence au milieu des manifestations de la gaieté, comme dans les angoisses de la douleur ; voix naturelle, mesurée, constamment en rapport avec les impressions ; écriture nette, grosse, lisible, sans ornements empruntés ; mise décente, propre, soignée, choisie d'après l'hygiène ; habitation commode, bien distribuée, réunissant tous les objets d'utilité sans faste et sans profusion ; sagesse dans le conseil ; régularité dans la conduite publique et privée.

Ce caractère appartient surtout à l'âge mûr, à la vieillesse ; il est plus ordinaire chez l'homme que chez la femme. On le rencontre particulièrement dans les régions tempérées, chez les peuples du Nord ; moins fréquemment dans les contrées méridionales ; c'est ainsi qu'on le voit en gradation décroissante chez les Allemands, les Anglais, les Français, les Turcs, etc.

Les animaux étant dépourvus de raison ne présentent jamais cette modification mentale dans sa véritable nature. Si quelques espèces très-sociables, très-douces, telles que celles du cheval, du chien, etc., paraissent en offrir les premiers rudiments, il s'agit bien plutôt, chez eux, du silence des passions violentes que d'une réaction favorable de la volonté raisonnée sur les impulsions de l'instinct ; aussi ne devons-nous jamais accorder trop de confiance à leurs déterminations lorsqu'elles pourraient nous devenir funestes. A l'instant où nous achevons ce caractère, la mort affreuse du célèbre Martin, étranglé par cette lionne qui, depuis longtemps, semblait entièrement soumise aux volontés, aux caprices de son maître, vient apporter une preuve aussi déplorable qu'évidente à l'appui des principes que nous établissons.

Altérations particulières. — De tous les caractères, celui que nous venons d'esquisser est le moins susceptible des anomalies bizarres dont le cœur et l'esprit peuvent se trouver affectés. La perversion qu'il éprouve chez quelques sujets est ordinairement le résultat d'une prédominance exagérée de la raison sur l'instinct, produisant ce rigorisme en opposition avec la nature ; cette intolérance habituelle qui ne pardonne jamais une faiblesse même en faveur des plus beaux sentiments, et qui, prenant ses modèles au milieu d'un monde idéal, exige des vertus incompatibles avec l'extrême fragilité de nos constitutions humaines. L'homme de ce caractère devient alors insociable ; il est maniaque, il est fou par excès de sagesse et de raison ; dans ses illusions abusives d'un *purisme* impossible, il veut les hommes non tels qu'ils sont, mais tels qu'ils devraient être.

L'hygiène de cette modification mentale consiste à ne pas s'abandonner imprudemment à ses goûts pour la retraite, la solitude et la méditation, en faussant les dispositions les plus heureuses par les travers d'une sévérité mystique ; à craindre l'appréciation trop mathématique et trop rigoureuse des hommes et des choses, pour ne pas descendre ensuite involontairement de la défiance à la misanthropie ; à mitiger l'austérité naturelle des affections et des mœurs par les distractions et même par les délassements agréables. Malheur à qui, ne comprenant pas ainsi la faiblesse de son être, prétendrait s'élever dans une voie qui n'appartient qu'à la Divinité ; la raison ne serait plus son guide, il marcherait sous l'influence de l'orgueil !

8° CARACTÈRE MANIAQUE. — *Base essentielle.* Ce caractère,

beaucoup plus instinctif qu'intellectuel et que l'on pourrait encore nommer *original*, paraît à la constitution morale ce que le tempérament *mélancolique* est à la constitution opposée ; l'un indique un premier degré d'affection mentale, comme l'autre exprime un commencement d'altération physique. Il est formé par des éléments défectueux, n'offrant pas même une compensation utile. Ainsi la *monomanie*, *la versatilité*, *l'imagination*, *l'espérance*, *l'admiration*, *l'envie*, *l'orgueil*, *la jalousie*, *la gaieté par boutades*, *la tristesse par besoin*, *l'amour sans réflexion*, *la haine sans motif*, *l'égoïsme*, *la prodigalité*, *l'avarice*, etc., concourent à son établissement avec des modifications relatives à leurs diverses combinaisons dont la *monomanie* représente constamment le trait fondamental.

Causes déterminantes. — Des observations nombreuses nous ont prouvé que le caractère maniaque se rattache fréquemment aux dispositions natives ; plusieurs fois nous l'avons rencontré dans une même famille avec des rudiments et des aberrations identiques ; c'est ainsi que la folie peut être héréditaire, la constitution morale se transmettre par voie de génération à l'instar de la constitution physique. D'un autre côté, les agents extérieurs développent et même produisent quelquefois cette condition particulière ; au nombre de ces derniers, nous indiquerons surtout : une éducation négligée, bizarre ou dirigée par le fanatisme et la superstition, l'isolement ; le défaut de civilisation ; les chagrins profonds, et spécialement ceux qui se trouvent excités par l'injustice, l'amour malheureux, etc. ; les contradictions, les espérances déçues et toutes les tracasseries inséparables du commerce des hommes ; la fréquentation des personnes hypocondriaques ; l'abus des liqueurs fortes, du thé, du café, des épices, des salaisons ; les influences d'un climat sec et brûlant, etc.

Traits moraux. — Aucun caractère n'est plus facile à reconnaître, par cela même qu'il se livre toujours à l'observateur sans déguisement et sans dissimulation. Ici nous voyons les mouvements réactionnels sous l'influence à peu près exclusive de l'instinct ; la raison plus ou moins aliénée se montre à peine dans quelques phénomènes des relations habituelles; alors, toutes les anomalies, tous les contrastes viennent se présenter en foule dans cette malheureuse et déplorable constitution. Au milieu de ces impulsions, de ces penchants diversifiés, sans ordre et sans jugement, les préférences pour tel ou tel objet, qui se trouvent insensibles chez l'homme normal, prennent, dans le caractère dont nous parlons, toutes les apparences de la monomanie. Les chevaux, les chiens, les oiseaux, les fleurs et mille autres objets, souvent plus futiles ou plus condamnables, deviennent isolément le point central des affections et des facultés.

L'homme de ce caractère, naturellement éloigné des routes battues, fixe bientôt l'attention publique par l'originalité de ses manières, et par l'humeur sauvage qui, le rendant impropre à la sociabilité, ne tarde pas à le conduire vers la misanthropie. Inconstant et versatile par tempérament, cet individu n'a jamais un projet fixe ; ne trouvant en lui-même aucune garantie pour ses déterminations qui changent comme la succession de ses mouvements instinctifs, il exécute le soir des conceptions opposées à celles du matin ; dans presque toutes ses actions, on observe moins un effet des convenances, qu'un résultat des caprices les plus extravagants. Obéissant à ses appétits sans contrainte, après avoir éloigné toutes les idées reçues, toutes les précautions d'égards et d'urbanité, pour suivre en liberté la direction imprimée par ses passions, il nous représente le sauvage du désert au milieu d'un peuple civilisé. Les aberrations des mœurs, des sentiments, se retrouvent encore dans les fonctions intellectuelles : idées vagues; raisonnements incomplets ; jugements sans rectitude et sans liaison ; imagination désordonnée, offrant parfois quelques étincelles fugitives, etc.; dispositions qui détruisent toutes les aptitudes, compromettent, pervertissent nécessairement tous les rapports sociaux.

Traits physiques. — Ce caractère s'unit presque toujours au tempérament *mélancolique*, chez quelques sujets, au *nerveux ganglionnaire*, beaucoup plus rarement au *sanguin*, à *l'athlétique*, au *bilieux*. On le reconnaît aux modifications suivantes :

contenance embarrassée ; poses constamment hors de l'équilibre, communes, sans dignité, sans grâce ; œil vaguement fixé, hagard, incertain ; prosopose mobile, exprimant, sans transition et sans motif, la tristesse, la joie, l'intérêt, l'ennui, etc.; gestes multipliés, ridicules et sans aucun rapport avec les impressions ou les idées qu'ils signifient ; manières triviales, inconvenantes, indiquant la rudesse, la sottise ou la fatuité ; voix théâtrale, sans naturel, exagérée dans toutes ses inflexions ; écriture inégale, variable, sans principes et sans régularité ; style burlesque, diffus, inintelligible ; mise ridicule, surannée, dans une entière opposition avec les modes actuelles, quelquefois en présentant l'exagération et la caricature ; habitation incommode, bizarre dans la construction, les distributions et l'ameublement.

Cette constitution morale est plus ordinaire chez la femme que chez l'homme ; elle appartient à l'âge viril, à la vieillesse ; on l'observe surtout dans les contrées méridionales, au milieu des peuples fanatiques et dont la civilisation est à peine ébauchée. Ses manifestations sont remarquables dans un grand nombre d'espèces animales.

Altérations particulières. — Elles sont fréquentes et portent spécialement sur les impulsions instinctives. De ce caractère, à la véritable monomanie, à la folie complète, souvent il n'existe qu'une transition facile et toujours à craindre. Parcourons les archives de ces vastes établissements ouverts à tous les genres d'aliénation mentale, et nous verrons que la plupart des sujets, arrivés à cette fâcheuse perversion de l'homme intelligent et sensible, avaient offert d'abord l'une ou l'autre des prédispositions suivantes : fanatisme religieux ; délire d'un amour abreuvé de contrariétés et d'infortunes ; avarice dans toute sa tyrannie ; vaines illusions d'un bonheur imaginaire ; terreurs d'une conscience faussée par les scrupules ; d'un esprit affaibli, fatigué par les plus sinistres pressentiments ; d'une raison dominée par les funestes impulsions de la monomanie meurtrière et suicide ! Nous sentirons dès lors tous les inconvénients, tous les dangers du caractère maniaque, et la nécessité d'en étouffer les germes, d'en extirper les rudiments dès la première enfance.

L'hygiène de ce caractère doit tendre incessamment à fortifier l'empire de la raison sur l'instinct ; à soumettre les déterminations même les plus ordinaires au pouvoir d'une volonté ferme, réglée, dans tous ses actes, par la sagesse et la réflexion.

III° EXPRESSIONS.

L'Expression, λέξις, de σημαίνω, répondre ; *declaratio*, de *declarare*, faire connaître sa pensée ; au point de vue physiologique, chez l'homme et chez les animaux supérieurs, est cette réaction vitale dont l'objet essentiel est de manifester les dispositions de l'instinct chez les seconds ; de l'âme, chez le premier, à l'occasion des sensations éprouvées, en complétant ainsi les relations qui doivent exister entre eux et les objets dont ils sont environnés.

Aussi lorsqu'on réduit ces expressions à l'excitation d'un agent, à la réaction de l'être sensible, on ne tarde pas à reconnaître qu'elles existent naturellement et nécessairement chez tous les corps organisés vivants depuis le dernier degré de l'échelle jusqu'au premier.

L'ensemble de toutes les expressions physiologiques se résume au phénomène général auquel on donne le nom de *mouvement*, et qu'il faut alors examiner comme départ commun à ces expressions.

Le mouvement, κίνησις des Grecs, *motus* des Latins, nous présente un simple changement de situation et de rapports, soit entre les différentes parties d'un même objet, soit entre cet objet et ceux qui l'entourent.

Dans le corps soumis au mouvement il faut considérer deux choses toujours opposées : la *résistance*, la *puissance*. L'un représente l'*obstacle* à surmonter ; l'autre, la *force* nécessaire pour y parvenir. Chez les animaux supérieurs et chez l'homme cette force est surtout représentée par un organe essentiellement destiné au mouvement auquel on donne le nom de *muscle* et qui, pour ces raisons est soumis à la volonté.

Le muscle volontaire, μυων des Grecs, *musculus* des Latins, est un organe ordinairement rouge, de consistance moyenne, formé par la réunion de plusieurs tissus élémentaires, au nombre desquels nous devons spécialement indiquer :

1° *La fibre contractile*, dont la nature et les dispositions ont longtemps exercé la patience des expérimentateurs : Muys, Leuwenhoëck, Hooke, Autenrieth, Sprengel, Santorini, Heister, Willis, Humberger, Ruisch, Borelli, Bernouilli, Cowper, Quesney, Mascagni, Vieussens, de Blainville, Prochaska, Berthier, etc. ; que nous pouvons bien nommer pour faire connaître les difficultés du sujet, mais sans reproduire très-inutilement les opinions, toutes contradictoires, qui nous démontrent assez le vague et l'incertitude qui régnaient encore sur la structure et les conditions essentielles de la fibre motrice, lorsque les travaux de Béclard, Ev. Howe, Bauër, Edwards, Prévost, Dumas, Carliste, Barzoletti, sont venus y répandre un jour favorable.

D'après ces habiles anatomistes, la fibre élémentaire ou *primaire* est blanche, contractile, semblable pour tous les animaux, dans tous les âges. Composés d'une série de globules égaux, ces chapelets s'unissent par un tissu cellulcux très-délié pour constituer les fibres *secondaires*, celles-ci rassemblées en faisceaux plus volumineux prennent le titre de fibres *tertiaires*. Pendant l'état de repos, la fibre *primaire* est droite et parallèle à celle du même groupe ; dans la contraction, elle décrit une ligne en zigzag, formant des angles à distances égales, précisément dans les points où viennent se rendre les nerfs, et le plus ordinairement au nombre de huit sur une longueur de 172, 5 millimètres, après l'avoir soumise au grossissement de quarante-cinq volumes. Ces angles ne paraissent pas se fermer au-dessous de 50 degrés, même dans les actions les plus énergiques, pour les muscles volontaires ; ils peuvent devenir plus aigus pour ceux des intestins qui les présentent comme l'utérus, la vessie, le cœur et tous les organes affranchis des influences du libre arbitre, mais se rattachant du reste aux mêmes lois dans leurs mouvements particuliers.

Les *nerfs*, très-nombreux dans cette partie de l'appareil moteur, s'y terminent par des fibres parallèles entre elles, et perpendiculaires à la fibre musculeuse. Nous verrons la théorie que Prévost et Dumas établissent consécutivement à ces dispositions respectives, et d'après les deux lois découvertes par Ampère.

Les *vaisseaux sanguins*, abondamment ramifiés dans le muscle, s'y trouvent sous un volume assez considérable; circonstance indiquant ici le besoin d'une excitation fortement effectuée par le sang rouge; aussi voyons-nous les artères suivre, pendant longtemps, les gaînes celluleuses avant de pénétrer le tissu même de l'organe.

Les *vaisseaux lymphatiques* sont également apparents surtout dans les intervalles des vaisseaux et des fibres *tertiaires*; on voit même des ganglions dans plusieurs points.

La *matière grasse*, découverte par Vauquelin, environnant les fibres parallèles des nerfs, et s'opposant, d'après Prévost et Dumas, à la confusion des courants électriques établis par ces fibres.

Le *système cellulaire* très-fin, très-délicat, unissant les *fibrilles* pour en constituer des *fibres*, celles-ci pour former des *faisceaux*, enfin ces derniers pour compléter le *muscle*.

Ces organes, d'après leur forme et leurs usages particuliers, peuvent être distingués en trois ordres. *Longs.* — Destinés surtout à mouvoir les leviers de la machine animale, à produire des déplacements plus remarquables par leur étendue que par la force des puissances qui les effectuent. *Courts.* — Placés dans tous les points où ces mouvements doivent unir la vitesse à l'énergie. *Larges.* — Servant non-seulement comme appareils moteurs de la peau, des os, mais encore se trouvant employés à former les téguments supplémentaires des grandes cavités splanchniques, en augmentant les abris des viscères qu'elles renferment, en donnant à leurs

PLANCHE RELATIVE AUX CONTRACTIONS MUSCULAIRES

THÉORIE DE PRÉVOST ET DUMAS

A. Fibre musculeuse primaire et globuleuse.

B. Fibre musculeuse secondaire.

C. Fibre musculeuse tertiaire en repos et droite.

D. Rameau nerveux destiné à cette fibre.

E, F, G, H. Filets nerveux droits, perpendiculaires aux nœuds du mouvement, parallèles entre eux.

I. Fibre musculeuse tertiaire en action et flexueuse.

J. Rameau nerveux destiné à cette fibre.

K, L, M, N. Filets nerveux attirés les uns vers les autres, rendant la fibre musculaire flexueuse.

Il est actuellement facile d'exposer la théorie de Prévost et Dumas en procédant avec méthode et précision.

D'après la loi physique découverte par Ampère, deux courants électriques suivant, la même direction, *s'attirent;* une direction opposée, *se repoussent.*

En conséquence de ce principe, lorsqu'un mouvement de l'électricité, du galvanisme ou du fluide nerveux, dont les effets sont alors identiques, s'opère des troncs nerveux aux muscles, en suivant, dans la même direction, les filets parallèles des premiers, ceux-ci droits avant l'impulsion du courant indiqué, s'attirent, se courbent, entraînant la fibre musculaire par le sommet des angles de flexion auxquels ils répondent constamment; cette fibre, alors disposée en zigzag, se trouve notablement raccourcie; de 23 à 27 centièmes, d'après les calculs de Prévost et Dumas.

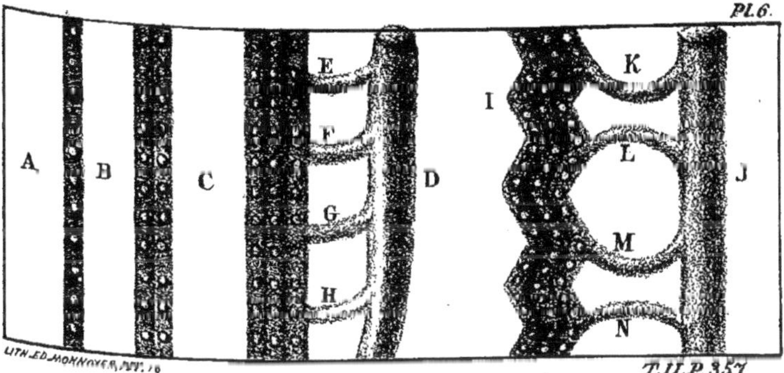

parois la motilité nécessaire aux fonctions qui leur sont départies.

Le tissu musculaire se trouvant répandu avec profusion dans la majorité des animaux, Bichat ne craint pas d'avancer que la nature ne l'aurait pas accordé surabondamment aux différents sujets de cette catégorie, s'ils n'étaient pas destinés à se fournir les uns pour les autres des éléments nutritifs, ce même tissu présentant la substance alimentaire la plus essentiellement réparatrice. Il est assez difficile d'accorder beaucoup de valeur à cette considération secondaire qui d'ailleurs nous semble porter sur un principe erroné. L'exposition des phénomènes du mouvement dans l'économie vivante, la direction des puissances, les déchets nombreux, la force, la variété, la précision, la vitesse exigées, etc., nous feront sentir que cette prodigalité musculeuse n'est qu'apparente, et que le physiologiste auquel nous devons d'aussi beaux développements sur cette matière n'aurait pas dû s'en laisser imposer avec autant de facilité par une illusion.

Pour constituer l'appareil moteur chez les animaux supérieurs et chez l'homme, nous trouvons encore associés aux organes actifs, aux muscles, des organes passifs dont l'ensemble comprend : les *os*, les *cartilages*, les *fibro-cartilages*, le *périoste*, le *péricondre*, les *tendons*, les *aponévroses*, les *ligaments* et les *membranes synoviales*.

Les os, — οστεα des Grecs, *ossa* des Latins, nous offrent des organes blancs, très-durs, en partie calcaires, dont la réunion, sous le titre de squelette, forme la base de l'édifice animal, autour de laquelle sont disposées les puissances motrices et les principaux appareils de l'économie vivante.

Le tissu osseux, beaucoup plus résistant que les autres, est formé par deux éléments hétérogènes et cependant combinés : l'un *organique*, fibro-celluleux, l'autre *inorganique* et spécialement composé de phosphate de chaux, signalé par Scheele. On isole facilement le premier au moyen d'un acide, le second par la calcination. Les proportions de ces deux éléments, variables dans les différents âges de la vie, communiquent aux os des caractères modifiés par chacune de ces époques. Ainsi, *dans la première enfance*, prédominance de l'élément organique, densité moindre, flexibilité plus prononcée ; *dans l'âge adulte*, équilibre entre ces deux principes, caractères les mieux appropriés aux fonctions du système osseux ; *dans la vieillesse*, prédominance de l'élément inorganique, densité, fragilité des os qui semblent alors destinés à marquer le passage des corps organisés aux corps bruts.

Les auteurs ne sont pas d'accord sur la disposition du tissu osseux et sur la manière dont ses éléments se trouvent unis. Malpighi regarde ce tissu comme formé de lames et de fibres, offrant un suc intermédiaire, le comparant à l'éponge imprégnée de cire. Lasône prétend que ces fibres et ces lames sont unies par des filets obliques ; Gagliardi, par des chevilles osseuses d'apparences variables ; Scarpa soutient que le tissu des os, même les plus compactes, est celluleux et réticulé. Il suffit en effet d'enlever le phosphate calcaire par un acide minéral affaibli, de soumettre le canevas organique au lavage, à la macération, pour voir qu'il n'est autre chose qu'une substance cellulo-fibreuse, prenant la forme aréolaire dans presque toutes les divisions du système. De Blainville pense que le phosphate de chaux est à l'état de cristallisation dans ces aréoles, « que ces cristaux polyédriques sont très-distincts au microscope, dans la substance cartilagineuse, base essentielle de l'os. »

Béclard pense que « l'ossification ne dépend pas de la déposition de la substance terreuse dans un tissu organique, mais de la formation simultanée d'un tissu, contenant tout à la fois et la substance animale et la substance terreuse. » Nous trouvons cette opinion physiologique et bien appropriée aux observations que nous avons recueillies sur la texture et les dispositions du système osseux.

L'analyse de ce tissu, faite par Vauquelin, a donné sur 100 parties : gélatine, 50 ; — phosphate de chaux, 37 ; — de magnésie, 1, 3 ; — carbonate de chaux, 10 ; — sulfate de magnésie, silice, manganèse, oxyde de fer, 1, 7. Par Berzélius sur les os humains : sur 100 : gélatine, 32, 17 ; — vaisseaux sanguins, 1, 13 ; — phosphate de chaux, 51, 04 ; — carbonate de chaux, 11, 30 ; — fluate de chaux, 2, 0 ; — phosphate de magnésie, 1, 16 ; — soude, hydrochlorate de soude, 1, 20. Morichini prétend que le fluate de chaux et le sulfate calcaire se trouvent seulement dans les os fossiles.

Sous le rapport de leur configuration et de leurs usages, les os peuvent être distingués, comme les muscles, en trois ordres principaux. *Os longs.* — Offrant l'une de leurs dimensions bien supérieure aux deux autres ; ordinairement cylindriques, employés comme leviers dans la machine vivante ; occupant tous les points où doivent s'effectuer des mouvements très-étendus, comme on le voit aux membres plus particulièrement. Renflés et spongieux à leurs extrémités, ils sont moins volumineux et plus denses vers leur partie moyenne que l'on nomme *corps.* La plupart se trouvent creusés d'un canal intérieur et central qui loge cette production graisseuse appelée moelle. *Os courts.* — Présentant leurs trois dimensions à peu près égales, de forme plus ou moins exactement cuboïde ; servant à multiplier les déplacements, et se rencontrant dans toutes les divisions du squelette où la nature a dû résoudre le problème d'associer une solidité positive à la plus grande mobilité. Ils sont tous spongieux et sans canal médullaire. *Os larges.* — Dont l'une des dimensions est bien inférieure aux deux autres ; le plus souvent aplatis, concourant à l'établissement des réceptacles organiques, fournissant des insertions musculaires très-étendues ; formés par deux lames compactes, renfermant dans leur intervalle un tissu celluleux nommé *diploë.*

Quel que soit leur aspect, les os nous laissent voir des *éminences, des cavités* diversifiées en raison de leurs usages.

Les *éminences,* — lorsqu'elles sont encore à l'état cartilagineux, se nomment *épiphyses ;* on les désigne par le terme *d'apophyses* lorsqu'elles ont acquis les compléments de l'ossification.

Les épiphyses, comme on le voit chez les jeunes sujets, occupent surtout les extrémités des os longs, alors que les points solides qui doivent les constituer ne sont pas encore unis à celui de la partie moyenne.

Les apophyses très-nombreuses, très-variées, ont, d'après leurs formes, reçu les noms de *tubercules*, de *protubérances*, de *tubérosités*, de *poulies*, de *lignes*, de *crêtes*, d'*épines*, etc. D'après leurs usages : ceux d'*éminences d'articulation, d'insertion, d'impression, de réflexion.*

Les *cavités*, — également très-multipliées et très-différentes par leurs dispositions et les usages qui leur sont assignés, ont été nommées sous le premier rapport, *fosses, fossettes, coulisses, gouttières, méats, rainures, fentes, échancrures, trous, sinus, canaux, cellules*, etc. ; sous le second, *cavités d'articulation, d'insertion, d'impression, de glissement, de réception, de transmission et de nutrition.*

Les cartilages, — χόνδροι des Grecs, *cartilagines* des Latins, sont d'un blanc nacré, semi-diaphanes, élastiques, d'une consistance moyenne à celle des parties molles et des os. Placés dans tous les points du squelette où la souplesse doit s'unir à la force, où les effets de cette élasticité peuvent s'allier avantageusement à l'action musculaire, comme on l'observe surtout aux parois thoraciques. Toutes les surfaces articulaires mobiles sont enveloppées d'une couche plus ou moins épaisse de ce tissu, qui réunit ici trois avantages essentiels à la mécanique animale : 1° *le poli*, rendant les glissements plus faciles ; 2° *la souplesse* communiquée aux mouvements ; 3° *la protection* accordée par ce même tissu contre les frottements et le choc des articulations.

Les fibro-cartilages, — dont cette qualification indique assez la texture composée ; d'un blanc jaunâtre, présentent pour caractères propres, la ténacité, la souplesse et l'élasticité. Formés par des lames superposées, ils servent particulièrement, dans les articulations, à garantir les os, qui se rencontrent perpendiculairement, des percussions violentes qu'ils sont parfois obligés de supporter, comme on le voit surtout pour le corps des vertèbres, pour les membres, etc. Ces tissus offrent encore des usages plus spéciaux dans certains appareils où la nature les emploie toujours en vertu de leur élasticité; par exemple, au pavillon de l'oreille, au nez, à l'épiglotte, au larynx, etc.

Les tendons — sont des productions fibreuses, le plus souvent disposéees en cordons arrondis, quelquefois en bandelettes aplaties, servant, dans tous les cas, à fixer les organes actifs aux organes passifs, la fibre musculaire ne s'implantant jamais immédiatement sur les os.

Le périoste et le péricondre, — seconde production fibreuse, membraniforme, recouvrant la plus grande partie des os et des cartilages, recevant les insertions des tendons et des ligaments avec lesquels cette enveloppe s'identifie si positivement, qu'il paraît assez naturel de la considérer comme le centre du système dont elle présente une modification. Les canaux des os longs se trouvent intérieurement tapissés par une expansion celluleuse, prenant le titre de membrane médullaire, et qui, faisant les fonctions de périoste interne, diffère cependant assez du périoste externe par sa nature et les qualités de ses produits.

Les aponévroses, — troisième production fibreuse offrant des expansions en forme de membranes souvent très-étendues, très-résistantes, servant à fortifier les parois des cavités splanchniques, et surtout à maintenir les muscles dans leurs situations respectives, en agissant à la manière des ceintures.

Les ligaments, — quatrième production fibreuse, employés par bandes fortes, à peine extensibles, d'une largeur et d'une épaisseur variables, à lier tous les os pour constituer le squelette, à maintenir solidement tous les rapports articulaires.

Les membranes synoviales, — que nous avons décrites en faisant l'histoire des sécrétions, offrant des sacs sans ouverture; se déployant, pour toutes les articulations mobiles, sur les différentes surfaces cartilagineuses, avec le titre de *synoviales articulaires*; dans les coulisses de glissement, derrière les tendons plats, avec celui de *gaînes*, *de bourses synoviales*; sécrétant une humeur grasse, visqueuse, lubrifiant, sous le nom de *synovie*, toutes les pièces contiguës de la mécanique animale, de manière à favoriser leurs divers mouvements ; absolument comme les huiles que nous employons pour adoucir les frottements et développer le jeu de nos machines physiques.

La réunion des os par les ligaments constitue cet assemblage que nous désignons sous le terme générique *d'articulation*. La diversité de leurs caractères particuliers, leur continuel emploi dans les mouvements nous obligent à les classer avec méthode afin d'établir, sur des lois positives, les résultats de leur concours.

Articulation. — *L'articulation*, ἄρθρον des Grecs, *articulus* des Latins, est la réunion de deux ou d'un plus grand nombre d'os, servant, pour la plupart, aux divers mouvements de la machine animale; quelques-unes établissant la situation invariable et respective de certaines parties de l'organisme ; circonstance qui fait naître la distinction des articles en deux classes principales : 1° Immobiles, *synarthroses ;* 2° mobiles, *diarthroses*. Quelques auteurs ont admis des articulations mixtes, *amphiarthroses*. Cette manière de voir nous paraît une complication sans utilité. Chacune de ces classes présente ensuite plusieurs divisions. Dans tous les cas, on voit les os *longs* s'unir par leurs extrémités : les os *courts*, par une ou plusieurs de leurs faces; les os *larges*, par leurs bords.

Synarthroses. — Les articulations immobiles sont toutes celles qui ne doivent naturellement offrir aucun déplacement dans la position respective des os qui les composent. Elles se manifestent sous trois formes essentielles : par *juxtaposition*, comme on le voit entre les os de la base du crâne; par *engrenures*, comme on l'observe pour ceux de la voûte ; ce mode offre deux divisions : *suture*, lorsqu'il s'effectue par des dentelures alternatives ; *schindylèse*, alors qu'il s'opère au moyen de la réception d'une crête dans une rainure ; par *implantation* à laquelle on donne le nom de *gomphose*, telle est la manière dont les dents se trouvent reçues par les alvéoles.

Toutes ces articulations sont plus ou moins fortement assujetties par des ligaments serrés et, pour le plus grand nombre, au moyen d'une espèce de gélatine, véritable colle animale déposée entre les surfaces articulaires, capable d'ossification, et pouvant ainsi, dans un âge plus ou moins avancé, réunir, par une continuité, dès lors anormale, plusieurs pièces du squelette naturellement isolées et contiguës par cet intermédiaire; comme on le voit dans la soudure intime du sphénoïde avec l'occipital, des pariétaux avec les temporaux, etc.

DIARTHROSES. — Les articulations mobiles sont distinguées en deux ordres : Par *continuité*, par *contiguïté*.

Articulations mobiles par continuité. — Ces articulations encore appelées *mixtes* par certains auteurs, offrent constamment entre leurs surfaces des fibro-cartilages adhérents à ces dernières, les identifiant en quelque sorte, comme on le voit pour les corps vertébraux. Ces articulations sont peu mobiles, et les déplacements qu'elles exécutent s'effectuent beaucoup moins par le frottement des surfaces articulaires que par l'affaissement alternatif des différents points du fibro-cartilage.

Articulations mobiles par contiguïté. — Dans cette catégorie viennent se ranger toutes celles dont les surfaces libres, cartilagineuses, revêtues par des synoviales, peuvent exercer des glissements respectifs plus ou moins étendus et toujours favorisés par le présence de la synovie. Ces articulations sont d'autant plus mobiles que les ligaments s'y trouvent moins serrés, moins nombreux, et plus souvent remplacés, dans leurs fonctions spéciales, par les muscles eux-mêmes; comme on le voit à l'articulation scopulo-humérale dont les déplacements sont très-diversifiés et très-faciles.

D'après le nombre et la variété des mouvements, on peut distinguer ces articulations en deux espèces : mouvements *déterminés*, *indéterminés*.

Articulations à mouvements déterminés. — Dans cette catégorie, nous trouvons la mobilité réduite à des conditions simples, et qu'il est facile de préciser par la seule inspection des parties. Ces articulations sont encore nommées *ginglymoïdales*, *en charnière*; elles se meuvent en deux sens opposés, prenant les titres de ginglymes : 1° *latéral*, toutes les fois que deux os situés parallèlement roulent, chacun sur son axe, comme on le voit pour le radius et le cubitus dans la pronation et la supination de l'avant-bras ; 2° *angulaire*, lorsque ces deux os forment un angle dont les différents degrés d'ouverture sont relatifs à ceux de la flexion ou de l'extension, comme on l'observe dans l'articulation du cubitus et de l'humérus pendant les mouvements de l'avant-bras sur le bras.

Articulations à mouvements indéterminés. — Cette espèce nous offre la mobilité dans son plus grand développement; toutefois encore avec une gradation relative aux dispositions articulaires. Ainsi : *Surfaces planes ;* glissements en avant, en arrière, latéralement ; telles sont les symphyses tarsiennes, carpiennes, etc.

Condyle reçue dans une fosse, arthrodie : les mouvements précédents, flexion, extension, abduction ; leur succession régulière désignée par le terme de *circumduction ;* nous en trouvons un exemple dans l'articulation temporo-maxillaire, etc. *Tête arrondie supportée par un col, engagée dans une cavité, énarthrose*, articulation *vague*, *orbiculaire ;* tous les mouvements indiqués et la rotation exécutée sur l'axe même de l'os ; telles sont les jointures scapulo-humérale, ilio-fémorale, etc.

En général, on peut ajouter que les déplacements articulaires ou *luxations*, sont d'autant plus fréquents et plus faciles que leurs mouvements sont plus libres, plus étendus et plus multipliés. C'est ainsi que l'articulation scapulo-humérale offre seule autant d'exemples de ces solutions de contiguïté , que toutes les autres symphyses réunies.

Si nous considérons actuellement l'ensemble des organes moteurs dans la série des êtres organisés vivants, nous trouvons plusieurs considérations importantes à noter.

Chez les végétaux. — On ne rencontre aucun appareil comparable à celui que nous venons d'étudier. Les mouvements s'y trouvent bornés à ceux de circulation, de turgescence, d'accroissement, d'action moléculaire interstitielle que Dutrochet rapporte aux phénomènes d'endosmose et d'exosmose. La *sensitive* a besoin du contact d'un corps étranger pour effectuer ses réactions ; *l'hédysarum gyrans* ne présente qu'un effort de développement, ses mouvements cessent lorsqu'il est opéré ; les étamines de *l'épine-vinette*, le stigmate du *martinia*, etc., n'offrent également aucune motilité spéciale et musculaire.

Chez les animaux. — En conséquence des lois primordiales qui, constamment unissent les fonctions d'impression et d'expression, nous trouvons les appareils moteurs étendus et diversifiés en raison du nombre et de la perfection des sens. *Pour les mollusques*, on ne rencontre point de squelette osseux ; la tête manque dans tout un genre auquel on donne, pour cette raison, le titre d'*acéphale*. Un grand nombre de ces animaux, au lieu de membres destinés à la locomotion, offrent, pour le ramper, des poils, des plis et des ventouses contractiles.

Dans les crustacés, le squelette, extérieurement situé, prend la forme d'écailles, de coquilles, de test; les muscles sont renfermés dans ces étuis solides ; lorsqu'il existe des membres, on en rencontre au moins six; les insectes peuvent en offrir un bien plus grand nombre.

Chez les vertébrés, on observe toujours un squelette intérieur, une colonne rachidienne, une tête, un tronc, souvent des membres qui, ne s'élevant jamais au delà de quatre, sont remplacés par des nageoires pour les poissons, et manquent chez les serpents.

Comme tous les autres, l'appareil du mouvement se trouve constitué de la manière la plus avantageuse aux relations naturelles, aux besoins essentiels de l'animal. Ainsi le *reptile*, qui trouve dans les excavations de la terre un abri contre les attaques de ses ennemis, offre les organes du ramper dans tous leurs perfectionnements ; le *poisson*, devant se déplacer constamment au milieu des eaux, présente ceux du nager avec tous les avantages dont ils sont capables ; l'*oiseau*, dans la nécessité de maintenir son équilibre et d'avancer avec les faibles appuis de l'atmosphère, ceux du vol ; enfin l'*homme*, destiné seul à la station bipède, à la progression verticale, est également seul en possession des organes et des modifications spéciales relatives à ce genre de locomotion. Les animaux amphibies offrent la réunion des appareils du nager et de la marche, pour les quadrupèdes; du nager et du vol, pour les oiseaux. Ces dispositions sont même remarquables dans les différentes parties d'un animal en raison du besoin qu'il en éprouve. Ainsi, chez les oiseaux à l'état sauvage, le vol étant beaucoup plus nécessaire que la marche, nous trouvons les ailes plus fortes et plus développées que les cuisses. Il suffit, pour s'en convaincre, de comparer, sous ce rapport, l'oie sauvage à l'oie de basse-cour, le pluvier au canard de maison, etc. On peut appliquer les mêmes principes à tous les autres animaux, et l'on sentira constamment l'influence des nécessités vitales, des habitudes et du genre de vie sur les modifications essentielles des appareils moteurs.

L'action musculaire étant ici l'agent essentiel des expressions, nous devons en indiquer les trois principales conditions.

Force musculaire. — Nous désignons sous ce titre la proportion de l'effort qu'un muscle est susceptible d'effectuer. Cet effort est naturellement estimé d'après la somme des résistances vaincues. On parvient à le préciser d'une manière assez rigoureuse au moyen d'un instrument nommé *dynamomètre*. Cette force tient à plusieurs causes différentes, et dont la réunion constitue celle des *hercules*.

Développement des masses contractiles. — Cette condition fondamentale n'est pas seulement particulière au volume du muscle, elle comprend plus spécialement encore le nombre, la densité, la bonne organisation des fibres motrices. On voit en effet des sujets dont ces masses paraissent, au premier aspect, largement constituées, et qui doivent la majeure partie d'une semblable disposition à la mollesse, à la succulence de la fibre; à l'abondance du tissu cellulaire graisseux dont elle se trouve alors environnée; tandis que l'on rencontre des individus, plus grêles en apparence, dont les saillies musculaires n'ayant plus rien de fictif, sont dès lors susceptibles de contractions beaucoup plus énergiques. Pour éviter l'erreur de cette estimation provisoire, il faut toucher ces muscles non point dans l'état de repos, mais pendant leur contraction. S'ils paraissent alors très-durs, très-rénitents, si leurs formes sont carrément exprimées, leurs faisceaux et leurs tendons volumineux et bien détachés, on peut d'avance prévoir toute la vigueur dont ils sont naturellement doués.

Énergie encéphalique. — Elle exerce une influence très-positive sur la force musculaire. Ainsi, nous observons quelquefois des sujets dont les formes grêles n'expliqueraient jamais la puissance de réaction, si l'intensité cérébrale ne devait pas en quelque sorte remplacer, chez eux, le défaut et la ténuité des fibres motrices. D'un autre côté nous rencontrons des hommes robustes au physique, n'offrant cependant aucune vigueur, par cela seul qu'ils sont dépourvus du ressort moral, et que leur volonté passive est en quelque sorte embarrassée par le poids d'une machine dont elle est incapable de provoquer les mouvements.

Chez les hercules eux-mêmes, l'énergie cérébrale ne présentant pas, dans le calme, une proportion relative à celle des masses musculaires, on voit alors, dans leurs poses, dans leurs déplacements, une lenteur, une paresse notables. Quelque circonstance majeure vient-elle exciter chez eux les emportements de la colère, en donnant à l'activité morale tout son développement, dominés par un pouvoir qu'ils semblaient ignorer, on les voit entrer en action par degrés, briser les obstacles qui leur sont opposés. Malheur à qui voudrait braver ces puissances devenues indomptables, en prouvant d'une manière positive que la force animale est moins peut être dans les muscles, que dans l'encéphale dont ils reçoivent leur principe d'action. Il est dès lors facile de concevoir que nous estimons presque toujours cette force des hommes, ainsi constitués, au delà de sa valeur intrinsèque ; tandis que nous établissons une proportion inverse pour ceux dont les muscles peu volumineux sont commandés par un encéphale très-énergique.

Ces vérités ont été bien appréciées par les poëtes, les artistes et les historiens de l'antiquité, lorsqu'ils nous montrent, avant le combat, leurs gladiateurs marchant dans l'arène avec insouciance et lenteur ; s'animant ensuite progressivement ; devenant aussi violents, aussi terribles, pendant l'action, qu'ils avaient semblé pesants, impassibles dans les instants du repos.

Un riche développement, une forte organisation des masses musculaires, une grande énergie de l'encéphale, telles sont les deux conditions essentielles pour établir cette vigueur extraordinaire des hercules. Avec l'une ou l'autre de ces conditions, on peut offrir des résultats assez notables, mais toujours alors plus ou moins éloignés des effets du type extra-normal que nous indiquons, et d'ailleurs présentant des caractères particuliers à chacune de ces modifications spéciales.

Ainsi, lorsque cette force est relative au développement anatomique des muscles, on voit l'intensité des contractions se monter avec lenteur, mais, une fois établie dans sa mesure naturelle, s'y maintenir en effectuant des mouvements plus remarquables par leur continuité, par leur durée, qu'en raison de la vivacité, de l'énergie propres à leur exécution.

Lors au contraire que cette force réside complétement dans l'impulsion encéphalique, elle acquiert instantanément toute son élévation, et produit un effet d'autant plus puissant qu'il surprend par sa rapidité. Mais bientôt succède un épuisement en mesure de la réaction, cette force étant plutôt morale que physique, et les fibres musculaires, en raison de leur développement borné, se trouvant incapables de soutenir longtemps un pareil effort.

Dans le premier cas, la force est réelle, sa base est positive et solide, un exercice approprié la développe avec avantage ; dans le second, elle est en quelque sorte factice, ne présente aucun fondement organique, s'affaiblit et s'épuise par ses manifestations.

En conséquence de ces lois physiologiques, l'homme dont

la force physique est prédominante commence et termine avec lenteur, mais sans fatigue et sans épuisement, les plus pénibles travaux ; tandis que le sujet exclusivement doué de la force morale entreprend ces travaux avec une sorte d'impatience et de précipitation qui ne lui permettent jamais de les achever, ses muscles succombant à des impulsions encéphaliques sans proportion avec leurs caractères substantiels.

C'est donc évidemment dans le concours de ces deux influences, dans les rapports harmoniques de l'énergie cérébrale qui commande l'action, de la puissance musculaire qui l'exécute, que se trouve naturellement la force motrice non-seulement pour l'agression, mais encore pour la résistance.

Chez certains sujets, on l'observe dans une division de l'appareil moteur, soit originellement, soit en conséquence d'exercices partiels, comme nous en trouvons les preuves pour un assez grand nombre d'artisans mécaniciens ; tandis que les sauvages dont le genre de vie présente beaucoup plus d'uniformité, nous en fournissent à peine quelques exemples. Lorsque cette énergie musculaire est générale et très-développée, les sujets qui la présentent reçoivent le titre d'*hercules.*

Peron examinant la force comparative des différentes peuplades, au moyen du dynamomètre de Régnier, a consigné les résultats suivants : A la terre de Diémen, premier degré de civilisation, — 60. A la Nouvelle-Hollande, civilisation plus avancée, — 62. Chez les Malais, — 64. En France, en Angleterre, — 68. Sans parler des travaux un peu merveilleux de Samson et d'Hercule, sans même rapporter les prouesses de Milon de Crotone et des autres athlètes célébrés par l'antiquité, nous trouvons, plus près de nous, des faits qui démontrent suffisamment à quel degré surprenant peut s'élever la force musculaire dans notre espèce.

On vit à Naples, en 1555, un Espagnol nommé Pierre, d'une vigueur extraordinaire. Il croisait librement ses bras, malgré les efforts de dix hommes tirant, en sens contraire, sur des cordes fixées à ses poignets.

Louis de Boufflers, surnommé *le Robuste*, et qui vivait en 1534, debout, les deux pieds rapprochés, ne rencontra pas un sujet capable d'effectuer son déplacement. Il portait un bœuf, l'entraînait à volonté par la queue, rompait un fer à cheval avec ses mains.

Le major Barsabas, existant au seizième siècle, écrasait les membres des plus grands animaux, en les serrant entre ses doigts ; ayant soulevé l'enclume d'un maréchal avec beaucoup d'adresse, il put la tenir longtemps cachée sous son manteau. Certain gascon le provoquant : « Volontiers, dit le major ; touchez là, Monsieur ; » et lui brisant les os, le mit dans l'impossibilité de combattre.

Vitesse des contractions. — Nous désignons sous ce titre la rapidité des contractions successives de la fibre motrice. On la détermine en précisant le nombre de ces contractions dans un temps donné.

Cette condition du mouvement se trouve presque toujours en opposition directe avec celle de la force naturelle ; aussi, chez l'homme et chez les animaux, les sujets d'une taille colossale, offrant des masses charnues très-développées, ne sont-ils jamais les meilleurs coureurs, ni même ceux que l'on distingue par la vivacité de leurs mouvements partiels.

Nous connaissons les dispositions appropriées à la force musculaire, celles de la vitesse n'ont aucun rapport avec elles. Des muscles grêles, mais bien organisés, offrant un isolement convenable dans leurs faisceaux et leurs tendons ; un centre innervateur énergique ; des déterminations promptes ; une grande précision dans les impulsions de la volonté forment les principaux éléments de la faculté que nous étudions.

Pour effectuer des mouvements très-vites, il ne faut jamais déployer une grande force de contraction, mais seulement une activité si mathématiquement calculée dans ses résultats qu'aucune fausse direction, aucun intervalle inutile n'en viennent embarrasser les applications.

Dans ces conditions de précision et de vitesse, rentre naturellement celle que l'on nomme *dextérité*. De là cet adage vulgaire plein d'exactitude : *plus on se hâte, moins on avance.* En effet, s'abandonner à la précipitation est positivement jeter le trouble dans les déterminations, et, consécutivement, dans les mouvements soumis à la volonté. Le temps se passe alors en hésitations, en déplacements sans ordre, sans but et sans action définitive.

Il suffit d'avoir une seule fois observé, dans l'arène, plusieurs concurrents se disputant le prix de la course, pour connaître, dès le premier instant, celui qui doit remporter la victoire. Voyez l'un s'élancer avec une sorte d'impatience et d'impétuosité convulsives, déchaînant simultanément toutes ses puissances motrices ; bientôt ses forces épuisées par des manifestations abusives, trahiront l'ardeur qui le consume, il n'atteindra pas même le terme de la carrière. Considérez cet autre qui s'engage avec aisance, avec grâce, en conservant un calme réfléchi, qui semble ménager ses mouvements en maintenant dans l'immobilité les parties dont le concours, inutile pour la progression, ne ferait qu'entraver sa rapidité par une dépense inconsidérée de la force musculaire. Si d'abord il semble rester en arrière, bientôt il regagnera des avantages que ses compétiteurs ne seront plus en mesure de lui disputer ; calculant ses forces d'après le temps et l'espace, il touchera le but avec la confiance d'un triomphe assuré.

Les dispositions de la fibre contractile offrent des aptitudes à la vitesse, mais l'habitude et l'exercice développent cette faculté d'une manière plus étonnante encore. La vérité d'un principe aussi physiologique, déjà palpable dans les mouvements généraux, comme on le voit chez les coureurs, les funambules, etc., devient plus évidente encore pour les mouvements partiels ; pourrions-nous expliquer, sans la connaissance de ce puissant modificateur, la vélocité des agitations de la main chez ces jongleurs indiens ; l'incompréhensible rapidité des doigts chez nos virtuoses, pour le forté, le violon, etc. ?

Étendue des contractions. — Cette expression nous indique la mesure du raccourcissement que peut éprouver la fibre motrice dans sa plus forte contraction. D'après Keil, Bernouilli Prévost et Dumas, etc., ce raccourcissement est à peu près le tiers de la mesure naturelle. On conçoit dès lors que les deux conditions fondamentales de cette faculté se trouvent: 1° dans la longueur de cette fibre; 2° dans son intensité contractile. Il est dès lors évident que les mouvements de la mécanique animale, auraient toujours été bornés, même en exagérant l'étendue normale des muscles, si la nature, prévoyant cet inconvénient grave, ne l'eût prévenu par l'addition des leviers dont nous allons bientôt examiner les importantes applications. Aussi voyons-nous les mollusques réduits à quelques déplacements ondulatoires, en mesure des sentiments et des rapports qui leur sont propres, mais dont l'insuffisance eût été positive relativement aux besoins de l'homme et des animaux supérieurs.

L'étendue motrice, comme la vitesse, est ordinairement en raison inverse de la force. On conçoit en effet qu'il est impossible d'allonger un muscle sans affaiblir son énergie; nous prouverons que, dans un levier, l'augmentation du bras de la résistance diminue les effets de la puissance d'après une proportion calculable.

C'est en conséquence de ces lois que l'on trouve ordinairement les hercules et les sujets très-agiles dans les proportions moyennes de la taille commune. Il suffit, pour s'en convaincre, de comparer, *absolument* dans la même espèce, et *relativement* dans les espèces différentes, sous ce double rapport, les animaux très-grands, à ceux d'une stature beaucoup moins élevée. Dans les opérations militaires, le corps d'élite n'est pas toujours celui qui se fait le plus remarquer par l'activité des marches et par ses avantages à supporter les fatigues de la guerre.

Besoin du mouvement. — Pour bien apprécier le sentiment qui nous fait éprouver la nécessité de l'exercice musculaire, il ne faut pas voir l'homme et les animaux en liberté, pouvant exécuter à leur gré tous les phénomènes de relation. En effet, dans ces dispositions, l'immobilité n'est jamais assez com-

PLANCHE RELATIVE AUX LEVIERS

DANS LA MÉCANIQUE ANIMALE

A. Levier inter-mobile, premier genre.

B. Levier inter-résistant, second genre.

C. Levier inter-puissant, troisième genre.

D. Tête. **D'.** Muscles postérieurs du col. Levier inter-mobile.

E. Pied, jambe. **E'.** Muscles jumeaux et solaire. Levier inter-résistant.

F. Bras, avant-bras. **F'.** Muscle biceps, etc. Levier inter-puissant.

Relativement à ces leviers, les dispositions de la *force*, de la *vitesse*, de l'*extension* des *mouvements* se trouvent, comme pour les muscles, ordinairement en proportions inverses. On peut, toutes choses égales, réduire aux trois principes généraux suivants les considérations qui se rattachent plus ou moins directement à ces divers états.

1° Plus la *puissance* est éloignée de la *résistance*, rapprochée du *point mobile*, moins le mouvement présente de *force*, plus il offre de *vitesse* et d'*étendue*.

2° Plus la *puissance* est rapprochée de la *résistance*, éloignée du *point mobile*, plus le mouvement offre de *force*, moins il présente de *vitesse* et d'*étendue*.

3° Plus la direction de la *puissance* est perpendiculaire à celle du *levier*, plus la *force* du mouvement est considérable; plus la *première* est oblique sur la *seconde* en s'éloignant de la perpendiculaire, moins cette *force* est développée.

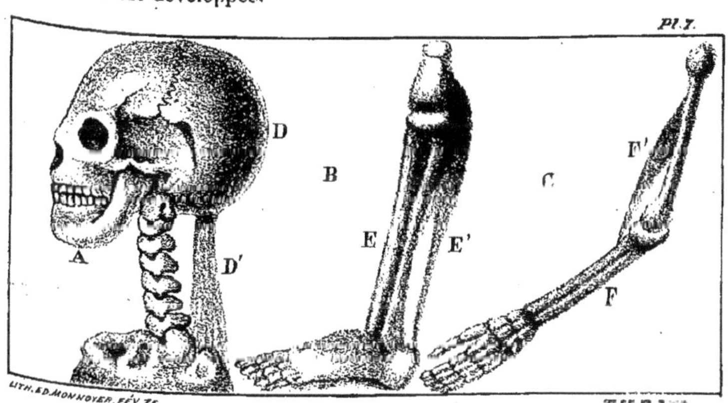

plète, assez prolongée pour éveiller ce besoin d'une manière très-notable; c'est après une privation soutenue des mouvements volontaires qu'il faut les étudier sous ce dernier rapport. On observe alors une impatience très-pénible dans les appareils musculaire et nerveux ; toutes les puissances motrices, partageant cette anxiété, rappellent un ressort prêt à se briser par tension excessive; une surabondance vitale cherche à s'épancher dans toutes les actions extérieures. Si la liberté du mouvement se trouve immédiatement rendue, le sujet bondit, s'élance avec impétuosité ; ses contractions musculaires sont des spasmes, des convulsions violentes jusqu'au rétablissement d'un équilibre convenable entre cet excès de la faculté motrice et la mesure naturelle de sa réparation. Il suffit, pour se convaincre de la vérité de ces principes, d'examiner le chien agile et le coursier fougueux mis en liberté dans la campagne, après quelques jours de captivité.

Au contraire, si la privation du mouvement est prolongée, les fonctions nutritives s'approprient l'activité des facultés motrices, la réparation devient surabondante et la pléthore générale se manifeste. Souvent encore, le moral se pervertit, avec langueur, ennui, dégoût de la vie; toutes les fonctions s'altèrent profondément et l'économie se détruit par l'anxiété de ses désirs non satisfaits. Telles sont la nature de ce besoin, l'importance des exercices qu'il provoque, les conséquences fâcheuses du défaut absolu de mouvement pour toute la constitution.

L'économie organique des animaux supérieurs et de l'homme, laquelle du reste a servi de modèle plus d'une fois à la mécanique générale, offre les mêmes dispositions pour les leviers et pour tout le reste : nous n'avons rien à dire de plus.

Après avoir considéré les *expressions* de l'économie vivante au point de vue de leur théorie générale, nous devons les étudier avec toute l'attention exigée par leur importance, relativement aux applications nombreuses qu'elles vont naturellement présenter.

Envisagées sous ce nouveau rapport, elles offrent deux conditions essentielles qui se supposent et s'enchaînent : 1° *la station*, 2° *la locomotion*.

1° **Station.** — *La station*, στάσις des Grecs, *statio* des Latins, est la position fixe que l'on donne à l'être vivant, soit pour le disposer à l'action, soit pour laisser prendre à ses organes moteurs le repos dont ils ont besoin. Dans ses principales variétés elle suppose toujours, pour être avantageuse, une base de sustentation convenable, un équilibre suffisant dans le centre de gravité ; nous la voyons naturellement s'établir dans les dispositions suivantes :

Station verticale ou *bipède*. — Naturelle à l'homme dont elle offre le noble apanage, elle fut, dans tous les temps, ainsi considérée, non-seulement par les naturalistes, mais encore par les poëtes, comme le prouve l'un de leurs plus dignes organes, dans ces admirables vers, en parlant de l'œuvre du créateur :

> « Os homini sublime dedit, cœlumque tueri
> « Jussit, et erectos ad sidera tollere vultus ! »

Quelques philosophes systématiques et notamment Barthez, dans leur étrange manie de vouloir toujours abaisser l'homme au niveau des plus vils animaux, ont prétendu qu'il était naturellement quadrupède et devenait bipède seulement par les bienfaits de l'habitude et de l'éducation ; que parmi les espèces supérieures, les singes, par exemple, prennent spontanément la station bipède, marchent ainsi que l'homme ; se servent, comme lui, de leurs membres thoraciques pour l'accomplissement régulier d'un grand nombre de mouvements partiels.

Le plus simple examen des habitudes naturelles de l'orang-outang lui-même, de son organisation, comparée à celle de l'homme, relativement à la station bipède, suffit pour démontrer, jusqu'à l'évidence, l'erreur et les dangers de semblables illusions.

La station bipède ou verticale est naturelle et particulière à l'homme. Nous en trouvons les preuves les plus positives surtout dans les quatre conditions suivantes.

1° *Dispositions du squelette.* — Le grand poids de la tête exige sa position horizontale sur les vertèbres, dans un équilibre à peu près complet; la ténuité du ligament cervical postérieur, la faiblesse des muscles extenseurs étant incapables de la maintenir dans une autre situation pendant quelque temps, comme le prouve le pénible sentiment de lassitude qui se manifeste dans ces muscles après quelques instants d'une attitude quadrupède. La conformation du pied, son mode articulaire qui dans cette attitude ne lui permet de reposer sur le sol que par l'extrémité des orteils, alors que dans la station verticale il s'y trouve placé tout naturellement sur sa large et véritable base, reçoit perpendiculairement la jambe, la cuisse, la colonne vertébrale; tandis que dans la situation quadrupède, ces parties sont obliquement et mal disposées, avec toutes les fatigues d'une condition aussi peu naturelle chez l'homme.

Disposition des muscles. — Ceux qui forment le renflement postérieur de la jambe sous le nom de *mollet*, ne se rencontrent chez aucun autre animal; ceux de la partie antérieure de la cuisse offrent également, chez lui seul, un aussi grand développement; les uns et les autres, à peu près inutiles dans la station quadrupède, sont au contraire indispensables à l'attitude bipède, pour maintenir les membres pelviens dans la rectitude nécessaire à cette position.

Les muscles des membres thoraciques, aussi faibles que nombreux, indiquent assez que ces membres, étrangers aux grands efforts de la station, sont exclusivement destinés à la délicatesse, à la perfection, à la multiplicité des mouvements partiels.

Enfin les nombreux extenseurs placés dans les gouttières vertébrales, et disposés avec avantage pour le redressement de l'épine, servent de complément aux preuves anatomiques dont nous venons de faire l'énumération.

Situation des sens. — Chez les animaux, les organes des sens représentent comme autant de sentinelles qui veillent à la conservation de l'organisme, et se trouvent dès lors placés dans les points les plus favorables à cette mission ; caractères d'autant plus positifs que le sujet est destiné à des rapports plus étendus. Pendant la station quadrupède, aucun de ces appareils explorateurs n'offrirait une situation favorable à son exercice, et l'homme, avec des sens parfaits, deviendrait l'individu le plus impropre aux phénomènes de relation : ainsi le nez, dirigé vers les odeurs par sa face dorsale, ne leur présenterait plus directement ses ouvertures ; les yeux, attachés au sol, n'embrasseraient qu'un horizon de quelques pieds, etc. ; les cheveux épars couvriraient toute la face en ajoutant encore à ces nombreux inconvénients.

Dans la station bipède, au contraire, tous les sens reprennent leur supériorité naturelle ; embrassant la vaste circonscription de la terre et des mers, la profondeur incalculable des cieux, leur sphère d'action n'a d'autres limites que celle de l'immensité !

Habitudes ordinaires du sujet. — Si nous examinons l'homme chez les peuples civilisés, au milieu des hordes les plus sauvages, nous le voyons toujours prendre et conserver la station bipède pour les exercices qui réclament beaucoup de force ou d'agilité, dans l'agression comme dans la défense, dans la poursuite comme dans la retraite.

Nous le demandons actuellement, est-ce par l'habitude et l'éducation que, dans les contrées hyperboréennes, les Samoyèdes, les Kamschadales et les Esquimaux ; dans les régions voisines de l'équateur, les Namaquois, les Ouzouanas, les Gonaquois apprennent à changer la station quadrupède pour l'attitude verticale ? S'il en est ainsi, comment quelques-unes de ces peuplades, étrangères à tous les perfectionnements de la civilisation, n'ont-elles pas conservé dans leurs *kraals* ces premières dispositions originelles ?

Il ne faut pas du reste prendre la station verticale immobile pour une condition de repos : le code militaire, en faisant du piquet une sévère punition, ne l'avait que trop bien comprise ; elle offre encore une grande signification comme expression physiologique.

L'attitude verticale, immobile, sans locomotion, sans gestes, paraît, au premier aspect, une situation muette, incapable d'offrir aucune des actions de combinaison. Il suffit d'observer l'homme avec un peu plus d'attention pour sentir qu'elle présente au contraire un langage physiognomonique très-expressif, souvent même difficile à remplacer.

Les positions obliques du corps marquent ordinairement le désir. Lorsqu'il tend au rapprochement, l'inclinaison s'opère en avant par des flexions successives ; lorsqu'il porte à l'éloignement, elle se fait en arrière au moyen d'une série d'extensions graduées.

La station bipède offre des modifications relatives : au *sexe*, à *l'âge*, au *tempérament*, au *caractère*, à *l'intelligence*. Un homme de génie se tient debout autrement qu'un sot, et l'attitude particulière de l'individu bilieux n'est pas celle du sujet lymphatique. Faisons quelques applications de ces lois générales.

Relativement au sexe. — Il est impossible de confondre l'homme et la femme d'après les caractères suivants : *Pour l'homme*, — attitude noble, fière, impérieuse, fermeté dans la pose, rectitude invariable du tronc, position fixe de la tête, extension des membres pelviens formant deux courbes légères et rapprochées par leur concavité, largeur des épaules, étroitesse comparative du bassin ; *pour la femme*, — position timide, remplie de mollesse et d'agrément, inflexion légère des articulations, souplesse, ondulations gracieuses du torse, pose enfantine de la tête, dimensions considérables du bassin proportionnellement à celles des épaules, rapprochement des genoux, faible déjettement des jambes en dehors.

Relativement à l'âge. — *Dans l'enfance*, la station bipède est indécise et vacillante. *Chez l'adulte*, elle devient plus résistante et plus ferme en s'établissant dans un équilibre parfait. *Chez le vieillard*, toutes les colonnes osseuses, formant, par leur ensemble et leur superposition, le grand levier vertical représenté par l'organisme, sont inclinées obliquement à l'horizon, présentant une série de flexions alternatives, destinées à maintenir la ligne de gravité dans l'intervalle circonscrit par la base de sustentation ; c'est ainsi que l'incurvation de la colonne vertébrale est compensée par la flexion des cuisses ; celle des cuisses, par celles des jambes, etc. Partout on voit l'affaiblissement de la puissance musculaire et l'augmentation des résistances passives. Nos grands peintres, nos bons acteurs dramatiques saisissent profondément toutes ces nuances méconnues du vulgaire, et le jeune homme, dans la force de l'âge, par une imitation spécieuse, arrive bien souvent à nous offrir toutes les illusions de la caducité. L'on peut actuellement expliquer pourquoi l'adolescence est capable d'imiter la vieillesse, tandis que la vieillesse n'est jamais en mesure de représenter l'adolescence.

Relativement au tempérament. — L'observateur le moins exercé reconnaît aisément la constitution physique par la seule inspection de l'attitude verticale. Ainsi nous la trouvons élégante et gracieuse pour le *sanguin ;* pesante et massive chez l'*athlétique ;* ferme, carrée chez le *bilieux ;* molle, sans énergie pour le *lymphatique ;* roide et guindée chez le *nerveux ;* maniérée, bizarre, sans aplomb chez le *mélancolique.*

Relativement au caractère. — Le sujet *noble* et *modeste* offre un maintien sans affectation, mais remarquable en même temps par sa réserve et sa dignité. Le *suffisant* est prétentieux dans son attitude ; il porte la tête haute, s'érige avec effort sur toutes ses articulations, croyant rehausser son mérite en mesure de l'élévation qu'il communique à sa taille. Le *courageux* reste ferme dans ses poses, mais sans manière et sans prétention. L'*audacieux* est facilement apprécié par sa roideur, par ses dispositions menaçantes. Le *timide* semble replié sur lui-même, craignant d'occuper trop d'espace, et resserrant toutes ses parties autour de la ligne de gravitation, cherche, sous un appareil d'humilité, l'abri que ne lui fournit point son irrésolution morale. L'*indifférent* est mou dans sa tenue comme dans ses mouvements ; on voit qu'il tend à l'inertie. L'*homme actif*, au contraire, paraît s'exercer même dans l'immobilité ; pour lui, de la station au mouvement, l'intervalle est à peine sensible. Le *sujet franc* se présente constamment en face, la tête fixe et droite. L'*hypocrite* se montre le front baissé, toujours dans une situation oblique.

Relativement à l'intelligence. — La *sottise*, lors surtout qu'elle se rencontre avec la *vanité*, sa compagne ordinaire, est exprimée par le défaut d'ensemble et d'équilibre dans la station; c'est un caractère commun aux idiots; par le renversement de la tête en arrière, comme si le poids du crâne était insuffisant pour contrebalancer l'action des muscles extenseurs. Les situations sont fausses comme l'esprit, et le sujet paraît plutôt occupé du soin de rechercher le centre de gravité que de l'entretenir dans les conditions nécessaires. Le *génie*, lors toutefois qu'il est appuyé sur la *raison* et le *jugement*, se manifeste par une attitude pleine de grandeur sans ostentation, de dignité sans pédanterie, de supériorité sans jactance; toutes les positions sont aussi remarquables par leur naturel que par leur noblesse; la tête, sans tomber pesamment sur la poitrine, fait sentir le travail dont ses extenseurs ont besoin pour la maintenir en équilibre.

Nous pourrions ainsi parcourir toutes les facultés intellectuelles et leurs principales altérations en démontrant que chacune d'elles présente une attitude particulière, mais les applications que nous venons de faire offrent des exemples suffisants à toutes celles que l'on voudrait ultérieurement effectuer.

Comme accessoires de la station verticale chez l'homme, nous trouvons les suivantes :

1° Incubation ou *station couchée*. — Elle est effectuée par les situations que nous prenons sur un plan horizontal et que nous pouvons conserver sans aucune action musculaire. C'est par conséquent la position du repos, celle que nous gardons tout naturellement pendant le sommeil; elle offre trois variétés principales :

Incubation dorsale. — On la nomme encore *supination*; c'est la plus complétement passive, celle qui peut se concilier avec l'inaction de tous les muscles; le tronc pose alors par sa plus large face; aucun des organes de l'économie ne se trouve gêné dans ses fonctions. Aussi la rencontrons-nous chez les sujets épuisés par une longue maladie, plus spécialement encore dans les profondes altérations de la force motrice : aussi devient-elle un symptôme fâcheux dans les adynamies, et pouvons-nous concevoir les premières espérances lorsque nous voyons le sujet reprendre naturellement l'*incubation latérale* annonçant un retour vers l'énergie musculaire, et l'un des plus sûrs garants de la convalescence. L'intérêt d'un fait aussi constant n'a point échappé à l'attention des bons observateurs.

Incubation abdominale. — Encore désignée par le terme de *pronation*, cette attitude n'est point l'état d'un repos complet. D'un autre côté, la pression qu'elle détermine sur les viscères abdominaux et thoraciques, la gêne qu'elle occasionne dans les principales fonctions de l'économie, rendent cette même attitude plus laborieuse que naturelle. Dès lors on la voit seulement dans certaines maladies, telles que les coliques nerveuses, l'hystérie, etc.; souvent elle devient alors un phénomène pathologique plus ou moins fâcheux.

Incubation latérale. — C'est ordinairement celle que nous prenons dans l'état de santé parfaite ; elle exige un certain effort musculaire pour se maintenir, le tronc posant alors par sa face la plus étroite et la plus convexe. La grande majorité des sujets l'emploie sur le côté droit ; elle paraît plus fatigante et moins naturelle sur le côté gauche, le foie se trouvant alors sans appui fixe, comprimant l'estomac, le duodénum, les intestins, pouvant dès lors troubler la digestion, occasionner des rêves pénibles et même l'*incube*. Si quelques personnes la supportent sans inconvénient, il faut l'attribuer aux influences d'une habitude prise depuis longtemps.

Station assise. — Nous accordons ce titre à la position dans laquelle tout le poids du corps porte sur les tubérosités de l'ischion. Bien que cette position exige une influence musculaire assez forte, assez compliquée, cependant elle présente encore un état de repos ; aussi dans nos mœurs, dans nos usages de civilisation est-elle à peu près la seule que nous prenions pour délasser les membres de la station bipède ou d'une course prolongée.

Cette attitude peut offrir des différenees notables suivant que nous sommes assis dans un siége à dos renversé, sur un tabouret, sur le sol horizontalement disposé, les deux jambes étant portées en avant. *Dans le premier cas*, le repos est à peu près parfait et permet un sommeil paisible. En effet, nous trouvons la base de sustentation augmentée en devant par toute la longueur des fémurs ; l'inclinaison du dossier soutient avantageusement le tronc en arrière ; dans nos siéges modernes, cette partie beaucoup trop verticale oblige les muscles extenseurs de l'épine à des contractions permanentes pour maintenir l'équilibre, d'où résulte bientôt un sentiment de lassitude vers la région lombo-dorsale. *Dans le second cas*, il est difficile de supporter longtemps cette position assise, la fatigue musculaire devenant encore beaucoup plus positive. *Enfin dans la troisième*, la chute paraît impossible en devant, la base de sustentation s'y trouvant agrandie par les membres pelviens dans leur étendue ; mais en arrière, cette chute serait imminente, si nous n'avions l'attention de porter le tronc antérieurement, le maintenant ainsi dans l'équilibre par l'antagonisme des muscles extenseurs et fléchisseurs. Aussi, de toutes les attitudes assises, la modification que nous examinons, devient-elle en même temps la plus incommode et la plus pénible ; à moins qu'un appui postérieurement incliné, dans toute la longueur du corps, ne lui donne la possibilité de céder, sans inconvénient, à la tendance de sa gravitation. Il en résulte alors un état de repos à peu près complet, comme on l'observe dans cette incubation au lit, à laquelle on donne le nom de position dans son *séant*.

On peut encore citer au nombre des modifications de la station assise, l'attitude *accroupie* très-usitée chez les sauvages qui n'ont point encore inventé les siéges ; celle dans laquelle se croisent les jambes, comme on l'observe surtout chez les Turcs. Sans trouver avec Spigel, dans ces usages, une preuve d'existence intellectuelle, nous ajouterons que des positions semblables, assez pénibles, marquent précisément un défaut de civilisation.

STATION A GENOUX. — Ce genre de station toujours douloureux par les compressions des rotules, et d'ailleurs difficile à soutenir, la base de sustentation étant diminuée antérieurement, offre moins une condition de repos qu'une attitude suppliante ou consacrée spécialement aux expiations de la pénitence et de la prière. Dirigées postérieurement, les jambes agrandissent la base de sustentation dans ce dernier sens, et la chute y devient à peu près impossible ; mais, en avant, la ligne de gravitation serait incessamment sur le point de franchir cette base en y faisant tomber le corps, si les muscles extenseurs de l'épine, contractés avec force, ne prévenaient cet accident. Le renversement habituel du tronc en arrière, produit la dilatation des parois abdominales, expose aux déplacements herniaires par les efforts des organes sur les ouvertures de cette cavité : c'est ainsi que l'on peut expliquer, en partie, la fréquence de ces lésions dans les communautés religieuses. Pour éviter les inconvénients notables de cette position, surtout chez les sujets qui s'y trouvent placés fréquemment par état ou par ferveur, on a très-avantageusement imaginé les *prie-Dieu* qui, fournissant antérieurement un appui, rendent cette attitude beaucoup plus supportable.

Chez certaines peuplades on s'appuie sur les talons en combinant ainsi les deux genres de station que nous venons d'étudier. Cette position mixte, plus soutenable que l'attitude à genoux, est moins avantageuse que la station assise.

La situation composée sur un genou et sur un pied, moins suppliante, également difficile à soutenir, présente un équilibre aisément compromis latéralement.

De toutes ces variétés de la station, aucune, dans les circonstances habituelles, n'est préparatoire du mouvement. Si nous les prenons pour certaines actions, c'est dans quelques circonstances exceptionnelles, et ces actions deviennent par cela même toujours pénibles et bornées.

Après avoir examiné les dispositions *statiques* de l'économie vivante, nous devons actuellement étudier sous le titre de *locomotion* les modifications *dynamiques* dont elle est susceptible.

2° **Locomotion.** — *La locomotion*, προχώρησις, de προχωρεω, avancer ; *locomotio*, de *locomovere*, changer de lieu, doit être définie : *Fonction pour laquelle un être vivant, en conséquence de sa motilité, prend, soit en partie, soit en totalité, la place d'un ou plusieurs autres corps en modifiant diversement ses rapports.*

Les déplacements effectués par l'animal qui se meut, portant le plus ordinairement sur le *milieu* dont il est enveloppé, nous expliquons facilement pourquoi, toutes choses égales relativement aux autres circonstances, la locomotion s'effectue plus librement dans le vide que dans l'air, dans celui-ci que dans l'eau, dans cette dernière que dans le mercure, etc.

Si l'on veut bien apprécier les obstacles à surmonter pendant l'exécution de ce phénomène important et varié, l'on devra dès lors calculer non-seulement la résistance des corps isolément placés dans le trajet à parcourir, mais encore celle des milieux ambiants.

Les mouvements organiques peuvent être généraux ou partiels. Pour le premier cas, ils comprennent l'économie dans son ensemble, diversifient ses rapports communs avec les objets extérieurs ; pour le second, ils sont exclusivement relatifs aux différentes parties de cet ensemble dont ils changent les situations respectives. Nous les étudierons sous les titres de locomotion : *générale*, *partielle*, en développant tous les caractères de leurs principales modifications.

1° Locomotion générale. — Étrangère aux végétaux, la locomotion générale bien établie, surtout chez l'homme et chez les animaux supérieurs, a pour objet essentiel de transporter l'être intelligent et sensible à des distances plus ou moins considérables, au milieu d'objets nouveaux, inconnus, en variant à son gré des rapports dont la monotonie, sans diversion, eût occasionné le dégoût et l'ennui. La considérant sous un aussi vaste point de vue, nous réduirons à six les modes principaux qu'elle peut offrir : *marche*, *saut*, *course*, *ramper*, *vol*, *nager*. Chacun de ces modes va nous présenter des caractères importants à bien préciser.

MARCHE. — Βάδισμα des Grecs, *gressus* des Latins, elle indique le *mode locomoteur au moyen duquel notre centre de gravitation s'avance ordinairement, sans commotion violente, par la succession d'un enchaînement de phénomènes auxquels on donne le nom de pas*. Commune à l'homme, à plusieurs classes d'animaux, elle peut s'exercer dans la station verticale ; nous en trouvons la preuve chez le premier ; dans la position horizontale, comme on le voit pour les seconds et notamment chez les quadrupèdes.

La marche verticale étant seule naturelle à l'homme, objet spécial de notre étude, pouvant d'ailleurs servir de prototype aux autres modifications, nous en présenterons les développements exclusifs.

Ce premier mode essentiel de progression nous offre le déplacement total du sujet par une succession de mouvements partiels des membres pelviens, mouvements qui se groupent d'une manière déterminée pour constituer un *pas*. Celui-ci devient l'élément fondamental de cette locomotion, formé lui-même par la combinaison des phénomènes indiqués. Dès lors, pour donner toute la précision nécessaire à l'exposition d'un mécanisme aussi complexe, nous devons analyser l'enchaînement des actions simples qui servent à le constituer.

THÉORIE DU PAS. — Le sujet placé dans la station bipède, les deux membres pelviens soutiennent également le centre de gravité ; supposons que le pied droit se meuve d'abord, la colonne vertébrale s'incline à gauche pour transporter la ligne d'équilibration sur le membre correspondant, et laisser au premier toute liberté d'agir ; la cuisse est alors fléchie sur le bassin, la jambe sur la cuisse, et le pied, sur la jambe, il en résulte raccourcissement, détachement du sol, premier mouvement antérieur ; une seconde impulsion, dans le même sens, est effectuée par les extenseurs de la jambe et du pied, celui-ci touche le sol et s'applique des orteils au calcanéum, pour la marche académique. Par un mouvement de flexion et d'inclinaison à droite, le centre de gravitation est transmis au membre de ce côté ; le gauche aide ce mouvement par un effort de pulsion, et maintenant en liberté d'agir, abandonne le sol du calcanéum vers les orteils, se raccourcit par la contraction de ses fléchisseurs, passe au devant du membre opposé, s'allonge par l'action de ses extenseurs, s'applique au sol des orteils vers le calcanéum, le centre de gravité s'incline à gauche ; il a parcouru l'intervalle qui sépare actuellement les deux pieds d'arrière en avant. L'ensemble de tous les mouvements indispensables à l'accomplissement régulier de ce premier phénomène locomoteur, constitue précisément ce que nous appelons un *pas*. Le mécanisme décrit pour le pied droit va s'opérer pour le pied gauche en produisant un second pas, et l'enchaînement de ces actes successifs établira ce mode progressif désigné sous le titre de *marche*.

D'après ce mécanisme, il est évident que l'on peut réduire la locomotion dont il s'agit au déplacement d'une ligne transversale, représentée par le bassin, entre deux parallèles dont tous les points sont marqués par l'application des pieds au plan sur lequel s'effectue le mouvement. Chacun des membres pelviens, attaché à l'extrémité de cette ligne, se portant à son tour en avant, l'entraîne dans cette direction par des progrès alternatifs décrivant une série de zigzags entre les deux parallèles indiquées. De là cette importance de la vision pour diriger les actions de chaque membre, et les balancer dans un équilibre parfait lorsqu'il s'agit d'opérer la marche sans déviation, et l'impossibilité de maintenir précisément une direction déterminée sans le concours de cet important régulateur. En effet, pour que la ligne transversale du bassin tienne constamment sa perpendiculaire, il faut que les arcs soient parfaitement égaux ; c'est exprimer en d'autres termes que les mouvements alternativement imprimés aux membres pelviens doivent être exactement semblables ; or il est impossible, sans la vue, de régler ces phénomènes avec la précision mathématique exigée. La plus simple expérience démontre ce fait d'une manière incontestable. Placé devant un but à cinquante pas, fermez les yeux et cherchez à marcher droit pour l'atteindre, vous n'y parviendrez jamais. Vous inclinerez presque toujours à gauche, le membre droit offrant ordinairement une prédominance d'action ; chez les sujets soumis à la même épreuve, avec deux jambes inégales en force, en longueur, c'est vers la plus courte et la plus faible que s'effectue la déviation ; phénomènes qu'il est bien facile de comprendre d'après la théorie simple que nous venons d'exposer.

Guidés par la vision, nous rectifions ces erreurs en faisant agir les membres pelviens de manière à produire des résultats égaux sur chacune des extrémités de la ligne transversale. Si nous voulons suivre les sinuosités d'un sentier, nous tournons à gauche en donnant plus d'étendue aux mouvements de la jambe droite ; et de ce côté, en augmentant ceux de la jambe gauche.

Dans la marche, les membres thoraciques, libres sur les parties latérales du tronc, se portent naturellement en sens inverse des membres pelviens ; ainsi le bras droit, en arrière, pendant que la jambe du même côté se dirige en devant, le bras gauche, en devant, lorsque la jambe correspondante se trouve en arrière et *vice versâ*, en maintenant l'équilibre à l'instar de deux balanciers.

Lorsque la ligne transversale présente une étendue proportionnelle trop considérable par l'excessive largeur du bassin ou par la longueur exagérée du col fémoral, on voit la progression difficile, embarrassée, les extrémités de cette ligne ayant à parcourir des arcs de cercle beaucoup plus considérables. C'est pour cette raison que, chez la femme, dont la capacité pelvienne offre naturellement une semblable disposition, la marche et surtout la course présentent beaucoup moins de vitesse et de facilité que chez l'homme, et que, dans ces locomotions, les mouvements des hanches deviennent plus apparents.

Si les pieds sont très-aplatis, si la voûte que forment ordinairement les os du tarse n'est pas suffisante à la protection des vaisseaux et nerfs plantaires, l'innervation et la circulation s'y trouvent diminuées ou même suspendues; il en résulte un engourdissement, une lassitude qui ne permettent pas de continuer la marche. Aussi trouvons-nous ce vice de conformation dans le nombre des exemptions au service militaire.

Pendant l'accomplissement de ces phénomènes locomoteurs, le tronc exécute plusieurs mouvements qu'il est nécessaire de préciser : Le plus essentiel de tous est celui que présentent les hanches par les impulsions alternatives des extrémités de la ligne transversale antérieurement; c'est en effet le plus inhérent à la progression du sujet. Ce mouvement en exige deux accessoires servant à porter le centre de gravité sur l'un et l'autre membre successivement, et qui s'effectuent par des inclinaisons et des élévations latérales opposées. Le tronc présente également une série d'élévations occasionnées par l'impulsion du membre postérieur dans l'instant où, se débarrassant du poids de l'organisme, il en charge le membre antérieur. Un mouvement de rotation, en sens inverse de celui du bassin, est imprimé au thorax, apparent, surtout vers les épaules, dans le balancement des bras. Des mouvements latéraux du tronc se font en contradiction avec les inclinaisons pelviennes.

Deux conditions essentielles dominent toutes les autres dans ce monde naturel de progression : *Avancer*, *maintenir le centre de gravité*. Ces deux conditions sont ordinairement opposées. Ainsi, toutes choses égales, plus la marche est rapide, plus la chute se trouve imminente; moins la locomotion est précipitée, moins la ligne de gravité cherche à franchir la base de sustentation; et *vice versâ*. C'est particulièrement dans le transport de cette ligne du membre postérieur sur l'antérieur, que les accidents sont le plus à craindre; lors surtout qu'il s'opère avec précipitation avant que ce dernier soit convenablement affermi; c'est dans cette circonstance qu'une dépression du sol, trompant le pied qui recherche un appui, devient l'occasion de la secousse violente si souvent capable de compromettre entièrement l'équilibre. Nous comprenons maintenant pourquoi les sujets qui marchent sans précaution et sans aplomb sont fréquemment entraînés vers la terre sous l'influence du plus faible achoppement.

Tels sont les phénomènes de la marche exécutée sur un plan horizontal. Étudions les modifications qu'elle éprouve naturellement sur un plan incliné, soit ascendant, soit descendant.

Sur un plan ascendant. — Aux actions musculaires, indiquées dans la progression horizontale, servant de prototype aux deux autres, il faut ajouter les efforts indispensables pour soulever, à chaque pas, toute la pesanteur du sujet, et maintenir en devant le centre de gravité que l'inclinaison du sol entraînerait en arrière. La colonne vertébrale se courbe antérieurement ; le membre postérieur, en contractant ses extenseurs, fait passer le poids de l'organisme sur le membre opposé ; celui-ci l'élève à son tour en redressant ses articulations, surtout au moyen des muscles jumeaux et solaires, pour le pied ; droit antérieur, triceps fémoral, pour la jambe; fessiers, demi-tendineux, biceps, demi-membraneux pour la cuisse. Il est dès lors facile de comprendre pourquoi nous éprouvons ordinairement, après la marche prolongée sur ce plan ascendant, une lassitude quelquefois douloureuse dans les muscles que nous venons d'énumérer. Cette locomotion prend surtout un caractère bien positif lorsque nous sommes obligés de monter les degrés d'un escalier ; toutes choses égales, elle est d'autant plus pénible que la ligne oblique du sol à parcourir se rapproche davantage de la perpendiculaire.

Sur un plan descendant. — L'attraction centripète concourt plus ou moins puissamment à l'avancement du centre de gravité ; si l'obliquité devient très-considérable, il peut même arriver un terme où l'action musculaire se trouve complétement remplacée dans cet effet par la pesanteur. En conséquence de ces dispositions, la ligne de l'équilibre, déjà naturellement entraînée par les viscères antérieurs, se trouve, en raison des conditions du sol, tellement compromise que la chute en devant paraît incessamment imminente. Pour la prévenir, les muscles postérieurs du col, du tronc maintiennent, les premiers, la tête, les seconds, le rachis dans un état d'extension permanente, et d'autant plus forte que le plan sur lequel s'effectue la marche est lui-même plus incliné; aussi toutes les fois que cet exercice est prolongé pendant quelque temps, le sentiment de lassitude affecte particulièrement les muscles indiqués.

De ces modifications, naissent, pour la marche, les résultats suivants : *Sur un plan descendant*, elle est plus dangereuse et moins facile à soutenir qu'on ne l'imagine d'abord, en raison de la permanence des contractions obligées pour les muscles extenseurs de la tête et du tronc ; *sur un plan ascendant*, elle devient plus pénible, exige plus d'effort dans les extenseurs des membres; se trouve la plus promptement suivie d'une lassitude profonde, en même temps, la moins sujette aux accidents; *sur un plan horizontal*, intermédiaire aux deux précédentes, relativement aux chutes qui peuvent l'accompagner, employant avec plus d'harmonie les puissances du mouvement, elle paraît plus naturelle, et peut être supportée plus longtemps sans une aussi grande fatigue.

SAUT. — Πήδημα des Grecs, *saltus* des Latins, physiologiquement envisagé, le saut nous représente *l'impulsion que l'homme et les animaux communiquent plus ou moins énergiquement à leur machine en la détachant complétement du sol.*

Borelli compare les membres pelviens, dans leur action pour effectuer ce déplacement, au ressort que l'on abandonne à sa répulsion élastique après l'avoir courbé sur un plan solide.

Dumas, Barthez, et plus récemment encore Pelletan voulant infirmer la valeur de cette comparaison vraie, mais peut-être un peu vague dans ses applications à la mécanique animale, ont proposé des théories différentes, mais encore moins admissibles.

En réduisant le phénomène qui nous occupe à sa plus simple expression, nous trouvons : *le redressement instantané d'une ligne présentant plusieurs inflexions alternatives, ren-*

contrant, par l'une de ses extrémités, un point résistant sur le sol, et s'échappant de l'autre dans l'air où le même obstacle est presque nùl. Appliquons ce principe naturel, facile à comprendre, au saut physiologiquement envisagé.

Lorsque nous voulons effectuer ce phénomène complexe, nous fléchissons d'abord toutes les articulations superposées du grand levier de la station. Ainsi, le pied sur la jambe, la jambe sur la cuisse, la cuisse sur le bassin, le bassin sur la colonne vertébrale, cette colonne sur elle-même, la tête sur le rachis. La ligne verticale mesurant la longueur du sujet présente une succession d'angles opposés, correspondants aux articulations indiquées, et se trouve alors dans un état d'incurvation et de raccourcissement plus où moins considérables. Les différentes pièces de l'appareil étant ainsi disposées, nous redressons instantanément cette ligne en contractant, d'une manière violente et subite, les muscles extenseurs de toutes les parties que nous venons d'énumérer ; les deux extrémités de cette même ligne sont alors poussées avec énergie, l'une, représentée par les pieds, vers le sol qui résiste, l'autre, par la tête, sur l'air qui cède aisément; l'impulsion du mouvement se trouve dès lors effectuée du premier point vers le second, le corps tout entier s'échappe dans cette direction, abandonne le plan de sustentation, en s'élevant à des distances variables, suivant plusieurs circonstances que nous devons préciser.

La force, — mais surtout la *vitesse* de contraction musculaire. C'est ainsi que le redressement des colonnes indiquées, peut s'effectuer avec une puissance d'hercule, sans occasionner le saut, dès qu'il s'opère avec gradation et lenteur ; alors qu'une action faible, mais développée dans un temps indivisible, entraîne ce résultat au milieu des autres conditions qu'il doit présenter.

Les dispositions du sol. — On pense généralement que l'élasticité du plan devient la plus avantageuse modification qu'il puisse offrir dans cette circonstance ; établi d'une manière absolue, ce principe est essentiellement erroné. Ainsi, dans le saut unique, l'effort des pieds pressant le sol très-élastique, lui transmet un mouvement perdu pour l'élévation du corps, celui-ci ne touchant déjà plus cette base lorsque sa réaction s'effectue. Dans le saut répété, le mécanisme change entièrement, c'est alors que cette modification devient avantageuse. En effet retombant sur ce plan de sustentation, le corps déprime ce dernier, se relève ensuite de concert, augmentant sa force de projection par toute l'énergie réactionnelle de ce même plan ; aussi voyons-nous le danseur, le funambule saisir l'instant précis où le parquet, la corde tendue reviennent sous le pied qui les a pressés, pour développer l'effort de leur motilité particulière. Un sol mouvant et sans fixité présente les plus grands obstacles à la production du phénomène que nous étudions, en raison de la force employée, sans aucun retour, à déplacer plus ou moins profondément ses diverses parties. Un plan très-dur, très-résistant, réunit les conditions les plus favorables à l'exécution du saut unique, puisqu'il se trouve affranchi des inconvénients que nous venons de signaler.

La gravité comparative des parties supérieure et inférieure du levier de la station. — Des poids ajoutés à celui de la tête, des épaules, accroissent notablement la hauteur de projection, en supposant aux puissances musculaires assez d'influence pour déplacer le corps avec une vitesse égale à celle qu'elles auraient imprimée avant cette addition. Au contraire, si les mêmes poids sont appliqués aux pieds, ils diminueront cette élévation du saut dans la même proportion. *Pour le premier cas*, en effet, la gravité se trouvant augmentée vers l'extrémité de la colonne qui tend à s'élever, il en résulte une manifestation nécessairement plus considérable de l'énergie contractile pour surmonter la résistance, et celle-ci vaincue, naturellement une plus grande proportion de mouvement communiqué. C'est précisément ce que nous observons, par exemple, pour deux balles identiques par la forme et le volume, dont l'une est en liége, l'autre en plomb, et qui se trouvent lancées par une force bien supérieure à leur opposition, avec des vitesses pareilles, la balle de plomb s'élèvera toujours beaucoup plus que celle de liége. *Pour le second cas*, au contraire, cette gravité, présentant son accroissement vers l'extrémité de la colonne qui tend à s'abaisser, diminuera positivement la force de l'impulsion supérieure, en supposant la base de sustentation sans aucune influence. En conséquence de ces faits plutôt qu'en raison des explications de la théorie que nous venons d'exposer, les anciens chargeaient leur tête, leurs mains ou leurs épaules des poids qu'ils nommaient *haltères* pour augmenter les résultats du saut. Nous pourrions ajouter à ces conditions celle de l'air atmosphérique offrant plus ou moins de résistance, d'après ses modifications actuelles ; mais une circonstance de cette nature n'offre pas assez de valeur pour trouver place à côté de celles qui viennent de fixer notre attention.

Si nous considérons actuellement la somme des efforts manifestés par les muscles extenseurs du pied, soutenus par ce dernier dans son articulation tibio-tarsienne lors d'un saut très-élevé, résultat que plusieurs physiologistes ont porté jusqu'à 1,200 livres, sans doute en y comprenant le poids du corps multiplié par la vitesse de sa chute, nous sentirons la nécessité des précautions prises par la nature pour assurer, d'une part, le développement de la puissance ; de l'autre, la solidité de la résistance. Ainsi le pied nous offre un levier inter-résistant dont le bras d'action est allongé par le talon ; et la puissance, dans une direction perpendiculaire. Nombreux et cuboïdes, les os du tarse décomposent le mouvement en rendant ses efforts beaucoup moins dangereux pour cette partie. Malgré d'aussi bonnes dispositions, il survient encore assez fréquemment des fractures du calcanéum ; des ruptures dans les extenseurs, le tendon d'Achille et les ligaments ; des luxations de l'astragale, etc.

Il existe certaines espèces animales qui semblent spécialement organisées pour le saut. Toutes se font remarquer par une prédominance de longueur et de force des membres pelviens sur les membres thoraciques ; de telle sorte que, même dans la marche, le sujet s'avance par des impulsions successives, et la soutient difficilement sur un plan descendant. Lorsque l'animal veut sauter, il s'appuie sur ses membres postérieurs comme sur deux arcs vigoureux dont la détente le pousse avec énergie, lui faisant franchir des élévations de huit à dix pieds, par la seule force des jarrets ; alors que l'homme parvient au plus à quatre ou cinq en le supposant mû par ses puissances naturelles. Au nombre des animaux sauteurs les plus connus, on trouve, parmi les quadrupèdes, l'élan, le cerf, etc.; parmi les insectes, qui présentent cette faculté d'une manière bien plus étonnante encore, la puce, la cigale, etc.

Envisagé sous le rapport de sa direction, le saut nous offre deux modifications principales ; il peut être : *Vertical ; parabolique ;* chacune de ces variétés offre des caractères particuliers.

Saut vertical. — Nous désignons par ce terme l'impulsion dans laquelle nous parcourons, soit en montant, soit en descendant, une seule et même ligne perpendiculaire à l'horizon. L'élévation continue tant que la force de projection l'emporte sur la force de gravitation ; elle est remplacée par la chute aussitôt que la seconde prédomine sur la première. L'élévation, d'abord dans toute sa rapidité, se ralentit d'autant plus que le corps s'élève davantage ; la chute, primitivement très-lente, acquiert sa plus grande vitesse en arrivant au sol. Il résulte de ces dispositions que le mouvement, dans un saut déterminé, se trouve d'autant plus actif, soit en montant, soit en descendant, que le sujet est plus voisin du plan de sustentation ; et d'autant moins précipité, pour ces deux conditions, que ce même sujet s'en éloigne davantage ; il arrive un instant, entre l'ascension et la chute, où le corps devient immobile et comme suspendu par la neutralisation et l'équilibre parfait des forces de gravitation et d'impulsion.

Cette variété du saut exige beaucoup d'énergie musculaire ; c'est elle qui peut nous faire le mieux apprécier la vitesse et la force des contractions.

Saut parabolique. — Nous indiquons, sous ce titre, l'impulsion dans laquelle nous suivons une ligne parabolique analogue à celle de la bombe lancée par l'obusier, et d'après les mêmes lois. Pendant ce mouvement le corps se trouve entre deux forces opposées : la *projection* qui tend à lui faire parcourir la diagonale de bas en haut ; la *gravitation* qui cherche à le porter dans la verticale de haut en bas. Dans la première partie du trajet, la projection l'emporte sur la gravitation ; le corps parcourt la moitié ascendante de la parabole ; dans la seconde, la gravitation prédomine sur la projection ; le corps décrit la moitié inférieure de cette même courbe. Dans tout ce trajet, le corps obéit aux deux forces indiquées en proportion de leur prépondérance respective. Au départ, la projection agit avec empire ; au milieu du saut, l'équilibre s'établit entre les deux puissances ; au terme de la chute, la gravitation l'emporte complétement ; toutefois, l'impulsion n'étant pas entièrement épuisée, le sujet est forcé de courir quelques pas afin d'éviter un entraînement plus ou moins dangereux du centre mobile.

Le saut parabolique est ordinairement aidé par une action préparatoire favorisant beaucoup son développement avec indication de la ligne à parcourir. Lorsque nous devons franchir un espace très-étendu, placés à distance, nous disposons les muscles extenseurs et la projection du centre de gravité par une course rapide ; c'est à cette impulsion accessoire que l'on donne le nom d'*élan*.

Dans cette variété le pied supporte le poids du corps multiplié par sa vitesse, la chute paraît imminente en devant si la ligne de gravitation n'est pas retenue convenablement en arrière.

Course. — Δρόμος des Grecs, *cursus* des Latins, elle est un *mode progressif essentiellement composé de la marche et du saut parabolique*. Dans cette locomotion, les extenseurs des membres pelviens impriment au sujet l'enchaînement des impulsions qui lui font parcourir une série de petites paraboles. Il est nécessaire que ces phénomènes soient rapides, qu'ils communiquent le moins de mouvement possible au sol, pour le concentrer sur le corps à déplacer, aussi les pieds ne s'appliquent-ils au plan de sustentation que par leur extrémité digitale. Cette circonstance, jointe à la projection antérieure du centre de gravité, rend les chutes plus faciles et plus fréquentes pendant la course que dans la marche. Pour éviter ces accidents, et ne pas effectuer une dépense inutile de la motilité par des contractions superflues, les coureurs habiles tiennent la tête droite, et la colonne rachidienne dans une direction presque verticale. Cette précaution est spécialement utile sur un plan descendant où les chutes sont imminentes par toutes les causes réunies ; sur un plan ascendant, les accidents sont beaucoup moins à craindre, mais la course devient plus pénible.

Dans ce genre de progression, il faut distinguer deux modifications trop souvent confondues, lorsqu'il s'agit d'en établir comparativement la faculté chez plusieurs individus : la *durée*, la *vitesse*, dont le développement se trouve quelquefois en raison inverse.

Durée. — Pour soutenir cet exercice pendant longtemps, condition essentielle qui distingue surtout les coureurs de profession, il est indispensable de présenter une grande liberté respiratoire, une circulation facile, dispositions plus nécessaires peut-être qu'un grand développement de l'appareil musculaire dans les membres pelviens. En effet, pendant une course rapide et surtout prolongée, les mouvements du cœur se précipitent, le sang est abondamment poussé vers les poumons, et si leur ampliation ne les met pas en mesure d'en laisser passer une quantité relative à celle qu'ils reçoivent, il s'établit un engorgement, une congestion, une sorte d'apoplexie pulmonaire. C'est ainsi que l'on a vu périr subitement des coursiers et même des hommes en disputant le prix dans l'hippodrome. Aussi, toutes les fois que l'on veut soutenir ce mode progressif, en évitant les inconvénients graves que nous signalons, il faut, avant tout, ménager sa respiration. D'après les conditions organiques de cette locomotion, il est aisé de sentir qu'elle dispose également à l'hypertrophie, plus spécialement encore à l'anévrisme.

Vitesse. — Elle est surtout garantie par la célérité bien plutôt que par la force des contractions musculaires, par la souplesse des articulations, la légèreté du corps, etc. La *vitesse* et la *durée* ne sont pas inséparables, il arrive même le plus ordinairement qu'elles se montrent incompatibles ; tel sujet qui soutiendra la course pendant vingt lieues, sans un repos notable, ne fournira pas rapidement une carrière de cent toises, et *vice versâ.*

Si nous cherchons approximativement quelle peut être la vitesse comparative de l'homme et de plusieurs animaux, les résultats suivants nous conduiront assez positivement à la solution du problème.

Maurice Rummel, natif de Westorf, dans la Hesse, a fait, en juillet 1825, le trajet de Hanau à Francfort et retour, 8 lieues, en deux heures quinze minutes. Des cavaliers bien montés n'ont pu le suivre jusqu'au but. En 1826, il a parcouru deux fois la distance comprise entre les ponts de Neuilly et de Saint-Cloud, 6,000 toises, en trente-quatre minutes; sa vitesse étant de 176 toises et demie par minute.

Entre beaucoup d'autres coureurs, nous citerons plus spécialement encore celui d'Alexandre, nommé Philonide, le plus remarquable de l'antiquité. Cet homme extraordinaire faisait, en neuf heures, la route de Syracuse à Elis, 45 lieues de 2,500 toises, par conséquent un peu plus de 208 toises et demie par minute.

Dans les courses du Champ de Mars, à Paris, la vitesse des meilleurs chevaux est à peu près de 385 toises par minute.

A celles de New-Market, les coursiers anglais offrent une vitesse moyenne de 413 toises, dans le même temps.

Dans celles de Rome, les chevaux barbares parcouraient 432 toises par minute.

Enfin Childres, le plus vite des chevaux anglais, franchissait un intervalle de 498 toises, pendant la même durée.

On peut conclure de ces faits que la vitesse de l'homme, à perfection égale, est un peu au-dessous de la moitié de celle du cheval ; ainsi le premier fait une lieue en douze ou quatorze minutes ; le second, en cinq ou six.

Reptation. — 'Ερπυσμός des Grecs, *reptatio* des Latins, *c'est un mode progressif étranger à l'homme, s'effectuant à la surface du sol, indépendamment d'aucun membre et par les seuls appuis que le tronc de l'animal peut y rencontrer*. Naturel dans la plupart des reptiles et chez quelques insectes, ce genre de locomotion, dont notre espèce ne présenterait que des imitations imparfaites, même en la supposant privée de ses appendices thoraciques et pelviens, s'opère, chez les animaux, par deux moyens essentiels : par les incurvations du tronc, par l'action de certaines ventouses.

Par les incurvations du tronc, — comme nous le voyons dans la classe nombreuse des *ophidiens*, etc. On peut le réduire, en dernière analyse, au redressement des lignes courbes, successivement formées par la colonne rachidienne. L'animal se raccourcit en fléchissant toutes ses articulations vertébrales, présentant ainsi des courbures alternatives de la tête à la queue ; cette extrémité s'appuyant sur le sol devient un point fixe ; les inflexions s'étendent ; la tête avance dans la proportion de ces deux mouvements opposés, elle s'arrête, presse le sol, devient à son tour le point solide ; la queue s'en rapproche par des flexions nouvelles, pour effectuer une autre extension d'après un mécanisme identique. Ces courbures sont ordinairement horizontales ; c'est par une erreur de fait qu'on les reproduit verticales dans presque tous les tableaux. L'animal ne prend en général cette position que dans le phénomène du saut. Alors il raccourcit la queue, redresse la tête, et s'appuyant sur le plan de sustentation par ses anneaux postérieurs, s'étend rapidement et s'élance quelquefois assez loin, présentant, à l'instar de l'homme, un redressement de la courbe fondamentale, et donnant une preuve de plus à la théorie que nous avons admise relativement à ce genre de progression.

Par l'action des ventouses. — Cette variété de la reptation est spécialement remarquable dans les *limaces*, les *sangsues*, elle s'opère sous l'influence d'un mouvement ondulatoire, avec des tractions et des répulsions alternatives, l'animal se fixant au sol par l'une ou l'autre de ses extrémités au moyen d'un petit appareil dont le jeu rappelle celui de la ventouse ; mode progressif exigeant un travail général, pénible, et ne se manifestant jamais qu'avec une extrême lenteur.

Plusieurs naturalistes en ont rapproché cette locomotion intermédiaire entre la marche et la reptation, sous le titre de *demi-ramper*. Le jeune enfant qui commence à prendre la station quadrupède, pouvant à peine trouver un appui dans ses membres débiles, nous en fournit un exemple. Pour les animaux, il s'effectue par des plis du tronc, chez les vers ; au moyen de poils assez résistants, assez multipliés, dans les chenilles ; avec des pattes incapables de supporter habituellement tout le poids du corps, chez le crapaud, la tortue, etc. Composé de la reptation et de la marche, surtout chez ces dernières espèces, le *demi-ramper* s'effectue par la combinaison des phénomènes relatifs à ces deux modes locomoteurs, avec tous les inconvénients de l'un et de l'autre, sans offrir aucun de leurs avantages ; conservant toujours pour caractère essentiel une grande lenteur dans les déplacements du sujet.

Vol. — Πτῆσις des Grecs, *volatus* des Latins, c'est *un mode particulier de locomotion qui s'opère complétement dans l'air et sans autre appui que celui de l'atmosphère*. Propre aux oiseaux, à quelques insectes, cette modification s'effectue par des rames plus ou moins larges, que l'on désigne sous la dénomination d'*ailes*. Une organisation spéciale devient nécessaire pour l'exercer avec avantage ; nous la rencontrons dans toute sa perfection chez les premiers, sillonnant habituellement les plus hautes régions ; elle y semble dirigée par la nature vers ce but essentiel. Tête peu volumineuse, incapable de rompre l'harmonie générale ; corps grêle, peu compacte, d'une légèreté spécifique augmentée par les plumes, par l'air constamment raréfié dans plusieurs sacs particuliers, dans les canaux des os longs, dans une vaste capacité pulmonaire ; conditions qui diminuent la pesanteur du sujet relativement à celle de l'air. D'un autre côté, rames légères, pouvant largement s'appliquer sur les colonnes de ce milieu, s'y mouvoir dans toutes les directions par des muscles pectoraux énergiques, et tellement développés qu'ils forment la majeure partie du système contractile volontaire chez les oiseaux ; offrant l'avantage, par leur situation, de lester convenablement l'animal pour le maintenir en équilibre.

Si nous rapprochons ces dispositions particulières des modifications organiques de l'homme, nous verrons aussitôt qu'il n'est point fait pour ce genre de progression, même en suppléant ses défectuosités naturelles par les inventions de son génie ; les muscles pectoraux, ceux de l'épaule et du bras ne présentent jamais chez lui cette force indispensable pour mouvoir les rames factices dont il pourrait emprunter le secours. Quelques rêveurs ont voulu tenter de nouveau l'expérience du fabuleux Icare en cherchant à s'élancer, avec orgueil, dans les régions supérieures de l'atmosphère ; leurs ailes, sans arriver assez près du soleil pour craindre une fusion dangereuse, ou n'ont pas eu la puissance de les détacher du sol, ou les ont abandonnés, après des chutes plus ou moins graves, aux désagréments d'une tentative que l'ignorance et le charlatanisme pouvaient seuls inspirer.

Chez les oiseaux, le vol devient au contraire une conséquence naturelle de l'organisation, et le premier moyen des rapports qu'ils doivent entretenir avec les objets extérieurs.

Lorsque l'animal veut partir du sol, il cherche d'abord un petit monticule pour s'élancer, avec plus de facilité, par le redressement subit des membres pelviens, de telle sorte que son premier mouvement est le saut parabolique. C'est pour cette raison que la perdrix *démontée*, comme on le dit en terme de chasse, ou, plus physiologiquement, blessée aux membres abdominaux, de manière à se trouver dans l'impossibilité de sauter, une fois retombée sur la terre, est incapable de s'élever par le vol à moins qu'une puissance étrangère ne lui communique la première impulsion. Lancé par cet effort préparatoire, l'oiseau déploie ses ailes au moyen des abducteurs, frappe l'air par la contraction instantanée des pectoraux ; ce gaz, réagissant en vertu de son élasticité, pousse l'animal dans la direction qu'il a prise ; afin de rendre cette élévation plus facile et d'opposer le moins de résistance possible à l'air qu'il doit déplacer, l'oiseau reploie ses ailes par l'action des adducteurs ; il *se fait petit*, et s'abandonne à l'influence de la projection ; aussitôt qu'elle est épuisée, répétant les mêmes efforts, il parvient à des élévations plus ou moins considérables, et se dirige volontairement dans tous les sens en manœuvrant ses rames aériennes avec la plus grande agilité. Lorsqu'il doit avancer horizontalement, frappant l'air plus directement en arrière, il étend ses ailes et les maintient dans cette position, formant ainsi par leur concours un véritable parachute ; modification qui prend le nom de *planer*. S'il veut se précipiter, *fondre sur sa proie*, comme l'effectuent souvent les oiseaux carnassiers, il reploie ses ailes, tombe de tout son poids multiplié par la vitesse ; lorsqu'un ennemi dangereux se présente, il étend ses ailes pour s'élever de nouveau dans l'atmosphère ; ce mouvement prend la dénomination de *ressource*.

NATATION. — Νῆξις des Grecs, *natatio* des Latins, c'est la *progression effectuée dans les eaux avec les seuls points d'appui qui se trouvent accordés par ce milieu.*

Cette progression beaucoup moins difficile que le vol, en raison de la densité plus considérable que l'eau présente relativement à l'air, n'exige pas une organisation aussi particulière, et, sans être naturelle à l'homme, peut lui devenir assez facile par l'habitude et l'éducation ; toutefois l'eau n'est point son élément ; il y trouve au contraire la mort par une véritable asphyxie. D'un autre côté, sa structure n'est pas appropriée à cette locomotion ; pour la soutenir, il doit vaincre des difficultés assez considérables et rattachées à la disposition même de ses appareils. Au nombre des plus positives nous indiquerons spécialement : le volume et la pesanteur de la tête qu'il faut maintenir dans une situation à peu près horizontale par la contraction des muscles extenseurs, trop faibles pour cet usage ; la forme arrondie, le peu de volume des membres thoraciques présentant des rames imparfaites, mues par des puissances qui n'offrent pas une force nécessaire ; l'étendue transversale de la poitrine, éprouvant une résistance positive par la masse du fluide à diviser ; mêmes inconvénients dans la disposition des membres pelviens.

Si le vol est naturel aux oiseaux, la natation se trouve précisément indiquée dans la structure particulière des poissons. Ainsi, chez ces animaux, le corps présente la forme d'une carène de vaisseau ; nous dirions plus exactement qu'il a servi de modèle au génie de l'homme pour la construction de ces machines admirables au moyen desquelles il parcourt impunément l'immensité des mers. Cette forme analogue à celle d'une ellipse allongée possède le grand avantage de couper l'onde avec facilité. Les nageoires se trouvent symétriquement disposées autour de la carène pour lui servir de rames ; une queue forte, large, très-mobile en devient le gouvernail. L'animal respire dans l'eau, porte une vessie natatoire pleine de gaz expulsés, retenus, formés à son gré, de telle sorte qu'en augmentant ou diminuant sa légèreté spécifique, il peut, sans effort, gagner le fond des eaux ou s'agiter librement à leur surface. D'après de Humboldt, Provençal et plusieurs autres chimistes, le gaz renfermé dans cette vésicule est un mélange d'oxygène, d'azote, d'hydrogène et d'acide carbonique en proportions variables. A l'époque du frai, par la concentration vitale sur les organes génitaux, les muscles compresseurs de cette même vésicule étant réduits à l'impuissance d'agir, l'animal éprouve beaucoup de peine à s'enfoncer dans le milieu liquide, et devient ainsi plus aisément la proie du pêcheur. Quelques physiologistes modernes ont attribué ce phénomène à la dilatation par la chaleur solaire du gaz renfermé dans le réservoir indiqué. C'est une erreur ;

nous avons démontré que les animaux vivants ne se laissent point ainsi pénétrer par le calorique à la manière des corps inertes.

Chez les autres sujets de la série zoologique destinés, par la nature, à ce mode progressif, on trouve également dans l'organisme les caractères avantageux de cette prédisposition. Ainsi, les oiseaux aquatiques se distinguent aussitôt des autres par l'enduit graisseux dont leurs plumes sont recouvertes pour les rendre imperméables à l'humidité ; si l'on plonge comparativement une poule, un canard dans l'eau, cette vérité devient évidente par le simple résultat de l'immersion ; d'un autre côté, la forme palmée de leurs pattes en fait des rames très-favorables à l'action de nager.

Avec toutes ses imperfections pour ce genre d'exercice, l'homme parvient à le soutenir, quelquefois assez longtemps, en raison du peu d'élévation de sa pesanteur spécifique relativement à celle de l'eau. Plus le sujet est gras, plus le milieu liquide se trouve densifié, moins cette différence devient sensible ; pour cette raison, les hommes d'un embonpoint ordinaire, toutes choses égales, sont meilleurs nageurs que les sujets très-maigres ; et sans l'inconvénient des lames et des vagues, la natation serait plus facile dans l'onde salée des mers que dans l'eau douce des fleuves.

L'expérience démontre que le poids d'un homme de stature moyenne, entièrement immergé dans l'eau, se réduit à quelques onces ; Haller cite plusieurs faits confirmatifs de cette assertion. Les écrivains rapportent l'histoire de certains sujets doués, à cet égard, d'une faculté plus extraordinaire encore ; sans énumérer ces exceptions assez rares, nous plaçons la suivante au nombre de celles dont l'authenticité paraît le mieux garantie. Paul Moccia, âgé de cinquante ans, connu par la publication d'une prosodie grecque, jouissait de l'avantage peu commun de se maintenir sans effort dans l'eau, revenant à la surface comme un liége, et sentant une résistance considérable lorsqu'il voulait s'enfoncer ; le corps de cet individu pesait trente livres moins qu'un pareil volume d'eau.

En s'abandonnant sur le dos, partie la plus large du tronc, en remplissant la poitrine d'air et disposant dans l'extension la tête, le rachis, les membres pelviens, ce que les nageurs appellent *faire la planche*, l'homme pourrait se maintenir en surnatation par un simple mouvement des mains, sans avoir même pratiqué cet exercice par l'éducation, si la frayeur du danger n'imprimait à tous ses mouvements le désordre et la précipitation qui deviennent la cause première de sa perte, alors qu'en les dirigeant avec calme et réflexion ils offriraient pour lui tous les résultats que nous leur voyons présenter, même chez les quadrupèdes nombreux dont l'organisation n'est pas spécialement dirigée vers ce but. Ces derniers conservent, sur notre espèce, dans cette circonstance, le grand avantage de se trouver mus par l'instinct de la conservation, sans éprouver les funestes anomalies d'une imagination toujours ingénieuse à grossir le danger.

Lorsque l'habitude a réglé ses mouvements, lorsqu'il a pris assez de confiance dans ses propres moyens, l'homme parvient enfin à s'identifier avec ce nouvel élément, à braver impunément les périls qui s'y rencontrent de toutes parts. C'est ainsi que l'on voit des nageurs parcourir, sans fatigue, la surface des mers, explorer leurs abîmes avec sécurité.

Nous réduisons la natation ordinaire, pour notre espèce, à quelques mouvements essentiels variés et modifiés suivant les circonstances particulières de cette locomotion. Le tronc se présente alors, par sa face antérieure et dans une inclinaison de trente à quarante degrés, aux colonnes d'eau qui doivent le soutenir ; les membres thoraciques et pelviens rapprochés se fléchissent directement, les uns sur la poitrine, les autres sur le bassin ; toutes leurs articulations sont en même temps portées dans l'extension, les membres pelviens s'appuient en arrière sur le fluide, les membres thoraciques sont projetés en devant ; les deux mains réunies par leur face palmaire constituant une proue destinée à diviser l'onde pour frayer le passage au reste du corps. Cette impulsion fait avancer le sujet, et pendant qu'elle s'épuise, les mains situées dans la pronation et le reste du membre dans l'abduction, pressent la masse aqueuse d'avant en arrière, et joignent leurs effets à ceux du premier mouvement; les bras et les jambes se placent de nouveau dans la flexion pour effectuer des phénomènes et des résultats semblables dont la succession variée détermine ce mode progressif que nous avons désigné par le terme de *natation.* Si nous voulons suivre des lignes différentes, ne possédant pas, comme les poissons, un gouvernail propre à cet effet, nous recourons au procédé qui déjà s'est trouvé mis en usage dans les autres modes locomoteurs, nous imprimons une action plus étendue, plus forte aux membres droits, par exemple, si la déviation doit se faire à gauche; aux membres opposés, dans l'hypothèse contraire.

C'est à la succession lente et mesurée, à l'ensemble, à la précision, à la régularité de ces divers mouvements que les bons nageurs doivent une supériorité dont il est facile d'atteindre le développement, avec une belle organisation, au moyen de l'éducation et de l'habitude.

Pendant la natation sur le dos, l'individu se trouve plus largement et plus facilement supporté, mais les mouvements n'offrent point la même liberté, le même avantage pour changer de lieu; c'est plutôt une situation de repos, qu'un moyen d'avancer.

D'après toutes les considérations que nous avons exposées relativement aux divers genres de locomotion, il est évident que la *progression verticale et bipède* est la seule naturelle à l'homme, en y comprenant ses trois modifications : la *marche*, le *saut*, la *course*. Bien supérieur, dans ce mode, à tous les animaux, il est surpassé par eux dans les autres. Ainsi pour le *saut*, par le cerf, l'élan, etc.; pour la *course*, par le chien, le cheval, etc.; pour la *reptation*, par les ophidiens, etc.; pour la *natation*, par les poissons ; pour le *vol*, par les oiseaux, se trouvant même à jamais incapable d'acquérir ce dernier genre de progression.

Mouvements envisagés surtout comme action d'expression. — Faisant partie des actes volontaires de l'économie vivante, les mouvements doivent offrir des conditions relatives aux modifications du physique et du moral, et, par conséquent, acquérir une valeur positive dans la physiognomonie. Si déjà la station offre des nuances diverses pour les spécialités du *sexe*, de l'*âge*, du *tempérament*, du *caractère*, de l'*intelligence*, l'homme ne marche pas comme la femme ; l'enfant, à la manière du vieillard ; le sanguin, avec la raideur du bilieux; l'individu rempli de présomption avec la réserve du sujet modeste ; l'idiotisme, à l'instar du génie. Jetons un coup d'œil rapide sur chacune de ces dispositions.

Relativement au sexe. — Il est aisé, même sous un déguisement, de distinguer l'homme de la femme par les seules conditions de la marche. *Pour le premier*, les mouvements des épaules et des bras sont beaucoup plus prononcés ; la taille moins balancée, plus ferme dans son attitude verticale, moins *cambrée* postérieurement ; les membres pelviens arqués en dehors, se meuvent avec plus de force et d'aplomb. Toutes les contractions prennent un caractère de virilité, de résolution et d'énergie qui ne permet jamais de le méconnaître. *Pour la seconde*, les déplacements du bassin deviennent plus saillants et plus étendus ; la colonne vertébrale offre des ondulations plus souples et plus élégantes ; l'excavation postérieure de la région lombo-dorsale est plus profonde ; les membres abdominaux courbés en dedans, rapprochés vers les genoux dont le volume est plus considérable, décrivent supérieurement un arc de cercle plus grand ; les mouvements sont moins décidés, moins précis, moins forts ; la légèreté, la grâce, forment leurs traits distinctifs. Chez les femmes d'une taille élevée, d'une constitution robuste, plus voisines de l'homme par leurs habitudes, ces caractères sont moins prononcés, mais la marche présente alors plutôt de la raideur que de l'aplomb ; l'exagération, les imperfections de la virilité que ses nobles attributs; ces êtres mixtes et ridicules deviennent ainsi des caricatures à jamais dans l'impossibilité de mettre la science physiognomonique en défaut chez celui qui la possède avec intelligence.

A l'âge. — Il est facile de distinguer, à la manière de marcher, les différentes phases de la vie ; si nous rencontrons quelques jeunes gens offrant la locomotion du dernier âge, et des vieillards conservant encore celle de la virilité, ces exceptions sont assez rares pour ne pas détruire la règle générale. Ainsi : l'*enfant* se reconnaît à sa marche vacillante, inégale, entrecoupée d'hésitations et de chutes imminentes ; l'*adolescent*, à la pétulance, à la souplesse, à la rapidité de la sienne ; l'*homme fait*, à la mesure, à la fermeté, à la précision de tous les mouvements qui la constituent ; le *vieillard*, à la faiblesse, à la lenteur de ses pas, à la flexion habituelle du rachis et des membres pelviens. De telle sorte qu'un œil exercé, voyant passer un certain nombre de sujets, pourrait, à la seule inspection de la marche, déterminer approximativement l'âge de chacun d'eux.

Au tempérament. — Si l'on observe attentivement la progression naturelle aux principales variétés de la constitution physique, on arrive aisément à la préciser dans chacune de ces variétés. Ainsi, le *sanguin* marche avec une légèreté mêlée d'assurance ; dans tous ses mouvements règne l'abandon sans mollesse, et la fermeté sans raideur. L'*athlétique* s'avance d'une manière pesante et calme ; il semble embarrassé d'un excès de puissance musculaire dont les développements sont alors incomplets. Le *lymphatique* offre une locomotion composée de souplesse et d'apathie ; assez étendus, ses pas sont en même temps rares et lourds, ordinairement accompagnés d'un balancement gauche et disgracieux dans le tronc et les membres thoraciques. Le *bilieux* présente une attitude ferme, carrée ; s'avance, les articulations tendues, le maintien grave, imposant et sévère ; ses pas sont précis, réguliers, sans affectation. Le *nerveux* marche en sautant, plutôt avec rigidité qu'avec aplomb ; ses mouvements sont inégaux et saccadés ; ses pas, sans mesure et sans harmonie. Le *mélancolique* offre une allure guindée, prétentieuse, il semble compter ses pas, en général très-petits, et chercher un centre de gravitation qu'il ne maintient jamais en équilibre ; sa progression est vacillante, embarrassée ; elle participe de l'hésitation et de l'incohérence naturelles à ce tempérament.

Au caractère. — Voyez l'homme *franc et loyal*, sa marche est libre, facile, noble comme les sentiments de son âme. Examinez au contraire ce *courtisan doucereux*, dont le cœur et la bouche ne sont jamais d'accord ; méditant la trahison et l'injure sous les formes les plus polies et les plus séduisantes, sa locomotion étudiée paraît timide sous l'influence d'une fausse modestie ; si vous rencontrez des sujets ainsi portés dans les sentiers de la vie, gardez-vous de les froisser ; il faut ou leur céder la place, ou les anéantir ! Considérez l'homme *distrait*, ne semble-t-il pas courir sans intention et sans but : il s'avance, revient sur ses pas, change vingt fois sa direction primitive ; on s'aperçoit bientôt que l'attention ne préside pas à ses mouvements. Regardez l'homme *prudent et modeste*, sa progression est réservée, sans affectation ; on sent qu'il prévoit les obstacles, et n'ira pas inconsidérément s'exposer aux dangers d'une fâcheuse rencontre. Étudiez au contraire le sujet *querelleur*, *téméraire*, *audacieux*, il ne marche pas, il se précipite, on dirait qu'il cherche à renverser quelqu'un sur son passage ; ne déviant jamais de la ligne à parcourir, il pousse et dérange brusquement tout ce qui met obstacle à sa locomotion. Envisagez l'homme *suffisant et présomptueux*, il s'avance la tête haute, les bras écartés du tronc, les pieds tendus, espérant augmenter son mérite en élevant sa taille ; il semble fouler avec mépris la terre indigne de porter un aussi noble poids, et, dans son orgueilleux essor, vouloir planer sur les êtres obscurs dont il est environné. Comparez, sous ce rapport, les hommes de tous les caractères, et vous reconnaîtrez aussitôt que chacun d'eux a sa locomotion propre, en acquérant une preuve nouvelle des admirables influences du moral sur le physique.

A l'intelligence. — Déjà la station nous a présenté plusieurs considérations importantes à la physiognomonie de l'esprit, c'est plus particulièrement encore dans les mouvements de la machine vivante que nous trouverons des renseignements diversifiés et précis. L'*idiot* marche la tête renversée par les extenseurs comme s'il voulait contempler les cieux ; ses pas sont démesurés, inégaux ; sa vitesse presque nulle ou forcée. L'*homme de génie* se meut avec gravité, sans étude et sans prétention ; n'abandonnant jamais sa tête aux vacillations désordonnées, qui toujours indiquent la distraction ou la vacuité ; constamment occupé d'intellectualisations profondes, il présente quelquefois l'inattention locomotrice du sujet distrait, sans jamais en offrir l'incertitude et les aberrations. L'*homme d'un esprit turbulent*, plus remarquable par l'imagination que sous le rapport des autres facultés, conserve la même pétulance et les mêmes irrégularités dans la progression ; sa base de sustentation est aussi peu fixe, aussi mal assurée que son intelligence est mobile, inconstante et bizarre. *Le sujet dont la raison est plus solide que l'esprit n'est brillant*, offre une locomotion pesante et méthodique.

Rencontrant partout les attitudes et la marche en rapport avec les qualités physiques et morales de l'homme, nous voyons, dans cette partie des actions d'expression, l'une des mines les plus riches que puisse exploiter la physiognomonie.

Après avoir étudié les mouvements généraux de la mécanique animale, relativement aux phénomènes des communications extérieures, nous devons considérer, sous le même point de vue, les déplacements locaux dont elle est également susceptible.

2° Locomotion partielle. — Nous accordons ce titre aux *changements de situation qui, ne portant plus sur l'ensemble de l'organisme, sont exclusivement relatifs à certaines parties du sujet dont les rapports avec celles qui les avoisinent se trouvent modifiés d'une manière plus ou moins notable.*

Les mouvements partiels et volontaires de la mécanique animale se divisent naturellement en deux ordres sous le rapport de leur objet et des résultats qu'ils opèrent.

Les uns, bornés à la sphère des besoins physiques, ont pour but essentiel de rapprocher ou d'éloigner les corps extérieurs suivant qu'ils paraissent avantageux ou nuisibles ; on les observe chez l'homme et dans la plupart des animaux. Les autres, embrassant le vaste horizon de nos rapports intellectuels, servent à l'expression des idées, à la manifestation des sentiments affectifs ; très-limités chez les animaux, ces mouvements deviennent l'apanage à peu près exclusif de notre espèce.

Mouvements partiels relatifs aux besoins physiques. — Ces mouvements, dont le but essentiel est de rapprocher ou d'éloigner de l'individu les objets de ses rapports immédiats, peuvent se réduire, pour le plus grand nombre, à l'*incurvation*, au *redressement* d'une ligne. Nous les rapportons à six modes principaux : *Attraction*, *répulsion*, *adduction*, *abduction*, *circumduction*, *rotation*.

Attraction. — Nous désignons, sous ce terme, l'*action par laquelle nous attirons, vers notre corps, les objets à mettre en rapport avec lui*. C'est au moyen des membres thoraciques plus spécialement que cette action s'effectue. Son développement exige une condition nécessaire, l'existence d'un appui suffisant présenté, soit par la masse totale du sujet, soit par les membres pelviens disposés en arcs-boutants ; sans cette condition, c'est l'homme qui se déplace en totalité vers l'objet qu'il voulait attirer. Toutes choses convenablement disposées, nous plaçons les membres thoraciques dans leur plus grand allongement vers le corps à saisir ; première action préparatoire effectuée par les extenseurs de ces membres formant actuellement deux lignes droites ; le corps embrassé par les mains, nous contractons les fléchisseurs qui, dans ce phénomène, sont les puissances fondamentales du mouvement ; les membres thoraciques décrivent alors deux lignes brisées par un angle d'autant plus aigu que l'objet est plus attiré vers nous pendant cet effort.

Répulsion. — Nous appelons ainsi le *mouvement employé pour éloigner de notre économie les objets désagréables ou qui pourraient lui devenir funestes*. La circonstance d'un appui fixe est encore indispensable ; dans l'hypothèse contraire, l'obstacle ne serait pas déplacé. Pour nous disposer à ce mouvement, rapprochant notre corps de celui qui doit être mû, nous brisons, par l'action des fléchisseurs, actuellement accessoires, la ligne des membres thoraciques sous un angle plus ou moins aigu, les mains appliquées à l'objet, nous contractons les extenseurs, alors agents essentiels ; ces membres s'allongent, et l'obstacle est éloigné de toute la différence qui distingue la ligne brisée de la ligne droite représentées par ces derniers, sans même noter le déplacement beaucoup plus considérable qui peut se rattacher à la force d'impulsion communiquée. Si nous voulons produire un effort et des résultats plus considérables, nous y faisons concourir les membres pelviens, les fléchissant d'abord, les étendant ensuite après avoir trouvé dans le sol un point d'appui suffisant au développement de cette action.

Ainsi, dans l'*attraction*, c'est une ligne droite qui devient anguleuse, avec *diminution* de l'espace qui sépare le corps attirant du corps attiré; dans la *répulsion*, c'est une ligne anguleuse qui devient droite, avec *augmentation* de l'espace qui sépare le corps poussant et le corps poussé ; dans le premier cas, l'action principale est effectuée par les *fléchisseurs ;* dans le second, au moyen des *extenseurs*. Ces mouvements peuvent être faits par un seul membre, avec les deux thoraciques ou les deux pelviens exclusivement, enfin par tous ces membres concourant au même but.

Adduction. — C'est le *mouvement par lequel nous rapprochons de notre ligne médiane un corps pris au moyen de la main ou du pied*. Préparée par l'abduction elle s'opère, à différents degrés, par les adducteurs, le plus ordinairement avec un seul membre.

Abduction. — C'est le *phénomène contraire, éloignant de notre ligne médiane l'objet auquel s'applique un de nos membres thoraciques ou pelviens*. L'adduction est préparatoire, et l'effort principal est effectué par les muscles abducteurs. En général cette action est moins énergique et moins libre que la première.

Circumduction. — C'est *un mouvement complexe résultant de l'enchaînement successif des quatre mouvements simples, élévation, abduction, abaissement, adduction*, réunis par les segments d'un même cercle, de telle sorte que le membre décrit un cône dont le sommet se trouve à l'articulation supérieure; la base, à l'extrémité libre. Ce phénomène est moins facile et moins étendu pour les membres pelviens que pour les membres thoraciques.

Rotation. — C'est *le mouvement dans lequel un os roule précisément sur son axe*. Il exige un col plus ou moins perpendiculaire à la direction de cet os; et réglant, par sa longueur, la sphère du déplacement indiqué. Nous comprenons dès lors pourquoi le fémur et l'humérus en sont doués avec une prédominance marquée du premier sur le second.

Tous ces mouvements fondamentaux, leurs nombreuses variétés, leurs combinaisons infinies sont incessamment employés à l'attaque, à la défense, dans les divers besoins de l'organisme, dans les exercices gymnastiques, les arts manuels enfin, comme nous allons actuellement le démontrer dans les phénomènes d'expression mentale, en constituant les éléments de nos rapports les plus utiles et les plus multipliés.

Mouvements partiels relatifs aux actions d'expression. — Étudiés sous ce nouveau point de vue, les mouvements partiels offrent des considérations du plus haut intérêt. Servant à la manifestation des sentiments et des pensées dans leurs nuances, dans leurs variétés infinies, agrandissant la sphère des rapports extérieurs, ils deviennent pour l'homme, dans leurs perfectionnements, l'un de ses apanages distinctifs. Nous les partageons naturellement en quatre ordres principaux : *Gestes, prosopose, voix, parole*, dont nous allons examiner les caractères et les modifications.

Gestes.— Χειρονόμια des Grecs, *gestus* des Latins ; ce *sont des mouvements partiels employés à l'expression des sentiments, des idées et des volontés chez les êtres intelligents.*

Étrangers, dans leur objet, aux déplacements des corps extérieurs, à la locomotion individuelle, ces mouvements impriment au sujet qui les emploie des attitudes et des modifications locales en partie naturelles, en partie de convention, manifestant nos passions avec une énergie dont les autres moyens ne sont pas toujours susceptibles. Cicéron et l'acteur Roscius ayant accepté réciproquement le défi d'exprimer avec plus de force un plus grand nombre de choses, le premier, par le langage, le second, par la pantomime, l'avantage resta complétement à Roscius. En vain Démosthène, avec toute la chaleur de son éloquence inimitable, avait-il voulu faire sentir à ses concitoyens le danger imminent des entreprises de Philippe ; ils sommeillaient engourdis dans la plus profonde insouciance. Un Athénien paraît au milieu de la place publique, portant un joug sur ses épaules ; ce geste est compris, électrise tout un peuple que n'avaient pas ému les plus beaux et les plus violents discours !

Mécaniquement étudiés, les gestes se réduisent aux six mouvements partiels que nous avons indiqués : *Flexion*, *extension*, *adduction*, *abduction*, *circumduction* et *rotation*, en les appliquant à la tête, au tronc, aux membres, aux thoraciques plus spécialement.

Physiologiquement envisagés, ces mouvements constituent le plus ancien des langages, celui qui, sous beaucoup de rapports, est commun à tous les hommes, nous dirions presque aux différents animaux suffisamment élevés dans la série zoologique. Il existe, en effet, dans ce langage, une base établie sur la nature, et faisant partie de ces dispositions primordiales destinées à rapprocher tous les êtres intelligents et sensibles.

Les gestes sont ordinairement nombreux et variés chez les hommes d'une imagination fougueuse et d'un esprit très-brillant ; ils deviennent beaucoup moins diversifiés et moins vifs pour les sujets d'un vaste génie, pour les penseurs profonds ; ils sont à la vue ce que la parole est à l'audition ; au sourd-muet, ce que les discours sont à l'aveugle.

Toutefois ce langage, dans ses grands développements, ne

convient qu'à l'expression des idées élevées ou des passions fortes. Aussi les pantomimes et les gesticulations des esprits médiocres sont-elles en général désagréables, ridicules et fatigantes par cela même que ces gestes, faussés dans leur emploi, signifiant les pensées les plus communes, les sentiments les plus ordinaires, sortent constamment alors des attributions qui leur sont propres. Il est, en effet, contraire à la nature d'exprimer des passions et des idées sans élévation, sans énergie, par des mouvements violents et multipliés ; aussi, l'homme d'un véritable mérite ne fait jamais abus des gestes ; ceux qu'il emploie, dans une harmonie parfaite avec ses idées et ses passions, en quelque sorte modelés sur la force et les inflexions de la voix, font pénétrer les unes et les autres dans l'âme, portent la conviction dans l'esprit. C'est au perfectionnement, à l'équilibre normal de ces facultés que nos grands orateurs ont dû leur célébrité la mieux méritée ; c'est par l'étude approfondie, par l'exercice raisonné des situations et des gestes que nos premiers acteurs tragiques, plus spécialement encore, ont acquis leur étonnante supériorité.

Dans l'emploi de ces mouvements, il faut éviter les extrêmes opposés. Il est aussi ridicule de raconter un fait simple, naturel, avec des gestes exagérés, que d'exprimer une grande passion sans le développement de ceux qu'elle doit nécessairement entraîner ; c'est alors, en effet, que les attitudes et les modifications motrices donnent au discours cette chaleur, ce coloris qui gravent en traits de feu, dans l'âme des auditeurs, les pensées et les sentiments de celui qui sait ainsi les manifester.

Les gestes ne se bornent pas à donner plus d'expression à la parole ; souvent même ils parviennent à la remplacer, devenant d'autant plus significatifs et plus variés qu'elle se trouve dans un état de nullité plus complète. Ainsi, chez les sourds-muets de naissance, la diversité, la justesse et la précision de ces mouvements offrent quelque chose de merveilleux pour celui qui ne connaît pas les ingénieuses ressources de la nature et les effets puissants de l'éducation.

Dans le calme des passions et pour leur expression simulée, nous voyons les gestes soumis à l'influence de la volonté. C'est alors qu'ils peuvent en imposer en signifiant des idées et des sentiments contraires aux dispositions actuelles de l'âme. Sous les violentes impulsions instinctives, méconnaissant la voix de ce premier régulateur, désordonnés, convulsifs dans leurs manifestations, ils deviennent, par leurs caractères physiques, l'image fidèle et positive de l'état moral.

On conçoit aisément les notions précieuses que leur examen, relativement aux maladies, peut offrir à l'observateur habile, appréciant toutes les nuances, toutes les modifications intermédiaires à leur force, à leur complication chez le maniaque ; à leur faiblesse, à leur monotonie pour la stupidité consécutive aux ramollissements, aux compressions du cerveau, etc.

Sous le rapport de la physiognomonie, les gestes nous servent encore à distinguer : l'*âge*, le *sexe*, le *tempérament*, le *caractère*, l'*intelligence*.

Relativement à l'âge. — L'*enfant* sent beaucoup, exprime difficilement au moyen de la parole, dès lors, chez lui, les gestes sont très-nombreux et très-variés ; pour l'*adulte*, les sentiments sont énergiques, l'élocution présente son entier développement ; les gestes se trouvent ainsi moins nombreux, mais plus forts et plus expressifs. Chez le *vieillard*, les impressions s'émoussent, la parole conserve encore sa facilité, les gestes sont rares, faibles et peu diversifiés.

Au sexe. — Les *femmes*, toutes choses égales, offrant des impressions plus vives, des idées plus nombreuses, plus nuancées, des mouvements plus souples et plus faciles, emploient des gestes moins énergiques, plus fréquents et plus variés ; ils deviennent une seconde langue pour elles, en rapprochant encore leurs dispositions des caractères de l'enfance. L'*homme* au contraire, plus froid dans les circonstances ordinaires, d'une sensibilité plus profonde au milieu des grandes influences, exprime beaucoup moins par les gestes, mais lorsqu'il en fait usage, c'est presque toujours avec une grande supériorité de persuasion et d'entraînement, surtout pour la manifestation des sentiments énergiques et des inspirations du génie.

Au tempérament. — Le *sanguin* fait des gestes nombreux, s'énonce avec chaleur ; cette exubérance des mouvements est rachetée par leur précision et leur grâce. L'*athlétique* est lourd, assommant dans ses gestes comme dans son débit. Le *lymphatique* est à peu près immobile ; son expression offre quelque chose de narcotique, de monotone : ses gestes sont rares, sans à propos, sans activité ; c'est un marbre parlant. Le *bilieux* n'abuse jamais de ses mouvements ; ceux dont il anime le discours sont tellement proportionnés à la violence des passions, au timbre, aux inflexions de la voix, au sens des mots, qu'il en résulte une impulsion mentale dont la puissance commande le respect, entraîne la conviction. Le *nerveux* s'épuise en gesticulations plus ou moins bizarres qui rendent son élocution fatigante et convulsive. Le *mélancolique* est ridicule, exagéré dans ses mouvements, feignant l'enthousiasme dans l'expression des pensées les plus communes.

Au caractère. — Si vous cherchez un ami, si vous avez un secret à confier, ne choisissez pas le *gesticulateur*, il est presque toujours *orgueilleux*, *indiscret* et maîtrisé par le besoin de raconter avec toutes les modifications de la pantomime. L'homme *circonspect* et *modeste*, communique beaucoup plus avec la parole qu'avec les autres mouvements partiels ; il faut l'arracher à son caractère pour changer ce mode naturel de transmission. Le sujet d'humeur *hautaine* et *despotique* offre l'attitude et les gestes du commandement ; le dédain et le mépris s'accusent dans toutes leurs manifestations expressives. L'homme *téméraire* a des mouvements brusques, violents, démesurés. Dans la *jalousie*, la *haine*, l'*envie*, etc., les gestes sont concentrés, irréguliers, convulsifs ; dans la *colère*, échappant à l'empire de la volonté, leur violence et leurs aberrations signalent assez les mouvements tumultueux d'une âme incessamment agitée par cette funeste passion. Il est aisé de comprendre tous les rapprochements analogues.

A l'intelligence. — Chez l'*idiot*, les mouvements et les gestes sont incohérents, sans proportion avec les inflexions, avec les idées ou les sentiments qu'ils manifestent, d'où résulte cette nullité de communication, qui toujours caractérise un moral imbécile dans tous ses degrés, depuis la sottise de l'orgueil présomptueux, jusqu'à la stupidité complète. Au contraire, chez l'*homme de génie*, les attitudes et les gestes sont dans une harmonie parfaite avec l'expression vocale ; une simple position, un seul mouvement rendent quelquefois des pensées et des affections multipliées et sublimes ; tout parle dans ce langage des esprits supérieurs. Entre ces deux extrêmes viennent se placer les nombreuses modifications des gestes envisagés sous le point de vue des actes intellectuels.

PROSOPOSE. — Προσωπη des Grecs, de προσωπον, le visage, *vultus expressio* des Latins, *c'est l'ensemble des modifications spéciales que peut offrir la face dans ses dispositions, sa couleur et les mouvements de ses traits pour l'expression des idées et des sentiments.*

Ce moyen est si puissant et si varié par ses manifestations, qu'on peut l'envisager comme un second langage. Ses mouvements, à peine relatifs à la mécanique animale, tant leur objet devient instinctif, intellectuel, moral, ne peuvent jamais être appréciés par le toucher sous le rapport des affections et des pensées qu'ils signifient. Aussi, l'aveugle n'en fait aucun et reste insensible à ceux que l'on exécute en sa présence ; tandis que le sourd-muet, n'ayant pas d'autre mode expressif, en cherche les nuances les plus fugitives sur le visage de celui qui parle, et l'emploie souvent avec prodigalité. La physionomie du premier reste passive au milieu des récits les plus animés ; les inflexions de sa voix rendent bien la pensée, mais le concours des gestes et de la prosopose ne vient jamais les seconder ; si quelquefois la face paraît s'animer dans le rire de la gaieté ; c'est toujours avec ce défaut de précision et d'harmonie qui simulent une apparence de niaiserie, d'uniformité, même chez les sujets les plus spirituels.

La pluralité des mouvements faciaux auxquels nous devons rattacher, en physiognomonie, ceux du col, des épaules, de la poitrine, appartiennent à ce genre d'expression; si nous exceptons en effet les déplacements des mâchoires, de la langue, des lèvres, du pharynx, des paupières, des yeux, des parois pectorales, etc., concourant à produire la mastication, l'articulation des sons, la déglutition, la vision, la respiration, etc., nous verrons tous les autres se confondre dans la prosopose. Les premiers, sous l'influence des nerfs *moteurs volontaires*, et notamment des branches antérieures du *trijumeau*, de plusieurs nerfs *cervicaux*, des *moteurs oculaires externe*, *commun*, de l'*hypoglosse*, etc., ne s'effectuent jamais, dans l'état normal, contrairement aux intentions du sujet. Les seconds, soumis à l'action des nerfs *moteurs instinctifs*, *respirateurs* de Ch. Bell, et spécialement des *pathétique*, *facial*, *glosso-pharyngien*, *pneumo-gastrique*, *spinal*, etc., s'opèrent indépendamment de la volonté, souvent même contre sa résistance, en trahissant les vains efforts de la dissimulation chez l'hypocrite incessamment occupé du soin de cacher à tous les yeux les véritables sentiments dont son âme est agitée. C'est alors qu'un observateur attentif découvre aisément, dans le timbre de la voix, dans la coloration du visage, dans les phénomènes respiratoires, mais surtout dans les mouvements faciaux, ces contrastes, ces dispositions anharmoniques des effets produits par les nerfs volontaires, sous l'influence de l'encéphale et des résultats entraînés par les nerfs instinctifs sous l'empire des impulsions ganglionnaires.

De Parnetty, sans pouvoir expliquer ces conditions, bien appréciées seulement par les physiologistes, nous prouve dans un style piquant d'originalité qu'il en connaissait du moins les principaux effets : « Un homme dissimulé veut-il cacher ses sentiments, il se passe, dans son intérieur, un combat entre le vrai qu'il veut feindre, et le faux qu'il voudrait présenter.

Ce combat jette la confusion dans le mouvement des ressorts; le cœur dont la fonction est d'exciter les esprits, les pousse où naturellement ils doivent aller ; la volonté s'y oppose, elle les bride, les tient prisonniers ; elle s'efforce d'en détourner le cours et les effets pour donner le change, mais il s'en échappe beaucoup, et les fuyards vont porter des nouvelles certaines de ce qui se passe dans le secret du conseil. Ainsi, plus on veut cacher le vrai, plus le trouble augmente, et mieux on se découvre. »

La physionomie de la jeunesse fait prévoir le caractère de l'homme futur, celle de la vieillesse rappelle à notre esprit les inclinations de l'homme passé; nous concluons d'une manière beaucoup plus certaine pour la seconde hypothèse que pour la première. Dans toutes ces applications physiognomoniques, il faut bien distinguer les expressions dont le sujet peut se rendre maître, et celles qui se trouvent affranchies des caprices de sa volonté. Les unes, sans aucune valeur positive, le montrent tel qu'il désire paraître ; les autres, naturellement vraies dans leurs manifestations, l'offrent à découvert embelli par les vertus ou dégradé par les vices.

Pour mieux apprécier le langage important et varié de la prosopose, nous devons analyser les moyens qu'elle met en usage et que nous réduisons aux modifications : de la *couleur*, du *front*, des *sourcils*, des *yeux*, du *nez*, de la *bouche*, du *visage dans son ensemble*, des *mouvements de la respiration liés aux conditions précédentes;* chacun de ces points doit fixer notre attention.

Coloration du visage. — En conséquence de ces dispositions variées, elle manifeste son influence dans l'expression des mouvements instinctifs les plus profonds. Ainsi la face *rougit* dans la honte, la pudeur, la colère, et dans un grand nombre de passions violentes, agissant du centre à la circonférence. Elle *pâlit* au contraire dans la jalousie, la crainte, l'envie, la haine, et dans tous les sentiments dont les effets se développent, avec énergie, de la circonférence au centre. Toutefois chacune de ces modifications principales est diversifiée par des nuances toujours bien appréciables pour le physionomiste habile.

Ainsi, la *rougeur* de la colère ne saurait s'identifier à celle de la pudeur. La première déterminée par la stase du sang dans les capillaires et dans les veinules, consécutivement à la suspension des mouvements pulmonaires, offre une teinte sombre et livide. La seconde, occasionnée par une injection plus considérable des petits vaisseaux, en conséquence de l'augmentation des phénomènes cardiaques, présente au contraire une couleur brillante et vermeille. Nous observons entre ces deux états les mêmes différences qu'entre les effets de l'asphyxie, d'une course momentanée, relativement à la rubéfaction du visage. Combien d'intermédiaires ne se trouvent pas embrassés par ces deux extrêmes?

La *pâleur* offre également ses nuances particulières; dans la crainte, elle présente une simple décoloration faciale, par concentration sanguine et défaut d'appel vers la périphérie ; dans l'envie, la haine, la jalousie, toujours elle prend un reflet terne, cuivreux, plombé, comme si les humeurs en circulation dans les petits vaisseaux éprouvaient une altération profonde sous l'influence de ces passions envenimées.

De tous les moyens d'expression, la coloration du visage, dans ses nombreuses modifications, devient le plus profond et le plus vrai, celui qui trahit constamment l'individu cherchant à déguiser les sentiments de son âme. Ainsi, chez l'homme engagé, par des motifs puissants, à couvrir du voile de la bienveillance et de l'amitié, le désir de la vengeance, l'envie, la haine déchirant le fond de son cœur, une pâleur sombre, infernale décèle toute la perfidie que présente une semblable prosopose, en formant le plus hideux contraste avec ces manières gracieuses et composées. La rougeur du front met encore en évidence la honte mal dissimulée du sujet qui, commettant une action dégradante et répréhensible, cherche à la masquer par une assurance empruntée.

Ces faits prouvent assez le défaut d'influence volontaire sur le premier genre d'expression faciale ; aussi toutes les fois qu'il s'agit d'imiter une passion violente, comme on l'observe plus spécialement sur la scène tragique, ce moyen manque entièrement aux acteurs ordinaires, et nous les voyons y suppléer par des colorations factices dont les résultats sont toujours alors plus ou moins imparfaits. Les grands artistes peuvent seuls vaincre cet obstacle naturel en s'identifiant tellement avec leurs personnages qu'ils en éprouvent momentanément les affections relatives aux circonstances qu'ils sont chargés de représenter ; c'est le comble du talent dramatique, le dernier degré de sa puissance artificielle ; c'est une des qualités bien rares auxquelles notre célèbre Talma dut la plus belle partie de son immense réputation.

Si nous étudions actuellement les différents traits du visage, nous sentons la nécessité de les considérer sous un double point de vue relativement : *A la forme, à la structure organique; aux modifications imprimées à ces dispositions natives par l'exercice des phénomènes d'expression.* Parmi ces caractères, les uns nous indiquent la mesure des facultés intellectuelles, instinctives ; les autres, l'usage que l'homme fait de ces mêmes facultés. Si nous cherchons à juger la capacité naturelle, attachons-nous davantage aux premiers ; si nous désirons plutôt connaître l'état actuel de l'âme, arrêtons-nous plus spécialement aux seconds ; enfin si nous voulons donner à la physiognomonie toute l'importance et l'utilité qu'elle peut offrir, évitons les exclusions fautives dont Gall et Lavater ont entaché leurs systèmes.

Front. — Plutôt relatif à l'intelligence qu'aux passions, il indique, par sa forme et son développement, la mesure approximative de certaines facultés mentales, et, par ses divers mouvements, la manière dont nous employons ces dispositions originelles, en nous faisant apprécier avec assez de vérité, chez les différents individus, les nuances principales du caractère et de l'esprit.

On peut établir en thèse générale qu'un front large, carré, saillant vers sa base, annonçant un crâne spacieux, un encéphale établi sur de belles proportions, notamment dans sa partie cérébrale, devient ordinairement le signe physique d'une grande intelligence. Il ne faut pas admettre ce principe d'une manière exclusive ; en effet, dans tout appareil, on doit bien distinguer deux caractères essentiels relativement aux avantages que la constitution matérielle fait passer dans les facultés physiologiques : le *développement de l'organe*, les *conditions d'une bonne texture*. C'est ainsi que l'on voit des encéphales très-gros, d'une mauvaise disposition substantielle, chez des sujets voisins de la nullité morale, et que l'on rencontre des hommes d'un mérite assez distingué, dont le cerveau peu volumineux est doué d'une structure parfaite. Disons-le cependant, les grandes manifestations de l'intelligence, les sublimes élans du véritable génie se rencontrent seulement avec la réunion de ces qualités fondamentales.

D'un autre côté, dans ces investigations étiologiques, serait-il bien raisonnable d'envisager l'instrument d'une manière exclusive, et de n'accorder aucune considération à l'âme ? N'est-il pas au contraire plus naturel de présumer que les modifications de son essence entrent également dans la somme des causes principales, auxquelles nous devons rapporter la faiblesse ou la supériorité des facultés intellectuelles. Lorsque j'aperçois des différences notables entre le crâne conoïde propre à l'idiot, et la tête carrée du penseur profond, il répugne à mon esprit de ne pas admettre des différences plus essentielles entre leurs éléments immatériels et de les confondre par une identité qu'il est impossible de supposer.

On conçoit dès lors, et nous le prouverons ultérieurement d'une manière évidente, combien la *crânioscopie*, en général assez exacte pour tracer les degrés de l'intelligence, peut devenir fautive en la considérant avec un esprit de système et d'exclusion.

Cet examen a présenté des résultats encore bien plus illusoires pour ceux qui n'ont pas craint d'employer le graphomètre dans l'estimation des facultés mentales, en jugeant mathématiquement leurs degrés d'après ceux que présente l'ouverture de l'*angle facial*, résultant de l'intersection des deux lignes tirées, l'une du front au milieu de la mâchoire supérieure; l'autre, du conduit auditif au même point. On sent en effet que la capacité des sinus frontaux, la longueur des dents incisives, etc., peuvent occasionner des changements considérables dans cet angle sans porter aucune influence analogue sur les dimensions encéphaliques, et consécutivement sur l'intelligence.

Toutefois on peut avancer, en thèse générale, que l'angle facial de cent degrés dans le beau idéal, dans le front imaginaire des dieux, annonce les facultés surnaturelles qui donnent à la physionomie cet air imposant et sublime; tandis que le même angle de 70 degrés chez le nègre devient le signe d'une intelligence bornée, présentant à l'observateur une variété de l'espèce humaine sans dignité, sans élévation; marquant, sous le rapport du physique, le passage de cette espèce à celle des animaux. Dans l'intervalle de ces deux extrêmes viennent se placer toutes les modifications relatives aux différents peuples. Ainsi, idéal, — 1er degré, 100; 2e degré, 95; race caucasienne, — 1er degré, 90; 2e, 80; tartare, — 75; américaine, — 73; nègre, — 70.

Pour les animaux, l'ouverture de l'angle facial, toutes choses égales, est de même un caractère propre au développement des facultés intellectuelles. Ainsi, partant du nègre qui tient le dernier rang parmi nous, pour descendre au singe occupant le premier chez les animaux, nous trouvons : l'orang-outang, — 58; le gibbon, — 55; la guenon, — 42; et, dans une progression toujours décroissante, le boule-dogue, le chien courant, le lévrier, le crocodile, la bécasse dont l'angle se ferme presque à zéro.

Toutes ces estimations, vraies dans les généralités, offrent des exceptions nombreuses pour les applications particulières; et si, d'un côté, la physiognomonie paraît obtenir des avantages positifs de leur concours, elle doit constamment, de l'autre, se tenir en garde contre les erreurs qu'elles ne manqueraient jamais d'entraîner en les admettant d'une manière absolue.

La partie mobile du front est représentée par les muscles de cette région imprimant aux cheveux, à la peau des modifications diversifiées ; à ces premiers moyens actifs d'expression commence réellement la prosopose.

Le redressement des cheveux, les rides verticales du front, manifestent communément la colère, l'envie, la haine, la jalousie, l'ambition, la vengeaace, toutes les passions sinistres, violentes ou concentrées.

Un soulèvement léger des cheveux, sans dureté, les rides transversales, formant des arcs réguliers, à convexité supérieure, en harmonie gracieuse avec les contours du front signalent une expansion de l'âme, des affections gaies, telles que la joie, l'espérance, l'émulation, la bienveillance, la philanthropie, etc.

Les rides irrégulières, distribuées sans ordre, sans uniformité, contrariant les courbes du front, expriment des idées et des passions bizarres.

Les cheveux plats sans érection et sans mouvement, une peau frontale sans rides, sans inégalités indiquent une âme calme, froide, impassible, une intelligence obtuse ou du moins privée d'imagination ; un grand abattement soit au moral, soit au physique.

Il est évident que ces divers états sont communiqués au front par la répétition habituelle des mouvements partiels qui viennent plus ordinairement s'y manifester ; que le *premier* offre par conséquent l'apanage de la virilité, du tempérament bilieux, d'un esprit vif, souvent du génie, d'un caractère bouillant, emporté, sombre, farouche, cruel, etc.; le *second*, de l'adolescence, du tempérament sanguin, d'un esprit léger, d'un caractère aimable, inconstant, etc.; le *troisième*, de la vieillesse, du tempérament nerveux ou mélancolique, d'un esprit bizarre, d'un caractère inégal, fâcheux, etc.; le *quatrième*, de la caducité, du tempérament lymphatique, d'un esprit faible, d'un caractère doux et sans énergie.

Il est maintenant facile de sentir à combien d'applications particulières ces principes généraux peuvent s'étendre, en évitant les erreurs que nous avons signalées.

Sourcils, — on peut les envisager comme auxiliaires des yeux et prenant une part très-active à l'expression de la physionomie.

Sous le rapport de leurs dispositions natives, ceux qui sont modérément fournis, régulièrement arqués, sans roideur et sans inégalités dans leurs contours, indiquent une grande âme, un caractère noble, un esprit élevé ; ceux qui se trouvent durement exprimés, disposés en zigzag, très-épais, réunis sur la ligne médiane, désignent un esprit sévère, un caractère âpre et difficile ; ceux qui décrivent mollement un arc de cercle à peine sensible, dont les poils sont rares et soyeux, montrent un esprit faible, un caractère sans vigueur et sans résolution. Ces règles générales offrent également un assez grand nombre d'exceptions.

Relativement à leurs mouvements divers, les sourcils deviennent plus expressifs dans les passions et sous l'influence des manifestations intellectuelles. Le rapprochement de la ligne médiane, les rides verticales, effectuées par ce déplacement, signifient le mépris, la haine, l'envie, la colère, etc. Une dépression marquée vers les yeux qu'ils cachent sous leur ombrage plus ou moins épais, indique les passions sombres, concentrées, qui paraissent méditer dans le silence et le recueillement la ruine de celui qui les excite, comme on le voit dans la jalousie, le ressentiment, la vengeance, etc. L'élévation désigne l'étonnement, l'admiration, la jactance, l'orgueil, etc. L'éloignement de la ligne médiane exprime la gaieté, la satisfaction, l'aménité, la franchise, etc.

L'habitude contractée de ces mouvements divers établit une forme acquise plus ou moins saillante, manifestant assez exactement, *pour la première*, un esprit pensif, laborieux, un caractère dur, inflexible : *pour la seconde*, un esprit méditatif, un caractère sombre, dissimulé, perfide, enclin aux intrigues, aux machinations les plus coupables ; *pour la troisième*, un esprit enthousiaste, ami du merveilleux, un caractère hautain, maniéré, suffisant, etc.; *pour la quatrième*, un esprit vif, léger, un caractère sociable, doux, généreux, bienfaisant, etc.

Yeux. — Ils sont, comme on l'a dit avec raison, depuis longtemps, le *miroir de l'âme*. C'est en effet dans ces interprètes éloquents de nos sentiments et de nos pensées que viennent se peindre, sous leurs nuances délicates et modifiées d'une manière infinie, les affections du cœur et les intellectualisations de l'esprit, pour se transmettre aussitôt, par une véritable réflexion morale, dans l'âme des êtres intelligents et sensibles avec lesquels nous sommes en rapport. Tout pour notre œil devient un langage expressif qui porte conviction ; les glandes lacrymales, les muscles, la conjonctive, les paupières, le globe ophthalmique s'unissent par leur admirable concours pour cette expression du sentiment et de la pensée.

Le physionomiste habile doit encore bien distinguer ici les manifestations involontaires et celles qui se trouvent directement sous l'empire de ce puissant régulateur. Les premières, nous montrant l'âme sans déguisement, appartiennent surtout aux glandes lacrymales, à la coloration des conjonctives, à cette modification intérieure de l'œil si caractérisée dans les grandes passions. Les secondes, relatives aux mouvements de cet organe et des paupières, sous l'influence absolue de la volonté, peuvent dès lors concourir aux illusions mensongères de la dissimulation et de la perfidie. Avec un peu d'attention, rien n'est plus facile à démêler, dans cette prosopose fictive, que ces deux expressions contradictoires de l'appareil visuel offrant une opposition choquante et difficile à supporter. Voyez en effet cet œil dont la rotation maniérée, l'abaissement timide entre deux paupières à peine entr'ouvertes s'efforcent de peindre la douceur, la modestie, la bienveillance, alors que la rougeur de ces voiles membraneux, de la conjonctive, le rapprochement des sourcils, la dureté particulière de l'œil, signalent positivement les traits d'une cruauté, d'un orgueil, d'une aversion que l'on ne voudrait pas faire éclater. Observez, d'un autre côté, ces paupières largement écartées, cet œil rond, fixe, cherchant à peindre la résolution, le courage, la sévérité, lorsqu'un larmoiement involontaire, une disposition spéciale de cet organe trahissent les véritables sentiments en laissant apercevoir l'incertitude, la pusillanimité, la frayeur dont l'âme est actuellement agitée ; vous sentirez aussitôt la valeur de nos principes, la nécessité de la physiognomonie raisonnée d'après l'expérience !

Si nous considérons actuellement les yeux sous le rapport de leur expression franche et naturelle, combien nous les trouvons éloquents et variés dans ce langage alors moins volontaire qu'instinctif, et dont aucun autre n'est en mesure de remplacer l'importance et la précision !

Lavater admet pour le regard un grand nombre de modifications. D'après cet observateur, il peut être : *Actif, passif, intensif, attractif, répulsif, indifférent, tendre, relâché, forcé, expressif, insignifiant, permanent, tranquille, nonchalant, ouvert, réservé, simple, composé, droit, égaré, froid, amoureux, mou, ferme, hardi, sincère, faux*, etc. Sans adopter absolument ces nombreuses variétés, nous les réduirons à des conditions plus fondamentales.

Dans la vengeance, la colère, la fureur, les yeux sont brillants, rouges, enflammés, étincelants ; ils roulent dans leurs orbites avec une rapidité convulsive ; l'intensité du regard semble exhaler toute la violence de ces passions.

Dans l'envie, la haine, la jalousie, l'œil se retire profondément sous la paupière et le sourcil ; avec la préméditation du crime, son expression est dure, sombre, farouche ; il produit un feu souterrain, laissant échapper des lueurs verdâtres et sulfureuses dont la communication peut allumer le plus funeste embrasement !...

Dans l'abattement et la tristesse, les yeux paraissent abandonnés aux lois de l'inertie, de la gravitation ; ils tombent languissamment vers la terre, et, par leur constante immobilité, présentent le symptôme d'une idée fixe, d'un sentiment pénible qui semble absorber tous les autres. Plusieurs physiologistes ont placé les larmes au nombre des caractères les plus positifs de la douleur vivement sentie ; c'est une erreur qu'il faut rectifier. Toutes les fois en effet que l'angoisse morale offre beaucoup de violence et de profondeur, la sécrétion de ce fluide est suspendue, l'œil reste sec. Des larmes abondantes indiquent une âme qui s'épanche au dehors; c'est le premier allégement d'un cœur oppressé par la tristesse; elles servent d'ailleurs à l'expression des sentiments agréables, présentant alors plusieurs modifications importantes sous le rapport de leurs quantités et de leur composition chimique. Dans la joie, l'attendrissement, elles sont modérées, tièdes et douces, n'irritant jamais la peau qui les reçoit; dans les chagrins profonds, elles deviennent alcalines, âcres, brûlantes, faisant naître la rougeur et même l'inflammation sur les parties qu'elles ont mouillées.

Dans la gaieté, l'œil prend un aspect de satisfaction particulière, et semble partager le sourire de la bouche; dans l'espérance, il s'élève, et roule affectueusement sur lui-même comme pour implorer un appui céleste. Pour l'amour et pour les passions qui viennent directement s'y rattacher, cette rotation du globe oculaire est encore plus marquée, s'accompagnant d'une légère augmentation des larmes, avec rougeur de la conjonctive et des bords palpébraux, elle manifeste le désir et le fait rapidement passer dans l'âme de celui qu'elle cherche à captiver; c'est l'instrument de séduction le plus puissant, l'arme la plus dangereuse que la femme ait reçue de la nature.

L'œil est si positif et si varié dans son expression qu'elle offre des traits également particuliers : à l'âge, au sexe, au tempérament, au caractère, à l'intelligence.

Relativement à l'âge. — Il est vif, mobile *chez l'enfant;* sans intensité dans le regard qui semble beaucoup plus empressé de changer d'objet que d'apprécier profondément les caractères de celui qu'il fixe actuellement; *pour l'adolescent,* il est ordinairement tendre, voluptueux, passionné; *dans l'âge viril,* prenant plus d'assurance et de sévérité, ses investigations sont plus profondes et plus certaines; *chez le vieillard,* il devient morne, silencieux, indifférent ou pour le moins très-peu mobile.

Au sexe. — *Dans la femme*, il est plus doux, plus sensuel, plus fin, plus varié ; *chez l'homme*, il paraît plus ferme, plus grand, plus méditatif.

Au tempérament. — *Pour le sanguin*, il respire la gaieté, l'enjouement, brille d'un éclat superficiel ; *dans l'athlétique*, il est fixe, inactif et sans curiosité ; *chez le bilieux*, il paraît dur, positif, sévère ; *pour le lymphatique*, il semble froid, obtus, dépourvu d'intérêt, sans expression et sans énergie ; *dans le nerveux*, il est rempli de vivacité, de finesse et de mobilité ; *pour le mélancolique*, il devient passionné, langoureux, vague, parfois plein de charme et d'entraînement.

Au caractère. — *Chez l'indécis*, il est doux, mobile, incertain ; *pour le volontaire*, il est ferme, intense, précis ; *chez l'homme franc, loyal, confiant en soi-même*, il est direct, sans embarras, sans hésitation ; *dans le sujet distrait, craintif, dissimulé, perfide*, il évite l'observateur, se dérobe à son examen, soit par l'abaissement de la paupière supérieure, soit en se portant vaguement sur d'autres objets ; *pour l'homme entreprenant, audacieux*, il est découvert, saillant ; *chez l'individu timide et modeste*, il paraît se cacher sous les voiles palpébraux ; *dans le suffisant, l'orgueilleux* et *le fat*, il semble faire un effort ponr soulever la paupière qui le couvre en assez grande partie ; *chez le philanthrope*, il est agréable, séduisant, attire dès le premier aspect ; *dans le fâcheux, le méchant, l'envieux, l'égoïste*, il brille d'un feu profond qui donne à son expression quelque chose de sinistre et d'effrayant.

À l'intelligence. — *Pour l'idiot*, il est fixe, hébété, sans aucune manifestation ; *chez l'homme d'un génie supérieur*, il est distingué, pénétrant ; sa vivacité naturelle, sans exagération, est loin de cette pétulance factice qui distingue la prétention et l'originalité ; *pour l'individu spirituel, d'une imagination brillante*, il est rapide, scintillant et mobile ; *dans le penseur d'un raisonnement solide*, il est précis, grave et profond.

Nez. — Les physionomistes et notamment Lavater ont accordé sans doute beaucoup trop de signification à telle ou telle forme du nez. Toutefois en considérant ce trait du visage sans prévention systématique, surtout dans le jeu des différentes pièces dont il est constitué, nous y trouvons encore une expression positive et même assez variée. En général, un nez très-volumineux, établissant un grand développement de l'odorat et du goût avec diminution proportionnée de l'encéphale, indique ordinairement *les inclinations animales de la sensualité;* très-acéré, mince, il désigne *la faiblesse ou la malignité dissimulée;* retroussé en l'air, avec des narines largement ouvertes, souvent il devient le symbole *de la suffisance, de l'orgueil, de la vanité, du mépris*. Celui qui présente une petite bosse vers sa racine est envisagé comme un signe *de courage;* tels furent Cyrus, Artaxerce, Constantin, Louis XIV, Condé, etc.; long, fortement recourbé vers sa pointe, il annonce *une ambition hardie*, capable de tous les moyens pour arriver à l'exécution de ses projets : tel était Catilina.

Dans ses divers mouvements il peut encore offrir des manifestations importantes. Les plus remarquables se passent dans les narines, et sont particulièrement relatifs aux exercices de la respiration et de la voix. Des ouvertures nasales immobiles indiquent le *calme de l'âme, souvent même la froideur;* lorsqu'elles se trouvent agitées par des mouvements étendus et fréquents, on doit y voir *le caractère d'une sensibilité affective développée;* souvent *une grande propension aux entraînements de l'amour physique;* elles sont largement ouvertes, mues convulsivement *dans la colère, le désir de la vengeance;* elles présentent un état de spasme et de constriction, dans *la haine, l'envie, la jalousie*. Le nez paraît s'allonger et se recourber vers sa pointe, *dans la honte, le désappointement*, disposition qui sans doute a fait admettre, en style assez trivial, qu'un homme déçu dans ses espérances offre *un pied de nez*.

Sous le rapport des facultés intellectuelles, chez la plupart des sujets, le nez retroussé, d'une mobilité remarquable, indique beaucoup *d'imagination, d'activité dans l'esprit;* l'aquilain promet *du jugement, de la profondeur, du génie;* très-coloré, volumineux, il présage le triomphe *de l'instinct sur la raison, de la sensualité sur l'intelligence;* effilé, pâle, immobile, souvent il annonce *un esprit faible, timide, sans développement, capable tout au plus de quelques progrès dans les sciences de calcul et dans les arts mécaniques.*

Bouche. — Indépendamment de la voix et de la parole, elle fournit, sous le rapport de la prosopose, des notions d'un grand intérêt, et qu'il faut particulièrement chercher dans *sa conformation, sa couleur, et ses divers mouvements.*

Relativement à la conformation. — Des lèvres épaisses, volumineuses, charnues, épanouies, une grande bouche remplie d'une langue développée, très-spongieuse, garnie par des dents fortes et larges, indiquent *la sensualité, les goûts matériels*, une *intelligence bornée*, tout au plus un *esprit méthodique et lourd.* Des lèvres minces, convulsivement agitées, offrant un grand nombre de rides perpendiculaires à leur direction transversale, désignent *la méchanceté, la jalousie, la cruauté, l'envie, la colère dissimulée*, etc.; une bouche très-saillante, portant des dents longues, obliques, annonce en général *de l'opiniâtreté, de l'entêtement, de la brutalité;* une bouche enfoncée, petite, irrégulière, caractérise fréquemment la *dissimulation*, l'*orgueil*, la *suffisance*, la *raillerie*, etc.; une bouche bien proportionnée dans toutes ses parties, dont la régularité primitive n'a pas été déformée par le jeu de la prosopose, indique ordinairement *la sagesse de l'esprit, la franchise et l'aménité des affections.*

A la coloration. — Les lèvres peuvent offrir des nuances très-variées depuis le blanc terne jusqu'au rouge violet. Celle-ci dénote *un caractère matériel, un esprit lourd, grossier, renfermé dans les jouissances physiques;* la couleur vermeille devient un symbole *de gaieté, de bienveillance, d'amour, d'espérance*, etc.; la teinte pâle indique *la tristesse, l'ennui, la mélancolie profonde, le découragement, l'apathie morale et physique;* le blanc-vert, jaunâtre exprime *l'envie, la haine, la jalousie, le désir profond de la vengeance, toutes les passions sombres et dissimulées.*

Aux mouvements. — L'écartement habituel des mâchoires

et des lèvres, disposition qui constitue la *bouche béante*, signale communément *un esprit lourd, faible, crédule*, souvent même *l'idiotisme complet;* la constriction, le rapprochement ordinaire des unes et des autres désignent *la sécheresse du cœur, l'insensibilité, l'égoïsme, la fermeté, la circonspection, l'opiniâtreté;* l'abaissement des angles labiaux avec élévation du centre indiquent *le mépris, l'orgueil, la douleur profonde;* l'abaissement du centre avec élévation des angles, caractérise *la gaieté, la moquerie, l'esprit sardonique et malin*, surtout lorsque la ligne buccale devient oblique, irrégulière; des lèvres tremblantes, froncées, offrent le signe de *la colère* et de *la fureur* sur le point d'éclater; l'allongement de la lèvre inférieure exprime *le désappointement* et *la jalousie;* le sourire forcé, donnant toujours à la physionomie quelque chose de repoussant, indique *la fausseté, l'hypocrisie, la dégradation de l'esprit et du cœur.*

VISAGE. — Il comprend, indépendamment des traits principaux que nous venons d'énumérer, les joues, le menton, les oreilles, etc., dont nous allons maintenant envisager l'action dans cet ensemble désigné par le nom de *prosopose*. Afin de mieux apprécier toutes les modifications faciales sous le point de vue de l'expression physiologique, nous les rapporterons à trois chefs principaux : *conformation; coloration; mouvements d'ensemble.*

Relativement à la conformation. — Une face plate, massive, dépourvue d'aucun trait saillant, désigne *la nullité de l'esprit, la bassesse des inclinations* ou *l'indifférence absolue;* tandis qu'un visage proéminent et mobile signale ordinairement *la pénétration* ou pour le moins *l'activité.* Des traits larges, prononcés, réguliers marquent *plus d'élévation dans le caractère que de vivacité dans l'esprit;* des traits enfantins, sans harmonie, mais sans difformité, signifient, au contraire, *plus d'imagination que de grandeur d'âme.* Une face charnue très-volumineuse, comparativement au crâne, indique *la sensualité supérieure à la raison;* une petite face dominée par un crâne très-spacieux, promet ordinairement *plus de génie que d'instinct*. Un visage court, succulent, vermeil, épanoui, marque *la gaieté, la bienveillance, l'amabilité;* un visage long, pâle, maigre, concentré, désigne fréquemment *l'ennui, l'égoïsme, la mélancolie*, parfois *la sagesse, la prudence, et la réflexion*. Une face bizarrement construite, offrant des traits communs, grossiers, dégradés exprime *les vices du cœur et la brutalité de l'esprit*. Une physionomie régulière, dont tous les rapports sont parfaitement observés, qui, dans son jeu comme dans sa constitution, se rapproche du beau type idéal, annonce *une âme céleste, un esprit judicieux et sage*.

A la coloration. — Il faut ici bien distinguer la teinte habituelle du visage et celle qui se manifeste passagèrement. *Sous le premier rapport*, — la coloration faciale indique le tempérament, le genre de vie, les habitudes, etc. Ainsi, le *sanguin*, l'*habitant de la campagne*, le *soldat*, etc., offrent ordinairement un teint rouge, plus ou moins vermeil ; pour le *lymphatique*, le *nerveux*, le *citadin*, le *courtisan*, il est pâle et flétri ; chez le *bilieux*, le *savant*, le *mathématicien*, il devient jaune, terne, verdâtre. — *Sous le second rapport*, cette coloration désigne plutôt le caractère et les diverses passions ; ainsi le rose modifié jusqu'au violet signale actuellement la *honte*, la *pudeur*, la *colère*, la *fureur et tous ses degrés*, un *caractère bouillant*, un *esprit bien plus léger que profond*. Le pâle mat et laiteux exprime la *crainte*, l'*effroi*, la *colère d'autant plus dangereuse qu'elle est concentrée*, la *dissimulation*, un *caractère insidieux ou faible*, un *esprit plus observateur que brillant*. Le blanc jaune ou verdâtre montre l'*envie*, la *jalousie*, le *désir de la vengeance*, un *caractère inébranlable*, une *âme ardente*, un *génie profond*.

Aux mouvements d'ensemble. — Toutes les passions tristes sont exprimées par la dépression, l'affaissement des traits, l'allongement du visage, comme on le voit dans la nostalgie, l'ennui, l'hypocondrie, le chagrin, la mélancolie, etc.; nous trouvons les mêmes dispositions pour les sujets privés d'intelligence, d'instinct, pour les idiots.

La concentration des traits vers la ligne médiane, la formation des rides verticales dans les différentes parties de la face, désignent les passions sombres, les sentiments violents dissimulés, un travail pénible de l'esprit, comme on l'observe dans la *jalousie*, la *haine*, l'*envie*, la *colère sans expansion ;* chez le *sujet actuellement occupé d'un problème abstrait, difficile à résoudre.*

L'épanouissement de la physionomie, l'éloignement des traits, de la ligne médiane, leur élévation, la formation des rides transversales, manifestent les sentiments expansifs et la facilité du travail intellectuel ; nous en trouvons des exemples dans la *joie*, la *gaieté*, la *bienveillance*, la *philanthropie*, chez le *sujet actuellement livré, sans effort, au travail d'une composition poétique ou musicale dans le genre gracieux.*

La régularité, la précision, l'harmonie, l'ensemble des expressions faciales indiquent l'*élévation des sentiments, la rectitude intellectuelle, et, plus spécialement encore, la sincérité de l'âme.*

L'incohérence, le désaccord, l'opposition, dans les significations des traits, constituant une prosopose ridicule, désagréable et bizarre, montrent un *esprit faux*, un *caractère sans noblesse*, un *cœur perfide.*

La face présente encore, *suivant les âges*, des caractères fondamentaux qu'il est impossible de méconnaître. *Pour l'enfant*, — sa plus longue dimension est transversale ; peu variée, sans rides, les formes étant cachées sous une graisse abondante, elle offre une disposition massive qui nuit à sa mobilité. *Chez l'adulte*, — la ligne verticale acquiert une prédominance temporaire ; le jeu de la physionomie trace des rides variables, son expression devient plus active et plus diversifiée. *Pour le vieillard*, — elle prend une largeur proportionnelle plus considérable ; se trouve sillonnée par des rides nombreuses ; les unes produites sous l'influence de ses mouvements, les autres, par le marasme et l'atonie de la peau ; sa physionomie semble indifférente et glaciale.

Ces considérations, trop négligées par les peintres et les statuaires, jointes aux modifications principales que nous avons indiquées, désignent assez positivement les grandes phases de la vie, de telle sorte que l'on ne confondra jamais l'*enfant*, l'*adulte* et le *vieillard*, lors même qu'il faudra les distinguer par la seule inspection du visage ; on pourra même indiquer approximativement l'âge de chacun d'eux.

Le *sexe*, le *tempérament*, le *caractère*, l'*intelligence* offrent également leurs dispositions spéciales relativement à la prosopose. Mobile, délicate, enfantine *chez la femme*, elle manifeste *dans l'homme* plus de grandeur et d'élévation; elle séduit moins, elle persuade avec plus d'empire. *Chez le sanguin*, elle est active, pleine de franchise et d'aménité ; *pour le lymphatique*, ordinairement froide, insignifiante et passive ; *dans le bilieux*, sévère, énergique, précise ; *chez le nerveux*, irrégulière et versatile ; *pour le mélancolique*, inconstante, bizarre, sombre et rêveuse. *Dans les caractères doux et paisibles*, modérée, tranquille, uniforme ; *dans ceux que distinguent la fermeté, les passions fougueuses*, variée, mobile, véhémente. *Chez les idiots*, obtuse, vague et sans expression ; *pour l'homme d'esprit*, vive, animée, significative ; *dans le génie*, son aspect offre quelque chose de noble, de grand, de sublime ; elle inspire toujours la considération, et bien souvent le respect.

Mouvements respiratoires. — Naturellement liés aux modifications faciales, ils servent encore assez puissamment, comme accessoires, par leurs développements normaux, à l'expression de la prosopose. Toutefois il est essentiel de bien distinguer ici les muscles animés par les nerfs *moteurs instinctifs*, et ceux que régissent les *nerfs moteurs volontaires* dont nous avons déjà fait sentir la différence. L'action des premiers offre seule une valeur positive en physiognomonie ; celle des seconds, toujours soumise à la volonté, feint ou laisse apercevoir exclusivement les affections et les pensées que l'homme consent à manifester. C'est en raison des abus de ces mouvements calculés de la face et de la poitrine, que les acteurs médiocres nous fatiguent par une expression aussi contraire à l'entraînement de la nature qu'aux règles positives de la véritable déclamation.

Les mouvements respiratoires instinctifs qui seuls doivent nous occuper sous le rapport de la prosopose, originairement liés à ceux des épaules, du col, de la bouche, des narines, des yeux, etc., viennent en quelque sorte accompagner l'expression faciale dans ses développements, et ne doivent pas en être séparés. Leurs modifications se trouvent également diversifiées sous le rapport de l'*âge*, du *sexe*, du *tempérament*, du *caractère* et de l'*intelligence*. Ainsi, *chez l'enfant*, la respiration est très-active et très-variée dans ses manifestations ; *pour l'adulte*, elle devient moins fréquente et moins tumultueuse; *chez le vieillard*, elle est passive et presque étrangère à l'objet que nous examinons. *Dans la femme*, elle conserve à peu près les dispositions relatives à l'enfance, et prend une physionomie particulière en conséquence des déplacements qu'elle fait éprouver aux seins ; *pour l'homme*, ses mouvements sont moins nombreux et moins diversifiés. *Chez le sanguin*, elle est grande, libre, facile ; *dans le bilieux*, sèche, profonde, saccadée ; *pour le lymphatique*, lente, régulière, insignifiante ; *chez le nerveux*, précipitée, convulsive ; *dans le mélancolique*, inégale, gémissante, parfois entrecoupée de soupirs et de bâillements. *Chez les sujets emportés, actuellement sous l'empire d'une passion violente*, elle devient rapide, générale, bruyante, suffocative ; *pour les individus calmes, régis par des sentiments doux, affectueux*, ses mouvements sont à peine sensibles ; *chez les hommes dissimulés, perfides, nourrissant des passions sombres, concentrées*, elle est oppressive et comme enchaînée par un état habituel d'hésitation. *Pour l'idiot*, sans intérêt physiognomonique, elle s'accompagne, à certains intervalles, d'une espèce de *grognement* analogue à celui de plusieurs animaux ; *chez l'homme d'esprit ou de génie*, ses développements acquièrent une expansion qui, reflétant sur tous les traits, donne à leur ensemble cet aspect d'inspiration et de sublimité, caractère propre à l'être intelligent et sensible, jouissant, avec perfection, de l'exercice régulier des plus belles facultés morales.

Telles sont les considérations physiologiques les plus importantes relativement à la prosopose ; il est facile de concevoir tous les avantages qu'elles peuvent offrir dans l'investigation des phénomènes pathologiques en les appliquant, avec discernement, au diagnostic des maladies profondes et les plus habilement dissimulées, notamment à celui des *hypocondries*, des *mélancolies*, des *monomanies*, etc. Cette partie du langage extérieur est la plus variée, la plus susceptible de remplacer la *voix* et la *parole* qui vont actuellement fixer notre attention.

La Voix, — φωνή des Grecs, *vox* des Latins, *phonation* de quelques modernes, peut être définie : *vibration sonore effectuée, dans les lèvres de la glotte et dans les parois gutturales, sous l'influence d'un courant d'air établi par ces ouvertures.* Nous voyons en effet, par les expériences de M. Delcau, sur la phonation artificielle ; en conséquence des observations publiées par Fabrice d'Aquapendente, Dodart, Hellwag, Gerdy, Malgaigne et plus spécialement encore d'après les recherches curieuses de Bennati sur le mécanisme de la voix humaine, qu'elle peut se manifester à l'ouverture buccale du pharynx, en constituant cette modification désignée par les auteurs, sous les noms de *fausset*, de *voix de tête*, *surlaryngienne*, etc.

On ne doit pas dès lors confondre, avec ce résultat sonore, le claquement des mâchoires présenté par les poissons, le bruit de quelques insectes, des cigales par exemple, fait au moyen d'un vibrateur particulier. Il ne peut exister de voix, proprement dite, que chez les animaux qui réunissent, dans le même appareil, un larynx et des poumons.

Pour mieux apprécier toutes les particularités de ce phénomène important, nous diviserons son histoire en trois sections ayant pour objet : L'*appareil vocal*, le *mécanisme de la voix*, le *chant*, que nous allons étudier successivement.

Appareil. — Nous le trouvons composé de parties essentielles et d'organes accessoires. Dans le premier ordre se place le *larynx;* dans le second, au-dessous, la *trachée-artère*, les *poumons ;* au-dessus, le *canal laryngo-buccal* dont la plupart des physiologistes n'ont pas suffisamment apprécié l'influence dans les modulations de la voix.

LE LARYNX, — λάρυγξ des Grecs, *larynx* des Latins, expressions qui signifient un *sifflet*, envisagé dans son ensemble, nous offre un *cône cartilagineux, tronqué, dont la base est supérieure ; composé de pièces mobiles, et pouvant être déplacé dans sa totalité.* Instrument essentiel de la phonation, il occupe la partie antérieure et moyenne du col chez l'homme, l'union du tiers supérieur avec les deux tiers inférieurs chez la femme ; répond en haut, par sa base, à l'os hyoïde ; en bas, par un sommet très-obtus, au premier anneau de la trachée-artère ; *en avant*, aux muscles, à la peau ; *en arrière*, au pharynx ; *latéralement*, au corps thyroïde, à la veine jugulaire interne, à l'artère carotide, au nerf pneumo-gastrique, aux ganglions cervicaux, etc. On peut y considérer des surfaces *extérieure*, *intérieure ;* des ouvertures *pharyngienne*, *trachéale*.

La surface *extérieure* convexe antérieurement, sur les côtés, est recouverte par des muscles ; plane postérieurement, elle complète le pharynx dans son échancrure antérieure. La surface *intérieure* concave est recouverte par une membrane muqueuse, origine de la pulmonaire ou bronchique.

L'ouverture *pharyngienne* ou supérieure est très-évasée, réunie, par sa circonférence, à l'os hyoïde au moyen d'une membrane fibreuse ; l'inférieure ou *trachéale* est beaucoup moins large, affermie sur le premier anneau de la trachée artère par une autre membrane de même nature.

Entre ces deux orifices est placée la cavité du larynx divisée par un rétrécissement intermédiaire offrant la partie *essentiellement vocale* de l'appareil. Ce rétrécissement présente une troisième ouverture nommée *glotte* où se trouvent deux paires de replis muqueux superposées, avec le titre assez impropre de *cordes vocales*. De ces replis, les deux supérieurs exclusivement constitués par la membrane, forment un V dont les branches, écartées en devant, servent, d'après quelques auteurs, à la production des sons faibles, moelleux et doux; les deux inférieurs, offrant un cordon ligamenteux dans la duplicature membraneuse, décrivent également un V mais dont les branches divergent postérieurement ; en les rapprochant des supérieurs, ils circonscriraient un losange. Ces replis inférieurs sont employés, suivant l'opinion de plusieurs physiologistes, à la formation des sons éclatants et forts. Toutes les cordes vocales ont chez l'homme douze à quinze lignes de longueur, huit à dix seulement chez la femme, deux ou trois à la naissance. Entre la paire supérieure et l'inférieure existent latéralement deux petites excavations nommées *ventricules* du larynx. La glotte, réduite par Malgaigne à l'intervalle des replis inférieurs, triangulaire dans la dilatation, présentant une fente plus ou moins étroite lors du resserrement, forme, à l'état de repos, une ouverture allongée de huit à dix lignes sur deux ou trois chez l'adulte ; de quatre à cinq sur une ou deux chez l'enfant ; disposition qui rend son oblitération si facile, à cet âge, par les fausses membranes du croup, etc.

Dans sa composition, le larynx nous offre : des *cartilages*, des *articulations mobiles*, des *membranes*, des *glandes*, des *muscles*, des *vaisseaux*, des *nerfs*.

Cartilages. — Ils sont au nombre de cinq : le *cricoïde*, les *deux aryténoïdes*, le *thyroïde*, l'*épiglotte*.

Le cricoïde, — du grec κριχος, anneau, circulaire inférieurement, joint au premier arceau de la trachée-artère, étroit en devant, très-élevé en arrière, supportant, dans ce point, les deux aryténoïdes, n'a d'autre importance que d'offrir un appui fixe aux mouvements de ces derniers.

Les aryténoïdes, — du grec άρυταινα, entonnoir, sont deux petits cartilages pyramidaux, triangulaires, occupant la partie supérieure et postérieure du larynx, fournissant une attache aux cordes vocales ; surmontés, par leur sommet tronqué, d'un autre petit corps nommé *cartilage de Santorini*, déjeté en arrière, favorisant l'abaissement du plan de la déglutition. Les aryténoïdes sont essentiels à la phonation qui devient impossible ou pour le moins très-altérée par l'ablation de la moitié seulement de l'un de ces cartilages, comme le démontrent plusieurs expériences faites sur les animaux.

Le thyroïde, — du grec θυρεος, bouclier, est le plus considérable, celui qui forme la majeure partie du larynx en devant; la saillie, la hauteur, l'échancrure qu'il présente sont beaucoup plus marquées chez l'homme que chez la femme ; il offre l'insertion antérieure des cordes vocales.

L'épiglotte, — du grec επι, sur, γλωττις, la glotte, est un cartilage plus élastique et plus flexible que les autres, disposition qui l'a fait placer, par un assez grand nombre d'anatomistes, au rang des tissus *fibro-cartilagineux*. Aplati en forme de spatule, fixé à l'os hyoïde ; plus spécialement, par deux replis membraneux, au thyroïde comme un accessoire de ce dernier, pouvant s'abaisser sur la glotte pendant le passage des aliments, se relevant aussitôt par son élasticité, concourant aux phénomènes de la déglutition et de la voix.

Articulations mobiles. — Ces différentes pièces du larynx sont unies de manière à pouvoir modifier incessamment leurs situations respectives dans certaines bornes voulues par la nature des phénomènes qui leur sont confiés. Ces connexions se trouvent établies soit par des muscles, des ligaments en forme d'expansions membraneuses, comme on le voit pour les attaches *crico-thyroïdienne*, *thyro-aryténoïdiennes*, *thyro-épiglottique*, *aryténoïdienne*, *aryténo-épiglottique* ; et, si l'on y comprend celles qui fixent l'organe aux autres parties, *crico-trachéale*, *thyro-hyoïdienne* ; soit par des diarthroses véritables, offrant des surfaces de glissement et des synoviales, telles sont les articulations : *crico-thyroïdiennes*, *crico-aryténoïdiennes*.

Membranes. — Outre la membrane muqueuse tapissant l'intérieur du larynx, formant les deux paires de replis indiqués, nous trouvons, dans cet organe, plusieurs épanouissements fibreux servant à l'attacher aux parties contiguës, à lier ses différentes pièces, à compléter le conduit vocal en remplissant les vides que plusieurs de ces pièces laissent naturellement entre elles. Dans ce nombre, il faut particulièrement noter les membranes : *thyro-hyoïdienne*, *crico-thyroïdienne*, *crico-trachéale.*

Glandes. — On a très-improprement donné ce titre à des amas de follicules muqueux, les uns, groupés à la base de l'épiglotte, en devant, au milieu d'une certaine quantité de tissu cellulaire avec le nom de *glande épiglottique ;* les autres dans le repli membraneux qui de l'aryténoïde se porte à l'épiglotte sous la dénomination de *glandes aryténoïdes.* On a même voulu comprendre dans cette catégorie le *corps thyroïde* que nous croyons avoir mieux placé parmi les réservoirs dérivatifs.

Muscles. — Ils sont très-nombreux. Pour bien apprécier leurs phénomènes, il faut les partager en deux ordres, *extrinsèques* employés dans les mouvements généraux du larynx ; *intrinsèques*, effectuant les mouvements partiels de cet organe : — *Muscles extrinsèques.* Ils sont *élévateurs*, *abaisseurs*, *constricteurs* du larynx, en agissant directement sur cet organe, ou par l'intermédiaire de l'os hyoïde, et même de la langue. — *Élévateurs*, tous ceux de la langue et de l'hyoïde, particulièrement les stylo-génio-hyo-glosses, digastrique, stylo-pharyngien, stylo-génio-mylo-thyro-hyoïdiens ; *abaisseurs*, les sterno-thyroïdien, sterno-scapulo-hyoïdiens ; *constricteurs du larynx*, ceux du pharynx et notamment l'inférieur, comme l'a surtout fait observer Dutrochet. — *Muscles intrinsèques.* Leur action est spécialement relative aux cordes vocales dont ils effectuent la tension ou le relâchement ; à l'ouverture de la glotte qu'ils resserrent ou dilatent suivant les intonations à produire ; nous pouvons en conséquence les ranger sous deux catégories ; *tenseurs des cordes*, *constricteurs de la glotte ; relâchant des cordes*, *dilatateur de la glotte ;* les deux parties de chacun de ces effets se trouvant toujours effectuées simultanément et par les mêmes puissances. — *Tenseurs des cordes*, *constricteurs de la glotte.* Crico-thyroïdiens, crico-aryténoïdien latéral, seulement comme destinés à donner un point fixe aux cartilages indiqués; comme essentiels à ces mouvements, les muscles aryténoïdien, thyro-aryténoïdiens, formant les sphincters de la glotte pendant la submersion et dans tous les cas analogues. Malgaigne fait observer avec raison, dans son excellent mémoire sur la voix, que le thyro-aryténoïdien est le muscle principal de la phonation, les autres appartenant plus spécialement à l'action respiratoire qui n'est pas de son domaine; aussi paraît-il seul exclusivement soumis à la volonté, les autres obéissant à l'instinct, disposition expliquée par la distribution nerveuse. On peut y voir trois faisceaux : les deux inférieurs s'attachant au thyroïde ; le supérieur très-mince, à l'épiglotte. — *Relâchant des cordes, dilatateur de la glotte.* Crico-aryténoïdien postérieur lorsqu'il agit seul.

Vaisseaux. — Plusieurs petites artères lui sont fournies par la thyroïdienne supérieure; Malgaigne assure que les muscles du larynx employés à la respiration, constamment en activité, reçoivent, de ce côté, proportionnellement plus que le thyro-aryténoïdien dont les mouvements relatifs à la phonation sont beaucoup moins fréquents. Des veines, des vaisseaux lymphatiques se trouvent également dans cet appareil.

Nerfs. — Les anatomistes ne sont pas d'accord sur la distribution de ces derniers. D'après Magendie, le *laryngé supérieur* donne exclusivement ses divisions aux muscles aryténoïdien et crico-thyroïdiens; le *récurrent*, à tous les autres. Blandin assure que le *premier* envoie toujours un filet au crico-thyroïdien, parfois à l'aryténoïdien; le *second* fournissant des rameaux à tous les autres mucles du larynx. Nous avons plusieurs fois vérifié très-positivement cette assertion. Ch. Bell a démontré par l'expérience que la section du nerf *récurrent* détruit la phonation; celle du nerf *laryngé*, l'harmonie qui doit exister entre les muscles de la glotte et ceux de la poitrine. Ces faits prouvent qu'il peut se trouver plusieurs modifications relativement au partage des nerfs vocaux, en expliquant, d'un autre côté, les caractères instinctifs de ce phénomène et sa liaison intime avec ceux de la respiration.

POUMONS ET TRACHÉE. — Nous les avons décrits en faisant

l'histoire de cette fonction vitale, nous renvoyons à ce chapitre. Ajoutons seulement que dans l'appareil de phonation, les poumons agissent à la manière du soufflet des orgues ; et la trachée-artère, comme un porte-vent susceptible de s'allonger avec rétrécissement, dans les sons aigus, de se raccourcir avec augmentation transversale, dans les sons graves.

Conduit laryngo-buccal. — Nous désignons sous ce titre : *le canal dans lequel est engagé l'air mis en vibration par le larynx, et qui se trouve compris entre la glotte et les ouvertures extérieures de la bouche et du nez.* Simple à son origine, ce canal présente immédiatement deux bifurcations ; l'une supérieure ou *nasale*, elle-même subdivisée en deux conduits latéraux que nous avons décrits à l'article olfaction. Cette première bifurcation, véritable cavité de retentissement, surtout employée pour le timbre et la qualité de son vocal, offrant peu d'importance relativement à ses autres modifications, devient complétement étrangère à sa formation primitive. La seconde, inférieure ou *buccale*, déjà considérée dans le chapitre digestion, présente, sous le rapport de la phonation, surtout dans le chant, un intérêt complétement ignoré des physiologistes avant les travaux de Fabrice d'Aquapendente, de Dodart, d'Hellwag, de Malgaigne et Bennati. Ce conduit dont la longueur, la forme, les dispositions varient surtout à ses ouvertures pharyngienne et labiale très-mobiles, d'après le ton des sons et même la nature de quelques-uns, comme nous le verrons dans la formation de certaines voyelles, dans l'état naturel, figure deux cônes tronqués réunis par leur base ; lorsque nous prenons le *fausset*, il se raccourcit et présente un seul cône également tronqué. Les arcades dentaires, les joues, les lèvres peuvent modifier la voix en prenant des formes et des situations variées, mais ces parties ne sont réellement que des accessoires comparativement à celles qui constituent l'orifice guttural, notamment la langue, par sa base, et le voile du palais.

Haller et même la plupart des physiologistes modernes ont

considéré la luette et le voile palatin comme étrangers à la phonation. Leurs usages, ceux de la basse linguale, des piliers staphylins et des amygdales seulement indiqués ont été surtout bien appréciés et positivement décrits par Bennati, dans son intéressant mémoire sur le mécanisme de la voix humaine. Pour cet auteur, présentant le grand avantage d'unir la pratique à la théorie, possédant un beau talent musical, une voix qui marque trois octaves, l'ouverture pharyngienne devient un *second larynx*, capable de produire encore plusieurs sons très-aigus, lorsque le premier, accessoire dans cette phonation, cesse d'en fournir aucun. L'ensemble des notes rendues par le larynx porte le nom de *premier registre*, la réunion de celles que donne le pharynx est appelée *second registre;* Bennati rejette le *troisième registre* admis par certains professeurs de chant; nous sommes parfaitement de son avis; dès qu'il n'existe que deux ouvertures vibrantes, celle du *larynx* et du *pharynx*, deux espèces de notes *laryngiennes* et *gutturales*, on ne doit rencontrer que deux registres : l'un inférieur ou *laryngé*, l'autre supérieur ou *pharyngien*. Les chanteurs dont la voix s'étend beaucoup au moyen du *premier registre* sont nommés, suivant le caractère de cette voix, *baritenors*, *tenors*, *soprani:* leur langue est souvent d'un tiers plus volumineuse que celle des sujets ordinaires, comme on a pu s'en convaincre sur Lablache, Santini, Mme Catalani, etc. Ceux qui se font remarquer par la phonation du *second registre*, reçoivent, d'après la nature de leurs voix, les titres de *soprani sfogati :* MM^{es} Mombelli, Fodor, Tosi, Sontag; *tenors contraltini :* Rubini, David, Gentili, etc ; chez eux, le pharynx, et notamment le voile du palais, offrent un grand développement et surtout une mobilité peu commune. Les amygdales ne paraissent pas indifférentes à ces modifications du *second registre;* ainsi, Bennati cite, à cet égard, l'observation curieuse du comte de Frédigotti, voix de *baritenor*, qui s'étant fait enlever le tiers de chacune des tonsilles, dont le volume considérable paraissait nuire à la qualité du son, acquit un timbre plus clair, plus rond, deux notes du premier registre, en même temps qu'il en perdit quatre du second.

APPAREIL VOCAL CHEZ LES ANIMAUX. — Il offre des modifications d'autant plus importantes à noter qu'elles servent à l'intelligence de la phonation dans l'homme, en expliquant plusieurs phénomènes qui resteraient obscurs ou pour le moins indéterminés.

Cet appareil n'existe jamais pour les animaux dépourvus d'un organe pulmonaire. Il serait en effet inutile, et présenterait les conditions d'un orgue sans soufflet. Ainsi, les insectes, les poissons, etc., en paraissent complétement privés ; le bruit qu'ils produisent, bien différent de la voix, tient à l'action d'un vibrateur sous l'influence de l'air ambiant, au claquement des mâchoires, etc.

Chez les reptiles. — Dont les cordes vocales sont membraneuses, la voix ne donne qu'un sifflement obscur au lieu d'un son clair et distinct.

Chez les oiseaux. — Il existe trois glottes ; deux latérales à la réunion des bronches, sous le titre de *larynx inférieur ;* une à la terminaison de la trachée sous le nom de *larynx supérieur ;* disposition qui rapproche cet appareil de la flûte, et lui donne la faculté d'opérer des modulations que l'homme pourrait difficilement imiter, comme on l'observe dans les oiseaux chanteurs et surtout pour le rossignol; dans ces espèces, les anneaux de la trachée sont complets et voisins de l'état osseux. En général, chez les oiseaux à long col, présentant un larynx tuberculeux, on trouve la phonation rauque et désagréable, comme on le voit dans le paon, l'oie, le cygne, le canard, etc.

Pour les mammifères — les plus rapprochés de l'homme, nous observons un larynx assez analogue au sien dans les dispositions générales, mais offrant des particularités de forme et de constitution qui nécessairement apportent des modifications physiques au timbre, à la force, à l'étendue de la voix. Ainsi, comme le fait observer Malgaigne, *dans le chat*, l'ouverture supérieure est quadrilatère, la glotte elliptique, il existe quatre ventricules. *Chez le bœuf*, la base du cône laryngé se trouve inférieurement placée; on ne rencontre aucune trace de ventricules et de glotte supérieure. *Pour le chien*, l'épiglotte abaissée présente une série de plis en zigzag. *Chez les singes*, plusieurs offrent entre les cartilages cricoïde et thyroïde une ouverture qui conduit dans un sac membraneux appelé *laryngé;* lorsque l'animal veut crier, l'air passe dans cette poche, et la voix ne rend qu'un son rauque et sourd; d'autres, étrangers à cette modification, produisent une phonation perçante; quelques-uns nommés *hurleurs*, au moyen d'une vaste caisse hyoïdienne en communication avec le larynx, donnent assez de force à leurs sons pour les faire entendre à des distances considérables.

Mécanisme de la voix. — Si nous ouvrons le conduit aérien *au-dessous* de la glotte, il en résulte aphonie; immédiatement *au-dessus*, la phonation persiste, mais elle est faible, désagréable, nasonnée; la parole se trouve complétement détruite. Si nous rapprochons les lèvres de la plaie *trachéale* ou *laryngée*, dans le premier cas, la voix se rétablit; *pharyngienne*, dans le second, la voix reprend son timbre, et la parole manifeste sa reproduction normale. Des expériences faites sur les animaux, des tentatives infructueuses de suicide, chez l'homme, ont établi ces assertions en axiomes, dont Hippocrate nous a donné les fondements pour les plaies de la trachée-artère; Ambroise Paré, pour celles du pharynx. Le Père de la médecine prouva qu'en fermant la fistule sous-laryngienne par un obturateur, on restituait aussitôt la phonation; le Créateur de la chirurgie démontra qu'en réunissant les bords de la division gutturale par la flexion de la tête sur la poitrine, on rendait incessamment la parole. Il est facile de sentir l'importance d'une pareille observation relativement aux circonstances judiciaires de ces graves conjonctures, lorsque les aveux du coupable deviennent quelquefois le seul moyen d'éloigner, d'un autre sujet, les soupçons les plus injustes et les plus fâcheux.

En partant de ces faits incontestables, nous établissons positivement : Que l'air expulsé par les poumons est le modificateur naturel, indispensable de la voix ; que la glotte constitue l'organe essentiel de la phonation dans les circonstances ordinaires; plus tard nous verrons, pour le chant, l'ouverture gutturale présenter un second instrument vocal, puissamment accessoire du premier ; que le conduit laryngo-buccal offre le siége et renferme les organes de la parole.

Afin d'exposer avec méthode et précision l'enchaînement des nombreuses considérations relatives au mécanisme de la voix, nous en examinerons successivement : Le *timbre*, le *ton*, la *force*, la *justesse*, les *modifications* dans lesquelles nous verrons la manière de former les sons fondamentaux.

TIMBRE DE LA VOIX. — Nous désignons par ce terme : *Le caractère propre, la nature essentielle du son vocal, indépendamment de la force ou de la faiblesse, de la gravité ou de l'acuité qu'il peut offrir.* On doit rattacher ces modifications à plusieurs causes principales, au nombre desquelles nous citerons spécialement : La structure des cordes vocales; l'ouverture naturelle de la glotte; la configuration, l'organisation spéciale du larynx; la situation, la texture de l'épiglotte; la disposition du conduit laryngo-buccal, et notamment des cavités nasales de retentissement, de la base de la langue, du voile palatin, comme on l'observe dans les polypes gutturaux, les ulcères staphylins, etc., qui rendent ce timbre nasonné, désagréable; les caractères, l'état actuel de la muqueuse déployée sur toutes ces parties et spécialement sur les cordes vocales; c'est ainsi qu'une laryngite altère profondément la pureté de la plus belle voix, et que la phonation éprouve des changements notables par l'état hygrométrique de l'atmosphère. Malgaigne fait remarquer, avec raison, que dans les instruments à vibrateur lamelleux, auxquels on a comparé le larynx, le timbre dépend de la matière de l'anche, de la substance, de la conformation du tuyau. Sans rien préjuger de la justesse ou de l'erreur du rapprochement indiqué, nous croyons bien démontré qu'au milieu des circonstances précédemment énumérées, la voix, toutes choses égales, est d'autant plus pure et plus sonore, que les cordes vocales sont mieux isolées, plus élastiques, d'une texture plus ferme et plus saine; tandis qu'elle devient rauque, sourde et même s'éteint par le ramollissement, l'embarras couenneux, muqueux, l'ulcération de ses cordes sous l'influence du croup, de l'angine œdémateuse, du catarrhe laryngé, etc.

On a discuté sérieusement la question de savoir si la phonation de l'homme offrait un timbre naturel et propre. Quelques écrivains ont attribué complétement à l'éducation la voix qu'il présente ordinairement, donnant, en preuve de leur opinion, l'exemple de cet enfant trouvé dans les forêts de la Lithuanie, qui hurlait comme les loups au milieu desquels il avait passé plusieurs années. Une théorie semblable tombe devant la plus simple observation. Confondrons-nous jamais, en effet, le premier cri de l'homme naissant avec celui de l'agneau, du chien, du veau, etc.? Si la phonation n'offre pas encore chez lui ce caractère positif que lui donnera plus tard le développement des appareils chargés de l'effectuer, n'y rencontrons-nous pas au moins, dès cette époque, les rudiments naturels et fondamentaux qui ne permettent pas de l'identifier avec aucune autre.

Toutefois il faut bien distinguer ici les voix : *Native*, *acquise*. Sicard fait observer que les enfants sourds crient comme les autres : c'est la *phonation naturelle* ; jamais ils n'acquièrent le pouvoir de moduler convenablement les sons laryngiens; ils ne possèdent point ultérieurement la *phonation artificielle*; *l'une* est instinctive, étrangère aux influences de l'appareil auditif; *l'autre* devient rationnelle et complétement dirigée par lui.

Le timbre de la voix offre des *différences générales* qui, dans la série zoologique, distinguent les espèces ; des *modifications particulières* qui caractérisent les individus. Nous en trouvons les preuves bien positives dans l'*aboiement* du chien, le *hurlement* du loup, le *miaulement* du chat, le *hennissement* du cheval, le *bêlement* de la brebis, le *rugissement* du lion, le *sifflement* du serpent, le *braiment* de l'âne, le *mugissement* du bœuf, la *phonation* de l'homme, etc. Il suffit en effet d'entendre l'un ou l'autre de ces cris pour indiquer aussitôt dans quelle catégorie vient se ranger le sujet qui le profère.

Les auteurs ont longuement raisonné pour décider à quel instrument on doit assimiler notre appareil vocal. Galien, Dodart, Liscovius le croient *à vent;* Ferrein, *à cordes ;* Cuvier le compare à la flûte ; Richerand, au cor ; Geoffroy Saint-Hilaire, Dutrochet, Biot, *à l'anche ;* d'autres, au jeu d'orgue nommé *voix humaine ;* Savart, à l'appeau des oiseleurs ; Malgaigne, après avoir défini l'anche « une lame mince, élastique, susceptible d'entrer en vibration et de rendre des sons sous l'influence d'un courant d'air, » en reconnaît deux ordres : *simples*, *doubles ;* se divisant chacun en deux variétés, *solides*, *molles*, ce qui forme quatre espèces différentes, et considère le larynx, dans la glotte proprement dite, comme appartenant à la dernière, à *l'anche double et molle ;* surmontée par les ventricules analogues au *bocal de retentissement* du basson et de plusieurs autres instruments du même genre. Mayer unit toutes ces facultés vocales dans l'appareil de phonation, chez l'homme, y distinguant trois soupapes, l'*épiglotte*, la *base de la langue*, le *voile du palais*. Ces rapprochements nous paraissent plus ou moins ingénieux ; mais, loin de chercher un modèle du larynx dans les agents artificiels des sons, nous croyons, au contraire, qu'il a servi de prototype à leur confection primitive ; nous admettons, avec Jadelot, que la voix est un phénomène vital, exigeant le concours actif du système innervateur. Dans l'obligation de choisir au milieu de ces diverses théories, nous adopterions plus volontiers celle de Malgaigne. Toutefois la nécessité d'une hypothèse nous semble ici peu démontrée, lorsque nous avons sous les yeux un appareil dont le mécanisme est naturel, simple et facile à saisir. Du reste, M. Muller a fait sur la voix humaine des expériences très-ingénieuses confirmant la réalité des principes que nous avons émis sur le même sujet.

L'air, chassé des poumons, arrive à la glotte par la trachée-artère qui remplit toujours ici les fonctions d'un *porte-vent*.

C'est en conséquence d'une fausse comparaison que les anciens, et notamment Galien, assimilaient ses usages à ceux d'un corps de flûte, puisque l'air parcourt ce dernier seulement après avoir été mis en vibration ; on pourrait tout au plus effectuer ce rapprochement pour le larynx inférieur des oiseaux. Peyrilhe et plusieurs autres physiologistes ayant observé que la trachée s'allonge et se rétrécit dans l'élévation du larynx, tandis qu'elle se raccourcit et s'élargit pendant l'abaissement de cet organe, ont admis son influence pour les modifications toniques. Magendie la rejette complétement. Grenier revient à l'opinion de Peyrilhe en démontrant que le porte-vent présente une action incontestable sur la voix, pour les anches artificielles ; et que, dans la *phonation inspirée*, les dispositions du conduit laryngo-buccal offrent des résultats qu'il est impossible de refuser à la trachée-artère, pendant la *voix expirée*. Nous pensons que ces résultats peuvent bien être ceux d'un *retentissement inférieur*, mais il nous paraît impossible de les rapporter à la série des intonations qui se trouvent, comme nous le verrons, exclusivement effectuées par les conditions actuelles de la glotte et du pharynx.

En traversant la première de ces ouvertures et, plus spécialement encore, l'intervalle qui sépare les deux cordes vocales inférieures, l'air expiré se trouve mis en vibration. Là seulement commence la voix ; ce phénomène en devient la base fondamentale, mais il est incapable de la constituer avec toutes ses qualités naturelles sans le concours de plusieurs actions importantes que nous allons exposer en suivant la marche du son.

Dans les ventricules du larynx, véritable *bocal inférieur* de phonation, s'opère un *premier retentissement* qui déjà donne plus de rondeur et d'expansion à la voix. C'est à la propagation de ce trémoussement qu'il faut rapporter les vibrations profondes que nous ressentons alors dans la trachée, les bronches, les poumons et les parois pectorales. Nous expliquons dès lors facilement pourquoi ces effets, plus prononcés pour la phonation pharyngienne, dans les tons graves que dans les tons aigus, disparaissent à peu près entièrement dans la voix gutturale.

A l'embranchement du conduit naso-buccal, cette onde sonore va se trouver soumise à de nouvelles modifications, suivant les caractères que l'on veut imprimer à la voix. Dans l'état ordinaire, une partie de l'air en vibration s'engage par les fosses nasales, ou *bocal supérieur ;* un *second retentissement* s'y manifeste, communiquant plus de rondeur encore à la phonation, et se faisant ressentir jusque dans les os du crâne. En rapprochant les effets de ces *deux retentissements*, on pensera dès lors, avec Haller, que, chez les basses-tailles fortes et sonores, ils peuvent s'étendre au *compagès* tout entier. Après avoir ébranlé, dans ses différents circuits, les anfractuosités nasales, cette portion d'air s'écoule par les narines lorsque la bouche est fermée, revient au contraire par l'ouverture gutturale dès que la bouche se trouve suffisamment ouverte, comme on peut s'en convaincre en plaçant la flamme d'une bougie près du nez, pendant ces deux conditions vocales. Si le retentissement du *second bocal* est empêché, soit par défaut d'importation aérienne, comme on le voit dans les polypes gutturaux, nasaux, etc., soit par le retour immédiat de la colonne d'air à travers un ulcère du voile staphylin, une carie de la voûte palatine, etc., la voix devient alors *nasonnée*, d'après l'expression vulgaire, dès lors sans aucune justesse. Dodart attribuait ce phénomène à la sortie de l'air par le nez ; c'est une erreur facile à démontrer en répétant l'expérience de la bougie pendant le nasonnement. Magendie soutient au contraire que ce retentissement n'a pas lieu, même dans la phonation habituelle. C'est une erreur opposée que l'on prouve également en touchant les cartilages du nez, en faisant observer que l'on entend sa propre voix avec plus de force, par les trompes d'Eustache, après avoir fermé les deux conduits auditifs.

Le retentissement supérieur nous paraît incontestable dans sa réalité, dans son résultat d'augmenter la plénitude et l'agrandissement du son vocal. Cette conclusion est en harmonie parfaite avec l'observation de Malgaigne tendant à faire établir des rapports assez constants entre le développement du larynx et l'ampliation des cavités nasales ; entre la saillie du nez et la gravité de la voix.

Parvenant à l'ouverture gutturale de la bouche, l'air vibrant s'y précipite avec des modifications variables. Dans la simple phonation, le conduit laryngo-buccal prend des formes diverses pour constituer les sons fondamentaux, comme nous le verrons ultérieurement ; dans les modulations du chant, l'ouverture pharyngienne de ce conduit peut effectuer des vibrations qui lui sont propres, dont le caractère est ordinairement suave, moelleux, et qui nous offriront les notes appartenant au second registre.

Le timbre de la voix se trouve naturellement différencié suivant l'âge, le sexe, le climat, le tempérament, le caractère et l'intelligence. La physiognomonie puise encore des renseignements précieux dans ces modifications.

Relativement à l'âge. — Depuis la naissance jusqu'à la puberté, la voix est grêle, claire, perçante, aiguë ; dispositions qui se rattachent particulièrement à l'étroitesse de la glotte, au peu de longueur des cordes vibrantes, et d'après Malgaigne au défaut d'ampliation des cavités nasales. En effet, ces parties de l'appareil, et notamment la première, s'accroissent faiblement de la naissance à l'âge de six ans, pour demeurer dans un état de station jusqu'à la révolution pubère. A cette époque, l'ouverture laryngienne double ses diamètres, les cordes vocales s'étendent, le nez se développe dans toutes ses anfractuosités. Le timbre devient en même temps rauque, sourd, gros ; la phonation perd momentanément de sa justesse pour la recouvrer ensuite : 1° lorsqu'une harmonie parfaite s'est rétablie, dans l'appareil, entre les dispositions actuelles de l'anche, celles du conduit de modification et de retentissement dont la transition virile n'est pas aussi promptement effectuée ; 2° lorsque les muscles du larynx ont appris à se familiariser avec ces nouvelles dispositions. Bennati conseille, judicieusement, de ne jamais exercer la voix pendant cette révolution à laquelle on donne le nom de *mue*; la continuation du chant pouvant alors entraîner une perte absolue de cette faculté, comme il en cite plusieurs exemples remarquables.

Il est impossible de méconnaître ici l'influence exercée par les organes génitaux relativement à ces modifications de l'appareil vocal. En effet, si la castration est opérée quelque temps avant les manifestations de la puberté, cette révolution ne se faisant pas, les dispositions du larynx n'éprouvent aucun changement, la voix conserve ses premiers caractères, sa justesse, le charme de ses mélodieux accords. Dupuytren ayant examiné l'appareil de phonation chez un sujet de cette catégorie, le rencontra d'un tiers inférieur à son volume normal sous le rapport de ses cartilages et de ses ouvertures. On sait à quelles affreuses mutilations l'homme se trouvait naguère soumis, pour obtenir des résultats semblables, dans un pays où la civilisation est moins en réalité qu'en apparence; et, même de nos jours, pour servir les caprices du despotisme, au milieu d'un peuple en même temps le plus fanatique et le plus barbare de l'univers! Si la révolution pubère est incomplète, indépendamment d'aucune opération semblable, on observe des résultats analogues, et les sujets ainsi constitués paraissent impuissants et dans une condition inférieure à celle de leur espèce; tandis que celui dont la voix est pleine et sonore présente ordinairement les autres caractères distinctifs de la virilité.

Chez le vieillard, le timbre devient moins agréable, moins limpide, il est même presque toujours un peu rauque, nasillard; la voix cassée, chevrotante par altération de l'anche, du conduit laryngo-buccal, mais surtout par défaut de proportion entre ces deux parties essentielles de l'appareil.

Au sexe. — On peut toujours le distinguer assez facilement; *chez la femme*, il est doux, flûté, clair; *chez l'homme*, plus retentissant, plus rond, il offre moins d'éclat; le *premier* est insinuant, persuasif; le *second*, impérieux, entraînant.

Au climat. — Il est possible de reconnaître au timbre de la voix, les habitants des régions opposées ; et, dans chaque pays, ceux de la ville et de la campagne. *Chez les Italiens*, on le trouve distingué, séduisant ; *chez les Russes*, dur, moins agréable. *Dans les campagnes*, rustique, forcé, commun ; *pour les villes*, recherché, prétentieux, maniéré. Dans presque toutes les modifications de ce genre, il prend des caractères analogues aux dispositions des lieux, aux habitudes contractées par les sujets.

Au tempérament. — *Chez le sanguin*, la voix est forte, sonore et moelleuse en même temps ; *pour le lymphatique*, grasse, molle, empâtée, pouvant quelquefois offrir de la douceur et de l'agrément ; *dans le bilieux*, sonore, dure, métallique, souvent rauque et fatigante ; *chez le nerveux*, saccadée, mobile, inconstante ; *pour le mélancolique*, modulée, plaintive, langoureuse.

Au caractère. — *L'homme difficile, acariâtre, exigeant*, présente un timbre glapissant, aigre, perçant ; le *sujet doux, paisible*, faible, suave, attrayant ; l'*envieux*, le *jaloux*, etc., profond, sépulcral, passionné ; le *courtisan*, doucereux, suppliant, flexible ; l'*individu franc, loyal, indépendant*, ferme, précis, énergique.

A l'intelligence. — *Chez l'idiot et même chez les hommes un peu moins dégradés sous le rapport de leurs facultés*, la voix est commune, sans inflexions harmoniques, identifiées avec les sentiments et les idées qu'elle exprime ; *pour l'individu spirituel*, distinguée, séduisante, en rapport avec la pensée ; *dans l'homme de génie*, divine, céleste, offrant tous les caractères de l'inspiration. *Pour les sujets d'un jugement faux*, il est rare que la voix ne présente pas cette anomalie dans ses inflexions ; c'est un fait curieux dont nous avons bien des fois apprécié la réalité. Souvent même des personnes à voix fausse, naturellement, et qui semblaient d'abord faire exception à cette loi générale, nous ont offert, après un examen plus profond, soit des aberrations dans le raisonnement, soit une bizarrerie positive de l'esprit.

D'après ces rapprochements qu'il nous serait aisé de multiplier davantage, nous pensons que chaque sujet a son timbre particulier, et qu'il serait presque aussi difficile d'en trouver deux parfaitement identiques, sous tous les rapports, que de rencontrer deux visages entièrement ressemblants. Il suffit en effet d'avoir entendu quelquefois un individu, pour le reconnaître aux seules modulations de la voix normale ; c'est un moyen que les aveugles, surtout, emploient constamment avec une rare sagacité.

Les animaux eux-mêmes se trompent difficilement pour l'estimation du timbre vocal. Dans l'état domestique ils distinguent aisément leur maître à la phonation ; dans l'état sauvage on les voit apprécier exactement, par ce moyen, les sujets de leur espèce qu'ils doivent rechercher et ceux qu'ils ont à craindre dans les espèces différentes. Si l'homme parvient à les tromper, en employant les prestiges de l'imitation, c'est exclusivement lorsqu'ils sont aveuglés par un sentiment impérieux tels que la faim, l'amour, etc., comme on le voit pour la caille, la perdrix, etc. ; dans toute autre circonstance, leur sagacité naturelle, instinctive, les prémunit avantageusement contre des illusions aussi funestes.

Ton de la voix. — Nous accordons ce titre : *au degré que présente la phonation dans l'échelle harmonique des sons, du plus grave au plus aigu, et vice versâ.*

Tous les points de cette échelle sont musicalement figurés par des signes appelés notes, et dont chacun désigne un ton particulier. Renvoyant, pour les détails exigés par les modifications sonores, à notre histoire de l'audition, nous exposerons seulement ici quelques principes généraux propres à la partie qui nous occupe.

On distingue sept tons principaux : *do*, *ré*, *mi*, *fa*, *sol*, *la*, *si;* leur succession, nommée *gamme*, forme *une septième ;* en répétant la première note, on obtient *une octave;* en ajoutant par degrés un nombre indéterminé d'octaves, on forme *une échelle musicale*, avec tous les intervalles compris, entre le son le plus grave et le son le plus aigu. Le premier offrant

32 vibrations par seconde, le deuxième 8,000. Pour la voix humaine le ton le plus grave est le *mi* : 160 vibrations ; le plus élevé, le *do* : 2,048.

Au milieu de ces différents tons, on est convenu d'en choisir un comme fondamental, le *la*, servant à l'accord des instruments sous le titre de *diapason*.

Chaque voix humaine présente en quelque sorte le sien propre. Cependant on les renferme toutes, quelles que soient leurs dispositions, en quatre principales catégories : *Basse-taille*, la plus grave, que l'on subdivise en *basse-taille ordinaire* et *basse-contre*, plus grave encore. *Taille* ou *ténor*, offrant trois variétés : *Bariténor*, la plus grave ; *ténor ordinaire; ténor contraltino* dépassant de plusieurs tons aigus la mesure commune, au moyen du second registre. *Haute-contre; Dessus* ou *soprane*, *soprano*, présentant deux variétés : *Soprano naturel*, qui n'emploie que des notes laryngiennes ; *soprano sfogato*, s'élevant de plusieurs tons au-dessus de la portée générale, par le moyen des notes surlaryngiennes ou du second registre.

Ces principes établis, nous devons chercher par quel mécanisme l'appareil vocal peut monter, des tons graves aux tons aigus, descendre, des tons aigus aux tons graves.

Les physiologistes sont encore divisés relativement à cette question. Les uns ont adopté des systèmes inadmissibles, les autres en ont soutenu d'exclusifs ; presque tous ont erré plus ou moins loin de la vérité.

Plusieurs ont prétendu que l'allongement et le raccourcissement de la trachée-artère expliquaient la production des sons graves et des sons aigus ; cette hypothèse ne supporte aucun examen. La voix naturelle se forme à la glotte pendant l'expiration ; le larynx monte pour les tons aigus, descend pour les tons graves; la trachée-artère s'allonge dans le premier cas, se raccourcit dans le second ; si la colonne d'air qu'elle contient modifiait ainsi les degrés du ton, c'est dans le plus grand allongement qu'elle rendrait les plus aigus, dans le plus grand raccourcissement qu'elle donnerait les plus graves ; conséquences diamétralement opposées aux lois de la plus saine physique. Nous avons envisagé la trachée comme un porte-vent, comme participant au retentissement inférieur; il nous semble difficile de lui reconnaître d'autre usage positif dans la phonation.

Galien, Dodart, Liscovius et quelques autres, avec leur système d'instrument à vent, n'ont pas manqué de rattacher toutes les modifications toniques aux différents degrés de resserrement et d'ouverture de la glotte.

Ferrein et ses sectateurs, ne voyant que les cordes vocales pour agents essentiels des transitions musicales dont nous traitons, les ont attribués aux tensions, aux relâchements alternatifs de ces cordes, admettant la possibilité d'une longueur de deux lignes pour différence de ces états opposés. Ils ont ajouté que les inférieures, ligamenteuses, rendaient les sons forts; et les supérieures, membraneuses, les sons faibles et moelleux.

Les physiologistes modernes et notamment Cuvier, Geoffroy Saint-Hilaire, Biot, Dutrochet, Magendie, Bennati, Malgaigne, etc., appréciant les vérités et les erreurs de ces deux théories, les réunissant en quelque sorte dans celles des anches que l'on peut envisager comme intermédiaires aux instruments à *cordes*, à *vent*, considèrent les différents degrés de tension et de relâchement des lames de la glotte, d'augmentation ou de resserrement de cette ouverture, comme raisons essentielles de ces modifications toniques.

Nous pensons également, nonobstant l'opinion d'un auteur contemporain, que les circonstances de raccourcissement et d'allongement du conduit laryngo-buccal ne peuvent demeurer absolument étrangères à la succession des tons. Nous verrons encore la lenteur et la rapidité du courant aérien produire, sous ce dernier rapport, des effets importants à noter.

Pour mieux comprendre les divers changements de l'appareil vocal dans la production des sons aigus et des sons graves, étudions d'abord, sous le même point de vue, ceux qui s'opèrent dans nos instruments de musique au milieu des conditions semblables, nous passerons ensuite aux applications.

On établit physiquement et d'une manière positive les axiomes suivants : Une *ouverture*, une *colonne d'air*, une *corde* étant données; une *corde* moitié plus longue, moins tendue, plus grosse, une *colonne d'air* moitié plus volumineuse, plus longue, une *ouverture* moitié plus large, toutes choses égales d'ailleurs, produisent un son *moitié plus grave;* une *ouverture*, une *colonne d'air*, une *corde* avec des modifications opposées, donnent un son *moitié plus aigu*. Ces principes, réduits au jeu de l'instrument nommé haut-bois, mettront la question dans tout son jour. En serrant le moins possible les deux lames qui forment l'anche, fermant tous les trous de cet instrument, et faisant résonner l'embouchure, on obtient le son le plus grave dont il soit susceptible; en serrant graduellement les lèvres, on ouvrant les trous successivement de l'extrémité libre vers l'extrémité vibrante, les sons deviennent de plus en plus aigus; on monte la gamme ; on la descend par un mécanisme opposé. Il est évident que, pour le premier cas, on a déterminé l'action de l'instrument lors du plus grand relâchement des parois de l'anche, de son ouverture la plus considérable, et de toute la longueur que peut offrir la colonne d'air logée dans cet instrument; tandis que, pour le second, les dispositions sont devenues, par degrés, absolument contraires.

Si nous rapportons actuellement ces faits à l'appareil vocal, nous trouvons pour le moins une parfaite analogie. La glotte représente l'anche; le conduit laryngo-buccal répond au corps de l'instrument, la colonne d'air que renferme l'un, à celle que nous avons signalée dans l'autre. Il reste maintenant, pour compléter la démonstration, à trouver par quels moyens les cordes vocales sont tendues ou relâchées; la glotte, resserrée, agrandie; la colonne aérienne vibrante, raccourcie, allongée.

Pour simplifier ces applications, nous les bornerons aux

deux résultats extrêmes, au son le plus *grave* et le plus *aigu* dont un sujet donné soit capable par le premier registre exclusivement ; les notes que peut effectuer le second, plus spécialement relatives au chant, seront expliquées dans l'histoire de cette modification vocale ; tous les intermédiaires entre ces deux extrêmes s'y trouveront dès lors compris.

Tons graves. — Nous observons simultanément pendant leur formation : *Relâchement des cordes vocales ; dilatation de la glotte*, prenant la forme triangulaire ; *allongement du conduit laryngo-buccal par l'abaissement du larynx.* Il peut être d'un pouce chez les basses-tailles. Ces phénomènes sont accomplis sous l'influence des muscles *crico-aryténoïdien postérieur, sterno-thyroïdien, sterno-scapulo-hyoïdien.* Lorsque ces dispositions se prononcent davantage, l'air expiré traverse la glotte sans exciter aucune vibration sonore, et ne faisant désormais entendre qu'un bruit de soufflet. Dans cette première modification relative aux tons graves, le voile du palais s'élève, se porte en arrière, la luette se rétracte notablement.

Tons aigus. — Nous voyons en même temps, lorsqu'ils sont rendus : *Tension des cordes vocales ; resserrement de la glotte* qui devient linéaire ; *raccourcissement du conduit laryngo-buccal* par élévation du larynx. Ces différentes actions sont opérées au moyen des muscles : *Thyro-aryténoïdiens, crico-aryténoïdiens latéraux, crico-thyroïdiens, aryténoïdiens, constricteur inférieur, stylo-génio-hyo-glosses, digastrique, stylo-pharyngien, stylo-génio-mylo-thyro-hyoïdiens.* Ces conditions étant portées au dernier degré, la glotte se trouve entièrement fermée, l'air ne passe plus, et le son devient impossible. Dans cette nouvelle modification propre aux tons aigus, le voile du palais descend, se porte en devant ; la luette s'allonge un peu, la base de la langue s'élève. Mayer admet encore l'abaissement et la vibration de l'épiglotte, lui donnant pour objet essentiel de rétrécir le courant d'air et de condenser le son. En supposant même que l'on n'adopte pas entièrement cette opinion, il est difficile de rejeter absolument l'influence du cartilage indiqué dans les inflexions de la voix. La rapidité du courant d'air fait un peu monter le son, particulièrement dans les notes graves, mais les effets de cette cause présentent beaucoup plus d'importance relativement à la force, à la faiblesse des intonations.

Toutes les modifications intermédiaires à celle que nous venons d'établir, comme points fondamentaux, sont actuellement faciles à bien expliquer ; se rapprochant plus ou moins des sons *aigus* ou des sons *graves*, elles prennent plus ou moins aussi les dispositions organiques particulières à chacun de ces résultats.

Dans ces diverses phonations, les muscles intrinsèques du larynx deviennent, pour les cordes vocales et pour la glotte, ce que les lèvres du musicien ont été relativement à l'anche du hautbois, que nous avons choisi pour exemple; et les muscles extrinsèques, élévateurs, abaisseurs, pour le conduit laryngo-buccal, ce que les doigts de l'artiste étaient pour le corps de l'instrument.

Dans ce phénomène complexe, *la vibration des cordes vocales*, est démontrée par les expériences positives de Bichat et de Malgaigne. Dutrochet nie leur influence comme agent sonorifique, attribuant cet usage aux fibres du muscle *thyro-aryténoïdien*. C'est une erreur dont Malgaigne a constaté l'évidence, en prouvant que la section de ces cordes entraîne l'aphonie. *La dilatation de la glotte*, dans les sons graves, *son resserrement*, dans les tons aigus, sont mis hors de doute par un essai de Dutrochet, très-facile à répéter; il suffit en effet d'élargir cette ouverture en comprimant le cartilage thyroïde antérieurement, de la rétrécir par une double pression latérale pour faire descendre le son, dans le premier cas, monter, dans le second, au moins d'un ton et demi. Enfin *le raccourcissement et l'allongement* de la colonne aérienne du conduit laryngo-buccal sont rendus palpables en touchant l'organe de phonation que le doigt suit dans son abaissement pour la formation des sons graves, et dans son élévation pour celle des tons aigus.

Force de la voix. — Nous désignons par ce terme : *l'intensité, l'étendue de la vibration, l'énergie avec laquelle se trouve expulsée la colonne d'air en trémoussement.* Cette modification, étrangère au timbre, au ton, se rattache dès lors particulièrement à l'isolement, à la force, à la longueur, à l'élasticité des cordes vocales, au grand développement du larynx, des cavités de retentissement, surtout à l'ampleur des poumons, à la liberté, à la vigueur de la respiration. Aussi les sujets dont la poitrine est très-large et l'appareil d'hématose richement constitué, sont-ils, en général, doués d'une voix forte et sonore ; tandis que les individus affectés d'engorgements pulmonaires, de tubercules, de phthisie; de pleurésie, de pleurodynie, d'étroitesse originaire du thorax, d'incurvations rachidiennes, de polysarcie, etc., d'une disposition quelconque ayant pour effet de limiter beaucoup les mouvements d'inspiration et d'expiration, ont constamment une voix faible, peu résonnante. C'est en conséquence des mêmes lois que les résultats analogues se manifestent passagèrement après un repas copieux, sous l'influence momentanée de la frayeur, etc. Dans la plupart de ces dispositions, et notamment chez les phthisiques au troisième degré, la voix semble, d'après une expression poétique, expirer sur les lèvres. Les poumons, comme nous l'avons dit, sont au larynx précisément ce que devient le soufflet pour les tuyaux de l'orgue ; dans cet instrument les sons, toutes choses égales, paraissent d'autant plus forts que le soufflet fournit d'une manière soutenue des masses d'air plus considérables et poussées avec une plus grande énergie dans les canaux de vibration.

La première condition vocale est donc une accélération dans le mouvement de l'air expiré, presque toujours une constriction plus ou moins prononcée de la glotte, qui déjà se resserre naturellement dans l'expiration et se dilate pendant l'inspiration. Aussi dès l'instant où nous voulons effectuer le développement des vibrations sonores, tout l'appareil pulmonaire se dispose à l'action, travaille avec plus de vivacité, se fatigue beaucoup plus promptement, comme on l'observe surtout chez les sujets affectés de gastralgie, de névrose du pneumo-gastrique, etc., éprouvant bientôt un sentiment d'inanition et d'anxiété vers l'épigastre lorsqu'ils soutiennent pendant quelque temps l'exercice de la phonation.

JUSTESSE DE LA VOIX. — Nous accordons ce titre *à la phonation qui saisit aisément, dans l'échelle propre à ses moyens, tous les degrés toniques, et les reproduit sans jamais s'écarter de leur unisson*. La voix devient plus ou moins fausse toutes les fois qu'elle s'éloigne de ces caractères essentiels.

Les physiologistes ont longuement discuté sur la question d'établir si la justesse et la fausseté de la voix dépendent plus spécialement de l'oreille ou du larynx; et, dans leur prétention de soutenir des opinions exclusives, ont bien souvent placé des erreurs palpables à côté des faits les mieux démontrés. Ici, comme dans la plupart des circonstances, nous devons chercher la vérité positivement entre les extrêmes.

Dans toute phonation régulière, l'oreille juge les vibrations sonores et dirige le larynx avec méthode et précision. Il est dès lors facile de sentir que la justesse de la voix exige non-seulement une oreille bien constituée, susceptible d'apprécier les plus petits intervalles de la gamme chromatique, mais encore un appareil de vibration exactement conformé dans toutes ses parties, et capable de répondre aux impulsions de son régulateur. Vouloir que le sujet privé de l'une ou l'autre de ces facultés vocalise d'après le rhythme normal, c'est exiger qu'un homme dont l'oreille est fausse tire des sons justes d'un violon d'accord ; ou qu'un artiste avec une oreille normale obtienne des sons harmonieux d'un instrument discord et sans aucune valeur.

Aussi la fausseté de la voix peut dépendre de l'oreille seule, de l'appareil d'intonation exclusivement, de ces deux causes réunies. Dans le premier cas, le sujet vocalise faux et ne s'en aperçoit pas, il est incapable de sentir et d'apprécier la musique ; dans le second, il juge bien les perversions phoniques, et, passionné pour la mélodie, peut y devenir expert; dans le troisième, il reste absolument impropre à la culture de cet art.

Malgaigne signale, au nombre des causes les plus ordinaires

de cette anomalie vocale du second ordre, la mauvaise disposition de l'anche et du larynx, le défaut de rapport naturel entre le conduit nasal de retentissement et l'organe de phonation, attribuant à cette cause l'altération ordinaire qu'elle présente pendant la *mue*.

Bennati pense que l'intonation peut encore être fausse lorsqu'il s'établit discordance entre l'oreille et l'appareil vocal même dans l'hypothèse où l'une et l'autre sont harmoniques et bien constitués, en les envisageant d'une manière isolée. David fils, Mme Pasta, nous dit ce physiologiste, chantent faux dans les premières modulations, et prennent une justesse parfaite aussitôt que l'oreille se trouve disposée par un prélude homotonique.

C'est plus particulièrement dans le chant que ces altérations sont positivement exprimées, comme nous le verrons bientôt, et qu'elles offrent des notions importantes à la physiognomonie.

Modifications phoniques. — Nous indiquons, par ce terme, *les caractères distinctifs imprimés à la voix pendant qu'elle traverse le conduit laryngo-buccal, indépendamment de ceux que nous venons de signaler.*

En comprenant tous les sons vocaux employés dans les différents idiomes, on peut les réduire à seize. Dans ce nombre, dix que nous appelons *simples*, représentés par des signes ou lettres nommées *voyelles*, se partagent naturellement en deux catégories : cinq *radicaux*, *a*, *e*, *i*, *o*, *u* ; cinq *analogiques*, produits par l'accentuation : *â*, *ê*, *î*, *ô*, *û*. Les six derniers nommés *composés* ou *diphthongues*, se trouvent exprimés par deux signes vocaux, ou par une voyelle suivie d'une consonne : *an*, *eu*, *in*, *ou*, *on*, *un*.

Dans la nécessité de ne pas confondre les actions de *vocaliser* et de *parler*, nous rappellerons ce que nous avons dit en mnémotechnie, sur la manière de bien distinguer les *voix* des *articulations*. Trois caractères essentiels fondent convenablement cet objet : — *Mécanisme de formation*. Les *voix* sont produites par de simples modifications du conduit laryngo-buccal, sans influence active de la langue et des lèvres ; les *articulations* ne peuvent jamais être effectuées qu'avec des mouvements actuels de ces parties. — *Divisibilité du son.* Les *voix* paraissent toujours indivisibles dans leurs manifestations, il est impossible d'en faire entendre seulement une portion quelconque, sans accuser aussitôt la voix tout entière ; les *articulations* sont aisément fractionnées dans leur expression; ainsi, R, S peuvent être prononcés en deux temps, comme si l'on écrivait *erre, esse.* — *Prolongation du son.* Les *voix* se trouvent capables d'être soutenues indéfiniment, tant que la position respective des parties buccales sera conservée, tant que l'expiration fournira l'air indispensable à la vibration du larynx ; les *articulations* sont toujours un effet du moment, ce n'est qu'en les renouvelant par la répétition du même acte que l'on peut effectuer leur succession facile à distinguer de la prolongation véritable.

Simple dans son mécanisme, la production des voix peut être soumise à des règles assez positives. Elle est diversifiée par les formes du conduit laryngo-buccal, par les situations relatives de la langue, du voile staphylin, des lèvres, du palais, etc. Nous devons l'étudier, des sons fondamentaux et simples, aux sons analogiques et composés.

A — présente un son *guttural* naturel; pendant sa production, la bouche est modérément ouverte, les lèvres écartées, la langue aplatie, comme suspendue. C'est la phonation la plus facile pour l'enfant qui choisit de préférence les mots où nous en trouvons la répétition.

E — devient un son *palato-lingual;* pour sa formation, la langue s'élève à sa base, touche les incisives inférieures par sa pointe, le conduit buccal est aplati par la diminution du diamètre vertical.

I — nous offre encore un son *palato-lingual*, mais plus antérieur que le précédent ; lors de sa manifestation, la pointe de la langue s'approche du palais, et les lèvres, en s'écartant, sont faiblement rétractées en arrière.

O — donne un son *palato-labial*, dans sa détermination,

les lèvres s'allongent, forment un canal cylindrique, l'extrémité libre de la langue se retire au niveau des petites molaires.

U — fournit un son *labial;* pendant sa production, les lèvres sont froncées, allongées, arrondies comme pour siffler, et la pointe linguale assez rapprochée du palais, des incisives supérieures.

Â, *ê*, *î*, *ô*, *û* ; mêmes dispositions gutturales, palatines, linguales, dentaires, labiales et bucco-laryngiennes que dans la formation des *radicales* de ces voix *analogiques*, seulement chacune des modifications particulières se prononce davantage et le son, en même temps plus rond, plus ouvert, se traîne avec beaucoup plus de lenteur dans les secondes que les premières.

An — présente un son *gutturo-nasal ;* il s'effectue par l'abaissement du voile palatin, l'écartement des lèvres, le passage de l'air en grande partie dans les cavités du nez, le retentissement profond des anfractuosités avec prolongement des vibrations jusque dans les narines.

En — rend un son *palato-labial ;* dans sa production composée des conditions propres aux radicales *e*, *u*, la langue se rapproche antérieurement du palais avec un peu d'allongement et de froncement des lèvres.

In — donne un son *naso-palatin;* pour sa manifestation, le voile du palais faiblement relevé, permet à l'air de placer le nez en vibration jusque dans ses cartilages, et de revenir dans la bouche ; les lèvres écartées en favorisent l'écoulement par cette voie.

Ou — représente un son *palato-labial ;* pendant sa formation, la langue se retire par sa pointe, se rapproche du palais antérieurement, les lèvres s'allongent, se froncent en arrondissant leur ouverture.

On — fournit un son *naso-palatin ;* pour sa détermination, le voile du palais s'abaisse, la voix résonne dans les cavités du nez, et, traversant le conduit buccal, y prend de la rondeur par l'allongement et le froncement des lèvres.

Un, — son *naso-palatin*, se trouve produit par l'élévation modérée du voile staphylin, avec résonnement dans le nez, ascension de la langue, allongement des lèvres dont l'ouverture est ovalaire transversalement.

D'après cette analyse, on voit que les sons phoniques se réduisent à six types fondamentaux, en prenant pour base les parties du conduit laryngo-buccal essentiellement employées à leur formation. Ainsi : *guttural*, a, â ; *gutturo-nasal*, an ; *palato-lingual*, e, ê, i, î ; *palato-labial*, o, ô, eu, ou ; *labial*, u, û ; *naso-palatin*, in, on, un.

Ces différents sons, en leur faisant éprouver toutes les modifications qu'ils peuvent offrir sous le rapport du timbre, de la force, du ton, etc., servent à l'expression des idées, plus spécialement encore à celle des passions. Pour les approprier aux communications intellectuelles, il faudra les soumettre à des articulations, en former, comme nous le verrons bientôt, un langage parlé.

Celui des animaux est entièrement vocal ; c'est par son intermédiaire puissant qu'ils manifestent leurs sentiments de souffrance ou de plaisir ; de haine ou d'amour. Chez ceux mêmes qui peuvent articuler des sons, la parole n'est jamais, comme nous le démontrerons, qu'une simple imitation physique plus ou moins imparfaite et sans aucune valeur significative dans ses modifications.

Ce langage de la voix est encore le seul dont jouit l'homme pendant les premiers temps de sa vie ; c'est par une éducation progressive qu'il apprend à parler avec facilité ; l'une de ces expressions est naturelle, instinctive ; l'autre, artificielle, de convention.

Il nous reste à considérer une disposition phonique plus élevée dans les rapports qu'elle entretient, servant ordinairement d'interprète aux grandes émotions de l'âme.

Chant, — ᾠδή des Grecs, *cantus* des Latins ; c'est le *passage de la voix des tons aigus aux tons graves, des tons graves aux tons aigus, avec les modulations exigées par l'harmonie.* Expression naturelle de la gaieté, ses manifestations ne se trouvent appropriées qu'aux sentiments relatifs à cette condition morale, tels que la joie, l'espérance, l'amour, etc. Aussi, ne pouvons-nous supporter l'inconvenance des accents mélodieux de la tristesse, de la douleur ; et ces récitatifs de nos opéras où l'on expose, en chantant, les plus sinistres desseins, les circonstances les plus vulgaires sont-ils presque toujours accablants par l'ennui qu'ils occasionnent. Ici l'on peut dire avec raison : L'art a *dépassé*, mais non point *surpassé la nature.*

C'est plus spécialement dans cette modification vocale, dont certains animaux sont doués avec une assez grande perfection, que le timbre se dévoile en prenant des caractères plus positifs ; circonstance qui nous explique d'après quelle influence des sujets offrant une phonation désagréable acquièrent, en chantant, le timbre le plus suave et le plus gracieux ; c'est une observation majeure dont nous avons plusieurs fois vérifié la justesse, et qui s'unit à celle des influences névralgiques affaiblissant et cassant la voix, pour démontrer toute l'influence de la vitalité dans la nature et les qualités de cette action organique.

La vocalisation musicale ne se borne point, comme l'a surtout bien démontré Bennati, dans son excellent mémoire, à l'influence du larynx ; elle est encore effectuée par le pharynx, et l'on peut aisément distinguer ces deux modes essentiellement différents.

Pendant la phonation du premier ordre, le larynx, dans un mouvement continuel et fatigant pour ses muscles extrinsèques, paraît comme en suspension entre les élévateurs et les abaisseurs. La poitrine est également soumise à des efforts permanents ; elle se remplit d'air qu'elle tient en réserve pour le fournir au besoin. Chez l'homme adulte, le trajet du larynx, depuis le son le plus grave jusqu'au plus aigu, se trouve de deux pouces à peu près. L'étendue naturelle de la voix embrasse deux ou trois octaves. On observe des chanteurs qui peuvent descendre seize tons au-dessous du *médium ;* d'autres qui montent seize tons au-dessus. Les premiers sont les *basses-tailles ;* les seconds, les *soprani.* Mais jusqu'ici, nous ne connaissons pas d'exemple qu'un même sujet ait présenté la faculté de parcourir ces trente-deux tons.

Pour la vocalisation du second ordre, le pharynx devient l'instrument fondamental, celui qui produit les sons, et dont les parties essentielles, savoir la langue, le pharynx, dans son ouverture buccale, et spécialement le voile palatin supportent les plus grands efforts, témoignent leur travail par le sentiment de lassitude et l'irritation dont ils deviennent le siége. Bennati considère même le larynx, dans cette phonation, comme accessoire et s'unissant à la trachée pour compléter le *porte-vent.*

Des accidents paraissent communs à ces deux modes vocaux, tels que le bronchocèle, l'asphyxie, l'apoplexie, etc. L'on a vu desoiseaux périr sous cette influence dangereuse en voulant surpasser un émule par l'étendue, la variété de leurs chants. Mais d'autres altérations deviennent spéciales et propres à chacun d'eux, en confirmant la réalité de leur distinction. Ainsi, les chanteurs *laryngiens* éprouvent le sentiment de fatigue dans le diaphragme, la poitrine, la glotte ; sont pris surtout de pneumonie, de bronchite, d'hémoptysie, d'angine respiratoire, etc.; tandis que les chanteurs *pharyngiens* accusent la même lassitude au voile du palais, et se trouvent plus particulièrement affectés d'angines tonsillaire, digestive, etc.

L'homme rencontre, dans cet appareil supplémentaire du larynx, des moyens précieux relativement à la vocalisation que nous étudions, de telle sorte qu'il conserve, même sur les oiseaux chanteurs, une supériorité bien remarquable par le développement de son échelle musicale, puisque, d'après les observations de Rémond, le rossignol n'étend pas ses modulations au delà de deux octaves.

Déjà les physiologistes avaient distingué ces variétés de phonation sous les noms inexacts de : voix de *poitrine*, de *tête* ; *voce* di *petto*, di *testa* , voix *naturelle*, de *fausset*. Bennati donne, aux sons de la première, le titre de notes *laryngiennes* ou du premier registre; à ceux de la seconde, celui de notes *surlaryngiennes* ou du second registre. Pour simplifier et préciser davantage, nous désignerons ces deux variétés *phoniques* par les dénominations de voix: 1° *laryngienne*; 2° *pharyngienne*; en faisant observer que nous comprenons, dans les dépendances du pharynx, la langue, les amygdales et le voile palatin au moyen desquels se trouvent effectués les sons de cette deuxième catégorie.

La *voix laryngienne*, que nous rencontrons toujours plus élevée d'une octave chez la femme que chez l'homme, présente le mode le plus ordinaire et le plus généralement réparti. Base essentielle de la phonation par ses caractères organiques et musicaux, elle nous fournit les types que nous avons indiqués sous les noms de : *dessus;* soprano; *haute-contre*; *taille*, ténor; *basse-taille*. La *voix pharyngienne* présente seulement des modifications de ces types. Elle est susceptible, sous l'influence des changements partiels et généraux que nous avons signalés dans la trachée-artère, la glotte et le conduit laryngo-buccal, de parcourir les différents points de l'échelle tonique dans la circonscription des moyens propres à chaque sujet. D'après Rusch, auquel nous devons plusieurs considérations relatives à cette expression physiologique, ces transitions peuvent appartenir à deux modes : *Concret*, dont tous les degrés sont au moins *semi-toniques; discret*, dont les intervalles offrent des quarts de ton, huitièmes de ton, etc. C'est à ce mode que les compositeurs ont encore donné le titre de *gammes chromatiques*.

La *voix pharyngienne* appartient seulement à quelques sujets dans ses beaux développements. On avait pensé d'abord qu'elle était produite par l'orifice intermédiaire aux cordes vocales supérieures ; c'est une erreur ; il est aujourd'hui bien démontré qu'elle se forme à l'ouverture gutturale circonscrite par la base de la langue, le voile du palais, ses piliers et les amygdales. Ajoutant aux moyens de la phonation ordinaire en la faisant descendre au-dessous des tons laryngés, mais

PLANCHE RELATIVE A LA VOIX PHARYNGIENNE

Pour bien faire comprendre ces importantes considérations, nous donnons la planche suivante, d'après les dessins de Bennati, représentant trois types d'ouvertures pharyngiennes en repos et pendant la phonation modulée.

A. Basse-taille, *repos*. **A'**. Tons *graves*. **A''**. Tons *aigus*.

B. Ténor contraltino, *repos*. **B'**. Tons *graves*. **B''**. Tons *aigus*.

C. Soprano sfogato, *repos*. **C'**. Tons *graves*. **C''**. Tons *aigus*.

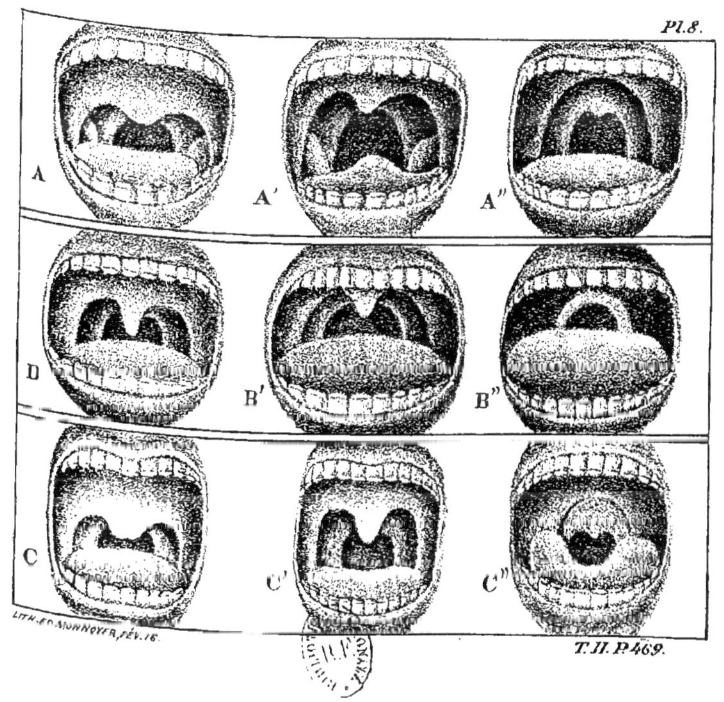

surtout en la portant au-dessus, elle modifie plusieurs des types essentiels que nous avons admis. Ainsi, pour la *taille*, elle produit le *bariténor* à sons plus graves; le *ténor-contraltino*, à sons plus aigus. Pour le *dessus*, elle détermine le *soprano sfogato* plus élevé, plus moelleux que le *soprano* du premier registre ; ne retentissant point dans les anfractuosités nasales, et présentant quelquefois un timbre analogue à celui de l'harmonica. Pour les sons *graves*, le voile du palais s'élève, se porte en arrière ; la luette se raccourcit par la contraction des muscles *péristaphylins*, *palato-staphylin*, *pharyngien* ; la base de la langue est relevée, surtout vers ses bords, de manière à figurer une gouttière assez prononcée, par les *glosso-staphylin*, *stylo-génio-glosses*. Pour les sons *aigus*, on voit survenir des modifications opposées.

Bennati s'exprime ainsi dans la conclusion de son intéressant mémoire sur la voix humaine : « Ce ne sont pas les seuls muscles du larynx qui servent à moduler les sons chantés ; mais encore ceux de l'os hyoïde, ceux de la langue et ceux de la partie supérieure, antérieure et postérieure du tuyau vocal, sans le travail simultané et proportionnellement combiné desquels le degré de modulation nécessaire pour le chant ne saurait avoir lieu. »

De toutes les vocalisations, celle que nous venons d'examiner est la plus pénible et la plus difficile à soutenir ; elle dessèche, irrite la muqueuse buccale, celles du pharynx, du larynx ; de là peut-être l'occasion de ce reproche adressé, depuis longtemps, aux musiciens d'abandonner facilement le culte d'Apollon pour celui de Bacchus.

Les sons aigus fatiguent surtout le larynx et le pharynx, par la forte contension qu'ils exigent dans les muscles de ces parties ; les sons graves lassent davantage la poitrine, par les quantités plus considérables d'air qu'elle doit fournir pour en effectuer la production.

Tels sont les caractères de la voix dans toutes les circonstances étrangères à son articulation qui doit actuellement nous occuper.

La Parole, — ῥῆμα des Grecs, *loquela* des Latins, peut être définie : *Voix articulée par les mouvements combinés, surtout de la langue et des lèvres, dans le but raisonné d'une expression mentale.*

Plusieurs physiologistes ont envisagé la langue d'une manière trop exclusive relativement à cet important phénomène. D'abord, elle n'est pas seulement employée dans cette action, puisqu'on la voit également servir pour la *gustation*, la *mastication*, la *déglutition*, etc.; d'un autre côté les lèvres, les joues, le voile staphylin même, comme organes actifs; le palais et les arcades dentaires, comme instruments passifs, concourent puissamment à l'accomplissement normal des articulations phoniques, plus ou moins profondément altérées consécutivement aux lésions de ces parties. Enfin la langue ne doit pas même recevoir ici le titre d'agent indispensable, puisque l'on a vu des sujets la remplacer, dans ces articulations vocales au moyen d'une pièce mécanique appropriée à cet emploi.

Entre plusieurs faits de ce genre, nous rapporterons, d'après Ambroise Paré, l'histoire d'un homme chez lequel on avait enlevé complétement l'organe de la parole affecté de cancer, et ne présentant plus qu'un tubercule peu saillant ; il parvint à former des mots assez distincts pour se faire comprendre, en plaçant dans certaines positions, entre ses lèvres, la tasse qui lui servait à boire. Plus tard, utilisant une découverte aussi précieuse, il parlait assez facilement avec le secours d'un petit instrument en bois, dont ces premiers résultats et la nécessité lui suggérèrent le perfectionnement. Roland, chirurgien de Saumur, dit qu'un enfant du bas Poitou, privé de la langue, sous l'influence d'une variole très-grave, conservait les facultés de parler, goûter, mâcher, cracher, avaler, etc. De Jussieu cite l'observation d'une jeune fille portugaise, née sans langue, et présentant les mêmes facultés.

L'*appareil* de cette fonction est donc évidemment complexe, de telle sorte que l'une de ses parties venant à manquer, les autres peuvent la remplacer plus ou moins avantageusement.

Nous y trouvons la langue avec ses muscles intrinsèques, extrinsèques, le voile palatin, les mâchoires, les arcades dentaires, les joues, les lèvres et les organes moteurs de toutes ces parties que nous avons décrites à l'article *Digestion*.

Dans la série zoologique, un grand nombre d'animaux n'offrent aucune phonation ; d'autres présentent le *cri* seulement, quelques-uns, les oiseaux par exemple, jouissent encore du *chant* ; l'homme seul réunit le *cri*, le *chant* et la *parole* avec ses véritables caractères. On n'objectera pas sans doute à cette loi générale et sans exception, le chien qui prononçait, au rapport de Leibnitz, des mots allemands et français ; les perroquets, les étourneaux des fils d'Agrippine et de Claude répétant des phrases grecques et latines, etc. ; puisqu'il ne s'agit ici que d'une simple imitation, jamais d'un langage représentatif des sentiments et des idées. Autant vaudrait dire aussi que l'automate de Robertson jouissait de la parole dès lors qu'il pouvait articuler plusieurs syllabes. Dupont de Nemours, après avoir soutenu que les oiseaux communiquent réciproquement par cette modification tonique, prétendit s'être initié dans les secrets de leurs conversations habituelles. Des écarts d'imagination, des hallucinations mentales ne prendront jamais, pour nous, les caractères persuasifs de la réalité.

Un fait historique bien connu, spécieux au premier aspect, servira de complément à ces réflexions. A l'époque où César et Pompée se disputaient le sceptre du monde, plusieurs individus exercèrent des corbeaux à saluer le nouvel empereur. Certain cordonnier donnant ses leçons à l'un des mêmes oiseaux dont l'intelligence n'était pas facile à diriger, immédiatement après la formule ordinaire : *Salve Cæsar Imperator*, ajoutait avec mécontentement : *Perdidi tempus et operam*. César étant proclamé, les corbeaux, sur son passage, débitent leur phrase de convention, obtiennent un salaire. Celui du cordonnier se présente à son tour en criant : *Salve Cæsar Imperator*. Fatigué d'un aussi grand nombre de salutations intéressées, l'empereur n'accorde aucune gratification à ce dernier, qui reprend aussitôt : *Perdidi tempus et operam.* César, frappé de l'à-propos, fait remettre une double récompense.

Il est évident que cette seconde phrase n'était, comme la première, chez le corbeau dont il s'agit, qu'un résultat de l'imitation ; et que tous les auteurs qui n'ont pas craint d'accorder à certains animaux la faculté de rendre leurs idées au moyen de la parole, ont été séduits par des illusions analogues à celle que nous venons de signaler.

Pour donner à cette question les développements et surtout la précision que son importance exige, il est essentiel de bien distinguer, dans la parole : 1° *La simple articulation naturelle et mécanique des sons ; 2° leur liaison normale avec l'expression des idées.*

La *première* — se trouve sous la dépendance de l'ouïe ; c'est après avoir entendu les sons que le sujet les articule avec imitation ; circonstance qui vient nous expliquer l'accent particulier des peuples, disposition commune à tous les individus qui les composent ; la facilité qu'offrent plusieurs oiseaux, le perroquet, l'étourneau, la pie, le corbeau, le merle, par exemple, de répéter plus ou moins exactement les mots et même les phrases que l'on a plusieurs fois prononcés en leur présence ; enfin le mutisme nécessaire des sourds-nés, et le développement consécutif de la parole chez ceux dont l'audition s'est rétablie par le secours de l'art ou par le bienfait de la nature médiatrice. Au nombre des faits très-curieux inscrits à cet article, dans les fastes physiologiques, nous citerons l'observation rapportée par Félibien, en 1703, à l'Académie des inscriptions. Un jeune homme de Chartres, dans sa vingt-troisième année, sourd-muet de naissance, parle tout à coup, au grand étonnement de la ville entière. Interrogé sur les circonstances d'un résultat en apparence aussi merveilleux, il répond que trois mois avant d'articuler sa voix, il avait entendu le bruit des cloches ; quelque temps après, les conversations des personnes dont il se trouvait environné, de l'eau s'étant écoulée par les conduits auditifs ; que, depuis cette époque, il s'était exercé tout bas à reproduire les mots parvenus à son oreille, et résolu définitivement à communiquer ses pensées au moyen de ce nouveau genre d'expression qu'il employa d'abord imparfaitement, à la manière des enfants en bas âge.

La *seconde*, — essentiellement relative à l'intelligence, concourant à la manifestation des sentiments et des idées avec leurs nuances les plus délicates, appartient exclusivement à l'homme. C'est pour cette raison que l'idiot ne parle jamais, ou du moins n'articule que des sons inintelligibles ; disons plus encore, le sujet naturellement spirituel et qui tombe dans l'imbécillité n'emploie désormais que des mots vagues et sans liaison. Il existe donc évidemment deux causes principales de mutisme, sans même y comprendre celles qui se rattachent positivement aux lésions de l'appareil dont nous supposons l'intégrité parfaite. La *surdité native*, — rendant toute articulation impossible, puisque les organes du langage n'ont point à leur disposition le régulateur indispensable aux phénomènes particuliers dont ils sont chargés. L'*idiotisme*, — en constituant le défaut absolu des intellectualisations raisonnées qui seules pourraient exiger l'activité d'un moyen d'expression dont le concours leur paraît exclusivement réservé.

Il ne faut jamais confondre bien *prononcer* et bien *parler*. En effet, le *premier* de ces avantages se rapporte plus spécialement aux organes vocaux et d'articulation ; le *second*, surtout au développement des facultés intellectuelles, à la succession, à l'enchaînement facile des idées, etc. L'une fait les *parleurs verbeux*; l'autre, les *orateurs éloquents*. L'absence de l'une et l'autre peut, comme nous le verrons, occasionner le *bégayement* et les perversions analogues.

Les éléments de la parole se composent des sons vocaux dont nous avons représenté les différences par des signes nommés *voyelles*, et d'autres sons qui viennent les modifier en y joignant sous le titre d'*articulations*; leurs divers caractères sont désignés par le terme de *consonnes*.

On avait cru pendant longtemps qu'il fallait envisager le

larynx comme organe indispensable du langage articulé dont il fournit ordinairement les sons fondamentaux. Delcau, par une expérience très-simple, démontre que l'on peut converser à voix basse, indépendamment de cet organe. « Introduisez, nous dit-il, par une narine, jusque dans le larynx, une sonde creuse qui laisse passer un courant d'air comprimé dans un réservoir d'une capacité moyenne ; aussitôt que vous sentirez la colonne d'air frapper les parois, suspendez l'acte de la respiration et mettez en mouvement les organes de la parole, comme si vous agissiez sur l'air sortant des poumons ; vous parlerez à voix basse ; vous ferez entendre distinctement tous les éléments de la parole aphonique. Craignant de m'abuser sur la faculté d'interrompre l'action de la poitrine pendant que je faisais jouer les organes de la parole, je me mis à parler à voix haute ; le courant d'air établi par le nez était dans toute sa force. A l'instant deux paroles se firent entendre d'une manière si distincte et si pure que les personnes qui assistaient à l'expérience crurent ouïr deux individus qui répétaient les mêmes phrases. Il est donc bien constaté, par cette expérience, que le larynx n'est pour rien dans la formation de la parole aphonique. »

Cette conclusion nous paraît très-juste ; il suffit, en effet, de parler à voix basse pour s'apercevoir aussitôt que la vibration est exclusivement relative aux parois de l'ouverture gutturale et que cette modification expressive rentre, en partie, sous le rapport de son mécanisme, dans celui des notes appartenant au second registre. Serres possède l'observation d'un forçat de Toulon, qui parlait ainsi depuis une oblitération pathologique de la glotte. Ces deux voix *haute* et *basse* portent leur distinction indépendamment de la force, la seconde pouvant se faire entendre de plus loin que la première ; l'une est *laryngienne*, l'autre *pharyngienne*.

Arrivés au conduit laryngo-buccal, produits par la glotte ou par l'ouverture gutturale, avec ou sans phonation distincte, les sons fondamentaux sont articulés par une série d'actions que nous allons actuellement analyser.

Nous pouvons réduire à vingt-trois les lettres ou signes nommés *consonnes : b, c, ch, d, f, g, gue, h, j, k, l, ill, m, n, p, q, r, s, t, th, v, x, z;* leur union aux voyelles, dans un ordre de convention, produit cet ensemble que l'on nomme *alphabet.*

C'est en variant la combinaison des premières avec les secondes, que nous formons des mots, avec les mots des phrases, avec les phrases des périodes, avec les périodes un langage; en procédant par méthode et gradation des éléments aux composés, nous parviendrons à des notions exactes relativement à cet objet important.

Nous avons trouvé les *sons vocaux* effectués par certaines positions de la langue, du voile staphylin, de la voûte palatine, des joues, des mâchoires, des lèvres, etc. Les *sons articulés* veulent des mouvements actuels de ces diverses parties. En conséquence des modifications fondamentales de ces mouvements, nous rattacherons toutes les consonnes à cinq types généraux : *sifflantes, explosives, nasales, liquides, vibrantes,* chacun de ces types offre un mécanisme particulier dont il faut bien apprécier les caractères.

Sifflantes. — Nous comprenons dans cette catégorie toutes celles dont la production s'accompagne d'un bruit de sifflet plus ou moins prononcé ; telles sont : *c, ch, f, g, h, j, s, v, x, z.* Pour leur manifestation, les arcades dentaires, les lèvres sont rapprochées, l'air traverse une ouverture étroite, qui le devient encore davantage par le mouvement de la pointe linguale vers les dents avec quelques modifications propres à la consonne; aussi, la perte des incisives rend-elle cette articulation à peu près impossible.

Explosives. — Nous les désignons par ce terme en raison du bruit instantané, lingual ou labial qui se manifeste pendant leur formation. L'ensemble de ces lettres comprend les suivantes : *b, d, gue, k, l, p, q, t, th.* Pour les obtenir d'une manière convenable, nous effectuons instantanément la séparation : des lèvres, *b, p;* de la langue et des incisives supérieures, *d, l, t, th;* de la langue et de la voûte platine, *gue, q*, *k;* avec des variétés particulières à chacune des consonnes de cet ordre. On conçoit dès lors pour quelle raison les vices, les altérations des incisives, des lèvres et de l'extrémité linguale pervertissent plus ou moins directement ces articulations.

Nasales. — Ainsi nommées parce qu'elles occasionnent, dans les anfractuosités et jusqu'aux ailes du nez, des vibrations qui s'effectuent de manière à produire le son nasillard. Pour cet ordre nous trouvons *m*, *n*, d'ailleurs articulées comme les explosives ; la première, par les lèvres ; la seconde, par la langue appliquée aux incisives supérieures.

Liquides. — On connaît, sous ce titre, les consonnes dont la production s'accompagne d'un bruit humide et moelleux ; telles sont les deux *ill* dans les mots *fille*, *famille*, etc.; pour leur formation ordinaire, l'extrémité linguale s'applique à la voûte palatine, l'abandonnant ensuite mollement et sans vibration notable.

Vibrantes. — Désignées sous ce titre en conséquence du trémoussement qui caractérise leur manifestation, comme on le voit plus spécialement pour *r*. Dans cette articulation, la langue frappe d'abord le palais, s'en détache afin d'éprouver immédiatement une vibration par son extrémité libre. C'est pour cette raison que les sujets dont la pointe linguale est épaisse, incapable d'une telle vibration, rendent les consonnes de cette catégorie comme des liquides; vice de prononciation qui constitue le *grasseyement.*

De la combinaison de ces divers éléments, les *voix* et les *articulations*, se forment des *mots* signes représentatifs des idées, qu'il ne faut pas confondre avec ceux des choses.

Les premiers, entièrement de convention, variant dans les pays et chez les peuples différents, ne peuvent devenir pour eux des moyens de communication réciproque sans une étude préliminaire souvent assez longue, assez difficile.

Les seconds, au contraire, sont de tous les peuples et de tous les pays ; leur connaissance n'exige aucune éducation particulière, ils offrent un intermédiaire facile et commun aux relations des hommes les plus opposés par leurs habitudes et leurs mœurs.

Demandez en effet une pomme, des raisins, un livre à l'Anglais, à l'Allemand, à l'Espagnol, etc., employant les mots français représentatifs des idées relatives à chacun de ces objets, vous ne serez pas compris. Ayez recours au dessein, montrez les signes physiques de ces mêmes objets, les rapports les plus positifs seront immédiatement établis entre ces étrangers et vous.

En général, plus les mots contiennent de voyelles, plus ils sont doux ; au contraire, la dureté qu'ils offrent se trouve ordinairement en raison du nombre des consonnes dont ils ont été formés. Les termes *aménité*, *succession*, en fournissent la preuve pour notre idiome. Par cette raison l'italien, renfermant des sons vocaux agréables et multipliés, est tellement harmonieux qu'on le nomme la *langue des femmes* ; l'espagnol, *celle des dieux* ; tandis que l'anglais, l'allemand, le russe, péniblement surchargés de consonnes, reçoivent le titre de *langues des oiseaux*, *des chevaux*, *des ours* ; la nôtre, intermédiaire à ces deux extrêmes, sous le rapport que nous étudions, pourrait être envisagée comme la *langue des hommes*.

La signification positive des mots n'est presque jamais assez nettement établie. Pour s'en convaincre, il suffit de suivre une discussion sérieuse, même entre des hommes très-instruits, on s'aperçoit bientôt, comme le fait observer Droz : « Que la plupart de nos expressions ressemblent à ces rouleaux de monnaie qui circulent sans être jamais comptés. »

Par leur union conventionnelle et méthodique, ces mots forment des phrases, des périodes, un langage, mais avec des modifications diversifiées chez les différents peuples, de manière que leurs idiomes ne se trouvent pas seulement spécialisés par la nature propre des termes qui les composent, mais encore par les constructions et par le génie qui leur deviennent particuliers. Chez les nations libres, dans les républiques nouvelles, plus près de l'état originaire, ce langage est énergique, imitatif; Caton, Démosthènes, Phocion, Brutus, etc., nous en ont fourni des exemples. Dans les monarchies, il est poli, doucereux, sans chaleur ; celui des femmes donne le ton. Sous les gouvernements despotiques, il est flatteur, hyperbolique, obscur ; on peut s'en convaincre en lisant Tacite.

Une langue riche en expressions très-variées amène ordinairement des idées plus nombreuses, développe une grande fécondité d'imagination, et *vice versâ*. Nous comprenons, en effet, que la multiplicité des pensées exige l'augmentation numérique de leurs signes représentatifs, et que l'abondance des termes devient un moyen plus certain de fixer, dans toutes leurs nuances, des idées plus positives et plus diversifiées. Si la nature de notre sujet n'imposait des bornes à ces considérations, il nous serait aisé de faire sentir l'influence réciproque de la pureté, de la richesse du langage sur les progrès de la civilisation ; et des perfectionnements de la civilisation sur la richesse et la pureté du langage.

La voix articulée présente à l'homme tant d'avantages et de facilité pour les relations les plus ordinaires, surtout avec les sujets de son espèce, qu'en le supposant privé de cette langue maternelle dont les rudiments lui sont transmis dès ses premières années, il trouverait sans doute le moyen d'en former une propre aux conditions de son existence.

Les fondateurs du genre humain durent communiquer d'abord avec les gestes, la prosopose et les plus simples inflexions de la voix. Éprouvant bientôt la nécessité d'agrandir le cercle étroit de ces rapports, ils furent naturellement amenés à l'invention d'un langage, en convenant de représenter avec précision telle pensée, tel sentiment par telle phonation articulée. Là se trouve assurément l'origine de cette première expression orale que l'on peut nommer la *langue mère* de toutes les autres.

Les savants ont fait des recherches longues, difficiles et

jusqu'ici complétement infructueuses pour découvrir cette *langue originelle*. Au milieu des expériences tentées pour arriver à la solution de cet intéressant problème, nous citerons particulièrement celle du roi Psammitique. Deux enfants sont élevés par son ordre au milieu d'un troupeau de chèvres, Le premier mot qu'ils prononcent est *békos*, terme phrygien signifiant *pain* dans notre idiome. On en tire anssitôt cette conséquence précipitée que la *langue phrygienne* est précisément celle que l'on cherchait. Avec un peu de réflexion, on s'aperçoit que le prétendu mot de l'énigme se rapproche beaucoup du bêlement des chèvres ; il est très-probable que ce mot *békos* est devenu chez les enfants un simple résultat de l'imitation.

Quel que soit l'idiome primitif, chaque jour nous démontre que la langue maternelle a besoin elle-même d'une éducation assez longue, assez pénible, pour se trouver convenablement parlée. Cette nécessité, dont le génie de l'homme ne saurait l'affranchir, devient une dernière preuve qui met dans toute son évidence la nature conventionnelle des valeurs expressives que nous empruntons à la voix articulée.

Dans l'état normal, nous apprenons à former des syllabes, des mots, des phrases, des discours par l'intermédiaire de l'ouïe qui présente le régulateur naturel de toutes les articulations sonores. Les sourds-muets, au contraire, se dirigent dans ces exercices par la vue. C'est en observant les mouvements de la bouche, en touchant le larynx, en établissant une communication directe entre eux et l'interlocuteur, au moyen d'un corps vibrant, qu'ils parviennent à comprendre la pensée du maître, c'est en répétant des mouvements analogues devant un miroir, qu'ils arrivent à l'expression des idées, par cette voie, d'une manière assez intelligible. Mais combien de temps et de patience ne sont pas indispensables pour obtenir d'aussi merveilleux résultats ? N'est-ce pas dès lors avec reconnaissance, avec admiration, que nous devons citer, parmi ceux qui consacrèrent leurs veilles à des travaux aussi philanthropiques, les noms de Bonet, Van Helmont, Holder,

Rapheli, l'abbé de l'Épée, l'abbé Sicard et de leurs généreux imitateurs.

Ce langage articulé, moyen d'expression si rapide, si facile et si varié, n'est pas toujours l'interprète sincère des pensées et des sentiments. Soumis à l'empire de la volonté, quelquefois il devient le ministre coupable du mensonge et de la perfidie ; mais le timbre de la voix, la prosopose instinctive, par le plus choquant des contrastes, décèlent bien souvent alors et les idées de l'hypocrite et les véritables passions dont son âme est agitée!...

Trop fugitive dans ses manifestations, trop altérable dans les documents qu'elle transmet aux souvenirs de l'histoire, la parole ne suffisait pas à tous les besoins de l'homme civilisé. Tourmenté par le désir de léguer aux générations futures ses découvertes et ses progrès, le génie, dans sa merveilleuse conception, trouva l'inestimable secret de représenter les idées avec des signes physiques, de substituer, à des traditions imaginaires, des faits tracés en caractères ineffaçables par le burin des temps! La peinture, les hiéroglyphes, premiers résultats de cette vaste conception, furent pendant longtemps les seuls moyens de l'histoire écrite. Admirables, sans doute, pour l'époqne de leur invention, ces moyens offraient encore des imperfections assez positives. Incapables de représenter les pensées et les sentiments avec toutes leurs nuances délicates et variées, ils laissaient un libre cours aux interprétations, aux commentaires.

Toutefois cette idée fondamentale devint la source et le principe de la plus belle des créations humaines. Elle inspira Cadmus, vers l'an 2300 de l'ère ancienne, dans la première conception de l'écriture. Un petit nombre d'éléments simples, diversement combinés, offrirent des signes représentatifs à toutes les intellectualisations; et, comme l'a dit un grand poëte, cette merveilleuse conception nous donna la faculté *de peindre la parole et de parler aux yeux*. La découverte de l'imprimerie vint mettre, environ trois mille ans après, le dernier sceau du perfectionnement à ce moyen de communication déjà si précieux dans ses incalculables avantages. Avec des auxiliaires aussi puissants, nos relations sociales acquirent bientôt les immenses développements qu'elles pouvaient offrir; la civilisation, entraînée dans cette marche de l'esprit humain, ressentit également les salutaires influences de la même impulsion. Aujourd'hui, l'intelligence communique ses émanations avec la rapidité de l'éclair d'un hémisphère à l'hémisphère opposé; aujourd'hui, le génie fécond ne pense plus exclusivement pour son siècle, il écrit pour l'immortalité!

La parole, incessamment employée dans les manifestations de l'état moral, fournit encore, à la physiognomonie raisonnée, des renseignements précieux par ses dispositions relatives à l'*âge*, au *sexe*, au *tempérament*, au *caractère*, à l'*intelligence*, au *pays*. Ainsi : L'*enfant* parle beaucoup, avec bruit, sans articulation distincte, sans précision et sans choix dans les termes. Le *vieillard* est taciturne, son élocution froide, grave, mesurée, plus ou moins pervertie relativement au mécanisme. La *femme*, douée d'une sensibilité dont les modifications sont infinies, parle souvent avec excès, presque toujours d'une manière agréable; son langage est diffus et gracieux; il brille plutôt par l'élégance qu'il ne satisfait par la méthode. L'*homme* fait un abus moins fréquent de la parole; sa diction est plus énergique, plus positive et plus régulière. Le *sanguin* est prolixe, vague; il séduit ordinairement par le clinquant des images, et ne satisfait pas toujours la raison. Le *lymphatique* s'exprime avec poids et mesure; lourd dans ses discours, il est quelquefois assez précis dans ses jugements. Le *bilieux* parle avec autorité; son langage est serré, vigoureux, puissant; il cherche bien plus à prouver au raisonnement qu'à plaire à l'imagination. Le *nerveux* s'énonce avec beaucoup de volubilité; son élocution est vive, brillante, légère, parcourant la surface des difficultés sans vouloir en sonder les profondeurs. Le *mélancolique* soigné, prétentieux dans ses expressions, devient souvent ridicule par l'affectation emphatique de son langage. L'*homme franc* énonce clairement ses opinions; ennemi des périphrases, marchant droit au but, il emploie toujours le mot propre. L'*hypocrite* recherche les termes paraboliques, obscurs, les formules ambiguës ; ses discours n'offrent point une tendance positive et déterminée ; apprêtés, souvent inintelligibles, ils sont en même temps souples, moelleux, flatteurs; *latet anguis in herbâ.* Le *sujet vaniteux* parle avec jactance et présomption ; exprimant les idées les plus mesquines par des mots résonnants et pompeux, avec un ton décisif et tranchant. *L'individu modeste* rend, au contraire, souvent les plus grandes pensées dans un style simple et sans aucune prétention ; pour apprécier tout son mérite, il faut le juger par les choses, non par les mots. Le *méchant* a la parole brève, dure, violente et sans aucun agrément; lorsqu'il est en même temps perfide, elle devient réservée, doucereuse, insinuante. Le *philanthrope* s'énonce avec un accent plein de charme, d'entraînement et de noblesse. L'*idiot* et les *stupides* à différents degrés offrent un langage à peu près nul pour le premier, se bornant presque toujours à quelques modifications du cri sans articulation nette et précise ; devenant lourd, décousu, traînant, interrompu, sans ordre et sans enchaînement pour les seconds. L'*homme de génie* parle avec chaleur, souvent avec enthousiasme, assez fréquemment par images, toujours d'une manière entraînante et persuasive. *Chez les peuples du Nord,* où les rigueurs du climat, le défaut de civilisation, souvent même la nécessité de pourvoir individuellement à ses besoins matériels, etc., tiennent dans un état d'asservissement les plus brillantes facultés mentales, on trouve ordinairement une langue pauvre, sans accentuation, sans images, froide et monotone comme le ciel de ces tristes contrées. *Chez les nations méridionales*, au contraire, la vivacité des sentiments, l'ardeur, l'activité de l'esprit et de l'imagination enrichissent naturellement les idiomes d'un nombre infini d'expressions pittoresques et variées. Les mots ne suffisent plus aux manifestations de la pensée ; leur décomposition s'effectue par syllabes dont chacune prend un accent particulier; on s'aperçoit que, dans sa diction presque chantée, l'homme du Midi voudrait pouvoir faire entendre isolément chacune des articulations qu'il emploie. Ce langage devient alors harmonieux, passionné, brûlant comme les feux de l'équateur qui développent et fécondent ses germes essentiels.

Il existe une modification expressive, intermédiaire à celles que nous venons d'étudier, se composant du cri, de la parole et du chant confondus, identifiés de manière à former un ensemble offrant seulement des analogies avec ses principes constituants; on la nomme *déclamation.*

Les attributions de ce phénomène, comme sa nature, sont intermédiaires à celle du langage ordinaire et de la mélodie. Servir d'interprète aux grands intérêts, aux grandes passions, faire jaillir l'éloquence de la tribune ou de la chaire, tels sont les objets qu'il doit se proposer dans ses applications raisonnées; les attitudes, les gestes, la prosopose, les inflexions de la voix, dans leurs plus grands développements, sont alors de son domaine. Toutefois il faut craindre les abus d'un moyen aussi puissant en le détournant de ses véritables usages. L'homme qui déclame avec emphase, pour les conversations les plus ordinaires, devient aussi ridicule au salon qu'un mauvais acteur de mélodrame sur le théâtre.

La parole, dont nous avons étudié les conditions normales, est susceptible d'offrir, chez certains sujets plus spécialement, surtout au moyen de l'éducation et de l'habitude, plusieurs phénomènes qui, sous le titre de *ventriloquie*, peuvent acquérir, pour la superstition et la crédulité vulgaire, toutes les apparences du merveilleux. Cherchons à préciser autant qu'il nous est possible, dans l'état actuel de la science, le mécanisme de cette phonation remarquable.

Ventriloquie. — Nommée, par quelques auteurs, *Engastrimisme, pectoriloquie*, elle fut d'abord envisagée, d'après ces dénominations, comme le résultat d'une voix partant profondément des cavités abdominale et thoracique.

Haller, Nollet, Mayer ont prétendu que les sons étaient alors formés pendant l'inspiration; Dumas admet une espèce de rumination pour ces derniers; Fournier dit que la voix est refoulée dans les poumons par la glotte; Lauth, Richerand, Comte pensent que le son produit par le larynx, entraîné dans les poumons par une inspiration rapide, y retentit pour en sortir ultérieurement d'une manière lente et graduée; quelques auteurs ont même soutenu que cet air vibrant, soumis à la déglutition, allait faire écho dans les intestins. Le baron de Mangen, dès l'année 1772, fit observer qu'il n'employait, pour effectuer les illusions de la ventriloquie, d'autres précautions que celle de conserver dans le pharynx une portion d'air consécutivement utilisée dans la phonation. Il ne manque à cette opinion positive que l'indication du mécanisme relatif au développement de la voix *surlaryngienne*, pour offrir le résumé véritable de la théorie la plus généralement admise aujourd'hui; peut-être n'est-elle pas étrangère à la direction qu'ont prise les esprits vers ce résultat. L'Espagnol, unissant la pratique à la théorie, n'est pas aussi loin qu'on pourrait le penser, dans sa thèse inaugurale soutenue en 1811, de l'opinion émise par Mangen. Il distingue, pour la voix humaine, deux sons; l'un direct, l'autre réfléchi. Le premier s'écoule immédiatement par la bouche; le second, résonne dans les fosses nasales avant de sortir par la même voie. Le son direct est le seul qui frappe notre oreille dans les phonations éloignées. Dès lors si le sujet, en contractant le voile palatin, ne rend qu'un son buccal, il semble parler à distance considérable; tout le merveilleux repose donc sur une illusion d'acoustique, et les modifications de la ventriloquie se rattachent entièrement, dans cette hypothèse, au jeu du voile staphylin, à sa faculté de rendre la voix plus ou moins nasale, plus ou moins exclusivement buccale par ses différents degrés d'élévation ou d'abaissement. Les explications que nous venons de présenter sont plus ou moins fautives, plus ou moins incomplètes; aucune d'elles n'est en mesure de répondre aux objections fondamentales que le plus simple examen vient leur opposer.

Bennati pense que l'*engastrimisme* emploie surtout la voix *pharyngienne*, et donne, à la langue diversement utilisée dans ses parties adhérente et libre, une importance majeure pour cette phonation extraordinaire. « Lorsqu'on parle en ventriloque, c'est toujours avec la voix *surlaryngienne*, laquelle est particulièrement modifiée par un mouvement très-curieux de haussement de la base de la langue vers la voûte palatine, tandis que sa pointe sert à l'articulation des mots dont le ventriloque s'est spécialement appliqué à faire usage. Ainsi le mécanisme de la langue dans le *ventriloquisme* serait relatif aux mouvements de sa base et de sa pointe. Le mouvement de sa base joint à l'abaissement de l'épiglotte sur la glotte servirait à modifier d'une façon particulière les sons surlaryngiens en tenant l'haleine en réserve tandis que la pointe de la langue contribuerait à l'articulation des mots. »

Ce mécanisme, dont nous avons reconnu la vérité sur nous-même en répétant, sans beaucoup de perfection, quelques scènes d'engastrimisme, semble en effet celui qu'emploient naturellement les plus habiles ventriloques. Toutefois il est possible que d'autres modifications d'un appareil aussi compliqué se trouvent employées dans ce langage difficile à préciser; la divergence des explications fournies par les anatomistes pectoriloques nous semble donner beaucoup de poids à cette opinion.

Quelle que soit au reste l'explication adoptée, les effets de cette voix magique sont notablement augmentés, dans les illusions qu'ils font naître, par l'adresse que l'acteur met à diriger ses impulsions phoniques vers les lieux d'où la parole supposée devrait partir; les modifications relatives au timbre, à la force, au ton, ménagées avec intelligence, deviennent encore des auxiliaires puissants, capables d'entourer le ventriloque d'un charme et d'un prestige qui fascine même les oreilles et les yeux prévenus. Avec l'opposition de ces contrastes bien établis, des hommes tels que Borel, Fitz-James, Comte, etc., véritablement célèbres dans ce genre, nous étonnent par la force des illusions qu'ils font naître en simulant des conversations entre plusieurs interlocuteurs d'âge, de sexe, de mœurs, de pays différents; en obtenant des réponses mystérieuses du sommet d'un édifice, des profondeurs de la terre ; en évoquant les mânes de leurs tombeaux, en leur prêtant la voix sépulcrale et caverneuse des habitants du Tartare !

Cette manière de parler est fatigante et ne peut être supportée longtemps sans danger, en conséquence de la suspension dans laquelle doivent se trouver les phénomènes respirateurs pendant ses manifestations.

Plusieurs altérations de la parole offrent une telle influence dans nos relations, qu'il est utile au moins de les indiquer.

Mogilalisme. — Impossibilité de prononcer les consonnes, explosives ; surtout par le défaut de longueur de la lèvre inférieure, par la division de la supérieure, dans le bec de lièvre.

Sifflement. — Bruit exagéré, désagréable pendant l'articulation des sifflantes ; ordinairement occasionné par l'absence des dents incisives.

Iotacisme. — Impossibilité de prononcer les gutturales, consécutivement aux perforations de la voûte palatine.

Nasonnement. — Articulation très-désagréable des nasales ; perversion produite par les polypes du nez, la division du voile staphylin, etc.

Allation. — Substitution de la lettre *l* à l'*r ;* ainsi, *malie* pour *marie ;* imperfection articulaire des vibrantes souvent occasionnée par l'excès d'épaisseur ou le défaut de longueur de la pointe linguale.

Grasseyement. — Perversion offrant quelques analogies avec l'allation ; consistant surtout dans l'empâtement et la mollesse d'articulation des vibrantes ; reconnaissant pour cause ordinaire le défaut de liberté, de longueur ou d'acuité de la langue. Lorsque cette altération du langage est peu marquée, naturelle, on peut y trouver un certain charme de douceur et de naïveté ; simulée, comme on le voit chez les jeunes merveilleux de nos grandes cités, elle devient fatigante, insupportable.

Blésité. — Substitution des consonnes douces aux consonnes plus dures, ainzi *ze* pour *je ;* l'épaisseur de la langue peut y contribuer, mais elle est plus souvent produite par une habitude vicieuse ; aussi la voyons-nous fréquemment généralisée dans certains pays.

Bredouillement. — Précipitation et confusion dans l'articulation des mots qui sont alors souvent inintelligibles ; cette perversion est quelquefois la conséquence d'un état convulsif habituel de l'appareil d'articulation vocale ; on en trouve des exemples chez les sujets très-nerveux ; elle est plus souvent produite par la multiplicité des idées ou par le désordre qui préside à leur enchaînement. On fait disparaître ce vice plus ou moins désagréable, dans le premier cas, par les narcotiques, surtout localement employés ; dans le second, en se familiarisant, par une étude sérieuse et persévérante, à manifester ses pensées avec méthode, raisonnement et précision.

Anhélation.—Nous désignons par ce terme la parole entrecoupée, suffocante, propre à quelques individus. Elle peut être *naturelle*, et se rattache ordinairement, soit à l'état irritable des muscles respirateurs, soit au défaut de capacité pulmonaire ; *anormale*, comme on le voit dans la pleurodynie, l'asthme, les inflammations diaphragmatiques, etc.

Bégayement, — *hésitation*, *psellisme ;* cette anomalie consiste dans les suspensions qui divisent, par des intervalles plus ou moins prolongés, les syllabes d'un mot ou les mots d'une phrase. Les bègues rencontrent, en parlant, deux obstacles principaux ; l'un se fait sentir dans certaines articulations laborieuses commandant un effort assez considérable pour l'appareil vicieusement constitué ; l'autre est présenté par la transition des modes articulaires différents. Plus ces modes sont opposés dans leurs manifestations, plus la difficulté devient considérable. Les causes du bégayement peuvent se rattacher aux trois variétés que nous avons indiquées : — *Dispositions physiques des organes.* La plus ordinaire est l'embarras de la langue dont la mobilité se trouve plus ou moins entravée soit par l'insensibilité des nerfs, l'atonie des muscles ; soit par la longueur excessive du frein, l'adhérence intime de l'organe aux parois buccales. Dans le premier cas, les excitants locaux; l'attention de fixer la langue au palais avant d'articuler, de s'habituer par degrés à répéter souvent les syllabes et les mots difficiles, surtout à les enchaîner même dans leurs transitions les plus anharmoniques ; dans le second, la section du frein et des brides que l'on peut attaquer sans danger, constituent les moyens simples employés depuis longtemps avec succès. — *Dispositions morales*. Cette cause, la plus ordinaire sans doute, offre plusieurs modifications essentielles à distinguer. *Défaut d'activité dans les intellectualisations*. Les pensées n'arrivant pas assez promptement pour soutenir la continuité du discours, il en résulte des interruptions fatigantes, analogues à celles du bégayement. *Suspension des mouvements linguaux par la crainte ou par une autre passion ;* les paroles expirent alors dans l'ouverture labiale en sons inintelligibles et mal articulés. — *Défaut d'harmonie entre les phénomènes de combinaison et d'expression*. Les influences de cette catégorie peuvent se rapporter à deux modifications principales : *Défaut d'ordre dans les idées, préoccupation de l'esprit*. Les organes d'articulation se meuvent avant qu'il existe des pensées, avant que la série des raisonnements et des jugements soit établie d'une manière bien déterminée ; tandis que l'intelligence prise au dépourvu cherche à rectifier les erreurs de ses opérations, la langue balbutiant des mots sans ordre et sans liaison, les répète avec dégoût et satiété. Trois considérations principales démontrent la vérité d'une explication aussi naturelle : Ce genre de bégayement est d'autant plus prononcé, que l'individu se trouve dans une situation plus capable de faire naître la distraction ou la crainte. Si le sujet déclame ou chante avec expression des vers bien classés dans sa mémoire, trouvant des intellectualisations déjà préparées, il ne bégaye point. En arrêtant précisément l'esprit de l'individu sur les phrases qu'il doit prononcer, le bégayement devient moins considérable, quelquefois même à peine sensible. Nous réduisons aux principes suivants la thérapeutique de cette variété la plus fréquemment observée : Fixer positivement l'attention sur les objets que l'on doit exprimer avant d'entreprendre aucun mouvement d'articulation ; régler, par avance, la série des idées et même de tous les termes qui doivent composer chaque phrase ; prononcer avec lenteur et mesure toutes les syllabes ; répéter méthodiquement celles dont la première manifestation est imparfaite ; parler sans confusion, en termes laconiques et précis.

Nous avons guéri par ces moyens simples, raisonnés, plusieurs bégayements opiniâtres, et nous croyons que ces règles générales suffiront aux applications particulières qui viendront se présenter.

La conséquence naturelle des faits nombreux et variés dont l'ensemble constitue l'histoire des *sensations*, des *intellectualisations*, et surtout des *expressions* que nous venons d'étudier, est la connaissance pratique de l'homme. C'est ainsi que nous l'avons compris en publiant le traité complet de *Physiognomonie, ou l'homme moral positivement révélé par l'étude raisonnée de l'homme physique ;* ouvrage où nous croyons avoir suffisamment démontré que les systèmes de Gall et de Lavater dont on a fait tant de bruit dans nos temps modernes sont à la fois insuffisants, erronés dans leurs enseignements ; faux, illogiques dans leurs principes fondamentaux ; comme il est aisé de s'en convaincre par le plus simple examen.

Ici se termine l'histoire des fonctions relatives à la conservation des individus ; nous compléterons par celles qui garantissent la propagation des espèces.

GÉNÉRATION.

La Génération, — γέννησις, de γεννάω, engendrer ; *generatio*, de *generare*, produire, qui se manifeste chez tous les êtres organisés vivants, depuis le plus simple jusqu'à l'homme, constitue l'*importante fonction par laquelle se trouve produit un nouvel être susceptible de propager l'espèce dont il fait partie :* pouvoir *vivre*, pouvoir *engendrer* sont deux conditions qui, chez les corps animés, au moins pendant la période moyenne de leur existence, deviennent inséparables : c'est le feu sacré dont le dépôt se transmet admirablement d'âge en âge, et qui ne tarderait pas à s'éteindre si l'auteur de la nature, dans sa merveilleuse prévoyance, n'avait pris les précautions les mieux assurées pour sa conservation.

Cette grande vérité physiologique se trouve liée d'une manière si positive à l'ordre naturel des choses, que dans l'économie vivante les mesures les plus sages ont été réglées pour assurer les moyens *générateurs* et les proportionner aux besoins des espèces. De telle sorte qu'il est permis d'établir ici, comme loi fondamentale, que les moyens de reproduction sont d'autant plus simples et mieux assurés que les individus chez lesquels on les étudie font partie d'une espèce dont l'existence est à la fois moins durable et menacée par des causes de destruction plus puissantes et plus multipliées. Aussi Buffon assure, d'après des calculs sans doute approximatifs, que la génération des végétaux est tellement développée, qu'un espace de cent cinquante ans suffirait à l'une des graines pour couvrir entièrement notre planète, si toutes les reproductions que cette graine pourrait effectuer se trouvaient avantageusement utilisées. Lionnet avance que si tous les petits de certains animalcules réussissaient, leur volume dépasserait celui des mondes ; enfin Lacépède affirme que chez un assez grand nombre de poissons, une seule fécondation peut s'étendre à plus de huit millions d'individus, et la même copulation servir à plusieurs générations consécutives.

Si nous renfermions, pour un instant, l'examen de la génération dans le domaine des animaux supérieurs et de l'homme, nous verrions qu'elle ne se borne pas à la propagation des espèces, mais qu'elle exerce encore sur les facultés physiques et morales des individus une influence remarquable, facile à constater sur ceux qui se trouvent soumis à des mutilations heureusement plus rares aujourd'hui chez les peuples civilisés.

Envisagée dans sa généralité, cette fonction nous offre des

caractères qui lui sont propres et qui la distinguent de toutes les autres, nous les réduirons aux suivants :

Elle se rencontre, sans aucune exception, mais avec des modifications nombreuses dans tous les êtres organisés vivants à l'état normal ; on peut dès lors établir en principe que la faculté reproductrice jouit de la même universalité que la faculté vitale au milieu des circonstances naturelles. En effet, si nous exceptons les monstres et les mulets, êtres dégradés qui ne doivent jamais perpétuer une existence vicieuse, nous voyons au moins temporairement, dans les corps animés, le pouvoir de communiquer à d'autres les étincelles de ce feu générateur menacé d'une extinction prochaine dans les sujets arrivés au terme de leur carrière.

L'objet principal de cette action est évidemment la propagation de l'espèce ; toutefois elle n'est pas entièrement étrangère aux modifications individuelles, comme il est aisé de s'en convaincre en examinant avec attention l'éveil de tous les êtres vivants depuis la plante obscure jusqu'à l'animal supérieur, lorsque le premier crépuscule du printemps annonce la saison heureuse de la rénovation générale ; mais surtout dans notre espèce, les merveilleux changements qui s'opèrent à l'importante révolution de la puberté.

L'exercice de cette fonction ne commence jamais à la naissance et ne se maintient pas jusqu'à la mort sénile, particulièrement chez la femme. Ici les intentions de la nature sont formelles et leur interprétation aisée. L'auteur des êtres n'a pas voulu, dans son admirable prévoyance, qu'ils se trouvassent exposés aux frais de la reproduction avant d'avoir eux-mêmes satisfait à tous les besoins de leur accroissement individuel ; après avoir perdu cette énergie vitale qui laisse désormais l'économie dans l'impossibilité de réparer suffisamment ses pertes et d'arrêter les progrès de la caducité. Dès lors c'est exclusivement entre ces deux extrêmes, c'est dans le milieu de la vie, l'organisme jouissant alors de sa force, de son activité normales, pouvant, sans inconvénient, transmettre le superflu de son existence, que les phénomènes générateurs acquièrent leur développement et s'exercent dans l'entière perfection de leurs facultés. Aussi, toutes les fois qu'un sujet veut s'y livrer avant l'époque, après le terme signalés par la nature, il en résulte pour lui-même toutes les funestes conséquences d'un épuisement rapide, et, pour le produit de ces transgressions des lois primordiales, un résultat plus fâcheux encore, puisqu'il tend à frapper la propagation des espèces dans ses bases fondamentales.

La génération ne s'exerce jamais d'une manière continue; ses intermittences peuvent être considérables et la suspension même se prolonger indéfiniment. Nous ne dirons pas, avec quelques auteurs, sans inconvénients pour la santé, mais au moins sans danger pour la vie. Pour toute la série des êtres animés, soustraits à l'influence des habitudes artificielles et de la civilisation, elle suit la périodicité des saisons dans leurs phases de repos et d'exercice. Ainsi, toutes les plantes et le plus grand nombre des animaux semblent se réveiller, au printemps, du long assoupissement des hivers pour concourir à la propagation, au renouvellement des espèces. L'homme seul paraît naturellement étranger à ces influences de l'économie vivante, maîtrisant les éléments, les climats et les modifications temporaires, signalant son indépendance au milieu de l'univers, il peut, dans toutes les conditions extérieures, se livrer à l'acte important de la fécondation.

Les actes générateurs éprouvent une extinction complète sans influencer dangereusement l'existence individuelle, comme nous l'observons chez les sujets qui naissent impuissants, dépourvus des organes affectés à ces actes, ou qui les ont perdus consécutivement à des opérations, à des blessures, etc.; mais toujours alors on voit, dans les dispositions physiques et morales du sujet, les signes positifs d'une imperfection constitutionnelle. Fortement réclamés par l'instinct, ces mêmes actes, chez les animaux supérieurs, chez l'homme, dans l'état normal, s'exécutent sous l'influence de la volonté pour tous les phénomènes préparateurs; la fécondation proprement dite se trouve ordinairement affranchie de cette influence.

La reproduction offre pour dernier caractère essentiel et particulier de nécessiter, dans tous les êtres qui s'éloignent de l'état rudimentaire, la coopération de deux sujets différents ou, pour le moins, de deux organes distingués par leur sexe, l'un mâle, l'autre femelle ; de s'effectuer par l'intermédiaire d'un principe fécondant, solide, pulvérulent, comme le *pollen* des plantes ; liquide, comme le *sperme* d'un grand nombre d'animaux.

Tels sont les traits distinctifs des phénomènes conservateurs de l'espèce, dont l'ensemble va désormais se trouver compris sous le titre de *génération*, et que nous allons étudier en suivant la marche déjà tracée pour l'exposition des phénomènes conservateurs de l'individu.

Appareil. — Galien, Avicenne et plusieurs médecins du moyen âge ; Geoffroy-Saint-Hilaire chez les modernes, ont prétendu que les organes générateurs différaient seulement, dans l'homme et dans la femme, par leur situation et leur développement ; ces organes étant extérieurs pour le premier, intérieurs et rentrés pour la seconde.

Quelle que soit la valeur de ces rapprochements plus ingénieux que vrais, l'appareil génital, dans le plus grand nombre des espèces, doit être considéré sous deux rapports essentiels : *Chez le mâle ; chez la femelle.* Nonobstant les identités forcées que l'on a prétendu consacrer entre ces deux types fondamentaux, ils offrent des différences majeures, des caractères propres qui ne permettront jamais de les confondre ; c'est précisément sur ces caractères et ces différences que repose invariablement la distinction des sexes.

Considérant la génération dans son universalité, le physiologiste s'aperçoit que les organes mâles et les organes femelles peuvent exister sur le même sujet, et la fécondation s'effectuer sans le concours de deux individus. Il reconnaît en même temps que cette modification, assez multipliée dans le règne végétal, ne présente, pour le règne animal, à peu près tout entier, aucun exemple de cet hermaphrodisme parfait. Nous devons dès lors étudier isolément ces deux principales divisions de l'appareil générateur, d'abord dans l'espèce humaine, ensuite sous le rapport des différences qu'il peut offrir chez les végétaux et les animaux.

Organes génitaux mâles. — Nous les trouvons naturellement divisés en deux catégories : Les uns relatifs à la formation du fluide fécondant nommé *sperme ;* les autres chargés de porter ce fluide au lieu de sa destination. Nous appellerons les premiers organes de *sécrétion* et les seconds organes de *transmission.*

Organes de sécrétion. — Nous les voyons constituer un appareil complet formé par la glande, le canal afférent, le réservoir et le conduit excréteur. *La glande*, nommée *testicule*, d'abord contenue dans l'abdomen, ensuite expulsée par l'anneau inguinal, vers une époque plus ou moins éloignée de l'état embryonnaire, quelquefois même assez longtemps après la naissance, pouvant conserver toujours sa première position, se trouve naturellement embrassée par un sac membraneux formé de couches différentes et portant la dénomination de *scrotum.* Ces couches sont de l'intérieur à l'extérieur, *la séreuse* ou *tunique vaginale*, propre au testicule sans le renfermer dans sa cavité ; *la fibreuse* commune à la glande, au cordon ; l'épanouissement du *crémaster, muscle volontaire; le feuillet celluleux* autrefois nommé *dartos ;* enfin la peau formant seule une enveloppe commune aux deux testicules. Cet organe présentant la forme et le volume d'un œuf de perdrix légèrement aplati, se trouve immédiatement enveloppé d'une membrane fibreuse, connue sous le titre *d'albuginée.* Son parenchyme est grisâtre, fauve, granuleux ; il fournit des petits canaux très-déliés, radicules du conduit afférent; Monro croit pouvoir en porter le nombre à 62,500, la longueur à 5,208 pieds. Quelle que soit la justesse ou l'erreur de cette évaluation approximative, ces canaux, réduits au nombre de vingt-cinq ou trente, sortent par les ouvertures supérieures de la tunique fibreuse, constituent l'épididyme, et vont se terminer dans le canal déférent ; celui-ci monte vers l'anneau sus-pubien, le traverse, gagne les côtés, le bas-fond de la vessie, pour s'unir au conduit vésiculaire et former le canal éjaculateur qui s'ouvre dans l'urètre, sur les côtés du *verumontanum*. Le testicule, dans l'état normal, est soutenu par un cordon que forment, en s'unissant dans l'enveloppe commune, *le conduit déférent*, les artères et veines *spermatiques*, les nerfs *ganglionnaires*, des vaisseaux *lymphatiques* et le muscle *crémaster*. *Ls réservoir*, nommé *vésicule séminale*, représente un petit sac aréolaire, piriforme, obliquement situé dans l'intervalle du rectum et de la vessie, de telle manière que son canal excréteur, après un trajet de quelques lignes, va s'ouvrir sous un angle très-aigu, dans le conduit efférent.

Organes de transmission. — Leur ensemble nommé *pénis*, *verge*, *membre viril*, forme un prolongement à peu près cylindrique, variant pour la longueur de huit à dix pouces, et pour le volume, de douze à quinze lignes dans ses diamètres. Il est formé de trois parties essentielles : *Le gland*, corps arrondi couvrant l'extrémité du pénis; d'un parenchyme vasculeux, érectile, enveloppé, dans une étendue variable, par le prolongement de la muqueuse et de la peau nommé *prépuce*, il est immédiatement protégé sous l'expansion du premier de ces tissus qui le retient inférieurement au moyen d'un *frein* ou *filet*. *Le corps caverneux*, production également érectile, enveloppée d'une membrane fibreuse, bifurqué en arrière pour son insertion aux tubérosités ischiatiques, unique antérieurement, arrondi, recouvert par le gland, présentant la majeure partie du membre viril, servant à lui donner la forme, la longueur et la fermeté qu'il doit revêtir pour déposer le sperme. *Le canal de l'urètre* commençant au col de la vessie, finissant à l'extrémité du gland par une petite fente étroite et verticale appelée *méat*. Recouvert en forme de gouttière par le corps caverneux, ce conduit présente l'excréteur commun des émissions urinaire et spermatique favorisées par les muscles *bulbo-ischio-caverneux transverse du périnée*, *releveur de l'anus* placés plus ou moins immédiatement sur l'origine de ce même conduit.

L'appareil dont nous venons d'énumérer les parties essentielles est intérieurement recouvert d'une membrane muqueuse, portion de la *génito-urinaire*, laquelle s'introduit par l'urètre dans les canaux séminifères jusqu'à leurs dernières divisions.

Des amas de follicules mucipares connus sous les noms impropres de *glandes prostates*, de *Cowper*, environnent le conduit excréteur à son origine, y versent le produit de leur sécrétion qui, se mêlant au sperme, favorisent beaucoup l'exportation de ce fluide.

L'appareil génital de l'homme est surmonté par une éminence ombragée de poils à laquelle on donne le nom de *pénil*. Bornant à cet exposé les considérations anatomiques suffisantes à l'intelligence des phénomènes générateurs, nous renvoyons, pour les détails, à l'histoire des sécrétions urinaire et spermatique où le canal de l'urètre, le testicule et ses annexes ont été plus spécialement examinés.

Organes génitaux femelles. — Cette autre division de l'appareil génital nous présente également deux ordres de parties essentiellement distinctes par leurs dispositions et surtout par leurs usages. Nous les désignerons sous les titres d'organes : de *sécrétion;* de *réception*. Les premiers sont relatifs à la formation des œufs susceptibles d'être fécondés ; les seconds servent de réceptacle, d'une part, au fluide séminal pour son importation ; de l'autre, au produit de la fécondation, pour son développement embryonnaire.

ORGANES DE SÉCRÉTION. — Ils sont représentés par les *ovaires* et leurs dépendances immédiates. Ces organes offrent deux petits corps glanduleux, ovoïdes, situés dans l'abdomen, enveloppés sous les replis du péritoine formant les ligaments larges de l'utérus ; leur parenchyme est grisâtre, celluleux; on y rencontre, à la surface, de dix à vingt petites vésicules signalées par Graaf, aujourd'hui regardées comme des œufs destinés à la fécondation. Plusieurs auteurs les croient environnés, surtout les plus volumineux et les plus disposés à recevoir l'influence vivifiante, d'une matière orangée qu'ils nomment *lutéine*, paraissant rompre l'enveloppe de l'ovaire par son accumulation et former ultérieurement le *corps jaune*. Home pense que les œufs, qui n'existent pas avant la puberté, qui disparaissent après l'âge de retour, se trouvent incessamment renouvelés entre ces deux époques étrangères à la faculté génératrice. Leur nécessité pour la reproduction est d'ailleurs positivement démontrée par les faits. Au milieu de plusieurs observations très-curieuses, Pott nous a transmis celle d'une jeune fille de vingt-trois ans chez laquelle on avait enlevé les deux ovaires compris dans un bubonocèle; bientôt les seins, jusqu'alors assez volumineux, s'affaissèrent, et la menstruation disparut complétement. Cette observation est surtout remarquable en nous offrant, chez la femme, par la suppression des ovaires, des conséquences générales analogues à celle de la castration chez l'homme; et nous démontrant, par le fait, les rapports essentiels des testicules et des ovaires dans la génération. Ces deux petites glandes sont enveloppées, comme les testicules, par une membrane fibreuse, mais avec la différence importante qu'elle ne présente pas, comme celle-ci, des ouvertures naturelles capables de livrer passage aux produits de la sécrétion. Les *annexes* de l'ovaire sont : Le *ligament* du même nom qui fixe l'organe aux parties latérales de l'utérus, et que l'on avait longtemps regardé comme l'excréteur, bien qu'il ne soit jamais fistuleux; la *trompe de Fallope*, conduit long de quatre à cinq pouces, rétréci vers son milieu, naissant de l'un des angles utérins supérieurs, se terminant par un évasement infundibuliforme et frangé, dont la plus forte dentelure maintient son adhérence naturelle à l'ovaire. Occupant la partie la plus élevée des ligaments larges, formée par des membranes muqueuse, musculeuse, celluleuse et par une petite proportion de tissu érectile dans son épanouissement, elle présente le seul conduit excréteur de cette glande, remplit ordinairement le double usage de porter la matière prolifique, de l'utérus à l'ovaire, et de conduire le germe nouvellement soumis à l'animation, de l'ovaire dans l'utérus où doit s'accomplir son développement fœtal. Nous renvoyons, pour les détails, à l'histoire de la sécrétion ovarique où cet appareil est plus particulièrement décrit.

Organes de réception. — Ils offrent un assez grand nombre d'objets à considérer, au milieu desquels on doit spécialement voir deux cavités musculeuses destinées l'une à l'introduction du pénis, l'autre à la gestation du nouvel être. Nous comprendrons sous trois titres principaux tous ces divers objets : *Vulve*, *vagin*, *utérus*.

Vulve. — Dans cette première division viennent se ranger toutes les parties extérieures de l'appareil génital considéré chez la femme. Nous y trouvons de haut en bas et d'avant en arrière, sur le pubis, une éminence garnie de poils, ou *mont de Vénus ;* au-dessous, la *vulve*, bornée par deux replis nommés *grandes lèvres ;* cutanés en dehors, muqueux en dedans, ombragés de poils, garnis de follicules sébacés à la sécrétion desquels ces parties doivent surtout l'odeur qui les distingue ; ces deux lèvres s'unissent en avant, en arrière, formant ce que l'on appelle des commissures ; la postérieure est désignée par le titre de *fourchette*. Sous la commissure antérieure, existe un petit corps plus ou moins allongé, non fistuleux, en forme de verge, terminé par un tubercule arrondi que l'on compare au gland, et recouvert d'un repli muqueux analogue au prépuce ; formé d'un tissu érectile offrant à peu près les dispositions du corps caverneux ; cet organe très-sensible se nomme *clitoris*. Immédiatement au-dessous, on voit le vestibule, espace triangulaire et déprimé ; le méat urinaire conduisant dans la vessie par l'urètre dont la longueur est de douze à quinze lignes ; l'orifice du vagin, arrondi, borné latéralement par deux replis muqueux naissant du prépuce clitoridien, se terminant en dedans et vers le milieu des grandes lèvres, sous le nom de *petites lèvres* ou *nymphes ;* renfermant du tissu érectile dans leur épaisseur ; pouvant acquérir une longueur excessive chez certaines femmes, et paraissant constituer ce fameux *tablier* des Hottentotes et des Cafres dont Sparman, Levaillant, Peron, Banks, Le Sueur, etc., ont parlé si différemment. Cuvier, Flourens, Virey, nous confirment dans cette opinion par les observations qu'ils ont faites sur la *Vénus hottentote*, livrée, dans ces derniers temps, à la curiosité parisienne. Dans la même direction, s'étend du clitoris au périnée le plan musculeux très-mince auquel on a donné le nom de *sphincter*, de constricteur de la vulve, du vagin. Derrière l'ouverture de ce conduit se rencontrent la *fosse naviculaire*, la commissure postérieure des grandes lèvres ou *fourchette*, enfin le *périnée*, véritable pont dermo-celluleux et musculeux, d'un pouce à peu près de longueur, séparant la vulve de l'anus.

VAGIN. — On nomme ainsi le conduit musculo-membraneux ouvert antérieurement à la vulve, entre l'urètre et la fosse naviculaire, terminé postérieurement au col utérin qu'il embrasse en formant, dans ce point, un enfoncemont circulaire et sans aucune issue. Cylindrique, placé entre le rectum et la vessie, décrivant une courbe à concavité supérieure, il présente quatre à six pouces de longueur, douze à quinze lignes de diamètre ; deux membranes servent à le former : l'une intérieure *muqueuse*, offrant au milieu de ses follicules simples, latéralement, près des caroncules, deux agglomérations mucipares, indiquées dans plusieurs auteurs sous le titre impropre de *glandes vaginales*, *prostates de Bartholin* ; recouvrant, sans les former entièrement, les rides étendues transversalement sur la paroi postérieure du vagin ; l'autre extérieure *musculeuse* involontaire, antérieurement fortifiée par le sphincter qui peut se contracter au gré du sujet, comme celui qui se rencontre également dans les grandes lèvres. L'orifice de ce conduit, chez les vierges, se trouve plus ou moins rétréci par une expansion membraneuse connue sous le nom d'*hymen*. La forme, l'étendue, la résistance et l'élasticité de cette membrane varient beaucoup. Chez la plupart des sujets elle forme postérieurement un simple croissant à concavité antérieure ; chez d'autres, elle décrit un cercle entier présentant son ouverture centrale ; enfin, dans quelques individus, cette expansion, complétement imperforée, s'oppose à l'écoulement des menstrues avec développement d'un ensemble de phénomènes qui peuvent en imposer pour ceux de la grossesse ; Denman, Smellie en citent des exemples. L'hymen est formé par une duplicature muqueuse dans l'épaisseur de laquelle Velpeau dit avoir trouvé des fibres musculaires. Souvent il se déchire dans la première copulation et ses débris constituent les renflements tuberculeux qui bordent l'orifice vaginal, chez les femmes déflorées, sous le nom de *caroncules myrtiformes*; pour quelques sujets, il persiste jusqu'à l'époque de l'accouchement, Nægèle, Paré, l'ont observé plusieurs fois. Si nous en croyons l'histoire, la fameuse Cornélie, mère des Gracques, présenta cette membrane jusqu'à la mort. En supposant même ce dernier fait controuvé, les premiers authentiques, rapprochés de l'absence de l'hymen chez des enfants qui n'ont jamais effectué la copulation, rendront le médecin légiste bien circonspect lorsqu'il s'agira de prononcer en matière de virginité d'après un signe aussi capable d'en imposer.

UTÉRUS,— μητρα, ὑστέρα des Grecs, *matrix*, *uterus* des Latins. On décrit sous ce titre un sac musculeux à parois épaisses, faisant suite au vagin, offrant le volume et la forme d'une poire aplatie, situé dans l'excavation pelvienne, entre le rectum et la vessie, présentant l'organe essentiel de la gestation. Ordinairement placé dans la direction du détroit supérieur, le vagin suivant celle du détroit inférieur. Négligeant la division des accoucheurs qui nous semble peu physiologique, nous partagerons cet organe en trois sections, d'avant en arrière : le *museau de tanche*, partie qui saillit dans le vagin et que l'on explore aisément au moyen du toucher. Il est arrondi, renflé, plus mou, surtout plus sensible que le reste de l'organe ; disposition facilement expliquée par la distribution plus spéciale des nerfs du plexus lombaire dans cette partie ; nous y voyons une fente exactement transversale, bordée par deux lèvres, l'une antérieure plus épaisse et plus longue, l'autre postérieure plus mince et plus courte. Il offre parfois, chez les vieilles femmes, comme l'a surtout bien fait observer Lallemant, une longueur assez considérable qu'il ne faut pas confondre avec une descente de matrice. Le *col*, étroit, allongé d'une texture plus ferme, embrassé par le fond du vagin, conduit dans l'organe par une sorte d'étranglement que Mayer a vu s'oblitérer chez les sujets très-avancés en âge. Le *corps*, plus évasé, plus épais, offre sa cavité susceptible de loger une forte amande ; elle est triangulaire, à trois ouvertures ; l'une, occupant l'angle antérieur, appartient au col et mène dans le vagin ; les deux autres, placées vers les angles postérieurs, conduisent dans les trompes de Fallope. Mesurant l'utérus à l'état de vacuité sur un assez grand nombre de cadavres, nous avons rencontré, terme moyen, les dimensions suivantes : longueur totale, vingt-cinq lignes ; largeur, seize lignes ; épaisseur entière, dix lignes ; épaisseur des parois, trois lignes. Les anatomistes ont longuement discuté relativement à son organisation, sur laquelle on trouve encore aujourd'hui des opinions divergentes. On peut la réduire à la substance charnue, comprise entre deux membranes, l'une intérieure muqueuse, l'autre extérieure séreuse.

Substance charnue. — Dans l'état ordinaire elle est serrée, compacte, et surtout par ses couches sous-péritonéales, assez analogue au tissu fibreux jaune, que nous trouvons, dans l'économie vivante, sur les limites communes des systèmes celluleux et musculaire ; se rapprochant du premier dans un utérus normal, prenant tous les caractères du second sur une matrice actuellement chargée, depuis plusieurs mois, du produit de la conception. D'accord en ce point, les auteurs ne le sont pas lorsqu'il s'agit de fixer la direction des fibres motrices. Vésale, Malpighi les croient inextricables ; Ruysch, concentriques ; Hunter, Sue, disposées en couches variables par leurs directions ; A. Leroy, Meckel, réunies de manière à constituer deux muscles, l'un interne, l'autre externe.

Il est aisé de voir, d'après ces oppositions et ces incertitudes, que le muscle utérin n'offre pas dans le trajet de ses fibres une direction tellement fixe et constante que l'on puisse irrévocablement l'établir ; mais deux faits essentiels résultent positivement de ces travaux. Le parenchyme de l'utérus est musculeux ; comme dans tous les muscles creux, l'action principale des fibres est concentrique.

Muqueuse. — Gordon, Chaussier, Ribes, n'admettent pas son existence. Il suffit d'examiner l'utérus après l'accouchement, surtout lorsque la malade a succombé sous l'influence d'une métrite, pour constater la réalité de cette membrane. Dans l'état ordinaire, elle paraît comme identifiée à la substance charnue, disposition qui sans doute a fait prendre le change, relativement à sa nature. Continuation de la muqueuse vaginale, origine de celle qui revêt l'intérieur des trompes, elle présente des follicules mucipares, surtout vers le col où quelques anatomistes les ont décrits sous le titre *d'œufs de Naboth*, et qui, dans le catarrhe utérin, fournissent une humeur, dont les qualités prouveraient encore la nature de la membrane que nous examinons, en supposant que l'on eût besoin de ce nouveau fait, pour démontrer sa liaison à la muqueuse génito-urinaire.

Séreuse. — Elle fait partie du péritoine, recouvre l'utérus, forme deux vastes replis nommés ligaments larges, et dans l'intervalle desquels se trouvent les dépendances de la matrice : d'arrière en avant, les trompes, les ovaires et leurs annexes, les ligaments ronds formés par des expansions du tissu musculaire utérin, partant des côtés de l'organe pour gagner l'anneau sus-pubien; le traverser et s'identifier immédiatement après avec le périoste. Dionis accordait à ces ligaments la faculté de porter l'utérus au-devant du pénis dans la copulation ; il est difficile d'y voir autre chose que des moyens de contention pour ce viscère. Douglas, A. Petit ont encore admis quatre ligaments analogues, sous les noms *d'utéro-vésicaux et d'utéro-sacrés*.

Les vaisseaux de cet appareil sont fournis, à l'utérus, par l'artère hypogastrique ; à l'ovaire, par l'aorte ; les veines se rendent, pour le premier de ces organes, dans l'iliaque interne ; pour le second, dans la veine cave inférieure ; les lymphatiques vont aux ganglions pelviens ; les nerfs encéphaliques viennent du plexus sacré, leur distribution s'effectue spécialement au col, en expliquant la sensibilité plus vive de cette portion de la matrice ; les nerfs ganglionnaires émanent des plexus rénaux, hypogastriques, se distribuent particulièrement au corps du viscère.

Envisagés dans leur ensemble, ces organes génitaux femelles nous offrent un appareil sécréteur complet, dont l'ovaire présente la glande ; la trompe, le canal afférent ; l'utérus, le réservoir ; le vagin, le conduit excréteur.

Telles sont les deux parties essentielles de l'appareil générateur dans notre espèce. Bien que son existence normale soit indispensable à la propagation des races, nous le voyons cependant encore soumis à des anomalies assez nombreuses dans l'un et l'autre sexe. *Relativement à l'homme*, il n'est pas très-rare d'observer différentes perversions, compromettant plus ou moins directement la faculté génératrice. Dans ce nombre, il faut particulièrement citer : l'imperforation de l'urètre à son extrémité ; l'hypospadias ; la bifurcation pénienne ; l'absence de la verge, des testicules, etc. *Relativement à la femme*, ces vices de conformation sont plus fréquents encore, et beaucoup d'entre eux peuvent occasionner la stérilité. Ainsi, *pour les organes de sécrétion*, on rencontre souvent des sujets qui ne présentent qu'un ovaire ; Chaussier, Jadelot, Dugès, etc., en rapportent des exemples ; ces glandes peuvent s'atrophier dans la force de l'âge, comme l'a vu Renauldin, et chez certains sujets, du reste bien constitués, ne sécréter aucun ovule ; sur d'autres, les trompes étaient oblitérées ou manquaient complétement. *Pour les organes de réception*, le défaut d'utérus est bien constaté par les observations d'Engel, Théden, Lieutaud, Bousquet, Renauldin, Breschet, etc. La matrice est quelquefois divisée longitudinalement par une cloison, tantôt incomplète, Dupuytren a conservé la pièce anatomique d'une altération semblable ; tantôt continue dans toute l'étendue de l'organe ; ces faits sont moins nombreux. Toutefois ils nous font concevoir la possibilité d'une superfétation, si l'on veut seulement exprimer, par ce terme, la fécondation de deux germes à des époques différentes, leur gestation dans le même utérus, mais chacun dans une cavité particulière. Quant à l'existence de deux matrices bien développées, avec toutes leurs dépendances, nous ne voyons aucun fait susceptible d'en faire admettre la réalité. Un seul col peut s'ouvrir dans les deux locules; Riolan, Sylvius, Tiedemann, Bauhin, etc., l'ont observé plusieurs fois. Une cavité simple vient quelquefois se terminer par un double col; ou bien encore ces deux locules offrent leur col particulier comme l'ont rencontré Bartholin, Haller, Callisen, Bœhmer, Littre, Duméril, Dubois, Lallemant, etc. Pour ces différentes monstruosités l'utérus vient s'ouvrir dans le rectum, la vessie, l'urètre, au-dessus du pubis, etc. Valisnieri, Duverney, Saviard, etc., l'ont prouvé par des faits. Si la matrice est bilobée, à double col, et qu'il se manifeste grossesse d'un côté seulement, le toucher peut exposer à des erreurs qu'il est facile de prévoir et dont Tiedemann et West ont cité des exemples curieux. Le vagin est parfois double; chez quelques sujets il se termine en doigt de gant, l'utérus n'existant pas. Lieutaud cite un fait analogue; il parle également d'une jeune fille n'offrant aucune trace de vagin et d'urètre, qui rendait l'urine par l'ombilic. On rapporte qu'une courtisane de Venise présentait le clitoris osseux. Nous avons actuellement sous les yeux un jeune enfant de huit ans, offrant les apparences générales du sexe féminin, sans présenter aucune indication d'organes génitaux qui sont remplacés par une longue bourse, pendante à la manière du scrotum chez le taureau, perforée d'un orifice étroit par lequel s'effectue volontairement l'excrétion urinaire.

Pour compléter l'histoire physiologique de l'appareil générateur, après l'avoir sommairement examiné dans l'espèce humaine, il est essentiel d'apprécier les principales modifications qu'il offre naturellement dans toute la série des êtres organisés.

Chez les zoophytes. — Il n'existe aucun appareil générateur particulier, la reproduction s'effectuant par une véritable *pullulation bourgeonneuse.*

Dans les végétaux. — Les organes mâles sont représentés par l'*étamine*, formée d'une petite bourse, qui sous le nom d'anthère, contient la poussière fécondante, se trouve soutenue par une tige flexible appelée *filet*. Quant aux organes femelles, nous les voyons dans le *pistil*, composé de trois parties : le *stigmate*, espèce de vagin qui reçoit la poudre génératrice ; le *style*, support canaliculé faisant l'office des trompes ; l'*ovaire*, servant à la production, au développement des germes ; cumulant ainsi les fonctions exercées par l'ovaire et l'utérus chez les animaux supérieurs. Ces organes peuvent être unis sur le même individu, plantes *monoïques ;* appartenir à deux sujets différents, plantes *dioïques*. Toutes les autres parties de la fleur ne sont que des accessoires destinés à favoriser l'animation des ovules. C'est d'après cette idée que l'un de nos plus ingénieux botanistes a regardé la corolle et ses pétales, comme les rideaux entr'ouverts du lit où s'effectue l'acte mystérieux de la reproduction.

Pour les insectes. — L'appareil génital est ordinairement incomplet.

Chez les oiseaux. — Le pénis offre souvent un simple bourgeon vasculeux ; d'autres ont une verge non canaliculée, chez quelques-uns elle est fistuleuse ; pour un grand nombre, la fécondation s'opère sans introduction pénienne ; les testicules sont constamment renfermés dans l'abdomen. Il n'existe qu'un seul ovaire duquel part un conduit nommé *oviductus*, allant s'ouvrir dans le cloaque, réservoir commun des œufs, de l'urine et des matières fécales, représentant ainsi l'utérus, le rectum et la vessie.

Dans les reptiles et les poissons, — les ovaires très-vastes contiennent des ovules innombrables, on en trouve quelquefois jusqu'à trois et quatre cents disposés à l'animation. Une classe tout entière de reptiles appelés *bispéniens* présente la verge bifurquée ; les femelles offrent un double vagin ; pour les autres elle est unique ; on ne la trouve pas chez les Batraciens ; les testicules sont granuleux ; dans les poissons, représentés par deux grands sacs abdominaux, ils sont remplis, seulement au temps du frai, d'une proportion considérable de sperme, désigné sous le nom de *laite* ou *laitance*.

Pour les mammifères, — on ne rencontre jamais le mont de Vénus, que leur position habituelle rend absolument inutile. Dans cette classe, exclusivement, il existe une matrice diversement conformée suivant les familles. Chez les ruminants, les rongeurs, les solipèdes, les amphibies, etc., cet organe présente le plus souvent deux cornes très-allongées divergentes et dans lesquelles vient s'ouvrir un nombre variable d'utérus particuliers ; ces deux cornes se rendant au même col, donnent à l'ensemble de la matrice une forme assez exactement triangulaire. D'après Cuvier, les animaux n'offrent aucun vestige des nymphes, mais plusieurs ont une membrane hymen, comme on peut s'en assurer en examinant la chèvre, la brebis, la chienne, l'hyène, etc. Chez tous les mammifères, on trouve des testicules ovoïdes plus ou moins analogues à ceux de l'homme. La plupart des *carnassiers* et notamment le chien, le renard, l'hyène, le loup, ne présentent point les vésicules séminales ; il devient alors indispensable de prolonger le coït pour donner au sperme le temps d'arriver des testicules au vagin ; c'est en conséquence de cette prévision naturelle que, dans ces animaux, le gland se gonfle de manière à maintenir avec force l'accouplement jusqu'à la consommation de l'acte générateur.

En terminant ces considérations relatives à l'appareil de reproduction envisagé dans la série des êtres organisés vivants, nous sommes conduits à rechercher si les organes mâles et femelles, réunis sur le même sujet, dans certaines familles végétales, peuvent offrir une disposition semblable, chez les animaux et particulièrement chez l'homme ; en d'autres termes, nous avons à décider la question de l'*hermaphrodisme*, si longuement et si vaguement discutée par les auteurs du moyen âge.

Hermaphrodisme. — L'hermaphrodisme, ἑρμαφροδισμός des Grecs, *hermaphrodismus* des Latins, de Ἑρμῆς Mercure, Ἀφροδίτη Vénus, pris dans sa véritable acception, doit être défini : *Condition d'un être organisé vivant, réunissant dans son appareil générateur, les organes mâles et femelles, pouvant* *effectuer, indépendamment d'un concours étranger, l'acte essentiel de la fécondation.*

Si tous les auteurs occupés de cet objet avaient ainsi précisé la valeur des termes avant d'entrer en matière, leurs écrits nous offriraient des observations positives, au lieu d'un amas informe de suppositions et de vaines logomachies.

En appliquant à l'ensemble des corps animés, les dispositions de l'*hermaphrodisme* telles que nous les exprimons, il nous sera facile de tracer exactement la circonscription du domaine qu'elles peuvent revendiquer.

Dans toutes les classes végétales, en exceptant la *diœcie*, l'hermaphrodisme existe avec ses caractères essentiels. En effet, les nombreuses plantes appelées *monoïques*, présentant la réunion des organes mâles et des organes femelles, jouissent de la faculté de procréer sans aucun secours emprunté.

Pour la série zoologique, ces conditions se trouvent au contraire limitées à quelques espèces rudimentaires, comme on le voit dans les *zoophytes* et notamment les *ascidies*, les *oursins*, les *holothuries* ; dans les *mollusques bivalves*, surtout les *huîtres*, les *peignes*, les *moules*, etc.; dès que l'on s'élève davantage, on observe la disparition entière de cette confusion des sexes. Déjà les *coquillages univalves*, tels que les *planorbes*, les *aplysies*, les *limaçons*, etc., possédant encore les organes mâles et femelles bien développés, n'ont cependant plus cette faculté génératrice indépendante ; chez ces derniers, deux individus s'unissent dans un accouplement réciproque : les organes mâles de l'un fécondent les organes femelles de l'autre, et *vice versâ* ; de manière qu'ils semblent destinés à marquer le passage de l'hermaphrodisme à l'unité sexuelle, en prouvant que cette première condition ne peut jamais être celle des animaux supérieurs, puisqu'elle n'est pas même conservée dans les individus moins parfaits où les dispositions de l'appareil sembleraient d'abord en indiquer l'établissement.

Ce n'est pas sans étonnement que nous voyons des hommes tels que Tiedemann, Meckel et plusieurs autres physiologistes allemands, négliger des considérations aussi positives, aussi fondamentales, partir de ce principe étranger à l'*androgynie*, que, dans l'embryon, le sexe est encore indéterminé, pour admettre la possibilité de l'hermaphrodisme parfait même chez l'homme. C'est évidemment donner trop d'extension aux écarts de la nature et fonder sur les illusions de l'avenir une hypothèse que renversent entièrement les réalités du passé. A moins que l'on emprunte à la Fable toute l'insensibilité du fils de Mercure et de Vénus, la constance et l'amour de la nymphe Salmacis, nous ne croyons pas qu'il soit possible *aux dieux* de former désormais un nouvel *Hermaphrodite*.

Il suffit en effet d'examiner, avec attention, les différents sujets présentés comme *androgynes* et dont les recueils nous offrent des histoires multipliées, pour voir que non-seulement aucun n'eux n'a présenté les organes mâles et femelles bien constitués, avec la faculté d'une fécondation indépendante, mais que le plus grand nombre était réduit à des parties génitales vicieuses, rudimentaires, à l'impuissance, à la stérilité. Parmi ces faits nous indiquerons seulement les suivants dont plusieurs sont consignés dans le savant article de Marc, *Dictionnaire des Sciences médicales.*

Marie-Marguerite, née le 19 janvier 1792, à Bu, arrondissement de Dreux, est élevée, comme une fille, jusqu'à l'âge de dix-neuf ans, acquiert les goûts, les habitudes et les dispositions de l'autre sexe. Le fils d'un ami de son père la demande en mariage ; il était le troisième prétendant à cette union. Les parents de Marie, craignant qu'elle ne fût pas naturellement conformée, la menstruation n'ayant jamais paru, font, avant tout, procéder à son examen par le docteur Worbe, en voici le résultat : Scrotum fendu en-dessous à la manière d'une petite vulve ; cet orifice est un hypospadias conduisant dans la vessie. Deux testicules suspendus à leurs cordons ; ces organes ayant franchi l'anneau, de treize à quatorze ans, un chirurgien ignorant les avait comprimés sous un double bandage, les prenant pour des hernies. A la commissure antérieure de l'hypospadias, un petit gland imperforé ; le sujet est déclaré du sexe masculin, adresse une requête au tribunal de Dreux en 1813 ; après la rectification authentique de son acte de naissance, prend les habits d'homme, se livre aux travaux qu'il préférait depuis longtemps, et devient l'un des meilleurs agronomes du pays. Il n'est pas nécessaire d'ajouter que Marie-Marguerite, connaissant désormais son impuissance absolue, n'a pas songé depuis à s'engager dans les obligations de l'hymen.

Handy vit à Lisbonne, en 1807, un sujet d'une taille svelte, offrant les organes génitaux femelles bien conformés ; au-dessous, existait un scrotum, deux testicules, une verge creusée d'un petit enfoncement de deux lignes. Cette femme bien menstruée, n'ayant jamais éprouvé le désir du sexe féminin, était mère de plusieurs enfants.

Giraud, médecin de l'Hôtel-Dieu, rapporte l'observation d'un individu présentant le buste, les bras analogues à ceux de l'homme ; le bassin, les membres pelviens de la femme ; deux testicules, une verge imperforée ; tous les caractères de l'impuissance.

Béclard, avec son grand talent d'observation, a conservé l'histoire de Marie-Madeleine Lefort, alors âgée de seize ans, et que nous avons soigneusement examinée cinq ans après, offrant tous les caractères indiqués par notre ancien ami. Constitution générale de la femme ; au-dessous du pubis, clitoris imperforé de deux pouces ; allongé par l'érection, simulant une verge ; prépuce mobile, offrant inférieurement cinq petits trous ; vulve bordée par deux lèvres courtes, ombragées de poils ; fente moyenne, peu profonde ; vers la base du clitoris, ouverture qui laisse pénétrer une sonde ordinaire à la profondeur de dix à douze lignes en suivant la direction du vagin, plus profondément vers le rectum ; en touchant par cette voie l'on trouve un corps dur qui pourrait être le col de l'utérus ; Marie Lefort excrète l'urine par les trous du prépuce ; dit qu'elle est exactement réglée ; se trouve portée vers les hommes par un attrait naturel, sans toutefois offrir aucune des conditions indispensables à la génération.

Il nous serait aisé d'ajouter à ces faits ceux rapportés avec détail par Evrard Home, Chéselden, Hufeland, Mertens, J. Hunter, Laumonier, Ferrein, etc., s'ils ne devenaient surabondants, puisque tous s'accordent pour démontrer, jusqu'à l'évidence, qu'il n'existe encore aucune observation d'*hermaphrodisme* parfait chez l'homme et chez les animaux supérieurs ; que ces garanties du passé, jointes aux dispositions, aux intentions primordiales de la nature, ne permettent pas d'admettre même la possibilité d'une perversion semblable ; enfin, que tous les prétendus *hermaphrodites* viennent se ranger dans l'une ou l'autre de ces trois catégories : *Homme parfait*, avec des ébauches d'organes féminins; *femme normale*, avec des rudiments d'organes masculins ; *sujets neutres*, incapables de concourir à la reproduction.

Agent. — Il est représenté, pour tous les êtres organisés vivants, dont l'animation s'opère au moyen d'appareils mâle et femelle, par deux substances différentes, *la matière prolifique* et *le germe à féconder.*

Chez les végétaux, *le germe à féconder* est préparé, conservé dans l'ovaire ; *la matière prolifique*, nommée *pollen*, est en général une poussière grisâtre, ou diversement colorée, légère, susceptible d'être portée dans l'air à des éloignements considérables.

Pour l'homme et pour un grand nombre d'animaux, le premier de ces éléments est ordinairement solide, et le second, fluide. Ils doivent être distingués en mâle et femelle.

Germe femelle. — Dans notre espèce, et dans celles qui s'en rapprochent davantage, ce germe est représenté par des vésicules nommées *ovules*, d'abord du volume d'un grain de millet, pouvant ensuite prendre celui d'une graine de chènevis; offrant deux membranes dont l'une externe répond au tissu de l'ovaire, et l'autre interne constitue *l'ovule* proprement dit. Leur accroissement n'est pas simultané, constamment on en voit une ou plusieurs présenter un développement supérieur à celui de toutes les autres ; proéminent sous la membrane de l'ovaire, elles menacent d'en effectuer la rupture. On peut aisément se former une idée positive de cet accroissement relatif des ovules chez la femme, en considérant ceux des gallinacés dont les dimensions deviennent beaucoup plus considérables. Ces germes sont élaborés, sécrétés par l'ovaire, entre les époques de la première menstruation et de l'âge critique. Les expériences des plus habiles physiologistes, et notamment celles de Prévost et Dumas, ne laissent plus aucun doute à cet égard. Le système de *l'emboîtement* qui fait naître les générations passées, présentes et futures du dépouillement successif des ovaires de la première femme, dans lesquels tous les germes préexistants auraient été primordialement enveloppés, soutenu par Haller, Bonnet, Swammerdam, repoussé par les faits et l'observation la plus positive, n'a pas même, pour s'appuyer, l'imagination qu'il effraye par les conséquences naturellement rattachées à son admission.

Germe mâle. — Chez l'homme et chez la plupart des animaux, il est représenté, sous le nom de *sperme*, *liqueur prolifique*, *semence*, par un fluide émané du testicule, blanc, semi-transparent, albumineux, contenant, dans une grande proportion d'eau, sels, mucus, albumine, soufre, gélatine, matière animale particulière, etc., un dixième. Nous renvoyons à l'article *Sécrétion spermatique* où les caractères de cette humeur, les circonstances de son élaboration se trouvent exposés avec les détails nécessaires. Ici nous examinerons plus spécialement la question des animalcules partageant encore les auteurs et fournissant la base d'une théorie particulière de la génération.

Lewenhoeck, Boerhaave, Cowper admirent dans le sperme des animalcules de nature et de forme particulières, se rapprochant beaucoup de celle du têtard, et considérant ces corpuscules, pour notre espèce, comme des hommes en miniature, imaginèrent que l'on pouvait réduire l'ensemble des phénomènes génitaux au placement actuel, au développement ultérieur de ces animalcules.

Buffon, Needham regardent ces derniers comme les animaux infusoires que l'on rencontre également dans les autres humeurs ; Virey, comme des corpuscules renfermant la matière fécondante ; Raspail n'y voit que des parcelles organisées, ou les résultats de la décomposition spermatique.

Prévost et Dumas admettent les animalcules seulement dans les organes mâles, entre la puberté, la caducité sénile ; avec des caractères différents de ceux que présentent les globules mobiles des autres humeurs ; ils ont trouvé ces derniers dans le sperme de tous les mammifères, des oiseaux et des reptiles soumis à leur examen, et les regardent comme la partie seule prolifique, leur défaut ayant, dans toutes les expériences tentées par ces physiologistes, rendu la fécondation absolument impossible, alors qu'elle s'effectuait immédiatement après l'addition de quelques-uns seulement au sperme d'abord inutilement employé. Trouvant, entre ces observateurs également distingués, des opinions aussi contradictoires, nous avons senti la nécessité de répéter un grand nombre d'expériences particulièrement sur le sperme de l'homme, au moyen d'un bon microscope ; voici les résultats principaux que nous avons obtenus. Pris chez un sujet de trente ans, dans les conditions normales, à vingt époques différentes, à des intervalles de deux ou trois jours, douze fois cette humeur nous a présenté des globules et des filaments de forme variable, sans aucun mouvement ; huit fois seulement nous avons très-distinctement vu des animalcules innombrables, à peu près ovoïdes et du même volume, s'agitant avec la rapidité, la confusion d'une fourmilière, pendant trois minutes au moins, six minutes au plus, sous une température de seize degrés. Après ce temps, qui sans doute marquait le terme de leur vie dans l'atmosphère, tout mouvement a complétement disparu. L'existence des animalcules spermatiques, pour notre espèce, au moins par intervalles, nous paraît absolument incontestable, mais nous sommes loin de chercher, dans ce fait, la base fondamentale d'un système relatif à l'explication des phénomènes reproducteurs.

Au moyen de ces deux éléments particuliers s'opère la fécondation, en les plaçant, comme nous le verrons, dans les circonstances les plus favorables à leur action réciproque.

Besoin. — Le principe que nous avons établi relativement aux impulsions instinctives associées à l'accomplissement des phénomènes vitaux, avec un empire toujours en proportion de la nécessité de ces phénomènes, est mis dans toute son évidence lorsque l'on envisage, d'une part, l'exercice indispensable de l'acte générateur pour la conservation des espèces, de l'autre, la nature du sentiment qui porte à son exécution.

Cette excitation organique particulière est désignée par le terme d'impulsion génératrice; exaltée par l'usage abusif, par l'imagination ou les maladies, elle prend les noms de *satyriasis* chez l'homme, de *nymphomanie* chez la femme; ces aberrations se trouvent, pour la fonction génitale, ce que *la boulimie*, *le pica*, *le malacia* deviennent pour la digestion.

Nous devons alors bien distinguer ici *le besoin naturel* et *le besoin factice* : Le premier rentre dans l'ordre des choses, le second n'est qu'une perversion des lois physiologiques.

Le besoin normal se lie tellement à l'exercice de la génération qu'il s'éveille à la puberté, lorsque cette fonction s'établit, et disparaît alors qu'elle s'éteint avec l'âge. Si nous observons quelquefois des désirs érotiques chez l'enfant ou chez le vieillard, ils sont ordinairement un résultat fâcheux de la dépravation ou des influences pathologiques.

Chez la jeune fille, la puberté se manifeste par des modifications physiques et morales indicibles : par la douce rêverie, l'agitation intérieure, l'embarras de la pudeur à l'approche des sujets d'un autre sexe; plus tard, lorsque des circonstances majeures s'opposent à l'accomplissement du vœu de la nature, par des angoisses profondes, suivies d'un combat de la raison contre l'instinct, et souvent des plus fâcheuses perversions fonctionnelles conduisant aux anomalies de la menstruation, aux désordres nerveux, à toutes les modifications de la mélancolie, de l'hypocondrie, de l'hystérie, etc.; désordres si fréquemment observés dans l'état de civilisation, où toutes les circonstances extérieures font naître des impulsions que les mœurs, les lois ou des liens particuliers obligent incessamment à réprimer.

Chez le jeune homme adolescent, la même condition s'annonce d'une manière plus brusque, en général moins profonde, par un sentiment inconnu jusqu'alors, par une activité nouvelle, une recherche involontaire de l'autre sexe, gêne, enchaînement des facultés morales en sa présence, tant que l'âme n'a point perdu cette innocence primitive qui fait son plus bel ornement. Si la continence est pour toujours imposée par le devoir, la sociabilité, la vertu, cette impulsion s'affaiblit graduellement, et disparaît enfin avec l'atrophie des organes reproducteurs ; quelquefois après les plus rudes assauts livrés à la raison, par l'instinct.

Dans l'un et l'autre sexe, par l'éloignement de tout ce qui peut exalter les sens et l'imagination, en fixant l'intelligence à des travaux sérieux ; par la fermeté, la persévérance, l'habitude, on parvient à vaincre ce penchant instinctif, à le neutraliser complétement dans l'organisme avec les phénomènes dont il sert à provoquer la manifestation. Mais ces résultats exigés par les convenances, les intérêts des peuples, de la religion et de la morale, opposés à l'ordre naturel des choses, ne s'obtiennent qu'après des combats sérieux, proportionnés à la force de la constitution et du tempérament.

Ces considérations et toutes celles que nous pourrions ajouter encore, font assez connaître la puissance du besoin que l'Auteur des êtres a cru nécessaire d'associer aux fonctions génitales pour assurer la propagation des espèces.

Les mêmes lois sont applicables à tous les êtres vivants des autres catégories, leurs dispositions y deviennent toujours plus simples et plus naturelles. Ainsi les plantes et les animaux ne jouissant pas du funeste privilége de l'imagination pour éveiller des désirs factices, n'éprouvent que des appétits instinctifs. Ceux qui provoquent la fécondation ne se manifestent jamais avant la révolution pubère, et l'on ne voit pas la brute, à l'exemple de l'homme, fournir, jusque dans une vieillesse avancée, les funestes exemples de la plus déplorable salacité.

C'est au printemps, saison heureuse donnant à l'univers une face nouvelle, que les espèces tendent vers la reproduction, sous l'influence du moteur puissant qui commande impérieusement à la nature. Cette grande fonction s'annonce depuis le simple végétal jusqu'à l'animal supérieur, par le coloris des fleurs les plus brillantes, par le chant des oiseaux et par une activité jusqu'alors assoupie dans les êtres vivants.

Étude. — En embrassant d'un même regard l'ensemble des êtres organisés vivants, sous le rapport de la propagation des espèces, nous les voyons arriver à ce grand résultat par des moyens différents, et que nous rattachons à six types essentiels sous les noms de générations : 1° *Fissipare*, — s'effectuant par une simple division du sujet en plusieurs fragments dont chacun devient un nouvel être, se développant isolément et d'une manière indépendante, comme on l'observe chez les infusoires. 2° *Sub-gemmipare*. — On voit alors, dans la substance même de l'animal, des globules reproducteurs n'attendant qu'une occasion pour se développer et se détacher avec les conditions d'une existence propre. 3° *Gemmipare*. — Des bourgeons véritables s'accroissent en végétant sur la peau, s'isolent et forment des individus particuliers, comme il arrive chez les polypes. 4° *Ovipare*. — Le germe sort dans l'œuf, abandonne, avant son développement, l'animal qui le produit; s'accroît aux dépens de la matière de cet œuf, par une incubation ultérieure, naît par éclosion; c'est le mode commun à tous les oiseaux. 5° *Ovo-vivipare*. — Le fœtus paraît aussi d'après une véritable éclosion, mais son accroissement s'est à peu près achevé pendant le trajet dans l'oviductus; nous en trouvons la preuve chez quelques reptiles. 6° *Vivipare*. — L'embryon se développe dans une poche membraneuse, avec le sang maternel; est produit au dehors, débarrassé de son enveloppe et dans les conditions physiologiques nécessaires au maintien de son existence isolée, comme on le voit chez tous les mammifères, possédant seuls un utérus et présentant les caractères de la *gestation* proprement dite.

Le nouvel être, dans la plupart des familles animales, naît tel qu'il doit rester à l'avenir, avec les formes naturelles à son espèce, dans la seule obligation de travailler à son accroissement ; chez quelques-unes seulement, il n'arrive à ces résultats qu'après une véritable métamorphose, comme on l'observe pour le *hanneton*, la *grenouille*, le *papillon*, etc., qui se montrent d'abord avec les caractères du *ver*, du *têtard*, de la *chenille*, etc.

Chez les végétaux, la fécondation et la gestation sont effectuées dans l'ovaire qui devient un fruit portant des graines susceptibles, lorsqu'elles se trouvent environnées par les conditions favorables, de constituer, en se développant, des individus semblables à ceux dont elles tiennent leur existence. Les organes génitaux, reproduits pour chaque fécondation, servent une seule fois, meurent ensuite.

Si nous envisageons actuellement la génération sous le point de vue des rapports différents qu'elle établit entre les individus appelés à l'effectuer de concert, nous trouvons encore des objets importants à considérer.

Dans certaines espèces d'animaux, les mâles sont tourmentés d'une ardeur et doués d'une faculté prolifique tellement développées, qu'ils peuvent, sans fatigue notable, supporter les frais d'une copulation fréquente. Le plus souvent alors ces espèces vivent dans la polygamie, comme nous le voyons pour les gallinacés, le cheval, le taureau, etc. ; négligeant les conséquences de la reproduction, le mâle devient un sultan plus ou moins despote qui goûte les plaisirs de la fécondation sans jamais en partager, avec la femelle, tous les soins, toutes les privations relatives à l'éducation de la jeune famille, envisagée par lui comme étrangère, et qu'il abandonne incessamment pour se livrer à de nouveaux rapports. Dans plusieurs contrées, sous l'influence de quelques lois indigestes, on observe *la polygamie* généralisée, même pour notre espèce.

Des hordes sauvages, des peuples orientaux non moins barbares nous fournissent l'exemple de ces coutumes également nuisibles aux mœurs, aux avantages, aux perfectionnements de la constitution.

Au contraire chez les animaux plus calmes, chez les nations plus civilisées, moins abruties par leurs passions, on trouve *la monogamie* dans toute sa vigueur, avec des résultats favorables à la propagation, à l'embellissement des races. L'acte générateur devient la conséquence d'une association, d'un mariage; les petits sont l'objet de soins communs; le père et la mère les reconnaissent, les protégent aussi longtemps qu'ils ont besoin d'un secours étranger. Chez les animaux, ce n'est qu'après l'accomplissement de tous ces devoirs naturels qu'ils rompent une alliance temporaire, pour la renouveler ou contracter d'autres engagements.

Ces considérations, si le temps et l'espace nous permettaient de les développer davantage, offriraient les plus utiles applications au perfectionnement des espèces, à l'économie politique, à la morale et surtout à la philosophie.

En nous bornant à l'histoire de la génération, nous la voyons se constituer par la succession naturelle de six phénomènes essentiels : *érection de l'appareil*, *copulation*, *fécondation*, *gestation*, *parturition*, *lactation*, avec des modifications et même des suppressions de ces phénomènes en descendant l'échelle des êtres organisés vivants.

Érection de l'appareil. — Dans les fonctions dont la mise en activité nous offre des intervalles plus ou moins prolongés de repos, l'appareil a besoin de se monter, par une excitation préparatoire, au degré suffisant pour les accomplir avec le développement et la régularité qu'elles exigent. Nulle part cette condition n'est à la fois plus nécessaire et plus évidente.

Aussi, dans toute la série des êtres animés, voyons-nous le retour du printemps, par sa douce et précieuse influence, disposer chacun d'eux à la propagation.

Ranimés par les impulsions d'une chaleur bienfaisante, les

végétaux et les animaux sortant par degrés, de la torpeur, de l'engourdissement occasionnés par les rigueurs de l'hiver, offrent bientôt un développement, un excès d'énergie vitale qu'ils sont disposés à produire extérieurement en le communiquant à tout ce qui les environne : c'est alors, en effet, que les premiers se couvrent de verdure et de fleurs, signal de leur prochaine fécondation, et que les seconds, par un langage particulier, admirablement expressif, s'appellent mutuellement, dans leurs joyeux élans, pour concourir à la conservation, au renouvellement des espèces.

L'homme ressent lui-même les effets de cette influence générale; si nous le trouvons moins dirigé par elle, c'est évidemment en conséquence de ses habitudes particulières et sociales modifiant chez lui presque toutes les dispositions naturelles.

Toutefois, sous l'influence de causes puissantes nombreuses, trop connues pour avoir besoin d'être énumérées, les organes génitaux reçoivent une proportion de sang plus considérable, d'après ce principe : *ubi stimulus, ibi fluxus;* leur excitabilité nerveuse est développée dans une proportion relative, d'où résulte une érection vitale pour laquelle, d'ailleurs, ils sont, par organisation, essentiellement disposés. Ajoutons dès lors seulement que ces causes d'excitation sont dans l'état normal et surtout abusif : morales, physiologiques, physiques ou chimiques; et comme enseignement hygiénique de première importance, que, relativement aux causes physiques, l'*onanisme* conduit ordinairement à l'épuisement, à l'imbécillité, souvent à la mort ; et pour les causes chimiques, encore plus pernicieuses, que le docteur Cabrol cite l'observation d'un vieillard qui, le jour de son mariage avec une jeune fille, prit, le soir, comme précaution conjugale, plusieurs grammes de cantharides, se livra dans la nuit plus de soixante fois à l'acte générateur et mourut deux jours après, dans un état d'exténuation complète.

Copulation, — συνουσία des Grecs, *coitus* des Latins; indique la réunion des deux sexes pour effectuer la fécondation;

nul pour les végétaux qui peuvent recevoir le *pollen* à distance assez grande, pour les plantes dioïques, par exemple ; ce concours est borné, pour un certain nombre d'animaux inférieurs, au simple contact ; pour les autres, notamment chez les mammifères et chez l'homme, il offre la pénétration des organes mâles pour le dépôt de la matière prolifique dans les organes de l'autre sexe, par la contraction des vésicules séminales, des muscles bulbo, ischio-caverneux et releveur de l'anus : à l'espèce de *raptus nerveux* accompagnant ce phénomène de courte durée, succède un *collapsus* en mesure de l'exaltation ; une sorte de dépression morale qui semble faite pour indiquer à l'homme raisonnable que là doit se borner l'acte reproducteur de son espèce.

Modifiée suivant les dispositions individuelles, ces résultats sont remarquables chez les animaux supérieurs, les végétaux eux-mêmes n'y semblent pas étrangers : dès que la fécondation est produite, nous les voyons perdre leur éclat et leur fraîcheur passagère : les étamines, le stigmate se flétrissent et meurent ; la fleur se dessèche et disparaît ; l'ovaire seul, dépositaire du nouveau produit, semble occuper l'attention de l'économie végétale, concentrer tous ses efforts dans la maturation, lente, progressive du fruit et des nouveaux germes qu'il va reproduire à son tour.

FÉCONDATION. — Γόνιμον ποιεῖν, de γόνιμον ποιέω, engendrer avec semence ; *fecondatio*, indiquant le phénomène essentiel, caractéristique de la génération : *l'animation du germe qui, par son développement, doit constituer le nouvel être.*

La plupart de nos célèbres physiologistes ont échoué dans l'explication de cet acte mystérieux, en mettant des hypothèses plus ou moins ingénieuses à la place d'une théorie basée sur les faits. Nous réduirons à huit ces innombrables hypothèses, les citant seulement pour mémoire.

Génération spontanée. — Forey soutient qu'il peut exister des générations indépendamment de toute action étrangère. Lamark les admet seulement pour les dernières espèces animales et végétales. Dans l'histoire de la vie, nous reviendrons, avec détail, sur cette hypothèse, en y complétant les autres considérations relatives à la génération.

Formation des atomes. — Pythagore, Leucippe, d'après des lois qu'ils nomment *harmoniques*, font naître l'embryon de la fermentation du sang menstruel. Descartes admet cette fermentation dans les deux semences. Aristote voulant embellir cette supposition du charme fantaisiste d'une sorte de fiction poétique, ajoute : que l'utérus offre ici l'atelier ; que la femme donne le marbre ; que l'homme devient le sculpteur, et l'enfant la statue.

Action productrice de l'âme. — Stahl range ce phénomène physiologique, ainsi que tous les autres, sous l'influence directe du principe immatériel ; comparant son action instantanée à celle de la flamme rapide qui se partage toujours sans jamais s'affaiblir.

Emboîtement des germes. — Empédocle, Hippocrate, Galien, prétendent qu'il se fait, dans l'utérus, un mélange des deux semences *mâle* et *femelle* ; qu'une force génératrice opère la fécondation, et que ces deux semences ainsi *emboîtées* déterminent le sexe masculin ou féminin, suivant que la première est plus puissante que la seconde, ou la seconde que la première. Plusieurs modernes ont voulu fortifier cette opinion par l'exemple des métamorphoses animales et des monstruosités analogues à celles de Bissieu, présentant un individu contenu dans un autre.

Épigénésie. — Needham, Maupertuis prétendent que chaque semence renferme des molécules propres à constituer les différents appareils de l'organisme dont l'ensemble n'est pas établi d'un seul jet, mais avec les additions successives des diverses parties qui doivent le composer ; expliquant ainsi les monstruosités par excès et par défaut. Buffon cherchant à renouveler cette ancienne théorie, ne fait qu'en rendre l'erreur plus palpable en précisant davantage ses fondements ruineux. D'après cet éloquent naturaliste, les fluides générateurs mâle et femelle des parents contiennent une parcelle représentant chacun des organes dont elle s'est détachée ; surnageant dans leurs véhicules ; d'après une disposition régulière, ces rudiments hétérogènes s'unissent par degrés et s'arrangent de manière à former le nouvel être. On se demande naturellement alors d'où viennent les éléments du placenta, des enveloppes fœtales, du thymus, etc. ? Comment des individus mutilés peuvent donner des enfants complets, etc. ?

Évolution. — Plusieurs auteurs du moyen âge, et même quelques modernes, pensent que le fœtus est à l'état rudimentaire dans la matière prolifique de l'un des sexes et qu'il a seulement besoin, pour se développer, d'une excitation effectuée par l'autre. Ils ajoutent, pour le démontrer, que chez les reptiles batraciens les œufs peuvent être fécondés après leur excrétion, que les oiseaux vierges pondent, etc.

Dans l'état actuel de la science, toutes ces théories purement imaginaires doivent être citées pour faire apprécier les progrès de la physiologie ; mais il deviendrait oiseux de s'arrêter sérieusement à la réfutation de vaines hypothèses dont le temps a déjà fait justice.

Développement des animalcules. — Lewenhoeck, Hartsoëcker, Boerhaave, Andry, Cowper, Dumas, Prévost, Rolando, etc., se fondant sur la réalité des animalcules spermatiques, ont envisagé ces derniers comme les éléments embryonnaires ; toutefois en donnant des explications différentes à l'accomplissement de l'acte essentiellement générateur. Lewenhoeck reconnaissant, pour ces animalcules, chez l'homme, une forme assez analogue à celle du têtard, ne craignit pas d'avancer que des observations microscopiques très-suivies, relativement au fluide séminal des autres mammifères, l'avaient conduit à découvrir les usages, les habitudes et les mœurs de ces infusoires, toujours avec les dispositions propres aux sujets de leur espèce. D'après Andry, plusieurs de ces petis hommes en miniature, déposés dans le vagin, passent dans l'utérus, montent par les trompes, arrivent à l'ovaire, se déclarent une guerre à mort ; le vainqueur abandonne ce champ de carnage, se loge au milieu d'un ovule et revient à la matrice dans laquelle s'opère le développement ultérieur qu'il doit présenter. Prévost, Dumas, Rolando pensent que l'infusoire employé dans la fécondation s'applique à la cicatricule pour former le système nerveux du nouvel être et que l'ovule est une gangue gélatineuse dans laquelle sont constitués les organes. Ces habiles expérimentateurs nous assurent avoir vu les animalcules du sperme dans les cornes utérines jusqu'à la descente de l'ovule; après vingt-quatre heures, tout mouvement cessait avec la faculté génératrice du fluide séminal; des résultats semblables étaient produits pour cette liqueur filtrée, soumise à des commotions électriques, etc. Carré fait observer que ces petits êtres n'existent pas chez les syphilitiques; en rapprochant cette remarque de celle dans laquelle Richerand dit que les vénériens sont impropres à la génération, peut-être y verrait-on la probabilité d'une influence animalculaire pour l'accomplissement du phénomène que nous étudions; mais combien ces faits sont encore problématiques et peu susceptibles de fonder une théorie positive. Dans celle-ci, comment expliquer les ressemblances de l'enfant à la mère qni n'offrirait que les enveloppes du fœtus? A quoi serviraient, dit Cailleau, les ovaires de la femme? Pourquoi cette excursion des animalcules vers ces derniers en exposant à des gestations extra-utérines? Pourquoi n'obtiendrait-on pas, chez les mammifères, des procréations artificielles comme chez les oiseaux, etc.? Spallanzani, contre l'opinion émise récemment par Prévost et Dumas, prétend avoir opéré la fécondation avec du sperme dépourvu d'animalcules. Dans son temps, Plantade, sous le nom de *Dalempatius*, feignit un instant d'adopter avec enthousiasme les opinions de Lewenhoeck, et, dépassant les investigations déjà si *merveilleuses* de son prédécesseur, assura qu'il voyait très-distinctement, dans la goutte spermatique placée sous l'objectif du microscope, un peuple tout entier avec ses distinctions d'âge, de sexe, de professions, etc. Cette plaisante réfutation eut alors tout son effet et le conservera désormais tant que des observations et des expériences positives ne remplaceront pas, auprès de la raison, des illusions pour le moins imaginaires.

Animation des œufs. — Depuis l'antiquité jusqu'à nos jours, cette idée paraît avoir dominé tous les systèmes relatifs à la fécondation, *omne vivum ab ovo*, tel fut le principe admis par les maîtres de l'art. De Graaf précisant davantage cet axiome, avança *que tous les animaux naissent d'un œuf.* Sténon, Fallope, Harvey, Malpighi, Haller, Spallanzani, Bonet, Valisniéri pensent également que l'acte générateur essentiel peut se réduire, au moins chez l'homme et chez les animaux supérieurs, à l'animation d'un ovule, sous l'influence immédiate et particulière du sperme. Nous admettons, comme la mieux démontrée, cette hypothèse dont les preuves nombreuses découleront naturellement de l'exposition des faits intéressants qui vont actuellement fixer notre attention.

Chez les végétaux, la fécondation peut s'effectuer à distance considérable des organes sexuels différents, le pollen trouvant, dans l'air atmosphérique, un véhicule susceptible de le porter au lieu de sa destination. Des expériences effectuées sur les plantes *dioïques*, et notamment sur l'épinard, le chanvre, etc., ne laissent aucun doute relativement à ce fait.

Plusieurs familles d'animaux n'offrent point de sperme apparent et l'animation du germe s'opère sous l'influence d'un simple frottement, sans introduction du bourgeon non fistuleux qui représente la verge.

Pour notre espèce et pour les animaux supérieurs, le sperme du mâle est toujours déposé dans le vagin de la femelle. C'est de ce point que nous devons partir dans l'investigation des phénomènes relatifs à la fécondation.

Plusieurs physiologistes ont prétendu que l'on pouvait obtenir ce résultat par des moyens artificiels. Jacobi s'en est assuré pour des œufs de carpe, sur lesquels il avait exprimé *la laitance* du mâle ; Prévost et Dumas, pour ceux de la grenouille; Spallanzani, par l'injection, dans le vagin d'une chienne, de trois grains de matière prolifique en suspension au milieu d'une certaine proportion d'eau; J. Hunter consulté par un homme atteint d'hypospadias, et dès lors impuissant, lui conseille de recevoir le sperme dans une seringue et d'en effectuer immédiatement l'injection dans le vagin de sa femme; l'expérience réussit. (*J. gén. de Méd.*) Cette possibilité des fécondations artificielles, prouvée chez les poissons et les reptiles, nous paraît avoir encore besoin d'autres faits pour être définitivement admise dans l'espèce humaine.

La copulation effectuée, l'homme devient complétement étranger aux actions organiques ultérieurement indispensables à l'accomplissement de la génération; la femme seule reste chargée de ces soins importants. Pour le premier, c'est une fonction momentanée qu'environnent les attraits de la volupté; pour la seconde, c'est un acte plus durable, offrant le mélange bizarre des charmes du plaisir et des angoisses de la douleur. Faut-il dès lors s'étonner en voyant les dispositions de l'appareil génital exercer une inflnence majeure sur l'état physiologique de la femme, tandis qu'elles modifient superficiellement celui de l'homme? Ne devons-nous pas au contraire admirer la prévoyance de la nature, lorsque laissant à l'un cette faculté génératrice, même dans une époque voisine de la caducité, par la raison des frais peu considérables qu'elle exige pour lui, nous la voyons en priver l'autre aux approches de la vieillesse, en conséquence des grandes obligations et des fatigues inséparables, chez elle, du développement des actes reproducteurs.

Les physiologistes ne sont pas d'accord sur la manière dont le sperme, actuellement dans le vagin, doit effectuer la fécondation. Les uns, tels que de Graaf, Harvey, Fabrice d'Aquapendente, etc., n'ayant jamais rencontré la liqueur prolifique dans la série des cavités ultérieures, admettent qu'une vapeur s'élève de cette liqueur sous le nom *d'aura seminalis*, et, pénétrant dans l'utérus, parvient seule aux ovaires pour effectuer l'animation des germes. Les autres, et notamment Spallanzani, Ruysch, Haller, Prévost, Dumas, etc., prétendent que le sperme en nature suit le trajet indiqué. Les faits positifs sur lesquels s'appuie leur opinion nous dispensent de combattre les raisonnements qui servent à fonder l'hypothèse de leurs antagonistes. Spallanzani, Prévost, Dumas ont démontré par l'expérience que le contact immédiat et suffisamment prolongé du fluide mâle sur l'ovule femelle est indispensable à la fécondation. Haller a trouvé le fluide générateur dans les trompes chez une brebis; Ruysch sur une femme adultère, immolée par son mari.

Les anciens envisageaient la matrice comme un animal avide se précipitant sur le sperme pour le saisir et le porter dans sa cavité. Sans admettre le principe, nous adoptons la conséquence, et nous croyons à la réalité de cette importation. Désormeaux a fait observer que la disposition arrondie présentée par le col utérin chez certaines femmes est une cause assez ordinaire de stérilité; d'autres accoucheurs également habiles ont reconnu bien des fois que la fécondation devient plus facile en sortant du bain, vers la fin de l'époque menstruelle; si nous considérons actuellement que, dans la première circonstance, le col de l'utérus est plus habituellement et plus complétement resserré par les spasmes ou par une autre cause; que, dans la seconde, il est au contraire plus dilaté, plus souple, nous sentirons la liaison de ces faits avec la réalité de la pénétratiou spermatique dont ils deviendraient une preuve nouvelle, si les démonstrations physiques n'excluaient la nécessité des témoignages rationnels.

Galien avait déjà fait observer que plusieurs femmes sentent les contractions utérines, lorsque la fécondation ne doit pas avoir lieu. Le coït se trouve également sans résultat chez les animaux dès que la matière séminale est repoussée par les efforts des organes de réception; c'est pour éloigner cette cause de stérilité que les agronomes font appliquer de l'eau froide, immédiatement après la copulation, sur la vulve de leurs cavales et de leurs génisses disposées à cette répulsion.

Le passage du sperme dans l'utérus peut s'opérer soit par injection directe, lorsque le méat urinaire du mâle rencontre l'orifice du col dans un état suffisant d'ouverture; soit par absorption dans l'hypothèse contraire. Les mouvements antipéristaltiques de cet organe font passer l'humeur dans les trompes qui s'érigent, s'appliquent aux ovaires, les embrassent à la manière d'entonnoirs ; la matière prolifique arrive à ces glandes, enflamme leur membrane dans un point qui se ramollit et s'ulcère ; les œufs les plus disposés à l'animation, sont fécondés au moment du contact, et dans un temps qui doit être indivisible. Quelle est actuellement la nature essentielle de cet acte merveilleux ? Là se trouve un mystère impénétrable !... Nous pouvons ajouter, d'après les faits, que cette modification n'appartient point à la catégorie des actions *physiques* et *chimiques*, et, dès lors, qu'elle est intrinsèquement *vitale ;* au delà de cette réponse, commence le domaine des causes premières ; chercher à franchir ces bornes pour jamais imposées à nos explications raisonnables, c'est vouloir s'égarer dans le vague insignifiant de l'imagination.

Du reste, comme nous le reverrons encore dans l'histoire de la vie, il nous semble aujourd'hui convenablement démontré que la fécondation s'effectue par la rencontre de l'*ovule* sorti de la vésicule de Graaf et des *spermatozoaires* ou *zoospermes*, filaments spermatiques étudiés surtout par MM. Wagner, Kolliker et Robin, dans leur *Métamorphose cellulaire*.

Ainsi disposé par ce contact, un œuf, dans les circonstances les plus ordinaires, descend par la trompe dont les contractions s'opèrent de l'ovaire à l'utérus. Arrivé dans cet organe, il excite l'un des points de sa muqueuse, une fausse membrane s'établit comme intermédiaire, des vaisseaux communiquent de l'un à l'autre et le nouvel être se développe sous l'influence d'un quatrième phénomène que nous allons bientôt examiner avec le titre de *gestation*.

L'ovaire, débarrassé du germe qu'il a fourni, revient insensiblement à ses conditions normales ; une petite cicatrice fait disparaître l'ouverture par laquelle s'est échappé l'ovule dont la matière citrine a déposé la substance colorante qui lui fait donner le nom de corps jaune, *corpus luteum*. Chez plusieurs femmes, les unes mortes pendant la gestation, les autres, quelques jours après l'accouchement, nous avons constamment rencontré, sur les premières, l'un des ovaires plus gros, plus injecté, présentant un point rouge analogue aux cicatrices récentes, et sur les secondes, cette glande également volumineuse, offrant le corps jaune envisagé, d'après quelques auteurs, comme la même cicatrice modifiée par le temps. La trompe en se retirant abandonne cette glande, qui dès lors ne présente plus aucune communication avec la matrice.

Nonobstant la précision et l'enchaînement de ces phénomènes divers, les physiologistes n'ont pas assigné le même siége à la fécondation. Les anciens et surtout Aristote, Hippocrate, Galien, plusieurs modernes le placent dans l'utérus, sans doute en le confondant avec la gestation. Les expérimentateurs du moyen âge et de nos jours l'établissent dans l'ovaire : des faits positifs se réunissent pour démontrer la réalité de cette opinion. Ainsi, Littre, Haller, Baudelocque, ont trouvé des fœtus au milieu de cette glande ; Haigton a déterminé des grossesses tubaires en oblitérant les trompes dans les deux premiers jours de la fécondation ; Nuck, ayant lié ce conduit sur une chienne après la copulation, trouva, dès le vingtième jour, deux petits bien constitués, entre l'ovaire et cette ligature.

A l'histoire de la fécondation, vient naturellement se rattacher une série de questions importantes, qui doivent actuellement fixer notre attention ; nous les réduirons à cinq principales : *Superfétation*, *production des mulets*, *formatian des jumeaux*, *causes des ressemblances*, *détermination des sexes*.

Superfétation. — Ce phénomène extranormal *consiste dans la fécondation d'un nouvel embryon lorsque déjà la matrice contient un fœtus en voie d'accroissement*. Il ne faut pas dès lors confondre cette condition avec celle des grossesses multiples dans lesquelles plusieurs ovules ont été fécondés en même temps, et d'où résultent, comme nous le verrons, des jumeaux en nombre variable.

Les physiologistes ne s'accordent pas relativement à cette première question ; les uns admettent la possibilité des superfétations, les autres la rejettent complétement. *Les premiers* se fondent sur des faits positifs, mais dont ils forcent bien souvent les interprétations. Ainsi l'on rapporte qu'une femme de Charlestown accouchant, vers le terme ordinaire, de deux enfants, l'un blanc, l'autre mulâtre, avoua que le même jour elle avait eu des rapports, le matin avec son mari, quelques heures après, avec un nègre. Eissenmann de Strasbourg a vu des accouchements dans lesquels deux enfants sont venus morts à quatre mois et demi d'intervalle. Desgranges de Lyon a rencontré plusieurs cas analogues, avec des distances de cinq mois et demi : Cassan parle d'une femme de quarante ans, accouchée le 15 mars 1810, d'une petite fille, et, d'un autre enfant, le 12 mai suivant. Nous pourrions citer un grand nombre de faits du même genre. *Les seconds*, en conséquence des dispositions de l'utérus immédiatement après l'adhérence de l'ovule à ses parois, et même aussitôt que la lymphe concrescible qui doit former la caduque s'est manifestée dans la matrice, ont soutenu l'impossibilié des superfétations.

Pour trouver l'expression du vrai, nous devons encore éviter ici les idées exclusives, eu fondant une distinction qui devient indispensable. Si l'on borne le phénomène que nous étudions à deux conceptions très-rapprochées, la seconde s'effectuant avant l'exhalation de l'enduit concrescible et l'établissement du premier embryon dans la matrice, il nous semble difficile de n'en pas admettre la possibilité, le fait relatif à la femme de Charlestown et plusieurs autres du même ordre paraissant l'appuyer assez positivement. Si l'on veut au contraire l'étendre à des gestations commencées, nous pensons, avec Haller et le plus grand nombre des physiologistes modernes, que la superfétation ne doit jamais s'opérer, à moins que la première grossesse ne soit abdominale ou l'utérus bilobé; mais alors il ne s'agirait plus d'une superfécondation, puisque l'on observerait deux matrices, deux gestations indépendantes. C'est ainsi qu'il faut expliquer ce fait rapporté par Planque d'une femme qui, dans l'espace de quinze jours, accoucha de cinq enfants, et tous les cas analogues, à moins qu'on ne les fasse rentrer dans la catégorie des naissances tardives et précoces, pouvant également en préciser les raisons mêmes pour les sujets dont l'utérus est unique. Ainsi la véritable superfétation dans une matrice uniloculée, renfermant déjà le produit d'une première conception, nous paraît impossible et d'ailleurs contraire aux lois de la nature, qui n'a pas dû permettre qu'une fécondation nouvelle interrompît la marche d'une grossesse utérine déjà caractérisée par son développement.

Production des mulets. — On donne le nom de *mulets*, de *métis*, d'êtres *hybrides* au produit des générations anormales, effectuées entre les espèces diverses. Deux végétaux appartenant à des familles différentes, un cheval, une ânesse et *vice versâ*, concourent à la génération; que résultera-t-il de cet assemblage monstrueux? une *plante hybride*, un *mulet*, sujets imparfaits, n'offrant aucune des qualités de leurs parents; ne présentant qu'un appareil génital rudimentaire, incomplet; êtres nuls dans toute la valeur de l'expression, et pour jamais incapables de reproduire leur type insignifiant et bâtard.

Les expériences de Juge de Saint-Martin et de plusieurs autres botanistes nous démontrent, en effet, que les végétaux hybrides ne donnent jamais de fruits sans l'intermédiaire de la greffe, qui change entièrement ces espèces réprouvées par la nature. Les physiologistes ont depuis longtemps signalé, d'après l'observation, l'impuissance et la stérilité des mulets chez les animaux. Il nous est impossible d'envisager, comme objection à cette loi fondamentale, un fait rapporté dans les *Mémoires* de la Société impériale de Moscou, tendant à faire admettre que l'accouplement d'une chatte avec des martes ait eu pour effet des animaux constituant une race inconnue, pouvant se propager comme les races primitives par voie de génération. N'est-ce pas confondre ici les variétés d'une même espèce avec les caractères essentiels des espèces différentes, comme on l'a fait dans toutes les objections analogues?

Cette règle générale, établie dans l'ordre des choses, dont aucune exception ne paraît encore admissible, nous démontre assez toute la prévoyance de la nature. En accordant la faculté reproductrice à des êtres hybrides, ces concours illicites auraient incessamment enfanté des races nouvelles, et, sous l'influence des fécondations anormales, entraîné la plus funeste confusion dans le monde vivant. L'Auteur de l'univers ne devait pas négliger une considération de cette importance. La dépravation des goûts, les anomalies génératrices peuvent engager certains animaux à des rapprochements condamnés par l'harmonie primitive ; mais aussi le produit de ces copulations, dans tous les êtres animés, depuis le végétal rudimentaire jusqu'à l'homme, vit misérablement en dehors des conditions naturelles, et meurt sans postérité.

Nous devons ranger dans la classe des monomanies cette prétention qu'ont affichée certains expérimentateurs, de modifier assez profondément les espèces connues pour obtenir des espèces nouvelles. En effet, la production des mulets n'est pas même possible entre toutes les races ; puisqu'on l'observe exclusivement pour celles que distinguent plutôt des nuances fugitives que des caractères fondamentaux. Nous regardons comme apocryphes ces contes ridicules d'un animal moitié chat, moitié lapin, résultant de la copulation opérée chez ces mammifères ; d'une femme violée par un singe, accouchée d'un monstre portant les traits distinctifs de ses parents, etc. ; nous sommes loin des siècles du merveilleux et de l'ignorance où l'on avait besoin de raisonner pour circonscrire, dans les illusions de la mythologie, l'existence des *faunes*, des *satyres* des *sirènes* et des *centaures*.

Il semble dès lors établi comme loi que le nombre des espèces essentielles et primordiales est pour toujours invariable dans la série des êtres organisés, leur succession se trouvant assurée par les générations naturelles, et leur argumentation prévenue par l'imperfection des fécondations illicites.

Formation des jumeaux. — On nomme jumeaux les enfants qui naissent d'un même part en nombre variable. Il ne peut exister aucun doute sur la réalité de ces gestations multiples dans l'espèce humaine. L'estimable et judicieux professeur Adelon nous fournit, à cet égard, les résultats suivants puisés dans le tableau des naissances tant à la Maternité qu'à l'Hôtel-Dieu. A la Maternité : *deux enfants*, une fois sur quatre-vingts. *Trois enfants*, quatre fois sur trente-six mille. Dans ces deux établissements, pendant un intervalle de soixante ans, pas une seule couche triple sur cent huit mille. Nous connaissons, au Mans, Mme S..., mère de vingt-trois enfants ayant présenté neuf parturitions doubles ; Mme F..., accouchée de trois enfants bien constitués et qui ont tous vécu ; Mme E..., des environs de Brûlon, Sarthe, de quatre enfants très-faibles, morts en naissant. Marie-Anne Collin, âgée trente-neuf ans, femme de Pierre Lallemand, vigneron de Saint-Remi, Meuse, donna le jour, au sixième mois de sa première grossesse, le 22 avril 1766, à cinq filles vivantes, d'une ressemblance parfaite, baptisées, et qui succombèrent en revenant de l'église ; il n'existait qu'un seul placenta. Sophie Bomiers, femme de Martin Lohéki, de Kruckenbek, dans la Poméranie, fut mère de onze enfants par trois gestations : le 4 septembre 1728, quatre enfants ; le 20 mars 1729, trois filles ; six mois après, avortement de quatre fœtus ; aucun de ces enfants n'a vécu. Josepha Navarro, de Carcagente, dans le royaume de Valence, accoucha successivement de sept enfants d'une même grossesse ; aucun ne paraissait à terme ; les 3, 4 et 5 juillet 1824, un garçon et deux filles ; le 6, le 8, trois filles ; le 9, un garçon ; dix jours après la mère se trouvait dans un état de santé parfaite.

Quelques auteurs ont agité la question de savoir si l'on doit attribuer ces générations multiples à l'homme plutôt qu'à la femme. Les uns ont résolu ce problème à l'avantage du premier ; les autres à celui de la seconde. Il nous paraît assez difficile d'admettre ici des idées exclusives. En effet, si d'une part la maturité simultanée de plusieurs ovules donne fréquemment à la mère cette faculté de procréer des jumeaux, de l'autre un grand nombre de faits semblent prouver que l'activité fécondante présentée par le sperme du père exerce également sous le même rapport, une influence qu'il est impossible de méconnaître. Ménage cite l'histoire de Briant dont la femme eut vingt-un enfants en sept parturitions, et qui plus tard en fit trois à l'une de ses domestiques. Jacques Kiriloff de Wendeskeo, gouvernement de Moscou, présenté à l'impératrice vers l'âge de soixante-dix ans, était alors père de soixante-douze enfants issus de deux mariages. Sa première femme en avait eu cinquante-sept en vingt-un accouchements, dont quatre quadruples, sept triples et dix doubles ; la seconde, qui l'accompagnait lors de sa présentation, en avait déjà quinze en sept gestations, une de trois, six de deux.

Toutefois, quelle que soit l'opinion admise relativement à la prééminence de cette faculté, les faits sont ici bien positifs lorsqu'il s'agit de prouver la réalité des jumeaux dans notre espèce, et les explications de ces résultats générateurs deviennent également satisfaisantes. En effet, on conçoit aisément qu'au milieu des circonstances particulières de la fécondation, telle que nous l'avons expliquée, la maturité de plusieurs œufs, pour la femme, l'énergie prolifique de la liqueur séminale, pour l'homme, doivent naturellement amener ces gestations multiples.

Soumis aux mêmes influences, aux mêmes conditions génératrices, les jumeaux offrent ordinairement une sorte d'identité physique et morale. Ils peuvent recevoir des sexes différents, mais c'est une exception à la règle. Physionomie, goûts, passions, intelligence, etc., tout paraît commun entre eux, au moins pendant les premières années, et tant qu'ils se trouvent encore enveloppés dans l'uniformité native de l'enfance. D'un autre côté, le caractère plus diversifié que le tempérament se développe sous l'influence des agents extérieurs, et la nature acquise diminue sensiblement les ressemblances de la nature primitive. Nous connaissons deux aimables jumelles, Mlles de M..., qui, jusqu'à l'âge de quatorze ans, ont offert une assez parfaite similitude pour mettre fréquemment en défaut la perspicacité de leurs parents eux-mêmes. Depuis cette époque, les nuances du moral ont imprimé des modifications suffisantes à ces identités de la constitution physique pour les réduire à des analogies incapables de tromper actuellement les étrangers eux-mêmes.

Causes des ressemblances. — Nous remarquons ordinairement des rapports sensibles entre les sujets d'une même famille, sous le point de vue des manières, de la physionomie, du caractère, etc. ; ces rapports sont encore plus positifs entre les enfants et leurs parents; l'influence profonde, incontestable, de l'être producteur sur l'être produit nous explique ce fait constaté chaque jour par l'observation. Si nous sortons actuellement de ces principes naturels et de ces inductions rigoureuses pour savoir d'après quelle action plus spéciale ces ressemblances nous rappellent, chez les uns, les traits du père, chez les autres, ceux de la mère, nous tombons alors sur le point difficile de la question. Sans vouloir suivre les anciens et même plusieurs modernes spéculateurs dans leurs théories plus ou moins brillantes, nous admettrons que l'on peut envisager le nouvel être comme une cire molle où chacun des sujets qui concourent à la fécondation peut imprimer son cachet d'une manière plus ou moins profonde, suivant la part plus ou moins active qu'il prend à cet acte générateur. Aussi trouvons-nous ordinairement ces mêmes ressemblances du côté de l'individu le plus jeune, le plus ardent, le plus original sous le rapport du tempérament et du caractère; aussi voyons-nous les traits les plus saillants tels qu'un nez retroussé, des yeux obliques, des oreilles monstrueuses, des lèvres épaisses, des taches à la peau, etc., se transmettre par voie de génération, et se conserver dans nos types essentiels.

Quelle que soit au reste la valeur de ces explications, les faits n'en sont pas moins évidents et propres à démontrer que les deux sexes concourent également à la procréation embryonnaire sans qu'il soit possible d'admettre la puissance de l'un à l'exclusion de celle de l'autre; puisqu'en rejetant cette mutualité d'action, les analogies indiquées devraient toujours être du même côté.

DÉTERMINATION DES SEXES. — Dès l'origine de la science, les

physiologistes ont cherché l'explication d'un phénomène qui nous semble n'en pas comporter puisqu'il rentre directement dans l'ordre primitif des choses. Le nombre et la diversité des théories imaginées sur un objet pour toujours étranger à notre investigation, n'offrent dès lors plus rien d'étonnant.

Diogène et les stoïciens prétendent que les œufs mâles se trouvent dans l'ovaire droit, les œufs femelles dans le gauche, et dès lors expliquent la détermination des sexes par l'impulsion du sperme vers l'un ou l'autre de ces organes. Millot, dans un ouvrage moderne, prenant sérieusement la chose, conseille, pour obtenir un sexe à volonté, de coucher la femme, pendant la copulation, sur le côté droit si l'on souhaite un garçon, et sur le gauche si l'on désire une fille.

Hippocrate soutient que les mâles sont renfermés dans le testicule droit, les femelles, dans le gauche; indiquant la pression ou la ligature de l'un des cordons pendant le coït au nombre des moyens assurés de produire le sexe que l'on veut obtenir.

Si des opinions aussi gratuites avaient besoin de réfutation, les faits se multiplieraient pour la fournir. Legallois, dans toutes ses expériences faites sur les lapins, a vu l'ablation d'un testicule, d'un ovaire ne point empêcher la procréation des différents sexes. Deux pères de famille auxquels nous avons pratiqué la castration d'un côté, pour des sarcocèles, ont également, depuis cette époque, engendré des enfants de l'un et l'autre sexe. Jadelot a communiqué l'autopsie d'une femme accouchée de plusieurs garçons et filles, et qui ne présentait point l'ovaire et la trompe du côté droit. Nous avons constaté le même fait en 1825 à l'Hôpital du Mans. Les recueils de la Société de Médecine de Paris offrent l'histoire d'une gestation extra-utérine présentant un enfant mâle et cependant logé dans l'ovaire gauche, etc.

Au lieu de fatiguer l'imagination par des recherches hypothétiques, n'est-il pas en même temps plus sage et plus fructueux de s'arrêter aux données que nous fournissent les faits et la saine raison. Les ovaires contiennent un nombre d'œufs indéterminé ; ces germes sont mâles ou femelles comme ceux des végétaux, pour lesquels on n'a jamais inventé des théories aussi futiles ; sous l'influence de la fécondation ils s'animent d'une existence individuelle, qui n'a pas dû modifier le sexe primitif de chacun des ovules ; de telle sorte que la cause réelle de la production des garçons et des filles, si l'on rentre exclusivement dans notre espèce, est l'action du sperme plutôt sur un œuf mâle que sur un ovule femelle. Ces conditions ne présentent jamais un mode régulier que l'on puisse diriger à son gré.

Les observateurs ont signalé plusieurs influences connues, propres à favoriser le développement de tel ou tel sexe. En supposant à ces agents toute la puissance que l'on veut bien leur accorder, nous pensons qu'ils produisent alors ces résultats, plutôt en modifiant la sécrétion des ovaires, qu'en diversifiant la fécondation ; mais nous sommes loin de ranger ces théories au nombre des explications fondamentales.

Aristote, d'après les recherches faites sur les belles cavales de la Thessalie, prétend que le souffle des vents du Nord dispose à la procréation des mâles, celui des vents du Midi, à la génération des femelles.

Girou de Bussaringue a constaté, sur les oiseaux, les vaches, les chevaux, les moutons, etc., que la chance d'obtenir des mâles est en raison de la vigueur des pères ; et que les femelles prédominent ordinairement chez les animaux qui vivent librement dans la polygamie. Des observations analogues ont été faites pour notre espèce en Turquie, en Perse et dans toutes les contrées où cette habitude funeste se trouve autorisée par les lois et les religions. En suivant cette pensée dans tous ses développements, quelques auteurs ont imaginé que la détermination du sexe devait se rapporter à la prédominance de l'un des sujets pendant la copulation ; et, par une conséquence assez naturelle, que les hommes très-avancés en âge, ou faibles, cacochymes et mariés à des femmes jeunes, robustes, saines, produisaient le plus souvent des filles, tandis que la fécondation amenait des résultats différents dans l'hypothèse contraire. L'expérience prononcera peut-être un jour sur le fait, mais l'explication n'en restera pas moins dans le domaine des conjectures.

Parlerons-nous des influences lunaires auxquelles on attribue des effets si merveilleux, non-seulement pour la création des sexes, mais encore pour tant d'autres objets ? Chercherons-nous avec quelques visionnaires à déterminer par avance, d'après ces indications ou celles que l'on emprunte aux dispositions de la mère pendant la grossesse, à deviner si l'enfant est garçon ou fille ? Dirons-nous avec d'autres que l'identité du sexe persistera, pour la même femme, tant que la lune actuelle de l'accouchement n'aura pas changé dans les sept jours qui l'ont suivi ? Des considérations de cet ordre ne méritent pas de fixer notre attention ; nous les abandonnons à l'ignorance, à la crédulité du vulgaire.

On a recherché d'un autre côté si les conditions de la misère ou de la prospérité publiques offraient une influence marquée sur la proportion relative des sexes. Bailly fait observer que pour la ville de Celles, pauvre et malheureuse, le nombre des filles est beaucoup plus considérable ; Villermé dit au contraire qu'en Ecosse, dans la Sologne, où le peuple est également réduit à la plus triste situation, on voit naître un nombre comparatif de garçons égal à celui qui se rencontre dans les pays les plus florissants.

Les saisons ne paraissent pas davantage influencer la proportion des sexes, mais elles modifient sensiblement la quotité des naissances. Villermé, sur 12,000, indique les résultats suivants pour les douze mois de l'année, d'après une progression décroissante : Février, 1,136. Mars, 1,117. Janvier, 1,093. Avril, 1,057. Novembre, 1,000. Décembre, 981. Septembre, 980. Mai, 965. Octobre, 964. Août, 927. Juin, 896. Juillet, 884.

Nous voyons des femmes présenter une longue série, les unes de garçons, les autres de filles ; ce défaut d'équilibre semble énorme en considérant les individus, mais si l'on envisage l'universalité de l'espèce, il disparaît à peu près entièrement.

D'après toutes ces considérations, pourrait-on croire que des médecins aient écrit sérieusement sur l'art : *De procréer les sexes à volonté ; — Les enfants d'une belle constitution ; — Les hommes d'esprit et de génie*, etc. Tels sont pourtant les objets de *la Philopédie ;* de *la Mégalanthropogénésie*, par Robert ; *de la Callipédie* par Claude Quillet, etc. ; ouvrages auxquels nous renvoyons les amateurs de contes et de romans.

Gestation. — Nous désignons par ce terme le phénomène générateur, au moyen duquel un germe fécondé se développe dans l'utérus après avoir contracté des adhérences plus ou moins intimes avec la surface interne de ce viscère.

Hippocrate, Aristote, Galien, ont indiqué, comme signes de la fécondation, chez les deux individus, un sentiment beaucoup plus vif que dans les copulations sans résultat ; pour la femme, une constriction utérine, une impression de mélancolie profonde, le défaut de répulsion du sperme, etc. ; ces faits peuvent servir de base à des présomptions, mais ils ne fonderont jamais la certitude.

Une indécision pareille subsistera peut-être à jamais sur le moment précis où l'ovule actuellement animé d'une vie propre descend dans l'utérus pour l'accomplissement du phénomène que nous étudions.

Pour les animaux que l'on peut soumettre à des expériences répétées, les auteurs ne sont pas même d'accord sur ce point.

Bussière a vu l'un des ovules, trente-six heures après l'accouplement, encore en partie dans l'ovaire, s'engageant dans la trompe utérine. C'était prendre la nature sur le fait et prouver seulement la réalité de la fécondation dans cette glande.

De Graaf, expérimentant sur des lapins, a fait les observations suivantes : *Une demi-heure* après la copulation, les cornes utérines plus rouges ; *six heures*, enveloppe des ovaires injectées ; *vingt-quatre heures*, plusieurs ovules opaques et roses ; *quarante-huit heures*, trompes érigées, embrassant les ovaires ; *soixante-douze heures*, plusieurs ovules dans les trompes et dans les cornes utérines, présentant le volume d'une graine de moutarde et contenant une liqueur limpide; *sixième jour*, vésicule offrant deux membranes distinctes, flottant au milieu de la matrice; *septième jour*, adhérence de l'ovule à l'utérus; *neuvième jour*, point opaque dans la liqueur de la vésicule; *dixième jour*, apparence vermiforme de ce rudiment; *douzième jour*, embryon distinct. Ces expériences répétées par Nuck, Duverney, Haygton, Cruikshang, etc., ont donné des résultats analogues.

Haller, sur une brebis, a trouvé des phénomènes beaucoup plus actifs dans leur marche : après trente minutes un ovule fait saillie sur la convexité de l'ovaire, il est rouge vermeil; *une heure*, vésicule rompue, saignante; le siége qu'elle occupait s'épaissit, forme une cicatricule.

Prévost et Dumas, opérant sur des chiens, ont vu les phénomènes s'enchaîner ainsi : Après *vingt-quatre heures*, aucun changement notable. *Deux jours*, vésicules plus volumineuses, rompues. *Six ou huit jours*, l'ovule s'échappe, descend dans l'utérus.

Pour l'espèce humaine, le voile est bien plus impénétrable encore. D'après Hippocrate, « vers le sixième jour, la semence est transformée dans une vésicule transparente, au milieu de laquelle apparaît un corps très-délié qui sans doute représente l'ombilic. » Haller, Valisniéri disent positivement qu'ils n'ont jamais pu constater la présence de l'ovule dans l'utérus avant le dix-septième jour. Il nous est impossible de trouver avec plusieurs savants, dans le fait rapporté par Home et Bauer, le fondement d'une opinion positive. « Une jeune fille passe la journée hors de la maison de ses maîtres, éprouve en rentrant des convulsions, du délire et meurt au huitième jour de maladie. L'ouverture du cadavre fait rencontrer dans l'utérus un corpuscule, nageant au milieu de la lymphe coagulable. » Ces médecins n'hésitent pas à conclure qu'il existait grossesse depuis huit jours, et que dès lors à cette époque l'ovule est déjà porté dans la matrice. Nous ne croyons pas devoir nous arrêter à prouver toute la légèreté d'une pareille assertion.

De ces divergences d'opinions, il est naturel d'inférer que l'époque de la descente ovulaire dans l'utérus n'est point rigoureusement fixée, qu'elle peut varier chez les différents sujets, et dans les diverses fécondations chez le même individu. Sans chercher ici la précision mathématique refusée par les faits, exposons dans leur véritable enchaînement les phénomènes dont l'ensemble constitue la gestation. Nous indiquerons sommairement les dispositions relatives au fœtus, devant les considérer avec tous leurs détails dans l'histoire de la vie.

Vivement excité par la copulation, l'utérus, quelques heures après, modifié dans ses propriétés vitales pour l'acte important qu'il va désormais accomplir, sécrète, à la surface libre de sa muqueuse intérieure, une couche de matière coagulable, offrant les caractères d'une fausse membrane, constituant une ampoule qui remplit toute la cavité de la matrice, quelquefois même s'engage légèrement dans les trompes, et devient ainsi le premier obstacle aux superfétations réelles. Cette ampoule renferme un fluide semi-transparent et rosé ; nous voyons dans ses parois les rudiments qui doivent ultérieurement former la membrane *caduque*, troisième enveloppe de l'œuf ; *membrana decidua*, *Épichorion*, Chaussier ; membrane *adventive*, de Blainville ; membrane *ankiste*, Velpeau, que nous aurons souvent occasion de citer pour ses travaux importants sur l'embryologie. Cette membrane, d'abord essentiellement produite par la perspiration anormale de la muqueuse utérine, semble revêtir plus tard les caractères de l'organisation et se bifolier, du moins telle est l'opinion de Blumenbach, Hunter, Lobstein, Meckel, Béclard, etc., admettant une trame vasculaire dans sa composition définitive. Velpeau soutient au contraire qu'elle demeure toujours analogue, par sa nature, aux couennes albumineuses, aux fausses membranes du croup. Nous penchons fortement vers cette opinion, ayant toujours vu, dans la caduque, plutôt les apparences que les caractères bien déterminés d'une organisation positive.

C'est au milieu des dispositions actuelles que l'ovule animé par la fécondation descend dans l'utérus. Conduit par l'une des trompes, il rencontre bientôt la membrane caduque, la pousse, la décolle et se glisse progressivement entre elle et la surface intérieure de la matrice. Il est déjà facile de comprendre que l'usage essentiel de cette membrane est de fixer l'ovule sur le point de l'utérus avec lequel doit s'effectuer son adhérence, et que ce lien d'implantation variable, mais ordinairement situé dans le voisinage de la trompe ainsi franchie, se trouve déterminé surtout par la facilité plus considérable de séparer la caduque de la matrice dans tel ou tel point de son étendue.

L'ovule jusqu'alors isolé doit trouver dans sa propre constitution des moyens d'existence particulière. Pour les bien apprécier, nous sommes naturellement conduit à rechercher ses dispositions actuelles en faisant pressentir les changements qui doivent s'opérer ultérieurement pour son ensemble. Cet ovule est formé, dans notre espèce et dans les mammifères, par l'embryon et ses dépendances.

L'EMBRYON, dont il est difficile d'apprécier les conditions et même l'existence avant le quinzième jour, présente alors une tige grisâtre, molle, de trois à quatre lignes, renflée vers l'une de ses extrémités, décrivant à peu près les quatre cinquièmes d'un cercle, acquérant ensuite un développement dont nous examinerons les modifications et les progrès dans l'histoire de la vie.

LES DÉPENDANCES DE L'EMBRYON nous offrent comme objets principaux : des *membranes* constituant les enveloppes de l'œuf, au nombre de trois : la *caduque*, le *chorion*, l'*amnios* et ses eaux. Les *vésicules* dont les produits sécrétés paraissent destinés à la nutrition du nouvel être avant son adhérence à l'utérus ; on en compte particulièrement deux : l'*ombilicale* et l'*allantoïde*. Le *cordon ombilical* et le *placenta* servent à l'établissement des moyens qui doivent effectuer l'accroissement du fœtus après son adhésion à la matrice.

Membranes de l'œuf. — Chez tous les mammifères, l'embryon est environné par trois membranes de l'extérieur à l'intérieur : la *caduque*, le *chorion*, l'*amnios*, dont la nature et les développements offrent des caractères particuliers.

Membrane caduque. — Formée, d'après ce que nous avons déjà dit, par une exhalation plastique de la muqueuse utérine, cette membrane est commune à l'organe dont elle revêt l'intérieur, à l'ovule qui la déprime dans le point de son adhésion et l'approprie à ses parois sous le titre de *caduque réfléchie*. Inorganique chez les animaux comme chez l'homme, ou du moins se bornant à la texture indéterminée des productions membraniformes, elle disparaît en partie, comme son nom l'indique, après quelques mois de gestation, et semble unir à l'usage que nous avons signalé de fixer l'ovule, celui de concourir à la nutrition du nouvel être pendant les premières phases de son existence individuelle. Dans les reptiles ophidiens, elle présente un simple enduit muqueux et constitue, d'après l'opinion de Cuvier, l'enveloppe calcaire de l'œuf chez les oiseaux.

Chorion. — Dès le douzième jour, cette membrane donne à l'ovule une apparence hydatiforme ; elle est alors diaphane et remarquable par les villosités nombreuses de sa face utérine ; un grand nombre d'auteurs les envisagent comme des radicules vasculaires ; Ruysch, Haller, Hewson, Bojanus, Maygrier, Chevreul, Dutrochet pensent que le chorion offre deux feuillets ; Velpeau soutient au contraire qu'il est simple, toujours transparent et que les granulations, les villosités indiquées ne sont autre chose que des filaments celluleux, des spongioles aréolaires semblables à celles que Correa, Decandolle et Dutrochet ont signalées dans le chevelu des végétaux. Hippocrate, Mondini, de Blainville, Chevreul et plusieurs autres anatomistes modernes regardent cette enveloppe comme analogue à la peau ; nous ignorons la cause d'une erreur semblable dont le plus simple examen peut faire justice, bien qu'elle soit devenue l'occasion du terme employé pour désigner ce tissu qui nous paraît cellulo-fibreux. C'est lui qui, chez les oiseaux, tapisse l'intérieur de la coquille.

Amnios. — Pendant les quinze premiers jours, cette membrane paraît, dans l'intérieur du chorion, sous la forme d'une petite vésicule ne remplissant que la plus faible partie du réceptacle ovulaire, et siégeant vers l'origine embryonnaire du cordon ombilical. En contact au deuxième mois avec toute la surface de son enveloppe, elle y contracte plus tard des adhérences filamenteuses. Les auteurs ont encore émis des opinions divergentes relativement à sa nature ; si l'on considère les analogies d'aspect, de disposition sur les organes voisins, de sécrétion perspiratoire, etc., on s'apercevra qu'il est permis de la rapprocher du tissu séreux, en supposant que l'on n'admette pas leur identité.

Dès les premiers temps de la gestation, l'amnios renferme une humeur qui porte son nom, dans laquelle nage le fœtus jusqu'au terme de l'accouchement. Les physiologistes ont professé des idées souvent opposées, bizarres sur la formation, les qualités et les usages de cette humeur. Mouro, Haller pensent qu'elle est fournie par la mère ; Lobstein, Schéèle, Winslow, par l'enfant ; Meckel, Béclard, par l'un et l'autre ; quelques-uns l'ont attribuée à l'urine, aux sueurs du fœtus. Il est inutile de combattre sérieusement des théories de ce genre ; les eaux de l'amnios viennent évidemment d'une exhalation soumise aux lois qui régissent toutes celles des autres surfaces libres, et dont nous avons exposé les principes dans l'examen des sécrétions perspiratoires. Leur poids d'abord supérieur à celui de l'embryon, devient inférieur au poids du fœtus pendant les derniers mois de la grossesse ; à la naissance, il varie de douze à trente-six onces. Relativement à sa nature, ce fluide est blanc, laiteux et jaunâtre, floconneux ; d'une saveur légèrement salée, d'une odeur douce et nauséabonde ; sa pesanteur est de 1,005 ; il verdit le sirop de violettes et rougit en même temps l'infusion de tournesol. D'après Vauquelin et Buniva sur 1,000 parties, en poids, il contient : eau, 988 ; albumine, matière caséiforme, hydrochlorate de soude, phosphate de chaux, carbonate de chaux, carbonate de soude, 0,012. La matière caséiforme est particulièrement celle qui constitue l'enduit gras, onctueux dont la peau du fœtus est ordinairement lubrifiée. Berzélius admet, dans cette humeur, l'acide fluorique ou hydrophthorique; Schéèle, de l'oxygène libre; Geoffroy-Saint-Hilaire, de l'air atmosphérique; Lassaigne et Chevreul pensent que ce gaz est un mélange d'acide carbonique et d'azote. Plusieurs auteurs ont cru pouvoir établir sur ces faits leur théorie de la respiration fœtale que nous réduirons à sa juste valeur. Toutefois les principaux usages du fluide amniotique peuvent se rattacher aux suivants : protéger le fœtus contre les agressions extérieures; empêcher l'adhérence de ses diverses parties; maintenir les parois utérines, suffisamment écartées pour favoriser les mouvements du nouvel être, et surtout porter la tête vers le col de la matrice, d'après les lois de la gravitation; conserver la température de ce réceptacle dans l'uniformité nécessaire; préparer la dilatation de l'ouverture utéro-vaginale par la poche conoïde qui se forme dans les premiers phénomènes du travail de parturition; humecter le vagin et la vulve pour faciliter l'expulsion du fœtus.

Vésicules ovulaires. — Avant son adhérence à l'utérus, le germe fécondé se trouve dans la nécessité d'entretenir son existence par des moyens propres, en attendant qu'il soit en mesure de puiser dans la matrice les éléments indispensables à son accroissement. Deux vésicules embryonnaires, l'*ombilicale* et l'*allantoïde*, paraissent, chez l'homme et chez les animaux de cette catégorie, destinées à l'usage que nous indiquons, représentant, pour eux, ce qu'offre la poche *vitelline* de l'œuf pour les oiseaux.

Vésicule ombilicale. — D'apparence pyriforme, située entre le chorion et l'amnios, elle est soutenue par un pédicule fistuleux de deux à six lignes de longueur; s'identifiant avec le tube intestinal, avant la formation de l'abdomen, ensuite avec le cordon par son origine fœtale, ce pédicule est alors oblitéré. Vers le quinzième jour, la vésicule présente le volume d'un pois, contient une matière jaunâtre, visqueuse, grasse, mucilagineuse diminuant ensuite, et disparaissant du troisième au sixième mois; ses vaisseaux, fournis par la mésentérique supérieure, ont été récemment nommés *vitellins* d'après l'analogie que nous avons signalée. D'abord assez bien décrite par Albinus, elle vient d'être étudiée beaucoup plus exactement encore par Velpeau qui, sur cent trente produits examinés avant la fin du troisième mois, ne l'a trouvée que trente fois bien apparente et dans son état naturel parfait.

Allantoïde. — Elle est placée dans l'intervalle du chorion et de l'amnios, près de l'ombilic, sur le cordon, avec l'apparence d'une masse diaphane, assez analogue par ses dispositions à celles du corps vitré ; communiquant avec le prolongement fibro-celluleux qui, sous le nom d'ouraque, se rend au sommet de la vessie. Chez l'homme, ce prolongement n'est pas ordinairement canaliculé, cependant on lui trouve quelquefois ce caractère jusqu'au troisième mois ; Haller, Sabatier l'ont encore vu creux à la naissance, du côté de la vessie ; on cite l'histoire de plusieurs sujets qui, pendant toute la vie, n'ont pas eu d'autre conduit excréteur de l'urine qui sortait alors par l'ombilic. Chez les animaux, il offre un canal qui fait communiquer l'allantoïde et le réservoir urinaire. Cette vésicule renferme une humeur huileuse, émulsive, contenant, d'après l'analyse de Lassaigne, pour la vache, de l'albumine, beaucoup d'osmazôme, de la matière mucilagineuse azotée, de l'acide lactique, des chlorures de sodium, de potassium, du sulfate de potasse, des phosphates de chaux et de magnésie. Rouhaut, Littre, Lacourvée, Hales, etc., disent l'avoir toujours vue ; d'autres n'admettent pas son existence ; Lobstein, de Blainville pensent qu'elle est précisément le corps décrit par les anatomistes sous le nom de vésicule ombilicale. En conséquence d'analogies fautives, les anciens ont prétendu que cette poche avait pour usage de contenir l'urine du fœtus, en réserve pendant la gestation. Il paraît démontré qu'elle sert, comme la vésicule ombilicale, à nourrir l'embryon jusqu'à l'époque où ses communications s'établissent avec la mère.

Pockels admet une troisième vésicule sous le nom d'*érythroïde*, pyriforme, de deux lignes, reposant sur l'amnios par sa grosse extrémité, allant, par la petite, s'ouvrir dans l'abdomen de l'embryon ; elle disparaît du trentième au quarantième jour; son existence n'est pas constante.

Cordon ombilical et placenta. — C'est par leur intermédiaire que le nouvel être, après l'établissement des adhérences qui fixent l'ovule à l'utérus, puise, dans le sang de la mère, les éléments de sa nutrition et de son accroissement.

Cordon ombilical. — On désigne par ce terme un prolongement cellulo-vasculeux établissant, dans son état parfait, la seule communication maintenue pendant la grossesse naturelle entre la mère et l'enfant. Son origine est à l'ombilic du fœtus qu'il abandonne après la naissance, comme le pétiole du fruit se détache de l'arbre qui l'a porté ; sa terminaison a lieu dans le placenta, vers le centre, c'est le cas le plus ordinaire : *placenta en parasol ;* quelquefois à la circonférence : *placenta en raquette.* Il est essentiellement formé par la veine ombilicale, faisant fonction d'artère, apportant au fœtus les matériaux de son développement ; par les deux artères ombilicales remplissant l'office des veines, rendant au placenta le résidu nutritif. Diemerbroëck, Wrisberg, Michaëlis et Schrœger pensent qu'il contient des vaisseaux lymphatiques ; Darr, Ribes, Chaussier, Reuss, des nerfs émanés du plexus solaire, et quelques filets des ganglions qu'ils disent avoir suivis jusqu'au placenta. Lobstein, Meckel, Velpeau rejettent l'existence des uns et des autres ; un tissu celluleux assez facilement affecté d'infiltration lie ces diverses parties ; le chorion et l'amnios leur forment une enveloppe commune. D'après Adelon, ce cordon n'existe pas avant la fin du premier mois ; jusqu'à cette époque, l'embryon est immédiatement appliqué sur les membranes par sa face antérieure. Offrant d'abord une tige solide sans protection amniotique, vers la cinquième semaine, il devient fistuleux, renferme le tissu de la vésicule ombilicale, une portion de l'ouraque, de l'allantoïde et des intestins ; il s'allonge graduellement vers le placenta, se recouvre des membranes de l'œuf, et prend insensiblement tous les caractères que nous lui voyons à la naissance. Il présente ordinairement alors une étendue variable de quinze à vingt pouces, le volume du doigt. Plusieurs anomalies importantes se rencontrent parfois sous les divers rapports que nous venons d'énumérer. Ainsi, *pour son implantation*, J. Cloquet, sur une pièce conservée dans les collections de Bruxelles, a vu le cordon s'attacher à l'un des points du péricrâne. Il est à peu près certain qu'il devait en exister un autre, celui-ci ne pouvant pas servir à la nutrition de l'enfant. *Relativement à sa composition*, Blandin et Velpeau disent avoir trouvé seulement une artère ; d'autres ont observé deux veines. *Sous le rapport du volume*, il peut offrir celui d'un bras de fœtus à terme, souvent alors il est noueux, infiltré, dépositaire d'un exomphale. Enfin, *quant à sa longueur*, nous en avons rencontré deux offrant un pouce et demi ; condition qui doit faire craindre l'arrachement du placenta, l'hémorrhagie, le renversement de la matrice, l'accouchement *en bloc*, etc. L'Héritier, Deuman, Maygrier, Morlanne assurent en avoir trouvé de cinq à six pieds ; disposition souvent compliquée d'enlacement du col ou des membres de l'enfant.

Placenta. — Ce corps cellulo-vasculeux, dont nous avons donné la description au chapitre *Circulation sanguine*, article *Réservoirs temporaires*, auquel nous renvoyons, se développe entre la caduque et l'utérus par l'épanouissement des vaisseaux du cordon. Béclard prétend n'avoir observé jusqu'au premier mois, dans ce point, que des rudiments artériels et veineux. Les auteurs ne s'accordent pas sur la manière dont se trouvent établies ses adhérences. Albinus, Dubois, Biancini, les croient *artérielles*, ayant injecté le placenta par les vaisseaux de l'utérus ; Haller, Astruc, Baudelocque, Mery, *veineuses ;* Reuss, Warthon, *intimes ;* Stein, par *impression* des lobes dans la matrice comme pour une cire molle ; Asdrubali, *semblables* à celles d'un noyau de pêche ; Leroux, *analogues* à l'insertion d'une sangsue ; Velpeau, déterminées par l'intermédiaire d'une fausse membrane. Ces nombreuses divergences d'opinions prouvent assez que la question n'est pas facile à résoudre par des preuves positives. Toutefois, en consultant les faits, en suivant la marche de ces adhérences dans leur établissement, en les rapprochant de celles qui s'effectuent chaque jour sous nos yeux entre les parties vivantes et contiguës, il est difficile de ne pas admettre, après le développement complet de ces mêmes adhérences, une communication réciproque de l'utérus au placenta par les dernières divisions vasculaires.

Telles sont les principales dispositions de l'œuf humain dans la matrice, et les circonstances au milieu desquelles va s'effectuer son accroissement; examinons actuellement la marche de cet important phénomène.

La gestation s'accompagne naturellement d'un grand nombre de modifications que l'on peut rattacher à deux ordres; les unes *locales*, appartiennent à l'utérus, à ses annexes; les autres *générales*, portent sur l'organisme consécutivement aux relations sympathiques ou directes qui lient ce viscère à toutes les autres parties. Nous devons étudier chacun de ces groupes d'une manière isolée.

Modifications locales. — Avant le travail de gestation, la muqueuse utérine était mensuellement le siége d'une perspiration sanguine établie depuis la puberté jusqu'à l'âge de retour sous le titre de *règles*, cette perspiration est suspendue; le sang antérieurement versé par cette voie, paraît utilisé pour l'accroissement de la matrice et du fœtus. Quelquefois cependant l'évacuation menstruelle persiste, probablement dans ce cas par la muqueuse vaginale; on a même vu des femmes réglées seulement pendant la grossesse. Toujours alors ces dispositions morbifiques offrent des inconvénients plus ou moins graves, soit pour la mère qu'elles fatiguent, soit pour l'enfant dont elles entravent le développement.

Dans l'état de vacuité, l'utérus présente le volume d'une poire aplatie; sa capacité loge à peine une fève de marais; au terme de la gestation elle renferme les eaux de l'amnios, le fœtus et ses annexes. D'après Levret, dans le premier cas, cet organe offre seize pouces de superficie, un vide répondant à dix lignes; dans le second, sa surface paraît de trois cent trente-neuf pouces et sa cavité de quatre cent huit. Cette ampliation considérable est devenue l'objet des théories les plus opposées. Galien, Paul d'Egine, admettent la distension des parois; Van Helmont dit qu'elle s'effectue spontanément sous l'influence d'un *blas météorisant ;* Malpighi, par le principe fermentescible du sperme; Rœderer, de Lamotte, Riolan, Deventer pensent au contraire que ces parois acquièrent plus d'épaisseur pendant la grossesse ; il est facile de prouver, par la plus simple inspection, qu'elles conservent, sous ce dernier rapport, à peu près leurs dispositions primitives. La cause de l'augmentation générale du viscère est évidemment dans l'accroissement nutritif provoqué par le nouveau travail de gestation ; c'est une véritable hypertrophie temporaire voulue par la nature.

Jusqu'ici, renfermé dans le domaine de la sensibilité nutritive, de la contractilité latente, obscur, oublié dans l'économie, cet organe revêtant par degrés la sensibilité percevante générale et la contractilité involontaire sensible, se place bientôt au niveau des appareils les plus importants. Son parenchyme devient plus charnu, ses veines très-volumineuses forment des cônes à base renversée, nommés sinus *veineux* par Haller ; *utérins*, par Astruc, vers l'époque de l'accouchement, il représente un muscle analogue à celui du cœur; on y trouve alors, d'après Charles Bell, de l'extérieur à l'intérieur, *le péritoine, une couche musculeuse membraniforme, des fibres transversales au fond, longitudinales au corps, verticales près du raphé moyen.*

Ces changements s'opèrent d'abord dans le corps du viscère, ensuite vers le col avec des particularités de situation d'autant plus utiles à noter qu'elles servent à déterminer, du moins approximativement, les principales phases de la grossesse. *Pendant les deux premiers mois*, le col s'allonge quelquefois jusqu'à la mesure de deux pouces, et paraît ainsi descendre vers la vulve ; *à trois*, il remonte un peu, se trouve à peu près dans la situation ordinaire, le fond répondant au niveau du détroit supérieur. Si quelque mouvement de bascule très-prononcé retient l'utérus dans l'excavation, il peut s'enclaver d'une manière funeste; accident qui n'est plus à craindre après cette époque ; la vessie s'élève, l'urètre devient à peu près vertical ; *à quatre*, le fond de la matrice franchit le détroit supérieur ; *à cinq*, il répond à l'ombilic ; *à six*, le dépasse de deux doigts; *à sept*, de quatre à cinq ; *à huit*, s'élève dans la région épigastrique, gênant sensiblement l'ampliation de l'estomac et des poumons. Pendant tout ce temps, le col du viscère monte graduellement à mesure que le fond suit sa marche ascendante. *A partir de ce terme*, le col de l'utérus participe au développement de l'organe qui cesse de s'élever et même commence à descendre pour offrir ce phénomène d'une manière très-sensible dans les quinze derniers jours du neuvième mois. A cette époque, la matrice présente ordinairement les dimensions suivantes ; *Longueur*, douze à quatorze pouces; *épaisseur*, neuf à dix; *largeur*, huit à neuf.

Pendant cette élévation progressive, l'utérus peut éprouver des inclinaisons en différents sens ; on les nomme *obliquités*, Cet organe présente alors un mouvement de bascule dirigeant le col et le fond en sens opposés. Les plus ordinaires se font en devant, après plusieurs grossesses ; à gauche, le rectum poussant le col à droite ; ces obliquités ne sont jamais graves comme celles des trois premiers mois, se trouvant dans l'impossibilité d'amener l'enclavement.

Vers le terme de la gestation, les symphyses pelviennes s'humectent, se relâchent quelquefois avec un écartement de six à dix lignes, comme l'ont observé Pineau, Bouvard, Smellie, Baudelocque, Desault, Bertin, etc. Weidmann, Hofmeister ont prouvé par des faits que les os eux-mêmes deviennent flexibles dans cette occasion.

Modifications générales. — L'utérus, lors surtout qu'il est chargé du produit de la fécondation, entretient, avec les différents appareils organiques, des relations fondées sur les lois de la sympathie. L'estomac et les glandes mammaires éprouvent toujours l'influence plus particulière de cette action, d'où résultent plusieurs phénomènes importants à noter. *Relative-*

ment à l'estomac, nous voyons s'éveiller des symptômes variables pendant les deux ou trois premiers mois, tels que le ptyalisme, les nausées, les vomissements, les dégoûts, les appétits bizarres connus sous le nom *d'envies ;* constituant un véritable pica sympathique, faisant désirer très-impérieusement et même digérer d'une manière étonnante, les substances de la plus mauvaise qualité ; par exemple, du savon, de la craie, des viandes fumées, crues, etc. On doit contrarier ces goûts lorsqu'ils sont nuisibles, sans craindre, avec le vulgaire, les impressions qu'ils ne peuvent jamais exercer dans la constitution du fœtus, comme nous le verrons en étudiant les monstruosités. 2° *Relativement aux glandes mammaires*, la même cause produit leur gonflement quelquefois dès les premiers temps de la gestation, mais surtout vers l'époque de l'accouchement où s'établit, dans ces organes, une sécrétion dont le produit est destiné par la nature à l'alimentation du nouvel être.

D'autres phénomènes sont encore effectués par l'accroissement et le poids de l'utérus comprimant, à leur passage dans le bassin, les veines, les vaisseaux lymphatiques, les nerfs, et déterminant ainsi des varices, des œdémacies, des crampes dans les membres pelviens.

Ces différentes modifications entraînées par les conséquences du phénomène que nous étudions en deviennent les symptômes caractéristiques au nombre desquels nous devons énumérer, comme plus positifs, la cessation des menstrues, le ptyalisme, les vomissements, les envies, le développement de l'utérus, le ballottement, les mouvements actifs de l'enfant qui seuls méritent le nom de *signes certains*. Fodéré, Major, de Kergaradec ont ingénieusement appliqué le stéthoscope à l'investigation de la grossesse, indiquant au nombre des caractères positifs deux variétés acoustiques essentiellement différentes. Bruit de *souffle*, analogue à celui d'une respiration faible, partant du placenta, se reproduisant d'une manière isochrone au pouls de la mère ; bruit *pulsatif*, produit par le cœur du fœtus et dès lors en harmonie parfaite avec les battements de ses vaisseaux artériels.

Parturition, — λοχεία, *parturitio*, assez mal compris par Astruc, Levret, Baudelocque, Maygrier, dans sa véritable signification, cet acte est l'*expulsion du fœtus et de ses dépendances à leur maturité par les contractions de l'utérus et de ses muscles accessoires.*

L'époque de l'accouchement normal, ou si l'on veut, le terme de la grossesse naturelle varie d'une manière infinie, dès que l'on accorde ce titre à toute expulsion d'un ovule, depuis ces gestations de quelques heures présentées par les insectes éphémères, jusqu'à celles qui, dans leur marche, embrassent plusieurs années chez ces grands animaux dont les siècles mesurent l'existence active. L'homme, sous ce rapport comme sous beaucoup d'autres, semble présenter l'intermédiaire de ces deux extrêmes; dans son espèce, neuf mois servent ordinairement à compléter la durée des grossesses régulières. Toutefois l'époque de la parturition, même dans les circonstances normales, peut varier sensiblement chez les divers individus et chez un sujet déterminé ; disposition à laquelle se rattachent les *naissances précoces* et les *naissances tardives* sur la théorie desquelles tous les auteurs ne sont pas d'accord.

Dans la naissance *précoce*, l'accouchement survient avant le terme de neuf mois, le fœtus ayant alors acquis son entier développement. On ne la confondra pas dès lors avec l'*avortement* ou naissance *prématurée*, s'effectuant toujours avant l'accroissement complet du nouvel être, sous l'influence d'accidents variables, soit organiques, soit extérieurs, et relatifs, les uns au produit de la fécondation, les autres à la mère.

Dans les naissances *tardives*, l'accouchement s'opère après l'accomplissement du neuvième mois, l'enfant n'offrant point encore à cette époque le perfectionnement qu'il doit présenter pour soutenir avantageusement les conditions de son existence isolée. Ces retards d'accroissement peuvent dépendre des conditions défectueuses de l'ovule ou d'un état valétudinaire chez celle qui se trouve chargée d'en effectuer le développement. Il ne faut pas non plus identifier ces résultats avec les accouchements *tardifs ;* les premiers dépassent le temps ordinaire par la nécessité d'achever la maturation du fœtus, les seconds par des obstacles plus ou moins prolongés et toujours fâcheux pour le produit de la gestation.

En se bornant à l'exposition du fait, à son explication naturelle, toute conjecture devient étrangère à ce point fondamental; mais il n'en est pas ainsi lorsque nous cherchons à préciser les termes rigoureux des naissances *précoces* et *tardives*, question dans laquelle rentre directement celle de la *viabilité* de l'enfant.

Il est toujours difficile, dans l'espèce humaine, de marquer assez positivement l'instant de la fécondation, pour en inférer des conséquences bien certaines relativement au problème que nous examinons ; aussi les expériences faites sur les mammifères deviennent-elles précieuses dans cette investigation. Tessier a constaté *pour les vaches* qui portent neuf mois, comme la femme, que, sur cent soixante parturitions, *trois* seulement ont mis bas au terme indiqué ; *quatorze*, du huitième au neuvième mois ; *vingt*, à la fin du neuvième ; *cinq*, du dixième au onzième ; *toutes les autres*, dans cet intervalle compris entre les deux extrêmes se trouvant par conséquent de deux mois au moins. Les mêmes observations faites pour la jument qui présente une gestation de onze mois, ont offert les résultats suivants sur cent deux individus : *trois*, au dixième mois ; *une*, au treizième ; *les autres*, dans l'intervalle qui se rencontre alors de trois mois.

Désormeaux, sur une femme en démence, et que l'on cherchait à guérir par le secours d'une grossesse, fit noter exactement les copulations qui s'effectuaient seulement tous les quatre-vingt-dix jours ; cette femme devint enceinte et n'accoucha qu'à neuf mois et demi. Blondell assure qu'il a vu des naissances même au delà de cette époque ; Mériman en cite plusieurs de dix mois passés ; d'autres auteurs en rapportent quelques-unes de douze mois, de deux, trois et quatre ans : nous aurions besoin des preuves les plus évidentes pour admettre ces faits merveilleux. Quant aux naissances *précoces* normales, auxquelles se rattache surtout la viabilité du fœtus, il est difficile de les admettre avant le septième mois. *Viabilité* ne signifie pas seulement faculté de conserver momentanément son existence, mais de la défendre ultérieurement contre les influences nombreuses qui viennent incessamment l'assiéger ; elle indique une maturité plus ou moins complète. On cite, en opposition à cette règle, quelques faits exceptionnels absolument incapables de la détruire. Brousset, Thebesius, Pleissmann, Cardan, Millot, etc., rapportent qu'ils ont vu plusieurs fœtus de cinq mois vivre au neuvième comme les autres enfants, après avoir été jusqu'à cette époque environnés des soins les plus minutieux. Si la vérité de ces histoires peut être suspectée, nous possédons le fait remarquable du fameux Publio Licéti, fils d'un médecin distingué. Cet enfant, né vers le cinquième mois et demi, fut enveloppé d'un duvet de coton, placé dans une étuve, nourri de lait affaibli par l'eau sucrée pendant les trois premiers mois, ensuite élevé comme les autres; il devint un homme célèbre et mourut dans un âge très-avancé. Au mois de janvier 1829, Mme J. B..., d'une forte complexion, enceinte *positivement de cinq mois et six jours*, après une course en voiture éprouve les symptômes de l'avortement ; appelé près d'elle, toutes les indications étant urgentes, nous terminons l'accouchement par les pieds. L'enfant, bien constitué, mais assez grêle, pesant deux livres et demie, soumis à tous les moyens qu'exigeait son état, parvient à respirer faiblement et ne jette aucun cri. La vie se prolonge quinze heures et finit avec les caractères d'une extinction graduée. Peut-être mieux secondé par la saison et par les personnes chargées des soins difficiles et continuels inséparables d'une position aussi délicate, eussions-nous conservé les jours de ce frêle individu ?

Si les naissances *tardives* et *précoces*, physiologiquement considérées, peuvent s'effectuer même d'une manière naturelle assez longtemps après, avant l'époque ordinaire, le législateur devait cependant fixer deux termes au delà desquels ces naissances ne seraient plus envisagées comme légitimes ; nous trouvons, à cet égard, très-sage, la disposition qui rejette les enfants nés avant sept mois, après trois cents jours. Sans doute elle peut, d'une part, ne pas comprendre tous les fœtus viables, de l'autre, toutes les fécondations licites ; mais comme il fallait opter entre l'inconvénient de reconnaître un grand nombre d'enfants bâtards comme légitimes, et celui de placer dans la première catégorie seulement quelques sujets appartenant à la seconde, la loi nous semble avoir posé des limites convenables, et que l'on ne changerait pas sans d'assez graves inconvénients.

Nous n'entreprendrons pas de réfuter cette opinion vulgaire, absurde, bien qu'autorisée par le témoignage d'Hippocrate, établissant que le fœtus est plus viable à sept mois qu'à huit, les faits et le raisonnement ont depuis longtemps ruiné cette assertion imaginaire.

Pour bien comprendre le phénomène important de la parturition, nous devons en étudier *les causes*, *le mécanisme* sous leur véritable point de vue.

Causes de l'accouchement. — Elles se partagent naturellement en deux ordres, les unes *occasionnelles*, et les autres *efficientes*.

Causes occasionnelles. — Nous les plaçons dans les conditions qui sollicitent la parturition vers neuf mois chez la femme ; à d'autres époques, également déterminées, chez les diverses familles des mammifères. Ici les auteurs ont encore inventé des hypothèses plus ou moins illusoires, au lieu de remonter à la vérité par une investigation simple et naturelle. Pythagore, dont le système est assez réfuté par une citation, invoque la puissance des nombres *trois*, *sept*, *neuf*. Hippocrate et la plupart des physiologistes anciens, ont attribué cette influence au fœtus en l'expliquant d'une manière différente. Les uns ont prétendu qu'il s'ennuyait dans sa prison ; les autres qu'il sentait le besoin de respirer, de prendre des aliments, de rendre le méconium, etc. Presque tous ont affirmé qu'il rompait lui-même la poche des eaux, arc-boutait ses pieds contre la saillie sacro-vertébrale, et, poussant avec force, aidait avantageusement les autres agents de son expulsion ; celle de ce fœtus par l'extrémité pelvienne, d'un enfant mort, du placenta, d'une môle, etc., sous l'influence des mêmes lois, démontre assez toute l'erreur d'une hypothèse en contradiction avec les premières notions anatomiques et physiologiques relatives à cet objet. Les accoucheurs modernes ont cherché dans l'utérus la cause dont nous parlons, mais ils ne s'accordent pas sur la manière d'en interpréter les effets. Steinzel indique le *nisus* menstruel ; Loder, la réaction élastique de la matrice *distendue* par le produit de la conception ; Chaussier, Lobstein, l'achèvement de l'organisation musculeuse de ce viscère ; Levret, Baudelocque, Désormeaux, la disposition relative des fibres, du col et du corps, théorie qui se rapproche beaucoup de l'*antagonisme*, admis entre ces deux parties du même organe par les accoucheurs d'une époque un peu plus reculée. Toutes ces hypothèses nous semblent essentiellement fautives et nous ne voyons pas d'après quel motif des auteurs si judicieux ont abandonné la voie naturelle des faits, de l'observation et de l'expérience, pour s'égarer dans le vaste champ des suppositions. *La cause occasionnelle* de l'accouchement normal, est une conséquence de cette loi générale et commune à tous les êtres vivants, de cette maturité qui provoque leur séparation du corps sur lequel s'est effectué le développement dont ils avaient besoin pour soutenir désormais les conditions d'une existence individuelle et particulière ; c'est elle qui détache graduellement et sans effort la feuille, par son pétiole, du rameau qui la soutenait ; la pétale de son calice propre ; le fruit, par son pédoncule, de la branche qui l'a nourri ; c'est encore cette même loi qui détruit les liens jusqu'alors maintenus entre le fœtus et la matrice, par l'intermédiaire du placenta ; l'on reconnaît la puissance de cette *nature organisatrice* pour les former, voudrait-on lui refuser la possibilité de les anéantir ? Sans doute les violentes contractions utérines peuvent rompre des adhérences placentaires, mais c'est alors plutôt un accident, qu'un résultat physiologique; c'est l'effort intempestif qui vient arracher le fruit avant son entier perfectionnement. Ainsi préparée, l'expulsion du fœtus rentre dans les intentions de la nature, et dès lors sa cause occasionnelle, commune à toutes les éliminations du même ordre n'a plus besoin d'une autre interprétation.

Causes efficientes. — Absolument étrangères à l'enfant auquel presque tous les anciens donnaient une part active, et que les modernes regardent comme entièrement passif dans le phénomène de l'accouchement, elles sont entièrement relatives à la mère. Déjà Galien, Fabrice, Harvey, Levret, avaient reconnu cette vérité maintenant établie d'une manière générale et sur des preuves assez positives. Les contractions de l'utérus, comme agent essentiel, celles des muscles abdominaux, pelviens, du diaphragme, etc., comme instruments accessoires, telles sont les véritables causes efficientes que nous cherchons.

Mécanisme de l'accouchement. — L'accomplissement de ce phénomène est annoncé depuis quelques jours, par la dépression de l'abdomen et la disparition du col utérin qui *s'efface*, comme le disent les accoucheurs, et se réduit aux conditions d'une membrane épaisse, tendue, présentant une ouverture centrale déjà notablement agrandie. Sans reproduire ici toutes les divisions hypothétiques de ce travail, indiquées par les auteurs, nous le réduirons à quatre actions principales, en prenant pour bases la variété des effets à produire et des moyens employés par la nature pour arriver à ces résultats; expulsions *des eaux de l'amnios; du fœtus; du placenta; des lochies.*

Expulsion des eaux de l'amnios. — Au terme de la gestation, les parties génitales de la femme se gonflent, se relâchent et s'humectent; l'excitation dont elles deviennent le siége y produit une sécrétion plus active et bientôt l'écoulement des glaires sanguinolentes, mal à propos attribuées, dans cette période, à la déchirure du col et des vaisseaux utérins. L'œuf à son état de maturité se décolle par degrés, abandonne les parois de la matrice vers ses adhérences placentaires qui ne sont jamais brusquement rompues dans la marche régulière de l'accouchement, la nature prévoyant les obstacles qu'il peut éprouver, et la nécessité d'assurer l'existence du fœtus pendant toute la durée de ce travail. Dans les conditions normales, ce décollement du placenta devient le signal des efforts que doit faire l'utérus pour se débarrasser du produit de la conception. Comme dans tous les actes importants de l'économie, l'organisme paraît se recueillir et se disposer avec une sorte d'inquiétude, à celui qu'il doit effectuer ; la femme semble même fréquemment tourmentée par une anxiété profonde et par les plus sinistres pressentiments ; dispositions qui font assez connaître à l'accoucheur le genre de médecine morale dont il doit alors s'occuper. Quelques douleurs d'abord vagues se manifestent particulièrement dans l'hypogastre vers les régions lombaires ; on les appelle *mouches* en termes de l'art. Les contractions utérines s'éveillent, on sent, en plaçant la main sur l'abdomen, l'organe se durcir et former un sphéroïde plus ou moins régulier pendant chacun de ses mouvements ; la nature des douleurs qui les accompagnent toujours, et que les accoucheurs ont souvent confondues avec les contractions elles-mêmes, ne permet pas de leur donner un autre siége que la matrice, un autre motif que l'état spasmodique passager de ce viscère, pour les physiologistes observateurs qui ne les confondent pas avec celles dont la pression de la tête sur les nerfs pelviens offre ultérieurement la principale occasion. Secondé par le diaphragme poussant de haut en bas, par les muscles du bassin, résistant de bas en haut, par les muscles abdominaux agissant d'avant en arrière et latéralement, l'utérus presse toutes les parties qu'il contient, du corps vers le col ; aussitôt les eaux de l'amnios, les membranes de l'œuf ne trouvant pas la même résistance à vaincre dans ce point, s'y portent naturellement, s'engagent par l'orifice utéro-vaginal, en forme de cône à base antérieure et dès lors très-propre à favoriser la dilatation déjà commencée. Les contractions des muscles accessoires sont tellement instinctives et synergiques dans cette occasion que nous les voyons s'effectuer spontanément et sans l'influence de la volonté. Les efforts de la matrice ne se développent jamais d'une manière continue; leurs intervalles paraissent en général d'autant moins prolongés que l'accouchement approche davantage de sa terminaison. Quelques auteurs ont recherché sérieusement la cause de ces intermittences, les expliquant par des hypothèses qu'il serait insignifiant d'énumérer. Si la nécessité de réparer la contractilité musculaire après une marche, un exercice prolongés se fait sentir dans les organes actifs du mouvement et leur commande le repos qui les place ultérieurement dans la possibilité de renouveler des phénomènes analogues, pourquoi n'appliquerait-on pas cette loi naturelle et commune à la fibre motrice de l'utérus, au lieu de poursuivre dans le vague de l'imagination ce que l'on trouve aisément dans la réalité des faits. La nature semble d'abord préluder à ce pénible travail, l'appareil d'expulsion se monte par degrés, et les symptômes primitivement locaux signalent bientôt une insurrection générale; dès lors tous les mouvements réactionnels se précipitent, le pouls acquiert de la force et de la vivacité, la chaleur se manifeste vers la périphérie, succédant à la concentration qui s'était opérée pendant le début; les douleurs prennent une intensité que rend assez bien le terme de *conquassantes* par lequel on cherche à les exprimer; les contractions utérines se rapprochent, marchent avec une sorte d'impatience, entraînant tout l'appareil moteur dans leurs violentes impulsions, avec roideur générale, craquements articulaires, convulsion de l'organisme, etc.; cependant la poche formée par les membranes augmente la dilatation du col, s'allonge, se tend et se rompt pendant une forte contraction; les eaux de l'amnios font irruption subite; la matrice immédiatement débarrassée revient lentement sur elle-même; le calme s'établit pour quelques instants, et l'économie fatiguée de ce premier effort semble déjà se préparer à celui qui doit suivre.

Expulsion du fœtus. — Sans nous arrêter à discuter sérieusement les opinions des auteurs anciens relativement aux positions du fœtus pendant la gestation, sans avoir besoin de combattre les idées de ceux qui le font asseoir sur la saillie sacro-vertébrale jusque vers les derniers mois, et culbuter ensuite au fond du bassin, nous ajouterons que, nageant librement dans les eaux de l'amnios, offrant par la flexion de tous ses articles un ovoïde général dont la tête forme l'extrémité la plus pesante, il doit naturellement, d'après les lois de la gravitation, présenter le crâne vers l'orifice vaginal. Cette considération puisée dans les faits nous explique aisément la fréquence des accouchements par l'extrémité céphalique de l'ovoïde, constituant la règle, et leur petit nombre par l'extrémité pelvienne, établissant les exceptions. Ainsi, d'après Adelon, sur 20,517 accouchements observés à la Maternité de Paris, on trouve les résultats suivants : par la tête, 19,906 ; par les fesses, 373 ; par les pieds, 234 ; par les genoux, 4. Immédiatement après l'expulsion des eaux, le fœtus vient s'appliquer à l'ouverture utérine, et, dans ce moment que l'on doit choisir pour l'exploration, il est facile de constater quelle est la partie qui se présente, et dans quelle position cette partie vient s'offrir. Voulant simplifier le mécanisme de ce nouveau travail, nous supposerons l'enfant présentant le sommet du crâne dans la première position, circonstances les plus naturelles et les plus fréquentes. Pour ce phénomène que l'on peut réduire au passage de la tête par les détroits du bassin, puisque toutes les difficultés de l'accouchement normal se résolvent à peu près entièrement dans ce point essentiel, les grands diamètres du crâne doivent s'appliquer aux grands diamètres pelviens, de là ces rotations de la tête qui règlent son engagement diagonal. Toutes les situations de cette partie, relativement à son passage par la filière du bassin, se rattachant aux cinq mouvements suivants dont il est désormais facile d'apprécier l'objet : flexion de la tête sur la poitrine ; rotation de droite à gauche pour l'occiput qui se trouve antérieurement, de gauche à droite pour la face occupant la partie postérieure ; passage à travers le détroit supérieur ; dans l'excavation, rotation de gauche à droite pour l'occiput, de droite à gauche pour la face; passage à travers le détroit inférieur; extension de la tête faisant remonter l'occiput sous le pubis et favorisant le dégagement de la face; rotation de droite à gauche pour l'occiput, de gauche à droite pour la face. Les épaules, le tronc, les hanches font des mouvements à peu près semblables en s'engageant d'une manière successive. Toutes ces parties, dans leur trajet complet, parcourent les axes des détroits, obliques de haut en bas et d'avant en arrière pour le supérieur, de haut en bas et d'arrière en avant pour l'inférieur. Ces dispositions fondamentales constituent la base de l'accouchement naturel; toutes les autres n'en sont que des modifications applicables aux différentes parties qui peuvent s'offrir, aux diverses positions dans lesquelles ces parties viennent se présenter et dont l'examen ne rentre pas dans notre objet. Pour ce travail le plus long et surtout le plus douloureux, l'utérus et les muscles accessoires se contractent par degrés avec plus de force et d'énergie; la nature semble recueillir tous ses moyens dans cet instant décisif; les angoisses produites par la compression, le froissement des nerfs pelviens s'unissent au sentiment déjà si pénible des mouvements de l'utérus, épuisant les facultés vitales d'une manière tellement rapide, que l'on voit souvent la femme s'endormir dans le court intervalle de ses douleurs pour effectuer la plus urgente réparation. Enfin, débarrassée de l'enfant, la matrice opère lentement son retour et forme derrière le pubis une tumeur arrondie que les accoucheurs nomment *globe consolateur*, parce qu'alors on n'a plus à craindre les hémorrhagies foudroyantes qui surviennent quelquefois après la sortie du fœtus. Le nouvel être se trouvant dans l'état naturel, on fait la ligature et la section du cordon ombilical; dès lors toute communication circulatoire est détruite à jamais entre la mère et l'enfant qui doit trouver, dans l'établissement immédiat de la respiration, le seul moyen d'assurer actuellement son existence par le bienfait de la rénovation sanguine.

Expulsion du placenta. — Le décollement de ce corps vasculaire s'achève par les contractions et le resserrement gradués de l'utérus, les mêmes points du premier ne pouvant plus répondre aux mêmes points du second dont l'action se réveille pour éliminer, par un mécanisme toujours identique mais beaucoup moins violent et moins douloureux, cette masse vasculo-membraneuse, offrant les débris de l'œuf sous le titre d'*arrière-faix ;* on nomme *délivrance* l'accomplissement de ce troisième phénomène. Dans l'espèce humaine, l'impatience occasionnée par les lenteurs de ce travail et par la souffrance qui l'accompagne, engage ordinairement à le terminer au moyen de plusieurs tractions méthodiques effectuées sur le cordon ombilical ; opération qui n'est pas toujours sans danger.

Expulsion des lochies. — Développé considérablement sous l'influence d'une augmentation nutritive dont le temps de la gestation marque les limites, l'utérus, désormais inutile dans l'économie jusqu'à la fécondation suivante, revient insensiblement à ses premières dimensions par des phénomènes opposés à l'action productrice de cette hypertrophie temporaire. Il se débarrasse, par une exhalation supérieure à l'absorption, du sang, de la sérosité, des autres humeurs dont son parenchyme est surabondamment pourvu ; c'est à l'ensemble de ces produits excrétés que l'on donne le nom de *lochies*. Cet écoulement, d'abord sanguin pendant deux ou trois jours, devient séro-sanguinolent, ensuite complétement séro-muqueux et se termine après un ou deux septénaires. Le sang, d'abord en caillots dans la cavité de la matrice, est chassé par les contractions de ce viscère avec des souffrances moins vives que celles de la délivrance, mais encore assez prononcées pour donner à cette expulsion les caractères d'un quatrième et dernier travail. Tout rentre enfin dans le calme, et l'appareil génital va désormais se reposer jusqu'à la conception d'un nouvel être.

Lactation, — τιθήνησις des Grecs, *lactatus* des Latins, est ce phénomène complémentaire de la génération qui non-seulement fournit à l'enfant une substance nutritive proportionnée à ses besoins, à la faiblesse de ses organes digestifs, mais encore, par une véritable incubation prolongée, lui communique cette chaleur vitale dont il est alors peu susceptible d'effectuer le développement. Réduite à ses moyens individuels, cette frêle économie succomberait inévitablement dans la lutte inégale qu'elle vient d'engager avec toutes les causes destructives qui l'environnent. Mais la nature veille sur l'homme naissant et ne l'abandonne point dans une situation aussi critique ; les liens qui l'unissaient à sa mère ne se trouvent pas entièrement détruits, ils ne sont que relâchés ; les rapports de ces deux êtres naguère confondus par une véritable identification vont encore temporairement s'établir d'une manière assez intime.

La préparation d'un aliment dont les qualités sont appropriées aux fragiles dispositions de cette première enfance, les précautions infinies sans lesquelles cet élément réparateur n'arriverait pas convenablement à sa destination, l'exercice de la plus aimable sollicitude, les soins les plus délicats : telles sont les prérogatives et les obligations de celle que la nature paraît avoir formée pour éloigner de notre berceau les douleurs et les périls qui viennent incessamment l'assiéger. Combien nous voudrions que cette importante vérité fût profondément gravée dans le cœur de toutes les mères ! Elles comprendraient désormais les devoirs qu'un aussi beau titre leur impose, et si la voix du sentiment restait muette, au moins celle de la conscience leur apprendrait à ne pas rompre des engagements sacrés pour des motifs souvent aussi frivoles !

Celle qui néglige volontairement et sans raison de nourrir son enfant, *n'est mère qu'à demi*, nous dit un philanthrope. Cette qualification est encore insuffisante : avoir conçu par un attrait dont l'objet est la satisfaction instinctive ; avoir porté pendant neuf mois le fœtus que l'on envisageait comme un fardeau pénible et dont on a compromis l'intégrité par des imprudences de tous les genres ; avoir donné le jour au produit de cette conception lorsqu'il fallait obéir à l'impérieuse loi de la nécessité ; le confier à des mains étrangères actuellement qu'il implore des secours affectueux ; espérer de l'appât du gain l'accomplissement avantageux d'une tâche que l'amour maternel, ce moteur si puissant, n'a pas été capable de faire entreprendre, nous paraissent des titres sans valeur pour établir le droit et la qualification que l'on chercherait injustement à revendiquer. C'est au physiologiste qu'il appartient de frapper ces coups puissants de la vérité ; leurs atteintes n'arrivent point aux bonnes mères ; quant aux autres, quels ménagements peuvent-elles exiger ?

Sans doute nous admettons des exceptions à la règle générale. Plusieurs considérations importantes et notamment les vices de constitution, les maladies peuvent réduire une femme à la triste nécessité de renoncer au plus beau de ses droits, mais il faut craindre de s'abuser par des arguments spécieux.

En négligeant une obligation aussi naturelle, on trouve presque toujours, dans un temps plus ou moins rapproché, le juste châtiment de ces transgressions des lois primordiales ; nous sommes fréquemment dispensés de chercher une autre origine aux altérations laiteuses variées dans leurs fâcheux effets, au squirrhe, au cancer des glandes mammaires, etc.

Pour bien remplir toutes les conditions de cet acte fondamental, on doit en quelque sorte faire abnégation de soi-même ; apporter près de l'enfant des dispositions morales dont la patience, la résignation, avant tout, l'*amour maternel* doivent constituer les bases principales. Mais au milieu de ces fatigues, de ces privations, quel charme indicible ne vient pas incessamment remplir toutes les facultés de l'âme ; il est des jouissances ressenties par le cœur d'une mère et que le plus persuasif des langages devient incapable d'exprimer !

Quelques jours avant le terme de l'accouchement normal, on voit se préparer l'élaboration lactée que nous avons décrite, avec son appareil, dans le chapitre des *Sécrétions glandulaires*, auquel nous renvoyons pour cet objet. Déjà les seins offrent un léger gonflement, une sensibilité plus vive. C'est particulièrement trente-six ou quarante-huit heures après l'expulsion du fœtus que s'établit cette nouvelle fonction avec mouvement du sang vers les mamelles, et réaction générale nommée *fièvre de lait.* Pendant les premiers instants, le produit de cette élaboration est jaunâtre séreux, on l'appelle *colostrum ;* ses propriétés laxatives ont l'avantage de favoriser l'expulsion du *méconium*, en signalant encore la prévoyance de la nature et l'utilité positive de l'allaitement maternel. Avec le temps, ce lait acquiert des qualités plus nutritives et proportionnées aux besoins croissants du nouvel être ; pris à la mamelle, encore doué de sa chaleur vitale, il promet des avantages qui ne peuvent jamais être compensés par les moyens artificiels.

Au milieu de ces dispositions, l'enfant saisit le mamelon, exerce la succion *par action de la langue*, et promenant ses mains agiles sur le sein de la nourrice lui fait éprouver une sensation qui n'est pas sans quelque volupté, sans influence pour augmenter l'action sécrétoire de la glande et favoriser l'excrétion du lait.

En supposant des obstacles insurmontables à l'allaitement par la mère, on doit le remplacer autant que possible, en employant avec précaution les moyens suivants que nous rangeons ainsi d'après la préférence qu'ils nous semblent mériter. Allaitements *par une nourrice, dans la maison paternelle; par le pis d'un animal ; par le lait de ce dernier pris avec le biberon ; par une nourrice, loin de la surveillance des parents.*

Suivant les besoins de l'enfant et les forces de la mère, l'allaitement peut être continué six, huit ou douze mois ; il est plus nuisible qu'utile au delà de cette époque chez la grande majorité des individus. Là se termine le dernier phénomène générateur. L'enfant n'est cependant point encore séparé de sa mère ; des nécessités relatives à ses dispositions morales et physiques réclament impérieusement les soins de cet ange tutélaire, qui doit veiller longtemps encore sur l'objet de ses plus tendres affections.

Altérations. — Comme toutes les autres fonctions la génération peut offrir, dans ses divers phénomènes, les quatre modifications pathologiques essentielles ; chacune de ces maladies s'accuse par des résultats particuliers aux principaux actes générateurs.

Augmentation. — Toujours nuisible à la conservation du sujet et même à la propagation de l'espèce, elle produit des effets différents en raison du phénomène compromis d'une manière plus spéciale.

L'exaltation habituelle entraîne ces monomanies génératrices désignées, pour l'homme, par le terme de *satyriasis ;* pour la femme, par ceux d'*hystérie, de fureur utérine, de nymphomanie*, portant les individus à des excès provoqués par l'instinct, réprouvés par la raison ; à d'insatiables désirs consumant en secret lorsqu'ils ne sont pas accomplis, entraînant la ruine de l'organisme dans l'hypothèse contraire.

Diminution. — Moins généralement fâcheuse, elle présente encore, dans plusieurs phénomènes générateurs, des résultats souvent assez nuisibles.

Lorsque l'appétit vénérien se trouve notablement affaibli par défaut d'exercice, de sensibilité, par usure des organes génitaux, il en résulte une indifférence plus ou moins prononcée pour cette fonction, et la garantie donnée par la nature au maintien, à la propagation de l'espèce, est frappée dans ses bases fondamentales. D'un autre côté, l'appareil copulateur n'offre point cette érection, cet éveil indispensables à la fécondation régulière dont le but n'est qu'imparfaitement rempli.

Suspension. — La génération peut devenir temporairement ou pour toujours impossible sous l'influence des causes les plus variées et les plus nombreuses. Nous donnons à cette condition le titre d'*impuissance*, chez l'homme ; de *stérilité*, chez la femme. Le seul moyen d'en préciser les raisons, d'en fixer le traitement, consiste à remonter, dans chacun des organes, aux dispositions anormales capables d'entraîner cette nullité reproductrice.

Perversion. — La reproduction est susceptible d'offrir un

grand nombre d'anomalies que nous devons envisager sous deux principaux aspects : Relativement à l'*utérus*, au *produit de la fécondation*.

Relativement à l'utérus. — Dans l'hypothèse où la série des actes particuliers à la fécondation, au transport de l'embryon vers l'organe gestateur se trouve complétement entravée, nous voyons se manifester des accidents variés dont les plus graves ont reçu le nom de *grossesses* extra-utérines. D'après les siéges différents que peut occuper l'œuf ainsi détourné de sa destination, nous rattachons ces anomalies à quatre chefs essentiels : Grossesses de l'*ovaire :* la cicatrice des parois de cette glande s'opérant avant le passage de l'embryon dans la trompe; *abdominale :* ce conduit érectile abandonnant l'ovaire sans avoir saisi le germe fécondé; *tubaire :* la trompe n'offrant pas, du côté de la matrice, un conduit assez large pour laisser passer l'ovule dans ce réservoir; *interstitielle :* d'abord signalée par Mayer, ensuite observée par Albers, Carus, Bellemain, Lartet, Breschet, etc., elle paraît se développer dans l'épaisseur même des parois utérines, au milieu des fibres charnues, sans que l'on puisse regarder comme satisfaisantes les explications qu'en ont données jusqu'ici Breschet, Baudelocque et plusieurs autres physiologistes. Dans la plupart de ces cas, l'existence du fœtus et même celle de la mère sont inévitablement compromises dès le troisième ou quatrième mois de la gestation. D'après les faits cités par Meckel, Chaussier, Levret, Bertrandi, etc., l'utérus, même pour les grossesses de l'ovaire, de la trompe, de l'abdomen, s'accroît d'abord comme dans la grossesse normale, circonstance qui peut induire en erreur sous le rapport du toucher, et qui, d'un autre côté, prouve la réalité des principes que nous avons émis dans la théorie du développement nutritif présenté par cet organe pendant les gestations naturelles.

Relativement au produit de la fécondation. — L'embryon, dans tous les êtres vivants, depuis la plante jusqu'à l'homme, peut éprouver un nombre infini de modifications anormales désignées par le terme générique de *monstruosités.* L'importance de cet objet, les considérations nombreuses qui viennent s'y rattacher, nous obligent à l'exposer avec quelques détails.

Monstruosité, — τερατεια des Grecs, *monstrorum deformitas* des Latins, en prenant ce terme dans son acception physiologique la plus étendue, nous offre une *perversion notable dans les dispositions originelles de l'être vivant*. Ainsi constitué, ce produit, soit végétal, soit animal, est appelé *monstre*, πέλωρ, *monstrum*, surtout quand l'anomalie qu'il présente l'éloigne beaucoup de son type naturel. On ne confondra plus dès lors avec ces difformités primordiales celles qui sont occasionnées après la naissance par des accidents et des mutilations ; les premières seules méritent le titre de *vices de conformation*, de *monstruosités* ; les secondes rentrent dans la catégorie des *vices de configuration*. Les premières vont exclusivement nous occuper sous le point de vue de leurs *causes, de leur classification et des variétés nombreuses* qu'elles offrent surtout dans l'espèce humaine.

Causes des monstruosités. — Si nous consultons les anciens relativement aux influences qui peuvent occasionner des monstruosités chez les animaux et chez l'homme plus spécialement encore, nous trouvons des idées bizarres, des systèmes et des théories sans aucun fondement. Un grand nombre d'écrivains, Mallebranche lui-même, attribuent cette influence perturbatrice à l'imagination de la mère ; de là sans doute les termes d'*envies*, de *nævi materni* par lesquels on a désigné plusieurs des altérations que nous étudions.

Jacob avait la prétention d'obtenir des chevreaux marquetés, en présentant plusieurs bâtons blancs à ses chèvres pendant la copulation. Haller nous rapporte sérieusement que la femme d'un Ethiopien eut plusieurs enfants blancs pour avoir fixé très-attentivement, pendant sa grossesse, une statue de marbre de Paros. Enfin de nos jours, dans le beau siècle des lumières, une société savante a conseillé, pour se procurer des agneaux bleus, de teindre la toison des mâles de cette couleur avant l'accouplement !

Maupertuis attribue ces lésions aux mouvements désordonnés, produits dans les humeurs par des passions violentes, et surtout par la frayeur, le désespoir, la colère, etc. Lavater, sans expliquer davantage sa pensée, les fait naître des circonstances qui peuvent modifier désavantageusement les trois conditions indispensables au développement de tout corps organisé : *L'espace, l'humidité, la température.* Haller admet « l'absorption des particules subtiles du sperme, qui devaient « former les organes en défaut, » retombant ainsi dans les illusions de l'épigénésie.

Un grand nombre d'auteurs anciens et même quelques modernes, ont reconnu pour cause des monstruosités les envies de la mère, non satisfaites pendant la gestation. Ruinée dans le monde savant, cette opinion fautive existe encore dans le monde vulgaire. Un enfant naît avec une excroissance moriforme sur le nez, un second avec des taches rouges à la nuque en forme de pétales, un troisième avec une dégénération noirâtre et velue de la peau qui couvre l'une des pommettes, etc. La mère du premier, dira le vulgaire, a convoité des *mûres;* celle du second, *des fleurs;* celle du troisième, un jambon, et dans l'impatience d'obtenir ces objets, elles ont touché sur elles-mêmes la partie qui se trouve marquée chez leurs enfants. D'autres seront accouchées *d'un bec de lièvre, d'un monopode, d'un acéphale, d'un bicéphale*, etc., pour avoir fixé, dans quelque moment d'émotion, un lièvre, un amputé de la jambe, une grenouille, un monstre à deux têtes, etc.

Sans nous croire obligé de combattre, de réfuter sérieusement chacune de ces théories purement imaginaires et même dépourvues de probabilité, nous ferons seulement observer que les végétaux, chez lesquels il n'existe point *d'imagination, d'envies, de passions*, etc., offrent ces *vices de conformation*, ces *monstruosités* aussi bien que les animaux et l'homme.

En revenant à des idées plus saines, plus physiologiques, il nous paraît évident que ces anomalies, quelle que soit leur diversité, viennent se rattacher à cinq causes fondamentales : *Disposition vicieuse de l'ovule*, dont l'élaboration sécrétoire n'a pas été parfaite. *Mauvaise constitution du sperme*, en conséquence de la même altération. *Perversion de l'acte fécondant*, susceptible de lésions analogues à celles des autres phénomènes vitaux. *Confusion de plusieurs embryons. Maladies du fœtus.* En résumé, nous pensons que le principe des monstruosités, considérées d'une manière générale, peut se rapporter à *la sécrétion de l'ovule, à sa fécondation, à son développement ultérieur*. Cette explication est si naturelle et si positive, qu'elle convient également à tous les êtres animés. Lorsque nous semons une graine parfaite en apparence, au milieu des conditions les plus favorables et qu'elle produit un monstre, nous sommes bien forcés d'en attribuer la cause aux dispositions primitives du germe; en voyant, sur une autre, les circonstances extérieures développer cette perversion, nous ne devons plus en chercher le principe dans le germe ainsi détérioré. Pourquoi les mêmes faits, également palpables chez les animaux et chez l'homme, ne seraient-ils pas soumis aux mêmes interprétations, lorsque nous observons la nature, offrant autant d'unité dans sa marche que d'ensemble dans ses lois et dans les résultats de leur concours.

Les anomalies originelles sont tellement diversifiées et nombreuses, qu'il est impossible de s'en former une idée précise, avant de les avoir groupées dans un ordre méthodique. Les auteurs ont proposé différentes classifications qu'il nous est impossible d'admettre; leurs bases n'étant point assez naturelles, assez largement établies. Celle que nous allons présenter offrira du moins ce double avantage, en supposant qu'on lui refuse la perfection à laquelle nous sommes loin de prétendre. Nous comprenons toutes les monstruosités en deux grandes classes : *Confusion de plusieurs embryons ; perversions d'un embryon isolé*. Chacune de ces classes renferme plusieurs divisions.

Confusion de plusieurs embryons. — Dans toute la série des êtres vivants, deux ou même un plus grand nombre de germes peuvent s'identifier plus ou moins étroitement. *A l'état d'ovule, même avant la fécondation ; à l'état d'ovule fécondé ; à l'état d'embryon distinct*. En général, ces identifications sont moins profondes et moins intimes dans la troisième condition que dans la seconde, et dans la seconde que dans la première. Sous le rapport de leur mode, nous en formerons trois ordres : *Adhérence au moyen des parties molles; confusion des squelettes ; emboîtement des fœtus.* Chacun de ces ordres va nous présenter des caractères essentiels.

Adhérences au moyen des parties molles. — Ce premier mode peut offrir des intermédiaires nombreux depuis l'union des deux enfants par une seule bride, une simple adhésion cutanée, jusqu'à cette identification plus ou moins étendue, plus ou moins profonde que les autres parties molles présentent chez certains individus. En général dans cet ordre, les sujets offrent toutes leurs parties, sont complétement isolés excepté dans le point de l'identification. Ils peuvent exister, pour les circonstances les moins compliquées, sans autre mutualité que celle des actes relatifs à la locomotion générale.

Il n'est pas rare d'observer cette monstruosité dans l'homme, chez les animaux et même pour le règne végétal. Nous avons actuellement sous les yeux un produit anormal dans lequel on voit positivement la confusion d'une *poire* et d'une *nèfle ;* ces deux fruits entièrement identifiés par le tiers au moins de leur épaisseur, dans tout le reste, sont parfaitement distincts et bien caractérisés. Le groupe soutenu par un pétiole commun vient d'être cueilli sur un poirier voisin d'un néflier. Cette confusion de deux individus appartenant à des espèces différentes nous paraît assez remarquable et digne de fixer l'attention des physiologistes sous divers rapports.

Parmi les faits nombreux de cette catégorie, nous citerons spécialement, pour notre espèce :

Les deux filles dont parle Buffon. Nées à Troni, dans la Hongrie, en 1701, accolées par la face dorsale du tronc, offrant un anus commun, isolées par tous les autres points, différant sous le rapport du caractère et du tempérament ; nommées *Hélène* et *Judith,* vendues par leur père à l'âge de neuf ans, elles eurent la rougeole et la variole en même temps; réglées à

FRÈRES SIAMOIS

Pl. 10.

Eng.

Chang.

LITH. ED. MONNOYER, FÉV. 78.

T. II. P. 511.

seize ans, d'abord ensemble, puis séparement ; elles moururent en 1723 à quelques minutes d'intervalle, Judith ayant été prise d'une fièvre comateuse.

Les deux frères Siamois, livrés depuis leur naissance à la curiosité publique. Originaires du royaume de Siam, ces enfants observés par nous à l'âge de seize ans, adhérents par la ligne blanche depuis l'appendice xiphoïde jusqu'à l'ombilic au moyen d'une bande cutanée de dix centimètres en longueur. D'une taille au-dessus de la moyenne, ils offrent les caractères physiques de la race chinoise ; leur intelligence est développée, leur moi distinct et leurs facultés dans une harmonie si parfaite, que la volonté de l'un entraîne immédiatement celle de l'autre. Dans l'état de repos, les mouvements de leurs cœurs sont isochrones et peuvent devenir inégaux par les diverses causes d'excitation. Ces enfants sont très-gais, très-heureux ; se meuvent de côté, marchent, courent même avec assez de vitesse. On les a nommés *Eng*, *Chang*. Ils ont été mariés, sont morts dernièrement à Philadelphie ; l'autopsie faite par le Collège de médecine a reconnu qu'ils étaient unis par une forte bande charnue de dix centimètres de longueur, de vingt en circonférence ; recevant, de chaque sujet, un prolongement de l'appendice xiphoïde avec enlacements vasculaires ; dispositions qui justifient le refus d'Amussat d'opérer leur séparation qu'il trouvait dangereuse.

Confusion des squelettes. – Les monstruosités de cet ordre sont peut-être les plus fréquentes pour notre espèce ; les cabinets d'histoire naturelle en renferment à peu près toutes les variétés. Nous trouvons dans celui de la Faculté de médecine de Paris :

Un fœtus à terme, bicéphale, présentant deux colonnes rachidiennes séparées jusqu'à la région lombaire où s'effectue l'identification. Il n'existe qu'un seul bassin.

Deux enfants confondus par le sternum et les cartilages costaux de manière à n'offrir qu'une poitrine, du moins si l'on juge par l'apparence extérieure.

Un autre bicéphale avec identification des deux faces, des

cavités abdominales et thoraciques. Chaque sujet a ses quatre membres complétement isolés.

Un fœtus analogue avec réunion plus intime des faces, confusion à peu près entière des yeux correspondants, ce qui lui donne l'aspect des fabuleux cyclopes ; il existe seulement quatre membres.

En février 1827, naquit à Paris, rue Charonne, un enfant du sexe féminin présentant une double face, deux cerveaux en devant, un seul crâne en arrière. Il a vécu seize minutes.

Un monstre à peu près semblable reçut le jour en janvier 1775, à Montéalègre, dans le royaume de Murcie, prenant le sein de la nourrice par l'une et par l'autre bouche. Il mourut à dix mois. C'est à ce genre de perversion fœtale que Geoffroy-Saint-Hilaire donne le nom de *polyops*.

Nous possédons un enfant double, né en 1828, à neuf mois, ayant vécu deux heures, du sexe féminin, offrant les dispositions suivantes : Deux têtes bien distinctes, seulement adhérentes par l'oreille droite de l'un et gauche de l'autre qui se trouvent identifiées; confusion des deux troncs par toute la face antérieure jusqu'à l'hypogastre inclusivement ; un seul cordon ombilical ; deux bassins isolés; membres pelviens bien constitués ; en devant, les membres thoraciques droit de l'un et gauche de l'autre sont libres et dans l'état normal ; les deux opposés, en arrière, sont entièrement confondus à l'épaule, au bras, à l'avant-bras jusqu'au poignet, donnant naissance aux deux mains régulièrement conformées pour le métacarpe et les phalanges.

L'un des monstres les plus remarquables de cette espèce naquit le 12 mars 1827, à Sassari, en Sardaigne, d'une mère très-saine, ayant eu sept autres enfants ordinaires; l'accouchement très-laborieux s'effectua par la tête. Ce bicéphale, du sexe féminin, appelé *Ritta* et *Cristina*, mourut à Paris à l'âge de dix-huit mois, offrant les caractères suivants : Deux sujets entièrement libres et bien constitués jusqu'au bassin; le buste gauche semble mieux nourri; deux volontés se manifestent séparément; Ritta paraît d'un caractère plus fâcheux. Le

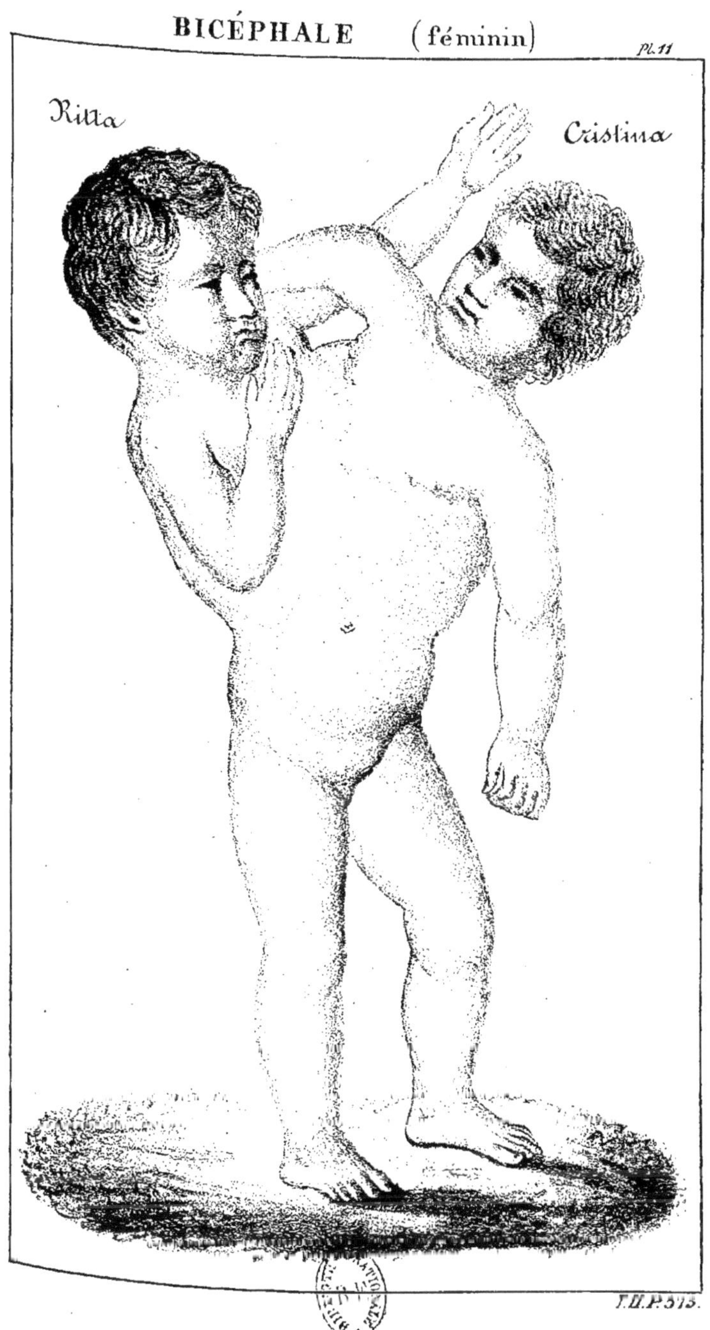
BICÉPHALE (féminin)
Pl. 11
Ritta
Cristina
T. II. P. 373.

bassin est unique; il n'existe qu'une vulve et deux membres pelviens à l'état naturel. Sous l'influence du froid Ritta devient malade, succombe; Cristina jaunit aussitôt, pousse un cri, meurt presque en même temps; son cadavre paraît immédiatement froid et roide; celui de Ritta ne présente ces phénomènes que huit heures après. A la nécropsie, Geoffroy-Saint-Hilaire obtient les détails suivants : Deux cœurs isolés dans la même enveloppe; leurs pulsations étaient isochrones pendant la vie; celles de Ritta présentèrent plus de fréquence par le développement de l'altération que nous avons indiquée; un seul foie, deux lobes de Spigel signalant une confusion; le tube digestif double jusqu'au cœcum exclusivement, ensuite unique dans le reste de son trajet; deux utérus; un seul diaphragme, circonstance expliquant la simultanéité de la mort; onze côtes pour chaque partie latérale; deux colonnes vertébrales bien isolées jusqu'à la terminaison du coccyx.

Emboitement des fœtus. — Pour les monstruosités de cet ordre, l'un des embryons ayant primitivement enveloppé l'autre plus tardif à s'accroître, en devient l'utérus au moyen des adhérences placentaires fournies par ses organes intérieurs. Il n'est pas rare d'observer dans les amphithéâtres des cadavres présentant une ou plusieurs tumeurs abdominales au milieu desquelles on trouve des cheveux, des os du crâne, des maxillaires avec leurs dents, etc.; vestiges, débris les plus réfractaires d'un produit d'âge égal à celui du sujet, et dont les autres parties ou n'avaient pas été formées, ou s'étaient trouvées détruites par l'absorption.

Aucun phénomène de ce genre n'est aussi remarquable dans ses particularités que le monstre décrit par Dupuytren auquel nous empruntons cette analyse. Bissieu, âgé de treize ans, éprouvant depuis son enfance une douleur obtuse dans la région lombaire gauche avec tuméfaction progressive, est pris subitement d'une fièvre violente accompagnée de souffrance plus vive et d'augmentation du gonflement indiqué; cinq à six jours après, excrétions alvines purulentes et d'une odeur infecte; marasme gradué pendant trois mois; expulsion, par l'anus, d'une masse de cheveux assez longs; fièvre hectique ; dévoiement colliquatif, mort. — *Nécropsie.* Poche accidentelle située dans le mésocolon transverse, adhérente au colon, offrant avec cet intestin une communication ulcéreuse de nouvelle origine ; renfermant un corps organisé qu'il est impossible de ne pas reconnaître pour le type anormal du fœtus humain, d'après les caractères suivants : Cerveau, moelle rachidienne, vestiges de quelques organes sensitifs, nerfs volumineux, muscles dégénérés, squelette présentant la tête, la colonne vertébrale, un bassin, des membres incomplétement ébauchés ; cordon ombilical très-court, s'attachant au mésocolon, offrant une artère, une veine disposée de manière à bien expliquer l'existence prolongée de ce monstre parasite. Du reste, aucune trace des appareils digestif, respiratoire, génital, urinaire. Il est évident que nous rencontrons dans cet exemple deux êtres jumeaux et contemporains, dont le germe de l'un s'est trouvé primitivement enveloppé dans le germe de l'autre qui, dès cet instant, a fait tous les frais de leur accroissement commun au milieu des conditions analogues à celles de la *grossesse abdominale ;* et que l'inflammation survenue dans le kyste, vers la cloison *ovo-colique*, a déterminé son ulcération, l'ouverture de l'intestin et tous les accidents précurseurs de la mort inévitable du jeune Bissieu.

Perversion d'un embryon isolé. — Le nouvel être actuellement envisagé seul, indépendamment d'aucun autre, peut offrir un grand nombre de modifications anormales rattachées, dans leur principe, à la sécrétion de l'ovule, à sa fécondation, au développement du fœtus, et, quelle que soit leur variété, rentrant dans l'une ou l'autre de ces trois catégories ; monstruosités, *par excès*, *par défaut*, *par anomalies diverses*.

Par excès. — On peut rapporter cette perversion à trois objets principaux : au *développement de tout le sujet ;* à l'*hypertrophie d'un organe, d'un appareil ;* à l'*augmentation du nombre des parties.*

Développement excessif de l'individu. — Là viennent se placer naturellement ces fœtus d'une taille ou d'un volume tellement démesurés, qu'il en résulte nécessairement impossibilité de l'accouchement par les voies ordinaires. On trouve quelques faits de ce genre dans les archives de la science.

Hypertrophie d'un organe, d'un appareil. — Ces anomalies beaucoup plus fréquentes entraînent ordinairement, dans l'économie, des désordres fonctionnels plus ou moins graves en rompant cet équilibre des actions physiologiques sur la conservation duquel repose le maintien de la vie. Dans cette espèce viennent se grouper : l'hydrocéphale, l'hydro-rachis, l'ascite, l'hydrothorax, mais surtout les hypertrophies du cerveau, du cœur, de la langue, des poumons, des organes génitaux, d'un ou plusieurs membres, etc., comme nous en avons observé beaucoup d'exemples. Ces monstruosités et particulièrement celles qui portent sur la tête peuvent devenir assez considérables pour s'opposer à l'accouchement naturel et nécessiter l'emploi de certaines opérations le plus souvent mortelles pour l'enfant.

Augmentation du nombre des parties. — Ces conditions anormales ne sont pas rares ; on les rencontre plus souvent dans les appareils des phénomènes de relation que dans ceux des fonctions vitales, nutritives et génitales où nous les voyons cependant quelquefois avec des inconvénients proportionnés à l'importance des organes affectés, aux perversions entraînées dans l'exercice des actes qui leur sont confiés. Cette variété comprend les individus offrant des oreilles, des yeux, des paupières, des cils, des nez, des dents, des langues, des bouches, des membres, des doigts, des pénis, des vulves, des testicules, des ovaires, des vessies, des reins, etc., surnuméraires ; les sujets réunissant d'une manière imparfaite, sous le titre fautif d'*hermaphrodisme*, les organes générateurs des sexes différents. Nous connaissons trois enfants de la même famille offrant deux pouces très-bien caractérisés à chacun des pieds, à chacune des mains.

Par défaut. — Cette anomalie peut amener trois résultats

essentiels : *Le développement incomplet de tout l'individu ; l'atrophie d'un organe, d'un appareil ; la diminution du nombre des parties.* Ces monstruosités, suivant la nature et l'importance des organes lésés, produisent des perversions dans les phénomènes vitaux ou même rendent l'existence du nouvel être absolument impossible après la naissance.

Développement incomplet de tout l'individu. — Nous renfermons dans cette catégorie les fœtus grêles et ténus, soit en conséquence d'un vice primitif dans le germe, soit par l'effet de l'étiolement ultérieur compromettant plus ou moins positivement l'existence de l'enfant ainsi constitué.

Atrophie d'un organe, d'un appareil. — Cette perversion assez commune entraîne l'affaiblissement ou même l'impossibilité des phénomènes relatifs aux parties lésées, avec des résultats d'autant plus fâcheux, que ces phénomènes sont plus essentiellement vitaux. A cette variété se rattachent les atrophies congénitales du cerveau, de la moelle rachidienne, des oreilles, des yeux, de la langue, des membres, des organes reproducteurs, etc., avec idiotisme, faiblesse musculaire, imperfections auditives et visuelles, difficulté de parler, claudication, stérilité, impuissance, etc.

Diminution du nombre des parties. — Dans cette modification, nous rangeons l'absence des organes simples et la diminution numérique des organes multiples. Pour le premier cas, la monstruosité supprime complétement une fonction avec des inconvénients divers et relatifs, soit à la conservation de l'individu, soit à la propagation de l'espèce ; pour le second, elle affaiblit toujours plus ou moins dangereusement l'activité, la perfection des phénomènes compromis dans l'altération native de leur appareil. Toutefois, si la suppression porte sur l'un des organes pairs, il ne faut pas estimer la diminution fonctionnelle d'après celle des instruments physiologiques, la nature accordant à ceux qui restent chez le sujet une grande partie des facultés destinées aux viscères qui ne s'y rencontrent pas. Nous rattachons à cette catégorie tous les individus offrant une diminution plus ou moins considérable dans le nombre des doigts, des membres, des organes multiples ; ceux qui sont entièrement privés de ces parties ou des organes uniques, tels que le pénis, le vagin, l'utérus, la vessie, le rectum, etc.; enfin les monstres *anencéphales* n'ont point de cerveau ; les *acéphales* chez lesquels on trouve à peine quelques faibles rudiments de la tête. Ces derniers sont assez rares.

PAR ANOMALIES DIVERSES. — Nous comprenons dans cet ordre les nombreuses monstruosités occasionnées par la perversion congéniale des organes, sous divers rapports que nous réduisons à six principaux : *position*, *couleur*, *forme*, *structure*, *réunion*, *division*. Ces anomalies produisent des effets très-différents suivant les parties qu'elles affectent.

Position. — Les organes peuvent éprouver des modifications importantes, natives et désormais invariables dans leur direction et leur situation individuelles ; ceux du côté gauche sont quelquefois placés du côté droit et *vice versâ ;* nous en connaissons plusieurs exemples pour le cœur, le foie, l'estomac, la rate, etc. Un jeune homme de Rouen, un autre sujet observé par Bichat présentaient cette inversion pour les différents appareils des fonctions vitales et nutritives. On conçoit aisément que, dans les anomalies de cette espèce, tous les rapports organiques sont changés avec des inconvénients plus ou moins graves pour les phénomènes que ces appareils ont la faculté d'effectuer. On peut également rattacher à cette catégorie le strabisme, les déviations du nez, des oreilles, de la bouche, des os, etc.

Couleur. — C'est particulièrement à ce genre de monstruosités que l'on a donné le nom d'*envies ;* on ne doit pas y voir autre chose que des maladies organiques de la peau. Cette anomalie se manifeste par des taches de largeur et de forme diversifiées, offrant toutes les nuances intermédiaires entre le violet noirâtre et le blanc laiteux ; se couvrant quelquefois de poils rudes et foncés dans le premier cas ; jaunes et soyeux dans le second ; figurant la lie du vin rouge, la couenne de sanglier, du porc domestique, etc., se rattachant, dans le plus grand nombre des circonstances au *fongus hemathodes*, à l'*hypertrophie lymphatique des albinos*, etc.

Forme. — Il existe pour chaque partie naturelle un type fondamental duquel ne s'écartent jamais beaucoup nos organes sans tomber dans les inconvénients d'une disposition monstrueuse. Nous observons ces altérations surtout pour les parties extérieures telles que la tête, les yeux, le nez, les oreilles, la bouche, les membres, etc.; plus rarement dans les viscères intérieurs ; cependant la nécropsie nous en fournit quelquefois des exemples pour le cœur, le foie, les reins, etc.

Structure. — Chaque tissu, chaque viscère présente son organisation propre, et toute modification essentielle qui s'éloigne notablement de cette condition normale devient une monstruosité plus ou moins nuisible aux fonctions de l'appareil affecté. Nous avons observé en 1809 deux jeunes gens de seize à dix-huit ans, que l'on faisait voyager dans tous les pays pour les montrer à la curiosité publique, et dont la peau se trouvait presque partout écailleuse comme celle des poissons. Une multitude d'excroissances moriformes, fongiformes, etc., comparées à des mûres, à des champignons, etc., ne sont pas autre chose que des altérations substantielles du derme. Il est peu d'organes dans l'économie qui n'aient offert des exemples de ce genre d'altération congénitale.

Réunion. — Dans cette catégorie viennent se placer toutes les oblitérations anormales complètes ou partielles, comme on l'observe surtout pour les ouvertures palpébrales, nasales, buccales, auriculaires, génitales, urinaires, anales, etc. On comprend toutes les anomalies fonctionnelles que ces perversions peuvent entraîner, et le danger qui les accompagne suivant le degré d'occlusion et l'importance de l'orifice compromis. Il existe plusieurs opérations susceptibles de rétablir, dans certaines circonstances, les conditions naturelles en détruisant l'obstacle qui jusqu'alors s'était opposé à l'accomplissement des actions physiologiques dans les appareils lésés; nous possédons plusieurs faits de ce genre pour les imperforations de l'anus, de l'urètre, du vagin, de la bouche, des paupières et du nez.

Division. — Nous rapportons à cette espèce la séparation originelle des parties qui naturellement doivent être identifiées. Le plus ordinairement cette perversion se rencontre sur la ligne médiane ; cependant nous en avons observé plusieurs sur les points latéraux ; circonstance qui ne permet pas d'attribuer exclusivement, d'après les lois de l'*organogénie* reconnues par Serres, la cause de ces monstruosités à des arrêts que présenterait la marche du développement. Dans leur nombre on doit spécialement noter l'*hypospadias*, le *spina-bifida*, le *bec de lièvre* avec toutes ses variétés, les *bifurcations du nez* : un enfant naquit à Bâle en 1556, offrant la séparation si profondément opérée dans cette partie que l'on apercevait les battements du cerveau ; P. Borelli rapporte que de son temps il existait en Normandie un charpentier présentant le nez double dans toute son étendue. Ces anomalies, plus ou moins graves, sont devenues l'occasion de rapprochements faux entre les sujets de l'espèce humaine et les animaux dont on voulait retrouver les types naturels dans les monstruosités qui s'y rapportent. Celles des organes génitaux ont fréquemment occasionné les plus profondes erreurs dans la détermination du sexe et dans l'établissement des spécieuses illusions d'un hermaphrodisme purement imaginaire.

L'étude raisonnée de ces bizarres jeux de la nature présente un intérêt d'autant plus positif, qu'elle peut éclairer beaucoup les investigations physiologiques en les dirigeant avec ordre et d'après les grandes lois fondamentales de l'organisation et de la vie.

Telle est l'histoire générale et particulière des actes au moyen desquels tous les êtres animés, depuis le végétal jusqu'à l'homme, doivent assurer la conservation des individus et la propagation des espèces. L'exercice de ces actes, ou *fonctions*, ne peut jamais être continu ; les appareils, les organes qui les exécutent, bientôt épuisés dans leurs facultés, ont besoin d'un repos suffisant pour en effectuer la réparation.

L'examen de ce repos, que nous allons envisager dans toutes ses modifications sous le titre de *sommeil*, devient donc le complément indispensable des nombreuses considérations que nous avons présentées relativement aux phénomènes vitaux.

SOMMEIL.

Le sommeil, — ὕπνος des Grecs, *somnus* des Latins, doit être défini : *Suspension temporaire de l'activité d'un appareil, d'un organe, pour effectuer la réparation de leurs propriétés vitales.* Sans le bienfait de cette réparation, *la sensibilité, la contractilité* seraient bientôt épuisées. Aussi, comme nous le verrons, ce besoin du repos devient d'autant plus impérieux que la dépense des facultés s'est effectuée d'une manière plus abondante et plus rapide.

Au nombre des fonctions de l'organisme vivant, les unes accessoires, ou moins directement liées à la conservation de l'existence active, peuvent offrir des intermittences prolongées, un sommeil évident et complet; les autres sont tellement indispensables à l'entretien de cette existence, que le repos des organes qui les exécutent ne dure qu'un moment. Ainsi le cœur, les poumons, le cerveau, sous le rapport de l'innervation, semblent au premier aspect entièrement privés des avantages du sommeil. En observant avec plus d'attention, l'on s'aperçoit qu'ils offrent des alternatives de repos et d'activité, que d'une part si chaque sommeil n'est pas très-prolongé, de l'autre, il se répète assez fréquemment pour établir la compensation. Énumérant ensuite ces temps d'inaction à peu près égaux à ceux du mouvement, dans l'espace de vingt-quatre heures, on trouvera, même pour ces organes, la mesure du sommeil aussi considérable que dans les appareils semblant d'abord la présenter avec beaucoup plus d'étendue.

D'un autre côté, pendant le repos général des phénomènes de relation, les autres éprouvent une diminution notable dans l'activité, la précipitation des mouvements, la déperdition des propriétés vitales. Ainsi, l'innervation est alors moins énergique, la circulation moins active, la respiration moins fréquente.

Le sommeil n'appartient pas exclusivement à l'homme, tous les êtres vivants depuis la plante simple jusqu'à l'animal compliqué, jouissent de cette condition de l'existence avec des modifications appropriées aux diversités des catégories; et, chose bien digne d'observation, avec des intervalles d'autant plus longs, entre le repos et l'activité, que l'on descend davantage l'échelle des êtres, de l'homme au dernier des végétaux.

Ainsi la plupart des graines peuvent rester plusieurs années dans un sommeil profond, dans un état de mort apparente, et lorsqu'ensuite on les place au milieu d'un terrain chaud, humide, offrant les conditions nécessaires à la germination, elles développent des êtres d'une taille plus ou moins colossale, d'une vitalité plus ou moins active.

Les arbres, les arbustes, les plantes embellissant, animant nos campagnes, offrent, dans le printemps et l'été, sous l'influence d'un soleil bienfaisant, leurs plus grandes manifestations d'énergie; c'est alors qu'ils travaillent puissamment à la propagation de l'espèce, au développement de l'individu, ce temps est pour eux celui de la *veille*. Progressivement engourdis par le froid des hivers, perdant, sous les frimas glacés, leurs fleurs et leurs feuilles, ces mêmes végétaux paraissent ensevelis dans la plus profonde inaction; cette période est pour eux celle du *sommeil*. Nous les verrons se réveiller au printemps, jeter un nouveau charme sur toute la nature, annoncer, avec le chant des oiseaux, ce retour d'une saison favorable à tous les développements de la vitalité. Ainsi les végétaux dorment et leur sommeil est très-prolongé, par cela même que les efforts de leur activité sont entretenus pendant longtemps sans interruption. Chez eux l'accomplissement de la grande fonction génératrice occupe la majeure partie de cette phase d'exaltation vitale, constitue son époque la plus brillante, et, par les déperditions qu'elle occasionne, fait particulièrement naître le besoin du repos.

Si l'on compare actuellement ce feuillage gracieux, ces fleurs brillantes, ces mouvements extraordinaires des humeurs, cette exubérance vitale, cet accroissement rapide qui distinguent le végétal pendant la belle saison, à ces branches dépouillées de leurs ornements, à cette apparente immobilité circulatoire, au silence profond de cette vie stagnante, ne sentira-t-on pas aussitôt que dans le premier cas il existe activité, mouvement du centre à la circonférence, *éveil* temporaire; dans le second, repos, concentration vitale, *sommeil* profond. C'est en raison de ces modifications importantes que l'on choisit les approches de l'hiver pour effectuer des transplantations; les liens du végétal au sol, étant alors moins indispensables, peuvent être momentanément détruits sans danger, et l'arbre s'habituer aux nouvelles conditions de son existence avant le développement des nombreux phénomènes qui nécessiteront une réparation beaucoup plus abondante. En conséquence des mêmes lois, ces transplantations, pour la plupart des espèces, deviennent impossibles ou très-chanceuses lorsqu'elles sont opérées après l'invasion du printemps.

Le sommeil est nécessaire aux végétaux comme à tous les êtres vivants ; aussi, lorsqu'un hiver chaud prolonge incessamment leur activité, lorsqu'un retour prématuré de la belle saison, les éveille avant la réparation nécessaire à leurs facultés vitale et génératrice, n'ayant point acquis l'énergie suffisante aux frais de la période qui va s'effectuer, leur floraison est moins brillante et leur fructification moins parfaite. Lorsque soumis à l'influence de notre civilisation, enfermés dans ces réceptacles où l'on entretient artificiellement la chaleur du printemps, au milieu des hivers les plus rigoureux, ces végétaux privés de sommeil, dans un état permanent d'action, partageant les conditions de l'homme environné du faste accablant de nos grandes cités, épuisés par les veilles et l'agitation, ne produisent que des fruits insipides et sans durée, se trouvent précipités rapidement vers les funestes résultats d'une caducité factice et prématurée.

Les mêmes lois sont imposées à toute la nature organique,

les mêmes considérations sont applicables à tous les êtres vivants. D'un autre côté, le sommeil peut être prolongé, bien au delà du besoin, par des circonstances en opposition avec celles que nous venons d'indiquer; on en trouve des exemples nombreux dans le règne végétal, chez les animaux et chez l'homme. Bonnet a vu des charançons ne donner aucun signe de vie pendant plusieurs années; Scluckey, des limaces, engourdies pendant le même intervalle, se réveiller ensuite avec toutes les conditions de l'existence active, sous l'influence de stimulants appropriés. Si nous appliquons actuellement à l'espèce humaine ces principes avec leurs conséquences, nous observerons des résultats beaucoup plus nombreux et plus importants encore.

Les anciens envisageaient le sommeil comme une mort apparente : *Somnus mortis est imago ;* cette idée ne présente aucune vérité. Non-seulement l'homme qui dort ne ressemble pas au sujet privé de la vie, mais il diffère encore essentiellement du malade, offrant actuellement la suspension d'un ou plusieurs grands phénomènes, comme on le voit dans l'apoplexie, la syncope, l'asphyxie, etc. En effet, chez le premier il n'existe qu'abaissement des fonctions nutritives et vitales, repos des appareils de relation, encore est-il bien souvent incomplet. D'autres ont voulu rapprocher, sans plus de réalité, cette condition de celle du fœtus existant au milieu de circonstances physiques et morales tellement opposées qu'elles ne permettent naturellement aucune comparaison. D'autres enfin ont été jusqu'à regarder le sommeil comme une fonction, par cela seul qu'il ne se manifeste pas immédiatement après les grandes lassitudes. Le plus simple raisonnement suffit pour démontrer l'erreur d'une opinion semblable. En effet tout exercice pénible laisse dans les organes du mouvement un sentiment douloureux qui maintient l'éveil de l'économie, jusqu'à l'établissement d'un calme suffisant obtenu par le repos de ces organes ; c'est alors que se manifeste le sommeil, absence d'activité qu'il est impossible de confondre avec l'exercice des facultés vitales.

Tel que nous allons actuellement l'envisager dans notre espèce, le sommeil doit être défini : *Modification de l'existence caractérisée par la suspension plus ou moins entière des phénomènes de relation, et la diminution du plus grand nombre des fonctions vitales, nutritives et génitales*. Pour donner à son histoire l'intérêt et la précision qu'elle exige, nous la partagerons en cinq divisions principales : *Causes, effets, durée, réveil, phénomènes du sommeil*. Chacun de ces points nous offre des considérations importantes, applicables à l'hygiène, à la pathologie.

Causes. — Les auteurs anciens et même quelques modernes ont longuement et vaguement disserté sur les causes du sommeil. Gorter admet surtout « le mouvement du sang abandonnant le cerveau pour se concentrer dans l'abdomen » ; Cabanis, « le reflux des puissances d'innervation vers leur source » ; d'autres, « la concentration, dans le cerveau, des principes les « plus actifs de la sensibilité ; » « la compression du nerf moteur oculaire, commun entre les artères cérébrale postérieure et cérébelleuse supérieure dans un état d'engorgement d'où résulte l'abaissement de la paupière ; » « la diminution notable des mouvements respiratoires et de l'hématose ; le sang alors moins oxygéné devenant plus stupéfiant ; » « la compression du cerveau, du cervelet, par l'accumulation du sang dans les artères, les veines, les sinus ; » etc. Ces théories imaginaires et sans aucune valeur, confondant ici les résultats avec la cause, le sommeil naturel avec l'asphyxie, l'apoplexie, le sommeil anormal, n'ont plus besoin de réfutation.

Considérant cet objet d'une manière générale, nous réduirons à trois modifications essentielles toutes les influences capables d'amener cette condition de l'économie vivante : *Épuisement des propriétés vitales ; concentration sur un organe important ; neutralisation de ces mêmes propriétés ;* chacun de ces agents d'un même résultat lui communique des caractères diamétralement opposés, et dès lors très-utiles à bien apprécier dans leurs dispositions particulières.

Épuisement des propriétés vitales. — Toutes les circonstances capables d'entraîner une forte déperdition de la sensibilité, de la contractilité doivent être placées dans cette catégorie. L'on conçoit en effet que, diminuant la somme de ces propriétés, exigeant leur indispensable réparation, elles provoquent le sommeil pendant lequel ce résultat peut convenablement s'effectuer. Dans les conditions d'une dépense naturelle et graduée, comme on le voit par les exercices moraux et physiques ordinaires, cette cause devient le principe normal d'un repos toujours avantageux; dans l'hypothèse contraire, le sommeil appartient plus ou moins directement à la série des altérations pathologiques.

Dans la première variété, nous comprenons les mouvements généraux et partiels faits avec discrétion et sans épuisement ; les travaux intellectuels modérés, les émotions légères et variées. Plus les uns et les autres sont diversifiés, actifs et fréquents, plus le sommeil est profond et durable. Nous en trouvons les preuves positives en comparant, sous ces deux rapports, celui de l'enfant à celui du vieillard. L'un dépense beaucoup en vitalité, dort longtemps et profondément ; l'autre sent très-peu, se meut encore moins, chez lui le sommeil est léger et seulement de quelques heures.

Dans la seconde, nous rangeons les passions violentes, les travaux intellectuels opiniâtres et prolongés, les douleurs très-vives, les marches, les exercices portés jusqu'à l'excès, etc. Ainsi, nous voyons le génie créateur, après avoir lutté contre les impulsions de la nature, incliner sa tête puissante et la reposer sur des chefs-d'œuvre ! l'homme agité par les plus pénibles angoisses morales oublier un instant ses chagrins dans les illusions d'un sommeil bienfaisant ; le malade, soumis à des opérations sérieuses, la femme entre les douleurs insupportables de l'enfantement, s'endormir avec assez de facilité. Dans les siècles de barbarie des malheureux ont été signalés présentant les apparences du sommeil au milieu des tortures de la question ! Pour ces divers individus, le repos, ordinairement agité par des rêves effrayants ou pour le moins importuns, n'est jamais essentiellement réparateur ; le sujet, au réveil, se trouve souvent plus fatigué, plus brisé qu'avant ce repos incomplet. Toutes les fois que l'exercice des facultés vitales a dépassé la mesure naturelle des forces, le sommeil, d'abord interrompu sous l'influence du sentiment pénible inséparable de cette condition, ne se manifeste positivement qu'après un temps indispensable au rétablissement du calme parfait.

Concentration des propriétés vitales sur un organe important. — Les agents susceptibles de concentrer la vitalité sur un appareil étranger à l'encéphale, privant celui-ci de l'excitation nécessaire à l'état d'éveil entretenu dans toute l'économie, déterminent l'assoupissement plus ou moins profond. C'est à ce genre d'influence qu'il faut attribuer le sommeil que nous observons après un repas copieux, surtout chez les vieillards lymphatiques et d'un moral obtus; sous l'influence du froid très-intense refoulant tous les mouvements innervateurs et circulatoires dans les appareils centraux des cavités abdominale et thoracique ; enfin pendant les violentes congestions pulmonaires, hépatiques, intestinales, etc., consécutives aux phlegmasies des organes affectés. Dans ces fâcheuses dispositions, le sommeil devient morbifique, et toujours plus ou moins nuisible ; dans le premier cas, en retardant la digestion et favorisant les embarras encéphaliques ; dans le second, en rendant l'invasion du froid plus générale et souvent destructive ; dans le troisième, en assurant les funestes effets des apoplexies organiques ; c'est alors que ce calme apparent est bien souvent le sinistre précurseur de la mort ; et, qu'après les déplétions suffisantes, il devient essentiel de porter ailleurs, par des dérivatifs appropriés, la tendance anormale du mouvement circulatoire.

Neutralisation des propriétés vitales. — Tous les modificateurs physiologiques et pathologiques dont l'effet principal est caractérisé par la neutralisation ou même l'abaissement instantané des facultés et de l'excitation vitales, produisent encore le sommeil. C'est ainsi qu'agissent les saignées abondantes en affaiblissant toute la constitution ; l'ennui, l'engourdissement organique en constituant l'indifférence et le dégoût des relations; les compressions mécaniques de l'encéphale surtout à la voûte crânienne; l'usage des narcotiques et particulièrement de l'opium, dont les belles expériences de Flourens ont bien fait apprécier l'action en prouvant qu'elle offre, comme premier résultat, la congestion circulatoire et la pression apoplectique du cerveau : d'où l'on infère aisément la condition temporaire dont nous recherchons les agents essentiels. Cette condition factice, de même que la précédente, ne produit jamais des effets très-avantageux à la réparation; souvent encore elle offre des conséquences funestes en précipitant la marche des fâcheuses dispositions qui l'occasionnent; aussi l'art ne doit-il en provoquer le développement que dans les cas extrêmes, et lorsqu'il est absolument impossible d'obtenir le sommeil naturel.

Effets. — Dans leurs brillantes métaphores, les poëtes anciens ont envisagé le sommeil comme un baume consolateur versé dans la plaie du malade et répandu sur le cœur ulcéré par les chagrins; comme un bienfait de la nature pour soulager du moins les peines et les souffrances dont rien ne peut tarir la source trop féconde ! Ce fleuve Léthé présentant, par ses eaux merveilleuses, le magnifique pouvoir d'effectuer aussitôt l'oubli du passé, n'est lui-même qu'une image figurée du sommeil. Si dormir n'est pas une jouissance, au moins c'est l'absence de la douleur. Combien de malheureux, déchirés par les plus cruelles anxiétés physiques et morales, voudraient, en descendant au calme de ce repos temporaire, ne jamais éprouver les nouvelles angoisses du réveil affreux qui les attend! Jetons un voile épais sur ces modifications les plus pénibles de l'existence humaine, et considérons le sommeil comme délassement indispensable aux organes fatigués par l'exercice des phénomènes qui leur sont naturellement départis.

Toutes choses égales, on voit le sommeil se manifester d'autant plus promptement que le sujet est placé dans un calme plus profond, dans un éloignement plus complet de toutes les excitations morales et physiques ; tandis que la veille se prolonge davantage au milieu des circonstances opposées; comme on l'observe sous l'influence de la marche, des bals, des spectacles, d'une forte contension intellectuelle, de tout ce qui peut entretenir l'activité des sens, de l'imagination et des organes du mouvement. Enfin l'épuisement des facultés vitales augmente, le besoin de la réparation commande impérieusement, le sommeil se manifeste pendant l'exercice, au milieu des cercles bruyants, à l'aspect même des plus grands dangers. Il n'envahit pas simultanément l'économie tout entière, c'est par degrés que les phénomènes de relation se trouvent compris dans son domaine. La vision s'obscurcit insensiblement, les rayons lumineux frappent en vain le globe oculaire, d'ailleurs en grande partie recouvert par l'abaissement de la paupière supérieure, et l'image des objets qui les derniers ont excité la rétine s'évanouit comme une ombre légère. L'odorat s'émousse, le goût s'affaiblit ; l'ouïe, d'abord vague, incertaine, se trouve entièrement suspendue ; le toucher lui-même qui jusqu'alors avait paru survivre aux autres sens, devient également incapable de recueillir aucune impression. Les facultés de l'intelligence disparaissent dans un ordre assez constant et que nous déterminons ainsi : Jugement, raisonnement, perception, mémoire, imagination. Les organes du mouvement sont définitivement embrassés dans ces dispositions et le sommeil atteint sa perfection normale, réduisant l'existence individuelle aux fonctions vitales et nutritives. Il est rare que la suspension des actes physiologiques soit aussi complète; souvent un ou plusieurs appareils, une ou plusieurs facultés ne la partagent pas avec les autres, et, de ces veilles partielles, résultent plusieurs phénomènes intéressants que nous étudierons bientôt sous les noms de *rêves*, de *somnambulisme*.

Au milieu de ces intermittences des actions d'impression, de combinaison intellectuelle et d'expression, les phénomènes plus spécialement nutritifs et vitaux éprouvent une diminution d'activité. Mangili nous assure qu'une marmotte endormi sous la cloche qui servait à l'expérience, au lieu de 1,500 inspirations par heure, en offrit constamment 14. L'absorption paraît seule augmentée, les impulsions du centre à la circonférence étant alors dominées par les mouvements de la circonférence au centre. Hippocrate exprime bien cette vérité d'observation lorsqu'il dit : *Motus in somno intrò vergunt; somnus labor visceribus*. De là cet inconvénient grave de s'abandonner au sommeil dans les lieux humides et marécageux, sous l'influence d'uu air chargé de miasmes épidémiques et pestilentiels. Au rapport des voyageurs l'on peut traverser impunément la campagne de Rome pendant les chaleurs du jour, tandis que le soir on ne s'endort pas, dans les brouillards qui s'y manifestent, sans éprouver l'invasion d'une fièvre de mauvais caractère.

Durée. — Il est impossible de la déterminer d'une manière absolue, mais on peut avancer en thèse générale, qu'elle se trouve ordinairement, dans le sommeil naturel, mesurée sur la dépense des facultés vitales dont ce repos est chargé d'effectuer la réparation. C'est en conséquence d'un principe aussi vrai dans ses applications normales, que les enfants, excités par des impressions nouvelles, toujours en mouvement, en agitation, faisant, dans un temps donné, des pertes considérables sous le rapport de la sensibilité, de la contractilité, sont dans l'obligation de prolonger beaucoup leur sommeil; tandis que le vieillard, en quelque sorte indifférent pour tout ce qui l'environne, très-borné dans ses phénomènes de relation, ne présentant qu'une faible dépense de vitalité, pourvoit aux besoins qu'elle fait naître par un sommeil court, léger, souvent même assez imparfait.

C'est encore d'après cette loi que la femme, le sujet nerveux doivent dormir plus longtemps que l'homme et l'individu lymphatique. Le tempérament sanguin, l'âge viril, deviennent intermédiaires entre ces extrêmes. Pour eux, il faut accorder les trois quarts de l'existence à l'activité, un quart seulement au repos. L'école de Salerne consacre positivement ce principe lorsqu'elle dit, relativement à la durée du sommeil, dans ses excellents conseils hygiéniques : *Sat est dormire sex horas ; septem pigris, nulli concedimus octo.*

Quant au sommeil anormal, souvent il offre une durée que l'on aurait peine à concevoir si des faits positifs ne constataient sa réalité. Sans admettre le merveilleux état d'Épiménide, sans même ajouter une confiance entière aux observations citées par Haller, telles que celles d'une fille pieuse d'Avignon, s'endormant tous les ans au commencement du carême et ne se réveillant qu'à Pâques, nous pensons, d'après l'expérience, que cette modification vitale peut exister pendant plusieurs jours sans inconvénient grave, à moins qu'elle ne se rattache directement à la compression morbifique de l'encéphale.

Réveil. — Nous désignons par ce terme le retour des organes et des appareils à leur activité naturelle dont les développements ont été suspendus ou diminués pendant le sommeil.

Les causes de cette nouvelle disposition se trouvent diversement interprétées. Les uns attribuent le réveil à l'action des rayons lumineux excitant l'œil par l'intermédiaire des voiles palpébraux semi-transparents. Sans doute le sommeil est plus promptement interrompu dans un endroit éclairé, mais on s'éveille également au milieu de l'obscurité la plus profonde. Les autres pensent qu'il faut spécialement indiquer ici le besoin de prendre des aliments ; cette impulsion organique peut agir dans certains cas particuliers ; il serait erroné de l'admettre pour les circonstances ordinaires ; en effet, l'appétit ne se fait pas sentir immédiatement après le retour de l'activité ; presque toujours un peu d'exercice est nécessaire à sa manifestation. D'autres enfin désignent l'impatience de l'âme sollicitant les appareils aux mouvements qui leur sont confiés ; supposer un fait n'est pas en démontrer la réalité. L'excitation produite par l'urine, les matières fécales dans les réservoirs de ces excréments, entraîne aussi quelquefois le réveil sans qu'il soit possible d'en expliquer ainsi l'occasion habituelle. Pourquoi d'ailleurs chercher dans les exceptions une cause qu'il est si facile de trouver parmi les dispositions physiologiques naturelles et communes?

Le besoin de la réparation des facultés vitales amène le sommeil; le sentiment instinctif de cette réparation doit seul effectuer le réveil normal. Toutes les fois qu'il survient avant l'entière satisfaction de cette nécessité physiologique, on doit l'envisager comme prématuré, la cause qui le détermine comme accidentelle. Une volonté bien déterminée peut l'assujettir à sa puissance. On sait généralement qu'il suffit de s'endormir avec la ferme résolution de s'éveiller au moment que l'on a marqué d'avance, pour que le sommeil soit interrompu dans cet instant précis. Il est alors incomplet, à peine réparateur, la volonté maintient son activité, celle de plusieurs autres facultés intellectuelles; de là ces rêves, ces agitations plus ou moins pénibles signalant un défaut de calme et d'abandon général.

Quelle que soit la cause du réveil, de même que le sommeil, il n'envahit pas entièrement l'organisme. Les sensations, les combinaisons mentales et les fonctions d'expression reviennent à leur exercice par une gradation à peu près contraire à celle de leur enchaînement. Ainsi nous les voyons presque toujours se rétablir dans cet ordre : le tact, les mouvements, l'ouïe, le goût, l'odorat, la vue, la perception, le raisonnement, le jugement, la mémoire, l'imagination, la conscience. Les divers phénomènes vitaux semblent préluder à cette activité par des essais; les bâillements, pour la respiration, les pandiculations, pour les mouvements volontaires, etc., nous en fournissent des exemples.

Phénomènes. — Sans adopter entièrement les opinions émises par Ch. Nodier dans son article très-spirituel et très-imaginaire sur *quelques phénomènes du sommeil;* sans dire avec l'auteur, que Numa, Socrate et Brutus « ont rapporté toute leur sagesse instinctive aux inspirations de ce dernier état ;... que toutes les religions, excepté la vraie, ont dû leur origine au sommeil, » nous ajouterons que cette modification vitale peut offrir des actes bien importants à simplifier dans leur étude, par cela même qu'ils semblent presque toujours environnés des prestiges et des illusions du merveilleux. Nous rassemblons tous ces actes sous un titre unique, celui des *rêves*, auxquels vient se rattacher le *somnambulisme* comme leur plus étonnante modification. Ces phénomènes pouvant exercer des influences très-positives sur les dispositions physiques et morales de l'homme, doivent être étudiés avec soin dans leurs principes et dans leurs plus importantes variétés.

Rêves. — Ὄνειρος des Grecs, *somnium* des Latins ; on désigne ainsi l'*ensemble des phénomènes de relation qui s'exercent encore pendant un sommeil incomplet*. On les nomme suivant leurs modifications, leurs degrés : *somnolence, rêverie, songe, rêvasserie, somnambulisme*, etc. Les anciens en ont fait une divinité, sous les dénominations de *Morphée, Phobétor, Phantase*, etc.

Pour développer avec ordre et précision les notions fondamentales relatives à la nature des rêves, aux variétés innombrables qu'ils peuvent offrir, nous devons établir, d'après les faits et l'expérience, deux lois essentielles devenant les principes généraux d'où nous ferons découler toutes nos inductions particulières. *Le sommeil peut être général : embrassant les sensations, les intellectualisations et les actions d'expression ; réduisant dès lors toutes les fonctions de relation au silence le plus complet. Le sommeil peut être partiel : comprenant seulement un certain nombre de ces phénomènes, et laissant les autres dans un état d'éveil de manière à permettre des rapports incomplets avec les objets extérieurs.* En partant de ces axiomes invariables, nous arriverons facilement à la théorie des rêves les plus compliqués.

Le sommeil, pour mériter le titre de *général*, doit envahir sous le rapport : des *sensations*, le sens interne, le sens externe commun; les sens particuliers : la vue, l'ouïe, le goût, l'odorat et le toucher : des *intellectualisations*, la perception, le jugement, le raisonnement, la mémoire, l'imagination, la volonté, la conscience : des *expressions*, la prosopose, la voix, la parole, les gestes et la locomotion. Maîtrisant tous ces actes, il suspend la série des relations étrangères et réduit temporairement l'organisme à l'exercice modifié des fonctions nutritives et vitales. On ne voit alors se manifester aucun rêve.

Le sommeil, pour devenir *partiel*, doit laisser une ou plusieurs de ces actions physiologiques dans un état d'éveil, pendant que toutes les autres sont momentanément assoupies. Dans cette occasion, la chaîne des phénomènes de rapport n'est pas entièrement détruite, elle se trouve seulement rompue dans un ou plusieurs points. Les facultés, les organes veillants produisent les actes qui leur sont naturellement départis, avec une perfection, un développement d'autant plus considérables que l'énergie de ceux qui dorment paraît se concentrer sur eux, en augmentant ainsi la somme de leurs moyens et de leur vitalité. C'est d'après cette autre loi que nous pouvons expliquer comment certains sujets effectuent, pendant le sommeil, des œuvres mécaniques, des combinaisons intellectuelles, des produits de l'imagination dont ils n'auraient jamais été susceptibles pendant la veille. Pour mieux apprécier encore ces merveilleux résultats des songes, nous en étudierons : *les causes*, *la théorie naturelle*.

Causes des rêves. — Galien s'imagine, pendant le sommeil, que l'une de ses jambes est en pierre; à son réveil il trouve ce membre paralysé. Quelques amis du merveilleux s'appuyant d'un fait semblable et de plusieurs autres analogues, regardent les *prévisions instinctives*, comme l'occasion des songes, et, nouveaux ministres de Pharaon, cherchent, dans ces perversions du repos, les interprétations assurées de l'avenir. Craignant de nous engager dans cette voie des illusions et de l'erreur, nous laisserons à d'autres le soin d'éblouir l'imagination par de vains prestiges, nous renfermant toujours dans le domaine de l'expérience et de la vérité. Parmi les circonstances qui favorisent le développement des rêves, les unes deviennent *prédisposantes*, les autres *efficientes*.

Causes prédisposantes. — Nous plaçons dans cet ordre l'adolescence, le sexe féminin, la délicatesse de constitution; mais avant tout, la vivacité de l'imagination, le tempérament nerveux ganglionnaire. Les sujets de ce tempérament sont en effet presque tous rêveurs et la plupart somnambules; c'est aussi parmi des individus semblables que les magnétiseurs choisissent les adeptes qu'ils destinent à leurs expériences *merveilleuses*.

Causes efficientes. — Au nombre de ces dernières, nous devons particulièrement indiquer les travaux de l'esprit, les passions ardentes, l'ambition, l'inquiétude, l'émulation, l'envie, la jalousie, l'espérance, l'amour, etc., qui maintiennent l'irritabilité nerveuse dans un état d'éveil et d'excitation; les impulsions instinctives d'un viscère intérieur perpétuant ses réactions vers les ganglions et l'encéphale, provoquant des rêves ordinairement dans l'ordre du besoin indiqué; ainsi la réplétion des vésicules séminales occasionne des songes érotiques; celle de la vessie nous transporte en imagination dans les lieux où l'émission de l'urine peut commodément s'effectuer; cette excrétion et celle du sperme s'opèrent entièrement lorsque l'illusion est assez prononcée. La faim non satisfaite, nous offre, dans le sommeil, une table bien servie, des arbres couverts de fruits; la soif, des ruisseaux, des sources limpides; le désir de la fortune, des trésors immenses; l'espoir d'un succès, la chose désirée, etc.

Nous ne parlons point ici des rêvasseries fréquentes pendant le cours du plus grand nombre des phlegmasies digestives, pulmonaires, encéphaliques, etc.; symptôme assez alarmant de l'irritation qui les détermine, elles rentrent dans le domaine de la pathologie.

Le caractère de ces causes, les dispositions individuelles règlent ordinairement la nature des songes. Ainsi l'homme dont tout l'organisme est dans un équilibre parfait, dont le physique est libre de souffrance; le moral, d'inquiétude et d'agitation, fait ordinairement des rêves animés par une gaieté qu'il exprime avec les plus bruyants transports. Les sujets mélancoliques, valétudinaires, hypocondriaques, présentant une irritation habituelle du système nerveux ganglionnaire et des organes digestifs, éprouvent le plus souvent des songes pénibles et fatigants ; pour l'un, c'est un monstre affreux dont il est impossible d'éviter les funestes atteintes ; pour l'autre, un épouvantable précipice dans lequel s'effectuent les chutes les plus douloureuses. On connaît généralement, par expérience, les illusions de ces angoisses nocturnes que le réveil peut souvent à peine dissiper.

De toutes ces anomalies du sommeil, la plus remarquable est celle que l'on désigne sous les termes d'*incube*, de *cauchemar*, presque toujours occasionnée par une indigestion chez les sujets prédisposés aux névroses ganglionnaires. C'est le *vampirisme* admis par les Hongrois ; le *smarra* des Dalmates ; l'ἐφιάλτης des Grecs ; le *macherick* des Celtes ; le *nachtmaar* des Allemands ; le *night-mare* des Anglais ; le *nacht-marric* des Hollandais et des Flamands ; le *mara* des Polonais, etc. ; expressions qui toutes indiquent des êtres *fantastiques*, une *vieille cavale*, un *fouleur*, un *cheval de nuit*, etc., tourmentant les malheureux soumis à leur influence par la succion du sang, la pression de l'épigastre et les tortures dont l'imagination fait tous les frais en partant d'un malaise réellement éprouvé. Nous sommes assurément très-loin d'admettre les ridicules mystifications du Bénédictin Dom Calmet, de ses délirants continuateurs ; mais il nous est impossible de méconnaître la réalité de l'*incube* et des souffrances cruelles éprouvées par les sujets qui s'en trouvant affectés avec oppression, suffocation imminente, se lèvent brusquement et ne parviennent qu'après un temps assez long, même dans l'état de veille, à dissiper les terreurs et les angoisses qui les ont violemment et profondément affectés. Les Morlaques sont tellement sujets à ces visions nocturnes, que l'on pourrait en quelque sorte les envisager comme endémiques dans ces contrées. Ceux qui les éprouvent habituellement y sont désignés par le nom de *Vukodlacks*.

Le cauchemar n'est pas toujours accablant et pénible, dit

Ch. Nodier ; « il sème des soleils dans le ciel ; il bâtit pour en approcher des villes plus hautes que la Jérusalem céleste ; il dresse pour y atteindre des avenues resplendissantes aux degrés de feu ; il peuple leurs bords d'anges à la harpe divine, dont les inexprimables harmonies ne peuvent se comparer à rien de ce qui a été entendu sur la terre ; il prête au vieillard le vol de l'oiseau pour traverser les mers et les montagnes ; les Alpes du monde connu disparaissent comme des grains de sable auprès de ces montagnes ; et dans ces mers, nos océans se noient comme des gouttes d'eau. » Sans doute nous trouvons ici la brillante peinture d'un très-beau songe, mais nous n'y voyons aucun des caractères essentiels du *cauchemar*.

Théorie naturelle des rêves. — Si nous recherchons actuellement, d'après les faits et les raisonnements déduits d'une expérience positive, de quelle manière sont produits les rêves et leurs nombreuses modifications, nous verrons à quels prodigieux résultats les diverses combinaisons des facultés éveillées peuvent donner naissance. Nous sentirons en même temps que les actes dont ils sont accompagnés doivent s'éloigner d'autant plus des phénomènes de l'état normal qu'un nombre moins considérable d'organes et de fonctions se trouve actuellement affranchi des influences du sommeil, et s'en rapprocher au contraire davantage à mesure que d'autres fonctions et d'autres organes conservent également leur activité. Nous observerons par conséquent des rêves sans liaison, à peu près confondus avec le sommeil parfait ; d'autres assez rapprochés des conditions de la veille pour indiquer une entière similitude, en exceptant la *conscience*, fondement essentiel de la moralité, qui seule n'agit point dans cette occasion. Entre ces deux extrêmes viendront se placer les modifications intermédiaires, et, dans leur investigation, nous procéderons avec avantage du simple au composé.

Si toutes les facultés des phénomènes de relation sont plongées dans un profond sommeil, nous l'avons déjà dit, aucun rêve ne se manifeste. Aussitôt qu'un de ces phénomènes, une de ces facultés se maintient dans l'état d'activité, la production des songes commence. Alors s'établit, par degrés, cette belle distinction que Ch. Nodier admet dans l'existence intellectuelle de l'homme sous les noms de vies : *Positive*, pendant la veille ; *imaginative*, durant le sommeil. C'est dans la seconde particulièrement que l'homme forme les plus vastes conceptions et paraît s'élever dans une sphère surnaturelle. J.-J. Rousseau nous apprend lui-même que ses pages les plus brillantes ont été conçues dans l'état intermédiaire à ces deux modifications, et rédigées au moment du réveil.

Mettons actuellement en scène toutes les facultés et tous les phénomènes de rapport, en suivant une gradation naturelle et méthodique, nous simplifierons de cette manière l'une des études les plus compliquées et les plus difficiles de la physiologie.

Perception, mémoire. — On observe alors des rêves sans enchaînement et sans vérité dans la succession des faits. Les impressions des objets qui nous ont occupés dans la veille se reproduisent par la mémoire, et, saisies par la perception, s'offrent à notre esprit en formant des composés indigestes et bizarres dont nous conservons le souvenir.

Perception, imagination. — Les songes deviennent plus extraordinaires encore. Ils peuvent être de pure création sans aucun rapport avec les événements qui nous ont naguère affectés, ou que nous prévoyons dans l'avenir; se composer des éléments les plus hétérogènes et les moins susceptibles d'association. Si la *mémoire* veille en même temps, nos réminiscences viennent se présenter avec des incidents et des épisodes qui les écartent plus ou moins entièrement de leur objet. C'est probablement en conséquence de ces rapports vagues, imparfaits des rêves avec les choses passées, présentes et futures que, dans les siècles de superstition et d'ignorance, on a considéré ces anomalies du sommeil comme des moyens assurés de prédire l'avenir en déchirant le voile qui dérobe à nos yeux les destinées des hommes et des empires ! La saine raison a fait justice entière des augures, des sibylles et de toutes les autres jongleries de la divination. Toutefois, dans la seconde modification de ces rêves, nous avons le souvenir des impressions qui les ont constitués ; dans la première, nous en apprenons l'existence par les témoignages étrangers des phénomènes expressifs qu'ils ont occasionnés pendant leur durée.

Imagination, raisonnement, jugement. — Les rêves sont alors entièrement fabuleux et romanesques, mais leurs faits peuvent être liés et coordonnés d'une manière assez exacte. Si la mémoire vient remplacer l'imagination, souvent ils offrent les caractères historiques, se rapprochant assez positivement de la réalité. Comprenant la série des objets de nos rapports les plus habituels, ils présentent quelquefois une vérité qui nous poursuit encore même après le réveil. C'est alors surtout que l'organe de la pensée, jouissant d'un développement de perspicacité d'autant plus considérable qu'il est maintenant presque seul en action, pénètre les probabilités de l'avenir, et fait naître des pressentiments qu'il n'aurait jamais déterminés dans l'état normal. C'est exclusivement sous ce point de vue que les songes peuvent concourir aux prédictions, mais seulement dans l'ordre des moyens susceptibles d'établir un ensemble de présomptions plus ou moins fondées. Cette concentration de la puissance vitale sur quelques-unes des facultés intellectuelles, donne à ces dernières une force productrice tellement considérable qu'elles font naître des chefs-d'œuvre alors que, dans la répartition commune de l'état d'éveil, elles n'auraient enfanté que des ouvrages ordinaires. Il n'est personne qui ne se rappelle des discours éloquents ou des vers heureux composés dans ces dispositions favorables. C'est dans les mêmes circonstances que des mathématiciens sont arrivés à la solution d'un problème qui les avait découragés ; c'est au milieu de ces conditions mentales que des poëtes ont achevé les tirades sublimes devant lesquelles avait pâli leur génie !

Sens, perception, raisonnement. — Les songes prennent alors beaucoup plus d'extension et donnent la faculté d'entretenir directement certains rapports avec les objets extérieurs, surtout lorsque plusieurs phénomènes d'expression veillent en même temps. Ainsi nous observons des individus qui répondent avec plus ou moins de précision aux questions qu'on leur adresse, d'autres qui voient les corps, les goûtent, les flairent, les palpent, etc.

Sens, perception, raisonnement, jugement, phénomènes d'expression. — C'est alors que les rêves acquièrent leurs derniers développements depuis les communications simples jusqu'au somnambulisme complet, dans lequel nous voyons le sujet exerçant toutes ses facultés souvent avec beaucoup plus d'aptitude que dans l'état de veille, à l'exception de la conscience, de la mémoire qui sommeillent et constituent la différence. En indiquant seulement les actes expressifs qui s'unissent aux phénomènes intellectuels, nous suivrons plus facilement ces modifications progressives.

Prosopose. — Le sujet exprime avec une vérité remarquable, par les traits de la physionomie, les idées et les passions dont il est affecté pendant le sommeil ; on voit alors se manifester alternativement le sourire du plaisir, de l'ironie, du mépris ; les froncements sourciliers de la haine, de la jalousie, de l'envie ; l'abaissement angulaire labial de la tristesse, de la douleur, etc. ; ajoutons les modifications respiratoires propres à ces divers états de l'âme.

Gestes. — Les nuances des perceptions et des sentiments sont manifestées avec énergie. Cette expression, comme celle du visage, prend une partie des caractères positifs qui la distinguent chez le sourd-muet.

Voix, parole. — L'homme endormi récite quelquefois d'assez longs morceaux de prose ou de poésie ; chante avec expression des romances ou d'autres compositions musicales ; répond aux questions ; discute, fait des observations quelquefois bizarres, quelquefois étonnantes par le sens et la profondeur, suivant que l'imagination, la mémoire, le raisonnement et le jugement dirigent ces relations particulières.

Locomotion. — Cette faculté s'exerçant avec toutes celles que nous venons d'énumérer, constitue le *somnambulisme* complet ; différent de la veille seulement par le défaut de *conscience* et de *mémoire*. Condition qui nous explique naturellement la précision avec laquelle un somnambule accomplit, sous nos yeux, les entreprises les plus difficiles et les plus périlleuses, jouissant alors de l'immense avantage d'appliquer tous ses moyens sans distraction, surtout sans crainte et sans effroi du danger ; le défaut complet de réminiscence après les actes les plus longs et les plus diversifiés. En effet, le sujet se lève, marche, exécute avec adresse et précision des travaux manuels difficiles ; avec une audace imperturbable, des excursions impossibles à l'homme éveillé ; devenant, sous le rapport du physique, supérieur à lui-même, comme nous l'avons vu, relativement au moral, dans les concentrations intellectuelles. Dégagé des préoccupations du *moi*, par conséquent libre de toute inquiétude, ne trouvant désormais d'autre obstacle dans les relations extérieures que la mesure de ses facultés ; sachant les employer avec ordre, il parcourt impunément les bords praticables d'un abîme, le toit des édifices les plus élevés ; analogue aux êtres surnaturels que la Fable nous représente en mouvement dans les airs, et soutenus par une force magique ; prouvant d'ailleurs positivement que la principale cause des accidents observés pendant la veille, au milieu des périls analogues, se trouve essentiellement dans la conscience du danger, permettant de l'apprécier avec toute son étendue, souvent même l'exagérant par des illusions imaginaires.

Toutefois il ne faut pas croire, à l'exemple de certains auteurs, que ces excursions nocturnes des somnambules s'achèvent toujours d'une manière aussi merveilleuse ; l'expérience démontre que plusieurs d'entre eux ont fait des chutes graves et toujours d'autant plus funestes que leur imprévoyance les avait davantage exposés. Dans ces instants du danger, il existerait beaucoup d'inconvénient à les éveiller ; le retour instantané de la conscience et de la mémoire, leur faisant apprécier avec effroi le péril qui les environne, et les livrant sans défense à des catastrophes qu'ils eussent probablement évitées, en continuant jusqu'à la fin d'en ignorer la possibilité.

Les recueils d'observations fournissent un grand nombre de faits qui démontrent la réalité de tous les principes que nous avons émis relativement à cet objet. Nous citerons seulement les suivants dont nous garantissons la vérité. D'une époque récente, ils suffiront d'ailleurs aux différentes applications de la théorie des rêves et du somnambulisme.

M. M..., négociant à Nantes, marié depuis quelque temps, vivait, avec son épouse, dans la meilleure intelligence. Au mois de juillet, M. M... se lève, s'habille, vers minuit, rentre deux heures après. Même excursion les nuits suivantes. Mme M... conçoit des soupçons jaloux, suit son mari, le voit se diriger vers la rivière, se déshabiller et se jeter à l'eau. Vivement effrayée d'un tel spectacle, et d'une action qu'elle rapporte au plus mauvais dessein, la jeune femme pousse des cris perçants. M. M..., qui savait très-peu nager se réveille, s'épouvante et se noie. Il fut démontré que cet homme était somnambule, qu'il sortait chaque nuit pour prendre un bain et rentrait sans accident ; que ce réveil subit, l'effroi de son étrange position, en troublant l'ordre des mouvements qui le soutenaient à la surface du fleuve, présentèrent la seule cause de cette fin tragique.

M. Ladame, négociant suisse, habitant alors Amiens, préoccupé d'un voyage important, se lève à minuit, appelle ses gens, gronde, se plaint de l'inexactitude et de l'oubli qu'ils ont fait de tenir tout prêt pour le matin, d'après sa recommandation de la veille ; fait mettre les chevaux, charge lui-même plusieurs paquets, transmet ses derniers avertissements, recommande avec détail les soins de la maison, monte en voiture, ordonne au cocher d'avancer ; le mouvement, le bruit du pavé dissipent entièrement les restes du sommeil ; M. Ladame s'étonne d'être en route avant le jour ; ne voulant partir qu'à cinq heures, il examine sa montre, fait des reproches à ceux dont la précipitation a troublé son repos avant le temps indiqué ; ce n'est qu'avec beaucoup de peine qu'on parvient à lui persuader qu'il a réveillé tout le monde sans se réveiller lui-même.

Plusieurs domestiques d'un château de Montbrison, département de la Loire, se plaignaient il y a quelques années, de ne pas retrouver divers objets à la même place que la veille. Claudine, cuisinière de cette maison, assurait que très-souvent, le matin, elle voyait les fourneaux allumés, le pot-au-feu, les viandes et les légumes préparés, sans avoir pu jusqu'ici découvrir l'officieux génie qui s'empressait à l'aider si discrètement. Claudine en conçoit de l'ombrage, pense que Mme Rombeau, sa maîtresse, en faisant elle-même toutes ces choses, veut lui témoigner son mécontentement d'un service que sans doute elle ne trouve pas satisfaisant. Mme Rombeau ne concevant rien aux réclamations de la pauvre Claudine, cherche à la tranquilliser sans y parvenir, et la croit définitivement affectée de quelque aliénation mentale. Cette fille, remplie d'attachement pour ses devoirs, pour ses maîtres, imagine tous les moyens d'arriver à la solution d'un problème aussi difficile. Pendant quelque temps elle se couche la dernière, ferme les portes et cache les clefs en différents endroits ; les mêmes résultats se manifestent. Leur cause eût été pour toujours ignorée, si quelque circonstance fortuite n'avait pas dévoilé ce mystère en apparence impénétrable. Pendant une belle nuit d'été, M. Rombeau se lève à deux heures du matin pour goûter le frais extérieur ; quel est son étonnement, de voir Claudine au milieu de la cour, écossant des petits pois. Il s'approche et lui demande la raison d'un zèle aussi extraordinaire ? sans se réveiller, Claudine répond : « Monsieur je suis pressée, nous avons du monde à dîner, il faut que j'avance un peu mon ouvrage. » Saluant respectueusement, elle continue. Quelques instants après M. Rombeau, sans avoir pénétré la véritable nature de cette action, rentre au château ; la cuisine était fermée soigneusement et Claudine dans son lit. Plusieurs jours après, vers minuit, le bruit des portes se fait entendre, M. Rombeau accourt précipitamment, croyant surprendre un malfaiteur, et voit Claudine entrer dans la boulangerie, confectionner, dans son état de somnambulisme, deux cents livres de pain que l'on avait coutume de faire, chaque semaine, pour les pauvres et les ouvriers. Dès lors tout se découvre, la bonne cuisinière est ce génie merveilleux dont elle avait jusqu'alors si vainement poursuivi les traces.

Nous ne devons pas terminer cette histoire du sommeil sans étudier physiologiquement un phénomène qui, sous le titre de *magnétisme*, s'y rattache de la manière la plus positive, et dont il est essentiel d'établir les caractères naturels, en le dégageant des prestiges et du merveilleux dont on voudrait encore l'environner aujourd'hui.

Magnétisme. — A ce nom trop fameux et depuis quelque temps oublié, s'éveillent des sentiments bien différents. Les uns par quelque mouvement d'indignation, laissent apercevoir la haine, le mépris dont ils sont animés ; n'est-ce pas évidemment beaucoup trop se fâcher ? Les autres par un sourire malin expriment leur décourageante incrédulité ; mais il ne faut jamais condamner sans un examen suffisant. D'autres enfin, avec les apparences de l'enthousiasme et de l'inspiration, professent ou feignent la croyance la plus profonde et la plus inébranlable. Cette confiance irréfléchie, pour une doctrine dont les fondements sont incompréhensibles, indique souvent la superstition, l'ignorance ou la précipitation.

Parler à des esprits aussi diversement affectés, modérer l'antipathie des premiers, éclairer l'opposition des seconds, ramener les derniers à des idées plus saines, devient une tâche délicate et difficile à remplir. Nous y parviendrons en évitant les allusions, les personnalités qui nous sembleraient déplacées, en abordant la question franchement et sans partialité.

Nous lisons dans un journal assez récemment publié cette assertion remarquable : « La médecine avait tué jadis le magnétisme ; aujourd'hui la médecine le ressuscite ; » jugement erroné dans ses deux parties. En effet le magnétisme était mort naturellement d'inanition et de faiblesse ; aujourd'hui, nouveau phénix, il renaît de ses cendres plus éclatant et plus merveilleux encore. Est-il plus positif dans sa théorie, plus puissant dans ses effets ? Cette question ne restera pas longtemps indécise.

Loin d'imiter ces auteurs exclusifs qui rejettent la réalité d'un principe dès lors que ces conséquences ne sont pas toutes rigoureusement démontrées, nous procéderons dans l'investigation du magnétisme avec ordre et précision en considérant : sa *réalité*, ses *effets sur les somnambules*, ses *prévisions*, son *efficacité médicale*. Chacun de ces points offre des faits curieux et dont les interprétations doivent être sagement établies.

1° *Réalité du magnétisme.* — Le magnétisme, du grec μαγνήτης, du latin *magnes*, aimant, indique une attraction, un rapport sympathique entre deux corps. Lorsque ce rapport, cette attraction s'exercent par exemple entre l'aimant naturel et les métaux sensibles à son action, on donne à l'agent qui les détermine le nom de *magnétisme minéral ;* on désigne au contraire cet agent par le terme de *magnétisme animal*, toutes les fois que les sujets qui s'y trouvent soumis appartiennent aux corps organisés vivants : les effets du premier sur le fer, le cobalt, le nickel, le chrôme n'ont jamais été révoqués en doute ; ceux du second n'offrent pas la même évidence pour les observateurs affranchis des prestiges de l'imagination. Un fait aussi positif attaque profondément l'opinion de ceux qui regardent le magnétisme comme un moteur spécial répandu par tout l'univers. Quelques écrivains ont admis une identité parfaite entre ce moteur et l'électricité ; mais tandis que celle-ci porte aussi fortement sur les animaux que sur l'homme, nous voyons le magnétisme impuissant relativement aux premiers. La raison de ce phénomène est facile à trouver. Les animaux sont affranchis du pouvoir de l'imagination ; l'homme sans cesse maîtrisé par son influence, devient accessible à toutes les illusions du merveilleux. Il nous paraît dès lors certain que le *mesmérisme* n'est point un corps, un être distinct, une cause première, et qu'il faut seulement l'envisager comme un moyen d'agir sur le moral et consécutivement sur le physique des individus prédisposés à cette action.

2° *Effets du magnétisme sur les somnambules.* — Nous reconnaissons trois causes dans la production des résultats magnétiques. — *Le pouvoir de l'imagination.* Aussi plusieurs conditions relatives, les unes au *magnétiseur*, les autres au *magnétisé*, deviennent-elles indispensables. Le premier doit offrir une volonté ferme, une supériorité morale positive, un air plus ou moins inspiré ; s'environner de tous les prestiges capables d'enivrer les sens et d'électriser l'âme. Le second a besoin d'une constitution faible, d'un système nerveux susceptible d'ébranlements, d'une croyance facile, d'un esprit ami du merveilleux. Aussi les magnétiseurs choisissent préférablement, pour sujets, des femmes passionnées, des individus *mystiques*, valétudinaires, etc.; aussi les forts magnétisent les faibles sans pouvoir être magnétisés par eux. Le mesmérisme ne remonte point vers sa source, nous en savons actuellement la raison. Pour ce qui nous concerne, possédant un certain degré d'énergie magnétique, nous défions tous les mesmériens d'opérer sur notre économie, d'après les expériences auxquelles nous avons eu la bonne volonté de nous soumettre sans aucun résultat, mais non sans beaucoup d'ennui. Les magnétiseurs nous ont donné pour toute raison *que nous n'avions pas la foi nécessaire.* Mais c'est précisément avouer que le magnétisme animal n'est qu'une illusion. — *La concentration des mouvements innervateurs sur le foyer ganglionnaire.* Elle s'établit au moyen des rapports de l'acteur et du sujet, et par l'ennui qu'entraîne bientôt une série de mouvements uniformes, dirigés dans le même sens, et dont la vertu magique appartient à peu près entièrement au savoir-faire du magnétiseur. Le sommeil ne tarde pas à se manifester absolument comme dans toutes les concentrations analogues effectuées par des causes différentes, et notamment par l'accumulation des aliments dans les cavités digestives ; par les embarras intestinaux, etc. Si l'on nous objecte que l'on obtient ce résultat, sur quelques sujets, au moyen d'une bague magnétique, du toucher, d'un simple regard ; en accordant même à ces faits une confiance illimitée, nous répondrons qu'un disciple de

Mesmer ne peut arriver que par degrés à cette perfection, et que ces effets de l'habitude sont encore moins étonnants que ceux auxquels parvient un écuyer habile en amenant, avec un signal, à toutes les attitudes possibles, son coursier jusqu'alors indompté. — *L'hébétude, l'engourdissement extérieurs*, occasionnés par le silence du lieu, par toutes les manœuvres indiquées, tendent constamment vers le même but au milieu d'influences qu'il est également facile d'expliquer.

Voudrait-on maintenant rejeter l'intervention de ces trois causes, notamment celle de l'imagination, nous assurant de bonne foi que l'on est allé jusqu'à magnétiser des arbres désormais capables de transmettre les effets de cette vertu merveilleuse ! Nous sommes dispensés de répondre à des allégations de cette nature, et si l'on a trouvé des hommes assez enthousiastes pour exprimer d'aussi folles prétentions, nous avons l'espérance qu'il ne s'en rencontrera pas d'assez crédules pour les admettre comme des vérités.

D'après ces considérations, nous reconnaissons l'influence magnétique dans la production du sommeil, des rêves et du somnambulisme chez quelques sujets privilégiés ; mais nous faisons remarquer en même temps que cette influence n'a rien de surnaturel, et que l'explication de ses effets rentre tout entière dans le domaine de la physiologie.

Si les disciples de Mesmer avaient eu le bon esprit de s'arrêter à ces premiers résultats, le magnétisme, relégué dans les boudoirs, eût innocemment amusé les oisifs et les femmes vaporeuses, loin d'exciter la dérision, la censure des esprits sérieux. Cette marche ne pouvait convenir à des sectateurs illuminés, beaucoup moins occupés de rechercher des vérités positives que d'abuser la multitude par un système dont l'imagination seule a fait tous les frais.

3° *Prévisions du magnétisme.*—Nous pénétrons actuellement dans le sanctuaire merveilleux de la magie, des opérations cabalistiques. C'est là que des *sujets en crise*, des *somnambules* connaissant le présent, le passé, l'avenir, offriront à notre esprit les résultats variés de leur science infuse.

Rassurons-nous cependant, guidés par la raison, nous verrons, à l'aspect d'un aussi puissant talisman, se dissiper, comme des ombres mensongères, tous ces vains farfadets, tous ces prestiges de l'erreur.

Ici nous opposerons aux mesmériens leurs propres aveux. Ils conviennent qu'un très-petit nombre de sujets, même parmi ceux que le magnétisme peut endormir, sont propres à leurs expériences divinatoires. La cause de cette exception est facile à trouver; c'est précisément parce qu'ils ne peuvent déterminer le somnambulisme que chez ceux qui s'en trouvent naturellement affectés. Par les manœuvres que nous avons indiquées, ils provoquent un sommeil pénible, forcé, pendant lequel cette modification des rêves ne tarde pas à se manifester. Que ces sujets *en crise*, comme le disent les *magnétiseurs*, fassent des choses très-surprenantes, et dont ils n'auraient jamais été capables pendant la veille, rien n'est moins extraordinaire, et nous avons signalé tous ces faits chez les somnambules naturels, en les expliquant avec simplicité d'après les lois physiologiques.

Les *mesmériens* ne se bornent point à la prétention évidemment illusoire de former des somnambules d'un ordre particulier, ils soutiennent que ces individus à l'état d'*illumination* (c'est ainsi qu'ils appellent ce dernier degré de perfectibilité magnétique), sans avoir besoin des sens externes, apprécient les odeurs, les saveurs; dissipent l'opacité des corps, lisent aisément des billets fermés, par la seule intervention du sens interne. « Enfin, » s'écrie dans son enthousiasme le magnétiseur Pététin, « notre somnambule, supérieur aux magiciens de tous les âges, devinera vos pensées mêmes avant que vous ayez pris la peine de les former ! » Tant que nous verrons les trésors de la loterie soustraits aux calculs de ces *nécromanciens* prétendus, nous soutiendrons avec assurance que les partisans de Mesmer prennent aujourd'hui, comme autrefois, les illusions pour des réalités.

4° *Efficacité médicale du magnétisme*. — Si le mesmérisme n'avait d'autre objet que l'illumination de ses adeptes, d'autre résultat que l'aliénation mentale de ses dupes, il ne mériterait pas une réfutation sérieuse. Mais outre les atteintes assez directes qu'il porte nécessairement à la décence, aux mœurs, chaque jour marquant ses victimes dans les applications qu'en font, à l'art de guérir, des néophytes enthousiastes ou spéculateurs, il doit encourir le blâme de la philanthropie, la réprobation du savoir.

Une femme inspirée, véritable sibylle de nos temps modernes, sans instruction, et souvent dans un état voisin de l'idiotisme, professe impudemment toutes les difficultés de la science d'Hippocrate. Pour cette pythonisse le corps du malade offre la transparence du cristal, et tous les organes viennent se présenter sans intermédiaire à son investigation. Quelques mots techniques appris sans intelligence, répétés sans à propos, un diagnostic hasardé, l'assemblage monstrueux des médicaments les plus antipathiques, plusieurs scènes modifiées par les plus ridicules jongleries, telles sont les conditions obligées de ces oracles imposteurs, mais si propres à séduire la crédulité vulgaire.

Mesmer qui le premier conçut la pensée de ce bizarre et dangereux système, ne l'eût accrédité nulle part ailleurs qu'à Paris ; avant les brillants résultats obtenus dans cette patrie du merveilleux, ses tentatives avaient été vaines en Allemagne, en Prusse et dans plusieurs autres pays septentrionaux où le jugement a plus d'empire que l'imagination.

Le procès du magnétisme était jugé depuis longtemps ; cet enfant du charlatanisme reposait en paix dans le séjour des nullités et des erreurs ; quelles nouvelles illusions nous promet sa résurrection intempestive ? Jadis placé au nombre des panacées universelles, sa chétive existence ne peut être de longue durée ; comment en effet oublier cette remarquable expression de Doppet approuvée par Deleuse, qui cependant fut l'une des colonnes principales du magnétisme : *Ceux qui savent le secret de Mesmer en doutent plus que ceux qui l'ignorent !*

Il nous reste, pour compléter l'ensemble de la science

physiologique, à présenter l'histoire de *la vie et de la mort*, *des sympathies*, *des antipathies*, *de l'habitude*, *des races humaines*, résumant les considérations précédentes, et jetant une lumière utile sur les parties qui pourraient encore en avoir besoin.

HISTOIRE DE LA VIE.

La Vie, — βίος, de βιόω, avoir l'existence active; *vita*, de de *vivere*, jouir de l'animation organique, envisagée d'une manière générale, est depuis longtemps le sujet des méditations de la philosophie, des inspirations poétiques. Étudiée surtout au point de vue sous lequel nous devons naturellement la considérer, elle n'a pas cessé de fixer l'attention des physiologistes de toutes les époques depuis Hippocrate jusqu'à nos temps actuels, sans qu'il soit encore possible de trouver dans ces riches productions, dans ces innombrables écrits, une idée positive, une définition exacte et précise de ce phénomène complexe.

Sans nous arrêter, pour donner la preuve incontestable d'une assertion aussi grave, à toutes les aberrations antiques, nous citerons seulement les opinions des philosophes et des physiologistes les plus habiles de nos temps modernes :

Kant définit la vie : « Principe intérieur d'action, de changement et de mouvement. »

Schmidt : « Activité de la matière dirigée par les lois de l'organisation. »

Béclard : « L'organisme en action. »

Cuvier : « Faculté qu'ont certains corps de durer pendant un temps et sous une forme déterminée, en attirant sans cesse dans leur substance une partie des substances environnantes, et en rendant aux éléments une partie de leur propre substance. »

De Blainville : « Le corps vivant est un foyer où il y a à tous moments un apport de molécules nouvelles et départ des anciennes, où la combinaison n'est jamais fixe, mais toujours *in nisu* d'un mouvement continuel plus ou mois lent, et quelquefois chaleur. »

Adelon : « Mode d'activité, d'existence, dans lequel on commence par une naissance, on croît par *intus-susception*, on finit par une mort ; et pendant la durée de cette existence qui est limitée, on se conserve, comme individu, par nutrition, comme espèce, par reproduction, et l'on passe par divers âges. »

Muller : « Les corps organiques sont formés d'organes différents les uns des autres, sous le rapport de la qualité. Non-seulement ils en sont constitués, mais encore ils les procréent par leur propre force ; la vie n'est donc pas une simple conséquence de l'harmonie et de l'action réciproque de ces organes ; elle commence à se manifester avec une force ou une substance impondérable qui agit dans la matière du germe, entre dans sa composition, et communique à la combinaison organique des propriétés dont la mort amène l'extinction. »

Bichat lui-même définit la vie : « Ensemble des fonctions qui résistent à la mort. » Et comme toutes les autres sa définition présente un défaut complet de précision et d'exactitude. En effet, elle nous offre *un ensemble d'actions physiologiques* ne constituant pas davantage la vie que chacune de ces actions en particulier ; et, d'un autre côté, *la mort* comme un *agent positif*, luttant contre les fonctions, tendant à les enrayer, lorsqu'elle n'est autre chose qu'une *abstraction*, le néant, l'absence de la vie.

Un ancien auteur a dit : *vita est quasi comedia.* « La vie représente une scène de théâtre où chacun des organes jouant un rôle différent concourt à l'ensemble dans une proportion relative à son degré d'importance. » L'idée plus conforme à la vérité nous semble encore bien insuffisante pour déterminer positivement les caractères de la vie.

Enfin quelques écrivains modernes, dans un système plus spécieux que véritablement pratique, regardent la vie comme le résultat de l'influence d'une émanation céleste répandue sur tous les êtres de la nature en proportions variables, rattachant à ce principe commun les *forces physiques*, *chimiques*, *vitales*; et, dans cette inadmissible confusion attribuant l'existence active à tous les corps; seulement avec des degrés divers, se développant suivant la mesure de l'*émanation* qui leur est dévolue. Pour donner plus de précision à leur système, ils descendent ainsi l'échelle des êtres qui se trouvent animés par cette influence : hommes blanc, nègre, hottentot, singes, autres mammifères, oiseaux, reptiles, poissons, mollusques, insectes, zoophytes, plantes, lithophytes, minéraux. On peut bien citer une semblable théorie comme une sorte de résurrection du *mens agitans molem* des anciens, mais la réfuter sérieusement devient pour le moins inutile.

Quelques physiologistes, Grimaud et Bichat, surtout, ont distingué deux vies dans le même sujet : *organique*, intérieure, commune à tous les corps organisés; *animale*, extérieure, propre aux animaux supérieurs. C'est une erreur physiologique inadmissible ; la vie se trouve naturellement indivisible chez tous les êtres qui la présentent ; seulement elle peut différer par les moyens qui l'entretiennent, de telle sorte qu'il serait possible d'établir une distinction tout au plus entre ses phénomènes essentiels.

Ajoutons seulement ici comme observation beaucoup plus importante, qu'en étudiant physiologiquement les divers tissus d'une économie vivante, les différents sujets de la série des êtres animés, nous y trouvons l'énergie, les moyens de la vitalité dans une proportion constante avec le nombre et la complication des éléments constituants ; d'un autre côté, nous savons que la décomposition chimique des corps est d'autant plus imminente et plus facile, que leurs principes formateurs sont plus hétérogènes et plus multipliés. Ces deux faits essentiels ainsi rapprochés amènent à cette conclusion importante et nécessaire : *la vie dans les organismes est la raison essentielle du maintien de ces principes, de ces éléments dans leurs combinaisons temporaires chez les êtres actuellement doués de l'existence active.*

Dès lors, plus l'organisation, plus la vie sont compliquées dans leurs dispositions et dans leurs modes, plus les altérations pathologiques sont fréquentes ; plus la mort accidentelle est à craindre.

Les physiologistes modernes ont cherché les rapports qui pouvaient se rencontrer entre les divers degrés de progression formatrice des êtres organisés vivants et les différentes phases de l'existence active.

Keilmeyer, l'un des premiers, avança que les divers états par lesquels passe l'homme pour arriver à son entier développement, sont la représentation des différents degrés dans lesquels viennent se ranger les êtres vivants qui lui sont inférieurs. Partant de ce principe, son école explique ainsi l'animation et le développement de ces différents êtres.

Formes organiques élémentaires. — 1° *État amorphe*, toujours liquide, sérum, albumine, mucus, mucilage, *zoogenium*, matière concrescible, plastique, *succus formativus*.

2° *État globulaire*, naissant de la matière amorphe au milieu des conditions physiques, chaleur, électricité, des globules se forment par l'action de la pile voltaïque, à certain degré de température, ces globules microscopiques, par la seule chaleur de la main transmise au vase qui les contient, offrent bientôt des mouvements d'élévation et d'abaissement, et marquent le départ des animaux supérieurs.

3° *État fibreux et laminaire.* Ici les faits se compliquent, les résultats s'éloignent des effets chimiques proprement dits ; bien que cependant on observe encore cette forme dans la pellicule du lait chaud.

4° *État vésiculaire.* Il se manifeste à la surface du vase, et bientôt cette forme sert d'enveloppe aux trois premières, c'est une disposition que l'on trouve dans *la matière verte* de Priesley ; bientôt la destruction de cette enveloppe transitoire par la putréfaction, met en liberté les globules primitifs, les fibres, les lamelles qui deviennent autant de corps vivants séparés, comme le prouvent les expériences de Turpin, Gaillon, Edwards. Cette forme se distingue dans l'organisme avec les caractères de vaisseaux, de téguments; sa création peut être visible dans certaines anomalies pathologiques, les hydatides, les moles, par exemple, et dans les progrès naturels de l'embryon même des animaux supérieurs. Enfin, l'enveloppe extérieure s'enfonce, produit une cavité dans laquelle s'interposent des organes mis en communications vasculaires, avec développement d'un appareil moteur ; d'où résultent des polypes, des mollusques, des vers articulés, etc. Bien qu'assez spécieuse, une pareille théorie pourra bien ne pas satisfaire tous les esprits positifs.

D'après toutes ces considérations émanant des faits les mieux démontrés, la vie n'est donc point un être distinct, pas même une fonction, mais le simple résultat du concours harmonieux des phénomènes physiologiques, une abstraction, et le mot qui l'exprime, un terme collectif désignant une idée complexe qu'il serait difficile de qualifier autrement.

Les auteurs qui l'ont regardée comme une émanation céleste, comme l'âme animant tous les organismes, comme l'ensemble des forces vitales, sont donc bien éloignés de la vérité, puisqu'ils prennent la cause pour l'effet, et qu'ils identifient deux objets essentiellement différents.

Aujourd'hui, surtout, la plupart de nos savants entraînés loin d'eux-mêmes, semblent vivre dans un monde étranger, ils abordent, saisissent, avec la prétention de les approfondir, toutes les notions, excepté celles qui leur apprendraient à se bien connaître. Ils suivent la marche des astres dans l'immensité ; savent comment se forme, s'entretient un minéral, alors qu'ils ignorent comment eux-mêmes s'entretiennent et se forment; c'est au milieu de ce chaos de pensées et d'opinions que nous devons étudier un sujet aussi difficile que celui de la vie.

Pour arriver plus sûrement à la bien connaître, marchons du simple au composé ; élevons-nous progressivement des corps qui, sous le rapport de cette existence active, se rapprochent davantage de l'unité fondamentale, à ceux chez lesquels nous la voyons présenter le plus de complication.

Tous les corps de la nature existent chacun à sa manière, et sous ce premier rapport, se distinguent en deux catégories : *inorganiques*, *organisés*.

Les premiers, doués exclusivement de propriétés physiques, régis par des lois de cette nature, n'offrent qu'une existence passive, et n'opposent à l'action destructive des modificateurs dont ils sont environnés, que leur cohésion, leurs affinités, sous le nom de *force d'inertie*.

Les seconds, régis en même temps par les lois physiques et vitales dans un équilibre parfait, opposent une résistance qui leur est propre à l'influence des causes destructives dont ils sont environnés et jouissent d'une existence active : cette existence est *la vie*.

D'après ces principes simples, invariables et puisés dans l'ordre naturel des choses, nous pouvons donc la bien comprendre et la définir sérieusement, pour tous les êtres animés, quelle que soit leur espèce, le rang qu'ils occupent dans l'échelle animale ou végétale : *Résultat de l'exercice normal des fonctions propres aux corps organisés, développées dans la mesure convenable pour lutter avantageusement contre l'agression des agents destructeurs.*

Pour donner à l'histoire de la vie considérée sous le point de vue physiologique auquel nous devons actuellement l'étudier, la précision, l'importance et l'utilité qu'elle doit naturellement offrir, nous la diviserons en six phases principales dont chacune présentera chez l'homme surtout, ses caractères essentiels et ses dispositions particulières : 1° ANIMATION ; 2° ÉTAT DU FŒTUS ; 3° ENFANCE ; 4° ADOLESCENCE ; 5° VIRILITÉ ; 6° VIEILLESS

Indépendamment des considérations d'un grand intérêt que va nous offrir l'étude sérieuse de chacune de ces phases, un fait important et capital vient les dominer toutes relativement au combat des lois *vitales* et des lois *physiques* : ainsi pendant les quatre premiers, prédominance progressive des *lois vitales* sur les *lois physiques ;* dans la cinquième, équilibre ; dans la sixième, prédominance progressive des *lois physiques* sur les *lois vitales* ; enfin règne exclusif des *lois physiques*, ou *mort naturelle*.

La vie, quelles que soient ses limites, est toujours temporaire : ses deux termes *commencement* et *fin*, se trouvent marqués, l'un par *l'animation* : passage de la matière de l'état *physique* à l'état *physiologique* ; l'autre, par la *mort* : passage de l'état *physiologique* à l'état *physique*. L'existence intermédiaire à ces deux extrêmes est la *vie*; l'intervalle qui les sépare offre la mesure de sa durée.

Si nous cherchons actuellement à préciser les conditions du passage de la matière *inerte* à la matière *animée* ; si nous voulons saisir, apprécier les premières manifestations de la vie, les rudiments corpusculaires qu'elle vient de transformer, nous comprenons aussitôt les difficultés d'une pareille entreprise, même en appliquant les *expériences* les plus ingénieuses, les plus simples, aux transformations qui s'effectuent sous nos yeux, chez les corps organisés dont les dispositions constituantes sont les plus élémentaires et les moins compliquées.

Cette première phase de la vie à laquelle nous donnons le titre d'ANIMATION va devenir l'objet de l'étude sérieuse qu'elle exige.

1° ANIMATION DE LA MATIÈRE.

Il suffit de voir avec quel empressement les plus habiles physiologistes de tous les pays ont entrepris, de nos jours surtout, les investigations sérieuses relatives à cette grande question, pour en comprendre les difficultés et l'importance. Afin d'en simplifier et d'en préciser les termes, nous réduirons à deux les principales opinions formulées à cette occasion : 1° *génération* spontanée ; 2° *fécondation d'un germe*; sans avoir la prétention d'arriver à des solutions définitives, nous tiendrons du moins à n'admettre pour y parvenir que des faits sérieusement et bien positivement établis.

1° Génération spontanée. — Les physiologistes modernes, expérimentateurs sérieux et vrais, la nomment encore : HÉTÉROGÉNIE, *génération équivoque*, expression qui déjà fait pressentir leur opinion bien arrêtée.

La génération spontanée indique en effet : la production d'un être organisé vivant, sans préexistence d'un germe, sans le concours des deux sexes pour en effectuer la création.

Des physiologistes ingénieux, mais purement *spéculateurs*, entraînés par une imagination désordonnée, sont allés, dans cette voie périlleuse, jusqu'à prétendre y dévoiler à tous les yeux les secrets les plus mystérieux de la nature ; dépassant alors, dans leur inconséquence, toutes les bornes de l'expérience raisonnée.

En effet, les corps inorganiques seuls, même secondés par la puissance de l'*humidité*, du calorique, de l'électricité, du magnétisme, de la lumière, ne sauraient effectuer la procréation d'un seul être organisé vivant ; et c'est évidemment dans l'ignorance entière de cette grande loi physiologique primordiale, que ces prétendus réformateurs de la science, dans leurs expériences illusoires, ont imaginé, sans doute, avoir obtenu ce résultat impossible.

Du reste le système de la *génération spontanée* remonte assez haut dans l'antiquité, puisque nous voyons Aristote surtout l'admettre comme une conséquence de cette autre hypothèse surannée que la putréfaction peut donner naissance à des insectes rudimentaires, à des vers : Rédi, surtout, au XVIIe siècle, ruina ces deux vaines suppositions ; mais elles ne furent pas entièrement détruites. Néedham prétendit bientôt que si la putréfaction ne produit pas des insectes complets, elle donne au moins naissance à de petits animalcules aujourd'hui connus sous le nom d'*infusoires*.

Gruithuisen dit avoir vu « dans plusieurs infusions de granit, de craie, de marbre, la production d'une membrane gélatineuse dans laquelle se développèrent ensuite des infusoires. »

Fray prétend « avoir observé des animalcules microscopiques se formant dans de l'eau pure. »

Retzine affirme « avoir constaté la génération d'une espèce particulière de *conferve* dans une dissolution de chlorure de Baryte dans l'eau distillée que l'on avait soustraite aux communications extérieures de l'air au moyen d'un flacon bouché à l'émeri. »

Spallanzani, Fontana, Schultze « ont rendu la vie plusieurs fois à des *rotifères* desséchés depuis longtemps, par la seule précaution de les mettre dans l'eau. »

Steimback, Bauer « ont obtenu les mêmes résultats sur des graines, au milieu de conditions analogues, et par un procédé semblable. »

Au nombre des partisans de la *génération spontanée des infusoires*, nous trouvons donc : Lamark, Geoffroi, Spallanzani, Gruithuisen, Fray, Retzine, Steimbach, Boër, Néedham, Wrisberg, Ingenhousz, Treviranus, etc.

En opposition à ces auteurs systématiques, nous pouvons citer particulièrement : Ehrenberg, Schwann, Wrisberg, Schultz, Muller, Littré, Robin, et tous les physiologistes sérieusement expérimentateurs de notre époque ; ils font sagement observer que toutes les expériences des partisans de la *génération spontanée*, réduites à leur simple expression, ne prouvent absolument rien en faveur de leur système : les unes relatives aux plantes, aux graines desséchées et reprenant leur activité naturelle par l'influence de l'humidité ; puisqu'il s'agit ici non point d'une procréation, mais seulement du réveil de la vie ; les autres effectuées dans plusieurs milieux où pouvaient se trouver des germes ou même des animaux déjà formés, puisque ces mêmes expériences n'ont offert aucun résultat lorsque toutes les précautions avaient été suffisamment prises pour que ces milieux ne pussent alors présenter absolument rien de semblable.

A côté de l'impossibilité de la *génération spontanée*, se présente, naturellement entre les produits essentiels de la matière *morte* et ceux de la matière *vivante*, une différence caractéristique de forme qui n'est peut-être pas sans quelque valeur dans la question. Les premiers, en effet, sont ordinairement *anguleux;* les seconds *arrondis;* de telle sorte que l'on peut admettre comme loi de première constitution : *la ligne droite appartient au règne inorganique, la ligne courbe au règne organisé, comme base de configuration normale.* Ce caractère distinctif est surtout nettement accusé dans les corps inorganiques, résultats d'une cristallisation régulière, et dans les corps organisés naturellement produits ; aussi peut-on à première vue distinguer un simple fragment de sel marin d'une graine de chènevis, par exemple.

Il résulte donc positivement de toutes ces considérations que le système de la *génération spontanée*, sans aucune raison d'être, ne supporte pas même le plus simple examen.

Fécondation d'un germe. — « La force qui anime les corps organiques, dit Muller, n'est connue nulle part ailleurs que dans ces corps. Elle ne se manifeste que dans les combinaisons organiques qui lui donnent naissance, et jamais les éléments fondamentaux ne produisent de toutes pièces aucune parcelle de matière organique, lorsqu'ils viennent par hasard à se rencontrer. Ordinairement les corps organiques naissent d'autres corps de même espèce qu'eux, par des œufs ou par des bourgeons. » Telle fut toujours notre opinion.

Une fois constituée à l'état de *matière vivante*, la substance organique porte en elle-même cette puissance formatrice et nutritive qui ne cesse alors jamais d'agir, même dans tous les organismes rudimentaires, jusqu'à ce qu'ils aient atteint le développement et la perfection dont leur nature est susceptible. Nous n'admettons pas, du reste, avec Bory de Saint-Vincent, « que certaines particules organiques sont disposées à passer, avec la même facilité, aux états d'animal et de végétal ; » nous croyons seulement que les substances alimentaires qui contiennent de l'oxygène, du carbone et de l'ammoniaque peuvent, sous l'influence vitale de la digestion, par leur mélange avec les humeurs dans la circulation, acquérir progressivement les premiers caractères de l'animation matérielle, mais sans procréation d'aucun être distinct et pouvant jouir des avantages d'une existence isolée ; et sous ce rapport comme sous tous les autres, nous abandonnons les inintelligibles théories par lesquelles Bachoué, Fourcault, Rouzé, etc., ont eu la vaine prétention de remplacer la sérieuse doctrine du *vitalisme*.

Dutrochet semble chercher un moyen terme en avançant : « qu'il suffit de l'établissement d'une disposition vésiculeuse, constituant le tissu fondamental des êtres vivants, pour que les fluides qui s'y trouvent renfermés, circulent sous l'influence des lois de *l'endosmose* et de *l'exosmose*, base essentielle des actes vitaux. » Cette opinion paraissant de nos jours avoir acquis une certaine importance, nous devons en apprécier la valeur.

Schwann s'est particulièrement occupé de l'étude physiologique de la *cellule*, comme élément le premier et le plus simple des corps organisés. « Il résulte de ses découvertes, dit Muller, que les cellules sont, chez les animaux, les éléments de toutes les structures complexes. »

La cellule, οἰκημάτιον, petite loge ; *cella*, chambrette ; au point de vue du premier élément anatomique des tissus organisés, est une petite vésicule à parois plus ou moins épaisses qui, d'après Schwann, « *s'étirent* en manière de filaments, ou se confondent en d'autres cellules secondaires, pour constituer les fibres et autres tissus organiques. » Les uns admettent dans ces vésicules un fluide particulier, les autres un noyau plus ou moins compacte.

Quelles que soient du reste la valeur de ces théories et leurs modifications particulières, on n'y trouve pas la raison des *générations spontanées* qui n'en restent pas moins à l'état d'un système sans fondement : *la fécondation d'un germe* présentant la seule théorie bien démontrée d'une véritable génération.

Mais il faut encore ici bien s'entendre sur la valeur positive des termes. « Ordinairement les corps organiques, dit Muller, naissent d'autres corps de même espèce qu'eux, c'est-à-dire par *des bourgeons* ou par *des œufs*. »

Par des bourgeons. — On peut bien admettre, par ce moyen,

la transmission d'êtres vivants déjà tout formés, n'ayant plus besoin que de s'accroître et se compléter pour devenir semblables à ceux qui les ont transmis d'une manière plus ou moins naturelle, comme on le voit dans l'*écussonnage*, par exemple. Mais il ne s'agit nullement ici d'une véritable génération; c'est une simple *propagation par germination;* aussi n'a-t-elle pas besoin du concours des deux sexes. Il en est de même pour *la propagation scissipare*, comme on l'observe dans l'implantation des *boutures* végétales; dans la section par anneaux d'un certain nombre de vers et d'insectes. On trouve ici la preuve matérielle que dans tous ces cas il n'existe réellement pas *génération*, puisqu'il devient nécessaire que la partie détachée du végétal ou de l'animal, servant à l'expérience, présente en elle toutes les parties essentiellement vitales du sujet producteur, pour que la simple propagation puisse avoir lieu.

Par des œufs. — Ici seulement, nous allons trouver une véritable génération; mais avec des conditions indispensables qu'il est par conséquent nécessaire de bien préciser. A cette occasion, nous rappellerons pour mémoire les deux systèmes opposés : de *l'emboîtement des germes* et de leur *préexistence*, admis par Haller, Bonnet, Cuvier, etc.; de l'*épigénésie*, ou génération surajoutée ; ἐπιγένεσις, de ἐπι, sur, et de γένεσις, génération, effectuée à des intervalles successifs : théorie professée par Wolf, Blumenbach, etc. Nous resterons étranger à ces opinions également controversées et nous exposerons l'animation de la matière pour former un nouvel être semblable, dans l'état normal, à son espèce, de la manière la plus simple à la fois et la mieux garantie par les faits.

Dans les organismes où nous devons prendre nos exemples, dans l'espèce humaine surtout, la procréation de l'être à former exige le concours des deux sexes et la fécondation, par le *sperme*, du *germe*, partie essentielle de l'œuf sous ce rapport.

Si l'on veut une preuve incontestable de la nécessité, pour la génération, de l'accomplissement régulier de ces deux faits, il suffit d'observer ce qui se passe pour les œufs des gallinacés de nos basses-cours nécessitant, pour éclore, une incubation convenable et suffisamment prolongée. En prenant une poule, par exemple, séquestrée de manière à prévenir bien rigoureusement toute fréquentation d'un mâle de son espèce, elle pondra des œufs très-beaux, en tout semblables à ceux des poules vivant en liberté de cohabitation avec leurs coqs, avec la seule différence que les germes de ses œufs ne sont pas fécondés, et resteront désormais toujours incapables de présenter l'éclosion du moindre poulet, même dans les conditions d'une incubation parfaite sous tous les rapports. Chez la femme, où cette incubation extérieure n'existe pas, où par conséquent la nécessité de la fécondation du germe n'est pas aussi facile à démontrer, elle n'en existe pas moins et par des motifs identiques.

Nous avons dans cette première phase de la vie le germe convenablement fécondé, nous devons donc passer à l'examen des moyens et des conditions de son développement ultérieur et progressif.

II° ÉTAT DE FŒTUS.

Cette seconde période comprend l'existence intra-utérine du nouvel être depuis l'animation du germe ovulaire jusqu'à la naissance. La durée de cette même période est ordinairement de neuf mois dans l'espèce humaine ; elle peut offrir des variations de huit à dix indépendamment d'aucune altération, ce qui constitue les grossesses *précoces* et *tardives*.

Les physiologistes partagent cette époque en deux phases : *état d'embryon*, *état de fœtus*, renfermant, sous le premier titre, le temps nécessaire à la constitution de l'organisme dans toutes ses parties ; et sous le second, l'intervalle indispensable aux développements, aux perfectionnements de ces mêmes parties dans un degré suffisant pour effectuer le maintien de la vie normale abandonnée, après la naissance, aux seuls moyens de l'économie individuelle. On pourrait, sans inconvénient grave, négliger cette sous-division ; nous la conserverons cependant afin de préciser davantage les caractères principaux des importantes modifications éprouvées par l'être vivant dans cette première condition de la vitalité.

L'embryon, — ἔμϐρυον, des Grecs ; de ἐν, dans, et βρύω, je crois ; *fœtus* des Latins, est le nouvel être depuis l'instant indivisible de son animation, par le contact du sperme et de l'ovule, jusqu'à l'achèvement de son ébauche rudimentaire.

Une petite masse gélatineuse, homogène, amorphe, sans facultés apparentes, sans mouvements appréciables, tels sont les éléments primitifs de cet être superbe destiné par le Créateur à gouverner l'univers !

Une puissance inconnue dans sa nature pénètre, sous le voile du mystère, ces premiers germes de l'organisation, les anime par degrés en leur communiquant les propriétés de la vie ; en les embrasant, pour nous servir d'une expression métaphorique, de ce feu divin que la main audacieuse de Prométhée ne craignit pas d'arracher au ciel. Tant que cette flamme céleste rencontre un aliment, le flambeau de la vie s'entretient ; cet aliment vient-il à manquer, le flambeau de la vie s'éteint pour toujours ; cette émanation surnaturelle que nous avons désignée par le terme d'*âme*, cette essence immatérielle qui forme le plus bel apanage de l'homme abandonne la matière dont elle avait effectué l'animation pendant toute la durée de cette existence active. Suivons avec une attention profonde la marche et les progrès de ces merveilleux développements.

Pendant quinze à vingt jours l'ovule, fécondé sans adhérence à l'utérus, sans communication circulatoire par conséquent entre l'enfant et la mère, doit trouver, dans ses dispositions propres, les moyens d'entretenir individuellement son existence. Les vésicules allantoïde, ombilicale paraissent, comme nous l'avons déjà dit, renfermer et fournir les matériaux de la nutrition dans cette phase d'isolement. Plusieurs physiologistes habiles, et surtout Dutrochet, Rolando, Pander, Cuvier, etc., voulant éclairer ce point obscur de l'évolution embryonnaire chez l'homme, ont eu recours à des expériences faites avec beaucoup de soin sur l'œuf des oiseaux, et notamment du poulet, pendant l'incubation, afin de pouvoir fortifier les preuves directes par des inductions analogiques.

Cet œuf présente une coquille solide, poreuse pour l'évaporation du blanc et le renouvellement de l'air ; une membrane bifoliée ; vers la grosse extrémité, un espace contenant ce gaz en proportion d'autant plus considérable que l'œuf est plus vieux ; le blanc, le jaune, la cicatricule ou germe. A partir de l'incubation, d'après Cuvier et Dutrochet : *quatrième heure*, aucun changement. *Septième*, la cicatricule grossit ; à la partie supérieure du jaune apparaît un petit sac renfermant les eaux de l'amnios et l'embryon, se portant à l'extrémité la plus volumineuse pour se mettre en contact avec l'air. *Trentième*, cet embryon a la forme et le volume d'un petit ver. *Quarantième*, on distingue trois sacs particuliers, ceux : 1° du jaune ; 2° de l'amnios et du poulet ; 3° de l'allantoïde ; le premier diminue, le second augmente. *Cent vingtième*, on aperçoit l'intestin qui se confond avec le jaune dans lequel plongent également les vaisseaux omphalo-mésentériques ; l'allantoïde environne l'œuf, communique avec le cloaque par l'ouraque. Les auteurs que nous venons de citer, admettent les mêmes dispositions dans l'espèce humaine, avec la différence que, chez l'oiseau, le développement s'achève, jusqu'à l'éclosion, par ce mécanisme ; tandis que, chez l'homme et les mammifères, ce genre de nutrition est seulement établi provisoirement et bientôt remplacé par la production d'un placenta, servant à la communication circulatoire de la mère à l'embryon qui dès lors acquiert, par cette voie, ses éléments de réparation et d'accroissement.

Afin de présenter, d'une manière positive, la marche que suit, dans son développement, l'organisme du nouvel être, nous prendrons le moyen terme des observations nombreuses que nous avons faites, de celles qui se trouvent consignées dans les meilleurs auteurs, en indiquant, par époques, depuis l'animation du germe, les modifications qu'il éprouve jusqu'à l'établissement complet de toutes ses parties.

Quinzième jour. — L'ensemble du nouveau produit offre le volume d'un œuf de passereau, la cicatricule est partagée en deux zones, une extérieure plus épaisse, nommée *champ opaque;* une intérieure plus mince, plus diaphane, appelée *champ transparent.* Au centre, on aperçoit un trait blanchâtre d'une ligne, rudiment de l'embryon et spécialement de son appareil nerveux encéphalo-rachidien.

Vingtième jour. — L'ensemble présente le volume d'un œuf de fauvette ; l'embryon, sous la forme d'une tige creuse, renflée par l'une de ses extrémités, recourbée de manière à parcourir les deux tiers d'un cercle, se compose d'une enveloppe déjà plus résistante, logeant une humeur limpide, au milieu de laquelle on voit un filament jaunâtre, première manifestation de la moelle vertébrale. Cet embryon offre deux lignes d'épaisseur, trois à quatre de longueur.

Trentième jour. — L'ensemble acquiert le volume d'un œuf de colombe ; l'embryon, dont la tête vésiculeuse présente un grand développement, relativement au reste du sujet, offre deux à trois lignes d'épaisseur, cinq à six de longueur. Aristote y voit l'image d'une fourmi ; Burton, celle d'un grain d'orge ; Baudelocque, du marteau de l'appareil auditif ; quelques autres, du têtard, etc. Déjà plusieurs organes apparaissent ; tous vont se manifester sur la face concave de l'embryon. Geoffroy-Saint-Hilaire, Meckel, Serres, Tiedemann pensent que cette évolution s'opère des côtés vers la ligne médiane ; expliquant ainsi toutes les monstruosités par division de parties naturellement identifiées. Velpeau n'admet point cette hypothèse et fait observer que, dès le principe, cette ligne médiane est déjà formée. Le rachis paraît être le premier point de l'appareil nerveux qui se manifeste, et cet appareil semble devancer tous les autres dans son établissement ; d'après Rolando, le développement des nerfs précède constamment celui des autres tissus. Serres pense au contraire que les artères préparent la formation des nerfs et des différents systèmes; il en donne pour preuve que la masse encéphalo-rachidienne se développe dans l'ordre suivant : La moelle épinière ; le cerveau ; le cervelet ; la marche étant analogue pour les artères spinales, cérébrales et cérébelleuses ; que le même rapport se trouve dans tous les organismes, dans tous les appareils entre le volume de l'artère et l'ampliation du tissu qui la reçoit. N'est-ce point prendre ici l'effet pour la cause ? Ne voyons-nous pas dans l'hypertrophie des viscères, occasionnée par une influence qui leur est propre, les vaisseaux artériels acquérir progressivement un calibre dont l'augmentation ultérieure est en proportion de cette hypertrophie ? des résultats aussi contradictoires, obtenus par des expérimentateurs également habiles, en les rapprochant des conditions fondamentales de la vitalité, nous démontrent positivement que l'on ne doit pas isoler, avec les attributions de cause et d'effet, les dispositions qui rentrent dans l'intention commune des lois primordiales de l'organisation. Toutefois, relativement aux deux systèmes fondamentaux, *innervateur* et *circulatoire*, si l'on infère par analogie des oiseaux à toutes les autres espèces, les canaux circulatoires ne sont d'abord que de simples vésicules isolées qui communiquent et s'allongent en vaisseaux ramifiés. L'axe cérébro-spinal figure un cordon aplati, presque aussi volumineux inférieurement que supérieurement. Serres prétend que les nerfs se développent avant le centre. La bouche est la première cavité sensitive apparente ; on la voit quelquefois dès le vingtième jour sous la forme d'une petite dépression sans manifestation des lèvres. Les yeux latéralement dirigés offrent chacun un point circulaire, formé d'une tache centrale jaunâtre, qu'environne un disque plus ou moins noir, élément de la choroïde ; la tache centrale représentant la sclérotique et la cornée ; du reste aucune trace de paupières ; l'ouverture nasale, d'abord simple, est également sans opercule ; quelquefois cependant on voit une petite éminence imperforée même avant l'indication de cette ouverture. Les oreilles sont figurées par des orifices analogues à ceux des cryptes. On aperçoit au centre de la masse gélatineuse un point rougeâtre, agité par des mouvements sensibles, *punctum saliens*, et non *primum vivens*, comme l'observe judicieusement Charles Bonnet; ce point rougeâtre est le cœur. Des filaments de même couleur en partent sous forme de rayons divergents et ramifiés, ce sont les gros vaisseaux à l'état rudimentaire.

Quarantième jour. — L'ensemble présente le volume d'un œuf de faisan, l'embryon, la longueur de dix lignes. Formation de l'ombilic, dont part le cordon infundibuliforme d'un demi-pouce. Établissement de l'ouverture anale et des organes génitaux sans distinction positive des sexes. Les membres thoraciques, ensuite les membres pelviens pullulent sous l'apparence de bourgeons surmontés de cinq papilles dessinant déjà les doigts; circonstance qui, sous ce rapport, donne au sujet l'apparence de la taupe. La face et le crâne cessent d'être confondus.

Cinquantième jour. — L'ensemble offre la grosseur d'un œuf de bondrée, l'embryon un pouce de longueur; les organes indiqués se prononcent davantage. D'après Béclard, on observe alors plusieurs traces d'ossification dans les clavicules, les mâchoires, l'humérus, le fémur, le tibia, etc.

Deuxième mois. — L'ensemble atteint le volume d'un œuf de poule, et l'embryon, la longueur de dix-huit lignes; le type de l'espèce humaine se caractérise; le col s'allonge, la tête se dégage des épaules; d'abord confondues, les cavités nasale et buccale s'isolent graduellement; le nez, les paupières, les lèvres se forment; la distinction des sexes commence à s'établir. Ackermann, Autenrieth pensent qu'ils sont primitivement neutres. Tiedemann prétend que le sexe femelle n'est autre chose que le sexe mâle arrêté dans son développement. Geoffroy-Saint-Hilaire assure que cette même distinction tient exclusivement à la manière dont les deux branches de l'artère spermatique vont se distribuer. C'est expliquer, par les modifications accidentelles, des faits qui rentrent dans les lois primordiales de la nature. L'enveloppe dermoïde commence à prendre ses caractères fondamentaux ; elle est gélatineuse, offre quelques indices de l'épiderme.

Troisième mois. — L'ensemble présente les dimensions d'un

œuf d'oie ; l'embryon, deux pouces et demi. Les paupières sont rapprochées, les narines apparentes et la bouche fermée par les lèvres. Les membres s'allongent très-sensiblement, les ongles se trouvent alors pulpeux et rouges ; la peau devient plus consistante. La moelle, formée d'une lame renversée par degrés intérieurement, offre un canal qui disparaît ensuite. L'encéphale se prononce. D'après Tiedemann, il est d'abord très-simple et passe graduellement par les conditions propres aux quatre principales classes d'animaux vertébrés, en commençant par les poissons. Il suffit, pour démontrer l'erreur d'une pareille hypothèse, de faire observer que ces derniers offrent des tubercules que l'on ne rencontre jamais chez l'homme. La cloison des cavités du cœur s'établit de manière à les isoler, si le trou de Botal n'entretenait, jusqu'à la naissance, leur communication par les oreillettes ; on aperçoit déjà sur cette ouverture les premiers linéaments de la valvule d'Eustache. Au complément de ce troisième mois, toutes les parties sont formées, et l'embryon est complet. Afin de préciser les conditions de cette première phase de la vie intra-utérine, dans ses véritables caractères, nous allons décrire un sujet de trois mois, que nous avons actuellement sous les yeux, et dont l'âge nous est parfaitement démontré, d'après les renseignements les plus positifs.

Cet embryon, expulsé par la femme Saint-Paul, au troisième mois révolu, présente deux pouces dix lignes de longueur ; le milieu de cette mesure tombe exactement sur la réunion de l'apophyse xiphoïde au reste du sternum. La tête forme le tiers à peu près de la masse totale ; et le crâne, entièrement vésiculeux, au moins les quatre cinquièmes de la tête. Les yeux offrent deux points noirs volumineux, saillants, recouverts par des paupières tellement rapprochées, qu'on les prendrait pour un prolongement continu de la peau. Le nez est très-proéminent, sans apparence de narines. Les oreilles, à l'état gélatineux, sont bien conformées ; un orifice à peine visible indique le conduit auditif. La bouche assez largement ouverte présente bien distinctement toutes ses parties ; la langue, le voile du palais sont caractérisés dans leur configuration, le maxillaire inférieur allongé, les lèvres suffisamment développées. Sur le col, existent plusieurs points cartilagineux, rudiments du larynx. La poitrine largement constituée, laisse voir les clavicules et les côtes résistantes, en travail d'ossification ; le sternum seulement indiqué par des noyaux gélatineux élémentaires. L'abdomen offre peu de capacité, surtout dans sa partie pelvienne dont la ligne transversale équivaut à peine à la moitié de celle qui mesure le tronc au niveau des épaules. On voit le sexe masculin bien exprimé dans le pénis que termine un petit gland gélatineux encore imperforé. Le scrotum est indiqué par un renflement. Derrière les parties génitales, on aperçoit distinctement l'extrémité du coccyx ; l'ouverture anale se trouve à peine marquée. La colonne rachidienne présente quelques points indicateurs des os, qui doivent ultérieurement la constituer. Les membres sont exactement conformés. Les thoraciques offrent un tiers en sus de la longueur des pelviens. L'extrémité digitale répond au milieu de la cuisse ; les saillies musculaires se trouvent déjà modelées sensiblement aux épaules, aux bras, aux avant-bras, aux éminences thénar, hypothénar, etc. Les doigts très-bien isolés donnent, en miniature, précisément la forme ordinaire ; les ongles sont encore peu caractérisés ; les os à peu près entièrement cartilagineux, paraissent assez résistants. Les membres pelviens, moins avancés dans leur développement, indiquent aussi les dispositions de leur type fondamental ; les rotules sont dessinées, les orteils moins bien séparés que les doigts, les os plus mous qu'aux membres thoraciques. L'enveloppe dermoïde rappelle assez bien l'aspect d'une membrane muqueuse, elle est un peu plus lisse ; on y voit des ramifications vasculaires prononcées.

Tel est le prototype de l'embryon complet, offrant les rudiments de tous ses organes et n'ayant désormais besoin que d'en effectuer le développement dans la phase qui va suivre, pour arriver à la maturité de l'existence intra-utérine.

Le Fœtus. — Cet état commence à l'instant où s'achève

l'ébauche de toutes les parties, et se termine à la naissance. Le temps de sa durée qui, dans l'état ordinaire, embrasse un intervalle de six mois, sert au développement progressif des organes, à leur perfectionnement pour l'existence individuelle qu'ils devront alors entretenir dans un état d'indépendance et d'isolement complets. Nous devons également suivre la marche de la nature dans ce nouveau travail.

Quatrième mois.— L'ensemble présente les dimensions d'un œuf d'autruche, le fœtus une longueur de cinq à six pouces. La peau devient plus ferme, les follicules sébacées apparaissent. Le foie prend un volume assez considérable ; son réservoir est encore filiforme, circonstance qui ne permet pas d'admettre actuellement la sécrétion biliaire. La rate offre comparativement peu d'ampliation. Les os reçoivent du phosphate calcaire ; les muscles commencent à se contracter, et la mère ne tarde pas à sentir les mouvements du nouvel être. De cette époque à la suivante, le fœtus acquiert un développement subit et considérable dont l'utérus éprouve quelquefois très-vivement l'influence ; disposition qui nous explique assez bien les avortements qui peuvent alors se manifester.

Cinquième mois. — La longueur du fœtus est de sept à neuf pouces ; un léger duvet couvre la peau, des poils incolores et soyeux s'y manifestent ; les ongles durcissent ; les mouvements se prononcent davantage ; il devient alors impossible de méconnaître la grossesse d'après cet indice qui présente le seul caractère certain que l'on puisse invoquer.

Sixième mois. — La longueur du fœtus est de neuf à douze pouces ; il peut alors devenir viable en le supposant environné de toutes les circonstances appropriées. Déjà la peau se couvre de la matière grasse dans plusieurs points.

Septième mois. — La longueur du fœtus est de douze à quinze pouces. Les cheveux prennent leur couleur distinctive ; la membrane pupillaire est détruite ; en admettant son existence comme disposition normale. Jusqu'alors contenus dans l'abdomen au-dessous des reins, derrière le péritoine, les testicules franchissent l'anneau, descendent vers le scrotum, soutenus par un ligament que les auteurs ont nommé *gubernaculum testis;* quelquefois ce passage ne s'opère qu'après la naissance, ou même ne s'effectue jamais. Toutes les parties ont acquis le développement indispensable à l'existence individuelle, aussi le fœtus est-il, à cette époque, légalement déclaré viable.

Huitième mois. — La longueur du fœtus est de quinze à dix-huit pouces; les organes se fortifient et se perfectionnent; les cheveux sont très-longs, toutes les parties du squelette ont pris beaucoup plus de fermeté; l'intestin grêle contenant le méconium, offre alors plus de volume que le gros intestin.

Neuvième mois. — C'est l'époque ordinaire de la maturité. La longueur du fœtus est de seize à vingt pouces; le poids, de six à huit livres, terme moyen. Sur quatre mille accouchements observés à la Maternité, dans un temps donné, Mme Lachapelle n'a pas rencontré un seul enfant de douze livres; Baudelocque n'en cite qu'un exemple de treize livres.

Tels sont, dans notre espèce, les progrès du nouvel être depuis l'animation du produit fécondé jusqu'à la naissance. On voit s'appliquer ici la plupart des lois que Meckel assigne au développement de tous les organismes, et que nous pouvons réduire aux six termes suivants :

1° Tout corps organisé paraît d'abord fluide avant d'acquérir la solidité.

2° Les premiers rudiments de ce corps n'offrent d'abord aucune texture déterminée.

3° La forme paraît ordinairement avant l'organisation.

4° Tous les tissus élémentaires sont primitivement incolores.

5° Les organes et les appareils se développent d'une manière successive.

6° Les êtres les plus compliqués sont d'abord homogènes, et n'arrivent à leur état normal qu'après avoir parcouru tous les degrés intermédiaires entre les organismes les plus simples et les dispositions qui leur sont propres.

En résumant les conditions naturelles du fœtus dans les

principales phases de son accroissement, sous le rapport *de la longueur, de la pesanteur et du point central*, nous formerons un tableau synoptique intéressant, non-seulement pour la physiologie, mais encore pour la médecine légale obligée de préciser, dans certaines circonstances graves, l'âge d'un enfant qui vient de naître.

MOIS	LONGUEUR	PESANTEUR	POINT CENTRAL
1	5 à 6 lignes.	9 à 15 grains.	à l'union de la tête et du tronc.
2	18 à 20 lignes.	6 à 8 gros.	à la partie supérieure du sternum.
3	2 à 3 pouces.	2 à 3 onces.	à l'extrémité supérieure de l'appendice xiphoïde.
4	5 à 6 pouces.	10 à 16 onces.	au milieu de l'appendice xiphoïde.
5	7 à 9 pouces.	1 à 2 livres.	à l'extrémité inférieure de l'appendice xiphoïde.
6	9 à 12 pouces.	2 à 3 livres.	à plusieurs lignes au-dessous de l'appendice xiphoïde.
7	12 à 15 pouces.	3 à 4 livres.	à distance égale de l'appendice xiphoïde et de l'ombilic.
8	15 à 18 pouces.	4 à 6 livres.	à un pouce au-dessus de l'ombilic.
9	16 à 20 pouces.	6 à 8 livres.	à l'ombilic.
	Extrêmes. 12 à 25 pouces. (Millot.)	*Extrêmes.* 2 à 16 livres. (Voistel.)	

Pendant cette première époque, renfermé dans l'utérus, le nouvel être acquiert insensiblement les caractères propres à son espèce, et les conditions nécessaires de l'indépendance qu'il va désormais présenter. Alors tout entier aux fonctions vitales et nutritives, il existe pour lui seul, complétement étranger à ces relations multipliées qu'il offrira bientôt avec l'univers. Son économie particulière, comme celle du végétal, s'entretient par l'exercice d'un petit nombre de phénomènes au milieu desquels on doit spécialement noter : *l'absorption, l'exhalation, la nutrition, la circulation et l'innervation.* En effet, si le fœtus exécute plusieurs mouvements sensibles, étrangers au végétal, celui-ci présente une respiration aérienne, périphérique, des phénomènes générateurs dont le fœtus n'est point encore en possession. Dans toute la durée de cette phase, depuis l'établissement des adhérences placentaires, en quelque sorte identifié à l'organe gestateur maternel, c'est de lui qu'il reçoit entièrement les principes de son existence, comme on voit le fruit s'accroître par les sucs de l'arbre dont il est sorti; mais avec cette importante modification que le fruit, séparé de la branche sur laquelle il reposait, se trouve dans l'impossibilité de se conserver et de croître ultérieurement, tandis que le fœtus, après avoir atteint le complément de sa maturité, verra se briser impunément les communications par lesquelles il recevait l'aliment et la vie.

Des idées aussi naturelles, aussi positives sembleraient devoir exclure toute supposition, toute hypothèse relativement à la nutrition du fœtus ; mais il n'en est point ainsi ; les auteurs ont émis diverses théories que nous somme forcé d'examiner avant de continuer notre marche dans le sentier de la raison et de la vérité.

Nutrition du fœtus. — Pendant les trente ou quarante premiers jours, ou plus exactement, jusqu'à l'établissement complet des adhérences utéro-placentaires, le nouvel être se nourrit par une sorte d'imbibition ou d'absorption rudimentaire au moyen des fluides mis à sa disposition. D'après Chaussier, la matière sécrétée pour former la caduque présenterait cet élément réparateur. Les recherches de Moreau et Velpeau démontrent que cette membrane est déjà constituée lorsque l'ovule descend dans l'utérus. Velpeau dit que l'on pourrait tout au plus admettre ce mode alimentaire pendant les quinze premiers jours. Rouhaut, Lobstein, Warthon, Béclard parlent de la gélatine du cordon : source nutritive aussi peu démontrée que la première. L'allantoïde et la vésicule ombilicale semblent mieux appropriées à cet usage, et leurs fluides émulsifs paraissent fournir à l'embryon son aliment essentiel, comme les cotylédons de la graine le donnent à la plantule, et comme l'humeur vitelline, chez les oiseaux, le présente au nouvel être jusqu'à l'époque de son éclosion.

Lorsque tous ces moyens temporaires et provisoirement établis ont disparu, la nutrition du fœtus, exigeant par degrés des frais plus considérables, avait besoin d'éléments plus abondants et plus substantiels. C'est pour expliquer l'accomplissement de cette indication que les auteurs ont imaginé des théories que nous réduirons à trois principales. Nutrition : 1° *Par les eaux de l'amnios; 2° par la lymphe du placenta; 3° par le sang de la mère.* Chacune de ces hypothèses doit fixer notre attention.

1° *Par les eaux de l'amnios.* — Plusieurs jeunes animaux, immergés dans cette humeur, ont vécu plus longtemps que d'autres, plongés simultanément dans l'eau commune ; Harvey, Diemerbroëck, prétendent que le fluide amniotique est essentiellement nutritif. Partant de ces principes, un assez grand nombre d'auteurs ont pensé que le fœtus puise dans ce fluide les matériaux de son accroissement. Des théories différentes sont admises pour expliquer cette importation.

Absorption cutanée. — Boerhaave, Alcméon, Buffon, Osiender soutiennent que les vaisseaux absorbants de la peau, saisissent les eaux de l'amnios pour les introduire dans le torrent circulatoire du fœtus. L'enduit gélatineux qui recouvre cette membrane, l'absence des excrétions pour entretenir l'équilibre entre les éléments de composition et de décomposition ; le défaut de respiration aérienne pour effectuer l'hématose d'un fluide purement lymphatique, les faits rapportés par Morlanne et Bartholin présentant des fœtus dont la vie s'est continuée dans la matrice pendant deux mois encore après l'entier écoulement des eaux, etc., ne permettent nullement d'admettre une pareille supposition.

Déglutition. — Hippocrate, Harvey, Diemerbroëck, Haller Darwin, Rudbeck, Lacourvée disent que la liqueur amniotique est prise par succion, introduite par déglutition dans l'estomac et soumise à l'influence digestive. L'absence d'un conduit alimentaire chez l'embryon, le développement tardif de cet appareil, l'impossibilité physique de la succion, de la déglutition pendant l'existence intra-utérine du nouvel être, la vacuité de l'estomac et même de l'intestin grêle chez l'enfant naissant, la présence du méconium dans le gros intestin sans communication avec l'estomac chez un fœtus à terme dont Piet rapporte l'observation, le développement de ceux qui présentent les ouvertures naturelles à l'état d'imperforation complète, enfin l'accroissement des acéphales ruinent entièrement cette hypothèse.

Importation bronchique. — Rœderer, Scheèle, Winslow, David, Béclard admettent l'introduction des eaux de l'amnios dans la trachée-artère, les bronches, et leur absorption ultérieure. Les faits que nous venons d'énumérer détruisent également cette idée. Lobstein pense que ces eaux pénètrent par les organes génitaux ; Oken Muller, par les mamelles, éprouvant, dans ces organes, des modifications appropriées à leur fonction réparatrice. Des opinions semblables n'ont plus besoin de réfutation.

2° *Par la lymphe du placenta.* — Schréger, anatomiste allemand, prétend que le nouvel être se nourrit au moyen des fluides blancs saisis dans le placenta par les vaisseaux lymphatiques, et que dès lors il opère l'hématose de ces fluides par les organes supplémentaires des poumons. Il nous semble absolument impossible d'adopter une pareille supposition. D'abord, l'existence des vaisseaux lymphatiques dans le cordon ombilical, en nombre suffisant pour effectuer un transport de cette nature, est loin d'être convenablement démontrée ; ensuite, nous ne voyons pas, dans l'économie du fœtus, quels pourraient être les instruments d'une hématose provisoire. En supposant, avec certains auteurs que le foie, avec Velpeau, que le placenta remplissent alors cette fonction, où se trouverait l'oxygène atmosphérique indispensable à son accomplissement? Prétendrait-on comparer, sous ce rapport, le fœtus plongé dans les eaux de l'amnios au poisson nageant dans celle des fleuves ? il serait aisé d'attaquer la vérité de ce rapprochement, et d'ailleurs des analogies ne sont pas des preuves positives. D'un autre côté, pourquoi vouloir ainsi plier les faits sous les exigences des hypothèses, lorsque nous trouvons dans la théorie suivante une explication naturelle et basée, pour tous ses points, sur la disposition même des organe

3° *Par le sang de la mère.* — Aristote, Hippocrate, Galien, Vesale, Colombus, Haller et la plupart des physiologistes modernes pensent que le fœtus reçoit de la matrice, par l'intermédiaire du placenta, le sang tout formé qui doit fournir aux frais de son développement. Le défaut de connaissances relatives à l'anatomie de l'appareil circulatoire avait privé les anciens des observations confirmatives sur lesquelles cette vérité repose aujourd'hui. Dubois, Williams, Deneux, Bianchi, Dugès, Béclard, etc., ont fait pénétrer des injections différentes, par leur composition, des artères aorte, hypogastrique de la mère dans les vaisseaux du fœtus. Ribes cite une rupture du cordon ombilical après laquelle on a rencontré l'enfant sans vie, le cordon cicatrisé du côté du placenta dont l'accroissement n'avait pas discontinué. Magendie, nourrissant plusieurs femelles d'animaux avec la garance et le camphre, dit avoir trouvé, chez leurs fœtus, la couleur de l'une et l'odeur de l'autre. Chaque jour les compressions, les gangrènes, les sections du cordon produisent la mort du nouvel être ; les décollements du placenta, des hémorrhagies utérines plus ou moins graves ; le défaut de ligature du côté de la mère, après la sortie du premier enfant, pour le cas de gestation double, l'anémie du second, encore enfermé dans la matrice, etc. Tous ces faits n'ont pu convaincre Autenrieth, Velpeau, etc., soutenant que le sang ne passe point en nature de la mère au fœtus et que le placenta fait ce même sang avec les matériaux qui lui sont apportés, comme le rein forme l'urine; le foie, la bile, etc., avec les éléments de ces élaborations sécrétoires. Ils se fondent particulièrement sur la nature des adhérences utéro-placentaires, et sur les différences que présentent le sang de la mère et de l'enfant. Ainsi, chez ce dernier il est plus séreux, d'après Tiedemann; ses globules sont beaucoup plus petits, au rapport de Prévost et Dumas. Denis, qui vient de publier une très-bonne monographie sur le sang, prétend au contraire que, dans le fœtus, la matière en suspension abonde, et que le véhicule est en proportion moins considérable qu'à toute autre époque de la vie. Du reste, il admet la transmission directe. Ainsi les faits sur lesquels on voudrait fonder la théorie contraire ne sont pas même établis d'une manière positive. Dans l'état actuel de la science, nous considérons la circulation sanguine, temporairement établie de la mère au fœtus, comme seule théorie que l'on puisse convenablement assigner à la nutrition de ce dernier. L'échange du fluide réparateur entre les deux êtres que la nature semble avoir identifiés, s'opère d'une manière très-simple et très-facile à préciser. Les artères utérines versent le sang rouge dans le placenta ; la veine ombilicale s'en empare et le conduit au fœtus pour ses besoins ; les artères ombilicales rapportent dans le placenta le sang à peu près noir ; il est saisi par les veines utérines qui le rendent à la mère, afin d'en effectuer la rénovation par l'hématose pulmonaire. Ce mouvement, que nous avons décrit dans le chapitre de la circulation sanguine, sous le titre particulier de *circulation chez le fœtus*, auquel nous renvoyons, offre des considérations d'un intérêt majeur sous le double rapport de la médecine légale et de la physiologie.

Nous ajouterons seulement que, dans cette communauté de circulation, la mère et l'enfant conservent l'indépendance de leurs battements artériels. Il suffit de comprendre cette fonction dans ses véritables caractères pour sentir d'avance la réalité nécessaire de ce fait, et surtout pour n'y pas trouver une objection à la théorie naturelle que nous venons d'exposer. Diemorbroëck l'avait déjà fait observer ; de Kergaradec a prouvé par l'auscultation que le pouls du fœtus est beaucoup plus vif que celui de la mère. Plusieurs expériences de Bauer ont donné les résultats suivants : Pendant un travail de trois heures : pouls de la mère, 70 ; de l'enfant, au cordon, 140. Température de l'utérus, 42 c. ; à l'état naturel, 37. Sur une autre femme, pendant un travail de trente-huit heures, qui nécessita l'application du forceps : pouls de la mère, 100 ; de l'enfant, 120. Température de l'utérus, 48 ; après la délivrance, 43, 33 ; placenta, *idem*.

Respiration du fœtus. — Plusieurs auteurs ont prétendu que le fœtus respire dans la matrice, et chacun d'eux a présenté sa théorie particulière. Meckel, Lobstein et Muller faisant revivre une ancienne hypothèse, disent que le placenta change l'hydrogène et le carbone du sang fœtal pour l'oxygène du sang utérin ; supposition gratuite que ces auteurs n'appuient sur aucune preuve de fait ! Quelques physiologistes modernes et surtout Geoffroy-Saint-Hilaire, invoquant les analogies, pensent que le fœtus absorbe l'oxygène des eaux de l'amnios, les uns, par l'enveloppe dermoïde au moyen de véritables trachées, à la manière des insectes ; les autres, par les divisions du conduit aérien, représentant les branchies des poissons. Cette hypothèse, encore plus imaginaire que la précédente, n'a pas même en sa faveur un premier degré de vraisemblance. Du reste Wrisberg, Osiander et Velpeau, dans les observations qu'ils ont faites sur des fœtus humains expulsés avant terme, et renfermés au milieu des membranes de l'œuf, n'ont pas aperçu le plus faible mouvement respiratoire. Cette fonction ne s'exerce donc pas chez le fœtus et nous en concevons alors toute l'inutilité, puisque celui-ci reçoit, de sa mère, un sang revivifié, dans les conditions nécessaires aux phénomènes qu'il doit entretenir. Parlerons-nous *des vagissements utérins* ou cris poussés par l'enfant encore dans la matrice ? Sennert, Camérarius, Needham, Bartholin, Lesauvage, Henri, Jobert, Hesse, etc., disent avoir entendu ces cris après la rupture de la poche des eaux. Nous croyons la respiration intra-utérine chez le fœtus, absolument impossible avant cette rupture.

Circulation chez le fœtus. — Le nouvel être, pendant toute la durée de sa vie fœtale, placé dans l'impossibilité absolue d'exercer aucun mouvement respiratoire, et d'effectuer la rénovation du sang employé aux besoins de son économie, n'offre dès lors qu'une circulation sanguine et qu'un modificateur de cette même fonction. Les artères utérines fournissent à l'organisme les éléments de son accroissement et de sa réparation ; les artères ombilicales déposent dans le placenta seulement une partie des résidus de cette élaboration nutritive. Pour bien concevoir les modifications circulatoires dans cette première phase de la vie, jetons un coup d'œil général sur les dispositions spéciales de l'appareil chargé d'effectuer la révolution sanguine.

APPAREIL DE LA CIRCULATION FŒTALE. — Les radicules de la veine ombilicale nous offrent l'origine de cet appareil, dont la terminaison est effectuée par les dernières divisions des artères du même nom. Le placenta, que nous avons précédemment décrit, offre l'intermédiaire chargé de compléter le cercle circulatoire, en donnant à cet appareil, chez le fœtus, un premier caractère de spécialité. D'après tous les faits que nous avons exposés, nous considérons cet organe comme le dépositaire commun des vaisseaux de l'utérus et du cordon ombilical. C'est en effet dans ce réservoir que les artères utérines versent le sang de la mère au fœtus, les artères ombilicales, du fœtus à la mère ; que la veine ombilicale prend le sang pour le porter au fœtus, et les veines utérines pour le rapporter à la mère. Si nous partons de cet organe en suivant la route naturelle des fluides circulatoires avant la naissance, nous trouvons les dispositions suivantes.

1° *La veine ombilicale* — qui fait ici fonction d'artère, puisqu'elle est chargée de porter au fœtus le sang qui doit servir à sa nutrition, prend naissance dans le parenchyme du placenta par des radicules très-déliées, suit le trajet du cordon, pénètre dans le foie par le sillon longitudinal, fournit dix-huit ou vingt branches assez considérables à cet organe, particulièrement à son lobe gauche, circonstance qui explique le grand volume de ce dernier chez le fœtus ; continue son trajet, se divise en deux branches terminales, dont l'une vient s'ouvrir dans le sinus de la veine-porte, l'autre, sous le nom de canal veineux, dans la veine cave inférieure.

2° *Le cœur* — présente chez le fœtus des modifications anatomiques bien essentielles, et qui deviennent la raison matérielle des différences fondamentales que présente la circulation pendant la vie intra-utérine. Ainsi : 1° la cloison des oreillettes offre une large ouverture nommée *trou de Botal*, établissant une libre communication entre ces deux cavités, complétement isolées dans l'état normal quelque temps après la naissance ; 2° dans l'oreillette droite, se trouve un grand repli membraneux, appelé *valvule d'Eustache*, disposé de manière à produire l'isolement du double courant sanguin des veines caves inférieure et supérieure, en dirigeant celui de la première par le trou de Botal dans l'oreillette gauche et celui de la seconde vers l'orifice du ventricule droit. Les restes de cette valvule sont encore très-apparents même chez l'adulte.

3° *L'artère pulmonaire*, — après son isolement du ventricule droit, se divise en deux branches principales, dont l'une vient se ramifier dans les poumons, et l'autre plus considérable, sous le nom de *canal artériel*, va s'ouvrir dans l'aorte, au-dessous de la courbure de ce vaisseau, en établissant une seconde voie de communication entre les deux principales divisions de cet appareil qui doivent, après la naissance, constituer les cavités à sang noir et les cavités à sang rouge.

4° *L'artère aorte*, — reçoit le *canal artériel* dans le point que nous venons d'indiquer ; du reste, elle présente chez le fœtus les mêmes dispositions que dans les autres périodes vitales.

5° *Les artères ombilicales* — naissent des hypogastriques, traversent l'ombilic, suivent le trajet du cordon, et vont se terminer dans le placenta par des ramifications capillaires.

Ainsi deux larges communications sont établies chez le fœtus entre les cavités droites et les cavités gauches de l'appareil circulatoire ; l'une entre les oreillettes par le *trou de Botal*, l'autre entre l'artère pulmonaire et l'aorte par le *canal artériel*. C'est précisément sur l'existence de ces deux communications que reposent les caractères particuliers de la circulation fœtale, dont la planche suivante fera mieux apprécier encore et le mécanisme et l'appareil exposés dans leur plus grande simplicité.

A. Placenta offrant l'origine de la veine ombilicale, et la terminaison des artères du même nom.

B. Veine ombilicale ouverte dans la veine cave inférieure.

C. Veine cave inférieure, admettant la veine ombilicale.

D. Oreillette droite où se voient la valvule d'Eustache, le trou de Botal et l'ouverture oriculo-ventriculaire de ce côté.

E. Oreillette gauche où se voit l'ouverture oriculo-ventriculaire de ce côté.

F. Ventricule gauche où se voient le cours du sang et l'ouverture aortique.

G. Courbure de l'aorte.

H. Artères nées de la crosse aortique, distribuées aux parties supérieures.

H'. Cours du sang des artères précédentes à la veine cave supérieure.

I. Veine cave supérieure.

J. Ventricule droit où se voient le cours du sang et l'ouverture de l'artère pulmonaire.

K. Artère pulmonaire.

L. Canal artériel ouvert dans l'aorte au-dessous de la courbure de ce vaisseau.

M. Partie inférieure de l'aorte.

N. N'. Artères ombilicales.

O. O'. Cordon ombilical.

Étude de la circulation fœtale. — Pour cette modification circulatoire, les artères utérines de la mère déposent le sang nutritif dans la division des vaisseaux capillaires du placenta qui se trouvent en rapport avec les radicules de la veine ombilicale du fœtus ; pris par ce vaisseau, le sang y marche d'après le mécanisme que nous avons indiqué pour la circuation veineuse. Partagée en trois divisions, la première est directement portée au foie, par les branches que nous avons indiquées ; la seconde par l'intermédiaire de la veine porte ; la troisième est versée dans la veine cave inférieure par le canal veineux ; elle passe dans l'oreillette droite, et se trouve dirigée sous la valvule d'Eustache, précisément vers le trou de Botal qu'elle traverse par la contraction de cette oreillette en

Circulation chez le Fœtus.

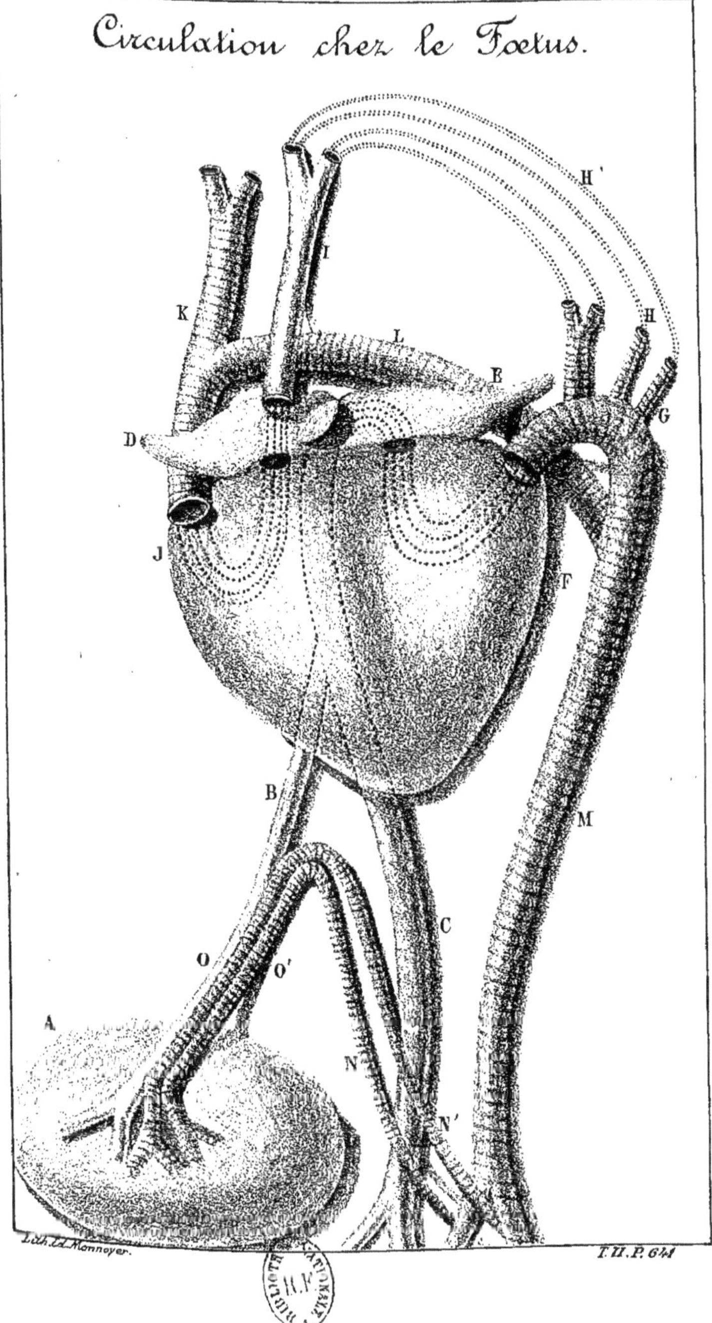

Lith. Ed. Monnoyer.

s'engageant dans celle du côté opposé, qui la pousse dans le ventricule gauche, celui-ci dans la courbure de l'aorte et simultanément dans les artères carotides, sous-clavières et dans toutes leurs divisions; la tête, le col, une partie de la poitrine, les membres thoraciques, y puisent des éléments de nutrition, le résidu sanguin de cette élaboration revient par la veine cave supérieure, qui le dépose dans l'oreillette droite ; le courant de cette veine dirigé sur la valvule d'Eustache, qu'il franchit à la manière d'un pont, croise le courant de la veine cave inférieure à peu près sans aucun mélange ; passe dans le ventricule droit, dans l'artère pulmonaire, se divise en deux parties; l'une est transmise aux poumons, l'autre, plus considérable, à l'aorte, au-dessous de la courbure, par le canal artériel ; subdivisée de nouveau, cette seconde partie va se distribuer en grande proportion à l'abdomen, aux membres pelviens, etc., par leurs branches aortiques; revient en proportion beaucoup moindre au placenta par les artères ombilicales; se trouve déposée dans les capillaires en rapport avec les veines utérines, reprise par ces vaisseaux et portée dans le torrent circulatoire de la mère, pour subir une élaboration indispensable sous l'influence de la respiration, en complétant ainsi le cercle de la circulation fœtale.

De ces dispositions relatives à la marche du sang, à l'appareil chargé de sa révolution pendant la vie intra-utérine, résultent naturellement plusieurs considérations importantes :

1° Le cours du sang chez le fœtus décrit un huit de chiffre déterminé par la réunion des deux cercles : l'un supérieur plus petit, l'autre inférieur plus grand, et dont l'intersection se rencontre précisément au point où les courants des veines caves inférieure et supérieure séparés par la valvule d'Eustache, se croisent obliquement et sans confusion.

2° Les parties sus-diaphragmatiques et le foie recevant directement, par la veine ombilicale, un sang plus riche en matériaux nutritifs, doivent offrir un développement plus précoce et plus actif que celui des parties sous-diaphragmatiques, nourries du sang rapporté par la veine cave supérieure, après avoir déjà fait les frais d'une première élaboration, et dont une certaine quantité se trouve encore soustraite à l'économie par les artères ombilicales. En comparant sous ce rapport les membres thoraciques aux membres pelviens, on sentira ce défaut de proportion d'autant plus apparent que l'on se rapproche davantage du moment de la fécondation.

3° Il n'existe chez le fœtus, dans l'appareil circulatoire, aucune distinction entre les cavités gauches et les cavités droites, les unes et les autres offrant des communications larges et faciles par le trou de Botal et par le canal artériel. On n'y rencontre point également, comme chez l'adulte, le sang rouge et le sang noir ; la nature de ce fluide à peu près identique dans tous les points du cercle circulatoire, paraît intermédiaire à celle du premier et du second ; seulement avec quelques nuances légères suivant qu'on l'examine dans la veine ou dans les artères ombilicales.

4° Chez le fœtus la rénovation du sang n'est que partielle, et celui qui vient de la mère par la veine ombilicale, se trouve mêlé dans la veine cave inférieure au résidu nutritif de l'organisme tout entier.

Dans cette seconde phase de la vie, les facultés intellectuelles sont tellement rudimentaires, qu'elles ne s'accusent jamais alors par des manifestations positives. Cabanis et Gall demandent si l'on ne pourrait pas admettre leur prélude aux grands développements dont elles offriront bientôt les résultats ? En appréciant les conditions de l'existence fœtale, nous répondons négativement à cette question.

Maladies du fœtus. — Beaucoup trop négligées dans leur étude, même par les médecins de notre époque, ces altérations morbifiques sont assez nombreuses, leur ensemble comprenant d'ailleurs celles du placenta, des membranes, du cordon ombilical et du fœtus, avec des conséquences plus ou moins fâcheuses pour le nouvel être. Quelques faits soigneusement recueillis mettront sur la voie des investigations utiles dirigées vers cet objet important. Ainsi Patrick Russel nous a transmis l'observation d'une fièvre intermittente, affectant une femme d'Alep actuellement dans l'état de grossesse. Les accès de la mère et ceux du fœtus, parfaitement isolés, se développaient à des heures différentes ; on distinguait facilement, chez le premier, le tremblement et l'invasion de la chaleur. Schulert assure qu'une autre femme sentit vers le septième mois, pendant les mouvements de son enfant, une piqûre assez vive, précédée par un bruit qu'elle comparait à celui de la rupture d'un bâton. A la naissance, on trouva le fémur gauche fracturé, sur l'un des jumeaux, la gestation étant double. Cette histoire nous semble présenter un fait important relativement à la médecine légale. Espérons que les observateurs judicieux de notre siècle combleront progressivement cette lacune fâcheuse de la science pathologique.

III° ENFANCE.

L'enfance, — παιδιά des Grecs, *infantia* des Latins, de *in*, particule négative, et *fari*, parler, est cette époque de la vie comprise entre la naissance et le développement de la puberté.

Le cri de la souffrance, tel est ordinairement le signal par lequel se manifeste l'apparition de l'homme naissant ; le cri de la souffrance, tel sera plus tard le triste signal de son dernier soupir. Quel pénible rapprochement entre ces deux termes de la vie ! Ne semblerait-il pas justifier cette exclamation d'un philosophe hypocondriaque : *Naître, vivre, souffrir, mourir, voilà toute l'existence de l'homme !*

Jusqu'alors étroitement enchaîné, pour son développement, à celle qui lui donna l'être, cet homme fait le premier pas dans la carrière d'une indépendance qui bientôt va devenir l'objet de ses vœux, le mobile de son ambition, l'idole de toute sa vie. Mais c'est par degrés seulement que la nature lui permettra d'arriver à cette liberté si désirée.

Au moment de la naissance, quelle délicatesse dans les tissus, quelle fragilité dans les organes, quelle faiblesse dans les appareils et quelle impuissance dans toute la constitution! Comment, avec des instruments à peine ébauchés, pourra-t-il avantageusement lutter contre les influences destructives qui l'environnent? Comment pourra-t-il assimiler à sa propre substance les aliments grossiers que lui fournit la nature? Plus malheureux que les animaux sauvages, affranchis de ces graves inconvénients par une organisation robuste, l'enfant, dans sa nudité, dans sa faiblesse, périrait inévitablement si les bras d'une tendre mère ne devenaient alors son refuge protecteur. Mollement appuyé sur le sein de cet ange tutélaire, il y trouve en même temps la chaleur et la vie. Ce rapprochement, si naturel et si touchant, paraît les identifier encore, en exprimant les difficultés de leur séparation.

L'homme se trouve actuellement isolé sur la scène du monde, engageant une lutte ouverte avec tous les éléments, avec toutes les causes destructives, et trop souvent avec les chagrins et la douleur qui viendront probablement un jour désenchanter sa vie! C'est au milieu des périls nombreux, menaçant désormais sa chétive existence, qu'il va maintenant *croître*, *demeurer stationnaire*, *décroître et mourir!* C'est environné de semblables écueils, que, nocher sans boussole et sans expérience, il va braver les aquilons sur un océan si fécond en naufrages!

Dans ce parcours, trop souvent difficile et périlleux, le jeune sujet, indépendamment des influences nombreuses, diversifiées dont nous avons indiqué l'ensemble, va rencontrer, sur son passage, trois agents d'une grande puissance et dont nous devons, en conséquence, bien préciser ici les caractères; ces trois agents sont *les sympathies*, *les antipathies* et *l'habitude*.

Sympathies, Antipathies.— Dans leur acception la plus générale, ces deux expressions indiquent, entre deux êtres, la première, une tendance plus ou moins positive au rapprochement; la seconde, une disposition plus ou moins puissante à l'éloignement. Dans l'*économie universelle* on les nomme *attraction* et *répulsion ;* mobiles sans lesquels régnerait la force d'inertie qu'elles tendent incessamment à subjuguer;

dans l'*économie vivante*, sous le titre que nous leur conservons, elles deviennent les deux principales formes dont l'ensemble mérite assez bien la qualification de *mens agitans molem physiologicam;* point de vue sous lequel nous devons alors seulement les étudier.

SYMPATHIE. — Συμπάθεια, de συμπάσχω, sentir avec; *consensus*, de *consentire*, avoir convenance de sentiment : tendance au rapprochement.

ANTIPATHIE. — 'Αντιπάθεια; de ἀντί, opposé, πάσχω, sentir ; *aversio*, de *avertere*, détourner : tendance à l'éloignement.

Dans tous les idiomes, les expressions répondant aux termes *sympathie*, *antipathie*, indiquent, avec le premier, une convenance, un rapport ; avec le second, une opposition, une répugnance.

Tels sont, en dernière analyse, les deux principaux mobiles des phénomènes que nous observons dans l'économie générale et dans l'économie vivante; sans l'action desquels toute la nature offrirait aussitôt le triste spectacle du chaos et de la mort.

Quelques auteurs ont abusé des sympathies et des antipathies dans leurs explications physiologiques, d'autres les ont absolument rejetées avec autant d'inconvénients et sans plus de raison. Nous pensons que ces opinions exclusives sont également erronées, et nous étudions ces deux agents sous deux points de vue principaux : 1° entre les phénomènes, les fonctions d'une même économie vivante ; 2° entre une économie vivante et les objets de ses rapports.

1° SYMPATHIES, ANTIPATHIES ENTRE LES PHÉNOMÈNES ET LES FONCTIONS D'UNE MÊME ÉCONOMIE VIVANTE. — Ce merveilleux *consensus* que l'on peut nommer sympathie fonctionnelle, *synergie*, nous offre la plus belle et la plus utile conception physiologique de l'Auteur suprême et sans laquelle toutes les *parties actives* de cette économie se trouveraient isolées sans intérêt et sans corrélation; avec laquelle, au contraire, toutes ces parties, qui concourent, par leur ensemble, à former l'économie vivante, depuis l'élément organique le plus simple, jusqu'à la fonction la plus compliquée, sont liées mutuellement par la *sympathie* qui les entraîne vers un centre commun, ou réciproquement éloignées par l'*antipathie* qui détermine vers la circonférence des mouvements absolument opposés.

Ce *consensus* général devient la base fondamentale de l'existence active, le principe de l'ordre et de l'harmonie qui règlent toutes les fonctions. C'est par son influence merveilleuse que tout veille à la conservation de la partie, la partie à la conservation du tout, et que le flambeau de la vie s'entretient au milieu même des causes nuisibles qui tendent continuellement à son extinction.

En conséquence de la sympathie générale qui rapproche toutes les parties de l'économie vivante, aucun sentiment de peine ou de plaisir ne s'y trouve positivement localisé, nous voyons presque toujours au contraire les effets qu'il détermine, retentir plus ou moins loin dans les diverses régions de l'organisme.

Ainsi les sensations agréables éprouvées par l'un de nos organes sont bientôt ressenties par les autres avec des modifications et des nuances différentes.

Ainsi, toutes les fois que ce même organe présente au contraire le siége d'une altération morbifique, les autres y prennent une part plus ou moins active. D'abord circonscrite par les limites d'un tissu, la maladie se trouve bientôt constitutionnelle; chacun des appareils, dans cette insurrection qui s'étend de proche en proche et paraît bientôt générale, vient concourir suivant ses moyens à la réaction physiologique, à cette lutte engagée entre la cause d'altération et toutes les puissances de l'organisme vivant; ils sont alors comme autant de membres d'une même famille, partageant diversement, suivant leur degré de parenté, d'après leur manière de sentir, la douleur qui pèse plus spécialement sur l'un d'entre eux.

Il existe donc une sympathie universelle, un moyen de concentration pour toutes les impressions que reçoit l'économie vivante. L'isolement des organes dans le monde physiologique est aussi loin de la nature que l'isolement des individus au milieu du monde général : les êtres sont faits pour la société, pour entretenir des rapports mutuels avec ceux qui les environnent ; tous sont entraînés vers un centre commun, par le magique pouvoir de la sympathie.

Une épine est enfoncée dans les tissus cutané, musculaire, nerveux, cellulaire, etc. L'irritation locale devient le premier symptôme de cet accident ; la sympathie commune éveille bientôt l'attention de tout l'organisme ; le cœur précipite ses mouvements, la fièvre traumatique se développe et signale bientôt une insurrection dans toute l'économie vivante ; l'extraction du corps étranger, la guérison de l'inflammation locale, peuvent seules mettre un terme à cette réaction universelle. Ici nous trouvons un exemple de la *sympathie générale, et naturellement réciproque*, la conservation de l'organisme exigeant une mutuelle solidarité relativement aux appareils dont il est composé.

Au milieu de cette harmonie constitutionnelle, une sympathie plus spéciale réunit les organes en groupes dirigés par un intérêt plus individuel, vers un objet plus particulier. De même que nous voyons chez un peuple, dans un pays, dans une ville, tous les habitants former des sociétés isolées, en apparence, au milieu de la société générale ; ainsi, dans l'économie vivante, les sujets organiques se forment en comités plus intimes au milieu de la réunion universelle.

Une poudre excitante se trouve portée sur la pituitaire, le diaphragme seul, au milieu de tous les muscles, se contracte brusquement, et l'éternument est produit. Ici nous trouvons un exemple de *sympathie spéciale*, dont la réciprocité n'existe bien positivement qu'entre les organes destinés aux mêmes fonctions.

Ainsi l'utérus et les glandes mammaires, liés dans l'économie vivante par un but commun, la *conservation de l'espèce*, nous offrent cette *sympathie mutuelle*. Excitez les mamelons par des attouchements répétés, ou même par la succion, comme on l'observe dans l'allaitement naturel, un sentiment voluptueux se fait éprouver dans les organes génitaux, il s'y développe une érection sympathique; agacez les organes génitaux, comme on le voit pendant le coït, vous déterminez, sous l'influence de la sympathie réciproque, une augmentation notable dans le volume et la fermeté des mamelons et des seins.

Vers la puberté, l'utérus présente le développement d'une fonction nouvelle, et prend un accroissement notable dans sa vitalité ; les glandes mammaires offrent, simultanément, dans leur nutrition et leur sensibilité, une augmentation semblable quelquefois portée jusqu'à la douleur.

A l'âge de retour, l'utérus éprouve des irritations fréquentes sous l'influence des anomalies de la menstruation ; les mamelles partagent ces mêmes symptômes ; cette correspondance vitale de tous les instants nous explique la fréquence du squirrhe et du cancer dans ces organes, à l'époque orageuse que nous venons d'indiquer.

Si nous étudions actuellement la sympathie entre des organes dont les fonctions sont essentiellement différentes, nous ne rencontrons plus cette mutualité d'action.

Ainsi nous trouvons une sympathie bien positive du rectum au diaphragme, et nous ne voyons aucun rapport semblable du diaphragme au rectum. En effet, excité par la présence des matières excrémentitielles, cet intestin vient-il à réagir, le diaphragme aussitôt lui prête un secours avantageux pour opérer la défécation ; mais lorsque ce dernier présente le siége d'une irritation, lorsqu'il se contracte avec force pour vaincre les résistances qui lui sont directement opposées, nous ne voyons point le rectum se contracter ou s'irriter conjointement avec lui.

Si l'on cherche la cause de ce défaut apparent d'harmonie, on la trouve dans l'ordre naturel des choses. L'action du diaphragme étant positivement utile à l'expulsion des matières fécales, il devait exister sympathie du rectum au diaphragme; mais l'action de cet intestin devenant complétement étrangère aux phénomènes de la respiration, une sympathie spéciale du diaphragme au rectum eût été pour le moins inutile.

Nous rencontrons également des fonctions *antipathiques* et *sympathiques*. Parmi les premières, nous signalerons particulièrement l'impossibilité de l'émission simultanée du sperme et de l'urine, bien que le canal excréteur soit commun ; la difficulté d'articuler distinctement des sons pendant l'exercice des mouvements réglés, comme on l'observe dans le jeu d'un instrument à cordes ; il suffit, pour s'en convaincre, d'essayer à parler en même temps que l'on exécute sur la basse, le violon, etc., si les efforts d'une longue habitude n'ont pas détruit cette antipathie fonctionnelle. Il serait difficile d'en trouver une plus positive que celle dont les fonctions de l'estomac et de l'encéphale nous fournissent l'exemple. L'estomac se trouve-t-il rempli d'une grande quantité d'aliments, devient-il le centre d'une fluxion plus abondante, le siége d'un travail plus actif? le cerveau tombe dans un état de paresse et d'engourdissement, les conceptions restent sans développement et sans énergie. L'encéphale au contraire se trouve-t-il soumis à des travaux intellectuels soutenus et difficiles? aussitôt les digestions deviennent languissantes, l'estomac est enrayé dans ses opérations. De là, ce principe physiologique dont la vérité nous paraît incontestable : *l'homme qui digère beaucoup d'aliments digère peu d'idées; l'homme qui digère beaucoup d'idées, digère peu d'aliments.*

Les fonctions sympathiques sont très-nombreuses dans l'économie vivante ; nous citerons seulement pour exemples, l'action simultanée du rectum, de la vessie, de la matrice, du diaphragme et des muscles abdominaux dans l'expulsion des matières fécales, de l'urine et du fœtus ; l'action du foie pour élaborer et verser la bile dans le duodénum, celle du pancréas pour y déposer le produit de son travail sécréteur, celle de l'intestin lui-même pendant la chylification, etc.

Lorsque les fonctions qui appartiennent à cette catégorie doivent s'effectuer dans le même instant, avec une grande précision dans leur concours, la sympathie qui les unit prend le nom de *synergie*. Ainsi les muscles d'un œil agissent en même temps que les muscles congénères de l'œil opposé ; ainsi les deux élévateurs, les deux abaisseurs, l'abducteur de l'un, l'abducteur de l'autre, etc.; toutes les fois que cette harmonie cesse d'exister, il en résulte une difformité connue sous le nom de *strabisme*.

Les membres sont naturellement entraînés dans la même direction et dans l'accomplissement des mouvements analogues. Pour vaincre la résistance de cette synergie, les plus grands efforts de l'attention et surtout de l'habitude sont quelquefois indispensables. Il est difficile d'abord de frapper d'une main et de frotter de l'autre ; il est beaucoup plus difficile encore d'exercer avec les bras des mouvements de circumduction en sens opposé : nous avons trouvé peu de sujets dont la volonté fût assez forte pour vaincre cette même synergie que nous surmontons facilement.

Après ces considérations générales sur la sympathie et l'antipathie dans l'économie vivante, nous devons rechercher le mode naturel qui les établit entre les diverses parties qu'elles rapprochent ou qu'elles éloignent ; nous donnons à ce mode naturel de communication le titre de *lien sympathique*.

Ce lien n'est pas toujours appréciable, et cependant nous croyons son existence indispensable dans toutes les circonstances ; d'un autre côté, lorsqu'il est facile à saisir, on ne le trouve pas le même partout ; sous ce point de vue nous distinguerons deux variétés de la sympathie. *Sans lien organique sensible; par lien organique sensible*.

Sympathie sans lien organique sensible. — Dans cet ordre de sympathies, nous ne rencontrons point de communication matérielle entre les organes; d'un autre côté, les résultats constants et palpables que nous observons dans l'économie vivante, établissent d'une manière assez positive la réalité de ces mêmes rapports. De ce qu'il nous est impossible, dans l'état actuel de nos connaissances anatomiques, de saisir l'enchaînement organique de ces différentes sympathies, serait-il bien exact d'en rejeter complétement l'existence ? Combien de rapports analogues, dont le lien organique est aujourd'hui bien apprécié, se trouvaient dans cette première catégorie avant les travaux de notre immortel Bichat ? Nous pensons au contraire que l'existence du lien sympathique devient constante, mais qu'il n'est pas toujours possible d'en prouver anatomiquement la réalité.

Nous pourrions donner encore à ce premier genre de rapports le nom de *sympathies par réaction cérébrale*. En effet, dans le plus grand nombre des circonstances de ce genre, l'impression reçue par l'organe directement excité se porte au cerveau, celui-ci réagit plus spécialement sur l'organe qui présente une corrélation plus positive de sensation ou de mouvement avec le premier. Telles sont les sympathies des muqueuses bronchique, nasale, gastrique, intestinale, vésicale, etc., avec le diaphragme, etc.

Les sympathies sans lien organique sensible, se trouvent en assez grand nombre dans l'économie vivante ; elles comprennent beaucoup de synergies et sont quelquefois assez puissantes pour dominer complétement la volonté. Quelques exemples, soit dans l'état physiologique, soit dans l'état pathologique, serviront à placer ces vérités dans tout leur jour.

Les phlegmasies chroniques de l'estomac et des intestins font naître le plus souvent des lassitudes musculaires, un sentiment de contusion dans les articulations, quelquefois même des inflammations dans les synoviales, des éruptions cutanées, etc.

Les phlogoses de la peau sont presque toujours compliquées d'irritations sympathiques vers la muqueuse gastro-intestinale.

Une injection d'eau pratiquée dans les veines, sollicite aussitôt des mouvements rapides et continuels de la déglutition.

Le développement des organes génitaux chez l'homme,

sous l'influence de la puberté, s'accompagne d'un accroissement considérable dans l'étendue de la glotte, et la virilité se trouve simultanément exprimée par le son grave de la voix et par l'établissement de la faculté génératrice.

L'aspect d'un tableau érotique provoque l'érection de tout l'appareil génital.

La vue d'un mets très-agréable et très-sapide, excite la sécrétion salivaire, souvent même l'expulsion de la salive par un jet rapide.

L'ingestion de la belladone et de plusieurs autres poisons, dans l'estomac, provoque souvent un rire immodéré.

Les titillations de la luette, même après la section totale de l'œsophage, déterminent le vomissement.

Dans les plaies du diaphragme, on observe ordinairement un *sourire amer*, effet sympathique dont la remarque n'avait point échappé au premier poëte de l'antiquité.

Si l'estomac est depuis quelque temps à l'état de vacuité, un sentiment de faiblesse et d'inanition se fait bientôt éprouver dans tout l'organisme. On pensera peut-être d'abord que cette débilité générale tient au défaut de réparation matérielle ; c'est une erreur, puisqu'il est possible de la faire disparaître momentanément, en lestant en quelque sorte l'estomac par des corps solides qui n'offrent absolument rien de nutritif; c'est ainsi que le sauvage du désert privé d'aliments, soutient pendant quelque temps ses forces épuisées, en avalant des cailloux ; ici l'abattement et le retour des forces nous présentent les effets à peu près exclusifs de la sympathie.

Les alternatives de la lumière et de l'obscurité sur l'un des yeux exclusivement, produisent également, dans la pupille de l'œil opposé, des alternatives de resserrement et de dilatation.

L'un des membres suit sympathiquement les mouvements du membre congénère ; de là ces difficultés souvent très-considérables que fait éprouver d'abord l'exécution, sur des instruments qui emploient diversement les deux mains : tels que la harpe, le clacevin, etc.

Une excitation vive se trouve-t-elle portée sur la pituitaire, la muqueuse bronchique, le rectum, la vessie, l'utérus pendant le travail de la parturition ? le diaphragme et les muscles abdominaux se contractent violemment et sans la participation de la volonté dont ils méconnaissent l'empire naturel, pour effectuer l'éternument, la toux, l'excrétion des matières fécales, de l'urine, ou l'expulsion du fœtus.

Sympathies par lien organique sensible. — Dans toutes les sympathies où l'on peut saisir la communication matérielle entre les organes sympathisants, l'explication des phénomènes présente la plus grande simplicité, puisqu'ils sont produits en dernière analyse, par le transport des impressions, directement d'un organe vers un autre, au moyen d'un troisième qui devient leur intermédiaire.

Dans cet ordre de sympathies, nous distinguons trois modes principaux de communication. *Par les vaisseaux*, *par les nerfs*, *par continuité de tissu.*

Sympathies par communication vasculaire. — Il est aisé de concevoir que tous les vaisseaux et tous les canaux excréteurs doivent établir des sympathies plus ou moins développées entre les organes auxquels ils servent de moyen terme ; c'est plus spécialement aux vaisseaux blancs que nous attribuons ce genre de communication, quelques auteurs l'ont désignée sous le titre *de sympathie par atmosphère celluleuse.*

Partout continu à lui-même, le tissu cellulaire présente en effet une enveloppe commune aux divers éléments de l'organisme en formant une sorte *d'atmosphère* autour de chacun d'eux. Frappés de l'infinité des rapports qu'il paraît établir entre les différents organes de l'économie vivante, plusieurs physiologistes l'ont envisagé comme le lien sympathique le plus universel; d'autres au contraire n'ont vu, dans cette interposition du tissu cellulaire, qu'un moyen d'isolement entre ces mêmes organes.

Il est bien facile de concilier ces deux opinions en apparence diamétralement opposées. En effet le tissu cellulaire, ou plutôt les vaisseaux lymphatiques dont il est presque entièrement composé, peuvent suivant leur disposition relativement aux systèmes, tantôt leur présenter un moyen d'isolement, tantôt leur offrir un lien sympathique. On observera le premier de ces effets pour tous les organes placés sur le trajet des vaisseaux blancs, sans présenter leur point d'origine ou leur terminaison. On rencontrera le second entre les parties, même très-éloignées, lorsqu'elles offriront les deux extrêmes de ces vaisseaux. Ainsi nous voyons sous l'influence d'un panaris et même d'une simple excoriation aux doigts, aux orteils, des engorgements, des abcès se manifester aux aisselles, aux aines; la transmission sympathique de l'inflammation devient évidente, puisque l'on trouve les vaisseaux lymphatiques étendus entre les deux points, représentant des cordons rouges, douloureux et phlogosés.

D'un autre côté, nous voyons les membranes muqueuse et musculeuse des intestins, le péritoine et les muscles abdominaux, la plèvre et les intercostaux, etc., n'offrant d'autre intermédiaire qu'une lame très-mince de tissu cellulaire, et cependant ne présentant point de sympathie notable.

En appliquant ces principes généraux à toute l'économie vivante, nous sentirons évidemment que le tissu cellulaire présente en effet, et par les raisons que nous avons indiquées, tantôt un lien sympathique bien positif, tantôt une atmosphère susceptible d'opérer l'isolement plus ou moins complet. Nous expliquerons dès lors naturellement comment il arrive dans certaines circonstances, que des organes restent longtemps enflammés sans aucune communication sympathique de la phlegmasie aux organes les plus voisins ; tandis que l'irritation d'une partie se transmet quelquefois, sous cette influence, très-promptement aux parties les plus éloignées. Nous concevrons également très-bien la raison et le mécanisme de ces délitescences, de ces métastases dans lesquelles on voit un foyer purulent déjà tout formé, disparaître et s'établir au même instant sur un autre point de l'organisme.

L'art sait utiliser la sympathie par communication celluleuse dans le traitement d'un grand nombre d'altérations morbifiques, pour effectuer ces dérivations et ces crises favorables du centre à la circonférence, d'un organe important vers une partie moins essentielle. C'est ainsi qu'agissent les vésicatoires, les moxas, les sétons, etc., aussi devons-nous toujours préférer, parmi ces exutoires, ceux dont l'influence est directe sur le tissu cellulaire, à ceux qui entretiennent l'inflammation dans l'épaisseur même de la peau; les premiers ne déterminant pas une douleur aussi vive, n'exposant point à des réactions aussi contraires, et faisant plus spécialement agir la sympathie que nous venons d'étudier.

Sympathies par communication nerveuse. — Les sympathies de cet ordre présentent constamment un ou plusieurs filets nerveux pour moyen de communication entre les organes sympathisants. Ces nerfs peuvent appartenir soit au système encéphalique, soit au système ganglionnaire. Dans la première circonstance, le sujet perçoit les impressions sympathiques; dans la seconde, elles s'effectuent le plus ordinairement, sans qu'il en soit averti. Nous citerons plusieurs exemples relatifs à chacune de ces variétés.

Sympathies nerveuses avec conscience de l'impression. — Si l'on irrite l'encéphale par un agent mécanique, aussitôt les muscles en communication, par des cordons nerveux, avec la partie qui devient le siége de cette influence directe, se contractent brusquement et sans participation de la volonté.

Si l'on déchire la peau, les muscles, ou tout autre système recevant des nerfs encéphaliques, l'impression est sympathiquement transmise au cerveau, qui devient le siége d'une perception très-pénible nommée *douleur*.

En provoquant à la surface cutanée cette excitation particulière appelée chatouillement, on détermine aussitôt les contractions du diaphragme, le rire immodéré, les mouvements tumultueux et quelquefois même les convulsions des muscles volontaires; toutes ces actions sont tellement étrangères au consentement du sujet, qu'il se précipiterait aveuglément dans un abîme pour éviter les tourments insupportables de cette impression généralisée par la sympathie nerveuse.

C'est encore sous la même influence, que les douleurs éveillées, pour une seule dent, par l'action directe d'un corps étranger sur les nerfs mis à nu, se transmettent soit à la dent correspondante, soit même à toute la série, etc.

Sympathies nerveuses sans conscience de l'impression. — Dans les inflammations chroniques de l'estomac, on observe ordinairement une toux sèche désignée par le terme de *toux gastrique*. On explique aisément la transmission de cette irritation sympathique, en se rappelant toutes les communications établies entre cet organe et les poumons, non-seulement par le nerf pneumo-gastrique, mais encore par les nombreux filets des nerfs ganglionnaires.

Pendant les phlegmasies rénales, on observe souvent des vomissements sympathiques, en raison des connexions établies par le système nerveux involontaire entre l'estomac et les organes sécréteurs de l'urine.

Si l'estomac devient le siége d'une vive excitation, il peut se manifester une syncope, les mouvements du cœur étant sympathiquement suspendus. Ici le lien particulier se trouve encore établi entre ces organes par les nerfs des ganglions, etc.

Telles sont les sympathies par communication nerveuse, tantôt s'effectuant avec conscience, tantôt sans perception du mouvement sympathique et seulement avec manifestation des résultats fonctionnels, suivant que les nerfs qui leur servent de conducteurs sont fournis par l'encéphale ou par les ganglions.

Si nous cherchons actuellement l'explication des phénomènes pathologiques sous l'influence desquels nous voyons les organes qui dans l'état normal sont incapables de faire naître une perception, et qui dans l'état morbifique deviennent le siége des plus vives douleurs, comme on l'observe pour les os, les cartilages, les ligaments affectés d'inflammation durable, nous la trouvons également dans la sympathie qui s'établit, pendant cette exaltation de la sensibilité latente, entre ces tissus et le cerveau, par l'intermédiaire des nerfs ganglionnaires et des nerfs encéphaliques anastomosés avec ces derniers.

Sympathies par continuité de tissu. — Dans cet ordre, le lien sympathique est représenté par une membrane commune aux organes sympathisants, étendue de l'un à l'autre, et pouvant ainsi les faire communiquer à des distances quelquefois assez considérables, soit dans l'état de santé, soit dans l'état de maladie.

L'action d'une lumière vive sur la conjonctive produit quelquefois l'éternument; l'irritation de cette membrane est alors sympathiquement transmise à la pituitaire par les voies lacrymales dont la tunique interne présente son origine dans la première et sa terminaison dans la seconde en les unissant directement.

L'irritation du conduit auditif externe provoque dans le pharynx un chatouillement incommode et quelquefois suffisant pour exciter la toux. On trouve ici le point de communication dans la muqueuse de l'oreille moyenne et de la trompe d'Eustache; ce fait nous démontre également que la membrane de cette cavité n'est pas aussi complétement étrangère à celle de l'oreille externe qu'on semble généralement le penser.

La titillation que produisent les vers dans le tube digestif, détermine souvent un prurit assez marqué vers les fosses nasales; il suffit pour l'expliquer de faire observer que la pituitaire et la muqueuse intestinale offrent une parfaite continuité.

En plaçant dans la bouche un corps sapide, même en y roulant des cailloux ou tout autre agent mécanique, on détermine abondamment la sécrétion salivaire; l'excitation chimique dans le premier cas, physique dans le second, est communiquée de la muqueuse buccale, aux glandes salivaires par la membrane qui revêt intérieurement le canal excréteur. La même explication convient à toutes les sécrétions augmentées sous une influence analogue.

On n'objectera pas sans doute, que dans ces différentes circonstances il n'existe point transmission sympathique, mais seulement extension progressive de l'irritation, puisque d'autres faits vont nous présenter cette même irritation dans les organes, l'un directement, l'autre sympathiquement affectés, sans aucun phénomène semblable dans tous les points intermédiaires.

Ainsi la présence d'un calcul dans la vessie produit ordinairement des douleurs très-aiguës vers l'extrémité du canal de l'urètre, à la fosse naviculaire, sans déterminer aucun sentiment pénible dans toutes les autres parties de ce conduit, et même quelquefois dans le réservoir ; la muqueuse vésicale peu sensible ne donnant pas la conscience de cette irritation *directe*, alors que le méat urinaire beaucoup plus excitable accuse vivement l'irritation *sympathique*.

Si l'estomac devient le siége d'une violente inflammation, la langue se resserre, paraît étroite, acérée ; ses papilles s'érigent, s'injectent ; elle rougit à sa pointe, à ses bords ; elle est sèche, aride, quelquefois douloureuse et rude au toucher.

Se trouve-t-il au contraire dans un état d'atonie, surchargé de matières glaireuses, la langue est large, molle, pâle, recouverte d'un enduit muqueux grisâtre, avec diminution ou perversion du goût.

Enfin cet organe reçoit-il une certaine quantité de bile par les contractions antipéristaltiques de l'intestin duodénum, la langue devient jaune ou verdâtre avec amertume de la bouche. Dans tous ces cas, on n'observe ordinairement rien de semblable pour la membrane interne de l'œsophage et du pharynx qui servent d'intermédiaire aux muqueuses linguale et gastrique. Il est aisé de concevoir tout l'avantage que le diagnostic des maladies intestinales peut tirer de cette sympathie, en *lisant* en quelque sorte sur la langue, *miroir* de l'appareil digestif, le siége précis, la nature et le degré d'intensité de ces altérations. Sous l'influence d'une sympathie moins positive, mais cependant assez bien caractérisée, l'inspection de cet organe peut encore servir à l'investigation des affections morbifiques développées dans les organes essentiels de la respiration.

La réplétion ou l'irritation de l'estomac produisent encore, dans les sinus frontaux, une douleur sympathique plus ou moins aiguë, désignée par le terme insignifiant de *migraine*, souvent confondue soit avec l'irritation également sympathique du cerveau, soit même avec l'encéphalite.

L'agacement trop prolongé du canal de l'urètre par une sonde maintenue dans la vessie, peut déterminer, sous la même influence, l'engorgement et même l'inflammation des testicules, etc.

Les différentes sympathies que nous venons d'étudier unissent donc évidemment, dans l'économie vivante, les éléments, les tissus, les organes, les appareils, les propriétés, les phénomènes et les fonctions.

Dans l'état normal, convenablement équilibrées par les antipathies, elles veillent à l'entretien de l'ordre et de l'harmonie qui forment les véritables fondements de la vitalité.

Dans l'état pathologique, on les voit solliciter l'éveil et l'insurrection de tout l'organisme, en mettant les principales fonctions en mesure d'unir leurs efforts à ceux de la fonction plus directement compromise, pour lutter victorieusement contre l'action des causes destructives qui menacent l'existence.

L'économie vivante ne pouvait offrir un aussi grand avantage sans quelques inconvénients. Aussi, *le consensus général* que nous venons d'examiner s'oppose-t-il, presque toujours, à la circonscription, à la localisation des maladies, en provoquant cette innombrable série de complications qui rendent le diagnostic et le traitement difficiles même pour le médecin physiologiste, absolument impossibles pour l'ignorant empirique.

Ces rapports mutuels ne permettent jamais qu'un appareil souffre seul ; toujours au contraire ils font participer à ce pénible état, d'abord tous ceux qui sympathisent plus directement avec cet appareil, quelquefois même, consécutivement, l'organisme dans sa plus grande universalité. Ainsi de la maladie principale naissent une multitude d'altérations secondaires que le médecin devra toujours bien distinguer en les appréciant à leur juste valeur, s'il ne veut pas confondre l'effet avec la cause, le symptôme avec l'altération essentielle, et mettre en usage des moyens inutiles, souvent même très-dangereux.

Tels sont les principes fondamentaux de la véritable médecine physiologique envisagée dans ses généralités ; nous en avons fait antérieurement des applications spéciales dans l'histoire particulière des fonctions.

2° SYMPATHIES, ANTIPATHIES ENTRE UNE ÉCONOMIE VIVANTE ET LES OBJETS DE SES RAPPORTS. — Jusqu'ici nous avons étudié les sympathies et les antipathies entre les éléments d'une même économie, d'un même sujet; nous allons actuellement les considérer entre le corps vivant et les objets dont il est environné.

Les corps organisés ont été naturellement partagés en trois ordres : *Les végétaux, les animaux et l'homme* ; nous suivrons la même division dans l'histoire de leurs sympathies, de leurs antipathies.

Sympathies, antipathies considérées entre les végétaux et les objets de leurs rapports. — Étroitement fixés au sol qui doit les nourrir, en apparence peu sensibles aux influences qui les entourent, les végétaux n'en présentent pas moins des sympathies et des antipathies *soit avec les corps inorganiques, soit avec les sujets de leur espèce.* Nous devons les envisager sous ce double rapport.

Entre les végétaux et les corps inorganiques. — Il suffit d'observer un instant les habitudes, les mœurs et les besoins des végétaux, pour se convaincre de toute la réalité de leurs sympathies et de leurs antipathies avec les corps inorganiques placés dans l'air qu'ils respirent ou dans le sol qui leur fournit des éléments nutritifs. Ainsi nous les voyons altérer, décomposer l'acide carbonique pour identifier le carbone à leur propre substance ; repousser au contraire l'azote et les autres gaz qui peuvent se trouver accidentellement au milieu de l'atmosphère.

Quant aux principes constituants du sol, nous observons que le même terrain ne convient pas à toutes les espèces végétales. Que le pin, les bruyères, le magnolia, etc., sympathisent plus particulièrement avec un sable noir et léger ; le chêne, l'ormeau, l'hièble, etc., avec une argile grasse et calcaire; le platane, le jonc, le roseau, avec un sol aquatique et vaseux, etc., les jardiniers habiles savent très-bien que les mêmes *composts* ne sont pas appropriés à tous les arbres, à toutes les plantes; et que dans cette culture, dont l'art fait les principaux frais, le point essentiel est d'accorder à chaque famille l'air et le terreau qui se trouvent le plus en harmonie avec ses dispositions naturelles.

Entre les végétaux eux-mêmes. — Les espèces végétales déjà bien distinctes par leurs caractères organiques, le sont encore davantage par les sympathies qui les rapprochent et les antipathies qui les éloignent.

Nous voyons en effet, d'un côté, la sympathie des sexes, pendant l'époque de la fécondation, inclinant l'anthère sur le stigmate, faisant remonter à la surface des eaux *la vallisneria* et plusieurs autres plantes qui vivent naturellement immergées dans ce milieu, etc. ; la sympathie des espèces favorisant l'identification de tel arbre, de tel arbuste avec tel autre, au moyen de la greffe et de l'écusson. C'est ainsi que l'on peut marier le prunier au cerisier, le pêcher à l'abricotier, le rosier à l'églantier, le poirier au pommier, etc.

D'un autre côté nous observons l'antipathie entre les espèces opposées, mettant un obstacle insurmontable à la fécondation des unes par les autres, à leur union sous l'influence des moyens que nous venons d'indiquer. C'est ainsi que l'on ne parvient point à greffer, à écussonner le poirier sur le prunier, le pommier sur l'abricotier, le pêcher sur le marronnier, etc.

Les sympathies et les antipathies végétales pourraient fournir l'objet d'un travail important ; nous les indiquons pour donner une idée d'ensemble, nous devons dès lors nous borner à ces généralités.

Sympathies, antipathies entre les animaux et les objets de leurs rapports. — Si nous embrassons d'un coup d'œil toute la série des animaux, nous voyons ceux qui forment les derniers rangs tellement rapprochés des végétaux, que leurs sympathies et leurs antipathies se trouvent bornées dans la sphère des besoins indispensables à la conservation de l'individu, à la propagation de l'espèce. Mais si nous élevons nos regards vers les animaux d'un ordre supérieur, le cercle des rapports s'agrandit, l'influence de ces deux agents s'accroît et se modifie par degrés.

Entre les animaux et les corps inorganiques. — Le seul aspect d'un corps rouge suffit pour éveiller chez quelques ruminants les plus violents accès de fureur.

Au son du cor, le cerf comme enchaîné par un pouvoir magique s'arrête pour écouter, et devient souvent ainsi la proie du chasseur.

Les vibrations de la flûte, agréables pour le plus grand nombre des animaux, déterminent quelquefois sur le chien des impressions très-pénibles, il s'agite et se plaint comme s'il était soumis aux influences les plus douloureuses. Dans la saison du printemps et des amours, il est aisé d'attirer les oiseaux d'un sexe en imitant, au moyen de certains instruments, la voix du sexe opposé.

Nous pourrions multiplier ces exemples en démontrant partout que les rapports des animaux avec les corps inorganiques se trouvent dirigés par les sympathies et les antipathies.

Entre les animaux et les végétaux. — Tous les animaux, sans aucune exception, trouvent dans les végétaux des objets de sympathie ou d'antipathie ; la plante qui sert d'aliment à telle espèce devient pour telle autre un poison mortel. Nous savons que les abeilles évitent certains végétaux aromatiques, et que cette antipathie devient un moyen employé pour faire monter à la ruche les essaims fugitifs. Nous voyons les animaux offrir un goût naturel pour des substances nutritives, et présenter une aversion instinctive pour quelques autres ; ce caractère devient même le type fondamental des espèces que nous désignons par les termes de *carnivores*, *herbivores*, *granivores*, *frugivores*, *etc.*

Placez dans une prairie des animaux de familles différentes, vous les verrez aussitôt suivre naturellement l'impulsion de leurs sympathies et de leurs antipathies végétales ; ainsi la chèvre ira brouter les jeunes pousses des arbustes, le lapin les sommités du thym, du serpolet, le cheval paîtra le trèfle et le gramen, l'âne ses chardons, etc.

Entre les animaux et l'homme. — Ici les rapports semblent moins exclusivement liés aux besoins matériels, ils touchent plus spécialement les affections et prennent tous les caractères de la haine ou de l'amitié ; aussi les observerons-nous seulement chez les animaux dont l'instinct présente un certain développement.

Combien ne trouvons-nous pas d'intermédiaires sous le rapport des sympathies et des antipathies, entre le chien, le cheval, qui semblent, comme on l'a dit, les amis naturels de l'homme, et le tigre, le serpent à sonnettes qui sont évidemment ses ennemis les plus irréconciliables et les plus dangereux !

On peut avancer, d'une manière générale, que les premières sont en raison de la douceur et de l'éducabilité de ces animaux, et les secondes en proportion de leur férocité, de leur perfidie instinctive, de leur éloignement pour toute espèce de sociabilité. Ainsi le chien, le cheval, le chameau, le bœuf, la brebis, etc., sont aisément devenus des animaux domestiques; le serpent à sonnettes, le tigre, le lion, la panthère, l'hyène, le chacal, etc., seront à jamais des animaux sauvages. Les premiers voient l'homme comme un bienfaiteur ou comme un souverain puissant ; les seconds ne trouvent en lui qu'un ennemi toujours implacable ; les premiers, dociles à sa voix, se conforment à sa volonté par une obéissance passive ; les seconds lui opposent avec énergie la plus inflexible opiniâtreté. C'est avec effroi que nous avons tout récemment observé le propriétaire d'une ménagerie ambulante, recevant les caresses d'une forte hyène, et confiant son bras à la gueule dangereuse de ce féroce animal, après l'avoir provoqué par des manœuvres qui pouvaient offrir les conséquences les plus funestes pour celui qui ne craignait pas de s'exposer aux effets d'une aussi profonde antipathie vaincue par le merveilleux pouvoir de l'habitude.

Entre les animaux eux-mêmes. — Sous ce point de vue, nous devons considérer la sympathie et l'antipathie : 1° entre les animaux de la même espèce ; 2° entre les animaux d'espèce différente.

Entre les animaux de la même espèce. — Les rapports de ce genre diffèrent essentiellement suivant qu'on les observe entre les sujets du même sexe ou d'un sexe opposé.

Entre les sujets du même sexe. — Le physiologiste qui fixera son attention sur les habitudes et les mœurs des animaux, s'apercevra bientôt qu'il existe entre eux des sympathies et des antipathies indépendantes du sexe, de l'âge, de la parenté ; que les unes et les autres sont les principaux mobiles de leurs liaisons ou de leurs inimitiés. Ne voyons-nous pas, en effet, des chiens, des bœufs, des chevaux, etc., sympathiser, vivre en bonne intelligence, partager, sans humeur et sans jalousie, les mêmes aliments et les mêmes soins, donner même quelquefois l'exemple touchant d'une amitié que l'homme pourrait souvent prendre pour modèle. D'autres, au contraire, ne peuvent jamais se rencontrer sans une sorte de frémissement antipathique, sans se livrer, les uns envers les autres, à des actes de violence dont les résultats sont ordinairement des blessures graves et parfois mortelles, offrant le tableau d'une haine aveugle et farouche, dont notre espèce n'est malheureusement pas toujours affranchie.

Le but essentiel de cette sympathie est l'harmonie des relations que doivent entretenir mutuellement les animaux de la même espèce ; aussi la trouvons-nous plus spécialement chez ceux qui sont naturellement les plus disposés à la sociabilité.

Entre les sujets de sexes différents. — Cette espèce de sympathie, vers le printemps, saison des fleurs et des amours, préside aux mariages nombreux que les habitants des bois et des bocages contractent chaque année ; elle devient ainsi la principale garantie de ces rapports indispensables à la conservation des espèces ; elle inspire des sentiments si directement liés au besoin de la propagation, que les mâles sont alors attentifs, affectueux et passionnés pour leurs compagnes ; tandis qu'après cette époque, naturellement destinée à la fécondation, ils deviennent indifférents, quelquefois même cruels.

Chez les animaux où règne la polygamie, nous voyons ces mâles, sultans véritables d'un harem plus ou moins nombreux, suivre les impulsions de la sympathie dans le choix qu'ils font de plusieurs de leurs compagnes, tandis qu'ils négligent les autres, et, cédant aux mouvements de l'antipathie, leur font éprouver toutes les rigueurs du plus injuste despotisme.

Ici, la sympathie nous offre pour but un objet du plus haut intérêt, la conservation et la propagation des espèces.

Entre les animaux d'espèce différente. — Nous trouvons encore ici des modifications essentielles suivant que les rapports s'effectuent entre des sujets du même sexe ou d'un sexe différent.

Entre les sujets du même sexe. — Les sympathies sont moins ordinaires que les antipathies. Nous observons cependant encore quelquefois les premières entre des sujets naturellement opposés dans leur caractère, leurs habitudes et leurs mœurs. Ainsi nous voyons sympathiser le cheval, le chien, le bœuf et le mouton ; ce qui doit paraître plus étonnant encore, le chien et le chat constamment représentés comme deux animaux éloignés par une mutuelle aversion.

On observait encore il y a quelques années, à Paris, dans la ménagerie du Jardin des Plantes, un lion, de haute stature, vivant en parfaite intelligence, dans la même cage, avec un très-petit chien. Le premier imposant, grave et terrible, descendait amicalement au niveau de son jeune et faible compagnon, partageait ses jeux, le caressait, le soignait affectueusement lorsqu'il était malade. Cet objet de la plus tendre sollicitude périt ; le lion devient triste, silencieux, refuse d'abord les aliments qu'on lui présente, succombe quelque temps après avec tous les signes de la plus profonde affliction.

Les antipathies sont ici beaucoup plus remarquables encore. Ainsi le chien de race, en liberté dans la campagne, poursuit avec ardeur le lièvre, le lapin, le chevreuil, etc., et lorsqu'il peut les atteindre, se désaltère de leur sang et se repaît avidement de leurs chairs palpitantes. Le loup exerce les mêmes cruautés sur la brebis, le renard sur les gallinacés, enfin le chat applique tellement ses moyens à la destruction des rats et des souris, qu'il semble créé tout exprès pour en faire disparaître l'espèce.

Entre les sujets de sexe différent. — L'opposition des sexes ne devient plus ici vers aucune époque, dans aucune saison, l'occasion d'une sympathie, d'un motif de rapprochement. Les lois et l'ordre de la nature ne sont point un jeu du hasard ; elles reposent sur des fondements à jamais inébranlables. *Les espèces ne se confondront point*, a dit l'Auteur de l'univers, *le type de chacune d'elles, susceptible de quelques variétés superficielles, sera toujours essentiellement inaltérable.* Avec quelle admirable prévoyance n'a-t-il pas trouvé les moyens d'assurer l'accomplissement de ses vastes desseins ?

Les mâles d'une espèce n'éprouvent aucune sympathie pour les femelles d'une autre espèce, et *vice versâ* ; souvent même, une véritable antipathie les éloigne réciproquement. Si quelquefois on observe ces assemblages monstrueux, c'est entre des familles très-rapprochées ; encore le fruit de ces accouplements désavoués par la nature n'est autre chose qu'un être dégradé, constamment incapable de reproduire sa race bâtarde, et de transgresser ainsi les lois immuables du Créateur, en devenant le principe artificiel d'une espèce nouvelle. Dans toute l'économie vivante, les *mulets* nous offrent d'une part cette origine, de l'autre cette abjection et cette nullité génératrice.

Ces aberrations de la sympathie ne s'observent point entre les familles opposées. Ainsi le porc ne s'unit jamais à la brebis, le chien à la chatte, le loup à la biche, etc. Nous considérons dès lors comme absurdes ces contes relatifs à des sujets formés par deux moitiés d'animaux essentiellement différents ; nous les plaçons, par leur véracité, dans la classe de ceux qui nous représentent les Sirènes imaginaires et les fabuleux Centaures.

Sympathies, antipathies considérées entre l'homme et les objets de ses rapports. — En parcourant le sentier de la vie, l'homme rencontre à chaque pas un enchaînement d'objets qui lui font éprouver des impressions soit agréables, soit pénibles.

Constamment guidé par le soin de sa conservation et de son bonheur, il cherche instinctivement, dans la sphère de ses relations habituelles, tout ce qui peut concourir au maintien, à l'embellissement de son existence ; il fuit naturellement tous les agents susceptibles de le modifier d'une manière opposée.

C'est en conséquence de ces résultats avantageux ou nuisibles qu'il éprouve, pour les objets de ses rapports, la *sympathie* ou l'*antipathie* que l'on désigne par des expressions différentes, suivant le caractère et la nature des modificateurs qui les inspirent. Ainsi pour les actions, on les nomme *attrait*, *répugnance* ; pour les aliments, *appétit*, *dégoût* ; pour les végétaux, *florimanie*, *indifférence* ; pour les animaux, *affection*, *aversion* ; pour l'homme, *amitié*, *haine*.

Si nous trouvions toujours dans les appétits et les répugnances de l'homme cet enchaînement naturel entre la cause et les effets, les sympathies et les antipathies présenteraient seulement la conséquence nécessaire des influences qui viendraient les exciter ; chacune d'elles offrirait son motif et sa raison ; mais lorsqu'il n'existe aucun rapport appréciable entre la valeur de l'objet et l'étendue de la sympathie qu'il détermine ; entre ses caractères défavorables et l'antipathie qu'il produit ; lors surtout que nous voyons l'homme rechercher des objets inutiles et même dangereux, en repousser d'autres qui lui présenteraient des agréments et des avantages, nous apercevons, dans tout son être, l'influence d'un pouvoir inexplicable, d'une magique puissance fascinant ses yeux, subjuguant sa raison et maîtrisant jusqu'à sa volonté ; ce pouvoir, cette puissance, ne sont autre chose que la *sympathie* et *l'antipathie* dans leur véritable acception.

Tels sont les faits dans leur plus grande simplicité. Mais l'esprit humain ne se borne jamais à l'observation des résultats ; son imagination ardente l'entraîne constamment vers la recherche des causes premières avec un attrait d'autant plus impérieux qu'elles semblent davantage se dérober à sa pénétration. Faut-il s'étonner dès lors si le principe des sympathies et des antipathies est devenu l'objet de l'investigation la plus minutieuse, et des opinions les plus divergentes ?

Les physiologistes et les philosophes de l'antiquité, croyant saisir la cause essentielle de ces modificateurs, l'ont successivement attribuée : *au sens interne ; à l'idiosyncrasie de la constitution morale et physique ; aux causes occultes, au mouvement des atomes, à la circulation d'un esprit particulier dans l'économie de l'homme ; à l'influence analogue ou bien opposée de certains ferments animaux ; à des vibrations harmoniques ou discordantes, s'effectuant dans les nerfs comparés aux cordes d'un clavecin* ; enfin à mille rêveries analogues.

Aujourd'hui que la saine raison prend avec tant d'avantage la place du merveilleux, et que les faits positifs doivent seuls présenter la base des théories physiologiques, c'est la voix de l'expérience qu'il faut écouter, et non point celle de l'imagination.

Si nous interrogeons les faits relativement au problème à résoudre, ils nous répondent : *que les causes des sympathies et des antipathies se trouvent ordinairement dans l'une ou l'autre de ces quatre dispositions : modifications organiques spéciales ; analogie de constitution physique et morale entre les individus ; états pathologiques divers ; réminiscences plus ou moins éloignées.* Jetons un coup d'œil rapide sur ces différentes particularités.

Dispositions organiques spéciales. — Chez le sujet qui présente une grande perfection physiologique dans l'un de ses appareils, on rencontre ordinairement des *sympathies* relatives aux fonctions de cette partie de l'organisme. Au contraire, celui dont le même appareil offre un vice de conformation, éprouve très-souvent des *antipathies* en rapport avec les phénomènes qui lui sont confiés. Ainsi l'homme dont l'audition est parfaite, se trouve sympathiquement entraîné vers la musique; celui dont l'oreille est fausse, ressent au contraire de l'indifférence, quelquefois même une aversion réelle pour cet art délicieux. Le sujet qui présente un riche développement de l'appareil musculaire, à l'exclusion de celui du système nerveux encéphalique, se livre, par sympathie, aux exercices gymnastiques; fuit avec antipathie les travaux de cabinet; celui dont le développement encéphalique a neutralisé l'accroissement de l'appareil moteur, présente au contraire une véritable sympathie pour les travaux intellectuels, une antipathie souvent invincible pour les exercices physiques. Les mêmes applications peuvent être faites aux appareils de la vision, du goût, de l'olfaction, du toucher, de la génération, etc.

Analogies de constitution physique et morale entre les individus. — Il suffit d'observer les hommes dans l'état de liberté pour s'apercevoir aussitôt que le plus grand nombre de leurs liaisons sympathiques ont été le résultat d'une conformité de goûts, d'habitudes, d'opinions et de mœurs; les uns et les autres dérivés de leur constitution morale et physique. Ainsi les sujets du même tempérament, du même caractère, entraînés vers les mêmes objets, ramenés vers un centre commun par les mêmes impulsions instinctives, ou par les mêmes efforts de la raison, se trouvent nécessairement rapprochés, et comme identifiés par des modifications communes.

Les individus opposés dans tous ces points, suivent au contraire des sentiers divergents et se trouvent naturellement éloignés par l'*antipathie*. Des préventions défavorables émanées de la diversité des opinions et des goûts, une discordance habituelle, des contradictions que chaque instant fait naître, deviennent ici les motifs principaux de cette répugnance et de cette aversion mutuelles.

États pathologiques divers. — Nous voyons certaines dispositions morbifiques éveiller des sympathies et des antipathies plus ou moins bizarres. Ainsi nous rencontrons souvent des femmes hystériques qui respirent avec sensualité, l'odeur de l'assa-fœtida, de l'ammoniaque, de la corne brûlée, etc., tandis que le parfum de la rose, du chèvrefeuille ou du jasmin leur fait éprouver des spasmes et des convulsions.

Les sujets hypocondriaques, affectés de gastrites, d'entérites chroniques, etc., recherchent avec empressement, saisissent avec prédilection tout ce qui peut alimenter leur tristesse et leur mélancolie ; les réunions brillantes et nombreuses, les fêtes qu'animent le plaisir et la gaieté, les fatiguent péniblement et leur inspirent un véritable dégoût.

Réminiscences plus ou moins éloignées. — Les premières impressions que les objets extérieurs font éprouver aux êtres intelligents sont toujours les plus fortes et les plus durables ; profondément gravées dans le souvenir, elles exercent, bien souvent, pendant toute la vie, sur les penchants et les goûts, un empire étonnant par ses effets.

La mémoire de ces impressions, lorsqu'elles furent agréables, devient une occasion de *sympathie* pour les modificateurs susceptibles de reproduire des sensations analogues ; et lorsqu'elles furent pénibles, un motif d'*antipathie* pour tous les agents capables d'en réveiller de semblables. Il serait difficile de concevoir la préférence que Descartes accordait aux yeux louches, si nous ignorions que les premiers sentiments d'amour lui furent inspirés par une jeune personne affectée de cette irrégularité dans les organes visuels.

Avec quelle émotion et quel plaisir ne revoyons-nous pas les compagnons chéris de notre enfance ; quelle aversion secrète n'éprouvons-nous pas à l'aspect de ceux qui vinrent obscurcir la sérénité de nos premières années par les chagrins et la douleur ?

Ce n'est pas sans doute avec les mêmes sentiments que le voyageur éloigné depuis longtemps des lieux de sa naissance, considère à son retour l'asile malheureux où, courbé sous le poids de l'infortune, il eut à gémir de l'injustice des hommes, et le paisible séjour où l'amour maternel, par la plus tendre sollicitude, par les soins les plus affectueux, lui servit d'égide contre la souffrance et lui fit ignorer jusqu'au nom du malheur !

Telles sont les principales causes qu'il est raisonnablement permis d'assigner à ces deux puissants mobiles. Nous devons actuellement examiner les particularités qu'ils offrent dans notre économie.

Les rapports de l'homme n'ont d'autres bornes que celles de l'univers ; il entretient un commerce plus ou moins intime avec tous les objets de la nature. Nous aurons dès lors à considérer les *sympathies* et les *antipathies* qui lui sont propres dans ses relations : 1° *avec les corps inorganiques ;* 2° *avec les végétaux ;* 3° *avec les animaux ;* 4° *avec les sujets de son espèce.*

Entre l'homme et les corps inorganiques. — Les rapports que l'homme entretient avec les corps inorganiques et les corps organisés privés de la vie, nous offrent le premier degré de ses relations avec l'univers, l'état rudimentaire des *sympathies* et des *antipathies* que ces mêmes relations offriront bien souvent pour mobile.

Ainsi nous avons observé plusieurs fois des personnes douées d'une telle antipathie pour les métaux, qu'elles ne pouvaient, sans éprouver une anxiété générale, toucher le fer, l'acier, le cuivre, l'argent, etc.

Paterson la portait bien loin pour le mercure, puisqu'en appliquant la main sur ce métal, il ressentait en même temps une tristesse profonde, avec rougeur de la peau, desquamation de l'épiderme sur tous les points du contact.

Méad nous apprend que le chancelier Bacon tombait dans une sorte de léthargie lorsque la lune s'élevait au-dessus de notre horizon, et qu'il ne revenait à son état normal qu'à l'instant où cette planète commençait l'autre moitié de sa révolution diurne.

Hippocrate nous dit qu'un certain Nicanor éprouvait une anxiété générale, et rendait même, par le vomissement, les aliments qu'il avait pris, lorsque les sons de la flûte venaient frapper son oreille pendant la durée d'un festin.

Giraudi rapporte, *Journal de Médecine*, qu'un jeune étudiant éprouvait à passer sur les objets dont la teinte contrastait fortement avec celle du sol, presque autant de répugnance qu'à se précipiter dans un abîme; il rendit sous l'influence des vermifuges un grand nombre d'ascarides, et fut aussitôt délivré de cette fâcheuse antipathie.

La couleur verte plaît généralement sans doute, parce qu'elle est amie de l'œil; chaque peuple, chaque individu présente au contraire une préférence marquée pour l'une ou l'autre des couleurs du prisme.

Il nous serait facile de citer encore beaucoup d'exemples analogues, mais leur surabondance n'ajouterait absolument rien à la réalité des faits que nous venons d'exposer.

Entre l'homme et les végétaux. — Déjà plus rapprochés de l'homme, puisqu'ils présentent comme lui les caractères essentiels de l'organisation, les végétaux nous offrent des motifs plus variés et plus nombreux de *sympathies* et *d'antipathies*. Sous ce double rapport, nous devons les envisager à deux états bien différents : *à l'état de cadavre ; à l'état vivant.*

A l'état de cadavre. — Sous le premier point de vue, les végétaux, soit à l'état naturel, soit modifiés par les arts, servent à nos premiers besoins, et sous les rapports nombreux qu'ils offrent alors, peuvent exciter chez l'homme des sympathies et des antipathies bien caractérisées, et plus spécialement relatives à leurs usages comme vêtements, aliments, médicaments, etc.

Anne d'Autriche avait le tact si délicat que tout son linge était en batiste ; les toiles de chanvre, même les plus douces, lui froissaient la peau d'une manière douloureuse.

Une religieuse du couvent de Saint-Jean offrait le singulier avantage d'obtenir une purgation abondante par les seules émanations de l'aloès, du jalap, de la rhubarbe, etc. Nous connaissons une dame âgée de quarante-six ans, d'un tempérament nerveux, qui se trouve soumise aux mêmes résultats, après avoir séjourné quelques instants dans une officine de pharmacie.

Brugérinus rapporte que Quercet, secrétaire de François Ier, avait pour l'odeur des pommes une antipathie si prononcée, qu'il fuyait précipitamment lorsque l'on en servait à la fin d'un repas ; toutes les fois qu'il cherchait à surmonter cette répugnance, une épistaxis ne tardait pas à se manifester.

Scaliger connaissait une famille entière chez laquelle on ne pouvait pas, sans danger, employer la casse à dose purgative. Un médecin imprudent attribue cette antipathie à l'imagination, donne le médicament sous un autre nom ; plusieurs membres de cette même famille meurent empoisonnés.

Alexandre Béned cite l'observation d'un malade qui présentait la même antipathie ; son médecin n'y fait aucune attention, administre ce purgatif convenablement déguisé ; mais à peine les parois de l'estomac sont touchées par le funeste breuvage, que le malade s'écrie : *Je suis mort, vous m'avez donné de la casse*. Il expire en effet quelques heures après, dans les plus terribles convulsions.

Haller parle d'une femme qui ne pouvait toucher la surface veloutée d'une pêche, sans éprouver une anxiété générale très-pénible.

Boerhaave a remarqué des hommes d'une bonne santé, qui ne pouvaient manger des cerises et des groseilles sans éprouver une bouffissure générale.

Panarole cite l'histoire d'une religieuse qui se trouvait affectée d'éruptions analogues à celle de la rougeole, toutes les fois qu'elle mangeait du gruau d'avoine ; le riz, l'orge et les autres farineux étaient facilement digérés sans produire aucun résultat semblable.

A l'état vivant. — Plus rapprochés encore de l'homme puisqu'ils partagent avec lui la prérogative de cette existence particulière, les végétaux inspirent alors non-seulement du goût ou de la répugnance, mais encore une sorte *d'amour* ou *d'aversion.* Nous voyons en effet des personnes tellement passionnées pour les fleurs, que cette prédilection dégénère en véritable monomanie, quelquefois susceptible de leur faire oublier les objets de leurs plus chères affections, ou négliger les soins d'une profession sur laquelle reposent leur fortune et la considération qu'ils peuvent acquérir; d'autres, au contraire, qui s'éloignent de certains végétaux avec une sorte d'horreur.

Le cardinal Olivérius Caraffa, dont le mérite et l'esprit sont également incontestables, avait une antipathie si forte pour l'odeur des roses, qu'il se renfermait pendant le printemps, et donnait des ordres sévères pour qu'on ne l'approchât pas avec ces fleurs.

Amatus Lusitanus rapporte qu'un moine vénitien éprouvait sous la même influence des syncopes si graves, qu'il était obligé de se condamner à la réclusion dans sa cellule pendant la plus grande partie de l'année.

Frey, pharmacien à Bâle, présentait pendant toute la saison des roses, un coryza, une céphalalgie et des éternuments habituels.

Nous connaissons un jeune homme qui ne supporte point sans des vomissements assez violents et souvent très-prolongés, les odorantes émanations de la tubéreuse.

L'odeur du lis, du jasmin, du seringat, etc., déterminent chez un grand nombre de sujets, des douleurs vers l'encéphale, et chez quelques-uns, des lipothymies complètes.

Entre l'homme et les animaux. — L'homme qui naturellement doit vivre au milieu d'un grand nombre d'animaux, recherche, affectionne particulièrement les espèces qui peuvent le servir dans ses besoins ou dans ses plaisirs; il éprouve au contraire instinctivement une aversion secrète pour ceux dont il doit craindre l'agression et les funestes atteintes; il les poursuit avec le désir de la destruction. Ici s'agrandit encore la sphère de ses rapports; ici vont dès lors se multiplier et se diversifier les *sympathies et les antipathies.* Nous devons aussi les étudier sous les deux principales dispositions que peuvent offrir les animaux : *A l'état de cadavre ; à l'état vivant.*

A l'état de cadavre. — Naturelles ou modifiées par différents moyens, les substances animales servent à nos besoins principaux, et peuvent, sous divers rapports, éveiller des sympathies et des antipathies. Les unes tiennent à l'imagination, les autres sont réelles. On parvient sans inconvénient à tromper les premières, les secondes ne sont jamais contrariées sans danger.

Sous le premier rapport, il existe des répugnances et des goûts nationaux. Dans presque toutes les contrées d'Europe, on mange avec plaisir la chair d'un grand nombre d'animaux, tels que le bœuf, le veau, le mouton, le porc, le poulet, le lapin, le lièvre, la perdrix, le merle, la bécasse, etc., et l'on éprouve une répugnance presque invincible pour le cheval, le chien, le chat, le geai, la pie, le corbeau, etc., bien que ces animaux convenablement préparés offrent des aliments préférables à beaucoup d'autres que la sensualité fait rechercher. Nous trouvons sous le même rapport des préjugés plus particuliers encore ; ainsi l'on rejette comme aliment, avec une sorte d'aversion, l'esturgeon chez les Perses, l'écrevisse chez les Russes, l'anguille chez les Islandais, la grenouille chez les Allemands, l'escargot chez les Français, le chien chez la plupart des peuples, alors que les sauvages du Canada, plusieurs habitants des îles de la mer Pacifique, le préfèrent aux autres viandes.

Ces antipathies ont pour fondement des préventions imaginaires accréditées par l'ignorance et propagées de génération en génération ; aussi peuvent-elles être vaincues par la nécessité, comme on l'observe trop souvent dans les naufrages, dans les siéges prolongés, etc., ou facilement trompées en déguisant avec soin les substances alimentaires dont elles semblent repousser l'emploi.

Le fait suivant dont nous garantissons l'authenticité, devient une preuve nouvelle de ce principe et de la puissance de l'imagination sur les phénomènes digestifs.

Un jeune domestique s'était plusieurs fois expliqué sur l'antipathie qu'il éprouvait pour les viandes inusitées; son maître lui fait manger d'un chat servi pour un lapin. Il trouve ce mets délicieux, et n'accuse pas la plus faible répugnance. Trois heures après cette épreuve qui démontrait le défaut de réalité d'une pareille antipathie, le véritable nom du prétendu lapin est décliné; les vomissements et la diarrhée se manifestent subitement, se prolongent pendant la nuit, et ne s'arrêtent qu'après l'entière expulsion de cet aliment. Ici l'antipathie se trouvait absolument imaginaire, aussi l'avait-on facilement trompée; lorsqu'elle est positive, on ne parvient plus au même résultat.

Marcellus Donatus rapporte qu'un certain Étienne, natif de Tolède, éprouvait pour toute espèce de poisson une antipathie qu'il n'avait jamais pu vaincre. Un de ses amis voulant connaître le degré de vérité d'une telle répugnance, fait incorporer dans une grande quantité d'œufs une petite proportion de l'aliment qui en était l'objet. A peine l'Espagnol a-t-il goûté ce mets insidieux, qu'il est pris de convulsions et de vomissements opiniâtres.

Tarragone, dernière fille du roi Frédéric de Naples, avait une si grande aversion pour la viande, qu'elle ne pouvait même en goûter sans éprouver des syncopes effrayantes.

Bayle cite l'histoire d'une dame qui présentait, pour le miel, une antipathie bien positive. Son médecin cherchant à l'éprouver, mêle cette substance à l'onguent dont il se sert pour le pansement d'un ulcère à la jambe; cet essai produit localement et même sur toute la constitution des résultats assez fâcheux.

Marcellus Donatus nous apprend encore qu'un personnage illustre, d'une santé régulière, ne pouvait user des œufs comme aliment sans éprouver un gonflement considérable des lèvres, avec abondante sécrétion d'une salive épaisse, écumeuse, et sans présenter à la peau des taches noires ou pourprées.

Zimmermann rapporte comme témoin oculaire, qu'un

consul de Groningue ne pouvait soutenir la vue d'une tête de porc sans tomber en syncope ; si l'on coupait les oreilles, cette antipathie n'existait plus, et le consul mangeait sans dégoût du mets qui d'abord avait excité profondément son aversion.

Nous rencontrons fréquemment des femmes qui, pendant la gestation, recherchent avec avidité les substances les plus dégoûtantes comme aliments, et qui n'éprouvent après l'accouchement, pour ces mêmes substances, qu'une répugnance alors invincible.

A l'état vivant. — Sans parler ici des sympathies et des antipathies nationales enfantées par les préjugés, l'ignorance ou la superstition, qui faisaient révérer le hibou dans Athènes, l'oie dans Rome, etc., nous trouvons ces deux modificateurs bien plus remarquables encore lorsqu'ils sont inspirés par des animaux doués d'intelligence et de sensibilité ; alors, en effet, ils ne se bornent plus au goût, à la répugnance, ils éveillent l'amour ou la haine.

Nous éprouvons naturellement un mouvement de surprise ou même d'horreur à l'aspect imprévu d'un rat, d'une souris, d'un serpent dangereux, ou même d'un reptile dont nous connaissons l'innocuité ; la première idée qu'ils font naître est celle du meurtre, et le premier mouvement qu'ils occasionnent tend à leur donner la mort ; ils s'offrent toujours à nos regards comme des animaux nuisibles, ou pour le moins inutiles, et que nous sommes intéressés à faire disparaître entièrement.

D'autres antipathies plus spéciales font éprouver même aux sujets capables d'affronter les dangers, un frémissement universel et des convulsions à l'aspect d'un insecte.

Zimmermann dit avoir observé plusieurs fois Guillaume Matew, fils d'un gouverneur des Barbades, jeune homme plein de force et de courage, manifestant une terreur générale et devenant furieux par la seule rencontre d'une araignée.

D'autres animaux, en apparence mieux dotés par la nature, se montrent à nos yeux sous un aspect bien différent. De même que chacun a sa *bête d'aversion*, de même aussi, chacun a son *espèce privilégiée*, qui devient alors souvent l'objet de nos plus tendres affections ; disons plutôt de nos faiblesses, puisque dans cette folle manie, quelquefois nous accordons à la brute les sentiments et les soins que nous refusons à l'homme.

Ne voyons-nous pas chaque jour des personnes raisonnables d'ailleurs, idolâtrer des chevaux, des chiens, des chats ou des oiseaux ; les environner des attentions les plus minutieuses, leur accorder le superflu en se privant elles-mêmes du nécessaire.

Jetons un voile sur ces faiblesses du cœur ; observons actuellement les hommes dans les relations mutuelles qu'ils entretiennent ; suivons-les attentivement dans tous ces rapports naturels et sociaux.

Entre les hommes eux-mêmes. — La sympathie et l'antipathie considérées sous ce dernier point de vue, doivent être définies : la première, *affection*, la seconde, *aversion particulière et non raisonnée que ressentent l'un pour l'autre deux individus avant de se connaître, et par conséqueut avant d'avoir pu motiver l'impression qu'ils éprouvent.*

Le philosophe qui considère les hommes dans l'état de civilisation et même dans l'état sauvage, reconnaît bientôt l'influence des *sympathies* et des *antipathies* entre les nations, les sociétés, les familles et les individus.

Entre les nations. — Elles sont bien souvent un résultat des intérêts et des rivalités ; c'est ainsi qu'il faut considérer celles des divers cabinets politiques ; mais pour la masse des peuples rarement susceptibles de bien apprécier leurs avantages et ceux des pays voisins, elles deviennent presque toujours instinctives. La conformité des opinions, des mœurs, des religions, des habitudes, des constitutions morale et physique, font naître la *sympathie générale* qui assure l'alliance des empires, en la cimentant chaque jour par un mutuel échange d'urbanité, de sentiments affectueux et de services importants. Les dispositions contraires déterminent, entretiennent ces *antipathies nationales* que le temps et le besoin d'un accord parfait ne détruiront jamais complétement. Appréciez toutes les relations des Grecs et des Turcs, des Chinois et des Tartares, des Français et des Anglais, etc., vous sentirez combien ce principe général est vrai dans ses applications particulières.

Entre les sociétés. — Tout ce que nous venons d'observer pour les différents peuples se rencontre également entre les divisions de chacun d'eux ; ici les mêmes causes produisent absolument les mêmes résultats. Tels sont les motifs secrets de cet éloignement que l'on trouve entre les *patriciens* et les *plébéiens* de tous les pays, entre les castes privilégiées et celles qui n'ont d'autre appui que celui de leur mérite et de leurs talents.

D'un autre côté, l'esprit national, véritable sympathie qui rapproche les hommes d'une même contrée, devient l'âme de cette harmonie qui constitue leur force et garantit leur bonheur.

Mais à mesure que la civilisation fait des progrès, les besoins se multiplient, les intérêts s'isolent davantage, l'*égoïsme* détruit les principaux liens de ce *consensus* général qui devrait former la base inébranlable de la sociabilité ; l'intérêt particulier prend insensiblement la place de l'intérêt commun ; les sentiments nobles et généreux, si fréquents dans les républiques naissantes, chez les hordes sauvages, qui pourraient alors servir de modèle aux nations policées, disparaissent entièrement chez les peuples usés par le luxe, la mollesse et le despotisme.

Ne cherchons point ailleurs la cause principale de cette destruction vers laquelle sont entraînés les empires, qui parcourent incessamment, dans leur marche commune, le cercle tracé, dès l'origine des siècles, entre ces deux points opposés : *l'état barbare, l'état d'une civilisation excessive.* S'il nous était permis de retracer les grands événements de l'histoire, nous y verrions toutes les nations dans l'impossibilité de conserver un état parfaitement stationnaire, tantôt s'élever du premier vers le second, tantôt se précipiter du second vers le premier, tantôt enfin, perdre entièrement leur existence politique et s'abîmer dans l'oubli des temps!

Entre les familles. — Chaque famille devient naturellement un petit peuple particulier dans la nation commune ; les mœurs, les habitudes, les opinions, les croyances, les intérêts, le caractère et le tempérament y sont pour le moins analogues, s'ils n'offrent pas une identité parfaite ; cette société plus spéciale, dont les individus sont unis par les liens du sang, éprouve des sympathies qui la rapprochent, des antipathies qui l'éloignent, dans ses rapports avec les autres sociétés du même ordre. Dans l'état de civilisation, le conflit des intérêts, le partage des richesses, etc., viennent, souvent au mépris de ces droits les plus sacrés, éveiller des haines implacables entre ces éléments du corps social dont les sentiments affectueux devraient seuls présenter les mobiles essentiels.

Entre les individus. — Si nous considérons d'un œil scrutateur l'ensemble des relations *naturelles et factices* que l'homme entretient avec ses semblables ; si nous cherchons, sans prévention, les causes de leur établissement, de leurs modifications et de leurs vicissitudes, nous voyons aussitôt que les premières sont à peu près exclusivement dirigées par la sympathie et l'antipathie, les secondes par les raffinements de l'intérêt et du calcul.

Les *premières* seules doivent nous occuper ; seules en effet elles rentrent dans le domaine de la physiologie. Que nous présenteraient d'ailleurs les *secondes*, véritables *ulcères moraux* qui viennent empoisonner la vie du corps social, en se montrant d'autant plus incurables que leur cause est indestructible ! Ici nous voyons se grouper, dans un monstrueux ensemble, toutes ces vaines protestations d'estime, de soumission et de respect dictées par la crainte ou par l'espérance : toutes ces haines, ces jalousies secrètes enfantées par les rivalités des sentiments, des fortunes, des honneurs ou des professions ; et par une conséquence déplorable, toutes ces injustices, tous ces procédés coupables, toutes ces diffamations criminelles qui viendraient souiller les sciences et les arts jusque dans leur sanctuaire, si de telles passions n'appartenaient exclusivement à l'inquiète médiocrité !

Couvrons, s'il se peut, d'un voile impénétrable, ce tableau repoussant et vrai des abus de la civilisation ; arrêtons-nous aux rapports instinctifs et naturels des hommes ; laissons à d'autres le soin de prouver combien ils auraient à perdre en les considérant sous un autre aspect.

Pour bien concevoir les différentes modifications des sympathies et des antipathies envisagées entre les hommes eux-mêmes, nous devons les étudier : *dans le commerce général, sans distinction de sexes ; dans les relations particulières des individus appartenant à la même famille ; entre les sexes différents.*

Dans le commerce général sans distinction de sexes. — Il est aisé d'apprécier le motif des liaisons qui rapprochent les hommes, et celui des divisions qui les éloignent, lorsqu'il existe entre eux, soit un intérêt commun, une identité parfaite, soit des rivalités et des oppositions essentielles. Mais lorsqu'aucun de ces mobiles ne vient se placer dans la balance de leurs affections, lorsqu'ils se rencontrent pour la première fois, ces impulsions diverses rentrent dans le domaine exclusif de la sympathie ou de l'antipathie instinctives ; un seul instant fait naître des sentiments d'aversion ou d'amitié que bien souvent les siècles eux-mêmes ne sauraient effacer. Le sage éprouve un sentiment pénible en considérant la promptitude et l'inexpérience avec lesquelles s'abandonne le commun des hommes, à ces déterminations irréfléchies qui deviennent la base ordinaire de leurs intimités, la source inévitable de leurs mécomptes et de leurs chagrins. De là cette réserve, cette grande circonspection, cet isolement apparent du vrai philosophe qui soumet toutes les impulsions instinctives au creuset de la raison, et qui craint de s'abandonner sans frein au tourbillon du monde, avec des guides aussi peu certains que la sympathie et l'antipathie. Le plus simple examen de nos relations habituelles suffit pour démontrer la sagesse d'une telle conduite, et la réalité des principes qui lui servent de fondement.

Témoin d'une lutte, d'un combat, d'une discussion, entre deux adversaires que vous ne connaissez pas, ne vous est-il jamais arrivé de concevoir pour l'un de ces antagonistes une aversion sans motif et de souhaiter sa défaite ?

Combien de fois n'avez-vous pas rencontré, dans le commerce de la vie, des hommes qui vous déplurent au premier instant, et vous fatiguèrent par leur présence ; lorsque des relations plus intimes vous firent ensuite apprécier leur mérite et leurs vertus, combien de temps, combien d'efforts ne devinrent pas nécessaires pour vous ramener à d'autres sentiments et détruire, encore d'une manière assez incomplète, un éloignement dont vous reconnaissiez toute l'injustice ? Nous trouvons dans ces faits, dans tous ceux du même genre que nous pourrions citer, la *raison* soumise au pouvoir de l'*antipathie* ; jusqu'ici restés sans interprétation bien suffisante, nous en donnons l'explication positive en ajoutant : *c'est évidemment parce que le respect s'impose toujours, tandis que l'affection s'inspire et ne se commande jamais.*

D'un autre côté, le monde nous offre bien souvent des sujets qui, dès la première entrevue, font naître en nous un intérêt, un attachement difficiles à bien définir ; plus difficiles encore à surmonter dans leurs entraînements, lors même qu'un examen plus scrupuleux et plus réfléchi nous fait connaître les désagréments d'une liaison inconvenante, et les dangers d'une amitié déplacée ; dans ces faits et dans tous leurs analogues, nous voyons encore la *raison* courbée sous le joug de la *sympathie.*

Dans les relations particulières des individus appartenant à la même famille. — L'antipathie se rencontre malheureusement quelquefois entre les membres d'une même famille ; c'est une monstruosité dans l'ordre social, c'est une perversion, un renversement des lois de la nature. L'aversion prend ordinairement alors tous les caractères d'une haine envenimée, dont les ressentiments sont implacables, et dont les effets peuvent devenir terribles. Combien de fois dans leurs funestes égarements, dans leurs sombres fureurs, des frères n'ont-ils pas imité l'affreux exemple d'Étéocle et de Polynice, en reproduisant dans nos temps modernes le plus effrayant tableau des temps antiques ! Abandonnons ces affligeantes considérations et revenons à la sympathie qui seule devrait exister entre des sujets naturellement unis par les liens les plus indissolubles et les plus sacrés.

Admirable présent du ciel, c'est ta divine influence qui métamorphose en plaisirs délicieux les inquiétudes, les fatigues, les privations et même les dégoûts attachés aux fonctions maternelles ; c'est par ta vigilance, par tes soins assidus que l'homme peut traverser sans naufrage tous les écueils de la vie !

Jeté, dès en naissant, sur une terre ennemie où tout semble concourir à sa destruction, faible, languissant, incapable de connaître et de repousser les périls qui l'assiégent, l'infortuné va commencer et finir en même temps sa carrière !... Mais non, tu prendras soin de sa conservation, tu placeras à ses côtés un être animé des plus tendres sentiments, qui trouvera le véritable bonheur à protéger sa frêle existence, à sécher ses innocentes larmes, à rassembler d'agréables fleurs autour de son berceau ; il n'aura plus rien à craindre puisque tu lui donneras le cœur d'une mère pour refuge et pour appui !

Arrivé au terme de sa course, péniblement courbé sous le poids des années et des infirmités, lorsqu'inutile à tout ce qui l'environne, il semble menacé d'un abandon général, c'est encore toi qui viendras lui prodiguer tes bienfaits, en alimentant le feu divin de la piété filiale dont les tendres soins lui feront supporter avec moins d'amertume le spectacle affreux de la tombe qui s'entr'ouvre déjà pour saisir sa victime ; dont les affectueuses caresses, dont les paroles consolantes rétabliront le calme dans son âme effrayée à l'aspect du terrible passage !

Entre les sexes différents. — Si nous étudions actuellement les effets de la sympathie considérée sous ce dernier rapport, nous voyons ce précieux mobile entrer dans les desseins du Créateur comme un moyen puissant dont il fait usage pour assurer l'entretien et la propagation de notre espèce. Nous ne parlerons plus ici de l'antipathie, elle ne peut en effet exister dans un ordre de choses où tout doit tendre au rapprochement ; où les causes de répugnance deviendraient des oppositions formelles aux lois de la nature. Nous verrons au contraire partout un attrait mutuel entre deux êtres éprouvant l'un pour l'autre, dès le printemps de la vie, une attraction instinctive, ainsi que les affinités chimiques, d'autant plus forte que les sujets dont elle effectue l'entraînement réciproque se trouvent plus essentiellement différents et par leurs qualités morales, et par leurs caractères physiques. C'est alors que l'homme place dans l'espérance un bonheur que détruit beaucoup trop souvent la réalité : déchirer le voile du prestige et des illusions, c'est en effet, presque toujours abolir le sanctuaire de la divinité qui préside aux plaisirs du cœur, au charme de l'imagination !

Deux êtres entièrement opposés par leurs caractères physiques et moraux, doivent concourir à l'accomplissement de ces desseins éternels.

L'un doué de la force et du courage affronte les périls avec intrépidité, renverse les obstacles par la vigueur de son bras, confie souvent à la violence l'exécution de ses volontés.

L'autre, faible, timide, réunissant tout ce que la nature peut offrir de plus aimable et de plus gracieux, obtient, par ses charmes, des victoires toujours assurées, et n'ambitionne d'autre conquête que celle des sentiments affectueux qu'il est si capable d'inspirer.

Une puissance invisible rapproche, dès l'aurore de la vie, ces deux êtres si différents, et les enchaîne l'un à l'autre par une véritable affinité morale. Un seul coup d'œil devient bientôt l'étincelle rapide qui doit allumer le feu sacré dans ces âmes pures, où le calme, l'indifférence et la paix, vont faire place aux douces rêveries, aux tendres agitations de ce charme délicieux, qui, bientôt, comme une flamme céleste, embrase tout l'individu, augmente le développement et l'énergie de ses facultés, agrandit la sphère de ses fonctions, lui donne le sentiment intérieur d'une existence qu'il semblait ignorer jusqu'alors.

Admirable sympathie ! combien d'heureux ne ferais-tu pas, si les hommes, toujours abusés dans la recherche du véritable bonheur, ne consultaient exclusivement les dignités et la fortune comme les seuls arbitres des destinées humaines ; et n'étouffaient, bien souvent au mépris des lois naturelles, ce penchant réciproque de deux cœurs vertueux faits pour s'entendre, se procurer mutuellement, par un fidèle échange de tendresse et d'amour, toutes les douceurs d'une félicité sans nuage ?

Telles sont les considérations générales que nous devions présenter sur les sympathies et les antipathies, en étudiant leur influence dans tous les corps, depuis l'élément inorganique le plus simple jusqu'à l'homme.

Nous savons actuellement que ces puissants modificateurs constituent l'âme de l'univers, entretiennent l'ordre et l'harmonie de l'organisme vivant ; influencent, chez l'homme plus particulièrement, les affections, les goûts, les déterminations ; maîtrisent même quelquefois la raison et la volonté ; que la sympathie garantit la conservation des espèces, l'union et la bonne intelligence des individus ; que l'antipathie conspire à la destruction des unes et des autres, en frappant les rapports sociaux dans leurs bases naturelles. On sent dès lors combien il devient indispensable à tous les hommes d'en approfondir les principes, d'en méditer les effets

Quels avantages cette connaissance n'offre-t-elle pas au médecin physiologiste qui ne craint pas d'abandonner le chemin trop facile de la routine et de l'empirisme ignorant, pour se frayer, par le flambeau de l'expérience et de la raison, un sentier plus laborieux, mais en même temps plus positif, en établissant avec empire, sur de véritables succès, la base inébranlable de sa gloire et de sa réputation.

Le philosophe y trouve des principes féconds en résultats qui lui font mieux apprécier le cœur de l'homme, et surtout mieux connaître les principales causes des modifications nombreuses que l'on observe si fréquemment dans la nature des idées et des passions.

Toutes les conditions, tous les âges y puisent des leçons importantes pour le commerce habituel de la vie. Les parents se garantissent des impulsions déterminées par ces influences de l'instinct, et n'établissent plus entre leurs enfants, des préférences bien souvent injustes et toujours funestes.

La jeunesse, dès son entrée dans la sphère des relations sociales, a déjà l'expérience indispensable pour éviter le plus dangereux des écueils.

L'homme s'attache davantage encore à l'objet aimable que le Créateur sembla lui donner pour essuyer ses larmes, partager ses chagrins, adoucir ses ennuis, et jeter les plus agréables fleurs sur le pénible sentier de la vie.

Après avoir considéré les liens naturels, par lesquels se trouvent enchaînés les corps, les propriétés, les phénomènes et les fonctions, étudions, sous le nom d'*habitude*, les merveilleux effets d'une influence commune à toutes les parties de ce vaste ensemble.

De l'habitude. — L'habitude, ἔθος, des Grecs, manière d'être, éducation ; *habitudo*, *mos*, *usus*, *consuetudo*, des Latins, mode, usage, coutume, envisagée sous le rapport de sa plus grande généralité, doit être définie : *Disposition acquise dans les facultés, les organes, les appareils, les économies, et déterminée par la répétition des phénomènes dont l'exécution leur est confiée.*

La nature, a dit Pascal, *n'est peut-être qu'une première habitude.* Cette pensée d'un grand homme est inexacte, mais elle nous laisse entrevoir toute l'importance de l'agent que nous allons étudier.

Nous considérons la *nature* comme l'état primordial des facultés, des organes, des appareils, des économies, et l'*habitude*, comme l'état secondaire, acquis par l'éducation de ces économies, de ces appareils, de ces organes et de ces facultés: *L'habitude est une seconde nature.*

Ces deux puissances rivales se disputent constamment l'empire de l'univers. Nous les voyons modifier tous les corps, depuis l'élément le plus simple jusqu'à l'homme, qui semble, par sa merveilleuse organisation, et plus spécialement encore par ses qualités morales, devoir servir à marquer le passage des êtres mortels à la Divinité.

La *nature* présente un grand avantage, elle se conserve par sa propre énergie, tend même incessamment à reconquérir les droits qu'elle a perdus, lorsque l'*habitude* ne défend plus les siens avec assez d'empire. *Naturam expellas furcâ, tamen usque recurret :* Chassez le naturel, il revient aussitôt.

Les dispositions primitives plus essentielles et plus profondes, se rapprochent dans leurs effets de la *force d'inertie*, dont l'influence est permanente et sans aucun affaiblissement ; les *dispositions acquises* plus superficielles et plus accessoires, peuvent être comparées à la *puissance active* dont l'énergie temporaire est susceptible d'usure et n'entretient ses résultats qu'avec des efforts constants et soutenus.

Ce principe est applicable à tous les corps. Ainsi l'arbre modifié si favorablement par la greffe, donnant alors des fruits exquis, produira d'autres arbres qui resteront à l'état sauvage, si la même opération ne vient pas également les soustraire à ces dispositions natives.

La fleur double de nos jardins reprend son état primitif de simplicité, lorsqu'elle n'est plus soumise à l'influence de la même culture.

Nos animaux domestiques, améliorés d'une manière si remarquable par le croisement des races, perdent ce précieux avantage dès la troisième ou quatrième génération, si des rapprochements nouveaux entre les espèces différentes ne sont pas convenablement sollicités.

Enfin l'homme né sans énergie, avec des inclinations vicieuses qu'il a maîtrisées par l'éducation et les bons exemples, se laisse entraîner par ses funestes penchants, si l'habitude n'agit pas constamment avec effort, pour affermir et consolider son ouvrage.

Étudions cet antagonisme de la *nature* et de l'*habitude*, pour mieux concevoir toutes les modifications qu'il peut offrir : dans l'économie universelle ; dans l'économie vivante.

1° De l'habitude considérée dans l'économie universelle. — Au premier aspect, l'économie universelle paraît affranchie du pouvoir de l'habitude, et les phénomènes physiques dont elle se compose, absolument étrangers à l'influence de ce puissant modificateur.

Admise par le plus grand nombre des auteurs, cette opinion n'est pas conforme à la vérité ; l'expérience nous la présente comme le résultat illusoire d'une observation trop superficielle.

Sans doute, les actions physiques n'offrent pas sous cette influence des modifications aussi variées, aussi profondes, que les phénomènes vitaux, mais elles s'y trouvent assez positivement soumises pour devenir ici l'objet de plusieurs considérations générales, d'autant plus utiles qu'elles serviront encore à marquer la transition des corps inertes aux corps animés, de l'économie universelle à l'économie vivante.

Les ressorts de nos différentes machines, soumis à la répétition des efforts qu'ils doivent supporter, sont toujours préférables à ceux qui n'ont point encore éprouvé cette influence ; ils offrent des réactions plus uniformes, plus précises, et sont plus difficiles à briser. Par une conséquence naturelle, nos horloges, nos pendules, nos montres sont imparfaites, inexactes dans les premiers temps ; elles acquièrent par le mouvement, toute la précision et la régularité dont leur mécanisme est susceptible.

Nos instruments de musique, et notamment le violon, que

l'on doit considérer comme le plus remarquable, deviennent par l'habitude, plus justes et plus harmonieux; leurs vibrations d'abord sans élasticité, leur timbre sans agrément, acquièrent par la répétition des trémoussements fibrillaires, l'avantage de rendre des sons plus moelleux, plus doux et plus variés ; ce genre de perfectionnement dépend même tellement de l'influence dont nous parlons, que l'art ne peut jamais remplacer ici les effets de l'exercice et du temps.

Lorsque nous voulons chauffer très-fortement un corps fragile, un vase en porcelaine, en verre par exemple, c'est graduellement que nous effectuons l'introduction du calorique; nous observons la même précaution dans le refroidissement; en négligeant de ménager les transitions, on opère la fracture de ce corps, par la dissociation instantanée de ses molécules dans un ou plusieurs points. En le familiarisant en quelque sorte avec les modifications opposées, on obtient bientôt sans rupture, l'écartement et le rapprochement alternatifs des particules matérielles. Si le corps a plusieurs fois été soumis aux deux extrêmes de ces variations relatives à la température, il est, comme on le dit, *éprouvé;* sa propre substance disposée convenablement par l'action du modificateur que nous étudions, offre une manière d'être qui le rend moins susceptible d'altération sous les mêmes influences destructives.

On n'objectera pas sans doute, qu'en plongeant instantanément ce même corps dans l'eau bouillante, la fracture n'a point lieu si l'immersion est générale; en effet, alors, toutes les molécules écartées dans la même proportion ne se trouvent plus exposées à l'abandon partiel et n'ont plus besoin de l'habitude pour garantir l'intégrité du corps soumis à l'expérience.

Ainsi dans les phénomènes physiques de l'économie universelle, nous voyons partout des modifications essentiellement déterminées par l'habitude.

Nous pourrions multiplier les exemples, mais devant seulement considérer cet objet d'une manière générale, notre tâche est suffisamment remplie.

De l'habitude considérée dans l'économie vivante. — Si nous envisageons actuellement les influences de ce puissant modificateur sur l'économie vivante, nous les trouvons d'autant plus réelles, plus profondes et plus variées, que nous étudions cette même économie dans un point plus riche en facultés vitales, en phénomènes de relation.

Rudimentaires chez les végétaux, ces influences deviennent beaucoup plus marquées chez les animaux; elles présentent, chez l'homme, tous les développements et toutes les modifications qui leur sont propres. Dès lors nous devons les envisager sous ces trois points de vue, pour en mieux concevoir et la nature et les effets.

De l'habitude considérée chez les végétaux. — Les végétaux éprouvant à leur manière l'action des excitants dont ils sont environnés, ont besoin de s'accoutumer par degrés à ces influences, lors surtout qu'elles sont fortes et n'offrent pas une harmonie parfaite avec les besoins du sujet, un rapport naturel avec sa constitution. Ce principe est invariable, et sur lui repose la conservation des plantes, des arbustes et des arbres soumis à ces différentes modifications.

Ainsi transplantez, sans précaution, dans la zone glaciale, des arbustes nés dans la zone torride ; ou sous la ligne équatoriale, des plantes qui croissent naturellement dans les régions hyperboréennes, vous leur donnerez inévitablement la mort.

Graduez au contraire, dans ces périlleuses migrations, les impressions inaccoutumées du sol, de l'air, de la température, etc., ces végétaux auront beaucoup moins à souffrir, vous parviendrez à les acclimater en leur conservant la vie sous un ciel étranger, essentiellement différent de celui qui les vit naître.

C'est d'après ces lois générales que sont modifiés nos terrains préparés, que sont disposées nos serres chaudes, tempérées et froides ; c'est encore sur l'application de ces grands principes que se trouve basée l'intégrité des végétaux, des animaux et de l'homme lui-même, au milieu des nombreuses vicissitudes auxquelles tous les êtres vivants peuvent se trouver soumis; enfin c'est par une conséquence nécessaire de ces principes et de ces lois, que les transitions brusques de la température et des autres dispositions atmosphériques produisent quelquefois une grande mortalité, lorsque les mêmes révolutions auraient pu s'effectuer d'une manière lente et progressive sans entraîner d'aussi funestes résultats.

Les végétaux d'un ordre supérieur, d'une organisation plus délicate, d'uue irritabilité plus développée, nous offrent des modificatious plus spéciales encore sous l'influence que nous étudions.

Ainsi la sensitive, par un mouvement concentrique, ferme son feuillage pendant la nuit, et par un mouvement opposé, l'ouvre de nouveau sous l'impression bienfaisante des premiers rayons du jour. L'habitude peut intervertir ces dispositions natives. Environnez cette plante d'une obscurité profonde pendant le jour, d'une lumière très-vive pendant la nuit, vous la verrez, après quelques résistances de la nature, s'accommoder à ce nouvel ordre de choses, et bientôt, à l'exemple de l'homme lui-même, veiller lorsque tout repose autour d'elle, et reposer à son tour lorsque tous les êtres qui l'environnent se trouvent plongés dans un profond sommeil.

Soumettez cette même plante à des secousses habituelles, au mouvement d'une voiture par exemple, cette excitation insolite dérangera d'abord sa manière d'être naturelle, mais elle y reviendra bientôt par l'habitude, comme dans le calme le plus parfait.

Ces exemples qui n'ont point échappé à l'observation des botanistes, et beaucoup d'autres que nous pourrions citer, prouvent évidemment toute l'influence des modificateurs que nous étudions, sur cette première division de l'économie vivante.

De l'habitude considérée chez les animaux. — Les relations extérieures deviennent, chez les animaux, plus étendues et plus multipliées; par une conséquence nécessaire, les effets de l'habitude sont chez eux plus variés et plus sensibles.

Les considérations que nous avons exposées pour les végétaux, relativement aux modifications du sol, de l'atmosphère et du climat, s'appliquent également aux animaux, avec cette différence que, plus près de nous, ces derniers peuvent être soustraits avec plus d'avantage aux influences nuisibles qui les entourent, par le bienfait de nos moyens artificiels; mais encore, quels soins, quelles précautions ne deviennent pas indispensables pour les acclimater et les conserver sous des latitudes étrangères !

L'éducation est déjà susceptible, chez les animaux, de produire des résultats aussi remarquables que variés. Ainsi lorsque nous voyons le chien, le singe, le cheval, etc., dressés dans une rare perfection, exécuter avec précision et méthode, les mouvements les plus difficiles et les plus compliqués, nous sommes naturellement portés à leur accorder, comme à l'homme, une intelligence dont les facultés s'élèvent au-dessus des besoins physiques. Lorsque nous entendons certains oiseaux, le perroquet plus spécialement, articuler des sons, former des mots, des phrases et même d'assez longues périodes, ils nous semblent, au premier instant, exprimer leurs propres idées; mais lorsque nous observons avec plus d'attention, nous reconnaissons bientôt que toutes ces actions qui nous en imposent et nous frappent d'étonnement, ne sont autre chose qu'un résultat de la répétition des mêmes phénomènes sous l'influence de l'habitude et de l'imitation.

Les diverses classes d'animaux, et les différents sujets dans la même espèce, ne sont pas également susceptibles d'éducation, ou, si l'on veut, d'être aussi profondément influencés par le modificateur que nous étudions; il suffit, pour s'en convaincre, de comparer, sous le premier rapport, le porc, au chien; l'âne, au cheval; le canard, au perroquet; et sous le second, les chiens, les singes, les chevaux entre eux; en thèse générale, on peut avancer que les animaux sont d'autant plus susceptibles d'habitude, que leurs fonctions de relation offrent plus d'étendue, plus de variété; que leur constitution est plus molle et plus flexible.

Outre ces dispositions générales, nous rencontrons encore

dans les différentes espèces, des aptitudes particulières. Ainsi le perroquet se trouve naturellement organisé pour le langage articulé; le rossignol, pour les modulations du chant; le singe, pour les tours d'adresse ; le chien, pour l'exercice de la chasse; le cheval, pour le tumulte des camps et le mouvement des combats; mais ces vocations natives ne sont que des rudiments sans culture ; l'habitude et l'éducation en font seules des qualités remarquables.

De l'habitude considérée chez l'homme. — Dans notre espèce, la sphère des rapports extérieurs acquiert son plus grand développement, et l'habitude produit toutes les modifications qu'elle est susceptible d'effectuer.

Dans l'état sauvage, nous trouvons déjà les dispositions natives de l'homme assez positivement éloignées de leurs caractères primitifs ; mais si nous l'examinons dans l'état social, nous le voyons tellement différent de lui-même, qu'à peine offre-t-il quelques vestiges de ses traits primordiaux. Chez le premier, la nature est modifiée superficiellement par l'éducation ; chez le second, l'éducation a presque entièrement fait disparaître la nature; chez le premier, la nature plus mâle et plus énergique a triomphé des efforts impuissants de l'habitude ; chez le second, les caractères des dispositions acquises ont en quelque sorte effacé le cachet des dispositions primitives.

Quelle que soit la condition de notre espèce, plus ou moins soumis à l'empire des lois générales que nous venons de signaler, jamais nous ne pourrons supporter, sans modification positive, les migrations lointaines ; arriver, sans habitude et sans gradation, à braver impunément toutes les influences d'un ciel étranger. En changeant de patrie, l'homme doit non-seulement arroser de ses pleurs les derniers confins de la terre natale, mais encore payer un tribut souvent très-dangereux au nouveau climat qu'il se propose d'habiter.

Disons-le cependant, il est moins étroitement que les végétaux et les animaux, attaché au sol qui le vit naître ; il sait, avec avantage, s'approprier tous les aliments, toutes les coutumes, toutes les influences des latitudes opposées; les bornes de son pays deviennent ainsi les bornes du monde.

On admet assez généralement ce principe : *tous les goûts sont dans la nature ;* nous établissons comme vérité mieux démontrée : *qu'ils sont plus souvent un résultat de l'habitude et de l'éducation.* Dans l'hypothèse contraire, verrions-nous se généraliser nos modes et nos coutumes les plus bizarres ? Cependant telle action, tel objet, tel costume qui nous semblaient d'abord le comble du ridicule et de la folie, nous paraissent bientôt plus supportables; nous séduisent, nous entraînent à les adopter; et même à trouver surannés et grotesques tous ceux qui n'ont pas éprouvé ces modifications exigées par le caprice de l'usage.

L'habitude est donc évidemment, après la nature, notre maître le plus impérieux, puisque souvent elle obtient le suprême pouvoir et devient un tyran qui nous domine à son gré. Profondément établies, ces dispositions artificielles règlent nos goûts et nos penchants avec autant d'empire que les dispositions natives. Ainsi l'habitant de la campagne, accoutumé depuis longtemps aux travaux rustiques, aux aliments les plus grossiers, aux variations de l'atmosphère, aux intempéries des saisons dont il est à peine garanti par les vêtements et le toit de l'indigence, n'abandonnerait pas une aussi triste position sans peine et sans danger, pour le repos efféminé, les mets délicats, les riches habits, les palais commodes et somptueux de nos magnifiques cités. On n'a pas oublié l'histoire de ce malheureux prisonnier, qui remis en liberté après vingt années de réclusion dans le cachot le plus infect, ne put supporter la vivacité de la lumière et la pureté de l'air extérieur, demanda comme une grâce, et comme le seul moyen de vivre, les aliments et le lieu de sa triste captivité.

Le modificateur que nous étudions exerce une influence également remarquable sur la constitution physique et morale de l'homme. Nous voyons en effet des sujets, même d'un esprit ordinaire, acquérir par l'éducation gymnastique, la grâce du maintien et la perfection dans les exercices du corps; des individus même d'un génie supérieur, soumis à des modifications opposées, ne plus offrir cet aplomb dans les attitudes, et cette précision dans les mouvements.

Considérez ce jeune merveilleux si plein de lui-même, toujours si complétement satisfait de sa chétive personne, exclusivement occupé à dispenser tous ces petits soins, ces petits compliments d'usage, ces jolies manières, cette politesse factice, éléments indispensables du *bon ton*, *de la galanterie*; vous le voyez acquérir insensiblement une forme séduisante qui dérobe aux regards superficiels toute la nullité du fond; obtenir une préférence injuste sur le modeste savant, qui dans la retraite et la méditation, négligeant toutes ces ridicules afféteries, paraît souvent emprunté dans le grand monde, et quelquefois même assez gauche pour exciter les sottes railleries de son mince et vain antagoniste.

Le genre de vie, l'exercice des professions impriment également un cachet particulier sur le physique et le moral de l'homme. Chacune de ces dispositions offre un type qui la caractérise, donne une physionomie spéciale aux individus soumis à son influence. Ainsi *le pédagogue* est important et sentencieux; *l'avocat*, diffus, argumentateur; *le médecin*, attentif et discret; *le guerrier*, franc, loyal, impérieux; *le courtisan*, flatteur, bas et perfide; *le juge*, grave et solennel; *le comédien*, gesticulateur et grimacier; *le peintre*, silencieux, observateur; *le musicien*, bruyant, léger, inconstant; *le danseur*, étudié dans tous ses mouvements; *l'opulent*, hautain, orgueilleux, tranchant; *le pauvre*, modeste, craintif, etc.

Les opinions politiques et religieuses ne sont beaucoup trop souvent, pour l'homme qui les adopte sans les approfondir, qu'un simple résultat de l'éducation. Tel sujet est Calviniste ou Luthérien, partisan de la Ligue ou du Roi, suivant que l'une ou l'autre de ces croyances, de ces opinions est admise dans son pays, dans sa famille, et que dès ses premières années il en a contracté l'habitude; aussi de tels néophytes sont-ils presque toujours mal affermis dans leurs principes; disposés à la trahison, à l'apostasie lorsqu'ils se trouvent, par des motifs puissants, placés entre les intérêts de leur fortune et ceux de leur conscience.

L'habitude nous offre encore des influences bien remarquables dans les différentes maladies. Ainsi l'homme se familiarise avec la souffrance ; la vie s'accoutume par degrés au désordre des fonctions ; elle s'entretient souvent au milieu des lésions les plus graves lorsque la progression des symptômes s'est effectuée d'une manière insensible ; tandis qu'elle est ordinairement compromise par le développement instantané d'affections morbides beaucoup plus légères. Ainsi dans l'hydrocéphale chronique, un litre de sérosité peut s'accumuler graduellement sans occasionner la mort; deux cuillerées suffisent quelquefois, dans l'hydrocéphale aiguë, pour entraîner ce funeste résultat.

Une maladie passée dispose au développement d'une altération semblable ; les mêmes organes s'habituent à la contracter avec plus de facilité. Ce principe, en opposition avec les idées vulgaires, présente un intérêt majeur dans ses applications au traitement des convalescences, et nous fait sentir que l'attention doit alors tout particulièrement se diriger vers l'appareil ou l'organe plus spécialement affectés, pour les soustraire aux influences capables de ramener la maladie qu'ils viennent d'éprouver.

C'est encore d'après la même loi que les sujets valétudinaires, habitués aux influences pathologiques, présentent fréquemment des indispositions, rarement des maladies graves ; la nature paraissant chez eux fléchir sans effort sous une modification accoutumée ; tandis que les individus robustes sont moins souvent, mais presque toujours plus dangereusement affectés, l'organisme réagissant avec d'autant plus de violence que ces modifications lui sont plus étrangères. Le premier de ces états nous offre l'image du faible roseau pliant sous l'impulsion des vents ; le second, celui du chêne inflexible qui se brise en résistant au souffle impétueux des aquilons.

Ainsi depuis la naissance jusqu'à la mort, dans l'état de santé, comme dans l'état de maladie, nous rencontrons partout l'empire de l'habitude. Pour mieux comprendre encore les modifications importantes qu'elle détermine, considérons son influence dans chacune des fonctions de notre économie particulière.

Il serait erroné de penser, avec Bichat et plusieurs autres physiologistes, que cette influence porte exclusivement sur les phénomènes de relation ; aucune partie de l'organisme, aucune action de l'économie vivante ne peut s'affranchir d'une puissance qui régit l'univers.

Toutes ces actions physiologiques ne sont pas modifiées par elle d'une manière identique ; les dispositions qu'elle produit, à peine sensibles chez les unes, deviennent quelquefois chez les autres, plus apparentes que les modifications natives. Élevons-nous par gradation, des effets les plus simples aux résultats les plus compliqués.

Influences de l'habitude sur les fonctions nutritives. — Considérées d'une manière superficielle, toutes les fonctions nutritives semblent, au premier aspect, absolument étrangères aux modifications de l'habitude. Ainsi la digestion, la nutrition, les sécrétions n'offrent pas moins de perfection apparente chez l'enfant qui vient de naître, que chez l'adulte arrivé au complément de son organisation. Mais en étudiant ces phénomènes avec une attention plus scrupuleuse, on y découvre bientôt les influences de cet agent universel. Un grand nombre de faits positifs servent de fondement au principe que nous venons d'établir.

Le lait, ce premier aliment de l'enfance, est le seul approprié à l'état actuel des organes digestifs ; c'est par degrés, c'est par le secours d'une véritable habitude, qu'ils parviendront insensiblement à l'élaboration de substances plus réfractaires.

Le citadin efféminé, qui toujours a fait usage des mets les plus suaves et les plus délicats, pourrait-il actuellement digérer sans accident les aliments grossiers au moyen desquels s'entretiennent la force et la santé du robuste agriculteur? Celui-ci n'éprouverait-il à son tour aucun inconvénient du régime dégoûtant des Cosaques et des Baskirs, que nous avons observés mangeant avec sensualité des viandes et des poissons putréfiés, cuits dans la graisse rance, dans le vieux suif ou dans l'huile destinée à l'éclairage? Nous ne le pensons pas, et cependant en ménageant les transitions, en donnant à l'habitude le temps de s'établir, on parviendrait à ces résultats, on ferait sous ce rapport, sans danger, d'un citadin un Baskir, et d'un Baskir un citadin. Les faits consignés dans les relations des villes assiégées, des navigations malheureuses, ne peuvent laisser à cet égard aucune incertitude.

L'absorption est également susceptible, sous la même influence, de modifications bien remarquables, et surtout bien rassurantes pour le médecin. Ainsi l'homme, soumis depuis longtemps à l'action des émanations miasmatiques, parvient à la supporter avec beaucoup moins d'inconvénient.

En 1814, époque désastreuse pour la France, l'hôpital de la Salpêtrière, où nous faisions alors le service d'élève interne, encombré de malades et de blessés, offrait un foyer d'infection et d'épidémie meurtrière. La plupart des jeunes élèves de Paris, que leur zèle conduisit dans ce triste asile de la souffrance et de la mort, inaccoutumés à ces influences nuisibles, payèrent de leur vie ce généreux dévouement ; tandis qu'habitués depuis longtemps à ces dangereuses modifications, nos collègues et nous ne fûmes atteints que vers la terminaison de cette épidémie, nos forces épuisées devant succomber enfin sous le poids du travail et de la fatigue.

La *nutrition* offre d'abord des altérations plus ou moins profondes, relativement à sa nature, à son activité, par les changements de saison, de climats, d'aliments, etc.; mais au moyen de l'habitude elle rentre par degrés dans ses dispositions primitives.

Enfin, les *sécrétions* éprouvent incessamment les effets de la même influence ; leur travail devient plus ou moins actif, suivant les habitudes au milieu desquelles se trouvent les appareils chargés d'exécuter ces fonctions. Ainsi la glande lacrymale chez les sujets très-sensibles, les salivaires chez le gourmand, le foie chez le gastronome, les mamelles chez la nourrice, les reins chez les buveurs de profession, chez les habitants des contrées humides, etc., offrent une élaboration sécrétoire beaucoup plus abondante que celle des mêmes organes chez les sujets environnés de circonstances opposées.

Influences de l'habitude sur les fonctions vitales. — Il suffit encore d'observer avec un peu d'attention la circulation, la respiration et l'innervation, pour sentir qu'elles se trouvent également assujetties au pouvoir de l'habitude.

La *circulation* est beauconp plus énergique et plus parfaite chez les sujets qui se livrent ordinairement à des exercices capables d'activer les mouvements du cœur. Le sang poussé avec plus de force pénètre les vaisseaux capillaires jusque dans leurs dernières ramifications. De là ces différences notables que l'on rencontre sous le rapport de la vitalité, de la coloration des muqueuses, de la peau, etc., entre les hommes qui vivent dans une activité continuelle et ceux qui languissent dans la mollesse et l'oisiveté. Les agriculteurs habituellement exposés à l'action des rayons solaires, tous les ouvriers soumis à l'influence d'une chaleur très-vive, comme on l'observe dans les fonderies, les verreries, etc., éprouvant une excitation à peu près continuelle dans les capillaires cutanés, offrent encore par cette raison, les dispositions que nous venons de signaler. On prétend même qu'au moyen d'une étude prolongée, quelques individus sont parvenus à placer l'action du cœur sous l'influence de la volonté ; ainsi d'après un écrivain qui paraît digne de foi, le colonel Touwsend pouvait accélérer, diminuer ou même suspendre à son gré les mouvements de cet organe.

La *respiration* est plus accélérée chez les individus qui s'accoutument à n'introduire qu'une petite proportion d'air à chaque inspiration, les poumons se trouvant habituellement comprimés par des vêtements trop étroits ; elle est plus rare et plus ample chez ceux qui fréquemment retardent la succession de ses mouvements, la soutiennent par le chant, la déclamation, etc. Il suffit d'avoir fréquenté les laboratoires de chimie pour savoir que, par degrés, on familiarise l'appareil respiratoire avec des gaz dont l'action deviendrait essentiellement dangereuse pour ceux qui n'en auraient pas ainsi contracté l'habitude.

L'*innervation* augmente sensiblement d'énergie sous l'influence de ce modificateur ; ainsi la répétition fréquente de l'impulsion nerveuse dans une partie déterminée du système musculaire, donne à cette même partie plus de force et plus d'agilité proportionnelle qu'à toutes les autres. La plupart des névralgies doivent leur développement aux excitations habituellement entretenues vers les organes qui nous en présentent le siége, etc.

Influences de l'habitude sur les fonctions génitales. — Si nous considérons les fonctions génératrices dans leur but essentiel, nous les voyons s'exercer avec la même perfection chez l'adolescent et l'homme fait ; elles nous paraissent dès lors soustraites à l'influence de l'habitude ; mais si nous en étudions les phénomènes d'une manière plus spéciale, nous sentons aussitôt qu'ils ne font point exception à cette loi commune. En effet, la fréquence des rapprochements rend, chez l'homme, la sécrétion spermatique plus abondante, les besoins plus rapprochés, la répétition de l'acte plus facile ; elle excite chez la femme ces besoins toujours renaissants ; fait de l'utérus un centre de fluxion permanente, et détermine bien souvent l'érotisme et la nymphomanie. Le défaut d'exercice de cette fonction, la continence rigoureusement observée, produisent au contraire insensiblement l'oubli du besoin : la chasteté devient alors d'autant plus facile et moins pénible, que les désirs ont été plus scrupuleusement et plus longtemps maîtrisés. L'avortement lui-même peut offrir une conséquence de ces principes : l'utérus ayant plusieurs fois expulsé le produit de la conception vers le deuxième, troisième ou quatrième mois, par exemple, sous l'influence de l'habitude, ne manquera pas de faire, à cette époque, les mêmes efforts pour se débarrasser du fœtus. Combien de faits analogues ne pourrions-nous pas également énumérer, si la vérité de ces assertions n'était suffisamment démontrée.

Influences de l'habitude sur les fonctions de relation. — Si l'habitude peut modifier toute l'économie vivante, changer même quelqufois ses dispositions primordiales, c'est plus spécialement encore sur les phénomènes de relation que cet agent merveilleux exercera son empire.

Nos rapports avec l'univers s'effectuent par trois ordres de fonctions : l'impression que font sur nous tous les objets extérieurs : *sensations;* les idées, les raisonnements et les jugements que cette impression occasionne : *intellectualisations ;* enfin les mouvements divers par lesquels nos idées et nos passions sont naturellement signifiées : *expressions.* Les effets de l'habitude se trouvant diversifiés dans chacun de ces groupes de fonctions essentielles, nous devons présenter isolément les considérations importantes que fait naître leur étude.

Sur les sensations. — L'habitude émousse le sentiment et perfectionne le jugement. Cette opinion d'un grand physiologiste, vraie sous quelques rapports, devient essentiellement fausse en la considérant d'une manière absolue.

Elle présente un caractère de vérité lorsque les agents d'excitation ne dépassent point, dans leur influence, la mesure naturelle de la sensibilité des organes qui s'y trouvent soumis ; elle devient une erreur palpable, toutes les fois que cette influence est exagérée. Quelques exemples rendront ces principes incontestables.

En graduant les caractères irritants des boissons, on parvient à supporter les plus fortes, et le sens du goût s'émousse dans la même proportion, mais sans perdre sa rectitude ; c'est ainsi que les grands buveurs sont en général bons gourmets. Le pharmacien Duquet mort à Paris vers le commencement du siècle, après avoir successivement usé du cidre, du vin, de l'eau-de-vie, de l'alcool, parvint à boire chaque jour un litre d'éther.

Mithridate, soupçonneux dans l'adversité, s'habitua tellement à l'influence des poisons les plus violents, qu'il n'en rencontra plus d'assez actifs pour se débarrasser d'une existence qu'il ne voulait pas laisser à la merci de ses ennemis.

Au contraire, si, dès le début, on ingère dans l'estomac une liqueur spiritueuse très-forte, la répétition de cette influence disproportionnée au développement de la sensibilité, produit l'irritation ou même l'inflammation de ce viscère : le sentiment augmente, la douleur s'éveille, tandis que la faculté de juger l'impression est constamment altérée.

Partant de ce dernier principe, dont l'erreur nous paraît assez démontrée, Bichat en infère des conséquences qui nous semblent aussi contraires aux intérêts de la vérité qu'à ceux de la morale, en faisant *de la constance une rêverie des poëtes, une véritable chimère de l'imagination.*

En effet, si l'homme abandonné aux caprices de ses passions, habitué dès longtemps à placer toutes ses jouissances dans les excitations très-vives, a besoin de les varier pour éviter les pénibles effets de l'uniformité, en est-il de même pour celui dont la raison dirige les goûts et borne les désirs ? Attaché à ses coutumes, au charme de la propriété, à ses travaux, à ses paisibles délassements, ne goûtera-t-il pas toujours au contraire un bonheur inaltérable dans sa manière uniforme de sentir ?

Si nous appliquons ces lois plus particulièrement aux différentes sensations, nous les verrons offrir partout la même réalité ; partout dans les mêmes circonstances, les influences de l'habitude seront à peu près identiques.

Sur les sensations générales. — Les excitations graduées avec beaucoup de ménagement ne produisent point d'irritation morbifique ; la sensibilité se modifie, par l'habitude, semble diminuer en proportion de l'accroissement d'activité du modificateur, de manière à se trouver dans une juste mesure pour la sensation ; elle paraît même quelquefois s'anéantir ; ou dans certaines circonstances prendre un caractère essentiellement opposé à celui qu'elle offrait dans l'état normal ; de telle sorte que l'excitation, qui d'abord produisait une véritable douleur, éveille alors une sensation agréable.

Ainsi dans nos climats où les transitions s'effectuent d'une manière lente et graduée, des tièdes haleines du printemps aux chaleurs excessives de l'été, de l'atmosphère tempérée de l'automne aux froids les plus rigoureux de l'hiver, nous supportons beaucoup mieux dans le premier cas, l'excès du calorique, dans le second celui du froid, que nous ne pourrions le faire au milieu de ces changements instantanément effectués ; nous sommes beaucoup plus sensibles au premier abaissement du thermomètre à zéro, qu'à celui de huit ou dix degrés vers la fin des saisons glacées.

La première introduction d'une algalie dans le canal de l'urètre produit ordinairement une douleur assez vive ; cette opération réitérée plusieurs fois devient moins pénible, ensuite à peine sensible, enfin quelquefois même agréable.

Nous avons observé à la Salpêtrière, deux femmes que l'on sondait chaque jour plusieurs fois, depuis quinze ans, pour une paralysie de la vessie ; le cathétérisme produisait alors ce dernier résultat.

Chopart, dans son traité sur les maladies des voies urinaires, cite l'histoire bien remarquable d'un jeune pâtre, qui parvint insensiblement, au moyen d'un mauvais couteau, à se diviser la verge depuis le méat urinaire jusqu'au col de la vessie, excitant chaque fois dans cette opération, cruelle pour tout autre sujet, des sensations voluptueuses que l'onanisme ne pouvait plus développer dans ses organes affaiblis par cette funeste habitude.

Lors au contraire qu'une excitation très-vive s'effectue sans gradation, elle produit alors ou l'inflammation ou la gangrène suivant la mesure de sensibilité des parties affectées, suivant le défaut ou l'excès des réactions morbifiques sollicitées par cette influence.

Sur les sensations spéciales. — En observant avec attention, on reconnaît bientôt que les mêmes principes leur sont applicables. Ainsi par des gradations ménagées, nos sens peuvent acquérir, sous l'influence de l'habitude, la faculté d'apprécier les plus faibles, comme les plus fortes impressions. Leur susceptibilité s'affaiblit si la transition s'effectue des excitants les plus légers aux plus forts; elle se développe au contraire dans la transition opposée. L'œil s'habitue par degrés à distinguer les objets dans l'atmosphère ténébreuse d'un antre profond, et sous le foyer d'une lumière éclatante; les sons très-intenses rendent l'oreille paresseuse; les salaisons, les épices, toutes les inventions de l'art culinaire, pour exciter l'appétit, usent ordinairement le goût; les odeurs pénétrantes affaiblissent l'olfaction. Hallé dans ses cours rapportait l'histoire de deux amants Sybarites qui s'étaient complétement privés de l'usage de ce dernier sens, en faisant un si grand abus des parfums qu'ils en plaçaient jusque dans le soufflet dont ils se servaient pour alimenter la combustion de leur foyer.

Le seul moyen de rappeler, autant que possible, toute la sensibilité naturelle dans ces organes ainsi fatigués par l'abus des excitants, consiste à les soumettre d'une manière progressive à des modifications opposées en graduant les impressions, des plus fortes vers les plus faibles.

Au contraire si l'on porte subitement une excitation très-vive sur les organes sensitifs, on détermine encore ou l'inflammation ou la paralysie. Combien d'ophthalmies ou d'amauroses, de surdités ou d'otites, etc., ne se rattachent pas directement à l'action d'une lumière très-brillante sur la rétine, ou d'un son trop éclatant sur les nerfs acoustiques !

Sur les intellectualisations. — Les lois que nous avons établies relativement aux sensations doivent s'appliquer également aux actions de combinaison intellectuelle.

Pour mieux comprendre les influences de l'habitude relativement à ce nouvel ordre de fonctions, nous devons bien distinguer ici les impressions agréables ou pénibles que reçoit l'âme à l'occasion des sensations ; les idées, les raisonnements, les jugements et les passions dont ces mêmes impressions deviennent les éléments essentiels.

Les impressions, lorsqu'elles sont en mesure de la sensibilité s'affaiblissent par degrés. Tel objet qui d'abord nous affectait avec beaucoup de vivacité, perd insensiblement de son action, nous devient même quelquefois indifférent. Nos peines et nos plaisirs, sujets aux mêmes lois, éprouvent cette influence de l'habitude qui vient nous expliquer la réalité de ces axiomes : *Il n'est point d'éternelles douleurs. La nouveauté plaît toujours. Les jouissances de la réalité sont moins vives, moins pures et moins durables que celles de l'espérance.*

D'un autre côté, les idées, les raisonnements, les jugements et les passions, que ces impressions font naître, se perfectionnent sous la même influence. Nous concevons mieux une sensation que nous avons éprouvée plusieurs fois ; nous raisonnons avec plus de profondeur sur les différentes parties de l'objet qui la produit ; nous jugeons plus exactement son ensemble ; nous réglons avec plus d'avantage et d'empire, les passions qui deviennent le résultat de ces modifications morales. Un seul exemple suffira pour démontrer toute la vérité de ces principes.

La première vue d'une campagne agréable, dans un site riant et varié, l'ensemble des objets qui s'offrent à nos regards : ces prairies, ces ruisseaux, ces villages, ces forêts, ces monts sourcilleux qui terminent au loin le paysage, tout porte dans l'âme un calme religieux et paisible, tout fait éprouver une impression délicieuse qu'il est beaucoup plus facile de sentir que d'exprimer. Si plus tard nous cherchons à nous rappeler tous les détails de cette perspective, à peine les plus importants viennent-ils se retracer à notre souvenir ; c'est alors qu'il nous est démontré que dans ce premier examen, absorbés par la vivacité des impressions, nous avons entièrement négligé l'analyse des objets qui les ont fait naître.

Lorsque nous avons occasion de revoir plusieurs fois ces mêmes lieux, moins entraînés par l'excitation des sens, nous raisonnons les détails, nous jugeons l'ensemble ; toutes les particularités viennent se graver dans notre souvenir, et nous pouvons les retracer à des temps souvent très-éloignés, comme s'ils étaient présents à nos yeux.

L'auteur du *Voyage du jeune Anacharsis* avait bien senti ces vérités lorsqu'il s'exprimait ainsi : « En attendant le jour du départ, j'allais, je venais, je ne pouvais me rassasier de revoir la citadelle, l'arsenal, le port, les vaisseaux. Dans la suite, *ma surprise, en s'affaiblissant*, a fait évanouir les plaisirs dont elle était la source, et j'ai vu, avec peine, *que nous perdons du côté des sensations ce que nous gagnons du côté de l'expérience.* »

Lorsque les impressions dépassent la mesure naturelle de nos facultés affectives, elles exaltent la sensibilité morale et donnent à l'âme une manière d'être vicieuse qui ne lui permet plus de rien éprouver sans exagération. C'est alors que l'homme ressent un besoin continuel d'excitations insolites et fortes ; ce besoin est même quelquefois tellement impérieux, qu'il fait rechercher des sensations pénibles alors que les sensations agréables deviennent insuffisantes. Ne voyons-nous pas en effet des sujets mélancoliques, après avoir inconsidérément épuisé la coupe du plaisir, s'abîmer dans les idées les plus sombres, savourer avec sensualité l'amertume des plus violents chagrins, ou chercher un aliment à leur sensibilité dépravée dans ces spectacles sanguinaires qui ne devraient inspirer que l'horreur et l'effroi ! Quel tableau hideux que celui d'une exécution publique ! Quel tableau plus hideux encore que celui d'une femme arrêtant ses regards avides sur les membres palpitants de la victime sacrifiée par le glaive des lois !... C'est alors surtout que vient s'offrir dans toute son évidence, la grande vérité si bien rendue par un poëte célèbre, *l'ennui naquit un jour de l'uniformité*. Arrivé à ce terme fatal de la satiété morale, à ce dégoût de la vie, conséquence nécessaire des jouissances abusives, l'homme pourra-t-il exister alors qu'il n'est plus capable de sentir ? Fatigué du poids qui l'opprime incessamment, ne portera-t-il pas sur lui-même une main homicide et forcenée, dans la triste supposition où le frein de la conscience ne viendra pas l'arrêter au bord du précipice affreux entr'ouvert sous ses pas !

Des principes que nous venons d'établir, découlent naturellement les conséquences les plus utiles au bonheur de l'homme. En abusant des impressions, il émousse leurs attraits ; son âme compare les charmes du passé à l'indifférence du présent, et le résultat de ce rapprochement est la mélancolie, cette langueur morale plus pénible que toutes les souffrances physiques.

En ménageant au contraire les sensations qui constituent le fond de l'existence, en les soumettant au pouvoir de la raison, en se reposant des unes par les autres, en les *rajeunissant*, en quelque sorte, par cette continuelle diversité qui les soustrait à l'empire de l'habitude, il échappe à ce dégoût de la vie que la satiété fait naître, et parvient au vrai bonheur dont le secret reste inconnu à ceux qui ne savent pas le chercher.

Sur les actions d'expression. — C'est plus spécialement encore dans cette classe de fonctions que l'habitude nous étonne par ses merveilleux effets. Entièrement destinés aux relations extérieures, ces actes physiologiques, rudimentaires à la naissance, doivent acquérir par l'éducation, tous les perfectionnements dont ils sont naturellement susceptibles. Sans doute cette éducation, même bien dirigée, ne peut remplacer les dispositions natives, de même qu'elle ne fait point d'un idiot un génie, de même on ne la verra point transformer en musicien habile, en danseur gracieux, un enfant dont l'oreille est fausse et dont les membres sont déformés par le rachitis ; mais en cultivant ces mêmes dispositions, elle offrira des résultats que ne promettrait aucun autre modificateur.

Il suffit, pour se pénétrer de la vérité de ces principes, d'envisager toute la force des impressions que nos grands acteurs tragiques parviennent à nous communiquer, lorsqu'ils nous font trembler par l'appareil d'un crime ; lorsqu'ils nous arrachent des larmes par leurs chagrins fictifs ; lorsqu'ils font passer dans nos âmes des passions qui sont, à la réalité, ce que la peinture est aux objets qu'elle représente. Attendris par des malheurs supposés, alors que souvent nous fussions restés impassibles s'ils eussent été vrais, nous sentons que l'art parle toujours à l'imagination beaucoup plus que la nature elle-même.

Toutefois dans ces fonctions, comme dans les autres, l'influence de l'habitude, pour offrir des résultats favorables, doit s'exercer avec mesure : lorsqu'elle devient excessive, on la voit constamment les énerver et les pervertir ; nous en donnerons la preuve en considérant ses effets, sur *la voix*, *la parole*, *la prosopose* et *les gestes*.

Sur la voix. — Le larynx ou l'oreille sont-ils vicieusement constitués, c'est en vain que l'on chercherait, par l'exercice, à donner de la justesse à la voix. L'enfant qui chante faux dans les premières octaves qu'on lui fait parcourir, doit renoncer à la musique ; cet art n'est point fait pour lui : ajoutons même qu'il ne sentira jamais le charme de l'harmonie, si la défectuosité que nous venons de signaler tient plus spécialement aux organes de l'audition.

Chez les sujtes favorablement disposés, l'éducation normale fortifie la voix, développe son étendue, la rend plus flexible aux différentes modulations, donne à son timbre quelque chose de plus touchant et de plus persuasif, comme il est aisé de s'en convaincre en écoutant deux individus égaux par les moyens naturels, l'un sans culture, l'autre façonné par l'art.

Si la voix est au contraire exercée sans méthode, et surtout avec excès, toutes ses dispositions originelles disparaissent et font place à des altérations acquises ; nous en trouvons chaque jour la preuve dans le timbre glapissant et rauque des *troubadours ambulants* et des crieurs publics.

Sur la parole. — Quelle différence n'existe pas, sous le rapport de la facilité d'élocution, entre l'écrivain exclusivement livré aux travaux silencieux du cabinet, et l'orateur qui s'est formé depuis longtemps aux discussions où l'éloquence peut déployer tous ses moyens ? Que l'un et l'autre, en les supposant égaux par le mérite, viennent traiter publiquement un même sujet, le premier peut compter sur tous les suffrages. Tel homme qui d'abord ne semblait pas, sous ce rapport, devoir parcourir une brillante carrière, a su vaincre la nature par le travail et l'habitude, en obtenant dans la chaire des éloges aussi mérités qu'universels. En faut-il d'autre preuve que l'exemple de Démosthènes ?

La manière d'articuler les mots, le ton, les modulations des périodes, constituent ce que nous désignons par le terme d'*accent*. Ce mode varié de la prononciation, de l'expression vocale, est entièrement le résultat de l'habitude ; l'enfant dont l'oreille est frappée dès la naissance, par ces modifications du langage, les redit sous l'influence de l'imitation, et bientôt identifie sa manière de parler avec celle des personnes qu'il fréquente le plus ordinairement. Ainsi le Gascon élevé dans la Normandie, exclusivement environné par les habitants de ce pays, ne présentera jamais l'élocution cadencée des riverains de la Garonne ; et le Normand transporté dès sa première enfance dans les campagnes de Toulouse, n'offrira pas cet accent lent et pénible de l'habitant de l'Orne ou du Calvados.

On sentira dès lors tous les inconvénients de confier l'éducation du premier âge à des personnes dont les manières sont communes, et l'élocution peu soignée.

Sur la prosopose. — L'expression faciale prend un caractère particulier sous l'influence des mouvements les plus habituels aux traits de la physionomie. Voyez cet homme dont l'existence coule uniformément dans l'innocence et la paix ; étranger aux sombres nuages de l'envie, aux convulsions de la fureur, son front calme et tranquille devient en quelque sorte le miroir qui réfléchit la candeur et l'aménité de son âme.

Considérez au contraire celui dont la vie n'est qu'un enchaînement de commotions morales et de passions violentes, vous trouverez une expression faciale dure, énergique et très-variée.

Quels merveilleux effets l'habitude ne produit-elle pas encore dans tous les développements de l'art mimique, depuis ce comédien dont les facéties provoquent le rire, jusqu'à cet acteur tragique dont la seule prosopose nous fait passer de la crainte à l'espérance, de la haine à l'amour, nous attendrit jusqu'aux larmes, nous glace d'épouvante et d'effroi? Mettez pour un instant à leur place l'homme le mieux organisé, le plus intelligent, mais sans aucune connaissance de l'art dramatique, vous sentirez aussitôt que, dans cette circonstance, comme dans beaucoup d'autres, l'imagination, l'esprit et même le génie sont absolument incapables de remplacer entièrement l'habitude et l'éducation.

Sur les gestes et les autres mouvements. — C'est plus particulièrement encore dans cet ordre de fonctions que nous retrouvons les profondes modifications de l'habitude. Chez le rustique villageois, exclusivement façonné par la nature, quelle gaucherie dans le maintien, dans la marche, dans les gestes! quel défaut d'harmonie entre ces derniers et les passions qu'ils expriment! Chez le danseur habile, au contraire, quelle élégance dans les formes, quelle grâce dans les poses, quelle force, quelle souplesse, quelle précision, quelle rapidité dans les mouvements! Chez le funambule, quel aplomb, quel équilibre! Chez le jongleur, quelle habileté, quelle prestesse dans les mouvements des doigts, quelle facilité à tromper les yeux qui se croient fascinés par un charme dont tout le pouvoir magique se trouve dans l'adresse manuelle de l'opérateur! Chez cet orateur célèbre, quelle noblesse dans les gestes, quels rapports constants avec les passions dont ils deviennent les fidèles interprètes, en donnant de l'élévation et de la force à l'expression de la pensée!

Nous voyons des malheureux sans mains et sans bras, y suppléer par les pieds, pour boire, manger, écrire, dessiner, etc.; d'autres plus disgraciés encore, absolument privés des membres, les remplacer dans un assez grand nombre d'actions délicates, par les dents, la langue, les lèvres, etc., souvent avec une si grande perfection, que l'habitude paraît s'empresser chez eux à réparer les torts de la nature.

Telles sont les nombreuses modifications que l'habitude peut imprimer à notre espèce ; les hommes, depuis la naissance jusqu'à la mort, en éprouvent constamment l'influence, mais tous n'en sont pas également susceptibles ; il existe sous ce dernier rapport des différences relatives *à l'âge*, *au sexe*, *au tempérament*, *au climat*, *aux institutions politiques et religieuses*.

Relativement à l'âge. — L'homme se trouve d'autant mieux disposé à recevoir les impressions de l'habitude, qu'il n'a point encore été soumis à son empire ; que ses organes sont plus inexpérimentés et plus dociles ; aussi plus nous avançons dans le sentier de la vie, moins nous cédons à l'influence des modificateurs qui nous environnent.

Le vieillard esclave de ses préjugés, de ses coutumes antiques, ne consentirait point à les abandonner pour des usages plus avantageux. Tout objet nouveau lui semble imparfait ; les révolutions et leurs modes successives ont changé la face du monde ; lui seul invariable conserve ses premières habitudes, et devient un objet de contraste avec tout ce qui se trouve autour de lui.

L'enfant, au contraire, naturellement disposé à l'imitation, reçoit comme la cire molle et flexible toutes les empreintes que l'on cherche à lui communiquer. Ajoutons que ces formes primitives ne s'effacent presque jamais, et nous comprendrons les soins que l'on doit apporter à la première éducation. Montaigne avait bien senti cette importante vérité : *Nos plus grands vices*, dit il, *prennent leur pli dès la plus tendre enfance, et notre principal gouvernement est entre les mains des nourrices*.

Relativement au sexe. — La femme, d'une constitution plus délicate et plus souple, d'un moral plus doux et plus facile, se conformant plus naturellement aux influences de tout ce qui l'environne, cède sans effort et s'abandonne sans résistance aux impulsions qui lui sont communiquées. L'homme, au contraire, plus opiniâtre dans l'exécution de ses projets, plus impérieux dans l'expression de ses volontés, repousse avec énergie tous les empiétements de l'habitude ; se croyant fait pour commander aux éléments et pour gouverner l'univers, il ne supporte volontiers d'autres lois que celles qui lui sont dictées par le sentiment de son indépendance.

Relativement au tempérament. — Le *bilieux*, sec et rigide, n'éprouve que difficilement les modifications de l'habitude ; sa constitution morale et physique ne se moule pas aisément sous l'influence des objets de ses rapports ; il résiste avec énergie, tend à conserver l'attitude qu'il a prise.

Le *sanguin* et le *nerveux*, essentiellement mobiles, véritables protées qu'il est impossible de soumettre à des lois régulières, échappent à cette influence par leur instabilité.

Le *lympathiqne*, à la manière d'une pâte molle que l'on peut façonner à son gré, reçoit facilement les impulsions que l'on cherche à lui communiquer. Ennemi de toute résistance, par cela même qu'elle exige un effort, il s'accommode aux hommes, aux choses, aux événements ; il adopte la manière d'être qu'on lui présente ; et pour éviter l'embarras du changement, la conserve autant qu'une influence nouvelle ne vient point le modifier encore.

Relativement au climat. — Les régions tempérées offrant des variations atmosphériques très-fréquentes, ne permettent point à leurs habitants des coutumes affermies et durables ; elles ne deviendront jamais le domaine des préjugés et de l'aveugle superstition.

Les pays glacés ou brûlants, constamment soumis à des modifications uniformes, n'inspirent point au contraire le goût de la variété ; leur sol monotone permet aux habitudes les plus bizarres d'y jeter de profondes racines ; le Chinois est aussi ferme, aussi constant dans ses mœurs, son genre de vie, ses usages, que le Français est léger, versatile dans ses modes et ses opinions.

Relativement aux institutions. — Chez les peuples dont la politique est libre et la religion éclairée, les habitudes n'exercent point un empire absolu ; pour s'établir et se perpétuer, leur existence doit être garantie par des avantages réels et positif.

Chez les nations superstitieuses, courbées sous le joug de l'ignorance et du despotisme, les coutumes sont au contraire facilement adoptées et scrupuleusement observées dans tous leurs détails, bien souvent sans autre motif que l'impulsion d'une obéissance passive. Comparons sous le rapport des mœurs, des usages, des progrès de l'esprit humain, l'Angleterre à la Chine, l'Italie à l'Espagne, la France à la Turquie, ces vérités paraîtront dans tout leur jour.

Telles sont, au point de vue physiologique, les *sympathies*, les *antipathies* et l'*habitude*, ces trois *agents* essentiels de la vie dont nous allons trouver les influences profondes et variées dans toutes les phases de l'existence humaine, de manière à faire comprendre de plus en plus toute la précision et le développement qu'il était nécessaire d'apporter dans leur exposition. Continuons actuellement l'histoire du nouvel être éclairée par une lumière aussi puissante.

La faculté vitale, ce principe d'activité qui devient, à l'enfant, commun avec tous les êtres animés, qui donne à son économie le pouvoir d'exister en opposition avec toutes les lois physiques, cette faculté le conduira positivement à sa destruction ; il doit mourir par cela même qu'il jouit actuellement de la vie. Cette idée profonde nous semble exactement rendue par l'expression de Guy Patin : *Infantes mori possunt, senes vero vivere non possunt.* On peut en effet succomber avant la caducité, mais on ne vit point au delà du terme fixé par la nature ; c'est un tribut qu'il faut payer à la nécessité.

Pour bien apprécier les particularités de l'existence active dans cette seconde période, examinons le nouvel être depuis l'instant de sa naissance jusqu'à la puberté, suivons le développement progressif de toutes ses fonctions.

Jusqu'ici, le fœtus a reçu, par les communications qui l'unissent à la mère, un sang approprié à tous les besoins de l'organisme primitif. Dès qu'il se trouve expulsé du réceptacle temporaire, et que ces communications sont rompues, une fonction nouvelle pour lui, la *respiration*, s'établit nécessairement avec des modifications importantes et relatives à sa manière d'exister. C'est alors qu'il prend le nom d'*enfant* et que l'on peut sans danger effectuer son isolement définitif par la section du cordon ombilical. Dans quelques instants la circulation éprouvera des changements profonds exigés par l'exercice de l'hématose ; la digestion commencera ses élaborations successives, entraînant le besoin des sécrétions et des excrétions diversifiées qui doivent naturellement l'accompagner et la suivre. Les phénomènes de relation, à peine indiqués avant la naissance, vont se développer insensiblement et se perfectionner par degrés, en donnant à l'économie des caractères essentiellement différents de ceux qu'elle offrait dans la première époque. Étudions ces changements essentiels et fondamentaux, en suivant la marche naturelle de leurs manifestations.

Le premier besoin de l'enfant naissant est *l'hématose*, la première fonction insolite qui doit se manifester est la *respiration*. Les physiologistes ont longtemps cherché la cause occasionnelle de cette importation aérienne dans les divisions bronchiques, et c'est par une erreur de fait qu'ils ont admis la pression de l'atmosphère sur les ouvertures nasales et buccale, puisqu'une pression identique s'exerce en même temps sur les parois thoraciques en la contrebalançant de manière à détruire toute possibilité d'une inspiration par cette influence exclusive. Il est aujourd'hui positivement démontré que les contractions du diaphragme, des muscles élévateurs costaux, agrandissant la capacité pectorale, tendant à produire un vide gradué dans les poumons qui suivent ce mouvement avec précipitation de l'air extérieur par la trachée-artère, présentent la cause essentielle de cette première inspiration dont les phénomènes consécutifs, de même que ceux de l'expiration, s'effectuent comme nous l'avons indiqué dans l'histoire de cette fonction vitale. Nous inférons d'un fait aussi positif la conséquence nécessaire et souvent très-utile dans ses applications, que les moyens employés par la nature ou par l'art, dans l'intention de solliciter l'établissement des phénomènes respirateurs ou de réveiller ultérieurement leur exercice momentanément suspendu par l'asphyxie, doivent s'adresser particulièrement au diaphragme, aux principaux muscles dilatateurs du thorax, de manière à développer suffisamment leurs contractions. Telles sont, pour le premier cas, l'action de l'air et des corps extérieurs sur la peau, l'excitation intérieure par le méconium, par l'urine, toutes les influences capables d'occasionner la douleur et d'en provoquer l'expression par des cris ; pour le second, les titillations de la luette, de la pituitaire, les frictions pectorales, etc. Ne devons-nous pas également signaler ici, comme dans toutes les fonctions importantes, cette impulsion instinctive qui préside à leur développement, à leur exécution, avec un empire dont il est impossible de méconnaître la puissance ?

La pénétration aérienne, d'abord incomplète, envahit par degrés toutes les ramifications bronchiques. C'est pour cette raison que la docimasie pulmonaire offre des résultats différents, avant la première inspiration, après quelques essais de l'appareil d'hématose, lorsque cette fonction se trouve entièrement développée ; circonstances d'un intérêt majeur dans leurs applications à la médecine légale, relativement aux asphyxies.

L'établissement de la respiration amène, chez l'enfant, des modifications importantes surtout dans la circulation sanguine. Les poumons devenant perméables, appelant une grande proportion du sang noir dans leur système capillaire où doit s'effectuer la rénovation, détournent la majeure partie de celui qui traversait le canal artériel, dont l'oblitération s'opère graduellement. D'un autre côté le sang rouge, affluant dans l'oreillette gauche, par les veines pulmonaires, empêche celui de la veine cave inférieure d'y pénétrer, dans la même proportion, par le trou de Botal qui se ferme insensiblement avec réduction considérable, quelquefois disparition entière de la valvule d'Eustache, ayant jusqu'alors favorisé les premières dispositions circulatoires. C'est avec gradation que se manifestent ces changements essentiels, que l'on voit le sang rouge et le sang noir s'isoler dans leur cours, avec cette précision qui distingue les caractères physiques, chimiques et vitaux particuliers à ces fluides circulatoires.

Si, dans les premiers instants de la naissance, les poumons offraient un obstacle insurmontable au passage du sang, alors celui de l'artère pulmonaire suivrait sa route primitive, par le canal artériel, et celui de la veine cave inférieure, par le trou de Botal ; aucune déviation vers les organes respiratoires n'ayant lieu, pour le premier, le second ne trouvant plus l'oreillette gauche remplie par le sang des veines pulmonaires. C'est un fait positif de physiologie légale démontré par les expériences répétées sur des animaux, par la nécropsie des enfants asphyxiés, et que peuvent exclusivement contester ceux qui sont étrangers aux premières notions d'anatomie.

La veine et les artères ombilicales se convertissent plus tard en prolongements fibreux. Cette oblitération ne s'effectuant jamais immédiatement, on trouve indispensable de lier le cordon par son extrémité fœtale. Après six ou huit jours, il se détache précisément à son point d'insertion, comme le pétiole d'un fruit, à sa maturité, se trouve séparé de la branche qui l'a nourri. La cicatrice à laquelle on donne le nom *d'ombilic*, et dont la bonne ou mauvaise conformation n'offre aucun rapport avec la ligature indiquée, présente la seule trace des communications qui naguère existaient entre l'enfant et la mère.

Plusieurs organes et, notamment, *le tymus*, *les capsules rénales* disparaissent ultérieurement, par la décomposition nutritive et l'absorption moléculaire. Il est aisé d'en comprendre la raison d'après l'usage que nous avons assigné, dans l'histoire de la circulation, à ces différents corps, de servir chez le fœtus, comme *réservoirs temporaires*.

L'appareil génital n'offre jusqu'à la puberté qu'un développement lent, incomplet. La distinction des sexes paraît alors à peine établie sous le point de vue des habitudes et des impulsions instinctives. Les testicules ayant le plus ordinairement franchi l'anneau depuis deux ou trois mois, occupent le scrotum. Lorsque cette expulsion s'effectue plus tardivement, l'anneau conservant ainsi beaucoup de largeur, prédispose au bubonocèle congénial, d'ailleurs favorisé par les cris de l'enfant. Les organes secréteurs du sperme restent quelquefois dans l'abdomen, pendant toute la vie, sans aucun inconvénient pour la génération, à moins que l'inexpérience, prenant les tumeurs formées par ces glandes pour des hernies qu'il faut maintenir au moyen d'un bandage, n'en produise l'atrophie complète sous l'influence d'une pression toujours douloureuse et fréquemment suivie d'accidents graves. Nous avons plus d'une fois rectifié de semblables erreurs, et, tout récemment, délivré d'une application aussi contraire, un jeune garçon de douze ans que l'on menaçait déjà d'une opération sérieuse pour faire cesser, disait-on, l'étranglement d'un bubonocèle.

Dans l'enfance, nous voyons se manifester les deux éruptions dentaires, que nous avons décrites à l'article *appareil masticateur*, sous les titres *de première et de seconde dentition*, marquant plusieurs divisions de cette époque, et s'accompagnant, chez la plupart des sujets, de réactions et de complications plus ou moins dangereuses.

Chacune des alvéoles contient ordinairement deux germes, dont l'accroissement doit s'effectuer à des époques différentes et de manière que le plus profond expulse le plus superficiel, d'où résultent naturellement les deux éruptions que nous venons d'indiquer. Ces germes dentaires sont des follicules muqueux, dans lesquels se distribuent un nerf, une artère, une veine, et dont les parois s'encroûtent par degrés d'une proportion considérable de phosphate calcaire. Un double travail accompagne toujours leur évolution ; le premier, plus douloureux, est la dilatation de l'alvéole par l'accroissement du germe ; le second moins pénible et moins dangereux, offre la perforation des gencives.

La première éruption commence de six à huit mois ; finit de

quatre à six ans, se complète par vingt-quatre dents ; la seconde s'annonce de sept à neuf ans, et se termine de quatorze à seize. Les quatre dernières molaires nommées *dents de sagesse* paraissent quelquefois dans un âge beaucoup plus avancé ; nous avons observé plusieurs femmes chez lesquelles cette éruption ne s'est effectuée qu'à cinquante ans. L'anatomiste Ferrein était dans sa soixante-cinquième année, lorsque les deux dernières sortirent avec des douleurs très-vives. En général cette seconde évolution est moins orageuse que la première; les dents qu'elle fournit, plus fortes, plus longues et plus solidement implantées, arrivent au nombre de trente-deux qui peut varier accidentellement, soit en moins, une ou plusieurs alvéoles n'offrant point de germe ; soit en plus lorsqu'il se trouve des follicules surnuméraires, ou qu'il est resté plusieurs dents de la première formation. Il existe à Laigle une famille, nommée Germain Girou, dans laquelle on voit les dents manquer entièrement ; la mère, les deux enfants n'en présentent point, et n'offrent même aucune trace de germe.

Si nous jetons actuellement un regard sur les phénomènes de relation, nous les trouvons rudimentaires à la naissance par défaut de perfection dans leurs appareils, et d'exercice dans les facultés sur lesquelles reposent leurs manifestations. Sous l'influence du temps et de l'éducation, ils vont s'agrandir insensiblement dans un ordre à peu près déterminé.

Les organes d'impression jusqu'alors peu développés, sans aucune expérience, abandonnent le sujet à des illusions sensitives plus ou moins diversifiées ; aussi le toucher se trouve-t-il incessamment en activité pour en effectuer la rectification, et voyons-nous le jeune enfant promener, avec une sorte d'activité, ses mains agiles et délicates sur tous les objets qui se trouvent à sa portée. Palper les corps devient son premier besoin, relativement aux phénomènes que nous indiquons. Privé des moyens de réaction par lesquels il doit compléter ses rapports, l'homme futur n'avait pas alors besoin d'organes explorateurs parfaits ; ces développements prématurés en lui donnant la faculté de sentir beaucoup, lorsqu'il n'a pas celle de se mouvoir dans la même proportion, l'eussent rendu malheureux par constitution et par essence.

Les passions, les facultés intellectuelles et les actions de combinaison se manifestent, chez l'enfant, d'une manière lente et graduée, d'après un ordre constant et régulier.

La perception s'éveille la première comme devant servir de base à toutes les notions que le sujet est capable d'acquérir. Elle prend un rapide essor, l'enfant nous étonne bien souvent par la finesse et la vivacité de ses conceptions.

La mémoire paraît immédiatement ; elle est alors purement locale, et s'exerce par la seule intensité des réminiscences. En évitant les abus, on peut l'utiliser dans cette époque de la vie, beaucoup plus que dans toutes les autres. Les images, les perceptions s'y reproduisent avec leur fraîcheur première, les impressions conservant alors toute la nouveauté de leurs manifestations originelles.

L'imagination s'annonce bientôt, mais le sujet n'est point encore assez riche de son propre fonds, pour lui donner un grand développement. Elle se trouve alors plutôt secondée par la mémoire que par le génie ; aussi les poëtes-enfants sont-ils plus imitateurs qu'originaux dans leurs productions.

Le raisonnement et le jugement demeurent longtemps imparfaits. Aussi lorsque nous voyons les enfants livrés, dans leurs premières années, à l'étude prématurée des sciences mathématiques, il nous semble envisager des fœtus que l'on contraint à marcher avant qu'ils aient un appareil musculaire indispensable pour effectuer les phénomènes locomoteurs. Dans cette période, il faut au contraire exercer la perception afin d'orner et d'enrichir l'intelligence : la mémoire, pour conserver les impressions reçues, toutefois en craignant les fâcheux abus de cette culture. Mais on doit attendre avec patience la maturité du génie pour l'obliger à créer; celle du raisonnement et du jugement, pour leur faire saisir et coordonner tous les anneaux dont l'ensemble constitue la chaîne des vérités démontrées.

Les passions naissent plus tôt qu'on ne le pense généralement dans le cœur du jeune sujet. Le premier sentiment appréciable est celui de justice et d'égalité ; ses manifestations paraissent innées, instinctives. Par une conséquence à peu près nécessaire, la première passion dangereuse est la jalousie, dont quelques parents injustes, ou pour le moins imprudents, fomentent les germes destructeurs, source commune des inimitiés, les plus implacables et les plus terribles entre des frères ?

L'enfant naturellement observateur, enclin à l'imitation, se forme tellement à l'exemple des personnes qui l'environnent dans toutes ses relations, qu'avec des traits physiques et moraux différents, il prend les attitudes et la physionomie de ceux qui se trouvent chargés des soins de sa première enfance. Confiant, expansif, reconnaissant, il s'y livre désormais sans partage ; eux seuls deviennent les arbitres de ses volontés, les dépositaires de ses affections. « L'éducation de la nourrice fait l'homme tout entier, » nous dit un philosophe. En supposant un peu d'exagération dans ce principe, du moins nous offre-t-il une vérité fondamentale, beaucoup trop ignorée des gens du monde qui sacrifient l'affection, souvent même l'avenir de leurs enfants aux prétextes frivoles qui les éloignent de l'accomplissement des devoirs les plus sacrés. Voulez-vous trouver en effet la cause ordinaire et naturelle des vices de l'adolescent, de sa froideur, de son indifférence, quelquefois même de son éloignement pour les auteurs de ses jours, ne la cherchez point ailleurs que dans ces défauts et dans ces négligences de la première éducation.

En résistant avec dureté, sans mesure et sans raison, à tous les désirs de l'enfant, on aliène sa confiance, on fait un sujet rétif et dissimulé dans ses moindres actions. En cédant aveuglément à ses caprices les plus bizarres, on élève un petit despote qui ne connaît bientôt plus d'autre mobile que son égoïsme, d'autre loi que sa volonté. C'est entre deux écueils aussi dangereux qu'il faut parcourir cette carrière difficile en marchant avec discernement et circonspection.

Les phénomènes expressifs offrent également leurs développements gradués. La prosopose, alors obligée de remplacer les gestes et la parole dont les manifestations n'existent point encore, présente une mobilité native qui semble diminuer ultérieurement, au moins dans ses rapports comparatifs. Chez l'enfant, alors étranger à l'art de feindre, les pensées et les sentiments se trouvent constamment rendus avec autant d'énergie que de sincérité. La langue, après avoir balbutié des sons mal articulés, devient aussi leur interprète merveilleux avec la même franchise et la même expansion. Pourquoi faut-il que des circonstances liées aux progrès de la civilisation et des rapports sociaux l'obligent plus tard à composer sa physionomie, ses gestes, son maintien, son langage? Vérité naïve de l'enfance, pourquoi n'es-tu pas la vérité de tous les âges ?

Les organes locomoteurs acquièrent insensiblement plus d'activité, de force et d'habileté. L'homme-enfant s'irrite alos de ce repos, de cette inertie qui contrastent si directement avec la vivacité de ses impressions. Se tenir debout et marcher, tel est actuellement l'objet de toute son ambition ; le défaut de perfection de ses appuis, la faiblesse de ses muscles volontaires, la crainte, l'inexpérience, etc., tels sont les obstacles qu'il doit surmonter pour y parvenir. D'abord quadrupède par nécessité, non point par nature, comme l'ont prétendu quelques philosophes dans leurs aveugles rêveries, il se dresse avec peine, s'érige avec effort sur ses membres vacillants, chancelle, tombe, se relève, tombe de nouveau, se relève encore et prend enfin cette attitude sublime, qui, dirigeant son front vers les cieux, lui dévoile toute la noblesse de son origine, toute la grandeur et la perfection de ses destinées futures, laissant entre les animaux et lui cet intervalle immense que rien ne peut combler !

Jusqu'ici, l'homme est encore étranger aux véritables peines, aux violentes agitations de l'âme, aux cruels chagrins du cœur ; il ne connaît de la douleur que les anxiétés physiques ; les angoisses morales glissent faiblement à la surface de son être, et le même instant voit bien souvent en lui tous les éclats bruyants d'une gaieté sans nuage succéder aux larmes d'un apparent désespoir.

Temps heureux de l'enfance, pourquoi ne mesures-tu pas la vie tout entière? Mais non, les destins s'opposent à l'accomplissement d'un rêve aussi délicieux. Nous verrons bientôt l'homme naissant entraîné par le torrent des passions loin de ses habitudes naturelles et paisibles; heureux encore s'il pouvait découvrir d'un regard certain le rivage protecteur où doit enfin le jeter une aussi redoutable tempête!

Maladies de l'enfance. — Une considération du plus grand intérêt domine toute l'histoire pathologique de cette époque. La tête présente évidemment alors comme le foyer central des altérations les plus graves et les plus fréquentes. Nous en trouvons la raison positive dans la prédominance organique et vitale de cette partie de l'encéphale et du système nerveux plus spécialement encore; dans le double travail de la dentition qui maintient vers le crâne et la face un état d'éveil et d'excitation favorables au développement des phlegmasies. L'appareil digestif est encore souvent affecté consécutivement à toutes les agressions insolites qu'il éprouve, et dont on augmente presque toujours le nombre et les dangers par la surabondance alimentaire. Aussi l'énumération des maladies de l'enfance les plus ordinaires et les plus fâcheuses comprend-elle surtout: *l'encéphalite, l'arachnitis, l'hydrocéphale aiguë, les convulsions, l'otite, l'ophthalmie, les croûtes laiteuses, l'odontalgie, le coryza, l'angine, la gastrite, l'entérite, la colite*, etc.

Tels sont les caractères de l'enfance, la marche ordinaire qu'y suit la nature dans le développement des organes, des fonctions et des altérations morbifiques. Plusieurs exceptions particulières viennent se manifester ici, mais sans détruire la règle générale.

Anomalies de l'enfance. — Haller parle d'un enfant qui marchait à six mois; d'un autre qui présentait quatre pieds d'élévation avant l'accomplissement de sa première année. Borelli cite l'histoire d'un sujet de huit ans, offrant la stature d'un adulte ; d'un garçon de trois ans, pesant quatre-vingt-deux livres ; d'une fille de quatre ans, pubère et bien menstruée ; d'un autre garçon du même âge soulevant un poids de cinquante livres, présentant de la barbe, une voix forte, les autres conditions de la virilité, beaucoup de propension au sexe féminin.

Jacques Viola, né dans les environs d'Alais, département du Gard, paraît d'abord *noué* vers l'âge de quatre ans ; il est tourmenté d'un appétit insatiable ; à cinq ans offre quatre pieds trois pouces ; à six ans, cinq pieds ; il est gros en proportion, pubère et velu comme un homme ordinaire de trente ans ; il porte un poids de cent cinquante livres ; son moral est peu développé ; sa voix présente une basse-taille pleine. Cet enfant périt quelques années après sous l'influence du rachitis et d'un épuisement gradué.

Noël Fichet, né le 10 mars 1729, à Fresnay-le-Busson, en Normandie, était pubère à trois ans ; un an plus tard, offrait quatre pieds huit pouces ; à douze ans, il ne présentait que la taille ordinaire.

Chrétien-Henri Heineckein, né à Lubeck, le 6 février 1721, mort le 25 juin 1725, après avoir examiné d'une manière très-attentive le mouvement des lèvres chez les personnes qui l'entourent, parle à dix mois pour demander l'explication de plusieurs figures de géométrie ; sait, à un an, les événements du Pentateuque ; à treize mois, l'Ancien Testament ; à quatorze, le Nouveau ; à deux ans, l'Histoire ancienne et moderne, la géographie; parle exactement latin, ensuite français; à trois ans et demi, harangue le roi de Danemark ; et, d'une constitution très-délicate, sevré seulement depuis quelques mois, périt après sa quatrième année.

IVe ADOLESCENCE.

L'adolescence, — νεότης des Grecs, *adolescentia* des Latins, de *adolescere*, croître, est la période vitale comprise entre le développement de la faculté génératrice et le terme naturel de l'accroissement. Quelques auteurs la désignent encore par le nom de *puberté ;* du latin *pubes*, duvet, poil naissant. Quelle que soit la dénomination adoptée, cette période nous présente une révolution plus importante et plus remarquable dans ses effets que celles de toutes les autres phases de la vie.

Le temps heureux de l'enfance a déjà fui pour toujours! Une époque plus brillante sans doute, mais en même temps plus orageuse, doit lui succéder. La durée de cette nouvelle période, comprise entre les deux limites que nous venons de signaler, étant chez la plupart des sujets, de six à huit ans, peut offrir des variétés nombreuses d'après les manifestations tardives ou précoces de l'accroissement et de la puberté.

En donnant au sujet le pouvoir de se reproduire, cette modification déterminera des changements profonds dans les mœurs, les habitudes et les facultés des sexes différents ; la sphère de leur commerce et de leurs besoins se trouvera notablement agrandie.

Plus tardive, moins impérieuse dans les pays froids et tempérés que sous les feux brûlants de l'équateur ; au milieu des campagnes où les impulsions instinctives sont plus calmes, l'éducation plus mâle, plus naturelle que dans nos magnifiques cités où le faste, la mollesse, la lecture des romans, la vue des tableaux érotiques, les bals, les spectacles et tous les abus d'une civilisation destructive échauffent, exaltent l'imagination déjà si passionnée, la révolution pubère se manifeste rarement avant la seizième année, dans l'une de ces conditions, tandis qu'elle survient dès la dixième dans l'autre ; si nous en croyons plusieurs historiens, Cadisja, femme de Mahomet, était mère à huit ans. Ordinairement plus précoce chez les jeunes filles que chez les garçons, elle s'opère, terme moyen, pour les premières, à quatorze ans, et, pour les seconds, à seize. Tous les faits qui s'éloignent beaucoup de cette règle générale appartiennent aux exceptions.

Decurel a rapporté, dans le *Journal de médecine*, l'histoire d'une dame qui fut menstruée pour la première fois à deux ans et demi ; à huit ans, les glandes mammaires offrirent le gonflement de la puberté ; plusieurs gestations normales ont eu lieu ; cette même dame, âgée de cinquante-trois ans, est encore exactement réglée.

Les cas de menstruation prolongée sont assez fréquents. Mme de L..., à laquelle nous donnons des soins, est actuellement dans la soixante-septième année de sa vie, sans avoir présenté la plus faible irrégularité dans ce flux périodique.

La puberté, même chez l'homme, peut quelquefois se faire attendre longtemps. Aucun fait n'est plus remarquable, sous ce rapport, que celui dont le célèbre et courageux voyageur de La Haye présente le sujet : il devint apte à la génération, seulement à cinquante ans ; se maria vers soixante-dix ; fut père de cinq enfants, et mourut à cent vingt ans révolus.

Sans donner trop d'importance à des citations qui nous offrent plutôt les écarts de la nature que sa marche commune, étudions les modifications physiques et morales déterminées, dans les deux sexes, par la révolution pubère.

Quel inconcevable changement ! quelle métamorphose admirable dans cet être qui jusqu'alors ne semblait vivre que pour lui seul, et qui, désormais agrandissant la sphère de ses rapports et de ses affections, payant à la nature un tribut nécessaire, transmettant l'existence qu'il a reçue, va concourir actuellement à la propagation de l'espèce, à l'accomplissement des desseins éternels !

Les deux sexes, jusqu'alors unis par la conformité de leurs goûts, de leurs habitudes et de leurs jeux, maintenant isolés, vont présenter un contraste frappant dès que les attributs particuliers à chacun d'eux auront acquis leur développement complet.

Chez l'homme, — nous voyons les organes génitaux acquérir un accroissement presque subit et dont la transition ne semble pas ménagée. Depuis l'âge de six ans jusqu'à cette révolution, l'appareil générateur ne présente en effet aucune différence notable. Dès l'instant où la sécrétion du sperme s'établit, l'enfant qui devient pubère offre immédiatement tous les attributs de la virilité. Ses formes se dessinent avec plus d'énergie ; les manifestations locales du système pileux ombragent le pénil, les joues, les lèvres, le menton et semblent s'étendre de ces points vers toutes les autres parties de l'enveloppe dermoïde. Un effet sympathique bien remarquable se trouve produit au larynx, dont la glotte paraît doubler ses dimensions dans un temps à peine appréciable. Le timbre vocal indique aussitôt ce changement. Jusqu'alors grêle, efféminé, perçant, moelleux, il devient mâle, sonore, grave et souvent assez rauque, du moins pendant quelque temps. La voix perd ordinairement sa justesse, et la recouvre seulement lorsque les muscles intrinsèques du larynx et les agents expirateurs de l'air ont eu le temps et la faculté de s'accommoder à ces nouvelles dispositions, dont l'accomplissement reçoit le nom de *mue*.

Cet agrandissement considérable de la glotte, affranchit ordinairement le sujet des imminences de suffocation entraînées par le croup ; altération dont les graves dangers se trouvent ainsi réservés à l'enfant et même à la femme, chez laquelle cette modification laryngée paraît à peine sensible.

En vain l'on voudrait nier l'action sympathique des organes génitaux sur l'appareil vocal, en attribuant aux seuls progrès du temps, les changements fondamentaux éprouvés par cet appareil ; l'expérience viendrait aussitôt s'élever contre une telle prétention. Il suffit, en effet, d'opérer la castration chez l'homme avant l'époque de la puberté, de prévenir par conséquent les développements de la faculté génératrice, pour s'opposer non-seulement à l'apparition des caractères extérieurs de la virilité, mais encore à l'établissement des conditions laryngiennes que nous venons de signaler. Les *eunuques* des harems et les *castrats*, victimes de la barbarie d'un peuple qui se croit civilisé, dégradés par les coupables mutilations qui dépouillent l'homme de ses premiers attributs, viennent témoigner en faveur du principe que nous établissons, par la pusillanimité de leur caractère, les habitudes enfantines qui sont leur partage ; la bassesse, la flatterie, l'esprit d'intrigue dont leur existence morale est composée ; l'ennui, le dégoût de la vie qui les poursuivent, une voix timide, efféminée, sans portée virile, prouvent alors jusqu'à l'évidence qu'il est impossible, sans détruire l'homme tout entier, de le priver ainsi des premiers mobiles de sa force physique et de sa puissance morale.

Chez la femme. — Les organes génitaux et surtout les glandes mammaires offrent également une augmentation remarquable, sans toutefois imprimer à la constitution des changements aussi profonds. L'appareil vocal n'est point modifié d'une manière sensible dans son organe principal, dans son timbre et dans ses inflexions ; la voix conserve des caractères qui la rapprochent beaucoup de ses dispositions primitives ; à moins que des habitudes grossières, des conditions viriles ne lui communiquent ce timbre mâle, cette rudesse pénible qui contrastent si désagréablement avec l'organisation frêle et distinguée du sexe le plus gracieux.

Si la révolution pubère ne se manifeste pas extérieurement chez la femme, d'une manière aussi positive que chez l'homme, nous la voyons caractérisée plus évidemment encore par l'établissement d'une perspiration sanguine, s'effectuant périodiquement sous le titre de *menstruation*. Ce phénomène jouant un rôle très-important au milieu des actions physiologiques, mesurant par l'intervalle de sa première et de sa dernière manifestation le temps précis de la fécondité, réclame un examen spécial sous le rapport de ses causes, de sa nature et de ses effets.

Menstruation. — Les menstrues, ἔμμηνα des Grecs, de ἐν, dans, et μὴν, μηνος, mois ; *menstrua* des Latins, règles, ménorrhagies, flux cataménial, de quelques auteurs, offrent cette perspiration sanguine effectuée périodiquement tous les vingt-cinq ou trente jours par la muqueuse utéro-vaginale, depuis la puberté jusqu'à l'âge de retour. Les physiologistes ont longuement discuté sur la *nature*, le *siége*, les *causes*, l'*objet essentiel* de ce phénomène temporaire ; chacun de ces points doit être convenablement établi.

Nature. — Quelques auteurs ont envisagé la menstruation comme une hémorrhagie produite par la déchirure d'un grand nombre de petits vaisseaux utérins. D'après cette opinion absolument inadmissible, il serait difficile d'expliquer la régularité de ce phénomène qui deviendrait alors accidentel ; et, d'un autre côté, l'on devrait trouver chez les femmes qui l'ont présenté pendant longtemps, les cicatrices muqueuses de ces ulcérations multipliées. Il est au contraire évidemment démontré que ce même phénomène est une perspiration sanguine effectuée par les vaisseaux exhalants de la membrane intérieure des cavités génitales chez la femme. La marche suivie par cette évacuation normale suffit pour mettre dans tout son jour le principe que nous venons de poser. En effet, l'écoulement est d'abord séreux en conséquence de l'excitation éveillée dans l'appareil générateur ; il paraît ensuite sanguinolent, puis sanguin, les vaisseaux perspiratoires se trouvant, par degrés, modifiés dans leurs propriétés vitales ; enfin il redevient sanguinolent, puis séreux, sous l'influence des modifications inverses ; disparaît alors complétement, dès que cette excitation utérine est entièrement anéantie. Quant au sang des menstrues, Aristote, Hippocrate assurent qu'il ressemble à celui d'une artère, d'une plaie simple ; Dionis prétend qu'il ne se coagule point et ne donne, par le lavage, aucune proportion de fibrine. C'est une erreur ; il contient seulement plus de sérosité que le sang ordinaire, se trouvant associé à la perspiration muqueuse. Les anciens le considéraient, même dans les dispositions naturelles, comme une humeur âcre, irritante et vénéneuse. Plusieurs écrivains ont prétendu qu'il suffisait d'en verser une petite quantité sur les racines d'un végétal pour le faire périr, et que l'homme assez dépravé pour cohabiter avec une femme ainsi disposée, pouvait en éprouver les accidents les plus graves. C'est en conséquence de ces préjugés que, dans certaines contrées de l'Afrique et de l'Amérique, les femmes sont isolées ou recluses pendant toute la durée de chaque retour périodique. Sans doute, nous trouvons beaucoup d'exagération dans ces idées, mais il n'en est pas moins démontré que le sang des règles offre une acrimonie constatée par l'expérience. Nous avons observé, chez plusieurs sujets, des blennorrhagies occasionnées par le coït opéré dans cet état.

Siége. — Les anciens et la plupart des modernes l'ont placé dans l'utérus ; Bohn, Colombo, Pineau, Desormeaux, dans le vagin. L'expérience démontre qu'il peut s'établir dans l'une et l'autre de ces cavités ; il est difficile de ne pas l'admettre pour la seconde, lors surtout que les règles continuent pendant la gestation. Des anomalies plus ou moins bizarres peuvent se manifester sous le rapport que nous examinons : parmi les nombreux malades confiés à nos soins, il s'est trouvé des femmes dont les menstrues s'écoulaient périodiquement par les mamelons, la langue, l'un des angles oculaires, par des excroissances moriformes de la peau, etc. Vesale plaçait la source de la ménorrhagie dans les veines ; Ruisch, dans les artères ; Astruc, dans les sinus ; Lister, dans les glandes ; Winslow, Meïbomius, dans les capillaires ; l'expérience et l'observation indiquent positivement les vaisseaux perspiratoires de la muqueuse génitale.

Causes. — Quelques physiologistes, et notamment Emmert, Roussel, Aubert, ont prétendu que la menstruation n'était pas naturelle chez la femme, et qu'elle se rattachait constamment, soit aux habitudes sociales plus ou moins capables d'éveiller l'irritabilité des organes reproducteurs, soit aux maladies utéro-vaginales. Ils donnent en preuves de leur assertion l'état des animaux et même des peuples sauvages qui n'en présentent pas d'exemples.

Cette opinion est erronée dans ses principes, dans ses conséquences, dans les faits sur lesquels on a cru pouvoir la fonder. Ainsi, d'après Aristote, les animaux à sang rouge et chaud sont fréquemment sujets à des flux périodiques; la chauve-souris, plusieurs singes paraissent dans ce cas. Les voyageurs, et notamment le célèbre et courageux Levaillant, nous assurent que les Namaquois, les Ouzouanas, les Gonaquois et la plupart des hordes sauvages de l'Afrique sont également soumis à ce tribut de la nature; ils ajoutent que pendant cette époque, les femmes vivent retirées dans les huttes éloignées du Kraal, afin de se trouver soustraites à tous les regards jusqu'au terme d'une condition que ces hordes sauvages considèrent, sous l'influence de leurs préjugés, comme honteuse pour le sujet qui la présente, et nuisible pour les autres individus.

Si les maladies particulières de l'utérus avaient été la première cause de cette évacuation dont l'habitude aurait ensuite propagé les développements, comment tous les flux sanguins morbifiques, tels que les hémorrhoïdes, les hématémèses, les hémophthisies, etc., une fois bien établis chez une femme, ne seraient-ils pas également reproduits avec les caractères d'une véritable périodicité? Des faits aussi positifs sont plus que suffisants pour démontrer qu'une évacuation offrant la régularité, la généralisation des menstrues, chez les sujets du sexe féminin dont elle caractérise la faculté reproductrice, n'est point un résultat morbifique, artificiel, mais un phénomène rentrant, surtout pour notre espèce, dans les dispositions primitives de la génération normale.

D'autres ont attribué les règles à la position déclive de l'utérus chez la femme, et sont partis de ce principe mécanique pour expliquer leur absence chez les animaux. Nous nous bornerons à répondre que, sous l'influence indiquée, le sang trouverait, pour s'échapper, des parties plus déclives encore, telles que le vagin, le rectum, les membres pelviens, etc. ; que *les menstrues* ne devraient plus se manifester chez les sujets obligés, par la goutte, le rhumatisme, la paralysie, etc., de conserver la situation horizontale pendant plusieurs années.

Mead, Van Helmont regardent l'influence lunaire comme la cause occasionnelle de la menstruation; mais le défaut de correspondance de cet acte physiologique avec les phases de la lune dont il est impossible d'établir d'après les faits une action positive sur l'économie de la femme ; d'un autre côté, les époques différentes auxquelles apparaît cette évacuation dans les divers sujets, ne permettront jamais d'admettre une cause dont les effets devraient être communs, bien que cette hypothèse astrologique, autrefois en réputation, se trouve encore aujourd'hui profondément enracinée dans l'esprit du vulgaire.

Sylvius, de Graaf, Paracelse et les chimistes n'ont pas manqué de supposer dans l'utérus un ferment particulier dont rien ne démontre l'existence, et d'attribuer à la présence de cet être imaginaire la manifestation des règles qu'ils envisageaient comme le produit d'une véritable fermentation.

Aristote, Galien, Simson, Astruc, Lobstein ont vu, dans la menstruation, un effet de la pléthore locale ou générale, un moyen employé par la nature pour en prévenir les funestes résultats. Mais l'expérience nous apprend que les femmes d'un tempérament sanguin, d'une constitution athlétique n'éprouvent pas en général des ménorrhagies aussi considérables que celles dont l'organisme est irritable et nerveux. Pourquoi d'ailleurs les mêmes besoins n'entraîneraient-ils pas l'établissement des mêmes précautions chez l'homme ? Pourquoi verrait-on, dans la circonstance indiquée, se manifester le flux hémorrhoïdal chez le second, et même chez la première indépendamment du flux menstruel ?

Stahl, Duges attribuent les règles à l'action d'un *molimen*, d'un *irritamentum* spécial ; Osiander, à la surabondance de l'azote et du carbone dans le sang de l'utérus ; Clifton à la faiblesse relative des parois veineuses, etc. Au milieu de toutes ces hypothèses plus ou moins imaginaires inventées pour expliquer la cause occasionnelle de la menstruation, nous ne voyons pas un point fixe, pas un raisonnement qui puisse nous conduire à la vérité ; revenons donc vers l'examen des faits.

Pendant le temps de la fécondité, chez la femme, l'apparoi

générateur présente une énergie vitale qu'il n'offrait pas avant la révolution pubère, qu'il ne conservera plus après l'âge de retour ; modification faisant déjà, de l'utérus, un centre d'innervation et de fluxion sanguine beaucoup plus marquées durant cette phase de l'existence active. D'un autre côté, la matrice chargée du produit de la conception recevra nécessairement une proportion plus considérable encore de ce fluide circulatoire, alors obligé, non-seulement de fournir aux frais de la réparation de l'organe gestateur, mais encore d'en effectuer le grand développement, d'accorder les matériaux indispensables à l'accroissement du fœtus et de ses dépendances. Pour bien équilibrer un pareil état de choses, la nature devait ou ne donner à l'utérus que la quantité de sang nécessaire à sa réparation normale, pour ne pas l'exposer incessamment aux fâcheuses conséquences de la pléthore ; ou lui transmettre surabondamment cette humeur avec l'attention d'en évacuer l'excédant par un flux périodiquement établi pendant l'état de vacuité, cet excédant, au contraire, ayant une application suffisante, pendant la grossesse, aux différents besoins que nous avons indiqués ; ou bien enfin, créer un organe supplémentaire, un véritable *diverticulum* pendant le premier état, et l'anéantir, pour le second, à chaque reproduction d'un nouvel être ; disposition dont l'emploi n'eût pas été facile en raison des complications inséparables d'un état aussi peu physiologique. Dans cette circonstance la nature a donc choisi la voie la plus simple, en même temps la plus positive, l'établissement de la menstruation.

Tous les faits semblent venir à l'appui de cette interprétation des lois primordiales : en effet, les ménorrhagies physiologiques se manifestent seulement pendant le règne de la faculté reproductrice ; elles disparaissent aussitôt que la fécondation est effectuée, pour se rétablir ensuite après l'expulsion du fœtus ; on observe même fréquemment leur suspension pendant toute la durée de l'allaitement, le sang en excès étant alors utilisé pour les frais de cette élaboration temporaire.

On n'objectera pas sans doute, à cette loi générale, quelques faits exceptionnels absolument incapables d'en attaquer la réalité. Velpeau rapporte l'histoire d'une femme devenue mère sans avoir jamais été menstruée ; nous en avons observé dont les règles ont continué durant la gestation ; Deventer, Baudelocque en citent plusieurs qui les présentaient seulement pendant la grossesse. Dans la plupart de ces modifications, l'écoulement anormal du sang tient presque toujours soit au décollement partiel du placenta, soit aux dispositions morbifiques de l'utérus ou du vagin. Ces vicieuses ménorrhagies, en opposition avec les intentions de la nature, produisent pour effet commun l'épuisement de la mère et l'atrophie de l'enfant.

Objet essentiel. — D'après les considérations précédentes, nous croyons pouvoir, sans forcer les inductions, envisager le flux menstruel comme la dérivation naturelle, pendant l'état de vacuité, du sang indispensable aux besoins de la grossesse. Toutefois, il présente, pour nous servir d'une expression heureuse, le thermomètre de la santé chez la femme. Dérangé dans un grand nombre de maladies que cette perversion vient alors compliquer d'une manière plus ou moins fâcheuse, il peut, à son tour, par des anomalies qui lui sont particulières, entraîner le développement d'un grand nombre d'altérations graves. Les époques de sa première invasion et de son absence définitive deviennent ordinairement les plus orageuses. La première est quelquefois très-difficile, entretient, pendant plusieurs années, un état pénible caractérisé par *l'anorexie*, *le pica*, la bouffissure du visage, la couleur verdâtre de la peau, etc. ; symptôme qui fait donner à cette condition morbifique le nom de *chlorose*. La seconde offre également des accidents plus ou moins fâcheux, au nombre desquels on doit surtout énumérer les métrorrhagies, les squirrhes, les cancers du col utérin, des glandes mammaires, etc.

Les physiologistes ont voulu préciser la quantité du sang évacué dans chaque menstruation ; Hippocrate l'estime à neuf onces ; Galien, à dix huit ; Haller, à dix ou douze ; Baudelocque, à trois ou quatre. Il suffit de noter des résultats aussi différents pour sentir l'impossibilité d'évaluer une émission dont le produit varie nécessairement, dans sa mesure, d'après l'âge, le tempérament et les autres dispositions particulières du sujet.

Tel est ce phénomène important et caractéristique de la puberté chez la femme. D'autres signes moins positifs, mais également remarquables, accompagnent le développement de cette brillante évolution.

Les organes génitaux acquièrent une vitalité plus considérable, avec tuméfaction des parties érectiles ; c'est ainsi que le vagin paraît moins large dans un sujet de seize ans pubère, que dans un autre de huit encore à l'état d'enfant. L'utérus, comme l'a fait observer Duméril, ne présente alors aucune modification organique bien appréciable. Toutefois l'appareil générateur prend, dans l'économie vivante, un rang temporaire au nombre des appareils importants ; il devient un centre de fluxion plus active et de réaction habituelle qui le met sympathiquement en rapport avec toutes les autres parties de l'organisme. Le tissu cellulaire acquiert plus d'expansion, de turgescence et d'élasticité ; les formes se développent, s'arrondissent en contours gracieux ; la physionomie s'anime et brille sous un nouveau reflet ; elle est plus communicative et plus touchante. Avant cette époque on voyait avec plaisir, dans le sujet, les traits naïfs de l'enfance ; on y contemple actuellement, avec admiration, ceux de la femme dans tout l'éclat de sa beauté.

Après avoir considéré les modifications organiques et vitales imprimées aux deux sexes par la révolution pubère, examinons actuellement celles qui vont se manifester dans l'intelligence et les passions.

L'enfant qui devient homme, jusqu'alors occupé des hochets de son âge, avait passé des jours tranquilles dans l'innocence et la paix. Aujourd'hui ses jouets l'ennuient ; les amusements du premier âge n'ont plus aucun attrait pour lui ; son sang bouillonne ; son imagination s'échauffe ; incessamment agité par une vague inquiétude, entraîné par l'impulsion de ses désirs naissants, il médite, avec l'enthousiasme de l'inexpérience, des projets pour l'avenir, s'élève dans une sphère nouvelle au milieu d'objets inconnus. Ce n'est plus ce ruisseau tranquille dont on pouvait suspendre ou diriger le cours, c'est un torrent impétueux renversant avec violence tous les obstacles établis sur son passage !

Chez l'enfant qui prend les caractères de la femme, on voit s'opérer des modifications essentiellement opposées. Une rêverie légère et sans idée fixe, les caractères de la plus douce mélancolie, remplacent immédiatement cette gaieté vive et brillante où les variétés et l'expression du plaisir n'admettaient ni calcul ni réserve. Cet être presque divin, qui jusqu'alors avait partagé, sans émotion et sans embarras, les jeux de l'autre sexe, éprouve maintenant en sa présence une sorte de gêne, de contrainte, un sentiment vague de bonheur et d'anxiété. Ses yeux animés d'une céleste et brillante étincelle, imparfaitement cachés sous les voiles que leur donna la pudeur, cherchant et fuyant tour à tour l'objet de tant d'impressions inconnues, expriment éloquemment le combat de la nature et de la vertu, dans cette âme naïve et sans expérience. Le merveilleux coloris de l'innocence donne encore une fraîcheur nouvelle à cette jeune beauté déjà si touchante et si persuasive. Étonnée de ces nouvelles impulsions, elle sent tout son être s'élever, son âme s'agrandir et s'étendre, elle se croit transportée dans un séjour magique ; ce temps est pour elle celui des enchantements et des plus brillantes illusions !

Dans l'un et l'autre sexe, les facultés intellectuelles participent à ce mouvement de la nature. L'imagination acquiert bientôt une prédominance marquée sur toutes les autres. C'est alors seulement que se développent avec énergie ce désir de la gloire, ces élans du génie, ces audacieuses conceptions, qui font surmonter les plus grands obstacles en assurant ultérieurement la célébrité.

Les passions jusqu'alors si calmes, si fugitives, maintenant semblables à l'aquilon impétueux, maîtrisé par une digue impuissante, entraînent avec violence tout ce qui vient s'opposer à leurs efforts. Mais ces impulsions sont nobles et généreuses dans leur objet et dans leurs applications. Au milieu des commotions morales qu'il vient d'éprouver, l'homme conserve encore cette aimable simplicité de l'enfance. Également sincère dans ses affections et dans ses inimitiés, il met souvent obstacle, par excès de franchise, à l'accomplissement des projets qu'il a formés. Sa loyauté n'a point encore fait la triste expérience de la dissimulation, de la perfidie, des haines secrètes, de cette envie dont l'aspect devient si repoussant lorsqu'elle cherche à dérober ses traits hideux sous le voile transparent de l'intérêt et de la bienveillance. Il n'a point encore éprouvé ces faux amis qui le recherchent moins par sentiment que par besoin, et dont la secrète jalousie n'hésiterait pas à le sacrifier impitoyablement, pour établir la compensation d'un succès, d'un bonheur qui les offusque. Étranger aux coteries, aux intrigues, défenseur constant de la justice et de la vérité, toujours ennemi du mensonge et de la flatterie, cet homme sorti sans expérience des mains de la nature, s'aperçoit enfin qu'il figure sur la scène du monde comme l'habitant du désert au milieu d'un peuple que l'on nomme civilisé. Devenant par degrés moins confiant, moins expansif, plus circonspect, il étudie les autres hommes avant de leur accorder son amitié, son estime; heureux lorsque ses rapports n'ont pas trop à souffrir des entraves qu'il n'avait pas d'abord aperçues, et des résultats d'un examen pénible mais indispensable à son bonheur, à sa tranquillité !

Maladies de l'adolescence. — Dans les deux sexes, les appareils de l'hématose et de la circulation prennent alors, sur tous les autres, une prédominance marquée, s'accusant non-seulement par le développement de leurs actes physiologiques, mais encore par la fréquence et la gravité des altérations qui les affectent. Cette considération importante nous explique naturellement pourquoi l'*hypertrophie* du cœur, des gros vaisseaux, les inflammations parenchymateuses, notamment la *pneumonie*, sont très-communes dans cette période.

Elles nous indiquent également les précautions à prendre pour éviter, au milieu de ces fâcheuses prédispositions, les développements de la *phthisie pulmonaire*, en quelque sorte inhérente à la plus belle phase vitale. Chez la femme, en raison de l'importance acquise par les organes génitaux, et de l'établissement du flux menstruel, on voit se manifester un grand nombre de maladies nouvelles et de complications insolites.

V° VIRILITÉ.

La virilité, — ἀνδρότης des Grecs, *virilitas* des Latins, est cette époque de la vie, comprise entre l'adolescence et la vieillesse; pour l'homme, de dix-huit à soixante ans : pour la femme de quinze à quarante-cinq.

Parvenu, dans les premières années de cette phase, au terme de son accroissement, du moins en taille, l'homme parcourt les autres degrés dans un état à peu près stationnaire. Ses constitutions physique et morale sont alors définitivement réglées ; aussi les avons-nous choisies pour types essentiels dans l'histoire des caractères et des tempéraments. L'organisme jouit actuellement de la plénitude entière de son être et du développement de toutes ses facultés. Riche de son propre fonds, par les acquisitions de l'étude ou par les inventions du génie, l'intelligence, encore embrasée des premiers feux de la jeunesse, peut enfanter d'immortels chefs-d'œuvre, seuls capables d'imprimer profondément le véritable sceau de la réputation. Avant cette période, l'homme n'occupait encore dans le monde qu'une place éventuelle et précaire ; mais si l'âge viril s'écoule sans avoir établi son rang d'une manière invariable, sa carrière est manquée, par cela même qu'il perd incessamment les moyens essentiels pour la fournir. Étudions d'abord le développement physique du sujet, nous indiquerons ensuite les dispositions morales qui lui sont propres.

Accroissement. — Chez l'homme et chez tous les êtres organisés vivants, ce développement du physique ne suit pas sans doute une marche invariable, uniforme et rigoureuse, mais il est cependant soumis à des règles assez positives pour que nous ayons la faculté d'en indiquer les résultats normaux. Ainsi nous pouvons établir en thèse générale, toutes choses égales d'ailleurs, que, chez l'homme, cet accroissement va toujours en augmentant d'activité, de l'animation du germe à la naissance, en diminuant, de cette époque à la virilité. Les exceptions relatives à cette loi, sont en nombre peu considérable. On a cherché dans la première enfance un type capable de faire préciser, par anticipation, quelles doivent être les dimensions ultérieures du sujet. Quelques auteurs ont pensé qu'à trois ans révolus il offrait positivement la moitié de sa taille future. Ce moyen d'estimation n'est point infaillible; cependant, après l'avoir vérifié sur plusieurs individus appartenant aux deux sexes, nous le croyons approximativement assez juste.

L'accroissement, diminué progressivement jusqu'à la puberté, s'arrête bien souvent à cette époque. Dans quelques circonstances moins ordinaires, la nature imprime alors une impulsion générale à tout l'organisme, sollicite et produit un développement jusqu'ici comme enchaîné par une puissance intérieure, en donnant à des adolescents, qui semblaient ne devoir présenter qu'une taille au-dessous de la moyenne, toutes les conditions d'une élévation gigantesque.

Quel que soit le mode particulier de cet accroissement, il offre des différences multipliées, relativement aux individus, aux sexes, aux familles, aux climats, aux peuples.

Individus. — Il suffit d'examiner un certain nombre de sujets environnés des mêmes influences, pour voir aussitôt combien de variétés les distinguent, sous le rapport de la stature, sans autre cause appréciable que les dispositions particulières de l'organisme.

Sexes. — On peut établir, en thèse générale, que la taille de l'homme, comparativement à celle de la femme, est supérieure de trois à quatre pouces. De telle sorte qu'en France, où la mesure du premier se trouve communément de cinq pieds un ou deux pouces, l'élévation de la seconde paraît de quatre pieds neuf ou dix pouces.

Familles. — La taille, comme le tempérament, le caractère, les maladies, est héréditaire dans certaines familles où l'on voit le plus grand nombre des individus, soit d'une stature minime, soit d'une élévation remarquable. Ces faits sont trop généralement observés pour avoir besoin d'être appuyés par des exemples.

Climats. — En général on trouve la stature plus développée dans les régions tempérées et modérément froides, que dans les pays brûlants ou constamment glacés ; la chaleur trop forte énervant la constitution, le froid trop violent enrayant son expansion naturelle. C'est ainsi que les Ouzouanas et les Lapons se touchent comme extrêmes, n'offrant, pour terme ordinaire, qu'une mesure de quatre pieds deux ou trois pouces. Tandis que les Russes, les Allemands, les Hongrois, etc., nous présentent fréquemment des sujets de cinq pieds six ou huit pouces.

Peuples. — Si le climat exerce une influence positive sur la taille des hommes, le genre de vie, les habitudes pacifiques ou guerrières, l'état de misère ou d'opulence, la nature des institutions politiques, les divers degrés de civilisation, etc., sont pour le moins aussi capables d'effectuer des modifications analogues. Ici les extrêmes se touchent également dans leurs effets. La pénurie, la surabondance, la barbarie, l'excès d'éducation, etc., enchaînent, par des actions opposées, le développement de la stature et les perfectionnements de la constitution physique ; tandis que la prospérité sans faste, la civilisation sans abus, les institutions également éloignées du despotisme et de l'anarchie, etc., sont les conditions les plus favorables à l'établissement d'un beau type. C'est d'après le concours de ces influences réunies que nous trouvons la moyenne proportionnelle de la taille ainsi réglée chez les différents peuples : *Esquimaux*, quatre pieds; *Norvégiens*, quatre pieds six pouces ; *Français*, cinq pieds ; *Anglais*, cinq pieds deux pouces ; *Polonais*, cinq pieds trois pouces ; *Russes*, cinq pieds quatre pouces, etc. Quant à cette moyenne de la stature, envisagée dans ses rapports avec tous les peuples rassemblés, on peut l'établir à cinq pieds.

Si nous considérons l'accroissement dans ses anomalies opposées, nous le verrons tantôt rester bien au-dessous de la mesure générale, tantôt s'élever beaucoup au-dessus. Dans le premier cas, les sujets s'appellent *nains ;* dans le second, on les désigne par le terme de *géants*. Examinons chacune de ces modifications extraordinaires.

Nains. — Le nain, νάνος des Grecs, de ναννάρις, délicat, *nanus* des Latins, est un sujet tellement inférieur à la mesure commune de son espèce, qu'il se montre, sous ce rapport, dans un état essentiellement anormal.

On ne doit pas confondre, avec un nain véritable, ces individus rachitiques et scrofuleux dont le défaut d'élévation tient particulièrement aux courbures de la colonne vertébrale et des membres pelviens ; il s'agit, en effet, dans ce dernier cas, plutôt d'une maladie réelle que d'un simple défaut d'accroissement.

La tête, chez les nains, semble, au premier aspect, dépasser *absolument* la mesure commune ; ce grand volume n'est que *relatif* aux dimensions peu considérables du sujet tout entier. Plusieurs de ces individus sont vifs, passionnés, entreprenants, doués d'une perception fine, d'une intelligence assez développée ; d'autres paraissent au contraire impropres à la génération, froids, stupides, jaloux, envieux, etc. Ces hommes en miniature offrent souvent les défauts de l'enfant sans en avoir les qualités ; pubères avant l'âge commun, ils arrivent promptement à la décrépitude absolue.

Dans l'estimation des facultés intellectuelles, chez les nains, il faut éviter une illusion dont les prestiges ne manquent jamais de nous influencer. Chez ces individus, l'encéphale, ayant à mouvoir des muscles beaucoup moins volumineux proportionnellement que ceux d'un géant, peut accorder aux facultés mentales un développement d'action bien supérieur. C'est une vérité physiologique dont l'expérience nous fournit chaque jour la démonstration. Mais il faut ajouter que les moyens moraux de ces petits êtres nous étonnent d'autant plus, que nous exigeons moins d'un sujet que sa taille minime rapproche, à nos yeux, des conditions physiques de l'enfance. Par un examen plus scrupuleux, nous dissipons ces prestiges et ces illusions dont l'intelligence des nains se trouve ordinairement environnée.

Les causes d'un pareil défaut d'accroissement sont difficiles à trouver ailleurs que dans la disposition particulière de l'organisme et dans la mesure de sa tendance au développement général. Il est impossible de l'attribuer aux influences des pères et mères, puisque l'on voit assez fréquemment des parents d'une taille colossale produire des nains, et *vice versâ*. L'état primitif de l'individu n'offre pas une explication plus satisfaisante ; ainsi nous observons chaque jour des sujets pesant deux ou trois livres à la naissance, acquérant ensuite, à dix-huit ans, une corpulence énorme ; d'autres de dix à douze livres dans la première circonstance, et d'une taille minime dans la seconde. Le genre de vie, le climat, le sexe, le tempérament, etc., ne sont pas des raisons plus solides, puisque l'on trouve des nains et des géants dans tous les pays, chez tous les peuples et pour toutes les conditions de la vie ; c'est par conséquent aux anomalies physiologiques et non point aux conditions naturelles qu'il faut demander un compte précis de ces modifications opposées.

Sans admettre avec plusieurs écrivains de l'antiquité les *Troglodytes*, les *Pygmées*, les *Spithamiens* et tous ces individus fabuleux que l'on représente avec autant d'exagération que notre moderne *Tom Pouce*, nous ajouterons que plusieurs sujets, dont l'existence est constatée par des preuves certaines, ont offert les caractères essentiels des nains. Parmi les faits assez nombreux de ce genre, nous rapporterons les suivants :

Nicolas Ferry, surnommé *Bébé*, naquit à Plaisance, principauté de Salins, dans les Vosges, d'un père et d'une mère bien constitués. Ce nain, l'un des plus fameux de l'histoire moderne, présente à la naissance, huit pouces de longueur, pèse douze onzes ; on le porte à l'église dans une assiette, un sabot lui sert de berceau. Sa bouche est trop petite pour teter, on le nourrit avec le lait d'une chèvre. Il éprouve la petite vérole à six mois, parle à dix-huit, marche à deux ans; son premier soulier n'a que dix-huit lignes dans la principale dimension. A cinq ans, il offre la taille de vingt-deux pouces, un organisme frêle, mais du reste assez bien constitué. Stanislas, roi de Pologne, le fait venir à Lunéville, l'adopte et le nomme *Bébé*. On cherche vainement à développer son intelligence relativement au jugement, à la raison. Il sent la mesure, danse par imitation. Il est colère, jaloux et ne s'élève pas sensiblement au-dessus des manifestations instinctives communes à tous les animaux. Mme de Talmont fait des efforts infructueux pour cultiver son esprit. Il s'égare un jour dans les herbes d'une prairie, se croyant alors au milieu d'un bois. A quinze ans, sa figure est assez agréable, il atteint vingt-neuf pouces; les signes de la puberté s'y prononcent. Il croît de quatre pouces dans un temps assez court, en éprouve un épuisement général ; quelques signes de rachitis viennent se manifester dans la colonne vertébrale et dans les membres abdominaux. Sa taille définitive est de trente-trois pouces; déjà vieux à vingt-un an, il meurt à vingt-trois ans, le 9 juin 1764, dans un état de caducité prononcée.

Anne-Thérèse Sauvray, dont l'observation est rapportée dans le *Dictionnaire des Sciences médicales*, originaire d'Adul, dans les Vosges, atteint une élévation de trente-trois pouces. Vive, gaie, ne présentant aucune trace de rachitis et de scrofules, elle est fiancée à Bébé, en 1761, dans le palais du roi Stanislas. Comte l'amène ensuite à Paris. Elle vit jusqu'à soixante-treize ans. Barbe Sauvray, sa sœur aînée, présente la taille de quarante-un pouces.

Les frères Borwslaski, gentilshommes polonais, étaient pleins de force et d'agilité; l'aîné présentait trente-quatre pouces d'élévation, le cadet vingt-huit.

Danilow, qui nous a transmis sa propre histoire, avait seulement vingt-neuf pouces.

Virey put observer, en 1828, une Allemande, âgée de huit ans, offrant la taille de vingt pouces. Elle était aimable, active, légère, et présentait l'intelligence ordinaire d'un enfant de quatre ans. Sa mère avait cinq pieds, son père avait cinq pieds cinq pouces.

Pierre Dantlow, fils d'un cosaque du régiment de Labrie, appartenant également à la catégorie des monstres et des nains, âgé de trente-trois ans, porte la taille de vingt-neuf pouces, mesure anglaise. Il est sans bras; sa tête paraît s'identifier avec ses épaules. Son esprit est vif et développé. Ses jambes très-courtes n'offrent point l'articulation fémoro-tibiale; présentant seulement quatre orteils pour chacun des pieds, il écrit, dessine, exécute avec adresse, au moyen du gauche, la plupart des actes mécaniques dont peut s'acquitter un homme régulièrement conformé. Sa marche est assez rapide.

Demaillet rapporte avoir observé, au Caire, un nain de dix-huit pouces. Birch assure qu'il en a trouvé un autre de seize pouces.

Jadis les princes, les souverains avaient, comme objet d'étiquette, leur nain qui souvent jouait un grand rôle dans le palais, soit pour les intrigues de cour, soit même pour les affaires majeures de l'État. Auguste, au rapport de Suétone, possédait *Lucien*, dont la taille était de dix-neuf pouces; le poids, de dix-sept livres. Tibère se laissait guider par le sien dans la plupart des occasions. Celui de Marc-Antoine, qu'il avait ironiquement nommé Sysiphe, n'avait que vingt pouces. Domitien fit de ces petits hommes une troupe de gladiateurs. Catherine de Médicis en maria plusieurs, mais sans résultat. Alexandre Sévère chassa les nains de sa cour et la mode cessa dans l'empire.

Le même défaut d'accroissement peut se rencontrer chez tous les êtres organisés vivants. On trouve également des nains chez les animaux et chez les végétaux. Il suffit d'observer la nature pour en apprécier toutes les étonnantes modifications.

GÉANTS. — Le géant, γίγας des Grecs, de γῆ, terre, et γάω, j'engendre; enfant de la terre; *gigas* des Latins, est un individu qui s'élève beaucoup au-dessus de la taille commune à son espèce. Ici, comme dans l'histoire des nains, l'exagération et le merveilleux ont pris la place de la vérité, sous l'influence d'observations incomplètes ou d'interprétations erronées.

Freycinet trouve à la terre d'Edels, vers la rivière des Cygnes, des traces de pieds humains d'une étendue considérable. D'autres voyageurs croient apercevoir des hommes d'une taille démesurée dans la presqu'île de Péron; Sebald les porte, en 1598, à dix pieds, pour la Baie-Verte; Lemaire à douze pieds, d'après les ossements des Patagons. Habicot rapporte qu'en 1613, M. de Langeon, faisant creuser à quelque distance de son château, rencontre, vers la profondeur de dix-huit pieds, une tombe de trente pieds de long, sur douze de largeur, huit de hauteur, avec cette inscription, en caractères romains, *Theutobocus rex*. Plusieurs des pièces du squelette sont apportées à Paris, et l'on ne craint pas d'estimer à *vingt-cinq pieds* la taille entière de cet énorme géant. Nous pourrions citer un grand nombre de relations plus étonnantes encore, où l'on verrait des hommes, prodigieux par leur développement, rivaliser avec les Titans, les Cyclopes et Gargantua lui-même; abandonnons plutôt ces conceptions imaginaires à l'insatiable avidité des amis du merveilleux, et rentrons dans la voie positive de l'observation.

Les erreurs de ce genre, commises par quelques écrivains, tiennent surtout aux inductions fautives qu'ils ont tirées, pour le squelette en général, des proportions d'un ou plusieurs os monstrueusement développés. Telle fut probablement la cause du calcul exagéré dont la fouille entreprise par M. de Langeon devint l'origine. C'est ainsi que des recherches analogues ayant fait découvrir, dans plusieurs endroits, des portions de crâne d'une dimension considérable, on a pris cette échelle d'une estimation entièrement illusoire pour établir comparativement la mesure des autres os et la taille entière du sujet; en admettant, par exemple, qu'un pariétal, un frontal de telle dimension, devaient appartenir à des vertèbres, à des fémurs, à des tibias, de telle autre, etc. Or nous savons que les os crâniens prennent, dans l'hydrocéphale, des développements extraordinaires, et surtout bien éloignés d'offrir actuellement aucun rapport avec les autres parties du squelette, presque toujours bornées dans leur accroissement par le rachitis, les scrofules, etc. Il est dès lors facile de pressentir les conséquences mensongères auxquelles on arriverait en partant exclusivement de ce premier point d'estimation. Ainsi Morand parle d'une tête semblable trouvée dans les Vosges, dont le crâne offrait vingt-six pouces de circonférence. En comparant la petitesse de la face aux énormes dimensions de la cavité crânienne, on découvrit aisément que cette tête si volumineuse était celle d'un enfant hydrocéphale de dix ou douze ans.

La cause principale de l'accroissement des géants est encore individuelle et tout entière placée dans la force expansive de l'organisme. Sans doute, les exemples de cette anomalie sont plus fréquents chez certains peuples et dans certaines régions; mais, d'un autre côté, nous l'observons pour les différentes nations, sous les diverses latitudes ; et si tel sujet de six pieds ne se trouve pas compris au nombre des géants en Saxe, en Pologne, en Suède, ne devra-t-il pas obtenir ce titre s'il est Samoyède, Lapon ou Bochisman. Distinguons par conséquent des géants absolus et relatifs, et concluons, d'après les faits, que s'il existe des agents extérieurs capables d'en favoriser le développement, ils deviennent à ce résultat ce que les influences contraires sont pour l'établissement des nains, c'est-à-dire seulement des modificateurs annexés à la cause principale de cette aberration.

Chez les géants, la tête paraît ordinairement très-petite, bien qu'elle soit réellement plus grosse que celle d'un sujet ordinaire. Ici, comme chez les nains, l'illusion tient à ce que notre estimation devient absolue, tandis qu'elle ne devrait être que relative. En général, dans ces individus, les passions et l'intelligence n'offrent pas un grand développement, l'encéphale étant distrait, des opérations mentales, par la nécessité d'entretenir le sentiment et le mouvement dans une masse organique trop considérable pour les proportions de cet agent central. Ajoutons cependant qu'un nouveau genre d'illusion vient exagérer ce défaut de proportion réelle entre l'extension du corps et celle de l'esprit ; par la raison que nous exigeons davantage, sous le rapport du moral, de l'homme qui, d'après la richesse du physique, se rapproche des caractères imposants que nous assignons à la Divinité personnifiée. Les géants offrent naturellement peu d'activité, beaucoup d'apathie, recherchent les douceurs du repos ; ils semblent faits pour obéir plutôt que pour commander. Aussi leur élévation, par les anciens peuples, à l'empire, à la royauté, nous indique-t-elle ces temps de barbarie où l'on ignorait la supériorité de la puissance morale sur la force physique, et les incalculables avantages du *petit* Alexandre sur le *grand* Porus. Les archives de la science contiennent un nombre de faits plus que suffisants pour établir, au moins d'une manière approximative, les extrêmes de cet accroissement anormal chez l'homme. Nous choisirons les suivants en raison de leur authenticité.

En 1826, nous observons Mlle Élisa Smith, Anglaise, âgée de dix-huit ans, offrant la taille de six pieds cinq pouces, un tempérament lymphatique, des formes grêles, une physionomie calme, un squelette bien constitué dans son ensemble. Le frère de cette géante présente six pieds trois pouces : la mère, six pieds quatre pouces, le père, sept pieds.

En 1824, nous examinons Louis Baglin, alors âgé de vingt-un ans, né à Chevagné, département de la Mayenne. Sa taille est de six pieds dix pouces ; il pèse trois cent vingt-cinq livres. En 1825, il atteint celle de sept pieds deux pouces. D'un tempérament lymphatique prononcé, cagneux, mal construit, d'une grande apathie morale et physique, pouvant à peine soutenir, pendant quelques instants, la situation bipède et verticale, ce géant nous offre, pour le plus grand diamètre : de la tête, onze pouces ; de la main, dix pouces ; du pied, treize pouces. Son père, sa mère, ses frères sont d'une taille au-dessous de la moyenne.

En 1832 nous voyons J. Bihei, âgé de vingt-cinq ans, ayant servi comme tambour-major en Belgique. Sa taille est de sept pieds ; sa physionomie noble et martiale ; son œil vif, animé, toutes ses parties bien proportionnées, ses muscles volumineux et très-durs pendant la contraction. Ses extrémités réunissent la grâce au développement de la force ; il parle plusieurs langues, s'exprime avec chaleur. Cet homme remarquable est assurément l'un des plus beaux types que l'on puisse rencontrer.

Le célèbre Gilli, de Trente, avait huit pieds deux pouces. Un Suédois, garde du corps, faisant le service près Guillaume Ier, roi de Prusse, offrait une taille de huit pieds six pouces. Pierre Tochan, mort à Posen, vers le milieu de 1825, à l'âge de vingt-neuf ans, présentait celle de huit pieds sept pouces.

Dans l'*Annuaire militaire européen*, imprimé à Copenhague pour 1825, on fait un rapprochement assez curieux des tambours-majors appartenant aux gardes impériales et royales des diverses nations ; tous se trouvent dans la classe des géants et présentent les tailles suivantes : Celui du roi de Suède, six pieds neufs pouces ; du roi de Prusse, six pieds onze pouces ; de l'empereur de Russie, sept pieds cinq pouces ; des gardes hongroises, neuf pieds trois pouces.

La *Gazette de France* rapporte que l'on a trouvé en 1719, près Salisbury, un squelette de neuf pieds quatre pouces. C'est à peu près la taille que devait présenter le fameux Goliath.

Le plus remarquable de tous est le géant Gabbare, dont parle Pline, et qui vivait à Rome sous l'empereur Claude ; sa taille était de neuf pieds neuf pouces.

Les exemples de cet accroissement extranormal ne sont point exclusivement relatifs à notre espèce, on en trouve un assez grand nombre chez les animaux et chez les végétaux. Nous en connaissons peu, toutefois, d'aussi prodigieux que les suivants. Il existe à Fouillebec, département de l'Eure, un if de vingt-un pieds de circonférence, tellement affermi dans le sol, par ses volumineuses racines, qu'il soutient à lui seul tout le chœur de l'église, comme suspendu merveilleusement au-dessus d'un ravin profond. Il paraît avoir été planté sur le milieu d'une tombe ; circonstance qui pourrait bien être l'une des causes de son énorme développement.

On voit, dans la Caroline, sur les bords du Brandniver, du côté d'York, près du lac d'Howed, un sycomore dont le tronc présente soixante-douze pieds de circonférence ; creux dans son intérieur, il offre une chambre de dix-huit pieds de diamètre, pouvant contenir sept hommes à cheval. Pendant la révolution américaine, cet arbre, le plus extraordinaire que l'on connaisse, est devenu l'asile de plusieurs familles errantes sous la terreur des proscriptions.

Tels sont les exemples les plus remarquables, et les caractères les plus généraux de ces accroissements extraordinaires chez les êtres organisés vivants.

Au milieu des circonstances relatives à l'âge viril, dès qu'il a cessé de gagner en élévation, le corps acquiert insensiblement son développement en épaisseur. Sous ce nouveau rapport, il existe encore des intermédiaires nombreux entre la constitution grêle du sujet nerveux encéphalique, et l'obésité considérable du lymphatique et du sanguin. Ici la nature peut également s'éloigner de la mesure commune en parcourant les degrés de ces deux extrêmes. L'opposition des faits suivants deviendra la meilleure preuve à l'appui des principes que nous établissons.

Claude-Ambroise Seurat, né à Troyes, en Champagne, le 20 avril 1798, semble d'abord promettre une constitution assez robuste. Vers l'âge de quatre ans, il tombe, sans maladie notable, dans un état de marasme général et d'atrophie musculaire, dont on rencontre peu d'exemples. Cet état persiste comme disposition essentielle de l'organisme. Aujourd'hui 1er novembre 1832, nous l'observons avec attention, dans sa trente-cinquième année, présentant les caractères suivants :

taille, cinq pieds trois pouces ; poids général, 43 livres ; physionomie douce, mélancolique, analogue à celle d'un convalescent ; col très-long, formant, avec les épaules, un triangle équilatéral sur le sommet duquel est placée la tête ; maigreur extrême de toutes les parties ; enfoncement considérable du *sternum*, réduisant à trois pouces le diamètre antéro-postérieur du thorax ; allongement consécutif des poumons ; abaissement du diaphragme et du cœur de deux pouces au moins, la respiration devenant ainsi presque entièrement abdominale ; pouls faible, cinquante battements par minute ; atrophie remarquable des muscles. Les bras sont réduits à l'humérus ; aucune fibre charnue sous l'enveloppe extérieure ; aussi le sujet ne peut-il soulever et mouvoir ses membres dans l'articulation scapulo-humérale ; au point même que devrait occuper le deltoïde, le bras n'offre que deux pouces et demi de circonférence. Les avant-bras, les mains, les cuisses, les jambes, les pieds, conservent encore quelques rudiments de l'appareil moteur, et cet être véritablement extraordinaire, que l'on nommerait avec raison *le squelette vivant*, peut se tenir debout agir et marcher pendant un quart d'heure sans se reposer. La peau blanche, étiolée, n'est pas terreuse. Il prend douze onces d'aliments chaque jour ; se nourrit surtout de légumes, de viandes rôties, etc. ; boit de l'eau rougie ; dort paisiblement. Son moral, doué de facultés ordinaires, est assez cultivé par la lecture et les voyages. Il n'éprouve aucune impulsion vers l'acte générateur.

Edouard Brigth, épicier, mort à Molden, le 12 mars 1750, vers l'âge de trente ans, pesait, à deux, 144 livres ; à vingt, 336 ; à trente, 616. Sa taille était de cinq pieds dix pouces. La circonférence du tronc offrait, à la poitrine, cinq pieds six pouces, à l'abdomen, sept pieds ; celle du bras, deux pieds deux pouces ; de la jambe, deux pieds huit pouces. Sept hommes ordinaires entraient dans ses habits ; il fallut douze personnes pour le conduire au cimetière, par le moyen d'un chariot. Nonobstant cette extrême corpulence, il présentait une force musculaire assez considérable pour exécuter la marche, la course et les différents exercices gymnastiques, avec beaucoup de précision et de légèreté.

Dans la virilité, les facultés intellectuelles arrivées à leur entier développement, se perfectionnent par l'exercice et la culture. Le raisonnement et le jugement prennent alors, plus spécialement, un empire avantageux sur toutes les autres. Il en résulte, pour les productions de l'esprit, ce cachet de la raison et de la maturité, qu'il est difficile d'offrir avant l'âge. Moins prompt, moins audacieux dans la conception d'un projet, l'homme est plus prudent, plus sage, plus constant dans son exécution. Les discours n'ont pas, comme dans l'adolescence, le brillant et la fougue d'imagination qui séduisent au lieu de persuader, mais ils sont mieux élaborés, plus forts et surtout plus vrais d'expression.

Notre voyageur est au milieu de sa course ; lorsqu'il jette en arrière un coup d'œil sur la route qu'il a déjà parcourue, c'est quelquefois avec satisfaction, plus souvent avec peine et regret ! S'il mesure d'un regard la carrière qui lui reste à fournir encore, c'est avec une espérance mêlée d'anxiété ! Pour lui, le temps des enchantements, des chimères n'existe plus et la magique puissance du charme dont ses yeux étaient fascinés s'est évanouie sans retour ! Il voit maintenant les hommes, les événements tels qu'ils sont, non point tels qu'ils devraient être. Dans sa naïve et crédule inexpérience, il a pris bien souvent, pour des sentiments affectueux, les vaines démonstrations de l'intérêt et du calcul ; pour l'expression d'une amitié sincère, les mensongères protestations de l'intrigue et de la perfidie ; pour des pratiques vertueuses, les jongleries de l'hypocrisie, de la bassesse ; mais aujourd'hui, le voile des prestiges et des illusions est déchiré pour toujours ; il a fait la triste et malheureuse épreuve des hommes, il s'éloignera désormais par degrés de la multitude, il renfermera son existence et ses affections dans le cercle étroit de quelques amis sincères.

Maladies de la virilité. — Cette phase, où toutes les facultés arrivées à leur complément sont dans un équilibre parfait, n'offrirait pas des altérations aussi graves, aussi nombreuses que les autres, en supposant le physique et le moral du sujet dans les conditions de la nature. Mais les passions fortes et concentrées qui s'éveillent alors, développent notablement l'irritabilité du système nerveux ganglionnaire, et, consécutivement, des appareils dans lesquels se ramifient ses nombreuses divisions. Les viscères abdominaux sont par conséquent, à cette époque, les plus fréquemment affectés. Aussi trouvons-nous surtout, pour l'énumération des maladies relatives à l'homme fait, *la gastrite*, *la duodénite*, *l'hépatite*, *l'entérite*, *la péritonite*, *la néphrite*, *la cystite*, *le satyriasis*, etc. ; de plus, pour la femme, *la métrite*, *l'hystérie*, *la nymphomanie*, etc. En résumant ces considérations générales et relatives aux altérations morbifiques des trois principales phases de la vie, nous ajouterons que ces altérations affectent spécialement, pour chacune de ces phases, les organes renfermés dans l'une des trois grandes cavités splanchniques ; ainsi, dans l'enfance, *l'encéphalique;* dans l'adolescence, *la thoracique;* dans l'âge viril, *l'abdominale.*

VI° VIEILLESSE.

La vieillesse, — γῆρας des Grecs, *senectus* des Latins, est cette période embrassée par l'intervalle de la virilité complète, et de la caducité dans son invasion ; c'est-à-dire, pour les deux sexes, de soixante à quatre-vingts ans. La diminution progressive du volume des organes, de leur souplesse, de leur énergie vitale, de l'intelligence et des passions, forme le caractère essentiel de cette même période.

Arrivé dans l'apogée de sa vie, l'homme verra ses facultés physiques et morales, comme les plus longs jours de l'année, décroître, d'abord d'une manière insensible, ensuite, avec une effrayante rapidité. Déjà nous l'avons observé montant difficilement vers l'un des points élevés de cette gradation vitale, bien rarement parcourue dans son entier ; nous le suivrons désormais la descendant plus péniblement encore, au milieu de toutes les infirmités qui le détacheront des attraits de l'existence, en supposant qu'elles ne viennent pas accélérer sa chute.

Dans l'enfance, le mouvement de composition prédomine sur le mouvement de décomposition ; les organes se développent, les fonctions s'agrandissent et l'économie semble reculer chaque jour ses limites naturelles. Dans l'âge viril, un équilibre plus ou moins parfait s'établit entre ces deux mouvements ; les pertes sont réparées sans accroissement notable. Dans la vieillesse, le mouvement de décomposition acquiert de plus en plus, sur le mouvement de composition, l'empire de sa funeste prépondérance ; les organes s'affaiblissent et s'atrophient, les fonctions diminuent leur développement, et la sphère de l'économie vivante resserre, par degrés, les bornes de son expansion normale.

Si l'on considère individuellement tous les actes physiylogiques, on les voit entraînés dans une ruine générale et commune qu'il n'est plus possible de prévenir et dont les soins hygiéniques raisonnés doivent seulement entraver la marche. En effet, dans l'adolescence et dans l'âge viril, un sujet abuse quelquefois de ses facultés et de ses forces avec une apparente impunité ; mais dans la vieillesse, les imprudences même les plus légères deviennent presque toujours l'occasion d'accidents graves et souvent irrémédiables ; c'est alors surtout qu'il importe essentiellement de seconder la nature par la raison. Pour mieux apprécier les résultats différents de cette époque, sur les diverses fonctions de l'organisme, nous les examinerons d'une manière isolée.

Fonctions nutritives. — Elles offrent une diminution graduée, s'accompagnant d'un premier degré de perversion ; le mouvement de décomposition prédomine, le mouvement de composition devient incomplet ; toutes les perspirations languissent. De ces lésions fondamentales, résultent naturellement un grand nombre d'altérations secondaires et variées. Ainsi, les développements du calorique se trouvent insuffisants, le vieillard frileux, surtout aux extrémités, ressent le besoin des liqueurs alcooliques et des vêtements plus chauds. Les tissus éprouvent une atrophie précédée par l'amaigrissement ; lorsque l'individu conserve de l'embonpoint, la graisse est alors molle et jaunâtre. Les cicatrices, les réparations substantielles sont lentes, imparfaites. La peau s'amincit, devient pâle, sèche, terreuse. Les systèmes fibreux, cartilagineux, osseux, perdent leur élasticité ; les articulations, d'ailleurs moins lubrifiées par la synovie, tendent constamment à l'immobilité ; des soudures nombreuses viennent s'établir, comme si toutes les parties du squelette ne devaient bientôt former qu'une seule pièce. Les os plus durs, plus calcaires, se cassent alors facilement, et, par la même raison, ne se consolident qu'après un temps parfois incalculable. Tous les muscles, perdant la tonicité, semblent trop longs pour l'intervalle qui sépare leurs insertions. Les cheveux, par défaut d'élaboration réparatrice et de sécrétion de la matière huileuse colorante, blanchissent, tombent, surtout au front qui se dégarnit le premier. L'ouverture naturelle du sommet des racines dentaires se rétrécit, étrangle insensiblement les vaisseaux et nerfs qui la traversent pour animer et nourrir les dents. Celles-ci meurent, deviennent des corps étrangers, vacillent dans les alvéoles et tombent successivement, lorsqu'elles n'ont pas été détruites par la carie. La mastication alors incomplète, rend la digestion plus difficile ; déjà sensiblement diminuée par le défaut d'action du tube digestif, cette fonction importante n'amène que des résultats incapables de fournir aux frais de l'organisme ; la constipation est presque toujours opiniâtre.

Fonctions vitales. — Plus indispensables à l'entretien immédiat et continuel de l'existence active, leurs phénomènes sont moins promptement et moins profondément altérés.

Circulation. — Elle diminue sensiblement d'activité ; les pulsations deviennent plus rares, plus faibles, souvent irrégulières ; anomalie qui se rattache fréquemment aux ossifications de la membrane interne des cavités à sang rouge, surtout dans les valvules qu'elle sert à former. Le système capillaire, oblitéré dans les points les plus éloignés du centre, notablement resserré dans tous les autres, présente un obstacle circulatoire dont les résultats sont importants à noter. Ainsi, la pâleur générale de l'enveloppe dermoïde, la plénitude habituelle des artères qui se débarrassent difficilement du sang fourni par le ventricule gauche ; disposition particulière au *pouls des vieillards*, et dont il ne faut pas confondre la cause, les caractères avec ceux du pouls symptomatique de la pléthore locale ou générale ; c'est une observation essentielle en pathologie. Le retour du sang par les veines est plus difficile, tous ces vaisseaux n'offrant plus la même contractilité pour vaincre les résistances, notamment celle de la gravitation ; le système lymphatique partage ces dispositions, et l'on voit se manifester, en conséquence, les varices, l'œdème, l'engorgement des membres pelviens.

Respiration. — Les côtes en partie soudées, les fibro-cartilages ossifiés, les muscles moteurs affaiblis par degrés ne permettent plus aux phénomènes d'inspiration et d'expiration les développements qu'ils offraient d'abord; ces phénomènes se trouvent insensiblement réduits aux mouvements du diaphragme et des muscles abdominaux. Si le vieillard agit avec effort pour obtenir une large ampliation bronchique, la poitrine semble se déplacer en masse par le concours des grands mobiles de son élévation. Les influences vitales et chimiques sont également imparfaites, la rénovation du sang n'est pas entière et ce fluide ne prend plus, en traversant les poumons, toute la chaleur, la vie, la couleur vermeille dont il portait naguère, dans l'organisme, les utiles et brillantes manifestations ; de là cet engourdissement général, cette empreinte violacée des muqueuses vers leurs origines, cette haleine glacée, etc., qui caractérisent la dégradation physiologique.

Innervation. — Elle s'abaisse d'après une mesure analogue, en frappant ainsi la sensibilité, la contractilité dans leur source, la vie toute entière dans l'une de ses bases fondamentales.

Fonctions de relation. — C'est plus spécialement encore

sur l'accomplissement des phénomènes employés par l'homme à l'entretien de ses rapports avec les objets dont il est environné, que le temps fait sentir les funestes influences d'après lesquelles nous voyons s'anéantir progressivement l'attrait qui nous rapproche de ces mêmes objets.

Sensations. — Les sens : *général externe, intime, extérieurs particuliers* aliènent, chaque jour, quelque chose de leur finesse et de leur perfection. La *vue* s'affaiblit et n'aperçoit les objets qu'à distance plus considérable ; altération qui prend le nom de *presbytie ;* quelquefois la faculté visuelle est détruite par la cataracte, le glaucôme, l'amaurose, etc. L'*ouïe* présente une dysécie remarquable, souvent même une entière surdité, le plus ordinairement, d'après la remarque de Pinel, par l'absence de la lymphe de Cotunni. Le *toucher* perd ses avantages en raison des callosités de la pulpe digitale et de la roideur des mouvements de la main. L'*odorat* et le *goût* s'altèrent moins promptement, sans doute parce qu'ils offrent une liaison plus intime avec les fonctions nutritives qui doivent s'entretenir jusqu'au dernier instant. Aussi le vieillard, souvent alors inaccessible et même indifférent aux jouissances que peuvent occasionner les autres sens, cherche-t-il à concentrer les siennes dans les impressions olfactives et gustatives dont il peut encore apprécier les modifications. C'est ainsi qu'il trouve une dernière source de plaisir dans l'usage du tabac et des aliments sapides. Le système nerveux ganglionnaire, l'instinct sans chaleur et sans expansion, portent le sujet à se renfermer dans un égoïsme plus ou moins complet : alors toutes les voies, jusqu'ici largement ouvertes à des impressions variées, semblent graduellement se fermer sans retour. D'un autre côté, les sensations éveillées par ces modificateurs, n'ont plus la force, le charme et la vérité qu'elles présentaient d'abord. Jugeant les objets avec des organes dont l'imperfection s'accroît par degrés, le vieillard, qui ne s'aperçoit pas du changement effectué dans tout son être, ne trouvant plus à ces objets les mêmes qualités qu'autrefois, leur attribue l'imperfection dont il est individuellement la cause. Comparant les sensations passées aux sensations actuelles, il accuse l'univers de perversion lorsque lui seul a changé. Peu satisfait du moment, il voudrait vivre de souvenirs, en justifiant cette expression du poëte latin : *Laudator temporis acti*, si bien imitée par le poëte français : « Toujours plaint le présent et vante le passé. »

Combinaisons intellectuelles. — Incapable d'apprendre, l'homme vit alors de réminiscences ; tous ses discours, surchargés de citations, sont instructifs mais parfois ennuyeux. Le Nestor d'Homère fait éprouver ce dernier sentiment au lecteur cherchant avec impatience le terme de ses longues digressions. Chez le vieillard, comme chez l'enfant, le jugement n'offre pas une grande sûreté ; le second manque de sensations passées à comparer aux sensations présentes ; le premier n'a plus de sensations présentes qu'il puisse opposer aux sensations passées. Les affections morales deviennent puériles, superficielles et peu diversifiées. L'homme est alors grondeur et fâcheux; dépourvu des moyens d'assurer sa puissance par l'énergie morale et par la force musculaire, il est impatient, craintif, suppliant, jaloux de son autorité défaillante ; les lamentations et les pleurs sont des moyens qu'il emploie volontiers pour assurer l'accomplissement de ses désirs.

Expressions.—La *station* est difficile et vacillante par défaut d'énergie musculaire. Plusieurs incurvations alternatives se manifestent sur le grand levier de la sustentation avec imminence de projection en devant, et nécessité d'employer un appui, dans ce dernier sens pour la prévenir. De telle sorte qu'en suivant l'homme dans les trois grandes phases de sa vie, nous expliquons naturellement cette fameuse énigme du sphinx : *Quel animal, dès le matin, marche sur quatre pieds ; sur deux, au milieu du jour ; sur trois, vers le soir ?* La *progression* devient de plus en plus difficile par les mêmes causes, et par la roideur générale des articulations. La *voix* perd sa force et même sa justesse, elle est *grêle et chevrotante.* La *prosopose* devient inexpressive : des rides profondes et multipliées sillonnent le front découvert ou blanchi par la vieillesse.

Fonctions génitales. — Elles suivent une marche bien différente, par ses progrès, chez l'homme et chez la femme. L'époque remarquable de leur extinction, nommée communément *âge de retour*, exerce une influence tellement positive sur tout l'organisme, que nous devons l'examiner en particulier.

Age de retour. — On le désigne encore sous les termes d'*époque*, d'*âge critique ;* sans doute parce qu'il devient, pour les deux sexes, le dénouement de cette brillante phase vitale, pendant laquelle s'exerce la génération, et qu'il s'accompagne, chez plusieurs sujets, d'accidents que l'on a peut-être exagérés pour la femme, puisque Finlaison Moret, Chateauneuf et Lachaise, ont constaté, par leurs observations de statistique plus spécialement dirigées vers cet objet, que la mortalité, dans les deux sexes, est à peu près égale de quarante à cinquante ans. Voyons, pour l'un et l'autre, les changements qui vont alors se manifester dans l'organisme.

Chez l'homme. — Un affaiblissement progressif des organes génitaux et de l'appétit qui veille à l'accomplissement des actes reproducteurs, amène insensiblement l'impuissance de cette grande fonction. L'instant de la révolution critique n'est jamais précis, aucun signe positif ne le caractérise. Nous voyons des hommes perdre, avant l'âge, cette prérogative de la virilité, par cela même qu'ils ont abusé de ses développements, ou sont tombés dans la dégradation vitale que peuvent entraîner la misère, les chagrins, les maladies profondes, etc.; d'autres, conserver cette faculté jusqu'à l'extrême vieillesse, par le bienfait des conditions opposées. Ainsi, Massinissa fut père à quatre vingt-seize ans, Jacob, dans un âge très-avancé ; quelques centenaires, d'après Haller, offrirent le même avantage. En supposant plusieurs de ces faits douteux, il en existe un assez grand nombre dont la réalité devient incontestable, pour établir positivement que la génération, chez l'homme, n'est jamais circonscrite, relativement à la durée de son exercice, par des limites étroites et rigoureusement fixées ; qu'il est dès lors impossible de préciser le terme au delà duquel cette fonction doit s'anéantir complétement. Toutefois, pour s'effectuer avec des résultats favorables, elle exige : la sécrétion d'un sperme parfait ; l'orgasme suffisant de l'appareil génital ; une éjaculation facile pendant l'érection du pénis. Or chez le vieillard, la liqueur séminale est aqueuse, ténue, mal élaborée ; l'érection imparfaite ; l'éjaculation faible et vicieuse; dispositions consacrant la sagesse de cette loi romaine qui, d'après Zachias, interdisait le mariage à soixante ans.

Chez la femme. — L'apparition temporaire des règles a précisé le premier développement de la faculté génératrice ; la cessation du flux périodique signale actuellement l'extinction de cette faculté, dont l'exercice est mesuré, comme nous l'avons déjà dit, par l'intervalle de la première et de la dernière menstruation. Cette modification fait perdre à la femme ses plus beaux titres, ses plus riches ornements pour la disposer par degrés à quitter la vie dont elle a naguère parcouru les brillantes époques.

Vers l'âge de quarante-cinq à cinquante ans, quelquefois plus tôt, rarement plus tard, le flux cataménial, qui jusqu'alors s'était reproduit plus ou moins régulièrement tous les vingt-cinq ou trente jours, éprouve des variations, des anomalies relatives aux qualités, à la quantité du sang, aux époques de ses manifestations, enfin disparaît sans retour. Donnant à cette fonction temporaire une durée semblable chez les différents individus, plusieurs physiologistes ont pensé que les règles devaient cesser plus tôt, lorsque leur apparition avait été plus précoce. Les observations nombreuses que nous avons recueillies, en opposition avec ces théories imaginaires, démontrent que les femmes, dont la menstruation est plus hâtive, sont précisément celles qui nous en présentent plus tardivement la suppression. Il est aisé de trouver l'explication naturelle de ce phénomène. En effet, la disposition génératrice qui sollicite, avant l'âge ordinaire, cette évacuation sanguine, doit encore l'entretenir après son terme normal. Cette condition spéciale, assez commune dans le tempérament nerveux ganglionnaire, est une vitalité plus active de l'utérus, une irritabilité plus considérable de l'appareil génital, dont les facultés se trouvent dès lors plus promptement éveillées, et moins rapidement détruites que chez la majorité des sujets; tandis que les tempéraments lymphatiques, sous les influences contraires, nous offrent des résultats opposés. Cette loi n'est pas absolue, mais les exceptions qu'elle présente n'en détruiront jamais la réalité.

A l'époque de ces changements, les organes reproducteurs deviennent le siége d'un érétisme passager, et, tels que la flamme à son déclin, jetant une lueur brillante, semblent ressaisir avec énergie la faculté dont ils vont se trouver bientôt privés. La femme est alors plus passionnée, plus lascive, et l'on voit quelquefois se manifester, comme à la première menstruation, des symptômes souvent assez violents de nymphomanie, d'hystérie, de mélancolie, etc. Ces dispositions, jointes à la suppression d'un flux périodique, nous expliquent encore la fréquence, vers l'âge critique, du squirrhe, du cancer à l'utérus, aux glandes mammaires, etc.

Pendant cette importante révolution, les seins diminuent de volume, de fermeté, s'affaissent graduellement, à moins qu'ils ne soient encore soutenus par un assez grand développement du système cellulaire graisseux. Les formes perdent cette grâce élégante qui les distinguait, pour s'atrophier ou s'empâter avec mollesse. Quelquefois les lèvres, le menton, s'ombragent de poils apparents; la femme acquiert des caractères de virilité faisant disparaître les derniers charmes qui naguère encore la rendaient séduisante et persuasive. A l'aspect de l'autre sexe, elle n'éprouvera point désormais le sentiment instinctif qui lui parlait autrefois avec tant d'éloquence. L'homme de son côté ne la recherchera plus, par le seul attrait de sa fraîcheur; en s'évanouissant pour toujours, les prestiges de la beauté passagère ont fait place à la réalité! La bonté du cœur, l'amabilité de l'esprit, tels sont les moyens qui la feront survivre à ces injures du temps, et lui promettront encore des succès moins brillants peut-être, mais plus positifs et plus durables.

On s'habitue beaucoup trop généralement, dans le monde, à considérer l'âge de retour comme une maladie qu'il faut soumettre à des traitements, à des médications, tandis qu'on devrait y voir une marche naturelle et physiologique, dont la bonne direction réclame seulement, chez la grande majorité des individus, les secours appropriés d'une hygiène raisonnée; chez quelques sujets pléthoriques, des saignées du bras, et des précautions de régime, pour éviter les accidents que pourrait occasionner la suppression du flux menstruel. Si nous avions pour objet de remonter à l'origine des causes productrices d'un grand nombre d'altérations auxquelles cette période emprunte son apparente gravité, nous les trouverions également dans l'abus des rapprochements sans but; d'une continence mal dirigée; dans les imprudences de tout genre, et l'administration intempestive des médicaments les plus contraires.

Jusqu'ici les deux sexes ont en quelque sorte appris à vivre; maintenant ils doivent apprendre à mourir en parcourant toutes les phases de la dégradation physiologique.

Avec ces imperfections progressives, combien un vieillard aimable, tolérant et vertueux, possède encore d'influence et d'empire sur les êtres sensibles dont il se trouve alors entouré. La jeunesse obéit respectueusement à ses volontés; écoute, avec fruit, ses conseils; avec intérêt, le récit de ses malaventures passées; avec attendrissement, celui de ses malheurs ! Il offre pour tous les âges, dans tous les peuples civilisés, mêmes chez les hordes sauvages, le régulateur, l'arbitre des plus grands intérêts; devient l'objet d'une vénération, d'un culte religieux, qui semblent momentanément l'élever entre l'homme et la Divinité !

Maladies de la vieillesse. — Dans les premières phases de la vie, les altérations morbifiques offraient, pour caractère fondamental, une augmentation positive des facultés organiques; l'inflammation y marchait presque toujours à l'état aigu ; dans cette période, au contraire, l'abaissement de la sensibilité, de la contractilité forme le trait essentiel et distinctif du plus grand nombre des lésions pathologiques, et la chronicité présente le type ordinaire de la majorité des phlegmasies. La dégradation progressive des tissus, des organes, des appareils, des propriétés, des phénomènes et des fonctions fait assez pressentir les altérations qui doivent assiéger le vieillard. Ainsi, mettant de côté les anomalies produites chez la femme par la suppression du flux menstruel, nous trouvons particulièrement, dans l'énumération des désordres morbides communs aux deux sexes, les inflammations chroniques des viscères digestifs, urinaires; la goutte, le rhumatisme, la pierre, la gravelle; toutes les dégradations organiques, les ossifications, les varices, les anévrismes passifs, les apoplexies, les œdèmes, les paralysies, etc., enfin la *caducité*.

La caducité, — παρηλιxία des Grecs, *caducitas* des Latins, de *cadere*, tomber, encore nommée *décrépitude*, est cette période extrême de la vie, comprise entre la vieillesse et la mort naturelle; ou, d'une manière plus positive, entre quatre-vingts ans et la cessation de l'existence physiologique. Ses caractères essentiels ne se bornent plus à l'abaissement gradué des fonctions, ils portent sur la destruction progressive des phénomènes, préludant à la mort générale, par ces extinctions localisées.

Opposerons-nous à ces lois invariables quelques faits exceptionnels indiquant une rétrogradation de la vitalité défaillante vers ses premières manifestations? Haller dit qu'un centenaire, dont les yeux se trouvaient à peu près éteints, abandonna ses lunettes et recouvra spontanément la vue; que chez un autre, les cheveux, ayant blanchi complétement à quatre-vingts ans, reprirent, à cent, leur couleur naturelle; enfin qu'un troisième, ayant perdu la totalité de ses dents, à soixante-dix ans, les vit repousser à quatre-vingt-quinze, etc. Ces résultats, en les supposant bien démontrés, loin d'infirmer la règle générale, nous offrent des modifications extraordinaires, sans doute favorisées par quelques changements avantageux dans le régime, le climat et les habitudes primitives du sujet.

L'homme avait jusqu'alors entretenu des relations avec tous les objets qui l'environnent ; plus ou moins remarquable par la vivacité de son imagination dans l'adolescence, par la force et la maturité de son esprit dans l'âge viril, par la sagesse de ses déterminations dans la vieillesse, il nous offrait encore hier les précieuses qualités de l'être intelligent et sensible; aujourd'hui, dans cette période, véritable passage de l'existence active à la mort, il devient un sujet nul pour les autres, pour lui-même; rentre, sous ce rapport, dans les conditions embryonnaires ; mais il se trouve opposé par ses dégradations à la marche progressive de cette première modification vitale.

C'est avec des transitions régulières, sagement combinées par la nature, qu'il marche dans cette voie d'anéantissement, et resserre de plus en plus les bornes de son foyer d'expansion. L'ouïe, la vue, le toucher, l'odorat, le goût se ferment successivement aux impressions extérieures ; l'âme comme isolée, dans cette écorce inaccessible, de tout ce qui pourrait l'affecter, semble étrangère aux changements de la nature; aux renversements des sociétés ; aux bouleversements des empires; à la mort des amis et des proches. Les muscles commandés par un cerveau débile, n'exercent plus aucun mouvement précis et déterminé : les membres sont agités d'un tremblement involontaire, ou pour jamais condamnés à l'immobilité ; l'homme tout entier descend, par degrés, à cette nullité physique et morale désignée par le terme *d'enfance*, comme pour indiquer le rapprochement qui paraît alors s'établir entre les deux extrêmes de la vie.

Changement déplorable, métamorphose affligeante ! Cet être puissant, qui naguère commandait à la nature, et, dans ses téméraires excursions, visitait les bornes du monde, actuellement fixé comme un végétal sur le sol qui doit engloutir ses restes mortels, n'a pas même les facultés indispensables pour satisfaire à ses premiers besoins. Péniblement courbé sous le poids des ans et des infirmités, chaque jour il incline vers la tombe son front blanchi par le temps! Son imagination s'éteint, sa mémoire l'abandonne, son jugement s'égare, son intelligence ne présente plus que des clartés passagères. Ses contemporains, ses amis ont disparu de la scène du monde, il se trouve maintenant comme un étranger au milieu de ceux qui les ont remplacés et dont il s'est naturellement éloigné, ne trouvant point, dans leur commerce habituel, cette conformité de mœurs, de goûts et d'opinions seule capable de provoquer et de fonder l'intimité de ses rapports. Les liens qui l'attachaient à la vie se relâchent d'abord, se brisent ensuite sans effort et par degrés inappréciables : il succombe en détail. Dans sa prévoyance infinie, Celui qui l'anima du feu céleste voulut en même temps l'affranchir des horreurs de la destruction, en faisant marcher la cessation de l'homme intelligent avant celle de l'homme physiologique. Le flambeau de la vie ne brille déjà plus que d'une lueur pâle, incertaine; il jette un dernier éclat, *s'éteint!* cette extinction est la *mort!...*

L'homme n'est plus! Ses organes dépouillés des propriétés vitales, désormais exclusivement soumis à l'empire des lois de la matière, vont se décomposer et s'anéantir. Dans quelques instants il ne restera plus aucun vestige de cet être supérieur, nous étonnant par l'élévation de ses pensées, par la perfection de ses talents, par la noblesse de son caractère; de cet être aimable et gracieux qui nous attirait par le pouvoir de ses charmes et plus encore par celui de ses vertus! Épouvantable idée!... Mon âme se resserre, mon cœur frémit et se brise à l'aspect de cet affreux néant que vient m'offrir le matérialisme comme terme de nos destinées!

Qu'ai-je dit?... La raison puissante qui malgré nous porte sa vive lumière dans les derniers replis d'une conscience obscurcie par les passions, cette raison victorieuse, repoussant avec l'ascendant et la force de la vérité les conceptions du mensonge et de l'erreur, nous montre, dans l'homme, un principe indépendant de la matière et de ses lois; ne pouvant jamais finir avec elle ; devant au contraire survivre à cette apparente et vaine destruction ! Ici commence, d'un côté, l'empire exclusif de la psychologie ; de l'autre, le domaine de la physique ; là finit celui de la physiologie.

Tels sont les attributs temporaires de l'homme ; d'abord faible, soumis ; plus tard puissant, commandant en maître ; plus tard encore déchu de ce pouvoir éphémère, ne conservant d'autre ascendant que celui de la réputation et des vertus !

Vous qui, dans la force de l'âge, étonniez l'univers par l'énergie de vos conceptions, par la supériorité de votre génie, offrez-nous, dans la vieillesse, des qualités et des vertus aimables : soyez indulgent pour nos erreurs comme on le fut pour les vôtres, et loin d'aliéner des droits acquis, chaque jour vous en obtiendrez de nouveaux à nos respects, à notre vénération !

Vous qui, dans la saison du printemps, avec autant d'art que de naturel, saviez couvrir de fleurs tous les sentiers de la vie ; qui, dans la période suivante, avez donné des fruits précieux, des gages certains d'une propagation indéfinie ; vous qui régnez par des charmes et des vertus paisibles, dont l'empire est bien plus assuré que celui de la force et de la puissance, lorsque viendront les hivers, conservez cette gaieté franche et naïve ; confiez-vous de bonne heure à cette philosophie divine qui vous permettra de contempler sans envie, sans regret, dans les compagnes d'une époque moins avancée, la grâce, les avantages auxquels vous ne devez plus prétendre ; dès lors vous n'offrirez à nos yeux ni vieillesse ni caducité : vous serez toujours cet ange tutélaire que la bienveillance du Créateur voulut associer à l'homme pour adoucir les chagrins, partager les plaisirs et les ennuis dont sa vie présente naturellement le constant et bizarre assemblage !

Après avoir étudié les principales phases de la vie normale, dans leurs caractères fondamentaux, nous devons actuellement, sous le titre de *longévité*, considérer les termes les plus remarquables de la durée qu'elle peut atteindre chez les différents êtres organisés actuellement soumis à ses manifestations.

LONGÉVITÉ.

La longévité, — μακροβιότης des Grecs, de μακρὸς, long, et βιος, vie, *longevitas* des Latins, indique la prolongation de l'existence active, chez certains individus, au delà des bornes généralement imposées à leur espèce.

La durée naturelle de cette existence est, pour tous les êtres qui la possèdent, le temps compris entre l'animation de la matière et le retour de celle-ci vers l'état purement physique, par l'extinction des propriétés vitales. Si nous l'envisageons dans l'innombrable série des corps organisés, nous trouvons des différences palpables et multipliées sous le rapport : des *espèces*, des *individus*.

Relativement aux espèces. — Les différences de ce premier ordre sont dans la nature essentielle des êtres et réglées par les lois fondamentales de la création. Combien d'intermédiaires ne rencontrons-nous pas entre l'insecte éphémère que le même soleil voit naître, périr, et le baobab dont six à huit siècles ne suffisent pas toujours pour mesurer l'existence ! Ainsi, l'abeille vit un an ; le polype, deux ; le coq, le chat, dix ; la tortue, le porc, la vache, le bœuf domestique, vingt ; le serin, vingt-deux ; le paon, le chien, vingt-quatre ; le taureau, le cheval, le dauphin, trente ; l'oie, le ramier, cinquante ; l'ours, le lion, l'âne, soixante ; le mulet, quatre-vingts ; l'aigle, le cigne, le perroquet, le chameau, cent ; l'éléphant, cent cinquante, deux et jusqu'à trois cents.

La nature qui, sous le rapport de l'intelligence, a placé l'homme au premier rang, l'avait également partagé d'une manière très-avantageuse relativement à la longévité. Mais l'abus qu'il fait de ses moyens, son intempérance, la violence de ses passions, les vices nombreux de ses habitudes sociales et les maladies continuelles qui l'affligent, réduisent bien souvent en problème une existence dont ils abrégent et précipi tent le cours, à tel point qu'un centenaire est aujourd'hui placé dans la catégorie des phénomènes étonnants. Sans rechercher, avec quelques auteurs, si la longévité de nos premiers pères est une conséquence de leur bonne constitution, de leurs vertus et de leurs mœurs patriarcales; ou si, dans l'estimation de leurs années, il existe erreur de calcul, modification dans la manière de diviser les temps, nous croyons pouvoir affirmer que nos exemples de vies très-prolongées ne sont pas aussi fréquents, aussi nombreux que dans les premiers âges du monde ; nous en indiquerons bientôt les raisons qu'il est déjà facile de pressentir.

Relativement aux individus. — Les disparités de ce deuxième ordre se trouvent, pour le plus grand nombre, en dehors de la nature ; elles ont leurs occasions dans le domaine de l'art et des circonstances accidentelles. Frappés des énormes différences que l'on observe quelquefois, sous le rapport de la longévité, chez plusieurs sujets d'une même espèce, les physiologistes ont voulu remonter aux causes de ces précieux résultats ; leurs travaux ont été souvent incomplets ou fondés sur des hypothèses. Prenant l'expérience, les faits et l'observation pour guides exclusifs, nous réduirons aux huit chefs suivants les modificateurs essentiels qu'il s'agit ici d'apprécier : 1° *bonne constitution* ; 2° *harmonie du physique et du moral* ; 3° *lenteur de l'accroissement* ; 4° *équilibre entre les appareils et les fonctions* ; 5° *élévation de la taille* ; 6° *habitation d'un climat tempéré* ; 7° *calme de l'âme* ; 8° *éloignement des surexcitations vitales*. Pour faire apprécier toute l'importance de ces considérations, il suffit d'ajouter : qu'avoir établi sur des bases positives les conditions artificielles de la longévité, c'est précisément avoir trouvé le secret de reculer, sans effort, les bornes de la vie.

1° *Bonne constitution*. — Deux éléments concourent à la formation de l'homme, l'*esprit* et la *matière*. Il est aisé de comprendre que la première condition de longévité réside naturellement dans la *perfection essentielle* de ces deux éléments fondamentaux. En observant une masse de sujets au milieu des mêmes circonstances, nous trouvons aussitôt les applications de cette loi. *Sous le rapport du physique*, les individus que nous voyons atteindre un âge très-avancé présentent constamment des organes sains, bien constitués, d'une texture en même temps souple, vigoureuse et dans une harmonie remarquable avec les fonctions qui leur sont départies; jamais nous ne rencontrons, au nombre des centenaires, les scorbutiques, les cancéreux, les rachitiques, les scrofuleux, dont les tissus offrent des perversions substantielles notables. *Sous le rapport du moral*, une intelligence débile, incapable de communiquer à l'économie l'expansion dont elle a besoin ; des impulsions instinctives, dépravées, bizarres, imprimant aux fonctions des mouvements tumultueux et désordonnés sont contraires à la prolongation de l'existence, qui se trouve garantie par un esprit fort sans violence ; par un caractère sage, heureux, sans bienveillance abusive.

2° *Harmonie du physique et du moral*. — Il ne suffit pas que ces deux principes offrent isolément des caractères parfaits, il faut encore, pour assurer la longévité, qu'ils s'unissent dans un certain degré d'équilibre. La prédominance marquée de l'un ou l'autre abrége toujours la durée commune de la vie. Si le physique est exubérant, il étouffe le moral et suffoque l'activité dans son foyer ; c'est le fourreau, comme on l'a dit en style vulgaire, qui rouille et détruit l'épée ; si le moral est excessif, il énerve et consume le phyique ; c'est l'épée qui vient user et détruire le fourreau. L'examen d'un grand nombre d'individus prouve toute la réalité de cette loi : nous montrant l'idiotisme et le génie rapprochés dans les morts naturelles prématurées, sous l'influence de ces modifications contraires.

3° *Lenteur de l'accroissement*. — Nous établissons en thèse générale : toutes les fois qu'un être vivant exige pour se développer un temps considérable, sa vie normale offre, par cela même, une assez longue durée, et *vice versâ*. En effet, réduisant l'existence active à trois périodes fondamentales : 1° *accroissement ; 2° état stationnaire ; 3° décroissement*, on peut affirmer que ces périodes sont à peu près égales entre elles ; de manière que la première une fois connue sert à mesurer, du moins approximativement, les deux autres. Cette loi dont les exceptions offrent peu d'exemples, se trouve positivement établie sur la marche uniforme de la nature ; si nous voyons ses progrès lents dans la première phase de la vie, nous sommes à peu près certains de les trouver avec ces caractères dans la seconde et la troisième ; les applications viennent précisément confirmer la règle. Ainsi, chez l'homme, dans les conditions ordinaires, l'accroissement paraît à son terme de vingt à vingt-cinq ans ; la durée commune de la vie naturelle est alors de soixante à soixante-quinze ; tandis que chez l'insecte qui se développe, dans quelques heures, un seul jour mesure toute sa révolution ; et que deux ou trois siècles deviennent indispensables pour la compléter dans le chêne de nos forêts, n'arrivant qu'après cent ans à son extension définitive.

Ces considérations appliquées, non-seulement aux espèces, mais encore aux individus, nous offriront presque toujours des résultats assez positifs dans l'estimation de la longévité. L'homme dont l'accroissement aura présenté beaucoup de lenteur et d'uniformité dans ses progrès devra, toutes les autres conditions étant favorables, espérer une carrière prolongée.

4° *Équilibre entre les appareils et les fonctions.* — Chaque jour, dans le monde, on confond la force musculaire et la force organique. La première, susceptible de vaincre des résistances matérielles très-considérables, n'est jamais une garantie contre les infirmités et la mort prématurée. Nous voyons souvent en effet des colosses, des hercules, défiant en apparence toutes les maladies, fréquemment affectés par des lésions graves, ou succombant, avant le terme commun, dans toutes les dispositions de la caducité. La seconde, au contraire, n'offre aucun rapport avec l'énergie motrice ; elle tient spécialement à l'harmonie de toutes les fonctions, de tous les appareils. Dans cet accord unanime, l'économie trouve une puissance remarquable pour lutter avantageusement contre les causes destructives qui l'environnent, et cette force que nous appelons d'*organisme* ou de *synergie*, parce qu'elle siége dans l'ensemble des instruments physiologiques sans aucune prédominance locale, nous présente constamment l'une des assurances les plus positives de longévité. C'est ainsi que tel sujet après s'être acquis la réputation d'un lutteur formidable, ne supporte pas aussi bien que tel autre, grêle et faible en apparence, la faim, la soif, les privations du sommeil, l'intempérie des saisons, les marches forcées et toutes les fatigues de la guerre. Il suffit de lire attentivement les relations impartiales de nos mémorables et désastreuses campagnes pour savoir que les corps d'élite, les plus ménagés, les mieux pourvus, composés par les hommes les plus beaux et les plus robustes, ne furent pas ceux qui bravèrent avec le moins d'accidents et de mortalité les glaces des pôles et les feux des tropiques. En observant avec attention, l'on ne tarde pas également à s'apercevoir que les individus les plus forts en apparence ne sont pas toujours les plus forts en réalité ; ou si l'on veut, que l'énergie musculaire et la résistance organique se trouvent absolument indépendantes. La seconde, basée particulièrement sur l'équilibre des appareils et sur l'activité morale, soutient l'économie physique, offrant seule une influence marquée relativement à la longévité ; la première n'en présente pas même la plus faible garantie. C'est ainsi que les sujets dont on admire la taille et les formes athlétiques, dans l'adolescence et la virilité, passent immédiatement de cette période à la décrépitude : semblables à ces masses colossales qui, soutenues par un ressort puissant, tombent de tout leur poids lorsque cet appui vient à manquer.

5° *Élévation de la taille.* — Une stature au-dessus de la moyenne, présente ordinairement des chances favorables de longévité ; sans doute en raison de la prolongation de l'accroissement, sans doute, plus spécialement encore, parce que les hommes d'une taille élevée, moins turbulents, moins emportés dans leurs phénomènes ; d'un moral plus calme, s'usent avec moins de précipitation ; tandis que les hommes très-petits, sans cesse en mouvement, toujours dans une inquiète activité, semblent vouloir gagner en vitesse, une partie de ce qui leur manque dans l'espace, et, sous l'influence de ces continuelles agitations, dépensent rapidement la vie, sans pouvoir la conserver longtemps, à moins que cet inconvénient grave ne soit racheté par des avantages plus positifs encore.

6° *Habitation d'un climat tempéré.* — Ces latitudes favorables à l'exercice complet et régulier des phénomènes vitaux, deviennent par cela même l'une des causes extérieures de longévité. Les glaces des régions polaires, et l'air embrasé de la zone torride, sont au contraire des obstacles positifs à la prolongation de l'existence active ; les premières, en abâtardissant les espèces, en réprimant les développements de l'organisme, en le fatigant par des concentrations habituelles et plus ou moins funestes ; le second, en surexcitant l'économie d'une manière continuelle et destructive, en maintenant les appareils dans une permanecce d'action qui doit bientôt en amener l'épuisement complet.

7° *Calme de l'âme.* — Si l'influence du moral sur le physique est appréciable pour toutes les modifications de la vitalité, c'est plus particulièrement encore dans celles qui peuvent établir diversement les bornes de l'existence active, que cette influence devient incontestable. Une conscience tranquille, des passions douces, réglées par la raison, des facultés intellectuelles modérément exercées paraissent irradier, dans tout l'organisme, ces impulsions bienfaisantes qui favorisent l'accomplissement des actes physiologiques en garantissant la longévité. D'un autre côté, l'abus des travaux de l'esprit, les angoisses d'une âme incessamment agitée par l'ambition, la jalousie, la haine, l'envie, etc.; les tortures d'une conscience déchirée par le remords, jettent les phénomènes vitaux dans un état continuel de trouble et d'imperfection, en réunissant toutes les causes d'une fin prématurée. Voyez l'homme indépendant, sage et vertueux, il paraît encore jeune, même dans la vieillesse; observez au contraire le courtisan vicieux et passionné, vous le trouverez déjà caduc, même dans l'âge de la force et de la vigueur.

8° *Éloignement des surexcitations vitales.*— Déjà nous avons comparé la vie, dans ses effets relativement au corps qu'elle anime, à la flamme qui s'attachant au combustible, par une attraction particulière, le fait briller d'un éclat passager, en détruisant sa propre substance.

Tout corps organisé vivant peut être considéré, d'après cette analogie, comme doué d'une certaine proportion de cet élément combustible dont la dépense entière marquera le terme de l'existence active pour ce même corps. Si la combustion est trop ménagée, trop faible, un léger souffle peut l'éteindre ; circonstance qui fait sentir la nécessité d'un certain degré d'excitation organique, pour l'entretien de la vie dans ses dispositions de force, de résistance normales, sans lesquelles on verrait bientôt l'économie tomber dans un état de torpeur et d'engourdissement favorables à l'empiétement destructeur des puissances physiques et chimiques. Cette combustion est-elle au contraire excessive, consumant avec rapidité la proportion donnée du combustible, elle diminue la durée naturelle de l'existence ; le sujet vit plus dans un temps déterminé, mais il vit moins longtemps. Ces rapprochements sont applicables à tous les êtres animés, depuis le végétal jusqu'à l'homme.

Par la culture, on détermine des prodiges de végétation, sous le rapport de l'accroissement, tandis qu'on diminue, dans une mesure proportionnelle, chez les plantes, les arbustes et les arbres soumis à l'expérience, le temps d'une vie dont la nature a cédé la direction au pouvoir de l'art.

Modifiés par notre civilisation, par les influences de la domesticité, les animaux vivent beaucoup moins longtemps que leurs analogues en liberté dans les conditions de l'état sauvage. Il suffit d'observer comparativement les uns et les autres, pour sentir la vérité de cette loi.

C'est plus spécialement encore chez l'homme que ces modificateurs font éprouver leur puissance. Jamais il ne peut sortir impunément des bornes de l'activité normale ; plus son existence manifeste d'expansion, de brillant et d'éclat, plus elle devient courte et précaire. L'abus des liqueurs alcooliques, des aliments excitants, des jouissances multipliées, du mouvement, des impulsions instinctives, des efforts intellectuels, etc., précipitent nécessairement le cours de la vie, détruisent toutes les chances de sa prolongation. Consultez, en effet, les annales de la longévité, vous y trouverez à peine quelques célébrités acquises par le génie, par la science, par la réalisation d'un vaste projet, etc. ; vous y verrez citer, comme exceptions à cette règle générale, Buffon qui mourut à quatre-vingt-un ans ; Ducis, à quatre-vingt-trois ; Voltaire à quatre-vingt-quatre ; Hippocrate à cent quatre, etc. Ouvrez, au contraire, les archives des morts prématurées, vous y rencontrerez un grand nombre d'hommes que d'immenses travaux, de grandes passions, une ardeur infatigable pour l'étude, ont fait périr dans la force de l'âge, souvent au milieu des plus brillantes manifestations de la jeunesse, et dont les sciences, les arts en deuil pleurent encore aujourd'hui la perte à jamais irréparable ! Ainsi, dans la musique, Mozart ; dans la peinture, Raphaël ; dans la poésie, le Tasse ; dans la philosophie, Pascal ; dans la guerre, Napoléon ; dans les sciences médicales, Bichat ! Quels noms ! quels talents !... Ces prodiges vinrent éblouir, étonner le monde : ils vécurent trop dans un jour : leur durée ne pouvait être qu'éphémère !.... Le génie connaît-il des entraves ? la mort doit-elle inspirer des regrets en laissant après soi d'aussi merveilleux souvenirs ?

Quelques auteurs ont voulu placer encore au nombre des causes de longévité, plusieurs dispositions qui nous semblent offrir assez peu d'importance. Ainsi : 1° le *sexe féminin*. — Mais s'il est moins exposé que l'autre aux agents destructeurs que nous avons signalés, n'offre-t-il pas une compensation bien positive par les dangers de l'établissement et de la suppression du flux menstruel ; par la délicatesse de sa constitution, les inquiétudes, les fatigues de la maternité, le développement excessif des affections mentales, etc.? 2° Le *volume du sujet.* — Mais le coq ne vit que dix ans ; le serin, vingt-deux ; l'oie, quarante ; le perroquet, cent, etc.; dans notre espèce, les hommes d'une ampleur colossale n'atteignent jamais un âge très-avancé. 3° La *densité des tissus.* — Mais le mulet vit quatre-vingts ans, et le cheval seulement vingt-cinq ou trente, sans qu'il existe une différence proportionnelle entre la fermeté respective de leurs organes. Pour notre catégorie, nous voyons des sujets dont la fibre est sèche, arriver promptement à la caducité ; d'autres, assez remarquables par la succulence de leurs tissus, parcourir toutes les phases de l'extrême vieillesse. 4° Les *aliments très-nourrissants et les commodités de la vie.* — Mais nous trouvons des exemples de longévité dans toutes les classes, dans toutes les conditions ; les plus extraordinaires sont même présentés par des hommes dont l'existence a parcouru ses degrés au milieu de l'esclavage, de la misère, du travail et des privations. Tels furent, entre beaucoup d'autres, Étienne Baquet, mort à Estadens, arrondissement de Saint-Gaudens, Haute-Garonne, le 22 août 1824, alors âgé de cent vingt-quatre ans. Né dans le département de l'Ariége, il avait passé toute sa vie sous l'influence des mortifications et de la pauvreté. Le nègre dont on a parlé beaucoup en 1819 ; lequel vendu aux Anglais, à vingt-trois ans, fait prisonnier à quarante-trois par les Français, conduit aux États-Unis d'Amérique, mourut à cent trente-cinq ans, après avoir compté plus d'un siècle d'esclavage.

Les physiologistes ont entrepris des recherches statistiques nombreuses, diversifiées, pour trouver quelques lois positives, relativement à la durée probable de la vie dans ses différentes périodes, à la proportion naturelle des longévités remarquables ; ces travaux n'ont fait que démontrer combien il est difficile d'établir ici des règles fondamentales, et combien sont éventuelles et variables dans ces déterminations, les influences du sexe, du climat, des habitudes, etc. Tous les pays, tous les peuples, toutes les constitutions, tous les tempéraments, etc., nous présentant, sous ce rapport, la réunion des extrêmes les plus opposés.

Haller a pu réunir un assez grand nombre de longévités dans les proportions suivantes : De cent dix à cent vingt ans, soixante-deux; de cent vingt à cent trente, vingt-neuf; de cent trente à cent quarante, quinze.

Sussmilch prétend que l'on voit un centenaire pour mille quatre cents individus.

Sur vingt-un mille vingt-huit sujets morts à Londres, en 1751, on en trouve : A quatre-vingt-dix ans, cinquante-huit; à cent, treize ; à cent neuf, un. Ce qui donne un centenaire pour mille cinq cent deux.

Sur vingt-six mille trois cent vingt-six individus, morts en 1762, dans la même ville, on en rencontre : A quatre-vingt-dix ans, quatre-vingt-cinq; à cent, deux. Résultat qui présente un centenaire seulement pour treize mille cent soixante-trois, au milieu des circonstances analogues, pour ne pas dire absolument identiques, en prouvant combien toutes ces estimations deviendraient illusoires, si l'on voulait en former la base d'un système général et précis.

D'après les tableaux de mortalité composés, pour la France, par Duvillard, on voit périr sur un million de sujets, à quatre-vingts ans, trente-quatre mille sept cent cinq ; à quatre-vingt-dix, trois mille huit cent trente ; à cent, deux cent-sept ; à cent un, cent trente-cinq ; à cent deux, quatre-vingt-quatre ; à cent trois, cinquante-un ; à cent, quatre-vingt-neuf ; à cent cinq, seize ; à cent six, huit ; à cent sept, quatre ; à cent huit, deux ; à cent neuf, un ; à cent dix, aucun. La proportion est ici d'un centenaire sur 4,830,83 centièmes.

Les calculs de Buffon, sur différentes probabilités de la vie, nous fournissent comme principaux résultats les données suivantes : Sur un nombre déterminé de sujets, il en meurt *le quart*, avant cinq ans; *le tiers*, avant dix ; *la moitié*, avant trente-cinq ; *les deux tiers*, avant cinquante-deux; *les trois quarts*, avant soixante-un. Sur sept enfants d'un an, aucun ne parvient à soixante-dix. Il en arrive un seulement à soixante-quinze, sur onze ; à quatre-vingts, sur dix-sept ; à quatre-vingt-cinq, sur soixante-treize ; à quatre-vingt-dix, sur deux cent cinq ; à quatre-vingt-quinze, sur sept cent trente ; à cent sur huit mille cent soixante-dix-neuf. La vie moyenne pour le sujet d'un ou de vingt-un ans est de trente-trois ans ; pour celui de cinquante-un, de seize ; pour le vieillard de soixante-six ans, comme pour l'enfant naissant ; de sept ans à vingt-un, les chances deviennent plus favorables que dans toute autre époque. D'après le même auteur, il nous reste encore d'existence probable : à dix ans, quarante ans ; à vingt, trente-trois ; à trente, vingt-huit ; à quarante, vingt-deux ; à cinquante, seize et demi ; à soixante, onze ; à soixante-dix, six ; à soixante-quinze, quatre et demi ; à quatre-vingts, trois et demi ; à quatre-vingt-cinq, trois.

Il est aisé de sentir que toutes ces estimations ne peuvent être qu'approximatives. Les exemples de longévité que nous allons rapporter prouveront, actuellement, comme nous l'avons établi d'abord en principe, que l'homme peut franchir les bornes communes de l'existence au milieu des modificateurs les plus essentiellement différents.

Longueville, qui contracta dix mariages, a vécu plus de cent ans.

On voyait encore, vers l'année 1826, dans Amesfort, en Hollande, deux époux formant ensemble deux cent sept ans ; le mari comptait cent cinq ans, la femme cent deux. L'un et l'autre jouissaient d'une très-bonne santé.

Hippocrate est mort à cent quatre ans ; saint Antoine, à cent cinq ; Démocrite, à cent neuf ; saint Paul, ermite, à cent treize, dans un désert ; François Guibeau, à cent quatre, dans la ville de Rochefort, en 1825, n'offrant aucune infirmité. Ce vieillard avait travaillé toute sa vie sur le port, en qualité d'ouvrier.

M. Robion, curé d'un village du diocèse de Vienne, en Dauphiné, mourut l'année 1758, à cent huit ans. Il desservait cette paroisse depuis quatre-vingts ans, avait baptisé tous ses fidèles à l'exception d'un seul. De mœurs paisibles, il conserva toujours la même domestique. Celle-ci lui survécut alors âgée de cent quatre ans.

Il existait en 1825, aux environs de Pérouse, dans les États pontificaux, un homme appelé Hippolyte-Joseph Bindo, âgé de cent dix-neuf ans, aimant à boire, d'une gaieté remarquable, conservant l'usage des organes sensitifs, des facultés intellectuelles et même des principaux moyens locomoteurs. Le pape l'ayant fait visiter par l'évêque diocésain, on le trouva sur une mauvaise natte en paille à peine abrité par sa cabane ruineuse qu'il ne voulut pas abandonner, y trouvant un bonheur dont son ambition était complétement satisfaite.

En 1760, moururent, à Philadelphie, dans l'Amérique septentrionale, Claude Cottrell et sa femme, le premier âgé de cent vingt ans, la seconde, de cent quinze. Ils comptaient quatre-vingt-dix ans de ménage.

Simon Cléophas, évêque de Jérusalem, fut martyrisé à cent vingt ans.

Éléonore Spicer mourut en Virginie, l'an 1773, à cent vingt-un ans.

Jean Bayles, pauvre marchand de boutons, à cent trente.

Marguerite Forster, en 1771, dans le comté de Cumberland, à cent trente-six.

Marguerite Potters, en Angleterre, à cent trente-huit.

James Laurence, en Ecosse, à cent quarante.

La comtesse de Desmond, en Islande, à cent quarante.

James Sonds, dans le Staffordshire, à cent quarante.

A. Goldsmith, en France, dans le mois de juin 1776, à cent quarante.

Simon Sack, à Trionia, le 30 mai 1764, à cent quarante et un.

La comtesse Ecleston, dans l'Islande, en 1691, à cent quarante-trois.

Jean Effingham, en 1757, dans le comté de Cornouailles, à cent quarante-quatre.

Evan Williams, en 1782, à Cœrmorthen, à cent quarante-cinq.

J. Drakemberg, en Norvége, le 4 juin 1770, à cent quarante-six. Il avait été voyageur, soldat, enfin esclave en Barbarie.

Le colonel Thomas Winslow mourut en Islande, le 26 août 1766, à l'âge de cent quarante-six ans.

Le roi Arganthonius vécut, au rapport de Pline, dans l'Espagne méridionale, jusqu'à cent cinquante.

Francis Coasit mourut dans le Yorkshire, en janvier 1768, à cent cinquante.

Thomas Parre, le 14 novembre 1635, à cent cinquante-deux. Il aurait peut être existé plus longtemps, si la pension qui lui fut accordée par Charles Ier, ne l'eût conduit à changer sa vie frugale pour un régime plus abondant. Son cadavre fut disséqué par Harvey.

James Bowels mourut le 15 juin 1636, à cent cinquante-deux ans.

Joseph Surrington, dans l'année 1797, près Bergen, en Norvége, à cent soixante. Laissant deux fils, l'un, de cent trois ans, l'autre de neuf.

Henri Jenkins mourut le 9 décembre 1670, dans le Yorkshire, à cent soixante-neuf ans; six moins qu'Abraham. Il était pauvre pêcheur; et, même déjà centenaire, traversait encore les fleuves à la nage. On le fit appeler en témoignage pour un fait passé depuis cent quarante ans; il comparut avec ses deux fils, l'un de cent, l'autre de cent deux.

Louisia Truxo mourut en 1780, à cent soixante-quinze. Elle était négresse, esclave du Tucumore, dans l'Amérique méridionale.

Enfin, par les histoires de longévités authentiques, la plus remarquable est celle d'un vieillard livonien, rapportée par la *Gazette Française de Pétersbourg*, du 8 juin 1825. Cet individu se rappelait très-bien la mort de Gustave-Adolphe, tué à la bataille de Lutzen en 1632; il avait quatre-vingt-six ans, à celle de Pultava en 1709, il y a cent seize ans, qui, ajoutés à quatre-vingt-six, forment pour la durée totale de sa vie deux cent deux ans.

Telles sont les limites, jusqu'ici les plus reculées, de l'existence humaine soumise à tant de vicissitudes, à tant de chances funestes, surtout chez les peuples civilisés. Étudions actuellement les terminaisons variées de cette existence, dont nous allons envisager le dénouement final sous le titre de *mort*. Voyons par quelles modifications l'économie vivante pourra descendre à l'état passif, en rentrant dans l'économie générale dont l'animation d'un germe l'avait temporairement fait sortir.

CONSIDÉRATIONS SUR LA MORT.

La mort, — νεκρὸς des Grecs, *mors* des Latins, *est la cessation irrévocable des fonctions qui donnaient à l'être organisé vivant le pouvoir de résister aux influences destructives dont il est environné.* L'on ne doit pas, dès lors, confondre *la mort avec l'asphyxie, la syncope, la lipothimie*, suspensions révocables de ces mêmes fonctions.

Nous contractons involontairement l'habitude vicieuse de regarder *la mort* et *la vie* comme deux entités que l'on peut opposer l'une à l'autre. Mais avec un peu de réflexion, nous découvrons bientôt l'erreur de cette pensée. La mort n'est qu'une abstraction, l'absence de ces conditions organiques, auxquelles nous avons donné le titre de propriétés vitales; elle est à la vie ce que le froid devient au calorique ; c'est le passage de l'état physiologique à l'état physique, de l'existence active à l'existence passive, *mourir*, *cesser de vivre*, sont deux expressions entièrement synonymes.

La vie commence à l'instant de l'animation ; sa durée n'est qu'un point dans l'éternité. Si nous supposons d'autres mondes, d'autres sphères cultivées, peut-être cette fraction temporaire qui nous paraît assez considérable, n'est-elle, pour leurs habitants, que la plus faible partie d'une existence bien plus étendue. Ainsi que l'animation, la mort est toujours instantanée ; c'est le projectile qui frappe et disparaît, ne laissant d'autres vestiges que les résultats de son action.

Sous le rapport de la période vitale qu'elle atteint, des causes qui la déterminent, des circonstances qui l'accompagnent, la mort présente nécessairement deux variétés : *accidentelle*, *naturelle* ; disposition qui nous explique sa fréquence dans un nombre déterminé de sujets. Supposons approximativement neuf cents millions d'habitants sur notre globe, et, d'après les données statistiques les plus exactes, une naissance sur vingt-neuf à trente individus, une mort sur trente-trois, nous obtiendrons, pour le moins, une mort, une naissance par seconde, plus de soixante par minute, trois à quatre mille par heure. Si l'on admet avec MM. Robin et Littré, *Dictionnaire de médecine*, « que les races humaines renferment environ douze cents millions d'individus sans compter les métis, » les proportions de la mortalité seront encore plus effrayantes.

Mort accidentelle. — Nous désignons, par ce titre, l'extinction des propriétés et des fonctions vitales, sous l'influence d'une cause étrangère à la décrépitude. Lorsque cette modification affecte seulement un point de l'organisme, on la nomme *gangrène* pour les parties molles, *nécrose* pour les os.

La mort accidentelle, moins ordinaire chez les végétaux que chez les animaux, chez les animaux que chez l'homme, est beaucoup plus fréquente au milieu des peuples civilisés dont les causes physiques et morales d'altération se multiplient chaque jour, en raison de leurs nécessités factices, que parmi les hordes sauvages dant les maladies sont en proportion ordinaire des besoins naturels ; dont la vieillesse constitue la principale, nous pourrions presque dire la seule infirmité.

Les causes les plus générales et les plus positives de cette mort prématurée peuvent se réduire aux six types suivants : *Défaut d'excitation vitale et de réparation organique.* — L'existence d'un minéral est d'autant plus assurée qu'il est plus isolé ; celle d'un végétal, d'un animal, d'un homme devient au contraire absolument impossible dans cette abstraction individuelle ; il faut en effet l'action des corps extérieurs pour solliciter la réaction des corps animés ; une matière étrangère et nutritive pour fournir aux frais des pertes que fait incessamment la matière vivante. C'est une grande vérité dont Brown a formé la base de son illusoire et dangereux système en confondant les abus de ce principe avec ses justes applications; et dont Broussais a méconnu l'importance, négligé l'emploi dans un système opposé, plus physiologique, moins nuisible sans doute, mais dont tous les axiomes et toutes les conséquences ne sont pas également admissibles. — *Absence, exagération de calorique intérieur, importation excessive de calorique extérieur.* La vie, chez tous les êtres organisés, s'entretient au milieu de certaines conditions thermométriques indispensables, et dont la mesure varie, pour les différentes espèces, d'une manière prononcée; dans les divers sujets, avec des nuances beaucoup moins sensibles; chez l'homme, cet intervalle est marqué de 26° à 44° c. Toutes les circonstances extérieures, toutes les dispositions individuelles susceptibles d'abaisser notre température au-dessous du premier point, de l'élever au-dessus du second, peuvent occasionner la mort. — *Empoisonnements.* Leur source peut être *intérieure*, comme on le voit pour la résorption des matières sanieuses, ichoreuses développées dans l'économie sous l'influence de la perversion nutritive des humeurs, des tissus; *extérieure*, comme on l'observe relativement aux substances corrosives, neutralisantes, narcotiques, etc., appliquées sur les organes, introduites par l'absorption, dans le torrent circulatoire. — *Altération profonde et destruction matérielle d'un organe indispensable au maintien de la vie.* Cette cause est une des plus fréquemment en action dans le résultat que nous examinons; comme on le voit, pour les congestions inflammatoires des viscères principaux, les compressions du cœur dans l'hydropéricarde, la destruction ulcéreuse des poumons dans la phthisie, etc. — *Violences mécaniques.* Dans cette catégorie viennent se ranger les commotions, les contusions, les plaies avec leurs conséquences plus ou moins immédiatement destructives de la vie. — *Extinction de la sensibilité par la douleur et les passions violentes.* La mort se manifeste alors sous l'influence d'un épuisement instantané des propriétés essentielles à la conservation de l'existence active. En rattachant aux six chefs principaux que nous venons de signaler toutes les causes particulières de la mort accidentelle, on simplifie beaucoup la théorie de leur action et la connaissance des moyens propres à les contrebalancer.

Sous le rapport que nous étudions, l'existence présente, chez l'homme, douze époques vitales plus spécialement dangereuses : *Les premiers instants de l'état embryonnaire :* par la délicatesse du nouvel être et par toutes les chances nuisibles qu'il trouve dans les réactions utérines, dans les imprudences de la mère, etc. *La naissance :* par les accidents relatifs à la parturition, à l'influence inaccoutumée des agents extérieurs, à l'établissement de la respiration. *La première semaine :* par le travail nouveau de la digestion. *Le second mois :* par l'activité de l'accroissement. *Le cinquième :* par le travail alvéolaire des dents. *Le neuvième*, par la sortie des incisives. *Le quinzième :* par celle des lanières. *La quatrième année :* par celle des molaires. *La huitième :* par la seconde dentition. *La quinzième année :* par la puberté. *La quarante-cinquième :* par l'âge de retour. *La soixantième :* par l'invasion de la vieillesse avec ses infirmités.

La cessation irrévocable des phénomènes vitaux peut être brusquement ou lentement effectuée. Dans le premier cas, on la désigne par le terme de *mort subite ;* dans le second, par celui de *mort lente et graduée.* Nous devons étudier isolément ces deux modifications.

Mort subite. — Quelle que soit sa cause déterminante, elle produit toujours, pour nous servir d'une expression figurée, la ruine de l'édifice organique et vital en brisant l'une ou l'autre des trois colonnes sur lesquelles il repose plus particulièrement, savoir : *l'innervation, la circulation, la respiration.* C'est en effet constamment par une action directe ou sympathique sur *le cerveau, le cœur, les poumons* que l'influence destructive signale positivement alors ses manifestations essentielles. Bichat, le premier, a bien fait sentir l'enchaînement des rapports sympathiques dans l'extension de la mort partielle de l'un de ces appareils à toute l'économie pour occasionner la mort générale.

A la cessation des phénomènes vitaux, le *cerveau*, *le cœur*, *les poumons* se modifient réciproquement pour la détermination de ce résultat. En suivant ici la marche de leurs phénomènes anormaux, nous arrivons à la connaissance précise des plus importantes vérités.

Mort du cerveau. — Nous comprenons sous ce titre, pour simplifier davantage, l'appareil innervateur central dans son ensemble. On donne à la suspension des phénomènes de cet appareil les noms *d'apoplexie*, de *paralysie* d'après la nature et la manière d'agir des causes que nous rattachons à l'une de ces trois catégories : *Physiques :* telles que les commotions, les contusions, les plaies, les compressions par le sang, la sérosité, le pus, les os du crâne, les corps étrangers, etc.; *vitales :* un ramollissement, une dégénération, une congestion inflammatoire; *morales :* un chagrin profond, une tension cérébrale excessive, etc. Dans ces différentes conditions, l'innervation cesse, les mouvements circulatoires s'enrayent, les phénomènes vitaux et mécaniques de la respiration se trouvent suspendus, et l'anéantissement de ces trois fonctions produit bientôt l'extinction de la vitalité dans toute l'économie. Telles sont les influences de la mort *du cerveau* sur celle *du cœur*, *des poumons* et consécutivement de l'organisme. Cette modification est caractérisée par la suspension du sentiment, des facultés intellectuelles, du mouvement volontaire, par le gonflement du visage, les battements des carotides, la respiration stertoreuse, etc. L'autopsie présente soit une portion d'os, un corps étranger comprimant le cerveau, soit un épanchement séreux, sanguin ou purulent dans les cavités encéphaliques, avec dilatation des veines et des sinus par un sang très-noir.

Mort du cœur. — La suspension entière des mouvements de cet organe prend le nom de *syncope*. Elle peut être occasionnée par des causes nombreuses que nous renfermons dans ces trois ordres : *Physiques :* les compressions, les plaies cardiaques, l'accumulation du sang dans les oreillettes et les ventricules, etc.; *vitales :* une douleur intérieure, la sensation visuelle, olfactive, etc., d'un objet antipathique, les hémorrhagies, etc.; *morales :* une frayeur subite, une impression très-vive de peine ou même de plaisir, etc. Dans toutes ces dispositions, la circulation est arrêtée ; les phénomènes essentiels de la respiration, détruits ; l'innervation, anéantie, avec extinction de la vitalité pour les divers tissus privés de leurs éléments d'excitation, de réparation substantielle et de calorification. Telles sont les influences de la mort du *cœur* sur celle des *poumons*, du *cerveau*, consécutivement de tout l'organisme. Cette modification est caractérisée par la suspension du pouls, la décoloration générale des origines muqueuses, de l'enveloppe dermoïde, etc. L'autopsie présente les cavités du cœur, les droites surtout, remplies d'un sang très-noir et très-épais.

Mort des poumons. — La suspension des mouvements de l'appareil d'hématose, dans l'une ou l'autre de ses parties indispensables à la respiration, reçoit le titre *d'asphyxie*. Les causes de son développement rentrent dans l'une ou l'autre de ces trois divisions : *Physiques :* la compression des parois pectorales, des poumons; l'occlusion des voies aériennes, l'absence de l'oxygène, l'inspiration d'un gaz délétère, des acides carbonique, hydro-sulfurique, etc., par exemple ; *vitales :* une congestion sanguine vers les poumons, l'impression d'une odeur suffocante, une douleur très-aiguë, surtout dans le nerf vague, etc.; *morales :* une terreur profonde, la tristesse, la joie fortement concentrées, etc. Dans tous ces cas, le sang noir traverse les organes respiratoires sans avoir éprouvé la rénovation indispensable au maintien de la vie; porté vers l'encéphale à cet état d'imperfection, il en produit l'engourdissement, la stupeur, en suspendant l'innervation, le sentiment, l'intelligence et le mouvement. Arrivé dans les cavités gauches du cœur, il pénètre le parenchyme de ce viscère et détermine son immobilité bientôt suivie de la mort générale; tous les systèmes ayant perdu leurs conditions nécessaires à l'existence active. Telles sont les influences de la mort des *poumons* sur celle du *cerveau*, du *cœur*, et consécutivement de tout l'organisme. Cette modification est caractérisée par la suspension des phénomènes respiratoires, l'oppression, l'anxiété, l'orthopnée, la couleur violacée de la peau, des origines muqueuses, etc. L'autopsie présente les poumons engorgés de sang noir ; les veines pulmonaires, les cavités droites du cœur, le plus grand nombre des systèmes organiques remplis de ce fluide alors beaucoup moins vital que stupéfiant et léthifère.

Une loi, très-importante pour la pathologie raisonnée, domine ces considérations relatives à *l'apoplexie*, *à la syncope*, *à l'asphyxie* : *Le passage du sang noir dans le tissu du cœur par les artères cardiaques est le signe positif d'une mort irrévocable, et le dernier terme des espérances que l'on peut alors concevoir, de ranimer la vie.*

Ainsi, quelle que soit la manière d'envisager cette mort subite, et peut-être même, pourrions-nous ajouter, la mort dans toutes ses variétés, nous trouvons d'abord l'une de ces trois fonctions plus ou moins directement abolie par la cause morbifique, déterminant la cessation des deux autres en raison de l'étroite sympathie qui les unit, et consécutivement l'extinction des propriétés et des fonctions vitales pour tout l'organisme, dernier phénomène qui nous reste à préciser dans le complément de ces investigations physiologiques.

La mort ayant détruit sans retour les trois grandes fonctions vitales, envahit par degrés toutes les fonctions secondaires. Les muscles affranchis du pouvoir de la volonté, se contractent pendant quelque temps encore. C'est ainsi que l'on a vu, dans cette circonstance, l'utérus expulser le produit de la conception ; la vessie, l'urine ; le rectum, les matières fécales. La circulation capillaire, l'absorption et la nutrition, se manifestent par des signes positifs. Ainsi la calorification s'entretient dans les cadavres, longtemps après la mort des grandes fonctions ; et, comme nous l'avons démontré par des expériences décisives, le refroidissement y survient avec beaucoup plus de lenteur que chez ceux dont la température se trouve artificiellement élevée au même degré.

Plus la mort subite frappe avec rapidité, plus est marquée la survivance des fonctions accessoires. Plus la vie paraît obscure dans les tissus, plus elle s'y conserve après l'anéantissement des fonctions centrales. Ainsi nous voyons la barbe, l'épiderme, les ongles croître encore pendant plusieurs jours; de telle sorte que l'on peut établir comme générales ces deux lois physiologiques, dont la seconde est une conséquence de la première : *L'adhérence de la vie aux organismes, aux tissus constituants de ces derniers, est en raison inverse des manifestations de l'existence active. Les organismes, les tissus dont les propriétés vitales offrent le plus grand développement, sont précisément ceux qu'elles abandonnent avec le plus de promptitude et de facilité.*

Les expérimentateurs ont voulu connaître celui des viscères de l'économie, dans lequel cette existence active peut trouver son dernier refuge, nommant ce viscère, *ultimum moriens*, comme ils avaient appelé *primum vivens* le premier siége apparent de la vitalité. Pour les uns, ce dernier réceptacle de l'animation est le cœur ; pour d'autres, le diaphragme , pour quelques-uns, les muscles volontaires; pour le plus grand nombre, l'estomac et les intestins.

Il nous semble absolument impossible d'adopter aucune de ces opinions d'une manière exclusive, les expériences qui leur servent de base pouvant tout au plus s'appliquer aux organes, aux individus en particulier, mais restant à jamais incapables de fonder une loi commune à tous les organismes, à tous les appareils au milieu des modifications nombreuses que leur impriment nécessairement les dispositions primitives, acquises, les agents, les conditions mêmes de la mort.

Toutefois, au moyen d'une simple agression physique, mais surtout de l'électricité, du galvanisme, on peut obtenir des mouvements réactionnels, du plus grand nombre des tissus contractiles, à des éloignements assez marqués de la suspension des grands phénomènes vitaux. Ainsi, *chez l'homme*, à quarante-cinq minutes, pour l'estomac ; à soixante, pour le cœur ; à deux heures, pour le diaphragme ; à huit, pour les muscles volontaires. *Chez les animaux*, dans certains poissons, à dix heures, pour les oreillettes du cœur ; dans les grenouilles, à vingt pour cet organe et pour les muscles soumis à la volonté.

Mort lente et graduée. — Toutes les fois qu'une cause destructive attaque l'organisme du centre à la circonférence, des fonctions essentielles aux fonctions accessoires, la mort se manifeste plus ou moins rapidement, avec les caractères particuliers que nous venons de signaler. Lorsqu'un agent funeste envahit au contraire l'économie de la circonférence au centre, des phénomènes secondaires aux phénomènes principaux, la mort survient lentement au milieu des dégradations progressives que nous allons actuellement énumérer.

Le plus grand nombre des maladies chroniques produisent, dans un temps assez limité, les ravages effectués par l'usure de l'organisme dans un temps beaucoup plus long. Pour le premier mode, relativement au second, les heures deviennent des jours, les jours et les mois des années, entraînant, avec une rapidité progressive, le développement de la décrépitude prématurée dans ses caractères et dans ses résultats. L'extinction des facultés et des phénomènes s'opère avec assez de régularité. Le jugement disparaît d'abord : aussi le jeune homme redit ses amours, l'avare indique son trésor, le guerrier exalte ses exploits, le moribond fait des projets pour l'avenir. Alors se réveillent les délicieux souvenirs de la patrie chez l'infortuné qui périt sur la terre d'exil ! Bientôt la mémoire s'évanouit, le sujet ne reconnaît plus ceux qui l'environnent ; les sens disparaissent dans un ordre constant : le goût, l'odorat, le toucher, l'ouïe. La survivance de ce moyen de communication nous explique le motif des grands cris poussés, chez les peuples anciens, au lit des mourants, comme pour entretenir le dernier rapport dont ils se trouvent alors susceptibles.

Mort naturelle. — Nous indiquons ainsi l'extinction

des propriétés et des fonctions vitales sous l'influence de l'usure constitutionnelle, exclusivement occasionnée par le temps.

Buffon établissant un système erroné dans ses principes et dans ses conséquences, regarde la mort comme une suite nécessaire de l'envahissement des tissus par l'ossification. Il suffit, pour détruire une opinion aussi fautive, de faire observer que ce phénomène, dans ses développements anormaux, n'offre jamais une disposition essentielle de la caducité, puisque nous en trouvons des exemples fréquents pour l'âge viril et même pour l'adolescence, chez des sujets qui vivent ensuite longtemps avec cette altération organique lorsqu'elle n'enraye pas l'action des appareils centraux ; tandis qu'un grand nombre de vieillards meurent dans la décrépitude sans en présenter aucune trace notable. Buffon n'objecterait pas sans doute que c'est précisément dans ces cas où l'ossification détruit les actes fondamentaux de la vie, qu'il entend placer la cause ordinaire et commune de la mort naturelle. En effet, il ne s'agirait plus alors d'une extinction normale par caducité, mais d'une fin pathologique susceptible de frapper toutes les époques de l'existence active. C'est ainsi que nous voyons des sujets, à peine arrivés au complément de l'organisation, succomber à l'influence des dépôts calcaires, effectués dans la crosse aortique, les valvules *sigmoïdes*, *bicuspides*, etc.

N'est-il pas au contraire évident que la mort naturelle survient par une véritable usure des tissus, des organes et des appareils dont les forces vitales, s'abaissant progressivement, perdent chaque jour la prépondérance qu'elles doivent offrir sur les forces physiques pour l'entretien et l'accomplissement des actes conservateurs de l'économie vivante. Lorsque toutes les réactions physiologiques sont incapables de résister à la tendance matérielle vers ces dispositions communes, la mort devient inévitablement le dernier terme de cette lutte inégale, depuis l'invasion de la décrépitude. Aussi voyons-nous, dans ces conditions, la vie s'éteindre par degrés de la circonférence au centre, comme l'indiquent assez la gangrène sénile des mains, des pieds et des divers points de l'enveloppe dermoïde ; l'extinction des sens, la paralysie des membres et toutes ces aliénations locales du domaine de l'économie particulière préludant à sa rentrée dans l'économie générale dont l'animation l'avait temporairement fait sortir. On pourrait, avec assez de justesse, comparer l'organisme, dans ces moments extrêmes, à la ville assiégée qui se dispose au choc décisif en resserrant les moyens de sa défense.

Ayant soigneusement examiné les dernières manifestations de la vitalité chez un grand nombre de mourants, après un épuisement lent et progressif, nous avons presque toujours observé dans les derniers instants : mouvement circulatoire centripète, avec pâleur, insensibilité, froid dans toute la périphérie du sujet, accumulation du sang dans le cœur et les veines ; réaction centrifuge, cet organe épuisant les forces qui lui restent pour se débarrasser d'une accumulation croissante ; excitation passagère de tous les appareils : la vie semble momentanément se ranimer d'un nouvel éclat, avec réveil des sens de l'intelligence ; le moribond reconnaît ses proches, ses amis, leur adresse quelquefois des discours marqués au coin de la sagesse, de l'élévation d'une âme supérieure qui se dégageant de ses entraves matérielles paraît exclusivement inspirée par la sublimité de sa première origine et de sa destination ultérieure ! Comme une lampe qui s'éteint, l'organisme semble faire un dernier effort pour se rattacher à la vie ; cet effort, toujours infructueux, amène au contraire un épuisement définitif et présente le signal de la mort. Alors une expiration rapide et bruyante, une *sorte de hoquet convulsif* devient la dernière manifestation physiologique, terminant toute la série des phénomènes vitaux. Ajoutons cependant que les actes intimes de la nutrition, la circulation capillaire, etc., s'entretiennent encore d'une manière latente pendant quelques heures, en nous expliquant plusieurs effets que nous avons déjà signalés, notamment la réplétion des canaux circulatoires, depuis les capillaires communs jusqu'au cœur ;

la vacuité de ces mêmes canaux, du cœur, aux capillaires communs.

Cette survivance plus ou moins prolongée de certains appareils, doit inspirer une grande circonspection lorsqu'il s'agit de prononcer définitivement sur la réalité de la mort. Plusieurs dispositions anormales, telles que la catalepsie, la syncope, l'asphyxie, etc., peuvent en imposer ici de la manière la plus fâcheuse. Combien d'exemples affligeants sont venus révéler à nos esprits épouvantés le danger des nécropsies et des inhumations précipitées ! Quelques malheureux, encore vivants, ont été sacrifiés par le scalpel ; d'autres, ensevelis sous le marbre des tombeaux ! Des exhumations faites à temps ont arraché le plus petit nombre de ces victimes d'une imprévoyance coupable aux conséquences de cette horrible situation ; la plupart, trop tardives, nous ont offert l'effrayant témoignage des mutilations que ces infortunés avaient effectuées sur eux-mêmes, dans les violents accès du plus affreux désespoir !

Pour éviter des résultats aussi déplorables, nous devons établir sur une base positive, les règles d'après lesquelles on peut constater définitivement la mort.

Signes de la mort. — Sans placer, au nombre des histoires authentiques, la fable d'Épiménide et le conte de cet Anglais endormi dans une grotte écartée, depuis au moins cinquante ans, rendu, par le bienfait du réveil, à sa force première, nous fixerons l'attention des médecins et des magistrats sur plusieurs faits bien démontrés de léthargies prolongées pendant six ou huit jours avec tous les symptômes apparents d'une mort véritable, et sur les dangers des autopsies, et des enterrements effectués sans un examen antérieur suffisamment approfondi.

Un gentilhomme espagnol, dont Vesale dirigeait la maladie compliquée, tombe dans un état si profondément illusoire, que cet anatomiste célèbre, y voyant une mort certaine, procède à la nécropsie. Mais à peine l'abdomen est-il ouvert, que ce prétendu cadavre laisse apercevoir plusieurs contractions musculaires, et le cœur encore palpitant. Vesale, poursuivi par les parents, devant le tribunal de l'Inquisition, comme sacrilége et meurtrier, est condamné. Sa peine est commuée par le roi dans un pèlerinage expiatoire à la Terre sainte. Appelé par le sénat de Venise pour remplacer Fallope, il est jeté dans l'île Zante, et, tourmenté par la faim, par le souvenir de son fatal empressement, périt misérablement vers 1564, alors dans sa cinquante-huitième année.

En 1820, nous donnions, au Mans, des soins à Mlle Jupin, âgée de trois ans, pour une péritonite suraiguë. Au quatrième jour de l'invasion, obligé d'aller à Tours visiter un autre malade, nous revenons après quarante-huit heures ; on nous annonce la mort de cette enfant. Un pressentiment heureux nous fait douter, en conséquence des symptômes que nous avions observés, de la réalité d'une marche aussi promptement funeste. Déjà les cris d'une mère au désespoir, le triste appareil du drap mortuaire et de la lampe sépulcrale annonçaient une prochaine inhumation. Nous écartons le voile funèbre, nous explorons le cadavre dans tous ses points. Une chaleur très-faible se fait encore sentir à l'épigastre, les membres sont froids, la pâleur générale. Nous frictionnons la région du cœur, avec de l'alcool suffisamment chaud, nous appliquons sur les pieds et sur les genoux, alternativement, des linges trempés dans l'eau bouillante ; après quarante minutes, ces moyens ayant été continués avec persévérance, nous observons un léger soupir, les mouvements d'inspiration et d'expiration se manifestent graduellement avec plus d'étendue ; la circulation centrale se rétablit, le pouls reparaît ; la malade se ranime après quelques heures, nous donnons des boissons chaudes appropriées ; la péritonite achève ses périodes ; au quinzième jour, la convalescence est entière. Aujourd'hui, 1832, cette enfant, considérée par les nombreux spectateurs de son retour à l'existence, comme jouissant du bienfait de la résurrection, présente une santé robuste. La vie aurait-elle pu se ranimer ici par les seules forces de la nature ? Sans doute on peut le supposer, mais l'hypothèse contraire est peut-être encore plus admissible.

Au mois de mars 1744, Boutron, prêtre, éprouve un grand accablement vers la fin d'une pneumonie ; tous les symptômes apparents de la mort se prolongent, on le met sur *la paillasse*, froid dans toutes ses parties : il reste, plusieurs heures, couvert d'un drap. La garde-malade croit apercevoir quelques mouvements, on remet le prétendu cadavre dans son lit, on le réchauffe, on fait revenir le médecin, Silva, qui cependant avait constaté la mort, et répare cette erreur avec des soins tellement efficaces dans leur application, que Boutron ne tarde pas à recouvrer une santé parfaite.

L'épouse d'un libraire nommé Mathieu Harnich, présente, après un accouchement laborieux, tous les signes extérieurs de la mort. On la porte au cimetière, et, suivant la coutume, on ouvre le cercueil près de la fosse, pour donner aux assistants la faculté de juger, par eux-mêmes, de la réalité du décès en examinant le cadavre. Les fossoyeurs s'étant aperçus que cette femme portait des bagues en or, viennent pendant la nuit procéder à l'exhumation. Excitée par leurs efforts pour extraire ces anneaux, la prétendue morte retire le bras ; nos voleurs épouvantés s'enfuient rapidement, croyant être poursuivi par l'esprit infernal, Mme Harnich se lève seule, appelle vainement du secours ; enveloppée dans son drap mortuaire elle se dirige vers sa demeure au moyen de la lanterne apportée par les fossoyeurs ; elle frappe à la porte ; les domestiques s'effrayent d'abord, son mari demeure comme anéanti de surprise ; enfin cette malheureuse femme, transie d'un froid glacial, est bientôt l'objet des soins les plus empressés, guérit et devient mère deux fois depuis l'heureuse terminaison d'une aventure qui pouvait avoir des résultats aussi funestes.

D'après ces faits et tous ceux que nous lisons dans les auteurs, notamment dans Bruhier, sous le titre de *Réflexions sur l'incertitude des signes de la mort*, il nous paraît indispensable de préciser tous les caractères de cette abolition vitale, d'apprécier chacun d'eux à sa juste valeur en indiquant ce qu'ils offrent de positif et de spécieux. On peut les diviser en trois catégories d'après le degré de confiance qu'ils sont en mesure d'inspirer : 1° *Illusoires*. — Immobilité, pâleur, froid, absence d'exhalation bronchique, lividité, fixité des yeux, dilatation des pupilles, mollesse des membres ; 2° *Probables*. — Roideur cadavérique, opacité, ramollissement, affaissement des cornées, gangrène ; 3° *Certain*. — Putréfaction.

1° ILLUSOIRES. — *Immobilité*. — L'absence de tout mouvement appréciable dans les différents appareils de l'organisme laisse naturellement à notre esprit l'idée de la mort. Cette cause d'erreur doit surtout agir puissamment sur les gens du monde et sur le commun des médecins, qui, dans cette occasion plus spécialement encore, n'apprécient les choses qu'en raison de leurs phénomènes extérieurs. Pour le physiologiste, ce caractère, lorsqu'il existe seul, ne présente aucune valeur. Nous avons constaté, dans un grand nombre de circonstances, que la vie peut se concilier, même pendant un temps assez long, avec l'immobilité la plus absolue, du moins en apparence, et dans les parties extérieures de l'économie. C'est donc seulement en s'unissant aux autres que ce même caractère peut acquérir une certaine importance.

Pâleur. — La décoloration extérieure, effet inévitable de l'absence du sang dans le système capillaire général accompagne toujours la mort véritable. Si quelquefois on observe des plaques rouges ou violacées à la peau des cadavres, elles sont toujours partielles et le résultat de l'une ou l'autre de ces trois causes : *Injection inflammatoire, ecchymose par contusion ou rupture, infiltration sanguine par déclivité des points altérés*. Dans ce dernier cas, la modification que nous indiquons présente un nouveau signe de l'extinction vitale, au moins pour la partie qu'elle affecte. D'un autre côté, cette pâleur n'est point un phénomène exclusivement relatif à la mort; on l'observe également dans les violentes concentrations circulatoires, sous les influences de la frayeur, de l'effroi, de la syncope, d'une manière plus spéciale encore ; elle devient alors générale, augmente naturellement les craintes qui doivent se rattacher, surtout pour le vulgaire, aux manifestations d'un état si voisin de la cessation irrévocable des phénomènes vitaux. Il est donc essentiel de ne jamais envisager isolément la décoloration des origines muqueuses, de l'enveloppe dermoïde comme un signe positif de la mort, elle n'acquiert de valeur, sous ce point de vue, qu'en s'unissant aux autres caractères nécrologiques.

Froid. — Les physiologistes ont considéré le froid général comme un signe plus certain que ceux dont nous venons de parler, en conséquence d'un raisonnement dont le principe est vrai, dont les inductions nous semblent erronées. La nutrition, ont-ils dit, continue de s'effectuer encore après la mort des grandes fonctions, la calorification doit dès lors présenter le dernier phénomène vital, et le refroidissement constitutionnel, un symptôme positif de la mort. Mais dans toutes les passions fortement dépressives, dans les lipothimies profondes, etc., un froid glacial s'empare de l'organisme à la circonférence avant d'atteindre le centre ; déjà la peau n'offre plus aucune chaleur appréciable, tandis que le cœur et les organes essentiels en conservent encore assez pour se rétablir dans leur première activité, soit par les seules ressources de la nature, soit par l'influence artificielle des moyens appropriés. On doit donc admettre le refroidissement extérieur seulement comme signe préventif et concourant à la solution du problème.

Absence d'exhalation bronchique. — La cessation des phénomènes mécaniques de la respiration, de l'expulsion de l'air et du produit de la perspiration pulmonaire à l'état de vapeur, se trouve constamment dans la mort véritable, même avant qu'elle ait envahi l'organisme dans ses dernières limites. On s'assure de la réalité de ce double caractère en plaçant, au-devant de la bouche du mourant, une glace ou tout autre corps très-poli, qui conservent, dans ce cas, leur faculté réfléchissante. Mais combien de circonspection ne devons-nous pas encore apporter dans l'estimation d'un signe qui, caractérisant plus spécialement l'asphyxie révocable, s'observe encore assez fréquemment dans certaines léthargies prolongées.

Lividité. — La teinte plombée, rembrunie, violacée que l'on observe généralement sur l'enveloppe dermoïde et sur les origines muqueuses, devient ordinairement le symptôme d'un défaut de rénovation du sang noir ; de son passage dans le système capillaire général, dans tous les tissus ; de l'engourdissement, de la stupeur et de la mort qu'il doit y produire par sa présence. Mais en réfléchissant à l'enchaînement ordinaire des phénomènes pathologiques dans cette occasion, nous sentirons que la mort n'est pas toujours alors irrévocable ; qu'il n'existe souvent qu'asphyxie, laissant encore des chances de vitalité si l'on parvient à rétablir suffisamment la respiration avant le passage du sang noir dans les artères cardiaques, en proportions suffisantes pour anéantir complétement les propriétés physiologiques du cœur. La lividité n'est donc point encore un signe positif de la mort, puisqu'on l'observe communément pendant la suspension des phénomènes d'hématose ; vérité bien souvent démontrée dans l'asphyxie par l'acide carbonique plus spécialement, où l'on voit des sujets empreints de cette lividité générale facilement rendus à la vie par les moyens appropriés.

Fixité des yeux. — Lorsque les paupières se rétractent fortement, l'œil restant découvert, saillant, immobile, on doit craindre une mort véritable. Cependant il ne faut pas envisager ce caractère comme infaillible. En effet, nous l'avons observé quelquefois, d'une manière soutenue, chez plusieurs sujets affectés de tétanos traumatique, guéris par les saignées abondantes que nous pratiquons alors presque toujours avec succès. Les immobilités extatiques, les catalepsies en fournissent également des exemples.

Dilatation des pupilles. — Ce caractère est beaucoup moins positif qu'on ne l'imaginait autrefois. D'abord, il n'existe pas toujours ; l'observation offre, au contraire, un assez grand nombre de cadavres chez lesquels on voit l'engorgement de l'iris amener le resserrement pupillaire. D'un autre côté, la dilatation de cette ouverture et même l'immobilité de la membrane qui la présente résultent naturellement d'un affaiblissement ou d'une paralysie de la rétine, du nerf optique, maladies qui peuvent exister sans aucun danger pour la vie. On conçoit dès lors à quelle valeur se réduisent, comme signes de la mort, ces dispositions particulières de l'iris et de la pupille.

Mollesse des membres. — *Mors solvit spasmos*, dit Hippocrate. Nous ajouterons qu'elle détruit encore, dans le premier moment, cette fermeté naturelle des organes, cette érection, cette contractilité qui distinguent leur existence active. Dès lors, un état de mollesse générale, d'atonie musculaire avec impossibilité d'exciter les contractions, fait présumer l'extinction de la vitalité, mais n'en devient jamais seul une preuve assez positive. En effet, dans toutes les syncopes, nous voyons les organes moteurs perdre leur action, la tête s'incliner de tout son poids sur la poitrine, les membres se dérober sous le tronc comme s'ils étaient frappés de mort ; l'ivresse, le narcotisme, etc., nous offrent des résultats analogues. Ce caractère, si décisif aux yeux du vulgaire, n'a donc point encore une valeur absolue.

Tels sont les signes de la mort qu'il faut ranger dans la catégorie de ceux que nous avons nommés *illusoires*, et qui ne doivent point, surtout isolés, ralentir le zèle du médecin dans l'administration des moyens appropriés au rétablissement des facultés vitales ; moyens qu'il vaudrait mieux appliquer inutilement à cent cadavres, que négliger pour un seul individu réclamant leur emploi.

Roideur cadavérique. — Les auteurs ont émis des opinions diamétralement opposées relativement à ce phénomène. Sans nous arrêter à discuter la valeur comparative de leurs idées, nous ajouterons que cette roideur isolément envisagée n'indique absolument rien de positif sous le point de vue qui nous occupe, tandis qu'elle peut acquérir une grande importance par son association aux autres, surtout en précisant avec soin la manière dont elle s'est développée. Nous observons en effet bien souvent des malades, encore doués de la vie, chez lesquels cette roideur paraît avec tous ses caractères extérieurs, sous l'influence d'un froid rigoureux, dans la catalepsie, les spasmes, le tétanos, etc., par exemple ; alors cette modification est illusoire et ne mérite pas une grande attention. Mais lorsqu'elle se développe seulement après quelques heures du ramollissement et du refroidissement effectués par la mort apparente, elle devient un signe beaucoup plus positif que tous les précédents ; elle indique le développement de la tonicité à l'exclusion des facultés, essentiellement vitales ; aussi la voyons-nous disparaître après l'épuisement de cette propriété de tissu dont les corps organisés offrent encore toutes les manifestations indépendamment de la vie. A la roideur succède bientôt le relâchement des diverses parties, à moins que les conditions atmosphériques et notamment un grand abaissement de la température ne maintiennent désormais la première de ces dispositions dans les systèmes qui d'abord l'avaient contractée sous une autre influence.

2° PROBABLES. — *Affaissement, opacité, ramollissement des cornées.* — Ce caractère, beaucoup trop négligé par le commun des médecins, présente cependant l'un des signes de la mort les plus positifs et les plus faciles à bien constater. En effet, lorsque ces altérations oculaires ont été produites sans aucune maladie locale susceptible d'en effectuer le développement, elles indiquent, avec précision, l'absence des actes nutritifs et l'établissement de la transsudation cadavérique. Aussi ne connaissons-nous aucun fait capable d'infirmer la valeur de ce dernier signe. Toutefois, comme il n'est pas impossible qu'un étiolement rapide amène, dans l'organe visuel, des effets plus ou moins analogues, nous pensons qu'on ne doit pas juger trop exclusivement d'après ce caractère en lui donnant une importance absolue, dès lors abusive.

Gangrène. — Quelques physiologistes ont placé la gangrène en première ligne parmi les signes certains de la mort. Ce jugement nous offre confusion dans les termes, absence de la distinction la plus nécessaire. Sans doute, *gangrène* indique *cessation absolue des phénomènes vitaux* dans la partie qu'elle affecte ; en langage d'anatomie pathologique, les termes *gan-*

grène et *mort* sont absolument synonymes. Ce premier point ne peut fournir l'objet d'aucune discussion. Mais lorsque cette partie lésée n'est pas essentielle dans son action au maintien de la vie, nous pensons qu'il devient impossible d'envisager la gangrène comme indiquant précisément une mort générale. Ne voyons-nous pas au contraire chaque jour dans les inflammations suraiguës, dans la débilité sénile, etc., ces mortifications locales des membres, de la peau, du tissu cellulaire, des os, etc., sans même aucune atteinte grave pour la vitalité constitutionnelle. Ainsi la gangrène, signe positif de la mort locale, ne doit, par conséquent, jamais être envisagée comme un caractère certain de la mort générale, à moins qu'elle n'affecte l'un des organes indispensables à la vie ; mais alors cet appareil, éloigné de nos moyens immédiats d'investigation, nous laisse dans l'impossibilité de préciser la nature des désordres qui suspendent maintenant ses phénomènes conservateurs.

Les caractères de cette catégorie, nommés *probables*, en se réunissant, forment un faisceau de preuves suffisantes ; mais aucun d'eux, envisagé d'une manière isolée, ne mérite le titre de *signe certain de la mort*, exclusivement admissible pour celui que nous allons étudier comme pouvant seul appartenir à la troisième division indiquée par ce même titre.

3° Certain. — *Putréfaction.* — La décomposition matérielle des tissus, en d'autres termes, l'exercice des forces physiques et chimiques, dans l'organisme, à l'exclusion des forces vitales, devient le seul caractère infaillible de la mort. Toutes les fois, en effet, que la putréfaction n'est pas le résultat local d'une maladie, que sans provocation extérieure elle se manifeste avec les autres symptômes, plutôt du centre à la circonférence, que de la circonférence au centre, on doit l'envisager comme entraînant la certitude mathématique de la mort générale. Mais il ne faut pas se laisser abuser par les manifestations qu'elle pourrait offrir dans les circonstances étrangères à celles que nous venons de signaler ; sa réalité, son importance ne sont point absolues, mais seulement relatives. C'est dire assez combien nous exigeons de profondeur et de circonspection lorsqu'il s'agit de prononcer définitivement sur la cessation de la vie, même d'après les caractères les plus certains de la mort.

En résumant les considérations relatives à tous les signes dont nous venons de présenter l'énumération, nous pouvons établir comme loi dans la solution de ce grand problème : *Que ces phénomènes réunis chez un même sujet, avec les conditions que nous avons précisées, ne peuvent laisser aucune incertitude relativement à la démonstration d'une mort certaine ; mais qu'aucun d'eux, excepté la putréfaction, avec les caractères indiqués, n'est susceptible de motiver isolément une pareille décision.*

C'est avec le doute qui doit environner tous les caractères particuliers de la mort, que nous éviterons constamment ces précipitations funestes, soit dans les nécropsies, soit dans les inhumations. C'est par des règlements plus positifs, et surtout par une surveillance plus active encore dans leur exécution, que l'autorité préviendra les déplorables conséquences dont la possibilité se trouve malheureusement établie sur un trop grand nombre de faits.

Les périodes vitales ont achevé leur complète révolution ; l'homme n'est plus ! Les deux principes qui, naguère encore, le formaient par une admirable et mystérieuse combinaison, actuellement étrangers l'un à l'autre, sont dissociés pour toujours !

L'âme rentre incessamment dans cet abîme d'éternité qui seul peut constituer le domaine d'un être impérissable par sa nature.

Le corps, offrant dans sa composition des éléments que la force vitale avait seule maintenus en rapport, actuellement sous l'influence exclusive des lois physiques et chimiques, va perdre ses attributs particuliers, revêtir des formes, des dispositions nouvelles, jouer un rôle différent dans l'économie générale. Son existence active passée commençait à *l'animation du germe*, se terminait à la *mort* ; son existence passive actuelle commence à la *mort*, finit à la *putréfaction*. C'est par l'examen de cette modification dernière que nous allons terminer l'histoire des êtres organisés en général, de l'homme en particulier.

DÉCOMPOSITION CHIMIQUE DE L'ORGANISME.

Les corps organisés, quelle que soit leur élévation dans la série générale, depuis le végétal obscur jusqu'à l'homme, une fois dépouillés des conditions physiologiques, doivent nécessairement éprouver une destruction plus ou moins rapidement effectuée sous le titre de *putréfaction*, σῆψις des Grecs, *putredo* des Latins, offrant pour l'existence passive du cadavre ce que la mort a présenté pour l'existence active du corps vivant.

Les auteurs ont longuement discuté pour savoir si le corps privé de la vitalité se trouve complétement détruit ou s'il ne fait que changer de forme et de nature. N'est-ce pas encore ici méconnaître la valeur des termes dans la solution d'un problème que la distinction la plus simple met dans tout son jour. Si l'on parle du corps organisé, relativement à ses formes, à ses dispositions normales, il est évidemment détruit par la décomposition chimique, après laquelle on ne trouve plus aucun de ses caractères. Si l'on indique seulement la matière, les éléments simples et constituants de ce même corps, ils ne sont point anéantis, mais simplement dissociés et mis en usage pour d'autres combinaisons. Nous devons par conséquent définir la putréfaction ainsi considérée : *Destruction d'un corps organisé par la séparation spontanée de ses éléments employés à des combinaisons nouvelles, sous l'influence exclusive des forces physiques et chimiques.*

Cette modification destructive des corps organisés à l'état de cadavre, ne les envahit pas tous avec la même promptitude et la même facilité. Des circonstances relatives, les unes au corps lui-même, les autres aux milieux ambiants, peuvent retarder ou précipiter la putréfaction. Nous devons les étudier isolément.

1° *Relativement au corps.* — Nous établissons, comme loi générale, que la décomposition chimique, toutes choses égales d'ailleurs, est d'autant plus rapprochée de la mort, par son invasion, plus rapidement destructive, par sa marche, que le corps organisé s'est développé dans un temps moins considérable, a joui d'une vie plus active, offre maintenant une prédominance plus marquée des fluides sur les solides, une réunion d'éléments plus nombreux, plus diversifiés, enfin que son principe fondamental est plus rapproché de l'état gazeux. C'est d'après les mêmes dispositions que certains végétaux succulents se putréfient immédiatement après la mort ; que les cadavres humains, dans lesquels nous trouvons à peu près toutes ces conditions réunies, se décomposent après quelques jours ; tandis que nous voyons, dans nos édifices, des pièces de construction, véritables cadavres appartenant au règne végétal, braver pendant des siècles, sans altération apparente, les mêmes influences destructives ; et que nous trouvons des tissus animaux, tels que les cornes, les os, les cheveux, les ongles, etc., même au sein de la terre, soumis à toutes les causes de putréfaction, conservant encore leur première intégrité, lorsque des systèmes naturellement d'une vitalité plus active, abreuvés d'une proportion d'humeurs plus considérable, etc., sont déjà complétement détruits depuis longtemps. Il semble d'abord que les tissus en quelque sorte rapprochés des corps inorganiques par ces caractères, doivent offrir comme eux le privilége de l'inaltérabilité. C'est une erreur, toute substance organisée vivante est soumise à ces deux lois essentielles : 1° *Mourir ;* 2° *se décomposer.* L'existence active, dans la première, passive, dans la seconde, peuvent offrir des bornes plus ou moins reculées, mais elles ne sont jamais indéfinies. C'est d'après cette vérité que les poëtes ont comparé le temps à la lime parfaite, qui, détruisant tous les corps avec une difficulté mesurée par leur dureté particulière, n'en rencontre jamais d'assez bien constitués pour supporter impunément la continuité de son action.

2° *Relativement aux milieux ambiants.* — Plusieurs conditions très-importantes à noter peuvent encore activer, retarder, ou même suspendre la putréfaction. Au nombre des agents qui favorisent la décomposition chimique de l'organisme, nous indiquerons spécialement : *L'humidité, la chaleur tempérée, l'oxygène*; parmi ceux qui la retardent, nous signalerons surtout *le froid, la chaleur sèche, les milieux très-hydrogénés, les corps absorbants, les chlorures, etc.*

Humidité. — La présence de l'eau paraît indispensable au développement de la putréfaction. Gay-Lussac a démontré, par l'expérience, que des viandes, suspendues au milieu d'un réceptacle dont l'humidité se trouvait incessamment absorbée par le chlorure de calcium, peuvent se conserver pendant plusieurs mois.

Chaleur tempérée. — La dilatation qu'elle occasionne dans la matière organisée facilite notablement les réactions chimiques, tendant alors à s'effectuer. C'est en associant son influence à celle de l'humidité qu'elle produit surtout des résultats bien remarquables. Nous savons avec quelle promptitude se manifeste, pendant les printemps et les automnes humides, la putréfaction des légumes, des viandes et de toutes les autres matières animales ou végétales, comparativement à la décomposition que ces matières éprouvent, si tardivement et si lentement, sous l'action des chaleurs arides, pendant les froids secs des autres saisons.

Oxygène. — L'action de l'air n'est pas indispensable au développement de la putréfaction, puisqu'on la voit se manifester dans les corps enveloppés d'un milieu qui n'en contient pas. Le même principe ne peut s'appliquer aussi positivement à l'oxygène, et s'il n'est pas démontré qu'il soit nécessaire à l'établissement de la décomposition chimique des tissus, au moins devons-nous l'envisager comme très-propre à la favoriser. Mattucci, en plaçant des viandes sur une plaque de zinc, les électrisant ainsi négativement, avec la faculté de repousser l'oxygène, a très-sensiblement retardé les progrès de leur putréfaction.

Froid. — Il suffit d'avoir fréquenté les amphithéâtres

d'anatomie pour apprécier avec quelle facilité nous conservons les cadavres sous l'influence d'un froid sec. Tant que la matière organique est à l'état de congélation elle paraît entièrement affranchie du pouvoir de la décomposition chimique. On a plusieurs fois rencontré, sous les neiges, au milieu d'une avalanche, des cadavres d'hommes et d'animaux enfouis depuis quelques mois sans aucune altération notable.

Chaleur sèche. — Elle retarde et suspend également la putréfaction. On trouve souvent, dans les sables arides et brûlants de l'Arabie, de l'Égypte, des caravanes entières dont les corps desséchés, sans autre altération, constituent ce que l'on peut appeler des *momies naturelles*, qu'il ne faut pas confondre avec celles que l'on obtient artificiellement au moyen des chlorures et des autres substances appropriées. Dans le premier cas, en effet, il existe simple dessèchement; dans le second, en outre, combinaison chimique du chlorure avec la matière animale tellement durcie, qu'elle peut se conserver longtemps après avoir acquis un état en quelque sorte intermédiaire aux conditions de la substance inorganique et du corps organisé.

Milieux hydrogénés. — Si l'oxygène active la putréfaction, l'hydrogène semble au contraire la ralentir dans ses progrès. C'est ainsi que nous voyons les corps très-hydrogénés conserver les autres en leur formant une enveloppe générale, une sorte d'atmosphère protectrice. Les muscles se putréfient lentement sous la graisse ; on conserve longtemps au moyen des huiles pures, les substances les plus disposées à la fermentation.

Corps absorbants. — Tous les minéraux susceptibles d'enlever incessamment l'humidité des matières animales et végétales, peuvent également effectuer leur conservation ; c'est ainsi qu'agissent les sels employés dans nos usages domestiques et surtout le chlorure de calcium, le carbonate de chaux, le nitrate de potasse, etc.

Chlorures. — Les solutions saturées de ces réactifs, et notamment du deuto-chlorure de mercure, employées en injections, en aspersions, immersions, etc., méritent la préférence, pour la momification des animaux, sur tous les agents en usage dans ce but. Il se forme alors un composé de protochlorure et de matière animale très-dure, imputrescible, inaltérable par l'action de l'air, et conservant avec assez de perfection, les formes, le volume et les autres dispositions essentielles du sujet. Larray déposa, vers la fin de nos glorieuses campagnes, dans les cabinets de l'École de médecine de Paris, les cadavres du colonel Barbe-Nègre, tué à la bataille d'Iéna, le 14 octobre 1807 ; du général Morland, tué à celle d'Austerlitz, le 2 décembre 1806; l'un et l'autre conservés avec l'expression naturelle du visage.

Dans un ouvrage intitulé : *Traité des exhumations juridiques*, Orfila précise les modifications éprouvées par la putréfaction des corps organisés dans la terre, dans l'eau, dans les fosses d'aisances et dans le fumier; ces considérations, d'un intérêt majeur pour la médecine légale, seront méditées, avec beaucoup de fruit, par ceux qui veulent acquérir une solide instruction sur cette matière importante.

Telles sont les conditions les plus susceptibles d'activer, de ralentir ou de suspendre temporairement la putréfaction dont nous devons actuellement étudier la marche ordinaire et commune.

Phénomènes de la décomposition chimique de l'organisme. — Pendant toute la durée de l'existence active, les principes constituants de l'organisme sont maintenus dans leurs combinaisons respectives par l'influence des forces vitales contrebalançant, d'une manière victorieuse, la tendance continuelle des forces physiques vers les modifications moléculaires d'un autre ordre. Aussi lorsque cette existence conserve l'état normal, jamais nous ne voyons s'effectuer, dans son économie particulière, aucune combinaison, aucune décomposition chimique ; nous y remarquons seulement des décompositions et des combinaisons vitales, nutritives et susceptibles d'un grand nombre de modifications. Dans les maladies asthéniques, dans la vieillesse, les forces vitales diminuent d'activité, les forces physiques manifestent déjà, vers la périphérie de l'organisme, l'empire qu'elles vont bientôt exercer exclusivement sur toute cette économie défaillante. Enfin, lorsque les divers appareils sont dépouillés de leurs attributs temporaires, cet organisme, désormais soumis aux lois de la matière, doit nécessairement éprouver toutes les modifications substantielles que les affinités chimiques, libres dans leur action, sont actuellement en mesure d'effectuer.

Ces vérités ne sont point des théories imaginaires comme le prétendent les partisans de *l'organicisme :* elles reposent directement sur les faits. Partout nous voyons l'influence vitale enchaîner l'influence physique ; partout nous observons les combinaisons de la matière animée s'effectuant avec des caractères propres, essentiellement différents de ceux que peuvent offrir les combinaisons de la matière inerte. D'après les expériences de Priestley, dans une solution de substances animales et végétales se forment progressivement : la matière verte, les animalcules infusoires. Dès l'instant où ce fluide commence à présenter le domaine de la vitalité, l'empire exclusif des lois physiques et chimiques ne s'y manifeste plus, et la putréfaction s'arrête.

Plus les éléments primitifs de l'organisme, actuellement privé de la vie, sont compliqués, plus sont nombreuses les affinités qui tendent à les dissocier, plus sont diversifiés les résultats de ces nouvelles combinaisons.

Les substances végétales formées, pour le plus grand nombre, de *carbone*, d'*oxygène*, d'*hydrogène*, donnent, en dernière analyse, après la décomposition chimique, de l'*eau*, par la combinaison de l'hydrogène et d'une partie de l'oxygène ; de l'*acide carbonique*, par l'union de l'autre portion de l'oxygène et du carbone.

Les matières animales composées d'*azote*, d'*hydrogène*, d'*oxygène* et de *carbone* forment, comme les substances végétales, de l'*acide carbonique*, de l'*eau ;* mais en outre, de l'*ammoniaque*, par la combinaison de l'azote avec une partie de l'hydrogène.

Ces résultats de la décomposition organique, portée jusqu'à son dernier terme, jusqu'à l'isolement, à la manifestation des principes élémentaires, sont précédés, pendant le travail spontané de la putréfaction, d'un triage moins parfait des matériaux de la substance animale et végétale, dont les produits se rattachent naturellement aux états : 1° *gazeux ;* 2° *liquide ;* 3° *solide.* Leur différence de pesanteur spécifique offre déjà l'un des motifs puissants de la dissociation qui s'opère entre eux. Ainsi, *les gaz* s'élèvent dans l'atmosphère, *les liquides* surnagent ou s'infiltrent dans le sol, enfin *les solides* présentent le résidu fondamental.

1° *Les gaz* répandus au loin dans l'atmosphère constituent ces émanations putrides, qui, sous le nom de miasmes délétères, pestilentiels, corrompent sa pureté, sèment quelquefois, dans les pays les plus éloignés, ces épidémies d'autant plus désastreuses, que leur principe est souvent insaisissable, et par conséquent indestructible. Tels sont l'hydrogène sulfuré, carboné, le sous-carbonate d'ammoniaque, et beaucoup d'autres émanations méphitiques dont les chimistes n'ont point encore suffisamment apprécié la véritable nature.

2° *Les liquides* sont des huiles animales, des dissolutions mucilagineuses, adipocireuses, savonneuses, etc. ; engraissent la terre, favorisent la végétation des plantes et des arbres, mais bien souvent aussi communiquent des caractères plus ou moins nuisibles aux sources d'eaux vives qui nous apportent, vers la surface du sol, au milieu des éléments de réparation, des germes de maladies souvent assez graves.

3° *Les solides* forment cette petite masse de terreau, derniers vestiges du corps organisé complétement détruit, et dans lesquels on retrouve les éléments insolubles, surtout les sels calcaires.

Exposé, dans l'atmosphère, à toutes les causes de putréfaction que nous avons indiquées, le cadavre de l'homme se ramollit, se gonfle, prend une teinte livide et bleuâtre, spécialement aux parois des cavités splanchniques, offre le siége d'une fermentation plus ou moins active, se convertit en putrilage, exhale une odeur infecte, perd insensiblement ses formes, son volume et se réduit à ses tissus les moins altérables, tels que les os, les ongles et les poils. Après un temps plus ou moins prolongé, suivant les circonstanecs extérieures, d'autres modifications peuvent encore s'effectuer.

Si le corps est placé dans l'eau, toutes les taches rouges ou violettes produites par des infiltrations, des contusions, etc., disparaissent après plusieurs jours; ensuite la peau reprend, dans quelques points, une teinte progressivement rosée, rougeâtre, bleue, verte ; l'épiderme s'enlève ; un balonnement considérable survient; après deux ou trois mois, le derme éprouve une transformation graisseuse dont nous allons parler.

Dans les fosses communes, surtout vers la couche inférieure, les matières animales passent à la momification particulière dans laquelle on voit à peu près tous les tissus prendre la nature d'une substance nommée *gras des cadavres adipocire*, etc., véritable saponification de ces matières diverses. Analysée par Chevreul, dans ces derniers temps, l'adipocire a présenté de *l'ammoniaque*, de *la potasse* et de *la chaux*, combinées à deux acides ; au *margarique*, à un autre offrant beaucoup d'analogie avec l'*oléique*. Cette modification exige la présence de la graisse et d'une matière animale azotée. La première fournit les acides oléique et margarique ; la seconde, l'ammoniaque, d'où résultent *le margarate et l'oléate d'ammoniaque*, espèce de savon représentant cette matière adipocireuse dont les chimistes ont assez longtemps ignoré la véritable composition. Nous expliquons maintenant pourquoi la peau subit très-facilement cette momification ; pourquoi les cadavres féminins l'éprouvent d'une manière plus prompte et plus entière. Lorsque cette matière savonneuse offre une base en partie calcaire, on doit l'attribuer surtout à la présence du carbonate et du sulfate de chaux dans les eaux qui baignent la substance saponifiée. Thouret, d'après les fouilles du cimetière des Innocents à Paris, de Puymaurin, consécutivement à celles des Jacobins et des Cordeliers à Toulouse, nous ont transmis, sous ces divers rapports, quelques résultats bien curieux. Au milieu des cadavres passés au gras, on a souvent trouvé des momies sèches, dont la peau ressemblait au vieux cuir ; dans lesquelles on pouvait encore suivre le trajet des artères, des nerfs, et dont les viscères intérieurs prenaient feu comme l'amadou. Pour des os enterrés depuis six cents ans, l'analyse a présenté, sur 100, graisse 10; gélatine 27. Ils n'en fournissent que 30 à l'état frais. Après sept cents ans, d'autres ont été trouvés d'un rouge pourpre foncé, très-friables. Lorsqu'ils éprouvent la saponification, c'est toujours de l'intérieur à l'extérieur. Les ongles et les poils semblent résister entièrement à cette même transformation commune aux autres tissus animaux. Enfin après un intervalle encore plus considérable, et dont il serait difficile d'assigner positivement les limites, ces dernières traces de l'organisme disparaissent, et sa matière formatrice ne conserve plus aucun des caractères propres qui l'avaient jusqu'alors distinguée de la matière inorganique.

Ainsi se termine l'existence passive du cadavre chez les végétaux, chez les animaux et chez l'homme, confondus par les caractères généraux de leurs dernières modifications chimiques.

Le corps est anéanti pour toujours, mais sa matière constituante survit à la destruction qu'il vient d'éprouver. Ses gaz, ses fluides, ses solides, rentrés dans l'économie générale, dans le règne inorganique, vont y séjourner plus ou moins longtemps. Assimilés graduellement aux corps vivants, en passant de nouveau par toutes les filières de l'organisation, ces éléments recouvreront ensuite les propriétés vitales qu'ils avaient perdues ; ils serviront encore de principes nutritifs aux végétaux ; ceux-ci, aux animaux ; ces derniers, à l'homme ; ils nous offriront la matière parcourant incessamment le cercle complet de toutes les modifications formales, et, sans jamais aliéner ses propriétés essentielles, revêtant et perdant tour à tour, dans leurs nuances, dans leurs spécialités, les forces physiques, chimiques et physiologiques ; ayant pour objet positif de rajeunir la substance organisée, de reconstituer sur d'autres bases les économies vivantes en maintenant l'unité, l'équilibre et l'harmonie dans le grand système de l'univers. Telle nous paraît être la véritable idée que l'on doit se former de la métempsycose ; d'après cette considération, elle offre une vérité physiologique ; dans l'hypothèse des anciens philosophes, elle devient une erreur, un système inadmissible.

THÉORIE NATURELLE DES RACES HUMAINES.

Embrassant actuellement, d'un même coup d'œil, l'ensemble des êtres dont nous venons d'étudier les fonctions et l'harmonie, sous le titre d'*économie vivante*, nous voyons ces êtres différenciés par des caractères essentiels, concourant à les distinguer, à les grouper en familles, avec des types fondamentaux qui seront conservés jusqu'à la destruction absolue du monde organisé, dans l'hypothèse où celui-ci devra cesser de se perpétuer par les moyens que la nature a mis en son pouvoir.

Ces grandes familles constituent les divisions principales que l'on désigne par le terme d'*espèces*. Nous trouvons ici comme exemples de ces catégories : les *chênes*, les *peupliers*, les *pins*, chez les végétaux ; les *chevaux*, les *lions*, les *chiens*, les *singes*, pour les animaux ; dans le point culminant de la série, les *hommes*.

La conservation des espèces, l'impossibilité de leur extension et de leurs mélanges sont garantis par un moyen simple, commun à tous les êtres organisés vivants : *le défaut absolu de fécondation entre ces espèces différentes ; la production d'un mulet stérile par le concours de celles qui sont moins essentiellement opposées ;* comme on le voit pour les rapprochements illicites de l'âne et du cheval, du chien et du renard. Les types fondamentaux se maintiennent, avec leurs caractères propres, au milieu des circonstances les plus variées. Dans les climats, dans les dispositions du sol, de l'air contraires à leur nature, on les voit se détruire plutôt que de changer. Les observations faites par Roulin, Edwards, Peyroux de la Coudrière, et les autres voyageurs, s'accordent sur la vérité de cette loi commune à tous les êtres organisés vivants, depuis l'espèce des mousses, des lichens, jusqu'à celle des hommes.

Quelques naturalistes faisant abus des termes, ont cru pouvoir infirmer la réalité d'un principe aussi naturel que solide, en cherchant dans l'espèce humaine le motif de leurs suppositions illusoires.

« Il existe, ont-ils avancé, plusieurs espèces humaines; donc ces espèces n'ont pas eu la même origine ; ou si l'on veut les rapporter aux mêmes parents, donc les types essentiels peuvent se diversifier nonobstant la résistance des moyens primordiaux sur lesquels on cherche vainement à fonder leur conservation. »

Ce raisonnement est spécieux, pressant dans ses conséquences, mais vicieux, erroné dans son principe. En effet, rapprochez les hommes les plus opposés par leurs caractères physiques et moraux : le *Hottentot du Français ;* le *Japonais du Russe* ; le *Chinois de l'Espagnol*, le *Malais de l'Italien*, etc., ne voyez-vous pas toujours le même type commun, les mêmes caractères fondamentaux de l'espèce ? Ne rencontrez-vous pas chez tous ces individus, une tête plus ou moins arrondie, prédominante par sa division crânienne; quatre membres distingués en thoraciques et pelviens ; des pieds, des mains surtout d'une forme, d'une disposition spéciales ; un thorax, un abdomen dans les mêmes conditions absolues et relatives; une station, une progression verticales et bipèdes ; une intelligence plus ou moins développée dans ses diverses facultés ; une conscience, une idée du moi, du juste, de l'injuste ; un langage articulé, etc. ? Confondrez-vous jamais cette espèce avec celle qui paraît d'abord s'en rapprocher davantage ; pour vous, le premier des singes viendra-t-il jamais s'identifier, par une transition insensible, avec le dernier des hommes ?

Sans doute les différents peuples offrent des nuances, des caractères particuliers qui les distinguent, mais ces caractères ne touchent point la base du type commun et fondamental ; modifications superficielles des individus, elles peuvent tout au plus donner naissance à des variétés d'une même espèce. La loi que nous établissons est également applicable à tous les genres animaux et végétaux. Aucun d'eux ne se trouve tellement uniforme dans ses dispositions générales, qu'il ne puisse admettre des nuances particulières, sans toutefois jamais se prêter au développement d'une famille nouvelle. Un homme, quelque modifié qu'on le suppose, ne cessera d'appartenir à l'espèce humaine tant qu'il en offrira la principale condition ; de même un peuplier, un cyprès, un éléphant, un chameau ne deviendront jamais des types jusqu'alors inconnus.

Ces variétés des espèces fondamentales peuvent être un jeu de la nature, souvent encore on les voit se rattacher, pour l'ensemble des corps organisés vivants, à l'influence du climat, de la culture, des habitudes soutenues, de l'éducation et du croisement des grandes particularités d'un même genre. Ainsi, dans nos jardins, prenant la rose pour exemple, nous voyons qu'en diversifiant les semis et les moyens dont l'application constitue l'art du fleuriste, on obtient des variétés innombrables et si multipliées aujourd'hui qu'il devient très-difficile de les classer. Ici l'espèce n'a point disparu : ses modifications superficielles n'exposeront jamais à la confondre avec l'iris, le jasmin, l'œillet ; toutes au contraire seront aisément rapportées à leur type essentiel.

Si nous interrogeons les expériences faites sur un grand nombre d'animaux, nous obtenons des résultats plus positifs encore. Ainsi le croisement des moutons indigènes et mérinos, produit des *métis* dont les caractères participent de l'une et l'autre variété ; le rapprochement des chevaux anglais et normands est suivi des mêmes effets ; enfin, pour l'espèce humaine, de la cohabitation d'un nègre et d'un blanc naît un *mulâtre*. Dans tous ces essais, l'espèce des moutons, des chevaux et des hommes n'a point été changée, mais seulement diversifiée par l'augmentation des variétés qu'elle est capable d'offrir. Souvent même il devient impossible de modifier ces nuances l'une par l'autre, autant qu'on pourrait l'imaginer d'abord. Ainsi Coladon, pharmacien à Genève, ayant marié des souris blanches et grises, n'obtint que des produits de l'une et l'autre couleur sans aucune bigarrure. Une fois établis, ces types secondaires persistent quelque temps avec des caractères qui les spécifient, mais la tendance naturelle à se maintenir dans l'état primitif est tellement forte, qu'ils reviennent aux genres fondamentaux après la douzième génération, comme l'a démonté Girou de Busaringues pour un grand nombre de mammifères.

Les naturalistes que nous avons indiqués ont donc évidemment confondu la *variété* avec l'*espèce*, en attribuant à la seconde un certain nombre de modifications, qui ne peuvent appartenir qu'à la première. En effet dire qu'un *Italien*, un *Malais*, un *Espagnol*, un *Chinois*, un *Russe*, un *Juponais*, un *Français*, un *Hottentot*, etc., sont des individus appartenant à des espèces différentes, est avancer une erreur palpable ; tous font partie de l'espèce humaine, chacun d'eux en forme seulement une variété caractérisée par des modifications plus ou moins superficielles. Ainsi l'objection tombe naturellement et le principe que nous avons émis relativement à l'origine, à la conservation des types fondamentaux subsiste avec toute sa force et toute sa vérité. Nous devons actuellement envisager les causes, les dispositions particulières des principales variétés du genre qui nous est propre.

Comme tous les autres, portant des caractères essentiels et distinctifs, incapable, en se mésalliant, de former des espèces nouvelles, il peut offrir des variétés que nous examinerons sous le titre de *races humaines*.

Les philosophes discuteront probablement toujours sur la double question de savoir : *s'il existe des races humaines ? et dans cette hypothèse, quelle peut en avoir été la première occasion ?* Comment, en effet, accorder toutes les opinions dans la solution d'un problème où l'on rencontre plutôt des présomptions morales que des certitudes physiques ?

Notre espèce offre assurément des variétés ; elles sont même beaucoup plus nombreuses qu'on ne le pense vulgairement. Nous en trouvons, en effet, non-seulement dans les principales divisions du globe, mais encore dans les différents empires, chez les diverses nations, pour le même peuple, au milieu de la même famille. Comme il serait impossible d'apprécier toutes ces variétés, de réunir en principes généraux toutes leurs nuances fugitives, nous examinerons seulement les grandes modifications qui doivent être signalées dans l'espèce humaine.

Quelques auteurs ont voulu rattacher à ce type fondamental plusieurs animaux entièrement étrangers à ses véritables caractères ou des êtres enfantés par leur imagination. D'autres ont multiplié ces variétés sans ordre et sans méthode. Nous devons établir positivement la question, après avoir dissipé les illusions et les erreurs dont elle est environnée.

Plusieurs naturalistes, frappés de certaines analogies, assurément bien imparfaites, entre le singe et l'homme, prétendent faire entrer dans notre espèce, comme première modification, sous le titre d'*Hommes des bois*, les Boggos, les Orang-Outangs, les Pongos, etc.; ajoutant qu'ils marchent dans la situation bipède, connaissent l'usage du feu, raniment le foyer abandonné par les chasseurs au milieu d'une forêt ; vivent en société, manifestant leur aptitude à l'éducation, etc. Peyroux va jusqu'à dire qu'il serait possible de leur donner, comme aux sourds-muets, le moyen de classer leurs idées sur le papier : « Les Chimpanzés, les Babouins, les Jockos, surtout, doués d'un esprit très-développé, jouissant probablement, dit cet auteur, d'un langage articulé pour se communiquer leurs pensées, apprendraient volontiers à lire, à écrire, les mathématiques, l'art de raisonner, etc., devenant ainsi capables de nous révéler un grand nombre de vérités inconnues relativement à leurs usages, à leurs mœurs, et nous offrant des intermédiaires précieux pour connaître et civiliser toutes ces hordes sauvages de l'Afrique, dont ils partagent naturellement les relations à titre de concitoyens. » Aujourd'hui, des idées semblables ne méritent pas une sérieuse réfutation et vont se placer d'elles-mêmes à côté des rêveries de Dupont de Nemours sur la langue parlée des oiseaux.

Nous savons actuellement ce qu'il faut penser des Hottentotes à tablier, dont parle Kolbe, et des hommes à queue de l'île Bornéo. Nous ne pouvons plus augmenter le nombre des races humaines d'après quelques dispositions offertes par certains sujets trouvés au milieu des animaux, avec toutes les apparences de la bestialité, sous les formes propres à notre espèce; l'expérience ayant démontré que la plupart de ces individus, susceptibles d'éducabilité, n'ont présenté qu'accidentellement ces dispositions et ce genre de vie dont nous rapporterons quelques exemples choisis parmi les plus remarquables.

Camérarius Philippe nous apprend qu'en 1544, on trouva dans la Hesse, un jeune homme vivant au milieu des loups. Ces animaux, dit l'auteur, l'avaient enlevé à trois ans, et prirent le plus grand soin de sa personne. Il marchait à quatre pieds, et ne s'habitua qu'avec peine à la station verticale. Introduit dans la société des hommes, soumis à leurs usages, à leurs lois, il regrettait vivement sa première existence et ses anciens compagnons.

« Un autre, dit le même auteur, fut rencontré parmi des bœufs, près de Bambery, en Bavière. Alors âgé de douze ans, il se battait contre les chiens les plus forts, employant ses dents et ses ongles; Camérarius le vit courir à quatre pieds avec une extrême agilité. Ces deux sauvages n'offrant aucun langage articulé naturel, exprimaient leurs idées et leurs sentiments par des cris gutturaux très-désagréables. »

Une jeune fille, dont La Condamine rapporte l'histoire, et qui vécut à Paris, sous le nom de Mlle Leblanc, fut prise en Champagne, aux environs d'une habitation. Elle dérobait des volailles, en mangeait les chairs crues, buvait le sang des animaux; prenait des lièvres à la course, des poissons en plongeant dans les fleuves; poussait des cris de la gorge sans autre langage expressif. L'éducation lui fit perdre sa force première et son extrême agilité. Elle conserva toujours le désir de sucer le sang des enfants, et ne se rappelait que d'une manière très-imparfaite les principales circonstances de sa vie sauvage.

Le jésuite Rzaczinsky nous a conservé quelques détails sur deux enfants aperçus en 1657, par des chasseurs, dans les forêts de la Lithuanie, au milieu des ours. L'un d'eux fut pris. Il paraissait âgé de neuf à dix ans ; se défendait avec un courage opiniâtre, au moyen de ses dents et de ses ongles ; ne présentait aucun langage naturel ; mangeait la viande crue ; tous les soins employés pour l'apprivoiser furent sans aucun résultat.

Tulpius, médecin hollandais, parle d'un jeune homme trouvé dans les déserts d'Irlande au milieu d'un troupeau de brebis ; il frappait de la tête et bêlait comme ces animaux ; son caractère était brusque et sauvage. On le conduisit à Amsterdam, âgé de dix-sept ans.

Boerhaave rapporte l'histoire d'un enfant égaré dans les forêts à l'âge de cinq ans. Il y vécut seize années dans un état absolument sauvage, se nourrissant de racines et de fruits. Pris à cette époque, il offrait un odorat assez fin pour distinguer, par ce dernier sens, la femme dont il recevait les soins habituels ; en changeant de régime il perdit cette faculté remarquable.

Vers 1717, on trouva dans les forêts de Hollande, une jeune fille de dix-neuf ans, conservant l'attitude bipède, vivant d'herbes et de racines, portant sur les parties sexuelles un petit tablier en paille, ouvrage de son invention. On parvint à la civiliser, mais il fut impossible de lui communiquer les facultés du langage.

Un jeune Aveyronnais fut pris en 1798, au milieu des bois, dans le département du Tarn, et parvint plusieurs fois à s'échapper. Il n'offrait aucune pudeur, se livrait aux fonctions animales dans les rues et sur les places publiques les plus fréquentées ; restait, des heures entières accroupi ; s'éveillait pour manger ; cessait de manger pour dormir ; ne savait point nager, lancer des pierres, se défendre autrement qu'avec ses ongles et ses dents. Instruit par l'abbé Sicard, il comprit plusieurs choses, mais ne se forma point à l'articulation des mots.

Ces faits, curieux par les notions qu'ils nous fournissent relativement aux dispositions naturelles de l'homme complétement abandonné, dès ses premières années, à l'influence de l'état sauvage, ne présentent point les conditions d'une grande variété susceptible de faire partie des races humaines.

Parlerons-nous de ces *êtres marins* indiqués dans les anciens naturalistes sous le nom d'*Ambirs*, de *Sirènes*, de *Tritons*, de *Néréides ?* Leur existence nous paraît exclusivement admissible pour la Fable. Quelques hommes vivant au milieu des mers comme les amphibies et les poissons, en ont imposé dans une époque assez rapprochée de la nôtre. Mais il suffit d'examiner les principaux traits de leur histoire pour sentir que chacun d'eux, au lieu d'un Neptune aux crins d'azur, nous offre simplement un sujet de notre espèce, étonnamment doué de la faculté de nager. Nous rapporterons également quelques exemples de cette particularité remarquable.

Un Sicilien appelé Nicolas, né à Catania, de parents pauvres, avait des dispositions, un goût tels pour vivre au milieu des eaux, qu'il ne pouvait, dans toutes les saisons, passer un seul jour sans plonger. Ses compagnons le nommèrent, en conséquence, *Pesce Cola*, Poisson Colas. Il restait quelquefois une semaine entière dans la mer, se nourrissait alors de poissons crus qu'il prenait à la nage ; servait de courrier d'un port à l'autre ; allait du continent aux îles, et devenait ainsi très-utile, surtout pendant les orages et les tempêtes ; il sondait facilement les abîmes les plus dangereux. Frédéric, roi de Naples, veut connaître le fameux gouffre du détroit de Sicile, nommé *Charybde*, par les anciens ; Nicolas refuse d'abord de s'y précipiter ; le roi fait jeter une coupe d'or au fond de ce gouffre et la lui abandonne ; aussitôt Nicolas plonge, revient après trois quarts d'heure, possesseur du vase précieux; plonge une seconde fois et ne reparaît plus.

François de la Véga, Espagnol, vécut à l'âge de quinze ans, depuis 1674 jusqu'à 1679, dans l'Océan occidental. Des pêcheurs le prirent au milieu des flots, à quelque distance de Cadix, et le rendirent à ses parents affligés, qui le croyaient noyé depuis cinq ans.

Enfin nous ne placerons pas davantage au nombre des variétés du genre humain, les Albinos, les *nègres blancs* des montagnes de Loango, etc.; ces êtres dégradés, comme les crétins du Valais, nous offrent des dégénérations maladives, et non point des modifications physiologiques de notre espèce.

Avant de préciser le nombre et les caractères des grandes variétés positives et naturelles, nous indiquerons sommairement les divisions proposées par un assez grand nombre d'auteurs.

Kant admet quatre variétés dans l'espèce humaine, leur attribuant, pour cause principale, une influence de la chaleur atmosphérique diversifiée dans les différents pays. — *Blonde.* Europe septentrionale, froid humide. — *Rouge cuivre.* Américaine, froid sec. — *Noire.* Sénégal, chaleur humide. — *Jaune olive.* Indes, chaleur sèche.

Linnée, cinq variétés : *Américaine*, brune ; *européenne*, blanche ; *asiatique*, jaune ; *africaine*, noire ; *monstrueuse*.

Peyroux de la Coudrière indique sept espèces d'hommes en tombant dans le vice d'expression que nous avons signalé. — *Nègres*. Bochismans, rapprochés de l'Orang-Outang. Hottentots, cynocéphales des anciens. Congos. — *Indiens*. Lapons, en Europe ; Samoyèdes, en Asie. Quimos ou Bédiaguls. Pêcherais, du détroit de Magellan. — *Blancs* ou *barbus*. Atlantes, dont les mœurs se trouvent décrites par Diodore de Sicile. Cette race police toutes les autres ; elle présente le foyer de la civilisation. Sa taille était autrefois de six à sept pieds ; on la trouve aujourd'hui dégénérée par ses alliances défavorables ; son premier type se voit encore assez bien conservé chez les Bérébères montagnards.

Buffon semble confondre tous les hommes dans une seule race dont les modifications s'enchaînent ainsi par des transitions peu sensibles : *Lapons*, *Tartares*, *Chinois*, *Malais*, *Ethiopiens*, *Hottentots*, *Européens*, *Américains*.

Blumenbach reconnaît une seule espèce, cinq variétés : *Caucasienne*, *Mongolique*, *Ethiopique*, *Américaine*, *Malaise*.

Cuvier, trois variétés : *Blanche* ou Caucasique ; *jaune* ou Mongolique ; *nègre* ou Ethiopienne.

Duméril, six races : *Caucasique*, *Hyperboréenne*, *Mongole*, *Américaine*, *Malaise*, *Ethiopique*.

Virey, deux espèces, d'après l'angle facial. — *Ouverture de* 70 à 80 *degrés*. Présentant, d'après la couleur, trois variétés : *noire :* Cafres, Nègres ; *noirâtre :* Hottentots, Papous ; *brun foncé :* Indiens, Malais. — *Ouverture de* 80 *à* 90. Également trois variétés, d'après la même base. *Cuivreuse :* Américains, Caraïbes ; *basanée :* Chinois, Kalmouks, Mongols, Ostiaques, Lapons ; *blanche :* Caucasiens, Arabes, Celtes.

Malte-Brun, quatorze races : *Polaire*, *Finnoise*, *Sclavonne*, *Gothico-Germanique*, *Occidentale-Européenne*, *Grecque et Pélagique*, *Arabe*, *Tartare et Mongole*, *Indienne*, *Malaise*, *Noire* de l'Océan Pacifique, *Basanée* du Grand Océan, *Maure*, *Nègre*.

Bory de Saint-Vincent, quinze : *Japétique*, *Arabique*, *Hindoue*, *Scythique*, *Chinoise*, *Hyperboréenne*, *Neptunienne*, *Australasienne*, *Colombique*, *Américaine*, *Patagonne*, *Ethiopienne*, *Cafre*, *Malanienne*, *Hottentote*.

Desmoulins, seize : *Scythique*, *Caucasienne*, *Sémitique*, *Atlantique*, *Indoue*, *Mongolique*, *Kourilienne*, *Ethiopienne*, *Euro-Africaine*, *Austro-Africaine*, *Malaise*, *Papoue*, *Nègre*, *Océanienne*, *Australasienne*, *Colombienne*, *Américaine*.

M. Muller, avec ce bon sens qui le caractérise, dit dans sa *Physiologie :* « Jamais l'expérience ne pourra décider si les races humaines existantes proviennent d'un seul couple primitif ou de plusieurs... il n'y a pas moyen d'établir une classification rigoureuse des races humaines : les formes n'ont pas partout un type également arrêté. » Il en admet cinq : *Caucasienne*, *Mongole*, *Américaine*, *Ethiopienne*, *Malaise*.

MM. Robin et Littré reconnaissent six espèces de la race humaine avec de nombreuses variétés : *Caucasique*, *Mongole*, *Américaine*, *Polynésienne*, *Nègre*, *Australienne*.

Il suffit de rapprocher ces divisions plus ou moins essentiellement différentes, pour sentir combien l'objet que nous examinons devient hypothétique, arbitraire. Sans vouloir faire la critique ou l'apologie de chacune d'elles, nous donnerons la préférence aux moins compliquées, et nous ajouterons que la meilleure base d'une classification de cette nature doit être puisée dans les dispositions fondamentales du moral, du physique, et plus spécialement, sous ce dernier rapport, dans les caractères de la tête où se trouve le résumé de l'homme tout entier. D'après ces principes nous admettons dans le genre humain, seulement quatre variétés fondamentales ; et dans ces variétés plusieurs modifications. Ainsi, en procédant par degrés de la moins avantageuse à la plus parfaite, races : *Noire*, *Hyperboréenne*, *Mongole*, *Arabe*.

Race noire. — Elle comprend surtout les *Nègres*, *les Cafres*, *les Hottentots*, *les Papous*, etc. On la rencontre dans presque toute l'Afrique, dans les îles de l'Archipel asiatique, de l'Océanie, sur les bords de l'Australasie ; ses caractères fondamentaux sont les suivants : Couleur foncée de la peau, variant du bistre au noir d'ébène. Poils crépus, lanugineux, surtout au péricrâne, où cette condition est tellement prononcée, que leur ensemble figure moins la chevelure d'un homme que la toison d'un mouton noir d'Astrakan. Crâne très-petit, proportionnellement au reste de la tête ; déjettement du front en arrière, angle facial très-aigu, communément de 70 à 75 degrés. Face très-avancée par l'allongement du maxillaire supérieur ; nez épaté ; lèvres arrondies, proéminentes, renversées en dehors ; menton déprimé ; physionomie servant en quelque sorte d'intermédiaire à l'espèce du singe et des variétés européennes. Taille de cinq pieds deux ou trois pouces ; mollet court, élevé, talon saillant ; attitude nonchalante, flexible ; démarche *éreintée ;* caractère doux, facile à diriger ; intelligence bornée pour les sciences de raisonnement, assez remarquable dans les arts mécaniques d'imitation ; sensualité; propension à la paresse, au repos, à l'oisiveté.

Race hyperboréenne. — Elle renferme spécialement les *Lapons*, *les Samoyèdes*, *les Groënlendais*, etc. On la trouve particulièrement dans le nord de l'Asie, de l'Europe, en inclinant vers le pôle. Ses traits caractéristiques peuvent être ainsi précisés : taille ordinairement très-petite, s'élevant rarement au delà de quatre pieds six pouces; angle facial de 75 à 80 degrés; visage plat, nez peu saillant, oreilles grandes, écartées; cheveux blonds, droits; peau grasse, jaunâtre; physionomie stupide; moral obtus, passions farouches, haineuses, etc.

Race mongole. — Elle réunit les *Chinois*, *les Tartares*, *les Indiens*, *les Malais*, etc. ; habite généralement l'Asie centrale; on la reconnaît aux dispositions suivantes : Teinte cuivreuse de la peau ; angle facial de 80 à 85 degrés ; saillie des pommettes, élargissement, raccourcissement de la face qui devient ainsi triangulaire. Eloignement des yeux, direction très-oblique des orbites; élévation sensible de l'angle externe des paupières, qui semblent bridées et dont l'écartement est peu considérable ; cette ascension de la ligne oculaire, par ses deux extrémités, donne à la physionomie l'un de ses traits les plus caractéristiques. Taille moyenne; moral peu développé surtout relativement au génie, à l'imagination. Esclaves de leurs coutumes, ces peuples, naturellement superstitieux, sont capables du fanatisme le plus exalté. Aussi nous offrent-ils souvent la barbarie, la grossièreté des mœurs, l'inclination au meurtre, au pillage, la cruauté sans motif; cette lâcheté qui les porte à massacrer un sujet inoffensif, par cela seul qu'il ne partage pas leurs préjugés et leurs croyances.

Race arabe. — Elle embrasse actuellement tous les autres peuples de l'ancien et du nouveau continent. Son pays est l'Asie, l'Europe; on la trouve encore sur les côtes de l'Australasie, de l'Afrique ; dans l'Amérique, les îles de l'Océanie, de la mer des Indes et dans les régions les plus éloignées où ses migrations, son industrie, son ambition, sa supériorité paraissent devoir progressivement la naturaliser. Offrant le premier, le plus beau type du genre humain, elle est facile à distinguer par les caractères suivants : Couleur blanche et laiteuse de la peau ; cheveux et poils blonds, roux, châtains ou noirs, ordinairement plats ou gracieusement bouclés ; tête volumineuse, prédominance du crâne sur les autres parties ; angle facial de 85 à 90 degrés ; visage régulièrement ovale, sourcils arqués, nez agréablement allongé ; joues, lèvres barbues ; taille avantageuse, de cinq à six pieds ; formes élégantes ; facultés intellectuelles dans ses plus beaux développements : imagination brillante, génie sublime et profond ; sociabilité capable de se prêter à tous les raffinements de la civilisation. C'est à peu près d'une manière exclusive, dans les pays habités par cette variété de l'espèce humaine, que l'on voit fleurir l'industrie, les sciences et les arts ; aussi doit-elle être envisagée comme le chef susceptible de gouverner, comme le flambeau qui seul peut éclairer toutes les autres.

D'après ces considérations, il nous semble démontré que l'espèce humaine est unique et peut simplement offrir des variétés, dont les traits principaux se trouvent ensuite nuancés d'une manière assez infinie pour ne jamais offrir deux ressemblances parfaites.

Si nous recherchons actuellement d'après quelles modifications ont pu s'établir ces variétés secondaires, émanations du type fondamental, nous trouvons encore les auteurs en opposition dans leurs théories.

Les écrivains sacrés font remonter la première division du genre humain aux trois fils de Noé : *Sem*, *Cham* et *Japhet*, se séparant pour habiter les divers points du globe, et constituer les souches des trois races principales, donnant ensuite naissance aux dispositions secondaires par leurs communications et leurs alliances. D'après cette idée, *Sem* devint le père de la variété blanche ; *Japhet*, de la variété olivâtre ; *Cham*, de la variété noire, envisagée comme une race maudite.

Sans discuter ici les objections et les preuves, toujours fidèle à nos principes, nous examinerons la question en physiologiste ennemi de toute hypothèse imaginaire. Pour atteindre un but certain, nous réduirons le problème à sa plus simple expression : *Toutes les variétés humaines que nous connaissons aujourd'hui peuvent-elles émaner des mêmes parents ?* Les naturalistes ont diversement résolu cette question, les uns par la négative, les autres par l'affirmative. Les premiers ont soutenu qu'il est impossible d'expliquer la coloration du nègre chez un sujet issu de la race blanche, qui semble former la souche primitive de toutes nos variétés ; les seconds, en admettant cette coloration, l'ont attribuée, d'une manière exclusive, à l'influence de la lumière et de la chaleur solaires. Dans l'état actuel de la science, l'expérience et même le raisonnement prouvent que les uns et les autres ont avancé des erreurs palpables. Sans rien préjuger sur une discussion aussi grave, nous aborderons immédiatement les faits, en nous occupant surtout de la coloration qui devient le point essentiel et difficile de la question controversée.

Les variétés de la couleur, ses transformations infinies loin d'être particulières à l'homme, se rencontrent chez les animaux et chez les végétaux. Nous ignorions, il y a quelques années, la possibilité d'obtenir des roses vertes, jaunes, bleues, purpurines, orangées, noires, etc. ; aujourd'hui ces modifications artificielles ne sont plus révoquées en doute, et les variétés une fois déterminées par la graine, la culture et les autres influences extérieures se conservent, se transmettent par le moyen de la greffe et de l'écusson. Chez les animaux, les mêmes conséquences dérivent des mêmes lois. Pourquoi voudrait-on que l'homme seul fît exception à cette règle générale, surtout lorsque l'expérience et l'observation viennent également en consacrer les principes dans son espèce. Au milieu d'un grand nombre de faits que nous avons recueillis avec soin, relativement à cet objet, nous rapporterons le suivant : M. G... originaire du Grand-Lucé, département de la Sarthe, né de parents indigènes, blancs, offrant tous les caractères de la race arabe, présente absolument les cheveux lanugineux et crépus du nègre, le teint, la physionomie, les formes du mulâtre, sans qu'il soit même possible de soupçonner aucune mésalliance du côté de la mère. Supposons actuellement l'union de ce Français avec une femme semblable, sous les influences du ciel africain, en faudrait-il davantage pour donner naissance à la race nègre, dans l'hypothèse où cette race n'existerait pas encore. Cette opinion nous paraît du moins plus probable que celle de Prichard, soutenant que les hommes étaient primitivement noirs et qu'ils ont graduellement perdu leur coloration native en partant de l'équateur et se rapprochant des pôles. D'un autre côté, ne voyons-nous pas l'union des races blanche et nègre produire la variété mulâtre, susceptible de propagation ultérieure. Ainsi, *des accidents générateurs* dont les effets sont palpables, dont la cause restera toujours inconnue, telle nous paraît être la principale occasion des variétés relatives au type essentiel chez les êtres organisés en général et chez l'homme en particulier. Les influences de la température, du sol, du genre de vie, de la culture, etc., agissent accessoirement dans ces modifications dont elles confirment les résultats avec une participation qui, pour être secondaire, n'en devient pas moins positive. Nous savons en effet qu'une plante, un animal exotiques ne perdent pas, sans doute, leurs caractères fondamentaux, mais se trouvent diversifiés dans leurs conditions superficielles par un climat étranger à celui qui les vit naître. En s'identifiant aux diverses régions qu'il habita pendant longtemps, l'homme acquiert à peu près le caractère, le tempérament et les dispositions des animaux naturels de ces contrées, les mêmes agents extérieurs leur imprimant un cachet spécial. Nous voyons, en conséquence de cette loi commune, le Lapon se rapprocher du renne; le Moscovite, de l'ours glouton; le Nègre, du singe; le Malais, du tigre; l'Arabe, du chameau; l'Indien, du bœuf; le Maure, de l'hyène; le Chinois, du chat; le Péruvien, de la vigogne; le Canadien, du kinkajou.

Ainsi, la création a déterminé le nombre des espèces, la génération les conserve et les perpétue; des accidents particuliers à l'animation du germe, les invasions, le croisement des races, les influences du sol, du climat, etc., produisent les variétés fondamentales avec leurs modifications infinies. Le nombre des races ne s'augmente pas, seulement leurs variétés peuvent s'accroître et se diversifier; nous ne pouvons ni ne voulons en prouver physiologiquement davantage. Nous terminons donc cet important sujet par la note statistique de Robin et Littré qui vient utilement le compléter : « Les races humaines renferment environ douze cents millions d'individus : espèce blanche, quatre cent trois millions ; race indoue, cent soixante millions ; abyssine, dix millions ; mongole ou jaune, cinq cent vingt millions ; espèce américaine, neuf millions cinq cent mille ; espèce nègre, cent millions ; espèce mélanésienne et australienne, un million cinq cent mille. »

CONCLUSION.

Nous croyons avoir suffisamment établi, dans cette exposition de l'économie vivante, les caractères essentiels et les conditions naturelles de l'existence physiologique des êtres organisés en général, de l'homme en particulier, pour démontrer, actuellement, *par les faits*, comme nous l'avons établi, d'abord, *en principe* : que la physiologie bien comprise est L'INTRODUCTION POSITIVE ET NÉCESSAIRE A L'HYGIÈNE PRATIQUE, A LA VÉRITABLE PHILOSOPHIE ; de ces vérités importantes à la grande utilité d'un pareil enseignement, la conséquence nous paraît incontestable. En effet :

RELATIVEMENT A L'HYGIÈNE. — Comment en comprendre les applications, si l'on ignore la constitution de l'économie vivante, les lois qui la régissent; les modifications utiles ou dangereuses que peuvent lui faire subir les agents si nombreux et si diversifiés dont elle est incessamment environnée, dont elle doit supporter les influences plus ou moins générales, plus ou moins profondes ?

RELATIVEMENT A LA PHILOSOPHIE. — Comment en bien comprendre les bases naturelles, fondamentales et vraies ; les principes d'application, les enseignements pratiques, d'utilité parfaite, si l'on ignore la partie physiologique de ce précieux enseignement ; l'union de l'âme et du corps ; les influences continuelles et si variées du moral sur le physique, du physique sur le moral; de la raison sur l'instinct, de l'instinct sur la raison ; comment, sans un guide aussi naturel, aussi positif, arriver à cette logique, à cette incontestable démonstration d'une vie future, seule consolation des misères, des déceptions de la vie présente, en la ramenant en définitive à son admirable gouvernail : la philosophie céleste ; à son culte merveilleux : la religion divine ?...

Pour imprimer définitivement à nos principes, à nos

démonstrations, le cachet indélébile de la vérité, nous poserons, au moyen de trois personnages bien connus, les trois types essentiels du *désespoir*, de *l'espérance*, de *la réalité*, dans ce qui touche surtout les graves questions du bonheur, de l'existence présente et future de l'homme ; nous demanderons ensuite à celui que distinguent l'intelligence et la raison, auquel de ces trois types il préfère appartenir? Sa réponse, qui, pour nous, est déjà bien positive, deviendra le meilleur complément de la démonstration.

1er Type. — Lorsque nous entendons le trop célèbre et si malheureux Thomas Chatterton, au milieu des cruelles déceptions de son exorbitant orgueil, s'écrier, avec l'accent du plus sombre désespoir : « Je vais abandonner mon ingrate patrie ; je verrai cette sablonneuse Afrique où retentissent les rugissements des tigres mille fois moins impitoyables que les hommes ! » Ne sentons-nous pas au fond de l'âme cette pitié douloureuse que l'on éprouve si naturellement en voyant un malheureux arrivé, sans consolation aucune, au dernier terme de la souffrance morale, ne pas avoir même le courage de la supporter un instant de plus, et s'empoisonner à peine sorti de l'adolescence !...

2e Type. — Nous y trouvons ce prodigieux Hamlet auquel Ducis, imitant Shakspeare dans sa belle tragédie, prête à son héros l'imposant monologue où discutant la fin dernière et les destinées futures de l'homme, il arrive à la surexcitation d'un noble enthousiasme :

« La mort ! c'est le sommeil !! C'est un réveil, peut-être !!! »

Là, nous trouvons le doute, mais du moins suspendu, consolé par l'espérance !...

3e Type. — Nous y rencontrons, dans une entière satisfaction, Bernardin de Saint-Pierre, établissant, avec autant de conviction que d'éloquence, la réalité, les suprêmes avantages d'une vie future :

« Avec le sentiment de la Divinité tout est grand, noble,

invincible, dans la vie la plus étroite; sans lui, tout est faible, déplaisant, amer, au sein même des grandeurs! »

Lecteur, choisissez maintenant. Si vous êtes un homme de cœur et d'intelligence, l'expression de la préférence que vous aurez formulée sera notre dernier, notre plus utile et plus indispensable mot!...

FIN.

TABLE SYNOPTIQUE

TOME SECOND.

FIN DE LA TABLE SYNOPTIQUE.

TABLE ALPHABÉTIQUE

A.

B.

C.

D.

E.

F.

G.

H.

I.

J.

L.

M.

N.

V.

FIN DE LA TABLE ALPHABÉTIQUE.

Le Mans. — Typographie Ed. Monnoyer. — 1876.

TRAITÉ COMPLET

DE

PHYSIOLOGIE

A L'USAGE DES GENS DU MONDE

ET DES LYCÉES

PAR

A. LEPELLETIER DE LA SARTHE

De l'Académie de médecine de Paris

Γνῶθι σεαυτόν
« Connais-toi toi-même. »

TOME SECOND

PARIS

G. MASSON, ÉDITEUR

LIBRAIRE DE L'ACADÉMIE DE MÉDECINE

Place de l'École de Médecine

MDCCCLXXVI

Le Mans. — Typographie Ed. Monnoyer. — 1876.

www.ingramcontent.com/pod-product-compliance
Ingram Content Group UK Ltd.
Pitfield, Milton Keynes, MK11 3LW, UK
UKHW022315190726
13856UKWH00001B/24

9 782013 0483